W0268016

# METHODIK DER WISSENSCHAFTLICHEN BIOLOGIE

UNTER MITARBEIT VON

O. ARNBECK-BERLIN · K. BĚLAŘ-BERLIN · A. TH. CZAJA-BERLIN · I. DÖRFLER-WIEN G. ETTISCH-BERLIN · J. v. GELEI-SZEGED · H. F. O. HABERLAND-KÖLN · A. HASE-BERLIN G. C. HERINGA-AMSTERDAM · J. HIRSCH-BERLIN · K. HÖFER-BERLIN · G. JUST-GREIFSWALD · R. KELLER-PRAG · G. KLEIN-WIEN · O. KOEHLER-KÖNIGSBERG A. KÖHLER-JENA · H. A. KREBS-BERLIN · E. KÜSTER-GIESSEN · G. LEVI-TURIN O. MANGOLD-BERLIN · L. MÜLLER-MÜNCHEN · H. NACHTSHEIM-BERLIN · F. OEHLKERS-TÜBINGEN · K. PARISER-BERLIN · T. PÉTERFI-BERLIN · E. PERNKOPF-WIEN · M. POPOFF-SOFIA · E. G. PRINGSHEIM-PRAG · B. ROMEIS-MÜNCHEN · J. RUNNSTRÖM-STOCKHOLM W. B. SACHS-BERLIN · J. SCHILLER-WIEN · W. J. SCHMIDT-GIESSEN · M. SCHMIDTMANN-LEIPZIG · H. SCHNEIDER-STRALSUND · P. SCHULZE-ROSTOCK · J. SPEK-HEIDELBERG P. VONWILLER-ZÜRICH · H. WACHS-STETTIN · A. WALTHER-DARMSTADT C. ZIMMER-BERLIN · H. ZOCHER-BERLIN

HERAUSGEGEBEN VON

T. PÉTERFI
BERLIN

ZWEITER BAND

## ALLGEMEINE PHYSIOLOGIE

SPRINGER-VERLAG BERLIN HEIDELBERG GMBH 1928

# ALLGEMEINE PHYSIOLOGIE

BEARBEITET VON

O. ARNBECK · K. BĚLAŘ · A. TH. CZAJA · I. DÖRFLER · G. ETTISCH
H. F. O. HABERLAND · A. HASE · J. HIRSCH · K. HÖFER · G. JUST
O. KOEHLER · H. A. KREBS · E. KÜSTER · O. MANGOLD · L. MÜLLER
H. NACHTSHEIM · F. OEHLKERS · K. PARISER · M. POPOFF
E. G. PRINGSHEIM · B. ROMEIS · J. RUNNSTRÖM · W. B. SACHS
J. SCHILLER · P. SCHULZE · J. SPEK · H. WACHS · C. ZIMMER

MIT 358 ABBILDUNGEN

SPRINGER-VERLAG BERLIN HEIDELBERG GMBH 1928

ISBN 978-3-662-40610-6 ISBN 978-3-662-41090-5 (eBook)
DOI 10.1007/978-3-662-41090-5


URSPRÜNGLICH ERSCHIENEN BEI JULIUS SPRINGER IN BERLIN 1928
SOFTCOVER REPRINT OF THE HARDCOVER 1ST EDITION 1928

# Inhaltsverzeichnis.

## Zoologische Musealtechnik.

Von Professor Dr. C. ZIMMER, Berlin. (Mit 25 Abbildungen.)



## Botanische Museumskunde.

Von Professor Dr. J. SCHILLER, Wien. (Mit 15 Abbildungen.)



Anhang.



## Das Sammeln zoologischer Untersuchungsobjekte.

Von Professor Dr. P. SCHULZE, Rostock.

## Das Halten und Züchten zoologischer Untersuchungsobjekte.



## Das Halten und Züchten pflanzlicher Untersuchungsobjekte.



## Methoden der Abbildung.

## Physikalisch-chemische Arbeitsmethoden.



## Allgemeine Methoden des Stoff- und Energiewechsels.

## Anhang.



---

# Inhalt des ersten Bandes.

## Allgemeine Morphologie.

# Methoden der Entwicklungsmechanik.

## I. Entwicklungsmechanik der Pflanzen.

Von A. Th. Czaja, Berlin.

Mit 19 Abbildungen.

Die nachfolgend gegebene Zusammenstellung bildet eine Auswahl aus Methoden und Versuchen zur Entwicklungsmechanik der Pflanzen, die wesentlich in methodischer Hinsicht getroffen wurde. Weniger Nachdruck liegt daher auf einer gewissen Geschlossenheit dieses Beitrages. Es lag vielmehr in meiner Absicht, einen Überblick über Material, Methoden und experimentelle Fragestellung zu geben. Neben vollständigen Anleitungen zu Versuchen finden sich daher Angaben von Methoden, welche in jenen nicht zur Anwendung gelangen, trotzdem aber für entwicklungsmechanische Fragestellung von Bedeutung sind (z. B. Methoden der Markierung, Wachstumsbeeinflussung usw.). Gewisse Abschnitte sind nur kurz gestreift, zum Teil weil deren eingehende Behandlung untunlich war, zum Teil aber auch, weil sie viel benutzte und bekannte Methoden der Praxis enthalten (z. B. Transplantation, Frühtreiben) oder weil diesen vor nicht zu langer Zeit schon von berufener Seite eine eingehende Würdigung zuteil wurde (z. B. Transplantation: Pfropfung von H. Winkler, Frühtreiben von Fr. Weber). Die Pathologie und die entwicklungsmechanische Pflanzenanatomie fanden mit geringen Ausnahmen keine Berücksichtigung. Die experimentelle Physiologie der Fortpflanzung wurde ganz weggelassen.

Der geringe zur Verfügung stehende Raum machte theoretische Auseinandersetzungen unmöglich. Deswegen muß verwiesen werden auf geeignete größere physiologische Werke, vor allem auf W. Pfeffer, Pflanzenphysiologie, 2. Aufl., Leipzig, Bd. 2, 1904 und Jost-Benecke, Pflanzenphysiologie, Bd. 2, Jena 1923, 5. Aufl. und die am Ende im Auszug zitierte Spezialliteratur. In den genannten größeren Werken sind allerdings die hier interessierenden Fragen nur beiläufig miterörtert. Eigentliche Zusammenfassungen über das Gebiet der Entwicklungsmechanik der Pflanzen gibt es auch heute noch nicht, mit Ausnahme der kurzen von H. Winkler im Handwörterbuch der Naturwissenschaften vom Jahre 1913 (Bd. 3).

### 1. Beschaffung und Behandlung des lebenden Materials.

Die nachfolgenden Angaben beabsichtigen die zu den folgenden Versuchen notwendigen Pflanzen kurz zu schildern nach den folgenden Gesichtspunkten.

1. Natürliches Vorkommen und die Möglichkeit sie selbst zu beschaffen oder, wenn das nicht angängig ist, Nachweis geeigneter Bezugsquellen.
2. Vorbereitung des Materials für die Versuche.
3. Anweisungen, um das Material während oder nach den operativen Eingriffen im wachstumsfähigen Zustande zu erhalten und somit den Erfolg des Eingriffes zu garantieren.
4. Angabe geeigneter Bestimmungsmittel (Floren) zur Identifizierung des ge sammelten Materials.

## A. Niedere Pflanzen.

Algen[1]. 1. Konjugaten. *a) Zygnemaceen.* Spirogyraarten, Zygnema, Mougeotia und andere sind häufige Bewohner stehenden und langsam fließenden, ± seichten Wassers.

*b) Desmidiaceen.* Cosmarium, Closterium und andere sind ebenfalls häufige Bewohner klaren Wassers und an gleichen Orten, wie die Zygnemaceen zu finden. Sehr artenreich ist mooriges Wasser z. B. im seichten Schilfbestand der Verlandungszone von Teichen und Seen, und zwar in den lockeren Detritusflocken des Bodenbelages.

Beide Gruppen von Algen halten sich lange Zeit im Laboratorium am Fenster in Standortswasser oder in Kultur.

2. Chlorophyceen. *a) Ulothrix.* Viele Arten dieser Gattung sind an Steinen angeheftet und bevorzugen klares fließendes Wasser. Sie sind oft zu finden an Überläufen, Wasserfällen, allgemein in gut durchlüftetem Wasser.

*b) Stigeoclonium tenue* in verschiedenen Formen findet sich sehr häufig an Holz, Steinen und Pflanzen im Wasser.

*c) Gonium pectorale* tritt häufig in klaren Süßwassertümpeln in Mengen auf und färbt dann das Wasser oft grün.

*d) Oedogoniumarten* sind häufig vorkommende ± zarte fadenförmige Algen, in stehendem oder fließendem Wasser. In der Jugend sind die Fäden am Substrat angeheftet, später kommen sie zumeist zusammen mit Konjugaten in Watten vor.

3. Siphonocladiales. *a) Cladophora* findet sich häufig angeheftet an Steinen in fließendem Wasser, häufig Cl. glomerata im Flachlande. Mit einem Messer kann man die angewitterte Kruste leicht von den Steinen abschaben, an denen die Algen sitzen. Im Standortswasser oder in Nährlösung nach USPENSKIJ halten sich die Algen lange unter niedriger Wasserschicht im Laboratorium. Sie ändern allerdings ihre Wachstumsweise im stehenden Wasser.

*b) Dasycladus clavaeformis* kommt nur in wärmeren Meeren vor z. B. im Mittelmeer (Golf von Neapel). Über die Kultur vgl. S. 660.

4. Siphonales. *Vaucheriaarten.* Terrestrische Formen finden sich auf feuchter Erde an schattigen Plätzen häufig zusammen mit Protonema von Laubmoosen, häufig auch auf Blumentöpfen in Gewächshäusern. Gemein *V. sessilis* u. a.

*Bryopsisarten* kommen sowohl in der Nordsee (Helgoland) wie auch im Mittelmeer (Golf von Neapel) vor (vgl. S. 659).

5. Phaeophyceen. *Fucusarten.* Von den Braunalgen kommen für Versuche im Laboratorium des Binnenlandes nur Fucusarten in Betracht. Alle Experimente mit anderen Braunalgen (auch mit der Siphonee Bryopsis) lassen sich nur an einer Biologischen Station an der Küste[2] ausführen. Lebendes Fucusmaterial kann von der Staatlichen Biologischen Anstalt auf Helgoland bezogen werden. Empfehlenswert sind nur die kälteren Wintermonate. Von dort ist auch Meerwasser in jeder beliebigen Quantität zu beziehen. Auf Eis gestellt, lassen sich die Fucusarten einige Zeit frisch erhalten, auch im Aquarium.

*Cystosira barbata* kommt nur in wärmeren Meeren vor, z. B. im Mittelmeer (Golf von Neapel).

Pilze. Pilze in Reinkulturen können bezogen werden vom Centraalbureau voor Schimmelcultures in Baarn (Holland). Direktion: Frl. Prof. Dr. JOHANNA WESTERDIJK. Das Bureau untersteht der Koninklijke Akademie van Weten-

---

[1] Neuerdings können Reinkulturen von Süßwasseralgen vom pflanzenphysiologischen Institut der Deutschen Universität in Prag (Direktor Prof. Dr. E. G. PRINGSHEIM) gegen Erstattung der Unkosten von M. 2.— pro Kultur bezogen werden.

[2] Zoologische Station in Neapel, Staatl. Biol. Anstalt auf Helgoland.

schappen te Amsterdam. Es hält Hunderte von Kulturen verschiedener Pilze vorrätig und gibt auf Bestellung Kulturen ab zu 2,5 holländischen Gulden pro Stück.

Sämtliche im folgenden genannten Pilze können vom Centralbureau bezogen werden, weshalb auf die Darlegung der Methoden zu Gewinnung von Reinkulturen verzichtet werden kann.

Lebermoose. Für die im folgenden zu schildernden Versuche an Lebermoosen kommen nur thallose Formen aus der Familie der Marchantiaceen in Frage.

*Marchantia polymorpha* kommt an schattigen feuchten Plätzen an Mauern, Steinen und auf Erde vor, besonders in kalkarmen Gebieten, als breite bandförmige und verzweigte Thalli. Sie ist leicht kenntlich an dem auffällig gefelderten, dunkelgrünen Thallus, den Brutbechern mit gezacktem Rand und den charakteristischen männlichen oder weiblichen Rezeptakeln, je getrennt auf verschiedenen Pflanzen (diözisch). Gelegentlich ist das Lebermoos auch submers in stehendem Wasser zu finden.

Zu Kulturzwecken sammelt man ganze Thallusrasen am besten mit Erde ein und legt sie auf flachen Schalen von etwa 20 oder mehr Zentimeter Durchmesser aus mit schwerer, am besten lehmiger Erde oder reinem Lehm. Die Schalen sind schattig und feucht aufzustellen.

*Fegatella conica* ist an ähnlichen Standorten wie Marchantia aufzufinden. Die Behandlung ist die gleiche.

*Lunularia cruciata*, eine eingeschleppte Marchanticaee, ist fast überall als lästiges Unkraut auf Blumentöpfen usw. in Gewächshäusern zu finden und leicht kenntlich an dem hellgrünen Thallus und den nie fehlenden halbmond- oder schwalbennestförmigen Behältern auf den Thalluslappen, in denen zahlreiche Brutkörper gebildet werden. Kultur wie bei Marchantia. Bei uns ist das Lebermoos nur vegetativ bekannt.

Laubmoose. Um den Vorkeim, das Protonema, bestimmter Artzugehörigkeit zu erhalten, kann man 2 Wege einschlagen:

1. Aussaat von Sporen,
2. Regeneration des Gametophyten als sekundäres Chloronema.

1. Für Sporenaussaaten müssen reife Sporogone zur Verfügung stehen. Diese kann man zu bestimmter Jahreszeit im Freien einsammeln. Die Reife der Sporen findet bei den Laubmoosen zu sehr verschiedener Zeit statt. Eingehende und zuverlässige Angaben für die Sporenreife einer großen Zahl von Moosen stellt A. Grimme (1903) zusammen. Am besten sammelt man noch nicht entdeckelte Sporogone, die jedoch schon die für die Reife typische Bräunung zeigen, ein, um die Sporen nach Möglichkeit steril aussäen zu können. Solche Sporogone transportiert man in kleinen verstöpselten Präparatengläsern. Die Sporen werden mit steriler Nadel entnommen und sehr dünn in Petrischalen auf Agar mit Nährlösung (1,5% Agar + 0,1% Knop- oder Beneckelösung) ausgesät und an einem Nordfenster aufgestellt. Die Sporen keimen oft schon nach 24 Stunden (über die Gewinnung steriler Mooskulturen vgl. G. von Ubisch 1913).

Als weitere allgemeine Regeln zum Sammeln von Laubmossporogonen läßt sich folgendes feststellen. Die monözischen Moose sind fruchtend fast an jedem beliebigen Standort anzutreffen, an dem sie überhaupt zu gedeihen vermögen, ohne Rücksicht auf die Feuchtigkeitsverhältnisse. Für diözische Moose gilt nicht das gleiche. Die Zahl der Fundstellen, an denen sie nur steril vorkommen, überwiegt meistens bei weitem diejenige, an denen sie fruchtend angetroffen werden (die meisten Floren bringen deshalb die Bemerkung „selten fruchtend"). Der Grund für dieses Verhalten liegt darin, daß die Befruchtung der Diözisten unter den Laubmoosen nur dann gewährleistet wird, wenn der betr. Standort mindestens während der „Blütezeit" (über deren Lage vgl. ebenfalls A. Grimme 1903) reichlich mit flüssigem Wasser versehen ist, also an feuchten Hängen, in Schluchten, an Bächen, Niederungen von

Wasserläufen u. a. m. An diesen Plätzen wird man niemals vergeblich zu geeigneter Zeit nach Sporogonen suchen.

2. Über die Gewinnung von sekundärem Chloronema vgl. S. 672.

Spezielle Angaben über einige viel verwendete Laubmoose. *Amblystegium serpens.* Ein viel verbreitetes niedriges Moos, welches auf Baumstämmen, Baumstümpfen und Steinen nahe dem Boden oft ganze Überzüge bildet. Das Moos ist monözisch, Sporogone im Frühjahr reichlich vorhanden.

*Bryum caespiticium* besiedelt als sehr gemeines winziges Moos gern Mauern, Steine, Felsen, Holz, auch Erde. Obwohl diese Art diözisch ist, trifft man häufig Sporogone an infolge der meist günstigen Wasserverhältnisse am Standort.

*Funaria hygrometrica* findet sich oft auf alten Feuerstellen im Walde. Funaria ist ein Lichtmoos und daher nur an hellen Plätzen, oft sogar an sonnigen, zu suchen. Häufig trifft man es auch an Mauern, es siedelt sich auch gern in Gewächshäusern an. Sporogone sind bei diesem monözischen Moos meist zu finden.

*Physcomitrium pyriforme* trifft man häufig fruchtend an Wiesengräben, auf feuchten Wiesen und nassem Ackerland. Die Art ist monözisch.

Farne. Die zu den Versuchen benötigten Farne können nur durch Sporenaussaaten gewonnen werden. Die Sporen dazu müssen im Freien eingesammelt werden, soweit es sich um einheimische Arten handelt. Sollen ausländische Arten benutzt werden, so sind Sporen entweder von einer größeren Gärtnerei (z. B. HAAGE und SCHMIDT in Erfurt u. a.) zu beziehen oder es dürfte auch die Möglichkeit bestehen, durch einen unserer Botanischen Gärten eine kleine Menge Sporen zu erhalten.

Die Sporenreife der Freilandfarne fällt in den Sommer bis Herbst, je nach der Art und den Standortsverhältnissen.

Das Einsammeln der Sporen geschieht in der Weise, daß fertile Wedel frisch in Papiertüten gesteckt werden, am besten bei robusteren Formen die Fiedern einzeln abgetrennt. Die gut verschlossenen Papiertüten werden dann sehr bald an einen trockenen und warmen Ort (Sonne usw.) gestellt, damit das Ausstreuen der Sporen aus den Sporangien erfolgen kann.

Um artreines Sporenmaterial zu erhalten, empfiehlt es sich, fertile Wedel nicht aus Beständen von mehreren Arten zu entnehmen und wenn mehrere Arten nacheinander gesammelt werden, Hände und Instrumente sorgfältig zu reinigen. Von besonderer Wichtigkeit sind die Papiertüten. Diese müssen absolut dicht geklebt sein. Gewöhnliche käufliche Tüten sind daher ungeeignet, ebenso die bekannten Papierkapseln. Zuverlässig sind nur selbst geklebte Tüten aus dünnem, festem, weißem Papier, deren ich mich stets mit gutem Erfolge bedient habe. Der Schnitt ist aus Abb. 184 zu ersehen. Der kurze Streifen *ab* wird zunächst auf *ac* geklebt, dieser dann umgebogen und aufgeklebt bis auf den rechten Rand. Sodann wird der Streifen *cd* umgebogen und ebenfalls aufgeklebt. Der Verschluß der Tüte erfolgt nach dem in der gärtnerischen Praxis üblichen Schema.

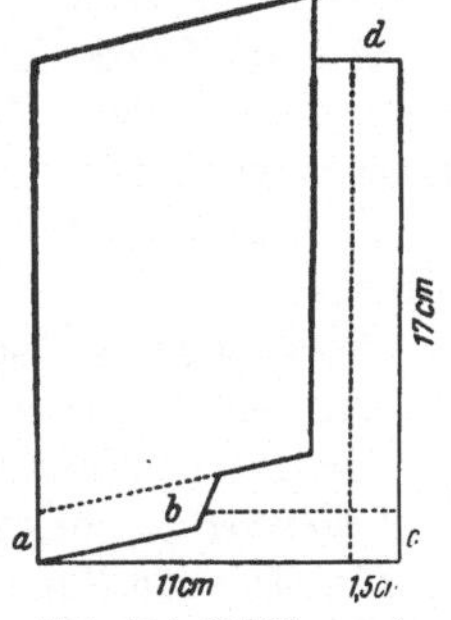

Abb. 184. Erklärung im Text (Original).

Die Keimfähigkeit der Sporen bleibt lange Jahre erhalten, nur die chlorophyll führenden Sporen (*Osmunda* und *Struthiopteris*) verlieren sie bald.

Die Aussaat der Sporen erfolgt am besten in Petrischalen auf Nährlösungsagar (wie für Laubmoose). Die Kulturen sind nie steril, sondern vor allem Pilze und Bakterien sind unvermeidlich. Unter günstigen Wachstumsbedingungen überwuchern die Prothallien aber sehr bald diese Eindringlinge, so daß sie nicht störend überhandnehmen können. Eine Hauptinfektionsquelle bilden die leeren Sporangien, die beim Säen mit auf den Agar fallen. Diese sind unbedingt zu vermeiden, und zwar auf folgende Weise. Man entnimmt die Sporen aus der Tüte mit einem flachen Spatel, schüttelt die daraufliegende Masse durch Klopfen mit dem Finger ab. Was nun noch auf dem Spatel haftet (mit bloßem Auge kaum zu bemerken), sind nur Sporen, die man durch leichtes Aufklopfen des Spatels auf den Rand der Schale in kaum sichtbaren Wölkchen über die offene Agarplatte sich verbreiten läßt, damit eine möglichst dünne Aussaat resultiert.

Die Sporenkulturen werden an einem Nordfenster aufgestellt, im Sommer nur in einiger Entfernung vom Fenster oder unter dünnem, weißem Papier, also nicht zu hell.

Über Einzelkulturen von Farnprothallien vgl. S. 621.

Equisetum. Die Reifung der Equisetumsporen erfolgt im Frühjahr. Für die später zu beschreibenden Versuche sind die Sporen der heimischen Arten gleichwertig.

*E. arvense* auf Äckern, Triften, Bahndämmen ist im Frühjahr sehr leicht zu erhalten. Ferner E. silvaticum, E. palustre, E. maximum. Zu Versuchen, welche sich über längere Zeit erstrecken, ist E. limosum vorzuziehen, da dessen Fruchten längere Zeit andauert. Das Einsammeln der Sporen erfolgt mit den Ähren in zylindrische Präparatengläser, wenn die Sporensäcke noch geschlossen sind. Wenn die Ähren gestreckt sind und die Sporen schon ausstäuben, dann sind sie mit den Elateren zu einem dichten Filz verflochten, so daß Aussaaten meist sehr dicht werden. Es empfiehlt sich daher, die Sporen den noch nicht geöffneten Sporensäcken zu entnehmen.

### Floren zum Bestimmen der niederen Pflanzen.

Lindau, G.: Kryptogamenflora für Anfänger. 2. Aufl. Berlin: Julius Springer. — Pascher, A.: Die Süßwasserflora Deutschlands, Österreichs und der Schweiz. Jena: G. Fischer. — Rabenhorst, L.: Kryptogamenflora von Deutschland, Österreich und der Schweiz. Leipzig: Kummer.

### B. Höhere Pflanzen.

*Abutilon Darwinii* (Blattstiele), Gewächshauspflanze in Töpfen.

*Acer platanoides*, Zweige von Freilandpflanzen.

*Aesculus Hippocastanum*, Zweige von Freilandpflanzen.

*Allium Cepa*. Zur Gewinnung von jungen Wurzeln werden die Zwiebeln auf die bekannten Hyazinthengläser mit Wasser gesetzt, so daß der Wurzelboden eben das Wasser berührt.

*Begoniaarten* (Blätter zur Regeneration), bekannte Gewächshaus- und Zimmerpflanzen.

*Beta vulgaris*, Runkelrübe. Über Anzucht der Pflanzen aus Samen vgl. S. 663.

*Circaea lutetiana* (Blattstiele), wildwachsende, einheimische Pflanze, aus Samen in Töpfen (Freiland) zu ziehen.

*Coleusarten*, bekannte krautige Gewächshauspflanzen in Töpfen.

*Corylus Avellana*, Zweige von Freilandpflanzen.

*Crambe maritima*, Wurzeln von älteren Freilandpflanzen (ausgraben!).

*Cydonia japonica* (zur Transplantation), ausdauernder Freilandstrauch, kultiviert.

*Epilobiumarten*, *E. angustifolium*, *E. hirsutum* u. a. wildwachsende Freilandpflanzen aus Samen in Töpfen (Freiland) zu ziehen.

*Festuca glauca* (*F. ovina* var. *glauca*), Gras trockener Triften, aus Samen in Töpfen zu ziehen.

*Gagea lutea* in heimischen Wäldern wildwachsendes Zwiebelgewächs. Die Zwiebeln werden im Herbst in Töpfe gepflanzt (vgl. S. 632).

*Hakea suaveolens* u. a. hartlaubige Gewächshauspflanzen. Kleine Pflanzen sind aus Stecklingen zu bekommen.

*Impatiensarten*, I. *Sultani*, I. *grandiflora*, krautige Gewächshauspflanzen, I. parviflora, eingeschlepptes mesophiles Unkraut, aus Samen in Töpfen zu ziehen.

*Muehlenbeckia platyclada*, häufige Gewächshauspflanze mit Flachsprossen.

*Pisum sativum*, Keimwurzeln werden in feuchten Sägespänen herangezogen.

*Pelargonium zonale*, bekannte Gartenpflanze in Töpfen (Blattstiele).

*Phaseolus multiflorus*, Keim- oder größere Pflanzen (Blattstiele) werden in Töpfen gezogen.

*Populus dilatata* und *pyramidalis* (*nigra* var. *pyramidalis*), Wurzeln der Freilandpflanzen.

*Pirus malus* (zur Transplantation), junge Freilandbäume.

*Ricinus communis*, Keimpflanzen aus Samen in Töpfen.

*Salixarten*, S. pruinosa, S. viminalis u. a. Zweige von Freilandpflanzen.

*Scrophularia nodosa*, wildwachsende einheimische Freilandpflanze, aus Samen in Töpfen (Freiland) zu ziehen.

*Sempervivum telephium*, kultivierte Crassulacee, aus Samen in Töpfen zu ziehen.

*Sparmannia africana* (Blattstiele), bekannte Gewächshaus- und Zimmerpflanze in Töpfen. Kleine Pflanzen sind leicht durch Stecklinge zu erhalten.

*Syringa vulgaris*, Zweige von Freilandpflanzen.

*Solanum lycopersicum*, *S. nigrum* u. a. aus Samen in Töpfen zu ziehen, auch leicht durch Stecklinge zu vermehren.

*Tagetes erectus* aus Samen in Töpfen zu ziehen.

*Taraxacum officinale*, Wurzeln im Herbst aus dem Freiland ausgraben, während des Winters im Kalthaus in Erde eingeschlagen bis zum Frühjahr aufheben oder erst im Frühjahr vor dem Trieb ausgraben.

*Tilia platyphyllos*, Zweige von Freilandpflanzen.

*Tradescantiaarten*, Staubfadenhaare aus Blütenknospen verschiedener Arten des Gewächshauses oder von Freilandpflanzen (*Tr. virginica*).

*Ulex europaeus*, wildwachsender Strauch. Topfpflanzen aus Stecklingen.

*Ulmus effusa*, Zweige von Freilandpflanzen.

*Vicia Faba*, Keimpflanzen in Töpfen mit Erde, Keimwurzeln in feuchten Sägespänen anziehen.

*Zea Mays*, Keimwurzeln in feuchten Sägespänen heranziehen.

## C. Nährlösungen.

Im folgenden werden mehrere Nährlösungen oft erwähnt, deren Zusammensetzung und Herstellung hier kurz mitgeteilt werden soll.

*Nährlösung nach* KNOP:

| | |
|---|---|
| $Ca(NO_3)_2$ . . . . . . . . . . . . . . . | 2,0 g |
| $MgSO_4$ . . . . . . . . . . . . . . . | 0,5 g |
| $KNO_3$ . . . . . . . . . . . . . . . | 0,5 g |
| $KH_2PO_4$ . . . . . . . . . . . . . . . | 0,5 g |
| $FeCl_3$-Lösung konz. . . . . . . . . . | Spur |
| $H_2O$ dest. . . . . . . . . . . . . . . | 350,0 cm³. |

Die beiden Kalium- und das Magnesiumsalz werden für sich gelöst, das Kalziumsalz jedoch extra und dann erst die beiden Lösungen gemischt, damit ein Phosphatniederschlag vermieden wird. Die Nährlösung mit 1proz. Salzgehalt wird für den Gebrauch noch entsprechend verdünnt auf 0,1 bis 0,05% Salzgehalt. Die Reaktion der Lösung ist sauer. Bei weiterer Verdünnung mit destilliertem Wasser ändert sich ihre Wasserstoffionenkonzentration nicht unerheblich, da sie schlecht gepuffert ist, was folgende Tabelle erläutern möge.

| Konzentration % Salz | $p_H$ |
|---|---|
| 1,0000 | 4,43 |
| 0,1000 | 5,36 |
| 0,0100 | 6,03 |
| 0,0010 | 6,504 |
| 0,0001 | 7,60 |

Ganz entsprechend ist die Herstellung und Verwendbarkeit der *Nährlösung* nach BENECKE:

| | |
|---|---|
| $(NH_4)NO_3$ . . . . . . . . . . . . . . . . | 0,2 g |
| $CaCl_2$ . . . . . . . . . . . . . . . . | 0,1 g |
| $KH_2PO_4$ . . . . . . . . . . . . . . . . | 0,1 g |
| $MgSO_4$ . . . . . . . . . . . . . . . . | 0,1 g |
| $FeCl_3$-Lösung . . . . . . . . . . . . | Spur |
| $H_2O$ dest.. . . . . . . . . . . . . . . | 1000 cm³. |

Eine Nährlösung von sehr guter Verwendbarkeit für Algen, besonders welche sich ohne weitere Veränderungen sterilisieren läßt, schwach alkalisch reagiert, hat neuerdings E. USPENSKIJ (1925) angegeben.

*Nährlösung* nach USPENSKIJ:

| | |
|---|---|
| $Ca(NO_3)_2$ . . . . . . . . . . . . . . . . | 0,100 g |
| $KNO_3$ . . . . . . . . . . . . . . . . | 0,025 g |
| $MgSO_4$ . . . . . . . . . . . . . . . . | 0,025 g |
| $KH_2PO_4$ . . . . . . . . . . . . . . . . | 0,025 g |
| $K_2CO_3$ . . . . . . . . . . . . . . . . | 0,0345 g |
| $Fe_2(SO_4)_3$ . . . . . . . . . . . . . . . . | 0,00125 g |
| $H_2O$ dest. (doppelt über Glas) . . . auf | 1000 cm³ auffüllen. |

Zur praktischen Herstellung der Nährlösung macht man sich bestimmt konzentrierte Lösungen, von denen je 0,5 cm³ auf 1 Liter Nährlösung genommen werden müssen, und zwar:

| | |
|---|---|
| $Ca(NO_3)_2$ . . . . . . . . . . . . . . . . | 20 % |
| $KNO_3$ . . . . . . . . . . . . . . . . | 5 % |
| $MgSO_4$ . . . . . . . . . . . . . . . . | 5 % |
| $KH_2PO_4$ . . . . . . . . . . . . . . . . | 5 % |
| $K_2CO_3$ . . . . . . . . . . . . . . . . | $^1/_1$ norm. (Analyse!) |
| $Fe_2(SO_4)_3$ . . . . . . . . . . . . . . . . | 1 mg $Fe_2O_3$ auf 1 l Lösung. |

Um z. B. 6 Liter dieser Nährlösung herzustellen, verfährt man folgendermaßen: In eine 6 Liter fassende Flasche gießt man 3 Liter destilliertes Wasser und die ersten fünf Salzlösungen in entsprechenden Mengen nacheinander. Nach dem Zusetzen der Kaliumphosphatlösung muß die Flüssigkeit geschüttelt werden, vor allem aber nach dem Zugießen der Kaliumkarbonatlösung. Praktisch setzt man die letztere Lösung zu, solange sich die Flüssigkeit noch in rotierender Bewegung befindet. Nun ergänzt man auf 6 Liter. Diese Lösung kann man nun vor dem Gebrauch mehrmals im Dampftopf sterilisieren. Dabei tritt gewöhnlich eine Trübung auf infolge des $CO_2$-Verlustes, die aber nach Schütteln oder Stehenlassen während mehrerer Tage sich wieder löst. Der $p_H$ korrigiert sich ebenfalls von selbst. Die Lösung ist also erst etwa 4 Tage nach dem Sterilisieren gebrauchsfähig. Die Eisensulfatlösung wird erst allein sterilisiert und dann erst der Gesamtlösung zugegeben.

Will man diese Nährlösung nur zu Kulturzwecken verwenden, so genügt es schon, wenn man die oben angegebenen Lösungen zu einer bestimmten Menge destillierten Wassers hinzugibt, ohne also durch Auffüllen der einzelnen Komponenten ganz exakt abzugleichen.

Das Eisen ersetzt man bei lebhafter Wachstumstätigkeit (im Sommer) etwa alle 10 Tage, im Winter dagegen nur alle 4 Wochen. Es empfiehlt sich ferner, den Kulturen ein Stückchen Klavierdraht als Eisenquelle zuzufügen.

Der $p_H$ der Lösung beträgt bei 18 bis 20° C etwa 7,6. Für verschiedene Kulturzwecke verdünnt man diese Lösung noch entsprechend.

*Das destillierte Wasser* muß für Algen- und Pilzkulturen unbedingt über Jenaer Glas destilliert werden. Geeignete Destillierapparate sind zu beziehen von Bartsch, Quilitz & Co. A.-G., Berlin NW 40, Heidestr. 55/57. Vgl. auch H. Fitting, Untersuchungen über Chemodinese bei Vallisneria. Jahrb. f. wiss. Botanik, Bd. 67, S. 427, 1928.

## 2. Methoden der Markierung am Pflanzenkörper.

### A. Markierung von makroskopischen Organen mit Tuschemarken.

Eine überaus viel benutzte Methode zum Studium der Verteilung der Wachstumszonen an einem Organ oder anderer Eigentümlichkeiten des Wachstumsverlaufes, besteht in der Anbringung von Tuschemarken oder Tuschestrichen an den Organen. Die Tuschemarken werden in gleichen oder genau gemessenen Entfernungen voneinander aufgetragen. In bestimmten Zeitintervallen werden die Abstände dieser Marken kontrolliert, und zwar durch Anlegen eines geeigneten Maßstabes (Glasmaßstab) oder mit dem Horizontalmikroskop. Die Marken werden meist in Abständen von 1 mm, seltener von 2 oder mehr mm aufgetragen, je nach dem Organ und dessen Wachstumsgeschwindigkeit. Für schnellwachsende Wurzelspitzen mit sehr kurzer Wachstumszone z. B. müssen die Marken 1 mm voneinander entfernt sein, für Sprosse ebenfalls 1 mm, oft genügen auch schon 2 mm. Für viele Organe, z. B. Blätter kommen oft überhaupt nur zwei Marken in Betracht, die an ganz bestimmten Stellen aufgetragen werden und $\pm$ weite, willkürliche Entfernung voneinander besitzen.

Wenn man die Abstände der Tuschemarken mit dem Horizontalmikroskop kontrolliert, dann skizziert man sich am besten das mikroskopische Bild der einzelnen $\pm$ unregelmäßigen Marken auf und legt für die fortlaufenden Messungen irgendeine charakteristische Stelle jeder Marke zugrunde, die nach der Skizze stets wieder leicht aufzufinden ist.

Die Hauptschwierigkeit liegt im Anbringen der Tuschemarken und in der Befestigung kleiner Objekte während dieser Manipulation. Hat man eine größere Reihe von Tuschemarken aufzutragen, so kann man diese entweder einzeln mit der Hand anbringen oder mit Hilfe eines Markierers. Als Tusche dient die käufliche des Handels.

*Das Auftragen der Tuschemarken von Hand.* Zum Auftragen der Tuschemarken z. B. auf eine Keimwurzel (Abb. 185) muß diese durch Abspülen in Wasser sorgfältig von Erdpartikeln oder Sägespänen befreit und dann durch vorsichtiges Abtupfen mit Watte getrocknet werden, damit die flüssige Tusche nicht ausläuft. Die Tusche wird am besten mit einem kurzen Stück entfettetem Roßhaar aufgetragen, welches in eine zur Spitze ausgezogene Glasröhre (oder auch in einen Holzstab eingeklemmt) mit Klebwachs usw. eingeklebt ist. Das mit Tusche befeuchtete Haar wird horizontal gehalten und seitlich leicht an die Wurzel angedrückt. Um die Marken in gleichen Abständen auftragen zu können, hält man neben die Wurzel einen kurzen Maßstab mit Millimeterteilung. Die erste Marke sitzt 1 mm unterhalb der Spitze der Wurzel. Um den Samen mit der zarten Wurzel während des Markierens bequem halten zu können, hat J. SACHS (1873) folgende Vorrichtung angegeben. Eine etwa 2 cm dicke Korkplatte enthält, von einem Rande ausgehend, auf ihrer glatten Fläche eine größere Zahl paralleler Rillen, die mit einer dünnen Rundfeile verschieden tief eingefeilt sind. Man schiebt nun den Samen mit der Keimwurzel vom Rande her in eine der Rillen ein, und zwar in diejenige, in welcher er leicht festklemmt, derart, daß die Wurzel zugleich in der Rille am Kork anliegt und beim Markieren Halt hat. Es kommt nämlich beim Anbringen der Tuschemarken sehr darauf an, daß das Objekt nicht gedrückt oder gebogen usw. wird, da sonst beim weiteren Wachstum sehr bald Krümmungen auftreten. Außerdem dürfen Wurzeln und Sprosse während des Markierens nicht horizontal oder schief gehalten werden, da sonst geotropische Krümmungen eintreten. Nach dem Mar-

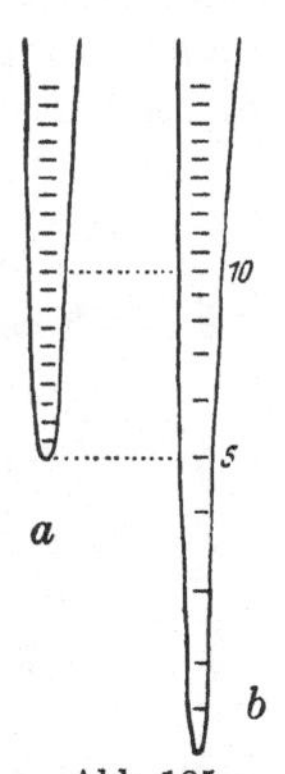


Abb. 185. Keimwurzel von Vicia Faba mit Tuschemarken. a frisch markiert, b 24—48 Stunden später (in Anlehnung an PFEFFER).

kieren, welches rasch vor sich gehen muß (besonders bei Wurzeln), läßt man die Tuschemarken kurze Zeit antrocknen.

*Das Anbringen der Tuschemarken mittels eines Markierers.* Statt die Marken einzeln mit dem Roßhaar (evtl. auch mit einem feinen Pinsel) aufzutragen, kann man sich einer ± einfachen Vorrichtung bedienen, welche gestattet, gleichzeitig sämtliche gewünschten Marken gewissermaßen aufzustempeln. J. VON WIESNER hat dazu folgende einfache Vorrichtung zur Selbstanfertigung angegeben (Abb. 186). Ein am besten zylindrischer Korkpfropf von etwa 2 bis 3 cm Durchmesser und einer Länge, welche sich je nach der zu markierenden Strecke richtet, erhält einen sektorartigen Ausschnitt von etwa 90 Bogengraden Breite. Dieser Ausschnitt kann bis zur Achse geführt werden. Den so vorbereiteten Kork umwickelt man dann in parallelen Windungen mit einem Roßhaar in den für die Marken gewünschten Abständen (also z. B. 1 mm). Die Haarenden werden in Einschnitte in den Kork geklemmt. Um den Wicklungen mehr Halt zu geben, kann man den Kork noch mit einer dünnen Schellackschicht überziehen. Die freien Stellen dieses vorher entfetteten Roßhaars schwärzt man mit Tusche oder auch Druckerschwärze an und drückt den Stempel leicht gegen das zu markierende Organ.

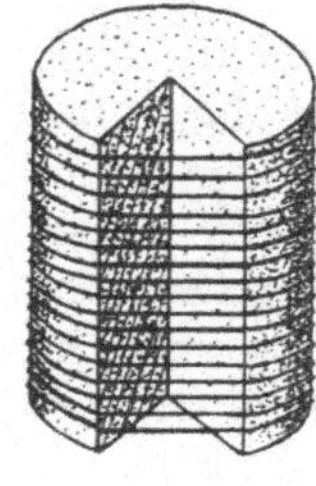

Abb. 186. Markierer nach WIESNER. (Original.)

Das von GRIESEBACH (1843) angegebene und von VON WIESNER (1883) modifizierte Teilrädchen, welches dem gleichen Zwecke dient, möge nur erwähnt werden.

Nach dem Markieren werden die Pflanzen wieder unter günstige Wachstumsbedingungen gebracht, Keimwurzeln z. B. in Sachssche Kästen mit Erde oder feuchten Sägespänen gefüllt. Gerade in diesem Falle können sich die Marken leicht verwischen oder auch, wenn sie an Organen angebracht sind, welche im stark feuchten Raum wachsen und Tröpfchen von Kondens- oder Guttationswasser tragen (z. B. Sporangienträger von Pilzen). Aus diesem Grunde kann man nach BURGEFF die Tusche vor dem Gebrauch mit etwas Syndetikon verreiben. Abb. 187 gibt ein mit Tuschestrich markiertes, junges Sporangium von Phycomyces wieder, und zwar am Abend nach dem Markieren und nach weiterem Wachstum während der Nacht. Die Veränderung des Tuschestriches läßt deutlich die Mechanik des Wachstums erkennen.

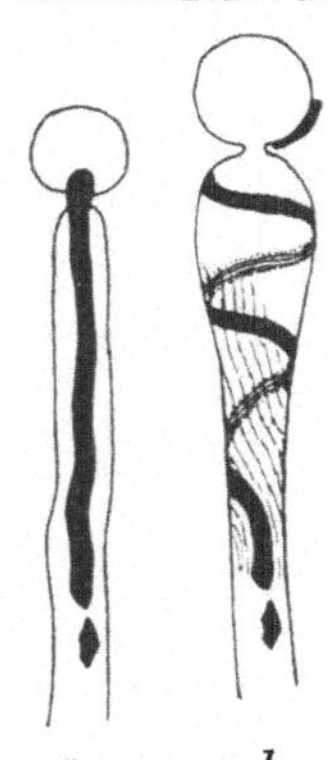


Abb. 187. Junges Sporangium von Phycomyces mit Tuschestrich. a abends unmittelbar nach der Markierung, b am anderen Morgen (nach BURGEFF).

## B. Markierung mikroskopischer Pflanzenteile.

Bei sehr kleinen Organen, die nur der mikroskopischen Beobachtung zugänglich sind, ist ein Anbringen von geeigneten Marken in bestimmten Abständen nicht mehr möglich. In diesem Falle kann man sich durch unregelmäßig verteilte Marken helfen, die nach den beiden folgenden Verfahren aufgetragen werden.

**1. Anheften von Farbstoffpartikeln.** Um z. B. Wurzelhaare (bei Lepidium sativum 10 bis 13 $\mu$ Durchmesser bei 1 bis 3 mm Länge) mit Marken zu versehen, welche im weiteren Verlaufe des Wachstums erhalten bleiben und beobachtet werden können, verfährt REINHARDT (1892) folgendermaßen. Mennigepulver wird auf Wasser geblasen und durch Umrühren auf diesem gleichmäßig verteilt. Dabei bleiben nur die kleinsten Teilchen in dünnster Schicht auf der Wasseroberfläche, während alle größeren untersinken. Die zu untersuchenden Objekte (Wurzeln mit jungen Wurzelhaaren) werden einige Male durch diese Schicht gezogen, wobei sie von den anhaftenden Mennigeteilchen rot gefärbt werden. Infolge der Klebrigkeit der Oberfläche der Wurzelhaare bleiben die Farbstoffteilchen leicht haften. Wenn man nun die Wurzeln vorsichtig abspritzt, so läßt sich ein Teil der Mennige, welcher zuviel ist, wieder entfernen. Die Festlegung der Entfernung bestimmter Teilchen (in einer Skizze) und deren Verfolg während bestimmter und fraglicher Wachstumsstadien, ermöglicht Feststellungen über Lokalisation und Verlauf des Wachstums.

**2. Anblasen kleiner Partikel.** Um Wurzelhaare oder Rhizoiden der Lebermoose zu markieren, hat sich G. Haberlandt (1889) der chemisch vollständig indifferenten Teilkörnchen der Reisstärke bedient. Diese Teilkörnchen haben einen Durchmesser von 4 bis 6 $\mu$. Die Markierung findet an der Luft statt und muß darum sehr schnell erfolgen. Ein wenig Reisstärke wird auf einem Objektträger trocken verrieben, um möglichst alle der zusammengesetzten Stärkekörner in die Teilkörnchen zu zerdrücken. Mit einer feinen Pipette bläst man nun mit einem Luftstrom dieses Pulver gegen die zu markierenden Objekte, in möglichst dünner Verteilung. Auch hierbei haften die Teilchen infolge der Klebrigkeit der Oberfläche leicht an.

**3. Membranfärbung lebender Pilzhyphen.** Will man wachsende Pilzhyphen leicht sichtbar machen, so kann man sie mit Kongorot anfärben. Die Membranen — und nur diese — nehmen den Farbstoff reichlich auf, so daß sie intensiv rot erscheinen. Zur Färbung verfährt man folgendermaßen: Dem Nähragar von bestimmter Zusammensetzung wird eine geringe Menge Kongorot — gereinigtes — zugesetzt, so daß dieser leicht rot gefärbt erscheint. Pilzhyphen, welche auf derartigem Agar wachsen, nehmen in ihre Membran den Farbstoff intensiv auf. Von Bedeutung ist eine solche Färbung bei Versuchen, in denen nach einer bestimmten Zeit des Myzelwachstums Agarstücke mit Hyphen auf neues ungefärbtes Agarnährmedium evtl. anderer Konzentration oder anderer Zusammensetzung oder auch in ganz bestimmter Orientierung zur ursprünglichen Wachstumsrichtung in den eben erstarrenden neuen Agar übertragen werden. Der nun folgende neue Zuwachs der Hyphen ist nicht mehr gefärbt und kennzeichnet sich so einwandfrei gegenüber den ursprünglichen Hyphen. Diese Färbemethode verwendete Raciborski (1907) zuerst mit Erfolg bei Basidiobolus ranarum.

**4. Partielle und totale Vitalfärbung.** Um die Abwanderung des Protoplasmas von der Spitze des wachsenden querwandlosen Siphoneenthallus (Meristemplasma) bei den Meeressiphoneen Bryopsis und Caulerpa sichtbar zu machen, bedient man sich bei Polaritätsversuchen (vgl. S. 659 u. 660) zweckmäßig der zuerst von Steinecke (1925) hierbei verwendeten Vitalfärbung.

*Tuschefärbung.* Man kann zur Vitalfärbung einmal Tuschesuspension verwenden. Da Injektion mit einer Spritze nicht durchführbar ist, läßt sich folgendes Verfahren immerhin mit Erfolg anwenden. Die Tuschesuspension wird hergestellt durch Anreiben von fester chinesischer Tusche mit physiologischer Kochsalzlösung (0,8 bis 0,9 % NaCl). Die gut freipräparierten Pflänzchen hält man nun mit dem oberen zu färbenden Ende (Sproßpol) etwa 1 cm tief in die Tusche hinein und schneidet mit scharfer Schere die Spitze etwa 1 mm weit innerhalb der Tusche ab. Infolge der Turgoraufhebung sinkt das Pflänzchen in sich zusammen. Man läßt es nun mindestens 10 Minuten in der Tusche angelehnt an den Rand der Glasschale mit Tusche stehen und beträufelt das herausragende untere Rhizoidende mit Meerwasser aus einer Kapillare. Der Inhalt des angeschnittenen Zellendes hat sich inzwischen von unten nach oben ein wenig zurückgezogen, der Turgor schon teilweise wiederhergestellt. Nach Tagen tritt eine neue Zellulosemembran an der Wundstelle auf. Etwas Tusche ist bei der Operation in das Innere der Zellspitze gelangt. Unmittelbar nach der Tuschebehandlung werden die Pflänzchen mit der Spitze in den Bodensand des Seewasseraquariums eingesenkt und weiterbehandelt, wie das später (S. 659) angegeben ist. Die aufgenommenen Tuscheteilchen werden deutlich sichtbar mit dem wandernden Meristemplasma während der Umlagerung transportiert und zeigen somit Richtung und Ziel des Transportes an.

*Totale Vitalfärbung.* Ohne einen operativen Eingriff läßt sich Vitalfärbung bei den gleichen Siphoneen mit löslichen Farbstoffen erzielen. Bei Bryopsis hat sich z. B. das Einlegen der ganzen Pflänzchen in 0,001 proz. Neutralrot gut bewährt. Die Dauer der Behandlung erfordert für mikro- und makroskopisch gut erkennbare Färbung etwa 15 bis 20 Minuten. Da sich Neutralrot nicht in Meerwasser löst oder nachträglich ausgefällt wird, so lößt man den Farbstoff praktisch in kalkhaltigem Leitungswasser und gibt dann Meerwasser bis nahe an die Fällungsgrenze zu. Der Farbstoff wird von Bryopsis in die Vakuolen ohne sichtbare Schädigung aufgenommen. Bei Caulerpa ist etwa die vierfache Zeit zur Färbung erforderlich. Die Farbverteilung ist zunächst beim Einpflanzen der Algen in den Bodensand des Aquariums in der ganzen Ausdehnung der verzweigten Zelle gleichmäßig, ändert sich aber sehr bald mit dem Eintreten der Plasmawanderung. Zur Färbung eignen sich weiterhin ein Gemisch von 0,001 proz. Neutralrot und 0,001 proz. Methylviolett.

*Partielle Vitalfärbung.* Für manche Zwecke eignet sich vielleicht die Anwendung partieller Färbung durch die genannten Farbstoffe. Dazu werden die freipräparierten Algen mit dem zu färbenden apikalen Ende in die Farblösung eingestellt, die etwa 1 cm hoch in einer flachen Schale steht und an den Rand angelehnt oder ähnlich gestützt. Die in die Luft ragenden Enden der Zellen müssen wie oben angegeben, mit Meerwasser benetzt werden. Dauer der Färbung bei Bryopsis etwa 15 bis 30 Minuten.

Noch bessere Färbeergebnisse erzielt man gelegentlich mit der von zoologischen Arbeiten bekannten Methode des Auflegens kleiner Agaragarplättchen, die mit konzentrierter Farbstofflösung intensiv gefärbt sind. Die farbhaltigen Agarstückchen werden auf die zu färbende Stelle der Alge aufgelegt, welche sich in Versuchsstellung unter Wasser befindet. Der Farbstoff dringt dann langsam in die Algenzelle ein.

**5. Verfolg des Zellnetzes und andere Hilfsmittel.** Wenn es bei gewissen mikroskopischen Objekten nicht möglich ist, irgendwelche Marken anzubringen oder zufällig anhaftende Partikel als solche zu verwenden, so kann doch häufig der Verfolg des Zellnetzes an Hand von Skizzen und Bezeichnung der nacheinander auftretenden Zellwände wichtige Aufschlüsse über die Mechanik des Wachstums ergeben. Das wird besonders der Fall sein, wenn das Wachstum des betreffenden Organs mit einer zweiseitigen Scheitelzelle erfolgt wie z. B. bei Moosblättern oder jungen Farnprothallien oder auch in anderen ähnlichen Fällen bei niederen und höheren Pflanzen (Spaltöffnungen). Die älteren Zellwände heben sich von den später gebildeten längere Zeit durch ihre stärkere Ausbildung gut ab.

Werden anderseits z. B. Zellen aus dem Faden- oder Gewebeverbande isoliert und sollen gewisse Stellen an diesen zur dauernden Unterscheidung eindeutig markiert werden, so kann man beim Wegoperieren der Nachbarzellen von diesen charakteristische und auf einer Skizze genau verzeichnete Stücke der Zellwände stehenlassen, wie das z. B. für Cladophorazellen später eingehender beschrieben wird (S. 653).

## 3. Methoden der künstlichen Befruchtung, Bastardierung, der künstlichen Parthenogenese und Merogonie.

### A. Methoden der Befruchtung und Bastardierung.

Die Methoden der Befruchtung und Bastardierung interessieren in diesem Zusammenhang insofern, als es sich um monözische Organismen handelt, die entweder xenogam befruchtet oder bastardiert werden sollen. Die besondere Aufgabe, welche der Methodik hierbei erwächst, besteht darin, die Befruchtung mit dem arteigenen Sperma auszuschalten. In dieser Hinsicht gibt es mehrere Wege, welche zum gleichen Ziele führen, die aber nicht alle bei ein und demselben Objekt anwendbar sind.

Diejenigen monözischen Organismen, bei welchen durch Einwirkung von Außenbedingungen (fakultativ) Diözie herbeigeführt werden kann, lassen sich durch Zusammenbringen der beiden Komponenten relativ leicht kreuzen (Farne). Ist der monözische Zustand aber nicht zu umgehen, so muß auf andere Weise das arteigene Sperma ausgeschaltet werden. Das gelingt entweder durch Beeinflussung der Bewegungsfähigkeit, bzw. Abtöten (Fucus) oder durch Vermeidung ungewollter Befruchtung und Auslesen der männlichen und weiblichen Gametangienstände, die dann in beliebiger Weise kombiniert werden können (Laubmoose).

**1. Bastardierung monözischer Fucaceen.** Sollen Bastardierungsversuche mit dem monözischen Fucus platycarpus, bei dem sich Oogonien und Antheridien im gleichen Konzeptakulum befinden, ausgeführt werden, so ist das nur möglich, wenn die arteigenen Spermatozoiden künstlich ausgeschaltet werden. Dazu bedient man sich der Methode, welche KNIEP (1925) angegeben hat.

Um die Oogonien mit artfremdem Sperma zu besamen, wird die aus den Platycarpuskonzeptakeln ausgetretene Masse von männlichen und weiblichen Geschlechtsprodukten in 1proz. Chloralhydratlösung in Seewasser (1 g Chloralhydrat in 100 $cm^3$ Seewasser gelöst) übertragen. In dieser Lösung verlieren die Spermatozoiden die Bewegungsfreiheit, nach einhalbstündigem Verweilen auch ihre Befruchtungsfähigkeit. Die Oogonien erfahren durch das Chloralhydrat viel weniger Schädigung, sie bleiben zu acht in der Oogonhülle beisammen.

Nach Ablauf der ersten halben Stunde ersetzt man das Chloralhydrat sorgfältig durch Seewasser. Die Oogonhüllen platzen nun, die Oogonien werden jetzt frei und nun können sie durch Zugeben von spermatozoidenhaltigem Wasser einer fremden Art befruchtet werden.

Statt 1proz. Chloralhydrat kann man auch 10proz. Äthylalkohol in Seewasser (10 $cm^3$ Alkohol + 90 $cm^3$ Seewasser) verwenden. Die Spermatozoiden werden schon nach 20 Minuten Aufenthalt in dieser Lösung inaktiviert.

Diese Inaktivierung der Spermatozoiden durch chemische Substanzen läßt sich auch umgehen, wenn man aus jungen Konzeptakeln die noch unreifen Geschlechtsprodukte entnimmt, die Antheridien daraus entfernt (die jungen Antheridien entwickeln sich nicht weiter) und nun die Besamung vollzieht.

**2. Bastardierung monözischer Laubmoose.** Die Versuche, welche bislang angestellt wurden, um monözische Laubmoose (Funaria) unter dem Einfluß von Außenbedingungen diözisch zu kultivieren, sind sämtlich fehlgeschlagen. Einfaches Kastrieren der Pflanzen nutzt nichts, da sich die jungen Archegonienstände nach dem Entfernen der Antheridien umbilden und zu Antheridienständen entwickeln. Um bei diesen Schwierigkeiten trotzdem einwandfrei die Archegonien der einen monözischen Art mit Spermatozoiden einer anderen kreuzen zu können, hat FR. VON WETTSTEIN (1924) folgende Methode angegeben.

Die Pflanzen werden in kleinen Blumentöpfen auf Erde gezogen, und zwar so, daß tropfbar flüssiges Wasser nur durch kapillaren Aufstieg in der Erde des Topfes zu den Pflanzen gelangen kann. Die Wässerung der Pflanzen darf also nur von unten erfolgen und nur in dem Maße, daß ein gutes Wachstum garantiert ist. Niederschlag von Kondenswasser ist besonders zu vermeiden. Solche Kulturen erhalten sich trotz reichlicher Entwicklung von Sexualorganen monatelang unbefruchtet.

Zur Ausführung des Kreuzungsexperimentes werden die Seitenäste mit reifen, befruchtungsfähigen Archegonien des weiblichen Elters abgeschnitten und mit dem basalen Ende auf schwimmenden Korkscheiben eingeklemmt (Abb. 188). Die Antheridienstände des männlichen Elters werden etwa 1 bis 2 Stunden vor dem Beginn des Versuches in großer Zahl in eine kleine Schale mit 0,05% einer anorganischen Nährlösung z. B. nach BENECKE eingetragen. Die befreiten Spermatozoiden schwärmen in der Nährlösung herum. Die Korkschwimmer mit den Archegonienständen werden nun auf die Oberfläche dieser Nährlösung gesetzt, die eingeklemmten Pflanzen nach unten. Nach 2 bis 4 Stunden ist die Befruchtung erfolgt. Die Schwimmer mit den befruchteten weiblichen Pflanzen kehrt man nach dieser Zeit wieder um, so daß diese aufrecht stehen und setzt sie auf neue Nährlösung. Bei genügendem Licht und nicht zuviel Feuchtigkeit reifen die Bastardsporogone unter diesen Bedingungen.

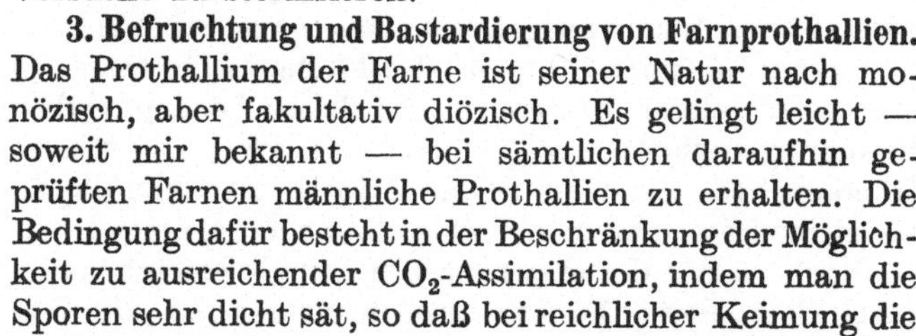

Abb. 188. Befruchtung und Bastardierung von Laubmoosen (nach VON WETTSTEIN).

Um Fehler zu vermeiden, die eigentlich nur durch Antheridien bzw. Spermatozoiden der Mutterpflanze, welche zufällig an dieser haften, auftreten können, müssen die weiblichen Pflanzen vor dem Eintragen in die Nährlösung (bzw. auf den Korkschwimmer) mit sterilem Wasser und Pinsel abgewaschen werden. Gefäße, Korkschwimmer und Instrumente sind vor dem Versuche zu sterilisieren.

**3. Befruchtung und Bastardierung von Farnprothallien.** Das Prothallium der Farne ist seiner Natur nach monözisch, aber fakultativ diözisch. Es gelingt leicht — soweit mir bekannt — bei sämtlichen daraufhin geprüften Farnen männliche Prothallien zu erhalten. Die Bedingung dafür besteht in der Beschränkung der Möglichkeit zu ausreichender $CO_2$-Assimilation, indem man die Sporen sehr dicht sät, so daß bei reichlicher Keimung die Prothallien dichtgedrängt wachsen. Dadurch sind sie an der Entwicklung des Meristems und der erst später unterhalb dieses auftretenden Archegonien gehemmt. Eine solche Dichtsaat bietet stets das sicherste Mittel zur Erzielung ameristisch-männlicher Prothallien. Das Kulturmedium hat dabei keinen bestimmenden Einfluß. Je nach dem besonderen Zweck, den die Versuche verfolgen, kann man sich der folgenden Nährmedien bedienen.

α) 0,1 proz. Nährlösung nach KNOP in etwa 3 cm hohen Deckelschalen. Diese sehr brauchbare Kulturweise ist für viele Zwecke, besonders für Befruchtungsversuche nicht zu empfehlen, da stets flüssiges Wasser zugegen ist, die Öffnung der Antheridien also unkontrolliert erfolgen kann, obwohl das Wachstum der Prothallien sehr gut verläuft.

β) 1,5 proz. Agar-Agar + 0,1 proz. Nährlösung nach KNOP in gewöhnlichen, extrahohen Petrischalen. Der Agar wird gleich in der Knoplösung eingequollen. Dieses Substrat ist am meisten zu empfehlen. Es eignet sich besonders für die Anzucht der Prothallien zu Befruchtungsversuchen. Ferner lassen sich die Prothallien von hier auch sehr leicht auf natürliche Substrate übertragen (z. B. auf Torf)[1].

γ) Als natürlicher Nährboden kommt ein Gemisch von Torfmull und gewaschenem Flußsand in Frage. Beide Bestandteile müssen vorher im Dampfsterilisator mindestens 1 Stunde lang sterilisiert werden. Das Gemisch wird in hohe Petrischalen (evtl. Tonschalen mit Glasdeckel) eingedrückt, am Rande aber wird eine Rinne ausgespart, in die das destillierte Wasser zum Feuchthalten eingegossen wird (Abb. 189). Werden Deckelschalen zu den Kulturen benutzt, so besteht auch hier die Gefahr, daß Kondenswassertropfen auf die Prothallien gelangen. Bei Verwendung von Tonschalen mit Glasdeckel ist dieser Übelstand ausgeschlossen, dafür aber ist die Infektions-

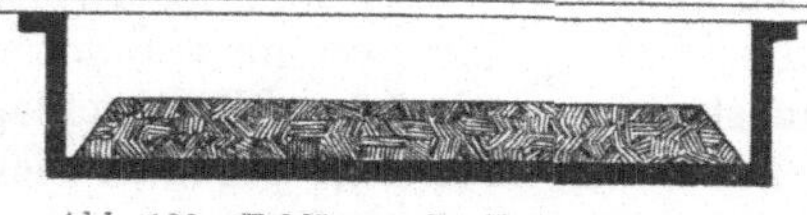

Abb. 189. Erklärung im Text (Original).

[1] Ein gewisser Nachteil dieser Kulturweise besteht darin, daß sich Kondenswassertropfen am Deckel der Schale ansammeln und bei geringen Erschütterungen leicht auf die Prothallien gelangen können.

möglichkeit (Verunreinigung durch anfliegende Farn- und Moossporen, Algen usw.) größer.

Um weibliche Prothallien zu erhalten, müssen die Sporen entweder von vornherein mit größeren Abständen ausgesät werden (was einige Schwierigkeiten bietet) oder aus einer gewöhnlichen Aussaat werden sehr junge Prothallien einzeln auf frischen Nährboden in größeren Abständen übertragen, so daß sich die Prothallien in mäßigem diffusen Licht zu großen, herzförmigen Flächen entwickeln können.

Trotzdem gelingt es nicht von jeder Farnspezies rein weibliche Prothallien zu erhalten. Im allgemeinen besteht die Regel, daß die Zahl der Antheridien immer mehr abnimmt, je üppiger ein Prothallium sich entwickeln kann (durch seine Assimilationstätigkeit). In dieser Beziehung ist aber das Verhalten der einzelnen Arten verschieden. Manche z. B. Platycerium grande u. a. entwickeln sich unter den genannten Bedingungen überhaupt nur zu rein weiblichen Prothallien, zwittrige treten nach meinen und fremden Erfahrungen überhaupt nicht oder nur selten auf (daher die allgemeinen Kulturschwierigkeiten). Andere Arten dagegen, z. B. Ceratopteris thalictroides entwickelt sich in diesem Falle fast nur zu zwittrigen Prothallien, rein weibliche sind sehr selten. Mikroskopische Kontrolle und evtl. Entfernen der Antheridien, evtl. auch spezielle Kulturverfahren können hier helfen.

*Die Einzelkultur von Farnprothallien.* Für Versuche, bei denen autogame Befruchtung der Prothallien in Frage kommt, empfiehlt sich Einzelkultur bzw. ist diese unumgänglich notwendig. Eine bequeme Methode ist die folgende. Die Prothallien werden z. B. auf Agar-Agar herangezogen bis zum Übertragen. Sehr bewährt hat sich für die Einzelkultur das Gemisch von Torf und Sand, und zwar wird dieses in kleine Ringe aus Glas oder Staniol von 1,5 cm Durchmesser und etwa 0,7 cm Höhe. eingedrückt. Staniolringe lassen sich sehr leicht herstellen aus Blattstaniol (30 Blatt auf ein halbes Kilogramm). Kurze Streifen werden der Länge nach vierfach zuzusammengefaltet, die Enden ineinandergesteckt, so daß ein Ring von 1,5 cm Durchmesser entsteht. Die etwa 0,7 cm weit ineinandersteckenden Enden durchsticht man zweimal mit einer Nadel, so daß sie fest vernietet sind. Mit einem runden Holz walzt man dann auf harter Unterlage den Ring glatt. Etwa 50 solcher Ringe, in welche das Torf-Sandgemisch ziemlich feucht eingedrückt wurde, werden in eine Deckelschale von 15 cm Durchmesser und 2 bis 3 cm Höhe gelegt, auf jeden ein kleines Prothallium übertragen. Wässerung der Prothallien erfolgt in der Weise, daß dest. Wasser mit einer Pipette zwischen die Torfringe auf den Boden der Schale gebracht wird. Sollen die Prothallien autogam befruchtet werden, so genügt es — je nach den Eigentümlichkeiten der betr. Art — sie mehrmals an aufeinanderfolgenden Tagen mit einem feinen Zerstäuber mit dest. Wasser zu besprühen, so daß sich winzige Tropfen an ihnen festsetzen. Zur Befruchtung kann man die Ringe mit den Prothallien evtl. auch einzeln in Glasschalen bringen. In diesem Falle genügt es, reichlich Wasser evtl. 0,1 % Knoplösung zuzugeben und sie etwa 10 bis 12 Stunden lang so stehenzulassen. Nach dieser Zeit nimmt man die Prothallien aus der Flüssigkeit mit den Ringen wieder heraus. Nach Verlauf von mehreren Tagen läßt sich bei Lupenvergrößerung schon erkennen, ob Befruchtung eingetreten ist.

Diese Methode der Einzelkultur erlaubt jedenfalls weitgehende Freiheit der Untersuchungs- und Anordnungsmöglichkeit der Prothallien.

Zur Erzielung xenogamer Befruchtung eignet sich die gleiche Methode, nur müssen die isoliert gezüchteten Prothallien rein weiblich sein, was bei ausreichender Vergrößerung unter dem Mikroskop (die Prothallien vertragen derartige Untersuchung bei vorsichtiger Behandlung sehr gut) festgestellt werden muß. Unter die Meristembucht, dicht an die archegonientragende Unterseite, bringt man dann zahlreiche männliche Prothallien aus Dichtkulturen. Die weitere Behandlung ist die gleiche wie oben angegeben.

Bastardierung von Prothallien wird auf die gleiche Weise vorgenommen wie xenogame Befruchtung.

## B. Künstliche Parthenosporenbildung bei Spirogyraarten.

Die Kopulation bei den Spirogyren erfolgt derart, daß bei seitlicher Kopulation zwei benachbarte Zellen des gleichen Fadens, bei leiterförmiger aber zwei einander gegenüberliegende Zellen aus zwei verschiedenen Fäden Fortsätze aufeinander zu treiben. Zwischen den Kopulationsfortsätzen wird nach dem Zusammentreffen die Querwand aufgelöst, worauf der als männlich zu bezeichnende Zellinhalt durch den Kanal in die weibliche Zelle übertritt und mit dieser dann die Zygote bildet.

Der Prozeß des Übertritts läßt sich nun im geeigneten Stadium durch Zugabe einer wasserentziehenden Lösung unterbrechen und sein weiterer Ablauf unmöglich machen. Dadurch kann es zur Bildung von sog. Parthenosporen kommen. In diesem Falle wandert der männliche Zellinhalt nicht in die weibliche Zelle ein, sondern beide ziehen sich zusammen, runden sich ab, bilden eine charakteristische Membran aus und verhalten sich im wesentlichen so wie echte Zygoten.

Um den Vorgang zu realisieren verfährt man nach den erstmaligen Angaben von Klebs folgendermaßen. In Standortswasser oder schwacher Rohrzuckerlösung (bis zu 4%) kommen manche Spirogyraarten (z. B. Sp. inflata oder Sp. varians), wenn sie der direkten Sonnenbestrahlung ausgesetzt sind, relativ leicht zur Kopulation. Der ganze Vorgang läßt sich im Mikroskop in allen Einzelheiten sehr gut verfolgen. Vor dem Übertritt der Protoplasten ersetzt man die Kulturlösung durch eine Rohrzuckerlösung höherer Konzentration, etwa 6%. Dadurch wird der Übertritt der Protoplasten verhindert und es kommt zur Bildung von Parthenosporen. Manche von diesen sterben schon frühzeitig ab.

Den Versuch kann man auch in summarischer Form folgendermaßen anstellen. Kopulierende Spirogyren überträgt man aus dem Standortswasser zu einer Zeit, in der die Fäden mit den Kopulationsfortsätzen schon fest aneinanderhaften in die 6proz. Rohrzuckerlösung. Hierin beläßt man die Algen etwa 14 Tage lang und überträgt sie dann wieder in das Standortswasser. Neben einzelnen Zygoten kann man dann auch zahlreiche Parthenosporen antreffen.

Wenn der Eingriff die kopulierenden Zellen auf zu frühem Stadium trifft, dann kann es unter Umständen auch zum Rückgang der Kopulation kommen. Solche Zellen nehmen dann wieder das Aussehen von rein vegetativen an.

Ein anderer Weg zur Erzielung von Parthenosporen bei den gleichen Spirogyren ist ebenfalls von Klebs (1896) angegeben worden. Die im Standortswasser schon in Kopulation begriffenen Fäden werden in 1proz. Nährlösung nach Knop übertragen und darin etwa 14 Tage lang belassen, worauf sie wieder in das Standortswasser zurück versetzt werden. Während des Aufenthaltes in der Nährlösung entsteht eine ziemlich beträchtliche Anzahl von Parthenosporen neben regulären Zygoten. Nach der Übertragung in das Standortswasser tritt oft schon bald die Keimung der echten Zygoten und später auch der Parthenosporen ein.

## C. Künstliche Parthenosporenbildung bei Desmidiaceen.

Die Erscheinung der Parthenosporenbildung wird bei einigen Desmidiaceen auf die gleiche Weise hervorgerufen wie bei Spirogyra (Klebs 1896).

Geeignet zu den Versuchen sind vor allem Cosmarium Botrytis und Closterium Lunula.

Zu Zellen, die sich zu je zweien zur Kopulation anschicken, gibt man schwach wasserentziehende Mittel, z. B. 4 bis 5proz. Rohrzuckerlösung. Die Protoplasten treten aus den betreffenden Zellen heraus oder bleiben in anderen Fällen innerhalb der Zellwand. Im ersteren Falle tritt aber keine Verschmelzung ein, dagegen runden sich in beiden Fällen die Protoplasten ab und umgeben sich mit einer für die Zygote der betreffenden Art charakteristischen Membran. Diese stellen dann also Parthenosporen vor.

Der Vorgang läßt sich also ganz entsprechend hervorrufen wie bei Spirogyra.

## D. Künstliche Parthenogenese bei Vaucheria.

Die Möglichkeit, durch Verletzung (Anstechen) Entwicklungserregung von unbefruchteten Eizellen hervorzurufen, hat FR. VON WETTSTEIN (1920) bei Vaucheria angewendet.

Als Objekte eignen sich besonders Vaucheria hamata und Vaucheria sessilis. Man hält die Algenrasen in Rohkultur in 0,05proz. Nährlösung nach KNOP. Zu den Versuchen entnimmt man aus diesen einzelne Fäden, die gut abgespült werden müssen. Es eignen sich natürlich nur Fäden mit noch ganz jungen Geschlechtsorganen. Von diesen entfernt man die Antheridienanlagen sorgfältig mit einer Nadel. Die weitere Entwicklung der Oogonien erfolgt sehr schnell und kann in etwa 24 Stunden beendet sein. Zur Ausführung der Operation muß man den Augenblick abpassen, welcher zwischen der Abgliederung des Oogons und dessen Öffnung liegt. In dieser Zeit sticht man dieses mit einer sehr feinen Nadel, vielleicht besser noch mit einer Glasnadel an. Da der plasmatische Inhalt des Oogons durch den Stichkanal leicht austreten könnte, muß man die Operation in einer plasmolysierenden Lösung vornehmen, etwa 5proz. Kalisalpeter. Die Plasmolyse verhindert das Ausfließen des Plasmas. Wird der Faden kurze Zeit nach der Operation (2 Minuten) abgespült und in neue Nährlösung übertragen, so ist die Wunde durch Verschleimung und Koagulation schon verschlossen.

Die parthenogenetische Entwicklung erfolgt ohne Oosporenbildung, durch einfache Weiterentwicklung des Oogons und Auswachsen zu einem neuen Faden, der in allen Einzelheiten dem Mutterfaden gleicht.

In ganz derselben Weise lassen sich auch Antheridien durch Anstechen zur Regeneration („männliche Parthenogenese“) bringen. Junge, eben abgegliederte Antheridien werden genau so behandelt wie die Oogonien. Auch hier entwickeln sich die verletzten Organe weiter zu Fäden, welche dem Mutterfaden gleichen.

## E. Künstliche Parthenogenese bei Sporodinia grandis.

Für die Mucorinee Sporodinia grandis hat wiederum G. KLEBS (1898) eine Methode angegeben, um die Bildung von Parthenosporen zu erzielen. Die Methode läßt sich folgendermaßen mit großer Sicherheit anwenden.

Der Pilz wird auf Scheiben der Mohrrübe (Daucus Carota oder auf Agar-Agar mit Pflaumensaft kultiviert. Sobald sich am Myzel junge Zygotenträger feststellen lassen, wird die Kultur in den Eiskasten gesetzt, in welchem sie bei etwa 0 bis 1° C 3 Tage lang stehenbleibt. Die hier herrschende niedere Temperatur verhindert die Weiterentwicklung der Zygotenträger, aber auch die spätere Vereinigung der Gametangien zu Zygoten. Wird die Kultur nun wieder unter Zimmertemperatur zurückversetzt, so tritt; fast ausschließlich die Bildung von Parthenosporen auf.

Derartige Parthenosporenbildung läßt sich auch noch auf andere Weise erzielen, meist aber nicht in dieser Ausschließlichkeit. Intensive Beleuchtung hemmt z. B. die Bildung von Zygotenträgern, weniger starkes Licht gestattet wohl ihre Entwicklung, verhindert aber die sexuelle Vereinigung. In diesem Falle können ebenfalls Parthenosporen entstehen. Um dies zu erreichen, setzt man die Kultur kurze Zeit direkter Sonnenbestrahlung aus, weiterhin aber wieder starkem diffusen Licht und so fort in mehrmaligem Wechsel. Das Gleiche läßt sich mit künstlichem Licht natürlich auch erreichen.

Eine dritte Methode zur Verhinderung der sexuellen Vereinigung der Gametangien ist die folgende. Die Kulturen auf den genannten Nährböden werden sehr feuchter Luft von konstanter Temperatur von etwa 26 bis 27° C ausgesetzt. Nach kurzer Zeit (etwa 24 Stunden) sind Parthenosporen in großer Zahl vorhanden, wenn vor der Behandlung schon Zygotenträger entwickelt waren. Wurde nur vegetatives Myzel verwendet, so sind ausschließlich Parthenosporen gebildet worden.

### F. Experimentelle vegetative Bastardierung bei Phycomyces.

Einen äußerst interessanten, allerdings methodisch nicht ganz einfachen Weg, bei der Mucorinee Phycomyces vegetativ Bastardierung durchzuführen, hat Burgeff (1915) angegeben. Es handelt sich dabei im Prinzip um folgendes. Das Protoplasma eines abgeschnittenen Sporangienträger wird in das eines anderen eingeführt und zur Mischung gebracht. Durch geeignete Anordnung läßt man Regenerate an dem empfangenden Träger nur an der Stelle auftreten, an der das Protoplasmagemisch beider Träger vorhanden ist.

Die zu mischenden (pfropfenden) Myzelien werden in Petrischalen kultiviert auf 1,5proz. Agar mit 2,5 Teilen Wasser und 1 Teil Bierwürze. Man erwartet denjenigen Zeitpunkt, in dem bei beiden Komponenten eine größere Zahl junger Sporangienträger vorhanden ist, noch ohne Sporangium, je etwa 10 bis 12 mm lang.

Die Operation wird in einer Petrischale vorgenommen, in die ein festes Nährmedium ausgegossen ist (z. B. Würzeagar oder ein anderes). Aus dieser Agarschichte schneidet man an mehreren Stellen 2 bis 3 cm² große Stücke heraus und entfernt diese, so daß an deren Stelle nun umgeben von der Agarschichte eine feuchte Glasfläche zur Verfügung steht, auf der dann die Operation ausgeführt wird.

Der Sporangienträger, welcher fremdes Plasma aufnehmen soll, wird mit einer feinen Pinzette an der Basis gefaßt und vom Myzel abgerissen. Er bleibt turgeszent (anscheinend sind die abgerissenen Hyphen gleich wieder mit koaguliertem Plasma verstopft). Den am besten etwas krummen Träger legt man so auf die feuchte Glasfläche, daß der untere Teil ein wenig in die Luft ragt. Diesen basalen Teil schneidet man nun — am besten mit einer gebogenen — Schere ab. Dabei kommt es sehr darauf an, daß der Träger mit der Schnittfläche nicht an der Schere haftenbleibt. Die Schere muß sehr scharf sein als erste Bedingung hierfür und zweitens gibt man der Schere eine leichte vom Träger (Schnittstelle) wegführende Bewegung im Augenblick des Schneidens, so daß es nach einiger Übung auch wirklich gelingt, den basalen Teil abzuschneiden, ohne daß dabei der Sporangienträger an der Schere klebt, sondern ungestört auf der Glasfläche liegenbleibt. Die Schnittfläche des Trägers darf nicht verklebt sein. An ihr tritt ein Zellsafttröpfchen aus, hervorgetrieben durch die Entspannung der Wand. Bleibt dieses Tröpfchen haften am offenen Ende des Trägers, so ist dessen Kollabieren ausgeschlossen.

Der zweite Sporangienträger, der Lieferant des fremden Plasmas, wird genau so von seinem Myzel abgerissen, wie der erste und gleich mit seinem spitzen Ende in die basale Schnittöffnung des aufnehmenden Trägers so tief eingeführt, bis er (weil selbst konisch) die Öffnung verschließt. Ohne stärkere Bewegung drückt man ihn dann, so wie er ursprünglich mit der Pinzette gefaßt war (nicht neu nachgreifen mit der Pinzette) leicht an die feuchte Glasfläche der Petrischale an und läßt ihn dann vorsichtig los.

Nun kommt die Protoplasmamischung. Das Plasma des eingeführten Trägers muß nun zum Übertritt in den aufnehmenden Träger gebracht werden. Das läßt sich am leichtesten so erreichen, daß man die Stelle des aufnehmenden, an der innen die Spitze des eingeführten liegt, mit einer spitzen Nadel drückt und zwar so lange, bis die Spitze des inneren Trägers platzt. Das tritt ein, weil die Wand der Spitze eines Trägers noch zarter ist, als die tiefer liegenden und älteren Teile, denn das Wachstum des Trägers ist wie das der Hyphen an der Spitze lokalisiert. Bei der Ausübung des Druckes auf den äußeren Träger darf dessen Wand natürlich nicht verletzt werden.

Ist diese Operation geglückt, so strömt das Plasma des inneren Trägers in den aufnehmenden lebhaft über, hört aber sehr bald wieder auf. Nun muß man derart unterbrochene Mischung künstlich wieder fortsetzen und durch Druck auf den eingeführten Träger dessen gesamten Inhalt in den aufnehmenden hineindrücken. Das erreicht man praktisch dadurch, daß man ein kleines Deckglasstück auf den eingeführten Träger auflegt, auch dessen basale Schnittwunde damit bedeckt. Nun drückt man auf dieses Deckglasstück und damit den plasmatischen Inhalt des eingeführten Trägers in den aufnehmenden hinüber. Dadurch wird dieser wieder turgeszent. Überflüssiges Plasma entweicht durch die Schnittwunde nach hinten. Der Druck auf das Deckglasstück darf nicht eher nachlassen, bis das Plasma nicht mehr in den eingeführten Träger zurückströmt. Damit ist die Operation beendet. Die Schale mit der so erzeugten Mixochimäre wird zur Regeneration aufgestellt.

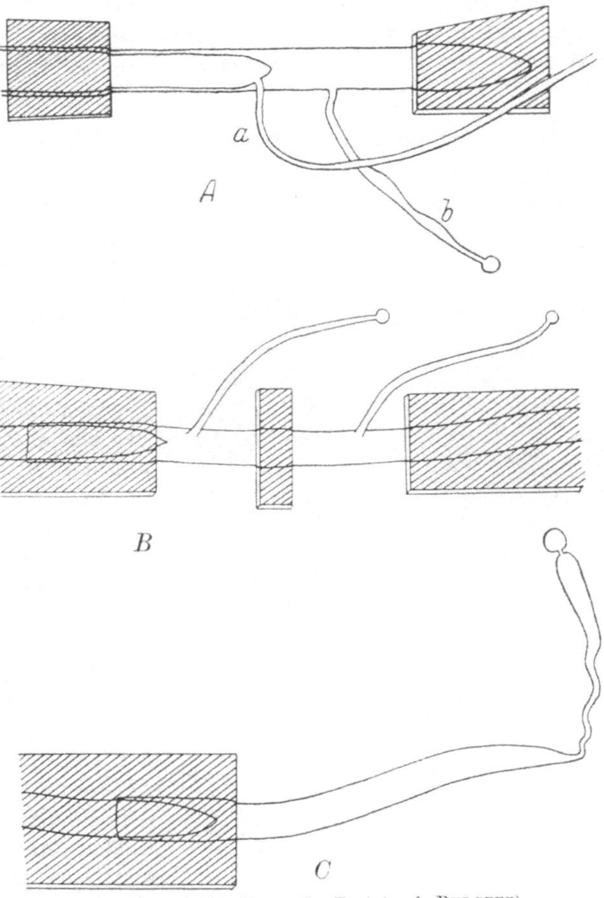

Abb. 190A—C. Erklärung im Text (nach BURGEFF).

Die Ausführung des künstlichen Plasmaübertrittes kann man noch in verschiedener Weise modifizieren (Abb. 190).

$\alpha$) Der Raum des aufnehmenden Trägers wird ebenfalls durch ein kleines Deckglasstück von der Spitze her abgeklemmt, so daß sich in dessen hinterem Teile die beiden Plasmen gewissermaßen entgegenströmen und die Mischung erleichtern. Dieses Verfahren kommt besonders dann in Anwendung, wenn der aufnehmende Träger noch nicht wieder genügend turgeszent geworden ist. Regenerate aus diesem hinteren Teile des aufnehmenden Trägers sind Mixochimären (*b* in Abb. 190 *A*).

$\beta$) Man kann ebenfalls wie unter ($\alpha$) angegeben verfahren, die Spitze des aufnehmenden Trägers abklemmen, außerdem aber auch den eingeführten bis zu dessen Spitze. Ist dann der aufnehmende Träger lang genug, so kann man nach der Plasmamischung auch noch dessen Mitte durch ein aufgelegtes Deckglasstückchen abklemmen und auf diese Weise 2 Räume des aufnehmenden Trägers abtrennen, die je für sich regenerieren können, wobei auch die Regenerate verschiedene Mengen der beiden Plasmen in Mischung enthalten, je nachdem sie näher zur Spitze des eingeführten oder des aufnehmenden Trägers gelegen sind (Abb. 190 *B*).

Die Modifikationen ($\alpha$) und ($\beta$) nehmen häufig den Träger stark mit, so daß Regeneration entweder ganz unterbleiben kann oder aber nur sporangienlose Träger entstehen.

$\gamma$) Am leichtesten und sichersten erfolgt die Regeneration, wenn der eingeführte Träger bis über seine Spitze abgeklemmt wird und die Spitze des aufnehmenden Trägers zur Regeneration kommt (Abb. 190 *C*).

Bei Mischung von + und — Myzelien auf die angegebene Weise entsteht ein Sporangium am regenerierten Träger, dessen Sporen, ausgesät, z. T. neutrale (+ —) Myzelien mit den typischen von BLAKESLEE beschriebenen Pseudophoren ergeben.

## G. Experimentelle Merogonie bei den Oogonien von Cystosira barbata.

Die von H. WINKLER (1901) zuerst angegebene Methode, kernlose Stücke von Eizellen gewisser Braunalgen des Meeres zu erhalten, beruht auf der Ausnutzung einer zufälligen Beobachtung, welche DODEL-PORT (1885) mitteilte. Werden nämlich die reifen eineiigen Oogonien von Cystosira barbata beim Präparieren leicht verletzt, wobei sie meist an der Basis von ihrer Fußzellle abreißen oder wenigstens die Zellwand eingerissen wird, so tritt leicht ein großer Teil des plasmatischen Oogoninhaltes in das umgebende Medium (Abb. 191).

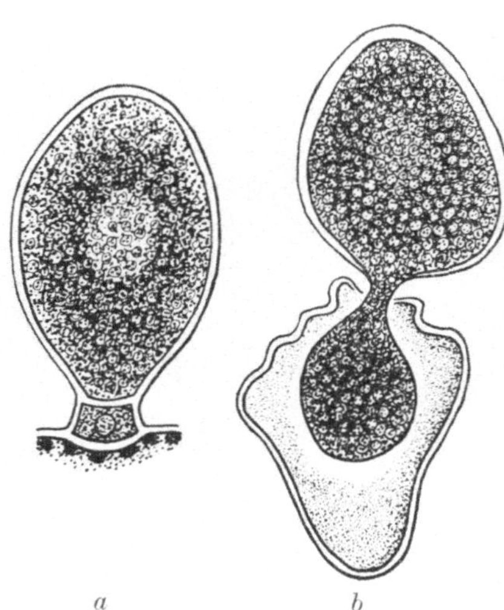


Abb. 191. Cystosira barbata. a junges Oogon mit Fußzelle, b Oogon durch Quetschen von der Fußzelle abgerissen. Der Inhalt ist zum großen Teil ausgetreten und mit einer Schleimhülle umgeben. (Nach Dodel-Port.)

Diese teilweise Entleerung verletzter Oogonien kann man auf folgende Weise leicht hervorrufen. Durch reife Konzeptakeln der Cystosira werden mit dem Rasiermesser Querschnitte (Handschnitte) angefertigt, welche auf dem Objektträger in einem Tropfen Seewasser mit dem Deckglas bedeckt werden. Wenn man nun auf das Deckglas einen gelinden Druck ausübt, so reißt meist ein Teil der Oogonien von der Fußzelle ab und erhält an der Basis einen Riß, aus dem der Inhalt vollständig austritt. Das Ausfließen kann nach 5 bis 10 Minuten beendet sein, oder auch noch länger dauern. Solche aus ihrer Hülle ausgeschlüpfte Oogonien zeigen noch die gleiche Befruchtungs- und Entwicklungsfähigkeit wie normale behäutete Oogonien.

Für den Versuch allein geeignet sind diejenigen Oogonien, welche an der Basis nur einen kleinen Riß haben, also nicht ganz geöffnet sind. Ist die Ausflußstelle nun sehr eng, so erfolgt die Entleerung langsam, und wenn sie sogar von einer bestimmten minimalen Größe ist, kann der gut sichtbare Kern nicht durch sie mit hindurchtreten. In diesen Fällen sammelt sich außerhalb des Oogons eine etwa kugelige Protoplasmamasse, welche mit der restlichen innerhalb der Oogonhülle durch einen dünnen Plasmastrang in Verbindung steht. Es muß nun für den weiteren Verlauf des Versuches danach gestrebt werden, diesen Plasmastrang zu zerreißen und beide Stücke des Eies aus der übrigen Schnittmasse zu isolieren. Dazu hat sich die folgende Methode als günstig erwiesen. Hat man nach dem Druck auf den Gewebequerschnitt ein Oogonium als geeignet ausgewählt und beginnt eben das Ausfließen, so entfernt man schnell das Deckglas, faßt den Gewebeschnitt mit der Pinzette und drückt ihn mehrere Male auf dem Objektträger aus, um die abgetrennten Eier im Tropfen zurückzulassen, während man den Schnitt selbst verwirft. Das gewählte ausfließende Ei wird mit einer feinen Pipette auf einen zweiten Objektträger in Seewasser übertragen und mit einem Deckglas bedeckt, welches auf Glasstützen (Deckglassplitter) aufliegt, um jeden Druck auf das Objekt zu vermeiden. Wenn nun der Inhalt etwa zur Hälfte hervorgequollen ist, dann ist der geeignete Moment zum Zerreißen des Plasmastranges gekommen. Das geschieht sehr einfach durch rasch strömendes Seewasser, welches im richtigen Augenblick seitlich zum Präparat zugegeben und auf der Gegenseite mit Fließpapierstreifen abgesaugt wird. Dabei ist natürlich der Wasserstrom derart zu leiten, daß der losgerissene Plasmateil nicht mit weggesaugt wird, was bei einiger Vorsicht auch leicht zu vermeiden ist.

Zu den derart vorbereiteten Eistücken muß sehr rasch spermatozoidenhaltiges Wasser zugegeben werden, um beiden Eiteilen die Befruchtung zu ermöglichen. Dabei wird sowohl der kernhaltige, wie auch der kernlose Teil befruchtet. Vor der Befruchtung muß man noch den in der Oogonhülle verbliebenen kernhaltigen Plasmateil durch Druck heraustreiben. Aber diese evtl. mit Verlust endigende Operation ist nicht unbedingt notwendig, da die Spermatozoiden durch die Öffnung in der Oogonhülle zu dem Eirest hineingelangen. Einer der beiden Plasmateile muß notwendigerweise kernlos sein. Welcher das ist, kann man meist leicht bei der Beobachtung des Plasmaaustrittes bestimmen, denn es läßt sich feststellen, ob der Kern mit durch die Öffnung schlüpft oder zurückbleibt.

Die weitere Kultur derart behandelter Eibruchstücke erfolgt in Seewasser, stößt aber öfter auf Schwierigkeiten, da zur weiteren Beobachtung Kultur unter niedriger Wasserschicht notwendig ist, die günstigeren Wachstumsbedingungen aber unter hoher Wasserschicht verwirklicht sind.

Die erste Furchung der befruchteten Eier erfolgt nach 16 bis 18 Stunden nach dem Befruchtungsvorgang. Leider ist es bis jetzt noch nicht gelungen, überhaupt befruchtete Eier von Braunalgen weiter als bis zu den ersten Keimungsstadien (mehrzelliger Keimling) zu kultivieren. Die Lösung dieses Problems dürfte jedoch nur eine Frage der Zeit sein.

## 4. Methoden der Beeinflussung der Kern- und Zellteilung und andere Methoden zur Gewinnung von Pflanzen mit abweichenden Chromosomenzahlen.

Die in diesem Kapitel behandelten Methoden zielen sämtlich darauf ab, den normalen Chromatinbestand gewisser Zellkerne bei Pflanzen zu beeinflussen, und zwar von Kernen, die für die Pflanze selbst oder für ihre Abkömmlinge von ausschlaggebender Bedeutung sind. Von besonderer Wichtigkeit sind hierbei diejenigen Fälle, in denen die Chromatinmasse verdoppelt oder vervielfacht wird, wobei der Ausgangspunkt natürlich ein verschiedener sein kann, je nach der Kernphase des betreffenden Organismus ($n$ bzw. $2n$).

Entsprechend den verschiedenen Möglichkeiten für den Ausgangspunkt solcher Versuche sind auch die Methoden verschiedene.

Der am häufigsten begangene Weg ist die Störung der mitotischen Teilung des Zellkernes, wobei vor dem Auseinanderweichen der Chromosomen die Teilung rückgängig gemacht wird, so daß ein großer Kern mit der gegenüber dem Ausgangskern doppelten Chromosomenzahl entsteht. Findet die Beeinflussung später statt, so wird die Teilung zu Ende geführt und es entstehen zweikernige Zellen. Außerdem können Unregelmäßigkeiten in der Verteilung der Chromatinmasse auftreten. Zu solchen Versuchen kann man entweder somatische Teilungen wählen, dann gehen aus dem Experiment Zellen hervor, die im Gegensatz zu den normalen die doppelte Chromosomenzahl besitzen. Wird dagegen die Reduktionsteilung beeinflußt, so bleibt die ursprüngliche Chromatinmenge erhalten, die Reduktion wird also verhindert.

Ein anderer Weg führt bei den Archegoniaten von der diploiden Folgeform über die Jugendform durch die Möglichkeit, daß der diploide Sporophyt sowohl der Moose wie auch der Farne unter den Bedingungen, welche Regenerationen gestatten, zur Jugendform zurückkehrt. Diese trägt hier bekanntlich allein die Geschlechtsorgane. Bei der Regeneration der Sporophyten bleibt der Kerncharakter des Diplonten erhalten. Tritt nun Befruchtung der diploiden Gameten ein, so entstehen dabei tetraploide Sporenpflanzen, wie das bei Moosen schon geglückt ist.

Eine dritte Methode, solche tetraploiden, Pflanzen experimentell zu erzeugen, hat H. WINKLER (1916) benutzt. Bei der Pfropfung des Reises auf die Unterlage besteht die Möglichkeit, daß zwei angeschnittene Zellen miteinander in Berührung kommen und verschmelzen. Wird eine derartige Zelle zum Ausgangspunkt eines Regenerates gemacht, so muß dieses ebenfalls Kerne mit der doppelten Chromatinmenge besitzen. Diese Methode ist allerdings sehr dem Zufall unterworfen.

## A. Experimentelle Beeinflussung der somatischen Teilung.

Die Beeinflussung der Kern- und Zellteilung bei den beiden ersten Objekten, in Keimwurzeln (Vicia Faba, Pisum sativum, Zea Mays u. a.) und in den Zellen der Staubfadenhaare von Tradescantiaarten, dienen nur dem Studium des Vorganges selber. In den Keimwurzeln läßt sich der Vorgang in allen Phasen zytologisch verfolgen, während in den Staubfadenhaaren die Kernteilung in vivo leicht beobachtet werden kann.

### a) Beeinflussung der Kern- und Zellteilung in Keimwurzeln.

Zu den Versuchen werden die Keimwurzeln von verschiedenen Pflanzen in feuchten Sägespänen herangezogen. Als besonders geeignet sind zu empfehlen:

| | |
|---|---|
| Vicia Faba | Zea Mays |
| Pisum sativum | Allium Cepa. |

Wenn die jungen Wurzeln etwa 2 bis 3 cm lang sind, werden sie unter den Einfluß gewisser Lösungen gebracht. Dazu läßt man die Wurzeln etwa 0,5 bis 1 cm tief in die Lösungen eintauchen, die sich in kleinen Zylindergläschen befindet, während der Same mit der Wurzel in einem geeigneten größeren Zylinderglas passend befestigt ist. Als wirksame Lösungen kommen besonders in Betracht:

| | | | |
|---|---|---|---|
| Chloralhydrat | 0,75 % | | Dauer 1 Stunde |
| „ | 1,50 % | | „ 1/2 „ |
| Chloroform | 0,0125 bis 0,025 | mol | „ 1/2 „ |

In der gleichen Richtung wirksam sind ferner Lösungen sämtlicher Alkaloide[1].

Nach der Behandlung der Wurzeln werden diese in fließendem Wasser mindestens 1 Stunde lang ausgewaschen. Nach dieser Behandlung kann entweder gleich Fixierung erfolgen für die zytologische Untersuchung oder aber die Wurzeln werden in feuchten Sägespänen weiterkultiviert, um ihr Verhalten während längerer Zeit nach der Behandlung zu studieren. Die Fixierung wird dann in entsprechenden Intervallen vorgenommen.

[1] Die Beeinflussung erfolgt am besten während der Zeit der Teilungsmaxima, welches bei Vicia zwischen 9 und 12 Uhr vormittags liegt.

Der Erfolg dieser erstmalig von Nemec (1904), später von Mainx (1923/1924) und Sakamura (1916) wiederholten Versuchen ist verschieden, je nach dem Stadium der Teilung, in denen sich die Kerne im Augenblick der Einwirkung befanden. In sehr frühen Stadien geht die Teilung vollständig zurück, in mittleren (Auseinanderweichen der Tochterchromosomen) kommt es zur Bildung von diploiden Kernen und endlich in späteren Stadien wird die Teilung zu Ende geführt, aber die Bildung einer Zellwand unterbleibt, so daß zweikernige Zellen resultieren.

### b) Beeinflussung der Kernteilung in den Zellen der Staubfadenhaare von Tradescantia und Beobachtung in vivo.

Die Kernteilung in den Zellen der Staubfadenhaare von Tradescantiaarten (Tradescantia virginica u. a.) läßt sich in vivo sehr leicht beobachten. Gerade an diesem Objekt ist auch in vivo die Beeinflussung der Kernteilung leicht zu studieren. Wenn auch die Haarzellen nach Tagen unweigerlich absterben, sie also weiter kein theoretisches oder experimentelles Interesse beanspruchen können, so sind sie als Übungsobjekte, evtl. auch zur Prüfung noch unbekannter Stoffe sehr zu empfehlen.

Zu den Versuchen entnimmt man einer jungen Blütenknospe die Staubfäden, entfernt die Antheren und bringt die Filamente mit den eigenartigen Haaren in 1 Tropfen Wasser in ein mikroskopisches Präparat. Das Wasser beeinflußt den Teilungsvorgang nicht im geringsten. Das Präparat ist mit einem Deckglas bedeckt. Die zu prüfende Lösung wird seitlich vom Rande des Deckglases zugesetzt und auf der entgegengesetzten Seite mit Fließpapierstreifen durchgesaugt. Die Dauer der Einwirkung beträgt 10 bis 30 Minuten, dann erfolgt Auswaschen der Präparate mit Wasser und Aufbewahrung im feuchten Raum. Wirksam sind außer Chloralhydrat (0,05 mol) nach den Untersuchungen von Mainx (1923):

| | | | | |
|---|---|---|---|---|
| Chinin . . . . | 0,001 mol | Cinchonamin . | 0,00005 mol | |
| Strychnin . . . | 0,00025 „ | Nikotin . . . | kalt gesättigte Lösung | |
| Brucin . . . . | 0,001 „ | Coniin . . . | | |
| Kokain . . . . | 0,001 „ | Papaverin . . | | |
| Koffein . . . . | 0,01 „ | Narkotin . . | | |
| Pyrrol . . . . | 0,01 mol | Piperidin . . . | 0,01 mol | |
| Pyridin . . . . | 0,01 „ | Chinolin. . . . | 0,01 „ | |

### c) Methoden zur Erzeugung bivalenter Zellen bei Spirogyraarten.

Durch eine Reihe von experimentellen Eingriffen ist es möglich, in jedem beliebigen Stadium die Kernteilung bei Spirogyraarten zu beeinflussen und je nach dem Grade, wie weit diese schon vorgeschritten ist, entweder zweikernige Zellen oder solche mit einem bivalenten Kern oder gelegentlich auch kernlose Zellen zu erhalten.

1. Der Einfluß niederer Temperatur. Die Kern- und Zellteilung der Spirogyren findet während der Nacht statt und zwar um Mitternacht[1]. Schon Strasburger konnte durch niedere Temperatur den Eintritt der Kernteilung bis in die Morgenstunden verzögern. Wenn man ein mikroskopisches Präparat mit Spirogyren, welche im Begriff stehen, sich zu teilen, kurze Zeit der Einwirkung niederer Temperatur aussetzt, etwa 0° C für 5 bis 15 Minuten, so wird die Teilung des Kernes in frühen Stadien gehemmt (mit Ausnahme der ersten Stadien, in denen der Kern wieder in den Ruhezustand zurückkehrt), es entsteht dann ein Kern mit der doppelten Chromatinmasse. Erfolgt nachträglich dann noch die Zellteilung, so entsteht eine Zelle mit einem großen Kern, dazu eine kernlose Schwesterzelle, die aber nach einiger

[1] Bei den Spirogyren kann man infolge des großen Kernes die Teilung gut in vivo beobachten.

Zeit zugrunde geht. Wie bei Spirogyraarten läßt sich diese Methode auch bei anderen Zygnemaceen mit Erfolg anwenden.

2. Der Einfluß von narkotischen Stoffen. Ganz den gleichen Erfolg erzielt man, wenn man die sich teilenden Spirogyrazellen gewissen narkotischen Stoffen aussetzt.

α) *Chloralhydrat.* Zu 100 cm³ Standortswasser oder Nährlösung gibt man 0,25 bis 1,5 cm³ gesättigte Chloralhydratlösung zu (Löslichkeit 4,74 : 1), rührt die Lösung gut durch und trägt zur Nachtzeit die sich teilenden Fäden ein. Nach einer Einwirkungszeit von 15 Minuten bis zu mehreren Stunden überträgt man die Algen wieder in reines Standortswasser, bzw. Nährlösung. Nach einigen Tagen kann man bei mikroskopischer Prüfung ganz die gleichen Bilder erhalten, wie sie eben geschildert wurden. Weit sicherer verläuft ein derartiger Eingriff, wenn man die Lösung auf eine ganz bestimmte Zelle, resp. deren mehrere eines Fadens unter mikroskopischer Kontrolle und in ganz bestimmt ausgewähltem Stadium der Mitose einwirken läßt. Der Zellfaden wird dann auch isoliert weiterkultiviert.

β) *Chloroform und Äthyläther.* Von ganz entsprechender Wirkung sind Chloroform und Äthyläther in geeigneten Konzentrationen, und zwar gibt man zu

100 cm³ Standortswasser (Nährlösung) 0,42—2,5 cm³ Äther
100 cm³ „ „ 1,25—7,5 cm³ Chloroform.

Die Expositionszeit ist die gleiche wie für Chloralhydrat.

3. Der Einfluß des Zentrifugierens. Außer der Beeinflussung der Kernteilung auf chemischem Wege ist es möglich, den Kern durch mechanischen Eingriff während der Mitose zu stören oder aber den ruhenden Kern mechanisch zu reizen, so daß seine nächste Teilung häufig abnorm verlaufen kann. Solche mechanische Beeinflussung erfolgt durch Zentrifugieren der Spirogyrafäden. Zu dem Zwecke läßt man die Zentrifugalkraft in der Längsrichtung der Zellen angreifen. Die Algenfäden müssen deshalb in den Zentrifugengläsern festgelegt werden. Nach PFEFFER kann man sie eingipsen. Leichter anzuwenden ist die folgende Methode nach VAN WISSELINGH. In die Zentrifugengläser werden mittels durchbohrter Korkpfropfen kurze Stücke engerer Glasröhren eingesetzt, deren unteres Ende unvermittelt zu einer unten zugeschmolzenen Kapillare ausgezogen ist (Abb. 192). In diese Glasröhre bringt man die Spirogyrafäden, so daß sie zu mehreren in den Kapillaransatz zu liegen kommen. Hier kann dann eine Verlagerung während des Zentrifugierens nicht eintreten. Zu den Versuchen genügt eine Zentrifuge mit kurzem Achsenabstand der Gläser und einer Leistung von etwa 3000 Touren pro Minute.

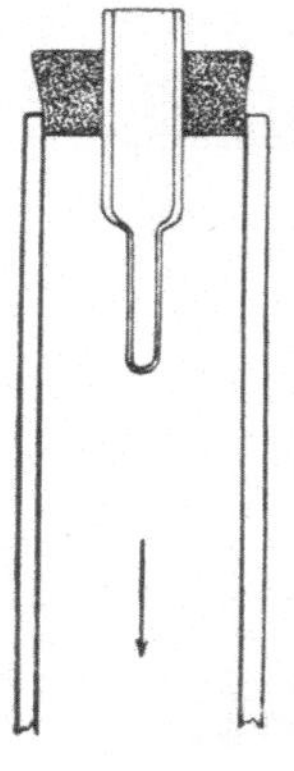

Abb. 192. Erklärung im Text (Original).

Wie in den Versuchen mit chemischen Stoffen, treten neben großkernigen Zellen solche mit zwei Kernen und auch kernlose Zellen auf. Das Verfahren läßt sich auch mehrere Male nacheinander anwenden.

### d) Experimentelle Herstellung bivalenter Protonemazellen bei Laubmoosen.

Die von GERASSIMOFF für Spirogyrazellen angegebenen Methoden zur Beeinflussung der Kernteilung hat FR. VON WETTSTEIN (1924) auf die Zellen des Protonemas der Laubmoose übertragen. Die Methoden sind hier die gleichen. Es erübrigt nur, speziell für die Behandlung des Protonemas einige Angaben zu machen.

Als besonders geeignet erwiesen sich die Protonemen von Funaria hygrometrica und Bryum caespiticium. Die Sporen werden auf Agar mit Nährlösung ausgesät (1,5% Agar + 1% Nährlösung nach KNOP oder BENECKE). Die Keimlinge läßt man einige Tage bei hellem diffusen Licht oder starkem künstlichen (künstliche

Sonne)[1] wachsen. In den ersten Nachtstunden zwischen 9 und 12 Uhr teilen sich die Zellen. Die Schalen mit den Keimlingen werden dann nach einer der angegebenen Methoden behandelt. Für Narkotika empfiehlt sich nur die Einwirkung schwacher Äther- oder Chloroformatmosphäre während 2 Stunden. Die Konzentration der Chloralhydratlösung muß 0,01 bis 0,001 % betragen. Nach dieser Behandlung werden die Schalen sofort wieder unter günstige Wachstumsbedingungen gebracht. Schon nach 1 bis 2 Tagen zeigt sich das Ergebnis. Die sich hauptsächlich teilenden Spitzenzellen der Protonemen zeigen bei dieser Behandlung entweder einen großen Kern oder zwei Kerne.

Weit sicherer aber ist der Erfolg des Eingriffes, wenn man einzelne Protonemazellen bei direkter Beobachtung behandelt und dazu noch ein ganz bestimmtes Stadium der Kernteilung auswählt. Die Kernteilungen kann man in den Spitzenzellen bequem in vivo beobachten, wenn man dazu Zellen mit wenig Chlorophyll aus Agarkulturen verwendet.

Die betreffenden Keimlinge werden auf wenig Agar in feuchter Kammer auf den Objektträger gebracht. Bei Beginn des Diasterstadiums (die Äquatorialplatten sieht man deutlich auseinanderweichen) wird Chloralhydrat zugesetzt. Die Teilung geht dann zurück, der Kern rundet sich ab und unterläßt jede weitere Teilung. Hierauf werden die Präparate gut abgespült und mit Nährlösung beschickt, später wieder auf Agar übertragen. Nach einigen Tagen ist das Ergebnis des Eingriffes schon sichtbar.

### B. Experimentelle Beeinflussung der Reduktionsteilung.

Die Methoden zur Beeinflussung der Reduktionsteilung sind im Prinzip die gleichen, wie sie für die somatische Teilung schon besprochen wurden. Die Verschiedenheiten der zu behandelnden Objekte erfordern natürlich gewisse Modifikationen, auf die im folgenden kurz eingegangen werden soll.

#### a) Störung der Reduktionsteilung im Sporogon der Laubmoose.

Diese von Fr. von Wettstein (1924) ausgearbeitete Methode beruht auf der Beeinflussung der Reduktionsteilung durch Chloralhydrat. Der Eingriff muß in bestimmten Reifungszuständen der Sporogone erfolgen. Die Zeit der Reduktionsteilung ist schon äußerlich erkennbar an der Verfärbung von Ring und Deckel (z. B. bei Funaria hygrometrica und Physcomitrium pyriforme). Es wird jedoch notwendig sein, zuvor den Zustand des sporogenen Gewebes der Sporogone zu studieren, um den richtigen Zeitpunkt allein nach dem Aussehen der Sporogone auswählen zu können.

Die Kapsel des Sporogons wird mit der feinen Nadel einer Injektionsspritze vom Halsteil aus angestochen, die Nadel dann bis in das Assimilationsgewebe vorgetrieben, welches nach außen die sporogene Schicht umgibt. Die wirksame Lösung wird dann in das interzellularenreiche Assimilationsgewebe injiziert, wo sie dann zu den Sporenmutterzellen hindiffundiert. Als Lösungen kommen 0,01 % Chloralhydrat, welches in dieser Konzentration bei Funaria gerade optimal wirksam ist und 0,1 % Kalisalpeter, ebenfalls von optimaler Wirkung, in Betracht.

Die so behandelten Sporogone verbleiben dann an der Mutterpflanze bis zur vollständigen Reife. Die reifen Sporen lassen zumeist eine ± große Mannigfaltigkeit von Verschiedenheiten erkennen, je nach dem Stadium der Teilung, in welchem sie von der wirksamen Lösung angegriffen wurden. Die Aussaat der Sporen erfolgt auf Nährlösungsagar.

---

[1] Über die künstliche Sonne vgl. M. Hartmann, Untersuchungen über die Morphologie und Physiologie des Formwechsels der Phytomonadinen (Volvocales). Arch. f. Protistenkunde 1921. Bd. 43, S. 223 und dieses Handbuch Bd. 1, S. 750.

### b) Störung der Reduktionsteilung in Pollenmutterzellen.

Um Pollenkörner mit abweichenden Chromosomenzahlen zu erhalten, muß der störende Eingriff in die junge Blüte ebenfalls zur Zeit der Reduktionsteilung erfolgen. Das richtige Alter der Blüten läßt sich nur durch eingehende Untersuchung feststellen. Als geeignetes Störungsmittel ist am meisten veränderte Temperatur zu empfehlen, entweder plötzlich einsetzende erhöhte Temperatur oder niedere in der Nähe des Nullpunktes. Allein diese Methoden gewähren — bislang wenigstens — die größte Aussicht auf die spätere Lebensfähigkeit der veränderten Pollenkörner.

$\alpha$) *Einwirkung höherer Temperatur.* Als in dieser Hinsicht geeignetes Objekt, fand Sakamura (1926) die Liliacee Gagea lutea.

Die Zwiebeln dieser Pflanze werden zu Ende Herbst aus dem Freilandboden ausgegraben, in Töpfe gesetzt und ziemlich dunkel den Winter über bei niederer Temperatur gehalten (etwa $-2{,}5$ bis $+10^{\circ}$ C). Von diesem Vorrat entnimmt man die Pflanzen zu den Versuchen. Die jeweils benötigten Versuchsobjekte setzt man zu mehreren in am besten rechteckige Tonkästen in Erde, derart, daß die Zwiebeln von dieser bedeckt sind, die schon hervorsprossenden Blätter, die im Innern die Blüte bergen, aber über die Erde hervorragen. Die so beschickten Tonkästen werden nun eine bestimmte Zeit im Thermostaten erhöhter Temperatur ausgesetzt, darauf wieder in den dunklen und kühlen Raum bis zur Untersuchung, resp. Verwendung zurückgebracht und aufbewahrt (3 bis 6 Tage). Von hier aus gelangen die Pflanzen dann zum Austreiben (Weiterentwicklung des Pollens und Aufblühen) in ein Warmhaus ($13^{\circ}$ bis $31^{\circ}$ C).

Die Einwirkung der höheren Temperatur auf die sich teilenden Pollenmutterzellen ist verschieden, je nach der Temperatur und der Dauer ihrer Einwirkung und dem jeweiligen Teilungszustand zu Beginn der Wärmewirkung. Als günstig hat sich folgende Dosierung erwiesen. Die Temperatur braucht $30^{\circ}$ C nicht zu überschreiten ($40^{\circ}$ wirkt meist nur schädigend). Setzt man die Pflanzen etwa 8 Stunden lang dieser Temperatur aus, so sind die Störungen im allgemeinen nur gering, bei 15stündiger Dauer der Einwirkung sind sie dagegen beträchtlich. Verlängert man die Exposition darüber hinaus, so ist die Wirkung meist schon letal.

Die bei diesem Störungsprozeß eintretenden Wirkungen sind von der gleichen Mannigfaltigkeit, wie sie oben für die Moossporen schon geschildert wurden.

Sollen mit diesen Pollenkörnern Keimungsversuche unternommen werden, so empfiehlt sich folgendes Substrat als am besten geeignet:

| | |
|---|---|
| Agar-Agar . . . . . . . . . . . . . . | 0,5 g |
| Rohrzucker . . . . . . . . . . . . . . | 6,0 g |
| Dest. Wasser . . . . . . . . . . . . . | 50,0 $cm^3$ |
| ph. . . . . . . . . . . . . . . . . . | 6,0 |

Durch Zusatz von $n/10$ Salzsäure wird der *ph* verändert. Im allgemeinen ist bei etwa $30^{\circ}$ C $ph = 6{,}0$ am günstigsten.

Die optimalen Keimungsbedingungen sind verschieden je nach der Größe der Pollenkörner. Die größeren keimen meist früher unter günstigen Bedingungen und wachsen üppiger als die normalen und kleineren.

$\beta$) *Einwirkung niederer Temperatur.* Anschließend an die Behandlung sehr junger Antheren mit höherer Temperatur soll hier auch die entsprechende Methode mit niederer Temperatur angegeben werden.

Als geeignete Objekte erwiesen sich bislang Epilobiumarten (Epilobium angustifolium, Epilobium hirsutum).

Die zu den Versuchen verwendeten Pflanzen werden entweder im Freiland oder in Töpfen gezogen. Zur Störung der Reduktionsteilung werden die Blütenstände im geeigneten Altersstadium tiefen Temperaturen ausgesetzt. Zu dem Zwecke werden sie am Abend mit Leinentüchern umhüllt und so in einen doppelwandigen Blechzylinder eingeführt, dessen Zwischenwandraum mit einer Kältemischung gefüllt ist. Zu den Blütenständen gibt man ein Minimumthermometer. Das Temperaturminimum wird innerhalb von 2 Stunden etwa erreicht und gleicht sich dann allmählich bis zum anderen Morgen aus. Temperaturen von 4° bis 5° C werden von den Pflanzen ohne Schaden ertragen.

Die Pollenkörner von Epilobiumarten und anderen Onagraceen besitzen normalerweise 3 Keimporen, während die diploid gewordenen deren 4 tragen. Bei den Kältepflanzen tritt eine auffällige Vermehrung der Pollenkörner mit 4 Keimporen auf, ferner solcher mit mehr als 4 und mit weniger als 3 Poren.

Bis heute ist die zytologische Untersuchung dieser beeinflußten Pollenkörner noch nicht erfolgt, auch ihre Lebens- und Befruchtungsfähigkeit ist nicht bekannt (MICHAELIS 1926).

#### c) Störung der Reduktionsteilung in Embryosackmutterzellen.

Ganz entsprechend der Beeinflussung der Reduktionsteilung der Pollenmutterzellen kann man auch diejenige der Embryosackmutterzellen durch niedere Temperatur stören. Die Objekte und die Methode sind die gleichen.

Der Erfolg der Behandlung ist im wesentlichen gleich dem bei den Pollenkörnern erreichten, obwohl auch hier noch nicht feststeht, ob die derart beeinflußten Embryosäcke lebens- und befruchtungsfähig sind (MICHAELIS 1926).

### C. Weitere Methoden.

#### a) Regeneration von diploidem Sporophytengewebe bei Archegoniaten.

Die Archegoniaten, welche bekanntlich eine selbständige Haplophase besitzen, regenerieren z. T. mit großer Leichtigkeit aus abgetrennten Stücken des diploiden Sporophyten ebenfalls — soweit untersucht — diploides Gewebe, welches aber dem Gametophyten in allen Zügen gleicht. Auf diesem z. T. sehr leicht gangbaren Weg der Regeneration lassen sich also Organismen mit der doppelten Chromosomenzahl erhalten. Bei den Laubmoosen sind die Erfolge mit dieser Methode bei einigen Vertretern von bestem Erfolg. Soweit Lebermoose geprüft wurden — bislang nur Anthoceros (BORNHAGEN 1926), da bei den allermeisten der Sporophyt ein sehr schnell vergängliches Gebilde ist — besteht keine Aussicht auf erfolgreiche Weiterkultur der geringen Regenerate. Die Anwendung dieser Methode bei den leptosporangiaten Farnen verspricht immerhin nach den einleitenden bisherigen Versuchen Erfolge, obwohl bislang nie versucht wurde, die erhaltenen Regenerate weiterzuverfolgen.

α) *Regeneration von diploiden Seten bei Laubmoosen.* Die schon seit langer Zeit bekannten und mehrfach wiederholten Regenerationsversuche werden folgendermaßen angestellt. Zum Versuche brauchbar sind die Seten junger Sporogone von einer Länge von 5 mm, die noch keine Kapselbildung erkennen lassen, bis zum fast ausgewachsenen Zustand, in dem die Kapsel noch grün, die Sporen aber schon braun sind. Die Seta wird kurz über der Vaginula abgeschnitten. Den jüngeren ohne Sporogon schneidet man die äußerste Spitze in einer Länge von 1 bis 2 mm ab, den älteren mit Sporogon wird dieses mitten im Halsteil abgetrennt[1]. Die so präparierten Seten legt man aus auf Agar-Agar mit anorganischer Nährlösung (1,5% Agar + 0,1 bis 0,05% Nährlösung nach KNOP oder BENECKE[2]). Die Versuche werden in

[1] Die Seten werden dann in Stücke von 3 bis 4 mm Länge zerschnitten.

[2] oder auf sterilisiertem Quarzsand mit Nährlösung getränkt und später mit destilliertem Wasser nachgefeuchtet. Dieses letztere Substrat hat den Vorteil, daß evtl. Verpilzung der Seten viel geringer bleibt.

gewöhnlichen Petrischalen angesetzt, wobei die Setastücke möglichst steril entnommen und sterilisiert werden (mit sterilem Wasser abwaschen). Die beschickten Petrischalen stellt man an einem hellen Nordfenster auf, evtl. auch bei künstlichem Licht (künstliche Sonne).

Die Regeneration von Protonema tritt an beiden Polen der Setastücke auf, zuerst aber am apikalen Pole und hier auch am stärksten, oft sogar hier allein. In 3 bis 4 Wochen können schon deutlich sichtbare Protonemaräschen mit kleinen Pflanzen vorhanden sein.

Sehr geeignete Objekte sind Amblystegium serpens, Funaria hygrometrica, Bryum caespiticium (WETTSTEIN 1924) und Buxbaumia aphylla.

*β) Regeneration der diploiden Primärblätter bei leptosporangiaten Farnen.* Der Vollständigkeit halber und wegen des großen theoretischen Interesses sollen hier Regenerationsversuche mit abgetrennten Primärblättern von Farnen behandelt werden, obwohl solche Versuche noch weiterer methodischer Durcharbeitung bedürfen.

Die im allgemeinen weniger regenerationsfähigen Primärblätter werden sehr jung abgetrennt und auf feuchtes Substrat ausgelegt. Als solches kommen in Frage feuchter Sand, feuchter Lehm oder feuchtes Fließpapier. Die besten Erfolge sind bislang von K. GOEBEL erzielt worden mit Primärblättern von Pteris longifolia, welche relativ leicht Prothallien bilden sollen, die auch Sexualorgane entwickeln. Die Archegonien schienen abnorm zu sein. Geeignet sind nach GOEBEL ferner Osmunda regalis und Ceratopteris thalictroides. Oft treten an den Primärblättern als Regenerate auch Sproßknospen auf oder Mittelbildungen zwischen Prothallien und Blättern. Nach KÖHLER (1920) tritt Regeneration von Prothallien vornehmlich bei abgeschwächtem Licht auf, während bei intensiverer Beleuchtung Blätter regeneriert werden (auch WORONIN 1908).

b) Gewinnung von höheren Pflanzen mit abweichenden Chromosomenzahlen durch Pfropfung.

Eine Blütenpflanze mit doppelter Chromosomenzahl gewann auf experimentellem Wege zuerst H. WINKLER (1916), indem er zwei normale somatische Zellen zur Verschmelzung brachte. Diese Kernverschmelzung hat man allerdings nur indirekt in der Hand und ist dabei infolgedessen sehr vom Zufall abhängig.

Die Methode der Gewinnung solcher Pflanzen ist kurz folgende. Wenn in Pfropfversuchen, bei denen Reis und Unterlage von derselben Art stammen, an der Wundstelle zwei angeschnittene Zellen mit ihren Kernen zur Verschmelzung kommen, so muß eine Zelle von doppelter Valenz (tetraploid) entstehen. Diese Zelle kann nun möglicherweise zum Ausgangspunkt einer Adventivknospe werden, deren Zellen dann sämtlich didiploide Kerne enthalten.

Die praktische Ausführung der Pfropfung ist die gleiche wie sie auf S. 664 zur Gewinnung von Chimären angegeben ist. Als Objekte eignen sich krautige Pflanzen mit den gleichen Eigenschaften, die auch zur Gewinnung von Pfropfbastarden notwendig sind (vgl. S. 665). Die relativ geringe Wahrscheinlichkeit, eine solche didiploide Zelle in die Schnittfläche zu bekommen, macht natürlich bei derartigen Versuchen ein großes Material erforderlich.

## 5. Methoden zur Ermittlung des Einflusses der Außenbedingungen.

### A. Das Licht.

Morphogenetisch übt das Licht in mehrfacher Hinsicht tiefgreifenden Einfluß auf die Entwicklung der Pflanzen aus. Dieser kommt zum Ausdruck in der Ernährung der grünen Pflanzen und den damit in Zusammenhang stehenden Formänderungen der vegetativen Organe als auch der Produktion der Fortpflanzungsorgane. Auch bei manchen nichtgrünen Pflanzen treten ähnliche Einflüsse hervor. Spezifisch morphogene Wirkungen des Lichtes finden sich endlich bei einzelnen Organismen, die sich zeitweise oder dauernd in labilem Polaritätszustand befinden. Über die Methoden zur Ermittlung des Lichteinflusses sollen hier nur einige allgemeine Richtlinien gegeben werden.

1. Belichtung mit verschiedener Intensität. Methodisch ergibt sich zunächst die Anwendung der Intensitätsskala vom intensiven Licht (Sonnenlicht oder künstlichen Licht) bis zur völligen Verdunklung, ausgedrückt in Einheitskerzen. So läßt sich vollständiges Etiolement bei höheren und vielen niederen Pflanzen erzielen in völliger Dunkelheit, anderseits gradweise Übergänge zur normalen Entwicklung bei stufenweise zunehmender Intensität des Lichtes, wie das z. B. von KLEBS (1916 bis 1917) für das Prothallium der Farne in leicht reproduzierbaren Versuchen ausgeführt worden ist, sowie auch bei höheren Pflanzen.

2. Dauerbelichtung. Um die Menge des Lichtes, die zur Erzielung bestimmter Entwicklungsstadien oder -zustände notwendig ist, zu ermitteln, hält man die Pflanzen im Dauerlicht von gemessener Intensität.

3. Intermittierende Belichtung. Die Dauerbelichtung schafft insofern unnatürliche Verhältnisse für die Pflanze, als die rhythmische Verdunklung und die damit notwendig eintretenden rhythmischen Änderungen im Stoffwechsel der Pflanzen völlig unterbunden werden. Um die natürlichen Verhältnisse zu verwirklichen, setzt man die Pflanzen auch im Experiment rhythmischen Wechsel von Belichtung (mit Licht von gemessener Intensität) und völliger Verdunklung aus, indem die Dauer der Licht- und Dunkelperioden noch verschieden gegeneinander abgeglichen werden kann.

4. Belichtung mit monochromatischem Licht. Der Vollständigkeit halber soll hier noch die Belichtung der Pflanzen mit monochromatischem Licht erwähnt werden, welches entweder durch spektrale Zerlegung von allfarbigem Licht gewonnen wird oder durch geeignete flüssige oder feste Lichtfilter.

5. Spezielle Methoden. Über besondere Methoden soll hier auf einige Versuche hingewiesen werden (S. 655 und 656), bei denen besonders die Wirkung des Intensitätsfalles in Betracht kommt.

## B. Die Temperatur.

Eigentliche Thermomorphosen sind an pflanzlichen Organismen wohl nie beobachtet worden, wenngleich der Temperatur zusammen mit anderen Faktoren zweifellos gestaltbildender Einfluß zukommt.

Die Methodik der einschlägigen Versuche geht nicht über die Kultur im Thermostaten, evtl. bei gleichzeitiger Belichtung hinaus. Aus diesen Gründen sind hier kaum spezielle Versuche anzuführen, sondern es genügt ein Hinweis auf S. 632 und 674 und den folgenden Stigeoclonium-Versuch.

### Einfluß der Temperatur auf die Entwicklung von Stigeoclonium tenue.

Eines der wenigen Beispiele, in denen der Einfluß der Temperatur gestaltbildend in der Entwicklung zum Ausdruck kommt, stellt die Alge Stigeoclonium dar, wenn auch, wie später erörtert werden soll, dieser Einfluß sicher nur indirekt ist.

Die fadenförmige Alge wird in der von LIVINGSTON (1905) angegebenen Modifikation der Knopschen Nährlösung in flachen Deckelschalen und bei diffusem Licht kultiviert:

| | | |
|---|---|---|
| $n/1$ | $Ca(NO_3)_2$-Lösung . . . . . . . . | 1,5 $cm^3$ |
| $n/1$ | $KNO_3$. . . . . . . . . . . . . | 0,4 $cm^3$ |
| $n/1$ | $MgSO_4$-Lösung . . . . . . . . . | 0,4 $cm^3$ |
| $n/1$ | $K_2HPO_4$-Lösung . . . . . . . | 0,4 $cm^3$ |
| $n/100$ | $Fe(NO_3)_2$-Lösung . . . . . . . | 1,0 $cm^3$ |
| dest. Wasser aufgefüllt auf . . . . . . | | 1000 $cm^3$ |

In dieser Nährlösung wächst die Alge in der für sie charakteristischen Fadenform, die aus zylindrischen, langgestreckten Zellen aufgebaut ist, wenn die Kulturen bei Zimmertemperatur gehalten werden (17° bis 20° C).

Kultur bei niederer Temperatur ruft aber weitgehende Veränderung in der Entwicklung der Alge hervor. Um die Kulturen unter 5° bis 6° C zu halten, verfährt man folgendermaßen: Die Kulturschalen werden in größere eingestellt, die mindestens zu $^3/_4$ in Eiswasser eintauchen, so daß die Temperatur der Nährlösung etwa 5° bis 6° C beträgt. Die Intensität des Lichtes darf dabei nicht wesentlich geschwächt werden. Nach Verlauf von etwa 2 bis 3 Wochen sind sämtliche zylindrischen Fadenzellen übergegangen in die runde Palmellaform.

Der Erfolg der Wirkung niederer Temperatur deckt sich vollkommen mit demjenigen des erhöhten osmotischen Wertes der Kulturlösung (vgl. S. 640). Wahrscheinlich liegt auch hier erschwerte Wasseraufnahme als Grund für das Auftreten der Palmellaform vor.

## C. Chemische Stoffe.

Der Einfluß eines chemischen Stoffes auf die Entwicklung pflanzlicher Organismen kann mehrfacher Art sein. Als lebenswichtiger Körper anorganischer oder organischer Natur nimmt er durch Vorhandensein oder Fehlen Einfluß auf die Ernährung des Organismus, der in typischer Weise zum Ausdruck kommen kann (z. B. Nitrathunger). Als ± giftiger Stoff kann er in geeigneter Minimaldosis gestaltändernd in die Mechanik der Entwicklung eingreifen, er kann ferner stimulierend oder in anderer Weise in die Lebensvorgänge eingreifen. Als indifferenter Körper endlich kann er bloß durch seine Gegenwart in bestimmter Konzentration durch osmotische Wirkung die Wasseraufnahme durch die Zellen herabsetzen und so in vielen Fällen ebenfalls morphogenetisch wirksam sein.

Der Punkt 1 soll in diesem Zusammenhang nicht näher behandelt werden, obwohl er keineswegs bedeutungslos für die Mechanik der Entwicklung ist.

Die Methoden der Anwendung chemischer Stoffe auf die Entwicklung von pflanzlichen Organismen können sehr mannigfacher Natur sein, je nachdem es sich um solche handelt, die untergetaucht leben oder deren Vegetationskörper sich an der Luft befindet, ferner je nach dem Aggregatzustand des chemischen Stoffes.

### a) Untergetaucht lebende Organismen.

Der betreffende Stoff wird in geeigneter Konzentration, evtl. in Konzentrationsreihen mit Abstufung nach geometrischer Progression, der Nährlösung oder dem Standortwasser (Meerwasser) zugegeben, in dem der betreffende Organismus lebt.

In diesem Falle ist unter allen Umständen zu prüfen, was für Änderungen des chemischen Gleichgewichtes der Kulturmedien durch die Zugabe eintreten. Bei ungünstiger Änderung muß evtl. die Nährlösung vorher eine geeignete andere Zusammensetzung erfahren.

### b) An der Luft lebende Organismen.

Hier kommen im allgemeinen folgende Methoden der Applikation chemischer Stoffe in Frage.

1. Äußere *lokale Zuführung* des betreffenden Stoffes in Lösung, die durch Wattebäuschchen oder Fließpapier der geeigneten Stelle des Organs während längerer Zeit dargeboten wird oder die betreffenden Organe (z. B. Keimwurzeln) werden bestimmte Zeit in die Lösung eingetaucht.

2. *Injektion* bestimmter Mengen von Lösung des chemischen Körpers mit Hilfe einer Injektionsspritze der medizinischen Praxis (Pravazspritze). Oft wird es nötig

sein, vor der Injektion den Einstichkanal mit einer geeigneten Nadel vorzubohren, um Beschädigung der Injektionsnadel oder Verstopfen der Kanüle zu vermeiden (vgl. S. 673).

3. *Aufsaugen mit dem Transpirationsstrom.* Diese auch sonst für physiologische Experimente viel verwendete Art der Applizierung von gelösten Stoffen kann auf zweierlei Weise vorgenommen werden.

α) *Bewurzelte Pflanzen*, die sich natürlich für solche Versuche entweder nur als Topfpflanzen eignen oder aber als Pflanzen, die nach der Methode der Wasserkultur in Nährlösung kultiviert werden.

*Topfpflanzen.* Bei den in geeigneter Erdmischung aufgezogenen Pflanzen wird der im Topf steckende Wurzelballen mit der betreffenden Lösung begossen, und zwar so reichlich, daß Flüssigkeit unten aus dem Topf wieder abläuft. Diese Art der Verabreichung hat natürlich den Nachteil, daß die Konzentration des betreffenden Stoffes, der an die absorbierenden Wurzelhaare gelangt, infolge der Adsorption an den Bodenteilchen vollständig unkontrollierbar ist, ganz abgesehen von möglicherweise eintretenden chemischen Umsetzungen.

*Nährlösungskulturen.* Bei den in synthetischer Nährlösung von bekannter chemischer Zusammensetzung und ebenfalls bekannten chemisch-physikalischen Eigenschaften gewachsenen Pflanzen wird der chemische Körper der Nährlösung zugegeben, wie es oben für submerse Organismen beschrieben wurde. Die Nährlösungskulturen sind außerordentlich geeignet für derartige Versuche.

β) *Abgeschnittene Teile von Pflanzen.* Handelt es sich bei den Versuchen nur um Pflanzenteile, so werden diese mit der Schnittfläche in die Lösung eingestellt. Beim Abschneiden solcher Pflanzenteile (Organe, Sproßstücke) ist zunächst zu beobachten, daß diese nicht an der Luft abgeschnitten werden, sondern unter einer Wasserschicht oder gleich unter der betreffenden Lösung, und zwar mit einem scharfen Messer, nicht mit einer Schere, da sonst die Wasserleitungsbahnen zugedrückt werden. Wird diese Vorsichtsmaßregel nicht beachtet, so wird infolge des negativen Druckes in den Gefäßbahnen beim Abschneiden Luft in diese eingesogen und damit die Kontinuität der Wasserfäden unterbrochen. Ist das aber einmal eingetreten, so ist die Wassersaugung eines solchen Organes in Frage gestellt.

4. *Gasförmige Anwendung.* Für flüchtige Stoffe kommt endlich noch die Anwendung von Stoffen in Gasform in Betracht. Zum Zwecke der Begasung einer Pflanze wird diese als Topfpflanze unter einer Glocke von bekanntem Rauminhalt aufgestellt. Diese Glocke wird mit Fett auf eine geraubte Glasplatte aufgedichtet. Die Erde und der ganze Topf sind zum Schutze des Wurzelsystems entweder außerhalb der Glocke oder durch Sand gegen das Gas abgedichtet. Unter die Glocke stellt man nun in ein offenes Gefäß die flüchtige Substanz (fest, z. B. Kampfer, Thymol, Naphthalin u. a. oder flüssig, z. B. Äther, Chloroform, Benzol u. a.) in bestimmter Berechnung auf den Luftraum der Glocke, oder man leitet ein bestimmtes Volum Gas darunter (Leuchtgas, Azetylen, Schwefelwasserstoff u. a.). In ganz entsprechender Weise kann man diese Behandlung auch nur einzelnen Zweigen angedeihen lassen oder diese bei der Gesamtbehandlung der Pflanze ausschließen (vgl. dazu S. 676).

## Beispiele für die Wirkung chemischer Stoffe.

Zwei Beispiele mögen die morphogenetische Wirkung chemischer Stoffe erläutern:

1. *Experimentelle Hervorrufung von Riesenzellen bei Mucoraceen.* Eine in ihrem ursächlichen Zusammenhang noch nicht völlig erkannte eigentümliche morphogenetische Wirkung vermögen Säuren auf Pflanzenzellen auszuüben. Eingehender bekannt ist diese Erscheinung von Pilzhyphen, weniger von anderen Pflanzenzellen. Sehr geeignete Objekte in dieser Hinsicht sind die zuerst von RITTER (1913) ein-

gehender untersuchten Mucor spinosus und Mucor racemosus, obwohl auch andere Zygomyceten und Plectascineen brauchbar sind. Die Pilze werden in Stammkulturen auf geeigneten Agarnährböden kultiviert und von da für die Versuche abgeimpft. Die Versuche werden in Nährlösung ausgeführt, denen die betreffende Säure in bestimmter Konzentration zugesetzt wird. Die Pilze werden in kleinen Deckelschalen angesetzt. Die Nährlösung hat folgende Zusammensetzung:

| | |
|---|---|
| Traubenzucker . . . . . . . . . . . . | 4,0 % |
| Ammonnitrat . . . . . . . . . . . . | 0,7 % |
| Monokaliumphosphat . . . . . . . . . | 0,1 % |
| Magnesiumsulfat . . . . . . . . . . . | 0,1 % |

Die Säuren setzt man je einzeln zu, und zwar in den folgenden Konzentrationen, die sich als sehr geeignet herausgestellt haben:

| | |
|---|---|
| Zitronensäure . . . . . . . . . . . . | 0,020 mol. |
| Äpfelsäure . . . . . . . . . . . . . | 0,045 „ |
| Weinsäure . . . . . . . . . . . . . | 0,020 „ |
| Salpetersäure . . . . . . . . . . . . | 0,006 norm. |
| Salzsäure . . . . . . . . . . . . . . | 0,005 „ |

Die an sich sehr giftige Wirkung der Säuren übt in dieser Dosierung sehr wesentliche formative Wirkung aus. Die Sporen keimen nun nicht mehr zu einem für die Mucoraceen charakteristischen, fädigen, unseptierten Myzel aus, sondern wachsen zu relativ großen, kugligen bis birnförmigen Blasen aus, in denen zwar Teilung des ursprünglich in Einzahl vorhandenen Kernes eintritt (bis zu 20 bis 30), aber es erfolgt keine Wandbildung. Ein solches Gebilde muß darum als Riesenzelle angesprochen werden. Es kann bis zu 800 $\mu$ lang und 500 $\mu$ breit werden, bleibt dabei aber sehr zartwandig.

Die Riesenzellbildung ist zweifellos eine Wirkung der Wasserstoffionen, denn es läßt sich beim Ausschalten dieser Ionen aber unter Aufrechterhaltung des osmotischen Wertes der Lösung, selbst noch bei Steigerung dieses letzteren, in einer entsprechenden Nährlösung ein regelrechtes Auskeimen der Riesenzellen zu normalem Mukormyzel hervorrufen. Man kann die Riesenzellen entweder in eine gleiche Nährlösung übertragen, der aber weniger Säure als oben angegeben, zugesetzt wird, oder diese aber überhaupt umgehen, etwa durch eine der folgenden Nährlösungen:

| | | | | |
|---|---|---|---|---|
| Traubenzucker . . . 4 % | + | Pepton . . . 1 % | | |
| Kalisalpeter . . . . 1 % | + | Pepton . . . 1 % | + | Traubenzucker . . . 4 % |
| Kalisalpeter . . . . 4 % | + | Pepton . . . 1 % | + | Traubenzucker . . . 4 % |

2. *Experimentelle Hervorrufung der Kugelhefe bei Mucoraceen.* In einem gewissen Zusammenhang mit der Wirkung der Säureionen auf das Pilzmyzel, wie sie in der Bildung der Riesenzellen zum Ausdruck kommt, steht die Hervorrufung der sog. Mucorhefe (Abb. 193). Ihre Entstehung ist nur zum Teil auf die rein chemische Wirkung der verwendeten Stoffe zurückzuführen, zum anderen aber auf die weiter unten zu behandelnde osmotische.

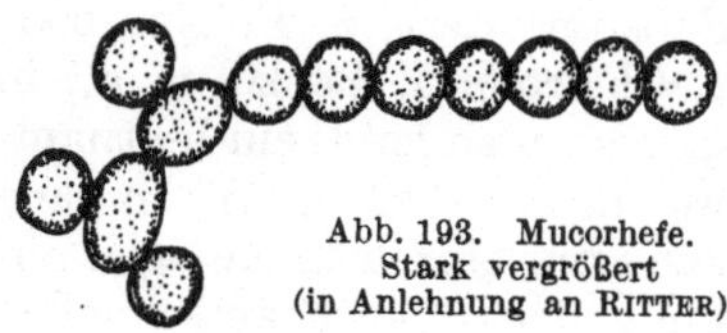

Abb. 193. Mucorhefe. Stark vergrößert (in Anlehnung an RITTER).

Die Kugelhefe ist oft und unter angeblich verschiedenen Bedingungen aufgetreten, die aber nicht immer im einzelnen kontrollierbar waren. Es gelingt aber unschwer, jederzeit die Kugelhefe zu erzeugen und vor allem sie als Summe zweier Einzelwirkungen zu charakterisieren, wie das zuerst wiederum von RITTER (1913) geschehen ist.

Die Mucorhefe unterscheidet sich vom normalen, vollständig unseptierten Myzel dadurch, daß sehr lebhafte Septierung der Hyphen eintritt, so daß die Zellen sehr kurz werden, und ferner durch ihr Bestreben, sich gegeneinander abzurunden und oft frei — hefeähnlich — zu sprossen. Diese beiden Schritte lassen sich je getrennt für sich erreichen. Sehr geeignet für die Versuche ist Mucor racemosus, ferner auch Mucor spinosus. Neben diesen beiden Mucorarten ergeben ganz ähnliche Resultate auch andere Zygomyzeten und Plectascineen (Aspergillus u. a.).

α) *Die Septierung des Myzels.* Unter dem Einfluß der erschwerten Wasseraufnahme tritt bei dem Myzel Neigung zur Querwandbildung auf, die gradweise gesteigert werden kann. In zuckerfreien Nährlösungen erreicht man diese Hemmung durch Erhöhung der Konzentration der Lösung durch Zugabe von möglichst unschädlichen Salzen, z. B. Kochsalz (vgl. auch S. 641). Fügt man zu einer 1proz. Peptonlösung in flacher Esmarch-Doppelschale Kochsalz in steigender Konzentration zu und beimpft mit Sporen von Mucor racemosus, so erhält man etwa folgendes Ergebnis:

| | | |
|---|---|---|
| 4 bis 5 % Kochsalz | . . . . . . keine | Septierung |
| 6 bis 8 % „ | . . . . . . schwache | „ |
| 9 % „ | . . . . . . lebhafte | „ |

Bei 11 % Kochsalz liegt das Maximum der Sporenkeimung für Mucor racemosus.

β) *Die hefeähnliche Abrundung der septierten Myzelzellen.* Mit der septierenden Wirkung der erschwerten Wasseraufnahme kann man nun noch die Wirkung verdünnter Säurelösung kombinieren, die in kugliger Auftreibung der Zellen, evtl. Lösung aus dem Fadenverbande besteht.

In die folgende Nährlösung werden wieder Sporen von Mucor racemosus (oder anderen) übergeimpft:

| | |
|---|---|
| Pepton . . . . . . . . . . . . . . . . . . . | 1,0 % |
| Kochsalz . . . . . . . . . . . . . . . . | 9,0 bis 9,5 % |
| Zitronensäure . . . . . . . . . . . . . . . | 0,5 % |

Bald nach dem Auskeimen der Sporen tritt Septierung und hefeartige Ausbildung des Myzels ein.

### D. Osmotische Einflüsse.

Unter osmotischen Einflüssen sollen hier der Kürze halber solche im weitesten Sinne des Wortes verstanden werden, soweit sie geeignet sind, die Wasseraufnahme durch die Pflanze zu kontrollieren, sowohl für im Wasser lebende als auch für an der Luft lebende Pflanzen. Entsprechend dieser Zweiteilung sind auch die Methoden zur Regulierung der Wasseraufnahme verschieden.

#### a) Verringerte Wasseraufnahme,

A. Methoden zur Beeinflussung der Wasseraufnahme für submerse lebende Organismen oder Organe höherer Pflanzen. Um einen direkt in wäßriger Lösung lebenden Organismus unter erschwerte Wasserversorgung zu bringen, gibt man der Kulturlösung ± indifferente Stoffe in höherer Konzentration zu, so daß der osmotische Wert der Lösung relativ hoch ist im Vergleich zu demjenigen der Zellsaftvakuole, die Wasseraufnahme in die Zelle also gegen den osmotischen Druck der Außenlösung erfolgen muß.

1. *Methoden für mikroskopische Organismen, welche auf oder in festen Nährböden wachsen.* Für mikroskopische Organismen, welche auf oder in gallertigen Nährböden gedeihen, läßt sich der Einfluß des Wassergehaltes in der Weise prüfen, daß man z. B. Nährgelatine von verschiedenem Wassergehalt herstellt, diese in geeignete Kulturgefäße gibt und sie mit den betreffenden Organismen beimpft.

Dieses Verfahren eignet sich z. B. für Bakterien, die entweder auf diesen Nährböden wachsen oder aber nach Überschichtung mit dem gleichen Medium in diesem. Es ist notwendig, sich evtl. bildendes Kondenswasser vor dem Beimpfen ablaufen zu lassen, evtl. die Reagenzgläser oder anderen Kulturgefäße mit der Oberfläche des Kulturbodens schräg nach unten aufzubewahren, so daß sich neubildendes Kondenswasser ablaufen kann, ohne mit den beimpften Organismen in Berührung zu kommen, wie das zuerst von SCHLITZER (1905) angewendet wurde. Für Bakterien eignet sich die Mischung von Gelatine und Kochscher Nährbouillon:

| | |
|---|---|
| Fleischextrakt . . . . . . . . . . . . . . . | 10 g |
| Pepton . . . . . . . . . . . . . . . . . | 10 g |
| Kochsalz . . . . . . . . . . . . . . . . | 5 g |

Diese Substanzen werden mit destilliertem Wasser zu 1000 $cm^3$ Lösung gelöst und mit Normalnatronlauge neutralisiert. Diese Nährlösung mischt man nun in steigenden Mengen mit Gelatine, und zwar nach nebenstehenden Verhältnissen. Die Beimpfung dieses Nährbodens erfolgt praktisch erst nach etwa 14 Tagen. Als Bakterien kommen die verschiedensten in Frage.

| Nährlösung | Gelatine |
|---|---|
| 30 | 70 |
| 40 | 60 |
| 50 | 50 |
| 60 | 40 |

2. *Methoden für Organismen, welche in flüssigen Nährmedien wachsen.* Von diesen Methoden mögen zwei Beispiele, welche den Algen und Pilzen entnommen sind, angeführt werden.

*Algen*: Ein sehr auffälliges Beispiel von der morphogenetischen Wirkung der Erhöhung des osmotischen Wertes der Nährlösung auf eine grüne Alge hat LIVINGSTON (1905) in Stigeoclonium tenue gefunden. Diese Alge wächst sehr gut in einer Modifikation der angegebenen Nährlösung nach KNOP, die folgende Zusammensetzung hat:

| | | |
|---|---|---|
| $n/1$ | $Ca(NO_3)_2$-Lösung . . . . . . . . . . | 1,5 $cm^3$ |
| $n/1$ | $KNO_3$-Lösung . . . . . . . . . . . | 0,4 $cm^3$ |
| $n/1$ | $MgSO_4$-Lösung . . . . . . . . . . . | 0,4 $cm^3$ |
| $n/100$ | $Fe(NO_3)_2$-Lösung . . . . . . . . . . | 1,0 $cm^3$ |

Diese kleinen Mengen der Stammlösung werden auf 899,6 $cm^3$ Lösung mit destilliertem Wasser aufgefüllt. Dazu wird dann noch zugegeben

$$n/1 K_2HPO_4\text{-Lösung} \ldots 0{,}4\ cm^3$$

und endlich weitere 100 $cm^3$ destilliertes Wasser.

In dieser 0,04proz. Nährlösung wächst die Alge fadenförmig. Die einzelnen Zellen sind dabei von zylindrischer Gestalt. Erschwert man aber die Wasseraufnahme durch Erhöhung der Konzentration dieser Nährlösung, indem man die oben angegebene auf das 50- bis 100fache vermehrt, so geht die Alge über in das sog. Palmellastadium. Die Zellen runden sich ab und zeigen $\pm$ stark ausgebildete Membranen. Die Fähigkeit zur Bildung von Zoosporen fehlt in diesem Stadium. Bei Rückübertragung in die schwache Konzentration tritt das Fadenstadium wieder auf und vice versa.

*Pilze*: Je nach der Natur des Pilzes empfiehlt sich eine anorganische oder organische Nährlösung, der dann hochprozentige Zusätze bestimmter Stoffe zugegeben werden. Dabei ist es keineswegs gleichgültig, welcher Art diese Stoffe sind, sondern je nach dem Nährwert oder -unwert für den Pilz ist der Erfolg verschieden.

Für die bekannten Schimmelpilze (Penicillium glaucum, Aspergillus glaucus, Aspergillus niger) eignet sich z. B. eine anorganische Nährlösung folgender Zusammensetzung, wie sie ESCHENHAGEN (1889) zuerst angegeben hat:

| | | | |
|---|---|---|---|
| $(NH_4)NO_3$ . . . . | 0,4 % | $CaCl_2$ . . . . . . | 0,01 % |
| $KH_2PO_4$ . . . . . | 0,2 % | Glukose . . . . . | 0,5 % |
| $MgSO_4$ . . . . . . | 0,02 % | | |

Dieser Nährlösung gibt man nun anorganische Salze in steigender Konzentration zu. Als solche eignen sich z. B. in maximaler Konzentration:

| | | | |
|---|---|---|---|
| $KNO_3$ . . . . . . | 22 % | NaCl . . . . . . | 19 % |
| $NaNO_3$ . . . . . . | 21 % | $CaCl_2$ . . . . . . | 18 % |

Andererseits kann man die für den Pilz wichtige Kohlenstoffquelle zugleich als osmotisch wirksame Substanz verwenden und dann zur anorganischen Nährlösung z. B. folgende Zusätze geben in maximaler Konzentration:

| | |
|---|---|
| Glukose . . . . . . . . . . . . . . . . | 50 bis 55 % |
| Glyzerin . . . . . . . . . . . . . . . . | 35 bis 45 % |

Zum Vergleich solcher Einwirkungen steigender Konzentrationen ist es notwendig, bestimmte und charakteristische Entwicklungsstadien zum Vergleich innerhalb der Reihenversuche zu wählen, wie etwa:

Zeitdauer bis zur Bildung bestimmter Fortpflanzungsstadien;

bei diesen die Erreichung bestimmter Reifestadien;

Zelldimensionen usw.

B. Methoden zur Beeinflussung der Wasseraufnahme für an der Luft lebende Organismen. 1. *Für Organismen von mikroskopischen Dimensionen.* Um mikroskopisch kleine Organismen unter dem Einfluß ganz bestimmter relativer Luftfeuchtigkeit zu untersuchen, bedient man sich vorteilhaft eines Verfahrens, welches RENNER (1919) angegeben und WALDERDORFF (1924) in großem Maßstabe verwendet hat.

Da in vielen Fällen die direkte Berührung der Objekte mit der osmotisch wirksamen Lösung Schädigungen herbeiführt, viele Organismen aber schon genügend Wasser aufnehmen, wenn ihnen dieses nur in Dampfform zur Verfügung steht, so kann man sich folgender Methode zur Kultur von Pollenschläuchen und vielen Pilzmyzelien bedienen.

*Die feuchte Kammer* wird aus einem hohlgeschliffenem Objektträger und einem Deckglas zusammengekittet. Auf das durch die Flamme gezogene Deckglas gibt man einen kleinen Tropfen des Nährsubstrates, auf dem der betreffende Organismus wachsen soll, etwas von der Mitte verschoben und läßt ihn an der Luft eintrocknen (steril). In geringer Entfernung davon setzt man unmittelbar nach dem Besäen des Kulturtropfens und vor dem Beginn des Versuches einen zweiten kleinen Tropfen einer geeigneten Salzlösung (z. B. Kochsalz), ohne daß jedoch die beiden Tropfen einander berühren und zusammenfließen können. Darauf wird das so präparierte Deckglas schnell umgedreht (Tropfen nach unten!) und mittels Vaselinering auf die Höhlung des Objektträgers luftdicht aufgesetzt.

In der feuchten Kammer stellt sich sehr bald ein Gleichgewicht der Luftfeuchtigkeit ein, welches der Dampfspannung bei bestimmter Temperatur über der betreffenden Salzlösung entspricht. Mit Hilfe der Dampfdruckerniedrigung durch die betreffende Konzentration der Salzlösung bei bestimmter Temperatur läßt sich leicht die jeweilige relative Luftfeuchtigkeit in der Kammer berechnen, so daß sich die Kammer auch für quantitatives Arbeiten verwenden läßt. Unter Zuhilfenahme einer ganzen Konzentrationsreihe der Salzlösung läßt sich die relative Luftfeuchtigkeit in beliebigen Grenzen variieren. Sehr wichtig ist die Konstanthaltung der Temperatur in der feuchten Kammer (bzw. ihrer Umgebung), da sonst bedeutende Änderungen des Dampfdruckes auftreten. Der osmotische Druck in den in der Kammer wachsenden Zellen der betreffenden Organismen entspricht in guter Annäherung dem osmotischen Druck der Salzlösung.

Spezielle Anweisung für verschiedene Organismen.

a) *Pollenschläuche.* Zur Kultur empfiehlt sich besonders Narbenschleim. Eine frische Narbe wird auf dem Deckglas auf kleinstem Bereich mehrfach hin- und hergewälzt, so daß ein kleiner Schleimtropfen zurückbleibt, der eintrocknen muß. Vorzüglich und für Pollen sehr verschiedener Pflanzen eignet sich der Narbenschleim von Önotheren. Ein anderes vielfach geeignetes Kulturmedium ist 10proz. Gelatine.

b) *Pilzmyzelien.* Für eine ganze Anzahl von Pilzen eignet sich 10proz. Gelatine (z. B. Thamnidium, Botrytis, Penicillium, Aspergillus u. a.). Alle Phycomyzeten (mit Ausnahme von Thamnidium) wachsen dagegen nicht auf Gelatine, sondern auf Agar und Pflaumendekokt.

Berechnung der relativen Dampfspannung in der feuchten Kammer.

Der Dampfdruck über einer Lösung beliebiger Konzentration wird berechnet nach der Formel

$$p - p_1 = \frac{P \cdot M \cdot p}{1000 \cdot s \cdot R \cdot T},$$

$p$ = Sättigungsdruck des Wassers in mm Hg:

| | |
|---|---|
| $15^0$ C = 12,8 mm Hg | $18^0$ C = 15,5 mm Hg |
| $16^0$ C = 13,6 ,, | $19^0$ C = 16,5 ,, |
| $17^0$ C = 14,5 ,, | $20^0$ C = 17,5 ,, |

$p_1$ = Dampfdruck der Lösung.
$P$ = osmotischer Druck der Lösung in Atmosphären
$M$ = Molekulargewicht des Lösungsmittels = 18
$s$ = spezifisches Gewicht des Lösungsmittels = 1
$R$ = Gaskonstante in Literatmosphären = 0,0821
$T$ = absolute Temperatur (Nullpunkt = — $273^0$),
(also z. B. $t = 18^0 : T = 291^0$).

Die Formel ergibt die Dampfdruckerniedrigung in mm Hg. Hieraus berechnet man die prozentuale Erniedrigung und findet damit auch die relative Dampfspannung über der Lösung in der feuchten Kammer.

Werte der relativen Dampfspannung über Kochsalzlösung bei $18^0$ C.

| G.M. | Relative Dampfspannung % | G.M. | Relative Dampfspannung % | G.M. | Relative Dampfspannung % | G.M. | Relative Dampfspannung % |
|---|---|---|---|---|---|---|---|
| | | 1,0 | 96,61 | 2,0 | 92,91 | 3,0 | 88,76 |
| 0,1 | 99,66 | 1,1 | 96,30 | 2,1 | 92,50 | 3,1 | 88,27 |
| 0,2 | 99,32 | 1,2 | 95,93 | 2,2 | 92,08 | 3,2 | 87,74 |
| 0,3 | 98,98 | 1,3 | 95,55 | 2,3 | 91,66 | 3,3 | 87,23 |
| 0,4 | 98,65 | 1,4 | 95,17 | 2,4 | 91,25 | 3,4 | 86,69 |
| 0,5 | 98,34 | 1,5 | 94,79 | 2,5 | 90,83 | 3,5 | 86,19 |
| 0,6 | 97,96 | 1,6 | 94,42 | 2,6 | 90,42 | 3,6 | 85,67 |
| 0,7 | 97,73 | 1,7 | 94,04 | 2,7 | 90,01 | 3,7 | 85,13 |
| 0,8 | 97,29 | 1,8 | 93,66 | 2,8 | 89,59 | 3,8 | 84,65 |
| 0,9 | 96,95 | 1,9 | 93,29 | 2,9 | 89,17 | 3,9 | 84,16 |
| | | | | | | 4,0 | 83,63 |

Will man die feuchte Kammer etwas größer gestalten, wodurch größere Konstanz der Dampfspannung in der Kammer erzielt wird, so kann man nach dem Vorgange von WALTER (1924) auf eine halbe Esmarchschale ein großes, quadratisches Deckglas mit Vaseline aufkitten (Abb. 194). Wenn man auf die Esmarchschale einen paraffinierten Pappring oder besser einen Glasring aufkittet, kann man auch kleine Deckgläser verwenden. Zur Sterilisierung wird das Deckglas vor dem Gebrauch durch die Flamme gezogen. Ein kleiner Tropfen Nährgelatine ist auf dem Deckglas angetrocknet und

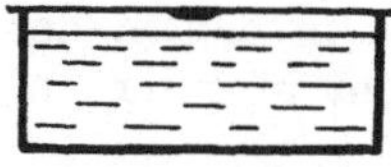

Abb. 194. Erklärung im Text (in Anlehnung an WALTER).

wird beimpft. Die Esmarchschale unter der Kultur wird mit einer entsprechend konzentrierten Salzlösung gefüllt bis etwa 2 mm unterhalb des Deckglases. Als wasseranziehende Lösung dient entweder eine Salzlösung oder Wasserschwefelsäuregemische.

2. *Für größere Organismen (höhere Pflanzen).* a) Feuchte Kammer für Keimpflanzen. Um keimende Samen oder Keimpflanzen dem Einfluß kontrollierter relativer Luftfeuchtigkeit auszusetzen, hält man sie in feuchten Kammern nach dem Prinzip der oben schon für mikroskopische Objekte beschriebenen. Eine Anzahl gleichgroßer Zylindergläser mit eingeschliffenem Stöpsel enthalten an diesem hängend z. B. Uhrgläser zur Aufnahme der Samen. Der Boden der Gefäße ist im Kontrollgefäß mit destilliertem Wasser, in den übrigen mit Schwefelsäurewassergemischen in steigendem Verhältnis in bestimmter Höhe bedeckt, so daß eine fortlaufende Reihe entsteht. Die Samen sind bei dieser Versuchsanstellung gezwungen, das Wasser in Dampfform aus der Luft aufzunehmen. Statt ungequollener kann man auch keimende Samen verwenden, besonders kleine Samen mit geringem Eigengehalt an Wasser (Lepidium sativum).

Relative Dampfspannung über Schwefelsäurewassergemischen

Gramm Schwefelsäure in 100 g Gemisch.

| $H_2SO_4$ % | Relative Dampfspannung % |
|---|---|
| 0 | 100 |
| 2 | 99 |
| 4 | 98 |
| 6 | 97 |
| 8 | 96 |
| 10 | 95 |
| 16,32 | 90 |
| 22,63 | 85 |
| 26,75 | 80 |

Statt der Schwefelsäure können auch Lösungen von anderen Stoffen wie Salze, Zucker, Glyzerin zur Herstellung bestimmter Dampfspannungen benutzt werden. Besonders Zuckerlösungen eignen sich gut zu den Versuchen, da sie wegen ihrer Unschädlichkeit gleich dazu benutzt werden können, um die Keimwurzel einzutauchen. Zu dem Zwecke werden entsprechende Gläser wie oben verwendet, die Rohrzuckerlösung in bestimmter Höhe enthalten. Die Keimlinge werden in feuchten Sägespänen in der bekannten Weise herangezogen und auf schräg eingestellten Glasplatten derart befestigt, daß die Keimwurzel in die Lösung eintaucht, der junge Sproß aber in die Luft ragt, welche die gleiche relative Dampfspannung hat wie die darunter befindliche Lösung.

b) *Bewurzelte Pflanzen.* Die Anwendung osmotisch wirksamer Lösungen kann man auch auf Topfpflanzen ausdehnen in gleicher Weise, wie es schon für die Einwirkung chemischer Stoffe dargelegt wurde. Der Topfballen wird mit der betreffenden Lösung, z. B. Salzlösungen begossen (1 bis 2proz. Kalisalpeter usw.) so stark, daß die Flüssigkeit unten wieder aus dem Topf abläuft.

*Nährlösungskulturen.* Weit besser kontrollierbare Ergebnisse sind aber mit Pflanzen zu erzielen, die in Wasserkultur gewachsen sind. Bei diesen werden Salz- oder isotonische Zuckerlösungen der Nährlösung zugegeben oder aber das Wurzelsystem taucht in die reinen Lösungen ein.

Als Kammer mit verminderter Luftfeuchtigkeit für größere Pflanzen benutzt man Glaskästen oder -glocken, unter denen die Pflanzen mit bekannter Zusammensetzung der Erde in den Töpfen Ausstellung finden. Die zugeleitete Luft wird mittels Chlorcalcium getrocknet. Die relative Luftfeuchtigkeit wird mittels des Aspirationspsychrometers gemessen.

*Verminderte Bodenfeuchtigkeit.* Soll gleichzeitig mit der Luftfeuchtigkeit auch die Wasseraufnahme aus dem Boden herabgesetzt werden, so kann man die Pflanzen in Nährlösungskulturen mit höherem osmotischem Wert wachsen lassen. Für Versuche von längerer Dauer eignet sich jedoch ein natürliches Substrat besser. Als solches werden Bodensorten mit genau bestimmter Wasserkapazität gewählt, deren Wässerung genau kontrolliert erfolgt. Wegen Einzelheiten sei nur auf RIPPEL (1919) verwiesen.

### b) Vermehrte Wasseraufnahme.

*Kultur von höheren Pflanzen im dampfgesättigtem Raum.* Auch das Gegenteil der zuletzt behandelten Methoden, Vermehrung der relativen Luftfeuchtigkeit vermag bei einer ganzen Anzahl von Pflanzen charakteristische Reaktionen auszulösen, die zum Teil auf anatomischem, zum Teil auch auf experimentell-morphologischem Gebiet liegen. Kurz hingewiesen sei hier nur besonders auf die Änderungen in der Anatomie des Blattes und auf die Entwicklung bestimmter Blatttypen oder deren Stellvertreter, wie sie bei vielen Pflanzen mit extrem-xerophilem Habitus hervorgerufen werden können.

Die Versuchsanstellung ist denkbar einfach. Unter Glaskästen oder -glocken von entsprechender Größe werden über einem wassergefüllten Untersatz die Versuchspflanzen in Töpfen aufgestellt. Im Bedarfsfalle kann man auch die Seitenwände mit feuchtem Fließpapier oder Leinwand belegen, die unten in das Bodenwasser eintaucht, um die Luftfeuchtigkeit in der ganzen Höhe des Raumes gleichmäßig hochzuhalten.

Als besonders instruktive Beispiele kommen neben anderen in Frage: *Festuca glauca* entwickelt statt der Rollblätter flach ausgebreitete. *Hakeaarten* bilden statt der nadelförmigen, gefiederten Blätter breite ungeteilte. *Muehlenbeckia platyclada* entwickelt an den bandförmigen Flachsprossen pfeilförmige Blätter, neu entstehende Sprosse sind im unteren Teil außerdem zylindrisch. *Ulex europaeus* entwickelt statt der bedornten Achseltriebe Rückschlagsprosse, welche statt der Dornen Blätter tragen.

## E. Mechanische Kräfte und die Schwerkraft.

Obwohl die in diesem Abschnitt zu besprechenden Methoden großenteils Anwendung finden in der experimentellen, entwicklungsmechanischen Anatomie der Pflanze, so sind doch viele von ihnen auch für andere Gebiete von Bedeutung und anwendbar auf mikroskopische wie makroskopische Organismen.

Allen vorangestellt werden möge der Gipsverband, welcher wegen seiner vielseitigen Anwendung die besondere Erörterung rechtfertigt.

Der Gipsverband. W. PFEFFER (1892) benutzte wohl als erster die Umkleidung von Pflanzen oder Pflanzenteilen mit einem Gipsverband, um Wachstum oder Bewegungen mechanisch zu hemmen.

Der Gipsverband kann dazu dienen, entweder das betreffende pflanzliche Objekt nur in seiner Lage zu fixieren, während an einem seiner Teile Operationen vorgenommen werden, oder aber er dient dazu, einmal das Wachstum gewisser Organe oder Organteile zu unterdrücken und dadurch ein anderes mit diesem in Korrelation stehendes zu fördern oder erst zu ermöglichen ohne den Gegenpart operativ entfernen zu müssen (vgl. dazu S. 672) und endlich andererseits das Verhalten des betreffenden Organs unter der allseitigen, mechanischen Hemmung durch den festen Verband selbst zu untersuchen.

Ein solcher Gipsverband wird den betreffenden Pflanzen angelegt, indem diese zunächst mit einer äußeren Form umgeben werden, welche behelfsmäßig aus Karton- oder Pappstücken, Holzstäben, Draht, Bindfaden, Korkpfropfen usw. flüssigkeitsdicht hergestellt wird.

In die geeignet hergerichtete Form wird nun der Gipsbrei hineingegossen und diese dann nach einiger Zeit nach dem Erstarren der Masse wieder entfernt.

Als Gips verwendet man für größere Objekte den gebrannten Gips des Handels, der je nach dem gewünschten Härtegrad des Verbandes mit einer $\pm$ großen Menge Wasser angerührt wird, etwa bis herunter zum Gewichtsverhältnis 1 : 1. Es ist darauf Rücksicht zu nehmen, daß die Dimensionen des Verbandes geeignet gewählt werden, da derart gehemmte Organe recht ansehnliche Drucke (bis zu etwa 10 Atm.) entfalten können.

Für kleinere, empfindliche Objekte, bis herunter zu solchen von mikroskopischer Größe ist die Verwendung des feinsten Stuckgipses anzuraten. Solche Objekte bringt man nach dem Vorgange PFEFFER in eine kleine Menge dünnen Gipsbreies zwischen zwei Glasplatten, evtl. Objektträger, welche man durch vorsichtigen Druck einander soweit nähert, daß die Objekte beidseitig an die Glasplatten heranreichen, diese berühren oder sogar ihnen anliegen. Sobald der Gips dieser kleinen Kammern erstarrt ist, umgibt man die Glasplatten mit Gummiringen, um deren Auseinanderweichen zu vermeiden. Die ganze Kammer wird dann endlich noch in verdünnte Nährlösung eingestellt und bei Verwendung grüner Objekte in geeignete Beleuchtung gebracht.

Die Entfernung des Gipsverbandes von den Pflanzenteilen geht bei geeignetem Anlegen und späterem Zerteilen ohne Schaden für die Pflanzen vonstatten. Es empfiehlt sich, evtl. den Verband in mehreren Schichten anzulegen, einzelne von diesen mit Farbstoff zu vermengen, damit man beim Entfernen leicht sehen kann, von wo ab mit größerer Vorsicht zu verfahren ist.

Bei radialer Druckwirkung, die kontinuierlich durch den Gipsverband erzielt wird, erhalten sich die Zellen der Meristeme lange Zeit hindurch unverändert. Hebt man dann die Wachstumshemmung wieder auf, so nehmen die Zellen das Wachstum wieder auf.

1. Anwendung von Druck in verschiedener Richtung. α) *Vermehrung des Eigengewichtes.* Die mechanische Inanspruchnahme von Tragachsen, welche z. B. die Achsen nickender Blüten oder Blütenstände erfahren (Helianthus, Dahlia u. a.) durch das Gewicht der daran hängenden Blüte oder des Blütenstandes, läßt sich künstlich erhöhen durch angehängte kleine Gewichte, wie das in neuerer Zeit von RASDORSKY (1926) ausgeführt wurde. Diese erhöhte mechanische Inanspruchnahme der Tragachsen ruft deren erhöhte Widerstandsfähigkeit (Biegungsfestigkeit) hervor, welche in einer Vermehrung und Verstärkung des mechanischen Gewebes zum Ausdruck kommt.

β) *Druck als Wachstumshindernis.* Das Mittel, um das Wachstum der verschiedensten Organe mechanisch zu hindern, ohne diesen irgendwelchen Schaden zuzufügen, ist der Gipsverband, der schon ausführlich beschrieben wurde (vgl. S. 644). Dieser Verband wird entweder um ganze Organe gelegt, so daß diese vollkommen eingeschlossen sind (z. B. Wurzel, Sproßgipfel, Früchte, Knospen, Blätter) oder aber er wird nur ringförmig um bestimmte Zonen der Organe gelegt, um deren Reaktion auf die lokale Hemmung zu erfahren (z. B. Differenzierung bestimmter Gewebezüge). Für solche Versuche eignen sich besonders krautige Pflanzen (GRABERT 1914, STOYE 1915).

2. Einfluß von dauerndem Kontakt auf Algenfäden. Eine Anzahl unter Wasser, auf Steinen u. a. mittels Rhizoiden festsitzender, grüner Algen läßt sich zur Rhizoidbildung oder zu mehrfacher, büschelförmiger Verzweigung der Rhizoiden veranlassen, wenn sie in Kontakt mit einem festen Gegenstand einige Zeit kultiviert werden. Um die zarten Algenfäden etwa von Ulothrix-, Draparnaldia-, Spirogyra-, Zygnema-, Mougeotia-, Cladophora-, Vaucheria-, Ödogoniumarten u. a. der Wirkung dauernden Kontaktes in Kultur auszusetzen, genügt es, die Fäden in Standortswasser oder auch in geeigneter Nährlösung zu halten, und zwar in einem mäßig großen Tropfen. Als Kulturgerät eignet sich der Objektträger. Die Algenfäden werden einzeln und in kleineren Stücken auf dem Objektträger kultiviert und mit einem Deckglas bedeckt. Dadurch wird dauernder Kontakt des Fadens mit der Unterlage erzielt. Das Wachstum der Fäden gestaltet sich besser, wenn das Deckglas weggelassen wird, um der Luft leichteren Zutritt zu gewähren,

obwohl der Kontakt in diesem Falle nicht mehr so intensiv ist. Bei beiden Versuchsanordnungen muß der Objektträger im feuchten Raum gehalten werden. Zu dem Zwecke benutzt man Doppelschalen von etwa 8,5 cm Durchmesser und etwa 3 bis 4 cm Höhe, die je einen Objektträger aufnehmen können. In die Mitte der Schale stellt man eine halbe, kleine Esmarchschale, auf welcher der Objektträger ruht, während der Boden der Doppelschale mit destilliertem Wasser bedeckt ist.

Die Kontaktkultur kann man ferner noch im hängenden Tropfen ansetzen. Dazu wird ein niedriger Glasring mit Vaseline auf einen Objektträger aufgekittet. Auf ein Deckglas von passender Größe wird in einen kleinen Tropfen der Algenfaden eingetragen, das Deckglas rasch umgekehrt und ebenfalls mit Vaseline auf den Glasring aufgesetzt. Der kleine Tropfen drückt den Algenfaden an den Objektträger an.

Um den Kontakt bei solchen Algenfäden auszuschalten, kann man sie in der Kulturlösung aufhängen. Dazu legt man ein ± großes Büschel — evtl. auch einzelne Fäden — auf eine Glasscheibe quer über einen feinen Seiden- oder Leinenfaden, den man dann über den Algen zusammenbindet, evtl. deren Enden beschneidet und nun an dem Faden in die betreffende Lösung hineinhängt. Meist spreitzen sich die Fäden, so daß gegenseitiger Kontakt vermieden wird (BORGE 1894).

3. Anwendung von Zug. *Aufhebung des Eigengewichtes.* Die Höhe einer aufrechtwachsenden Pflanze steht unter der dauernden Kontrolle des Querschnittes ihrer Achse sowie der mechanischen Eigenschaften der Gewebe dieser Achse. Diese gegenseitige Abhängigkeit der drei Größen läßt sich beeinflussen, indem man das Eigengewicht der Pflanze aufhebt. Das erreicht man dadurch, daß der Gipfel der Pflanze bandagiert und an zwei gegenüberliegenden Seiten an Fäden aufgehängt wird. Diese Fäden laufen über zwei kleine Rollen über der Pflanze an einem Gerüst und tragen je ein kleines Gewicht, so daß dadurch keinerlei Zug auf die Pflanze ausgeübt, sondern nur mehr das Gewicht der Pflanze äquilibriert wird. Eine derart suspendierte Pflanze (z. B. Tagetes erectus) wächst in der gleichen Zeit stärker in die Länge als die Kontrollpflanzen und ist später, wenn sie von ihrer Stütze befreit wird, nicht mehr in der Lage, ihr eigenes Gewicht zu tragen (RASDORSKY 1926).

4. Anwendung der Zentrifugalkraft. Um ganze Pflanzen oder Teile von solchen gesteigertem Schwerezug auszusetzen, läßt man Zentrifugalkräfte von verschiedener Größenordnung auf sie einwirken. Dazu sind von Fall zu Fall verschiedene Befestigungsvorrichtungen für die Pflanzen notwendig, von denen zwei auf den Seiten 630 und 662 angegeben sind.

Die Berechnung der Größe der Fliehkraft erfolgt nach der Formel

$$4{,}024 \cdot \frac{r}{t^2},$$

wobei $r$ = Radius in Metern (Abstand vom Rotationsmittelpunkt), $t$ = Dauer einer Umdrehung in Sekunden. Der Wert, welchen die Formel ergibt, drückt die Größe der Zentrifugalkraft aus in Vielfachen der Gravitationskonstante $g$.

### Einfluß der Zentrifugalkraft auf die Entstehung der Rhizoiden an den Brutkörpern von Marchantia.

Den Einfluß der Zentrifugalkraft auf die Entstehung der Wurzelhaare stellte zuerst W. PFEFFER (1874) fest. An den linsenförmigen Brutkörpern von Marchantia polymorpha gehen die Rhizoiden hervor aus hyalinen Zellen, welche sich auf beiden Flächen der Linse in zerstreuter Anordnung befinden. Die Feuchtigkeit der Luft, bzw. des Substrates übt den bestimmenden Einfluß aus, ob eine derartige Hyalin zelle (Rhizoidinitiale) auswachsen soll oder nicht. Das Auswachsen findet statt auf derjenigen Seite, die dem feuchten Substrat anliegt, oder bei sehr hoher Luftfeuchtigkeit auf beiden Seiten. Ein Einfluß der Schwerkraft tritt hierbei nicht in die Erscheinung, obwohl er zweifellos vorliegt, wie auch bei ähnlichen Gebilden. Man kann aber den Einfluß der Schwerewirkung leicht sichtbar machen, wenn man den Schwerezug vergrößert und ihn als Zentrifugalkraft in einem doppelten Versuch einmal in der Richtung der Wirkung der Feuchtigkeit und das anderemal gegen diese angreifen läßt.

Zu diesem Versuch bedient man sich leicht der Anordnung, die von PFEFFER benutzt worden ist (Abb. 195). Auf dem horizontalen Teller einer Zentrifuge wird eine gut mit Wasser getränkte Korkscheibe befestigt, auf welche ein etwa 3 bis 4 cm hoher zylindrischer Glasdeckel paßt und sich zur Rotation (evtl. mit Drahtbügel) befestigen läßt. An den beiden Seiten eines Durchmessers der Korkscheibe (etwa 1 cm vom Rande entfernt) befestigt man 2 gleich große quaderförmige Torfstücke. Nun wird je die senkrechte Innen- und Außenseite der Torfquadern, welche zum Rotationsmittelpunkt und von diesem weggewendet sind, mit Brutkörpern von Marchantia belegt, und zwar mit frisch aus dem Grunde von Brutbechern entnommenem (gleichförmigem) Material!

Der Rotationsapparat muß nun mehrere Tage laufen mit etwa 5 bis 6 Umdrehungen pro Sekunde. Bei einer Zimmertemperatur von 15 bis 17° nimmt das Auswachsen der Rhizoiden etwas längere Zeit in Anspruch als bei etwa 20 bis 26°, bei welch letzterer Temperatur es nach etwa 3 Tagen erreicht sein dürfte. Das Auswachsen der Rhizoiden wird zunächst an den antagonistischen, senkrechten Substratflächen stets zum feuchten Torf hin stattfinden. Diese Seite trägt allein Rhizoiden an denjenigen der vier Flächen, die dem Rotationsmittelpunkt zugewendet sind, bei denen also die Richtung der Zentrifugalkraft mit der Richtung der Substratwirkung zusammenfällt. An den beiden vom Mittelpunkt abgewendeten Torfflächen aber wachsen die Rhizoiden auch in den feuchten Luftraum hinein, in die Richtung der Fliehkraft, so daß die hier befindlichen Brutkörper auf beiden Flächen Rhizoiden tragen.

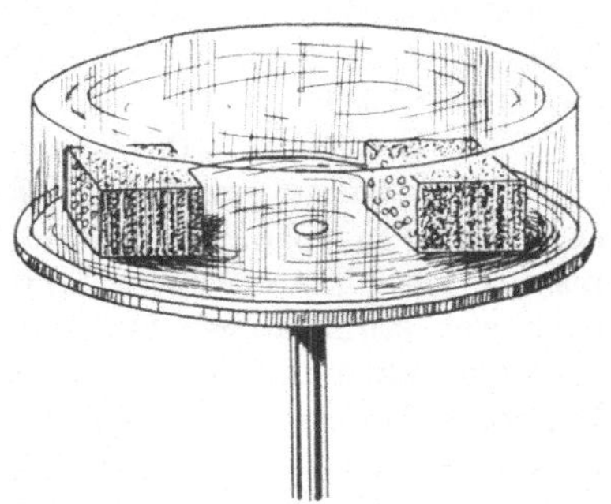
Abb. 195. Erklärung im Text (Original).

5. Zwangsweise anormale Exposition zur Angriffsrichtung der Schwerkraft. Es ist keineswegs gleichgültig für die morphologische, besonders aber für die anatomische Entwicklung und Differenzierung von vielen Achsenorganen, welche Lage sie zur Angriffsrichtung der Schwerkraft (also zum Erdradius) einnehmen. Die natürliche Orientierung solcher Organe fällt ± in die ausgezeichnete Richtung des Raumes. Plagiotrope Äste und Blattstiele aber sind ± senkrecht bis schräg zu ihr orientiert. Den morphogenen und histogenen Einfluß der Schwerkraft kann man leicht nachweisen, wenn man solche empfindliche Organe zwangsweise senkrecht zum Erdradius orientiert und längere Zeit so wachsen läßt.

Die zwangsweise Fixierung der Organe kann man auf zweierlei Weise vornehmen. Das Organ wird entweder in einen Gipsklotz eingegossen und damit auf einer geeigneten Unterlage befestigt. Der Gipsverband hat aber durch den allseitig wirkenden Druck den Nachteil, daß er die meristematische Tätigkeit verhindert. Besser eignet sich für diesen Fall die Fixierung der Organe durch eine Zugvorrichtung. Das Organ wird durch eine Bandage aus weichem Leder (evtl. Watte) mit Schnüren am freien Ende in die horizontale Richtung gezogen. Das Ende der Schnur läuft über eine Rolle oder Glasröhre oder dergleichen und trägt ein Gewicht, welches groß genug ist, um ein Ausweichen des Organs aus der Zwangslage zu verhindern.

Um Torsionen der Organe in dieser Lage zu vermeiden, kann man diese z. B. dicht unter der Aufhängungsstelle in einen kurzen, breiten und flachen Gipsklotz eingießen, welcher auf einer ebenen Unterlage aufliegt und folglich eine Drehung um die Längsachse ausschließt. Diese Methode ist besonders von Bücher (1906) ausgearbeitet worden.

Als Objekte kommen junge, wachsende Keimstengel von Ricinus communis, Vicia faba, Phaseolus multiflorus u. a. in Betracht, ferner von Blattstielen die jungen von Abutilon Darwinii, Sparmannia africana (beide radiär), Pelargonium zonale (anatomisch dorsiventral) und Phaseolus multiflorus (anatomisch und morphologisch dorsiventral).

Der Erfolg dieser zwangsweisen Beeinflussung des Wachstums zeigt sich schon nach wenigen Tagen in einem Anschwellen des Organs in der Hauptwachstumszone, und zwar schwillt die Unterseite des Querschnittes an. Der Einfluß in anatomischer Hinsicht besteht im allgemeinen in stärkerer Ausbildung der mechanischen Gewebe (Kollenchym, Bast, Holz) an der physikalischen Oberseite der Organe sowohl in quantitativer wie auch in qualitativer Hinsicht. Die Lumina der Zellen der physikalischen Unterseite werden viel größer (daher die Anschwellung).

Bei dorsiventralen Organen ist dieser Gegensatz der Beeinflussung am deutlichsten, wenn die morphologische Oberseite mit der physikalischen zusammenfällt (Neubert 1911).

Diese Erscheinung der Heterotropie wird als Geotropismus bezeichnet.

6. *Anwendung gewaltsamer Krümmung.* Das ganz entsprechende Wachstumsergebnis in morphologischer und anatomischer Hinsicht wie oben für den Geotropismus geschildert wurde, läßt sich erzielen, wenn eines der dort aufgezählten, noch wachstumsfähigen Objekte in etwa rechtem Winkel um einen Stab usw. gewaltsam gekrümmt wird und längere Zeit in dieser Stellung fixiert bleibt. Zur Fixierung benutzt man wieder die geschilderte Zugvorrichtung. Die betreffenden Organe werden um rechtwinklig gebogene Glasstäbe gekrümmt, welche mit dem langen Schenkel in die Erde des Topfes eingesteckt sind. Zum besseren Halt und um zu vermeiden, daß bei der weiteren Behandlung die Erde aus dem Topfe herausfällt, wird über die Erde eine Schicht Gips gegossen. Um dabei die einseitige Wirkung der Schwerkraft auszuschalten — sonst würden die Versuche ja die gleichen wie diejenigen zur Demonstration des Geotrophismus sein — müssen die derart behandelten Pflanzen an der horizontalen Achse des Klinostaten gedreht werden.

Die konkave Seite (Druckseite) des gekrümmten Organs zeigt nun die Anschwellung und das weitlumige Gewebe, wenig mechanisch ausgebildet, während die konvexe Seite (Zugseite) englumiges und mechanisch gut entwickeltes Gewebe erkennen läßt (Bücher, Neubert l. c.).

## 6. Methoden der Polaritätsversuche.

Eine bipolare Orientierung des $\pm$ zylindrischen, aufrechten Vegetationskörpers oder der Organe kommt darin zum Ausdruck, daß ein Gegensatz besteht zwischen der äußeren Form der beiden Pole, häufig auch ihrer Funktion und ihrer Reaktionsfähigkeit auf äußere Reize. Nicht in jedem Falle brauchen alle diese Eigentümlichkeiten verwirklicht zu sein. Diese Art der Polarität wird als Vertizibasalität bezeichnet.

Auch die flächigen (plagiotropen) Pflanzenkörper oder Organe können einen konträren Gegensatz zeigen, insofern die anatomische und funktionelle Ausgestaltung der Ober- und Unterseite und deren Reaktionsfähigkeit gegen bestimmte äußere Reize (z. B. das Licht) verschieden sind. Diese Art des polaren Gegensatzes bezeichnet man als Dorsiventralität.

Die polare Orientierung des ganzen Vegetationskörpers und seiner Organe läßt sich bis in die einzelne Zelle hinein verfolgen. Sie braucht aber normalerweise keinen besonderen sichtbaren Ausdruck zu finden, sondern sie tritt erst in die Erscheinung, wenn die Zelle bzw. das Organ isoliert oder auf andere Weise in die Lage versetzt wird, zu reagieren.

Neben diesen zellinhärenten Polaritätserscheinungen gibt es noch solche, die wahrscheinlich nur bedingt sind durch die Wachstumsrichtung und damit durch den Nährstoff- usw. Strom in der Pflanze oder ihren Organen. Diese Art der Polarität ist besonders dadurch charakterisiert, daß sie leicht umgekehrt werden kann.

## A. Ermittlung der polaren Orientierung.

### a) Sprosse holziger und krautiger Pflanzen.

*Salixarten.* Zur Ermittlung des polaren Baues holziger Sprosse bedient man sich am besten verschiedener Arten unserer Weiden, besonders nach den Untersuchungen VÖCHTINGS der Salix viminalis, Salix pruinosa u. a. Die Versuche können zu zwei verschiedenen Jahreszeiten angestellt werden.

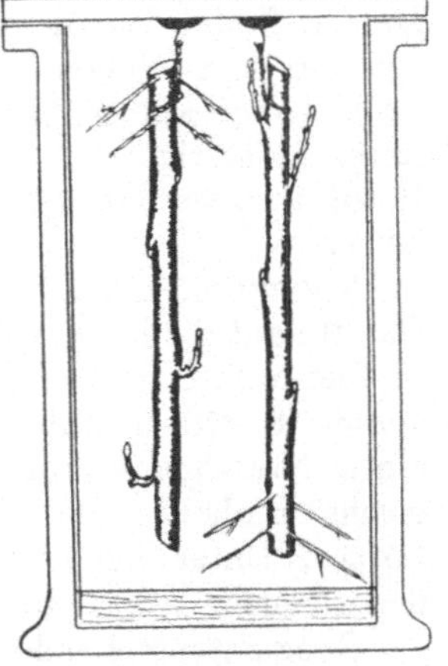

Abb. 196. Erklärung im Text (in Anlehnung an VÖCHTING).

1. Nach dem Trieb, etwa Ende Juni oder im Juli werden kräftige, aufrechte Zweige desselben Jahres geschnitten von mindestens 1 bis 1,5 cm Durchmesser und in Stücke von 15 bis 20 cm Länge oder auch 30 bis 40 cm Länge zerlegt. Es werden nur Stücke gewählt, die auf ihrer ganzen Länge möglichst gleichartig mit Blättern und Achselknospen versehen sind. Sämtliche Blätter werden bis zur Ansatzstelle entfernt. Es ist gut, die Sproßstücke dann 24 Stunden in Wasser zu legen, damit sie sich mit diesem sättigen können.

Damit die Zweige die ihnen innewohnende polare Orientierung äußern können, bringt man sie unter geeignete Bedingungen zum Austreiben der stehengebliebenen Achselknospen (für das nächste Jahr) und von Wurzelanlagen, die sich gewöhnlich zu beiden Seiten etwas unterhalb jeder Knospe vorfinden. Derartige Bedingungen sind dampfgesättigte Luft und gleichmäßige, d. h. für die ganze Längenausdehnung der Sproßstücke, Temperatur von etwa 20° bis 30° C. Außer Feuchtigkeit sind keine Nährstoffe notwendig, da diese in genügender Menge in den lebenden Geweben aufgespeichert sind. Zum Austreiben hängt man die Zweigstücke mittels einer Fadenschlinge innen an dem Deckel eines zylindrischen Glasgefäßes auf, so daß sie mindestens 4 cm vom Boden und den Wänden entfernt bleiben. Als feuchte Kammer dient ein Glaszylinder von geeigneter Höhe, dessen Boden etwa 1 bis 3 cm hoch mit Wasser bedeckt ist (Abb. 196). Die Zweige dürfen nicht eintauchen, sollen auch nicht zu nahe über dem Wasserspiegel hängen. Die Wände des Gefäßes sind innen mit Fließpapier ausgelegt, welches unten in das Bodenwasser eintaucht, damit allseits und besonders auch direkt unter dem Deckel gleichmäßige Luftfeuchtigkeit herrscht.

Die eine Hälfte der Weidenzweige wird in normaler Orientierung, die andere invers aufgehängt.

Um den Einfluß des Lichtes auszuschließen, wird das Versuchsgefäß im Dunkeln aufgestellt. Die Temperatur ist ein sehr wichtiger Faktor für das Gelingen des Versuches. Es ist unerläßlich, daß sowohl am Boden wie auch im oberen Teile des Gefäßes die gleiche Temperatur herrscht. Sobald ein Temperaturgefälle im Glase verwirklicht ist, wird die Äußerung der Polarität der Sprosse beeinflußt. Das gleiche gilt auch von der Luftfeuchtigkeit. Das Licht vermag ebenfalls die Reaktion der Sprosse zu beeinflussen, indem nämlich am Licht das Wachstum von Sprossen gefördert, dasjenige der Wurzeln aber gehemmt wird.

Das Auswachsen der Knospen erfolgt stets vorwiegend am apikalen, das der Wurzelanlagen am basalen Pole. Außerdem wird an den Schnittflächen der Sproßstücke meist ein kleiner Kallus gebildet, der am basalen Pole ebenfalls $\pm$ zahlreichen Wurzeln den Ursprung geben kann.

2. Der gleiche Versuch kann auch vor dem Austreiben der Knospen angestellt werden, z. B. im Frühjahr oder auch schon im Laufe des Winters. Die Stücke werden dann nach den gleichen Gesichtspunkten ausgewählt (Zweige mit Blütenständen sind ungeeignet). Man läßt sie jetzt zweckmäßig etwa die doppelte Zeit im Wasser liegen. Die übrige Behandlung der Objekte ist die gleiche wie oben schon angegeben.

In diesem Versuch ist der Zustand der Versuchsobjekte ein etwas anderer als wenn sie im Sommer geschnitten werden. Die Menge der Reservestoffe ist in den Sproßstücken im Winter bzw. Ausgangs des Winters ungleich größer als im Sommer. Darum findet bei diesen Sproßstücken eine viel größere Produktion von Seitensprossen und Wurzeln statt. Die Seitensprosse wachsen meist bis zur Mitte oder noch weiter am Stücke basalwärts hervor, nehmen aber vom apikalen Pol nach unten zu stetig an Größe ab. Ferner wachsen meist die Wurzelanlagen am ganzen Sproß aus, werden jedoch vom basalen Pol zum apikalen hin an Größe immer geringer.

VÖCHTING, der diese Versuche erstmalig und sehr eingehend ausgeführt hat, wandte auf die isolierten Sproßstücke noch eine Methode zur weiteren Unterteilung (Isolierung), d. h. von „Lebenseinheiten oder physiologischen Individuen“ an, die später (S. 670) ausführlicher behandelt wird. Es handelt sich dabei um Zerlegung eines derartigen Sproßstückes durch den sog. Ringelschnitt in mehrere physiologische Einheiten bei Aufrechterhaltung des Zusammenhanges durch den Holzkörper. Unter den beschriebenen Versuchsbedingungen reagieren diese sämtlich in der gleichen Weise wie das unzerlegte Stück.

Ganz entsprechende Ergebnisse erzielt man mit den saftigen, krautigen Stengeln verschiedener besonders günstiger Objekte, z. B. Impatiensarten: Impatiens sultani (Gewächshauspflanzen), Impatiens grandiflora (Gewächshauspflanzen), Impatiens parviflora (Freilandpflanze) oder auch mit Sproßstücken von Phaseolus multiflorus.

Die Versuchsanstellung ist genau die gleiche, wie sie oben beschrieben wurde. Diese krautigen Objekte unterscheiden sich von den Weidenstecklingen dadurch, daß sie zum allergrößten Teile keine ruhenden Knospen oder Wurzelanlagen besitzen, sondern die Organe als Neubildungen hervorbringen.

### b) Wurzeln holziger und krautiger Pflanzen.

Ganz entsprechend wie in den oben geschilderten Versuchen über die Äußerung der Polarität bei Sprossen, verhalten sich die Erscheinungen bei Wurzeln von holzigen und krautigen Pflanzen. Die Versuchsanstellung ist die gleiche wie für Sprosse. Besonders geeignet sind die Wurzeln von Populusarten, z. B. von Populus dilatata oder anderen Arten (Populus nigra var. pyramidalis) und von den krautigen Pflanzen Crambe maritima und Taraxacum officinale vor dem Austreiben im Frühjahr.

*Wurzeln von Populusarten.* Die Länge und Stärke der Wurzelstücke ist die gleiche wie für die Sprosse. Es sind Stücke zu wählen, die keine Seitenwurzeln tragen. Kleine Faserwurzeln werden abgeschnitten.

An beiden polaren Schnittflächen tritt die Bildung von Kallus auf. Der Apikalkallus ist meist von geringerem Umfang als der basale. Aus diesen Kalli gehen nun

Wurzeln (am apikalen) und $\pm$ zahlreiche Sprosse (am basalen) als echte Neubildungen hervor, während auch gelegentlich Wurzeln aus der Rinde in der Nähe des Spitzenpoles entstehen können.

Auch an diesem Objekt lassen sich die Ringelungsversuche wie an den Sprossen durchführen.

*Wurzeln von Crambe maritima.* Die sehr nährstoffreichen, dicken Wurzeln von Crambe maritima (Meerkohl) reagieren besonders leicht. Legt man im Herbst oder Winter etwa 10 bis 20 cm lange Stücke der Wurzeln in geeignete Deckelschalen auf feuchtes Fließpapier (am Licht oder im Dunkeln), so tritt an dünnen Wurzeln und an den apikalen Stücken größerer Wurzeln der polare Gegensatz von Spitze (Wurzeln) und Basis (Sprosse) in den Regeneraten scharf ausgeprägt hervor. Werden dagegen basale Stücke stärkerer Wurzeln verwendet, so findet zunächst an beiden Polen Kallusbildung statt. Der Basalkallus ist gewöhnlich kräftiger entwickelt. Beide Kalli aber bringen in diesem Falle zunächst Sproßknospen hervor. Diejenigen am Basalkallus treiben sehr schnell aus, während die am Apikalkallus korrelativ zurückgehalten werden. Erst nach einiger Zeit treten am Apikalkallus auch einige Wurzeln auf. Schneidet man in solche Wurzelstücke seitlich Kerben ein, so zeigen sich die zur Wurzelbasis blickenden Flächen der Kerben den akroskopen gegenüber stets gefördert.

Deutlicher als bei anderen Objekten geht aus diesen Versuchen mit der Crambewurzel hervor, daß der polare Gegensatz der beiden Wurzelenden sich in der unmittelbaren Nähe der Wurzelbasis mehr und mehr verwischt und der in die Erscheinung tretende Gegensatz zum größten Teil auf der korrelativen Beeinflussung des apikalen Poles durch den aktiveren basalen Wurzelpol beruht.

Diese letztere Eigentümlichkeit tritt besonders klar hervor, wenn das basale (Sproß-)Ende des Wurzelstückes mit einer kräftigen Gipskappe versehen wird. Nun entwickeln sich die Knospen am Apikalkallus ungehindert, so daß ein Unterschied gegen einen Basalpol nicht mehr vorhanden ist. Nach einiger Zeit treten auch Wurzeln an diesem Pol auf.

Mit diesen Ergebnissen befinde ich mich im Gegensatz zu JONES (1925), der erstmalig mit den Wurzeln von Crambe experimentierte.

*Wurzeln von Taraxacum officinale.* Auch mit den krautigen Wurzeln vom Löwenzahn lassen sich im Frühjahr vor dem Austreiben ganz entsprechende Erfahrungen gewinnen. An den beiden Schnittflächen tritt Kallusbildung auf, aus denen Wurzeln bzw. Sprosse hervorgehen.

Dieses Objekt reagiert außerordentlich leicht auf den Einfluß von Außenbedingungen wie Kontakt von flüssigem Wasser, Licht und Temperatur. Besonders wenn man die Stücke kleiner und kleiner wählt und endlich nur dünne Querscheiben schneidet, ist es sehr leicht, durch den Einfluß der erwähnten Bedingungen die normale Äußerung der Polarität ganz zu verdecken, wie das NEMEC (1908) gezeigt hat.

### c) Gewebestücke krautiger und holziger Pflanzen.

Eine Methode zur Ermittlung der Polarität der Zellen in Gewebestücken krautiger und holziger Pflanzen ist die der Transplantation. VÖCHTING (1892) hat als erster in ausgedehnten Untersuchungen gezeigt, daß ein glattes, normales Verwachsen von Gewebestücken nur dann erfolgt, wenn die Zellen von Implantat und Unterlage zueinander je die normale Orientierung besitzen wie sie sie an der Mutterpflanze gehabt haben. Stoßen aber durch veränderte Orientierung Zellen je nur mit den Spitzen- oder nur mit den basalen Polen zusammen, so verläuft die Verwachsung abnorm, indem durch $\pm$ tiefgreifende Heilungsvorgänge der Anschluß nur ungleichnamiger Zellpole, wie er ursprünglich in der Pflanze vorhanden war, wiederhergestellt wird.

Solche Transplantationsversuche lassen sich an einigen besonders geeigneten Objekten leicht durchführen.

*Krautige Pflanzen. Beta vulgaris.* Die Methode der Transplantationsversuche an der Runkelrübe ist ausführlich geschildert auf S. 663. Hier handelt es sich folglich nur darum, das Prinzip der Versuche zur Ermittlung der polaren Orientierung der Zellen an den Grenzflächen sowohl der Unterlage als auch des Implantats auseinanderzusetzen. Außer der Einsetzung des Implantats in normaler Orientierung im Kontrollversuch lassen sich im wesentlichen folgende verschiedene Änderungen der Orientierung des Implantats vornehmen (Abb. 197).

1. Drehung um die Longitudinalachse um 90°,
2. Drehung um die Longitudinalachse um 180°,
3. Drehung um die Radialachse um 90°,
4. Drehung um die Radialachse um 180°,
5. Drehung um die Longitudinal- und Radialachse je um 180°.

Das Ergebnis der hier geschilderten Möglichkeiten ist im wesentlichen folgendes:

An denjenigen Wundflächen, an denen gleichnamige Zellpole aufeinanderstoßen, findet nur mehr oder weniger vollständige Verwachsung statt. An den Verwachsungslinien und in deren nächster Umgebung tritt ± erhebliche Geschwulstbildung auf. Zwischen den Zellen des Implantats und der Unterlage finden in diesem Falle wohl Verwachsungen statt, aber es wird keine Verbindung durch langgestreckte Zellen hergestellt. Die gleichnamigen Pole der Zellen weichen einander aus, bis durch bogenförmige bis elliptische Umgehung eine Verbindung der ungleichnamigen Zellpole erreicht ist. Dabei entstehen dann leicht die ± umfangreichen Geschwulstbildungen an oder in der Nähe der Verwachsungsflächen bzw. Verwachsungslinien. Diese Heilungsvorgänge finden ihren stärksten Ausdruck im Verlauf der an den Verwachsungsstellen neu angelegten Gefäßverbindungen. Diese sind durch anatomische Untersuchung zu ermitteln.

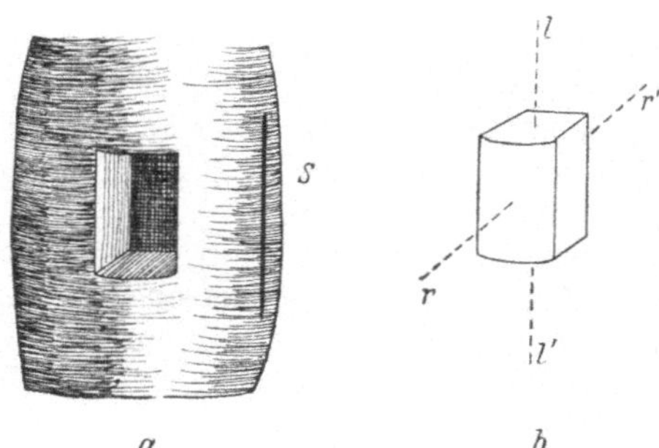


Abb. 197. Vergleiche den Text S. 652. a s = seitlicher Schnitt, b ll' = Longitudinalachse, rr' = Radialachse (nach VÖCHTING).

*Holzpflanzen.* Wie schon erwähnt, läßt sich der entsprechende Versuch zur Ermittlung der polaren Orientierung der Zellen höherer Pflanzen auch an verholzten Objekten ausführen, bei denen allerdings die Transplantationsmöglichkeiten wesentlich geringer sind als bei den fleischigen Organen. Es kommt dabei hauptsächlich Transplantation von Rindenstücken in Betracht, die sich bei der Pomacee Cydonia japonica relativ leicht ausführen lassen. Geeignete Objekte sind ferner Pirus malus und Salix viminalis.

Von kräftigen Zweigen hebt man im Frühjahr zur Zeit des Triebes (bei Saftfülle) rechteckige oder auch ringförmige Rindenstücke bis auf den Holzkörper ab. Setzt man diese Rindenstücke in normaler Orientierung am gleichen oder an einem fremden Zweig wieder lückenlos ein, so findet schnell glattes Anwachsen statt, wenn man die Implantate durch geeigneten, festen Verband mit Bast und Baumwachs gesichert hat.

Ganz anders aber erfolgen die Verwachsungsvorgänge, wenn die gelösten Rindenstücke mit inverser Orientierung ihrer Unterlage wieder eingesetzt werden. Ein normales Verwachsen gleichnamiger Zellpole ist auch hier nicht möglich. Anfangs zeigen sich auch hier kaum Besonderheiten. Aber schon am Ende der ersten Vegetationsperiode, stärker noch in den folgenden, schwillt das ursprünglich basale Ende des Implantats stark an, ebenfalls der angrenzende Teil der Unterlage. An der entgegengesetzten Seite der Verwachsungsstelle tritt ebenfalls Geschwulstbildung auf, aber wesentlich schwächer.

Häufig stirbt in späteren Jahren der über der Operationsstelle gelegene Teil des Zweiges ab, gelegentlich treten aber auch Gewebebrücken seitlich der rechteckigen Implantate auf, die den unteren mit dem oberen Teil der unverletzten Rinde mit normal gelagerten Zellelementen verbinden und damit die für die Stoffleitung schwer passierbare Operationsstelle einfach ausschalten.

Die Vorgänge, welche zur Geschwulstbildung führen, sind ganz entsprechende, wie sie für die Runkelrübe geschildert wurden.

### d) Die Zelle.

Um die polare Orientierung der Einzelzelle zu untersuchen, lassen sich leider die Zellen der höheren Pflanzen nur mit vielen Schwierigkeiten verwenden und dann natürlich auch nur im Gewebeverbande. Unter den niederen Pflanzen liefert ein sehr instruktives Beispiel für die Polarität einer einzelnen Zelle der festgewachsene, fadenförmige und verzweigte Cladophorathallus.

Normalerweise kommt bei einer solchen zylindrischen Cladophorazelle die physiologische Verschiedenheit der beiden Zellpole nicht zum Ausdruck, sondern nur morphologisch macht sich ein gewisser Gegensatz geltend insofern, als das basale Ende der Zelle etwa sich konisch verjüngt, das apikale dagegen $\pm$ stark keulig angeschwollen ist. Bei den hier in Rede stehenden Cladophoren handelt es sich nur um festsitzende Formen, die am basalen Fadenende mit Rhizoiden auf der Unterlage (Steinen usw.) befestigt sind. Die Verschiedenheit in der Fähigkeit der Zellpole kommt erst zum Ausdruck, wenn die Zellen aus dem Fadenverbande isoliert sind. Diese Isolierung kann auf verschiedene Weise erfolgen. Für den Polaritätsversuch eignet sich am besten die Isolierung auf operativem Wege durch Herausschneiden einer Zelle aus dem Faden einer festsitzenden Cladophoraart. Diese Operation läßt sich unter dem binokularen Präpariermikroskop mit einer Präpariernadel, welche an der Spitze messerartig zugeschliffen wurde, in einem kleinen Tropfen (Standortswasser oder Nährlösung) unschwer ausführen. Die isolierten Zellen werden dann in kleine Esmarchdoppelschalen (von etwa 2 bis 3 cm Durchmesser) mit Nährlösung nach USPENSKIJ übertragen, welche zu mehreren in einer größeren Doppelschale untergebracht werden. Zu dem Versuche werden sowohl Endzellen als auch Binnenzellen des Fadens gewählt. Um die Pole, besonders der Binnenzellen, leicht kenntlich zu machen, wählt man Zellen, welche Verzweigungen in charakteristischer Anordnung tragen (Abb. 198). Von den Nachbarzellen bleiben die Enden der Zellwände stehen, so daß dadurch die Zellpole eindeutig charakterisiert sind. Bei geeigneter Temperatur (17° bis 20° C) beginnt meist schon nach 24 Stunden zunächst der basale Pol zu reagieren, indem sich die basale Querwand vorstülpt und einem sich später quer teilenden Rhizoid den Ursprung gibt. Der apikale Pol beginnt seine Reaktion erst später, und zwar verläuft die hier eintretende Neubildung in verschiedener Weise, je nachdem es sich um eine Spitzen- oder eine Binnenzelle am ehemaligen Faden handelt. Der Apikalpol der Spitzenzelle setzt das ursprüngliche Wachstum geradlinig fort; derjenige einer Binnenzelle vermag das unter keinen Umständen, ganz gleich, ob er direkt unter einer Verzweigungsstelle lag oder im unverzweigten Faden-

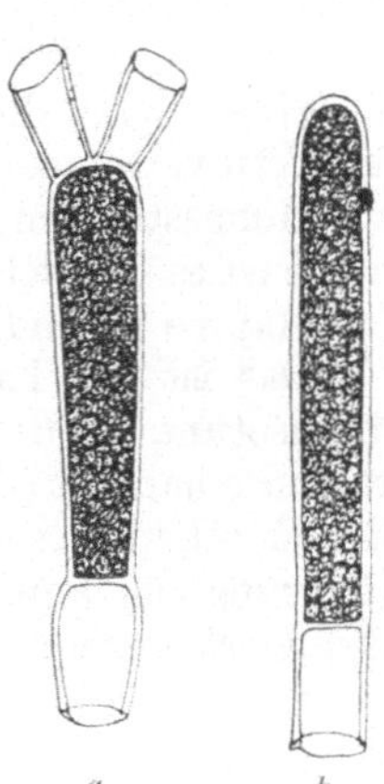

Abb. 198. Isolierte Cladophorazellen mit Membranresten der Nachbarzellen. a Binnen-, b Spitzenzellen. Weitere Erklärung im Text (Original).

stück. Der Apikalpol dieser Zelle bringt vielmehr seitlich eine Vorstülpung hervor, die zum „Seitenzweig“ auswächst und dadurch die isolierte Zelle zu einem neuen vollständigen Faden ergänzt. Der Apikalpol jeder Fadenzelle reagiert also isoliert so, wie er es auch im unverletzten Faden getan hätte. Irgendwann in der Ontogenese der Zelle muß dann einmal der Charakter der Spitzenzelle von demjenigen der Binnenzelle geschieden werden, wahrscheinlich bei der Teilung der Spitzenzelle, wodurch die untere Hälfte zur Binnenzelle wird.

Diese so zur Äußerung gelangte Polarität der Cladophorazelle besteht unabhängig von den Außenbedingungen. Die relative Lage der regenerierenden Zellen im Raume oder zum einfallenden Licht ist ganz belanglos für den Erfolg des Versuches. Die Vertizibasalität ist der Cladophorazelle also inhärent, trotzdem aber neuerdings umkehrbar. Der Erfolg des Versuches ist der gleiche, wenn Rhizoidzellen benutzt werden. Stets wird im letzteren Falle der dem „Sproßende“ des Fadens zugewandte Pol zum Ursprungsort eines neuen „Sprosses“, der Rhizoidpol wächst als Rhizoid weiter.

## B. Beeinflussung der polaren Orientierung.

### α) Induktion der Polarität im indifferenten oder labilen Zustand.

Hinsichtlich der polaren Orientierung verhalten sich höhere und niedere Pflanzen insofern verschieden, als es bei den letzteren Fälle gibt, in denen auf sehr frühem Entwicklungsstadium, evtl. im Einzellstadium, die Zelle apolar gebaut ist. In diesem Falle ist es möglich, die bis dahin noch fehlende Orientierung in irgendeiner Richtung im Raume zu induzieren.

Das ist der Fall bei den befruchteten Eiern von Fucus und den Sporen von Equisetum, bei denen es sich um Festlegung von Rhizoid- und Sproßpol im Einzellstadium handelt (± Vertizibasalität), ferner bei dem aus den vielzelligen Brutkörpern der Marchantiaceen hervorgehenden Thallus und dem Prothallium der Farne. Dem ursprünglich äquifazialen Thallus kann in bestimmter Weise Dorsiventralität induziert werden.

### a) Induktion der Polarität bei Fucuseiern.

*α) Durch das Licht.* Zu den Versuchen ist es erforderlich, unbefruchtete Eier aus den Konzeptakeln des Fucusthallus zu gewinnen, sie zu befruchten und in geeigneter Weise auf dem Substrat zu befestigen. Wir beginnen daher mit der Erläuterung dieser technischen Einzelheiten.

*Das Austreten der Oogonien und Antheridien* aus den Konzeptakeln frisch eingesammelten oder verschickten Fucusmaterials beschleunigt man folgendermaßen. Die konzeptakeltragenden Pflanzen werden im Laboratorium ausgebreitet, damit sie ein wenig antrocknen (etwa $^1/_2$ bis 1 Stunde lang). Dann bringt man sie in einen feuchten Raum (größerer Teller mit Glasglocke). Hier beginnt nun meist nach kurzer Zeit der Austritt der Geschlechtsprodukte, welche möglichst mit Glas- oder Porzellangerät vom Thallus abgenommen werden müssen.

*Befruchtung.* Die frisch ausgetretenen Oogonien überträgt man in frisch filtriertes Seewasser. Zunächst sind die Eier noch zu je acht von der Oogonhülle umschlossen und infolge des mechanischen Druckes polyedrisch deformiert. Man muß nun warten, bis die Eier aus der Hülle heraustreten. Zunächst runden sie sich mehr und mehr ab und werden nach etwa 20 bis 30 Minuten frei, d. h. sie liegen dann völlig abgerundet auf dem Boden des Gefäßes. Nun erst setzt man die Antheridienmasse zu, die als gelbe, schleimige Häufchen von der Oberfläche der männlichen, konzeptakelführenden Thalluslappen abgenommen werden können. Die Spermatozoiden werden in kurzer Zeit frei und die Befruchtung vollzieht sich in der charakteristischen Weise.

*Befestigung der befruchteten Eier auf dem Substrat.* Die befruchteten Eier werden nun unmittelbar nach der Befruchtung auf einer geeigneten Unterlage befestigt, die keine Verschiebung der Objekte mehr gestattet, damit die nachfolgende Belichtung wirklich nur einseitig erfolgen kann. Als Unterlage verwendet man eine sehr wasserhaltige Gelatine (etwa 5proz.), welche bei Zimmertemperatur gerade noch erstarrt. Kurz vor dem Erstarren trägt man die Eier in die sehr dünne Gelatineschicht ein, welche in flachen Petrischalen mit möglichst ebenem Boden ausgegossen ist. Durch die Gelatine findet keine Beeinträchtigung der Keimung statt, dagegen sind die Objekte vollkommen fixiert. Diese Methode der Fixierung wurde schon von E. Stahl (1885) zur Fixierung von Equisetumsporen zu Versuchen benutzt, welche im nächsten Abschnitt behandelt werden.

*Die Induktion der Polarität.* Das Prinzip des Versuches ist folgendes. Die befruchteten Eier werden im mikroskopischen Präparat einem Intensitätsabfall des Lichtes ausgesetzt, der senkrecht zur Richtung des einfallenden Lichtes erzeugt wird. Um einen derartigen Intensitätsabfall im Gesichtsfeld des Mikroskops zu erzeugen, verfährt man nach W. Nienburg folgendermaßen:

Eine elektrische Lampe (Halbwattlampe) ist im Dunkelraum hinter einem Lichtschirm aufgestellt. Das Licht kann nur durch einen scharfen Spalt von 1 mm Breite und 3 mm Länge in diesem Schirm austreten. Von diesem Spalt wird in das Gesichtsfeld des Mikroskops ein scharfes Bild projiziert. Dazu muß der gewöhnliche Mikroskopspiegel durch einen Silberspiegel ersetzt werden, der nur an der Vorderfläche reflektiert, und ferner der Abbesche Beleuchtungsapparat durch ein schwaches Objektiv (Leitz 3 oder Zeiss 16 mm), da die Brennweite des Abbeschen Kondensors gewöhnlich zu kurz ist, um ein scharfes Bild des Spaltes im Gesichtsfeld zu erzeugen, wenn die Kulturschalen, in denen sich die Eier befinden, etwas dickeren und vor allem unregelmäßig dicken Boden haben. Das Objektiv läßt sich mit Hilfe der Zentriervorrichtung (von Zeiss) für Mikroskopobjektive unter dem Objekttisch halten, welche sich in den Klemmring des Beleuchtungsapparates einschieben läßt. Auf diese Weise kann man im Gesichtsfeld des Mikroskops ein ganz scharf begrenztes streifenförmiges, intensiv helles Feld erzielen in einer fast absolut dunklen Umgebung. Kleine Objekte, wie z. B. Fucuseier, die genau auf der Grenze des Lichtstreifens liegen, kann man daher im Gesichtsfeld zur Hälfte intensiv mit parallelem Licht beleuchten, während die andere Hälfte im Schatten liegt.

Die befruchteten Eier von Fucusarten werden unmittelbar nach der Befruchtung auf die oben beschriebene Art im Mikroskop dem hellen Streifen ausgesetzt und zwar so, daß wenigstens ein Teil der Eier zur Hälfte stark beleuchtet, zur anderen Hälfte aber beschattet ist. Dieser Versuch wird mit Dauerbelichtung durchgeführt, welche 24 bis 36 Stunden währen muß. Nach dieser Frist sind sämtliche Eier, die der halbseitigen Beleuchtung ausgesetzt waren, derart gekeimt, daß die beschattete Seite zum Rhizoid auswächst, und zwar ist dieses senkrecht von der beleuchteten Hälfte weggewendet.

*β) Durch chemische Stoffe.* Es hat sich gezeigt, daß die Richtung, in der die Anlegung der ersten Teilungswand im befruchteten Fucusei erfolgt, nicht nur bestimmbar ist durch den Intensitätsabfall des Lichtes zwischen zwei entgegengesetzten Polen des kugligen Eies, sondern diese kann auch durch gewisse chemische Stoffe induziert werden (und durch den elektrischen Strom, wie hier nur kurz angedeutet werden soll). Nach dem Vorgange von Kniep (1907) läßt sich das in folgender Weise leicht zeigen.

Kleine Stücke von sorgfältig gereinigtem, frischem Fucusthallus werden auf dem Boden einer Petrischale mittels Agar-Agar aufgeklebt. Man erreicht dies leicht in der Weise, daß man eine dünne Schicht etwa 1,5proz. Agar in die Schale gießt und kurz vor dem Erstarren die Thallusstücke auf den Boden drückt. Über den

Agar gibt man dann eine flache Schicht Seewasser und in diese frisch befruchtete Fucuseier. Die Schalen werden sofort dunkel gestellt. Schon nach 24 Stunden läßt sich das Keimungsergebnis feststellen. Bei allen Eiern, die in der Nähe der Thallusstücke keimen — und bei diesen ist die Keimung beschleunigt gegenüber den anderen —, wird der dem Thallus zugewendete Eipol zum Rhizoidpol, ganz gleich, ob das Ei neben oder über dem Thallusstück liegt. Für das Ergebnis des Versuches ist es gleichgültig, ob die Eier und Thallusstücke von der gleichen oder von verschiedenen Fucusarten stammen, z. B. Fucus vesiculosus und Fucus serratus. Fucus spiralis (Thallus) und Fucus serratus (Eier) scheinen in dieser Beziehung eine Ausnahme zu machen.

Die chemische Natur des oder der die Polarität induzierenden Stoffe ist bislang noch unbekannt.

### b) Induktion der Polarität bei Equisetumsporen durch das Licht.

Ganz analoges Verhalten wie die keimenden Fucuseier unter der Einwirkung einseitigen Lichteinfalles zeigen auch die Sporen von Equisetumarten (Stahl 1885). Auch bei diesen läßt sich in der gleichen Weise die Induktion der Polarität herbeiführen durch einen Intensitätsunterschied der Beleuchtung, derart, daß der schwächer beleuchtete Sporenpol zum Rhizoid wird. Das hat W. Nienburg (1924) mit der gleichen Versuchsanordnung dargelegt, wie sie oben für die Fucuseier ausführlich beschrieben wurde.

Für die Versuche eignen sich die Sporen aller Equisetumarten. Sehr praktisch ist die Verwendung von Equisetum limosum, dessen „Blütezeit" eine längere Zeitspanne umfaßt. Leichter erreichbar werden meist wohl Equisetum arvense, Equisetum silvaticum, Equisetum palustre und andere sein.

Für den Vorgang der Induktion der Polarität durch das Licht sind aber gerade die Equisetumsporen von besonderer Bedeutung aus dem Grunde, weil man in den Sporen, lange bevor die erste Kern- und Zellteilung eintritt, die sichtbaren Vorgänge studieren kann, die eine Folge der polarisierenden Wirkung des Lichtes auf das Protoplasma sind. Zweifellos übt ja das Licht von Anfang an einen Einfluß auf das Plasma aus. Diese frühen Stadien der Polarisierung sind nur der zytologischen Untersuchung zugänglich. Die praktische Ausführung der Belichtungsversuche verläuft folgendermaßen.

Die Aussaat der Sporen erfolgt, wie auf S. 655 schon ausgeführt wurde, auf 5proz. Gelatine in flache Petrischalen, kurz vor dem Erstarren. Gleich darauf werden die Schalen im Dunkelzimmer einseitigem Lichteinfall ausgesetzt. Als Lichtquelle dient eine etwa 200kerzige Lampe. Die Schalen werden senkrecht hinter wassergefüllte Glaströge aufgestellt in kurzer Entfernung von der Lampe, so, daß die Strahlen senkrecht auf die Oberfläche der Schalen auftreffen. Die Schalen werden in zwei Portionen geteilt, von denen die eine 6, die andere 12 Stunden lang der Belichtung ausgesetzt wird. Zur zytologischen Untersuchung wird nach Ablauf der Belichtungszeit die Gelatine mit den eingesäten Sporen in Stücke zerschnitten, die ihrer Gestalt nach immer noch die Einfallsrichtung des Lichtes erkennen lassen müssen, und in schwacher Flemmingscher Lösung fixiert. Dann folgt Einbettung und Mikrotomierung. Die Färbung der Präparate wird vorteilhaft mit Safranin-Gentianaviolett-Orange vorgenommen.

Während der ersten 6 Stunden wandern die Chromatophoren zur Lichtseite hin, der Kern verschiebt sich ein wenig nach der Schattenseite zu. Dann erst teilt sich der Kern, wobei die Teilungsebene senkrecht zur Richtung des Lichtes, die Kernspindel in diese fällt.

c) Induktion der Dorsiventralität des Marchantiathallus durch das Licht und ihre Nicht-Umkehrbarkeit.

Der flächige Vegetationskörper der Marchantiaceen ist dorsiventral gebaut. Die dem einfallenden Licht zugekehrte Oberseite zeigt das Luftkammergewebe mit den reichlich chlorophyllführenden Assimilationszellen, während die untere Thallusschicht aus chlorophyllarmem, großzelligem Wassergewebe besteht, an deren dem Substrat zugekehrten Fläche die Rhizoiden ansitzen. Diese Dorsiventralität des Thallus ist beliebig induzierbar, und zwar durch die Richtung des einfallenden Lichtes.

*Die Methode der Induktion.* Aus noch zu erörternden Gründen muß die Induktion am entstehenden Thallus erfolgen. Um solche Thalli zu erhalten, geht man am besten von den Brutkörpern aus, die in den bekannten Brutbechern auf der Oberseite des Thallus gebildet werden. Jeder dieser linsenförmigen Brutkörper trägt in zwei gegenüberliegenden Kerben seines etwa kreisförmigen Umfanges je eine Meristemzone, welche unter geeigneten Kulturbedingungen je zu einem neuen Thallus auswachsen. Diese künftigen Thalli sollen zum Experiment verwendet werden.

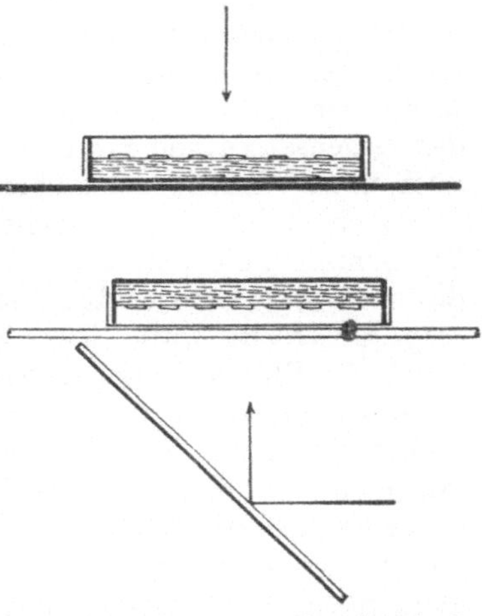

Abb. 199. Erklärung im Text (Original).

Zur Induktion der Thallusoberseite durch das Licht sät man die Brutkörper aus in Petrischalen auf Knop-Agar (1,5proz. Agar-Agar mit 0,1proz. Nährlösung nach Knop). Es ist notwendig, daß zu den Versuchen möglichst gleichförmiges Material benutzt wird, z. B. Brutkörper nur aus Brutbechern älterer Pflanzen, von Thallusstücken, welche alle gleichmäßig von diffusem Licht getroffen wurden und endlich Brutkörper nur vom Grunde der Becher, welche kein oder nur wenig Licht erhalten haben und noch senkrecht orientiert waren. Bei der Entnahme der Organe und beim Aussäen ist möglichst steril zu arbeiten, die Brutkörper evtl. mit sterilem Wasser abzuwaschen. Die Petrischalen werden von der Unterseite und den Rändern mit schwarzem Papier abgedeckt, so daß nur Licht durch die Fläche des Deckels eindringen kann; evtl. setzt man zur Elimination schief einfallenden Lichtes noch einen Zylinder von schwarzem Papier um die Petrischale herum. Ein Teil der Schalen wird nun in normaler Orientierung an einem Nordfenster aufgestellt, so daß das Licht senkrecht von oben einfällt. Ist das nicht zu erreichen, so bringt man einen im Winkel von 45° geneigten Spiegel über den Schalen an. Den anderen Teil der Schalen stellt man dagegen invers auf eine Glasplatte, unter der sich ebenfalls ein unter 45° gegen das Fenster geneigter Spiegel befindet, welcher die Brutkörper von unten her beleuchtet (Abb. 199). Die Meristeme der Brutkörper beginnen in wenigen Tagen (bei geeigneter Temperatur von 20 bis 30° C) auszuwachsen, so daß nach etwa 10 bis 15 Tagen schon deutlich erkennbar dorsiventrale Thalli entwickelt sind. Ihre dem Licht zugekehrte Seite ist zur morphologischen Oberseite geworden, was durch den Besitz der Atemöffnungen angezeigt wird. Wenn die Entwicklung des jungen Thallus beginnt, so ist die Entscheidung über den Charakter der beiden Seiten schon gefallen. Die endgültige Festlegung der morphologischen Oberseite des künftigen Thallus erfolgt etwa 2 bis 3 Tage nach der Aussaat der Brutkörper. Vor dieser Zeit kann man die Brutkörper noch umkehren, ohne daß der geschilderte Enderfolg beeinträchtigt wird. Vertauscht man aber nach dieser Zeit noch Ober- und Unterseite der Brutkörper in den Versuchen, so wird die nun vom Lichte weggewendete Seite der jungen Thalli zur Oberseite. Das hat seinen Grund darin, daß zwar die Induktion der Dorsiventralität der künftigen Thalli bis zu einem bestimmten Zeitpunkt möglich ist durch geeignete Behandlung des Brutkörpers, daß also während dieser Zeit ein indifferenter Zustand herrscht. Wenn aber die Induktion erst einmal erfolgt ist, so bleibt sie dauernd fixiert und ist nicht mehr umkehrbar. Wird der Thallus dennoch umgewendet, so krümmt er sich durch Wachstum so lange, bis seine morphologische Oberseite wieder senkrecht zum einfallenden Licht orientiert ist.

Bei diesem Versuch findet also die Induktion durch den Brutkörper statt, wobei dieser jedoch seinen anatomischen Bau nicht ändert, also äquifazial bleibt. Das einzige sichtbare Zeichen der Polarisierung der Brutkörper durch das Licht ist das Auswachsen der Rhizoidinitialen auf der jeweiligen Schattenseite unabhängig von der Angriffsrichtung der Schwerkraft oder einem etwa vorhandenen Feuchtigkeitsgefälle. Diese Tatsachen stehen in Widerspruch mit den von Dachnowski (1907) mitgeteilten Befunden.

### d) Induktion der Dorsiventralität bei Farnprothallien durch das Licht und ihre Umkehrbarkeit.

Im Gegensatz zu dem thallosen aber relativ hoch organisierten Vegetationskörper der Marchantiaceen mit dauernd festgelegter Dorsiventralität zeigt das viel primitivere Prothallium der leptosporangiaten Farne vollkommen labile Inhärenz des Gegensatzes von morphologischer Ober- und Unterseite. Im Jugendzustande, auch noch während der frühen Stadien des meristischen Wachstums ist noch kein Unterschied der beiden Flächen zu erkennen. Sowie aber Rhizoidentwicklung von Flächenzellen eintritt, besonders aber die Bildung der Antheridien von solchen, ist die vorläufige Entscheidung darüber gefallen, welche der beiden Flächen zur Ober- resp. Unberseite wird. Diese dorsiventrale Differenzierung vertieft sich weiterhin durch die Entwicklung des Parenchympolsters und endlich der Archegonien.

Bestimmend für die Dorsiventralität des Prothalliums ist die Richtung des einfallenden Lichtes. Der flächenförmige Organismus stellt sich transversal zum einfallenden Licht ein. Dabei wird die dem Lichte zugekehrte Seite zur morphologischen Oberseite, die vom Lichte abgewendete Fläche zur Unterseite, welche die Rhizoiden und Sexualorgane trägt und nach der sich das Parenchympolster vorwölbt. Man kann nach dem Vorgange von Leitgeb (1877) diese Induktion der Dorsiventralität leicht realisieren, wenn man Sporen irgendeines Farnes auf 0,1 proz. Nährlösung nach Knop in Deckelschalen aussät und diese an ein Nordfenster stellt (im hellen Sommer in einiger Entfernung vom Fenster!). Zur Vorsicht umgibt man Boden und Seitenwände der Schalen mit schwarzem Papier. Bei Lichteinfall von oben wird nun die physikalische Oberseite der Prothallien auch zur morphologischen. Wenn man aber den Deckel und die Seitenwände der Schalen mit schwarzem Papier verkleidet und sie auf eine Glasscheibe am Fenster stellt, unter der sich ein unter 45$^0$ gegen das Fenster geneigter Spiegel befindet, der das Tageslicht von unten durch die Nährlösung gegen die Prothallien reflektiert, so wird nun die physikalische Oberseite zur Unterseite mit Rhizoiden und Geschlechtsorganen (vgl. auch Abb. 199).

Das Wesentliche bei dieser Induktion der Dorsiventralität der Prothallien ist aber, daß sie keineswegs für immer festgelegt ist. Man kann in jedem der beiden Versuche durch Umkehrung der Beleuchtungsrichtung die vorherige morphologische Oberseite, welche im allgemeinen ganz frei bleibt von irgendwelchen Organen, zur wohlentwickelten Unterseite machen mit allen charakteristischen Anhangsgebilden. Die bis dahin auf der ehemaligen Unterseite entwickelten Organe bleiben natürlich erhalten, neue werden jedoch nicht gebildet. Diese Umkehr kann beliebig oft erfolgen. Da Prothallien unter geeigneten Wachstumsbedingungen jahrelang weiterwachsen zu breiten Bändern, so kann man auf diesen abwechselnd nebeneinander Ober- und Unterseite folgen lassen.

### β) Umkehrung der Polarität, welche hervorgerufen wird durch Wachstumsrichtung und Nährstoffstrom.

Einige Erscheinungen, welche zweifellos ein Ausdruck polarer Orientierung des betreffenden Pflanzenorgans sind, aber trotzdem nicht zellinhärent (mit Ausnahme von Bryopsis, deren ganzer Vegetationskörper nur aus einer einzigen Zelle besteht), sondern wahrscheinlich nur eine Folge des polaren Wachstums sind, mögen ans Ende der Polaritätserscheinungen gestellt werden. Diese verleihen also nur der Richtung des Stromes der Stoffe in den Pflanzenorganen sichtbaren Ausdruck und müssen sich umkehren lassen, wenn es nur gelingt, die Richtung des Wachstums und damit diejenige des Stromes zu ändern oder umzukehren. Es spielt dabei keine wesentliche Rolle, ob, wie in komplizierter gebauten Pflanzenorganen, eine derartige Orientierung bedingt ist durch die Stoffleitung im Innern der Gewebe oder ob es sich, wie bei einer einfachen Pilzhyphe, die allseitig Nährstoffe aufnimmt, um das Konzentrationsgefälle des umgebenden Mediums handelt, welche die Wachstumsrichtung des fadenförmigen Thallus lenkt. Nur in dem letzteren Falle wird eine Umkehrung bedeutend leichter zu erreichen sein als im ersteren. Nach dieser Hinsicht lassen sich auch die Erscheinungen methodisch erfassen. Die Umkehrung der Polarität in solchen Organen, resp. Pflanzen, wird erreicht:

1. durch funktionelle Änderung der Stromrichtung (partielle Verdunklung von Bryopsis, Dasycladus und des Marchantiathallus);
2. durch mechanische Änderung der Stromrichtung (Zentrifugieren des Marchantiathallus);
3. durch lokale Änderung der Nährstoffkonzentration in der Nähe wachsender Pilzhyphen.

#### a) Die Polarität der Bryopsiszelle und ihre Umkehrung durch das Licht.

Ein ausgezeichnetes Objekt für Umkehrversuche stellt die Siphonee Bryopsis dar. Der Thallus dieser Alge wird bekanntlich von einer einzigen Zelle gebildet, deren grünes apikales Ende fiederartig verzweigt ist, das basale dagegen in farblose Rhizoiden ausläuft, mit denen er auf der Unterlage befestigt ist (Abb. 200).

Die Alge lebt in mehreren Arten sowohl in der Nordsee als auch im Tyrrhenischen Meere (Golf von Neapel) und läßt sich im Meerwasseraquarium bei dauernder Durchströmung leicht längere Zeit halten.

Die Vertizibasalität des Thallus kommt zustande unter dem Einfluß des Lichtes, indem hell beleuchtete Teile zu „Stämmchen" mit Fiedern werden, verdunkelte zu Rhizoiden. Den Einfluß des Lichts auf die Vertizibasalität kann man an der zu solchen Versuchen besonders geeigneten Bryopsis muscosa leicht nachweisen, wenn man aus den ± dichten Rasen sorgfältig einzelne Pflanzen herauspräpariert und in inverser Stellung in den Bodensand des Aquariums einsenkt, so daß das gefiederte Spitzenende durch den Sand verdunkelt, der Rhizoidpol aber beleuchtet wird (mäßiges, diffuses Licht, kein Sonnenlicht!). Wenn die Pflanzen selbst nicht genügend Festigkeit besitzen, um sich aufrecht zu halten, kann man sie in Glasröhrchen einführen, welche man dann entsprechend tief in den Sand einläßt. Nach etwa 2 bis 3 Tagen läßt sich schon die Ansammlung der Chloroplasten an dem physikalisch oberen Ende (basalen Teilen) der Fiedern feststellen und deren Verarmung an den morphologischen Spitzen. — Über eine besondere Methode der Sichtbarmachung der

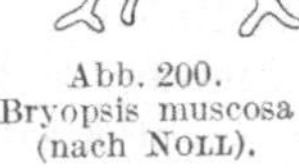

Abb. 200. Bryopsis muscosa (nach NOLL).

Plasmawanderung bei diesen Vorgängen vgl. S. 617. Nach 7 bis 8 Tagen beginnen schon die Spitzen der Fiedern zu Rhizoiden auszuwachsen und in manchen Fällen auch nach Verlauf von weiteren Tagen Rhizoiden zu aufrechten, grünen Trieben. Die Rhizoiden zeigen sich jedoch meist träge in der Umwandlung zu „Sprossen". Mit ziemlicher Sicherheit aber kann man sie zum Auswachsen veranlassen, wenn man die Spitze des Stämmchens nicht in Sand einsenkt, sondern sie in einen kleinen Gipsklotz eingießt, sie also am weiteren Wachstum hindert, ohne sie dadurch zu schädigen (über die Methode vgl. S. 644 und 645).

Daß bei der Umkehrung der Polarität wirklich die Intensität der Beleuchtung darüber entscheidet, ob gefiederte Stämmchen oder Rhizoiden gebildet werden, nicht aber etwa die Schwerkraft, das läßt sich leicht bei der folgenden Versuchsanstellung nachweisen.

Die Bryopsispflänzchen werden nun nicht in den Sand eingesenkt, sondern der gefiederte Teil wird mit einem kleinen Staniolzylinder umgeben, der an einer Seite vollständig geschlossen ist, an der anderen außer der Öffnung für den Durchtritt des Stämmchens noch einige mit einer Nadel eingestochene, feine Löcher zur Aufrechterhaltung der Wasserzirkulation enthält. Die so vorbereiteten Pflänzchen werden im Seewasseraquarium (strömendes Wasser!) an Fäden frei aufgehängt. Der Erfolg dieser Versuche ist der gleiche, ob die Pflanzen aufrecht oder invers orientiert sind. Die Fiedern und die Stammspitze werden im Dunkeln zu Rhizoiden, die Rhizoiden am Licht nicht ganz so willig zu Stämmchen, die dann senkrecht aufwärts wachsen.

Diese Versuche sind eindeutig erstmalig von H. Winkler (1900) angestellt worden, nachdem sie früher mehrfach in Angriff genommen wurden.

b) Die Polarität von Dasycladus und ihre Umkehrung.

Nicht unähnlich dem Verhalten von Bryopsis zeigt sich die zu den Siphonocladiales gehörende Alge Dasycladus clavaeformis.

Obwohl diese Alge nur in wärmeren Meeren vorkommt, z. B. im Mittelmeer (Golf von Neapel), kann sie auch im Laboratorium des Binnenlandes leicht gehalten werden, wenn man die Individuen auf ihrem natürlichen Substrat (Steine usw.) beläßt und sie in reinem, öfter gewechseltem Seewasser von normaler Konzentration im diffusen Licht und bei mäßiger Temperatur kultiviert. Durchlüftung des Seewassers ist nicht notwendig.

Dasycladus gibt in seinem Aufbau ähnlich wie Bryopsis polare Orientierung in „Sproß"- und Rhizoidpol zu erkennen. Eine einfache Umbildung der Pole läßt sich bei dieser vielzelligen Alge durch Änderung der Beleuchtungsverhältnisse jedoch nicht erreichen. Damit eine entsprechende Reaktion eintritt, muß vielmehr ein Stück des betreffenden Poles entfernt werden, dieser also zur Restitution angeregt werden. Unter normalen Wachstumsverhältnissen und gleichbleibender Beleuchtung wird der auf etwa 3 bis 5 mm Länge abgetragene Scheitel der Pflanze nach ungefähr 2 bis 3 Monaten so weit wieder ergänzt, daß man die Pflanzen von unbehandelten kaum unterscheiden kann (Versuche im Herbst und Frühjahr), wie von Figdor (1910) festgestellt wurde.

Umkehrversuche haben bislang nur zur Erzeugung eines Sproßvegetationspunktes am Rhizoidpol geführt (Wulff 1910). Um dies zu erreichen ist es notwendig, die Rhizoiden unmittelbar über ihrer Ursprungsstelle durch einen Querschnitt zu entfernen und das bislang rhizoidentragende basale Ende der Pflanze stärker zu beleuchten als den „Sproßpol". Das gelingt leicht dadurch, daß man die operierten Pflänzchen entweder mit dem apikalen Ende in den Bodensand des Aquariums einsenkt etwa 5 mm tief, oder indem man sie invers in wenig weitere Glasröhrchen einschiebt, die nur um ein Geringes länger sind als jene. Die Glasröhrchen läßt man dann in ein Korkstück ein, welches so dick sein muß, wie die Algen lang sind, damit diese kein direktes Licht erhalten können. Die Korke werden dann im Aquarium unter dem Wasserspiegel befestigt. Bei dieser Versuchsanordnung sind die Pflänzchen ganz unter Wasser. Sie erhalten nur so viel Licht, wie von oben und unten durch die Glasröhre eindringen kann. Dieses Minimum der Beleuchtung ist aber zum Fortbestand der Objekte unerläßlich, da bei gänzlicher Verdunklung der grünen Teile jegliches Wachstum eingestellt wird. Der Rhizoidpol muß natürlich stets stärkerer Beleuchtung ausgesetzt sein. Im Verlaufe von etwa 6 Monaten tritt am Rhizoidpol in etwa 50% der Fälle Restitution ein, und zwar wird eine neue Sproßspitze angelegt.

Der umgekehrte Fall ist bis jetzt noch nicht geglückt.

### c) Die Umkehrung der Polarität der Cladophorazelle.

Die im vorigen Abschnitt (S. 653) geschilderte Polarität der Cladophorazelle (Cladophora glomerata) ist trotz ihrer weitgehenden Unabhängigkeit von Außenbedingungen keineswegs absolut fixiert. Neuerdings ist es mir gelungen, entweder die beiden Pole der Zelle zu vertauschen oder aber Zellen mit zwei Basalpolen zu erhalten.

Die Methode der Polaritätsbeeinflussung ist folgende: Kurze Fadenstücke der Cladophora werden mittels der auf S. 630 beschriebenen Vorrichtung zur Fixierung kleiner Objekte (Abb. 192) in zentripetaler Richtung zentrifugiert, und zwar 1 Stunde lang bei 3000 bis 4000 Umdrehungen pro Minute und 6 cm Achsenabstand. Nach dem Schleudern werden geeignete Zellen, in denen sich fast der gesamte Inhalt am basalen Ende angesammelt hat, operativ isoliert in der auf S. 653 angegebenen Art und Weise. Dabei ist besonders darauf zu achten, daß sich der basale und apikale Pol durch anhaftende charakteristische Membranreste der entfernten Nachbarzellen unterscheiden. Die Zellen werden in der gleichen Weise in Nährlösung kultiviert wie oben angegeben. In einer geringen Zahl von Fällen (etwa 2%) konnte ich vollständige Umpolarisierung der Zellen beobachten, indem das seines sonst dichteren Inhaltes beraubte apikale Zellende ein reguläres Rhizoid hervorgehen läßt, während am basalen Ende ein Seitentrieb entsteht.

Weit häufiger aber sind die Fälle (etwa 30%), in denen zwar das apikale Zellenende in der beschriebenen Weise ein Rhizoid erzeugt, aber auch der basale Zellpol in seiner gewohnten Weise. So entstehen Zellen mit zwei basalen Polen, von denen jedoch der ursprüngliche infolge des hier herrschenden größeren Inhaltsreichtums der Zelle auch stärkeres Wachstum entfaltet. Zu bemerken ist ferner, daß die aus dem apikalen Zellenede hervorgehenden Rhizoiden wie die normalen genau in der Längsachse der Zelle hervorwachsen, also die Querwand durchbrechen und nicht seitlich entspringen, wie das „Sproß"zellen an diesem Ort tun würden. — Gelegentlich können in der gleichen Weise Bildungen am apikalen Zellende entstehen, die anfangs wie Rhizoiden wachsen, später jedoch erkennen lassen, daß es sich um echte „Sprosse" handelt.

### d) Die Polarität des Marchantiaceenthallus und ihre Umkehrung.

*α) Durch das Licht.* Die Polarität des Marchantiaceenthallus kommt darin zum Ausdruck, daß Thallusstücke nach Verlust des wachsenden Scheitels Adventivsprosse an dem nun apikalen Ende der Mittelrippe hervorbringen, nicht dagegen an den basalwärts gelegenen Teilen. Wird die Mittelrippe herausgeschnitten, so ist damit die polare Orientierung beseitigt.

An den vorerwähnten Thallusstücken läßt sich die Polarität bis zu einem gewissen Grade beeinflussen durch Verdunklung des Scheitelendes. Dazu wird von gut gesäuberten Thallusstücken einer Marchantiacee, z. B. von Fegatella, die apikale Hälfte mit Staniol umwickelt, um das Licht fernzuhalten (das Staniol evtl. innen mit Tusche schwärzen). Die so vorbereiteten Thallusstücke werden in Petrischalen auf Nähragar (1,5proz. Agar + 0,1proz. KNOP- oder BENECKE-Nährlösung) ausgelegt und hellem, diffusem Licht ausgesetzt. Nun treten Adventivsprosse zwar noch am apikalen Ende auf, jedoch ein großer Teil auch in der Mitte und am basalen Ende. BERGDOLT (1926) erhielt auf diese Weise bei Sauteria alpina folgende Verteilung von Adventivsprossen: am verdunkelten apikalen Pol 25%, an der verdunkelten Mitte 50%, am beleuchteten basalen Ende 25%.

*β) Durch die Zentrifugalkraft.* In der gleichen Weise läßt sich die Polarität der Thallusstücke durch Zentrifugieren beeinflussen, wenn die Zentrifugalkraft in der Richtung von der Spitze zur Basis angreift.

Zum Zentrifugieren werden die Thallusstücke auf eine Tonschale mit feinem Sand ausgelegt, die basalen Enden nach außen orientiert, evtl. mit Glasnadeln, die seitlich gekreuzt über den Thallus gesteckt werden, auf dem Sande befestigt. Die Tonschale wird in einen Untersatz mit Wasser eingestellt und mit einer Glasscheibe bedeckt. Diese Vorrichtung wird nun mehrere Wochen bei mäßiger Tourenzahl und hellem, diffusem Licht zentrifugiert, solange jedenfalls, bis Adventivsprosse in genügender Zahl entstanden sind. Ihre Verteilung entspricht wieder dem oben angegebenen Verhältnis (BERGDOLT 1926).

### e) Die Polarität der Pilzhyphen und ihre Umkehrung.

Bei den langgestreckten Zellen der Pilzhyphen — und auch der Pollenschläuche — macht sich eine Polarität insofern geltend, als die Zellen nur am apikalen Ende wachsen, während unter Umständen am basalen Ende Absterben im gleichen Maße eintritt. Diese polare Orientierung der Zellen läßt sich auf folgende Weise vollständig umkehren.

Aus einer älteren Plattenkultur, z. B. von Basidiobolus ranarum (2proz. Agar-Agar + 1proz. Pepton), in der sicherlich ein Teil der Nährstoffe in der Umgebung der wachsenden Hyphen verbraucht ist und die zur deutlichen Kennzeichnung der Hyphen nach dem auf S. 617 angegebenen Verfahren rot gefärbt ist, wird vom Rande der strahlig wachsenden Hyphen ein etwa quadratisches Stück herausgeschnitten. Dieses wird in eine frisch gegossene Agarplatte von gleicher Zusammensetzung, die schon stark abgekühlt, aber noch nicht erstarrt ist, untergetaucht. Sehr bald beginnen die Hyphen zu wachsen. Jede der 4 Seiten des Myzelstückes zeigt eine andere Reaktion der polaren Orientierung der Hyphenzellen. Die ursprünglich wachsenden Spitzen wachsen in der gleichen Richtung weiter auf die höhere Konzentration zu. Auf der entgegengesetzten Seite aber findet Umkehrung der ehemaligen Wachstumsrichtung statt, indem die Hyphenzellen an den ursprünglich basalen Enden erneut Wachstumstätigkeit zeigen und Auszweigungen gegen das Konzentrationsgefälle treiben. Nach den beiden anderen Seiten hin werden von den Hyphen ebenfalls neue Seitenzweige vorgeschickt.

Der neue Zuwachs der Pilzhyphen ist gegenüber dem rotgefärbten, übergeimpften Hyphen deutlich farblos (RACIBORSKI 1907).

### f) Anhang.

Ergänzend soll hier noch auf zwei weitere Äußerungen dieser Art der Polarität hingewiesen werden.

*Sporangienträger von Phycomyces nitens.* Stücke des Sporangienträgers zeigen Regenerationserscheinungen immer nur an der apikalen Wundfläche. Man schneidet mit scharfer Schere aus dem Träger etwa 1 cm lange Stücke heraus und legt sie auf feuchtes Fließpapier oder Nährgelatine oder auch auf oder in Nährlösung.

Liegen solche Trägerstücke an der Luft, so bilden sie am apikalen Ende kleine Sporangien, sind sie dagegen untergetaucht in der Nährlösung, so erzeugen sie an der gleichen Stelle Myzel (Götze 1919).

*Laubmoosseten.* Schon auf S. 634 wurde darauf hingewiesen, daß die Regeneration der Stücke von Laubmoosseten immer zuerst und am stärksten am apikalen Ende auftreten, erst sehr viel später auch an der basalen Wundfläche. Oft bleiben sie hier auch ganz aus.

Die Möglichkeit einer entsprechenden Beeinflussung dieser polaren Orientierung bei beiden Objekten ist bislang nicht geprüft worden. Nach den oben geschilderten Methoden und Ergebnissen dürfte aber daran kaum ein Zweifel bestehen.

## 7. Methoden der Transplantationsversuche.

In der folgenden Zusammenstellung von Methoden der Transplantationsversuche am Pflanzenkörper sind nur einzelne Methoden angegeben, hauptsächlich solche der Pfropfung, die für gewisse Fälle — von besonderem theoretischen Interesse — benötigt werden. Die Mehrzahl der Pfropfmethoden, besonders bei Holzpflanzen, welche in der Praxis ausgedehnte Anwendung finden, ist hier nicht erwähnt. Für diese genügt an dieser Stelle ein bloßer Hinweis auf die Darstellung in zahlreichen praktischen Werken und besonders noch auf die Zusammenfassung von H. Winkler in Abderhaldens Handbuch der biologischen Arbeitsmethoden (1924). Außerdem sei verwiesen auf die Versuche auf den Seiten 634 und 652.

### a) Die Transplantation homogener Gewebekörper (speziell für Polaritätsversuche).

Als besonders geeignetes Objekt zur Ausführung von Transplantationsversuchen mit annähernd homogenen Geweben fand Vöchting (1892) die fleischigen Wurzeln von Beta vulgaris, und zwar der gebräuchlichen Runkelrübe. Diese zweijährige Pflanze lebt im ersten Jahre vollständig vegetativ und baut durch die lebhafte Assimilationstätigkeit des Blattschopfes den kohlenhydratreichen Rübenkörper auf; im zweiten Jahre kommt sie zur Blüte. Die Wachstumszeit des ersten Jahres ist die für die Versuche brauchbare. Die zur Transplantation geeigneten Rübensorten müssen zylindrische oder verlängert ovale Gestalt des Rübenkörpers zeigen und den oberen Teil der Rübe, den Rübenkopf, über die Oberfläche des Bodens emporheben.

Die Rübensamen werden schon sehr früh, Ende Februar oder Anfang März in Mistbeetkästen ausgesät, später ins Freiland gepflanzt. Die Operationen sind so früh wie möglich im Sommer auszuführen. Bei der angegebenen frühen Aussaat sind die Pflanzen im Mai oder Juni genügend erstarkt.

Zur Operation selbst werden die Pflanzen nach hinreichendem Lockern des Bodens herausgehoben, der Rübenkörper sorgfältig mit Wasser gereinigt. Die zahlreichen Seitenwurzeln sind zu schonen und während der Operation genügend feucht zu halten. Damit kann die Operation beginnen. Für die in Rede stehenden Versuche handelt es sich darum, quaderförmige Stücke aus dem Rübenkörper herauszuschneiden und diese entweder in gleicher oder irgendwie veränderter Orientierung in die gleiche oder eine andere Rübe wieder einzusetzen. Die Operation wird mit einem Skalpell ausgeführt, welches nur sehr schwachen Rücken haben darf, damit der Schnitt nicht unnötigerweise verbreitert wird. Je zwei der Schnitte müssen parallel geführt sein und zudem etwas tiefer als unbedingt erforderlich. Durch einen fünften Schnitt (s. in Abb. 197), der nach einer Drehung der Rübe um

$90^0$ angebracht wird, wird der Quader an der Rückseite abgetrennt und durch einen leichten Druck mit dem Messer gegen diese wird er aus der Rübe hervorgedrückt. Dieses Gewebestück kann nun in die gleiche oder in eine genau entsprechende Höhlung einer anderen Rübe wieder eingesetzt werden. Bei einer einfachen Seitenvertauschung setzt man das Implantat unverändert wieder ein. Soll aber eine radiale Umkehrung erfolgen, so muß der Kork und die unmittelbar darunterliegende Gewebeschicht durch einen glatten Schnitt erst entfernt werden. Wegen der Bezeichnung der Achsen vgl. die Abb. 197.

Zum leichteren Anwachsen und um den Kontakt der Schnittflächen zu gewährleisten, legt man der Rübe einen Verband aus Lindenbast fest an. Ist das Implantat durch Abtragen einer Gewebeschicht radial verkürzt worden, so ergänzt man das unter dem Verbande Fehlende durch Auflegen entweder der abgetragenen Gewebeschicht oder durch eine passende Korkscheibe (VÖCHTING nahm entsprechende Anzahl von Lagen weißen Schreibpapieres).

Nach der Operation werden die Rüben in Blumentöpfe von passender Größe eingepflanzt und in eine feuchte Abteilung des Warmhauses etwa 2 bis 3 Wochen gestellt. Nach Ablauf dieser Zeit kann man den Verband schon lockern, nach 4 bis 6 Wochen, spätestens aber nach 2 Monaten ganz entfernen. Ist nach dieser Zeit die Verwachsung vollständig erfolgt, dann verpflanzt man die Rüben wieder ins Freie. Irgendwelche noch verbliebene Öffnungen werden sorgfältig mit Baumwachs verstrichen. Die Weiterentwicklung der Rüben erfolgt im Freien meist sehr gut, so daß im Herbst das endgültige Ergebnis der Operation vorliegt.

Sollen die Rüben überwintert werden, so pflanzt man sie im Herbst abermals in Töpfe und stellt sie ins Kalthaus oder in einen gedeckten Kasten.

### b) Experimentelle Erzeugung von Pfropfbastarden und Chimären.

Von ganz besonderer Wichtigkeit ist die Anwendung der Transplantationsmethoden — speziell der Pfropfung — zur Herstellung von Chimären und Pfropfbastarden oder in anderer Bezeichnung von Sektorial- und Periklinalchimären. Beide Arten von Chimären werden auf die gleiche Weise gewonnen, weshalb sie hier auch im Zusammenhang behandelt werden sollen.

Das Prinzip ihrer Erzeugung ist folgendes: Die beiden Komponenten, welche in der Chimäre vereinigt werden sollen, werden in geeigneter Weise aufeinandergepfropft, wobei jede natürlich als Unterlage und jede als Reis dienen kann. Ist die Verwachsung vollkommen erfolgt, so wird die Pfropfstelle quer abgeschnitten, und zwar so, daß die Schnittfläche des stehenbleibenden Sprosses sowohl Gewebe der Unterlage als auch des Reises enthält. Adventivknospen, die aus dieser Schnittfläche gebildet werden, beanspruchen besondere Aufmerksamkeit. Entstehen diese nämlich auf den Gewebeflächen der beiden Komponenten, so müssen sie unverzüglich entfernt werden. Treten sie aber gerade an der Grenze dieser beiden auf, so besteht die Möglichkeit, daß sie aus Zellen beider Pflanzen hervorgehen. Je nachdem nun die Verteilung der Gewebsanteile der beiden Komponenten erfolgt, entstehen entweder Sektorial- oder Periklinalchimären.

Die Methode der Herstellung solcher Chimären ist von H. WINKLER selbst sehr ausführlich beschrieben worden (ABDERHALDENS Handbuch der biologischen Arbeitsmethoden 1924, Abt. XI, Teil 2, S. 794). Trotzdem soll in diesem Zusammenhang nochmals kurz darauf eingegangen werden.

Die Auswahl der Objekte zu den Pfropfungen erfordert besondere Sorgfalt und Vorprüfung. Diese muß nach folgenden Gesichtspunkten getroffen werden:

1. Die beiden Komponenten müssen sich aufeinander pfropfen lassen;

2. beide Pflanzen müssen aus beliebig am Sproß oder anderen als Pfropfstellen in Betracht kommenden Organen angebrachten Wundflächen Adventivsprosse mit großer Leichtigkeit bilden.

Zu den Versuchen eignen sich, soweit bis heute bekannt, am besten krautige Pflanzen und unter diesen einige Solanaceen, besonders Solanum lycopersicum und Solanum nigrum, ferner auch Solanum dulcamara, deren Pfropfungen nun behandelt werden sollen. Bei diesen Pflanzen geht man am besten von Keimlingen in Töpfen aus, von denen nach WINKLERS Vorschlag je zwei — die beiden Komponenten — in einen Topf pikiert werden. Unter günstigen Wachstumsbedingungen erreichen sie etwa mit dem siebenten Blatt den zum Pfropfen günstigen Stengeldurchmesser. Sowohl das Reis wie auch die Unterlage brauchen einige kräftige Blätter zur weiteren Ernährung. Man läßt an der Unterlage etwa 4 oder 5, am Reis etwa 2 oder 3 Blätter stehen. Die in Überzahl vorhandenen schneidet man ab, läßt aber ein Stück des Blattstieles stehen. An diesen Pflanzen müssen Seitentriebe natürlich entfernt werden, ebenso sämtliche Achselknospen, die nach dem Entgipfeln sofort austreiben würden. Die Entgipflung beider Pflanzen erfolgt an derjenigen Stelle des Sprosses, an der beide etwa gleichen Durchmesser haben, durch einen glatten, wagerechten Rasiermesserschnitt. Die Unterlage wird nun in der Mitte der Querschnittsfläche durch einen 1 bis 1,5 cm tiefen Einschnitt gespalten. Das untere Ende des Reises ist vorher keilförmig von zwei Seiten zugeschnitten worden und wird sofort in den medianen Spalt der Unterlage eingesetzt (Pfropfung in den Spalt). Um die Pfropfstelle wird ein Verband aus Lindenbast mäßig fest herumgelegt, wobei auch um die Achsel des untersten Blattes des Reises eine Schlinge geführt werden muß, damit dieses nicht aus dem Spalt herausgleiten kann. Nach der Operation werden die Pflanzen bebraust und im Warmhaus im dampfgesättigten Raum gehalten (unter einer Glasglocke oder im Glaskasten). Direkte Besonnung muß zunächst vermieden werden. Etwa auftretende Adventivsprosse müssen sofort entfernt werden, wozu tägliche Kontrolle der Pflanzen notwendig ist. Werden die Blattstielreste am Reis mit einer basalen Trennungsschicht abgeworfen, so kann man mit dem Beginn der Verwachsung rechnen. Von nun an deckt man die Pflanzen täglich immer längere Zeit auf oder stellt sie aus dem Glaskasten heraus, damit sie sich an die trockene Luft gewöhnen. Der Verband wird gelöst, doch läßt man zweckmäßig in der nächsten Zeit noch eine einfache Bastschlinge um die Verwachsungsstelle herumliegen, um ein nachträgliches Abplatzen der frischen Verwachsung zu verhüten. Unter sehr guten Kulturbedingungen bleiben nun die Pflanzen mehrere Wochen lang stehen, immer unter Kontrolle, damit keine Adventivsprosse auftreten können.

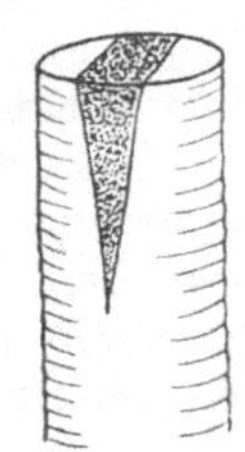

Abb. 201. Erklärung im Text (Original).

Nun beginnt die nächste Phase der Operation. Mit einem glatten Rasiermesserschnitt wird die Pfropfstelle mitten durchschnitten, so daß die apikale Schnittfläche nun in der Mitte einen Gewebestreifen des Reises, zu beiden Seiten aber je einen der Unterlage zeigt (Abb. 201). Die abermals operierten Pflanzen werden hell, warm und feucht gehalten, um das Auftreten von Adventivsprossen nach Möglichkeit zu fördern. Es kommt nun darauf an, daß Adventivsprosse nur an den Verwachsungsstellen der beiden artfremden Gewebeteile auf der Schnittfläche entstehen. Daher werden alle diejenigen Knospen, die mitten auf den Flächen auftreten und nur dem einen oder anderen Partner gleichen, baldigst entfernt, selbstverständlich auch alle adventiven Achselknospen. Treten Mittelbildungen oder andere interessante Sproßtypen auf, so läßt man sie erstarken, schneidet sie dann mit einer Schere ab und bringt sie als Stecklinge zur Bewurzelung. Derartig regenerierende apikale Schnittflächen können oft lange Zeit hindurch verwendet werden und Hunderte von Adventivknospen produzieren.

## 8. Methoden der Regenerationsversuche.

In dieser Zusammenstellung wird die Bezeichnung Regeneration für die Gesamtheit der Ersatzbildungsreaktionen am Pflanzenkörper gebraucht. Die zur Darlegung der Methoden benutzte Einteilung des Stoffes ließ die weitere Zergliederung in Reproduktionen und Reparationen untunlich erscheinen.

Das Schwergewicht der Methodik liegt in der Isolierung von Zellen oder Zellkomplexen, resp. Organen zu den Versuchen, die im allgemeinen bei den niederen Pflanzen mannigfaltiger und komplizierter als bei den höheren ist.

### A. Isolierung von Zellen und Zellkomplexen.

#### a) Sektion mehrkerniger Protoplasten durch Plasmolyse.

Auf relativ einfache Weise gelingt es, Protoplasten innerhalb $\pm$ langgestreckter Zellen in zwei oder drei Stücke zu zerlegen und jedes dieser Teilstücke zur Ausbildung einer neuen Zellulosemembran zu veranlassen. Eine solche Operation hat nur Aussicht auf Erfolg bei mehrkernigen Zellen, z. B. der Siphonales und Siphonocladiales. Ihre Bedeutung liegt in der Möglichkeit, das Verhalten von Teilstücken der Zelle zu untersuchen, welche durch plötzliche Zerteilung des Inhalts entstehen und nicht wie bei der normalen Zellteilung durch sorgfältige Trennung. Das ist z. B. für Fragen der Polarität solcher Zellen von Wichtigkeit (Cladophora).

Diese Methode benutzt die Tatsache, daß bei Eintritt der Plasmolyse in $\pm$ langgestreckten Zellen der Protoplast häufig in zwei oder auch mehr Teile zerfällt, zwischen denen kein Zusammenhang mehr besteht. Findet die Plasmolyse in Zuckerlösung statt, so tritt z. B. bei Cladophora und anderen Algen — wie schon Klebs (1886) fand — binnen mehrerer Tage Neubildung einer Zellulosewand um die kontrahierten Protoplasten ein (nach etwa 4 Tagen). Das tritt bei vielkernigen Zellen auch ein, wenn der Protoplast in mehrere Stücke zerlegt ist, so daß auf diese Weise schließlich zwei bis drei neue Zellen innerhalb der ursprünglichen vorhanden sind und jede von ihnen ein charakteristisches Stück der Ausgangszelle darstellt. Wie schon erwähnt, hat diese Möglichkeit nur eine Bedeutung, wenn die Ausgangszelle eine polare Orientierung besaß, welche der Zelle als solcher inhärent ist, wie z. B. bei Cladophora. Auf dem Wege der Regeneration kann man dann das Verhalten der Teilstücke weiter verfolgen.

Die Teilung des Protoplasten hat den Nachteil, daß sie nur zufällig, bei manchen Cladophorafäden ziemlich häufig auftritt. An Hand eines größeren Materials lassen sich immerhin genügend solcher Zellen gewinnen.

Zur weiteren Behandlung solcher geteilten Zellen kann man diese entweder in der Mutterzelle belassen oder nach der Wandbildung aus der ursprünglichen Zellhülle herausholen.

#### b) Isolierung von Zellen mit Hilfe der Nadel und Thermonadel.

Zur Isolierung einzelner Zellen oder von Zellkomplexen aus einem Gewebeverbande genügt es in vielen Fällen, mit zwei Präpariernadeln dünne Gewebeschnitte oder bei dünnen, flächigen Gebilden diese selbst unter dem binokularen Präpariermikroskop zu zerzupfen.

In anderen Fällen wird man zur Isolierung bestimmter Zellen in einem Gewebe alle übrigen durch Anstechen abtöten, eine Methode, welche im allgemeinen mit den geringsten Schädigungen für die überlebenden Zellen verbunden ist. Die gleiche Praxis empfiehlt sich in Fällen, in denen nur einzelne Zellen entfernt werden sollen, wie z. B. die männlichen Geschlechtsorgane bei der Kastrierung von Farnprothallien und andere.

Statt der Metallnadeln werden sich in speziellen Fällen feine Glas-, evtl. auch Quarznadeln empfehlen.

Bietet sich der Operation mit der Nadel zu großer Widerstand dar, so wird man mit Nutzen zur Thermonadel greifen. In einfacheren Fällen genügt dazu eine Präpariernadel, evtl. die schon erwähnte Glas- oder Quarznadel, die in einer Mikroflamme, welche unmittelbar neben dem Objekttisch des Mikroskops aufgestellt ist, erhitzt wird.

In schwierigeren Fällen kommt die elektrisch erhitzte Nadel zur Anwendung, wie sie von T. PÉTERFI für Zelloperationen konstruiert worden ist (vgl. dieses Handbuch Bd. I, S. 566).

c) Methode der Isolierung von Zellen durch Plasmolyse.

$\alpha$) *Meeresalgen.* Die Isolierung von Zellen aus dem Zellverbande läßt sich besonders bei Wasserpflanzen, speziell Algen leicht dadurch erreichen, daß man die wechselseitige plasmatische Verbindung der Zellen durch Plasmolyse zerreißt. Auf diesem Wege wird gleichzeitig mehreres erreicht. Die zu isolierenden Zellen gelangen nämlich nicht mit Zelltrümmern (und -stoffen) in Berührung (vgl. deren Einfluß nach HABERLANDT). Der gegenseitige Druck der Zellen im Gewebeverbande wird nicht dauernd aufgehoben.

Das Verfahren eignet sich besonders für Organismen, welche schon durch ihren natürlichen Standort an höhere Salzkonzentrationen gewöhnt sind, also für Meeresalgen (resp. auch für Brackwasserformen). Gute Resultate lassen sich mit marinen Cladophoraarten erzielen.

Die Methode, welche MIEHE (1905) angegeben hat, besteht darin, die Zellen durch Steigerung der Salzkonzentration des normalen Seewassers zu plasmolysieren, die Plasmolyse — vollständige Abrundung des Protoplasten in der Zelle — solange bestehen zu lassen, bis der kontrahierte Protoplast eine neue Zellwand im Innern der ursprünglichen Zelle ausgebildet hat und somit also zur isolierten Zelle geworden ist. Nun läßt man die Plasmolyse zurückgehen und die Zellfäden in normalem Seewasser weiterwachsen unter sonst günstigen Bedingungen (diffuses Licht, Zimmertemperatur).

Die Plasmolyse wird folgendermaßen vorgenommen. Die Algenfäden befinden sich in einem Kulturgefäß, am besten in einem graduierten Zylinder oder ähnlichem Gefäß mit einer bestimmten Menge normalen Seewassers (3 bis 3,8% Salzgehalt, je nach dem Meere). Dazu läßt man Seewasser mit höherem Salzgehalt langsam zutropfen (etwa aus einem Heber mit feiner Spitze), so daß nach Verlauf von etwa 24 Stunden die Konzentration des Kulturwassers auf etwa 12 bis 13% Kochsalz angestiegen ist. Bei dieser Konzentration sind die Algenzellen sehr gut plasmolysiert. Durch Bedecken des Gefäßes gegen Verdunstung wird weitere Steigerung der Konzentration vermieden. Man beläßt nun die Algen etwa 4 Tage in dieser Lösung, jedenfalls solange, bis sich eine neue Zellulosewand um den runden Protoplasten ausgebildet hat. Ist dies erfolgt, so kann man die Algenfäden wieder unter normale Konzentration zurückversetzen, jedoch mindestens so langsam, besser noch langsamer, als beim umgekehrten Prozeß. Man führt nun am besten mittels eines langen Hebers normales Seewasser am Grunde des Gefäßes zu (wieder nur tropfend!). Wenn dann nach etwa 24 bis 36 Stunden die Salzkonzentration im Kulturgefäß nur noch um ein geringes höher ist als normales, so kann man die Algen in frisches Seewasser fast ohne Schaden übertragen und weiter kultivieren.

Beim Übergang in normales Seewasser dehnt sich der kontrahierte Protoplast mit der neuen Membran wieder bis zum ursprünglichen Volumen aus, so daß die alte Zelle wieder vollständig oder nahezu vollständig erfüllt ist (Ausnahmen!). Vollzieht sich dieser Übergang jedoch zu schnell, so platzen die Zellen.

Nach dieser Behandlung tritt meist sehr rasch und energisches Wachstum der isolierten Zellen ein.

*β) Süßwasseralgen.* Die oben beschriebene, zuerst von MIEHE in dieser Hinsicht benutzte Methode zur Isolierung von Zellen der fadenförmigen und festsitzenden Meeresalgen, läßt sich auch auf Bewohner von Süßwasser übertragen, wenn man entsprechende Modifikationen vornimmt.

Zu derartigen Versuchen eignen sich die festsitzenden Süßwassercladophoren vorzüglich, welche auf Steinen meist in klarem ± schnellfließenden Bächen oder Flüssen zu finden sind.

Ein Fadenstück einer solchen Alge wird möglichst befreit von epiphytischen Algen, anhaftenden Pilzsporen, Erdpartikeln usw. durch Abspülen, evtl. Abpinseln unter dem Präpariermikroskop. Einen oder mehrere solcher Fäden legt man dann ein in eine 20proz. Rohrzuckerlösung (20 g Rohrzucker auf 100 g Lösung) in kleinen Esmarchdoppelschalen, die zum Schutz gegen Verdunstung zu mehreren in eine größere Deckelschale eingestellt werden. Zur Herstellung der Lösung genügt der käufliche Rohrzucker in Kristallen. Die Lösung wird gekocht und wenn nötig filtriert. Besonderes Sterilisieren ist im allgemeinen nicht notwendig, wenn nur Glasgeräte und Instrumente steril und die Algenfäden gründlich gereinigt sind. In dieser Lösung tritt nach einiger Zeit Plasmolyse der Fadenzellen ein, in den jüngeren Zellen früher und stärker als in den älteren, aber nach Verlauf von etwa 24 Stunden wird sie in sämtlichen Zellen in genügender Stärke eingetreten sein. Wesentlich ist dabei, daß die Protoplasten von den Querwänden und damit von den Nachbarzellen losgerissen werden, so daß die plasmatische Verbindung von Zelle zu Zelle unterbrochen wird. Ist dieser Zustand erreicht, so ist der Zweck des Eingriffes erfüllt. Es kommt gar nicht darauf an, daß die Protoplasten der Zellen abgerundet sind während der Plasmolyse. Das wäre leichter mit höheren Konzentrationen der Zuckerlösung zu erreichen, aber es hat sich herausgestellt, daß solche Lösungen von etwa 27 % oder 35 % (etwa 1 Mol) zwar schneller und intensiver plasmolysieren, dafür aber die Zellen leicht schädigen, so daß nach dem Versuch fast regelmäßig die meisten Zellen absterben.

In den Versuchen, welche bislang durchgeführt wurden, zeigte sich gutes Gelingen, wenn die Zellen etwa zwei- bis dreimal 24 Stunden in der Rohrzuckerlösung verblieben, zweifellos muß aber schon kürzere Zeit genügen, etwa 1 Tag. Nach dieser Isolierung müssen die Fäden langsam deplasmolysiert und in ihr ehemaliges Standortswasser oder in eine geeignete Nährlösung übertragen werden (z. B. Nährlösung nach USPENSKIJ). Es hat sich als vollkommen hinreichend herausgestellt, wenn man zunächst zur Zuckerlösung das gleiche Volumen destillierten Wassers hinzugibt und die Fäden dann nach Verlauf von 24 Stunden in die Nährlösung überträgt. Es empfiehlt sich sehr, dieses anschließend mehrere Male zu wechseln, indem man die Algenfäden vorsichtig mit der Präpariernadel überträgt, um auch die letzten Spuren der Zuckerlösung zu beseitigen, da sonst leicht Pilzwachstum sich störend bemerkbar machen kann.

Zur weiteren Kultur der Fäden eignet sich neben frischem Standortswasser sehr gut die Nährlösung nach USPENSKIJ. Die Esmarchschälchen mit den Algen werden an einem Nordfenster bei einer Temperatur von 16 bis 20° C aufgestellt. Schon nach Verlauf von 24 Stunden oder einigen Tagen zeigt sich der Beginn des regenerativen Wachstums.

Diese Methode stützt sich auf Befunde von KLEBS (1886), der bei der Dauerplasmolyse der verschiedensten Süßwasseralgen in Zuckerlösung Zellhautbildung um die kontrahierten Protoplasten beobachtete. In der Tat kann man bei den Cladophorazellen nach viertägigem Aufenthalt in der Zuckerlösung schon recht kräftige Wandbildung beobachten.

d) Methode der Isolierung von Zellen durch Elektrolytlösungen.

T. SAKAMURA (1924) hat bei Versuchen mit den koloniebildenden Volvocaceen gefunden, daß sich speziell bei Gonium pectorale die 16 Zellen sehr leicht aus dem Kolonieverbande isolieren lassen, wenn man die Organismen in die sehr verdünnten Lösungen gewisser Salze bringt.

Man verfährt dazu folgendermaßen: Die in guten Roh- oder auch Reinkulturen angereicherten Kolonien werden abzentrifuguert (etwa 30 Sekunden bei 2000 Umdrehungen) und darauf mindestens zweimal mit über Jenaer Glas destilliertem Wasser gewaschen. Nach abermaligem Abzentrifugieren überträgt man die Kolonien mit möglichst wenig Wasser in 0,05 molare Lösungen von KCl (oder NaCl, LiCl, RbCl, $NH_4Cl$). Diese Operation wird am besten gleich im Hängetropfen zur mikroskopischen Beobachtung ausgeführt (mit mehreren oder isolierten Kolonien). Die Wirkung der Salzlösungen ist eine doppelte. Einmal verlieren die Kolonien schon innerhalb der ersten Stunde nach dem Übertragen ihre Bewegungsfähigkeit, anderseits aber sind sie nach Verlauf von einer Stunde fast sämtlich schon in die einzelnen Zellen zerfallen, so daß diese durch Abfischen leicht voneinander getrennt werden können. Das Wesentliche bei dieser Behandlung der Kolonien ist der Umstand, daß die Salzlösungen keine schädigende Wirkung auf die Zellen ausüben. — Bekannt ist bereits, daß die Kolonien unter ungünstigen — jedoch nicht kontrollierbaren — Bedingungen ebenfalls in Einzelzellen zerfallen.

e) Methode der partiellen Abtötung durch hypotonische Lösung.

Die differentielle Empfindlichkeit benachbarter Zellen gegen gewisse Lösungen kann man dazu benutzen, die stärker empfindlichen abzutöten, so daß auf diese Weise die anderen isoliert werden.

Um z. B. an gekeimten Fucuseiern im Zweizellenstadium, bestehend aus Apikal- und Rhizoidzelle, diese letztere abzutöten (oder die erstere zu isolieren), kann man nach dem Vorgange von KNIEP (1907) die geringere Widerstandsfähigkeit der Rhizoidzelle gegen plötzliche Einwirkung einer hypotonischen Lösung benutzen. Die Keimlinge befinden sich in normalem Seewasser von etwa 30‰ Salzgehalt. Gibt man nun plötzlich so viel destilliertes oder Brunnenwasser zu, daß der Salzgehalt auf etwa $^1/_3$ seines ursprünglichen Wertes vermindert wird (10 bis 12‰), so platzen die Rhizoidzellen fast augenblicklich an der Spitze und entleeren ihren Inhalt $\pm$ weitgehend, sterben also ab. Die apikale Zelle dagegen erweist sich als viel widerstandsfähiger gegen derartige Änderung des osmotischen Druckes des umgebenden Mediums. Sie wird nicht geschädigt, sondern rundet sich ab. Um sie nun wieder unter normale Wachstumsbedingungen zurückzubringen, erhöht man den Salzgehalt der Lösung langsam, indem man so viel Seewasser zufließen läßt, daß zunächst etwa wieder $^2/_3$ der ursprünglichen Konzentration erreicht werden (20 bis 22‰). Den restlichen Ausgleich (auf 30‰, läßt man noch langsamer während mehrerer Stunden oder Tage erfolgen.

Der ganze Vorgang kann im Uhrglas unter dem Mikroskop vor sich gehen. — Die Apikalzellen schreiten nach der Isolierung bald zur Regeneration (Teilung).

### B. Isolierung von größeren Gewebekomplexen.

a) Isolierung durch Abtrennen.

Der meist begangene und besonders in der Praxis vielbenutzte Weg zur Isolierung von größeren Gewebekomplexen, Organen usw. besteht in Abschneiden bzw. Abbrechen dieser.

Diese einfachste Methode ist für viele leicht regenerierende Pflanzen brauchbar, indessen ist sie für schwerer regenerierende und außerdem für besondere Fragestellung nicht anwendbar. Um in diesen Fällen zum Ziele zu gelangen, beläßt man die betreffenden Organe usw. im Zusammenhang mit der Mutterpflanze resp. dem Mutterorgan, unterbindet jedoch die Zufuhr organischer Stoffe, so daß die betreffenden neuen Einheiten physiologisch isoliert sind. Dieses Prinzip findet Anwendung in den folgenden Methoden.

### b) Isolierung durch Ringelung.

Für Regenerationsversuche an Wurzeln und Sprossen höherer Pflanzen braucht man das Regeneratmutterstück nicht aus dem organischen Zusammenhang mit dem übrigen Teil des ganzen Organes herauszuschneiden, sondern kann dieses entweder an der Pflanze selbst belassen oder doch inmitten eines größeren Teiles des ganzen Organes. Die getrennte Stoffleitung innerhalb von Sproß und Wurzel machen dann trotzdem eine Isolierung einzelner Stücke möglich, nämlich dadurch, daß man ober und unterhalb des zu isolierenden Stückes den Ringelschnitt anbringt, d. h. auf ein kurzes Stück ($^1/_2$ bis 1 cm) die Rinde bis auf den Holzkörper entfernt, ohne diesen selbst zu verletzen. In bezug auf organische Stoffe und lebende Zellen ist der so abgegrenzte Teil isoliert, allein die Wasserversorgung durch den Holzkörper wird beibehalten.

Statt des Ringelschnittes und Entfernung der Rinde genügt in manchen Fällen schon das Anbringen von querverlaufenden Einschnitten. Bei Blättern empfiehlt es, sich Einschnitte in die Nerven anzubringen, besonders dicht unterhalb der Einmündung von Seitennerven.

### c) Isolierung durch Knicken.

Statt des Zerschneidens genügt oft schon ein bloßes Einknicken oder auch leichtes Quetschen von Sproß- oder Wurzelorganen, um den Zusammenhang der Stoffleitungsbahnen zu unterbrechen und auf diese Weise Regenerationsvorgänge einzuleiten. Bei manchen Sprossen und Keimlingsachsen führt vielfach einfaches Biegen und Festhalten in dieser Lage zur Erzeugung von Neubildungen.

Bei Blättern wird Einknicken ebenfalls mit Erfolg angewendet.

Ein gewisser Vorteil dieser Operation besteht darin, daß keine äußerlichen, sondern nur innerliche Wunden angebracht werden, die eine Infektion leichter vermeiden lassen, außerdem aber, wie oben schon erwähnt, wird die Wasserversorgung der Gewebe aufrechterhalten.

### d) Isolierung durch Aufheben der korrelativen Beziehungen zu den Nachbarorganen.

Durch Ausnutzung der Tatsache, daß die verschiedenen Organe einer Pflanze nicht unabhängig nebeneinander bestehen, sondern daß ihre Entwicklung nur in gegenseitiger Abhängigkeit erfolgt (Korrelation), ist es möglich, ohne operativen Eingriff in den Pflanzenkörper bestimmte Organe zu isolieren. Das gelingt dadurch, daß man entweder die korrelativen Beziehungen eines Organes zu den anderen aufhebt, indem diese anderen in der Auswirkung ihrer spezifischen Funktion gehindert werden oder aber, indem man deren Wachstum mechanisch oder physiologisch hemmt.

**1. Funktionshemmung von Blättern durch lokale Verdunkelung.** Die korrelative Hemmung, welche ein Laubblatt auf seine Achselknospe ausübt, kann aufgehoben werden dadurch, daß man das Trageblatt wegschneidet, entweder ganz oder teilweise. Durch diese Operation wird die Achselknospe physiologisch teilweise isoliert — sie ist auch von den anderen Organen der Pflanze nicht unabhängig. Dem vollständigen Entfernen des Blattes kommt aber der Wirkung nach gleich die ± weitgehende Hemmung seiner assimilatorischen Funktion durch Verdunklung. Diese kann entweder die ganze Blattspreite umfassen oder nur einen Teil davon. Die Verdunklung läßt sich leicht ausführen, indem man die betreffenden Blätter resp. Blatteile mit kleinen Beuteln aus dünnem, schwarzem Papier umhüllt. Auf diese Weise lassen sich auch die korrelativen Beziehungen zwischen benachbarten Blättern oder solchen in ± großer Entfernung an derselben Pflanze und ihren Achselknospen beeinflussen oder vollständig aufheben, wie das von DOSTAL (1909 und 1911) ausgeführt worden ist.

Wird diese Methode an der intakten Pflanze angewendet, so ist das Ergebnis natürlich stets die Resultante aus den Wechselwirkungen der verschiedensten Blätter und Achselknospen. Sollen die Beziehungen nur innerhalb eines Blattpaares geprüft werden, so empfiehlt es sich, ein Knotenstück mit den zugehörigen Blättern allein zu verwenden, indem die angrenzenden Internodien je über und unter dem Knoten durchschnitten werden. Das so isolierte Sproßstück wird als Steckling in feuchtem Sand kultiviert. An den Blättern dieses Knotens wird dann wieder die entsprechende Verdunkelung vorgenommen. Wenn endlich nur die Korrelationen zwischen dem Trageblatt und seiner Achselknospe ermittelt werden sollen, so spaltet man jenes Knotenstück noch genau der Länge nach und verfährt mit ihm ganz entsprechend.

Besonders geeignete Objekte für diese Versuche sind Coleusarten, Circaea lutetiana, Scrophularia nodosa, Sempervivum telephium u. a.

**2. Funktionshemmung der Wurzel durch lokale Abkühlung.** Um den korrelativen Einfluß des Wurzelsystems auf die Bildung von Adventivwurzeln am Sproß aufzuheben, ohne das Wurzelsystem selbst zu entfernen, kann man dieses, wie GOEBEL (1907) gezeigt hat, durch lokale Abkühlung zeitweise funktionsunfähig machen. Diese Methode eignet sich vornehmlich für krautige Pflanzen, welche in Nährlösung gezogen werden. Als günstige Objekte kommen z. B. Keimpflanzen von Phaseolus multiflorus in Frage. Die Wurzelbildung am Epikotyl wird schon erleichtert dadurch, daß man dieses feucht hält, entweder durch Umgeben mit flüssigem Wasser in einer Glasröhre oder durch Umwickeln mit feuchter Watte usw. Die lokale Abkühlung des Wurzelsystems wird in der Weise ausgeführt, daß man das Gefäß mit Nährlösung abkühlt auf etwa 5° C. Derart niedere Temperatur ertragen die Wurzeln ohne ernstliche Schädigung, ihre Absorption ist aber verhindert, ebenso ihr Wachstum. Bringt man später die Wurzeln wieder unter Zimmer- resp. Warmhaustemperatur, so wachsen sie kräftig weiter. Während der Abkühlung kann die Entwicklung von Adventivwurzeln am Epikotyl reichlich erfolgen.

**3. Wachstumshemmung durch Wasserstoffatmosphäre.** Ein sehr unschädliches Mittel um Funktionshemmung, besonders zur Unterdrückung von Wachstum und Differenzierung hervorzurufen, hat MC CALLUM (1905) angegeben. Die betreffenden Sproßstücke mit Knospen oder das apikale Sproßende mit dem Vegetationspunkt wird gasdicht in eine kleine zylindrische Glaskammer eingeführt. Diese besteht aus einem kurzen Stück eines weiten Glasrohres (2 bis 3 cm Durchmesser, die Länge entsprechend dem aufzunehmenden Organteil), welches mit halbierten Gummistopfen, evtl. auch mit Hilfe von Paraffin gasdicht um den betreffenden Sproßteil montiert ist. Die beiden Gummistopfen sind noch seitlich durchbohrt und enthalten ein zu- und abführendes Glasrohr. Durch diese Kammer wird nun Wasserstoff durchgeleitet, evtl. nur öfter frisch nachgefüllt. In der Wasserstoffatmosphäre wird jede Funktion eines Organes, ferner das Wachstum usw. vollständig unterdrückt, so daß der in der Gaskammer eingeschlossene Teil der Pflanze so wirkt, als wäre er nicht vorhanden. Dabei übt das Gas keinen nennenswerten schädigenden Einfluß während der Versuchszeit auf die Organe aus. Sowie aber die Begasung aufhört, setzt die Lebenstätigkeit wieder voll ein, so daß die ursprünglichen Bedingungen wieder hergestellt sind.

4. **Wachstumshemmung durch Eingipsen.** Die schon erwähnte Methode des Eingipsens von Organen oder Organteilen zum Zwecke der Wachstumshemmung übt die gleiche Wirkung aus wie die eben beschriebene Methode. Die den eingegipsten, subordinierten Organe werden aus dem Abhängigkeitsverhältnis befreit und können sich nun selbständig entwickeln.

Die eingegipsten Organe erleiden während des Aufenthaltes im Gipsverbande keine Schädigung, sondern erfahren nur Hemmung des Wachstums durch den mechanischen Druck. Meristeme behalten trotzdem ihre Teilungsfähigkeit und nehmen das Wachstum sofort wieder auf, wenn sie aus der Gipshülle befreit werden.

Wird z. B. beim Keimling von Vicia faba oder Phaseolus multiflorus u. a. der Gipfel des Hauptsprosses eingegipst, so wachsen die Axillarknospen der Kotyledonen aus. In ähnlicher Weise kann man das Verhältnis von Haupt- und Seitenwurzel prüfen durch Eingipsen der Spitze der Hauptwurzel. Für Holzpflanzen eignet sich diese Methode in gleicher Weise. Die auszuschaltenden Knospen usw. werden zeitig im Frühjahr — bei Freilandpflanzen — eingegipst.

Die Anbringung des Gipsverbandes wird man je nach dem Objekt in geeigneter Weise modifizieren. Knospen führt man z. B. in kleine Glas- oder Papphröhren ein und gießt sie dann mit Gips aus. Bei kräftigeren Organen muß man den Gipsverband gegen evtl. Zersprengen dadurch schützen, daß man ihn mit Draht oder Bindfaden umwickelt. Ist der Gipsverband zu schwer für das betreffende Organ, so kann man kleine Drahthaken mit eingießen, an denen man dann den Verband aufhängt, um das Abbrechen der Organe zu verhindern (vgl. auch S. 644).

## C. Kultur der Regeneratmutterstücke.

1. *Algen.* Wenn die Algenzellen nach der Behandlung mit den oben beschriebenen Methoden isoliert sind, müssen sie unter geeignete Kulturbedingungen gebracht werden. Als letztere kommt jedes für die Kultur der Algen im allgemeinen oder besonderen brauchbare Nährmedium in Frage. Je nach dem speziellen Fall wird sich Kultur auf festem Nährboden oder in Lösungen, entweder in Kulturschalen oder im hängenden Tropfen empfehlen. Es genügt hier ein Hinweis auf die entsprechenden Stellen dieser Zusammenstellung (vgl. S. 653), sowie auf den Abschnitt von E. KÜSTER in diesem Bande (S. 315).

2. *Pilze.* Zur Kultur der Regeneratmutterstücke von niederen Pilzen, eignet sich im allgemeinen ein fester Nährboden, z. B. Agar-Agar, dem bestimmte Zusätze beigemengt sind, wie es schon auf S. 624 und 663 angegeben wurde.

Für höhere Pilze genügt meist Auslegen auf feuchtes Fließpapier in Doppelschalen.

In speziellen Fällen wird man zu geeigneten Hilfen greifen müssen, wie z. B. Einstellen der Sporangienträger in wassergefüllte Kapillaren im feuchten Raum (GÖTZE) u. a.

3. *Leber- und Laubmoose.* Zur Regeneration von Blättern der Leber- und Laubmoose eignet sich besonders das Auslegen auf 0,1 bis 0,05 % Nährlösung nach KNOP oder BENECKE oder auf festen Nährboden mit dem gleichen Zusatz von mineralischer Nährlösung. Sporophytengewebe, z. B. Seten oder Kapselstücke von Laubmoosen, legt man vorteilhaft auf den festen Nährboden aus oder auf sterilen Quarzsand mit Nährlösung. Allerdings ist bei diesem letzteren Beobachtung nur bei auf-

fallendem Licht möglich, wogegen aber das sich evtl. störend bemerkbar machende Wachstum von Pilzen und Bakterien nur sehr gering ist.

4. *Farne.* Die durch Abtrennen gewonnenen beliebigen Stücke von Prothallien lassen sich auf folgende einfache Weise sehr leicht zur Regeneration bringen. In zahlreichen Versuchen erwies sich die Kultur in 0,1% Nährlösung nach Knop als sehr günstig, und zwar wurden die Prothallienstücke nicht direkt in die Nährlösung gebracht, sondern erst auf eine poröse Unterlage. Die Anordnung ist folgende. In kleine Esmarchdoppelschalen von 2 bis 3 cm Durchmesser füllt man die Nährlösung etwa 3 mm hoch ein. In diese legt man kleine rechteckige Tonstücke, welche mit einer Zange aus stärkeren Blumentopfscherben herausgezwickt werden. Wenn diese mit der Nährlösung vollgesogen sind, dann bringt man die Prothallienstücke darauf, möglichst aufrechtstehend. Die Geräte sind vorher ausreichend zu sterilisieren. Wenn sich trotzdem Algen ansiedeln, so sind die sehr bald und ausgiebig regenerierenden Stücke auf neue Tonstücke zu übertragen.

5. *Höhere Pflanzen.* Besondere Kulturmethoden machen sich bei Regenerationsversuchen mit höheren Pflanzen nur dann notwendig, wenn die Stücke abgetrennt wurden. In diesem Falle genügt Kultur in feuchtem Sand, bei genügender Luftfeuchtigkeit und einer Temperatur von 20 bis 30° C. Vielfach reicht auch schon Auslegen der Regeneratmutterstücke auf feuchtes Fließpapier in Deckelschalen aus.

## 9. Methoden der Entwicklungserregung.

Unter Entwicklungserregung sollen hier einige Methoden des sog. Frühtreibens behandelt werden, mit denen es gelingt, Knospen höherer Pflanzen zur Entwicklung anzuregen. Dabei kann es sich entweder um Knospen handeln, welche zu Beginn der Nachruhe — meist Ende November bis Anfang Dezember —, wenn günstige Wachstumsbedingungen sie noch nicht zum Austreiben kommen lassen, künstlich zum Trieb gebracht werden sollen oder um solche, welche zur Zeit des Triebes im Frühjahr nicht austreiben („sitzen bleiben").

Das Frühtreiben umfaßt die eigentliche Behandlung der Knospen, der dann die Nachbehandlung, das Treiben, unter günstigen Warmhausbedingungen zu folgen hat. Soll das Frühtreiben zur Heranzucht von Material dienen usw., so empfiehlt es sich, den Pflanzen eine Vorbehandlung angedeihen zu lassen, welche das Frühtreiben wirksamer werden läßt. Diese Vorbehandlung besteht darin, daß man die Ruhezeit der Pflanzen möglichst früh im Spätsommer bis Herbst eintreten läßt, durch Entblättern und Einstellen des Gießens, evtl. durch Unterbindung der Wasserzufuhr aus dem Boden. Wegen weiterer Einzelheiten sei auf die Zusammenstellung von Fr. Weber in Abderhaldens Handbuch der biologischen Arbeitsmethoden (1924) verwiesen.

### a) Entwicklungserregung durch Anstechen.

Es ist möglich, durch verschiedene Arten von Verletzung, Knospen von Holzpflanzen während der Winterruhe zur Entwicklung anzuregen. Eine dieser Methoden, welche wohl die geringsten Spuren an den sich entfaltenden Blättern — evtl. sogar am Sproß — zurückläßt, besteht in dem zuerst von F. Weber (1911) angegebenen Anstechen der Knospen.

Die zur Entwicklung anzuregende Knospe wird an ihrer Basis, unmittelbar über der Narbe des abgefallenen Laubblattes mit einer feinen Präpariernadel angestochen. Es empfiehlt sich, den Stich in der Mitte der Basis senkrecht in die Knospe hineinzuführen, und zwar so, daß er im Gewebe der Knospe selbst verläuft, nicht aber den Holzkörper des Tragzweiges trifft. Wenn der Stich nämlich nur den Holzkörper berührt, nicht aber die Knospe selbst, so führt er nicht zur Entwicklungserregung. Bei schrägem Ansatz der Knospen, oder wenn diese nur schmal sind, ist es notwendig, den Stich in der Knospe von der Basis an schräg aufwärts zu führen.

Man kann die Stichverletzung auch an einer höher gelegenen Stelle der Knospe anbringen. Nicht zu empfehlen ist ein von der Spitze her senkrecht in die Knospe geführter Stich, weil auf diese Weise häufig die Entwicklung der Knospe durch die tiefergreifende Verletzung ernstlich gestört wird. Wirksam sind ferner Einschnitte in die Knospe mit einem Messer, wie sie von JESENKO (Ber. Dtsch. Bot. Ges. 1912, 30) angewendet wurden, oder man kann den Knospen auch mit einer Schere auf etwa 3 bis 4 mm Länge die Spitze abschneiden nach der Methode von G. KLEBS (Abh. Heidelberger Akad. Wiss. 1914). Ein besonderer Nachteil dieser Art der Verletzungen liegt aber darin, daß die Organe der behandelten Knospen ± stark durch die Verletzungen benachteiligt werden.

Die Verletzungsmethode ist gut anwendbar in der Zeit der Nachruhe, also etwa von Anfang Dezember an. Es finden sich in der Literatur aber auch Angaben über sichtliche Erfolge dieser Methode zu anderer Jahreszeit, z. B. im Sommer oder an sitzengebliebenen Knospen im Frühjahr.

Da diese Operation der Knospen nur lokal wirksam ist, muß jede Knospe in der angegebenen Weise behandelt werden.

Nach der Operation können die Zweige bzw. Topfpflanzen unmittelbar der Nachbehandlung unterworfen werden.

Leicht auf diese Weise zu erregen sind der Flieder (Syringa vulgaris), die Linde (Tilia platyphyllos), weniger der Ahorn (Acer platanoides) u. a.

### b) Entwicklungserregung durch Warmbad.

H. MOLISCH (1908) hat eine sehr einfache Methode zur Entwicklungserregung von Knospen der Holzgewächse und mancher ausdauernder krautiger Pflanzen angegeben, welche den geringen Sauerstoffgehalt warmen Wassers zusammen mit erhöhter Temperatur (30° C, für schwerer zu erregende Pflanzen auch 35 bis 38°) während 9 bis 12 Stunden verbindet. Diese in der Praxis viel angewendete Methode verlangt zum Baden von Topfpflanzen geeignet konstruierte Behälter, auf die hier nicht eingegangen werden soll. Für rein experimentelle Zwecke der Entwicklungserregung läßt sich diese Methode auch im kleinen Ausmaß sehr vorteilhaft verwenden. Die zu behandelnden Zweige — nur mit solchen kann man im kleinen Maße operieren — werden mit den Spitzen nach abwärts in ein größeres Becherglas mit Wasser eingestellt, an der Basis in geeigneter Weise befestigt mit einer Klemme usw. Die basalen Enden der Zweige ragen aus dem Wasser heraus. Vor dem Beginn der Behandlung der Zweige wird das Wasser des Bades auf 30° C erwärmt und während der nächsten 9 bis 12 Stunden durch einen Mikrobrenner auf dieser Temperatur gehalten (evtl. durch Thermoregulator). Im allgemeinen wird die Temperatur von 30° ausreichen, so daß nur in seltenen Fällen zu höheren geschritten werden muß (35 bis 38°). 40° C ist schon das Maximum, bei dem häufig Schädigungen eintreten, ebenso wenn die übliche Dauer des Bades überschritten wird.

Sehr leicht zu wecken sind die Knospen von Syringaarten, Corylus Avellana u. a.

Das Warmbad ist schon wirksam im Oktober-November, bei Syringa auch schon früher.

Nach dem Baden erfolgt sofort die Nachbehandlung der Zweige im Warmhaus.

### c) Entwicklungserregung durch Injektion.

Mit der Verletzungsmethode der Entwicklungserregung zunächst nahe verwandt ist die sog. Injektionsmethode. Statt mit der Präpariernadel, wird die zu erregende Knospe mit der Hohlnadel einer Injektionsspritze (Pravazspritze) angestochen. — Um ein Versetzen der Kanüle mit Gewebefetzen zu vermeiden, bereitet man am besten den Stichkanal vorher mit einer Präpariernadel vor. — Diese Stichverletzung übt ihrerseits schon eine erregende Wirkung auf die ruhenden Knospen aus. Man hat nun früher die Erfahrung gemacht, daß nachfolgende Injektion der Knospen mit destilliertem Wasser (15 cm³) oder auch mit Lösungen von Alkohol oder Äthyläther usw. die Erregung der Knospen fördern kann. Die Injektionsmethode gewinnt neuerdings aber erst eine eigentliche Bedeutung durch die Analyse der Frühtreibmethoden, besonders des Warmbades durch K. BORESCH. Die Injektion von Stoffen, welche nachweislich als Zwischenprodukte des Stoffwechsels während der Behandlung der Knospen in den Geweben entstehen, vermag die Erregung wesentlich zu fördern. Als solche Stoffe erweisen sich von $\pm$ gutem Erfolg Aldehyde, Alkohol u. a., z. B.:

1 Vol.-% Azetaldehyd,
1 Vol.-% Formaldehyd
1 Vol.-% Äthylalkohol
1 Vol.-% Äthyläther,
1 Vol.-% Azeton.

Leicht lassen sich z. B. Tilia parvifolia, Aesculus Hippocastanum, Ulmus effusa u. a. auf diese Weise erregen.

Erfolge sind mit dieser Behandlung schon im November zu erzielen.

### d) Entwicklungserregung durch gasförmige Stoffe.

Die älteste und zugleich am besten bewährte Methode der Entwicklungserregung ist das sog. Ätherverfahren. Diesem sind eine ganze Anzahl weiterer Verfahren nachgebildet worden, welche alle die zu erregenden Knospen mit chemischen Stoffen in Gasform behandeln.

Die Methode der Gasbehandlung besteht darin, daß die Pflanzen oder Pflanzenteile mit Knospen, welche zur Entwicklung gebracht werden sollen, eine bestimmte Zeit der Einwirkung einer das betreffende Gas enthaltenden Atmosphäre ausgesetzt werden.

Topfpflanzen oder Zweige, die für die Behandlung in Betracht kommen, werden in einen luftdicht verschließbaren Raum gebracht, z. B. unter eine Glasglocke, die auf eine Glasplatte mit Kakaobutter oder Vaseline aufgekittet wird, od. dgl. Bei Topfpflanzen muß der Wurzelballen gegen das Gas geschützt sein. Das ist dadurch zu erreichen, daß man den Topf in einen größeren mit Sand gefüllten einsenkt und noch mit einer dicken Lage Sand bedeckt.

Die Dauer der Begasung beträgt im allgemeinen 24 bis 48 Stunden.

Die Dosis richtet sich je nach der Art des Gases und nach dem Objekt.

Die in Betracht kommenden Gase sind folgende: Äthyläther, der wegen seiner leichten Dosierbarkeit Vorteile bietet, andererseits aber durch seine Feuergefährlichkeit gewissen Nachteil besitzt. Chloroform entfaltet sehr viel stärkere Wirkung als Äther und ist daher wesentlich schwerer richtig zu dosieren. Schädigungen der Objekte treten viel leichter ein. Ferner kommen u. a. noch in Betracht, Azetylen, Leuchtgas und Rauch.

*Zur Erregung günstige Dosen einiger Gase.*

Abweichungen ergeben sich je nach dem Objekt, der Jahreszeit und der im Gasraum herrschenden Temperatur:

Äthyläther 30 bis 40 g auf 1 hl Luftraum,
Chloroform 6 bis 9 g auf 1 hl Luftraum,
Azetylen soviel Gas auf 1 hl Luftraum, wie 50 g Karbid liefern können,
Leuchtgas bis 6 l auf 1 hl Luftraum.

*Lokale Anwendung der Begasung.*

Ein gewisser Vorteil der Entwicklungserregung durch gasförmige Stoffe besteht darin, daß sie relativ leicht lokal angewendet werden können, einmal durch Ausschluß bestimmter Teile der Objekte oder dadurch, daß die Begasung rein lokal in einer Kammer erfolgt.

Für Ausschluß bestimmter Pflanzenteile hat schon JOHANNSEN (1906) folgende Methode angegeben. Der von der Behandlung auszunehmende Zweig wird in ein einseitig geschlossenes starkwandiges Glasrohr eingeführt, welches mittels eines gut passenden, durchbohrten und halbierten Gummistopfens verschlossen wird (Abb. 202 a). Etwas vorher in das Glasrohr eingefülltes Wasser, welches sich nachher über dem Stöpsel befindet, erhöht die Sicherheit des gasdichten Verschlusses und dient gleichzeitig zur Sichtbarmachung des evtl. eingedrungenen Gases. Im letzteren Falle kann man durch Abdichten mit flüssigem Paraffin den Gasdurchtritt beheben.

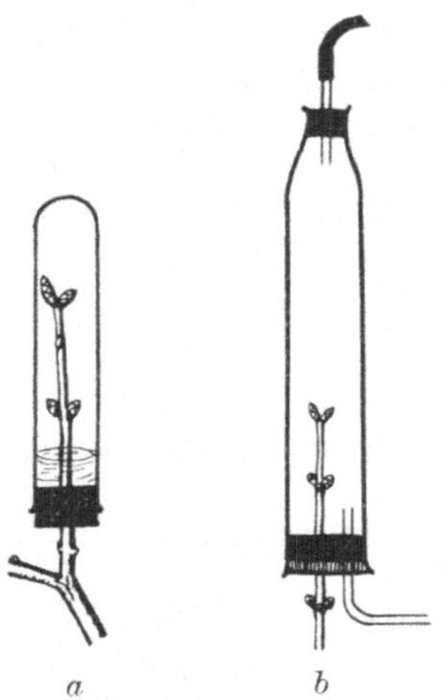


Abb. 202. Erklärung im Text. a nach JOHANNSEN, b nach WEBER.

Für lokale Begasung hat WEBER folgende praktische Anordnung beschrieben (Abb. 202b). Der zu erregende Pflanzenteil wird ebenfalls in ein dickwandiges Glasrohr eingeführt mit Hilfe eines durchbohrten, halbierten Gummistopfens. An der Spitze des Rohres leitet man das Gas aus dem Entwicklungsapparat (resp. der Leitung) zu, am Grunde des Glasrohres durch ein in den Stöpsel eingeführtes Glasrohr mit einem Gummischlauch wieder ab.

## Literatur.

BERGDOLT, E.: Untersuchungen über Marchantiaceen. Botan. Abhandl. (GOEBEL), 1926, H. 10. — BORGE, O.: Über die Rhizoidenbildung bei einigen fadenförmigen Chlorophyceen. Inaug.-Diss. Upsala 1894. — BORNHAGEN, H.: Die Regeneration (Aposporie) des Sporophyten von Anthoceros laevis. Biol. Zentralbl., Bd. 46, S. 578, 1926. — BÜCHER, H.: Anatomische Veränderungen bei gewaltsamer Krümmung und geotropischer Induktion. Jahrb. f. wiss. Botan., Bd. 43, S. 271, 1906. — BURGEFF, H. (1): Untersuchungen über Variabilität, Sexualität und Erblichkeit bei Phycomyces nitens Kunze. Flora N. F. 7, S. 259, 1915; (2) Dass. II. Ebenda N. F. 8, S. 390, 1915. — CZAJA, A. TH.: Über Befruchtung, Bastardierung und Geschlechtstrennung bei Prothallien homosporer Farne. Zeitschr. f. Botan., Bd. 13, S. 545, 1921. — DACHNOWSKI, A.: Zur Kenntnis der Entwicklungsphysiologie von Marchantia polymorpha L. Jahrb. f. wiss. Botanik, Bd. 44, S. 254, 1907. — DERSCHAU: Einfluß von Kontakt und Zug auf rankende Blattstiele. Inaug.-Diss. Leipzig 1893. — DODEL-PORT, A.: Biologische Fragmente. I. Cystosira barbata. Kassel 1885. — DOSTAL, R. (1): Die Korrelationsbeziehung zwischen dem Blatt und seiner Axillarknospe. Ber. dtsch. botan. Ges., Bd. 27, S. 547, 1909; (2) Zur experimentellen Morphogenesis bei Circaea und einigen anderen Pflanzen. Flora N. F. 3, 1, 1911. — ESCHENHAGEN, FR.: Über den Einfluß von Lösungen verschiedener Konzentration auf das Wachstum von Schimmelpilzen. Stolp 1899. — FIGDOR, W.: Über Restitutionserscheinungen bei Dasycladus clavaeformis. Ber. dtsch. botan. Ges., Bd. 28, S. 224, 1910. — GERASSIMOFF, J.: Über die kernlosen Zellen bei einigen Conjugaten (Vorl. Mitt.). Bull. Soc. Imp. des Naturalistes de Moscou, N. S., Bd. 6, S. 109, 1892 (1893); (2) Über ein Verfahren, kernlose Zellen zu erhalten (Zur Physiologie der Zelle). Ebenda N. S., Bd. 10, S. 477, 1896. — GOEBEL, K. (1): Experimentell-morphologische Mitteilungen. Sitzungsber. d. kgl. bayr. Akad. d. Wiss. München, math.-phys. Kl., Bd. 37, S. 119, 1907 (1908); (2) Einleitung in die experimentelle Morphologie der Pflanzen. Leipzig: Teubner 1908; (3) Organographie der Pflanzen. 2. Aufl. Bd. 1. Jena: Fischer 1913. — GÖTZE, H.: Hemmung und Richtungsänderung begonnener Differenzierungsprozesse bei Phycomyceten. Jahrb. f. wiss. Botan., Bd. 58, S. 337, 1919. — GRABERT, W.: Einfluß allseitiger radialer Wachstumshemmung auf die innere Differenzierung des Pflanzenstengels. Inaug.-Diss. Halle

1914. — Grimme, A.: Über die Blütezeit deutscher Laubmoose und die Entwicklungsdauer ihrer Sporogone. Hedwigia, Bd. 42, S. 1, 1903. — Grisebach: Beobachtungen über das Wachstum der Vegetationsorgane in bezug auf Systematik. Arch. f. Naturgesch. 1. Reihe, Bd. 9, Berlin 1843. Haberlandt, G. (1): Beziehungen zwischen Funktion und Lage des Zellkerns. Jena 1887; (2) Über das Längenwachstum und den Geotropismus der Rhizoiden von Marchantia und Lunularia. Österr. botan. Zeitschr., Bd. 39, S. 93, 1889. — Hallbauer, V.: Über den Einfluß allseitiger mechanischer Hemmungen durch einen Gipsverband auf die Wachstumszone und die innere Differenzierung. Inaug.-Diss. Leipzig 1909. — Johannsen, W.: Das Ätherverfahren. Jena: Fischer 1906. — Jones, W. N.: Polarity phenomena in seakale roots. Ann. of Botany, Bd. 40, S. 359, 1925. — Jost-Benecke: Pflanzenphysiologie. 4. Aufl. Bd. 2. Form- und Ortswechsel. Jena 1923. — Klebs, G. (1): Beiträge zur Physiologie der Pflanzenzelle. Arb. a. d. botan. Inst. Tübingen, Bd. 2, S. 489, 1886/88; (2) Die Bedingungen der Fortpflanzung bei einigen Algen und Pilzen. Jena: Fischer 1896; (3) Zur Entwicklungsphysiologie der Farnprothallien. I—III. Sitzungsber. d. Heidelberg. Akad. d. Wiss., math.-naturw. Kl., Abt. B, 4. Abh. 1916, 3. u. 7. Abh. 1917. — Kniep, H. (1): Beiträge zur Keimungsphysiologie und -biologie von Fucus. Jahrb. f. wiss. Botan., Bd. 44, S. 635, 1907; (2) Über Fucusbastarde. Flora N. F. 18/19, S. 331, 1925. — Köhler, E.: Farnstudien. Flora N. F. 13, S. 311, 1920. — Küster, E.: Experimentelle Physiologie der Pflanzenzelle. Abderhaldens Handb. d. biol. Arbeitsmeth., Abt. XI, Teil 1, S. 961, Berlin u. Wien 1924. — Leitgeb, H.: Über Bilateralität der Prothallien. Flora, Bd. 35, S. 174, 1877. — Linsbauer, K.: Studien über die Regeneration des Sproßvegetationspunktes. Denkschr. d. k. Akad. d. Wiss. Wien, math.-nat. Kl., Bd. 93, S. 107, 1917. — Livingston, B. E. (1): Chemical stimulation of a green alga. Bull. Torr. Bot. Club, Bd. 32, S. 1, 1905; (2) Notes on the physiology of Stigeoclonium. Botan. Gaz., Bd. 39, S. 297, 1905. — Lopriore, G.: Über die Regeneration gespaltener Wurzeln. Nova Acta. Abh. Kais. Leopold. Carol., Dtsch. Akad. Naturf. Halle, Bd. 64, Nr. 3, 1896. — Mainx, F. (1): Versuche über die Beeinflussung der Mitose durch Gift. Zool. Jahrb., Bd. 41, S. 553, 1924; (2) Über künstliche Beeinflussung des Kernteilungsvorganges. Ber. dtsch. botan. Ges., Bd. 41, S. 352, 1923. — Mann, Br.: Untersuchungen über Zellhautbildung um plasmolysierte Protoplasten. Inaug.-Diss. Leipzig 1906. — Michaelis, P.: Über den Einfluß der Kälte auf die Reduktionsteilung von Epilobium. Planta, Bd. 1, S. 569, 1926. — Miehe, H.: Wachstum, Regeneration und Polarität isolierter Zellen. Ber. dtsch. botan. Ges., Bd. 23, S. 257, 1905. — Migula, W.: Über den Einfluß stark verdünnter Säurelösungen auf Algenzellen. Inaug.-Diss. Breslau 1888. — Mohk, W.: Untersuchungen über Korrelationen von Knospen und Sprossen. Arch. f. Entwicklungsmech. d. Organismen, Bd. 38, S. 584, 1914. — Nagai, J.: Physiologische Untersuchungen über Farnprothallien. Flora N. F. 6, S. 281, 1914. — Nemec, B. (1): Über die Einwirkung des Chloralhydrats auf die Kern- und Zellteilung. Jahrb. f. wiss. Botan., Bd. 39, S. 645, 1904; (2) Einige Regenerationsversuche an Taraxacum-Wurzeln. Wiesner-Festschr. Wien 1908; (3) Methoden zum Studium der Regeneration der Pflanzen. Abderhaldens Handb. d. biol. Arbeitsmeth., Abt. XI, Teil 2, S. 801. Wien u. Berlin 1924. — Neubert, L.: Geotrophismus und Kamptotrophismus bei Blattstielen. Beitr. z. Biol. d. Pflanzen v. F. Cohn, Bd. 10, S. 299, 1911. — Nienburg, W. (1): Die Keimungsrichtung von Fucuseiern und die Theorie der Lichtperzeption (Vorl. Mitt.). Ber. dtsch. botan. Ges., Bd. 40, S. 38, 1922; (2) Die Polarisation der Fucuseier durch das Licht. Wissenschaftl. Meeresunters., Abt. Helgoland, N. F. 15, 1922; (3) Die Wirkung des Lichtes auf die Keimung der Equisetumspore. Ber. dtsch. botan. Ges., Bd. 42, S. 95, 1924. — Oltmanns, Fr.: Morphologie und Biologie der Algen. 2. Aufl. Jena: Fischer 1922. — Pfeffer, W.: Symmetrie und spezifische Wachstumsursachen. Arb. a. d. botan. Inst. Würzburg, Bd. 1, S. 77, 1871; (2) Über Anwendung des Gipsverbandes für pflanzenphysiologische Studien. Ber. d. kgl. sächs. Ges. d. Wiss., math.-phys. Kl. Leipzig 1892, S. 538; (3) Studien zur Energetik. Leipzig 1892, S. 78; (4) Druck- und Arbeitsleistung durch wachsende Pflanzen. Abh. d. kgl. sächs. Ges. d. Wiss., math.-phys. Kl., Bd. 20, 1893; (5) Pflanzenphysiologie. 2. Aufl. Bd. 2. Kraftwechsel. Leipzig 1904. — Raciborski, M. (1): Über Schrittwachstum der Zelle. Bull. Acad. Sci. de Cracovic, Cl. sci. meth. et nat. 1907, S. 398; (2) Über den Einfluß äußerer Bedingungen auf die Wachstumsweise des Basidiobolus ranarum. Flora, Bd. 82, S. 107, 1896. — Rasdorsky, Wl. (1): Über die Reaktionen der Pflanzen auf die mechanische Inanspruchnahme. Ber. dtsch. botan. Ges., Bd. 43, S. 332, 1925; (2) Über die Dimensionsproportionen der Pflanzenachsen. Ber. dtsch. botan. Ges., Bd. 44, S. 175, 1926. — Reinhardt, M. O.: Das Wachstum der Pilzhyphen. Ein Beitrag zur Kenntnis des Flächenwachstums vegetabilischer Zellmembranen. Jahrb. f. wiss. Botan., Bd. 23, S. 478, 1892. — Renner, O.: Zur Biologie und Morphologie der männlichen Haplonten einiger Oenotheren. Zeitschr. f. Botan., Bd. 11, S. 305, 1919. — Richter, O.: Über Turgorsteigerung in der Atmosphäre von Narkotika. Lotos (Prag), Bd. 61, S. 106, 1908. — Rippel, A.: Der Einfluß der Bodentrockenheit auf den anatomischen Bau der Pflanzen. Beih. z. Botan. Centralbl., 1. Abt., Bd. 36, S. 187, 1919. — Ritter, G. E.: Die giftige und formative Wirkung der Säuren auf die Mucoraceen und ihre Beziehung zur Mucorhefebildung. Jahrb. f. wiss. Botan., Bd. 52,

S. 351, 1913. — SACHS, J.: Über das Wachstum der Haupt- und Nebenwurzeln. Arb. a. d. botan. Inst. Würzburg, Bd. 1, S. 385, 1873. — SAKAMURA, T. (1): Über die Beeinflussung der Zell- und Kernteilung durch die Chloralisierung mit besonderer Rücksicht auf das Verhalten der Chromosomen. Botan. Magaz. Tokyo, Bd. 30, S. 375, 1916. — SAKAMURA, T.: Wirkung der Elektrolyte auf die Lebenserscheinungen von Gonium pectorale und Pandorina Morum. Botanical Magazine Tokyo. Bd. 38, S. (79) (japanisch). — SAKAMURA, T., und STOW, I.: Über die experimentell veranlaßte Entstehung von keimfähigen Pollenkörnern mit abweichenden Chromosomenzahlen. Japanese Journ. Botan. (Tokyo), Bd. 3, S. 111, 1926. — SCHLITZER, A.: Über das Wachstum der Bakterien auf wasserarmen Nährböden. Inaug.-Diss. Würzburg 1905. — SCHÜTZE, JOH.: Beeinflussung des Wachstums durch den Turgeszenzzustand. Inaug.-Diss. Leipzig 1908. — STAHL, E.: Einfluß der Beleuchtungsrichtung auf die Teilung der Equisetumsporen. Ber. dtsch. botan. Ges., Bd. 3, S. 334, 1885. — STEINECKE, FR.: Zur Polarität von Bryopsis. Botan. Arch., Bd. 12, S. 79, 1925. — STOYE, G.: Einfluß allseitigen mechanischen Druckes auf die Entwicklung von Steinfrüchten. Inaug.-Diss. Halle 1915. — UBISCH, G. VON: Sterile Mooskulturen. Ber. dtsch. botan. Ges., Bd. 31, S. 543, 1913. — USPENSKIJ, E. E. und USPENSKAJA, W. J.: Reinkultur und ungeschlechtliche Fortpflanzung des Volvox minor und Volvox globator in einer synthetischen Nährlösung. Zeitschr. f. Botan., Bd. 17, S. 273, 1925. — VÖCHTING, H. (1): Über Organbildung im Pflanzenreich. Bonn, Bd. 1 1878, Bd. 2 1884; (2) Über Transplantation am Pflanzenkörper. Tübingen 1892; (3) Über Regeneration und Polarität bei höheren Pflanzen. Botan. Zeit., 1. Abt., Bd. 64, S. 101, 1906. — WALDERDORFF, M.: Über Kultur von Pollenkörnern und Pilzmyzelien auf festem Substrat bei verschiedener Luftfeuchtigkeit. Botan. Arch., Bd. 6, S. 84, 1924. — WALTER, H.: Plasmaquellung und Wachstum. Zeitschr. f. Botan., Bd. 16, S. 353, 1924. — WEBER, FR.: Methoden des Frühtreibens von Pflanzen. Abderhaldens Handb. d. biol. Arbeitsmeth., Abt. XI, Teil 2, S. 591, Berlin u. Wien 1924. — WETTSTEIN, FR. VON (1): Künstliche haploide• Parthenogenese bei Vaucheria und die geschlechtliche Tendenz ihrer Keimzellen. Ber. dsch. botan. Ges., Bd. 38, S. 260, 1920; (2) Morphologie und Physiologie des Formwechsels der Moose auf genetischer Grundlage. I. Zeitschr. f. indukt. Abstammungs- u. Vererbungsl., Bd. 33, S. 1, 1924. — WIESNER, J. VON: Untersuchungen über die Wachstumsgesetze der Pflanzenorgane. Sitzungsber. d. k. Akad. d. Wiss. Wien, math.-nat. Kl., 1. Abt., Bd. 88, 1883. — WINKLER, H. (1): Über Polarität, Regeneration und Heteromorphose bei Bryopsis. Jahrb. f. wiss. Botan., Bd. 35, S. 449, 1900; (2) Über Merogonie und Befruchtung. Ebenda Bd. 36, S. 753, 1901; (3) Über Pfropfbastarde und pflanzliche Chimären. Ber. dtsch. botan. Ges., Bd. 25, S. 568, 1907; (4) Solanum tubingense, ein echter Pfropfbastard zwischen Tomate und Nachtschatten. Ebenda, Bd. 26a, S. 595, 1908; (5) Weitere Mitteilungen über Pfropfbastarde. Zeitschr. f. Botan., Bd. 1, S. 315, 1909; (6) Über die Nachkommenschaft der Solanum-Pfropfbastarde und die Chromosomenzahlen ihrer Keimzellen. Ebenda, Bd. 2, S. 1, 1909; (7) Entwicklungsmechanik oder Entwicklungsphysiologie der Pflanzen. Handwörterb. d. Naturwiss., Bd. 3, S. 634. Jena: Fischer 1913; (8) Über die experimentelle Erzeugung von Pflanzen mit abweichenden Chromosomenzahlen. Zeitschr. f. Botan., Bd. 8, S. 417, 1916; (9) Die Methoden der Pfropfung bei Pflanzen. Abderhaldens Handb. d. biol. Arbeitsmeth., Abt. XI, Teil 2, S. 765. Berlin u. Wien 1924. — WISSELINGH, C. VAN (1): Über mehrkernige Spirogyrazellen. Flora, Bd. 87, S. 378, 1900; (2) Über abnormale Kernteilung. Botan. Zeit., Abt. 1, Bd. 61, S. 201, 1903; (3) Zur Physiologie der Spirogyrazelle. Beih. z. Botan. Centralbl., 1. Abt., Bd. 24, S. 133, 1909; (4) Über den Nachweis des Gerbstoffes in der Pflanze und über seine physiol. Bedeutung. Ebenda, 1. Abt., Bd. 32, S. 208, 1914. — WORONIN, H.: Apogamie und Aposporie bei einigen Farnen. Flora, Bd. 98, S. 101, 1908. — WULFF, E.: Über Heteromorphose bei Dasycladus clavaeformis. Ber. dtsch. otan. Ges., Bd. 28, S. 264, 1910.

# II. Entwicklungsmechanik der Tiere.

Von O. MANGOLD, Berlin.

Mit 61 Abbildungen.

## 1. Einleitung.

Der Plan dieses Werks sieht eine zusammenfassende Behandlung der Methoden für die experimentelle Erforschung der Ontogenie und Regeneration vor. Dies ist gerechtfertigt durch die Tatsache, daß die drei dabei in Betracht kommenden Hauptgebiete Embryologie, Innere Sekretion und Regeneration bei der kausalen Analyse im Prinzip dieselben Methoden, nämlich das Defekt- und das Transplantationsexperiment, verwenden. Die riesige Ausdehnung des Stoffs erlaubt natürlich keine erschöpfende Behandlung. Das Bewußtsein eigener Unzulänglichkeit und der Umstand, daß die Experimente zur Erforschung der Regeneration und Inneren Sekretion mit den gewöhnlichen chirurgischen Methoden ausgeführt werden und ihr Erfolg häufig auf der für jede Tierart anderen Haltung und Pflege beruht, veranlaßten mich, die Beschreibung dieser Gebiete stark einzuschränken. Von der Inneren Sekretion werden nur einige typische Beispiele bei Insekten und der Thyreoideaversuch bei den Amphibien ausgeführt. Auch sonstige Transplantationen an ausgebildeten Wirbeltieren erfahren nur eine mehr allgemeine Behandlung; ich verweise dabei auf das neu erschienene, erschöpfende Buch von HABERLAND (1926) und den Abschnitt desselben Autors in diesem Werk. Auf die Darstellung von Experimenten über Nachahmung von Lebensvorgängen wurde ganz verzichtet; sie liegt erschöpfend von RHUMBLER (1922) vor, und ich bitte, sie dort einzusehen.

Bei der Einteilung des Stoffs wurden neben den rein methodischen auch problematische Gesichtspunkte gleichermaßen berücksichtigt, um jungen Experimentatoren eine Anleitung sowohl zum technischen Arbeiten als auch zum methodischen Denken zu geben. Weniger oder nur geringe Beachtung fanden jedoch die Eigentümlichkeiten des verschiedenen Tiermaterials, da diese in einem anderen Abschnitt dieses Werks beschrieben werden. Naturgemäß sind die Hauptobjekte der Entwicklungsmechanik stark bevorzugt. Abgesehen wurde auch von einer geschichtlichen Darstellung der Experimente. Ich möchte jedoch nicht versäumen hervorzuheben, daß der Fortschritt der experimentellen Forschung in demselben Maße wie auf der ideellen Analyse auf der Schaffung neuer Methoden und der Verbesserung der alten beruht, und daß denjenigen Forschern, die einen neuen Weg gewiesen haben, besonderer Dank gebührt.

Hinsichtlich der Literatur war ich bemüht, neben den Einzelarbeiten auch stets zusammenfassende neuere Werke bzw. Aufsätze, welche die Ergebnisse der Experimente in größerem Zusammenhang behandeln, anzugeben.

## 2. Instrumentarium, speziell mikrochirurgische Instrumente.

Die Entwicklungsmechanik benötigt für größere Objekte die Instrumente der Chirurgen, für sehr kleine den Mikrodissektionsapparat und für mittelgroße und kleine die mikrochirurgischen Instrumente. Hier sollen nur die letzteren beschrieben werden. Chirurgische Instrumente findet man bei HABERLAND (1926) dargestellt, und der Mikromanipulator erfährt in diesem Handbuch eine besondere Bearbeitung (Bd. I, § 559). Spezielle Apparatur wird in den einzelnen Abschnitten beschrieben, notwendig ist ein Binokular und für ganz kleine Objekte ein Mikroskop mit Binokularaufsatz.

Mit der Vervollkommnung der Schneidetechnik mittels Glasinstrumenten durch SPEMANN hat die Exaktheit der Operationstechnik an embryonalem Material, speziell an Amphibienkeimen, einen sehr hohen Grad erreicht. Zur Herstellung der Glasinstrumente benötigt man vor allem einer kleinen heißen Flamme, eines

*Mikrobrenners* (Abb. 203, SPEMANN). Man erhitzt ungefähr 2 cm der Mitte einer Glasröhre von 7 bis 9 mm Weite und 20 cm Länge in der heißen Flamme des Bunsenbrenners unter ständigem Drehen. Wenn die Röhre sich leicht biegen läßt, nimmt man sie aus der Flamme heraus und zieht sie mit einem Ruck auseinander. Die erhitzte Stelle verjüngt sich dabei mehr oder weniger schnell, je nach der Breite des erhitzten Bereichs und der beim Ausziehen erreichten Länge. Man läßt erkalten, ritzt mit einem guten Diamanten die Röhre da an, wo sie ungefähr 1 mm dick ist und bricht ab. Das Abbrechen muß leicht gehen und die Bruchfläche quer zur Achse liegen und eben sein, was stets der Fall ist, wenn der Diamant geschnitten hat. Nun steckt man die so erhaltene, sich verjüngende Röhre mit dem stumpfen Ende in einen Gummischlauch, der mit der Gasleitung in Verbindung steht und zündet nach Öffnung

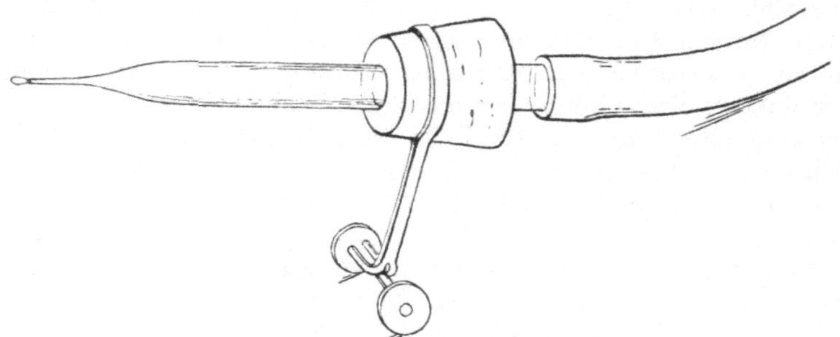

Abb. 203. Mikrobrenner, $^2/_3$ natürliche Größe (SPEMANN).

des Hahns das am spitzen Ende ausströmende Gas an. Dabei entsteht eine ca. 7 bis 15 cm lange Flamme. Zwischen Daumen und Zeigefinger preßt man dann den Schlauch so weit ein, daß die Flamme ganz klein wird, wobei sie gelbe Farbe annimmt. Da die kühlende Wirkung des starken Gasstroms jetzt fehlt, erhitzt sich das Glas und die Öffnung der Kanüle wird langsam kleiner; dadurch verringert sich auch die Länge der bei vollem Gasstrom entstehenden Stichflamme immer mehr. Man kann auf diese Weise Stichflammen von beliebiger Länge, etwa von 7 cm bis $^1/_2$ cm, erhalten, je nachdem man die Einschmelzung der Spitze kurze oder lange Zeit durchführt. Schließlich werden noch die Schärfen des weiten Endes der Glasröhre in der Flamme stumpf geschmolzen. Es ist praktisch, sich gleich einen Satz von Mikrobrennern anzufertigen, etwa von der Brennlänge 7, 4, 2 und $^1/_2$ cm, sie je mit einem Fettstift zu bezeichnen und in den durchbohrten Deckel einer Pappschachtel, etwa einer Objektträgerschachtel, zur handlichen Aufbewahrung einzustecken. Zum Gebrauch wird die Glasröhre nach vorherigem Öffnen des Gashahns in einen sehr schmiegsamen Gasschlauch eingesteckt und durch einen durchbohrten Kork geschoben, der selbst durch eine Schlauchklemme gehalten wird. Diese kann man, um ihr die nötige Stabilität zu geben, auf eine Bleiplatte auflöten.

*Haarschlingen auf Glasstielen* (Abb. 204 a, SPEMANN). 5 bis 7 mm dicke Glasröhren von ca. $^1/_2$ mm Wandstärke zieht man, wie oben für die Mikrobrenner beschrieben, erstmalig aus, bricht in der Mitte der verjüngten Stelle durch und behandelt die entstehenden Hälften folgendermaßen: Man hält die Röhre mit dem spitzen Ende schräg nach oben und führt einen ca. 3 bis 5 cm vom spitzen Ende entfernten Bezirk in die Flamme des Bunsenbrenners, wodurch das spitze Ende sich sofort zum Haken umschlägt. Mit diesem hängt man das Rohr an dem Ring eines Kochgestells bzw. Eisenstativs so hoch auf, daß sein stumpfes Ende eben in die Mündung eines untergestellten, senkrechtstehenden und am Boden mit etwas Watte ausgelegten Reagenzglases hineinragt. Dann erhitzt man mit der sauerstoffarmen, auf die Hälfte gedrosselten Bunsenflamme allmählich allseitig den Bereich des Glasrohres, an dem es sich zu verjüngen anfängt. Bald sinkt das Rohr ab, indem es sich 3 bis 4 cm über der ersten Verjüngungsstelle auszieht und hier sehr fein wird. Nun bricht man nach Ankratzen

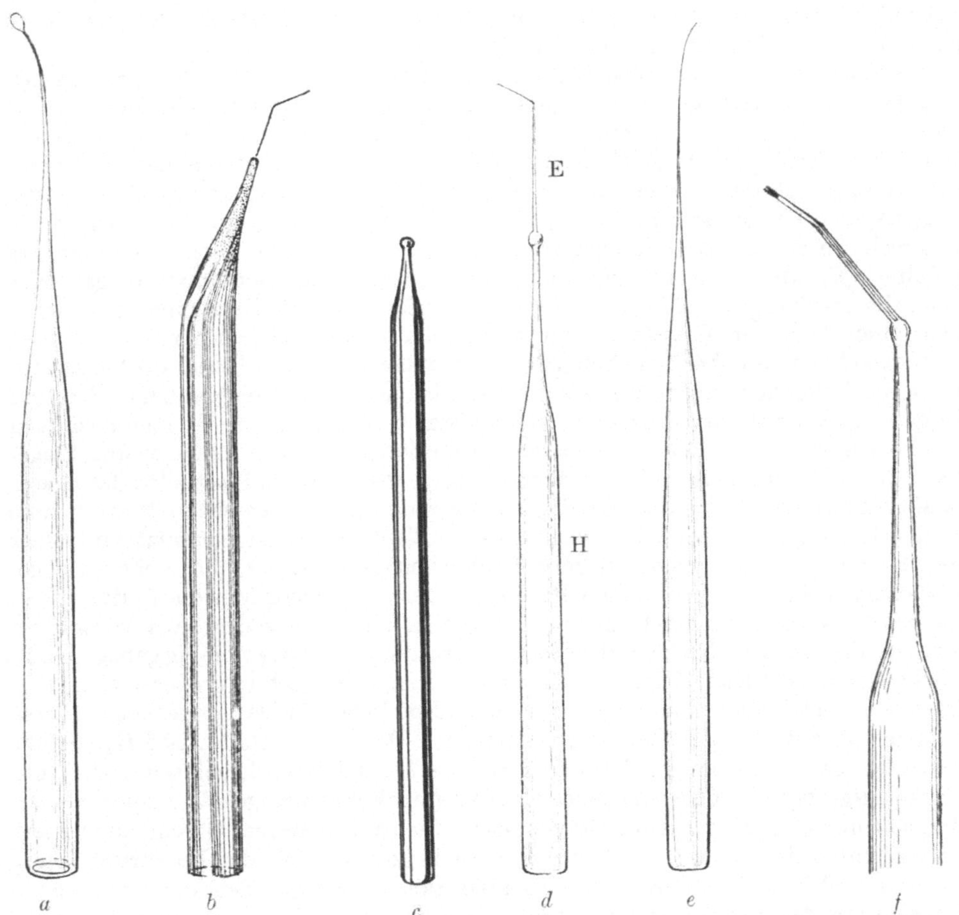


Abb. 204. a Haarschlinge, natürliche Größe (SPEMANN). b Geknicktes Haar (VOGT). c Glasstab mit kugelig abgeschmolzenem, verjüngten Ende. d u. e Glasnadeln zum Schneiden (SPEMANN). f Doppelnadel oder Glasgabel (BAUTZMANN).

mit dem Diamanten die Röhre durch, wo sie ca. 0,3 mm dick ist und schiebt unter dem Binokular die beiden Enden eines Kinderhaares ein, bis eine knickfreie Schlinge von 1 bis 2 mm Längsdurchmesser bleibt. Man hält dann das Ende der Kapillare in etwas Wachs, das auf einem Objektträger durch Erhitzen verflüssigt wurde; dabei füllt sich die Kapillare und das Haar hält nach dem Erkalten fest. Wird auch die Schlinge mit Wachs gefüllt, so drückt man sie leicht auf eine erhitzte, aber wachsfreie Stelle des Objektträgers. Eine leichte Biegung der spitzen Enden des Instruments erhöht die Handlichkeit. Man erreicht sie, indem man die Kapillare vor dem Einschmelzen des Haares quer durch die sauerstoffarme, etwas reduzierte Bunsenflamme führt. Die Haarschlingen gestatten die Hantierung mit den empfindlichsten Keimen.

*Gerades und krummes Haar* (VOGT). In derselben Weise stellt VOGT (1925) das „gerade Haar" her, indem er ein Stück Haar bzw. Borste mit nur einem Ende in die Kapillare einschmilzt und den Rest in der gewünschten Entfernung (0,5 cm) abschneidet. Aus diesem entsteht das „*Krumme Haar*" (Abb. 204 b), indem man eine Stelle des hervorstehenden Haares mit einer heißen Stahlnadel berührt. — Für manche Zwecke dürfte es auch praktisch sein, andere noch feinere oder besonders geformte organische Elemente in eine Kapillare einzuschmelzen. So verwendet HASE Bienenstachel für mancherlei feine entomologische Arbeiten.

*Glasstäbe mit verjüngtem und kuglig abgeschmolzenem Ende* (Abb. 204 c, SPEMANN). Ungefähr 7 mm dicke und 20 cm lange Glasstäbe werden in der Mitte über der Bunsenflamme unter Drehen erhitzt, aus der Flamme genommen und langsam bis zu dem gewünschten Verjüngungsgrad (1, 2, 3 mm Dicke) ausgezogen. Dabei darf (auf einer Seite) erst losgelassen werden, wenn das Glas wieder starr geworden ist, da sonst die ausgezogenen Partien sich krümmen. Nun wird abgeschnitten und das spitze Ende senkrecht in die horizontale oder stark schräge Flamme des (1 cm) Mikrobrenners gehalten. Es wird dabei erst rund und dann zur stetig anwachsenden Kugel. Hat diese die erwünschte Größe erreicht, so unterbricht man die Erhitzung. Man stellt sich einen Satz von Glasstäben mit verschieden großen Kugeln her.

*Glasnadeln zum Schneiden* (Abb. 204 d, e, SPEMANN). Man stellt sich 0,2 bis 0,4 mm dicke Glasfäden her, indem man einen Glasstab über dem Bunsenbrenner erhitzt und die geschmolzene Stelle recht weit auszieht. Dann zerbricht man die dünnen Bezirke in Stücke von ca. 5 cm Länge. Diese werden an den Enden mit Daumen und Zeigefinger jeder Hand erfaßt und nach oben gebogen, soweit es die Elastizität des Glases zuläßt. Dann wird die Mitte des Bogens von unten her der kleinsten Mikroflamme genähert. In dem Augenblick, wo das Glas die Flamme berührt, schmilzt ein kleiner Bezirk desselben; die beiden Schenkel schnellen auseinander und ziehen die geschmolzene Stelle zu einem feinen Faden aus, der oft in einer feinsten Spitze endet. Dieser sitzt an den Schenkeln in einem stumpfen Winkel, was durchaus wünschenswert ist. Für eine gute Nadel muß er relativ kurz und gerade bzw. mäßig gebogen sein. Solche Nadelendstücke (Abb. 204 d E) macht man sich gleich in größerer Zahl, legt sie in eine Petrischale und sucht unter dem Binokular die geeigneten aus. Diese werden nun auf einen Halter aufgeschmolzen. Der Halter (Abb. 204 d H) besteht aus einem ca. 10 cm langen Glasstab von 5 bis 7 mm Dicke, der einseitig zu 1 mm Stärke ausgezogen und dessen spitzes Ende zu einer kleinen Kugel abgeschmolzen ist. Man hält nun diese Kugel senkrecht von oben in den Mikrobrenner (0,5 cm) und nähert ihr von unten das stumpfe Ende des Endstücks; es klebt bei der Berührung sofort fest und wird beim Verweilen in der Flamme ständig kürzer, indem der schmelzende Teil sich mit der Kugel vereinigt. Dadurch läßt sich die Länge des Instruments in sicherer Weise regulieren. Da das Endstück bis jetzt dem Halter meist etwas schräg ansitzt, muß es noch gerichtet werden. Dies geschieht, indem man das Instrument senkrecht hält und die ($^1/_2$ bis 1 cm) Mikroflamme gegen den verjüngten Teil des Halters, ganz dicht über der Kugel, richtet; es lassen sich dabei Biegungen von kleinstem Ausmaß erzielen. Auch solche gebrauchsfertigen Nadeln stellt man sich in größerer Zahl her, untersucht sie auf ihre Eignung für das beabsichtigte Experiment und stellt sie in einen Holzblock, in den zu ihrer Aufnahme eine Anzahl Löcher eingebohrt sind. — Etwas schwieriger ist die Herstellung von Glasnadeln und Haltern in einem Stück (Abb. 204 e). Man zieht einen 5 bis 7 mm dicken Glasstab, ca. 8 cm vom Ende entfernt, über dem Bunsenbrenner aus, schmilzt an dem dünnen Ende einen Haken (s. o.), hängt daran den Glasstab an einem Eisengestell auf, führt sein unteres Ende in die Mündung eines mit Watte beschickten Reagenzrohres und bestreicht den Anfang der Verjüngungsstelle mit dem schwachen sauerstoffarmen Bunsenbrenner. Je kürzer die geschmolzene Stelle ist, desto feiner wird die Nadel werden. Sie läßt sich auf einem heißen Metallspatel nach Belieben biegen.

*Doppelnadel* (Abb. 204f, BAUTZMANN 1926). 2 ca. $^1/_3$ bis $^1/_4$ mm dicke Glasfäden werden zwischen Daumen und Zeigefinger mit einem Zwischenraum von 0,3 mm (je nach Bedarf) parallel gerichtet und ihre beiden auf gleicher Höhe stehenden Enden in einen (0,5 cm) Mikrobrenner gehalten. Dabei entstehen zwei kleine Glaskugeln, welche schließlich zu einer verschmelzen. Nach dem Erkalten sind beide Fäden in der Kugel fest miteinander verbunden. Nun faßt man mit einer Hand die Kugel, mit der anderen die beiden freien Enden, erhitzt beide Fäden gleichzeitig in der Mikroflamme und zieht sie zu schneidefähiger Dicke aus, wobei man die dünnen Bezirke zugleich gegen die dicken etwas abknickt. Auch die dünnen Fäden müssen parallel oder nahezu parallel zueinander sein. Man schneidet diese mit der Schere ca. $^1/_3$ cm von ihrer Ansatzstelle ab und schmilzt das ganze Gebilde mit der Kugel an einen Glashalter. Die Doppelnadel eignet sich zum Herausschneiden gleich breiter Streifen.

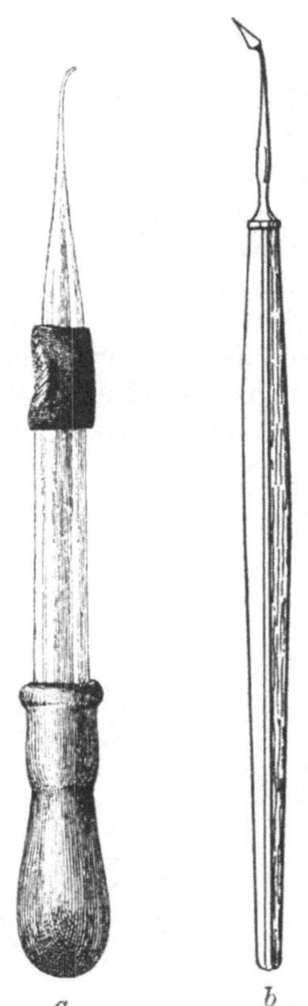

Abb. 205 a, b. Mikrochirurgische Instrumente. a Mikropipette (SPEMANN). b Feines Messerchen zum Arbeiten mit Mikropipette.

*Mikropipette* (Abb. 205a, SPEMANN). Man zieht eine ca. 7 mm dicke Glasröhre von ungefähr $^1/_2$ mm Wandstärke zuerst über dem Bunsenbrenner und dann durch Aufhängen und Bestreichen mit der Flamme (s. S. 680) so aus, daß sie sich innerhalb 4 bis 5 cm Länge auf 0,4 bis 0,7 mm verjüngt. Dann schmilzt man das spitze Ende ungefähr 10 cm von der Verjüngungsstelle entfernt zu. Nun steckt man in die weite Mündung einen lockeren Wattepfropfen, nimmt das dicke Ende in den Mund und richtet den (7 cm) Mikrobrenner gegen die Stelle der Glasröhre, wo sie sich zu verjüngen beginnt. Wenn die erhitzte Stelle in ca. 12 mm Länge rotglühend erscheint, bläst man sie zur Kugel aus, wobei sie häufig platzt. Nach dem Erkalten umritzt man letztere an der Basis mit dem Schreibdiamanten und schlägt sie vorsichtig ab. Die scharfen Ränder werden dann, nachdem man den ganzen Bezirk vorsichtig etwas erhitzt hat, abgerundet, indem man den Rand des Loches seitlich in die Flamme des Bunsenbrenners hält. — Hübscher und eleganter ist es, wenn man die zur Herstellung eines seitlichen Loches erhitzte Stelle durch vorsichtiges Saugen so weit einzieht, daß zwischen ihrem Boden und der äußeren Röhrenwand gerade noch ein mäßiger Spalt bleibt. Nach dem Erkalten kann man dann in den Boden der so entstandenen Mulde mit dem Schreibdiamanten ein kreisrundes Loch von ca. 5 mm Durchmesser schneiden, indem man stark anritzt und mit der Spitze des Diamanten sachte gegen das umrissene Feld schlägt. Man spart bei diesem Verfahren das Abbrennen der Lochränder. Infolge schwieriger Spannungszustände im Glas zerspringt die Glasröhre häufig bei beiden Verfahren; etwas einfacher ist das Ausblasen und Abschneiden des erhitzten Feldes. — Nun ritzt man das verjüngte, spitze Ende an der Stelle, wo es abgeschnitten werden soll, mit dem Diamanten an und bricht ab. Die Bruchstelle muß die gewünschte lichte Weite besitzen, ganz eben und von dem seitlichen Loch etwa 4 cm entfernt sein. Weiterhin nimmt man die Röhre wie einen Federhalter in die Hand, indem man den Zeigefinger evtl. auch den Daumen auf das seitliche Loch setzt, legt den Handballen auf eine Unterlage auf, senkt die Spitze gegen diese und bestimmt dadurch die Richtung und Größe des Winkels, in dem die Spitze abgebogen werden muß, damit später die Endfläche auf dem Keim flach aufliegt und ihre Ansatzstelle beim Arbeiten unter dem Binokular gut sichtbar ist. Abgebogen wird durch langsames Erhitzen in der Reserveflamme des Bunsenbrenners $^1/_2$ bis $^3/_4$ cm hinter der Spitze; dabei darf die Spitze nicht in die Flamme kommen, da sie sofort schmilzt. Nun spannt man, nachdem man etwas angefeuchtet hat, 2 cm sehr elastischen Gummischlauch straff über das seitliche Loch und setzt auf das weite Ende ein Gummihütchen. Damit ist die Pipette fertig. Die Saugwirkung der Pipette, welche durch das Drücken und Loslassen der Gummimembran auf dem seitlichen Loch mittels des Fingers betätigt wird, steht unter dem begrenzenden Einfluß der kapillaren Kräfte in der engen Spitze und der Spannung der Gummimembran. Ist die Spitze zu fein, so sind die ersteren zu groß, ist sie zu grob, so ist letztere zu klein, um ein gutes Funktionieren zu ermöglichen.

*Feines Messer.* Für die Operation mit der Mikropipette benötigt man noch ein feines Messerchen (Abb. 205 b), wie es für Augenoperationen gebraucht wird. Sein Blatt muß möglichst dünn und eben sein. Keilförmig zugeschliffene Messer eignen sich nicht. Man biegt es hinter dem Blatt so ab, daß seine Blattfläche einen Winkel von ca. 135° mit dem Stiel bildet. Mittels des Messerchens wird das in die Pipette eingesogene Keimstückchen abgeschnitten, indem die Schneide dicht an der Pipettenendfläche entlang geführt wird.

*Kapillarmikropipette* (Abb. 206, TSCHACHOTIN 1921). Zum Transport kleinster

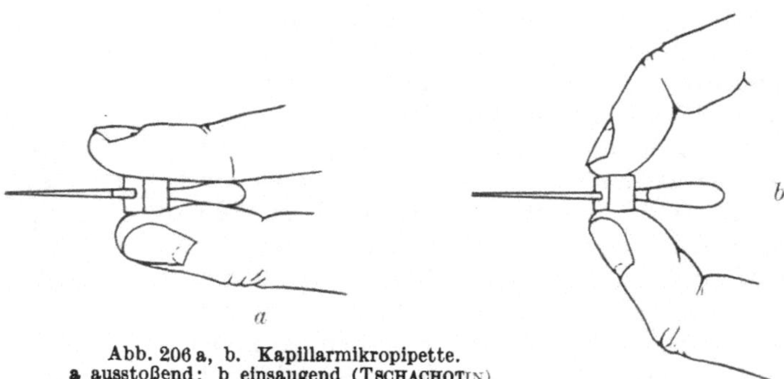


Abb. 206 a, b. Kapillarmikropipette.
a ausstoßend; b einsaugend (TSCHACHOTIN).

Objekte, etwa von Seeigeleiern, benutzt TSCHACHOTIN eine folgendermaßen hergestellte Pipette: Eine dünnwandige Glasröhre wird so ausgezogen, daß sie sich schnell verjüngt, dann die Verjüngungsstelle in ca. 5 cm Länge ausgeschnitten und ihr dickes Ende zugeschmolzen. Evtl. muß man das spitze Ende nach Erhitzen in der Bunsenflamme noch zur feinen Kapillare ausziehen und erst dann abschneiden. Man steckt nun das Glasstück in einen Korkwürfel von ca. 8 mm Kantenlänge und schiebt diesen bis zur Mitte vor. Schließlich erhitzt man das dicke Ende etwas und steckt danach das kapillare ins Wasser. Mit dem Erkalten der Luft im dicken Ende saugt die Röhre Wasser ein. Betätigt wird die Pipette durch die Fingerwärme. Daumen und Zeigefinger werden auf den Kork aufgesetzt Berühren ihre Flächen das dicke Ende (Abb. 206 a), so tritt ein kleiner Tropfen Flüssigkeit aus; werden sie abgehoben (Abb. 206 b), so zieht die Pipette etwas Flüssigkeit ein. — Es scheint mir empfehlenswert, die Pipette mit ihrem dicken Ende noch an einen Halter anzuschmelzen.

*Operationsschalen* (Abb. 207). Als Operationsschälchen verwendet SPEMANN Salznäpfchen, in deren Boden 4 Löcher eingebohrt sind und die nach Einfügen von kleinen

Drahtstücken mit weißem oder schwarzem Wachs ausgegossen werden. Die Operation erfolgt bei Verwendung dieser kleinen Schalen in relativ wenig Flüssigkeit, was vorteilhaft ist, wenn nach der Operation die Flüssigkeit gewechselt werden muß und das Objekt bald in eine größere Zuchtschale überführt werden kann. Soll aber der Keim lange Zeit in der Schale bleiben, so empfiehlt es sich, ähnliche Schalen von größerer Form oder kleine Petrischalen (5 cm weit, 2 cm hoch) zu verwenden. Bei letzteren legt man auf den Boden 2 winkelig gebogene Glasstäbe und gießt dann das Wachs für den Wachsboden zu. Um die Keime festzuhalten, macht man in den Wachsboden eine Mulde. Nach Zugießen handwarmen Wassers (VOGT) wird diese mit Glasstäben, deren Ende zu einer Kugel entsprechender Größe zugeschmolzen ist (Abb. 204c), modelliert, die Ränder mittels des Operationsmesserchens (Abb. 205b) abgeschnitten und mit der Glaskugel sorgfältig eingeebnet. Nach der Operation legt man auf den Keim eine Brücke aus Glas (SPEMANN) oder Stanniol (VOGT). — Kleinste Objekte werden auf Film operiert (vgl. S. 773).

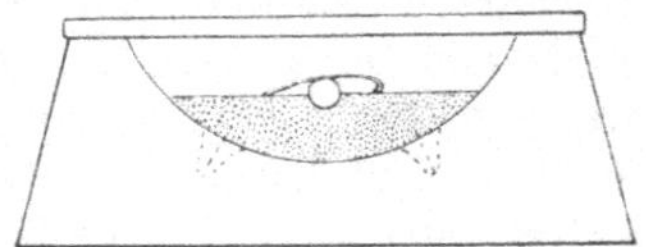

Abb. 207. Operationsschale (Salznäpfchen) mit Wachsboden, Keim, Glasbrücke und dicht schließendem Deckel, $^2/_3$ natürliche Größe (SPEMANN).

*Glasbrücken* (Abb. 207, SPEMANN). Man zerschneidet mit dem Schreibdiamanten ein Deckglas zu rechteckigen Streifen von ca. 1 cm Länge und 0,4 cm Breite und hält mit der Pinzette die eine kurze Kante in die kleine Reserveflamme des Bunsenbrenners, wobei sie zu einer kleinen flachen Kugel schmilzt und ein wenig absinkt. Nun biegt man einen 1,5 cm (!) breiten Metallspatel zum Halbkreis um, legt auf seinen Grund die Glasbrücke so ein, daß die Kugel nach oben gewandt ist, und erhitzt den Spatel über dem Bunsenbrenner, bis die Glasbrücke sich durchbiegt. Dabei ist es praktisch, mit einer spitzen Pinzette etwas auf die Glasbrücke zu drücken, damit das allzu starke Erhitzen des Glases und das Anschmelzen an den Spatel vermieden wird. Man macht sich einen Vorrat von Glasbrücken, hält sie in reinem Wasser und reinigt sie gelegentlich mit Salzsäure. Vor der Operation sucht man die passenden unter dem Binokular aus. Die Stanniolbrücken, welche VOGT bei der Vitalfärbung verwendet, werden auf S. 692 beschrieben.

*Messerchen aus Stahlnadeln.* Zum Schneiden von zähem, histologisch differenziertem Material sind Glasnadeln nicht geeignet; man verwendet dazu besser zugeschliffene Stahlnadeln, deren Herstellung von GROLL (1923) genauer beschrieben worden ist (Abb. 208). Man steckt eine Nähnadel auf einen Nadelhalter, welcher sechs-

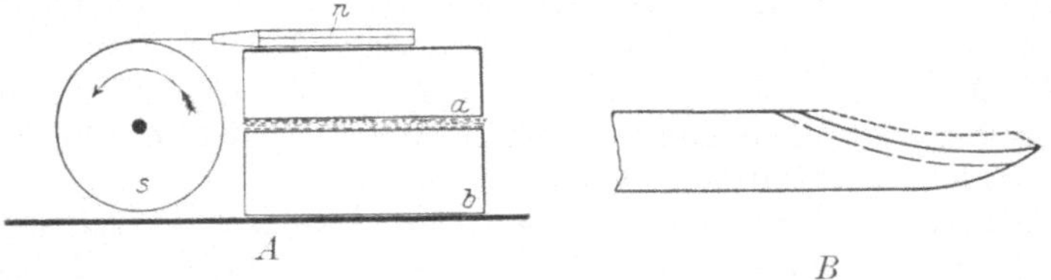


Abb. 208 A, B. Herstellung feiner Messerchen aus Stahlnadeln. A Schleifapparat. *a* u. *b* stellen zwei Klötzchen dar, zwischen denen sich eine Lage Fließpapier befindet. Dadurch bekommt man eine nachgiebige Unterlage für den auf *a* liegenden Nadelhalter mit Nadel (*n*). Die Schleifscheibe *s* muß in der angegebenen Richtung rotieren. B Schematische Darstellung einer richtig und einer falsch zugeschliffenen Nadel. Die ausgezogene Linie stellt den richtigen Schliff dar, die punktierte (falsch) eine nicht bis zur Spitze angeschliffene Nadel und die gestrichelte (falsch) eine Nadel, der die Spitze mit abgeschliffen wurde. (GROLL.)

kantig wie die gewöhnlichen Bleistifte sein soll. Falls solche nicht zu haben sind, montiert man einen Nadelhalter auf einen Bleistift. Die Seitenflächen werden mit 1 bis 6 durchnumeriert. Zum Zuschleifen verwendet man einen kleinen, wenig rauhen Schleifstein, welcher durch einen schwachen Elektromotor betrieben wird. Man baut neben ihn eine ebene Unterlage etwa aus 2 übereinanderliegenden Holzklötzchen und bettet zwischen diese einige Schichten Fließpapier, wodurch die

Unterlage elastisch wird. Nun legt man auf diese den Nadelhalter mit der Fläche 1 derart, daß die Nadelspitze gerade noch den obersten Punkt des Schleifsteins berührt und schleift ungefähr 1 cm des spitzen Endes zu. Verfährt man entsprechend auf den Flächen 3 und 5, so erhält man eine Nadel mit 3 scharfen Kanten. Dieser läßt sich mit dem (1 cm) Mikrobrenner jede beliebige Neigung zum Schaft geben, indem man die gewünschte Biegungsstelle zur Rotglut erhitzt und umbiegt. Dabei vermeidet man eine zu starke Erhitzung des spitzen Endes, welche ein Anlaufen und Enthärten desselben zur Folge hätte, indem man die Nadel distal von der Biegungsstelle mit der kleinen Rundzange faßt. Nadeln mit angelaufener Schneide werden weggeworfen. — Bei der Operation führt man die Nadel unter das zu durchschneidende Material und drückt mit einem ca. 1 mm breiten, etwas gebogenen Glas- oder Metallspatel (oder auch Stab) auf die Schneide der Stahlnadel.

*Mikroscheren* (Abb. 209). Sehr gut geeignet zum Schneiden von zähem Material sind die Mikroscheren. Man lasse sie in einem Instrumentengeschäft nach dem speziellen Bedarf herstellen. Die unter den Backen liegende Feder soll recht weich sein.

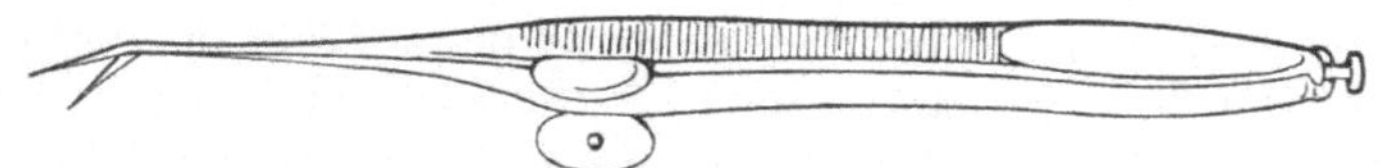

Abb. 209. Mikroschere zum Schneiden von zähem Material unter dem binokularen Mikroskop.

*Pinzetten.* Gewöhnliche vernickelte Pinzetten sind im allgemeinen für entwicklungsmechanische Versuche nicht scharf genug. Am besten eignen sich feinste unvernickelte Stahlpinzetten, wie sie von den Uhrmachern gebraucht werden. Sie lassen sich, wenn abgenutzt, leicht mit dem Ölstein beliebig schärfen. Zu beziehen sind sie von E. Leitz, Berlin, Luisenstr. 45.

*Zuchtgefäße.* Die Zuchtbehälter müssen natürlich den normalen Lebensverhältnissen des Objekts möglichst genau angepaßt sein. Näheres wird bei den Beispielen für die Versuche mitgeteilt. Für die Hauptobjekte der Entwicklungsmechanik, die Amphibienkeime, verwenden Spemann und seine Schüler Glasschalen, und zwar für ganz junge Embryonen solche von ca. 5 cm Durchmesser und 2 cm Höhe. Nach Einlage einiger Glasstäbe wird ihr Boden mit einer ca. 4 mm hohen Schicht Bienenwachs ausgegossen; durch Neigen und Drehen der Schale nach Eingießen des flüssigen Wachses überzieht sich auch die Seitenwand mit einer feinen Schicht, so daß das Zuchtwasser an keiner Stelle das blanke Glas berührt. Die schwimmenden Larven kommen in blanke Glasgefäße. Dabei ist anzustreben, daß ihr Lebensraum möglichst groß ist. Als Medium verwendet man am besten kalkreiches Leitungswasser, das durch den Tonfilter gezogen und nachher mittels Durchleiten von Sauerstoff aus der Bombe wieder sauerstoffreich gemacht wird.

*Zuchtgefäße für die Einzelzucht von kleinsten Objekten*, z. B. Seeigelkeimen, sind von Tschachotin (1921) in verschiedener Weise konstruiert worden. — 1. (Abb. 210a, b). Eine 2 bis 3 mm weite Kanüle wird asymmetrisch auf kurzer Strecke zur kapillaren Verjüngung ausgezogen, indem man sie auf schmaler Fläche ohne zu drehen einseitig mit dem Mikrobrenner (1 bis 2 cm) erhitzt. Dann wird der verjüngte Bereich in ca. 1 cm Länge (*K*) nach Anritzen mit dem Schreibdiamanten herausgebrochen, mit luftblasenfreiem Seewasser gefüllt und an der stumpfen Öffnung mit einem Paraffinpfropf verschlossen. Diese Kammer wird mit ihrem spitzen Ende auf einen Glassockel (*S*) aufgelegt, der in einer Schale mit Meerwasser (*i. Sch.*) liegt. Weiterhin wird sie gehalten durch eine dreifach rechtwinklig geknickte feine Abflußkapillare (*Kap.*), welche durch den Paraffindeckel in das stumpfe Ende der Kammer hineinragt und über die Kante der Schale gehend in das Seewasser einer zweiten, die innere umfassenden äußeren Schale (*ä. Sch.*) einmündet. Ist der Wasserstand in der inneren

Schale höher als außen, so geht durch die Kapillare, die natürlich mit Wasser gefüllt sein muß, ein Strom von der inneren Schale durch die Kammer in die äußere Schale. Dieser Strom führt auch Einzelobjekte, welche an die enge Mündung der Kammer gebracht werden, in diese ein. Innen sinken sie dann auf den Boden. Man kann viele Kammern radiär um den Sockel anordnen und die Objekte in ihnen mit dem Binokular beobachten. — 2. (Abb. 210c, d). Die Objekte werden einzeln in feine Kapillarröhrchen (*R*) eingesogen, welche einseitig mit einem Paraffinpfropf verschlossen und auf parallelen, am Boden einer Glasschale ausgezogenen Paraffinstrichen (*P*) in Seewasserumgebung gelagert werden. Das Einsaugen der Objekte in die Kapillare wird kontrolliert durch den Apparat der Abb. 210d. Auf einer heb-

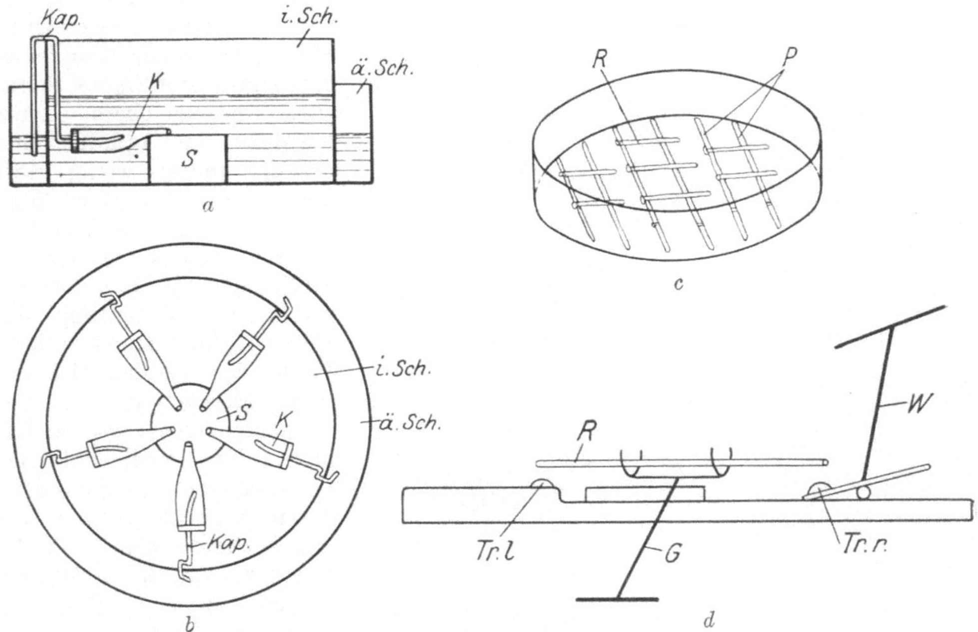


Abb. 210 a—d. Zuchtschalen für kleinste Einzelobjekte. a u. b Typus 1. a Vertikal-, b Horizontalansicht. *ä. Sch.* = äußere Schale; *i. Sch.* = innere Schale. *K* = Kammer. *Kap.* = Abflußkapillare. *S* = Sockel. c Allgemeine Zuchtschale mit Paraffinstrichen (*P*) und aufgelegten Kapillarröhrchen (*R*), in denen die Einzelobjekte enthalten sind. d Apparat zum Einsaugen der Objekte in die Kapillare. *G* = Gabel zum Heben der Kapillare *R*. *Tr. l* und *Tr. r.* = linker und rechter Wassertropfen. *W* = Wippe zum Heben des rechten Wassertropfens mit dem rechten Röhrchenende. (TSCHACHOTIN.)

und senkbaren Gabel (*G*) ruht die mit Seewasser gefüllte, beiderseits offene Kapillare (*R*). In tiefer Lage mündet sie beiderseits in einen Tropfen (*Tr. l* und *r*), von denen der rechte auf einer Wippe (*W*) gehoben werden kann. Man stellt nun alles in die niedere Lage, bringt in den rechten Tropfen das Objekt und hebt diesen mitsamt dem rechten Ende der Kapillare mittels der Wippe (*W*) etwas auf. Der erhöhte Tropfen fließt nun durch das Röhrchen langsam nach links ab, wobei das Objekt in dieses gelangt. Wenn es etwas vom rechten Ende entfernt ist, wird das Röhrchen mittels der Gabel hochgehoben und dadurch der Strom unterbrochen. Schließlich wird das Röhrchen links mit Paraffin verschlossen und in die Sammelkammer (c) gelegt. Die Objekte werden in der Kapillare unter dem Mikroskop beobachtet.

## 3. Methoden der Kinematik.

Die Aufklärung der Entwicklungsvorgänge, speziell der *Materialverschiebungen*, kann bei der Beschränkung auf reine Beobachtung des lebenden Materials und

Untersuchung mit der Präparations- und Schneidetechnik nur unvollständig sein. Nur unter besonders glücklichen Umständen lassen sich die Materialverschiebungen, welche der frühen Ontogenese eigentümlich sind, durch reine Beobachtung ermitteln. So gestattet etwa das verschiedene Aussehen der Keimbezirke, ihr weiteres Schicksal zu verfolgen. Ein klassisches Beispiel mag hier angeführt werden.

### A. Natürliche Marken.

Die Pigmentierung am Keim von Paracentrotus lividus, von SELENKA erstmalig beobachtet, wurde später von BOVERI (1901) für die Beurteilung der Entwicklungsvorgänge besonders ausgenutzt. Das reife Ei (Abb. 211 c) besitzt auf der vegetativen Hemisphäre einen Ring feiner orangegefärbter Pigmentkörnchen, dessen obere Grenze ungefähr im Äquator und dessen untere wenig über dem vegetativen Pol liegt. Bei der Furchung und Gastrulation liefert er eine ausgezeichnete Marke, welche die prospektive Bedeutung der Keimbezirke feststellen läßt. Es werden nämlich das primäre Mesenchym von der pigmentfreien vegetativen Kalotte, der Darm mit den Cölomsäcken und dem sekundären Mesenchym von der pigmentierten Zone und das Ektoderm von der unpigmentierten animalen Sphäre gebildet (Abb. 211 d). Die Entstehung des Ringes während der Reifung der Eier gibt uns Aufschluß über den Zeitpunkt, in dem die Ordnung der Eisubstanzen stattfindet, welche die Grundlage der späteren Entwicklungsvorgänge darstellt. Neben dem Pigmentring besitzt das Ei noch eine Marke in seiner Mikropyle, welche die für gewöhnlich unsichtbare Gallerthülle durchsetzt und die mit der Hülle sichtbar gemacht werden kann, indem man das Seewasser mit etwas Tusche vermischt. Die Mikropyle und das ihr etwas genäherte Keimbläschen der Ovozyte erster Ordnung bestimmen eine Eiachse (Abb. 211 b), die der Polaritätsachse des reifen Eis entspricht. Die Substanzordnung, welche bei der Reifung des Eis durch das Erscheinen des Pigmentringes offenbar wird, vollzieht sich demnach auf der Basis einer axialen Organisation der Ovozyte. Da die Mikropyle wahrscheinlich dem Anheftungspunkt der Ovozyte am Ovarialepithel (Abb. 211 a) entspricht, so dürfte die Polaritätsachse der Epithelzelle derjenigen der Ovozyte 1. Ordnung, des befruchteten Eis und des Pluteus entsprechen. Leider ist der Pigmentring nicht bei allen Keimen gleich gut entwickelt; er hängt offenbar in hohem Maße von der Mutter ab.

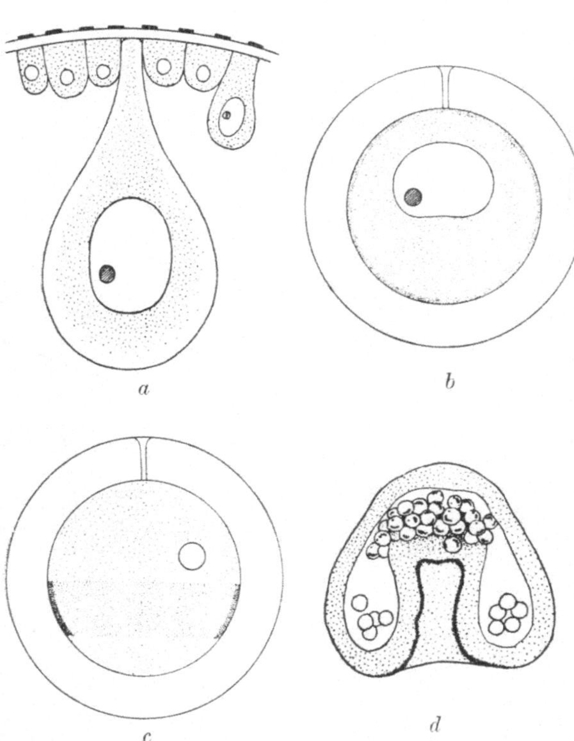

Abb. 211 a—d. Keim von Paracentrotus lividus, die Verschiebung der Keimbezirke an der Pigmentverteilung kenntlich, Pigment durch Punktierung angegeben. a Ovocyte 1. Ordnung, noch am Ovarialepithel hängend. b Freie Ovozyte 1. Ordnung mit Gallertschicht. c Reifes Ei mit Pigmentring. d Späte Gastrula (BOVERI).

Die Markierung der Keimzonen durch eine bestimmte, im Leben sichtbare Struktur bzw. durch bestimmte Einschlüsse ist nicht allzu selten. Es mag noch hingewiesen werden auf die sehr wichtigen Beobachtungen an Cynthia partita von CONKLIN (1905), die Feststellung des grauen Halbmonds bei Rana fusca von ROUX (1895) u. a.

Unter Umständen gestattet eine bestimmte Belichtung für längere Zeit die Unterscheidung verschiedenen Materials im Ei. So sind z. B. die Substanzbewegungen am Keim von Beroë ovata neuerdings von SPEK (1926) durch die Verwendung des Dunkelfeldkondensors ermittelt worden. Am befruchteten ungefurchten Ei läßt sich eine relativ dünne Schicht Ektoplasma, wie schon früher bekannt, von dem zentral gelegenen Entoplasma unterscheiden. Betrachtet man das Ei im Dunkelfeld, so erscheint das erstere intensiv diffus smaragdgrün, das letztere weißlich. Selbst in kleinsten Mengen läßt sich das smaragdgrün leuchtende Material noch feststellen. Während des Furchungsprozesses wird es in auffälligster Weise verschoben und kommt schließlich in die Mikro- und Mesomeren; die ersteren bilden später die Anlage des Ektoderms und des Schlundrohrs; das Schicksal der letzteren ist noch fraglich.

Sind an den Keimen keine solchen sichtbaren, natürlichen Substanzdifferenzen vorhanden, so ist es notwendig, künstlich Marken anzubringen. Dies erweist sich als recht schwierig, da die Markierung die natürliche Entwicklung nicht beeinflussen darf.

### B. Lokale Farbmarkierung.

#### a) Durch trockene Farbe.

Zum erstenmal wurde lokale Farbmarkierung von GOODALE (1911) in der frühen Embryonalentwicklung eines Höhlenmolchs (Spelerpes bilineatus) angewandt. Er entfernt die äußeren Gallerthüllen mit Nadeln von den Keimen, bringt diese, umgeben vom Dotterhäutchen, auf einen trockenen Objektträger und sticht die Dotterhaut mit einer feinen Nadel an, so daß die perivitelline Flüssigkeit herausgedrängt wird und das Dotterhäutchen dem Keim eng aufliegt. Mit Fließpapier wird sodann die Flüssigkeit vorsichtig vom Objektträger abgesaugt. Nunmehr wird an die zu markierende Stelle ein feines Krümelchen trocknen Farbstoffs (Nilblausulfat) gelegt, welches schnell die benachbarten Bezirke färbt, darauf der Keim ins Wasser zurückgebracht und mit dem animalen Pol nach oben orientiert, was die infolge der eng anliegenden Hülle sich in Zwangslage befindlichen Keime nicht von selbst tun. Mit Sorgfalt wird darauf geachtet, daß der Keim auf dem Objektträger nicht eintrocknet. Nur bei sehr starker Färbung sterben manche Zellen des Markierungsbezirks ab und werden ausgestoßen. — Die Methode zeitigte gute Resultate, wurde jedoch von ihrem Erfinder nicht voll ausgewertet und nicht weiter ausgebaut.

#### b) Lokale Vitalfärbung unter Zuhilfenahme eines Überträgers.

Zu großer Vollkommenheit ist in den letzten Jahren die lokale Vitalfärbung an Amphibienkeimen von W. VOGT (ausführlich beschrieben 1925) gefördert worden. Er benutzt als Überträger vorgefärbte Agarstückchen und als Farbstoffe Nilblausulfat, Neutralrot und Bismarckbraun. Am besten eignet sich Nilblausulfat, nahezu ebensogut Neutralrot, weniger, da die Marken nur kurze Zeit halten, Bismarckbraun.

Die Färbung der Eibezirke beruht auf einer intensiven Farbstoffspeicherung durch die Granula, besonders die feinverteilten Pigmentkörnchen. Die Dotterkörner färben sich ebenfalls, jedoch in geringerem und sehr verschiedenem Grade. Das Plasma kann anfangs eine schwache diffuse Färbung zeigen. Die Kerne verhalten sich absolut indifferent. Eine nennenswerte Beschädigung der gefärbten Zellen tritt bei der zu besprechenden Methode nicht in Erscheinung.

Herstellung des Überträgers: In einer ca. 1proz. wäßrigen Lösung des Farbstoffes läßt man große Stückchen rohen Agars einige Tage oder Wochen quellen, wobei sie den Farbstoff intensiv speichern. Aus diesen gequollenen Stückchen kann man direkt die kleinen, für die Markierung zu verwendenden ausschneiden, oder sich einen Vorrat kleiner Markierungsstückchen schaffen, indem man die groben gequollenen Stücke in einer Petrischale unter Wasser fein zerschneidet, so daß eine Aufschwemmung feiner Partikelchen entsteht, und dann eintrocknen läßt. „Ja eine Schale mit feingeschnittenem rotem, blauem und braunem Agar liefert unbegrenzt haltbares, jederzeit verwendungsbereites Material.“ Sowohl die trockenen wie die gequollenen Markierungsstückchen werden vor ihrer Verwendung so lange gewässert, bis sie keine Farbwolken mehr abgeben.

Vorbereitung der Amphibienkeime: Um die Überträger am Keim anlegen zu können, müssen die äußeren Hüllen entfernt werden, so daß der Keim nur von dem feinen Dotterhäutchen eingehüllt bleibt. a) Bei den straff geformten Hüllen der meisten Urodelen (z. B. Triton taeniatus, palmatus, cristatus, marmoratus u. a.) läßt sich dies durch tiefes Einstechen zweier Nadeln oder spitzer Pinzetten (SPEMANN) und ruckartiges Zerreißen erreichen; oder man schneidet (BRAUS, VOGT) von dem länglichen Hüllenellipsoid mit einer feinen Schere (Abb. 209) ebenfalls ruckartig eine möglichst große Kappe ab. Bei ersterer Methode lassen sich bei einiger Übung ungefurchte Keime, Blastulae, Gastrulae und spätere Stadien ohne Schädigung aus den Hüllen nehmen; doch läßt sich infolge des starken Innendrucks eine Pressung des Keims beim Passieren der Hülle meist nicht vermeiden. Dies macht sich besonders bei den Eiern von Triton cristatus und marmoratus geltend, die selbst bei geringem Druck auch als Blastulae, Gastrulae und Neurulae leicht zerreißen. Man enthüllt sie daher am besten als ungefurchte Keime. VOGT gibt an, daß er mit der Schere auch diese sehr empfindlichen Stadien gut enthüllen konnte. — b) Die weiche äußere Hüllenmasse der Anuren und mancher Urodelenkeime (z. B. Amblystoma) kann man im Wasser mit der Schere abschneiden. Ich selbst ziehe die zusammenhängenden Eier auf einem feuchten Fließpapier auseinander, schneide dann mit einer kleinen, gebogenen Präparierschere möglichst viel der Gallerte ab, was ohne Schädigung des Keims geschehen kann, und zupfe schließlich mit 2 Pinzetten im Wasser die letzten Reste der losen Gallerte weg. Bei Rana fusca ist eine vollständige Trennung der äußeren Gallerte von dem sonst scharf begrenzten Dotterhäutchen nicht möglich.

Bei Amphibienkeimen (ausgenommen bis jetzt Rana fusca) macht das Dotterhäutchen dem Passieren des Farbstoffs keine Schwierigkeiten. Doch ergeben sich solche insofern, als dieses dem Keim nicht direkt aufliegt, sondern durch die perivitelline Flüssigkeit von ihm mehr oder weniger absteht. Dieser Abstand vergrößert sich noch bei Keimen, die ihrer äußeren Hüllen entledigt im Leitungswasser liegen. Denn infolge der Herabsetzung des osmotischen Drucks und des Quellungsdrucks der Umgebung (Innenflüssigkeit der äußeren Hülle gegenüber Wasser) nimmt die perivitelline Flüssigkeit Wasser auf, so daß die Spannung des Dotterhäutchens bis zum Platzen erhöht werden kann (besonders bei Triton taeniatus und cristatus). Da sich mit dem Verlust des Dotterhäutchens die Empfindlichkeit des Keims außerordentlich steigert und wahrscheinlich die Entwicklung abnorm verläuft, ist anzustreben, Versuche mit Amphibieneiern möglichst an Keimen mit Dotterhäutchen auszuführen.

Die Vergrößerung des perivitellinen Raumes wurde von mir (1921) durch Einbringen der Keime in Lockelösung halber Konzentration so weit gehemmt, daß die Dotterhäutchen nicht mehr platzten; VOGT setzt dieser Lösung noch Gummi arabicum (1 g auf 100 g Wasser) zu, wodurch auch der Quellungsdruck vermindert wird. Ganz verhindern läßt sich das Abrücken des Dotterhäutchens durch solche Mittel nicht;

vielleicht führt das Anstechen mit einer ganz feinen Glasnadel (Abb. 204d) zum Ziel; doch muß der Stich sehr fein sein, da sonst Eimasse herausgedrängt wird (bei Triton taeniatus und Triton alpestris). Am besten läßt man die Keime zuerst etwas quellen und sticht da an, wo das Dotterhäutchen am weitesten vom Ei absteht. Auf weißem Grund sind die Dotterhäutchen nicht, auf schwarzem Grund und in durchscheinendem Licht dagegen ganz gut sichtbar.

Als Operationsschalen für Experimente an Amphibienkeimen verwendet man praktischerweise Blockschälchen (Salznäpfchen 5×5 cm oder 4×4 cm), die mit reinem Bienenwachs (SPEMANN) oder einer Mischung von Bienenwachs und Paraffin (1:1, VOGT) ausgegossen werden. Ihre Herstellung ist auf S. 685 beschrieben. Gut verwendbar sind auch gewöhnliche runde Schalen mit flachem Boden und senkrechter Wandung (etwa 5×2 cm), in welche ein aus einem Glasstab gebogener Ring als Beschwerung des Wachsausgusses gelegt wird. Jedenfalls ist es notwendig, daß der obere Rand der Schale eben abgeschliffen ist, damit man dieselbe luftblasenfrei abdecken kann, wobei ein Transport ohne Verschiebung der oft mit Mühe orientierten Keime möglich ist. — In den Wachsboden werden mit Hilfe der auf S. 681 geschilderten Glasstäbe (Abb. 204c) Löcher von der Größe des zu operierenden Keims eingedrückt, was durch Eingießen lauwarmen Wassers in die kalte Schale erleichtert wird. Die Grube muß dem Keim genau angepaßt sein; die Tiefe wird je nach Bedarf wechseln. Zur Aufnahme des Keims werden die Schalen in der S. 685 geschilderten Weise vorbereitet. Operiert man an Entwicklungsstadien von nicht mehr kugeliger Form, so legt man den Keim in die Schale und modelliert neben ihm die Grube zweckentsprechend aus. Da hier kein warmes Wasser verwendet werden kann, entstehen scharfe Ränder, die mit einem feinen Messerchen (Abb. 205b) abgetragen und dann mit dem Glasstab sorgfältig geglättet werden müssen.

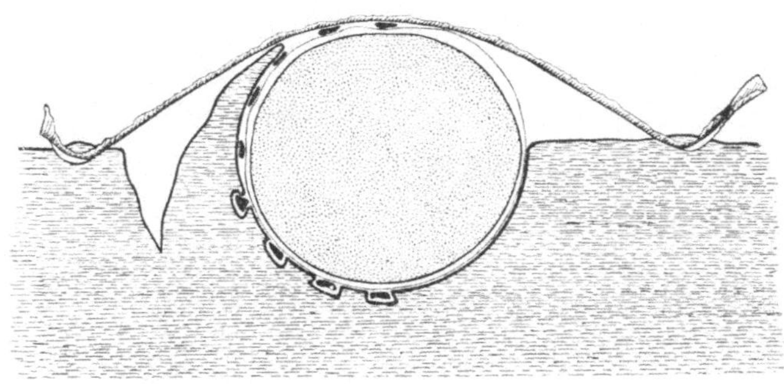

Abb. 212. Anbringen der Farbüberträger an Amphibienkeimen (VOGT).

Anbringen des Überträgers: Gegen Verschiebungen des Keimes ist man am ehesten gesichert, wenn man den Keim in seiner normalen Ruhelage (bei jungen Keimen animaler Pol oben) in die Grube legt. VOGT hat seine Methode auch unter diesem Gesichtspunkt ausgearbeitet (Abb. 212). Um Marken auf der vegetativen Seite und dem Äquatorbereich anzubringen, versenkt man Agarstückchen an entsprechenden Stellen der Grube in kleinen Löchern, die mit einer Nadel eingebohrt werden. Nach dem Einbringen der Agarstückchen mit einer SPEMANNschen Haarschlinge (Abb. 204a) wird der Rand geglättet. Dadurch verengt sich der Zugang zum Agarstück, was im Hinblick auf eine scharfe Lokalisation der Diffusion des Farbstoffes und damit der Farbmarke nur zu begrüßen ist. Dann wird der Keim eingelegt, mit den Haarschlingen orientiert und durch eine Brücke (s. u.) festgehalten. In mäßiger Höhe über dem Rand der Grube werden die Farbstoffträger angebracht, indem man mit einem feinen Messerchen in der Nachbarschaft der zu bezeichnenden Keimregion in den Wachsboden einsticht und den Rand der Grube aufbiegt. Dann werden mit einem „geraden Haar“ (S. 682) die Farbträger in den Spalt zwischen dem Keim und dem aufgebogenen Wachsrand geschoben und, wenn notwendig, durch weiteres Heranpressen des Wachsrandes festgeklemmt. — Im Bereich der obersten Keimfläche lassen sich die Farbträger folgendermaßen anbringen. Man legt einen langen, schmalen, zuerst entsprechend zurechtgebogenen Stanniolstreifen über das in der Grube liegende Ei, heftet ihn durch Festpressen seiner Enden im Wachsboden mittels einer stumpfen Nadel fest und schiebt nun mit dem „krummen Haar“ (Abb. 204 b) die Farbträger zwischen das Dotterhäutchen und die Brücke. Schließlich wird durch das Abrücken des einen festgehefteten Endes vom Keim die Brücke so weit angezogen, daß die Farbträger und das Dotterhäutchen dem Keim direkt anliegen. Die Stanniolstreifen lassen sich herstellen, indem man ein

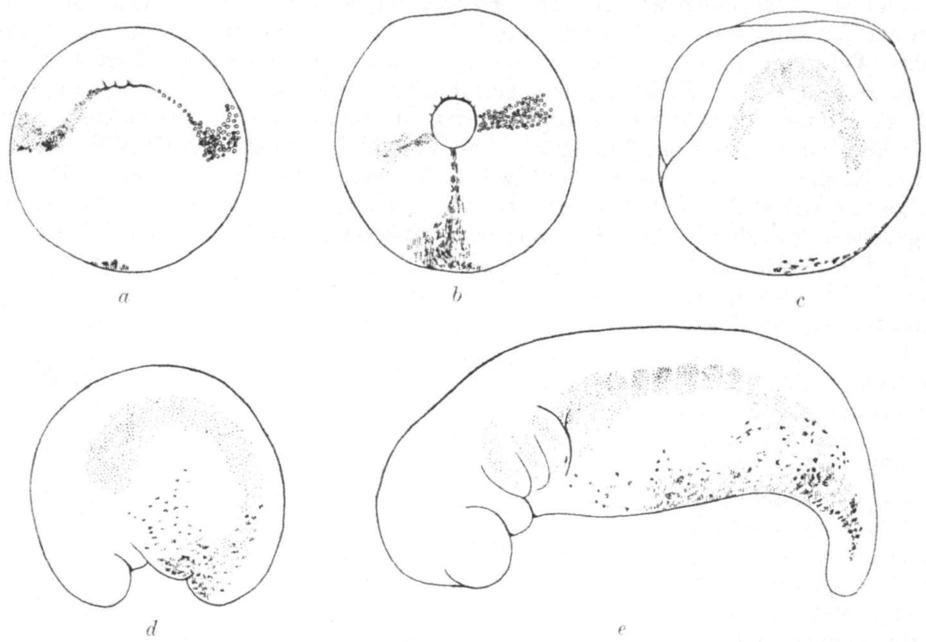


Abb. 213. Lokale Farbmarkierung am Amphibienkeim. 3 Marken (2 mit Nilblausulfat, 1 mit Neutralrot) waren etwas unterhalb des Äquators im Blastulastadium angelegt worden. a—e Derselbe Keim in verschiedenen Stadien. a u. b Gastrulae von unten, 1 bzw. 2 Tage nach der Markierung. c Neuralrohr von links am 5. Tag nach der Markierung. d Embryo mit Augenblasen und Schwanzknospenanlage von links am 8. Tage nach der Markierung. e Etwas gestreckter Embryo von links am 10. Tage nach der Markierung. Die linke (blaue) Marke (punktiert) rückt während der Gastrulation unter starker Streckung nach innen und liegt schließlich links im Kiemenmesoderm und in den Urwirbeln; die ventrale (blaue) Marke (gestrichelt) streckt sich ebenfalls stark und breitet sich ventral von der Leberregion bis zum After und auch ventrolateral stark aus; die rechte (rote) Marke (kreispunktiert) verhält sich rechts ungefähr wie die linke. (Vogt.)

Stanniolblättchen über einer mit Wachs übergossenen Glasplatte ausstreicht und mit einem feingeschliffenen Messerchen enge parallele Linien zieht. Die Ränder sind etwas eingebogen und müssen beim Auflegen auf den Keim von diesem abgewandt sein, damit Verletzungen vermieden werden und sie beim Unterschieben der Farbträger nicht im Wege stehen. Hier können wohl auch gebogene Glasbrücken, wie sie Spemann bei seinen Operationen verwendet (s. S. 685), gebraucht werden. Ihre Biegung läßt sich leicht zweckmäßig herstellen. Für die Markierung des animalen Pols verwendet Vogt (25, S. 564) ebenfalls Glasbrücken etwas anderer Art als Spemann. Marken im Innern des Keimes lassen sich nur anbringen, indem man den Überträger in eine entsprechende Körperhöhlung bringt (methodisch noch nicht ausgearbeitet) oder indem man den zu betrachtenden Bezirk, solange er noch oberflächlich liegt, d. h. vor der Gastrulation, anfärbt.

Scharfe Lokalisation der Marke: Möglichst kleine Farbüberträger, möglichst enges Aufliegen und möglichste Einengung der Seitendiffusion sind die Voraussetzungen für recht kleine Marken und gute Randschärfe. Die scharfe Begrenzung des Diffusionsstroms läßt sich erreichen, indem man den Eingang zu den in Wachs versenkten Farbträgern beim Glätten eng gestaltet, bzw. zwei Stanniolbrücken übereinanderlegt, von denen die untere an der Markierungsstelle ein feines Loch mit daraufliegendem Farbträger besitzt. — Auffallenderweise verhalten sich verschiedene Keimbezirke bezüglich der Abgrenzung der Farbmarken verschieden; sicher und zuverlässig bleiben sie im animalen und Randzonenmaterial begrenzt. Die vegetativen Bezirke halten den Farbstoff dagegen schlechter und zeigen sowohl nach innen als auch nach der Umgebung unscharfe Grenzen. Hier empfiehlt Vogt zusammengesetzte Marken, indem man etwa einen rotgefärbten Bezirk durch vier blaugefärbte einrahmt.

Die Dauer der notwendigen Anfärbung richtet sich nach der Intensität des Farbstromes, der von den Überträgern ausgeht. Nach 1 bis 3 Stunden ist im allgemeinen eine intensive Färbung erreicht. Die Markierung erhält sich recht lange, bei Färbung in frühesten Entwicklungsstadien nämlich bis zur beginnenden histologischen Differenzierung der Gewebe; ja selbst in schon stark differenzierten Geweben, wie den Myotomen, dem Gehirn und dem Augenbecher kann sie noch nachgewiesen werden. Die Farbe verschwindet, indem sie durch Lebensvorgänge zerstört wird. Die lebende Zelle hält den Farbstoff also recht lange fest; stirbt sie aber ab, so diffundiert er schnell weiter, bzw. nach außen.

Die Beobachtung der Marke bietet keine Schwierigkeiten, solange der bezeichnete Bezirk an der Oberfläche bleibt. Ins Innere des Keimes gerückt, läßt er sich bei mesodermaler Lage durch das Ektoderm hindurch etwas verschwommen erkennen; dagegen ist er für die oberflächliche Betrachtung kaum oder gar nicht zugänglich, wenn er ins Entoderm gelangt. Um ihn hier sichtbar zu machen, muß der Keim mit Spemannschen Glasnadeln (Abb. 204d, e) präpariert werden. Da die zerschnittenen lebenden Keime im Leitungswasser von Zimmertemperatur lebhafte Heilungsvorgänge und damit Materialverschiebungen zeigen, nimmt Vogt die Präparation im Eiswasser oder in 1- bis 3proz. Formol vor.

Eine Methode, die gestattet, die Keime unter Erhaltung der lokalen Färbung in Mikrotomschnitte zu zerlegen und sie zu Dauerpräparaten zu verarbeiten, ist noch nicht gefunden.

Der Anwendungsbereich der lokalen Vitalfärbung unter Verwendung eines Farbüberträgers läßt sich, da die Methode noch ganz neu ist, vorerst nicht abgrenzen. Ob er sich auf differenziertes Gewebe ausdehnen läßt, ist noch ungewiß. Es besteht begründete Hoffnung, daß die frühen Embryonalstadien der meisten Keime der Methode zugänglich sind. Notwendige Voraussetzung dafür wird allerdings sein, daß Elemente im Ei sind, die eine längere Färbung gestatten und daß die innersten Eihüllen für den Farbstoff durchlässig sind. Bei Amphibienkeimen ist nach Vogt die Durchlässigkeit der Dotterhäutchen verschieden. Dasjenige von Rana fusca ist, als das derbste, am schlechtesten durchlässig. Am besten nehmen den Farbstoff die pigmentreichen, also schon von Natur stark gefärbten Keime auf, was jedoch den Erfolg nicht beeinträchtigt. Die Methode hat bei Echinodermen und bei Vogelembryonen schon Anwendung gefunden.

Zur *lokalen Färbung von Echinidenkeimen* (Echinus esculentus, Echinus miliaris, Echinocyamus pusillus) bereitet sich von Ubisch (1925) die Farbträger in einer 1proz. Lösung von Nilblausulfat in Meerwasser(!) und spült sie vor dem Gebrauch mit Meerwasser(!) ab. Die künstlich befruchteten, ungefurchten Keime werden durch Schütteln ca. 5 Minuten nach dem Samenzusatz ihrer Hüllen entledigt und an sie in einem Schälchen ein Agarplättchen in der gewünschten Stellung angelehnt (Abb. 214). Der Farbstoff wird von dem Keim, vom Überträger aus allmählich fortschreitend, übernommen. Kurz ehe die Farbe die gewünschte Grenze erreicht hat, wird das Agarplättchen entfernt; sie schreitet dann noch etwas weiter, um aber schließlich gut lokalisiert zu bleiben. Es färben sich hauptsächlich feine Granulen (FISCHEL, GARBOWSKI, V. UBISCH) und in geringem Maße das Plasma (V. UBISCH) selbst. Tote Keime geben den Farbstoff schnell ab. Die Methode gestattete u. a., die Lage der ersten Furchungsebene im virtuellen Embryo festzustellen. Sie steht in keiner konstanten Beziehung zu dessen Medianebene.

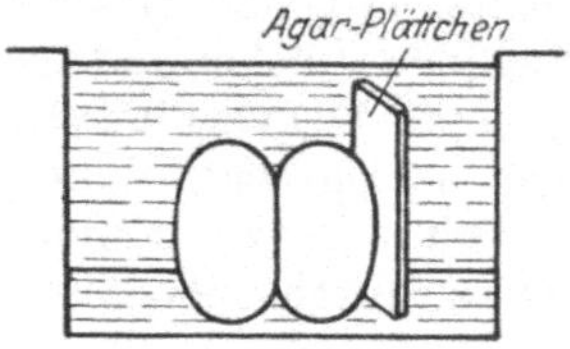

Agar-Plättchen

Abb. 214. Zweizellenstadium von Echinus mit angelegtem Farbstoffüberträger (Agar + Nilblausulfat). (L. VON UBISCH.)

Beim *Hühnchen* ist nach WETZEL (1925) die VOGTsche Methode nur beschränkt anwendbar, nämlich in der Periode der Medullarplatten- und Chordabildung. Da sehr frühe Entwicklungsstadien nicht zu erlangen sind — sie entwickeln sich im Uterus — lassen sich Eingriffe erst einige Stunden vor dem Auftreten der Primitivstreifen vornehmen. Weiterhin geht mit den ersten Formbildungen ein rasches Wachstum Hand in Hand, so daß die Marken bald verblassen; auch werden die Bedingungen für die Markierung mit der Bildung des Stoffumlaufs ungünstig. WETZEL schneidet ein mindestens 4 $cm^2$ großes Stück aus der Schale und den Eihäuten aus, beobachtet die Keim ein einem (nicht beschriebenen) Apparat, welcher Feststellung, Heizung und intensive Beleuchtung gestattet unter dem Binokular, legt an der zu markierenden Stelle ein Agarstückchen, das mit Nilblausulfat vorgefärbt ist, auf das Dotterhäutchen, und schon nach einigen Minuten trägt der Keim seine Marke. Da die Keimscheibe von Natur sehr kontrastarm und eine Orientierung der Marke sehr schwierig ist, empfiehlt WETZEL neben der lokalen Färbung mit Nilblausulfat eine totale mit Neutralrot, über deren Anlage nichts Näheres gesagt wird. Nach der Färbung wird das Fenster mit einem Glimmerblättchen bedeckt, durch das der Keim unter Beobachtung gehalten wird. Die Färbung schädigt die Formbildungsprozesse nicht.

Am Keim der Neunaugen (Lampreta fluviatilis und planieri) arbeitet WEISSENBERG (1927) in Gemeinschaft mit PÉTERFI in etwas anderer Weise als VOGT. Die ca. 0,5 mm großen Eier werden künstlich befruchtet (das Bachneunauge liefert etwa 1000, das Flußneunauge etwa 30000 Eier!) und in Portionen in verschiedene Temperaturen gestellt. Zur Operation werden die Keime in den Hüllen auf feuchtes Fließpapier gelegt, mit einer Vogelfeder oder Haarschlinge zweckentsprechend orientiert und mit einer Operationsnadel etwas Farbstoff auf die gewünschte Stelle gebracht. Der Farbstoff wird, damit er haftet, vorher in ziemlich starker Konzentration in Eiweißglyzerin zerrieben. Er diffundiert innerhalb weniger Sekunden durch die Hüllen und färbt die unterlagernden Keimbezirke, was einen Vorteil gegenüber der VOGTschen Methode darstellt. Als Nachteil ist aber festzustellen, daß die Marken nicht scharf begrenzt sind und häufig Zellen infolge Überfärbung ausgestoßen werden. Die schnelle Arbeitsweise gestattet jedoch, viele Keime zu färben und dann die besten auszusuchen. Die Methode scheint mir recht ausbaufähig und wichtig für lokale Markierung an ganz kleinen Objekten.

### c) Weitere Methoden der Markierung.

Weitere Methoden werden praktischerweise nur Verwendung finden, wenn die lokale Markierung mit Farbstoffen versagt oder wenn sie imstande sind, in irgendeiner Hinsicht mehr als diese Methode zu leisten. An solchen kommen in Betracht:

Die *Defektmethoden*. (Nähere Beschreibung s. S. 718 u. ff.). Sie sind früher auch für kinematische Zwecke häufig angewandt worden. Doch entsprechen sie unserer Forderung, daß die normale Entwicklung nicht gestört werden soll, keinesfalls, so daß ihre Resultate nur mit größter Vorsicht zu verwerten sind.

Die *Kombination verschieden gefärbten Materials.* (Nähere Beschreibung s. S. 777). Erstmalig von BORN für embryonales Material verwandt, ist sie später von BRAUS, HARRISON, SPEMANN und ihren Schülern u. a. vielfach verwertet worden. — Klassisch und auch für die Beurteilung kinematischer Vorgänge einwandfrei sind die Experimente HARRISONS ($O\,4_a$) über die Entwicklung der Seitenlinie, in denen er große Teile von Larven verschiedener Froscharten zusammensetzte und feststellen konnte, daß die Seitenlinien des Rumpfes von relativ kleinen Anlagen hinter der Gehörblase auswachsen, und daß ihre Wege bestimmten Gesetzen unterliegen. — Bei Urodelenkeimen empfiehlt sich besonders die Kombination Triton taeniatus, Triton alpestris, Pleurodeles, Axolotl einerseits und Triton cristatus andererseits. Da die Keime der ersterwähnten Formen reich an feinen Pigmentkörnchen, diejenigen der letzten Form nahezu vollkommen frei davon sind, gestatten solche Experimente, nicht nur den Ablauf oberflächlicher Entwicklungsvorgänge zu beobachten, sondern lassen auch in relativ späten Entwicklungsstadien auf Mikrotomschnitten noch jede Zelle des Implantats feststellen (SPEMANN 1918, 1921 und seine Schüler). Jedoch ist auch hier in Betracht zu ziehen, daß besonders in jungen Stadien die Entfernung aller Hüllen und die Einfügung des Implantats mit der notwendigen Wundsetzung und den ihm inhärenten andersartigen Entwicklungstendenzen selbst bei ortsentsprechender Herkunft die Normalentwicklung etwas abändern muß. Da aber die Methode der Kombination verschiedenartigen Materials in einiger Hinsicht leistungsfähiger ist als die Vitalfärbung, kann sie zu dieser eine schöne Ergänzung bilden. Ihre Hauptergebnisse liegen jedoch auf dem kausalanalytischen Gebiet. Die Kombination von vitalgefärbten Keimen mit ungefärbten derselben Art oder verschiedener Arten wird an Keimen von Axolotl von HARRISON und seinen Schülern, bei Echinodermen von GARBOWSKI', FISCHEL, v. UBISCH u. a. (Literatur bei v. UBISCH 1925) angewandt; auch bei Triton (GEINITZ 1925, SPEMANN und GEINITZ 1927) findet sie für bestimmte Zwecke Verwendung. — Für die Unterscheidung des histologisch differenzierten Materials dürfte die Kombination der schwarzen und pigmentfreien Axolotlrasse besonders geeignet sein.

*Schnürmethode*: Zur Feststellung der Lage der ersten Furchungsebene am Tritonei hat SPEMANN die auf S. 730 näher beschriebene Schnürmethode angewandt. Man umschnürt mit einem Kinderhaar die Hülle genau in der Mitte, bringt durch Schaukeln das Zweizellstadium so unter die Ligatur, daß deren Ebene und die erste Furchungsebene zusammenfallen und zieht die Ligatur so stark an, daß der Keim gerade festgehalten wird. Die damit verbundene geringe Deformation beeinflußt die normale Entwicklung nicht.

Andere Verfahren, wie etwa die Markierung von Keimbezirken durch eingesteckte Glasnadeln (EKMANN 1920) oder die Methode von ROUX (1895) zur Bestimmung der Lage der ersten Furche im Froschei dürften durch die VOGTsche Methode überholt sein.

## 4. Methoden zur Prüfung der Bedeutung äußerer Faktoren.

Die Umgebungen, in denen die Organismen sich entwickeln und leben, enthalten eine Reihe von Faktoren, deren Einfluß zu prüfen ist, z. B. die Schwerkraft, das Licht, die chemischen Verhältnisse, die Elektrizität, die Temperatur, die Ernährungsverhältnisse usw. Die Organismen sind an eine gewisse Umgebungsnorm gewöhnt und vertragen starke Abänderungen schlecht. Besonders die chemischen Verhältnisse und die Temperatur sind von Bedeutung. Sie sind notwendige Bedingungen des Lebens überhaupt. Bei anderen erwähnten Faktoren ist der Einfluß auf frühe und spätere Entwicklungsstadien der geschlossenen Systeme (Organismen mit beschränktem Wachstum) und auf offene Systeme (Organismen mit nahezu unbeschränktem Wachstum, wie Cölenteraten und Pflanzen) verschieden stark. Sehr unabhängig in ihrer Entwicklung sind hier die frühen Entwicklungsstadien der geschlossenen Systeme, weniger die späteren derselben und sehr abhängig sind die offenen Systeme. Nach allem ist das sehr ausgedehnte Studium des Einflusses der äußeren Faktoren mehr eine Aufgabe der chemischen Physiologie, der Vererbungsforschung und der Reizphysiologie der Botanik, als der Entwicklungsmechanik im engeren Sinne. Für diese hat jedoch ihr Studium manche sehr wertvolle Methoden geliefert, die im Abschnitt über die Methoden zur Ermittlung der inneren Faktoren beschrieben werden.

### A. Versuche zur Prüfung der Bedeutung der Schwerkraft.

#### a) In der Ontogenese geschlossener Systeme.

Die Orientierung, welche viele Keime und frühe Embryonalstadien zur Richtung der Schwerkraft aufweisen, läßt daran denken, daß diese für die Ordnung der Anlagen im Keim notwendig sei. Im extremen Fall derart, daß ohne Schwerkraft die primäre Ordnung der Anlagen, welche für die ersten Entwicklungsvorgänge notwendig ist, nicht zustande kommt. Da man die Schwerkraft nicht aufheben kann, ohne sie durch die Zentrifugalkraft zu ersetzen, gilt es, den Versuch so anzuordnen, daß die Keime in jedem Augenblick anders zur Schwerkraft orientiert sind. Dies ist bei den „Überschlagseiern" von Roux (1895) erreicht. Der Versuch läßt sich in zweierlei Weise anordnen. Ich folge den Angaben von Morgan (1902, 1904) und Kathariner (1901, 1902). Morgans (1904) Anordnung stellt eine Verbesserung des Rouxschen Versuches dar.

Zur Verwendung kommen frisch künstlich befruchtete Froscheier. Es lassen sich aber natürlich alle Keime benutzen, welche sofort nach der Befruchtung zugänglich sind bzw. sich künstlich befruchten lassen. Die Keime vom Frosch werden dem Uterus entnommen, in einer großen, feuchten Petrischale ausgestrichen, mit der Samenflüssigkeit übergossen und dabei durch einen Assistenten die Petrischale ständig in unregelmäßiger Bewegung gehalten. Nach ca. 10 Minuten schneidet man mit der Schere Längsstreifen vom Durchmesser eines Eies ab und bringt diese in Reagenzgläser, welche auf einer Rotationsmaschine befestigt werden. Die Rotationsmaschine Morgans besteht aus einem auf den Sattel gestellten Fahrrad und einem treibenden Wasserrad. Von letzterem läuft eine die Rotation übertragende Kordel über die bereifungsfreie Felge des Vorderrades. In den Speichen des Vorderrades sind die Reagenzgläser zur Aufnahme der Eier mit 5 cm innerem und 24 cm äußerem Radius befestigt. Sie enthalten außer den Eiern je eine Drahtspirale mit 4 bis 5 Windungen, die mit Stoff umwickelt und paraffiniert ist. Die Gläser werden ungefähr zu $^4/_5$ mit Wasser gefüllt und nach dem Einsetzen der Eier mit einer Luftblase zugekorkt. Die Rotationsgeschwindigkeit beträgt 12 bis 16 Umdrehungen pro Minute. Wenn der Apparat sich in Gang befindet, werden die Keime infolge der Bewegung der Luftblase von der Peripherie zum Zentrum und umgekehrt ständig hin und her gerissen, und ihre Bewegung wird noch unregelmäßiger durch die eingeschaltete Spirale. Die Keime entwickeln sich etwas schneller als ihre Geschwister, welche außerhalb der Maschinerie als Kontrollen Verwendung finden. Wenn man den Versuch zur Demonstration nachmachen will, beschafft man sich wohl am besten einen Klinostaten, wie sie in der Botanik häufig gebraucht werden.

Etwas einfacher ist die Anordnung von Kathariner (1901, 1902). Er bringt eine Scheibe künstlich befruchteter Eier in ein 15 cm weites, hohes Becherglas und leitet auf dessen Grund Luft mittels eines Gummischlauches und einer Glasröhre mit weiter Öffnung. Die Luft wird von einer Wasserluftpumpe, wie sie zur Durchlüftung von Aquarien dient, bezogen. Die aufsteigenden Blasen halten den Inhalt des Becherglases und damit die Keime in ständiger, unregelmäßiger Bewegung, in einer Art Rotation, wobei jedoch die Achse und die Geschwindigkeit ständig wechseln. Bei dieser Versuchsanordnung ist die Temperatur infolge der Durchlüftung und Verdunstung im Versuchsglas etwas niedriger (0,5 bis 3° C) als bei den Kontrollen; die Keime entwickeln sich daher etwas langsamer. Statt der Luftblasen läßt sich auch ein entsprechend geleiteter Wasserstrom als bewegende Kraft verwenden.

Bei beiden Versuchen werden während des Experiments eine Anzahl Keime periodisch entnommen und unter dem Binokular kontrolliert. Besonders beachte man das Auftreten des Grauen Halbmonds (bei Rana fusca), die ersten Furchungs-

Abb. 215a—f. Wirkung der Schwerkraft auf Antennularia antennina. a Normales Stämmchen mit fiederartig gestellten Seitenzweigen und Stolonen an der Basis. Hydranthen auf den Seitenzweigen. b Stammstück bei vertikaler, richtig polarer Stellung; oben Stammregenerat, unten Stoloregenerat. c Stammstück in vertikaler, inverspolarer Stellung; oben (basal) Stammregenerat, unten (apikal) Stoloregenerat. d Stammstück horizontal, Fiederebene vertikal. Regenerat: Aufwärts wachsende Stämme, unverzweigt am Ende der oberen Seitenzweige, verzweigt auf dem Stamm; abwärts wachsende Stolonen an der Basis der Stammregenerate und an den Enden der nach unten gerichteten Seitenzweige. e Stammstück in schräger Stellung, apikal oben, Transversalrichtung horizontal. Regenerat: Nach oben wachsender senkrechter Stamm oben (apikal), nach abwärts wachsende Stolonen am unteren Ende (basal) und an der Basis des regenerierten Stammes (apikal). f Stammstück in schräger Stellung, basal oben, Transversalrichtung vertikal. Regenerat: Senkrechter nach oben wachsender Stamm am basalen Ende oben, nach abwärts wachsende Stolonen unten am apikalen Ende, an den unteren Seitenzweigen und an der Basis des regenerierten Hydranthen. (LOEB.)

stadien, die Gastrulation und die Neurulation. Wenn die Keime kleine Schwanzknospen besitzen (nach 4 Tagen), bricht man den Versuch ab. Selbst wenn vom Augenblick der Befruchtung an die Richtung der Schwerkraft inkonstant war, entwickeln sich die Keime ganz normal. Die Schwerkraft hat wohl beim Froschei und ähnlichen Keimen einen gewissen Einfluß auf die Lage der verschieden schweren Eisubstanzen, zur normalen Verteilung der Anlagen im Keim ist sie jedoch nicht notwendig; sie hat weder die Bedeutung einer gestaltenden Kraft noch die einer notwendigen äußeren Bedingung. Die primäre Keimdifferenzierung, d. h. die Promorphologie des Keims, beruht auf Faktoren, die im Ei selbst liegen und ist wohl an Material gebunden, das der Schwerkraft nicht unterliegt. Das Ergebnis war recht wahrscheinlich, da sehr viele, ja vielleicht die meisten Keime während der

Entwicklung keine konstanten Lagebeziehungen zur Schwerkraft aufweisen (Literatur s. bei MORGAN 1927, S. 493).

### b) In der (Ontogenese und) Regeneration bei offenen Systemen.

Bei den frei beweglichen, beschränkt wachsenden Tieren, den sog. „geschlossenen Systemen", zeigt sich also die Schwerkraft ohne Bedeutung für die Entwicklung. Anders verhält es sich bei den ziemlich unbeschränkt wachsenden Organismen, den offenen Systemen, wie den Pflanzen und den festsitzenden, koloniebildenden Cölenteraten. Hier wirkt die Schwerkraft besonders auf die Richtung der in der Ontogenese und Regeneration entstehenden Bildungen. Sie kann aber auch auf den Ort der Entstehung und die Art der Bildung von Einfluß sein. Die hier vorliegenden Probleme sind hauptsächlich von den Botanikern mit größtem Erfolg bearbeitet worden. Eine Zusammenfassung ihrer Arbeiten findet sich bei ZIMMERMANN (1927). An den tierischen Objekten sind sie nur mit einfacher Versuchsanordnung behandelt worden. Eine Neubearbeitung unter Anlehnung an das Vorgehen der Botaniker scheint hier erwünscht. Die Ergebnisse der Untersuchungen sind bei verschiedenen Tierformen recht verschieden; offenbar spielen innere Faktoren eine mehr oder weniger große Rolle. Hier mögen die Arbeiten von J. LOEB (1894) an der in Neapel vorkommenden Antennularia antennina erwähnt werden (Abb. 215). Antennularia antennina besitzt einen 10 bis 20 cm langen negativ geotropischen Stamm, dem Seitenäste erster Ordnung gefiedert ansitzen. Diese tragen auf der Oberseite die Hydranten. An der Basis des Stammes sprossen die festhaltenden, positiv geotropischen Stolonen (Abb. 215 a). Man schneidet aus frisch eingebrachtem Material Stammstücke von ca. 5 cm Länge aus und hängt sie im Aquarium in verschiedener Orientierung auf. Man kann dies etwa folgendermaßen anstellen: In halber Tiefe des Wassers werden quer im Aquarium ein oder mehrere Holzstäbe gespannt, welche ungefähr 1 cm dick und kantig sind. An diesen lassen sich die Stammstücke mit Seeigelstacheln in der gewünschten Orientierung festheften, indem man je zwei Stacheln x-förmig über den Stämmchen kreuzt. Der Versuch läuft ungefähr zwei Monate. Seine Resultate lassen sich an der Abb. 215b—f ablesen. Die Schwerkraft bestimmt hier den Ort, die Richtung und die Art der Bildung. N. M. STEVENS (1910) hat den Versuch auf die Anregung MORGANS noch ausgebaut. Sie heftete die Stämmchen in verschiedener Orientierung an die Speichen eines horizontal (?) bewegten Rades, welches 7 cm Radius hatte und in 20 Minuten eine Umdrehung machte. Es entstanden Stämmchen in jeder Richtung, aber keine Stolonen; offenbar benötigen nur die letzteren der Schwerkraft.

## B. Versuche zur Prüfung der Bedeutung der Berührung mit festen Stoffen (Stereotropismus, Thigmomorphosen).

Die Berührung fester Körper ist bei geschlossenen Systemen im allgemeinen ohne Bedeutung, doch kann man wohl annehmen, daß sie bei den Zellbewegungen, wie sie in der frühen Embryonalentwicklung häufig vorkommen, nicht ganz belanglos ist. Nachgewiesen hat HARRISON (1910) den Stereotropismus für die auswachsenden Nervenfasern im Explantat. Im Blutplasma folgen die Fasern mit Vorliebe den Fibrinsträngen. Wird in Locke oder defibrinierter Lymphe gezüchtet, so erhält man nur gute Auswachsungen, wenn durch Spinnengewebe eine mechanische Stütze gegeben wurde (Explantation s. S. 494).

Von größerer Bedeutung sind die Kontaktreize bei den offenen Systemen, den Pflanzen und Cölenteraten. Bei letzteren regenerieren Stammstücke häufig an den Berührungsstellen mit festen Körpern Stolonen, an freien Stellen Stämmchen (Margelis, Pennaria). Der Kontaktreiz beeinflußt hier offenbar die Art des Geschehens, was nach der Auffassung von CHILD auf die Beeinflussung der Höhe der physiologischen Aktivität zurückzuführen ist. Die regenerierten Köpfchen sind negativ, die Stolonen positiv thigmotropisch (Beeinflussung der Wachstumsrichtung, Tubularia, Pennaria). Näheres findet man bei HERBST (1913) und DÜRKEN (1919).

Die Versuchsanordnung ist einfach. Oft genügt es, die nicht zu kleinen Stammstücke auf den Boden des Aquariums zu legen, sie vor Erschütterung zu bewahren und die Regeneration zu beobachten. Bei stark verzweigten Stämmchen ergeben sich dabei von selbst Berührungsstellen an verschiedenen Elementen des Stämmchens. Durch Festheften der Stämmchen an Holzstäben oder Korkstücken mit Seeigelstacheln (vgl. S. 698) läßt sich die Versuchsanordnung auch noch spezialisieren.

### C. Versuche zur Ermittlung der Bedeutung des Lichts.

#### a) Weißes Licht.

Man wird zuerst die Frage aufwerfen, ob das zusammengesetzte weiße Sonnenlicht für die Entwicklungsvorgänge der Tiere notwendig ist. Für die frühe Embryonalentwicklung ist die Anwesenheit des Lichts keine direkte Bedingung. In späteren Stadien ist es von Einfluß auf die Pigmentbildung, wie für verschiedene Tiere nachgewiesen werden konnte. Beim Grottenolm ist es auch für die Entwicklung des Auges von Bedeutung. Bei Cölenteraten ist es offenbar für die Regeneration der Polypen, aber nicht für die der Stolonen notwendig. (Näheres und Literatur s. bei HERBST 1913 und DÜRKEN 1919.) Die Versuchsanordnung ist hier einfach. Man hält seine Zuchtgefäße im Tageslicht bzw. unter schwarzen Blenden oder in der Dunkelkammer. Zur Beobachtung werden die Objekte geschwind an das Tageslicht oder besser in rotes Licht genommen. Für Durchlüftung muß gesorgt werden.

Will man mit verschiedenen Lichtquantitäten arbeiten, so variiert man die Entfernung der Zuchtgefäße von der für diesen Fall künstlichen Lichtquelle von bekannter Lichtstärke. Man kann aber auch Filter von verschiedener Lichtdurchlässigkeit verwenden. HERBST (1919) (nach DÜRKEN [1922]) gebrauchte Stürze aus Rauchgasplatten, die er von A. KRÜSS, optisch-mechanische Werkstatt, Hamburg bezog. Man kann aber auch selbst solche Filter herstellen, indem man photographische Platten verschieden lang belichtet und gleichlang entwickelt, wobei natürlich die Temperatur, die Art und die Konzentration des Entwicklers gleich sein müssen. Die Durchlässigkeit der Platten ist mit den optisch-physikalischen Methoden zu bestimmen. Die nicht mit Filter bedeckten Seiten der Zuchtgefäße werden mit dichtem weißem Papier abgedeckt.

Will man das Licht nur auf bestimmte Stellen wirken lassen, so muß man die übrigen abblenden, was bei beweglichen Tieren mit Schwierigkeiten verknüpft ist. Bei Keimen größeren Umfangs läßt sich wohl die S. 773 beschriebene Anordnung von VOGT (1927) verwenden, und bei mikroskopisch kleinen Keimen arbeitet man mit dem S. 724 beschriebenen Strahlenstichapparat, wobei die Blende mit weißem Licht beleuchtet wird und in den Beleuchtungsapparat ein gewöhnliches Objektiv eingeschraubt werden kann. Bei (größeren) festsitzenden Tieren läßt man das Licht von einer Seite einfallen, evtl. unter Verwendung einer Blende. Der Rest des Behälters wird lichtdicht abgedeckt, wobei Spiegelung vermieden werden muß. Komplizierte Versuche über gerichtetes Licht werden von der Physiologie beschrieben. In der Entwicklungsmechanik sind sie besonders für Untersuchungen an Cölenteraten von Bedeutung. Bei diesen beeinflußt das Licht die Wachstumsrichtung der Stämmchen und Stolonen und kann auch lokalisierend wirken. (Versuche von LEOB und DRIESCH. Näheres s. bei HERBST 1913 und DÜRKEN 1919 S. 70.) Auch hier scheint mir die weitere systematische Bearbeitung der Cölenteraten mit den Methoden der Reizphysiologie der Botanik dankenswert.

### b) Verschiedenfarbiges Licht.

Für die verschiedenen Wellenlängen des Lichts konnte, wie für das weiße, in der frühen Embryonalentwicklung — wenn man absieht von der schädlichen Wirkung der ultravioletten Strahlen (s. S. 724) — kein wesentlicher Einfluß festgestellt werden. Erst in späteren Entwicklungsstadien sind sie von Bedeutung für die Ausbildung des Pigments und von noch größerer für den Wechsel desselben. Uns interessiert hier nur der Einfluß auf die Bildung der Quantität und der Qualität des Pigments. Der physiologische Wechsel in der Verteilung der Farbe muß aber als Fehlerquelle Beachtung finden. Für die Versuche eignen sich natürlich am besten stark pigmentierte Tiere; vor allem die Insekten sind bearbeitet worden (Lit. bei Dürken, 1919 S. 62ff. und Herbst, C. und Ascher, F. 1927). Da auch Temperatur und Feuchtigkeit von Einfluß sind, muß bei den Versuchen auch hierauf geachtet, bzw. müssen Kontrollen und Versuchstiere gleichermaßen behandelt werden. Dazu kommt, daß man bei Versuchen mit Licht mit Lichtintensität und Farbqualität als zwei Faktoren rechnen muß. Den Versuchen mit Farben wird daher am besten ein solcher mit verschiedenen Lichtintensitäten als Kontrolle zugeordnet.

Wird man bei der Anstellung der Experimente von der rein biologischen Frage geleitet, welchen Einfluß die Farbverhältnisse in der Natur auf die Tiere ausüben, so wird man anders verfahren müssen als wenn man danach fragt, was die Wirkung der physikalisch reinen Farben auf die Tiere ist. Im ersteren Fall läßt man weißes (Sonnen-) Licht auf einen farbigen Grund, auf dem die Tiere gehalten werden, fallen; im zweiten strebt man an, die Tiere in physikalisch reinen Farben zu züchten. Die Wirkung im zweiten Versuch wird stärker und präziser sein als die im ersten, aber auch über das hinausgehen, was man in der freien Natur zu erwarten hat.

Zur Produktion der Farben kann man verwenden:

1. Farbige Objekte der Natur wie Pflanzen, Sand, Steine, Kies (Keuper-Kiese), Lehm, Gartenerde. Die hierdurch erhaltene Farbe ist natürlich von gemischter Wellenlänge. Schwierig ist, daß die mechanischen und hygroskopischen Verhältnisse dieser natürlichen Elemente oft recht verschieden sind.

2. Farbige Papiere. Dürken (1922) empfieht nach v. Frisch (1914, Tafel V) die Heringsche Farbserie, zu beziehen von Rietzschel, Leipzig, Kreuzstr. 12. Die Papiere sind natürlich nicht monochromatisch, sondern geben einen bestimmten Bereich des Spektrums.

3. Flüssige und feste farbige Filter. Die flüssigen Filter stellen Lösungen von einer oder mehreren Farben in Wasser dar; die festen werden erhalten durch Lösen einer oder mehrerer Farben in einer erwärmten Gelatinelösung und Ausstreichen derselben auf Glasplatten. Auch diese Filter sind nicht monochromatisch, sondern decken nur einen mehr oder weniger breiten Bereich des Spektrums mehr oder weniger vollständig ab. Durch Kombination verscheidener Filter läßt sich jedoch der durchgelassene Bereich gut wunschgemäß beschränken. Monochromatische Glasfilter werden von Kodak geliefert; sie sind aber sehr teuer, so daß man am besten zu den selbstgefertigten Filtern greift. Auch Schott in Jena liefert feste Filter, die sehr teuer, aber nicht monochromatisch sind.

Zur Darstellung der Filter verfährt man folgendermaßen:

*Flüssige Filter* (Aus Dürken 1922, S. 50 nach Nagel.)

„Rot: Entweder Rubinglas oder die auch in der mikroskopischen Technik benutzte Lithiumkarminlösung; bei größerer Lichtstärke als Rubinglas läßt letztere kein Orange durch, wie häufig ersteres. Anwendung in verschiedenen Verdünnungen.

Orange: Wäßrige Safraninlösung mit Kupferazetat. Zunächst bereitet man eine nicht ganz gesättigte Lösung von Kupferazetat, setzt ein paar Tropfen Essigsäure zu und alsdann tropfenweise so viel starke Safraninlösung, bis im Spektroskop das reine Gelb verschwindet. Neben Orange erscheinen noch schwach einige Nachbarbezirke, doch hell ist nur das eigentliche Orange von 540 bis 600 $\mu\mu$. Natürlich hängt die Wirkung wie stets auch von der angewandten Schichtdicke ab.

Gelb: Man nimmt gesättigte Kupferazetatlösung mit etwas Essigsäure und löscht durch Einträufeln gesättigter wäßriger (mit Essigsäure versetzter) Lösung von Orange *G* (von Grübler) die ganze stärker brechbare Seite des Spektrums bis auf einen Rest von Gelbgrün aus; außerdem bleibt ein schmaler orangegelber Saum bestehen; der durchgelassene Bezirk liegt bei 620 bis 570 $\mu\mu$. Ein Nachteil des Filters besteht darin, daß es nicht lange haltbar ist.

Grüngelb und Gelbgrün: Man kocht in einer mit Essigsäure versetzten, gesättigten Lösung von Kaliumbichromat Kristalle von Kupferazetat im Überschuß. Nach dem Erkalten wird filtriert. Eine Spur von Gelb und Orange wird durchgelassen; das Grüngelb ist sehr hell, etwa 580 bis 530 $\mu\mu$. Statt des Bichromates kann man Pikrinsäure verwenden; der durchgelassene Bezirk ist etwas größer; er reicht von 580 bis 520 $\mu\mu$.

Grün: Einer gesättigten Lösung von Kaliummonochromat wird eine gesättigte Lösung von Cuprammoniumsulfat mit reichlichem Ammoniaküberschuß tropfenweise zugefügt, bis das ganze Rot, Orange, Gelb und Gelbgrün ausgelöscht ist. Durchgelassen wird etwa 535 bis 495 $\mu\mu$. — Durch Zusatz einiger Tropfen einer schwach alkalisch gemachten wäßrigen Lösung von Fluoreszin wird das Blaugrün absorbiert, so daß nur noch 535 bis 510 $\mu\mu$ durchgelassen wird.

Blaugrün: In sauer gemachte Kupferazetatlösung tropft man starke Methylgrünlösung. Der durchgelassene Bezirk ist etwa 500 bis 460 $\mu\mu$.

Cyanblau: Ein neues und sehr lichtstarkes Blau, vorzugsweise die weniger brechbaren Teile des gesamten Blau, erhält man, wenn man vor die letzterwähnte Mischung entweder einen zweiten Trog mit einer schwachen Lösung von Kaliumpermanganat bringt oder ihr einige Tropfen Gentianaviolettlösung direkt zusetzt. Diese beiden Medien absorbieren Grün, lassen aber Blau durch. Bei Verwendung des übermangansauren Kali hat man den Vorteil einer scharfen Grenze am Blaugrün, so daß der durchgelassene Bezirk sich auf 486 bis 460 $\mu\mu$ einengen läßt. Das Gentianaviolett gibt am Blaugrün eine sehr unscharfe Grenze. Mit dieser Mischung schneidet man daher besser den Bezirk 460 bis 431 $\mu\mu$ aus, der auch recht lichtstark gemacht werden kann, wenn auch nicht so hell wie bei der Kombination mit dem Permanganat.

Blau und Violett: Setzt man vor eine Lösung von Cuprammoniumsulfat, das den Bezirk 470 bis 410 $\mu\mu$ durchläßt, einen zweiten Trog mit dünner Lösung von Kaliumpermanganat, so ergibt sich ein reines Violett.

Außer den hier angeführten Lösungen und Mischungen lassen sich selbstverständlich auch andere Farbstoffe verwenden, insbesondere auch Lösungen der Anilinfarben, welche unten für die Herstellung von Gelatinefiltern aufgeführt sind (S. 703)."

Infrarote Strahlen, besonders die langwelligen, passieren dünnes schwarzes Papier.

Ultraviolettfilter bezieht man von der Firma Zeiss, da für sie Blauviolglas verwendet werden muß. Zur Abdeckung der ultravioletten Strahlen genügt schon das gewöhnliche Glas. Durch eine wäßrige Lösung von schwefelsaurem Chinin läßt sich die Absorption noch vervollständigen.

*Feste Filter* (Aus Dürken 1922, S. 53.)

„Für je 1 $m^2$ Glasfläche stellt man 700 $cm^3$ einer 10proz. Gelatinelösung her, zu der man 100 $cm^3$ der betreffenden Farblösung hinzufügt, so daß also auf 100 $cm^2$

Glasfläche 8 $cm^3$ der Lösung kommen. Es ist anzuraten, dazu eine besondere Filtergelatine zu nehmen, wie sie von den einschlägigen Firmen (z. B. Höchster Farbwerke, vorm. Meister Lucius und Brüning, Höchst a. M.) in den Handel gebracht wird, damit ihr eine fehlerfreie Schicht im allgemeinen leichter gelingt und diese auch eine höhere Transparenz besitzt. Für sehr viele Zwecke genügt aber die allgemein käufliche farblose Gelatine, wenn sie auch geringe Verunreinigungen enthält und etwas trüber ist; bei Tierversuchen macht sich das aber kaum störend bemerkbar. Die Gelatinelösung wird so zubereitet, daß man die Gelatine in der abgemessenen Menge Wasser zuerst etwa eine halbe Stunde kalt quellen läßt und dann die Masse im Wasserbade heiß zur Lösung bringt. Unter Umrühren setzt man dann die entsprechende Menge der wäßrigen Farbstofflösung hinzu. Es ist gut, darauf zu achten, daß die Masse nicht über etwa 60° erhitzt wird, da sie sonst nachher nicht so leicht erstarrt. Zu empfehlen ist, die Gelatinelösung vorher noch zu filtrieren, doch kann das unterbleiben, wenn keine absolut reinen Filter notwendig sind. Die Glasplatten sind sehr sorgfältig zu reinigen, da anderenfalls die Gelatine nach dem Erhärten leicht abspringt. Zum Gießen legt man die angewärmten Glasscheiben mit Hilfe der Wasserwage genau horizontal und verteilt die entsprechend dem oben angegebenen Verhältnis aufgegossene heiße Lösung nach Bedarf mit einem Glasstabe. Handelt es sich um kleinere Platten, so erzielt man bequem eine gleichmäßige Verteilung durch geeignetes Heben und Senken der Platte mit der Hand. An einem staubfreien Orte läßt man die Filter nach dem alsbald eintretenden Erstarren trocknen und kann dann die Haltbarkeit und die Transparenz durch geeignete Lackierung erhöhen. Als sehr brauchbar dazu hat sich eine dünne Lösung von (säurefreiem) Kanadabalsam in Xylol erwiesen; man gießt von dieser Lösung auf die lufttrockene Platte und verteilt sie durch Heben und Senken; den Überschuß läßt man ablaufen. Häufig wird man zwei solcher Filter mit der Schichtseite aufeinanderlegen und durch Umkleben der Ränder oder durch Verkitten mit Kanadabalsam verbinden; eine Beschädigung der Schicht ist dann ausgeschlossen und die Filterwirkung durch die Verdoppelung der Schicht verstärkt. In vielen Fällen genügt aber die einfache Schicht; an Zucht- und Versuchsbehältern bringt man die Filter dann so an, daß die Schichtseite außen ist. Man kann sie natürlich auch direkt den Scheiben der Behälter aufgießen.

Zuweilen wird ein Farbstoff genügen, um den gewünschten Spektralbezirk aus dem Tageslicht auszufiltern; häufig muß man aber zwei oder mehr Farbstoffe kombinieren, von denen der eine diesen, der andere jenen Teil des Spektrums absorbiert; nur diejenigen Wellenlängen, welche beide Farbstoffe zugleich durchlassen, kommen dann zur Geltung. So gelingt es, selbst einen eng begrenzten Spektralbezirk herauszuschneiden. Besondere Schwierigkeit macht im allgemeinen nur die völlige Beseitigung des Rot, da Spuren desselben durch die meisten Filter hindurchgehen, doch ist das oft ohne Bedeutung. Wenn die in Betracht kommenden Farbstoffe gegeneinander chemisch nicht reagieren, kann man sie zu ihrer Kombinierung einfach in einem entsprechenden Verhältnis mischen; doch ist es dann zu empfehlen, jedesmal vor dem Guß die Masse gut zu verrühren, da wegen der verschiedenen Schwere der Farbstoffe sonst leicht eine unerwünschte ungleichmäßige Verteilung in der Masse eintritt. Reagieren aber die Farbstoffe aufeinander, so stellt man eben zwei gesonderte Filter her, welche man nach dem Trocknen aufeinanderlegt (Beispiele s. unten). Statt der Farbstoffe kann man der Gelatine auch andere Filterstoffe zusetzen, wie beispielsweise schwefelsaures Chinin, um die ultravioletten Strahlen zu absorbieren; man nimmt dann 5 g schwefelsaures Chinin in 100 $cm^3$ Wasser mit zehn Tropfen Schwefelsäure, das Ganze zu 700 $cm^3$ Gelatinelösung.

Die Abb. 216 zeigt die Absorptionsspektren einer Anzahl von Anilinfarben, wie sie von den Höchster Farbwerken für Lichtfilter hergestellt werden. Man kann selbstverständlich auch noch andere Farben benutzen, doch ist es nicht möglich, hier mehr als diese Beispiele zu geben. Die dunkelschraffierten Teile der Abbildung bezeichnen diejenigen Spektralbezirke, welche von den betreffenden Farblösungen nicht durchgelassen werden; zugleich geht aus der Form der schraffierten Fläche hervor, wo die Absorption eine vollständige ist und wo noch mehr oder minder geschwächte Teile des Spektrums durchgelassen werden. Schon an Hand dieser kleinen Übersicht kann man leicht eine ganze Anzahl verschiedener Filter zusammenstellen. Wünscht man z. B. ein Filter, das hauptsächlich nur den Spektralbezirk zwischen 570 $\mu\mu$ und 590 $\mu\mu$ liefert, so kombiniert man ein Filter aus Rapidfilterrot II, das alles Licht von mehr als 570 $\mu\mu$ durchläßt, mit einem solchen aus Naphtolgrün, welches ungeschwächt nur das Licht von 490 bis 590 $\mu\mu$ passieren läßt; der Bereich, der durch beide übereinandergelegte Filter hindurchgeht, liegt dann zwischen 570 und 590 $\mu\mu$; allerdings gehen die anstoßenden Randbezirke in mehr und mehr geschwächter Intensität von 540 bis 650 $\mu\mu$ mit durch, doch treten sie für die resultierende Färbung fast ganz in den Hintergrund, und man bekommt ein gelbes Filter, das vor einem solchen, das allein aus Rapidfiltergelb hergestellt ist, den Vorzug hat, viel weniger Grün und Rot durchzulassen als letzteres. Es braucht kaum darauf aufmerksam gemacht zu werden, daß, je mehr Filter man übereinander kombiniert, um so mehr die Lichtstärke abnimmt, während die Farbe an Reinheit gewinnt.

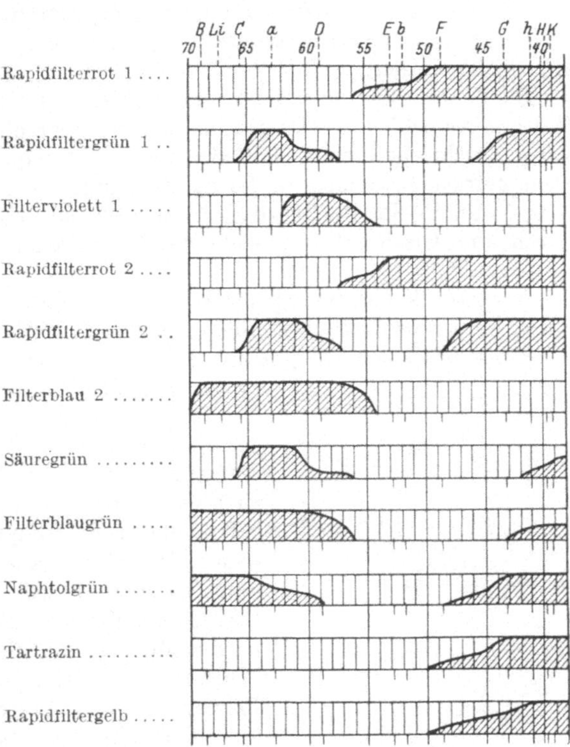

Abb. 216. Absorptionsspektren einiger Anilinfarben für Lichtfilter der Höchster Farbwerke. Schraffiert: Nicht durchgelassene Farbbezirke. Die Kombination mehrerer Farben engt den durchgelassenen Bereich zweckentsprechend ein. (DÜRKEN.)

Solche Filter, wie sie hier beschrieben wurden, benutzte DÜRKEN zu Versuchen über die Wirkung farbigen Lichtes auf die Färbung der Pieris-Puppe. Das dabei angewandte Rotfilter bestand aus Säurerhodamin und Kristallponceau; die beiden Farbstoffe können gemischt werden; von ersterem werden 0,8 g, von letzterem 1,8 g zusammen in 100 cm³ Wasser gelöst und zu 700 cm³ Gelatinelösung gegeben. Ein Orangefilter wurde hergestellt aus Naphtholorange und Naphtholgrün; von erstem 1,6 g, von letzterem 0,5 g zusammen in 100 cm³ Wasser gelöst und obiger Gelatinemenge zugesetzt.

Ein gutes Blaufilter erhält man durch die Kombinierung zweier getrennt herzustellender Filter aus Patentblau (1,6 g auf 100 cm³ Wasser) und aus Kristallviolett (0,8 g auf 100 cm³ Wasser, dazu die oben angegebene Menge Gelatinelösung). Die Filterlösungen wurden direkt auf die vordere Glaswand der Kästen und auf den Glasdeckel aufgegossen; statt des farbigen Einsatzes wurde eine Auskleidung von weißem Papier angebracht, der schräge Reflexionsschirm kann fortbleiben, sonst ist er mit weißem Papier auszukleiden.

Es liegt auf der Hand, daß man Glasaquarien direkt mit den festen Filtern überziehen kann. Zum Schutz gegen etwaiges Benetzen mit Wasser überzieht man dann noch die (äußeren) Filterseiten mit Zaponlack, der ja überall erhältlich ist."

4. Das Spektrum. Eine Bogenlampe dient als Lichtquelle. Ihr Licht geht durch einen Spalt und eine Sammellinse und wird durch ein Prisma in das Spektrum zerlegt. Gearbeitet wird in der Dunkelkammer. Die Einschaltung einer Sammellinse in den gewünschten Spektralbereich ermöglicht die Lokalisation. Die Anwendung ist bei kleinen Objekten und kurzer Belichtungsdauer besonders zu empfehlen; bei größeren Objekten geht der Vorteil des reinen Lichts, da man größere Bezirke aus dem Spektrum ausscheiden muß, wieder verloren. Bei langer Versuchsdauer stellen sich technische Schwierigkeiten ein. Die Bogenlampe muß natürlich lichtdicht abgedeckt werden.

Die Versuchsanordnung ist bei verschiedenen Objekten infolge ihrer verschiedenen Haltung verschieden. Da sie im Kapitel über physiologische Methoden wohl vielseitig beschrieben wird, soll hier nur ein Beispiel gegeben werden, das auch als Demonstrationsversuch in Betracht kommt (s. auch DÜRKEN 1922). Es mag nur gesagt werden, daß die flüssigen Filter, wenn sie verdunstende giftige Stoffe enthalten, durch eine Ölschicht abgedeckt werden müssen.

*Beispiel:* Beeinflussung der Puppenfärbung des Kohlweißlings (Pieris brassicae) durch verschiedenfarbiges Licht (DÜRKEN, 1923; hier auch weitere Literatur).

Pieris brassicae hat jährlich zwei Flugzeiten, die erste Ende Mai bis Juni, die zweite ungefähr im August. Man sammelt am besten die Gelege, welche sich in der ersten Flugperiode auf der Unterseite von Cruciferenblättern, in der zweiten einfacher unten an Kohlblättern finden lassen und züchtet die Raupen in der üblichen Weise. Im Freien gefangene große Raupen sind sehr häufig mit Schlupfwespen infiziert. Als Futter dienen Cruciferenblätter und Gartenkohl. Als Zuchtkästen empfiehlt DÜRKEN (1922) und ähnlich L. BRECHER (Literatur bei DÜRKEN) Pappkästen (Abb. 217a) ungefähr von der Form eines Würfels aus Strohpappe, deren vordere und obere Flächen aus Glas bestehen und deren rechte, linke und untere Flächen zwecks Lüftung einen quadratischen Gazeeinsatz (*lg*) aufweisen. Für den Versuch schneidet man aus Farbpapier, das auf einen dünnen Karton aufgeklebt wird, Einsätze (Abb. 217b) aus, welche die Gazefenster und die Glaswände freilassen und leicht eingesetzt und herausgenommen werden können. Die Seitenfenster und die obere Fläche werden durch Keile (*K*) aus Farbpapier gegen direkt eindringendes weißes Licht geschützt; die vordere Fläche bleibt frei. Man stellt die Kästen in ein helles Nordzimmer, in gleiche Entfernung vom Fenster und mit der Vorderfläche gegen dieses gewandt. — Zu Versuchen mit Farbfiltern werden die Kästen innen mit weißem Papier ausgeklebt und als Deckel und Vorderscheibe Farbfilter (Herstellung s. S. 701 u. ff.) verwendet.

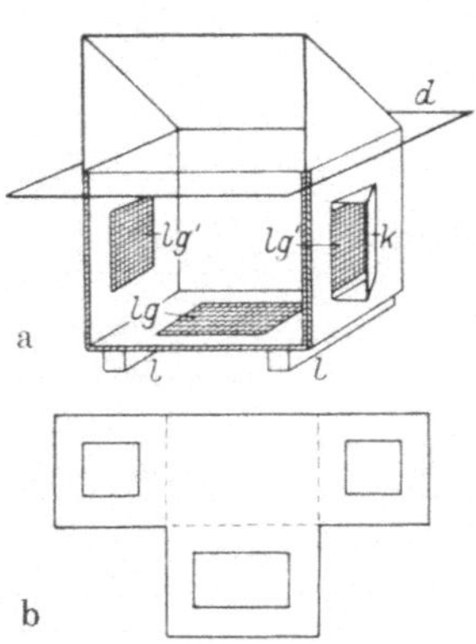

Abb. 217. Züchtung von Schmetterlingsraupen auf farbigem Grund. a Kasten aus Strohpappe. *d* = Glasdeckel. *K* = Klappe. *lg* und *lg'* = Luftgitter. b Einsatz aus Farbpapier, gestrichelt = geritzte Linien zwecks Knickung; stärker verkleinert als der Kasten a. (DÜRKEN.)

Das farbige Licht wirkt in der letzten Raupenperiode kurz vor der Verpuppung. Die Puppen besitzen in Flecken und Strichen angeordnetes und in der oberflächlichen Chitinschicht liegendes schwarzes Pigment, dazu in den Zellen der Hypodermis weißes Pigment. Werden beide nur schwach entwickelt, so bekommen die Puppen infolge des durchschimmernden Inneren grünes Aussehen. DÜRKEN unterscheidet fünf Färbegruppen, je nach der Intensität der Entwicklung des schwarzen und weißen Pigments (Abb. 218). Die Gruppe *a* ist sehr stark, die Gruppe *e* ganz schwach pigmentiert; *a* hat weiße Grundfärbung und viel schwarzes Pigment, *e* grünes Aussehen und sehr wenig schwarzes Pigment; *b*, *c*, und *d* liegen zwischen beiden Extremen. Grau und Rot bedingt *b*, Orange *e*, Gelb und Blau *c* und Grün *d*.

Abb. 218. Einwirkung farbigen Lichts auf die Pigmentbildung bei Puppen von Pieris brassicae. Pigment: Schwarz in Streifen und Strichen im Chitin; Weiß in der Hypodermis. 5 Färbungsklassen: a maximale Entwicklung von Schwarz und Weiß; e minimale Entwicklung von Schwarz und Weiß. Aussehen grün; b, c u. d zwischen beiden Extremen liegend. b bedingt durch Rot und Grau; c durch Blau und Gelb; d durch Grün und e durch Orange. (DÜRKEN.)

Die Individuen variieren jedoch um diese Hauptwerte. Dunkler Grund bedingt dunkle, heller helle Tönung. Durch das Licht wird die Lymphe der Puppen beeinflußt (PRZIBRAM, BRECHER, DOMBROWSKY. Lit. bei DÜRKEN, 1923).

## D. Versuche zur Ermittlung des Einflusses chemischer Faktoren der Umgebung.

Die chemischen Verhältnisse der Umgebung der Organismen sind recht mannigfaltig. Organismen entwickeln sich in der Luft, in Süßwasser, Brackwasser, Seewasser und im Mutterleib bzw. parasitär im Leib anderer Organismen. Daraus ergibt sich eine Fülle von Fragen, die nur zum Teil bearbeitet sind. Allgemein kann man sagen, daß mehr oder weniger starke Abänderungen der normalen chemischen Verhältnisse der Umgebung schädigend auf die Entwicklung wirken. Die schädigende Wirkung verschiedenster Faktoren tritt dabei häufig gleichartig in Erscheinung (s. S. 714); nur selten sind bestimmten chemischen Änderungen der Umgebung bestimmte Reaktionen zugeordnet.

### a) Sauerstoff.

Zum Ablauf der Entwicklungsvorgänge ist, wie zu dem aller Lebensprozesse, Sauerstoff notwendig. Er kann direkt aus der Umgebung aufgenommen werden (aërobe Organismen), oder durch chemische Umsetzungen der Nährsubstanzen gewonnen werden (anaërobe Organismen). Die Versuche, welche die Bedeutung des Sauerstoffs für die Entwicklung ermitteln, sind hauptsächlich für die physiologische Chemie von Interesse; ich verweise daher auf die Abhandlungen über chemische Physiologie.

Lokalisierte Hemmung der O-Zufuhr, von Roux erstmalig an Froscheiern durch Einsaugen in eine Kapillare und einseitige O-Zuleitung mit negativem Resultat unternommen, können methodisch wichtig werden. Neuestens ist von Vogt (1927) eine Methode zur lokalen Hemmung der O-Zufuhr angegeben worden, welche zum Studium innerer Faktoren dienen kann (s. S. 772). — Loeb zeigt in einem einfachen Versuch, daß zur Regeneration eines Hydranthen bei Tubularia O notwendig ist. Ein abgeschnittenes Stammstück, frei in Seewasser aufgehängt, regeneriert an beiden Enden einen Hydranthen. Wird das eine Ende des Stammstücks in die Spitze einer Pipette und diese mit ihrer anderen Seite in den Sand gesteckt, dann erscheint nur am freien Ende ein Hydranth, obgleich beide mit Seewasser in Berührung stehen; das in der Pipette befindliche hat offenbar zu wenig Sauerstoff (nach Herbst 1913).

### b) Versuche an Meerwassertieren, speziell Seeigelkeimen, zur Ermittlung der Bedeutung der verschiedenen Ionen (Herbst 1913, 1923).

**1. Herstellung von künstlichem Meerwasser.** Zur Verwendung kommen zweimal im Fehmelkühler destilliertes Wasser und Salze von Kahlbaum bzw. Merck (garantiert rein). Zwecks Trocknung und zur Entfernung des Kristallwassers stellt man die Salze vor dem Wiegen einige Zeit in den Wärmeschrank von 120° C. $MgCl_2$ wird dadurch nicht ganz trocken, was im Rezept I berücksichtigt ist.

Herbst gibt folgende drei Rezepte:

Lösung I (Herbst):

| | |
|---|---|
| 3 % | NaCl |
| 0,08 % | KCl |
| 0,26 % | $MgSO_4$ |
| 0,5 % | (statt 0,32 %) $MgCl_2$ |
| 0,16 % | $CaSO_4$ |
| 0,05 % | $NaHCO_3$ |

Lösung II (Herbst): (umgeht die Verwendung von $MgCl_2$)

| | |
|---|---|
| 3 % | NaCl |
| 0,08 % | KCl |
| 0,66 % | $MgSO_4$ |
| 0,13 % | $CaCl_2$ |
| 0,05 % | $NaHCO_3$ |

Lösung III (van't Hoffsche Lösung von Loeb): Es werden von den Salzen 1/2 molekulare Lösungen als Stammlösungen hergestellt und in folgenden Mengen gemischt:

| | | | |
|---|---|---|---|
| 100 $cm^3$ | m/2 NaCl | 3,8 $cm^3$ | m/2 $MgSO_4$ |
| 2,2 $cm^3$ | m/2 KCl | 2 $cm^3$ | m/2 $CaCl_2$ |
| 7,8 $cm^3$ | m/2 $MgCl_2$ | 1,3—1,4 $cm^3$ | m/2 $NaHCO_3$ |

**2. Nachweis der notwendigen anorganischen Stoffe.** 1. Man kann von der NaCl-Lösung ausgehen und die anderen Stoffe der Reihe nach zusetzen, bis man normale Entwicklung erreicht hat. Dabei verwendet man praktischerweise die Stammlösungen von LOEB. 2. Man stellt sich Mischungen her, in denen die zu prüfenden Ionen fehlen.

Beide Verfahren bieten keine Schwierigkeiten, die Notwendigkeit der Kationen $K^{\cdot}$, $Mg^{\cdot\cdot}$, $Ca^{\cdot\cdot}$ und des Anions $SO_4''$ zu prüfen. Dabei sind zwei Kontrollen notwendig:

1. eine Kontrollkultur mit vollständigem Seewasser und
2. eine Kultur, bei welcher der durch das Weglassen eines Salzes verminderte osmotische Druck durch Zufügen isomolekularer Mengen eines anderen Salzes der Lösung normal gemacht wird. Die Keime sind jedoch wenig empfindlich gegen Schwankungen des osmotischen Druckes; sie vertragen eine Verdünnung des Meerwassers auf $^4/_5$ der normalen Konzentration.

Der Nachweis der Notwendigkeit freier $SO_4''$ Ionen geschieht mittels isomolekularem Ersatz der Salze durch entsprechende äthylschwefelsaure Salze (z. B. $C_2H_5NaSO_4$). Schwieriger ist der Ersatz von $Na^{\cdot}$ und $Cl'$, die in großer Menge im Meerwasser enthalten sind.

Versuch mit Na-freiem Wasser: HERBST verwendet

| als Na-freies Wasser: | dazu Na-haltige Kontrollösung: |
|---|---|
| 3,6 % $MgCl_2$ (durch Titrieren Konzentration bestimmt) | 3,6 % $MgCl_2$ |
| 0,08 % KCl | 0,08 % KCl |
| 0,16 % $CaSO_4$ | 0,16 % $CaSO_4$ |
| 0,06 % $KHCO_3$ | 0,06 % $KHCO_3$ |
| | + |
| | 0,3 % $Na_2SO_4$ |
| | 0,2 % NaCl |

Da die Kontrollösung höheren osmotischen Druck hat, ist eine Lösung 3 noch notwendig:

3,6 % $MgCl_2$, 0,06 % $KHCO_3$ } Lösung mit 15 % destilliertem Wasser versetzt, dann zugesetzt: { 0,08 % KCl, 0,16 % $CaSO_4$, 0,3 % $Na_2SO_4$, 0,2 % NaCl

Versuch zur Prüfung der Notwendigkeit des Chlorions: Eine Stammlösung L enthält:

3,5 % HCOONa (ameisensaures Natrium)
0,16 % $CaSO_4$
0,05 % $NaHCO_3$

Mit dieser werden folgende Lösungen angesetzt:

| 1) ohne Cl′ | 2) mit Cl′ | 3) mit Cl′ | 4) mit Cl′ |
|---|---|---|---|
| L<br>0,15 % $K_2SO_4$<br>0,26 % $MgSO_4$<br>0,4 % $MgSO_4$ | L<br>0,08 % KCl<br>0,2 % $MgCl_2$<br>0,32 % $MgCl_2$<br>(Alle Sulfate von 1 durch Chloride ersetzt) | L<br>0,08 % KCl<br>0,2 % $MgCl_2$<br>0,32 % $MgCl_2$<br>0,5 % NaCl<br>(Zusatz von NaCl) | 83 cm³ L<br>17 cm³ Süßwasser<br>+<br>0,08 % KCl<br>0,2 % $MgCl_2$<br>0,32 % $MgCl_2$<br>0,5 % NaCl<br>(Ausgleich des osmotischen Drucks des NaCl-Zusatzes von 3) |

**3. Vertretbarkeit der notwendigen Ionen.** Die Prüfung der Vertretbarkeit der Ionen durch andere geschieht, indem man dieselben durch isomolekulare Mengen verwandter ersetzt, d. h.: $Cl'$ durch $Br'$, $SO_4''$ durch $S_2O_3''$, $K^{\cdot}$ durch $Rb^{\cdot}$ oder $Cs^{\cdot}$, $Ca^{\cdot\cdot}$ durch $Sr^{\cdot\cdot}$ oder $Ba^{\cdot\cdot}$ als Thiosulfate (da die Ionisation der Sulfate gering).

Bei der Überführung der Objekte in die Lösungen läßt man die unbeweglichen Objekte verschiedene Male absetzen, dekantiert und setzt neue Lösung zu. Die beweglichen Larven bringt man durch schwaches Zentrifugieren zum Absetzen oder sammelt sie in der Uhrschale durch Klopfen an den Rand in die Mitte und pipettiert verschiedene Male um.

**4. Kurze Angabe der Versuchsergebnisse.** Für die normale Entwicklung der Seeigellarven sind die Kationen $Na^{\cdot}$, $K^{\cdot}$, $Mg^{\cdot\cdot}$, $Ca^{\cdot\cdot}$ und die Anionen $Cl'$, $SO_4''$, $HCO_3'$ und ein geringer Überschuß der $OH'$-Ionen über die $H^{\cdot}$-Ionen notwendig.

Der Ausfall jedes dieser Ionen macht sich in einer Verlangsamung der Entwicklung und in einer Hemmung des Wachstums geltend. Die Ionen sind nicht nur für die Entwicklung, sondern auch für die Erhaltung des Lebens notwendig. Von Anfang an müssen $Na^{\cdot}$, $K^{\cdot}$, $Ca^{\cdot\cdot}$, $Cl'$ und ein $OH'$-Überschuß vorhanden sein. $Mg^{\cdot\cdot}$, $SO_4''$ und $HCO_3'$, werden erst später benötigt. Die Wirkung ist teils nur oberflächlich ($OH'$), teils oberflächlich und innerlich ($Ca^{\cdot\cdot}$, $SO_4''$); sie mag direkt oder indirekt sein; auch mit der gegenseitigen entgiftenden Wirkung der Ionen kann gerechnet werden. Nur in beschränktem Maße lassen sich die Ionen durch andere ersetzen, z. B. $K^{\cdot}$ gut durch $Rb^{\cdot}$ und $Cs^{\cdot}$, $Cl'$ bis zu einem gewissen Grad durch $Br^{\cdot}$, Sulfate in hohem Maße durch Thiosulfate.

Als spezielle Leistungen konnten von HERBST folgende festgelegt werden:

$K^{\cdot}$ wirkt auf das Wachstum, die Wasseraufnahme und die Wimperung.

$Ca^{\cdot\cdot}$ hält die Furchungszellen zusammen. Sein Fehlen bedingt auch noch die Lockerung des Zellverbands in den Epithelien. Es beeinflußt die Oberflächenmembran, welche die Keime überzieht (Abb. 233).

$Mg^{\cdot\cdot}$ ist wohl schon zur Befruchtung notwendig, wirkt aber im sich entwickelnden Keim erst nach der Furchung bei der Bildung des Darms und des Skeletts.

$OH'$ ist zur Befruchtung und zur Pigmentbildung notwendig; es bindet die Kohlensäure und beschleunigt die Oxydationsprozesse. Das Verhalten der Keime in Lösungen, denen der OH-Überschuß fehlt, ist individuell sehr verschieden; manche kommen bis zur schwachen Blastula, andere stellen schon in den ersten Furchungsstadien die Entwicklung ein.

$SO_4''$. Sein Mangel tritt erst nach der Blastula in Erscheinung. Die Skelettbildner ordnen sich nicht bilateral am vegetativen Ektoderm, sondern bleiben am inneren Ende des Urdarms, wo sie zur Skelettbildung schreiten. Nachträgliches Zufügen von $SO_4''$ bringt die Zellen wohl zur Bewegung; es unterbleibt jedoch die bilaterale Ordnung, und statt des paarigen bilateralen entsteht ein vielfaches radiäres Skelett. Auch zur Darm- und Pigmentbildung sind $SO_4$ Ionen erforderlich.

$CO_3''$ und $HCO_3'$ werden zur Skelettbildung gebraucht.

**5. Beeinflussung der Formbildung und histologischen Differenzierung.** Von besonderem Interesse für den Entwicklungsmechaniker sind diejenigen Versuche, welche die Formbildung und histologische Differenzierung beeinflussen.

α) Skelettlose Larven (Abb. 219a): Im Ca-armen Seewasser fällt die Skelettbildung ganz oder nahezu ganz aus, und es entwickeln sich gut histologisch differenzierte, aufgeblähte, armlose Plutei. Man bringt die befruchteten Keime von Sphaerechinus granularis oder Parechinus microtuberculatus in ein Gemisch von 3% NaCl, 0,08% KCl, 0,66% $MgSO_4$ und $CaHPO_4$ (soviel sich löst) und gibt zu 20 $cm^3$ der Mischung 3 bis 6 Tropfen 0,5% KOH-Lösung. Man kann auch mit demselben Resultat Meerwasser verwenden, in dem das $Ca^{\cdot\cdot}$ mit Natrium- oder Kaliumoxalat ausgefällt worden ist. (PONCHET und CHABRY, nach HERBST 1923.) — Mangel an $CO_3''$ führt zum selben Ziel. Dazu verwendet man folgende Lösung: 3% NaCl, 0,08% KCl, 0,66% $MgSO_4$, 0,13% $CaCl_2$ und $CaHPO_4$ (soviel sich löst). — Zur Skelettbildung ist also außer Ca-Ionen auch Karbonat notwendig.

β) Ektodermisierung der Seeigelkeime (Abb. 219b): Mangel an $SO_4''$-Ionen hemmt die Entodermbildung, Überschuß von $Ca^{\cdot\cdot}$ fördert die Ektodermbildung. Kombiniert man beides, so erhält man Larven ohne bzw. mit stark reduziertem Darm und einem beträchtlich vergrößerten Wimperschopf. Das Ei entwickelt sich wie eine animale Blastomere. Man verwendet folgende Lösung: 3% NaCl, 0,08% KCl, 0,64% $MgCl_2$ (feucht), 0,65% $CaCl_2$ (das fünffache des normalen $CaCl_2$-Gehalts) und 0,05% $NaHCO_3$.

γ) Entodermisierung der Seeigelkeime und Exogastrulation mittels Lithium (Abb. 219c, d): Bringt man Keime von Sphaerechinus granu-

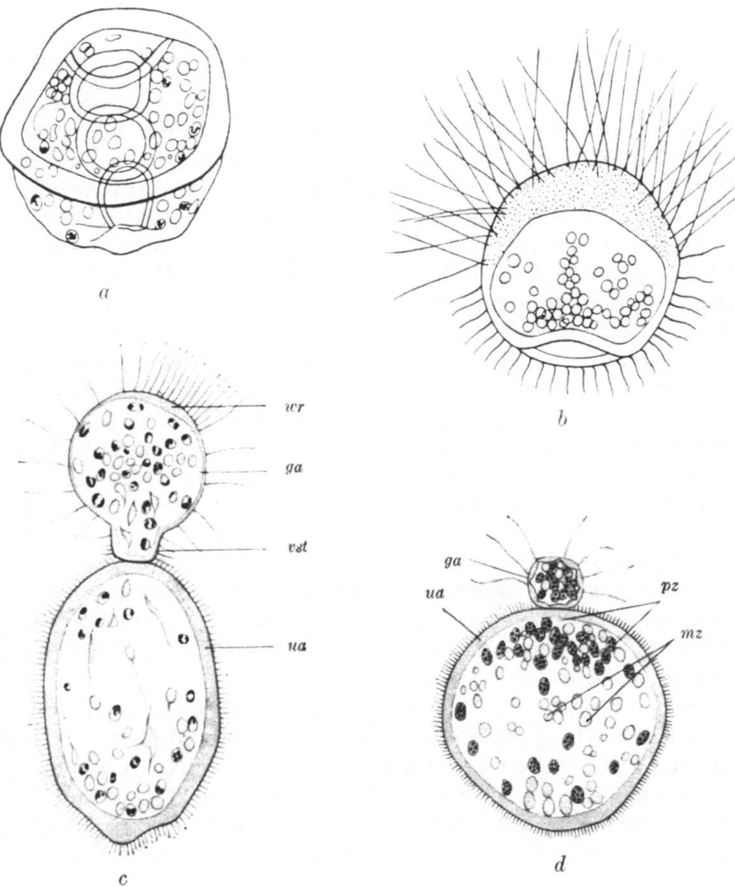


Abb. 219a—d. Wirkung chemischer Faktoren der Umgebung auf Seeigellarven. — a Sphaerechinus-Larve aus sehr $Ca^{\cdot\cdot}$-armem Seewasser. 5 Tage alt. Lösung enthielt 0,026% $CaCl_2$. — b Echinus-Larve aus $SO_4''$-freiem und $Ca^{\cdot\cdot}$-reichem Medium. (3% NaCl, 0,08% KCl, 0,64% $MgCl_2$ [feucht], 0,65% $CaCl_2$ [5 × normal!], 0,05% $NaHCO_3$). 2 Tage alt. Ektodermisierung. — c Sphaerechinus-Lithiumlarve. 6 Tage alt. Gezüchtet in 390 $cm^3$ Seewasser + 10 $cm^3$ 3,7proz. LiCl-Lösung. Ektodermaler Abschnitt hat sich vom entodermalen gesondert. — d Sphaerechinus-Lithiumlarve mit stark reduziertem ektodermalen Abschnitt. 4 Tage alt. Gezüchtet in 970 $cm^3$ Seewasser + 30 $cm^3$ 3,7proz. LiCl. *ga* = Gastrulawandabschnitt (ektodermaler Teil). *mz* = Mesenchymzellen. *pz* = Pigmentzellen. *ua* = Urdarmabschnitt (entodermaler Teil). *vst* = Verbindungsstück. *wr* = Wimperung. (HERBST.)

laris, Parechinus microtuberculatus und Paracentrotus lividus nach der Befruchtung in eine Mischung von 97,5 $cm^3$ Seewasser + 2,5 $cm^3$ 3,7proz. LiCl-Lösung, so erhält man Larven, bei denen der Urdarm sich nach außen anlegt (Exogastrulae) und die in verschieden hohem Grad eine Vergrößerung des Entoderms auf Kosten des Ektoderms aufweisen. Bei maximaler Entodermisierung kann das ganze Ei zu Entoderm (kenntlich an seiner Bewimperung und Struktur) werden. Manchmal wird auch ein Teil des Entoderms eingestülpt; Entodermisierung und Gastrulation greifen dann ineinander. Dies wird erreicht dadurch, daß man die Larven nach 24stündiger Einwirkung der Lösung als Blastulae in normales Seewasser bringt oder, bei Echinus microtuberculatus, durch dauerndes Züchten in 96 Teilen Seewasser + 4 Teilen 3,7proz. LiCl-Lösung.

Nur die Entodermisierung ist für Lithium typisch; sie ist reversibel. Die Exogastrulation kann auch durch eine Reihe anderer Mittel erreicht werden; der Einstülpungsprozeß ist offenbar gegen Schädigungen aller Art sehr empfindlich.

## E. Versuche zum Studium des Einflusses der Temperatur auf die Entwicklung.

Wie alle Lebensvorgänge haben auch die Entwicklungsprozesse ein Temperaturmaximum, — Minimum und — Optimum. In Temperaturen über dem Maximum und unter dem Minimum ist keine Normalentwicklung mehr möglich; im Optimum verläuft die Entwicklung am besten. Mit steigender Temperatur wird die Entwicklung beschleunigt. Die frühen Entwicklungsprozesse sind besonders geeignet, diese Beschleunigung zu messen, da die Entwicklungsetappen durch gute Kennzeichen gegeneinander abgrenzbar sind und die sonstigen äußeren Bedingungen leicht konstant erhalten werden können. Solche Kennzeichen sind z. B. bei den Amphibien die 1., 2. oder 3. Furche, das Auftreten des Urmunds, der Schluß des Urmunds, der Schluß des Medullarrohrs usw. Von besonderem Interesse war die Berechnung des Temperaturkoeffizienten, d. h. der Beschleunigung der Entwicklung bei Erhöhung der Temperatur um 10° C. Er ergibt sich als Quotient der Entwicklungsdauer eines bestimmten Entwicklungsabschnitts bei $x^0$ durch die Dauer bei $x + 10^0$ und liegt für mittlere Temperaturen ähnlich wie der Temperaturkoeffizient chemischer Reaktionen zwischen 2 und 3 (Van't Hoffsches Gesetz).

Die Eigentümlichkeit der Keime, in niederen Temperaturen sich sehr viel langsamer zu entwickeln als in höheren, ist für den Experimentator von großer Bedeutung, da es dadurch möglich ist, aus einem Gelege verschiedene Entwicklungsstadien zu erhalten und, wenn man auf ein Stadium angewiesen ist, dies längere Zeit zur Verfügung zu haben.

Die Temperaturbereiche, welche in der Nähe des Maximums und Minimums liegend, für die Entwicklung schädlich sind, können methodisch von Bedeutung sein, da durch sie nicht alle Teile des Keims gleichstark geschädigt werden (s. S. 714). In späteren Entwicklungsstadien ist die Temperatur von Einfluß auf die Pigmentbildung. Von besonderem Interesse speziell für die Vererbungsforschung waren Temperaturversuche an Insekten und auch Amphibien, auf die hier nur hingewiesen werden soll (Lit. bei Dürken, 1919, S. 58ff.).

Zum Versuch werden die Objekte in Thermostaten gebracht. Solche für höhere als Zimmertemperatur sind von der üblichen Form, mit Gas oder Elektrizität geheizt. Für große Objekte genügt oft ein entsprechender viereckiger Kasten aus einem Holzgerüst, das durch 2 Schichten starker Pappe mit einem isolierenden Zwischenraum bewandet ist und von 1 oder 2 elektrischen Kohlenfadenlampen am Boden des Kastens geheizt wird. Die Stärke der Birnen richtet sich nach den gewünschten Temperaturen. Für Temperaturgrade unter Zimmertemperatur bringt man im einfachsten Fall die Objekte in den Eisschrank oder Eiskeller (3 bis 5° C) oder — falls solche zur Verfügung stehen — in gekühlte Thermostaten, wie sie von den Firmen für Laboratoriumsbedarf geliefert werden. Diese sind durch fließendes Eiswasser oder Kältemischungen gekühlt. Falls man Temperaturen unter 0° C braucht, was für den Entwicklungsmechaniker kaum in Frage kommt, wird man den Eisschrank mit Kältemischungen noch weiter abkühlen können. Für Beobachtungen von Temperaturschwankungen empfiehlt es sich, einen Thermographen neben den Versuchen laufen zu lassen. Kontrollversuche unter den für das behandelte Objekt normalen Temperaturen werden häufig notwendig sein.

Eine Methode zur Lokalisation höherer bzw. niederer Temperaturen am Amphibienei wird S. 772 beschrieben.

## F. Methoden zur Ermittlung des Einflusses der Elektrizität.

### a) In der Embryonalentwicklung.

Da die Lebensprozesse ganz allgemein mit elektrischen Erscheinungen verknüpft sind, ist es nicht unwahrscheinlich, daß auch in den frühen Embryonalstadien, bei den Determinations- und Differenzierungsvorgängen elektrische Kräfte eine Rolle spielen. KAPPERS, CHILD u. a. (s. MANGOLD 1928) haben die Bedeutung der elektrischen Faktoren bei der Entwicklung des Nervensystem besonders hervorgehoben. Abgesehen von einigen gleich zu besprechenden Experimenten von ROUX und abgesehen von Versuchen, die Potentiale entlang der Gradienten (CHILD: Gefälle physiologischer Aktivität s. S. 713ff.) zu bestimmen, sind von den Entwicklungsmechanikern meines Wissens keine Versuche an Embryonalstadien angestellt worden. Lokale elektrische Reizung mit recht kleinen Strömen könnte manche unerwartete Resultate zeitigen.

ROUX (1895, Ges. Abh. Bd. 2, S. 541) arbeitete mit Wechselstrom von 50 Volt Spannung und kleiner Stromstärke oder Gleichstrom von 43 Volt Spannung bzw. 15 hintereinandergeschalteten Bunsenelementen von 20 cm Höhe. Die Anurenkeime, auf die der Strom einzuwirken hatte, wurden in einer Schicht in $^1/_2$proz. Kochsalzlösung in einer flachen runden Schale von ca. 10 cm Durchmesser ausgebreitet und in beträchtlichem Abstand davon zwei einander gegenüberliegende Platinelektroden in die Kulturflüssigkeit eingetaucht. Die ungefurchten Eier und frühen Furchungsstadien wurden durch den Strom polarisiert, indem in Richtung auf die Elektroden zwei gleiche (bei Wechselstrom) bzw. zwei ungleiche (bei Gleichstrom) Polfelder sichtbar wurden. Die Keime gingen schnell zugrunde. Ein direkter Einfluß auf die Richtung der Furchen konnte nicht festgestellt werden. Vielleicht hat ROUX mit zu starken Strömen gearbeitet.

### b) Bei der Regeneration der Cölenteraten.

Es ist seit langem bekannt, daß unter den verschiedenen Merkmalen, welche Erscheinungen der Polarität darstellen, auch elektrische Ströme auftreten. In neuester Zeit sind diese Ströme von LUND, besonders an Cölenteraten (1921 bis 1926, Lit. s. 1926) eingehend bearbeitet worden. Hinsichtlich der Methoden zum Nachweis elektrischer Ströme verweise ich auf Abhandlungen über Elektrophysiologie (s. auch HYMAN und BELLAMY 1922). LUND hat seine Versuchsanordnung 1925 beschrieben. Hier soll nur die von ihm angewandte Methode zur Beeinflussung der Regeneration mitgeteilt werden (LUND, 1924).

Ein länglich-rechteckiges Glasbecken (Abb. 220) hat einen breiten Glasboden (*B*); dieser besitzt in der Nähe der kurzen Seiten je ein Loch. Das eine Loch ist mit einem porösen Tondiaphragma (*P*) verschlossen und sitzt einer mit Seewasser gefüllten Schale (*Sch*) auf; in das andere ist ein U-förmig gebogener Ausfluß (*A*) eingekittet und eine Zinkelektrode (*An*) eingelassen. Eine zweite Zinkelektrode (*Ka*) hängt in die Schale (*Sch*). Beide Elektroden sind durch eine Drahtleitung verbunden, in die eine 10 Volt starke Batterie (*Bat*), ein Milliamperemeter (*Am*) und ein Widerstand (*W*) eingeschaltet sind. Eine Zuleitung von Seewasser mit dem Absperrhahn (*S*) mündet über dem auf der Schale (*Sch*) aufsitzenden Beckenende. Ein ganz schwacher Wasserstrom geht von rechts nach links durch das Becken. Der elektrische Strom läuft ihm entgegen von links (*An*) nach rechts (*Ka*). Die elektrolytischen Produkte bei *An* werden durch den Wasserstrom abgeführt, diejenigen bei *Ka* werden durch ständigen Wechsel des Wassers in der Schale *Sch* entfernt. In dem Becken liegt zwischen den beiden Löchern ein gut eingepaßter Glaskeil (*K*), der den Querschnitt des Beckens von links nach rechts allmählich verringert. In seinem Bereich wird das Becken durch eine Glasplatte (*Pl*) bedeckt. Die Dichte des Stroms, welcher über den Keil wegfließt, vergrößert sich mit der Verkleinerung des Wasserquerschnitts über demselben; sie läßt sich für den Quadratmillimeter Wasser jeder Stelle als Quotient aus der durch das Amperemeter angezeigten Stromstärke und dem Wasserquerschnitt berechnen. Bringt man eine Paramaeciumkultur in das Becken, so läßt sich an dem Verhalten der Infusorien prüfen, ob die Wasserströmung und der elektrische Strom über dem Keil gleichmäßig sind.

Für die Versuche wurden Internodien aus dem Hauptstamm von Obelia ausgeschnitten, in apikal-basaler Reihenfolge geordnet und je in ihrer Mitte durch einen Vaselinetropfen auf einer Glasplatte aufgekittet. Diese wird dann auf den Keil in

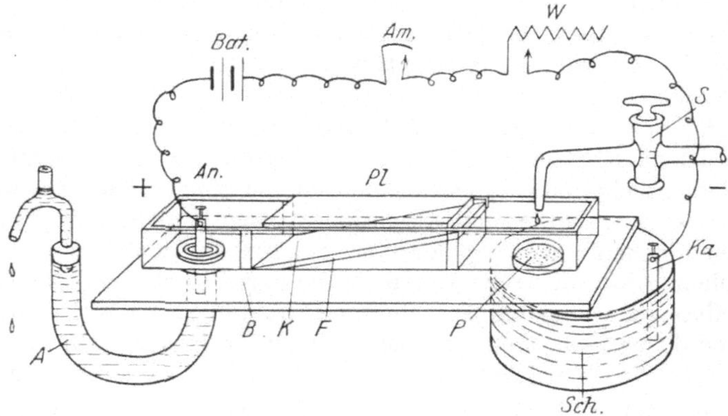


Abb. 220. Versuchsanordnung zur Einwirkung elektrischer Ströme auf die Regeneration von Cölenteraten. Ca. 1/4 natürliche Größe. *A* = Ausflußrohr. *Am* = Milliamperemeter. *An* = Anode. *B* = breiter Boden des Versuchsbeckens. *Bat* = Batterie von 10 Volt. *F* = Fläche, auf der die Stammstücke aufmontiert werden. *K* = Glaskeil zur Verminderung des Beckenquerschnitts. *Ka* = Kathode. *P* = poröser Tonverschluß. *Pl* = gläserne Deckplatte. *S* = Wasserzuleitung mit Absperrhahn. *Sch* = Schale mit Seewasser gefüllt und durch *P* verbunden mit dem Versuchsbecken. *W* = Widerstand. (LUND.)

dem Bassin gelegt. Die Orientierung der Stammstücke zur Richtung des Wassers bzw. elektrischen Stroms wird dabei zweckentsprechend gewählt, ebenso die Höhenlage auf dem Keil und damit die Stromdichte.

Von den vielfachen Resultaten, welche bei den Versuchen erzielt worden sind, können hier nur einige kurz skizziert werden. Vorausgeschickt sei, daß die lebenden Stammstücke stets ein elektrisches Potential einmal in apikal-basaler Richtung (Oberfläche zu Oberfläche) und (besonders an den Schnitt- bzw. regenerierenden Stellen) in Ektoderm-Entoderm-Richtung aufweisen; dabei ist das apikale Ende bzw. das Ektoderm positiv. Das Potentialgefälle in apikal-basaler Richtung beruht darauf, daß das Außen-Innen-Potential an der apikalen Wundfläche größer ist als das an der basalen. Mit dem Beginn der Regeneration steigt das Potential an den Regenerationsstellen beträchtlich, und zwar an der apikalen mehr als an der basalen. Werden die Stammstücke senkrecht zur Stammrichtung orientiert, so biegen die Regenerate zur Anode hin (Abb. 221 a). Der Ablenkungswinkel steht in quantitativer Beziehung zur Stromstärke. Zwischen 12 und 28 Mikroampere pro $mm^2$ Wasserquerschnitt steigt die Abweichung stark an, nämlich von 8 bis 32°, und bleibt weiterhin wie bei ca. 32°. Die Reizschwelle für die Ablenkung überhaupt liegt bei 6 bis 13,3 Mikroampere. Stellt man die Internodien parallel zur Stromrichtung (Abb. 221 C), so daß der Strom in apikal-basaler Richtung durchfließt, so verhindert eine Stromstärke von 66 Mikroampere das Auswachsen von Polypen an der Kathode. Zur Unterdrückung der Regeneration an den apikalen Enden an der Kathode ist eine größere Stromstärke notwendig. LUND gibt (1925) auch die notwendigen Spannungen an, nämlich 0,50 Millevolt für Richtungsänderung der Regeneration und 1,88 bis 10 Millevolt für die Verhinderung der Regeneration gegen die Kathode. Die Werte sind also recht klein.

Mit ähnlich kleinen Werten hat auch INGVAR SVEN (1920) gearbeitet, als er in der Invitro-Kultur die Wachstumsrichtung von Nervenfasern beeinflußte. Genaue Angaben über die Methode sind jedoch nicht gemacht worden.

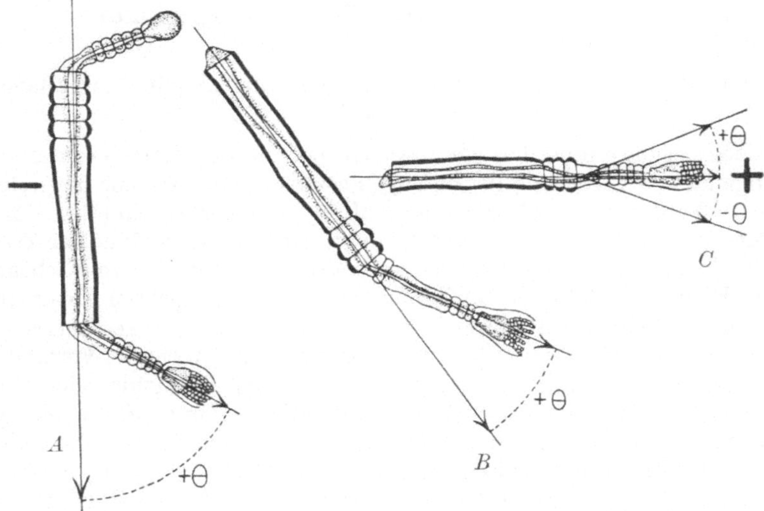


Abb. 221. Einfluß des elektrischen Stroms auf die Regeneration bei Cölenteraten (Stamminternodien von Obelia). Strom fließt von rechts (+) nach links (−); die apikalen Enden der Stammstücke an Peridermringen kenntlich. Ablenkung nach der Anode bei senkrechter Stellung zur Stromrichtung (*A*) $\theta = 52{,}7^{\circ}$, bei $45^{\circ}$ Neigung zur Stromrichtung (*B*) $\theta = 13{,}5^{\circ}$, bei Parallelstellung zur Stromrichtung (*C*) $\theta = 0^{\circ}$. Bei *B* und *C* Regeneration gegen Kathode total gehemmt. (LUND.)

## 5. Methoden zum Studium der inneren Faktoren.

### Methoden zum Nachweis der relativen physiologischen Aktivität der verschiedenen Bezirke des Organismus (Gradienten, CHILD).

Von CHILD sind verschiedene Methoden ausgearbeitet worden, die relative physiologische Aktivität der einzelnen Bezirke der Organismen zu bestimmen. Er und seine Mitarbeiter (BEHRE, BELLAMY, GALIGHER, GOWANLOCH, HYMAN, MACARTHUR u. a.) haben zur Lösung dieses Problems eine große Zahl von Arbeiten angestellt und veröffentlicht. Sie befassen sich mit mehr als hundert Spezies von Organismen, die nahezu allen Tier- und Pflanzenklassen entstammen. Die einzelnen Arbeiten können mit Hilfe der später zitierten Abhandlungen gefunden werden. Die Hauptergebnisse beruhen in der Feststellung, daß die physiologische Aktivität in frühen Entwicklungsstadien und einfach organisierten Organismen entlang bestimmten Richtungen fällt. Diese Gefälle physiologischer Aktivität wurden „Gradienten" genannt. Sie können steil oder flach sein. Ihre Steilheit läßt sich vom Experimentator beeinflussen, wodurch die morphologische Leistung des Organismus in bestimmter Weise abgeändert werden kann. Damit ist der Anschluß an das Hauptproblem der Entwicklungsmechanik, das Determinationsproblem gegeben. In frühen Embryonalstadien stellt

z. B. die Polaritätsachse einen solchen Gradienten, den primären, dar. Im Laufe der Entwicklung wird er durch sekundäre, tertiäre usw. ganz oder teilweise ersetzt. Zum Nachweis der Gradienten dienen hauptsächlich 3 Methoden:

die Empfindlichkeitsmethode,
die Oxydations-Reduktionsmethode und
die Färbung mit Vitalfarbstoffen.

Diese sollen an Beispielen betrachtet werden. Ihre Ergebnisse werden bestätigt durch die Bestimmung des elektrischen Potentials, der Atmungsintensität und der Enzymtätigkeit der verschiedenen Bezirke; sie sind in vielen Fällen gestützt durch die Betrachtung der Strukturverhältnisse (etwa der Zellgröße, des Dottergehalts und der Pigmentierung bei Keimen, der Vakuolisation bei Pflanzen) und der Entwicklungsgeschwindigkeit der verschiedenen Teile des Organismus.

### A. Bestimmung der physiologischen Gradienten mit der Empfindlichkeitsmethode (Child).

Die Methode beruht auf der Feststellung, daß sich ein Bezirk um so empfindlicher gegen schädigende und fördernde Bedingungen erweist, je höher seine physiologische Aktivität ist. Werden etwa schädigende Einflüsse in einer bestimmten, für jeden Fall besonders zu ermittelnden Konzentration dargeboten, so beginnt der Zerfall an der Stelle der höchsten physiologischen Aktivität und setzt sich in Richtung des Gefälles fort. Eine große Zahl von Einflüssen besonders schädigender Natur sind von Child und seinen Schülern angewandt worden, z. B. KCN, Anaesthetica (Äthylalkohol, Äthyläther, Chloroform, Chloreton, verschiedene Urethane, Formaldehyd), verschiedene Säuren, verschiedene Laugen, verschiedene Alkaloide, viele Neutralsalze (Na, K, Li, Cu, Hg u. a.), Neutralrot, Methylenblau, Janusgrün, O-Mangel, abnorm hohe bzw. niedere Temperatur, ultraviolettes Licht, sichtbares Licht nach Sensibilisierung mit Eosin. Die chemisch-physikalischen Wirkungen der verschiedenen Faktoren auf das Plasma sind natürlich verschieden, das Endergebnis dieser Wirkungen ist jedoch — und darauf kommt es Child an — auffallend gleichartig: stets zeigen dieselben Bezirke zuerst die Schädigung, und stets schreitet diese in denselben Richtungen fort. Die Differenzen der Bezirke, auf denen die letzthin gleichartige Reaktion auf die verschiedensten Einflüsse beruht, sollen daher nur quantitativer Art sein. Gelegentlich macht sich jedoch auch eine spezifische Reaktion eines Organismenbezirks auf ein Agens geltend. So zeigt sich der vegetative dotterreiche Bezirk der Amphibieneier gegen manche Einflüsse empfindlicher als der animale Bezirk, obgleich mit Sicherheit angenommen werden kann, daß das Gefälle vor der Gastrulation animal-vegetativ gerichtet ist. Solche spezifischen Reaktionen müssen durch Verwendung verschiedener Agentien sorgfältig ausgeschaltet werden; sie treten in steigender Zahl da auf, wo die histologische Differenzierung zur Sonderung von Gewebskomplexen führt und begrenzen schließlich die Anwendung der Methode. Die Dosierungen müssen für jeden Faktor und für jedes Objekt besonders erprobt werden. Sie lassen sich nach Wirkungsdauer, Konzentration bzw. Intensität und Beginn der Einwirkung variieren. Auf hemmende Faktoren in größerer Intensität reagieren die Organismen durch Zerfall in der Richtung der Gradienten; bei schwachen Intensitäten kann bei manchen Faktoren eine Anpassung stattfinden, und zwar zeigen nunmehr die Bezirke mit größerer physiologischer Aktivität größere Akkomodationsfähigkeit als die mit geringerer. Werden die Organismen aus dem Medium unter günstigere oder gar normale Bedingungen gebracht, so können sie sich erholen, wobei die physiologisch aktivsten Bezirke voranschreiten. Auch auf fördernde Bedingungen reagieren die Bezirke entsprechend dem Grad ihrer physiologischen Aktivität.

Beispiele:

a) *Bestimmung der Gradienten an Keimen bzw. jungen Larven der Leptomeduse Phialidium gregarium* (Abb. 222, CHILD 1925). Möglichst viele Medusen werden in Aquarien gehalten und jeweils nach wenig Stunden die abgelegten Keime auf dem Boden gesammelt. Man erhält so Keime zwischen dem ungefurchten Stadium und der Blastula. Bei Zimmertemperatur wird nach 48 Stunden das gestreckte Planulastadium erreicht. Ovocyten werden aus dem Ovarium direkt durch Abkratzen gewonnen. Zum Versuch werden die verschiedenen Stadien in KCN-Lösungen $\left(\frac{m}{100}\text{ bis }\frac{m}{500}\right)$ und in HgCl-Lösungen $\left(\frac{m}{50000}\text{ bis }\frac{m}{500000}\right)$ überführt und es wird darauf geachtet, daß reichlich Flüssigkeit vorhanden ist und die Objekte von allen Seiten gleichmäßig umspült werden. Die sich ergebenden Zerfallserscheinungen werden beobachtet. Diese schreiten in den Ovocyten (Abb. 222a) vom freien, im Ovar an

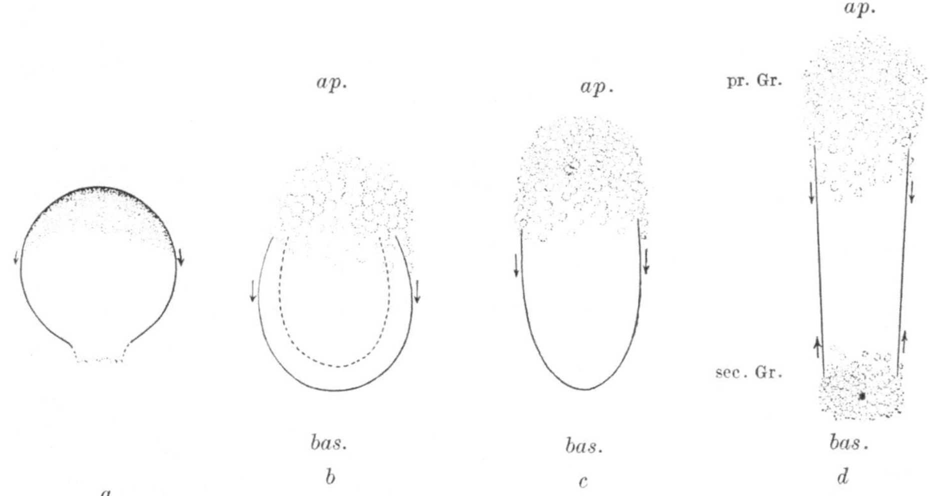


Abb. 222a—d. Keime von Phialidium gregarium nach Behandlung mit KCN und HgCl. a Ovocyte I. Ordnung vom Ovarialepithel gelöst. b Blastula. c Frühe Planula. d Späte Planula. *ap.* = apikaler, *bas.* = basaler Pol. pr. Gr. = primärer Gradient; sec. Gr. sekundärer Gradient. (CHILD.)

das Seewasser grenzenden Pol gegen die Anheftungsstelle am Radiärkanal, in der schwimmenden Blastula (Abb. 222b) und in der frühen Planula in apico-basaler Richtung fort (primärer Gradient, Abb. 222c). In der späten langgestreckten Planula (Abb. 222d) tritt zum apico-basalen Zerfall noch ein solcher in baso-apikaler Richtung (sekundärer Gradient). Ersterer wird immer schwächer und verschwindet schließlich nach dem Festsetzen der Larve am apikalen Pol (Abb. 223c). Auf diese Weise konnten die Kontinuität der polaren Differenzierung von der Ovocyte bis zur freischwimmenden Larve und die Umkehr der Polarität bei der Festsetzung gezeigt werden. Die Gradienten wurden durch die gleich zu beschreibende Vitalfärbungsmethode und die Reduktionsmethode bestätigt.

b) *Aufhebung des normalen Gradienten der Larven von Phialidium gregarium und Bildung multipolarer Individuen* (Abb. 223, CHILD 1925). Die normalen Planulae sind langgestreckt und zweischichtig (Abb. 223b). Ihr Entoderm entsteht durch unipolare Einwucherung am basalen Pol der Blastula (Abb. 223a). Sie schwimmen mit dem apikalen Pol nach vorn frei umher, setzen sich dann mit dem apikalen Pol auf einer Unterlage fest und lassen schließlich am einstigen basalen Pol einen Hydranten sprossen (Abb. 223c). Behandelt man die Keime mit Seewasserlösungen von KCN $\left(\frac{m}{20000}, \frac{m}{25000}, \frac{m}{50000}\right)$ oder HCl ($p_H$ 6,8; 7,2; 7,3; 7,4) oder LiCl $\left(\frac{m}{25}, \frac{m}{50}, \frac{m}{80}, \frac{m}{160}\right)$ oder Äthylurethan $\left(\frac{m}{25}\right)$ oder sehr dünnen Lösungen von Neutralrot, indem man den Beginn der Wirkung und die Dauer variiert, so entstehen unter anderem Larven, wie sie die Abb. 223d—g zeigen. An der Blastula wuchern an allen Stellen der Peripherie die Zellen nach innen und erfüllen das ganze Blastocöl (Abb. 223d). Dabei entsteht eine kugelige Planula (Abb. 223e), in der Ekto- und Entoderm nicht voneinander geschieden sind, die keine gerichtete Bewegung besitzt, sondern am

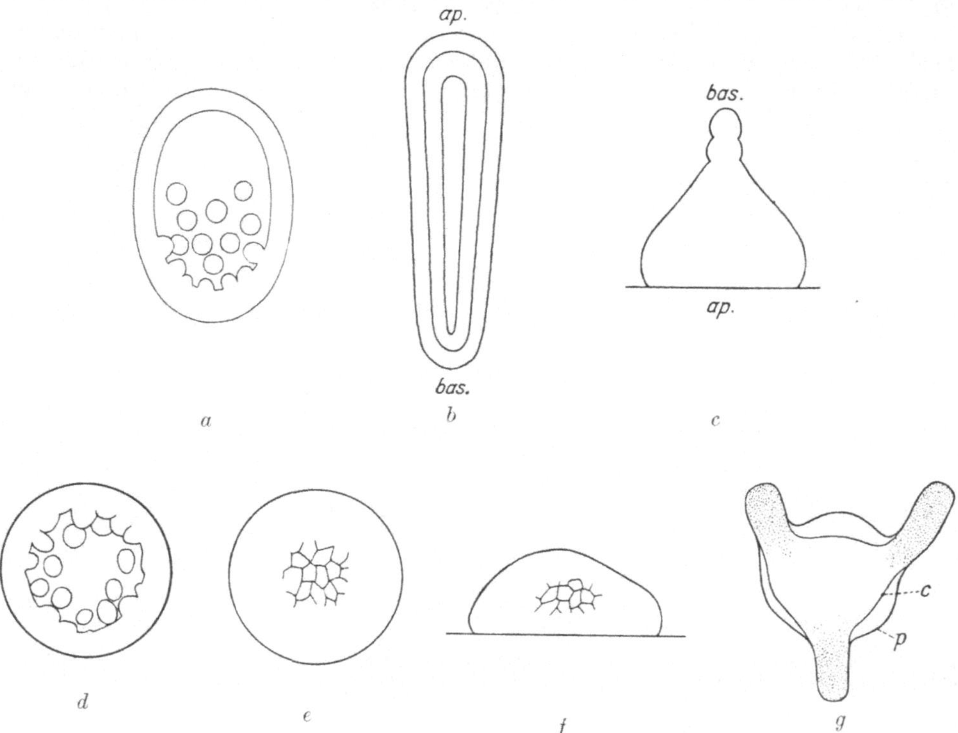


Abb. 223 a—g. Entwicklungsstadien von Phialidium gregarium. a Normale Gastrula. b u. c normale Planula schwimmend und festsitzend. d—g Larven nach Behandlung in schwachen Lösungen hemmender Agenzien. d Gastrula mit multipolarer Einwucherung an Stelle unipolarer. e Kugelige Planula. f Festsitzende Larve. g Larve mit 3 Stolonen, die sich aus dem apolaren Keim d—f entwickelte. *ap.* = apikaler Pol; *bas.* = basaler Pol; *c* = Grenze des Cönosarks. *p* = Periderm. (CHILD.)

Grunde des Gefäßes rollt, und sich beliebig festsetzt. Gradienten lassen sich in ihr nicht nachweisen. Wenn die Bedingungen keine Anpassung oder Erholung gestatten, gehen die Keime zugrunde. Sind Anpassung oder Erholung aber möglich (was im gleichen Medium oder nach Ersatz desselben durch schwächere Konzentrationen oder normales Seewasser der Fall sein kann), so bilden sich 1, 2, 3, 4 usw. neue Gradienten in den Keimen aus, welche alle zur gleichzeitigen Entwicklung von Stolonen (Abb. 223g) oder in günstigen Fällen von Stolonen und Hydranthen führen. — Auch in den Stöckchen der Hydroiden läßt sich durch die bestimmte Wahl der Umgebungsbedingungen die Steilheit der Gradienten beeinflussen und damit die Bildung von Hydranthen oder Stolonen bestimmen (CHILD 1923).

c) *Disproportionen bei Planarien infolge differentieller Anpassung* (CHILD 1921a). Im Planarienkörper fällt die physiologische Aktivität von dem Kopfganglion in der

Mediane nach vorn und hinten und von der Mediane nach den Seiten hin ab. Setzt man intakte Individuen von Planaria dorotocephala (Abb. 224a) in niedere Konzentrationen verschiedener Anaesthetica (Äthylalkohol 1,25 bis 1,5%, Äthyläther 0,2 bis 0,4%), unter periodischer Erneuerung der Lösung mindestens alle 2 Tage, so reduziert sich zuerst der Kopf, bis er nach ca. 16 bis 18 Tagen die in der Abb. 224b wieder-

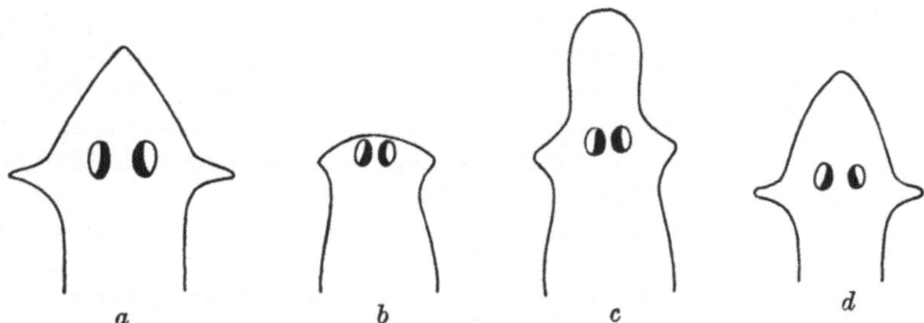


Abb. 224a—d. Vordere Drittel von Planaria dorotocephala. a Normales Tier. b—d Mit schwachen Lösungen von Anaestheticas behandelte Tiere, differentielle Reduktion und Akklimatisation zeigend; b 16—20 Tage, c ca. 1 Monat nach Beginn des Versuchs, d noch später. (CHILD.)

gegebene Form erreicht. Dann beginnt jedoch die Anpassung an die Umgebung und es wächst vor allem die mediane Partie des Kopfes (Abb. 224c), wodurch ein zu großer Kopf entsteht (Abb. 224d).

### B. Bestimmung der physiologischen Gradienten mit Vitalfarbstoffen (CHILD 1925).

Diese beruht auf der Beobachtung, daß die Farbstoffe um so mehr gespeichert werden, je höher die physiologische Aktivität ist. Methylenblau und Neutralrot finden Verwendung; ersteres in Lösungen 1:1000 bis 1:20000, letzteres in sehr dünnen Lösungen, die nicht näher bestimmt wurden, da sie alle gleich, wenn auch verschieden schnell wirken. Im allgemeinen fallen die Verschiedenheiten der Färbung nur anfangs auf und machen später einer gleichmäßigen Färbung Platz, um bei langer Fortsetzung zur Cytolyse zu führen, die nach den Regeln der Empfindlichkeitsmethode verläuft. Bei Methylenblau ist auch die Reduktionstätigkeit des Organismus in Betracht zu ziehen, welche entlang den Gradienten fällt und zu umgekehrten Bildern führen kann. So wurde bei der Planula der Hydozoen beobachtet, daß in Lösungen von 1:20000 nach 2 Stunden noch keine Färbung vorhanden war, während nach 6 Stunden die Intensität in baso-apikaler (also verkehrter) Richtung abfiel. In Lösungen 1:5000 war die Färbung gleich, und in Lösungen 1:1000 nahm die Intensität der Färbung von Anfang an in apico-basaler Richtung ab. Methylenblau zeigt also den Gradienten nur dann richtig an, wenn die Menge des reduzierten Farbstoffes gegenüber der des aufgenommenen verschwindend ist.

### C. Bestimmung des physiologischen Gradienten mittels der Oxydations-Reduktionsmethode (CHILD 1921b).

Hierzu werden Kaliumpermanganat, Methylenblau, Indophenol u. a. verwendet. Beispiel: *Die Behandlung von Hydroidenstöckchen mit Kaliumpermanganat.* In Konzentrationen, welche zwischen $\frac{m}{1000}$ und $\frac{m}{10000}$ $KMnO_4$ liegen, werden möglichst lebenskräftige, noch wachsende Stöckchen oder Teile von solchen noch lebend eingelegt und ständig bzw. häufig bewegt. Schon nach einigen Minuten fangen sie an sich zu färben, indem sie das $KMnO_4$ zum braunen Oxyd reduzieren und dieses in sich ablagern. Die Geschwindigkeit und die Quantität der Reduktion sind in den verschiedenen Bezirken des Stöckchens verschieden; sie fallen in den Hydranthen, Hydranthenknospen, im Hauptstamm, in den Zweigen und in den Stolonen apico-basalwärts (Abb. 225). Nach ca. 2 bis 4 Stunden hat die Reduktion ihr Maximum erreicht; die Optima sind dann opakschwarz gefärbt, die Minima gelbbraun. Die Objekte werden nun in Alkohol entwässert und in einer Aufhellungsflüssigkeit sofort untersucht, da die aufhellenden Medien das Manganoxyd lösen. Die beste Konzentration erhält man bei der Verwendung verschieden starker Lösungen, sie ist natürlich für verschiedene Objekte verschieden. Die Färbung gibt uns ein Maß für die oxydativen Vorgänge in den verschiedenen Bezirken des Objekts sofort nach dem infolge der Einwirkung des $KMnO_4$ erfolgten Tode. In diesem Zustand ist die Quantität der oxydativen Vorgänge in den verschiedenen Bezirken noch verschieden, während sie bei toten Objekten, welche in der üblichen Weise vor der Behandlung mit $KMnO_4$ fixiert wurden, überall gleich und allgemein sehr viel niedriger ist. Bei der Feststellung der Gradienten mittels dieser Methode ist zu beachten, daß die Intensität der Tönung mit steigender Dicke der Gewebe stärker erscheint. Die Methode eignet sich nur für kleine, möglichst durchsichtige Objekte.

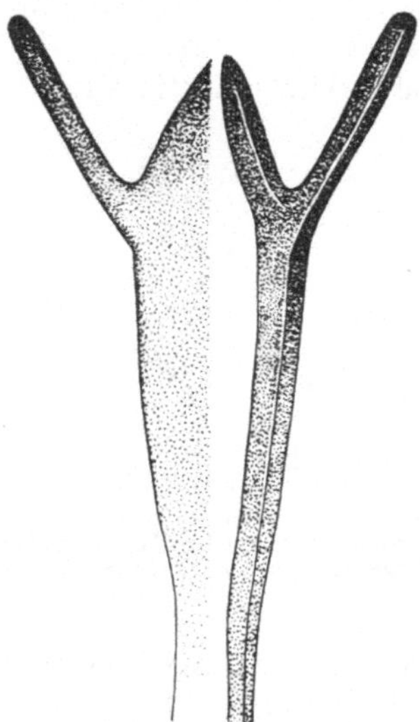

Abb. 225. Hydranth von BOUGAINVILLIA. Linke Hälfte, Aufsicht nach 15 Minuten Aufenthalt in $KMnO_4$, zeigt die verschiedene Geschwindigkeit der Reduktion. Rechte Hälfte, optischer Schnitt, nach ca. 3 Stunden Aufenthalt in $KMnO_4$, zeigt die verschiedene Quantität der Reduktion. (CHILD.)

## I. Isolations- und Defektmethoden.

Zwischen Isolations- und Defektmethode läßt sich eine Grenze nicht ziehen; sie müssen daher nebeneinander behandelt werden. Von Isolation wird man sprechen, wenn man einen kleinen, etwa bis zur Hälfte reichenden Teil des Organismus von dessen Hauptmasse trennt und ihn für sich betrachtet; von Defekt, wenn man den dabei verbleibenden größeren Rest des Organismus im Auge hat. Aus dem Verhalten des isolierten Stückes werden sich Schlüsse auf die in ihm ruhenden Fähigkeiten ziehen lassen. Dabei werden aber die in ihm aktiven Faktoren, welche den größeren Rest des Organismus beeinflussen, nicht sichtbar werden können; sie erschließen sich nur durch die Betrachtung des großen Restes, aus dem das isolierte Stück entnommen wurde. Es braucht kaum erwähnt zu werden, daß man bei der Erforschung der Einflüsse eines Organs auf den Gesamtorganismus bzw. seine Nachbarschaft mittels der Defektmethode darauf zu achten hat, daß derselbe auch vollständig entfernt und nicht regeneriert wird.

Bei den Isolationsversuchen spielt das Medium eine sehr wichtige Rolle, besonders beim histologisch differenzierten Material. Das isolierte Stück darf durch das Medium nicht geschädigt und nicht in bestimmter Richtung beeinflußt werden; es muß atmen können; seine Stoffwechselprodukte müssen entfernt werden; es muß in der Lage sein, die ihm gebotenen Nahrungsstoffe zu assimilieren. Es muß ihm auch möglich sein zu funktionieren, da sonst funktionelle Atrophien erwartet werden müssen. Häufig wird man zum Zweck der Isolation zur Transplantation greifen (vgl. S. 750).

Die ideale Methode für Isolation ist die von HARRISON begründete Explantationsmethode. Sie ist in den letzten 20 Jahren zu einem eigenen Forschungszweig geworden und wird in diesem Handbuch von LEVI (S. 494) dargestellt. Ebenso findet eine gesonderte Beschreibung die Arbeit mit dem Mikromanipulator durch PÉTERFI (S. 559). In diesem Abschnitt sollen nur Methoden erwähnt werden, welche nicht auch bei den Transplantationsversuchen Verwendung finden. Bei größeren Tieren reicht man mit den gewöhnlichen chirurgischen Methoden aus; sie brauchen nicht beschrieben zu werden.

## A. Methoden für embryonales und differenziertes Material.

### a) Rouxsche Nadel.

Zur Abtötung von Keimbezirken benutzte ROUX in jenem klassischen Versuch, der die entwicklungsmechanische Forschung einleitete (1882, veröffentlicht 1885, s. Ges. Abh. 1895), eine Präpariernadel, über die eine Metallkugel geschoben worden war (Abb. 226). Die Kugel war in einem halben Meridian gespalten und diente der Speicherung der Wärme. Die Nadel war am vorderen Ende etwas geknickt. Die Arbeit mit der ROUXschen Nadel entspricht in vieler Hinsicht auch noch den heutigen Ansprüchen. Der Verwendungsbereich der Nadel ist ein relativ großer, da man in allen Stadien (auch histologisch differenzierten) operieren kann, rasches Arbeiten möglich ist, die Nadel steril bleibt und man die Keimhüllen durchstechen kann. ROUX und SPEMANN verwendeten sie speziell bei Anurenkeimen. Der erstere nimmt die Eier aus dem Wasser und läßt sie etwas trocknen; der letztere entfernt die äußere Gallerte (vgl. S. 690) und operiert in ganz seichtem Wasser, das die Eier gerade ganz bedeckt. Auf die zweite Art wird das Festhalten mit der Pinzette erleichtert und die Reflexion des Lichtes auf der Hülle vermieden. Erhitzungsgrad, Tiefe und Dauer des Einstichs müssen ausprobiert werden. ROUX operiert immer 3 Keime nach jeder Erhitzung der Nadel und wählt später den besten aus. Ich selbst machte die Erfahrung, daß die Nadel gut ist, wenn sie die Gallertreste glatt durchdringt. In ganz frühen Stadien ist es von Vorteil, wenn die Hitze das Plasma des angestochenen Bezirks zum Gerinnen bringt, damit kein Extraovat entsteht. In etwas älteren Embryonen (etwa Neurula und später) kann man die Verbrennung folgendermaßen gut lokalisieren. Stellt man nach dem Eingriff die Embryonen kalt, um die Entwicklung aufzuhalten, so läßt sich bald die Größe des Defekts erkennen, da der verbrannte Zellkomplex andere Pigmentierung als die Umgebung zeigt und sich etwas terrassenförmig hochschiebt.

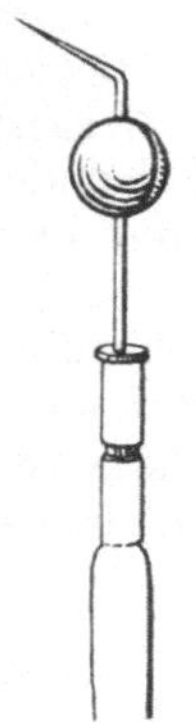

Abb. 226. ROUXsche Nadel, $^2/_3$ natürliche Größe (SPEMANN.)

### b) Thermokauter. (Vgl. auch Bd. I, 566.)

Für kleinere Objekte und wenn eine genaue Dosierung notwendig ist, verwendet man den Thermokauter (Abb. 227). Er besteht aus einer kreuzförmigen Glasröhre mit einem langen und einem kurzen Balken. An den Enden des letzteren sitzen die Klemmen für die elektrische Zuleitung. Von hier aus führt ins Innere je ein Draht zu dem einen zugeschmolzenen Ende des langen Balkens, und beide endigen außerhalb desselben in ca. $2^1/_2$ mm Abstand voneinander. An ihren Enden sind die beiden Schenkel eines U-förmig gebogenen Platindrahtes von 0,1 mm Dicke angelötet, welcher in der Mitte seines Querbalkens durch ein Stiftchen desselben Drahtes verlängert wird. Fließt durch den Draht ein Strom, so erhitzt sich die U-förmige Platinschlinge und mit ihr das Stiftchen, das zum Anstechen Verwendung findet. Man verbindet den Thermokauter unter Einschaltung eines Widerstandes mit dem Steckkontakt. Die Wahl des Widerstandes ist abhängig von der benötigten Temperaturhöhe; doch muß er mindestens so groß sein, daß die Platinschlinge nicht durchschmilzt (Vorsicht!) (Schmelzpunkt des Platins 1764° C). Durch Änderung der Brenndauer oder durch verschieden starkes Erhitzen der Nadel läßt sich die Intensität der Brennung variieren. Für jedes Objekt wird man die notwendige Dosis ausprobieren müssen. SEIDEL (1926) arbeitet an Insekteneiern mit verschiedenen Heizstärken. Er gibt mir für 0,1 mm dicke Platinschlingen folgende Zahlen an:

| Heizstärke | Stromstärke in Amp. | Zustand des 0,1 mm dicken Platinbogens |
|---|---|---|
| I | 1,1 | schwache Erwärmung |
| II | 1,27 | vorübergehende Rotglut |
| III | 1,53 | intensive Rotglut |
| IV | 1,82 | Rotweißglut |

Der zugehörige Widerstand läßt sich nach dem Ohmschen Gesetz (Stromstärke $= \frac{\text{Spannung}}{\text{Widerstand}}$) errechnen. Für andere Stärken des Platindrahtes gelten andere Werte. Folgende Anordnung der Apparatur hat sich bewährt (Abb. 227). Vom Steckkontakt (*K*) führt die Leitung zu einem regulierbaren Widerstand (*W*) (Gleitwiderstand für 135 $\Omega$ von Siemens-Schuckert), dann zu einem Schalter (S) und schließlich zum Thermokauter. Durch die Einstellung des regulierbaren Widerstandes läßt sich die dem Thermokauter zugeführte Strommenge gut variieren. Diese verschiedenen Elemente werden so angeordnet, daß sich der Thermokauter an einer sehr biegsamen Seitenkordel rechts des Binokulars befindet und hier leicht abgelegt werden kann und der Schalter und der Widerstand links des Binokulars in Greifweite der linken Hand stehen.

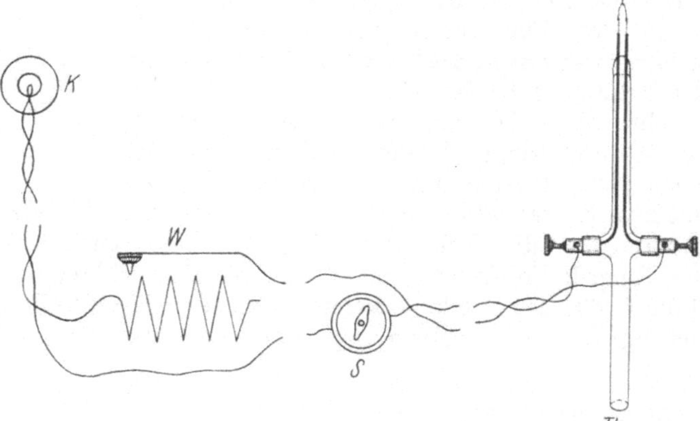

Abb. 227. Schaltung des Thermokauters (*Th*). *K* = Steckkontakt. *W* = regulierbarer Gleitwiderstand (135 $\Omega$ von Siemens-Schuckert). *S* = Schalter.

Da der feine Platindraht seine Wärme sehr schnell abgibt, ist es kaum möglich, beträchtliche Verbrennungen durch eine größere Wasserschicht zu erreichen. Nach Möglichkeit sollte auf einem Objektträger oder feuchtem Fließpapier operiert werden. Man legt das Objekt unter dem Binokular zurecht (etwa ein Insektenei, SEIDEL 1926), saugt das Wasser ab, schaltet ein, nimmt eine Haarschlinge (Abb. 204a) in die linke Hand, wartet eine bestimmte Zahl von Sekunden und berührt dann die zu verbrennende Stelle für eine bestimmte Zeit. Darauf wird wieder Wasser zugesetzt. Sollte das Objekt an der Nadel festhalten, so wird es mit der Haarschlinge gelöst. Beim Libellenei (Platycnemis pennipes) ließ sich das Quantum des abgetöteten Eibezirks sehr gut variieren und nach einigen Stunden auch sehr gut erkennen, da bei Verbrennungen am hinteren Pol der Eier eine deutliche Querspalte die tote von der lebenden Masse schied (Abb. 227). Die Lebensfähigkeit des vorderen Bezirks war nicht geschädigt worden. Dabei ergab sich, daß die Keimstreifbildung von dem hinteren Ende abhängig ist.

Um ganz kleine Brennungen ausführen zu können, hat LEO ADLER (1914) bei der Exstirpation der Hypophyse von 20 mm großen Anurenlarven von der Mundhöhle aus den Thermokauter etwas abgeändert. Er verzichtet auf den terminalen Stift und brennt mit dem vordersten Ende der Schlinge, deren Schenkel bis auf einen engen Spalt zusammengelegt werden. Der vorderste Bezirk der Schlinge wird zudem noch mit einer feinen Feile so weit zugeschliffen, daß nur ein kurzer, sehr dünner Verbindungsdraht bleibt. Der Strom wird aus einem möglichst kleinen Akkumulator bezogen, dessen Leistung man noch durch Abgießen von zwei Dritteilen der Schwefelsäure vermindert. Außerdem schaltet man einen regulierbaren Widerstand ein. Bei dieser Anordnung erhitzt sich von der Schlinge das vorderste verjüngte Ende auf Rotglut, während die proximalen Teile der Schlinge nicht erwärmt werden.

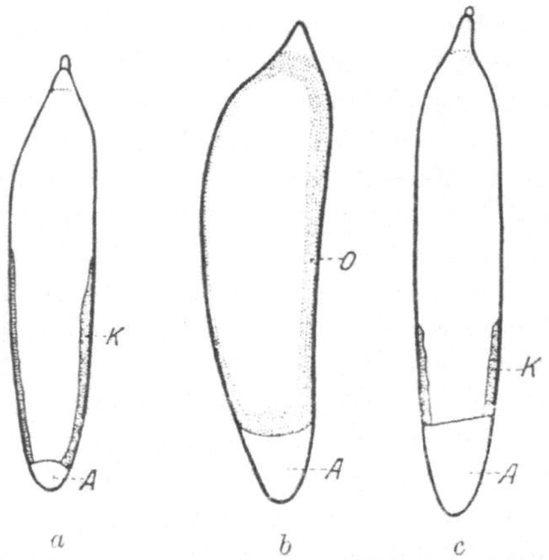

Abb. 228a–c. Brennversuche mit dem Thermokauter an Insekteneiern (Platycnemis pennipes). a Brennung mit kleiner Brennlänge während der Furchung: Bildung einer Keimanlage. b Brennung mit großer Brennlänge während der Furchung: Keine Keimanlage, nur Bildung der Oberflächenschicht. c Brennung mit derselben großen Brennlänge wie in b nach Beendigung der Furchung: Keimanlage. $A$ = abgetöteter Bezirk. $K$ = Keimstreifbildung. $O$ = Oberflächenschicht. (SEIDEL.)

### c) Abtötung der Kernsubstanz durch radioaktive Stoffe.

Radioaktive Stoffe senden spontan und unabhängig von äußeren Einflüssen Strahlen aus, welche die Luft und andere Gase elektrisch leitend machen, auf die photographischen Platten wirken und Fluoreszenz erregen. Man kennt eine große Reihe solcher Stoffe, z. B. Uran, Ionium, Radium, Thorium, Mesothorium, Aktinium und deren Verbindungen. Sie senden dreierlei Strahlen aus: $\alpha$-, $\beta$-, und $\gamma$-Strahlen, deren Natur sehr verschieden ist. Die $\alpha$-Strahlen sind positiv geladene Heliumatome, die $\beta$-Strahlen negativ geladene Elektronen und die $\gamma$-Strahlen elektromagnetische Wellen, die von den $\beta$-Strahlen veranlaßt werden. Die $\beta$-Strahlen entsprechen den Kathodenstrahlen und die $\gamma$-Strahlen sind ähnlich den Röntgenstrahlen. Ihr Durchdringungsvermögen ist ebenfalls sehr verschieden; sie verhalten sich $\alpha : \beta : \gamma = 1 : 100 : 10000$. Die $\alpha$-Strahlen werden schon von einem Blatt Papier, die $\beta$-Strahlen durch eine 4 mm dicke Aluminiumschicht und die $\gamma$-Strahlen erst durch eine beträchtlich dicke Bleischicht vollständig absorbiert. Die Abdeckung des Präparats passieren nur die $\beta$- und $\gamma$-Strahlen. Die $\beta$-Strahlen pflanzen sich nahezu mit Lichtgeschwindigkeit fort, die $\gamma$-Strahlen haben Lichtgeschwindigkeit (300000 m/sk.). Beim Aufprallen der $\beta$- und $\gamma$-Strahlen auf die Materie entstehen Sekundärstrahlen (= Elektronen von der Art der $\beta$-Strahlen). Da die biologische Wirkung auf die Ionisation zurückgeführt wird, üben die $\beta$-, $\gamma$- und Röntgenstrahlen eine solche aus.

Für den Gebrauch sind die radioaktiven Stoffe in sehr kleinen Mengen häufig in eine Kautschukkapsel eingelassen und einseitig mit Glimmer bedeckt. Die Intensität ihrer Strahlung hängt ab von der Menge des vorhandenen radioaktiven Elements, ihre Wirkung zudem von dem Abstand des Präparats vom Objekt und von den zu passierenden Zwischensubstanzen. Die anzuwendende Dosis wird in jedem Fall empirisch ermittelt. Die Stärke der gebräuchlichen Radium- und Mesothoriumpräparate wird gewöhnlich in gleichwertigen Mengen von Radiumchlorid oder Radiumbromid angegeben. P. HERTWIG (1927) gibt folgende Umrechnungszahlen: 1 mg Radiumelement = 1,314 mg $RaCl_2$ oder = 1,707 mg $RaBr_2$. Sie empfiehlt, jedes Präparat auf seine Stärke von einem Physiker prüfen und zugleich feststellen zu lassen, wieviel Prozent der Strahlen durch die Umhüllung durchgehen. Auch sind genaue Angaben über die Versuchsanordnung notwendig. Die Strahlen schädigen die chromatische Substanz der Kerne, während das Plasma kaum leidet. Auf dieser Selektion beruht die für uns wichtige Bedeutung der Stoffe. Bei der Bestrahlung eines Gesamtorganismus werden in vorzüglichem Maße diejenigen Gewebe betroffen, die eine starke Teilungstätigkeit ihrer Zellen aufweisen (Keimdrüsen, Geschwülste usw.). Zur Klärung entwicklungsmechanischer und vererbungswissenschaftlicher Fragen ist die Methode nach einer Reihe von Vorgängern besonders von OSCAR HERTWIG und seinen Schülern angewandt worden. Eine zusammenfassende Beschreibung der Ergebnisse der Radium- und Röntgenversuche und Literaturangaben findet man bei P. HERTWIG (1927).

α) Bestrahlung von freien Gameten und freien Zellen: Durch die Bestrahlung der Gameten kurz vor der Befruchtung lassen sich die im Kern liegenden Erbmassen des Vaters bzw. der Mutter vollständig ausschalten und haploide Organismen erzielen. Strebt man eine vollständige Ausschaltung des männlichen Chromatins an, so muß die Bestrahlungsdauer bis zu dessen vollkommener Abtötung gewählt werden. O. HERTWIG (1911b S. 858) bestrahlt zu diesem Zweck Froschsperma mit Mesothorium von der Aktivität von ca. 50 mg Radiumbromid 3 bis 10 Stunden. Erst nach 12 Stunden machte sich eine Schädigung der Beweglichkeit und der Befruchtungsfähigkeit des Spermas geltend. In diesem Fall (große Eier) gelangt das männliche Chromatin nicht zur Vereinigung mit dem weiblichen und hemmt die Entwicklung des haploid gewordenen Keimes offenbar kaum. In kleinen Keimen (Seeigel, Nereis) kommt es doch zur Vereinigung der beiden Chromatinmassen, was einen frühen Tod der Larven zur Folge hat (P. HERTWIG 1919 S. 321). — Bestrahlt man einige Minuten, so tritt das bestrahlte Chromatin bei großen und kleinen Eiern mit dem unbestrahlten Kern in Verbindung und bedingt eine mehr oder weniger stark pathologische Entwicklung, die schon bei der Gastrulation in auffallender Weise in Erscheinung tritt.

Bei der Wahl des Mediums und der äußeren Umstände, unter denen die Bestrahlung von Sperma und unbefruchteten Eizellen ausgeführt wird, muß uns die Betrachtung der Umgebungsbedingungen bei der normalen Befruchtung leiten. Sperma und Eier müssen ja ihre Befruchtungsfähigkeit behalten. In denjenigen Fällen, wo beide vor der Befruchtung längere Zeit im Wasser flottieren können (marine Seeigel, manche Fische, Mollusken und Anneliden), läßt sich die Bestrahlung im Seewasser bzw. Süßwasser ausführen, wobei jedoch beim ersteren auf die Beibehaltung der normalen Konzentration zu achten ist. Bei Amphibien, wo die Befruchtung in der Kloake (Urodelen) oder während des Verlassens der Kloake erfolgt, hält man das Sperma in 0,2 bis 0,3proz. Kochsalzlösung, und bei den unbefruchteten Eiern muß sorgfältig darauf geachtet werden, daß die Gallerte nicht quillt und oberflächlich nicht trocknet (feuchte Kammer, besprühen). Findet die Befruchtung im Innern der Mutter statt, so wird man die Bestrahlung des Spermas in Körperflüssigkeit oder in physiologischen Salzlösungen vornehmen und die Eier im Organismus der Mutter bestrahlen. (Siehe Methode der Explantation und der künstlichen Befruchtung.)

Beispiel: Bei der Behandlung von Froschsperma verfährt OSKAR HERTWIG (1911a) folgendermaßen: Ein Froschmännchen wird geöffnet und die Samenflüssigkeit aus einem Stückchen Vesicula seminalis oder Hoden in wenigen Tropfen 0,3proz. NaCl-Lösung ausgequetscht. Von dieser Kultur (1) wird ein kleiner Tropfen auf einen hohlgeschliffenen Objektträger gebracht und durch ein Radiumpräparat derart bedeckt, daß dieses, evtl. auf zwei seitlich angebrachten Glasleisten aufliegend, mit seinem Glimmerfenster gegen den Spermatropfen zeigt und letzterer vollständig der

Bestrahlung unterworfen ist. Ein zweites Radiumpräparat läßt sich evtl. unter dem Objektträger entsprechend anbringen. Der Objektträger wird dann während der verschieden langen Bestrahlung in der feuchten Kammer gehalten, ebenso das nicht bestrahlte, doch explantierte Sperma der Kultur 1. Nach der Bestrahlung werden dann Eier aus dem Uterus eines brünstigen Weibchens entnommen, in 3 Portionen geteilt und diese a) mit bestrahltem Sperma, b) mit unbestrahltem Sperma der Kultur 1 und c) mit frisch entnommenem Sperma künstlich befruchtet, indem man auf sie mit dem Pinsel etwas Spermaflüssigkeit aufträgt (s. Abschnitt künstliche Befruchtung). Nach einigen Minuten werden die vor dem Eintrocknen geschützten Eier in Wasser übertragen. — Entsprechend verfährt man bei der Bestrahlung aller Eier, welche künstlich befruchtet werden können, und bei Furchungsstadien. Es mag hier kurz noch darauf verwiesen werden, daß man die Wirkung des Radiums auch durch chemische Mittel, wie Trypaflavin u. a. erreichen kann (G. HERTWIG 1924).

β) Bestrahlung ganz kleiner Tiere. Dank der besonderen Empfindlichkeit der Keimzellen gegen Radiumstrahlen läßt sich auch das Chromatin der Keimzellen in kleinen Tieren abtöten, ohne daß die Begattungsfähigkeit des bestrahlten Tieres aufgehoben wird. Von P. HERTWIG (1919) ist dies an den Männchen des Regenwurmnematoden Rhabditis pellio durchgeführt worden. Sie setzt einige geschlechtsreife Männchen in einem Tropfen Wasser auf einen hohlgeschliffenen Objektträger, umgibt diesen mit einem 2 mm hohen Glasring und legt auf letzteren die Radiumkapsel auf. Dann wird das Präparat in der feuchten Kammer gehalten. Nach der Bestrahlung werden die Männchen zu Weibchen gesetzt, welche, sobald das Geschlecht erkenntlich, aus den Stammzuchten isoliert wurden. Sie sind in diesem Stadium noch unbefruchtet, was sich unter dem Mikroskop feststellen läßt, da die Spermatozoen im Innern zu erkennen sind. Die Männchen bilden nach der Bestrahlung kein Sperma mehr, denn ihre Vasa deferentia füllen sich nach der Entleerung bei der Kopulation nicht, und die Hoden zeigen nach einigen Tagen Degenerationserscheinungen; meist sterben sie 3 bis 4 Tage nach der Bestrahlung.

Lebhaft bewegliche Objekte müssen während der Bestrahlung festgelegt werden. G. HERTWIG (1923) verfährt mit Drosophila folgendermaßen: Er bringt ein Tier in ein Glasröhrchen, welches auf der einen Seite mit einer feinen Baumwollgaze zugebunden ist. An dieser wird die Fliege mittels eines von der anderen Seite eingeschobenen Wattebausches sanft festgequetscht und durch die Gaze hindurch bestrahlt.

Für die Bestrahlung kleiner Wassertiere (Asellus aquaticus) traf V. HÄMMERLI-BOVERI (1926) folgende Anordnung: Ein Glaszylinder wurde vollkommen mit Wasser gefüllt und seine Öffnung mit Gaze überspannt. Diese wurde etwas gegen das Zylinderlumen eingedrückt, so daß über ihr ein kleiner, seichter Tümpel entstand. Auf die Gaze kam ein Glasring von 1 cm Durchmesser und 3 mm Höhe, der den zentralen Teil des Tümpels und 1 bis 2 Asselweibchen umschloß. Über ihn wurde das Radiumpräparat gelegt. Eine Glasschale wurde über den Zylinder gestülpt; dieser schließlich in ein wasserhaltiges Becken gestellt und mit einer Glasglocke überdeckt. Bei einem Abstand des Radiums von den Asseln von etwa 2 mm wurden die Tiere dreimal innerhalb 6 Tagen je 30 Stunden mit 20 g Radiumbromid bestrahlt und so das Ovar abgetötet. Die Tiere zeigten sonst keine Schädigung. Ein Anhaltspunkt für die Höhe der notwendigen Dosis ergab sich in der Entwicklungsfähigkeit der Embryonen im Brutsack der Weibchen.

Bei großen Tieren mit tiefliegenden Geschlechtsdrüsen ist es notwendig, diese allein zu bestrahlen. Hinsichtlich dieser Versuche und der Experimente mit Röntgenstrahlen verweise ich auf die Methoden der Strahlentherapie.

### d) Defektmethode mit ultraviolettem Licht (Strahlenstichmethode).

Die Ausarbeitung der Strahlenstichmethode, welche nachstehend geschildert werden soll, verdanken wir HERTEL (1904, 1905 a, 1905 b), KÖHLER (wissenschaftlicher Mitarbeiter der Firma Carl Zeiß, Jena 1904) und TSCHACHOTIN (1912 bis 1921). Mit einer etwas einfacheren Apparatur, auf die hier nur verwiesen werden

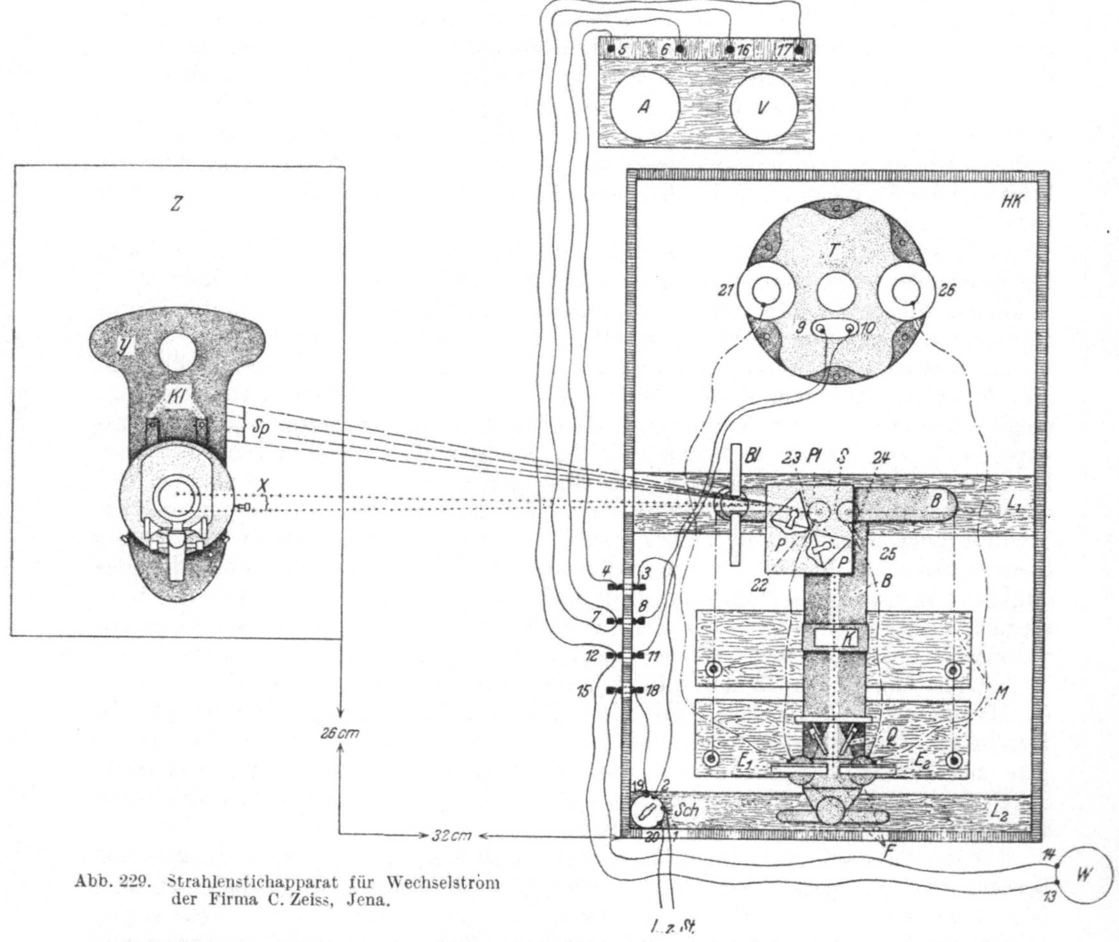


Abb. 229. Strahlenstichapparat für Wechselstrom der Firma C. Zeiss, Jena.

**Rechts:** Lichtspendender Apparat. $A$ = Ampèremeter. $B$ = Bank. $Bl$ = Blende. $E_1$ und $E_2$ = Elektroden aus Magnesium oder Kadmium mit Funkenstrecke. $F$ = Funkenständer. $HK$ = Holzkasten. $K$ = Quarzkondensor. $L_1$ und $L_2$ = Holzleisten. $M$ = Minosplattenverdichter. $P$ = Quarzprismen. $Pl$ = Platte. $Q$ = Quarzblättchen mit Spalt. $Sch$ = Schalter. $S$ = Sicherheitsfunkenstrecke, unter $L_1$ liegend. $T$ = Transformator. $V$ = Voltmeter. $W$ = Widerstand.

**Links:** Die mikroskopische Einrichtung. $Kl$ = Klemmen. $Sp$ = sichtbares Spektrum. $X$ = Lichtkanal. $Y$ = Metallplatte. $Z$ = Holzbock. + + + = Gang der ultravioletten Strahlen. — — — = sichtbare Lichtstrahlen.

soll, haben BOVERI und seine Schülerin STEVENS (1909) mit ebenfalls gutem Erfolg gearbeitet (Lit. bei SCHLEIP 1923).

Der Strahlenstichapparat für ultraviolettes Licht wurde im Jahre 1924 von der Firma C. Zeiß in Jena an mein Laboratorium in einer Zusammenstellung für Wechselstrom geliefert, welche hier beschrieben werden soll (Abb. 229).

Der lichtspendende Apparat: Im Grunde eines großen Holzkastens $HK$, der durch eine Holzleiste $L_1$ in seiner kurzen Achse überbrückt wird, findet sich 1. ein Transformator $T$ und 2. die Kondensatoren $M$ (Leydener Flaschen oder Minosplattenverdichter). Über letzteren liegt, sich über den Rand des Kastens erhebend, eine

T-förmige optische Bank $B$, die mit ihrem Querbalken mittels 2 Stellschrauben auf der hölzernen Querleiste $L_1$ aufsitzt und deren Mittelbalken sich an seinem freien Ende ebenfalls mit einer Stellschraube auf einer Leiste $L_2$ am Ende des Kastens aufstützt. Auf der linken vorderen Ecke des Kastens (vom Beschauer gesehen) sitzen der Schalter *Sch* und in der linken Wand 8 Klemmschrauben, von denen jeweils eine äußere und eine innere zu einem Paar verbunden sind. Auf der optischen Bank sitzen vom Beschauer aus gesehen: 1. der Funkenständer $F$ mit 2 auf hohen Porzellankerzen montierten Magnesium- oder Kadmiumelektroden, $E_1$ und $E_2$, welche eine Funkenstrecke von 2 bis 2,5 mm zwischen sich lassen. Hinter dieser befinden sich 2 senkrecht stehende, rechteckige Quarzblättchen $Q$, welche ungefähr im Winkel von 60° gegeneinander gestellt, nahe der Funkenstrecke einen Spalt von 2 mm bilden; 2. ein Quarzkondensor $K$ (Brennweite 16 mm); 3. eine Prismenplatte *Pl* mit 2 gleichseitigen Quarzprismen $P$ und 4. auf dem linken Querbalken eine Blende *Bl*. Außerhalb des Kastens befinden sich noch ein Ampèremeter $A$, ein Voltmeter $V$ und ein Widerstand $W$.

Die Teile dieses lichtspendenden Apparats sind in folgender Weise durch Leitungen verbunden: Niederstromkreis (gewöhnliche Leitkabel): Aus dem Steckkontakt der gewöhnlichen Wechselstromleitung (220 Volt) führt ein Kabel zu den Klemmen 1 und 20 des Schalters *Sch* und von dessen Klemmen 2 und 19 ein solches zu den Klemmen 3 und 18 der inneren Kastenwand. Die Klemmen 5 und 6 des Ampèremeters sind mit 4 und 7 der äußeren Kastenwand, die Klemmen 8 und 11 der inneren Kastenwand mit den Klemmen 9 und 10 des Transformators $T$ und die äußeren Wandklemmen 12 und 15 mit den Klemmen 13 und 14 des Widerstands verbunden. Die Klemmen 16 und 17 des Voltmeters $V$ stehen mit den Klemmen 7 und 12 an der äußeren Kastenwand in Verbindung. Es sind also in dem Niederstromkreis hintereinandergeschaltet: Ampèremeter, Widerstand und Transformator. Ein Voltmeter ist parallel geschaltet. Im Transformator wird der Strom von 220 Volt auf ca. 10000 Volt transformiert. Wenn man der Leitung nach der Numerierung der Klemmen folgt, so kann man sich ein Bild von dem Lauf des Stromes machen. — Ladekreis und Entladekreis: Der hochgespannte Ladekreis führt mit stark isolierten Kabeln von den auf Porzellankerzen stehenden Klemmen 21 und 26 des Transformators $T$ zu den beiden Elektroden $E_1$ und $E_2$. — Durch den hochgespannten Entladekreis sind zudem noch die Elektroden $E_1$ und $E_2$ mit den Klemmen 22 und 25 einer Sicherungsfunkenstrecke $S$ verbunden, welche unter der Querleiste $L_1$ liegt und von der mittels der Klemmen 23 und 24 eine blanke, dicke Kupferdrahtverbindung zu den Minosplattenverdichtern $M$ führt. — Der ganze Apparat ist durch einen blanken Kupferdraht, der irgendeinen Metallteil mit der Wasserleitung verbindet, geerdet.

Die mikroskopische Einrichtung: Auf einem Bock $Z$ liegt eine längliche, ca. 4 cm dicke Metallplatte $Y$, welche einen kreiszylindrischen Lichtkanal $X$ aufweist, der in der Längsseite beginnt, horizontal verläuft und im Zentrum der Platte in einem senkrechten, wiederum kreiszylindrischen Schacht endet. In diesen Schacht ist ein rechtwinkliges Quarzprisma eingesenkt, welches die durch den Lichtkanal eindringenden Strahlen im rechten Winkel nach oben ablenkt. Auf die Platte stellt man das Mikroskop derart, daß seine Tubusachse mit der Verlängerung der Achse des Schachtes zusammenfällt; es wird durch 2 Klemmen *Kl* festgehalten. Die Orientierung des Bocks mit dem Mikroskop zu dem lichtspendenden Apparat ist in der Skizze verzeichnet. Der Abstand zwischen beiden kann variiert werden. Um das ultraviolette Licht bis zum Objekttisch dringen zu lassen, wird am normalen Mikroskop der Kondensor des Abbéschen Beleuchtungsapparats ersetzt durch einen Quarzmonochromaten verschiedener Brennweite, welcher speziell für Licht von 280 $\mu\mu$ Wellenlänge korrigiert ist. Statt des Spiegels fügt man eine in einen Ring gefaßte Quarzplatte ein, welche von unten kommende Strahlen durchdringen läßt und schräg einfallende gegen den Objekttisch wirft. Der Monochromat sitzt in einer Fassung mit 2 Zentrierschrauben. Als Objektive und Okulare des Mikroskops können die gewöhnlichen aus Glas verwendet werden, wenn nicht beabsichtigt ist, mit ultraviolettem Licht mikrophotographische Aufnahmen zu machen. Da Glas die ultravioletten Strahlen nicht durchläßt, ist das Auge durch die normale Optik vor denselben geschützt.

Als Objektträger dient ein Plättchen von Bergkristall (25 × 30 × 0,5 mm), welches in ein Fenster eines Aluminiumrahmens eingeschoben ist. Letzterer ist etwa 3 mm dick und hat die Masse des englischen Objektträgers (Abb. 230). Als Deckgläser verwendet man die gewöhnlichen. Man legt das Präparat so unter das Mikroskop, daß das Quarzplättchen unten liegt. Dann ist das gesamte optische System unter dem Objekt bis zur Funkenstrecke aus Quarz, dasjenige über dem Objekt aus Glas.

Die ultravioletten Strahlen können durch Zusatz von 0,01 proz. wäßriger Uraninlösung zum Objekt oder durch Uranglas sichtbar gemacht werden. In der hochkolloidalen Lösung werden nämlich die kurzwelligen Strahlen durch Fluoreszenz in langwellige umgewandelt.

Schaltet man nun den Strom ein, so gehen mit starkem Geknatter Funken über die Funkenstrecke zwischen den Elektroden $E_1$ und $E_2$. Der Abstand der auswechselbaren und sich stark abnützenden Elektroden läßt sich mittels einer Schraube an der Basis des Elektrodenständers regulieren. Er soll = 2 mm sein; wird er ständig reguliert, so kann man mit ungefähr gleicher Lichtintensität rechnen. Der Widerstand wird so eingestellt, daß ein gleichmäßiger Funkenstrom die Funkenstrecke überbrückt; dabei zeigt das Ampèremeter ca. 2,7 Amp. und das Voltmeter 70 bis 80 Volt. Das ausgestrahlte Licht (++++) passiert den Schlitz zwischen den Quarzbacken *Q*, den Quarzkondensor *K* und wird in den beiden Quarzprismen *P* im rechten Winkel nach links abgebogen und in sein Spektrum zerlegt, worauf es noch durch die Blende *Bl* geht.

Das Spektrum enthält ein sehr intensives, für uns unsichtbares Licht von 280 $\mu\mu$ Wellenlänge bei Verwendung von Magnesiumelektroden, von 275 $\mu\mu$ Wellenlänge bei Kadmiumelektroden. Seine Lage kann mit einem Uranglas ermittelt werden. Es erscheinen auf demselben zwei helle Bezirke, von denen der eine mehr abgelenkt und heller ist als der andere.

Zentrierung: In den Gang des Spektrums wird nun bei offener Blende der Bock mit dem Mikroskop so einorientiert, daß der Strahlengang der U-V-Linie, und zwar speziell das Bild der helleren Quarzplatte, auf den Eingang des Lichtkanals *X* trifft und mit dessen Achse zusammenfällt. Dies wird erreicht durch entsprechendes Stellen des Bocks und durch Heben bzw. Senken der optischen Bank mittels der drei Stellschrauben, auf denen sie steht. Das sichtbare Spektrum liegt dann ungefähr bei *Sp*. Das ultraviolette Licht wird durch das Quarzprisma im Lichtschacht nach oben abgelenkt und gelangt durch den abgeänderten Beleuchtungsapparat an das Objekt. — Legt man das Uranglas in den Diaphragmaträger des Abbéschen Beleuchtungsapparats, so muß das Bild der Quarzplatte auch hier im Zentrum liegen, wenn das Quarzprisma im basalen Lichtschacht richtig orientiert ist. Durch Unterhalten eines Spiegels läßt sich dies kontrollieren und durch Drehung des Prismas um die senkrechte Achse regulieren. — Sind die Objektive des Mikroskops zentriert, so braucht dies nur noch mit dem Monochromaten durchgeführt zu werden. Dies läßt sich mit gewöhnlichem Licht oder mit ultraviolettem anstellen. Ich verfuhr dabei folgendermaßen: In das Okular wurde ein Glasplättchen mit zentralem Strichkreuz eingelegt, so daß die Mitte des Gesichtsfeldes durch den Schnittpunkt der Kreuzarme bezeichnet war. Auf den Objekttisch kam ein Aluminiumobjektträger mit nach oben gerichtetem Glasdeckglas und nach unten gewandtem Quarzplättchen; zwischen beiden befand sich eine dünne Schicht Uraninlösung mit irgendeinem mikroskopischen Objekt. Nun wurde auf letzteres das Mikroskop mit schwachem Objektiv eingestellt, die Blendenöffnung der Blende *Bl* ziemlich weit geschlossen und der Monochromat so gehoben bzw. gesenkt, daß in der optischen Ebene ein scharf umrissenes Bildchen der Blendenöffnung erschien. Dieses Bildchen wurde dann auf den Schnittpunkt des Fadenkreuzes gebracht, indem man die Stellung des Monochromaten mittels zweier an seiner Fassung angebrachten Zentrierschrauben regulierte.

Das so erhaltene Bildchen der Blendenöffnung ist kleiner als diese und nimmt mit zunehmendem Abstand der Mikroskopachse von der Blende an Größe und Lichtintensität ab.

Bei konstanter Blendenöffnung *A* wird das Bildchen proportional zum Abstand verkleinert. Dabei ist jedoch zu berücksichtigen, daß die Lichtintensität im Quadrat der Entfernung abnimmt. Die Größe des Bildchens hängt auch von der Stärke des Quarzmonochromaten ab. Bei dem mir zur Verfügung stehenden Apparat mit Monochromat 6 mm lassen sich wirksame Strahlenfelder von 4 $\mu\mu$ Seitenlänge ohne Schwierigkeit erreichen; wahrscheinlich sind auch solche von 1 $\mu\mu$ darzustellen.

Die für den jeweiligen Versuch notwendige Dosis wird man bei jedem Objekt ausprobieren müssen. Will man die Strahlungsenergien messen, so ersehe man die Methode bei HERTEL (1905 a).

Für den Versuch ist es vorteilhaft, wenn das Objekt ohne Schaden in 0,01 proz. Uraninlösung gehalten werden kann, was jedenfalls vorher auszuprobieren ist. Ist dies möglich, so legt man das Objekt in einem Tropfen auf den Quarzobjektträger, deckt es mit einem Deckglas zu und klemmt den Objektträger im Kreuztisch fest. Dann stellt man mit gewöhnlichem Licht auf den zu bestrahlenden Bezirk scharf ein, schiebt das Objekt mittels der Kreuztischschraube etwas aus dem Zentrum des Gesichtsfeldes heraus und kontrolliert nach Einschaltung der Funkenstrecke, ob die Ränder des Strahlenfeldes scharf sind und ob dieses noch genau unter dem Fadenkreuz liegt. Nun bringt man den zu bestrahlenden Bezirk unter das Fadenkreuz; er leuchtet dann durch Interferenzlicht auf. — Läßt sich das Objekt nicht in Uraninlösung halten, so ist erwägenswert, ob man nicht seitlich unter dasselbe oder unter ein zweites Deckglas etwas Uraninlösung mit einem später nicht zu verwendenden Objekt bringen will, damit die Kontrolle der Lage und Schärfe des Strahlenfeldes leicht durchgeführt werden kann.

Stilliegende Objekte machen der Bestrahlung keine Schwierigkeiten; bewegliche werden nach den aus der Protozoenforschung bekannten Methoden behandelt. Hat man viele Objekte unter dem Deckglas, so bestrahlt man entweder alle gleichartig oder nur einen Teil; die Lage der bestrahlten wird dabei in einer vorher mit dem Zeichenapparat angefertigten Übersichtsskizze vermerkt oder durch Notierung der Stellung des Kreuztisches festgehalten. Die nicht bestrahlten Objekte können als Kontrollen dienen. Um im Dauerversuch die Flüssigkeit unter dem Deckglas wechseln zu können, benutzte HERTEL (1905) bei der Bestrahlung von Seeigeleiern das Zieglersche Durchströmungskompressorium, das mit einem Quarzboden versehen wurde. — Widerstandsfähige Objekte lassen sich vielleicht in irgendeiner Weise festlegen. BOVERI (s. STEVENS 1909) überstreicht z. B. Ascariseier auf dem Objektträger mit verdünnter Eiweißlösung und bringt letztere durch 2 proz. Formol zum Gerinnen. Können die bestrahlten Objekte zur Fixierung und Färbung nicht überführt werden, so verwendet man anstatt der Quarzobjektträger Deckgläschen aus Zschimmerschem Glas, das bei der geringen Dicke nur wenig ultraviolette Strahlen absorbiert (KÖHLER 1904). Diese werden nach dem Versuch mit Kanadabalsam auf einen Glasobjektträger gewöhnlichen Formats aufgekittet und durch ein Deckglas bedeckt.

Zur Einzeloperation bei Seeigelkeimen konstruierte TSCHACHOTIN (1921 d) in folgender Weise eine Operationskammer (Abb. 230). Auf einen Quarzobjektträger werden einige Tropfen heißes Paraffin aufgesetzt, etwas platt gedrückt, ihre Mitte mit einer Nadel bis auf den Grund ausgebohrt, mit dem Medium versehen, mit der Kapillarmikropipette die Objekte zugesetzt und schließlich mit je einem Deckgläschen bedeckt. Eine Kammer wird für die Einstellung mit Uraninflüssigkeit gefüllt. Vor und nach der Operation stülpt man, um die Verdunstung zu verhindern, eine Glasschale gemeinsam über alle Kammern eines Objektträgers. Nach der Operation werden die Objekte in die Zuchtkammern (Abb. 210) übertragen.

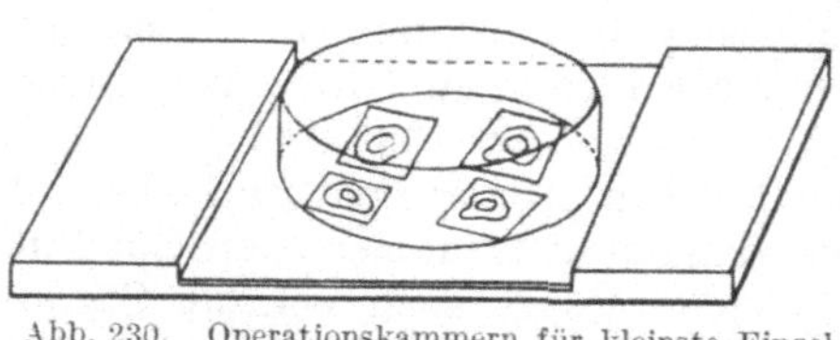

Abb. 230. Operationskammern für kleinste Einzelobjekte. (TSCHACHOTIN.)

Wirkung: Der Effekt starker Dosen besteht in der Abtötung des belichteten Teils. Die Widerstandsfähigkeit der verschiedenen Zellelemente ist verschieden. Schwache Dosen bewirken evtl. nur eine Hemmung bzw. Verlangsamung der Lebensvorgänge, die in günstigen Fällen wieder aufgehoben werden kann, sich aber meist zu einer dauernden Störung auswächst. Bei sich bewegenden Organismen konnte HERTEL (1904) sogar eine anfängliche Beschleunigung der Bewegung feststellen. Nach TSCHACHOTIN (1921d) wird die Permeabilität der Zellmembran vergrößert. Weiteres s. HERTEL (1904, 1905a und b) und SCHLEIP (1923).

Fehlerquellen und Grenzen der Methode: Die Begrenzung des Strahlenfeldes ist keine absolut scharfe, da Interferenzlicht im Plasma und Medium entsteht. Dies ist besonders stark, wenn das Strahlenfeld ziemlich groß ist und wenn das Bildchen nicht genau in der optischen Ebene des zu bestrahlenden Bezirks liegt. — Im Innern eines Objekts liegende Bezirke (z. B. in der Zelle die Kerne) lassen sich nicht fassen, ohne daß andere Bezirke (Plasma) mit geschädigt werden. Da der Strahl von unten kommt, lassen sich schon an relativ dünnen Objekten oben liegende Bezirke mit dem ultravioletten Licht nicht erreichen. So konnten z. B. die Blastomeren der sehr kleinen Keime unserer Wasserschnecken, welche auf einer Eiweißkugel schwimmen, nicht einwandfrei abgetötet werden, da durch das Eiweiß das Licht absorbiert wurde. Für solche Zwecke wäre eine Änderung des Apparats derart, daß der Strahl von oben einfällt, wünschenswert. Die trotz der geltend gemachten Umstände recht gute Lokalisation des schädigenden Einflusses läßt die Hoffnung zu, daß die Methode auch noch für die Zytologie und evtl. sogar für die Vererbungsforschung fruchtbar gemacht werden kann. Doch wird sie stets dem Defektmethoden eigenen Mangel unterliegen.

Lokalisation eines Lichtfeldes überhaupt: Außer ultraviolettem Licht läßt sich natürlich auch jede andere Lichtsorte mit dem Apparat gut lokalisieren; man braucht nur die Lichtquelle entsprechend zu wählen. HERTEL (1905 a) hat Wellenlängen von 440, 523 und 558 $\mu\mu$ einer Dermolampe mit Eisenelektroden entnommen. Dabei ist allerdings zu beachten, daß evtl. speziell hergestellte Monochromate notwendig werden.

Außer von den erwähnten Autoren wurde der Apparat mit großem Erfolg von folgenden Forschern verwendet: PENNERS (1921 bis 1925, Lit. s. 1925) an Keimen von Tubifex, SCHLEIP (1923) an Keimen von Ascaris, MARIA JACOBS (1925) an Cyklopseiern und anderen.

## B. Isolations- und Defektmethoden am embryonalen Material.

### a) Mechanische Methoden.

Die Art des Verfahrens wird im allgemeinen bestimmt durch die Größe des Objekts und durch sonstige Eigentümlichkeiten, wie die Art der Keimhüllen, die Notwendigkeit der Keimhüllen für die Weiterentwicklung, das Heilungsvermögen usw. Messer und Schere, Glasnadel und Haarschlinge werden in vielen Fällen Verwendung finden können. Daneben kommen für sehr kleine Objekte noch Massenexperimente in Betracht.

*Schüttelmethode*, beim Echinidenkeim zur Trennung der $^1/_2$-Blastomeren: DRIESCH (1891) bringt ca. 100 künstlich befruchtete Keime von Sphaerechinus und Parechinus im Zweizellstadium — mit wenig Wasser — in 4 cm lange und 0,6 cm weite Gläschen und schüttelt sie 5 Minuten lang sehr stark. Darauf werden die Keime in reichlich Seewasser gebracht, die isolierten Zellen herauspipettiert und einzeln oder zu zweien in Salznäpfchen gezüchtet. Letztere werden mit einer Glasplatte bedeckt, der unten ein Tropfen Süßwasser anhängt. Schließlich wird noch kontrolliert, ob nicht mit der Pipette andere Keime in die Kultur gelangt sind. Für das Gelingen ist die Teilungsphase, in der sich das Ei gerade befindet, sehr wichtig; der Moment der maximalen Trennung der $^1/_2$-Blastomeren soll gerade vorüber sein. — Mit der Methode lassen sich auch ungefurchte Eier, spätere Furchungsstadien und Blastulen fragmentieren. Beim Schütteln wird die Eimembran entfernt, und dann werden die Blastomeren auseinandergerissen.

Mit der Schüttelmethode lassen sich Defekte an sehr kleinen Eiern auch da erzielen, wo die Eimembran nicht entfernt werden kann. Sie ist bei Ascidieneiern von DRIESCH, CRAMPTON und CONKLIN mit Erfolg angewandt worden. Ich folge der Beschreibung des letzteren (1905a, b). Die befruchteten Eier von Cynthia partita, welche durch die verschiedene Tönung der Keimbezirke ausgezeichnet sind, werden im 2-, 4- oder 8-Zellenstadium mit der Pipette stark durcheinander gewirbelt bzw. in einem Röhrchen stark geschüttelt. Die dadurch bedingte Schädigung betrifft häufig nicht alle, sondern nur einzelne Blastomeren und mit Vorliebe diejenigen, welche gerade in mitotischer Teilung begriffen sind, indem ihr Chromatin zersprengt wird. Diese Zellen teilen sich nicht mehr weiter, bleiben aber noch lange Zeit am Leben und lassen, da sie ihre Struktur und Farbe behalten und im Chorion liegen bleiben, die Art des Defekts erkennen. Die weitere Entwicklung der unbeschädigten Blastomeren wird durch ihre Anwesenheit nicht gestört. Die Keime werden nach der Größe und Art des Defekts sortiert und in bestimmten Abständen von jeder Klasse eine Portion fixiert. Nach Färbung mit KLEINENBERGS Pikroschwefelsäure, gefolgt von Pikrohämatoxylin werden sie schließlich als Totalobjekte und im Schnittpräparat untersucht.

*Zerschneiden von Keimen in der Massenkultur.* Zum Fragmentieren von kleinen Keimen läßt sich auch eine einfache Schneidemethode anwenden (DELAGE). Man bringt etwa einen dicht mit Keimen beschickten Tropfen Seewasser auf einen Paraffinblock und zerhackt den Tropfen einige hundert Male mit einem fein geschliffenen Skalpell.

*Zerschnüren von Echinodermeneiern* durch Wasserstrom und Baumwollfäden. H. E. ZIEGLER (1897) zerschnürt Eier von Parechinus microtuberculatus unter seinem Durchströmungskompressorium; die genaue Beschreibung dieses Apparats bitte ich in der Originalarbeit nachzusehen. Im Prinzip besteht er aus zwei parallelen Metallplatten, die durch Schrauben gegeneiander fein beweglich sind und in ihrer Mitte je ein Feld zum Einkitten von Deckglas und Objektträger (letzterer etwas erhöht) besitzen. Zwischen den beiden Metallplatten liegt ein Kautschukring, der, beim Anschrauben gepreßt, das zentrale Feld gegen die Peripherie abschließt. An der oberen Platte ist ein Zufluß- und Abflußrohr angebracht, welches das Wasser durch die Platte und das zentrale Feld führt. Das Wasser hat dabei eine bestimmte Richtung. Man bringt nun auf den Objektträger einige Fasern entfetteter Watte, näßt sie mit einem Tropfen Wasser an und saugt diesen mit einem Fließpapier wieder ab, wobei sich die Fäden dem Objektträger glatt anlegen. Dann setzt man auf das Faserfeld einen Tropfen der Kultur und schraubt die Deckplatte herunter, bis die Eier gerade gepreßt werden. Die Keime liegen dann zwischen den Wattefasern verteilt. Nun läßt man einen mäßigen Wasserstrom durch das Präparat ziehen. Dieser treibt die Keime gegen die Seite, wobei einzelne durchschnürt werden. Unter dem Apparat lassen sich die Objekte auch konservieren und färben, indem man die verschiedenen Flüssigkeiten nacheinander durchleitet. — Etwas einfacher, aber ähnlich, zerschneidet Winkler (1901) Echinidenkeime mittels einer Pipette, deren feine Öffnung gleich dem Durchmesser der Eier ist und durch einen mit Wachs oder Siegellack befestigten feinen Faden überspannt wird. Er füllt die Pipette mit Kulturflüssigkeit von hinten und preßt durch Druck auf das Hütchen die Keime durch die Mündung nach außen.

*Durchschneiden von Keimen mit Glasfaden und Reiter* (Spemann 1921) (Abb. 231). Durch einen feinen Glasfaden lassen sich frühe Entwicklungsstadien außerhalb der Hüllen in schonendster Weise allmählich durchschneiden. Man verfertigt sich in der üblichen Weise feine Glasfäden und bricht sie in ca. 1 cm lange Stücke. Ein ungefähr $1^1/_2$ cm langes Stück biegt man in der Mitte rechtwinklig ab, indem man es von unten her wagrecht gehalten der Flamme des (0,5 cm) Mikrobrenners nähert, und schmilzt die Enden der Schenkel zu feinen Kugeln. Für die Operation bringt man etwa eine vollkommen enthüllte, beginnende Gastrula von Triton taeniatus in eine mit filtriertem Leitungswasser beschickte Operationsschale (Abb. 207), deren Wachsboden in diesem Fall ganz eben sein muß, und legt sie auf die animale Hemisphäre. Dann legt man einen Glasfaden passender Stärke in der zu schneidenden Richtung so über den Keim, daß er auf einer Seite auf dem Boden aufsteht, und preßt ihn etwas ein. Auf sein ansteigendes Ende wird der Glasreiter gesetzt; er beschwert den Faden desto mehr, je näher am Keim er aufsitzt. Schließlich deckt man die Schale luftblasenfrei ab und stellt sie vorsichtig zur Seite. Der Faden drängt sich dann allmählich durch den Keim durch, ohne daß irgendwelcher Zellverlust entsteht und Schnittwunden auftreten. — Die Methode eignet sich sehr gut zur Trennung der Blastomeren, total sich furchender großer und selbst sehr kleiner Keime. Man legt dazu den Glasfaden in die gerade einschneidende (erste) Furche und läßt ihn mit derselben den Keim durchdringen. Häufig kommt man mit dem Glasfaden allein aus (O. Mangold 1921 und G. Ruud 1925 bei Triton; v. Ubisch 1925b bei Echinodermen).

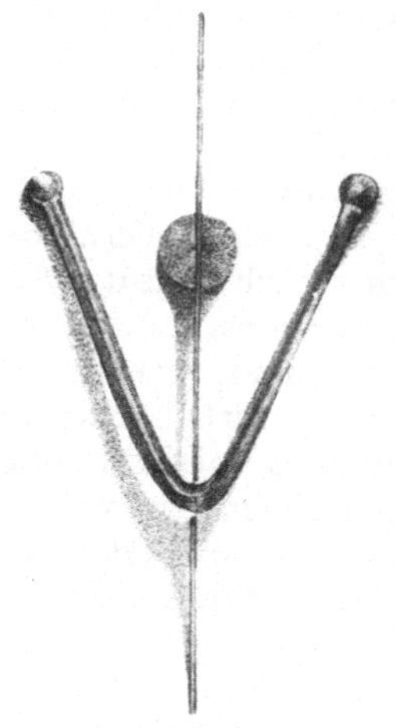

Abb. 231. Durchschneiden von Keimen mit Glasfaden und Reiter. Etwa dreifache natürliche Größe. (Spemann.)

*Schnürmethode.* Die Schnürmethode wurde von O. Hertwig (1893) in die experimentelle Forschung eingeführt und später von H. Endres (1895), A. Herlitzka (1895) und Spemann (1901, 1902, 1903, 1924 hier Literatur) und seinen Mitarbeitern (Falkenberg, O. Mangold [1921], Baltzer, Schütz) für verschiedene Fragestellungen verwendet. Trotzdem sie ziemlich auf die Keime von Triton taeniatus beschränkt ist, kann sie als recht dankbar und noch keineswegs erschöpft betrachtet werden. Sie hat den großen Vorzug, daß die Keime in der Hülle bleiben, wo sie sich sehr viel besser entwickeln als außerhalb. Man benutzt für das Experiment am besten Haare von $^1/_2$-bis 2jährigen Kindern. Sie müssen möglichst fein sein und sollen eine rauhe Oberfläche besitzen, damit die Schlingen sich nicht leicht öffnen. Durch Ausprobieren verschiedener Haare wird man leicht die passendsten finden. Aus den Haaren bereitet man sich Schlingen, indem man sie zweimal umeinander schlingt, dann bis auf ca. 2,5 mm Öffnung zuzieht und die Enden auf $^3/_4$ cm Länge zurechtschneidet. Dabei hält man das Haar an einem Ende in der einen Hand und bewegt sinngemäß das mit einer feinen Pinzette gefaßte andere Ende. Man macht sich einen Vorrat von Schlingen. Von den Triton taeniatus-Keimen wird die äußerste Hüllenschicht, welche dazu dient, die Eier an den Blättern festzukleben, entfernt, indem man sie mit einer scharfen Pinzette ganz flach faßt und die aus feinen Fäden bestehende Schicht ganz abrollt. Sie muß vollständig entfernt werden, da Reste infolge ihrer Klebrigkeit sehr stören. Über das Ei (Abb. 232a), welches nunmehr noch umgeben ist von einer festen Gallerthülle, einer flüssig kolloidalen Schicht, in welcher das Ei frei flottiert, und dem dem Keim direkt aufliegenden Dotterhäutchen, wird nun unter dem Binokular mit zwei feinen Pinzetten eine Haarschlinge gestreift; diese wird so weit angezogen, daß sie, ohne die Hülle zu pressen, ihr eben aufliegt, und dann ihre Lage so reguliert, daß sie die länglich ellipsoide Hülle genau in der Mitte faßt. Nun wird wieder etwas angezogen, damit die Schlinge sich nicht mehr verschieben kann, und weiterhin durch Schaukeln der im Innern flottierende Keim derart unter der Schlingenebene orientiert, daß diese mit der gewünschten Schnürungsebene zusammenfällt. Langsam zieht man dann weiter an, bis man den gewünschten Grad der Schnürung erreicht hat (Abb. 232b). Liegt die Schlinge nicht genau in der Mitte der Hülle, so rutscht

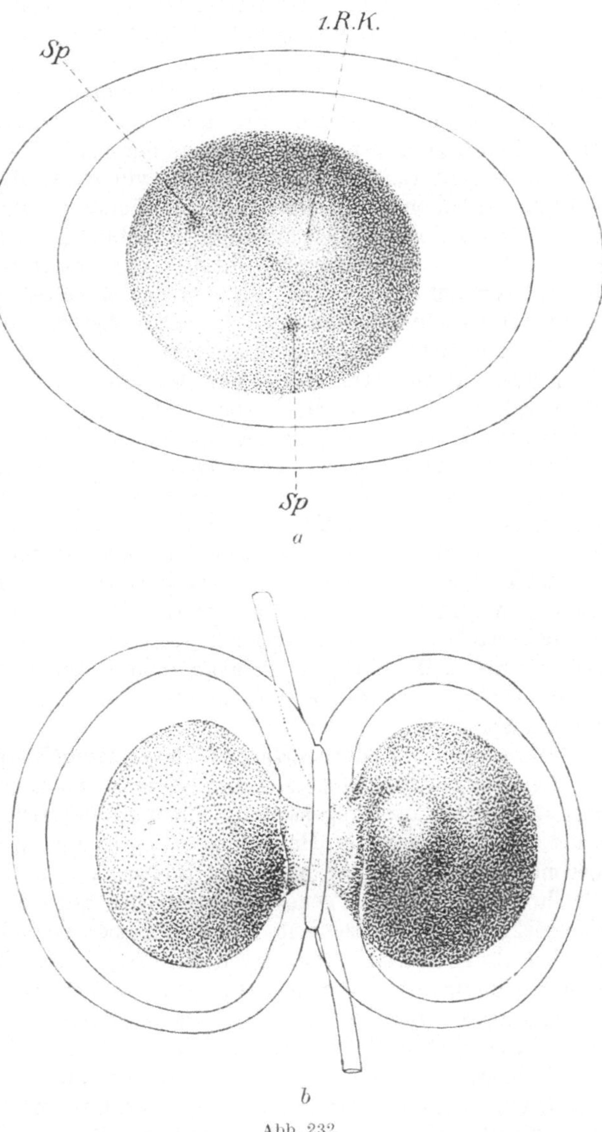


Abb. 232.
a Befruchtetes Tritonei, von der animalen Seite gesehen; Richtungskörperfleck (1. *R. K.*) hell; 2 Spermaeinschläge (*Sp.*).
b Stark eingeschnürtes Ei von Triton taeniatus. (SPEMANN).

der Keim infolge der Verschiebung der Druckverhältnisse zwischen beiden Hälften während der Schnürung zum Erstaunen und Ärger des Experimentators auf die größere Seite. Will man stark ein- bzw. durchschnüren, so macht man dies am besten in verschiedenen Etappen. Die Drucksteigerung innerhalb der Hüllen und besonders innerhalb des Dotterhäutchens ist dabei sehr beträchtlich. Letzteres platzt leicht, was in vielen Fällen die Bildung von Extraovaten und damit den Verlust der Eier zur Folge hat. Doch kann man sich das Durchschnüren dadurch erleichtern, daß man die Keime ungefähr eine halbe Stunde vor dem Schnüren in Leitungswasser bringt, dem pro Liter ca. 6 g wasserfreies $CaCl_2$ zugesetzt wurde. Das Salz setzt den osmotischen Druck der Hüllenflüssigkeit herab und macht wahrscheinlich auch die Hüllenmembranen widerstandsfähiger. Eine Stunde nach dem Schnüren können die Keime in gewöhnliches Wasser gebracht werden; sie werden durch die Salzlösung auch bei langem Verbleiben nicht geschädigt (BALTZER, unveröffentlicht). — Schnürungen entlang der Polaritätsachse des Eis machen keine besonderen Schwierigkeiten, da sich das Ei selbst so einstellt, daß diese senkrecht steht. Doch schnürt man auch dabei am besten im Blastulastadium, weniger gut im Zweizellenstadium und ungefurchten Ei, sehr schlecht im Morulastadium. Will man jedoch entlang oder parallel zum Eiäquator schnüren, so sind besondere Vorbereitungen notwendig. Man wählt sich unter den frisch abgelaichten ungefurchten Eiern diejenigen aus, welche besonders lange und im Querdurchmesser recht enge Hüllen besitzen. Dann bettet man sie in ein dicht gedrängtes Algenpolster so ein, daß sie mit ihrer Längsachse senkrecht stehen; der Keim ruht dabei in der untersten Spitze der Hülle. Hier nimmt er im Lauf der Furchung eine längliche Form an, wobei seine einst kurze Polaritätsachse zur längsten Achse wird. Wird das Ei nun kurz vor der Schnürung (etwa kurz vor der Gastrulation) aus der senkrechten Lage genommen, so bleibt infolge des kleinen Querdurchmessers der Hülle die Polaritätsachse des Keims parallel zur Längsachse der Hülle orientiert, was die Schnürung senkrecht zur Polaritätsachse ermöglicht. Animale Teile der Eier lassen sich so abschnüren und bleiben in den günstigen Lebensbedingungen lange am Leben.

*Operationen mit Glasnadeln und Transplantationspipette* s. S. 774.

*Partielle Isolation von bestimmten Keimbezirken. Nervenlose Extremitäten.* Manchmal erfordert es die Fragestellung, einen Keimbezirk von einem zweiten zu isolieren, ohne ihn ganz von der Hauptmasse des Keims zu trennen. Diese Forderung war besonders bei der Frage nach der Bildung der peripheren Nerven und nach dem Einfluß des Zentralnervensystems auf die Entwicklung gegeben. Die nervenlose Entwicklung der Extremität, aus technischen Gründen speziell der hinteren, diente hierbei als Kriterium. Man kann die Frage durch Exstirpation des Zentralnervensystems zu beantworten suchen, wobei jedoch, wenn der Defekt klein ist, meist Regeneration eintritt oder, wenn er sehr groß ist, eine Kombination zweier Larven notwendig wird (s. S. 771). Man kann aber auch die Nerven durch ein lokales Hindernis hemmen, in die Extremitätenanlage einzuwachsen. Zu diesem Zweck wurde von HAMBURGER (unveröffentlicht) ein Verfahren gewählt, das auf HARRISON (1904 b) zurückgeht. Ein eben gerade gestreckter Keim von Rana fusca wird vollständigt von seinen Hüllen befreit, an der Basis der vom Bauch gut abgesetzten Achsenorgane vom 5. bis 12. Segment mit einem schmalen feinen Skalpell (Abb. 205 b) frontal durchstochen und in den Schlitz ein sehr feines Glimmerplättchen eingeklemmt. Seitlich soll es nicht weit überstehen. Die Haut heilt meist dorsal und ventral von dem Glimmerplättchen zusammen; zwei Tage nach der Operation wird dieses von selbst ausgestoßen. Während des ersten Tages kann nachoperiert werden. Keime mit schräg auswachsender Schwanzknospe werden weggeworfen, da sie schwer großzuziehen sind. In günstigen Fällen bleibt das Loch bis zur Metamorphose offen. Die

Extremitäten sind dann nervenfrei und funktionslos, zeigen starke Atrophie, doch normale Ausbildung selbst aller Zehen.

*Spalten von Organanlagen.* In ähnlicher Weise wie soeben für die nervenlosen Extremitäten geschildert, verfuhr EKMAN (1921) bei der Spaltung von Herzanlagen bei Larven von Rana fusca und Bombinator. In Stadien mit offener Medullarplatte bis zu solchen mit kleiner Schwanzknospe liegt die Herzanlage ventral median ungefähr im zweiten Keimfünftel. Sie wird mit einem feinen Messerchen oder einer Glasnadel bis auf das weite Lumen des Vorderdarms durchschnitten und die Verheilung durch Einschieben eines Deckglassplitters (besser Glimmerplättchens) für 24 Stunden verhindert (bei Rana fusca ist nicht einmal der Deckglassplitter notwendig, da die Vernarbung langsam erfolgt). Nach einigen Tagen präpariert man die Haut ab und legt die beiden entstandenen Herzen zur Untersuchung frei. Hübscher ist das neuerdings von EKMAN (1925) angewandte Verfahren, bei dem er anstatt des Deckglassplitters lebendes Gewebe anderer Bezirke gleichalter Keime zur Einheilung bringt. Dabei muß beachtet werden, daß das Implantat nicht mehr zu ortsgemäßer Entwicklung fähig und ungefähr so dick wie das Ekto-, Ento- und Mesoderm der Implantatsstelle ist. In der Neurula mit offener Medullarplatte verwendet er einen lateralen, ungefähr über das zweite und dritte Keimviertel reichenden Längsstreifen aus der zukünftigen Vornierenregion, im Stadium der kleinen Schwanzknospe einen Streifen aus dem Bereich der späteren Kiemenwülste (Methode der Transplantation s. S. 775). In ähnlicher Weise werden sich andere Organanlagen wie Extremitäten, Augen, Kiemen usw. spalten lassen.

*Entfernung des Kerns an Eizellen.* Zur Beurteilung der Leistung des Kerns bzw. des Plasmas bei der Entwicklung speziell in frühen Stadien ist es notwendig, den Kern zu entfernen. Dies kann man entweder durch Bestrahlung der unbefruchteten Eier und des Spermas und nachträgliche Besamung oder durch Bestrahlung der unbefruchteten Eier und anschließende künstliche Entwicklungsanregung auf verschiedenem Wege erreichen (Lit. s. SCHLEIP 1927, S. 58). — 1. Man entfernt bzw. inaktiviert in unbefruchteten Eiern den Kern mechanisch oder durch Bestrahlung mit Radium und regt dann die Eier durch bestrahltes Sperma oder durch andere Mittel zur Entwicklung an; — 2. man inaktiviert bzw. entfernt den diploiden Kern am befruchteten Ei durch Radiumstrahlen bzw. mechanisch. — Die Behandlung mit Radium s. S. 721 u. ff. Hier soll nur ein Beispiel für die mechanische Entfernung geschildert werden. —

Ausschaltung des Kerns aus der Entwicklung bei Amblystomaeiern nach JOLLOS und PÉTERFI (1923). Amblystomaeier lassen sich nach der Feststellung von JOLLOS zu jeder Jahreszeit erhalten, wenn man die ausgewachsenen Männchen und Weibchen einzeln in Aquarien bei normaler Temperatur im besten Futterzustand hält und sie ca. 2 bis 3 Tage, ehe man den Laich braucht, paarweise in kaltes Leitungswasser (ca. 8° C) setzt. Im eben abgelaichten ungefurchten Ei sitzt der weibliche Vorkern meist als zweite Richtungsspindel direkt unter dem animalen Pol in einem grauen Feld, das in der sonst schwarzbraun pigmentierten animalen Keimhälfte sehr auffällig ist (Abb. 232a). Der Spermakern liegt ca $^1/_2$ mm tiefer und etwas seitlich. Die Vereinigung der beiden Kerne findet $1^1/_2$ bis 2 Stunden nach der Eiablage statt. Man nimmt nun die Keime sofort nach der Eiablage, entfernt die äußeren Hüllen nach der S. 690 beschriebenen Methode, sticht mit einer Glasnadel das Dotterhäutchen und das Ei am animalen Pol an und saugt mit einer feinen Pipette ein wenig Plasma ab. Weiterhin tritt noch etwas Plasma als kleines Extraovat aus. In dem Versuch von JOLLOS und PÉTERFI, der nur die Entnahme des weiblichen Vorkerns beabsichtigte, furchten sich die Keime sehr unregelmäßig, bildeten Morulae und Blastulae und zeigten vielleicht sogar einen Ansatz zur Gastrulation. Bei der Schnittuntersuchung ergab sich, daß diese Vorgänge ohne das Chromatin und das Centrosom des Spermas ausgeführt worden waren. Da das Sperma im Keim jedoch vorhanden war, läßt sich seine Tätigkeit nachträglich schwer beurteilen. Die Methode gestattet jedoch, auch Sperma und Eikern zu entfernen. Für Experimente, welche die Untersuchung der Frage bezwecken, ob das Plasma allein den Gastrulationsvorgang leisten kann, werden wohl besser durchsichtige Objekte gewählt, bei denen die Gastrulationsvorgänge im Leben beobachtet werden können.

### b) Isolation durch Änderung der Temperatur.

Unter Umständen läßt sich die Trennung der Blastomeren durch Änderung der Temperatur erreichen. DRIESCH (1893a, S. 10) gibt für Seeigelkeime folgendes Verfahren an. 10 Minuten nach der künstlichen Befruchtung werden die Keime von Sphaerechinus granularis im Thermostaten auf 31° und diejenigen von Parechinus microtuberculatus auf 26° gehalten, bis sie mindestens das 16-Zellstadium erreicht haben. Die $^1/_2$ Blastomeren rücken ganz auseinander, und gelegentlich unterbleibt ihre spätere Vereinigung, wobei dann Zwillinge entstehen. Vierlinge treten nicht auf.

### c) Isolation durch Veränderung der chemischen Zusammensetzung der Umgebung.

Solcher Methoden gibt es verschiedene (DRIESCH, HERBST, LOEB; s. HERBST 1913, 1923); es sollen jedoch nur die wichtigsten betrachtet werden.

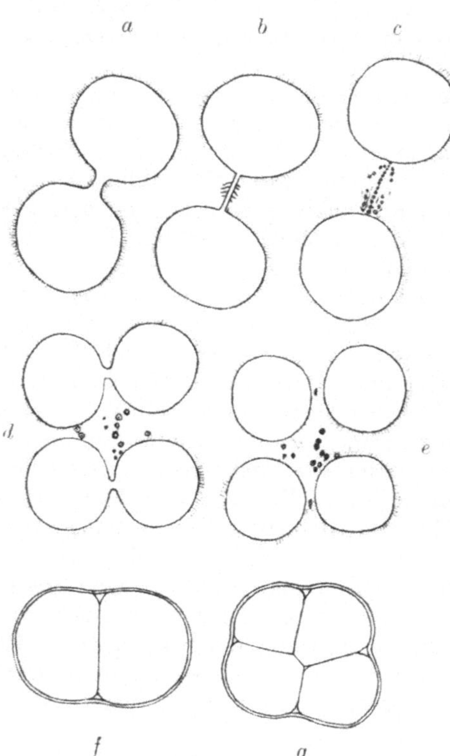

Abb. 233. a—e Zwei- und Vierteilung der Eier von Parechinus microtuberculatus in Seewasser ohne Calcium. f u. g Zwei- und Vierzellenstadium von Keimen ohne Befruchtungsmembran aus einer Kontrollmischung mit Ca-Zusatz. (HERBST.)

DRIESCH (1893c) bringt die Keime von Parechinus microtuberculatus nach der künstlichen Befruchtung in Wasser, das zu 70 Teilen aus Seewasser und zu 30 Teilen aus Süßwasser besteht. Nachdem sie das Blastulastadium erreicht haben, werden sie in normales Seewasser überführt, wo sie sich zu Plutei entwickeln. Unter den Keimen befinden sich Zwillinge und Vierlinge.

Doppelbildungen erhält HERBST (1913), wenn er Keime von Seeigeln in 4 Teilen Seewasser und 1 Teil 3% KCl-Lösung aufzieht. Kleine Larven aus Keimfragmenten bilden sich bei Seeigeln nach HERBST, wenn dem Seewasser KBr (6 g pro Liter) oder KJ, NaBr, $NaNO_3$ zugesetzt werden.

Die wichtigste Methode dieser Art ist jedoch die *Trennung der Blastomeren mit Ca-freiem Seewasser* (HERBST 1904, 1923). Man verwendet künstliches Seewasser in der Zusammensetzung 96,2% aq. dest. + 3,07% NaCl + 0,08% KCl + 0,66% $MgSO_4$ + $MgHPO_4$, soviel sich löst. In dieser Lösung werden die sofort nach der Befruchtung durch mäßiges Schütteln im Glasröhrchen enthüllten Keime aufgezogen. Ihre Blastomeren kugeln sich darin ab und trennen sich vollständig. Eventuell kann man durch ein wenig Schütteln etwas nachhelfen (Abb. 233). Ist die gewünschte Aufteilung, etwa in $^1/_4$ Blastomeren, erreicht, so ersetzt man das Ca-freie Seewasser durch normales. In diesem bleiben die weiteren Teilungsprodukte wieder zusammen. Die Behandlung kann in jedem Stadium der Entwicklung begonnen werden und wirkt prompt sowohl auf die schon vollzogenen als auch die gerade ablaufenden Zellteilungen. Die Wirkung beruht sichtbar auf der Veränderung einer oberflächlichen, kontinuierlich über alle Zellen wegziehenden Membran, der „Verbindungsmembran" (Abb. 233f, g) Diese ist normalerweise nach innen und außen gut konturiert, wird aber im Ca-freien Seewasser undeutlich radiär gestreift und schlecht nach außen abgrenzbar. Doch erstreckt sich die Wirkung auch noch auf einen zweiten nicht näher zu ermittelnden Faktor, der offenbar ebenfalls beim Zusammenhalten der Blastomeren beteiligt ist, da nach der Behandlung mit Ca-freiem Seewasser die Blastomeren auch zusammenbleiben, ohne daß die Verbindungsmembran sich vollständig ausbildet. Durch die Behandlung werden die Blastomeren nicht merklich geschädigt. — Die auflockernde Wirkung des Ca-freien Seewasser wurde von HERBST auch an Eiern von Ascidien und Myzostoma, an bewimperten Larven von Polymnia nebulosa, am Ektoderm von Hydranthen von Tubularia mesembryanthemum und an den Ektodermzellen von späten Larven von Cyona intestinalis beobachtet. Zur Trennung der Blastomeren ist allerdings notwendig, daß die Befruchtungsmembran und andere Hüllen der Keime entfernt werden können. Gelingt dies nicht, so ist die Methode kaum anwendbar (z. B. Ascidieneier CONKLIN 1905), da die sich berührenden Zellen nach der Behandlung wieder verschmelzen. — Die Trennung der Blastomeren mit Ca-freiem Seewasser ist auch bei anderen Objekten z. B. von E. B. WILSON (1904) bei Molluskeneiern (Dentalium, Patella) mit Erfolg angewandt worden.

Auch bei *Süßwasserformen* läßt sich die chemische Veränderung der Umgebungsflüssigkeit methodisch ausnützen. So ist der Salzgehalt der Umgebungsflüssigkeit für das Furchungsbild völlig enthüllter Tritonkeime von beträchtlichem Einfluß (Blastomerenverschmelzung bei Triton S. 769). Bei Wirbeltieren ist durch eine große Zahl von Forschern (O. HERTWIG, STOCKARD, MCCLENDON, WERBER, JENKINSON u. a. [Lit. s. bei v. UBISCH 1925c und in der hier zitierten Arbeit von 1924]) bekannt, daß durch Veränderung der Umgebung Mißbildungen erzielt werden können, die auf einer verschiedenen Empfindlichkeit der verschiedenen Keimbezirke gegen die schädigenden Faktoren beruhen. Zur Erforschung des Linsenproblems ist die Methode neuerdings wieder von v. UBISCH (1925, S. 36) verwandt worden. Er bringt Keime von Rana fusca mit allen Hüllen zu Beginn der Gastrulation in eine 1proz. Lösung von Kochsalz in Süßwasser bei Zimmertemperatur und überführt sie nach 2 Tagen in gewöhnliches Süßwasser. Durch die Behandlung wird die Formbildung während der Gastrulation und diejenige des Zentralnervensystems stark geschädigt, so daß die Augenblasen kaum ausgestülpt werden und die Epidermis nicht berühren. Die Epidermis wird dagegen nur wenig geschädigt und kann ihre Organe gut differenzieren. Es entstehen daher stark mißgebildete Keime, die nach längstens 6 Tagen fixiert werden. Länger als zweitägige Behandlung mit 1 proz. NaCl-Lösung bewirkte zu frühes Absterben. 0,6 proz NaCl-Lösung hemmte die Formbildung des Zentralnervensystems nicht genügend. Durch das Experiment konnte die vom Augenbecher unabhängige Entstehung von Lentoiden in der Epidermis von Rana fusca gezeigt werden (vgl. die Empfindlichkeitsmethode von CHILD, S. 714 u. ff.).

## C. Isolations- und Defektmethoden am histologisch differenzierten Material.

Hier wird man im allgemeinen mit der chirurgischen Methode auskommen und nur gelegentlich mikrochirurgische Instrumente brauchen. Bei größeren Tieren müssen die zuleitenden Gefäße abgebunden werden, um das Verbluten zu verhindern; auch muß evtl. aseptisch gearbeitet werden. Die Defektmethoden am differenzierten Tier dienen einmal besonders dem Studium des Einflusses, den das exstirpierte Organ auf den Gesamtorganismus ausübt. Sie sind besonders wichtig für das Studium der inneren Sekretion und werden hier häufig mit Transplantationsversuchen verknüpft; doch lassen sie sich nur da anwenden, wo das zu untersuchende Organ gut abgegrenzt ist und nicht regeneriert wird. Sie bilden aber auch naturgemäß die Hauptmethode für das Studium der Regenerationsvorgänge und für die Erforschung der Metaplasie.

Einfache Defektsetzungen mit der Glasnadeln, der Schere oder dem Skalpell, wie sie notwendig sind, um einen Stentor, eine Hydra, eine Planarie oder einen Regenwurm in zwei oder mehrere Teile zu zerschneiden oder an einem Insekt, einem Molch oder einer Eidechse einen Adnex in einer bestimmten Region und Richtung zu entfernen, brauchen hier nicht beschrieben zu werden. Maßgebend für den Erfolg sind hier die Zuchtbedingungen, die bei jedem Tier andere sind, daher in diesem Artikel nicht behandelt werden können. Ist beabsichtigt, einfache Regenerationsversuche anzusetzen, so empfiehlt es sich, für die verschiedenen Probleme verschiedene Tiere zu verwenden, etwa in folgender Weise (wobei natürlich nicht alle mit der Regeneration verknüpften Probleme angegeben werden können). Man verwende für das Studium von:

*Morphallaxis:* Stentor, Planarien (kleine Stücke), Bipalium Kewense;

*Epimorphose:* Urodelenextremität und Schwanz u. a.;

*Alter und Regenerationsfähigkeit:* Anurenlarven;

*Stückgröße und Regenerationsfähigkeit:* Cölenteraten, Planarien und Süßwasseroligochäten, speziell Lumbriculus, der sich überhaupt durch sehr große Regenerationsfähigkeit auszeichnet;

*Ähnlichkeit der ontogenetischen und regenerativen Bildung:* Auge von Helix pomatia und Planorbis corneus;

*Abhängigkeit der Regenerationsrichtung von der Schnittrichtung:* Schwanz von Fischen, Urodelen- und Anurenlarven;

*verschiedene Regenerationsfähigkeit in verschiedenen Körperabschnitten:* Tubifex;

*wiederholte und regenerierende Regeneration:* Lumbriculus, Tubifex, Urodelenextremität;

*äquifinale Regeneration:* Hydranthenregeneration von Tubularia; Enddarmregeneration bei Oligochäten;

*Homöosis:* Arthropoden (Palinurus, Palaemon u. a. Fühler an Stelle der Augen, Dixippus morosus: Bein an Stelle der Fühler);

*Heteromorphosen:* Planarien;

*kompensatorische Regulation:* heterochele Krebse;

*kompensatorische Hypertrophie:* Kiemen von Axolotllarven;

*Metaplasie:* Criodrilus (Ovarregeneration ovarfreier Stücke);

*Nervensystem und Regeneration:* Axolotllarven (Seitenlinienorgane nach Durchtrennung des Nervus lateralis);

*Funktion und Regeneration:* Schwanz von Anurenlarven usw. Siehe zudem das Kapitel über äußere Faktoren und die folgenden Beispiele. Einige wenige wichtige Versuche mögen beschrieben werden.

### a) Defektversuche zur Ermittlung der Bedeutung von Kern und Plasma.

Die Bedeutung des Kerns für die Lebensvorgänge und die Regeneration läßt sich an Protozoen relativ einfach untersuchen (zusammenfassende Literatur bei Korschelt 1927, Kap. 1). Ich nehme als Beispiel die *Regeneration kernhaltiger und kernloser Stücke von Amoeba proteus*, wobei ich die Zucht- und Operationsmethode von Hartmann (1924) nach seinen mir freundlichst gemachten mündlichen Angaben schildere. — Die Zuchtgläser (Boverischalen und hohlgeschliffene Objektträger aus Jenenser Glas) müssen vor dem Gebrauch sorgfältigst gereinigt werden, indem man sie einige Stunden in Chromschwefelsäure legt (konzentrierte Schwefelsäure, in der so viel feste Chromsäure gelöst wird, daß die Flüssigkeit braun aussieht), dann ca. 1 Stunde unter fließendem Leitungswasser spült, weiter kurz in aq. dest. auswäscht und in solchem kocht und schließlich auf dem Ablaufbrett abtrocknen läßt. — Als Zuchtmedium dient 0,05 bis 0,01 proz. Knoplösung. Man gewinnt die haltbare 1 proz. Knoplösung aus 4 beständigen Stammlösungen : I. 10 proz. $Ca(NO_3)_2$ (nicht entwässert); II. 5 proz. $KNO_3$; III. 5 proz. $MgSO_4 + H_2O$ (krist.); und IV. 5 proz. $KH_2PO_4$, indem man sie folgendermaßen mit destilliertem Wasser mischt: 150 $cm^3$ aq. dest. + 10 $cm^3$ I + 5 $cm^3$ II + 5 $cm^3$ III + 5 $cm^3$ IV. Aus der 1 proz. Knoplösung stellt man sich die 0,05 proz. her, indem man ein bestimmtes Quantum mit der 19fachen Menge aq. dest. verdünnt (190 $cm^3$ aq. dest. + 10 $cm^3$ 1 proz. Knop = 0,05 proz. Knop) und schließlich die 0,01 proz. Lösung durch Verdünnen der 0,05 proz. mit der vierfachen Menge aq. dest. (160 $cm^3$ aq. dest. + 40 $cm^3$ 0,05 proz. Knop = 0,01 proz. Knop). Als aq. dest. wird nur zweimal im Fehmelkühler destilliertes Wasser verwendet. — Zur Gewinnung der Stammkultur setzt man in eine Boverischale mit 0,05 bis 0,01 proz. Knoplösung Gonium pectorale, deckt sie sorgfältig zu und stellt sie an ein Nordfenster. Das Gonium vermehrt sich reichlich und sammelt sich an der

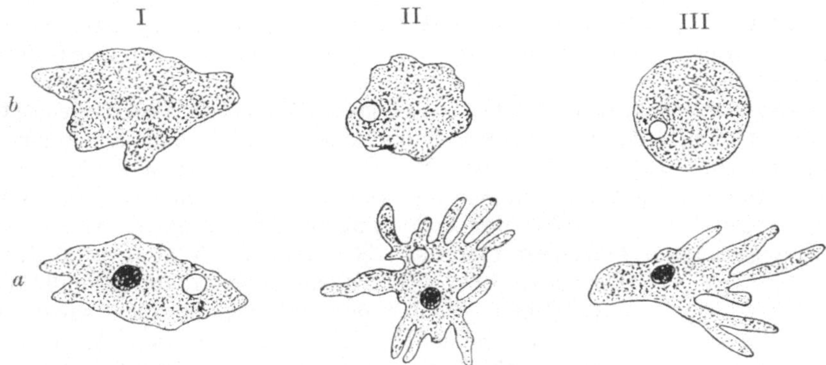


Abb. 234. Amoeba proteus. I Unmittelbar nach dem Zerschneiden; II am zweiten Tag nach der Operation; III am dritten Tag. a Kernhaltiges, b kernloses Stück. (Nach HOFER aus KORSCHELT.)

Lichtseite. Nach 8 Tagen werden die Gonien in 2 oder 3 neue Kulturflüssigkeiten und in frische Schalen übertragen und in eine dieser Kulturen Stentor Roeseli gesetzt, der die Algen sehr eifrig frißt und sich stark vermehrt. In einer solchen Stentorkultur wird Amoeba proteus gezüchtet; sie frißt Stentor und teilt sich bei Zimmertemperatur ungefähr alle 2 Tage. Man hält sich praktischerweise stets Kulturen mit Gonium, solche mit Gonium + Stentor und solche mit Gonium + Stentor + Amöba und überführt diese alle 8 Tage in frische Schalen mit frischem Kulturmedium mittels einer in der Flamme sterilisierten feinen Pipette. — Für den Versuch bringt man auf einen gereinigten (s. oben) hohlgeschliffenen Objektträger einige Tropfen Kulturflüssigkeit, 1 Amöba, 1 Tropfen Goniumkultur und ca. 6 Stentoren. Die reich verzweigte Amöbe nimmt kurz nach der Übertragung langellipsoide Form (Limax) an, wodurch es nicht schwer ist, am vorderen Ende ein ziemlich großes kernfreies Stück mit dem feinen Skalpell (Abb. 234) abzuschneiden. Der Kern ist schwer sichtbar, liegt aber mit Regelmäßigkeit im hinteren Ende. Der Objektträger wird in der feuchten Kammer gehalten. Falls es darauf ankommt, eine sehr regelmäßige Teilungsrate zu erzielen, stellt man zudem die feuchte Kammer in einen Thermostaten von 21° C. — Die kernhaltige Hälfte regeneriert (wächst) zu einem lebensfähigen Individuum. Wird von ihm täglich ein kleines Stück abgeschnitten, so läßt sich seine Teilung vollständig verhindern, ohne daß es in seiner Lebensfähigkeit geschädigt wird (Regeneration und Zellteilung!). Das kernlose Stück zeigt Bewegung, Funktion der kontraktilen Vakuole, Reaktion auf Reize und Nahrungsaufnahme, doch fehlt ihm die Fähigkeit zur Assimilation und damit zum Wachstum. Es stirbt nach einigen Tagen ab (Abb. 234).

### b) Defektversuche zum Problem der Metaplasie.

Für die Beurteilung der Potenzen der histologisch differenzierten Zellen sind besonders diejenigen Versuche bedeutsam, in denen die histologischen Elemente des Regenerats im regenerierenden Material nicht vorhanden sind. Eine gute Versuchsanordnung, welcher die Frage nach der Potenz der differenzierten Zellen zugrunde liegt, hat zur Voraussetzung, daß 1. das zu regenerierende Organ histologisch bestens charakterisiert ist (z. B. Gonaden, Linse usw.), 2. daß es gut lokalisiert ist, also gut vollständig entfernt werden kann, 3. daß keine Zellen mit primär embryonalen Potenzen am Regenerationsort vorkommen bzw. an diesen gelangen. Diese Voraussetzungen sind sehr selten alle erfüllt; am besten bei der Linsenregeneration vom oberen Irisrand bei Urodelen (s. unten). Unsicher bleibt beinahe stets der Punkt 3, d. h. die Frage, ob nicht embryonale Reservezellen oder Zellen mit höherer Potenz, wie etwa Mesenchymzellen, an der Bildung des Regenerats beteiligt sind (vgl. dazu Korschelt 1927, S. 199ff und 294ff und Nusbaum, J. 1912). — Als Beispiel für eine metaplastische Regeneration mag hier die Wolffsche Linsenregeneration angegeben werden.

*Linsenregeneration durch den Irisrand bei Urodelen* (Wolffsche Linsenregeneration). Die durch Colucci (1885, 1891) und Wolff (1894) unabhängig voneinander gemachte Feststellung, daß die während der Entwicklung vom Ektoderm sich bildende Linse nach der Exstirpation am funktionstüchtigen Auge vom oberen Irisrand regeneriert werden kann, hat wegen ihrer oben erwähnten Bedeutung eine häufige Bearbeitung erfahren (außer den genannten Forschern Fischel, Erik Müller, Wachs u. a. Lit. bei Petersen 1924, VI. Abschnitt, S. 647 u. ff. und Wachs 1914, 1920). In der Beschreibung des nicht allzu schwer nachzuahmenden Versuchs folge ich den Angaben von Wachs. Als Versuchstiere werden am besten 2 bis 3 cm lange Urodelenlarven (kurz vor der Metamorphose) verwandt. Man narkotisiert sie mit $^1/_2$proz. Chloretonlösung und operiert in Wasser oder physiologischer Kochsalzlösung. Zur Entfernung der Linse wird die Larve unter dem Binokular mit der linken Hand mittels einer Pinzette festgehalten, die Wölbung der Cornea cranio-kaudalwärts mit einer Spemannschen Glasnadel (Abb. 204d) durchstochen und schließlich mit einem feinen scharfen Augenmesserchen die Kornea über der Nadel durchgeschnitten (Abb. 235). Dann wird die Linse mittels der Glasnadel vorsichtig herausgehoben. Nach der Exstirpation setzt die Regeneration ein, indem an der oberen Iris die beiden Irisblätter sich voneinander abheben, ihr Rand pigmentlos wird, ein Bläschen bildet und dieses wie in der Ontogenie sich zur Linse entwickelt. Die Regeneration erfolgt bei verschiedenen Urodelenarten verschieden schnell. Am günstigsten sind die Larven von Triton taeniatus und cristatus; die ersteren zeigen nach ungefähr 17 Tagen, die letzteren nach 14 Tagen schon eine freie Linse mit Faserhügel. Auch das Alter der Tiere ist von Bedeutung; am schnellsten regenerieren die kurz vor der Metamorphose stehenden Larven. Vor und während des Versuchs werden die Larven mit Daphnien und Enchyträen gefüttert. In periodischen Abständen nach der Operation werden jeweils ein paar Köpfe fixiert

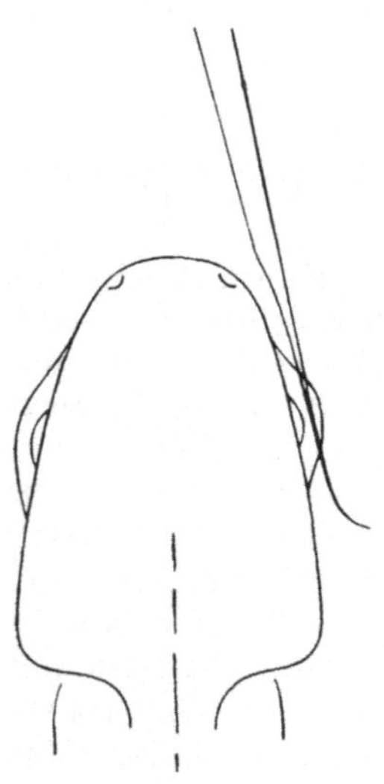

Abb. 235. Exstirpation der Linse an Urodelenlarven. (Wachs.)

und die Augenregion quer zur Längsachse geschnitten; das nichtoperierte Auge dient als Kontrolle. — Nach der Exstirpation lassen sich auch Linsen auto-, hetero-, xeno-(dys-) oder anaplastisch wieder in die Pupillen einsetzen. Sie können die normale exstirpierte Linse weitgehend vertreten und die Regeneration verhindern (WACHS 1914, 1920; KOPPANYI 1923, Lit. bei PRZIBRAM 1926a, S. 108).

c) Defektversuche zur Analyse der Regenerationsvorgänge an der Urodelenextremität.

Für die Analyse der Regenerationsvorgänge sind besonders Defektversuche an der Urodelenextremität sehr fruchtbar geworden. So konnte die Frage nach dem Ursprung der Regenerationsknospe und ihrer Determination für manche Gewebe im negativen Sinn entschieden werden. Von den einfacheren Methoden sollen einige angegeben werden, wobei ich den Angaben der Arbeiten neuester Zeit folge. — Vorausgeschickt sei, daß die als Versuchstiere verwandten Tritonen nur im Sommer gut regenerieren und daß sie nicht zu alt und in gutem Ernährungszustand sein sollen. Man hält sie am besten einzeln in kleinen Aquarien (etwa vierlitrigen Einmachgläsern), welche mit Gaze abgedeckt und reichlich mit Wasserpflanzen beschickt werden. Zum Ausruhen legt man ein Korkstück ein. Gefüttert wird durch Vorhalten von Regenwurmstücken oder Hackfleisch, auf das sich die Tiere leicht dressieren lassen. Zur Operation narkotisiert man in einer Mischung von Äther und Leitungswasser (15 : 500), welche die Haut nicht merklich angreift und erlaubt, mehrere Narkosen hintereinander auszuführen. Zu beachten ist auch, daß die Regeneration unterbleiben kann, wenn die Haut über der Schnittfläche schnell zusammenheilt. Dies geschieht nicht selten bei der Amputation mit der Schere, bei der die Hautränder aneinandergepreßt werden. Geht die Regeneration glatt vonstatten, so kann man ca. 3 bis 4 Monate nach der Operation mit endgültigen Resultaten rechnen.

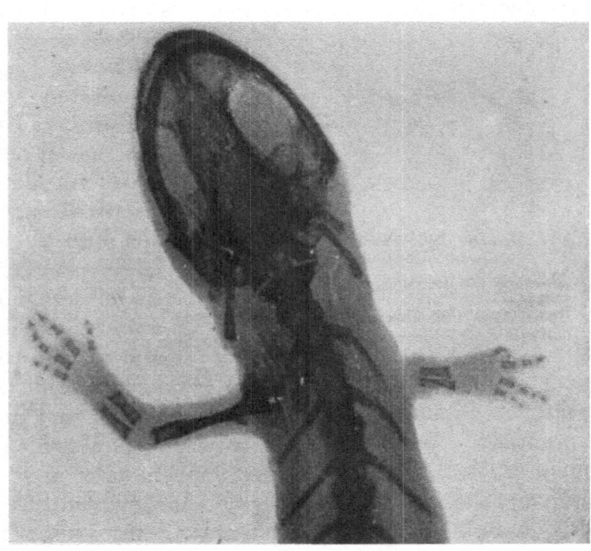

Abb. 236. Regeneration an knochenhaltigen und knochenfreien Extremitätenstümpfen.
Rechts: Regeneration eines Unterarms und einer Hand nach Exstirpation des rechten Schultergürtels und des Humerus und Amputation proximal vom Ellbogen.
Links: Kontrolle: Regeneration ohne vorherige Knochenexstirpation. (WEISS.)

α) Ausschaltung der Knochen aus der Extremitätenregeneration bei Urodelen (WEISS 1925b). Am ausgewachsenen Triton cristatus werden auf der einen Seite der Humerus und der ganze Schultergürtel herauspräpariert, indem man einen kleinen Schnitt dorsal von der Skapula und ventral median durch die Haut und Muskulatur führt. Die Skelettstücke werden dann vorsichtig mit feinen stumpfen Skalpellen von der Muskulatur gelöst, herausgezogen und unter dem Binokular auf ihre Vollständigkeit geprüft. Die Wunden schließt man durch eine oder zwei Nähte. Schließlich werden beide Arme etwas proximal vom Ellbogengelenk abgeschnitten. Die exstirpierten Knochen werden nicht neu gebildet, doch regeneriert auf beiden Seiten ein normaler Unterarm mit Fuß und vollkommenem Skelett (Abb. 236). Lag die Amputationsstelle im Bereich des Humerus, so wird sein distales Ende auch auf der humerusfreien Seite regeneriert. Zur Bildung einer vollkommenen Regenerationsknospe ist die Anwesenheit des Knochens nicht notwendig.

*β*) Die Ausschaltung der Cutis aus der Extremitätenregeneration bei Urodelen (erwachsenen Triton cristatus) vollzog WEISS (1926b) in sehr hübscher Weise. Man enthäutet sorgfältig etwa eine Vorderextremität vom Fuß bis zum Schultergelenk und stülpt über die nackte Stelle, unter Zuhilfenahme einer kleinen, etwas trichterförmigen Glasröhre, ein Stück Lunge eines zweiten Tieres (Abb. 237). Diese wird vorher gedreht, so daß ihre respiratorische Oberfläche nach außen zu liegen kommt. Infolge ihrer Kontraktilität legt sie sich dem Arm eng an und heilt fest. Nach einigen Tagen wird sie auch von der Epidermis überwachsen; dagegen schiebt sich die Cutis nicht distalwärts vor. Wird im Bereich des Implantats amputiert, so bildet sich ein vollkommenes Regenerat mit Cutis, welch letztere jedoch mit der proximalen nicht in Verbindung steht.

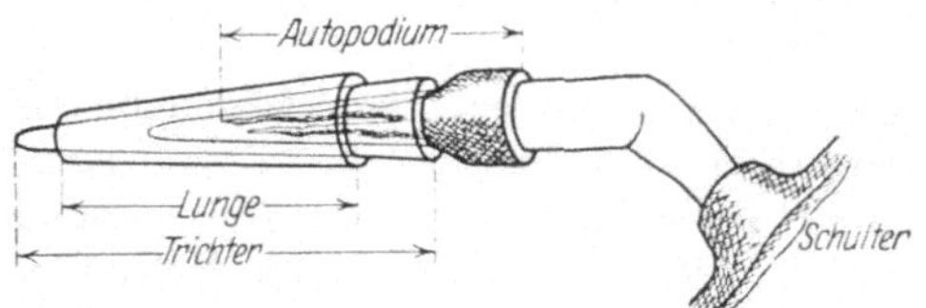


Abb. 237. Ersatz der Haut durch Lunge am Tritonbein; Schema der Operation. Einführen der teilweise enthäuteten Extremität in einen Glastrichter, auf den die umgestülpte Lunge bereits aufgezogen ist. (WEISS.)

*γ*) Die Regeneration auf halben Querschnitten läßt sich bei Urodelen in einfacher Weise durch Anschneiden erreichen. Dabei ist es jedoch notwendig zu verhindern, daß die Wundflächen zusammenwachsen. Dies kann durch Umbinden mit einem Seidenfaden geschehen. Bei diesem Verfahren entsteht unter Umständen sowohl an der distalen wie proximalen Wundfläche ein Regenerat, so daß insgesamt 3 Extremitäten vorhanden sind (Bruchdreifachbildung s. KORSCHELT 1927). In neuester Zeit hat WEISS (1926a) eine sehr exakte Methode für die Regeneration auf halben Querschnitten angegeben (Abb. 238). Er amputiert den Fuß an seiner Wurzel, spaltet über dem Unterschenkel die Haut dorsal längs und schält sie mit einem stumpfen Skalpell über der fibularen oder tibialen Hälfte des Beins von der Muskulatur ab, indem er über dem Kniegelenk noch einen ergänzenden queren Hautschnitt führt. Dann wird der Unterschenkel zwischen Fibula und Tibia längs gespalten und die hautfreie Seite am Kniegelenk amputiert. Dabei muß der zwischen den beiden Hälften liegende Nerv für die nicht abgeschnittene erhalten bleiben. Der freie Hautlappen wird dann um die stehengebliebene Hälfte herumgeschlagen und das überragende Teil abgeschnitten. Die Haut heilt meist ohne Naht an der Längsseite fest. Auf beiden Halbquerschnitten können ganze Regenerate gebildet werden; doch entstehen nur selten 2 Ganzregenerate zugleich.

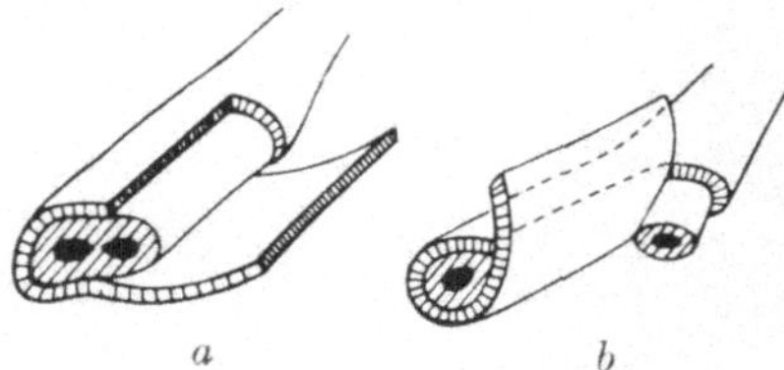


**Abb. 238a, b. Herstellung halber Querschnitte an der Urodelenextremität.**
**a Ablösung des Hautlappens vom halben Unterschenkel.**
**b Überhäutung der abgespaltenen Unterschenkelhälfte mit dem Hautlappen. (WEISS.)**

*δ*) Der Einfluß des Zentralnervensystems auf die Regeneration (Zusammenfassende Darstellung bei KORSCHELT 1927) ist bei Triton ebenfalls eingehend studiert worden. Im Hinblick auf die Wichtigkeit der Frage sei hier auch die Methode beschrieben, wobei ich wiederum der Darstellung von WEISS (1925a) folge (vgl. auch die Transplantationsversuche S. 785). Zur Ausschaltung der gesamten Innervation an der Vorderextremität beim ausgewachsenen Triton cristatus gibt WEISS folgende Methode an: „Das Wichtigste über die Innervationsverhältnisse der Extremität bei Triton sei hier zusammengestellt. Der freie Arm wird in der Hauptsache von den ventralen Ästen des 2. bis 5. Spinalnerven versorgt, doch kann der 2. und 5. gegenüber der Stärke des 3. und 4. beinahe ganz vernachlässigt werden. Der 3. und 4. Spinalnerv werden im folgenden mit I bzw. II bezeichnet; sie schmiegen sich etwa in der Hälfte des Weges vom Rückenmark zur Schulter aneinander an und ziehen von da an gemeinsam weiter, die Arteria subclavia zwischen sich. In der Schultergegend gehen sie in die Bildung des Plexus brachialis ein, an dem sich auch die schwachen Spinalnerven des Extremitätenabschnittes mit Ästen beteiligen. Aus dem Plexus gehen für die freie Extremität hauptsächlich zwei große Nervenstämme hervor, der Nervus brachialis longus inferior und der Nervus brachialis longus superior, welche sich jeder wieder in einen Ramus profundus und einen Ramus superficialis teilen. I und II sind am leichtesten während ihres Verlaufes unterhalb der Scapula zugänglich; die Nervenstämme distal vom Plexus dagegen erreicht man am besten, indem man die Haut des Oberarms nach einem Zirkulärschnitt umstülpt und von der Ventralseite des Oberarms her zwischen den Muskeln gegen das obere Drittel des Humerus vordringt. An den genannten Stellen kann man ohne wesentliche Schädigung der Gewebe bis zu 5 mm Nervenstrecke freilegen. Wenn man diese nun nicht herausschneidet, sondern mit Hilfe einer scharfen Pinzette fest faßt und extrahiert, so kann man bis zu 10 mm Nerv entfernen, das ist aber in einem Fall die ganze Strecke von der Wirbelsäule bis zum Plexus, im anderen Fall die ganze Länge des Oberarms. Um den zu extrahierenden Nervenabschnitt zunächst von dem mitlaufenden Gefäß und auch von nachbarlichen Nerven zu isolieren, wird er mit einem stumpfen Spatel unterfangen und auf diesem abpräpariert." Die Nerven werden nur einseitig exstirpiert, aber die Vorderbeine beiderseits auf gleicher Höhe amputiert. Das Nervenhaltige dient dann als Kontrolle. Der Zeitpunkt der Nervenexstirpation läßt sich gegen den der Amputation verschieben und die Regeneration beliebig sistieren. Bei diesen Versuchen ergibt sich, daß die Innervation zur Regeneration notwendig ist, daß jedoch schon ein Teil der Nerven die vollkommene Regeneration gewährleisten kann. Bei gleichzeitiger Nervenexstirpation und Amputation wird durch Proliferation nur eine kalottenförmige Narbe am Stumpf gebildet. War zur Zeit der Nervenexstirpation die Regeneration schon im Gang, so bildet sich das geformte Regenerat unter Involutionserscheinungen zum ungeformten Kegel zurück.

Zur Entscheidung der Frage, welche Teile und Elemente des Nervensystems, die motorischen, sensiblen oder sympathischen, den Einfluß auf das Regenerat ausüben, sind andere Defektsetzungen notwendig. — Gehirn, Rückenmark und die motorischen Elemente wurden von WOLFF u. a. durch Ausbohren des Rückenmarkskanals aus der Lumbalregion ausgeschaltet. WOLFF (1902) verfuhr dabei folgendermaßen: Hinter der Einmündung des Plexus cruralis in das Rückenmark wurde die Wirbelsäule mit der Schere quer durchschnitten und dann der Rückenmarkskanal mit einer feinen Laubsäge genügend weit nach vorn ausgekratzt. Dazu wurde noch die eine oder alle beiden Hinterextremitäten amputiert. Die Rückenmarksexstirpation hatte zur Folge, daß die Extremitäten unempfindlich und funktionslos waren, verhinderte jedoch die Regeneration nicht.

Die experimentelle Ermittlung der Bedeutung der Spinalganglien und des Sympathicus ist recht schwierig. Neuerdings sind dazu Versuche von SCHOTTÉ (1924) ohne genaue Angabe der Arbeitsmethode veröffentlicht worden. Nach ihm sollen vom Sympathicus allein die nervösen Einflüsse auf die Regeneration ausgehen.

Bei diesen die Bedeutung des Nervensystems für die Regeneration behandelnden Experimenten muß die starke Regenerationsfähigkeit der Nerven in Betracht gezogen werden. Schon WOLFF machte darauf aufmerksam, daß die Regenerationsvorgänge auch auf der nervenfreien Seite anfangs fehlen aber „stark verspätet" einsetzen können und zwar, wenn die Innervation infolge der Nervenregeneration wieder hergestellt ist. Auch die Innervation von anderen Spinalnerven ist in Betracht zu ziehen.

d) Defektversuche zur Ermittlung der Wirkung innersekretorischer Drüsen.

Als innersekretorische Drüsen wurden die Thyreoidea, die Thymus, die Epithelkörperchen, die Hypophyse, die Epiphyse, die Geschlechtsdrüsen, die Nebennieren u. a. erkannt. Sie bilden ein Sekret, das ins Blut abgegeben, den intimen Chemismus des Tiers beeinflußt und dadurch auf den Stoffwechsel, die Formbildungsvorgänge und die Psyche wirkt. Für die Erforschung ihrer Wirkungsweisen sind die Defektmethoden von großer Wichtigkeit geworden. Die Arbeitsweisen sind meist chirurgischer Art. Hier sollen nur einige wenige Versuche speziell an Wirbellosen beschrieben werden (Lit. s. bei BIEDL 1922).

α) Exstirpation der Geschlechtsdrüsen. Bei Versuchen zur Ermittlung der Bedeutung der Geschlechtsdrüsen wird man im Interesse guter Kriterien speziell solche Tiere wählen, die deutliche sekundäre Geschlechtsmerkmale und speziell einen starken sexuellen Dimorphismus aufweisen. Diesen Überlegungen und wohl auch technischen Gründen mag es zuzuschreiben sein, daß sich die wichtigsten Experimente mit Arthropoden, speziell Schmetterlingen, und Wirbeltieren befassen. Zusammenfassende Darstellungen findet man bei HARMS (1926a) für Wirbellose und KNUD SAND (1926a) für Wirbeltiere. Bei niederen Tieren haben sich die ersten Beziehungen zwischen den Geschlechtsdrüsen und sekundären Geschlechtsmerkmalen beim Regenwurm ermitteln lassen.

HARMS (1912) entfernte bei *Lumbricus herculeus* die Geschlechtsdrüsen, indem er die sie bergenden Segmente herausschnitt und das Vorderende an das Hinterende wieder anheilte (genaue Beschreibung der Methode bei der Transplantation S. 782). Das periodisch auftretende, sekundäre Geschlechtsmerkmal Clitellum erwies sich dabei als von den männlichen Geschlechtsdrüsen abhängig. — Für Asellus wurde oben eine Kastrationsmethode beschrieben (S. 723).

*Geschlechtsdrüsenexstirpation bei Schmetterlingsraupen.* OUDEMANS, KELLOG, MEISENHEIMER, KOPEĆ u. a. bearbeiteten die innere Sekretion der Geschlechtsdrüsen bei Schmetterlingen, MEISENHEIMER und KOPEĆ mittels Exstirpations- und Transplantationsmethoden. Ich folge der Beschreibung von KOPEĆ (1911, S. 7), der seine Versuche an Insekten (1908) gleichzeitig mit MEISENHEIMER (1907) begann und bis heute fortsetzt. Er arbeitete an verschiedenen Schmetterlingsarten, von denen sich jedoch die Lymantria dispar-Raupe als die widerstandsfähigste erwies (MEISENHEIMER 1907). Die Dauer der einzelnen Lebensabschnitte von Lymantria dispar ist individuellen Schwankungen unterworfen und in starkem Maße von der Temperatur abhängig. Um einige Anhaltspunkte zu geben, in welcher Zeit der Versuch abläuft, übernehme ich folgende Tabelle von KOPEĆ in etwas abgeänderter Form.

| Datum des Auskriechens | Beginn der Häutungen nach dem Ausschlüpfen in Tagen | | | | | Anfang der Verpuppung | Anfang des Ausschlüpfens der Falter |
|---|---|---|---|---|---|---|---|
| | 1. | 2. | 3. | 4. | 5. | | |
| 20. Mai 1909 | 9 | 17 | 22 | 29 | 37 | ♂ 49<br>♀ 55 | ♂ 69<br>♀ 78 |
| 18. April 1910 | 10 | 19 | 24 | 28 | 36 | ♂ 42<br>♀ 47 | ♂ 57<br>♀ 64 |

Operiert wurde in verschiedenen Stadien, beginnend nach der ersten Häutung. In der Raupe von Lymantria dispar (und vielen anderen Formen) liegen die Geschlechtsdrüsen im 5. Abdominalsegment rechts und links neben der Mediane dorsal vom Darm (Abb. 239). Sie bilden kugelige bis nierenförmige Körper, die schon nach der ersten Häutung nach ihrem Geschlecht unterschieden werden können (Abb. 240). Die zukünftigen Ovarien sind klein und kugelig-ellipsoid, die Hoden eine Spur größer und bohnenförmig. Beide lassen im Innern 4 Kammern, die zukünftigen Samen- bzw. Ovarialschläuche, unterscheiden und sind meist lebhaft gefärbt. Mit dem Wachstum der Raupe nehmen auch die Gonaden bedeutend an Größe zu. Die Hoden behalten ihre Form und verwachsen kurz vor der Verpuppung zu einem einheitlichen kugeligen Körper. Die Ovarien werden keulenförmig, bleiben aber kleiner als die Hoden. — Zur Exstirpation wird die Raupenhaut im 5. Segment beiderseits mit einer starken, spitzen Nadel durchstochen und mittels eines Häkchens aus feinem Silberdraht bzw. aus Stahldraht die Gonaden herausgezogen und abgeschnitten. Die Verletzung des Darms bzw. das Herausdrängen desselben infolge der Krümmung des Tieres ist zu vermeiden. Narkose ist nicht günstig, da die Tiere sehr empfindlich sind. Nach der Exstirpation werden die Explantate unter dem Mikroskop geprüft, ob sie auch die ganzen unverletzten Gonaden darstellen, was sich an den erwähnten 4 Kammern erkennen läßt. Die Einstichöffnung genügt bei den jungen Stadien, um die Gonaden durchzuziehen; bei größeren Raupen müssen sie durch eine Pinzette erweitert werden, deren geschlossene Schenkel eingeschoben und dann langsam geöffnet werden. Dabei schlitzt man die Larvenhaut etwas auf. Bei kleinen Raupen wird die Wunde durch Aufstreichen einer Kollodiumschicht verschlossen. Sie muß täglich ein- bis zweimal mit 80proz. Alkohol betupft werden, um die Verpilzung zu verhindern, die durch das Kollodium begünstigt wird. Bei älteren besonders weniger beweglichen Raupen genügt oft der durch das geronnene Blut gegebene Wundverschluß. Die Operation macht sich ziemlich häufig in einer anhaltenden Einschnürung der Raupen, ja selbst der Puppen noch geltend, die bei den Häutungen mehr oder weniger große Schwierigkeiten bereitet. Selbst kurz vor der Häutung lassen sich noch gute Operationserfolge erzielen. Die Sterblichkeit ist um so größer, je früher operiert wird. KOPEĆ hat jedoch von 30 nach der ersten Häutung operierten Raupen, die 5 bis 7 mm lang sind, 8 bis zum fertigen Falter aufgezogen. — Von außerordentlicher Wichtigkeit ist auch die Zucht. Um Infektionskrankheiten zu vermeiden, werden je 1 bis 5 Raupen in eine Glasschale (5 bis 10 cm Durchmesser, 3 bis 5 cm Höhe) mit eingeschliffenem Glasdeckel gebracht, deren Boden mit zwei Blättern Fließpapier bedeckt ist. Letzteres saugt die sich niederschlagende Feuchtigkeit an. Gefüttert wird mit frisch gepflückten, trockenen Weidenblättern, die sich in der Schale 2 bis 3 Tage frisch erhalten. Die

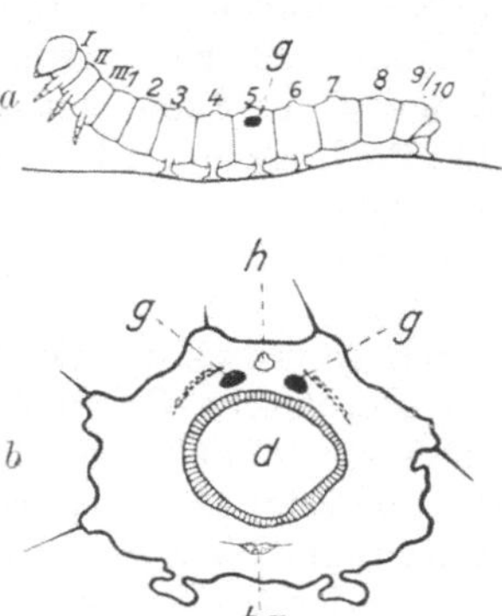


Abb. 239.
a Seitenansicht einer Raupe von Lymantria dispar.
b Querschnitt durch das fünfte Abdominalsegment einer jungen Raupe von Lymantria dispar.
*bg* Bauchganglion. *d* Darm. *g* Geschlechtsdrüse. *h* Herz. I—III die drei Thorakalsegmenet: 1—10 die zehn Abdominalsegmente. (MEISENHEIMER.)

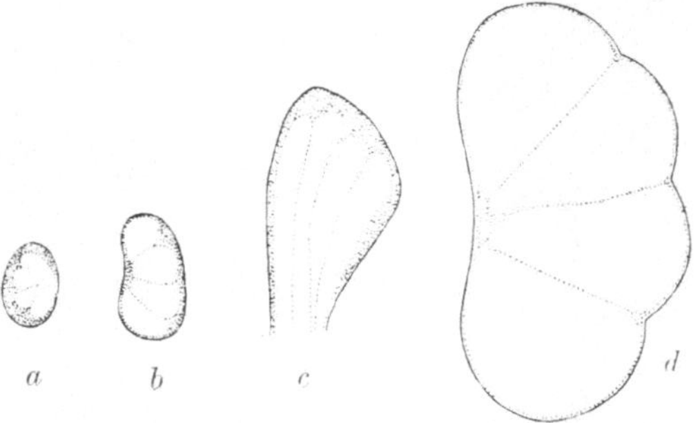


**Abb. 240 a—d. Ovarium und Hoden von Raupen der Lymantria dispar.**
**a Ovar und b Hoden nach der ersten Häutung. c Ovar und d Hoden nach der vorletzten (vierten) Häutung. (KOPEĆ.)**

Fäkalien müssen möglichst oft entfernt werden. Die Puppen werden in Glasschalen mit Watte gebracht und täglich bzw. jeden zweiten Tag mit frischem Wasser besprengt (Nachttau). Nach dem Schlüpfen der Falter werden sie in einen Flugkäfig gebracht, auf ihre sexuellen Instinkte beobachtet und dann nach ihrem äußeren und inneren Bau untersucht. — Außer den Gonaden hat MEISENHEIMER (1908a) auch das Heroldsche Organ entfernt. Dieses enthält beim Männchen die Anlagen der Samenblasen, der Nebendrüsen, des Ductus ejaculatorius, des Penis, der Penistasche und der Genitalklappen. Es erscheint im Stadium der 5. Häutung und läßt sich beim Männchen durch einen Schnitt ventral im 9. Abdominalsegment so vollständig entfernen, daß nur ein ganz kurzes Stück Vas deferens und der Chitinring bleiben, der den Träger des Begattungsapparates darstellt und sich durch Umwandlung des 9. und 10. Segments bildet. Beim Weibchen dehnt sich das Heroldsche Organ über mehrere Segmente aus. Seine vollkommene Entfernung macht daher große Schwierigkeiten. — Die Versuche ergaben bekanntlich, daß die sekundären Geschlechtsmerkmale der Schmetterlinge von den Geschlechtsdrüsen unabhängig sind (s. Transplantation S. 783).

Bei den Wirbeltieren, wo die innersekretorische Wirkung der Geschlechtsdrüsen außer Zweifel steht, widmet die Forschung lebhaftes Interesse der Frage, welche Elemente derselben die Hormone produzieren (generative Elemente, Sertolische Zellen, Leydigsche Zellen beim Hoden; generative Elemente, Theca lutein-Gewebe, Corpora lutea beim Ovar). Die Elimination der verschiedenen Elemente macht natürlich beträchtliche Schwierigkeiten; sie ist mittels Röntgenisation, Vasoligatur, experimentellem Kryptorchismus, Transplantation, kompensatorischer Hypertrophie und anderem mit mehr oder weniger gutem Erfolge angestrebt worden (s. SAND 1926b, S. 268).

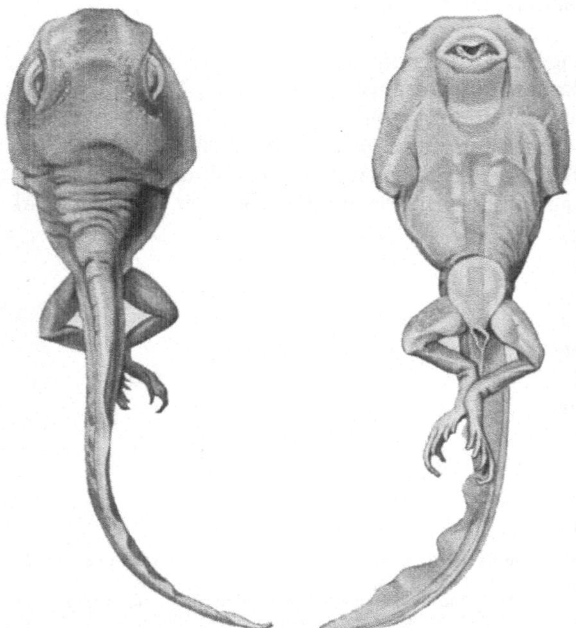

Abb. 241. Thyreoideafreie Riesenlarve von Rana fusca, $14^1/_2$ Monate alt, nicht metamorphosiert. Bei Fixierung geschrumpft. (SCHULZE.)

β) Die Exstirpation von Schilddrüsen bei Kaulquappen. Für einzelne sorgfältig auszuführende Versuche ist von HIRSCHLER (1924) folgendes Verfahren, das sich im wesentlichen mit demjenigen von W. SCHULZE (1924) deckt, beschrieben worden (auch amerikanische Forscher, ALLEN, HOSKINS, FULTON u. a. — s. SCHULZE 1923 — haben die Exstirpation durchgeführt). Eine mittelgroße Larve wird narkotisiert und auf einem Wattepolster mit Ringerlösung auf den Rücken gelegt. Ein in die Mundhöhle eingeführter Glasstab, der an seinem Ende etwas gebogen und mit Paraffin überzogen ist, hebt und spannt den Mundhöhlenboden hinter der Mundöffnung. Hier wird in die Haut mit einer feinen Schere (Abb. 209) ein kleiner Schnitt gemacht und dann werden 2 Schnitte kaudalwärts, in spitzem Winkel zueinander, median an den seitlichen Kiemenhöhlen vorbei, bis zum Herzen geführt. Dann faßt man die Haut des Winkels an seiner Spitze mit der feinen Pinzette, präpariert sie bis über die cephalen Herzpartien frei und schlägt sie kaudalwärts um. Nun wird der Glasstab bis in die Tiefe der Mundhöhle geschoben, wobei die Thyreoidea sich in Form zweier ellipsoider gelb-rosa gefärbter Körperchen von der weißen Umgebung und dem weißen Paraffingrund abhebt. Darauf löst man den hinteren Rand des Zungenbeins vom umgebenden Gewebe los, schneidet nach vorn, dicht median der Blutgefäße etwas ein, entfernt den Glasstab, hebt den hinteren Teil des Zungenbeins hoch und schneidet ihn quer ab. In Ringer untersucht man dann, ob er die unversehrten Thyreoideakörperchen enthält. Verletzungen der Muskulatur und der Gefäße müssen vermieden werden. Schließlich wird der Hautlappen wieder auf die Wunde geklappt und die Larve für ca. 2 Stunden (s. oben) in der feuchten Kammer gehalten. Die Thyreoidea kann für die Transplantation Verwendung finden. — Die thyreoideafreien Larven gehen nicht an Land, sondern werden zu Riesenlarven (Abb. 241), die aber schließlich zugrunde gehen, da die larvalen Organe nach der Abnützung nicht ersetzt werden (Hornkiefer). $14^1/_2$ Monate lang sind bei ihnen Darmepithel, Kiemen, Lungen, Leber, Pankreas, Gehirn, Rückenmark, Cornea, Sinnesepithel, Hautdrüsen, Epidermis, Freßapparat und Schwanz von larvalem Charakter, während die übrigen Organe eine dem Alter entsprechende Ausbildung zeigen (SCHULZE 1924).

### e) Auflösung des Gewebeverbands in einzelne Zellen.

Ein Experiment, das besonders bei niederen, histologisch wenig differenzierten Tieren (Meer- und Süßwasserschwämmen und Cölenteraten) angewandt wird. Es wurde von H. V. WILSON (1907) zum erstenmal ausgeführt und von MÜLLER, HUXLEY, DE MORGAN AND DREW, GALTSOFF u. a. nachgeahmt. Literatur findet man bei GALTSOFF (1925 a, b). — Man legt ungefähr 1 g eines Schwammes in ein zum Säckchen geschürztes Stück Seidengaze eines Planktonnetzes, hält das Säckchen am oberen Ende mit zwei Fingern der linken Hand zu und quetscht den Inhalt in See- bzw. Tümpelwasser mit einer stumpfen Pinzette langsam aus. Die Zellen werden dabei nahezu vollständig isoliert und setzen sich nach anfänglicher Trübung des Wassers allmählich ab. Dann fangen bestimmte Zellen (besonders die Archäocyten) an, sich amoboid fortzubewegen und sich zu mehr oder weniger bedeutenden Komplexen zu sammeln, wobei auch andere Zellsorten eingeschlossen werden. Nach den neuesten Angaben von GALTSOFF entwickeln sich aus diesen Zellhaufen neue Schwämme, wenn sie mehr als 2000 Zellen groß sind und von den fünf Zellsorten, welche in der Aufschwemmung sich unterscheiden lassen (Archäocyten, Collencyten, Desmacyten, Pinacocyten, Choanocyten) zwei, nämlich Archäocyten und Pinacocyten enthalten. Eine Umdifferenzierung soll nicht stattfinden (Versuchsobjekt: Microciona). Legt man auf den Boden der Schale ein Deckglas, so setzen sich die Zellaggregate auf ihm fest und lassen sich mikroskopisch betrachten. Man bringt dazu das Deckglas mit reichlich Wasser direkt oder auf Stützen umgekehrt auf einen Objektträger. Auf dem Deckglas lassen sich die Kolonien auch fixieren und zu Totalpräparaten verarbeiten. Für Schnitte läßt man die Kolonie auf Kleeblättchen sich ansiedeln. H. V. WILSON konnte nach demselben Verfahren auch Regenerationen aus isolierten Zellen von Pennaria tiarella und Eudendrium carneum erhalten, während das Ergebnis bei der Koralle Leptogorgia und dem unreifen Ovar von Asterias unvollkommen blieb; verschiedene Tage lebensfähige Aggregate hatten sich jedoch auch hier gebildet.

### f) Ausschaltung der Funktion.

Die Ausschaltung der Funktion der Organe des ausgebildeten Tieres kann im einzelnen hier nicht beschrieben werden; im allgemeinen läßt sie sich durch Transplantation an einen fremden Ort oder, bis zu einem gewissen Grad, durch die Unterbrechung der Nervenverbindung erreichen. Wird letzteres am embryonalen Material vorgenommen (s. S. 732), so entwickeln und differenzieren sich die Organe ohne Verbindung mit dem Zentralnervensystem und ohne Funktion; doch erfolgt später eine Atrophie. Am differenzierten Tier hat die Unterbrechung der Nervenverbindung funktionelle Atrophie zur Folge. Näheres über die Atrophie und ihr Gegenteil, die Hypertrophie, s. bei RÖSSLE (1927). Ein sehr einfacher Versuch ist der folgende.

*Ausschaltung der Funktion des Nervensystems während der Embryonalentwicklung durch Dauernarkose.* — Solche Versuche sind von HARRISON (1904b) erstmalig an Anurenlarven angestellt worden und neuerdings von MATTHEWS und DETWILER (1926) an Amblystomalarven wiederholt worden. Man bringt die Larven im frühen Schwanzknospenstadium in Chloretonlösungen 1 : 3000, 1 : 2500 und 1 : 2000 in Konservengläser, die luftdicht abgeschlossen werden (Gummiring), und erneuert alle 24 bis 48 Stunden die Lösungen. Die Larven zeigen in den Lösungen keinerlei Reaktion auf Reize. Sie entwickeln sich in diesen schwachen Lösungen normal, bleiben aber in der Entwicklung etwas zurück. Werden sie nach 3 bis 8 Tagen in normales Wasser gebracht, so zeigen sie nach spätestens einer halben Stunde die für ihr Entwicklungsstadium charakteristischen Reaktionen. Auch die histologischen Differenzierungen des Nervensystems und der Muskulatur sind durchgeführt. Die histologische Differenzierung und die normale morphologische Ausgestaltung ist demnach unabhängig von dem normalen Ablauf der Funktionen. Längere Narkose hat bei Amblystoma schwere Schädigungen zur Folge (zitternde Bewegungen, Orientierungsstörungen), von denen sich die Larven jedoch allmählich wieder erholen können.

### D. Isolation und Züchtung in relativ indifferenter Umgebung.

Als vollkommen indifferente Umgebung können nur die physiologischen Lösungen (Ringer, Locke, Locke-Lewis u. a.), wie sie in der Explantationsmethode verwandt werden (s. S. 494), gelten. Selbst bei Züchtungen in Blutplasma wird man schon einen wenn auch geringfügigen Einfluß des Mediums auf das Explantat in Betracht ziehen müssen. In viel höherem Maße ist jedoch der Einfluß der Umgebung in Rechnung zu stellen, wenn man zwecks Isolation in bestimmte Bezirke eines anderen Organismus verpflanzt. Man wird hier immer nur von „relativ indifferenten" Bezirken sprechen können. Derselbe Implantationsort wird für verschiedene Implantate je nach deren Zugänglichkeit für die an ihm wirksamen Faktoren mehr oder weniger indifferent sein, und umgekehrt wird man an verschiedenen Implantationsorten mit nach Qualität und Quantität verschiedenen Faktoren rechnen müssen.

Es liegt nahe anzunehmen, daß die Faktoren im alten Wirt nicht auf embryonales Gewebe wirken und umgekehrt die im jungen nicht auf altes Gewebe (Kata- und Anaplastik). Das letztere trifft wohl im allgemeinen zu, wenn Wirt und Implantat hinsichtlich ihrer histologischen Differenzierungshöhe sehr verschieden sind. Doch lassen sich in jungen undifferenzierten Keimen beträchtlich ältere Keimstücke schlecht züchten, da die Ernährungsbedingungen recht ungünstig sind. Daher kann diese Isolationsmethode nur beschränkte Anwendung finden. Die Faktoren im alten Material wirken auf junges, selbst undifferenziertes Material sicher ein, wenn es auch nicht gleich in Erscheinung tritt. Dies gilt nicht nur für die Faktoren, welche im Blut des Wirts enthalten sind, sondern auch für die Faktoren in den histologisch differenzierten Geweben. Letzteres wird recht wahrscheinlich gemacht durch die neuerdings von MANGOLD (1928) festgestellte Tatsache, daß ein Stück Gehirn von einem gerade ausschlüpfenden, gut schwimmfähigen Embryo von Triton taeniatus, in die Furchungshöhle einer frühen Gastrula von Triton taeniatus verpflanzt, in der bedeckenden präsumtiven Bauchepidermis eine Medullarplatte induziert (s. Abb. 255). Die Züchtung von embryonalem Material im älteren

Keim wird man daher nur als unvollkommene Isolation auffassen dürfen. Trotzdem sollen nachher einige wenige Beispiele erwähnt werden.

Für die Isolation von Keimteilen läßt sich auch der Gedanke auswerten, daß die Intensität der Umgebungsfaktoren in verschiedenen Bezirken verschieden groß ist. So läßt sich denken, daß in der frühen Neurula die Entwicklungsfaktoren im Bereich der Medullarplatte, der Urwirbel und der Chorda intensiver sind als im Entoderm, der Kiemen- und Herzregion und im ventralen Ekto- und Mesoderm. Allerdings schreitet auch in diesen letzteren Bezirken die Differenzierung, wenn auch langsam, fort; größere Intensität erreicht sie aber wohl erst in späteren Stadien. Diese Bezirke eignen sich daher als Isolationsorte für Keimmaterial, das kurz nach der Transplantation in charakteristische Differenzierung eintritt (etwa präsumtive Medullarplatte). Auch das Blastocöl der Gastrula ist hier ein gegebener Implantationsort, da die Implantate bei der Gastrulation in die Herzregion zu liegen kommen. Ausgeführt werden diese Experimente nach der S. 776 beschriebenen Methode für embryonale Transplantation.

### a) Züchtung in einer Ektodermblase.

Eine nahezu ideale Methode zur Isolation ist von EKMAN (1921) gefunden worden. Er schneidet mittels der Spemannschen Glasnadel (Abb. 204 d) bei Bombinator-Neurulen ein großes rechteckiges Stück Ektoderm über der präsumtiven Herzregion aus und hebt es mit der wesentlich kleineren mesodermalen Herzanlage ab. Im umgebenden Wasser rollt sich dann das Ektoderm zusammen und schließt sich zum kugeligen Gebilde, wenn seine Schnittränder verwachsen. Letzteres läßt sich noch beschleunigen, wenn man einen Glasstreifen auf die aneinandergepaßten Ränder legt. Als isoliertes Gebilde lebt das Säckchen mit dem Herzen mehrere Wochen, und die eingeschlossene Herzanlage kann in günstigen Fällen sich zum wohlgegliederten schlagenden Herzen differenzieren. Es lassen sich natürlich reine Ektodermblasen herstellen, in denen dann beliebiges Material eingeschlossen werden kann. Zur Darstellung solcher Blasen eignet sich in vorzüglichem Maße das Ektoderm von Bombinatorlarven, während dasjenige anderer Amphibienkeime weniger günstig ist.

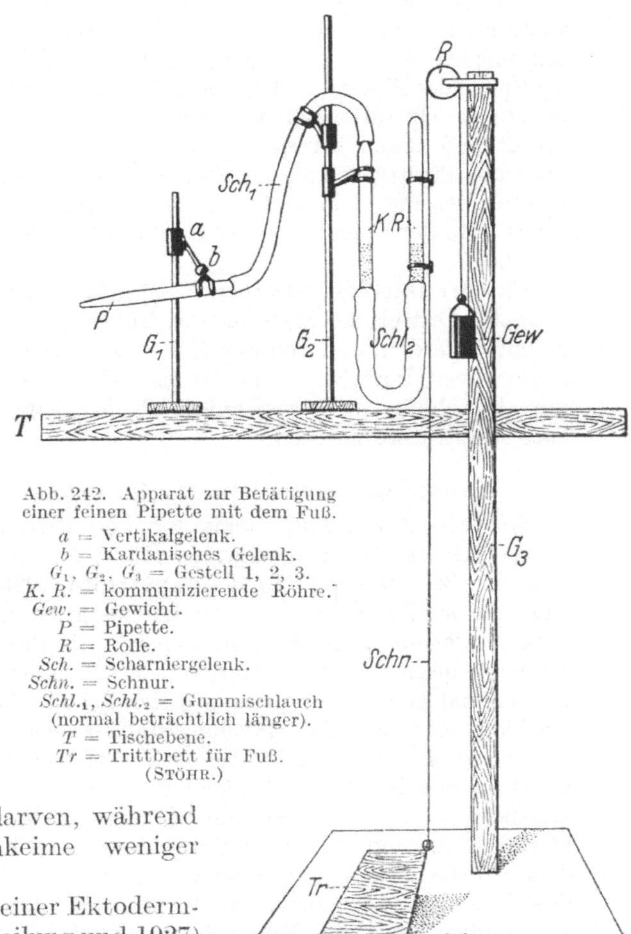


Abb. 242. Apparat zur Betätigung einer feinen Pipette mit dem Fuß.
a = Vertikalgelenk.
b = Kardanisches Gelenk.
$G_1$, $G_2$, $G_3$ = Gestell 1, 2, 3.
K. R. = kommunizierende Röhre.
Gew. = Gewicht.
P = Pipette.
R = Rolle.
Sch. = Scharniergelenk.
Schn. = Schnur.
Schl.₁, Schl.₂ = Gummischlauch (normal beträchtlich länger).
T = Tischebene.
Tr = Trittbrett für Fuß.
(STÖHR.)

Zur Isolation des Herzens in einer Ektodermblase hat STÖHR (briefliche Mitteilung und 1927) die Methode von EKMAN vervollständigt. Er saugt die Herzregion in eine Pipette und schnürt sie mit einem Kinderhaar, welches als Schlinge zuerst über das spitze Ende der Pipette gestreift wird, allmählich ab. Da die Hände für die Schnürung benötigt werden, wird ein Apparat (Abb. 242) konstruiert, welcher die Pipette hält und zugleich gestattet, sie durch den Fuß zu betätigen. Die Pipette wird festgehalten durch ein Gestell ($G_1$), dessen Querbalken bei *a* ein Vertikalgelenk, bei *b* ein kardanisches Gelenk besitzt. Sie setzt sich in einem elastischen Schlauch (*Schl.* 1) fort, der an eine kommunizierende Röhre (*K. R.*) anschließt. Das Querstück der letzteren besteht wiederum aus einem Gummischlauch (*Schl.* 2). Der mit der Pipette verbundene Schenkel der kommunizierenden Röhre wird gehalten durch das Gestell $G_2$, an welchem auch die oberen Bezirke des Schlauchs (*Schl.* 1) befestigt sind. Der andere Schenkel der kommunizierenden Röhre ist mit einer Schnur (*Schn*) verbunden, welche über eine an der obersten Stelle eines hohen, auf dem Boden stehenden Gestells ($G_3$) befindlichen Rolle (*R*) läuft und einerseits am Boden an einem Trittbrett (*Tr*), andererseits an einem Gewicht (*Gew.*) befestigt ist. Das Trittbrett hat ungefähr die Größe einer Schuhsohle und ist um ein Scharnier (*Sch.*) an seiner einen kurzen Seite beweglich; seine andere kurze Seite trägt die Befestigungsstelle für die Schnur. Das Gewicht schwebt frei auf halber Höhe des Gestells $G_3$. Es muß eine Spur schwerer sein als das Trittbrett und der bewegliche Schenkel der kommunizierenden Röhre zusammen. Tritt man das Brett abwärts, so senkt sich der bewegliche Schenkel der kommunizierenden Röhre und damit der Wasserspiegel, wodurch die Pipette ansaugt. Die Saugwirkung steigt mit der Höhe des Ausschlags und mit der Weite der Schenkel der kommunizierenden Röhre. Zur Operation wird die Spitze der Pipette, welcher man eine zweckmäßige Gestalt und Öffnung zu geben hat, in die Operationsschale gesenkt, die kommunizierende Röhre halb mit Wasser gefüllt und etwas angesaugt. Nun schiebt man unter Wasser eine Haarschlinge über die Pipettenspitze, setzt diese an der Operationsstelle des Keims an, saugt sachte einen Pfropf in sie hinein und schnürt ihn sehr stark ein. Durch Heben des Fußes wird der Keim mit dem Pfropf frei von der Pipette, und in kurzer Zeit trennen sich beide.

Ektodermsäckchen lassen sich bei Triton taeniatus auch durch Abschnüren des animalen Drittels der Blastula bzw. frühen Gastrula gewinnen. Es muß nur darauf geachtet werden, daß von der Einstülpungszone, welche auf der nicht kenntlichen präsumtiven Dorsalseite um 30 bis 45° den Äquator überschreitet, kein Material mit abgeschnürt wird (s. Schnürmethode S. 730). In den Säckchen lassen sich dann auch Implantate züchten.

b) Transplantationen in die Chorio-allantois des Hühnerembryo.

Solche sind von einer Reihe von Forschern vorgenommen worden (Murphey 1913, Danchakoff 1916, Kiyono 1917, Minoura 1921, Atterbury 1923). Ich folge der Beschreibung von Hoadley (1924, 1925a, b, 1926a, b, c, hier Literatur). Alles notwendige Gerät muß für die Operation sorgfältig sterilisiert werden (Auskochen oder durch die Flamme ziehen). Als Material dienen Hühnereier, die frisch abgelegt in einen Brutschrank von 40° kommen, täglich ein- bis zweimal gedreht und einmal gelüftet werden. Auf der Schale eines 8 bis 10 Tage bebrüteten Eis markiert man sich die Gabelungsstelle zweier starker Gefäße des Gefäßsystems der Chorio-allantois, welches bei der Durchleuchtung der Eier gut sichtbar ist, sterilisiert die Schale durch Abtupfen mit einem in Alkohol angefeuchteten Wattebausch, schneidet in sie mit einem starken Skalpell ein kleines Fensterchen an der markierten Stelle und hebt nach Entfernung des Schalenstücks die Schalenhaut, nachdem man sie ein wenig angerissen hat, über der Gefäßgabel etwas ab. Dann kommt das Ei wieder in den Brutschrank. Nun wird das Spenderei (bei Hoadley ein 2 bis 48 Stunden bebrütetes Ei) nach Sterilisation in Lockelösung von Thermostatentemperatur eröffnet, ausgegossen und die Keimscheibe unter dem Binokular bei intensiver Beleuchtung durch einen flachen Schnitt mit dem Skalpell abgehoben. Das Transplantat wird dann mit geschliffenen Stahlnadeln abgeschnitten und mit einer feinen Pipette und einem kleinen Tropfen Lockelösung zwischen die bloßgelegte Gefäßgabel im Spenderkeim gebracht. Nachdem es sich etwas ausgebreitet hat, deckt man die Schalenhaut darüber und verschließt das Fenster mit dem abgehobenen Schalenplättchen, dessen Ränder schließlich mit Paraffin überpinselt werden. Das Ei kommt nun mit dem Fenster nach unten wieder in den Brutschrank; es wird, wie üblich, alle 24 Stunden umgedreht. Nach einer Woche wird es eröffnet und die Implantatstelle in Bouinscher Flüssigkeit fixiert. Das Transplantat wächst auf der Chorio-allantois fest, indem es von dieser mit Blutgefäßen durchsetzt und durch wucherndes Bindegewebe umschlossen wird. Es differenziert sich, wenn es die notwendigen Faktoren enthält, weiter. Leider sind seine Formbildungen durch die einwachsenden Gefäße und vielleicht mancherlei sonstige ungünstige Verhältnisse sehr stark gestört. Auch wird man den Gedanken, daß durch das Blut des 8 Tage älteren Wirts bestimmte Faktoren an das Implantat herangetragen werden, nicht ganz außer acht lassen dürfen. Die Methode eignet sich zur Isolation von Material verschiedenster Art.

c) Transplantation embryonalen Materials in die Augenhöhle von älteren Larven bei Rana fusca (DÜRKEN 1926).

Die Spenderkeime, im vorliegenden Fall Blastulae, Gastrulae und abgeschlossene Neurulae, werden ihrer Gallerthülle entledigt (s. S. 690) und im Dotterhäutchen bereitgestellt. Dann wird eine 20 mm lange Larve in Chloroformwasser (oder besser Chloreton) narkotisiert, in einer Mulde einer mit Wachs ausgegossenen Glasschale ein wenig schief auf die Ventralseite gelegt und mit schmalen Fließpapierstreifen festgehalten. Mit der geschliffenen Stahlnadel (S. 685) macht man nun dorsal über dem Auge parallel zur Mediane einen kleinen Schnitt in die Haut, indem man einsticht und mit einem 1 mm dick ausgezogenen und am spitzen Ende etwas eingebogenen Glasstab („Drücker") über der Schneide der Stahlnadel reibt. Ein Druck ventral gegen den Augenbrecher drängt diesen aus der Öffnung. Seine Muskeln und der Nervus opticus werden abgeschnitten und in die leere Augenhöhle das Implantat, welches jetzt nach Entfernung des Dotterhäutchens in bestimmter Weise vom Keim isoliert wird, mit einer Transplantationspipette (Abb. 205) einpipettiert oder besser mit zwei Haarschlingen eingeschoben. Im allgemeinen erfolgt bei dem Abschneiden des Auges kein wesentlicher Blutverlust; tritt er jedoch auf, so ist die Wirtslarve unbrauchbar. Die Wirte werden wie üblich in Glasschalen aufgezogen und mit Fleisch und Pflanzen gefüttert (S. 793). Während der Metamorphose wird in die Schale ein schräger Sand- oder Rasenboden gebaut, welcher zur Hälfte oder zu drei Vierteln durch seichtes Wasser bedeckt bleibt. Nach der Metamorphose füttert man mit Drosophila, deren Zuchtgläser mit durchbohrten Korken in die Aquariengläser gestellt werden. — Das embryonale Material differenzierte sich in dem Versuch DÜRKENS zu den verschiedensten Geweben, die selbst gewisse Formbildungen aufweisen konnten. — Auch bei dieser Form der Isolation wird man mit der Wirkung von Faktoren im Blut und den benachbarten Geweben des Wirts rechnen müssen.

Das Bedürfnis, sehr verschieden alte Larven desselben Elternpaares von Rana fusca zu erhalten, veranlaßte DÜRKEN, folgende Methode anzuwenden. Dem Weibchen und Männchen eines in Kopulation gefangenen Pärchens wird in Äthernarkose ventrolateral durch einen kleinen Schnitt die Leibeshöhle eröffnet. Dem Männchen wird dann der Hoden einseitig entnommen und in physiologische Kochsalzlösung gelegt. Beim Weibchen wird der Uterus der einen Seite gespalten, die Eier mit einem Spatel herausgeholt und in einer Glasschale ausgestrichen. Beiden Tieren näht man daraufhin die Wunde zu und stellt sie isoliert in den Eisschrank (ca. + 5°). Der entnommene Hoden wird in etwa 0,3 proz. NaCl-Lösung zerzupft. Mit der so hergestellten Spermaflüssigkeit werden die gut feucht gehaltenen Eier befruchtet, dann mit Wasser übergossen und unter 20° aufgezogen. Nach 8 Tagen setzt man die beiden Eltern in Zimmertemperatur wieder zusammen; sie treten trotz der Operation wieder in Kopulation (in dem von DÜRKEN mitgeteilten Fall nach 15 Minuten), und das Weibchen entleert auch seine noch im Uterus befindlichen Eier (in dem erwähnten Fall einen Tag nach Beginn der zweiten Kopulation). Zur Sicherheit befruchtete DÜRKEN noch künstlich, indem er dem Männchen nach der Eiablage den verbliebenen Hoden entnahm. Die Eier kommen in den Eisschrank. Auf diese Weise ist es möglich, Geschwister zu erhalten, welche teils Blastulae, teils Larven von 22 mm Länge sind.

Wie die Augenhöhlen lassen sich natürlich auch andere Höhlungen des Organismus als Implantationsorte verwenden, z. B. die Leibeshöhle (BELLOGOLOWY u. a.), die Lymphräume, das Lumen des Ovars (MANGOLD s. S. 790). Wichtig ist wohl bei allen diesen Versuchen, daß das Implantat später leicht gefunden werden kann, was durch die genaue Lokalisation des Implantationsorts und die Größe der histologischen Verschiedenheiten von Implantat und Implantationsort begünstigt wird. Nach HOLTFRETER (unveröffentlicht) eignen sich bei Anurenlarven besonders gut die Lymphräume lateral cephal vom After, die auch von LEBEDNISKY (1924) schon als Transplantationsorte verwendet wurden. Das Implantat kann hier, besonders bei den Larven mit unpigmentierter Epidermis (Hyla), gut beobachtet werden. Die Reaktion des Wirts ist bei Kaltblütern im allgemeinen gering, bei Warmblütern sehr beträchtlich.

## II. Kombination und Verlagerung von Teilen des Organismus, Transplantation im weitesten Sinn.

### A. Allgemeines über Transplantation — Begriffe — Auto-, Homo-, Hetero- und Dys-(Xeno-)plastik.

Die Transplantation im weitesten Sinn ist nicht auf die Entwicklungsmechanik beschränkt. Mit ihr arbeitet die Natur bei der Befruchtung, wenn sie väterliche Erbanlagen zu den mütterlichen fügt; sie wird vom Vererbungsforscher angewandt, wenn er zur Untersuchung des väterlichen und mütterlichen Erbschatzes bastardiert und wenn er zur Ermittlung der Wirkungsweise eines Chromosoms bestimmte Rassen kreuzt. Diese Versuche werden im Kapitel über die Methoden der Vererbung beschrieben werden. Für den Entwicklungsmechaniker bedeutet die Transplantation die edelste Methode, doch kann er der Isolations- und Defektmethode nicht entbehren. Ein vollständiges Bild werden wir nur bei Verwendung beider Methoden erreichen.

Mit der Transplantationsmethode studieren wir einmal die Wirkungen des verlagerten Materials auf seine neue Umgebung und den ganzen Organismus und umgekehrt die Wirkung der neuen Umgebung und des gesamten Organismus auf das Implantat. Suchen wir z. B. zu erfahren, was aus einem Implantat alles werden kann, so müssen wir — nach Ermittlung der im Transplantat vorhandenen Entwicklungsfaktoren mit Hilfe des Isolationsverfahrens — uns vor allem über die Faktoren am Implantationsort Rechenschaft ablegen und einen Ort aussuchen, wo die normalen Bildungen möglichst eindeutig sind und die prospektive Bedeutung des Implantats nicht einschließen. An frühen Entwicklungsstadien sind solche Orte häufig, wenn man nur die nächstfolgenden Entwicklungsstufen ins Auge faßt. In der Gastrulation der Wirbeltiere können z. B. die präsumtive Medullarplatte, Urwirbel, Chorda, Vorniere ohne Schwierigkeiten als Bezirke der gewünschten Art aufgefaßt werden. Seltener sind sie jedoch am ausgebildeten Organismus. Hier scheint mir ein recht geeigneter Ort, etwa für das Studium der Metaplasie, das Ovar zu sein, dessen hauptsächlichste Leistung die Bildung der Ovocyten ist (s. S. 790). Andere Bezirke sind oft in ihrem histologischen Aufbau zu kompliziert und weisen keine eindeutige Leistung auf. Während bei frühen Entwicklungsstadien die Wirkung der näheren Umgebung hauptsächlich ins Gewicht fällt, spielt bei den späteren Stadien auch die weitere Umgebung bzw. der gesamte Organismus eine Rolle. In diesen späteren Stadien stehen als Mittel zur Korrelation das Zirkulations- und Nervensystem zur Verfügung. Man wird daher Wirkungen der nächsten Umgebung, solche der weiteren und solche des Gesamtorganismus unterscheiden müssen.

Will man die Wirkung des Implantats untersuchen, so ist natürlich gründliche Kenntnis des Geschehens ohne Implantat erste Voraussetzung. Den Implantationsort wird man so zu wählen haben, daß das Implantat sich möglichst lange seine Eigenart und seine Wirkungsfähigkeit bewahren kann und nicht etwa durch starke Umgebungsfaktoren in Kürze inaktiviert wird. Weiterhin muß ihm ein günstiger Weg, seine Einflüsse zur Geltung zu bringen, zur Verfügung stehen.

Die Wechselwirkung von Implantat und Wirt beruht auf der Reiz- (besser Wirkungs-)fähigkeit und der Reaktionsfähigkeit. Nur wenn beide vorhanden sind, wird man ein positives Resultat erwarten können. Zur Auslösung einer Reaktion muß die Intensität des wirkenden Faktors stets einen gewissen Schwellenwert überschreiten, was man bei der Beurteilung negativer Resultate in Betracht zu ziehen hat. Die Intensität der Wirkung kann bei verschiedenen Entwicklungsprozessen und bei gleichen Entwicklungsvorgängen verschiedener Tierarten recht verschieden sein, und ebenso die Neigung zur Reaktion und das Ausmaß der Reaktion.

Für den Erfolg einer Transplantation sind sehr verschiedene Umstände von Bedeutung (SCHÖNE 1912). 1. Implantat und Wirtsgewebe dürfen nicht aufeinander giftig wirken. Der schädigende Einfluß kann dabei einseitig oder gegenseitig sein. Er kann an verschiedenen Implantationsorten infolge der verschiedenen Gewebestruktur verschieden sein. Er braucht sich auch nicht sofort geltend zu machen, sondern kann erst später auftreten; im ersteren Fall denkt man an primäre, im letzteren an sekundäre Schädigung etwa durch besonders gebildete Antikörper im Blut des Wirts. 2. Das Implantat muß mit dem Wirtsgewebe verwachsen können; dabei mag die verschiedene Affinität (chemische oder strukturelle) der Gewebe zueinander von Bedeutung sein. 3. Es muß ernährt werden; dies ist wiederum nicht an allen Implantationsorten gleich gut; blutgefäßreiche Orte sind zweifellos günstiger als blutgefäßarme. Es muß aber auch die Fähigkeit besitzen, aus dem Blut die notwendigen Stoffe (Sauerstoff, Wasser, Kohlenhydrate, Fette, Eiweiße usw.) zu entnehmen. Da diese im Wirtsblut teilweise in spezifischer Form vorhanden sind, so ist nicht sicher, ob die Zellen des Implantats sie in der gebotenen Form verwerten können. Unter Umständen fehlen auch dem Wirtsblut einzelne für das Implantat notwendige Stoffe. 4. Schließlich müssen Implantate, welche funktionell tätig sind, auch funktionieren können, da sie sonst der Atrophie verfallen. Drüsen müssen ihr Sekret abgeben, Muskeln sich kontrahieren können usw. — Nach allem ist eine dauernde Einheilung des Implantats recht selten zu erwarten. Schreibt doch der Chemismus streng genommen vor, daß Implantat und Wirt dasselbe Individuum sind und die Funktion, daß das Implantat sich an einem homologen Ort befindet. Die weitverzweigte Erfahrung hat gelehrt, daß günstigere Ergebnisse zu erreichen sind, als nach obigem erwartet werden kann. Oft genügt für den Experimentator eine zeitliche Einheilung. Die gesamte Biologie ist dabei, die Bedeutung der aufgezählten Punkte zu ermitteln.

*Begriffe.* Transplantationsversuche lassen sich in der verschiedensten Weise ausführen. Im Laufe der Zeit sind viele Begriffe entstanden, die hier in Anlehnung an eine Zusammenstellung PRZIBRAMS (1926a, hier Literatur) aufgeführt werden sollen. Sie geben uns zugleich eine Übersicht über die große Zahl der Versuchsmöglichkeiten.

„Autoplastik“: Spender und Wirt stellen dasselbe Individuum dar (GIARD 1896).

„Syngenoplastik“: Spender und Wirt sind blutsverwandt (nicht Blutgruppe!).

„Homoioplastik“: Spender und Wirt sind verschiedene Individuen derselben Rasse (GIARD 1896).

„Alleloplastik“: Spender und Wirt sind verschiedene Individuen verschiedener Rassen, doch derselben Tierspezies (PRZIBRAM).

„Heteroplastik“: Spender und Wirt sind verschiedene Individuen zweier Arten derselben Gattung (GIARD 1896, GEINITZ 1925).

„Dysplastik“ (PRZIBRAM) = „Xenoplastik“ (GEINITZ 1925): Spender und Wirt sind verschiedene Individuen verschiedener Gattungen oder sonst stark differenter Gruppen.

„Gynandroplastik“ (= Xenoplastik, KOPPÁNYI): Spender und Wirt sind verschiedenen Geschlechts (PRZIBARM).

„Heterologisierung“: Austausch der Geschlechtsdrüsen bei verschiedenen Geschlechtern.

„Kataplastik“: Der Spender ist in der Entwicklung weiter vorgeschritten als der Wirt (PRZIBRAM). „Alterschimären“, VOGT (1927).

„Anaplastik“: Der Spender ist in der Entwicklung weniger weit vorgeschritten als der Wirt (PRZIBRAM). „Alterschimären“, VOGT (1927).

Handelt es sich um die Kombination ontogenetisch verschiedener Stadien, so spricht man von Ontokataplastik bzw. Ontanaplastik (PRZIBRAM); handelt es sich um die Kombination phylogenetisch verschiedener Stadien, so spricht man von Phylokataplastik und Phylanaplastik (PRZIBRAM).

„Parabiose“: Verwachsung zweier ganzer Partner (SAUERBRUCH).

„Komplantation“: Verschmelzung ganzer Organismen (ISSAJEW, GOETSCH).

„Homopleural“: Explantations- und Implantationsstelle des Transplantats liegen auf derselben Seite des bilateral-symmetrischen Organismus (HARRISON).

„Heteropleural“: Explantations- und Implantationsstelle des Transplantats liegen auf verschiedenen Seiten des bilateral-symmetrischen Organismus (HARRISON).

„Dorsodorsal“ (*dd*): Die Dorsoventralachse des Implantats ist gleichsinnig mit der des Wirts orientiert (HARRISON).

„Dorsoventral“ (*dv*): Die Dorsoventralachse des Implantats ist zu der des Wirts entgegengesetzt orientiert (= invers HARRISON).

„Mediomedial“ (*mm*): Die Mediolateralachse des Implantats ist zu der des Wirts gleichsinnig orientiert (HARRISON).

„Mediolateral“ (*ml*) (= revers, GRÄPER): Die Mediolateralachse des Implantats ist zu derjenigen des Wirts entgegengesetzt orientiert (HARRISON).

„Anteroanterior“ (*aa*): Die Vorn-hinten-Achse des Implantats und des Wirts sind gleichsinnig gerichtet (HARRISON).

„Anteroposterior“ (*ap*): Die Vorn-hinten-Achse des Implantats ist der des Wirts entgegengerichtet (HARRISON) (= Oppositionsstellung BORN).

„Orthotop“: Das Implantat wird an der Stelle eines ihm entsprechenden Organs eingesetzt, z. B. Vorderbeinanlage an Stelle der eigenen oder einer anderen Vorderbeinanlage (HARRISON).

„Heterotop“: Das Implantat wird an eine Stelle verpflanzt, wo sonst keine entsprechende Bildung entsteht (Beinanlage in dorsale oder ventrale oder seitliche Körperwand) (HARRISON).

„Homonom“: Verpflanzung eines Vorderbeins (ausgebildet oder als Anlage oder als Regenerationsknospe) an Stelle eines Vorderbeins, bzw. eines Hinterbeins an Stelle eines Hinterbeins (MILOJEVIĆ 1924).

„Heteronom“: Verpflanzung eines Hinterbeins an die Stelle eines Vorderbeins und umgekehrt (MILOJEVIĆ 1924).

„Replantation“: Ersatz eines Teils durch einen homologen Teil. (z. B. 1 Auge durch 1 Auge) (PRZIBRAM).

„Deplantation“: Versetzung an eine falsche Stelle (PRZIBRAM).

„Interplantation“: Eine Implantation, bei der das fremde Implantat allmählich durch Wirtszellen ersetzt wird.

„Idioplastisch“: Wiedereinsetzen eines Transplantats an der Entnahmestelle ohne vollständige Lösung seiner Verbindung (z. B. Herausnehmen und Wiedereinsetzen des Augapfels unter Durchtrennung der Muskeln, doch unter Belassung des Nervus opticus) (PRZIBRAM).

„Periidioplastisch“: Verschiebung des Transplantats ohne vollkommene Lösung aller seiner Verbindungen (PRZIBRAM).

„Allophor“: Das Transplantat wird durch äußere Mittel festgehalten (Nähte, Klammern, Brücken) (PRZIBRAM).

„Homoiophor“: Das Transplantat hält sich am Implantationsort selbst, etwa infolge seines Drucks (PRZIBRAM).

„Autophor“: Das Implantat wird durch Kräfte des Wirts gehalten (z. B. Implantate in Hohlräumen des Wirts) (PRZIBRAM).

### Auto-, Homoio-, Hetero- und Xeno-(Dys-)plastik.

Von großem praktischem und theoretischem Interesse war von jeher die Frage, wieweit verschiedene Komponenten sich miteinander verbinden lassen. Neben den strukturellen Differenzen zwischen den Individuen des Organismenreiches bestehen auch solche chemischer Art. Faßt man diese Unterschiede ins Auge, so kann man im Anschluß an LEO LOEB von Individualdifferentialen, Artdifferentialen, Gattungsdifferentialen, Ordnungsdifferentialen, Klassendifferentialen usw. und auch Gewebsdifferentialen sprechen. Die Differentiale sind im Erbschatz der verschiedenen Individuen begründet. Zu ihrer Erforschung dienen die Bastardierungsmethode, die serologischen Methoden und die Transplantation (RH. ERDMANN 1927). Hier soll nur über die Transplantation einiges mitgeteilt werden. Bei dieser kann aus dem Verhalten des Wirtsgewebes (Reaktion der Lymphocyten, Fibrocyten und Gefäßbildungszellen) auf die Größe der Differenz zwischen Wirt und Implantat geschlossen werden (Literatur bei LOEB und SEWALL 1927). Meist ist man bis jetzt empirisch verfahren. Dabei hat sich ergeben, daß, wenn keine besonderen technischen Schwierigkeiten vorliegen, die Autoplastik ziemlich überall möglich ist, dagegen die Homo-, Hetero- und Xenoplastik desto weniger Aussicht auf Gelingen haben, je höher die Tierart phylogenetisch entwickelt ist und je höher differenziert die Gewebe sind. Eine ausgiebige Literaturbesprechung findet man bei SCHÖNE (1912). Dies gilt jedoch nur ganz im allgemeinen, denn oft zeigen nahverwandte Tiere ein sehr verschiedenes Verhalten in der Heteroplastik. Bei ausgewachsenen Urodelen lassen sich z. B. artverschiedene Gewebe wahrscheinlich für immer kombinieren (Ovarialtransplantationen von HARMS [1913], Hauttransplantationen von TAUBE [1922]), während die Anuren schon der Homoplastik scheinbar unüberwindliche Schwierigkeiten bereiten. Dabei mögen oft Einzeldifferenzen von beträchtlicherer Bedeutung sein als der Rest des Komplexes der Verschiedenheiten, d. h. des Differentials. Die Differenz vergrößert sich im allgemeinen mit der fortschreitenden Ontogenese. Bei den Anuren lassen sich, entgegen den Erfahrungen an ausgewachsenen Tieren, frühe Stadien heteroplastisch in der glücklichsten Weise kombinieren und bis über die Metamorphose aufziehen (BORN 1897, HARRISOH 1908). Doch gilt auch dies nur für bestimmte Arten, denn manche Keime wirken auch hier schon im frühesten Stadium im höchsten Maße giftig aufeinander (unveröffentlichte Beobachtungen von SALZ). Solche Einzelcharaktere können offenbar in den Keimen schon von Anfang an enthalten sein. Weiteres über die Möglichkeit der Hetero- und Dysplastik wird in den einzelnen Abschnitten mitgeteilt werden.

## B. Versuche zur Ermittlung der Bedeutung des Kerns für die Entwicklung (Kerntransplantationen).

Zur Untersuchung der Bedeutung des Kerns für die Entwicklung sind verschiedene Wege möglich, die alle schon begangen worden sind:

1. Die vollständige Entfernung des Kerns (s. Defektmethoden S. 721, 733, 736);
2. die heteroplastische Transplantation ganzer diploider Kerne bei ungefurchten Eiern;
3. das gewöhnliche Bastardierungsexperiment, wie es von der Vererbungswissenschaft betrieben wird (s. Abschnitt über Methoden der Vererbung S. 502);
4. die Befruchtung, möglichst Bastardbefruchtung, von kernlosen Eifragmenten (Merogonieversuche);
5. die Vermehrung der mütterlichen Kernsubstanz vor der monospermen Befruchtung;
6. die Vermehrung der väterlichen Kernsubstanz in der Zygote durch Polyspermie;
7. die Abänderung der Kernverteilung im Keim durch Beeinflussung der Furchung.

Hier sollen nur einige Beispiele zu Punkt 2, 4, 5, 6 und 7 angegeben werden.

### a) Heteroplastische Transplantation ganzer diploider Kerne.

Diese ist von RAUBER (1886) ohne Erfolg versucht worden. Er tauschte mit einer feinen Pipette die Kerne von befruchteten Kröten- und Froscheiern. Die Kerne liegen ähnlich wie beim Axolotl dicht unter der Oberfläche am animalen Pol.

### b) Befruchtung von kernlosen Eiern bzw. von Eifragmenten. (Merogonieversuche, DELAGE.)

Für diese Versuche gilt es zuerst, kernloses Eiplasma zu beschaffen. Dies kann man sich durch Abtötung des Kernes durch Bestrahlung (s. S. 721) oder durch Teilung des Eies in kernhaltige und kernlose Stücke herstellen. Die kernlosen Stücke müssen dann befruchtet werden. Unter Umständen läßt sich die Teilung auch am befruchteten Ei kurz nach der Befruchtung vornehmen. Es ist hauptsächlich an Seeigeln und Amphibien gearbeitet worden. (Literatur s. bei SCHLEIP [1927, S. 59ff.].)

α) Befruchtung von kernlosen Eifragmenten bei Seeigeln (BOVERI 1889, 1895, 1918). Die Versuche gründen sich auf die Methode von O. und R. HERTWIG und die Erfahrung, daß kernlose Fragmente von unbefruchteten Seeigelkeimen sich befruchten lassen und sich entwickeln. Von den in Neapel reichlich zur Verfügung stehenden Seeigelsorten eignen sich Parechinus microtuberculatus, Paracentrotus lividus und Sphaerechinus granularis, während Arbacia postulosa infolge der Undurchsichtigkeit ihrer Eier weniger gut zu gebrauchen ist; am besten sind die beiden ersten Formen. Man entnimmt einem frischen Weibchen die Eier und schüttelt eine große Zahl mit Seewasser im Reagenzglas. Dabei werden viele zu langer Wurstform ausgezogen und in Stücke verschiedenster Größe zerrissen. Die milchig trübe Flüssigkeit wird in eine Schale gegossen und nach einiger

Zeit über den abgesetzten Keimen die Flüssigkeit durch filtriertes Seewasser ersetzt. Dann wird eine Probe mit möglichst vielen Keimen auf den Objektträger pipettiert und unter einem mittelstarken Trockensystem Fragmente ausgesucht, die frei von Kernbläschen sind. Diese pipettiert man heraus, wobei zur völligen Isolation meist ein mehrmaliges Umpipettieren notwendig ist, kontrolliert sie mit dem starken Trockensystem noch einmal nach und bringt sie einzeln oder zu mehreren in ein Salznäpfchen mit filtriertem Seewasser. Hier runden sich die Stücke bald ab. Nach zwei Stunden wird sehr stark verdünnte Samenflüssigkeit zugesetzt und unter Beobachtung der Befruchtung die Fragmente noch einmal kontrolliert. Für die Entwicklung zum Pluteus sind Abrundung nahezu zur Kugelgestalt, ziemliche Größe des Fragments, Monospermie und reichlich Wasser notwendig. In ähnlicher Weise werden Larven aus Fragmenten, welche den Kern enthalten, gezüchtet. Leider sind die Fragmente, in welchen kein Kernbläschen mehr sichtbar ist, nicht sicher kernfrei. Wenn die Kernmembran beim Schütteln platzt — wozu besonders Kerne neigen, die erst kurz vorher die zweite Reifeteilung beendet haben —, wird der Kern unsichtbar und sein Retikulum mit Chromatinbestand kann ganz oder evtl. in mehr oder weniger großen Teilen im Fragment enthalten sein. Zudem kommt es in manchen Kulturen relativ häufig vor, daß der mütterliche Vorkern aus zwei oder mehreren im Plasma zerstreuten Teilkernen besteht, welche recht verschieden groß sein können; beim Fragmentieren können besonders die kleineren der Beobachtung entgehen. Diese Gefahr besteht besonders bei dem trüben, körnigen Plasma der Sphärechinuseier. Glücklicherweise hat sich in der Kerngröße ein zuverlässiges Kriterium gefunden, haploide Kerne von diploiden zu unterscheiden. Ihre Oberflächen verhalten sich nämlich wie 1 : 2. Dabei ist noch in Betracht zu ziehen, daß die Kerngröße mit der Teilungsphase wechselt, daß die Kerne in kleinen Larven kleiner sind als in großen und daß die Kerne von in niederen Temperaturen gezogenen Larven größer sind als diejenigen in Larven aus höheren Temperaturen. Man zeichnet also von homologen Stellen gleich alter und gleich großer fixierter und gefärbter Larven möglichst viele Kerne mit dem Zeichenapparat auf und errechnet das Verhältnis ihrer Oberflächen.

Mittels dieses Experiments konnte BOVERI haploide, wohlausgebildete Plutei aus Plasma von Parechinus microtuberculatus, welches durch Paracentrotus-lividus-Sperma monosperm befruchtet worden war, erhalten. Bei der Befruchtung von Sphärechinusplasma mit Parechinus- bzw. Parazentrotussperma zeigt sich einmal die große Schwierigkeit, isolierte Fragmente zu befruchten (da die fremden Spermatozoen, wie schon aus dem Bastardierungsexperiment bekannt war, nur in äußerst seltenen Fällen eindringen) und des weiteren, daß sich die Merogone nur bis zur Gastrula entwickeln können. Zum Pluteus gelangten nur Fragmente, die Teile des mütterlichen Kerns enthielten. War auch die hauptsächliche Absicht BOVERIS, die Lokalisation der Erbfaktoren im Kern, infolge der Entwicklungsunfähigkeit dieses Bastards bis zum Pluteus gescheitert (die Plutei von Parechinus und Parazentrotus unterscheiden sich nicht), so war doch nachgewiesen, daß bei der Kombination gleicher und nahverwandter Formen ein Chromosomensatz zur Entwicklung bis zum Pluteus genügt und daß bei der Kombination entfernterer Formen mindestens ein Teil auch des mütterlichen Kerns vorhanden sein muß, wenn das Pluteusstadium erreicht werden soll. Ähnliche Versuche wurden von E. GODLEWSKI jun., DELAGE, MORGAN, SELIGER, WINKLER u. a. angestellt. Literatur s. bei BOVERI (1918) und SCHLEIP (1927).

Die kernlosen Eifragmente sind von einem Teil der erwähnten Autoren auch durch Zerschneiden der Keime gewonnen worden (s. BOVERI 1918). Ein Tropfen einer ganz dichten Keimkultur wurde auf einen Paraffinblock gebracht, mit einem fein geschliffenen Skalpell zerhackt und unter dem Mikroskop die kernlosen Fragmente ausgesucht. Dies Verfahren leistet jedoch nichts Besseres als die Schüttelmethode.

*β) Merogonieversuche mittels der Schnürmethode an Tritonkeimen* (SPEMANN). Die S. 730 schon beschriebene Schnürmethode ließ sich auch zur Behandlung des vorliegenden Problems verwenden und zeitigte bis jetzt die schönsten Resultate. — Das Ei von Triton taeniatus wird normalerweise von mehreren Spermatozoen befruchtet und läßt die Eintrittsstellen derselben als kleine Krater in seiner Oberfläche unter starker binokularer Vergrößerung deutlich erkennen (Abb. 232a). Ebenso sicher markiert sich die Lage des weiblichen Vorkerns durch ein pigmentarmes Feld am animalen Pol, welches im Zentrum die beiden Richtungskörper zeigt. Man entnimmt nun dem Uterus eines frisch im Freien gefangenen Weibchens (nur bei solchem kann man auf befruchtungsfähige Eier rechnen) die mit Hüllen versehenen Keime, setzt sie in einer feuchten Kammer einzeln auf den Boden und befruchtet sie mit arteignem bzw. artfremdem Sperma, das aus dem Vas deferens eines kräftigen Männchens abgestreift und mit einigen Tropfen 0,3proz. NaCl-Lösung verdünnt wurde. Nach ca. 10 Minuten gibt man Wasser zu. Ungefähr 1 Stunde später

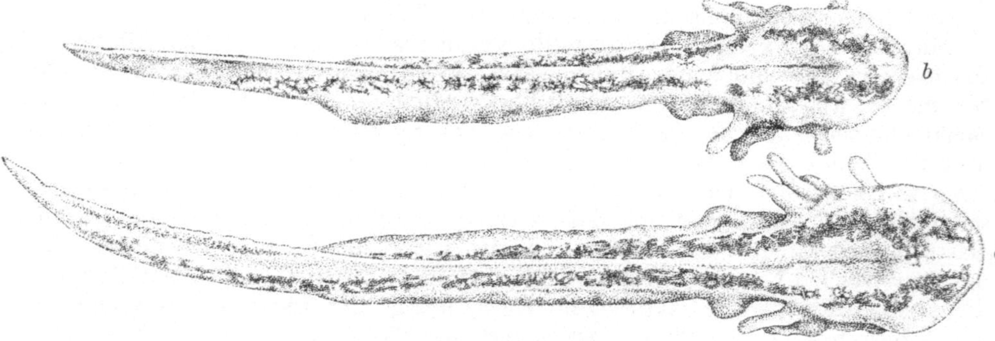

Abb. 243a—c. Merogonieversuche an Triton.
a Ei von Triton taeniatus in Entwicklung, 7 Stunden nach künstlicher Befruchtung, 6 Stunden nach Zerschnürung; rechte Hälfte diploid, linke Hälfte haploid. Vergrößerung 30mal.
b und c Haploider (b) und diploider (c) Zwillingskeim von Triton taeniatus. 28mal. (SPEMANN.)

schnürt man die nunmehr gequollenen, aber noch ungefurchten Eier (die erste Furche tritt erst 5 bis 7 Stunden nach der Befruchtung auf) dicht am Richtungskörperfleck parallel zur Polaritätsachse durch, so daß auf der einen Seite (diploid) der weibliche Vorkern und ein bzw. mehrere Spermakerne sind, auf der anderen (haploid) nur ein Spermakern sich befindet. Die diploide Seite entwickelt sich dann etwas schneller als die haploide (Abb. 243a); beide können bei artgleicher Befruchtung zu normal gestalteten Larven sich entwickeln, wobei jedoch die haploide beträchtlich kleiner als die diploide ist (Abb. 243b, c). Bei Bastardierung entwickelt sich die diploide

Hälfte zur guten Bastardlarve; die haploide erreicht wesentlich weniger vorgeschrittene Entwicklungsstadien, die für das verschiedene Sperma verschieden, aber für jede Art charakteristisch sind (Baltzer 1920, 1922).

c) Vermehrung der mütterlichen Kernsubstanz vor der monospermen Befruchtung durch Anstoß zur Parthenogenese (Herbst 1907, 1926 Lit.).

Es werden zwei Methoden angewendet. Die unbefruchteten Keime von Sphärechinus kommen 1. auf 1 Stunde in ein Gemisch von 400 $cm^3$ Seewasser + 8 $cm^3$ $n/10 NH_3$ oder 2. auf 5 Stunden in ein Gemisch von 70 Teilen mit $CO_2$ gesättigten und 30 Teilen gewöhnlichen Seewassers. Nach mehrmaligem Waschen mit normalem Seewasser bleiben sie ca. 20 Stunden in solchem stehen und werden dann nach Keimen mit vergrößerten Kernen untersucht. Es finden sich solche mit zweifach und vierfach vergrößertem Kern. Die chromatische Substanz der Keime hat nämlich einmal oder zweimal ihre mitotischen Vorgänge durchgeführt, ohne auf Tochterkerne verteilt zu werden (Monaster). Diese Keime werden nun mit Sperma von Paracentrotus befruchtet und ergeben Larven, welche dem mütterlichen Sphärechinus-Pluteus wesentlich ähnlicher sind als der normale Bastard. Die mikroskopische Untersuchung (Hinderer, Landauer, s. Herbst 1926) bestätigte die Annahme, daß der mütterliche Chromosomensatz doppelt, der väterliche einfach vertreten ist. Wichtig ist, daß das Sperma den mütterlichen Kern im Ruhestadium antrifft, da es sich sonst dessen Teilungsrhythmus nicht einfügen kann, wenn es auch nach anderen Beobachtungen weitgehende Anpassungsfähigkeit besitzt. — Dieselben Resultate werden erzielt, wenn man die gelegentlich vorkommenden Rieseneier der Echinodermen, welche doppeltes Plasma und diploide weibliche Vorkerne besitzen, bastardiert (Herbst, Boveri, s. Herbst 1926).

d) Vermehrung der väterlichen Kernsubstanz in der Zygote durch künstliche Polyspermie. (Tetraster, Triaster, Amphiaster und Monaster bei Seeigelkeimen, Boveri 1907.)

Die Polyspermie ist von Boveri in seinen Zellstudien in der geistreichsten Weise ausgewertet worden. Es ist wichtig, sie willkürlich herstellen zu können. Von vornherein sind die Eier verschiedener Weibchen etwas verschieden disponiert; auch zeigen Eier, welche etwas beschädigt sind, Neigung zur Vielbesamung (Fol, O. und R. Hertwig). Durch Behandlung mit stark verdünnten Narkosemitteln läßt sich dies auch künstlich erreichen (O. Hertwig). Am einfachsten und vor allem mit keiner vorherigen Schädigung verbunden ist jedoch das Verfahren von Boveri. Er setzt den frisch aus den Ovarien entnommenen Eiern so konzentrierte Samenflüssigkeit (Hoden in Meerwasser ausspülen) zu, daß die Flüssigkeit deutlich trüb erscheint und jedes Ei nach kurzer Zeit von einer dunklen Hülle von Tausenden von Spermatozoen umgeben ist. Aus solchen Kulturen erhält er bis zu 89% polysperm befruchtete Eier. Hundertmal weniger konzentrierte Samenflüssigkeit genügt zur normalen Befruchtung aller Keime. Die meisten polyspermen Keime lassen sich an ihrer gleichzeitigen Teilung in mehr als zwei Zellen erkennen; und zwar teilen sich die dispermen in der Regel simultan in 4 Zellen (tetrazentrische Eier); indem jedes Sperma ein Zentrosom mitbringt, entstehen bei der Teilung 4 Zentren (Tetraster), die sich im Quadrat (ebener Tetraster) oder Tetraëder (gekreuzter Tetraster) ordnen und unter sich den Chromosomenbestand der beiden Spermakerne und des mütterlichen Vorkerns beliebig aufteilen. In seltenen Fällen vereinigt sich nur ein Spermatozoon mit dem Eikern, während das andere selbständig bleibt. Beide treten dann in die Teilung ein und bilden zwei selbständige Spindeln (Doppelspindeltypus). Diese können parallel zueinander liegen oder lotrecht zueinander stehen (ebener bzw. gekreuzter Doppelspindeltypus).

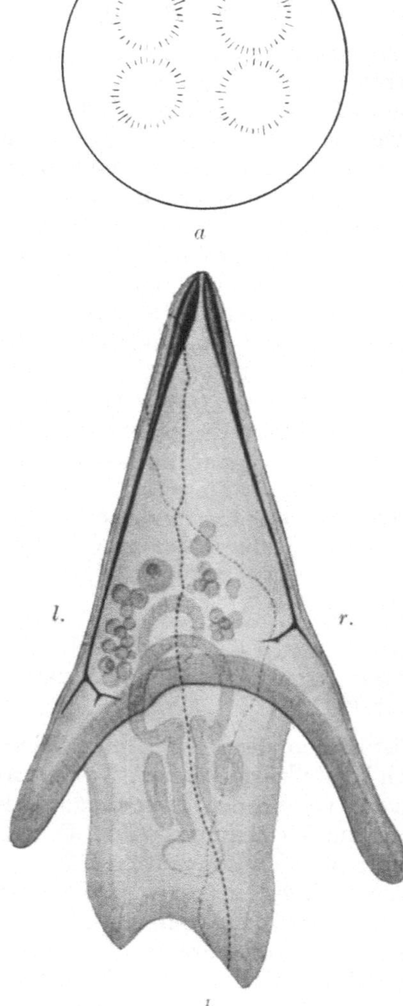


Abb. 244.
a Doppelspindeliges Echinidenei; die beiden Spindeln ziemlich weit voneinander entfernt.
b Partiell merogonischer Bastardpluteus. Rechte Hälfte (r.) diploide Kerne, je aus einer Garnitur Chromosomen von Parechinus microtuberculatus und Paracentrotus lividus bestehend. Linke Hälfte (l.) haploide Kerne mit einer Garnitur von Paracentrotus lividus. Plasma von Parechinus. Die gestrichelte Linie gibt die Grenze der beiden Bezirke an. (BOVERI.)

Schüttelt man die Keime nach der Besamung, so wird relativ häufig das Zentrosom an seiner Teilung behindert, während die sonstigen Kernteilungsvorgänge weiter ablaufen. Es entstehen so aus den dispermen Eiern trizentrische Keime, bei denen entweder die drei Sphären durch Spindeln mit Chromosomen verbunden sind (Triaster) oder nur zwei Sphären zur Spindel vereinigt sind, die dritte aber selbständig ist (Amphiaster, Monaster) — oder dizentrische Keime, bei denen die Zentren beider Spermatozoen gesondert sind; diese können selbständig (Doppelmonaster) oder zur Spindel vereinigt sein (Amphiaster). Aus monosperm befruchteten Keimen entstehen Monaster. Bei reichlich besamten und geschüttelten Keimen können neben den normalen Amphiastern alle diese Formen in einer Kultur vereinigt sein, dazu noch Polyaster beim Eindringen mehrerer Spermatozoen. So fand BOVERI (1907) unter 200 ursprünglich gesunden, reichlich besamten und geschüttelten Eiern von Paracentrotus 17 Monaster, 155 Amphiaster, 9 Triaster, 18 Tetraster und 1 Polyaster. Die gründlichste Untersuchung des Schicksals der dispermen Keime, besonders der Tetraster und Triaster, hat BOVERI (1907) zur Erkenntnis der Individualität der Chromosomen geführt. Nur diejenigen Zellen sind lebensfähig, die einen ganzen (haploiden) Chromosomensatz besitzen. Dies ist in Tetrastern und Diastern, wo die 3 Chromosomensätze (2 Spermakerne + 1 mütterlicher Vorkern) beliebig auf 4 bzw. 3 Tochterkerne verteilt werden, sehr selten der Fall.

Günstiger liegen die Verhältnisse beim Doppelspindeltypus (Abb. 244). Hier ist ja eine Spindel diploid, die andere haploid. Zerfällt der Keim sofort in 4 Zellen, so entstehen diploide und haploide Zellen und daraus ein guter Pluteus, der teils diploid, teils haploid ist. Dies geschieht jedoch nur selten bei dem gekreuzten Doppelspindeltypus; beim ebenen Typus erfolgt beinahe stets zuerst eine Teilung in 2 Zellen, deren jede einen haploiden und einen diploiden Kern enthält. Mit der fortschreitenden Furchung werden von diesen doppelkernigen Zellen immer gesunde haploide und diploide Zellen abgeschnürt, und es bleiben doppelkernige zurück. In diesen treten die Kerne einander immer näher und vereinigen sich schließlich. Ihre weitere Teilung erfolgt dann unter

Tetrasterbildung, was zu pathologischen Zellen führt. Tritt dies sehr spät ein, d. h. wenn die Bezirke der beiden Spindeln anfangs gut geschieden sind, so kann trotzdem ein guter Pluteus entstehen. Abb. 244 zeigt einen solchen partiell merogonen Pluteus (BOVERI 1918), der durch Befruchtung eines Eies von Parechinus microtuberculatus mit 2 Spermien von Paracentrotus lividus entstanden ist. Die Grenze des haploiden und diploiden Bezirks läuft ziemlich median. Die Larve enthält nur wenige, ins Innere abgegebene pathologische Zellen. Die Kerne der beiden Bezirke zeigen das Oberflächenverhältnis 1 : 2. — Die Verteilung der haploiden und diploiden Bezirke wechselt je nach der ursprünglichen Lage der haploiden und diploiden Kerne zur Symmetrieebene und zu den animalen und vegetativen Bezirken des Keims. Liegt die haploide Spindel oberflächlich am Ei, so kann der haploide Bezirk in der Larve wesentlich kleiner sein als der diploide. Partiell haploide Seeigellarven haben BOVERI und HERBST (s. HERBST 1926) auch erhalten, wenn bei monospermer Befruchtung der eingedrungene Spermakern erst mit einem Furchungskern verschmolz (verspätete Kernkopulation oder partielle Thelykaryose, BOVERI 1888). Ein Teil der Larve besitzt dann nur haploide mütterliche, der andere Teil diploide (mütterliche + väterliche) Kerne. Leider lassen sich solche Larven nicht willkürlich herstellen. Weiteres und Literatur über Polyspermie s. bei DÜRKEN 1919 und MORGAN 1927. Vgl. auch das Kapitel über die Methode der künstlichen Befruchtung.

e) Abänderung der Kernverteilung im Keim durch Beeinflussung der Furchung.

α) Druckversuche an Seeigelkeimen (DRIESCH, MORGAN, ZIEGLER u. a., speziell nach DRIESCH, 1893 a S. 17, 1893 b). Das Experiment wird an künstlich befruchteten Keimen von Sphaerechinus granularis, Parechinus microtuberculatus und Paracentrotus lividus ausgeführt. Notwendig ist, die Eimembran zu entfernen, was DRIESCH (1893) durch mäßiges, 4 bis 5 Sekunden langes Schütteln der Keime 3 Minuten nach Zusatz des Samens erreicht, d. h. in einem Zeitpunkt, wo sich die Membran gerade allseitig abgehoben hat. Alle Keime werden auf diese Weise membranfrei, ohne selbst zu leiden. Später hat ein minutenlanges, starkes Schütteln nur bei einem Teil der Keime die Entfernung der Membran zur Folge. Nachdem die Keime das Vierzellenstadium erreicht haben, werden sie mit einigen Tropfen Seewasser in die Mitte eines Objektträgers gebracht und eine mittelstarke Leiste in einiger Entfernung davon auf den Objektträger gelegt. Dann legt man ein viereckiges Deckglas so auf, daß es auf einer Seite durch die Leiste unterstützt wird. In dem Wasserkeil zwischen Deckglas und Objektträger finden sich nun Keime mit allen Graden der Kompression. Die späteren Furchen stellen sich senkrecht zur Kompressionsrichtung ein, wodurch eine abnorme Verteilung der Furchungskerne im Plasma erzielt wird, während die Bezirke des letzteren nicht wesentlich verlagert werden. Wird nach der 3. bzw. 4. Teilung die Kompression aufgehoben, so bilden sich kugelige Blastulae und normale Plutei.

β) Druckversuche an Anurenkeimen. (PFLÜGER [erste Kompressionsversuche 1884], ROUX, MORGAN, O. HERTWIG, BORN, Lit. s. MORGAN [1927] S. 468 ff.). Auf einen Objektträger wird beiderseits parallel zu den kurzen Kanten je ein ca. $1^1/_2$ mm dicker Streifen von recht weichem Wachs oder Plastilin aufgelegt und dann in die Mitte desselben bei horizontaler Lage ein befruchtetes, ungefurchtes Ei mit gequollener Gallerthülle aufgesetzt. Es orientiert sich in kürzester Zeit so, daß seine Polaritätsachse senkrecht steht. Nun legt man darüber vorsichtig einen zweiten Objektträger und drückt ihn langsam fest, bis das Ei auf zwei Drittel bis die Hälfte seiner ursprünglichen Dicke komprimiert ist. Dabei darf sich das Ei nicht verschieben. Für den Versuch lassen sich auch Objektträger verwenden, auf die quer je 2 Glas- oder

Metallstreifen von der für die Kompression notwendigen Stärke aufgekittet sind. Um die Enden der Objektträger werden dann Gummiringe gespannt und das Ganze horizontal in eine große Petrischale gelegt. Wenn das 16. bis 32. Zellstadium erreicht ist, wird das Ei aus seiner Zwangslage befreit. Bei solchen Keimen erfahren die Kernspindeln eine abnorme Einstellung. Die erste horizontale Furche tritt dabei erst als 4. oder 5. auf. Da die Plasmabezirke nur unwesentlich gegeneinander verlagert werden, wird die Verteilung der Kerne im Plasma abnorm. — Parallel zur Polaritätsachse lassen sich die Keime in folgender Weise komprimieren: Man klebt quer auf einen Objektträger ungefähr in 3 cm Abstand voneinander 2 Wachsstreifen, deren Höhe etwas größer als ein Eidurchmesser ist, bringt dann zwischen die Streifen ein Ei und legt einen zweiten Objektträger darauf. Ein leichter Gummiring hält die beiden Objektträger zusammen. Dann stellt man dieselben vertikal auf eine Schmalseite, wartet, bis der Keim sich eingestellt hat, und preßt dann langsam und gleichmäßig die Objektträger aneinander, bis der Keim auf zwei Drittel bis die Hälfte seines Normaldurchmessers zusammengedrückt ist. Die Objektträger kommen vertikal in ein gut durchlüftetes Aquarium. Die Kernverteilung wird durch dieses Experiment ebenfalls abnorm, doch in anderer Weise modifiziert als im vorigen Versuch. Schließlich läßt sich eine ähnliche Deformation erreichen, wenn man Keime nach der Entfernung ihrer Gallerthüllen (s. S. 690) vom animalen Pol aus in eine Kapillare einsaugt (ROUX 1895), deren lichte Weite ungefähr zwei Drittel so groß wie der Eidurchmesser ist. Um gute Sauerstoffversorgung zu erreichen, kann man die Kapillare über und unter dem Ei mit dem Schreibdiamanten anritzen, abbrechen und senkrecht in ein Polster von Grünalgen stellen.

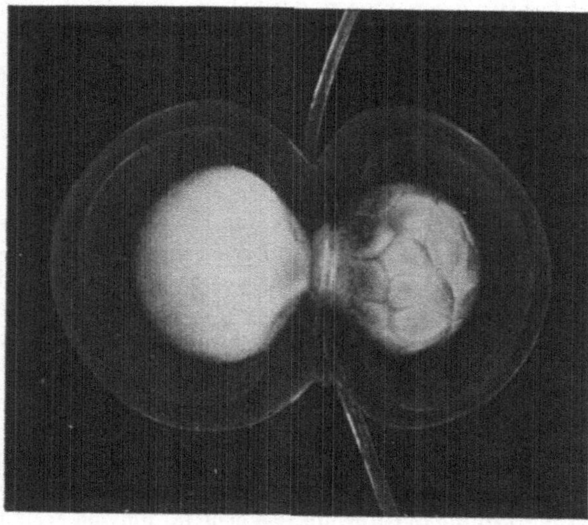

Abb. 245. Abänderung der Kernversorgung der Plasmabezirke. Furchungsstadium von Triton taeniatus, $10^1/_2$ Stunden nach der künstlichen Befruchtung, 16 Minuten nach der Befruchtung eingeschnürt. Rechte Hälfte wahrscheinlich 31 Zellen; linke Hälfte eine Zelle mit eben durch die Brücke gewandertem Kern. (SPEMANN.)

γ) **Abnorme Kernversorgung der Keimbezirke bei Triton taeniatus mittels der Schnürmethode.** Die abnorme Verteilung der Furchungskerne im Eiplasma wurde von SPEMANN (1914, 1924) mittels der schon beschriebenen (S. 730) Schnürmethode bei Triton taeniatus erreicht. Man schnürt zu diesem Zweck das frisch gelegte, ungefurchte Ei neben dem Richtungskörperfleck stark ein; dann furcht sich die mit Ei und Spermakern versehene Eihälfte allein, bis ein Furchungskern in die Plasmabrücke unter der Schnürung gelangt und bei der nächsten Teilung einer seiner Tochterkerne in die kernfreie Hälfte kommt. Diese erhält dabei erst einen $^1/_4$, $^1/_8$ oder $^1/_{16}$ Kern, je nach der Stärke der Plasmabrücke. Man merkt sich die spät versorgte Keimhälfte, indem man die beiden Enden des Haares verschieden lang zuschneidet. Im Blastulastadium wird allmählich vollends durchgeschnürt. Beide Hälften können einen vollständigen Embryo bilden. Die in der kernfreien Hälfte etwa enthaltenen haploiden Spermakerne werden von dem diploiden Kern in ihrer Entwicklung gehemmt (FANKHAUSER 1925).

f) Methode der willkürlich lokalisierten Befruchtung (ROUX).

Viele Eier sind für die Spermatozoen nur an einer Stelle, der Mikropyle, zugänglich, andere an jeder beliebigen. Zu letzteren gehört offenbar das Ei unserer Amphibien. Um bei diesem die Eintrittsstelle festzulegen, ist ROUX folgendermaßen verfahren: Die Keime von Rana fusca oder esculenta werden dem Uterus eines kopulierenden Weibchens einzeln mit einer feinen Lanzette entnommen und unter sorgfältiger Orientierung sofort mit dem weißen vegetativen Pol auf eine kleine, runde Glasscheibe gesetzt, durch deren Mitte ein mit dem Diamanten eingeritzter Pfeil geht. Die Eier dürfen auf der Glasscheibe nicht mehr gedreht werden, da sie sonst beim Wasserzusatz rutschen. Nun wird mit der feinen Schere die Eihülle auf der Fahnenseite des Pfeils ein wenig angeschnitten und ein kleiner Tropfen Spermaflüssigkeit (in 0,2proz. NaCl-Lösung) an die Ritze gesetzt. Die an dem Schnitt durch die Hülle dringenden Spermatozoen haben vor den anderen einen Vorsprung; die Wahrscheinlichkeit, daß eines von ihnen zur Befruchtung gelangt, ist daher sehr groß. Die willkürliche Wahl des Befruchtungsmeridians wird auch erreicht, wenn man an das aufgesetzte Ei, bis wenig über den Äquator reichend, einen feinen Seidenfaden schräg anlegt und mit einem feinen Pinsel an seine Basis einen kleinen Tropfen Samenflüssigkeit bringt. Die Spermatozoen gelangen dann an dem Faden in die Höhe und dringen über dem Äquator in das Ei ein. Ein drittes Verfahren, bei dem mit einer feinen Kanüle das Sperma an einer bestimmten Stelle durch die Hülle durchgeführt werden sollte, führte nicht zum Ziel. — Die Scheibe mit dem Ei wird in eine Petrischale gelegt. Die Eier blieben bis zum Auftreten der ersten Furche in Zwangslage, d. h. es wird kein Wasser zugesetzt, wobei die enganliegende Hülle das Ei festhält. Nur einige Tropfen Wasser am Rande der Schale machen diese zu einer feuchten Kammer und verhindern das Eintrocknen der Eihüllen. Die erste Furche soll nach ROUX mit dem durch die Spermaeintrittsstelle bestimmten Meridian, dem Befruchtungsmeridian, zusammenfallen. Eine ausführliche Literaturbesprechung findet man bei WEIGMANN (1927).

## C. Versuche zur Ermittlung der Bedeutung der Plasmabezirke und Transplantationen am embryonalen Material.

Die letzterwähnten Versuche zeigen, daß die ersten Furchungskerne einander potentiell gleich sind. Die Beobachtung der ersten Entwicklungsvorgänge wie Furchung und Gastrulation zeigt jedoch, daß schon von Anfang an die Bezirke des Keims sich recht verschieden verhalten. Diese Verschiedenheit muß im Plasma begründet sein. Sie ist für jede Keimart typisch, also vererbt. Die sie bestimmenden Faktoren liegen demnach im Plasma. Der Kern greift jedoch sehr früh in das Entwicklungsgeschehen ein; denn kernfreie Plasmafragmente sind nur recht beschränkt entwicklungsfähig. Auch die Merogonieversuche weisen darauf hin. Doch läßt es sich schwer entscheiden, ob die Grenze der Entwicklungsfähigkeit kernfreier Plasmateile und merogoner Keime auf dem Ausfall der für die Lebensvorgänge der Zelle überhaupt notwendigen Tätigkeit des Kerns beruht oder auf dem Mangel bestimmter, speziell die Entwicklungsvorgänge beeinflussender Leistungen des Kerns (Näheres s. bei SCHLEIP 1927). Bei den Versuchen dieses Abschnitts bezieht sich nur ein Teil speziell auf die Frage nach der Bedeutung der Plasmabezirke, bei den übrigen ist die Leistung des Kerns unbekannt.

a) Zentrifugierungsversuche.

Die Zentrifugierungsversuche dienten in der Entwicklungsmechanik in der Hauptsache dazu, die Abhängigkeit der Entwicklung von bestimmten sichtbaren Substanzen zu ermitteln. Sie sind aber auch für die Ermittlung der Viskosität des Keims, der chemischen Zusammensetzung der Eibestandteile, der die Furchungsrichtung bestimmenden Faktoren, der mechanischen Beschaffenheit der Eiteile, etwa der Spindel u. a., von Bedeutung. Man hat sie sehr häufig verwendet. (Näheres und Literatur s. MORGAN 1927; SCHLEIP 1927.)

Eine Beschreibung der Hand-, Wasser- und elektrischen Zentrifugen ist nicht notwendig. Wegen der Erschütterung ist es praktisch, wenn die elektrischen Zentrifugen auf einem starken, hängenden Tisch montiert werden. Ein Tourenzähler soll ebenfalls vorhanden sein. Beim Gebrauch müssen die jeweils einander gegenüberliegenden Röhrchen gleich schwer sein, was durch Auffüllen mit Wasser oder kleinen Schroten und Austarieren auf der Waage erreicht wird. Die Zentrifugalkraft steigt mit der Tourenzahl und der Entfernung des Objekts von der Zentrifugenachse. Sie ist $= \frac{4\pi^2 r}{t^2} M$, wobei $r$ der Radius der Zentrifuge, $t$ die Umlaufszeit und $M$ die Masse des Eies ist. Die zentrifugale Beschleunigung ist $V = \frac{4\pi^2 r}{t^2}$ mal so groß wie die Erdbeschleunigung ($g = 9{,}81$ m). Je größer die Gewichtsdifferenzen der Eisubstanzen, desto stärker die Wirkung der Zentrifuge. Im allgemeinen ist kurzes, wenigtouriges Zentrifugieren ohne Einwirkung auf die Keime; sehr langes hochtouriges führt zu starken Schädigungen. Dazwischen liegt meist ein Bereich, wo Verlagerungen der Eisubstanzen deutlich wahrzunehmen sind, ohne daß die Entwicklungsfähigkeit stark geschädigt wird und zum Tod bzw. zu Mißbildungen führt. Die Dauer und Tourenzahl muß für jedes Objekt und für jeden Zweck besonders erprobt werden. Die willkürliche Wahl der Richtung der Wirkung der Zentrifugalkraft macht häufig Schwierigkeit. Einfach ist dies bei solchen Keimen, die in allen ihren Bezirken nahezu gleiches Gewicht besitzen, sich also in der Zentrifuge nicht bestimmt einstellen. Man zentrifugiert sie möglichst in Massenkultur; dann wird die Schichtung bei verschiedenen Eiern in der verschiedensten Richtung erfolgen. Anschließend werden die geeignetsten Keime ausgesucht. Zur genauen Feststellung der Schichtungsrichtung können die Formen der Eier, die Lage der Richtungskörper, Eigentümlichkeiten der Hülle u. a. als Anhaltspunkte dienen, vorausgesetzt natürlich, daß sie nicht ebenfalls der Wirkung der Schwerkraft unterliegen. Schwieriger liegt der Fall bei Eiern, die in einer bestimmten Richtung inhärente Gewichtsdifferenzen aufweisen. Solche stellen sich in der Zentrifuge mit ihrer Achse parallel zur Zentrifugalachse und werden alle ziemlich gleichartig geschichtet. Will man sie in einer bestimmten Richtung zentrifugieren, so muß man sie in Zwangslage halten. Unbefruchtete Eier kann man im Uterus bzw. im Ovar behandeln, indem man das ganze Muttertier oder den Uterus bzw. das Ovar zentrifugiert. Dann werden die Eier entnommen und künstlich befruchtet. Die befruchteten Eier, welche meist in ihrer Hülle frei beweglich sind, müssen jedoch in eine künstliche Zwangslage gebracht werden, was für jeden Fall besonders auszuprobieren ist. Pressung oder orientiertes Einsaugen in eine Kapillare führt hier zum Ziel.

Wenn die Umgebungsflüssigkeit ein geringeres spezifisches Gewicht besitzt als die Keime, werden diese durch die Zentrifugalkraft mehr oder weniger plattgedrückt. Um dies zu vermeiden, bringt LYON (1907) u. a. auf den Grund des Zentrifugiergläschens einige Tropfen Lösung von Gummiarabikum in Seewasser oder Süßwasser (je nachdem man Eier von Seewasser- oder Süßwassertieren bearbeitet) und überschichtet sie mit der Keimkultur. Beim Zentrifugieren stellen sich die Keime in der ihrem spezifischen Gewicht entsprechenden Zwischenschicht ein und erleiden hier keine Deformationen, da der durch das Medium ausgeübte Außendruck allseitig gleich ist. — Im Trockenen sich entwickelnde Insekteneier werden von HEGNER (1909) bei Chrysomeliden in entsprechend geformte Löcher eines Paraffinblocks gesteckt, dabei orientiert und der Paraffinblock dann in der gewünschten Richtung zentrifugiert. Die Eier bleiben bis zur Fixierung in dem Paraffinblock.

Eines der Hauptergebnisse der vielfachen Versuche war, daß die sichtbaren Substanzen, welche als Pigment, Fett und Dotter sich am zentripetalen (Fett) bzw. zentrifugalen Pol ansammeln, die Entwicklung des Eies nicht beeinflussen. Die verantwortlichen Faktoren liegen im Plasma, das den Wirkungen der Zentrifugalkraft nicht immer leicht unterliegt. Werden auch die Bildungsplasmen zerstreut, so wird die Normalentwicklung stark beeinträchtigt. Bei Ascidien sind nach CONKLIN (1924) die verantwortlichen Plasmabezirke auch durch ihre Färbung unterschieden, und daher führt hier auch die Verlagerung der sichtbaren Substanzen zu Mißbildungen.

Die Methode der Zentrifugierung kann auch indirekt von Bedeutung sein. Es läßt sich mittels derselben nämlich nach MORGAN das Pigment bei Amphibieneiern verlagern, so daß man Embryonen mit nahezu pigmentfreien Köpfen erhält. Diese können dann als Spender für homo- oder heteroplastische Experimente dienen, allerdings muß man dabei mit Mißbildungen und geschwächter Vitalität rechnen. Die Eier von Rana sylvatica zentrifugiert MORGAN mit 1600 Umdrehungen pro Minute und dem Radius 2 bis 11,5 cm 7 Minuten lang, Kröteneier 3 Minuten. Man behandle die Keime in den Hüllen möglichst lange vor dem Auftreten der ersten Furche bald nach dem Eindringen des Spermatozoons, also ca. 60 bis 90 Minuten nach der Ablage. Das Ergebnis ist individuell verschieden. Die Schichtung erfolgt senkrecht zur Polaritätsachse, da sich die Keime in der Zentrifuge orientieren.

*Zentrifugieren von Keimen der Lungenschnecken des Süßwassers* (Planorbis, Lymnaea, Physa nach CONKLIN 1910). Die Keime von Lungenschnecken des Süßwassers sind, ca. 20 bis 50 an der Zahl, in einem Gallertzylinder eingebettet und liegen einzeln wieder in einer kleinen Kapsel. Diese ist mit einer durchsichtigen Reservemasse erfüllt, auf der wiederum der kleine Keim schwimmt. Im Augenblick der Ablage ist das Ei befruchtet und zeigt noch ein Keimbläschen. Dieses liegt hyalin inmitten des gelblich gefärbten Dotters (Abb. 246A). Mit der Reifung (1. *Rk* ca. 2 Stunden, 2. *Rk* ca. 3 Stunden nach der Eiablage) bildet sich eine Kappe hyalinen Plasmas um den animalen Pol, welche die ganze animale Hälfte oberflächlich einnehmen kann; das gelbe dotterhaltige Plasma liegt an der vegetativen Hälfte und im Zentrum der animalen Keimhälfte. Unter den beiden Richtungskörpern befinden sich die beiden Vorkerne (Abb. 246B). Im Laufe der Furchung vermehrt sich das hyaline Plasma auf Kosten des gelben dotterhaltigen. Ersteres gelangt in die drei das Ektoderm bildenden Mikromerenquartette, letzteres in das Ento- und Mesoderm (Abb. 246C). Die jungen Schnecken schlüpfen nach 10 bis 14 Tagen aus. — CONKLIN behandelt die Keime von Lymnaea 10 bis 20 Minuten lang mit 3000 Umdrehungen pro Minute bei einem Radius von 6 cm in der Gallerthülle in verschiedenen Stadien. Das Ei orientiert sich in der Zentrifuge nicht; es zeigt drei beliebig zur Eiachse liegende Schichten: eine graue zentripetale Schicht, eine gelbe zentrifugale Schicht und dazwischen eine hyaline Plasmaregion. Die Schichtung bleibt nach dem Zentrifugieren im wesentlichen erhalten, und daher ist die Verteilung der grauen und gelben Substanz auf die Keimbezirke sehr verschieden (Abb. 246$a_1$—$a_4$, $b_1$—$b_4$, $c_1$—$c_4$). Nach dem Zentrifugieren stellen sich die Keime sehr schnell zur Schwerkraft ein, weshalb sie am besten bei horizontal gestelltem Mikroskoptubus und senkrecht stehendem Objektträger betrachtet werden. Man nehme die Eikapseln einzeln mit scharfen Pinzetten aus der Gallerthülle, bringe sie zur Beobachtung auf einen tiefen, hohlgeschliffenen Objektträger, bedecke sie mit einem Deckglas und umrande dies mit Wachs, damit es nicht abgleitet. — Wird zentrifugiert: 1. im Keimbläschenstadium, also sofort nach der Ablage, so entwickeln sich nahezu alle Keime normal; 2. während der Richtungskörperbildung (1 bis 3 Stunden nach der Ablage), so wird die Hälfte normal, die andere Hälfte stirbt bzw. wird abnorm; und 3. nach der Abschnürung der Richtungskörper bis zum Einschneiden der ersten Furche, so wird die

Schädigung immer beträchtlicher, bis schließlich alle Embryonen abnorm werden. Durch das Zentrifugieren wird die Polaritätsachse des Eies nicht beeinflußt (Grund-

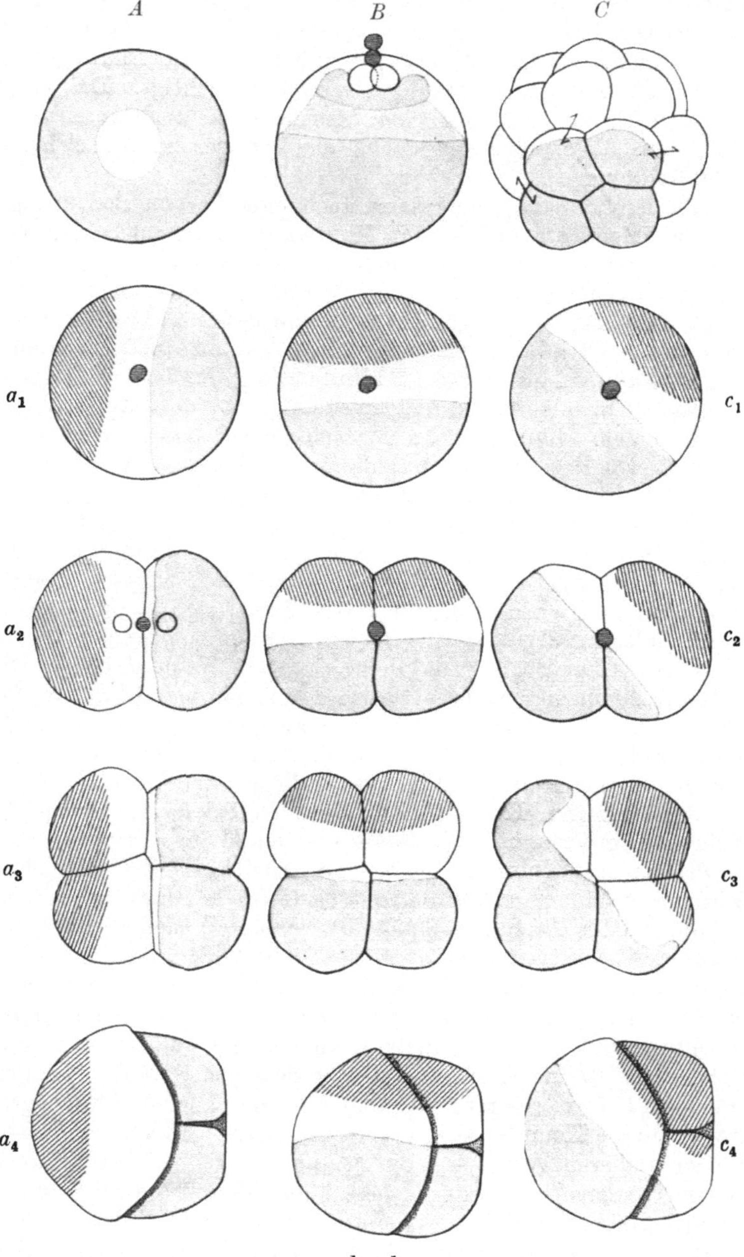


Abb. 246. Zentrifugierversuch an Physa und Lymnaea. A, B u. C normale Entwicklung von Physa. A sofort nach der Ablage, B nach Abschnürung der Richtungskörper, C nach Abschnürung der drei Ektodermquartette (hell). $a_1-a_4$, $b_1-b_4$, $c_1-c_4$ = Eier von Lymnaea, zentrifugiert nach der Reifung, graue Substanz schraffiert, gelbe Substanz grau, dazwischen hyalines Plasma. $a_1$, $b_1$, $c_1$ = nach der Zentrifugierung; $a_2$, $b_2$, $c_2$ = Zweizellstadium; $a_3$, $b_3$, $c_3$ = Vierzellstadium; $a_4$, $b_4$, $c_4$ = normale rotierende Embryonen. (CONKLIN.)

struktur, Netzwerk, Intimstruktur); dagegen die Reifungsachse, da die Richtungskörper in der hyalinen Zone abgeschnürt werden. Die graue und gelbe Substanz sind nicht organbildend, sondern nur Plasmaeinschlüsse; sie wandeln sich in helles Plasma um und haben auf die Polarität und Bilateralität des Keims keinen Einfluß.

*Zentrifugieren von Ascariseiern* (BOVERI 1910, HOGUE 1910). Die Eier von Ascaris megalocephala werden im Uterus der weiblichen Tiere befruchtet, machen anschließend ihre Reifeteilungen durch und furchen sich bis zum 4- bis 8-Zellenstadium. Das Ei bildet während der Reifung eine sehr starke zweischichtige Schale, auf deren innerer Schicht der erste Richtungskörper liegt. Mit der Abschnürung des zweiten Richtungskörpers zieht es sich zusammen und scheidet eine Flüssigkeit aus, so daß es frei beweglich wird. Der zweite Richtungskörper liegt dem Ei direkt auf. Ovar, Ovidukt und Uterus sind zweifach vorhanden und bilden bekanntlich zwei lange, allmählich an Stärke zunehmende Röhren, welche in eine gemeinsame Vagina münden. Die Keime sind in der Nähe der Vagina am weitesten vorgeschritten und sind desto jünger, je weiter man nach oben geht. Man sticht mit einer Nadel, von unten nach oben fortschreitend, den Uterus an, entnimmt ein wenig von seinem Inhalt, spült in einem Tropfen Wasser auf dem Objektträger ab und untersucht

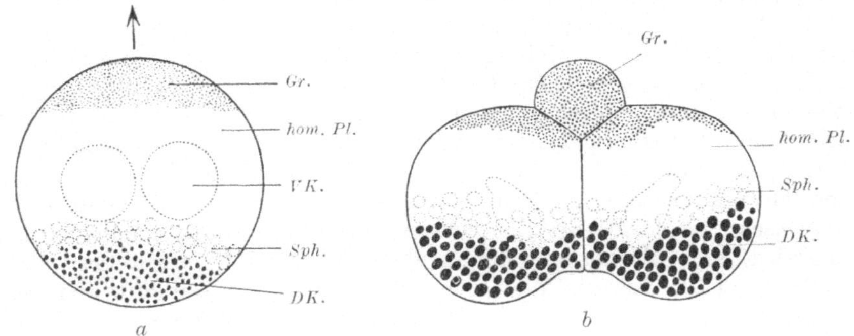


Abb. 247a, b. Zentrifugierversuch an Askaris.

a Zentrifugiertes reifes Ei von Ascaris megalocephala ($r$ = 9 cm, Tourenzahl 3800 pro Min., Dauer 30 Min.) (M. J. HOGUE.) b Ballei von Ascaris megalocephala, nach Zentrifugieren während der ersten Furchungsteilung entstanden. (BOVERI.) *DK.* = Dotterkörner (fettartig). *Gr.* = bräunliche Granulae. *hom. Pl.* = homogene Plasmaschicht. *Sph.* = Sphaerulae, große helle Kugeln. *VK.* = männlicher und weiblicher Vorkern.

unter dem Mikroskop. Hat man auf diese Weise den Uterusbezirk mit den gewünschten Stadien ermittelt, so bringt man ca. $^1/_2$ mm$^3$ Uterusinhalt der betreffenden Stelle mit der spitzen Pinzette in einen kleinen Tropfen Wasser auf den Objektträger und verteilt ihn mit der Pinzette gleichmäßig ungefähr über eine Fläche von der Größe eines Deckglases. War der Uterus frisch, so braucht man nur eintrocknen zu lassen, und die Eier halten fest, selbst wenn sie häufig zur Untersuchung mit Wasser bedeckt werden. Ist der Uterus alt, so bestreicht man den Objektträger zuerst dick mit Eiweißglyzerin, dann mit dem Uterusinhalt und bringt schließlich das Eiweiß durch Eintauchen in Formalin zur Gerinnung. Letzteres wird durch kurzes Waschen in destilliertem Wasser wieder entfernt; es schadet den Eiern nichts. Man bereitet sich einen Objektträger als Kontrolle und verschiedene für das Experiment. Die Keime entwickeln sich im Trocknen ebensogut wie in Wasser. Im Eisschrank bleibt die Entwicklung stehen, ohne daß die Lebensfähigkeit beeinflußt wird. Man kann also mit einem Tier lange Zeit auskommen und die Entwicklung beliebig hemmen bzw. beschleunigen, wenn man die Objektträger in den Wärmeschrank (37 bis 40°) bringt. Die Objektträger werden in die Metallhülsen der Zentrifuge gesteckt und zentrifugiert; evtl. klemmt man sie in Holz- oder Korkstückchen ein. — Unreife Eier, welche noch die Hülle ganz ausfüllen, eignen sich für das Experiment nicht, da sie sich außerhalb des Körpers überhaupt nicht weiter entwickeln. — Reife Eier (aus dem untersten Bezirk des frischen Uterus), die einen klaren ziemlich weiten perivitellinen Raum zwischen dem Eiplasma und der Hülle aufweisen, stellen sich im allgemeinen mit ihrer Achse parallel zur Zentrifugalachse, und zwar desto besser, je deutlicher die Keime schon vor dem Zentrifugieren eine Schichtung erkennen lassen, was bei verschiedenen Muttertieren verschieden ist. Ihre Bestandteile ordnen sich in 4 Schichten (Abb. 247a), nämlich von der Peripherie aus gesehen in: die bräunliche Granulaschicht, die homogene Plasmaschicht, welche die Kerne enthält, eine Schicht mit großen hellen Kugeln, den Sphärulen, und die Schicht der Dotterkörner, welche am leichtesten ist. Dieses Stadium ist nach ca. 30 Minuten bei einer Tourenzahl von 3800 Umdrehungen pro Minute und einem Radius von 9 cm erreicht. Wird ein solches Ei vor der Teilung aus der Zentrifuge genommen, so stellt sich die Spindel senkrecht zur Schichtung; die erste Furche teilt dann, wie normal, das Ei in zwei differente Zellen, und es können normale Embryonen entstehen, in denen die sichtbaren Substanzen abnorm verteilt sind. Läßt man die Eier während der ersten Teilung unter der Wirkung der Zentrifugalkraft, so liegt die erste Furche senkrecht zur Schichtung, und es entstehen zwei gleiche Zellen von der Wertigkeit je einer $P_1$-Zelle (Ventralfamilie). Solche Keime sind Doppelbildungen, denen aber die *AB*-Zellen fehlen und die daher bald eingehen. Hat man ein zur Schichtung neigendes Eimaterial, so wird bei der Bildung der ersten Furche häufig der Bezirk der Granula abgeschnürt, und es entstehen die Balleier Boveris (Abb. 247b). Der Ball liegt peripher in der ersten Furche, und die beiden $^1/_2$-Blastomeren stellen wieder zwei $P_1$-Zellen dar. Die Häufigkeit der Balleier ist für jeden Uterus ungefähr konstant. Notwendig ist, daß das Zentrifugieren möglichst lange vor der ersten Teilung begonnen (am praktischsten im Stadium der Vorkerne) und über die erste Teilung hinaus fortgesetzt wird. Da die Entwicklung während des Zentrifugierens kaum gehemmt wird, läßt sich das Stadium auf dem zur Kontrolle bereiteten Objektträger feststellen. Auch halte man die Objektträger nach dem Zentrifugieren senkrecht, damit die Eier sich nicht drehen. — Die zentrifugierten Eier gestatten die Beobachtung der Kernteilungsvorgänge im Leben, da die Kerne im klaren Plasma liegen (Strahlung, Zentrosom, Chromosomen). Dann geben sie Auskunft über die S. 761 erwähnten entwicklungsmechanischen Probleme. Weiteres s. bei Boveri 1910.

### b) Umdrehversuche zur Erreichung von Substanzumordnungen im Keim.

Substanzverlagerungen lassen sich bei Keimen, die aus sehr verschieden schwerem Material aufgebaut sind und infolgedessen eine natürliche, durch die Schwerkraft bedingte bzw. beeinflußte Schichtung aufweisen, auch durch einfaches Umdrehen erreichen. Die Schwerkraft veranlaßt dann die Substanzumordnung. Am besten eignen sich für solche Versuche größere Keime mit totaler, inäqualer Furchung wie die Amphibienkeime. Notwendige Voraussetzung ist, daß die Eier in Zwangslage gebracht werden können. Als Beispiel sollen die Umdrehungsversuche an Amphibienkeimen beschrieben werden.

*Umdrehungsversuche an Amphibienkeimen*, speziell Anurenkeimen. Zwangslage läßt sich in verschiedener Weise erreichen: 1. Man kann, wie S. 759 beschrieben, die Keime in den Hüllen leicht pressen, indem man sie auf einen Objektträger legt, an seinen Enden je einen Plastilinstreifen, etwas dicker als ein Eidurchmesser, aufklebt, einen zweiten Objektträger auflegt und langsam gegen den ersten drückt, bis das Ei etwas zusammengepreßt ist. Wird der Versuch an Keimen in der Gallerthülle vorgenommen, so muß in Rechnung gezogen werden, daß die Hülle zwischen den Objektträgern sehr viel Platz braucht, weshalb nur wenige Keime auf einem Objektträger Platz haben. — 2. Pflüger ließ die Keime durch ungenügend gequollene Gallerthüllen festhalten. Die Eier müssen dazu einzeln künstlich befruchtet werden. Man bereitet sich zuerst die Samenflüssigkeit, indem man die Vesicula seminalis (oder weniger gut die Hoden) eines kopulierenden Männchens in einigen Tropfen von 0,2proz. Kochsalzlösung ausspült und so weit verdünnt, daß die Aufschwemmung auf schwarzem Grund leicht milchig trüb erscheint. Die Spermatozoen müssen sich lebhaft bewegen; sie bleiben mindestens 2 Stunden befruchtungsfähig. Die Eier werden einem in Kopulation befindlichen Weibchen nach der Dekapitation entnommen. Dazu schneidet man die ventrale Bauchdecke nach 3 Seiten eines Rechtecks auf und klappt sie um die vierte Seite zurück. Die beiden Uterushälften liegen nun deutlich zutage. Die eine wird durch einen kleinen Schnitt eröffnet, die Eier einzeln mit einer Uhrmacherpinzette entnommen, geschwind in die Samenflüssigkeit getaucht (falls häufig Polyspermie auftreten sollte, was an der abnormen Furchung kenntlich ist, anschließend durch 0,2proz. Kochsalzlösung gezogen), mit dem weißen vegetativen Pol auf einen Objektträger gesetzt und gründlichst mit einem TAUBEschen Zerstäuber besprengt. Als Flüssigkeit verwendet man 0,2proz. Kochsalzlösung oder Leitungswasser. Dann wird mit einer spitzen Pinzette das überschüssige Wasser abgesaugt und der Objektträger in eine feuchte Kammer gelegt. Das Ei klebt fest und die Hülle quillt kaum auf, wodurch die Sicherheit der Befruchtung etwas beeinträchtigt wird. Bei der Entnahme der Keime aus dem Uterus ist es notwendig, eine neue Uterusstelle anzuschneiden, sobald man bemerkt, daß an der alten die Gallerthüllen zu kleben beginnen (Literatur und Weiteres s. HAEMMERLING 1927).

Die Keime werden, wenn sie das gewünschte Entwicklungsstadium erreicht haben, in die beabsichtigte Lage gebracht und, wenn die Substanzumordnung vollzogen ist, denjenigen in der PFLÜGERschen Zwangslage Wasser zugesetzt. Bei Drehungen um 180° (Polaritätsumkehr) ordnet sich die Eisubstanz durch Rotation entlang einem Meridian um, indem der Dotter nach unten sinkt (Bornsche Strömung), wozu beim ungefurchten Ei 1 bis $1^1/_2$ Stunden benötigt werden. Die erste Furche schneidet dann am einstigen vegetativen, noch weißen Pol ein. Drehungen um 180° führen bei ungefurchten Eiern zu normalen Embryonen und unregelmäßigen Mißbildungen (HAEMMERLING 1927); solche nach Durchschneiden der zweiten, dritten und vierten Furche zu normalen Embryonen, Doppel- und Dreifachbildungen (O. SCHULTZE, WETZEL, SCHLEIP und PENNERS 1925, PENNERS und SCHLEIP 1928, hier Literatur). Der Umdrehungsversuch ist von MORGAN (1895) in der glücklichsten Weise mit dem Anstichversuch verbunden und dadurch die Fähigkeit der $^1/_2$ Blastomere von Rana fusca, ganze Embryonen zu bilden, nachgewiesen worden.

### c) Indirekte Verlagerung von Plasmabezirken durch Beeinflussung der Furchung.

Unter Umständen gelingt es auch, durch Beeinflussung der Furchung eine abnorme Verschiebung der Protoplasmabezirke herbeizuführen. Pressungsversuche an Mosaikkeimen, welche zu Mißbildungen führten, dürften hierher gehören (Näheres s. MORGAN 1927). Bei Tubifex hat PENNERS (1924) durch Behandlung des Eikokons mit Temperaturen von 30° C neben anderen Abnormitäten eine äquale Teilung des Eies, damit die gleichmäßige Verteilung der Polsubstanzen (des Bildungsmaterials der ektodermalen und entodermalen Teloblasten auf 2 Blastomeren) und dadurch die Entwicklung von kreuzweisen Doppelbildungen erreicht. — An Keimen, die sehr klein sind, die eine Entfernung der Hüllen nicht zulassen und die eine planmäßige Transplantation nicht gestatten, wird man wohl immer zu einem indirekten Verfahren gezwungen sein.

### d) Umlagerung von Blastomeren und ihrer Organanlagen und Verschmelzung ganzer Keime.

Wenn die Furchungsstadien locker sind, lassen sich Verlagerungen der Keimbezirke oft einfach durch mechanische Mittel erreichen. Der Druck des Deckglases oder Einsaugen in eine feine Kanüle oder vorsichtiges Drängen mit der stumpfen Schneide eines Skalpells (z. B. FISCHEL am Ctenophorenei 1898) kann zum Ziel führen. Wesentlich ist dabei, daß die Blastomeren durch Tönung oder Größe einwandfrei voneinander unterschieden werden können, so daß man die neue Lagebeziehung sicher feststellen kann. Solche Unterscheidungsmerkmale sind ja aber an den Keimen recht häufig anzutreffen. Auf einen etwaigen Rückgang der Verlagerung muß natürlich geachtet werden. Unter Umständen kann man die Blastomeren zuerst voneinander trennen (s. S. 770) und dann wieder aneinanderfügen. Im Prinzip sind die Verschmelzungen ganzer Keime der Blastomerenumordnung gleich; daher wird im folgenden die Methode der Keimverschmelzungen beschrieben.

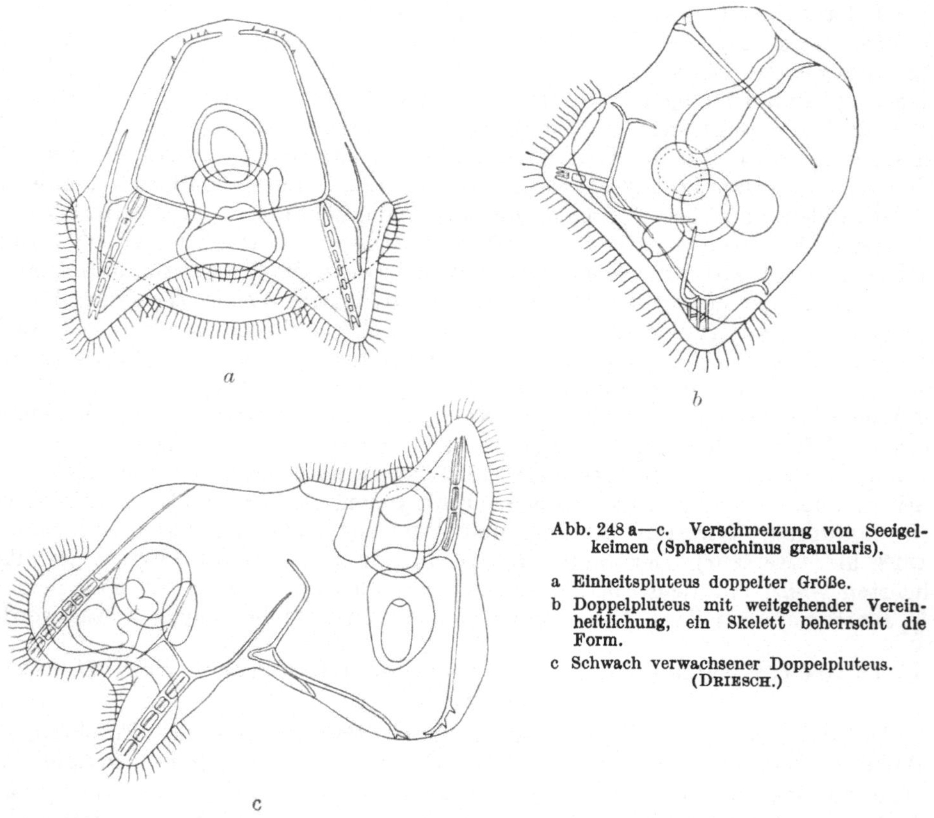


Abb. 248 a—c. Verschmelzung von Seeigelkeimen (Sphaerechinus granularis).

a Einheitspluteus doppelter Größe.
b Doppelpluteus mit weitgehender Vereinheitlichung, ein Skelett beherrscht die Form.
c Schwach verwachsener Doppelpluteus. (DRIESCH.)

α) Keimverschmelzungen bei Seeigeln. Keimverschmelzungen bei Echinodermen sind von HERBST, DRIESCH, MORGAN, BIERENS DE HAAN und v. UBISCH 1925b (hier Literatur) ausgeführt worden. Die Methode baut sich auf Beobachtungen von HERBST auf und wurde von DRIESCH (1900, 1910) und BIERENS DE HAAN (1913a, 1913b) ausgearbeitet. Verschmelzungen ließen sich bei Paracentrotus lividus, Parechinus miliaris, Parechinus microtuberculatus und Sphaerechinus granularis erzielen; Arbacia postulosa erwies sich als ungeeignet. — Die Eier werden aus reifen Ovarien entnommen, der durch Auswaschen der Hoden in Seewasser erhaltene und bis zur ganz schwachen Trübung verdünnte Samen zugesetzt und nach 3 bis 5 Minuten in einem kleinen Glasröhrchen 30 mal mittelstark geschüttelt. Durch das Schütteln wird die gerade abgehobene Befruchtungsmembran entfernt. Dann läßt man die Keime absetzen, saugt das normale Seewasser ab und fügt kalisches Ca-freies hinzu (nach HERBST 3 g NaCl + 0,08 g KCl + 0,66 g $MgSO_4$ + eine Spur $MgHPO_4$ + 96,25 g destilliertes Wasser + 40 Tropfen einer 0,5proz. Natronlauge). In dieser Lösung bleiben die Keime 15 bis 60 Minuten dicht zusammengedrängt am Boden liegen. Dann kommen sie in Schalen mit normalem Seewasser. Sie sind in verschiedener Zahl zu Komplexen verklebt und etwas abgeplattet. Erst wenn sich das Blastocoel ausbildet, läßt sich feststellen, ob die Verklebung nur eine oberflächliche ist, die mit der einsetzenden Bewegung sich bald löst, oder ob die Keime richtig verschmolzen sind, was sich an der Ausbildung eines gemeinsamen Blastocoels mit einheitlicher Wand erkennen läßt. Anfangs sind die Doppelkeime meist hantelförmig, nehmen aber später gewöhnlich kugelförmige Gestalt an und entwickeln sich schließlich zu normalen Riesenplutei, Doppelplutei, welche nur geringe gemeinsame Flächen aufweisen, und den zwischen diesen beiden Extremen liegenden Übergängen. — v. UBISCH (1925 b) verschmolz bei Parechinus miliaris im wesentlichen nach demselben Verfahren ganze Keime oder zwei $^1/_2$ Blastomeren, von denen jeweils der eine Partner durch Nilblausulfat vorgefärbt war. — BIERENS DE HAAN (1913a) hat auch freischwimmende Blastulen zur Verschmelzung gebracht, indem er sie erst zentrifugiert, um sie am Boden zu sammeln (ca. 300 Umdrehungen pro Minute), dann alkalisches Ca-freies Seewasser zusetzt, in diesem 6 Minuten zentrifugiert und schließlich in normales Seewasser überführt. — Heterogene Verschmelzungen wurden von BIERENS DE HAAN (1913 b) zwischen Parechinus microtuberculatus und Paracentrotus lividus erreicht. Die Keime werden künstlich befruchtet, gemischt, die Membran entfernt und in nunmehr zugesetztem alkalischem, Ca-freiem Seewasser 20 Minuten bei 250 bis 300 Umdrehungen pro Minute zentrifugiert; dann wird normales Seewasser zugesetzt und die Keime 7 (bis 11) Stunden durch Zentrifugieren mit derselben Tourenzahl am Boden des Röhrchens gegeneinander gedrängt. Das Gewebe der beiden Arten läßt sich gut unterscheiden, da es bei Parechinus farblos, bei Paracentrotus rosa pigmentiert ist. — Bei allen Versuchen ist der Prozentsatz der Verschmelzungen gering. Da nach Erfahrungen verschiedener Autoren gelegentlich normale Riesenkeime vorkommen, ist es notwendig, die Kulturen unter starker Vergrößerung vorher durchzukontrollieren. Zur Untersuchung werden die beweglichen Larven durch Zusatz einiger Tropfen 1proz. Cyankalilösung in ein Salznäpfchen betäubt. — Aus den verschmolzenen Keimen entwickeln sich einheitliche Riesenplutei und Plutei mit allen Graden der Verdopplung (Abb. 248). Wesentlich für das Resultat ist die Lage der Polaritätsachsen der beiden Partner.

$\beta$) Verschmelzung von ganzen Tritonkeimen (MANGOLD 1921, MANGOLD und SEIDEL 1927). Es lassen sich homoplastisch zwei Taeniatus- oder zwei Alpestris-Keime und heteroplastisch 1 Taeniatus- und 1 Alpestris-Keim verschmelzen. Man sucht in den Aquarien, welche mit frisch gefangenen Triton taeniatus und alpestris beschickt sind, alle Stunden die Eier von den Pflanzen ab und entfernt nach dem schon beschriebenen Verfahren die Gallerthüllen (S. 690). Die nunmehr nur noch mit dem Dotterhäutchen versehenen Keime bringt man in eine 0,2proz. Kochsalzlösung oder, falls die Verschmelzung Schwierigkeiten machen sollte, die Taeniatus-Keime in eine Lösung von 0,7 g NaCl + 0,025 g KCl + 0,3 g $CaCl_2$ + 1000 g $H_2O$ und die Alpestris-Keime in eine solche von 0,7 g NaCl + 0,2 g KCl + 0,1 g $CaCl_2$ + 1000 g $H_2O$ und wartet das Einschneiden der ersten Furche ab. Ist diese 5 bis 7 Stunden nach der Befruchtung bzw. Eiablage durch eine keilförmige Senke am animalen Pol gerade angedeutet, so kommen 3 bis 4 Keime in eine Schale mit Wachsboden, welche bis über den Rand mit tonfiltriertem Wasser gefüllt ist. Hier entfernt man das Dotterhäutchen, indem man es gerade über dem Furcheneinschnitt mit zwei feinen Uhrmacherpinzetten faßt und zerreißt. Das Ei darf dabei nicht verletzt und seine Substanzordnung nicht gestört werden, d. h. sein animaler, stark pigmentierter Pol muß in dem nun abgeplatteten Ei genau oben liegen. An solchen Keimen treten die beiden $^1/_2$-Blastomeren weit auseinander (Abb. 249a), im Höchstfalle (besonders in kalkreichem Wasser) sind sie nur noch durch einen Faden oberflächlichen Plasmas verbunden. Wenn sie bald darauf die Tendenz zusammenzurücken erkennen lassen und die Brücke wieder breit zu werden beginnt, werden die beiden bestgeeigneten 2-Zellenstadien, welche in der Schale sind, mit zwei Haarschlingen (Abb. 204a) kreuzweise übereinandergelegt, wobei man bei der Heteroplastik den kleineren Taeniatus-Keim mit dem Alpestris-Keim überkreuzt. Dann wartet man ab, bis die Blastomeren sich selbständig so zurechtgeschoben haben, daß alle in einem gleichmäßigen Stern geordnet, auf dem Boden des Gefäßes ruhen (Abb. 249b). Schiebt man nun einen Glasdeckel flach über die Schale, welche infolge der Überfüllung mit Wasser luftbläschenfrei abgedeckt wird, so läßt sich dieselbe ohne Gefahr für die vereinigten Keime zur Seite stellen. Im Verlauf der Weiterfurchung verschmelzen die Blastomeren, auch wenn sie verschiedenen Arten entstammen, miteinander. Die Verschmelzung beruht wohl auf einer besonderen Disposition des Oberflächenplasmas, das normalerweise in der Furchungsebene liegt und das im Versuch nach außen gelangt. Einfaches Aneinanderlegen nackter Keime führt zu keiner Verschmelzung, selbst wenn sie in der Berührungsfläche angestochen werden. Die Doppelkeime kugeln sich bis zur Blastulation meist gut ab und gastrulieren gemeinsam. Während der Gastrulation werden sie auf das animale Feld und während der Neurulation auf die zukünftige Bauchseite gelegt. Sie bilden je nach der Verteilung der Organisationszentren einheitliche Riesenkeime oder solche mit 2, 3 und 4 Achsensystemen.

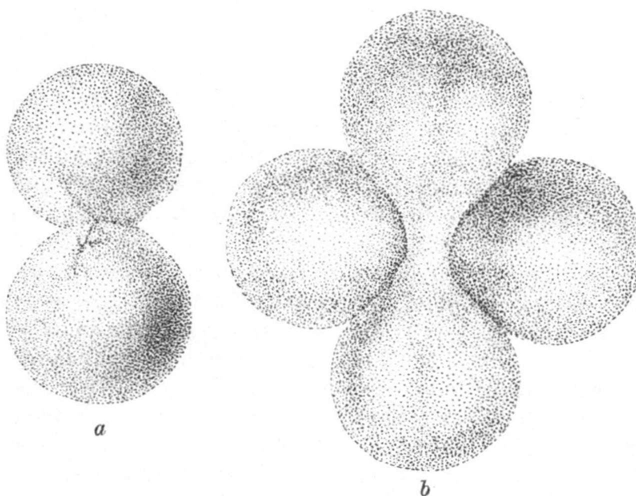


Abb. 249 a—b. Verschmelzung ganzer Keime von Triton taeniatus.
a Zweizellstadium eines Keims außerhalb aller Hüllen, maximale Trennung der Blastomeren schon überschritten.
b Zwei kreuzweise übereinandergelegte Keime des Stadiums a. Vergrößerung 20 mal. (MANGOLD-SEIDEL 1927.)

γ) Umordnung der $^1/_4$-Blastomeren im Keim von Triton taeniatus (MANGOLD 1921). Die soeben beschriebene Methode liegt auch der Blastomerenumordnung zugrunde. In die einschneidende erste Furche des ganz nackten Keims wird ein feiner Glasfaden gelegt und durch einen Reiter beschwert (Abb. 231). Indem dieser sich mit der fortschreitenden Zellteilung langsam zwischen den beiden $^1/_2$-Blastomeren durchschleicht, werden diese in schonendster Weise vollständig getrennt. Nach der Trennung wird der Glasfaden mit Reiter entfernt. Die Blastomeren treten im Lauf der nächsten zwei Stunden wieder in Teilung ein und bilden beide wieder eine Hantel. Diese beiden Hanteln werden dann kreuzweise übereinandergelegt, wodurch die Blastomeren abnorm gelagert werden. Weiterhin wird wie bei der Verschmelzung von ganzen Keimen verfahren. Solche Keime bilden je nach der Lage der Teile der Organisationszentren Keime mit einem oder zwei Achsensystemen.

### e) Embryonale Transplantation großer Keimstücke.

**1. Bei Amphibienkeimen.** Die Kombination großer Keimstücke an Amphibienkeimen wurden zum erstenmal von BORN (1897) ausgeführt. Er arbeitete mit Anurenkeimen nach Schluß der Medullarplatte, zerschnitt sie in beliebiger Richtung mit einem feinen Skalpell und schob zwei Keimstücke mit gleich großen Schnittflächen aneinander. Passend gebogene Stücke aus 0,4 bis 1,5 mm dickem Nickeldraht hielten die Objekte zusammen. Um ein Entweichen nach oben zu vermeiden, wurden die Keime zudem mit Drahtstücken überbrückt. Die Verschiedenheiten in der Stärke der Bewimperung der Larven und im Heilungsvermögen der Haut macht die verschiedenen Anurenlarven verschieden gut geeignet. Am besten sind Bombinator und Rana esculenta. Operiert wird in 0,2proz. Kochsalzlösung. Die Verwachsung gelingt schon, wenn die Haut an einem Teil der Schnittfläche zusammenpaßt. Die Teile entwickeln sich herkunftsgemäß. Es lassen sich auch Teile verschiedener Arten zusammenheilen. Werden beliebige Teile kombiniert, so entstehen Doppelbildungen oder Mißbildungen; ergänzen sich die Teile zum Ganzen, so entstehen normale Tiere. HARRISON (1904a) hat die Methode bei seiner grundlegenden Arbeit über die Seitenlinie benutzt (Abb. 250); auch gelang es ihm (1908), ein normal gestaltetes Fröschchen, dessen vordere und hintere Hälfte von verschiedenen Froscharten stammten, über die Metamorphose hinaus aufzuziehen. In den letzten Jahren wird die Methode zur Herstellung parabiotischer Zwillinge verwandt, um den Einfluß der verschiedenen Geschlechter aufeinander nachzuweisen (BURNS, WITSCHI; Literatur s. bei WITSCHI 1927).

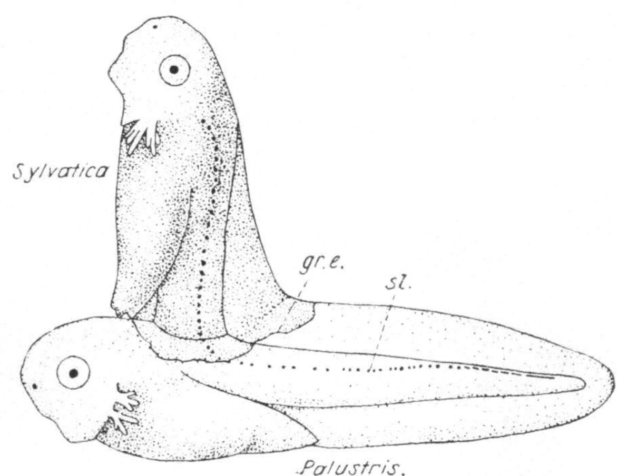


Abb. 250. Rana sylvatica auf Rana palustris aufgepfropft, drei Tage nach der Zusammensetzung.
*sl* = Seitenlinie. *gr. e.* = Grenze zwischen Sylvatica- und Palustris-Epidermis. Die Seitenlinie von Sylvatica setzt sich auf Palustris in der normalen Bahn fort; diejenige von Palustris fehlt nahezu ganz. Die Seitenlinie wird begleitet vom Sylvatica-Seitennerv. (HARRISON.)

Diese Methode kann nur an älteren Keimen Verwendung finden, bei denen die Organe im allgemeinen determiniert sind. Ähnlich ist die Versuchsanordnung, welche SPEMANN für jüngere Keime ausgearbeitet hat. Dabei muß an Triton gearbeitet werden, da Anurenkeime vor der Neurulation schwer aus den Hüllen zu nehmen und ziemlich hinfällig sind.

*Zusammensetzung von Keimhälften bei Triton im Gastrulastadium* (SPEMANN 1918, WESSEL 1926). Im frühen Gastrulastadium wurden die Keime von Triton taeniatus aus allen Hüllen genommen (S. 690) und in der Operationsschale (S. 685) in 0,2proz. NaCl-Lösung mit der Unterseite nach oben orientiert. Dabei gibt der Urmund über den Verlauf der Hauptrichtung im Keim Auskunft. Die Medianebene teilt nämlich den sichelförmigen Urmund in zwei gleiche Hälften; die Dorsalseite des zukünftigen Embryos liegt über der Urmundlippe und sein Vorderende ungefähr am animalen Pol des Keims. Man drückt nun den Keim mit einer Glasnadel in der gewünschten Richtung durch und schiebt die beiden Hälften desselben Keims oder unter Austausch die Hälften verschiedener Keime in der gewünschten Orientierung zusammen. Mittels der Haarschlinge paßt man sorgfältig die Schnittränder aufeinander und schiebt dann zwei rechteckige Glasstreifen, welche man sich von einem Objektträger ca. 2 mm breit und 4 mm lang abschneidet, gegen die Keimhälften, so daß diese leicht zusammengepreßt werden. Dann saugt man die Kochsalzlösung mit der Pipette ab und ersetzt sie durch tonfiltriertes Leitungswasser. Beim Absaugen darf die Wasseroberfläche nicht bis zur Berührung des Keims sinken, da die Oberflächenspannung denselben beschädigt. Nach ca. 10 Minuten sind die Hälften zusammengeheilt (Abb. 251a). Die anfänglich noch vorhandene Verwachsungsfurche verstreicht im Laufe kurzer Zeit. Die Zusammensetzungen lassen sich in beliebiger Richtung ausführen. Abb. 251 zeigt die Kombination zweier Keimhälften, bei denen die präsumtiven kaudozephalen Achsen im stumpfen Winkel gegeneinander gerichtet sind (Pfeile). Es entsteht eine Duplicitas posterior (Abb. 251b). Da die zu verschmelzenden Hälften möglichst gleich große Schnitt-

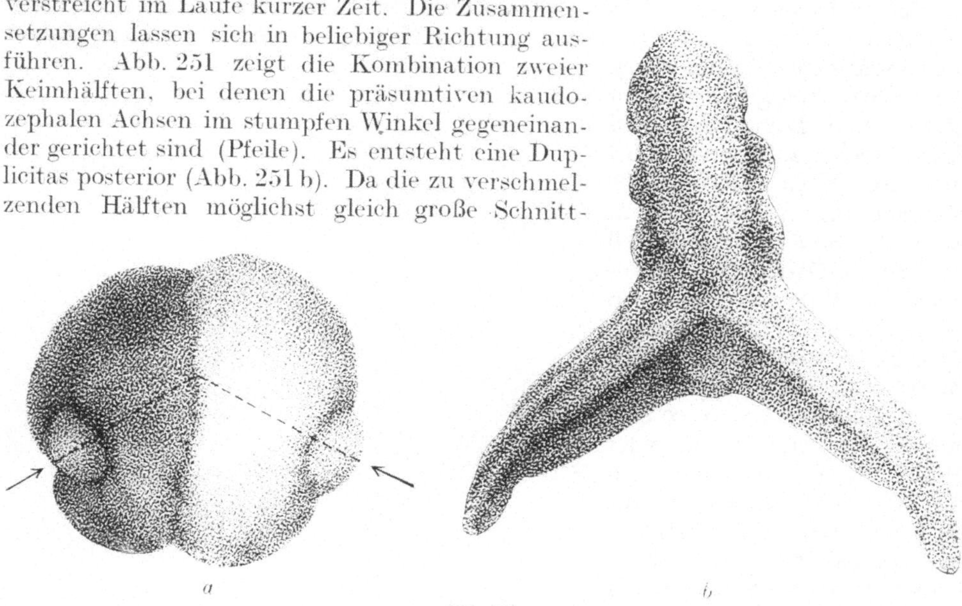

Abb. 251.

a Zwei Keime von Triton taeniatus, zu Beginn der Gastrulation so zerschnitten und die Stücke so zusammengefügt, daß ihre Medianebenen nach vorn konvergieren.
b Derselbe Keim wie bei a. Einheitliches Vorderende und verdoppeltes Hinterende (Duplicitas posterior). (SPEMANN.)

flächen besitzen müssen, läßt sich das Experiment schwer an Keimen verschiedener Arten ausführen. SPEMANN hat daher Keime von Triton taeniatus mit Samen von Triton cristatus künstlich befruchtet und nun eine halbe Gastrula von taen. × taen. vereinigt mit einer halben von taen. ♀ × crist. ♂.

**2. Kombination von Keimhälften verschiedenen Alters; lokalisierte Hemmung der Entwicklungsvorgänge mittels Sauerstoffmangel und Temperaturerniedrigung** (Alterschimären, VOGT 1927). Die Kombination verschieden alter Entwicklungsstadien läßt sich, wenn man nicht eine autophore Methode verwendet (S. 776) durch Zusammenheilen schlecht erreichen, da der verschiedene Differenzierungsgrad der Komponenten das Verwachsen stark behindert. Lokale Hemmung der Entwicklung kann hier zum Ziel führen.

Lokale Hemmung der Entwicklungsvorgänge wurde am Vogelembryo durch DARESTE (1877) und durch WARYNSKI und FOL (1884) vorgenommen. Die beiden letzteren Autoren schnitten nach 24stündiger Bebrütung in die Eischale ein Fenster und näherten der einen Seite des Embryo von oben links her einen Thermokauter, ohne die bedeckende Eiweißschicht zu berühren. Dann wurde die Schale wieder geschlossen und die Bebrütung 2 bis 3 Tage fortgesetzt. Die ausstrahlende Wärme schädigte die linke Seite so weit, daß sie gegen die rechte in der Entwicklung etwas zurückblieb. Es entstand Situs inversus viscerum (nach SPEMANN und FALKENBERG 1919, S. 410).

Für die Amphibienkeime sind von W. VOGT (1927) neuerdings zwei Arbeitsweisen ausgearbeitet worden. Verwendet werden Keime, die nach der Entfernung der äußeren Hüllen nur noch vom Dotterhäutchen bedeckt sind (s. S. 690). — VOGT hemmt lokal die Sauerstoffzufuhr, indem er bestimmte Bezirke des Keims eng in Wachsgruben einfügt. Wenn die Grube eine Spur enger ist als der Keimdurchmesser, werden Drehungen des Keims im Dotterhäutchen vermieden. Das Verfahren eignet sich besonders für Hemmungen der unteren, vegetativen, später kaudalen Seite des Eies, doch auch für die laterale ist sie anwendbar. — Um mittels Temperaturdifferenzen verschieden schnelle Entwicklung zweier Keimhälften zu erreichen, wurde von VOGT und seinem Mitarbeiter P. BISCHOFF die in der Abb. 252 gegebene Versuchsanordnung getroffen. In einem wachsausgegossenen Kästchen (aus Pappe) trennt eine senkrechte Zwischenwand aus Silberblech 2 Abteile voneinander, deren eines mit kaltem Wasser (von 2 bis 5°) und deren anderes mit warmem (von 19 bis 22°) fortdauernd durchströmt werden kann. Der Strom gelangt durch zwei horizontale Zuflußröhren in das Kästchen, ist gegen die Zwischenwand gerichtet und fließt durch zwei senkrechte Röhren wieder ab. Am Boden ist in der Zwischenwand eine kreisrunde Lücke ausgespart, in die der Keim eingefügt und die von ihm vollständig verschlossen wird. Zwei seitlich eingesteckte Nadeln halten den Keim fest. Die beiden Hälften des Keims werden auf diese Weise von Wasser verschiedener Temperatur umspült und zeigen eine beträchtliche Differenz hinsichtlich ihrer Entwicklungsgeschwindigkeit. Eine ähnliche Methode wendet HUXLEY (1927) an.

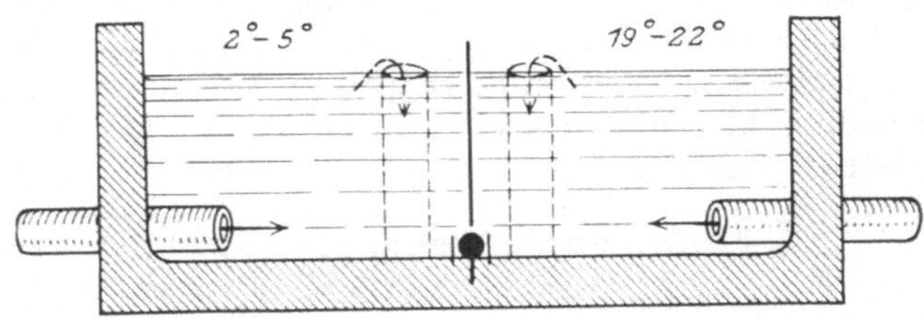

Abb. 252. Schematischer Schnitt durch die beim Temperaturdifferenzverfahren verwandte Durchströmungskammer. Der Keim, am Boden in einer Öffnung der Zwischenwand, außerdem festgehalten durch zwei Nadeln, ragt mit seinen zwei Hälften in die Kalt- bzw. Warmseite hinein. (W. VOGT.)

**3. Embryonale Transplantation großer Keimstücke bei kleinsten Objekten, z. B. an Seeigelkeimen** (nach privaten Mitteilungen von HÖRSTADIUS). Seeigelkeime werden künstlich befruchtet und ihre Befruchtungsmembran durch Schütteln, 3 bis 5 Minuten nach Zusatz des Samens, entfernt. Zum orientierten Schneiden wird in einen Film, welcher vorher sehr reichlich gewässert und seiner Gelatineschicht entledigt worden war, mit einer scharfen Stahl- oder Glasnadel eine Rinne gerissen, die das Objekt gerade aufnehmen kann. Dann orientiert man den Keim auf dem Filmstreif neben der Rinne und schiebt ihn mit Glasnadeln (Abb. 204d) in letztere ein. Die Unebenheiten der Wände halten den Keim fest. Mit der feinsten Glasnadel wird dann geschnitten. Falls man über die Orientierung unsicher ist, nimmt man den Keim noch einmal aus der Rinne, nachdem man ihn halb durchgeschnitten hat. Die Hälften werden dann mit der Mikropipette abpipettiert und im Salznäpfchen mit reichlich Wasser gezüchtet. Furchungsstadien schneidet man am besten nach 15 bis 30 Minuten langer Behandlung mit Ca-freiem Seewasser (s. S. 734),

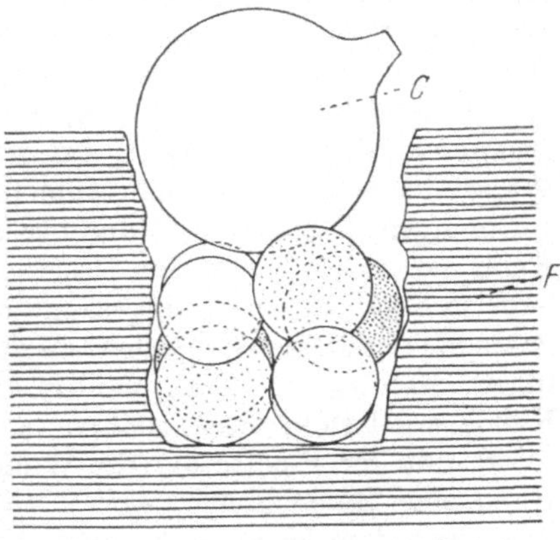

Abb. 253. Kombination von zwei halben Seeigelkeimen im Achtzellenstadium mit entgegengesetzter Polaritätsachse. Punktiert sind die vegetativen Blastomeren, nicht punktiert die etwas kleineren animalen. $F$ = Filmstreif. $C$ = Glaskugel. Im vertikalen Durchschnitt gesehen. (HÖRSTADIUS.)

ungefurchte Keime ohne solche. — Zur Zusammensetzung der Teile (Abb. 253) macht man in einen Filmstreifen mit einer Nadel senkrechte Gruben, welche einen ebenen Boden besitzen und etwas tiefer und breiter als das Objekt sind. Ferner schmilzt man die Enden feinster Glasfäden zu Kugeln von der Größe der Keime, indem man sie von unten in den Mikrobrenner hält. Die Kugeln werden unter dem Binokular mit feinen Pinzetten so abgebrochen, daß sie kleine Stielchen behalten. Dann bringt man etwa 2 Keimhälften, indem man sie mit 2 Glasnadeln orientiert, in die Grube und legt eine Glaskugel darauf. Nach ca. 15 Minuten wird die Kugel abgenommen, und nach einigen Stunden werden die Keime als frühe Blastulae aus den Gruben herauspipettiert und in Salznäpfchen isoliert weitergezüchtet. Vor dem Blastulastadium kleben sie an den Grubenrändern fest. Evtl. ist es ratsam, vital gefärbte Keimteile mit ungefärbten zu kombinieren.

### f) Embryonale Transplantation kleiner Stücke beim Amphibienkeim.

Solche Experimente sind zuerst von Braus (1904) und Lewis (1907) und in den letzten Jahrzehnten von Spemann und Harrison und ihren Schülern und anderen Forschern in großer Zahl ausgeführt worden.

**1. Die Transplantation mit der Mikropipette an Amphibienkeimen** (Spemann 1918). In eine Operationsschale mit Wachsboden (Abb. 207), welche mit 0,2proz. NaCl-Lösung vollständig gefüllt ist, werden 2 Keime des zu operierenden Stadiums (etwa beginnende Gastrula) gebracht, nachdem ihnen in einer Glasschale die Gallerthülle schon entfernt worden war (S. 690). Dann werden für sie zwei kleine Gruben soweit voneinander entfernt modelliert, daß sie beide im Gesichtsfeld des Binokulars liegen. Nun werden die beiden Keime mit der feinen Pinzette ihrer Dotterhäutchen entledigt und in den Gruben so orientiert, daß die zu operierenden Stellen schräg nach oben gegen den Beschauer gerichtet sind. Man legt ferner 2 Glasbrücken (S. 685) beiderseits neben die Keime und prüft die Höhe ihrer Wölbung. In die rechte Hand nimmt man jetzt die zur Hälfte mit 0,2proz. NaCl-Lösung gefüllte Transplantationspipette (Abb. 205a), preßt mit der linken Hand ein wenig das Hütchen, bis alle in der Spitze befindlichen Luftblasen (!) entfernt sind, setzt die Spitze in die Flüssigkeit der Operationsschale und läßt das Hütchen los. Nun nimmt man in die linke Hand das Messerchen (Abb. 205b), führt es über einem Keim mit der Operationspipette zusammen, drückt ein wenig auf die Membran der Pipette (wobei der entstehende Wasserstrom nicht gegen den Keim dringen darf, da sonst dessen Orientierung wieder verlorengeht), setzt ihre Mündung an der beabsichtigten Operationsstelle auf den Keim auf und läßt mit dem Druck gegen die Membran so lange nach, bis ein Pfropf halb so hoch wie breit eingesaugt ist. Diesen schneidet man ab, indem man die Schneide des Messerchens dicht an der Mündungsebene der Pipette scherend entlang führt. Man legt das Transplantat, auf die Membran drückend, zwischen die beiden Keime, wiederholt die Entnahme beim zweiten Keim und placiert dessen Explantat sofort mit der Pipette auf die Wunde des ersten. Nun nimmt man in die rechte Hand eine Haarschlinge (Abb. 204a), fügt das Implantat in den ersten Keim ein, greift mit dem Messerchen unter die bereitgelegte Glasbrücke und schiebt sie auf der anderen Seite mit der Haarschlinge etwas anhebend, über den Keim; sie wird dann so zurechtgeschoben, daß sie den Keim auf der Implantatstelle etwas preßt. Dasselbe macht man beim zweiten Keim. Schließlich wird die Kochsalzlösung mit der gewöhnlichen Pipette durch filtriertes Leitungswasser ersetzt, ein Glasdeckel blasenfrei übergeschoben und die Schale zur Seite gestellt. Nach ca. 10 Minuten ist das Implantat eingeheilt. — Der Verwendungsbereich der Mikropipette für das Transplantationsexperiment ist auf Keime bzw. Stadien beschränkt, welche wenig zäh sind und ein gutes Epithel aufweisen. Bei Amphibien sind Blastula, Gastrula und Neurula am besten; doch schon Stadien mit sprossender Schwanzknospe eignen sich wenig gut, da die Haut ziemlich widerstandsfähig ist. Notwendige Voraussetzung für die Anwendung der Mikropipette ist ferner ein gut flüssiges Medium, das sich pipettieren läßt. Natürlich läßt sie sich auch zur Übertragung kleinster Objekte von einem flüssigen Medium in ein anderes verwenden. — Mittels dieser Methode wurden von SPEMANN (1918) die bahnbrechenden Untersuchungen über die Determination im Amphibienkeim ausgeführt. Ihre Leistungsfähigkeit ergibt sich aus der Abb. 254.

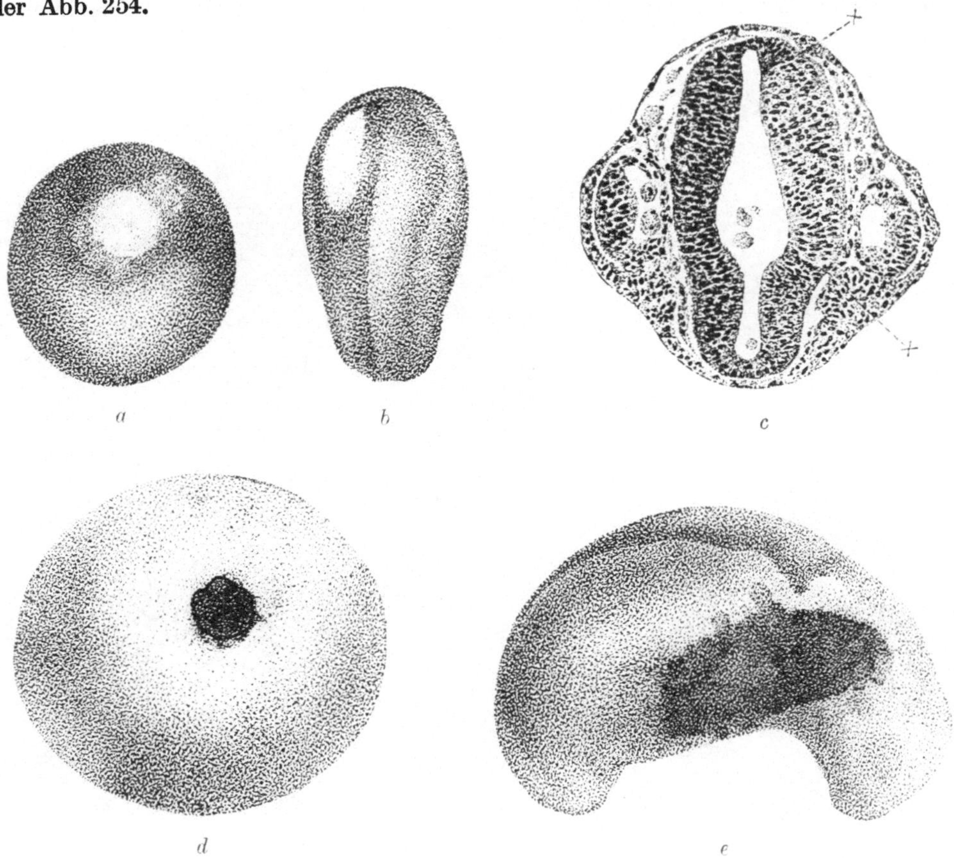


Abb. 254 a—e. Austausch kleiner Stücke zwischen Gastrulen von Triton taeniatus (a) und Triton cristatus (d) mit der Mikropipette.
a u. d Die beiden Keime kurz nach der Operation. b Der Taeniatus-Keim als Neurula. c Querschnitt durch den Kopf des Taeniatus-Keims, Implantat im Mittelhirn ($x-x$). e Der Cristatus-Keim mit Implantat in der Epidermis. (SPEMANN.)

In neuester Zeit verfährt SPEMANN (MANGOLD und SPEMANN 1927) bei frühen Amphibienkeimen ganz besonders einfach, indem er zum Schneiden die Haarschlinge (Abb. 204 a) verwendet. Man legt z. B. eine Gastrula auf die Seite, streicht das animale Material auf der Unterlage zu einer Falte aus und zwickt am Rand mit der Haarschlinge ein halbkreisförmiges Stück heraus, das ausgebreitet ein kreisförmiges Stück darstellt. Dies läßt sich dann in der oben angegebenen Versuchsanordnung in einen entsprechend behandelten zweiten Keim verpflanzen.

**2. Transplantation mit Glasnadeln** (SPEMANN). Wenn man bestimmt geformte Stücke, etwa rechteckige oder dreieckige, verpflanzen will, so schneidet man bei sonst gleicher Versuchsanordnung am praktischsten mit der Glasnadel und der Haarschlinge (Abb. 204d, a). Man orientiert den Keim wie bei der Transplantation mit der Mikropipette, führt die winklig abgeknickte, evtl. ein wenig gebogene Spitze der Nadel in der gewünschten Schnittlinie unter dem Epithel durch und drückt mit der Haarschlinge auf das über der Glasnadel liegende Epithel. Mit 3 bzw. 4 solchen Schnitten wird das Transplantat abgegrenzt, herausgehoben und in den zweiten gleichbehandelten Keim übertragen. Sonst wie oben angegeben.

**3. Einsteckmethode in das Blastocoel** (SPEMANN-MANGOLD) **und in die Urdarmhöhle.** Um Transplantate in das Innere des Amphibienkeims an bestimmte

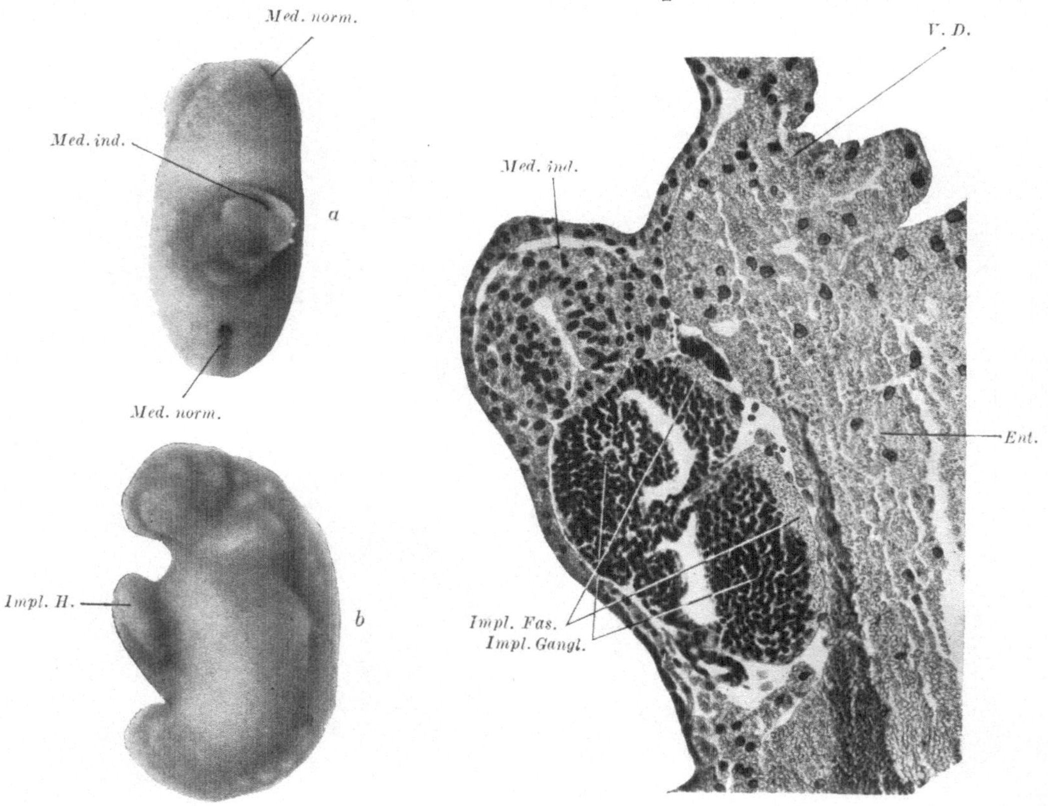


Abb. 255 a—c. Triton taeniatus. Induktion von Neuralrohr durch funktionstüchtiges Gehirn. Vorder- und Mittelhirn eines schwimmenden Embryo induziert, ins Blastocoel einer frühen Gastrula gesteckt, Medullarplatte.
a Wirt, 41 Stunden nach der Operation, von der Ventralseite 20 mal.
b Wirt, 68 Stunden nach der Operation, von der linken Seite 20 mal.
c Sagittalschnitt durch den Implantathöcker des Wirts 104 mal.
*Ent.* = Entoderm. *Impl. Fas. und Gangl.* = Faser und Ganglienbereiche des hochdifferenzierten dotterfreien Implantats. *Impl. H.* = Implantathöcker. *Med. ind.* = induzierte Medullarplatte bzw. Neuralrohr. *Med. norm.* = normale Medullarplatte des Wirts. *V. D.* = Vorderarm. (MANGOLD.)

Bezirke zu bringen, kann man verschiedene Methoden wählen. Man kann in der frühen Gastrula mit der Mikropipette das Transplantat in die Randzone oder in das vegetative Feld verpflanzen; es kommt dann während der Gastrulation in das Mesoderm bzw. Entoderm. Dies läßt sich auch erreichen, wenn man das Implantat einfach mit der Haarschlinge und einer Glasnadel, welche an der Spitze zu einem Kügelchen abgeschmolzen ist, in den Urmund der mittleren Gastrula schiebt, wodurch es in die Urdarmhöhle gelangt. — Zwischen das Ektoderm und Mesoderm (bzw. Entoderm) lassen sich Implantate leicht bringen, indem man mit der Glasnadel im animalen Feld der frühen Gastrula einen Schnitt macht und das Transplantat ins Blastocoel schiebt. Die Wunde heilt im allgemeinen in einigen Minuten zu. Später liegt das Implantat meist ventrolateral in der Herz- und Leberregion. — Die beiden letzten Methoden, welche man mit PRZIBRAM als autophore Transplantationen bezeichnen kann, sind außerordentlich wichtig, gestatten sie doch die Implantation von Material, welches keine Verwachsung mit dem Wirtsmaterial eingeht, z. B. artfremdem (GEINITZ 1925) und beträchtlich älterem Material, wie etwa funktionstüchtigem Gehirn, Extremitätenknospe, Augen, Kiemenregion, Regenerationsknospe usw. (MANGOLD-SPEMANN 1927). Besonders günstig ist die Implantation ins Blastocoel. Ist das Material vom Wirtskeim sehr verschieden, so macht die Verheilung der Öffnung im Wirtskeim leicht Schwierigkeiten. Man begünstigt sie, indem man die Wundränder aneinanderfügt und die Keime mit der Wunde, d. h. dem animalen Feld nach unten, in eine seichte Grube legt. Dadurch wird auch die Gastrulation erleichtert. — Diese Methode dürfte wohl die kommende Aufklärung über die Art der Determinationsfaktoren in der frühen Entwicklung bringen. Mit ihr ließ sich z. B. feststellen, daß funktionstüchtiges Gehirn in der präsumtiven Bauchepidermis der Gastrula eine Medullarplatte induzieren kann (Abb. 255).

**4. Transplantation mit der Mikroschere** (HARRISON). Wenn mit dem Medullarplattenschluß die Epidermis widerstandsfähig wird, wird das Arbeiten mit der Transplantationspipette unmöglich und mit der Glasnadel schwierig. Man umschneidet dann am besten das Transplantat mit einer feinen Mikroschere (Abb. 209) und hebt es mit Glasnadel und Haarschlinge ab. Im übrigen verfährt man wie oben angeführt. Die Arbeiten von HARRISON und seinen Schülern an der Extremitäten- und Herzanlage und am Neuralrohr von Amblystoma sind auf diese Weise ausgeführt worden (s. Abb. 256).

Abb. 256. Heterotope, homopleurale, dorsoventrale Transplantation einer Extremitätenanlage bei Amblystoma im frühen Schwanzknospenstadium. Embryo, 53 Tage nach der Operation. Die rechte Vorderbeinanlage ist vier Segmente kaudal von der normalen Lage um 180° gedreht, implantiert. An der Exstirpationsstelle bildete sich ein Regenerat. (DETWILER.)

**5. Methoden zur Unterscheidung des Implantats vom Wirt.** Um das Implantat im Wirt unterscheiden zu können, wird man je nach den Bedürfnissen verschiedene Wege wählen. Für die kurze Beobachtung besonders in der Oberfläche liegender Implantate genügt es meist, verschieden gefärbte Keime zu kombinieren, entweder solche derselben Art, welche bei Triton taeniatus und Triton alpestris beträchtliche Pigmentdifferenzen zeigen, oder solche verschiedener Arten. Auch kann man einen Komponenten mit Nilblausulfat vorfärben. Hierzu bringt man die Keime sofort nach der Ablage in eine gerade deutlich blau erscheinende wäßrige Lösung, worin sie, ohne geschädigt zu werden, sich intensiv blau färben. Will man das Implantat noch auf Schnitten nachweisen, so kombiniert man verschiedene Arten. Am besten ist die Kombination des nahezu ganz pigmentfreien Triton cristatus mit anderen Keimen. Das Pigment liegt in den dotterhaltigen Zellen in Form feiner Granula. Aber auch andere Kombinationen sind möglich, da die Dotterkörnchen, und auch die Kerne, an Größe, Gestalt und Färbungsintensität nachweisbar verschieden sind; doch sollen die Schnitte nicht dicker als 10 $\mu$ sein.

Nach dem Verbrauch des Dotters genügen jedoch diese Kriterien zur Unterscheidung des Implantats vom Wirt im Schnittbild, besonders bei ortsgemäßer Entwicklung, nicht mehr. Daher ist es besonders wichtig, in der von G. HERTWIG (1925, 1927a, b) angegebenen Methode einen neuen Weg zu kennen. G. HERTWIG transplantiert von künstlich gewonnenen haploiden Larven (Radiumbestrahlung des Spermas oder Behandlung des Spermas mit Methylenblau und Trypaflavin vor der Befruchtung, Anstichmethode nach BATAILLON, artfremde Bastardierung, Schnürmethode) auf normale diploide. Das Implantat ist später an seinen haploiden Kernen zu erkennen, deren Volumen halb so groß wie das der diploiden ist. Eine Aufregulierung der Chromosomenzahl zur diploiden soll nicht vorkommen. Die haploiden Transplantate sind allerdings nicht sehr lebensfähig. Die Kerngröße bietet auch bei Anwendung der Hetero- und Xenoplastik in dem differenzierten Material ein gutes Kriterium. G. HERTWIG (1927a) verwendet sie in der Combination Salamandra auf Triton taeniatus und umgekehrt. Genaue Messungen sind natürlich notwendig. — Eine weitere Möglichkeit, das Implantat im Wirt auch in späten Stadien noch unterscheiden zu können, ist wohl bei der Kombination von Keimen der weißen und schwarzen Rasse von Amblystoma mexicanum gegeben. Die Keime beider Rassen sind schwarzbraun mit hellem vegetativen Feld. Der Unterschied tritt erst deutlich auf, wenn die Larven ca. 1 cm lang geworden sind; dann wird er immer ausgeprägter, indem die weiße Rasse nahezu völlig pigmentfrei, die schwarze Rasse immer dunkler pigmentiert wird. Das Pigment läßt sich nach SCHAXEL (1922) auch in den einzelnen Geweben der ausgebildeten Tiere nachweisen.

Die Transplantation kleiner Stücke am Amphibienkeim ist bekanntlich für die Erforschung des Determinationsproblems von größter Bedeutung geworden. Die vielseitigen Resultate können hier nicht angegeben werden. Zusammenfassungen bzw. Literatur findet man bei: COPENHAVER (1926); DETWILER (1927); HARRISON (1921); (MANGOLD 1928); RUUD (1926); SPEMANN (1927).

## D. Transplantationen am histologisch differenzierten Material.

### a) Transplantation bei Cölenteraten, speziell Hydra (nach GOETSCH 1927b, Abb. 257).

Man kann alle Süßwasserpolypen verwenden. Gezüchtet werden sie in Leitungswasser, das man mindestens 1 bis 3 Tage vor der Verwendung mit gut gereinigten Wasserpflanzen abstehen läßt. Alle 2 bis 5 Tage wird das Wasser durch neues ersetzt und ungefähr alle 14 Tage auch das Gefäß gegen ein ausgekochtes vertauscht. Gefüttert wird jeden 2. bis 5. Tag mit Cyklops und Daphnien.

Die Methode geht zurück auf TREMBLEY, WETZEL u. a. Sie besteht darin, daß man die Teilstücke auf ein Haar aufsteckt und gegeneinanderdrängt. Man bringt eine Hydra in einem Tröpfchen Wasser auf einen Objektträger und zerschneidet sie mit dem feinen Skalpell, wenn sie genügend ausgestreckt ist, in der gewünschten Region und in die gewünschten Teilstücke. Dann steckt man ein dickes Haar (Pferdehaar oder Chinesenhaar) durch den Gastralraum und reiht die Stücke in der gewünschten Zahl und Richtung hintereinander auf. Bei Fußenden wird die Fußscheibe durchstochen, oder, wenn es der Versuchszweck erlaubt, abgeschnitten. Die Teilstücke werden etwas gegeneinandergedrängt, bis sie miteinander verklebt sind. Bei einfacher homoplastischer Versuchsanordnung genügt ein kürzeres Zusammenpressen durch die Pinzette; bei komplizierterer Anordnung macht man an das eine Haarende einen dicken Knoten und drängt die Teilstücke mit einer Glasperle gegen denselben, bis die Vereinigung stattgefunden hat. Ist sie vollzogen, so werden die Tiere mit der Pinzette abgestreift oder das Haar einfach langsam mit dem Knoten voran aus dem Wasser gezogen; die Oberflächenspannung besorgt dann die Arbeit der Pinzette. Die Verwachsungsnaht verwischt sich in ca. 24 Stunden. — Will man einem Tier ein zweites seitlich aufpropfen, so wird das Haar der Länge nach durch den Gastralraum des Propfreises gesteckt und das Wirtstier nach Anschneiden des Mauerblatts an der Implantationsstelle quer durchstoßen. Auto-, Homo- und Heteroplastik zwischen den verschiedenen Hydraarten ist möglich. Während die Auto- und Homoplastik leicht gelingt, macht die Heteroplastik jedoch Schwierigkeiten. Dabei spielen auch Eigentümlichkeiten der verschiedenen Arten eine beträchtliche Rolle. So verwende man, wenn eine dauernde Vereinigung erzielt werden soll, Pelmatohydra stets als basale Komponente. Da ihre interstitiellen Zellen apikalwärts wandern, fördern sie bei dieser Anordnung die Vereinigung. Zur Unterscheidung der Komponenten dienen in der Heteroplastik die Farbe und Form des Polypenstücks und die Nesselkapseln. In der Homoplastik müssen künstliche Kriterien geschaffen werden. Chlorohydra läßt sich farblos, also algenfrei, machen, indem man die Tiere einige Zeit im Dunkeln bei niedriger Temperatur in Ca-armem Wasser hält und, wenn die Algen weg sind, durch reichliche Fütterung zur lebhaften vegetativen Vermehrung bringt. — Die normalerweise farblose Hydra kommt auch symbiontisch mit Chorella magna vor. — Näheres über die Infektion s. bei GOETSCH (1924).

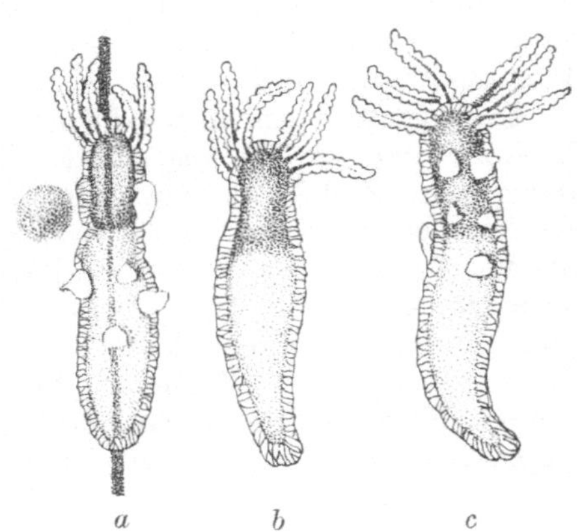


Abb. 257a—c. Hydra attenuata. Grüne (dunkel punktiert) Kopfhälfte mit Eibildung auf basalem Teil (hell punktiert) mit Hoden aufgepfropft.
a Während der Operation, zusammenhaltendes axiales Haar noch vorhanden.
b Verwachsung vollkommen.
c Neue Geschlechtsperiode. Die meist weibliche apikale Komponente zu männlich umgestimmt.
(GOETSCH 1927, umgezeichnet.)

Herstellung von Totalpräparaten. Zur Fixierung in ausgestrecktem Zustand werden die Tiere in eine Pipette eingesogen und nach der Streckung in die Fixierungsflüssigkeit gespritzt. Für die Erhaltung des Chlorophylls der Algen im Dauerpräparat gibt es noch keine ganz befriedigende Methode. In Formol hält sich das Chlorophyll, im Dunkeln aufbewahrt, einige wenige Jahre. Besser, aber auch nicht ganz befriedigend, scheint folgendes Verfahren: 10 Minuten Fixierung in 71,3 Teilen aq. dest. + 10,2 Teilen gesättigte Kupfersulfatlösung + 10,5 Teilen konzentrierte Kaliumchloridlösung + 8 Teilen 40proz. Formol. Dann 30 Minuten härten in 20proz. Formol. Auswaschen in aq. dest. unter verschiedentlichem Wechsel. — Eingebettet wird in eine gummiartige Lösung: 100 Teile Eieralbumin + 15 Teile wasserfreie Glukose + 0,8 Teile Natriumbikarbonat, in welche die Objekte allmählich überführt werden. Man bringt sie in 5 Stufen, beginnend mit einer 10proz. wäßrigen Lösung zur obigen wasserfreien Mischung, in dieser auf den Objektträger, bedeckt mit dem Deckglas und trocknet langsam im Kühlen. Dabei muß verschiedentlich von der Stammlösung nachgefüllt werden. Schrumpfungen der Objekte lassen sich durch schwachen Druck auf das Deckglas wieder ausgleichen.

Die Versuche geben Auskunft über Fragen der Polarität, der Zellbewegungen bei der Knospung und Regeneration und der Geschlechtsverhältnisse der Hydren. Näheres und Literatur s. bei GOETSCH (1927a,b). — An marinen Hydrozoen lassen sich in ähnlicher Weise Transplantationen ausführen (GOETSCH 1925).

### b) Transplantationen an Würmern.

**1. Transplantationsexperimente an Planarien.** Bei diesen Experimenten muß vor allem die Bewegung der Tiere verhindert werden. Dies läßt sich durch Dunkelstellen der Tiere und durch die Konstruktion einer gerade passenden Kammer oder durch Überdecken der Tiere mit Fließ- bzw. Seidenpapier erreichen; die Papiere halten zudem Implantate im Körper fest. Ich gebe im folgenden einige spezielle Versuchsanordnungen:

Transplantationen an Landplanarien, speziell an Bipalium kewense, hat T. H. MORGAN (1900, S. 578) ausgeführt. Die Tiere wurden von Tropengewächshäusern bezogen und sind 20 bis 25 cm lang, $^1/_2$ cm breit und stark dorsoventral abgeplattet. Sie zeichnen sich durch Längsstreifung aus, was für das Studium mancher Probleme besonders günstig ist. Auf eine Glasplatte wurden zwei gewöhnliche Objektträger Seite an Seite gelegt, mit einem Zwischenraum, welcher der Breite der zu vereinigenden Stücke entsprach. In den Spalt kamen Wunde an Wunde die beiden Stücke und wurden mit einem kleinen Glasstreifen bedeckt. Über die ganze Apparatur wurde dann eine Glasglocke mit einem feuchten

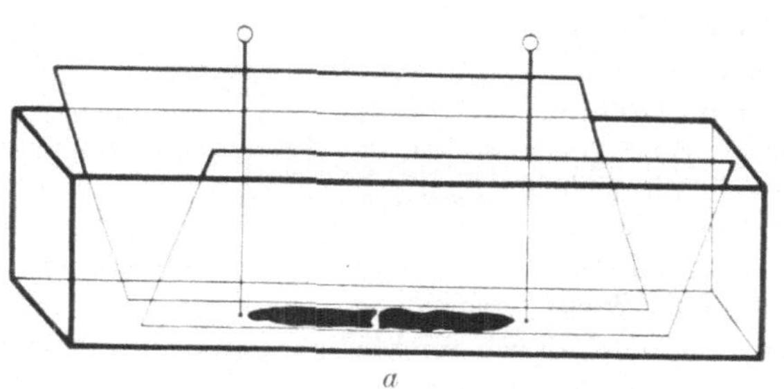


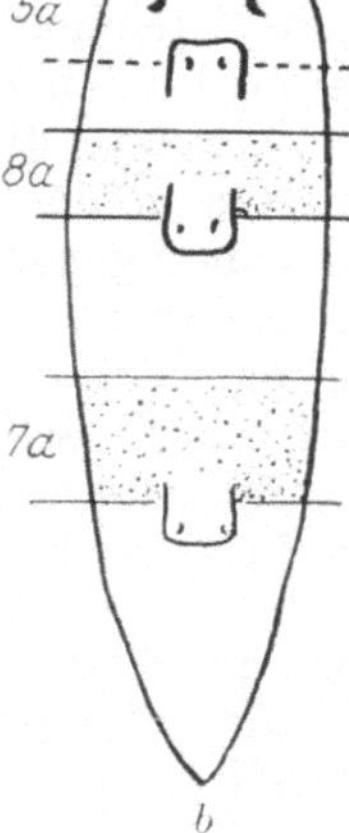


Abb. 258.

a Versuchsanordnung zur Transplantation bei Planarien.
b Übersichtsbild für eine Anzahl von Transplantationsversuchen zur Ermittlung der Determination der Regenerationsknospe. Die in Schlitzen des Wirtskörpers an verschiedenen Stellen eingeheilten Knospen haben sich zu Köpfen ausgebildet. (GOETSCH.)

Schwamm gestülpt und das Ganze durch Überdecken eines Tuches dunkelgehalten. Lichtabschluß und günstige Feuchtigkeitsverhältnisse, welch letztere sich noch durch Beschlagen der Glasplatten mit Wasserdampf besonders günstig gestalten ließen, vermindern das Bewegungsbedürfnis der Tiere und fördern damit das Gelingen des Versuchs. Häufige Kontrolle und erneutes Zusammenschieben der Tiere waren jedoch notwendig.

Transplantation bei Wasserplanarien. In ähnlicher Weise verfahren L. V. MORGAN (1906) (Planaria maculata, Phygocata gracilis) und GOETSCH (1921, S. 379) bei der Verschmelzung von im Wasser lebenden Planarien. L. V. MORGAN versah eine Kleinzuchtschale mit Paraffinboden und bedeckte diesen mit einem Stückchen feuchtem Fließpapier. Ein zweites solches, das geschmeidig, fest und intensiv Wasser aufsaugend sein mußte, wurde bereitgehalten. Dann brachte sie mit der Pipette zwei Tiere in die Schale, schnitt sie zweckentsprechend zu und orientierte sie Wunde gegen Wunde. Darauf wurde schnell das zweite Fließpapier übergedeckt, die Lage der Tiere etwa durch Drängen mit einem stumpfen Messer noch etwas korrigiert, seitlich von ihnen je ein Glasstreit auf das Deckpapier gelegt und hinten und vorn je eine Nadel eingesteckt. Das überflüssige Wasser wurde schließlich mit einem Fließpapier abgesaugt und die Zuchtschale in einer sehr feuchten Kammer dunkelgestellt. Nach 18 bis 24 Stunden waren die Teilstücke verwachsen. — GOETSCH stellte in eine kleine rechteckige, wasserhaltige Glaswanne 2 Glasplatten so ein, daß sie schräg gegeneinandergeneigt am Boden einen Zwischenraum von der Breite der zu verschmelzenden Tiere ließen (Abb. 258a). Dann wurden die Tiere zugeschnitten, in dem Plattenspalt orientiert, ein Seidenpapierstreifen der Länge nach übergedeckt (evtl. mit Glas- oder Bleistückchen beschwert) und mit Nadeln vorn und hinten festgesteckt. Schließlich wurde die Wanne ins Dunkle gestellt. Nach 24 Stunden war die Verwachsung vollständig.

Auch die Implantation kleiner Stücke in bestimmte Regionen des Tieres (Abb. 258b) läßt sich mittels der beschriebenen Methoden erreichen (MORETTI 1912; GEBHARDT 1926). MORETTI stanzt dabei die Transplantate mit einer feinen runden Silberröhre von 2 bis 3 mm Durchmesser aus, was sich jedoch nicht bewährt, wenn diese aus jungem Regenerationsgewebe bestehen; hier empfiehlt GEBHARDT das Abschneiden mit einem feinen Messerchen. — Zur Unterscheidung der Komponenten verwende man verschieden stark pigmentierte Ausgangstiere. Auch die Verfütterung von Karmin oder Algen, welche zwischen den Schalen von Daphnien dargeboten werden, an den einen Partner ermöglicht die Unterscheidung bis 14 Tage nach der Operation. — Heteroplastik ist nach GOETSCH (1925) noch nicht befriedigend gelungen. — Literatur und Ergebnisse siehe bei GEBHARDT 1926 und GOETSCH 1927a.

**2. Transplantation an Regenwürmern.** An Regenwürmern lassen sich große Stücke, viele Segmente umfassend, und kleine Stücke auto-, homo- und heteroplastisch transplantieren. Solche Experimente wurden in großer Zahl bei KORSCHELT in Marburg von JOEST (1897) und RUTTLOFF (1908) und in den letzten Jahren von v. UBISCH (1922, Literatur hier) ausgeführt; den Angaben von JOEST soll in der Schilderung der Methode gefolgt werden. — Von verschiedenen Regenwurmarten, die Verwendung fanden, eigneten sich Lumbricus rubellus Hoffm. und Allobophora terrestris weitaus am besten. Doch fanden für heteroplastische Versuche Allobophora calliginosa Sav. und Allobophora cyanea Sav. Verwendung, wobei letztere infolge ihrer hellen Farbe sich besonders eignet. Es wurden meist mittelgroße Individuen gewählt. — Die Tiere kamen zuerst auf einige Tage in ein Glasgefäß mit feuchter Leinwand, bis sie ihren Darm vollständig entleert hatten, wobei täglich die Fäkalien entfernt wurden. Dann wurden sie in gesättigtem Chloroformwasser (100 g Leitungswasser + 0,712 g frisches [!] Chloroform) narkotisiert. Nach $1^1/_2$ bis 2 Minuten waren sie bewegungslos und operationsfähig. Die Narkose hielt 7 bis 10 Minuten an. Sie wurden abgewaschen, auf eine Glasscheibe, welche mit feuchtem Fließpapier bedeckt war, gebracht und operiert. Große, viele Segmente umfassende Stücke (Abb. 259a, b) wurden mit feinsten chirurgischen, stark gebogenen Nadeln und feinsten Seidenfäden durch 4 Nähte verbunden, welche nur durch den Hautmuskelschlauch geführt wurden. Dabei ist zu beachten, daß die verwandten vorderen Stücke der Würmer möglichst kleiner als die Hälfte sein müssen, da größere leicht ihre kaudalen, der Naht benachbarten Segmente autotomieren. Schwierigkeiten macht die Verbindung zweier Vorderstücke mit entgegengesetzter Polarität infolge der einander entgegengesetzten Bewegung der Komponenten. Um sie zu überwinden, wurden nur vordere Viertel verwandt, welche einen für die Naht widerstandsfähigen Hautmuskelschlauch haben. Die Wunden wurden nicht mit Fäden, sondern mit feinen Silber- bzw. Platindrähten verbunden, deren Enden schließlich mit Seide umwickelt wurden, wobei die Verbindung weniger leicht ausriß. Schließlich wurden diese Würmer in feuchten Glasgefäßen ohne jegliche Einlage gehalten, damit sie keinen Halt beim Kriechen hatten. — Bei der Transplantation von kleinen, aus wenigen Segmenten bestehenden Stücken mußte zuerst ein großes Stück angenäht und nach der Verheilung so viel abgeschnitten werden, daß die gewünschte Segmentzahl verblieb. JOEST machte hierbei von der schon erwähnten Neigung langer vorderer Stücke zur Autotomie Gebrauch, die allerdings erst 3 Tage nach der Operation erfolgen durfte, wenn die Anheilung gesichert sein sollte. — Zur Transplantation kleiner

Wandstücke wurden diese ohne Narkose mit der Schere aus einer Falte des Wurms herausgeschnitten und einem anderen wiederum in die Seitenwand in irgendwelcher Orientierung oder auf einem Querschnitt aufgesetzt und mit einigen Nähten befestigt (Abb. 259c). Bei der heteroplastischen Transplantation blieb das Implantat lange Zeit, bzw. immer, kenntlich. — Die Haltung der Tiere nach der Operation ist von außerordentlicher Bedeutung. 4 bis 6 gleichartig operierte Individuen kamen in ein Glasgefäß, dessen Boden mit angefeuchtetem Fließpapier ausgelegt war und das durch einen Glasdeckel nicht ganz luftdicht verschlossen wurde. Anfangs wurden sie täglich kontrolliert, die gestorbenen Tiere entfernt und der Papierbelag gewechselt. Nach 5 bis 8 Tagen waren die Nähte meist abgestoßen. Nun wurde alle 2 bis 3 Tage nachgesehen; unter Umständen konnten die Tiere bis zu 1 Jahr ohne jegliche Nahrung in Fließpapier gehalten werden. Meist wurde jedoch 3 bis 4 Wochen nach der

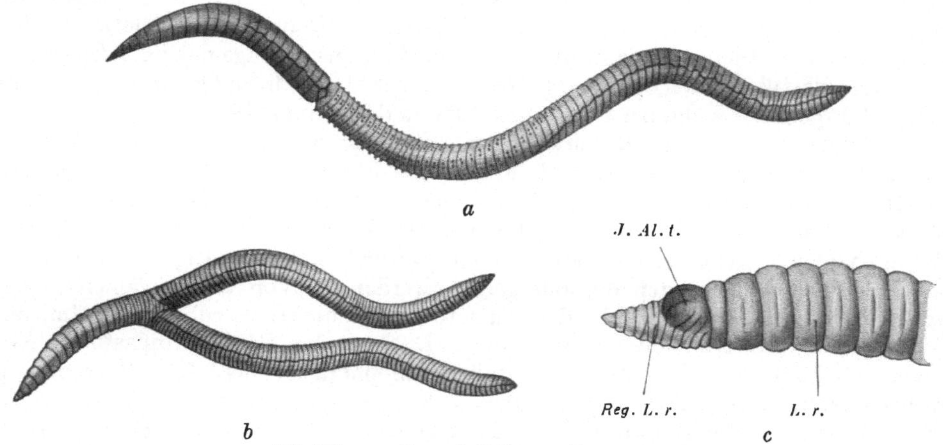


Abb. 259 a—c. Transplantation am Regenwurm.

a Autoplastische Vereinigung zweier Teilstücke von Allobophora unter einem Drehungswinkel von 90°. Während der Bewegung kaudales Ende mit den Borsten gegen die Unterlage gewandt.
b Homoplastische Transplantation bei Lumbricus rubellus. Doppelschwänziger Wurm.
c Heteroplastische Transplantation eines Stücks Leibeswand einer Allobophora terrestris (*J. Al. t.*) auf die ovale Querwunde eines seiner fünf ersten Segmente beraubten Lumbricus rubellus (*L. r.*), zwei Monate nach der Operation; Kopfregenerat vom Wirt (*Reg. L. r.*), dem das Implantat wie eine Kugelhaube aufsitzt.

a u. b natürliche Größe, c 10 × vergrößert. (Joest.)

Operation Humuserde in die Glastöpfe gegeben, diese mäßig feuchtgehalten und als Futter Stückchen von welken Blättern ausgelegt. Alle 2 bis 3 Monate wurde die Erde gewechselt. Es gelang, die Tiere mehrere Jahre zu halten. — Die Transplantate behielten stets ihre herkunftgemäße Organisation.

Die Transplantation von Ovarien führte Harms (1912) in folgender Weise aus: Nach der Darmentleerung und Betäubung (s. oben) wurde bei 2 Würmern der Hautmuskelschlauch der beiden Segmente, welche vor bzw. hinter dem das Ovar tragenden Dissepiment liegen, ventral quer durchschnitten, die beiden Schnitte durch längsgeführte verbunden, das so isolierte Stück mit der Pinzette herausgehoben und das Dissepiment oberhalb der beiden Ovarien durchgeschnitten. Dann wurden die Explantate der beiden Würmer ausgetauscht und eingenäht, indem eine mediane Naht durch den vorderen Wundrand des Wirts, die gesamte Länge des Implantats (etwa parallel dem Nervensystem) und den hinteren Wundrand durchgeführt und stark angezogen wurde, wobei das Implantat etwas in die Tiefe gedrängt wurde. Rechts und links dieser Naht wurden dann noch der Vorder- und Hinterrand der Wirtswunde durch je eine weitere Längsnaht verbunden. Weitere Behandlung wie oben. — Das Ovar entwickelte sich auch bei heteroplastischer Transplantation gut, und es konnten sogar Nachkommen erhalten werden.

c) Transplantationen an Arthropoden, speziell Schmetterlingen.

**1. Transplantationen an Schmetterlingspuppen** (CRAMPTON 1900). Zur Verwendung kommen am besten Puppen von Schmetterlingen, welche eine lange Puppenruhe aufweisen, d. h. als Puppen überwintern. Gut eignen sich die Saturniden. Mit einem starken scharfen Messer wird z. B. an einer Puppe durch einen Schnitt zwischen dem 4. und 5. Abdominalsegment das Hinterende, bei einer zweiten durch einen Querschnitt im Thorax das Vorderende entfernt und an das zephale Stück der ersteren das kaudale der letzteren angesetzt. Beim Schneiden und Zusammensetzen müssen die beiden zu verwendenden Stücke mit der Schnittfläche nach oben gehalten werden, damit möglichst wenig Lymphe verlorengeht. Um die Vereinigungslinien wird dann mit einem Pinsel Paraffin von niederem (höchstens

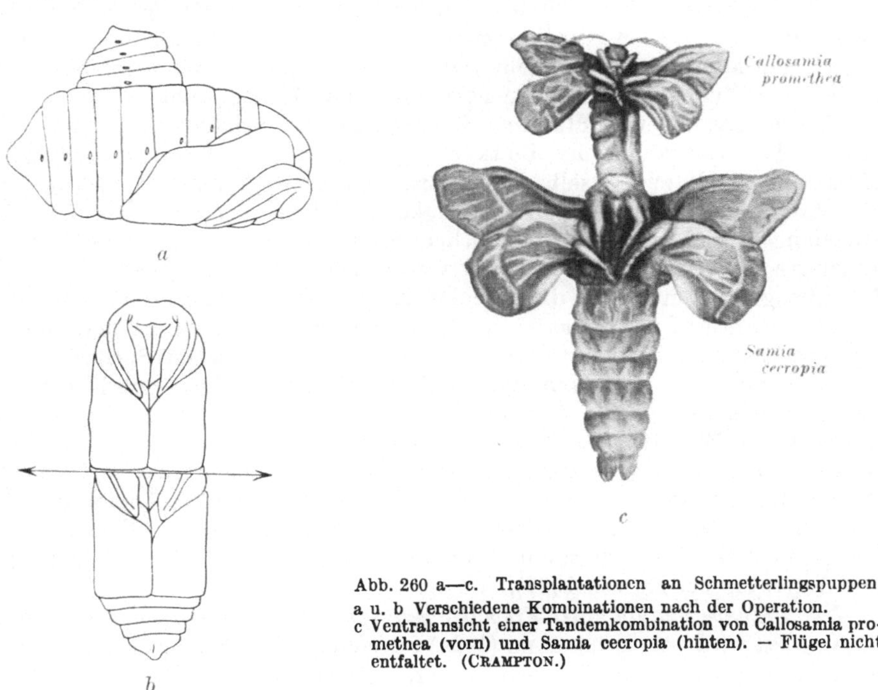


Abb. 260 a—c. Transplantationen an Schmetterlingspuppen. a u. b Verschiedene Kombinationen nach der Operation. c Ventralansicht einer Tandemkombination von Callosamia promethea (vorn) und Samia cecropia (hinten). — Flügel nicht entfaltet. (CRAMPTON.)

50°) Schmelzpunkt gestrichen. Leim und Celloidin hat sich als Bindemittel nicht bewährt. Liegt zwischen beiden Komponenten eine Luftblase, so entfernt man sie durch sorgfältiges Pressen des einen Komponenten und ergänzt den Paraffinring, bis er wieder luftdicht ist. Auf diese Art lassen sich Puppenteile nahezu in beliebiger Weise zusammensetzen. Die Puppen werden in Schachteln gehalten, bis sie durch die Farbe das nahende Ausschlüpfen erkennen lassen. Dann muß in den meisten Fällen die Puppenhülle vorsichtig mit Pinzetten abpräpariert werden. Von 1065 Kombinationen entwickelten sich 113 zum Schmetterling. Dabei findet jedoch eine Verwachsung nur im Integument statt. Die Flügel, Extremitäten und Antennen können zusammengesetzt sein; jedoch sind sie dann in der Naht mit dem Körper verwachsen. Bei Saturniden lassen sich selbst heteroplastische Kombinationen mit gutem Erfolg ausführen. Abb. 260c zeigt eine Callosamia promethea (vorn) in Kombination mit einer Samia cecropia (hinten). — Bei Defekten an Puppen hat sich die Paraffinbedeckung ebenfalls gut bewährt.

**2. Die Transplantation vollständiger Geschlechtsdrüsen bei Schmetterlingsraupen** (speziell bei Lymantria dispar nach MEISENHEIMER [1907 bis 1910] bzw. KOPEĆ

[1908 bis 1911]). Man lese zuvor den Abschnitt über Kastration S. 742 und entnehme ihm die Angaben über Entwicklungsdauer, Zuchtmethode und Wundverschluß.

Die Raupenhaut wird an der gewünschten Implantationsstelle mit einer spitzen Nadel angestochen, nach Bedarf durch Einfügen einer spitzen Pinzette und Auseinanderdrängen der Wundränder erweitert und das Implantat mit einer sehr feinen Pinzette eingeschoben. Sind die Implantate sehr empfindlich, wie größere Hoden und Ovarien, so wird die Haut aufgeschnitten und das Implantat mit etwas Leibeshöhlenflüssigkeit des Spenders mittels der Pipette eingeschoben, wobei darauf zu achten ist, daß keine Luftblasen in den Wirt kommen. Die Pinzette bzw. Pipette ist parallel zum Raupenkörper zu halten, damit keine Verletzung des Darms vorkommt. Es lassen sich mittels dieser Methode mehrere Gonaden an verschiedenen Stellen gleichzeitig oder nacheinander implantieren und natürlich auch eine Kastration vorausschicken. Die Spender können gleichalt, jünger oder älter als der Wirt sein und auch einer anderen Art angehören. Der Verschluß der Wunde erfolgt, wenn notwendig, mit Kollodiumhäutchen.

**3. Übertragung von Blut und Gonadenbrei bei Schmetterlingsraupen** (Kopeć 1911). Die Entnahme des Bluts erfolgt durch einen dorsalen Stich durch die Haut. Es fließt zuerst selbständig aus. Später wird durch vorsichtiges Pressen der Raupe nachgeholfen. Die Flüssigkeit wird in einem sterilen Uhrschälchen aufgefangen und mit der Pravazschen Spritze einer vorher ebenso entbluteten, andersgeschlechtlichen oder im Alter verschiedenen Raupe injiziert; $^1/_4$ bis $^1/_3\,cm^3$ Blutflüssigkeit konnte auf diese Weise ausgetauscht werden. — Gonaden werden zuerst explantiert, mit etwas Körperflüssigkeit zu Brei verrieben und dem andersgeschlechtlichen oder kastrierten Wirt mit der Pravazschen Spritze injiziert. — Beide Operationen haben beim Austausch zwischen Individuen verschiedenen Alters, verschiedenen Geschlechts oder verschiedener Spezies eine ca. 2 Stunden währende Starrheit des Wirtstiers zur Folge, die bald auf die Operation folgt, aber gut überwunden wird; auch von Störungen der Defäkation können sie begleitet sein. — Wie die Defektversuche zum Problem der Inneren Sekretion an Lepidopteren hatten auch diese Transplantationsversuche ein negatives Ergebnis. Weder das Transplantat noch der Wirt wurden in ihrer Ausbildung wesentlich beeinflußt (Ergebnisse und Literatur bei Harms 1927).

*Die Transplantation eines Fremdkörpers speziell einer Ganglienkette in Schmetterlingsraupen* wird von Hirschler (1924) folgendermaßen beschrieben: Einer Raupe wird ein Stück der Ganglienkette so herauspräpariert, daß vorn und hinten je ein Tracheenast daran bleibt. An beide Tracheenäste wird ein Faden gebunden und der vordere in eine Nähnadel eingefädelt. Dann wird die Ganglienkette in eine feine, mit physiologischer Kochsalzlösung gefüllte Glaskapillare gleicher Länge hineingezogen, indem man zuerst die Nadel durchschiebt und den vorderen Faden mit der Ganglienkette nachzieht, bis letztere das vordere Ende der Kapillare erreicht hat. Nun wird der vordere Faden an seiner Anheftungsstelle an der Trachee abgeschnitten. Die Wirtsraupe narkotisiert man mit Äther, macht in einem ihrer hinteren Segmente eine kleine Öffnung und schiebt die Kapillare mit ihrem vorderen Ende voran parallel zur Körperachse vorsichtig durch verschiedene Segmente nach vorn. Nun durchsticht man über ihrem vorderen Ende den Chitinmantel und zieht die Kapillare mit einer feinen Pinzette heraus, indem man den hinteren Faden festhält. Dieser wird dann an seiner Anheftungsstelle am Nervenstrang abgeschnitten. — In Raupen lassen sich auch Glaskapillaren implantieren, ohne daß die Entwicklung zum Schmetterling dadurch gestört wird.

In den letzten Jahren sind an Käfern auch ganze Köpfe homo- und heteroplastisch (Hydrophilus, Dytiscus) transplantiert worden. Die Resultate sind noch umstritten; auf die Beschreibung der relativ einfachen, nämlich autophoren Transplantation soll daher verzichtet werden. Die Literatur findet man bei Przibram 1926a, S. 65ff.

### d) Transplantationen an differenzierten Vertebraten.

Die Transplantation am differenzierten Wirbeltier bildet ein wichtiges Feld der experimentellen Chirurgie (Literatur bei KORSCHELT 1927), der Endokrinologie (Literatur bei SAND 1926a, b, c, d und BIEDL 1922, 1926) und — ein weniger, erst in neuerer Zeit bearbeitetes Gebiet — der Regenerationsforschung. Alle Bezirke des Organismus dienen, je nach Bedarf, als Implantationsort; besonders mag erwähnt werden die Leibeshöhle, die innere Leibeswand, das Mesenterium, die Milz, der Hoden, die Augenkammer. Letztere erwies sich in mancher Hinsicht als besonders geeignet, da im Augenkammerwasser sehr wenig Antifermente gebildet werden. Auch die Implantate sind von verschiedenster Art. Organe und Gewebe werden verpflanzt, Blut wird übergeleitet (Bluttransfusionen) oder die Organextrakte injiziert, und schließlich werden Organsubstanzen bzw. ihre Extrakte verfüttert. Indem ich auf das vorzügliche Buch von HABERLAND über die Technik des Tierexperiments (1926) hinweise, das die Wirbeltiere sehr eingehend hinsichtlich Zucht und Operationstechnik behandelt, möchte ich mich hier auf einige wenige auf eigener Erfahrung beruhende Beispiele beschränken, welche hauptsächlich Regenerationsprobleme behandeln. Außerdem soll die für den Demonstrationsversuch geeignete Verfütterung von Organsubstanzen an Kaulquappen geschildert werden.

**1. Transplantation ganzer Extremitäten bei Urodelen** nach WEISS (1923a, 1923b, 1924). Für die Versuche verwendet WEISS ca. 2 cm lange Larven von Salamandra maculosa. Sie werden den trächtigen Muttertieren aus dem Uterus operativ entnommen, wobei man aus einem Tier 40 Larven gewinnen kann. Die stark gekrümmten Larven werden sofort ins Wasser geworfen, wo sie sich strecken und lebhaft umherschwimmen. Ebensogut dürften sich wohl Tritonlarven eignen. Solche zieht man am einfachsten aus den Eiern, indem man dieselben mit einigen sauber abgespülten Wasserpflanzen in eine große Petrischale bringt und, wenn im Darm der Dotter verbraucht ist, mit Daphnien, stark zerschnittenen Enchyträen oder Tubifex füttert. In Tümpeln, welche eine starke Tritonbevölkerung besitzen, findet man im Juni und Juli auch sehr viele halbwüchsige Larven. Sie sind jedoch gegen den Transport und den Umgebungswechsel sehr empfindlich; wenn sie aber nicht in den ersten Tagen nach der Gefangennahme sterben, lassen sie sich für die Operation verwenden. Narkose mit Trichlorbuthylalkohol (20 $cm^3$ Wasser + ca. 1 $cm^3$ gesättigte wäßrige Lösung) schadet nichts. — Weiß operiert ohne Narkose. Die Larven werden aus dem Wasser genommen und in einem kleinen feuchten Wattebausch zwischen dem Daumen und Zeigefinger mit der Ventralseite nach oben gehalten. Der Wattebausch saugt das überflüssige Wasser ab, und ein gelinder Druck sorgt für die Bewegungslosigkeit der Larve. Dann wird eine Vorder- oder Hinterextremität dicht an der Körperwand abgeschnitten und mit einer stumpfen Nadel, welche ein wenig dünner ist als das Proximalglied der zu transplantierenden Extremität in der engen Nachbarschaft der belassenen Vorder- oder Hinterextremität oder an deren Amputationsstelle selbst oder in der dorsalen Längsmuskulatur möglichst tief eingestochen. In das Loch wird die amputierte Extremität mit ihrem proximalen Ende möglichst weit eingeschoben und in die gewünschte Lage gedreht. Das Implantat hält durch den Druck der Muskeln von selbst fest (autophore Transplantation); es wird nur ganz selten wieder abgestoßen. Dann wird das Tier wieder in Wasser gesetzt. Die Operation muß sehr schnell ausgeführt werden, da die Tiere den Aufenthalt außerhalb des Wassers schlecht aushalten. Im Lauf der nächsten Tage und Wochen zeigt das Implantat Hyperämie und ödematische Auftreibung, welche jedoch nichts schaden. Gelegentlich wird nur der proximale Teil desselben genügend durchblutet (besonders bei der etwas längeren Vorderextremität). Die distalen Teile fallen dann ab oder werden besser amputiert. Bewegung stellt sich im Implantat bald ein. Nach der vollkommenenen Einheilung kann das Implantat amputiert und der Einfluß des Wirts bzw. des Standorts auf das Regenerat (WEISS 1924) und auch umgekehrt der des Implantats auf die Regenerationstendenz des Wirts (WEISS 1923b) studiert werden. Das Regenerat des Implantats wird durch den Wirt weder in der Art der Bildung (Vorder- oder Hinterextremität), noch in der Orientierung beeinflußt. Außerdem geben die Versuche interessanten Aufschluß über Probleme der Innervation. Das Implantat bildet nämlich trotz der Versorgung mit abnormen Segmentalnerven ein seiner Topographie entsprechendes Nervennetz, und seine Bewegungen sind denjenigen der benachbarten Extremität koordiniert. Beuge- bzw. Streckmuskel kontrahieren sich in beiden synchron (P. WEISS 1926c; DETWILER 1926).

Auf die Transplantation von kleinen, noch undifferenzierten Extremitätenknospen an Anurenlarven soll hier nur verwiesen werden (BRAUS, BANCHI, GEMILLI, GRÄPER, Literatur bei PRZIBRAM 1926). Man verfährt dabei wie bei den später zu beschreibenden Hauttransplantationen an Anurenlarven.

**2. Transplantation von Regenerationsknospen.** Durch die Transplantation von Regenerationsknospen lassen sich die Determinationsvorgänge in denselben aufklären. Versuche in dieser Richtung sind von SCHAXEL (1921, 1922), MILOJEVIĆ (1923, 1924), WEISS (1927b, c) u. a. ausgeführt worden. SCHAXEL arbeitete an Siredon pisciforme, MILOJEWIĆ an Triton cristatus und WEISS an Triton cristatus und Lacerta. Ich folge der Beschreibung von SCHAXEL (1922), die ich nach eigenen Erfahrungen etwas ergänze.

Siredon pisciforme besitzt eine ganz dunkelbraun pigmentierte und eine nahezu pigmentfreie Rasse. Die dunkle zeigt sehr reichlich Melano- und Xanthophoren im Corium, und auch ihre Muskulatur, ihr Bindegewebe und Fettgewebe sind grau gefärbt. Die pigmentfreie Rasse hat nur in der Iris, in den Zehenspitzen und bei vorgeschrittenem Alter auf dem Kopf ein wenig Pigment; ihre Muskulatur, ihr Bindegewebe und ihr Fettgewebe ist zartrosa. Diese Differenzen gestatten die dauernde Unterscheidung der Gewebe; offenbar verhindert ein Hemmungsfaktor in der weißen Rasse die Bildung von Pigment; er wird durch die fremdrassige Durchblutung nicht aufgehoben. Bei der Transplantation arbeitet SCHAXEL meist mit Tieren von 6 bis 15 cm Länge. Er narkotisiert mit Kokain, gibt aber die Konzentration und Narkosedauer nicht an. Nach eigenen Erfahrungen eignet sich Äther auch sehr gut (500 g Leitungswasser + 20 cm$^3$ Äther). In die Lösung kommen die Tiere, bis sie keinen Umdrehreflex mehr zeigen; dann werden sie auf einem Lager feuchter Watte operiert und schließlich in einer großen Petrischale (20 cm × 5 cm), deren Boden mit feuchter Watte ausgelegt und mit einigen Tropfen Äther besprengt ist, ca. 30 Minuten unter ziemlich dichtem Verschluß in Nachnarkose gehalten. Darauf kommen sie in sauerstoffreiches Wasser, das nach einigen Stunden durch frisches ersetzt wird. Unter Umständen können die Tiere auch bis zum Aufwachen in schwachfließendem Wasser gehalten werden.

Die Operation führt SCHAXEL in 2 Etappen aus. In der ersten wird den Tieren jeweils eine Hinterextremität exartikuliert und mit dem ganzen Femur an der Basis abgeschnitten. Die hier entstehenden Regenerate bilden das Transplantationsgewebe und den Implantationsort. SCHAXEL unterscheidet 3 Regenerationsstufen: 1. Das Blastem, 2. die Knospe und 3. die Anlage. Im Blastem findet die Anhäufung und Vermehrung der undifferenzierten Bildner statt. In der Knospe vollzieht sich deren Schichtung zu kegelmantelartig übereinanderliegenden Bezirken verschiedener Dichte; in der Anlage ist diese Ordnung vollzogen und deutlich ausgeprägt. Die Übergänge sind natürlich fließend; das Knospenstadium ist ungefähr nach 15 bis 20 Tagen, das Anlagestadium nach 30 bis 40 Tagen erreicht. Die Ausbildung der ganzen Extremität dauert bis zu einem Jahr. Äußerlich betrachtet wächst das

Regenerat langsam aber stetig zu einem Kegel heran, an dem die dorsale und ventrale Seite bald zu unterscheiden sind, und der nach dem Anlagestadium sich distal parallel zur späteren plantaren bzw. volaren Seite abflacht. In der zweiten Operationsetappe tauscht SCHAXEL bei 2 Regeneraten verschiedener Rassen jeweils die dorsale Hälfte, indem er mit einem bauchigen Skalpell zuerst von der Dorsalseite her an der Basis parallel zur Körperwand bis zur Mitte der Knospe einschneidet und dann dieselbe transversal spaltet. Die freie Hälfte klebt am Messer fest. Sie wird mit einer Nadel auf die freie dorsale Seite einer entsprechend behandelten zweiten Knospe abgestreift und orientiert und hält von selbst fest. Dann kommt das Tier in die feuchte Kammer und nach 30 Minuten ins Aquarium. Das Resultat ist verschieden, je nachdem Blastem, Knospe oder Anlage verpflanzt wird. Blastem und Knospe entwickeln sich dem Implantationsort entsprechend (ortsgemäß), die Anlage der Herkunft entsprechend (herkunftsgemäß).

SCHAXEL hat die Kombination der weißen und schwarzen Axolotl in glücklicher Weise zur Darstellung von Chimären verwendet; doch sind manche Fragen, welche mir durch die Kombination angreifbar scheinen, noch nicht gelöst; z. B. die Frage, welches Gewebe (Haut, Muskulatur, Knochen, Blut usw.) das Regenerationsblastem liefert und in welcher Tiefe, von der Amputationsfläche aus gesehen, die Gewebe an der Lieferung des Blastems beteiligt sind. Auch die Möglichkeit der Induktion der Regeneration durch heterotope Verpflanzung von Regenerationsknospen läßt sich hier leichter prüfen als bei der heteroplastischen Kombination verschiedener Tritonarten. Schließlich versprechen die Keime der weißen Rasse in Kombination mit Triton Aufschluß über die Pigmentbildung überhaupt. Ich hoffe, entsprechende Versuche ausführen zu können.

Die für die Regeneration soeben geltend gemachten Probleme sind meistens von G. HERTWIG (1927a) mittelst der Kombination Salamandra — Triton in aussichtsreicher Weise in Angriff genommen worden. Die Kerngröße dient ihm als Kriterium für die Unterscheidung des Spender und Wirtsmaterials. Siehe auch S. 777.

In ähnlicher Weise hat MILOJEVIĆ (1923, 1924) seine Versuche an Triton angestellt. Er hat zudem die Transplantation wesentlich mehr variiert als SCHAXEL, indem er zwischen Vorder- und Hinterextremität tauschte (heteronome, orthotope Transplantation), die Implantate in verschiedener Achsenstellung unter Vertauschung der Herkunftslateralität aufheilte (homopleurale und heteropleurale, dorsodorsale und dorsoventrale Transplantation) und auch an Orte transplantierte, wo keine Extremität liegt (heterotope Transplantation). Die Determination der Art der Bildung (Vorder- oder Hinterextremität) und der Achsen (plantar-volar und radial-ulnar bzw. tibial-fibular) ist bei Triton ungefähr 10 bis 12 Tage nach der Amputation vollzogen; alle später verpflanzten Knospen entwickeln sich herkunftsgemäß. Wird jedoch ein 1 bis 2 mm großer Hautring mitverpflanzt, so bekommt man auch bei allen jüngeren Knospen herkunftsgemäße Entwicklung.

Die Versuche von MILOJEVIĆ wurden von WEISS (1927b) durch die Transplantation eines Schwanzregenerats auf die Amputationsstelle einer Extremität oder dicht neben die normale Vorder- oder Hinterextremität erweitert. Die Knospen werden innerhalb der ersten 2 Wochen verpflanzt, am besten in eine etwas kleinere, ovale, mit der gebogenen Schere herausgeschnittene Hautlücke dicht neben der Extremitätenbasis. Mit der spitzen Pinzette wird zudem die unterlagernde Muskulatur durchstochen und ein Nervenast des Plexus an die Implantationsstelle herausgeholt und abgerissen (!). Nachdem dann noch unter der Haut die Lücke nach den Seiten hin erweitert ist, wird das etwas größere Implantat eingefügt. Es bilden sich kleine Schwänzchen, mehr oder weniger defekte Extremitäten und Gebilde von unklarer Gestaltung. Alle hängen an einem dünnen Hautstiel, der nur Blutgefäße und Nerven enthält, dem Wirt lose an. — Die Transplantationen von Schwanzblastem auf die

Amputationsstelle der Vorderextremität von Eidechsen durch Weiss (1927 c) wurden ebenfalls ohne Nähte ausgeführt. Nähere Angaben über die Technik fehlen noch. Es bildeten sich nie Extremitäten, doch selten sehr schöne Schwänze. Offenbar fehlen in der Amputationsfläche der Extremität die determinierenden Faktoren.

**3. Hauttransplantationen.** Die Ausbildung der Haut ist an den verschiedenen Stellen des Körpers verschieden nach Stärke, Durchsichtigkeit, Pigmentierung, Behaarung, Zahl und Art der Drüsen- und Sinneszellen. Wie bei der frühen Embryonalentwicklung ist es von Interesse festzustellen, ob die lokalen Charaktere auf inhärenten Faktoren oder Faktoren der Umgebung beruhen und ob die Haut selbst noch die Fähigkeit zur Umbildung besitzt. Dazu kommen noch Alterscharaktere, welche durch ana- und kataplastische Transplantationen untersucht werden können. Außer von den Chirurgen liegt eine Reihe solcher Experimente auch von den Entwicklungsmechanikern schon für verschiedene Tierklassen vor. Einige Beispiele mögen beschrieben werden.

*Hauttransplantationen an Amphibienlarven.* Solche sind von Hirschler (1924) genau beschrieben worden. Bei halb ausgewachsenen Anurenlarven verfährt er folgendermaßen: Narkotisiert wird in einer Mischung von Äther und Leitungswasser, und zwar die Spender möglichst kurz, bis die Bewegung gerade aufhört, die Wirte möglichst tief (Rana temporaria, Rana esculenta, Pelobates fuscus, Urodelen), nämlich Larven von Rana temporaria 2 bis 3, Rana esculenta 3 bis 5, Pelobates fuscus 5 bis 8, Urodelen 3 bis 4 Minuten (hier empfiehlt es sich, vielleicht das schon öfter erwähnte Chloreton zu verwenden: ca. 10 Tropfen der gesättigten wäßrigen Lösung auf ein Salznäpfchen). Operiert wird auf feuchter Watte. Mit einer feinen Schere wird ein quadratisches oder rechteckiges Stück Haut glattrandig umschnitten, mit einer feinen, aber stumpfen Pinzette an einer Ecke angefaßt und unter Nachhilfe einer abgestumpften Glasnadel (Abb. 204d) abgelöst. Es wird sofort wieder (vorläufig) in der alten Orientierung auf die Wunde gedeckt und dann ein sorgfältig entfettetes und in Ringerlösung gut angefeuchtetes Deckglas untergeschoben. Auf diesem wird das Hautstückchen gut ausgebreitet und so orientiert, daß eine seiner Kanten über der Glaskante liegt. Dann kommt es in eine feuchte Kammer, etwa eine Petrischale, deren Boden mit durch Ringerlösung angefeuchtetem Fließpapier ausgelegt ist, und wird kalt gestellt (9 bis 13°). Wenn man das Deckglas mit einer feinen Paraffinschicht überzieht, vermeidet man das Ankleben des Hautstückchens vollkommen, doch muß dann ein Tröpfchen Ringer an die Seite des Hautstückchens gesetzt werden. In der feuchten Kammer behält das Transplantat mindestens eine Stunde sein Anheilungsvermögen. Inzwischen wird dem Wirt an der Implantationsstelle ein Stückchen Haut derselben Form und Größe in gleicher Weise entnommen, dann das Deckglas mit dem Implantat auf die Wunde so aufgelegt, daß diejenige Kante des Implantats, welche über der Deckglaskante liegt, mit dem vom Beschauer abgewandten Wundrand des Wirts zusammenfällt. Dann wird das Hautstückchen mit der stumpfen Glasnadel festgehalten und das Deckglas in der Richtung auf den Operateur weggezogen. Nachdem man die Lage des Hautstückes kontrolliert hat, kommt die Larve samt Watteunterlage in die feuchte Kammer und wird kühl gestellt, indem man die feuchte Kammer in ein flaches Becken bringt, wo sie ständig von fließendem Wasser umspült wird (9 bis 13° C). Hier bleiben die Larven 1,5 bis 2,5 Stunden (jüngere Urodelenlarven 1,5 Stunden, ältere 2 Stunden; Larven von Rana temporaria und Bombinator 1,5 Stunden; von Rana esculenta und Pelobates fuscus 2 bis 2,5 Stunden). Die Implantate sind nach dieser Zeit angeheilt. Dann werden die Larven in Wasser gebracht und dort 1 bis 2 Tage auf 9 bis 13° C gehalten, worauf sie in Zimmertemperatur weitergezüchtet werden können. — Mittels dieser Methode sind homo-, hetero-, ana- und kataplastische Transplantationen ausgeführt worden. Larvale Haut hält sich auf metamorphosierten Tieren längere Zeit nur, wenn die Wirte in Gefäßen untergebracht werden, in welchen sie nur den Kopf über das Wasser erheben können, so daß das Implantat dauernd unter Wasser bleibt. Auch Transplantationen von Kaulquappenschwänzen auf metamorphosierte Tiere konnten, allerdings mit ziemlichen Schwierigkeiten, ausgeführt werden.

*Heteroplastische Hauttransplantationen an ausgewachsenen Tritonen* (Taube 1922). Triton bildet, dank seiner lebhaften Pigmentierung und seiner Drüsenverhältnisse, ein sehr günstiges Objekt für Hauttransplantationen. Bei der Verpflanzung der gleichmäßig roten Bauchhaut von Triton alpestris auf das stark schwarz pigmentierte Bein von Triton cristatus werden die mit Äther ($1000\,cm^3$ Leitungswasser $+ 20\,cm^3$ Äther) narkotisierten Tiere durch 2 Leinwandstreifen, welche jeweils eine Lücke zum Durchtritt eines Beins besitzen und über die Schulter und das Becken

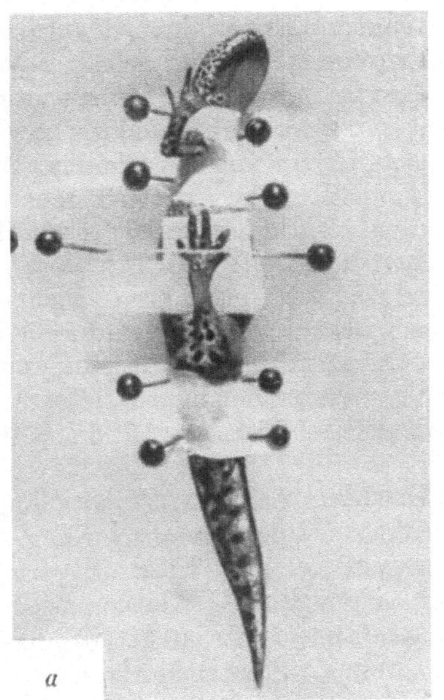
a

b

Abb. 261 a, b. Heteroplastische Transplantation von Bauchhaut von Triton cristatus auf die Hinterextremität von Triton alpestris.
a Tier während der Operation. b Dasselbe Tier ca. 50 Tage nach der Operation (Manschettentier). (Taube.)

gelegt werden, auf einer Wachsplatte festgesteckt. Gearbeitet wird mit einer feinen Schere (Abb. 209) und einem feinen Messerchen (Abb. 205b). Steriles Arbeiten ist nicht notwendig. Vom Spendertier (alpestris) wird erst ein rechteckiges Hautstückchen (ca. $15 \times 7$ mm) am Bauch abpräpariert, bis zur Transplantation wieder auf der Wundfläche in normaler Lage ausgebreitet und mit Fließpapier, welches mit Ringerlösung angefeuchtet ist, bedeckt. Dann wird an einem aus dem Leinwandstreifen herausragenden Hinterbein vom Wirt (cristatus) ein Hautring, ungefähr von der Mitte des Oberschenkels bis zur Fußwurzel reichend, sorgfältig entfernt, indem man das Bein nach hinten und nach vorn legt (Abb. 261 a). Zur nunmehr folgenden Transplantation wird das Hautstück auf einem mit Ringerlösung angefeuchtetem Stück Schreibpapier mit der Innenseite nach oben ausgebreitet, mit der Schere auf die richtige Breite zugeschnitten, Papier und Haut unter das nach vorn geklappte Bein geschoben und die Haut mit zwei Pinzetten um das Bein geschlagen. Praktischerweise wird das Hautstück von Anfang an etwas zu lang gewählt und nun so abgeschnitten, daß es das Bein genau umschließt. Nun werden mit den feinsten chirurgischen Nadeln und der dünnsten Nähseide an der Längsnaht 4 und an den proximalen und distalen Quernähten je eine Fadenschlinge gelegt, welche die „Manschette“ festhalten. Die Tiere kommen für einige Stunden in die feuchte Kammer und dann in Wasser. Die Manschette wächst gut an (Abb. 261 b), färbt sich im Lauf verschiedener Monate dunkel (ortsgemäße Entwicklung) und beteiligt sich, wenn im Bereich der Manschette amputiert wird, auch an der Regeneration eines von Anfang an dunkel pigmentierten Beins (Literatur über Hauttransplantationen bei TAUBE 1922, S. 302ff. und bei GROLL 1923).

Bei Anuren gelingen wohl autoplastische Hauttransplantationen, homo- und heteroplastische dagegen offenbar nicht. Die Individual- und Artdifferentiale sind wohl beträchtlich höher als bei den Urodelen. Um heteroplastische Verpflanzungen durchführen zu können, haben RH. ERDMANN (1927) und ihr Schüler GASSUL (1923) das Transplantat einige Tage in vitro gezüchtet, wobei das Medium allmählich eine Angleichung an die chemischen Eigentümlichkeiten des Wirts erfuhr. Es wurde nämlich zuerst im Spenderplasma + Spenderextrakt, dann in Spenderplasma + Wirtsextrakt und schließlich in Wirtsplasma + Wirtsextrakt gezüchtet. Dann wurde das Explantat in einen Hautspalt des Wirts eingefügt, wo es auch ohne Nähte festwuchs. Die für den positiven Ausfall des Experiments notwendige Explantationszeit benutzt RH. ERDMANN, um die Verwandtschaftsbeziehungen unter den Anuren festzustellen. Näheres siehe in der Arbeit selbst (1927). Ältere Literatur und solche über Hauttransplantationen bei anderen Tieren findet man bei SCHÖNE (1912).

Nach diesen Beispielen mag noch auf die interessanten autophoren Augentransplantationen der Schüler PRZIBRAMS hingewiesen werden. Sie bestehen in der Enukleation des ganzen Augapfels, der nach dem Abschneiden der Muskeln und des Nervus opticus an derselben Stelle wieder eingesetzt oder homo-, hetero- oder dysplastisch durch einen anderen ersetzt wird (Literatur bei PRZIBRAM 1926a, S. 103 ff. und 1926 c).

**4. Transplantationen ins Ovarium von Urodelen** (MANGOLD). Seit längerer Zeit sind in meinem Laboratorium Implantationen in das Ovar in Gang. Als Wirtstiere dienen Triton cristatus und Amblystoma, seltener Triton alpestris und taeniatus. Zur Narkose werden die Tiere, bis sie vollständig bewegungslos sind (ca. 20 Minuten), in eine Mischung von Leitungswasser und Äther (1000 : 20) gebracht. Sie halten auch sehr starke mehrmalige Narkosen ohne Schwierigkeiten aus. Dann werden sie abgespült und in einem Wachsbecken mit zwei quergespannten Leinwandstreifen in der für die Operation notwendigen Lage festgesteckt (Abb. 261 a). Die zukünftige Wundregion wird mit einem in 70proz. Alkohol angefeuchteten Wattebausch abgerieben. — Bei Triton wird seitlich, ungefähr in der Mitte des Rumpfes, die Haut mit einem ca. 3 mm langen Schnitt eröffnet, unter dem Binokular die Muskulatur mit spitzen Pinzetten aufgerissen, die Spinalnerven zephal- oder kaudalwärts weggeschoben und das sehr elastische Peritoneum ein wenig angezupft. Durch seine Öffnung zieht man das durchschimmernde Ovar ein wenig heraus und legt es auf die mit Ringer angefeuchtete Haut bzw. einen angefeuchteten Streifen Fließpapier. Nun holt man das schon zurechtgemachte Implantat (Ovar, Herz, Hoden, Peritoneum, Milz, Embryonen u. a. m.) herbei, reißt mit zwei Pinzetten in die dünne Wandung des Ovars, das einen langen Sack mit einheitlichem weitem Lumen bildet, ein kleines Loch und schiebt mit der Pinzette und einem bereitgehaltenen, vorn rund abgeschmolzenen ca. 1 mm dicken Glasstab das Implantat möglichst tief in den Sack hinein. Mit dem Glasstab stopft man dann das Ovar in die Leibeshöhle zurück und orientiert es, soweit es möglich ist, normal. Die Wunde in der Leibeswand wird mit feinen Seidenfäden durch 2 bzw. 3 Nadeln zugenäht, wobei jede Schlinge Peritoneum, Muskulatur und Haut umfassen muß. Dies macht keine Schwierigkeiten, wenn man vor dem Nähen das Peritoneum mit der Pinzette hervorzieht. Die Nähte werden nur ganz leicht angezogen. Nun kommen die Tiere für 10 bis 20 Minuten in fließendes Wasser und dann in eine mit feuchtem Fließpapier ausgelegte offene Glasschale. Nach dem Erwachen der Tiere (nach ca. einer halben Stunde) wird die Schale bis zur vollzogenen Häutung, die stets eintreten muß, bei gelegentlicher kurzer Lüftung vollkommen zugedeckt. Dann bringt man die Tiere auf ca. 8 Tage in 3literige Einmachgläser, welche durch einen Drahtgitterdeckel verschlossen sind und ca. 1 cm hoch Wasser und einen 10 cm hohen Knäuel Fließpapier enthalten. In diesem können sie die optimalen Feuchtigkeitsbezirke selbst aufsuchen. Das Fließpapier muß nach je 3 Tagen gewechselt werden. Schließlich werden die Tiere in ebensolchen Gläsern auf ca. 2 cm hohem, vorher gründlich ausgewaschenem, schrägem Sandboden gehalten. Alltäglich wird etwas Wasser zugegossen; zum Verkriechen dient ein halber Blumentopf. Bei dieser Behandlung sind die Verluste nahezu gleich null. Die Nähte heilen selbst aus. — Beim Axolotl, welcher sich für die Versuche besonders gut eignet, da er jederzeit zum Ablaichen gebracht werden kann, muß etwas anders verfahren werden. Er wird in einer ca. 1 cm hohen Wasserschicht, welche die Wundregion nicht erreicht, festgelegt, ungefähr 2 cm vor der Kloake ca. $^1/_2$ cm seitlich der ventralen Mediane durch einen Längsschnitt eröffnet und die Operation wie bei Triton ausgeführt. Nach dem Verschluß der Wunde kommt das Tier eine Stunde in fließendes Wasser, wo es sich schnell von der Operation erholt, dann in ein Zuchtaquarium. Das Wasser wird täglich gewechselt. Die Infektionsgefahr an der Wunde ist sehr groß und konnte bis jetzt nicht völlig überwunden werden. — Das Implantat heilt an der Ovarialwand fest; es wird, wenn es nicht zu artfremd ist, reichlich durchblutet. Infolge der typischen Struktur der Wand läßt es sich nach Monaten noch leicht erkennen und sind seine Veränderungen zu ermitteln. Die Experimente wurden vor allem aufgenommen, um die metaplastischen Fähigkeiten der Implantate festzustellen. Angestrebt wird die Bildung von Eizellen durch die verschiedensten Implantate. Da wir mit einiger Sicherheit annehmen können, daß die im Ovar herrschenden Bildungsfaktoren auf Eizellen hinzielen, schien uns das Experiment gegeben, diese fundamentale Frage zu lösen. Um sichere Kriterien dafür zu besitzen, daß die gebildeten Eizellen vom Implantat stammen, wird heteroplastisch gearbeitet. Triton cristatus Eier unterscheiden sich in vielen Punkten (Größe, Dotterkörner, Pigment, erste Entwicklungsvorgänge) von denen der anderen Urodelen. Erfolgt also die Transplantation zwischen Triton cristatus einerseits und den übrigen Urodelen andererseits, so werden die Eier sich leicht erkennen lassen; vorausgesetzt, daß die Keimzellen sich nicht anpassen, was allen bisherigen Erfahrungen widersprechen würde. Zeitlich abgestufte Fixierung der Implantate wird mancherlei interessante Aufschlüsse über viele Fragen ergeben, selbst wenn das oberste Ziel, die Bildung von Eizellen aus anderweitig differenzierten Organen, nicht erreicht wird, womit natürlich mit beträchtlicher Wahrscheinlichkeit zu rechnen ist. Hierbei ist die eigenartige Struktur des Implantationsorts besonders günstig. Zu allem wird man die Wirkung des Implantats auf die Umgebung selbst gut feststellen können; Ansammlungen von Bindegewebszellen usw., Hemmung des Ovozytenwachstums und evtl. Abbau desselben lassen sich leicht und sicher erkennen. Einige Resultate liegen schon vor; sie werden im Arch. f. Entw.-Mech. veröffentlicht werden. — Bei den Versuchen wurde ich ermutigt durch die Ergebnisse des gleich zu besprechenden Experiments von HARMS.

**5. Heteroplastische Ovartransplantation nach Parabiose an verschiedenen Tritonarten** (HARMS 1913). Für die heteroplastische Transplantation von Ovarien bei Triton verwendet HARMS Triton cristatus, alpestris, taeniatus und Amblystoma. Spender und Wirt werden für 3 bis 4 Tage in Leibeshöhlenkommunikation gebracht. Er narkotisiert die erwachsenen Tiere in Brunnenwasser, welchem pro Liter 32 Tropfen Chloroform zugesetzt werden, und welches das verwandte luftdicht abgedeckte Gefäß vollkommen erfüllt. Nach 15 Minuten sind die Tiere für ca. 50 Minuten betäubt. Die Narkose läßt sich auf diese Weise verschiedene Male in mäßigem Abstand wiederholen (s. o.). Die Wundstelle beider Tiere wird vor der Operation mit 70proz. Alkohol abgerieben und es wird mit sterilen Instrumenten gearbeitet. Das Wirtstier wird seitlich etwas vor dem Becken mittels eines ca. 0,3 bis 0,5 cm langen Längsschnittes eröffnet und die Ovarien vom Mesovar getrennt. Dies bereitet auf der Schnittseite keine besonderen Schwierigkeiten und bedarf nur größerer Sorgsamkeit im vorderen Bereich, wo es auf eine kurze Strecke sehr eng mit der Lunge verwachsen ist. Zur Entfernung des Ovars der Gegenseite muß evtl. die Darmschlinge herausgelegt werden, wozu man praktischerweise ein steriles, mit Ringer getränktes Fließpapier auf die Haut neben der Operationswunde legt. Nach vollzogener totaler Kastration wird das Spendertier entsprechend eröffnet, der hintere Teil des nächstgelegenen Ovars herausgezogen und das Mesovar durchgeschnitten. Sein terminales Ende wird in die Wunde des Wirts eingeführt und mit einem sehr feinen Seidenfaden an das Peritoneum des Wirts angeheftet. Dann werden die Wundränder der beiden Tiere wechselseitig vernäht und die Tiere an verschiedenen Stellen durch Fäden verknüpft, die nur durch die Haut geführt werden. Nach 3 bis 4 Tagen wird die Verbindung gelöst, das im Wirt angewachsene terminale Ovarstück abgeschnitten und bei beiden Tieren die Wunden geschlossen. Die Fäden heilen innerhalb 4 Wochen selbst aus. Von derart operierten Tieren konnte Harms Eier eines cristatus-Ovars aus einem alpestris-Wirt, allerdings in sehr geringer Zahl, durch normale Eiablage erhalten. Sie waren wie cristatus Eier unpigmentiert, aber scheinbar etwas kleiner als normal. Andere Charaktere, die Größe der Dotterplättchen und die relative Verteilung derselben in den verschiedenen Eibezirken wurden nicht untersucht. Die Eier furchten sich auch einige Male. Die Versuchsresultate stehen im Einklang mit Ovarverpflanzungen an Hühnerrassen. Da hier manche Fragen noch offenstehen, habe ich den Versuch mit der oben angegebenen Methode wieder aufgenommen.

**6. Transplantation von Schilddrüsen bei Anurenlarven** (vgl. die Exstirpation S. 742). Zur raschen Gewinnung von Schilddrüsen aus Kaulquappen schneidet Hirschler (1924) vom Mund aus mit 2 Schnitten die ventrale Mundwand bis zum Herzen seitlich frei, klappt sie hoch und betrachtet sie von innen her gegen das Licht. Dabei lassen sich die beiden Schilddrüsenkörperchen vor dem Herzen erkennen. Sie werden mit ein paar Scherenschnitten mit einem Teil des Zungenbeins isoliert und transplantiert. Braucht man für serologische Untersuchungen eine größere Zahl von Schilddrüsen, so werden sie in gekühlter Ringerlösung gesammelt. — Zur Entnahme von Thyreoidea bei erwachsenen Anuren spaltet man ventral in der Halsregion die Haut und Muskulatur. Die beiden Schilddrüsen liegen dann als kleine bohnenförmige Gebilde rechts und links vor dem Kehlkopf am hinteren Bogen des schildförmigen durchsichtigen Zungenbeins. Sie werden herauspräpariert, indem man Knorpel und Muskeln zum Anfassen mit der Pipette benutzt, und in physiologischer Kochsalzlösung zur Transplantation von überflüssigem Gewebe gereinigt. Als Wirtstiere werden von W. Schultze (1924) ca. 20 mm lange Anurenlarven verwandt. Den narkotisierten Larven wurde seitlich dorsal etwas vor der Schwanzwurzel das Implantat in eine Tasche unter die Haut geschoben, die Wunde mit Haaren vernäht und die Tiere sofort in Wasser gebracht. Hier empfiehlt sich vielleicht, wie oben schon für Hauttransplantation geschildert, die operierten Larven 2 Stunden in feuchter Watte zu halten und die Wunde ohne Naht zuheilen zu lassen. Wenn man durch dieses Experiment bei den Larven Hyperthyreoidismus darstellt, so erfahren sie wie beim Fütterungsversuch (s. unten) eine Beschleunigung der Metamorphose. — In dieser Weise lassen sich natürlich auch andere Implantate einpflanzen; auch andere Implantationsorte dürften geeignet sein.

**7. Untersuchung der Wirkung innersekretorischer Organe durch Verfütterung** (speziell Thyreoidea). Seit Gudernatsch (1912) den Nachweis führen konnte, daß die Verfütterung von Thyreoidea an Kaulquappen deren Metamorphose beschleunigt, sind durch viele Forscher eine große Zahl von Versuchen über den Einfluß der innersekretorischen Drüsen auf die Entwicklung mittels dieser Methode angestellt worden. Zur Fütterung verwendet man beim Experiment die frischen Hormondrüsen (Schilddrüse, Thymus, Hypophyse, Keimdrüsen, Nebennieren, Epiphyse u. a.), ihre Trockensubstanzen, Extrakte und Abbauprodukte. Die Versuche mit letzteren gehen hauptsächlich darauf aus, die physiologisch wirksamen Substanzen zu ermitteln. Für die Thyreoidea kennt man z. B. das Jodthyreoglobulin (Oswald), das Jodothyrin (Neumann) und das Thyrosin (Kendall); vom letzteren ist auch die Konstitutionsformel bekannt. Die Intensität der Wirkung verschiedener Thyreoideapräparate auf Kaulquappen ist von Romeis festgestellt worden. Die Wirkung nimmt in folgender Reihe ab: Jodothyrin, Thyreoideatabletten von Merck, Opothyreoidintabletten von Poehl, Thyroden von Knoll, Thyreoideatabletten von Boroughs, Wellcome u. Co., Aiodin von Hoffmann-La Roche, Degrasin von Freund und Redlich, das Dresdener Präparat und das Präparat von Engelhardt (Näheres und Literatur s. Biedl 1922, S. 119 u. ff.). Für den Biologen am wichtigsten und eindrucksvollsten sind die Versuche über den Einfluß der Thyreoidea auf die Kaulquappen, ihre Methodik soll daher hier angegeben werden, wobei ich mich auf die vorzügliche Beschreibung von Romeis (1923) und einige eigene Laboratoriumserfahrungen stütze.

Von den Amphibienkeimen eignen sich am besten Rana fusca und Bufo vulgaris von den Anuren, Triton cristatus und Axolotl von den Urodelen; für Demonstrationsversuche sind die Anurenlarven jedoch vorzuziehen, da die Metamorphose bei ihnen einen viel ausgeprägteren Charakter hat; auch sind ihre Larven sehr viel leichter aufzuziehen als die der Urodelen. Bei den Anuren ist man allerdings auf die Frühjahrs- und Sommermonate beschränkt, während bei Axolotl ständig Tiere zu beschaffen sind.

Die Larven von Rana fusca, die unserer Beschreibung zugrunde gelegt werden sollen, gewinnt man entweder durch künstliche Befruchtung oder indem man einfacher einen ganz frischen Laichballen aus einem Tümpel holt. Der Ballen wird zwischen den Fingern oder mit der Schere in kleine Portionen von 20 bis 30 Eiern zerteilt. Diese legt man in flache Becken mit reichlich Wasser und sorgt durch Zugabe von Wasserpflanzen für Sauerstoff. Die Pflanzen müssen sorgfältig abgespült und die anhaftenden Tiere, wie Libellenlarven, Dytiscuslarven, Egel usw., sorgfältig entfernt werden. Die Aquarien sind vor dem direkten Sonnenlicht zu schützen. Alle paar Tage sollte das Wasser durch solches gleicher Temperatur ersetzt werden. Die Entwicklung läßt sich durch Herabsetzung der Temperatur auf 8 bis 10° C, Fütterung nur mit Pflanzen und Abdämpfen des Lichts sehr verlangsamen. Trennt man die kopulierenden Individuen, stellt sie isoliert kühl und befruchtet, nachdem man sie für einen Tag wieder vereinigt hat, künstlich, so kann man die Laichzeit noch etwas verlängern. Dies und der Umstand, daß Rana esculenta und Bombinator bis ungefähr Mitte Juni laichen, machen es möglich, die Versuche auch mit Anuren während des ganzen Sommers durchzuführen (s. auch oben S. 749).

Die Larven fressen nach dem Ausschlüpfen ihre Gallerte und die im Aquarium befindlichen Pflanzen. Dazu gibt man abgekochtes Muskelfleisch oder Kalbsherz. Die faulenden Fleischstücke müssen sorgfältig entfernt werden. Romeis bereitet sich in folgender Weise einen Vorrat von Herzmuskelfutter. Er entfernt von einem Kalbsherz die Gefäße und das Fett, treibt die Muskulatur durch eine Fleischhackmaschine, streicht das Hackfleisch auf einer Glasplatte dünn aus und trocknet es schnell evtl. mit dem Föhn. Dann wird es abgekratzt, in einer Mühle zu einem Pulver zerrieben und in einem Glas trocken aufbewahrt, Vor dem Füttern wird ein Teil in einer Schale mit etwas Wasser zu Brei geknetet und in gleichmäßigen Portionen auf die Aquarien verteilt. Vor der Metamorphose bringt man die Larven in ein Becken mit schrägem Sand oder Rasenboden, der nur zum Teil durch seichtes Wasser bedeckt ist. Die Terrarien werden mit einem feinen Drahtnetz verschlossen. Die jungen Fröschchen füttert man mit Enchyträen, Drosophila, Blattläusen, kleinen Nacktschnecken und Regenwürmern.

Für den Versuch und die notwendigen Kontrollversuche wählt man unter den Larven, möglichst desselben Elternpaars, gleich gut entwickelte aus. Dabei können



Abb. 262 a—c. Wirkung von Thyreoidin (0,1 g pro 4 l Wasser während drei Tagen) auf Larven von Rana fusca.

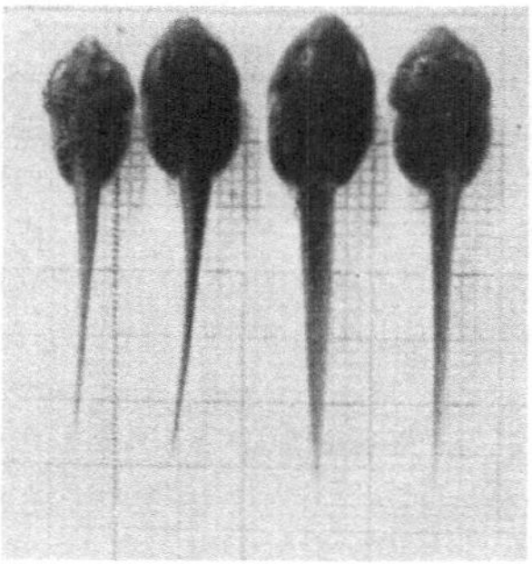

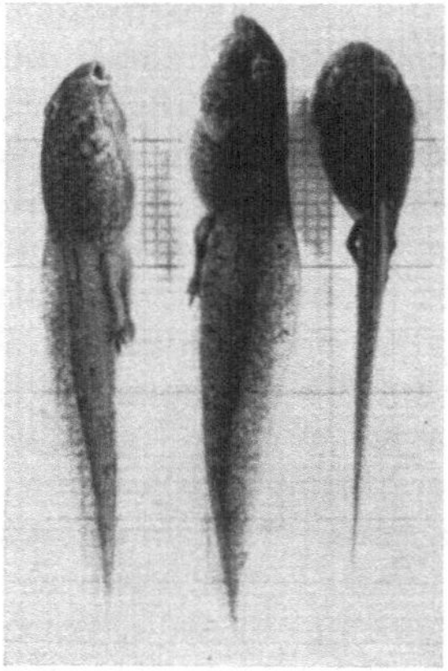

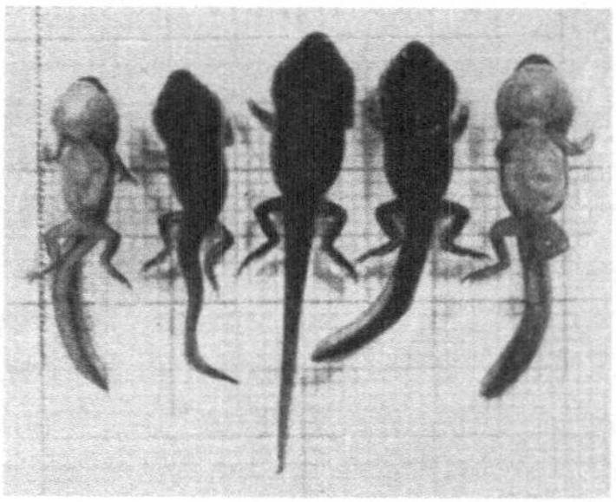

a Normale Larven, Ausgangsstadien des Versuchs.
b Normale Larven 10 Tage später.
c Versuchstiere mit stark beschleunigter Metamorphose 10 Tage nach Versuchsbeginn.

Größe normal. (Original.)

als Kriterien die Körperlänge und die Rumpfbreite, das Entwicklungsstadium der Kiemen, der Opercularfalte und der Hinterextremitäten dienen. Auf 1 l Wasser setzt man ca 20 bis 30 kleine und 12 bis 15 große Larven neben den üblichen Wasserpflanzen. Hinsichtlich der äußeren Bedingungen (Wassermenge, Sauerstoff, Luft, Temperatur) müssen alle Kulturen gleichbehandelt werden. Die Metamorphose umfaßt nahezu alle Organe und erstreckt sich über einige Tage. Durchbrechen der Vorderextremitäten durch das Operculum, Reduktion des Schwanzes, Rückbildung der Kiemen, Abwurf der larvalen Hornkiefer, Verbreiterung des Kopfes und Maules, schlanke Rumpfgestaltung, Änderung der Pigmentierung und Übergang von der Kiemen- zur Lungenatmung sind sehr auffallende Kriterien. Der Durchtritt der

Vorderextremitäten durch die Operkularfalte bildet einen guten Markierungspunkt, der allgemein Verwendung findet. Normalerweise tritt das rechte Vorderbeinchen vor dem linken an die Oberfläche; im Thyreoideaversuch ist es meist umgekehrt. Will man frische Thyreoideasubstanz verfüttern, so besorgt man sich solche vom Kalb beim Schlächter und verabreicht sie anstatt des obenerwähnten Futters in zerhacktem Zustand. Die Tabletten löst bzw. schlemmt man in bestimmter Konzentration im Aquariumwasser auf. Man beginne mit Versuchen an Larven, welche schon hintere Extremitätenknospen erkennen lassen. Sehr eindrucksvoll etwa für Praktikumsversuche oder Kollegdemonstrationen ist folgende Anordnung (Abb. 262). Aus einer Kultur sehr gut gefütterter Larven von Rana fusca werden je 20 Tiere, welche ungefähr eine gesamte Körperlänge von 3,5 cm aufweisen, in zwei 4literige Einmachgläser bei Zimmertemperatur gesetzt. In der einen Kultur wird eine Thyreoideatablette von MERCK (0,1 g) gelöst, die andere dient als Kontrolle. Täglich werden beide Kulturen mit dem oben erwähnten Futter von ROMEIS beschickt. Nach 3 Tagen bekommen beide Kulturen wieder normales, abgestandenes Wasser. Der Einfluß des Präparats macht sich schon am 3. Tag geltend, nach 10 Tagen haben alle Tiere Froschgestalt, ohne jedoch ihren Schwanz rückbilden zu können (Abb. 262c). Die Kontrollen sind dagegen noch typische Kaulquappen (Abb. 262b) und metamorphosieren erst nach weiteren 14 Tagen.

Die Wirkung der Schilddrüse ist stoffwechselsteigernd, die Entwicklung beschleunigend und später das Wachstum hemmend. Zu Beginn des Versuches kann, bis zum Verbrauch der Reservesubstanzen, auch das Wachstum etwas gesteigert werden. Die Intensität der Wirkung hängt ab von der Menge der verfütterten Substanz, der Zahl der Fütterungen und dem Alter der Larven bei der Einwirkung. Schilddrüsentrockensubstanz und auch manche Extrakte wirken stärker als die frische Schilddrüse. Der Effekt macht sich zuerst geltend in einem schnellen Wachstum der Extremitäten, was an den Hinterextremitäten feststellbar ist. Neben den normalen Erscheinungen der Metamorphose, die oben schon angegeben sind, kann eine Einschnürung hinter der Kiemenregion, ein rostrales Überstehen des Unterkiefers, keilförmiges Einziehen der ventralen Bauchwand, zu schnelle Resorption des Ruderschwanzes u. a. sich zeigen. Ein scharfes

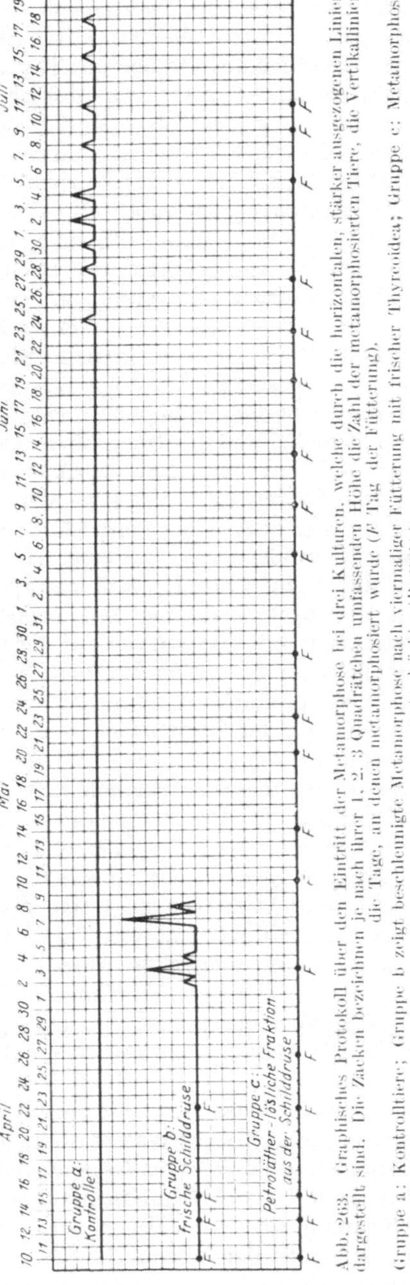


Abb. 263. Graphisches Protokoll über den Eintritt der Metamorphose bei drei Kulturen, welche durch die horizontalen, stärker ausgezogenen Linien dargestellt sind. Die Zacken bezeichnen je nach ihrer 1, 2, 3 Quadrätchen umfassenden Höhe die Zahl der metamorphosierten Tiere, die Vertikallinien die Tage, an denen metamorphosiert wurde (F Tag der Fütterung).

Gruppe a: Kontrolltiere; Gruppe b zeigt beschleunigte Metamorphose nach viermaliger Fütterung mit frischer Thyreoidea; Gruppe c: Metamorphose unterdrückt. (ROMEIS.)

empfindliches Kriterium für die Wirkung ist die Resorption des ventralen Flossensaums am After. Natürlich machen sich auch an den inneren Organen und im histologischen Bau der Larven Einflüsse geltend, was hier nicht ausgeführt werden soll. Frühe und schwache Fütterung kann evtl. ohne sichtbare Wirkung bleiben, bzw. nicht zur vollendeten Metamorphose führen. Auf jeden Fall macht sich die Wirkung erst geltend, wenn die Extremitätenanlagen in Erscheinung treten, selbst wenn sehr frühe Entwicklungsstadien mit Thyreoidea behandelt werden. Kleine Larven werden durch die starke, mehrmals wiederholte Fütterung und die erzielte frühzeitige Metamorphose sehr geschädigt, so daß sie nicht am Leben gehalten werden können; bei älteren ist die Schädigung weniger beträchtlich.

Die Registrierung des Zeitpunkts der Metamorphose (Durchbruch der Vorderextremitäten) erfolgt praktischerweise auf einem quadrierten Blatt (Abb. 263), auf dem die senkrechten Striche die aufeinanderfolgenden Tage bezeichnen. Die Kulturen bezeichnet man als horizontale Linien, welche um 1, 2, 3 . . . Quadrate an den Tagen senkrecht ausgezackt werden, an welchen, 1, 2, 3 . . . Larven metamorphosiert haben.

Die Tiere werden von Zeit zu Zeit gemessen, gewogen und ihr Volumen bestimmt. Hierzu werden sie narkotisiert, indem man sie in eine Petrischale bringt und ca. 1 $cm^3$ gesättigte wäßrige Lösung von Trichlorbutylalkohol zusetzt. Die Narkose ist vollkommen ungefährlich. Man mißt mit dem Zirkel von jedem Versuch die drei kleinsten und die drei größten Tiere, und zwar die Gesamtlänge, die Rumpflänge und die Rumpfbreite und errechnet dann den Durchschnitt. — Photographiert werden die Larven eines Versuchs alle auf einmal mit der Vertikalkamera in normaler Größe oder schwacher Vergrößerung (Abb. 262). Man legt hierzu auf den Objekttisch ein weißes Papier mit aufgezeichnetem Kreis, Datum und Versuchsbezeichnung, auf dieses einen Streifen Millimeterpapier und darauf eine Glasplatte. Das Zentrum des Kreises wird auf das Zentrum der Mattscheibe eingestellt. Dann setzt man die Petrischale mit den Larven auf die Glasscheibe über dem Kreis, ordnet die Larven parallel oder über dem Millimeterpapier, stellt auf die Oberfläche der Larven ein und blendet stark ab, damit genügende Tiefenzeichnung erreicht wird. Das lästige Schwimmen der Larven läßt sich verhindern, wenn man nur so viel Wasser zugibt, daß die Larven gerade bedeckt sind. — Für die Gewichts- und Volumbestimmung muß zuerst das oberflächlich anhaftende Wasser entfernt werden. Man legt die Larven auf ein Drahtnetz, das von einem Filtrierpapier unterlagert wird; dann bringt man sie in einen trocknen Trichter, durch dessen Abflußröhre ein aufgerolltes Fließpapier gesteckt wird, bis es die unterste Larve berührt. Schüttelt man nun ein wenig, so fließt das überschüssige Wasser vollständig ab. Man kann nun alle Larven gemeinsam auf der Analysenwage wiegen, indem man sie auf eine Glasplatte gießt, welche vorher austariert wurde, und aus dem Gesamtgewicht den Durchschnitt berechnen. Zur Volumbestimmung werden die Larven nach der Entwässerung in einen Meßkolben mit langem Hals gegossen, dessen Wasserstand vorher markiert wird. Die über die Marke sich erhebende Wassersäule wird mit der Meßpipette abgesaugt. — Das Gewicht und Volumen einzelner Larven bestimmt man mit der Torsionswage, das Gewicht, indem man die Larve auf einen Streifen Fließpapier legt, der überflüssiges Wasser absaugt, und den Streifen mitsamt der Larve an einem Klemmer aufhängt. Vom Gesamtgewicht werden der Klemmer und der Papierstreifen abgezogen. Zur Volumbestimmung wird die Larve an einen kleinen, durch den Schwanz gestochenen Haken aufgehängt und außerhalb und im Wasser gewogen. Die Differenz der beiden Gewichte stellt das Volumen dar, wobei der Haken und Faden zu berücksichtigen sind. — Zur Bestimmung der Trockensubstanz werden die abgetrockneten Larven in einer Glasschale für 2 bis 3 Tage in den Exsikkator gestellt und nachher gewogen. Die Veraschung findet nach der in der organischen Chemie üblichen Weise statt.

Zur Fixierung bringt man die Larven je nach Größe auf 3 bis 24 Stunden in eine von ROMEIS zusammengestellte Flüssigkeit: 25 Teile wäßrige konzentrierte Sublimatlösung + 20 Teile 5 proz. wäßrige Trichloressigsäure + 5 Teile Formalin und wäscht unter mehrmaligem Wechsel mit 90proz. Alkohol, dem etwas Jod zugesetzt wird, aus. Die Fixierungsflüssigkeit wird jeweils vor dem Gebrauch aus den 3 Vorratslösungen zusammengestellt.

Auf die Versuche, welche sich mit dem Einfluß der innersekretorischen Drüsen auf Wirbellose befassen, kann hier nur hingewiesen werden. Es sind u. a. Arbeiten von NOWIKOFF an Paramaecium, HANKO an Asellus, ABDERHALDEN am Wolfsmilchschwärmer, ROMEIS und DOBKIEWICZ an der Schmeißfliege, KUNKEL an Lucilia, NORTHROP an Drosophila, WALZEN an Planaria (Lit. bei BIEDL [1922] und ROMEIS [1923]) und schließlich von ROMEIS (1925) an Astacus fluviatilis. In der letzterwähnten Arbeit konnte nachgewiesen werden, daß die Mitteldarmdrüse des Krebses die verfütterte Schilddrüse bis auf unwirksame Bestandteile abbauen kann, in das Blut also keine wirksamen Stoffe kommen können. Ähnlich könnten sich die häufigen negativen Resultate bei Wirbellosen erklären. Man wird hier vielleicht durch Injektionsversuche zu positiven Ergebnissen gelangen.

## Literatur.

ADLER, L. (1914): Metamorphosestudien an Batrachierlarven. I. Exstirpation endokriner Drüsen. A. Exstirpation der Hypophyse. Arch. f. Entwicklungsmech., Bd. 39, T. 1, S. 21—45. — BALTZER, F. (1920): Über die experimentelle Erzeugung und die Entwicklung von Tritonbastarden ohne mütterliches Kernmaterial. Verhandl. d. Schweiz. naturforsch. Ges., Neuenburg; (1922) Über die Herstellung und Aufzucht eines haploiden Triton taeniatus (mit Demonstration desselben). Verhand. d. Schweiz. naturforsch. Ges., Bern. — BAUTZMANN, H. (1926a): Neues zur Analyse des Organisationszentrums. (Vorläufige Mitteilung.) Verhandl. d. anat. Ges. a. d. 35. Vers. i. Freiburg, Erg.-H. z. Anat. Anz., Bd. 61, S. 59—61; (1926b) Experimentelle Untersuchungen zur Abgrenzung des Organisationszentrums bei Triton taeniatus. W. Roux' Arch. f. Entwicklungsmech., Bd. 108, T. 2, S. 283—321. — BELOGOLOWY, G. (1918): Die Einwirkung parasitären Lebens auf das sich entwickelnde Amphibienei (den „Laichball"). Arch. f. Mikroskop. u. Entwicklungsmech., Bd. 43, T. 4, S. 556—681. — BIEDL, A. (1922): Innere Sekretion. Ihre physiologischen Grundlagen und ihre Bedeutung für die Pathologie. 4. Aufl. Bd. 1, T. 1 u. 2 Urban & Schwarzenberg; (1926) Die Keimdrüsenextrakte. Handb. d. norm. u. pathol. Physiol., Bd. 14, T. 1, S. 357—426. — BIERENS DE HAAN, J. A. (1913a): Über die homogene und heterogene Keimverschmelzung bei Echiniden. Arch. f. Entwicklungsmech., Bd. 36, S. 473—536; (1913b) Über die Entwicklung heterogener Verschmelzungen bei Echiniden. Arch. f. Entwicklungsmech., Bd. 37, S. 420—432. — BORN, G. (1897): Über Verwachsungsversuche mit Amphibienlarven. Arch. f. Entwicklungsmech., Bd. 4, S. 349—465 u. 517—623. — BOVERI, TH. (1889): Männliche Parthenogenese. Ein geschlechtlich erzeugter Organismus ohne mütterliche Eigenschaften. 10. Sitzungsber. d. Ges. f. Morphol. u. Physiol., München; (1895) Über die Befruchtungs- und Entwicklungsfähigkeit kernloser Seeigeleier und über die Möglichkeit ihrer Bastardierung. Arch. f. Entwicklungsmech., Bd. 2, S. 393—443; (1901a) Die Polarität von Ovocyte, Ei und Larve des Strongylocentrotus lividus. Zool. Jahrb., Bd. 14, T. 4, S. 630 bis 651; (1901b). Über die Polarität des Seeigeleies. Verhandl. d. phys.-med. Ges., Würzburg, N. F., Bd. 34; (1907) Zellenstudien. Die Entwicklung dispermer Seeigeleier. Ein Beitrag zur Befruchtungslehre und zur Theorie des Kerns. Zellenstudien, H. 6. Jena: Gustav Fischer; (1910) Über die Teilung zentrifugierter Eier von Ascaris megalocephala. Arch. f. Entwicklungsmech., Bd. 30, T. 2, S. 101—125; (1918) Zwei Fehlerquellen bei Merogonieversuchen und die Entwicklungsfähigkeit merogonischer und partiell-merogonischer Seeigelbastarde. Arch. f. Entwicklungsmech., Bd. 44, T. 3, S. 417—471. — BRAUS, H. (1904): Einige Ergebnisse der Transplantation bei Bombinatorlarven. Verhandl. d. anat. Ges., S. 53—66. — CHILD, C. M. (1921a): Studies on the dynamics of morphogenesis and inheritance in experimental reproduction. Journ. of exp. zool., Bd. 33, T. 2, S. 409—433; (1921b) The axial gradients in hydrozoa. IV. Axial gradation in rate and amount of reduction of potassium permanganate in various Hydroids and Medusae. Biol. Bull., Bd. 41, T. 1, S. 78—96; (1923) The axial gradients in hydrozoa. V. Experimental axial transformation in hydroids. Biol. Bull., Bd. 55, T. 4, S. 181 bis 199; (1924) Modification of development in relation to differential susceptibility. Am. Naturalist, Bd. 58, S. 237—253; (1925) The axial gradients in hydrozoa. VII. Modification of development through differential susceptibility. Biol. Bull., Bd. 48, T. 3, S. 176—199. —

CONKLIN, E. G. (1905a): Organ-forming substances in the eggs of ascidians. Biol. Bull., Bd. 8, T. 4, S. 205—230; (1905b) Mosaic development in ascidian eggs. Journ. of exp. zool., Bd. 2, T. 2, S. 145—221; (1910) The effects of centrifugal force upon the organization and development of the eggs of fresh water pulmonates. Journ. of exp. zool., Bd. 9, T. 2, S. 417—454; (1924) Cellular differentiation. General Cytology. Chicago. — COPENHAVER, W. M. (1926): Experiments on the development of the heart of Amblystoma punctatum. Journ. of exp. zool., Bd. 43, T. 3, S. 321—371. — CRAMPTON, H. E. (1900): An experimental study upon Lepidoptera. Arch. f. Entwicklungsmech., Bd. 9, T. 2, S. 293—318. — DARESTE, C. (1877): Recherches sur la production artificielle des monstruosités. Paris. — DELAGE (1899): Études sur la mérogonie. Arch. de zool. exp., Sér. 3, Bd. 7. — DETWILER, S. R. (1926): The resonance theory of Weiß. Journ. of comp. neurol., Bd. 40, T. 3, S. 465—470; (1927) Die Morphogenese des peripheren und zentralen Nervensystems der Amphibien im Licht experimenteller Forschungen. Naturwissenschaften, Bd. 15, 44/45, S. 873—879 u. 895—899. — DRIESCH, H. (1891): Entwicklungsmechanische Studien I u. II. Zeitschr. f. wiss. Zool., Bd. 53, 1, S. 160—184; (1893a) Entwicklungsmechanische Studien III—VI. Zeitschr. f. wiss. Zool., Bd. 55, 1, S. 1—62; (1893b) Zur Verlagerung der Blastomeren des Echinideneies. Anat. Anz., Jg. 8, 10/11, S. 348—357; (1893c) Entwicklungsmechanische Studien VII—X. Mitt. d. Zool. Station Neapel, Bd. 11, S. 221 bis 254. (1900) Die isolierten Blastomeren des Echinidenkeims. Eine Nachprüfung und Erweiterung früherer Untersuchungen. Arch. f. Entwicklungsmech., Bd. 10, S. 361—410; (1910) Neue Versuche über die Entwicklung verschmolzener Echinidenkeime. Arch. f. Entwicklungsmech., Bd. 30, S. 8—23. — DÜRKEN, B. (1919): Einführung in die Experimentalzoologie. Berlin: Julius Springer; (1922) Methoden zum Studium des Pigmentwechsels. Handb. d. biol. Arbeitsmeth., Abt. 9, T. 4, H. 1, S. 1—80; (1923) Über die Wirkung farbigen Lichtes auf die Puppen des Kohlweißlings (Pieris brassicae) und das Verhalten der Nachkommen. Ein Beitrag zur Frage der somatischen Induktion. Arch. f. mikroskop. Anat. u. Entwicklungsmech., Bd. 99, 2/4, S. 222—389; (1926) Das Verhalten embryonaler Zellen im Interplantat. W. Roux' Arch. f. Entwicklungsmech., Bd. 107, 4, S. 727—828. — EKMAN, G. (1919/20): Experimentelle Untersuchungen über die Gastrulation und das erste Längenwachstum des Embryos von Rana esculenta. Oefversigt af finska Vetenskaps-Societetens forhandlingar, Bd. 62, S. 1—48; (1921) Experimentelle Beiträge zur Entwicklung des Bombinatorherzens. Oefversigt af finska Vetenskaps-Societetens forhandlingar, Bd. 63, 5, S. 1—37; (1925) Experimentelle Beiträge zur Herzentwicklung der Amphibien. Arch. f. Entwicklungsmech., Bd. 106, S. 320—352. — ERDMANN, RH. (1927): Verwandtschaftsbeziehungen der Anurenfamilien, geprüft durch Implantationsversuche gezüchteter Haut. Experimenteller Teil. W. Roux' Arch. f. Entwicklungsmech., Bd. 112, 2, S. 739—806. — FANKHAUSER, G. (1925): Analyse der physiologischen Polyspermie des Tritoneies auf Grund von Schnürungsexperimenten. Arch. f. Entwicklungsmech., Bd. 105, 3, S. 502—580. — FISCHEL, A. (1898): Experimentelle Untersuchungen am Ctenophorenei I, II, III u. IV. Arch. f. Entwicklungsmech., Bd. 6, S. 109—131, Bd. 7, S. 557—630; (1903) Entwicklung und Organdifferenzierung. Arch. f. Entwicklungsmech., Bd. 15, S. 679—750. — GALTSOFF, P. S. (1925a): Regeneration after dissociation (an experimental study on sponges). I. Behavior of dissociated cells of Microciona prolifera under normal and altered conditions. Journ. of exp. zool., Bd. 42, 1, S. 183—251; (1925b) Regeneration after dissociation (an experimental study on sponges). II. Histogenesis of Microciona prolifera Verr. Journ. of exp. zool., Bd. 42, S. 1. — GASSUL, R. (1923): Experimentelle Studien über Auspflanzung und Regeneration von Explantaten aus erwachsener Froschhaut. Arch. f. Entwicklungsmech., Bd. 52, S. 400. — GEBHARDT, H. (1926): Untersuchungen über die Determination bei Planarienregeneraten. Arch. f. Entwicklungsmech., Bd. 107, T. 4, S. 685—726. — GEINITZ, B. (1925): Embryonale Transplantation zwischen Urodelen und Anuren. W. Roux' Arch. f. Entwicklungsmech., Bd. 106, S. 357—408. — GIARD, A. (1896): Y a-t-il antagonisme entre la „greffe" et la „régéneration"? Cpt. rend. des séances de la soc. de biol. Bd. 3, S. 180. — GOETSCH, W. (1921): Regeneration und Transplantation bei Planarien. Arch. f. Entwicklungsmech., Bd. 48/49, T. 3/4, S. 359—382; (1924) Die Symbiose der Süßwasserhydroiden und ihre künstliche Beeinflussung. Zeitschr. f. Morphol. u. Ökol. d. Tiere, Bd. 1, 4, S. 660—751; (1925) Zusammengesetzte Tiere. „Natur", Bd. 16, 7/8, S. 155—166; (1927a) „Organisatoren" bei regenerativen Prozessen. Naturwissenschaften, Bd. 14, 46, S. 1011—1016; (1927b) Die Geschlechtsverhältnisse der Süßwasserhydroiden und ihre experimentelle Beeinflussung. W. Roux' Arch. f. Entwicklungsmech., Bd. 111, S. 173—249. — GOODALE, H. D. (1911): The early development of spelerpes bilineatus (Green). Am. Journ. of anat., Bd. 12, 2, S. 173—244. — GROLL, O. (1923): Über Transplantation von Rückenhaut an Stelle der Conjunctiva bei Larven von Rana fusca (Rösel). Arch. f. mikroskop. Anat. u. Entwicklungsmech., Bd. 100, S. 385—429. — HABERLAND, H. F. O. (1926): Die operative Technik des Tierexperiments. Berlin: Julius Springer. — HAEMMERLI-BOVERI, V. (1926): Über die Determination der sekundären Geschlechtsmerkmale (Brutsackbildung) der weiblichen Wasserassel durch das Ovar. Zeitschr. f. vergl. Physiol., Bd. 4, S. 668—698. — HÄMMERLING, J. (1927): Die Umkehrung der Polarität des ungefurchten Eies von Rana fusca und ihre Folgeerscheinungen. W. Roux' Arch. f. Entwicklungsmech., Bd. 110, S. 395—416. — HARMS, J. W.

(1912): Überpflanzung von Ovarien in eine fremde Art. I. Mitt. Versuche an Lumbriciden. Arch. f. Entwicklungsmech., Bd. 34, T. 1, S. 90—131; (1913) Überpflanzung von Ovarien in eine fremde Art. II. Mitt. Versuche an Tritonen. Arch. f. Entwicklungsmech., Bd. 35, T. 4, S. 748—780. (1926a): Kastration bei wirbellosen Tieren. Handb. d. norm. u. pathol. Physiol., Bd. 14, 1, S. 205—214; (1926b) Keimdrüsentransplantation bei wirbellosen Tieren. Handb. d. norm. u. pathol. Physiol., Bd. 14, 1, S. 241—250. — HARRISON, R. G. (1904a): Experimentelle Untersuchungen über die Entwicklung der Sinnesorgane der Seitenlinie bei den Amphibien. Arch. f. mikroskop. Anat., Bd. 63, S. 35—140; (1904b) An Experimental Study on the Relation of the Nervous System to the Developing Musculature in the Embryo of the Frog. Am. Journ. of anat., Bd. 3, 2, S. 197—220; (1908) Embryonic transplantation and development of the nervous system. Anat. Rec., Bd. 2, 9, S. 385—410; (1910a) The development of peripheral nerve fibers in altered surroundings. Arch. f. Entwicklungsmech., Bd. 30, 2, S. 15—33; (1910b) The outgrowth of the nerve fiber as a mode of protoplasmic movement. Journ. of exp. zool., Bd. 9, 4, S. 787—846; (1921) On relations of symmetry in transplanted limbs. Journ. of exp. zool., Bd. 32, 1, S. 1—136. — HARTMANN, M. (1924): Der Ersatz der Fortpflanzung von Amöben durch fortgesetzte Regenerationen. Weitere Versuche zum Todproblem. Arch. f. Protistenk., Bd. 49, S. 447—464. — HEGNER, R. W. (1909): The effects of centrifugal force upon the egg of some Chrysomelid beetles. Journ. of exp. zool., Bd. 6. — HERBST, C. (1893): Experimentelle Untersuchungen über den Einfluß der veränderten chemischen Zusammensetzung des umgebenden Mediums auf die Entwicklung der Tiere. II. Teil. Weiteres über die morphologische Wirkung der Lithiumsalze und ihre theoretische Bedeutung. Mitt. a. d. zool. Station z. Neapel, Bd. 11, 1/2, S. 136—220; (1904) Über die zur Entwicklung der Seeigellarven notwendigen anorganischen Stoffe, ihre Rolle und ihre Vertretbarkeit. III. Teil. Die Rolle der notwendigen anorganischen Stoffe. Arch. f. Entwicklungsmech., Bd. 17, T. 2 u. 3, S. 306—520; (1913) Entwicklungsmechanik oder Entwicklungsphysiologie der Tiere. Handwörterb. d. Naturwiss., Bd. 3, S. 542—634; (1923) Methoden der Beeinflussung der tierischen Entwicklung durch chemische Stoffe (exkl. Gase und innere Sekrete). Abderhaldens Handb. d. biol. Arbeitsmeth., Abt. V, Teil 3A, S. 125—154; (1926) Die Physiologie des Kernes als Vererbungssubstanz. Handb. d. norm. u. pathol. Physiol., Bd. 17, Corr. 3, S. 991—1039. — HERBST, C., u. ASCHER, F. (1927): Beiträge zur Entwicklungsphysiologie der Färbung und Zeichnung der Tiere III—IV. Roux' Arch. f. Entwicklungsmech., Bd. 112, S. 1—60. — HERTEL, E. (1904): Über Beeinflussung des Organismus durch Licht, speziell durch die chemisch wirksamen Strahlen. Zeitschr. f. allg. Physiol., Bd. 4, S. 1—42; (1905a) Über physiologische Wirkung von Strahlen verschiedener Wellenlänge. Zeitschr. f. allg. Physiol., Bd. 5, S. 93—122; (1905b) Über die Einwirkung von Lichtstrahlen auf den Zellteilungsprozeß. Zeitschr. f. allg. Physiol., Bd. 5, S. 535—565. — HERTWIG, G. (1923): Die Methodik der Radium- und Röntgenbestrahlung von Keimzellen. Abderhaldens Handb. d. biol. Arbeitsmeth., Abt. V, T. 3A, S. 479 bis 484; (1924) Trypaflavin als Radiumersatz zur Gewinnung haploidkerniger Froschlarven. Verhandl. d. anat. Ges., 33. Vers. Anat. Anz., Erg.-Bd. 58, S. 223—227; (1925) Die Verpflanzung haploidkerniger Zellen, eine neue Methode embryonaler Transplantation. Zeitschr. f. wiss. Biol., Abt. D. Arch. f. Entwicklungsmech., Bd. 105, T. 2, S. 294—301. (1927a) Experimentelle Untersuchungen über die Herkunft des Regenerationsblastems. Verhandl. d. anat. Ges. Anat. Anz., Erg.-H., Bd. 63, S. 90—96; (1927b) Beiträge zum Determinations- und Regenerationsproblem mittels der Transplantation haploidkerniger Zellen. Roux' Arch. f. Entwicklungsmech., Bd. 111, S. 292—316. — HERTWIG, O. (1911a): Die Radiumkrankheit tierischer Keimzellen. Ein Beitrag zur experimentellen Zeugungs- und Vererbungslehre. S. 1—164. Bonn: Fr. Cohen; (1911b) Mesothoriumversuche an tierischen Keimzellen, ein experimenteller Beweis für die Idioplasmanatur der Kernsubstanzen. Sitzungsber. d. kgl. preuß. Akad. d. Wiss., Bd. 40, Sitz. d. physik.-math. Kl. v. 19. Oktober, Mitt. 3, S. 844—873. — HERTWIG, P. (1919): Abweichende Form der Parthenogenese bei einer Mutation von Rhabditis pellio. Arch. f. mikroskop. Anat., Festschr. f. O. Hertwig, Bd. 44; (1927) Keimesschädigungen durch Radium und Röntgenstrahlen. Handb. d. Vererbungswiss., Bd. 3. 48 S. Berlin: Bornträger. — HINRICHS, MARIE A. (1924): A Demonstration of the Axial Gradient by means of Photolysis. Journ. of exp. zool., Bd. 41, 1, S. 21—31. — HIRSCHLER, J. (1924): Technische Hinweise zum operativen Vorgehen (Transplantation, Implantation), u. a. an Amphibien- und Insektenlarven. Arch. f. mikroskop. Anat. u. Entw. mech., Bd. 103, 3/4, S. 357—367. — HOADLEY, L. (1924): The independent differentiation of isolated chick primordia in chorioallantoic grafts. I. The eye, nasal region, otic region, and mesencephalon. Biol. Bull., Bd. 46, 6, S. 281—315; (1925a) II. The effect of the presence of spinal cord, i. e., innervation, on the differentiation of the somitic region. Journ. of exp. zool., Bd. 42, 1, S. 143; (1925b) III. On the specificity of nerve processes arising from the mesencephalon in grafts. Journ. of exp. zool., Bd. 42, 1, S. 163—182; (1926a, b, c) Developmental potencies of parts of the early blastoderm of the chick. I. The first appearance of the eye. II. The epidermis and the feather primordia. III. The nephros, with especial reference to the pro- and mesonephric portions. Journ. of exp. zool., Bd. 43, 2, S. 151—223. — HOGUE, MARY J. (1910): Über die Wirkung der Zentrifugalkraft auf die Eier von Ascaris megalocephala. Arch. f. Entwicklungsmech., Bd. 29, T. 1, S. 109—145. — HUXLEY, J. S. (1927): Modification of development by means of temperature gradients. W. Roux' Arch. f. Entwicklungsmech., Bd. 112, S. 480. — HYMAN,, L. H., u. BELLAMY, A. W. (1922): Studies on the correlation between metabolic gradients, electrical gradients, and galvanotaxis I. Biol. Bull., Bd. 43, 5, S. 313—368. — JACOBS, MARIA (1925): Entwicklungsphysiologische Untersuchungen am Copepodenei (Cyclops viridis Jurine). Zeitschr. f. wiss. Zool., Bd. 124, 3/4, S. 488—541. — JOEST, E. (1897): Transplantationsversuche an Lumbriciden. Arch. f. Entwicklungsmech., Bd. 5, S. 419—559. — JOLLOS, V., u. PÉTERFI, T. (1923): Furchung von Axolotleiern ohne Beteiligung des Kernes. Biol. Zentralbl., Bd. 43, 3, S. 286—288. — KATHARINER, L. (1901): Über die bedingte Unabhängigkeit der Entwicklung des polar differenzierten Eies von der Schwerkraft. W. Roux' Arch. f. Entwicklungsmech., Bd. 12, 4, S. 597—609; (1902) Weitere Versuche über die Selbstdifferenzierung des Froscheies. W. Roux' Arch. f. Entwicklungsmech., Bd. 14, 1/2, S. 290—299. — KOPEĆ, ST. (1908): Experimentaluntersuchungen über die Entwicklung der Geschlechtscharaktere bei Schmetterlingen. Bull. de l'acad. scient. Cracovie; (1910) Über morphologische und histologische Folgen der Kastration und Transplantation bei Schmetterlingen. Bull. de l'acad. scient. Cracovie; (1911) Untersuchungen über Kastration und Transplantation bei Schmetterlingen. Arch. f. Entwicklungsmech., Bd. 33, T. 1/2, S. 1—116; (1926): Is the insect metamorphosis influenced by Thyroid feeding. Biol. Bull., Bd. 50, S. 339—354. — KORSCHELT, E. (1927): Regeneration und Transplantation. 1. Bd. Regeneration. Berlin: Gebr. Bornträger. — LEBEDINSKY, N. G. (1924): Entwicklungsmechanische Untersuchungen an Amphibien I. Eine neue Methode zum Erzielen nervenloser Extremitätentransplantate bei Anurenlarven. Arch. f. mikroskop. Anat. u. Entwicklungsmech., Bd. 102, S. 101—112. — LEWIS, W. H. (1907): Transplantation of the lips of the blastopore in Rana palustris. Am. Journ. of anat., Bd. 7, S. 137 bis 143. — LOEB, J. (1894): On some facts and principles of physiological morphology. Biol. Lectures of the marine biol. laborat. of Wood's Hole, Summer Session of 1893. Boston: Ginn & Co. — LOEB, L., u. SEWALL, W. (1927): Transplantation and individuality differentials in inbred families of guinea-pigs. Am. Journ. of pathol., Bd. 3, S. 251—283. — LUND, E. J. (1924): Experimental control of organic polarity by the electric current. IV. The quantitative relations between current density, orientation, and inhibition of regeneration. Journ. of exp. zool., Bd. 39, 2, S. 357—376; (1925) Experimental control of organic polarity by the electric current. V. The Nature of the Control of Organic Polarity by the Electric Current. Journ. of exp. zool., Bd. 41, 2, S. 155—190; (1926) The electrical polarity of Obelia and Frogs skin and its reversible inhibition by Cyanide, Ether and Chloroform. Journ. of exp. zool., Bd. 44, S. 383—396. — LYON, E. P. (1907): Results of centrifugalizing eggs. Arch. f. Entwicklungsmech., Bd. 23. — MANGOLD, O. (1920): Fragen der Regulation und Determination an umgeordneten Furchungsstadien und verschmolzenen Keimen von Triton. Arch. f. Entwicklungsmech., Bd. 47, T. 1/2, S. 249—301; (1921) Situs inversus bei Triton. Arch. f. Entwicklungsmech., Bd. 48, S. 505—516; (1924) Transplantationsversuche zur Frage der Spezifität und der Bildung der Keimblätter. Arch. f. mikroskop. Anat. u. Entwicklungsmech., Bd. 100, 1/2, S. 198—301; (1925) Hauptprobleme der Entwicklungsmechanik. Verhandl. d. dtsch. zool. Ges., 30. Jahresvers. zu Jena, S. 50—84; (1928) Das Determinationsproblem I. Das Nervensystem und die Sinnesorgane der Seitenlinie unter spezieller Berücksichtigung der Amphibien. Ergebn. d. Biol., Bd. 3, S. 152.— MANGOLD, O., u. SEIDEL, F. (1927): Homoplastische und heteroplastische Verschmelzung ganzer Tritonkeime. W. Roux' Arch. f. Entwicklungsmech., Bd. 111, 1, S. 593—665. — MANGOLD, O., u. SPEMANN, H. (1927): Über Induktion von Medullarplatte durch Medullarplatte im jüngeren Keim, ein Beispiel homöogenetischer oder assimilatorischer Induktion. W. Roux' Arch. f. Entwicklungsmech., Bd. 111, 1, S. 342—422. — MATTHEWS, S. A., u. DETWILER, S. R. (1926): The Reactions of Amblystoma Embryos following prolonged Treatment with Chloretone. Journ. of exp. zool., Bd. 45, S. 279—292. — MEISENHEIMER, J. (1907): Ergebnisse einiger Versuchsreihen über Exstirpation und Transplantation der Geschlechtsdrüsen bei Schmetterlingen. Zool. Anz., Bd. 32; (1908a) Über den Zusammenhang von Geschlechtsdrüsen und sekundären Geschlechtsmerkmalen bei den Arthropoden. Verhandl. d. dtsch. zool. Ges.; (1908b) Über Flügelregeneration bei Schmetterlingen. Zool. Anz., Bd. 33; (1909a) Die Flügelregeneration bei Schmetterlingen. Verhandl. d. dtsch. zool. Ges.; (1909b) Experimentelle Studien zur Soma- und Geschlechtsdifferenzierung. Jena; (1910) Zur Ovarialtransplantation bei Schmetterlingen. Zool. Anz., Bd. 35. — MILOJEVIĆ, B. D. (1923): Über Transplantationen von Beinregeneraten bei Triton cristatus. (Mit Lichtbildern.) Verhandl. d. dtsch. zool. Ges., Bd. 28, S. 36—37; (1924) Beiträge zur Frage über die Determination der Regenerate. (Vorläufige Mitteilung.) Arch. f. Mikroskop. u. Entwicklungsmech., Bd. 103, 1/2, S. 80—94. — MORETTI, G. (1912): Sulla trasposizione delle varie parti del corpo nella Planaria torva (Müll.). Arch. ital. di anat. e di embriol., Bd. 10, S. 3. — MORGAN, L. V. (1906): Regeneration of grafted pieces of Planarians. Journ. of exp. zool., Bd. 3, 2, S. 269—294. — MORGAN, TH. H.: (1895) Half-Embryos and whole Embryos from one of the first two Blastomeres of the Frogs Egg. Anat. Anz., Bd. 10, S. 523; (1900) Regeneration in Bipalium. Arch. f. Entwicklungsmech., Bd. 9, T. 4, S. 563—586; (1902): The Dispensibility of Gravity in the Development of the Toads Egg. Anat. Anz., Bd. 21, 10/11, S. 313—316; (1904) The Dispensibility of the Constant Action of Gravity and of a Centrifugal Force in the Development of the Toads Egg. Anat. Anz., Bd. 25, 4, S. 94—96; (1927) Experimental Embryology. Columbia University Press, New York City. 757 S. — MÜLLER, K. (1911): Versuche über die Regenerationsfähigkeit der Süßwasserschwämme. Zool. Anz., Bd. 37, 1, S. 83—88. — NICHOLAS, J. S. (1925): Notes on the application of experimental methods upon mammalian embryos. Anat. Rec., Bd. 31, 4, S. 385—394. — NUSBAUM, J. (1912): Die entwicklungsmechanisch-metaplastischen Potenzen der tierischen Gewebe. Vortr. u. Aufs. über Entwicklungsmech. d. Organ. 17. — PENNERS, A. (1924): Experimentelle Untersuchungen zum Determinationsproblem am Keim von Tubifex rivulorum Lam. I. Die Duplicitas cruciata und organbildende Keimbezirke. Arch. f. mikroskop. Anat. u. Entwicklungsmech., Bd. 102, 1/3, S. 51—100; (1925) Experimentelle Untersuchungen zum Determinationsproblem am Keim von Tubifex rivulorum Lam. II. Die Entwicklung teilweise abgetöteter Keime. Zeitschr. f. wiss. Zool., Bd. 127, 1, S. 1—140. — PENNERS, A. u. SCHLEIP, W. (1928): Die Entwicklung der Schultzeschen Doppelbildungen aus dem Ei von Rana fusca. T. I—IV. Zeitschr. f. wiss. Zool., Bd. 130, S. 305—454; T. V—VI. Zeitschr. f. wiss. Zool., Bd. 131, S. 1—156. — PETERSEN, H. (1924): Entwicklungsmechanik des Auges (Fortsetzung und Schluß). Zeitschr. f. d. ges. Anat., Abt. III. Ergebn. d. Anat., Bd. 25, S. 623—660. — PRZIBRAM, HANS (1921): Methodik der Experimentalzoologie. Abderhaldens Handb. f. biol. Arbeitsmeth.; (1926a) Tierpfropfung. Die Transplantation der Körperabschnitte, Organe und Keime. Die Wissenschaft, Bd. 75. 303 S.; (1926b) Regeneration und Transplantation bei Tieren. Handb. d. norm. u. pathol. Physiol., Bd. 14, 1, S. 1080—1113; (1926c) Möglichkeit der Augentransplantation. Pflügers Arch., Bd. 214, 4, S. 302—304. — RAUBER, A. (1886): Personalteil und Germinalteil des Individuums. Zool. Anz., Jg. 9, S. 166—171. — RHUMBLER, L. (1923): Methodik der Nachahmung von Lebensvorgängen durch physikalische Konstellationen. Handb. d. biol. Arbeitsmeth., Abt. V, T. 3, S. 219—440. — RÖSSLE, R. (1926): Wachstum der Zellen und Organe, Hypertrophie und Atrophie. Handb. d. norm. u. pathol. Physiol., Bd. 14, 1, S. 903—949. — ROMEIS, B. (1923): Methodik der Beeinflussung Wirbelloser durch Wirbeltierinkrete. Handb. d. biol. Arbeitsmeth., Abt. V, T. 3 A, S. 485—516; (1925) Experimentelle Untersuchungen über die Wirkung von Wirbeltierhormonen auf Wirbellose. II. Der Einfluß der Schilddrüsenfütterung auf den Kohlehydratstoffwechsel des Flußkrebses (Astacus fluviatilis). Arch. f. Entwicklungsmech., Bd. 105, T. 4, S. 778—816. — ROUX, W. (1895): Gesammelte Abhandlungen über Entwicklungsmechanik der Organismen. Bd. 1 u. 2. Leipzig: Engelmann. — RUTTLOFF, C. (1908): Transplantationsversuche an Lumbriciden. Arch. f. Entwicklungsmech., Bd. 25. — RUUD, GUDRUN (1925): Die Entwicklung isolierter Keimfragmente frühester Stadien von Triton taeniatus. Arch. f. Entwicklungsmech., Bd. 105, 2, S. 209—293; (1926) The symmetry relations of transplanted limbs in Amblystoma tigrinum. Journ. of exp. zool., Bd. 46, 1, S. 121—142. — SAND, K. (1926a): Die Kastration bei Wirbeltieren und die Frage von den Sexualhormonen. Handb. d. norm. u. pathol. Physiol., Bd. 14, 1, S. 215—240; (1926b) Transplantation der Keimdrüsen bei Wirbeltieren. Handb. d. norm. u. pathol. Physiol., Bd. 14, 1, S. 251—292; (1926c) Der Hermaphroditismus bei Wirbeltieren in experimenteller Beleuchtung. Handb. d. norm. u. pathol. Physiol., Bd. 14, 1, S. 299—325; (1926d) Die Keimdrüsen und das experimentelle Restitutionsproblem bei Wirbeltieren. „Endokrine Regeneration“, sog. „Verjüngung“. Handb. d. norm. u. pathol. Physiol., Bd. 14, 1, S. 344—356. — SCHAXEL, J. (1921): Untersuchungen über die Formbildung der Tiere. 1. Teil. Auffassungen und Erscheinungen der Regeneration. Arb. a. d. Geb. d. exp. Biol., H. 1. 98 S.; (1922) Über die Herstellung tierischer Chimären durch Kombination von Regenerationsstadien und durch Pfropfsymbiose. Genetica, Bd. 4, S. 339—363. — SCHLEIP, W. (1923): Die Wirkung des ultravioletten Lichts auf die morphologischen Bestandteile des Ascariseies. Arch. f. Zellforsch., Bd. 17, 3, S. 289—367; (1927) Entwicklungsmechanik und Vererbung bei Tieren. (81 S.) Handb. d. Vererbungswiss. Berlin: Bornträger. — SCHLEIP, W., u. PENNERS, A. (1925): Über die Duplicitas cruciata bei den O. Schultzeschen Doppelbildungen von Rana fusca. Verhandl. d. phys.-med. Ges. z. Würzburg, N. F., Bd. 50, 4, S. 125—148; — SCHÖNE, G. (1912): Die heteroplastische und homöoplastische Transplantation. Eigene Untersuchungen und vergleichende Studien. (161 S.) Berlin: Julius Springer. — SCHOTTÉ, O. (1924): Le Grand Sympathique est le seul facteur nerveux dans la régéneration des membres de Tritons. Cpt. rend., Bd. 41, 1, S. 45—52. — SCHULZE, W. (1923): Weitere Untersuchungen über die Wirkung inkretorischer Drüsensubstanzen auf die Morphogenie II. Arch. f. Entwicklungsmech. d. Org., Bd. 52—97, S. 232—260. (1924): Weitere Untersuchungen über die Wirkung inkretorischer Drüsensubstanzen auf die Morphogenie. III. Über die Sprengung der Harmonie der Entwicklung. Arch. f. Mikroskop. u. Entwicklungsmech., Bd. 101, 1/3, S. 338—381. — SEIDEL, F. (1926): Die Determinierung der Keimanlage bei Insekten I. Biol. Zentralbl., Bd. 46, 6, S. 321—343. — SPEK, JOS. (1926): Über gesetzmäßige Substanzverteilungen bei der Furchung des Ctenophoreneies und ihre Beziehungen zu den Determinationsproblemen. Zeitschr. f. wiss. Biol., Abt. D, Arch. f. Entwicklungsmech., Bd. 107, T. 1, S. 54—73. — SPEMANN, H. (1914): Über verzögerte Kernversorgung von Keimteilen. Verhandl. d. dtsch. zool. Ges., Freiburg;

(1918) Über die Determination der ersten Organanlagen des Amphibienembryo I—VI. Arch. f. Entwicklungsmech., Bd. 43, T. 4, S. 448—555; (1919) Experimentelle Forschungen zum Determinations- und Individualitätsproblem. Naturwissenschaften, Bd. 32; (1921) Die Erzeugung tierischer Chimären durch heteroplastische embryonale Transplantation zwischen Triton cristatus und taeniatus. Arch. f. Entwicklungsmech., Bd. 48, T. 4, S. 533—570; (1921b): Mikrochirurgische Operationstechnik. Abderhalden, Handb. d. biol. Arbeitsmeth., Abt. V, T. 3, S. 1—30. (1924) Vererbung und Entwicklungsmechanik. Naturwissenschaften, H. 4, S. 65—79; (1927) Neue Arbeiten über Organisatoren in der tierischen Entwicklung. Naturwissenschaften, Bd. 15, 48/49, S. 946—951. — Spemann, H., u. Falkenberg, H. (1919): Über asymmetrische Entwicklung und Situs inversus viscerum bei Zwillingen und Doppelbildungen. Arch. f. Entwicklungsmech., Bd. 45, 3, S. 371—422. — Stevens, N. M. (1909): The effect of Ultra-Violet Light upon the Developing Eggs of Ascaris megalocephala. Arch. f. Entwicklungsmech., Bd. 27, T. 4, S. 622—639; (1910) Regeneration in Antennularia. Arch. f. Entwicklungsmech., Bd. 30, T. 1, S. 1—7. — Stöhr, Ph. (1927): Experimentelle Studien an embryonalen Amphibienherzen IV. W. Roux' Arch. f. Entwicklungsmech., Bd. 112 (Drieschband, 2. Bd.), S. 696—738. — Sven, I. (1920): Reactions of cells to the galvanic current in tissue cultures. Proc. of exp. biol. and med., Bd. 17, S. 198. — Taube, E. (1922): Regeneration mit Beteiligung ortsfremder Haut bei Tritonen. Arch. f. Entwicklungsmech., Bd. 49, T. 3/4, S. 269—315. — Tschachotin, S. (1912): Die mikroskopische Strahlenstichmethode, eine Zelloperationsmethode. Biol. Zentralbl., Bd. 32, S. 623—630; (1912) La méthode de la radiopiqûre microscopique; moyen d'analyse en cytologie expérimentale. Cpt. rend. des séances de l'acad. des sciences, Bd. 172; (1920) Action localisée des rayons ultraviolets sur le noyeau de la cellule par le moyen de la radio-piqûre microscopique. Cpt. rend. de la soc. de biol., Bd. 83; (1921a) Les changements de perméabilité de l'oeuf d'oursin localisés expérimentalement. Cpt. rend. de la soc. de biol., Bd. 84, S. 464—466; (1921b) Nouveau dispositiv pour la méthode de la radiopiqûre microscopique. Cpt. rend. de la soc. de biol., Bd. 85; (1921c) Sur le mécanisme de l'action des rayons ultraviolets sur la cellule. Ann. de l'institut Pasteur, Bd. 35; (1921d) Recherches de cytologie expérimentale, faites avec la méthode de la radiopuncture microscopique. Bull. de l'institut Océanographique, Nr. 401, S. 1—22. — Ubisch, L. von (1922): Über die Aktivierung regenerativer Potenzen. Arch. f. Entwicklungsmech., Bd. 51, S. 33; (1925a) Entwicklungsphysiologische Studien an Seeigelkeimen. I. Über die Beziehungen der ersten Furchungsebene zur Larvensymmetrie und die prospektive Bedeutung der Eibezirke. Zeitschr. f. wiss. Zool., Bd. 124, S. 3; (1925b) Entwicklungsphysiologische Studien an Seeigelkeimen. II. Die Entstehung von Einheitslarven aus verschmolzenen Keimen. Zeitschr. f. wiss. Zool., Bd. 124, 3, S. 457—468; (1925c) Über die unabhängige Linsenbildung bei Rana fusca. Arch. f. Entwicklungsmech., Bd. 106, S. 27—40. — Vogt, W. (1923): Weitere Versuche mit vitaler Farbmarkierung und farbiger Transplantation zur Analyse der Primitiventwicklung von Triton. Verhandl. d. anat. Ges., Erg.-H. d. Anat. Anz., Bd. 57, S. 30—38; (1925) Gestaltungsanalyse am Amphibienkeim mit örtlicher Vitalfärbung. Vorwort über Ziele. I. Teil. Methodik und Wirkungsweise der örtlichen Vitalfärbung mit Agar als Farbträger. Arch. f. Entwicklungsmech., Bd. 106, S. 542—610; (1926) Über Wachstum und Gestaltungsbewegungen am hinteren Körperende der Amphibien. Verhandl. d. anat. Ges. a. d. 35. Vers. i. Freiburg, Erg.-H. z. Anat. Anz., Bd. 61, S. 62—75; (1927) Über Hemmung der Formbildung an einer Hälfte des Keimes. (Nach Versuchen an Urodelen.) Erg.-H. z. Anat. Anz., Bd. 63, S. 126—139. — Wachs, H. (1914): Neue Versuche zur Wolffschen Linsenregeneration. Arch. f. Entwicklungsmech., Bd. 39, T. 2/3, S. 385—451; (1920) Restitution des Auges nach Exstirpation von Retina und Linse bei Tritonen. 2. Teil. Arch. f. Entwicklungsmech., Bd. 46, T. 2/3, S. 328—390. — Warynski, St. u. Fol, H. (1884): Recherches expérimentales sur la cause de quelques monstruosités simples et de diverses processus embryogéniques. Recueil Zoologiques Suisses, T. 1, S. 20—24. — Weigmann, R. (1927): Die Bestimmung der Medianebene im Froschei. Zeitschr. f. wiss. Zool., Bd. 129, 1, S. 48—102. — Weiss, P. (1923a): Die Transplantation von entwickelten Extremitäten bei Amphibien. I. Morphologie der Einheilung. Arch. f. Mikroskop. u. Entwicklungsmech., Bd. 99, 1, S. 150—167; (1923b) Die Transplantation von entwickelten Extremitäten bei Amphibien. II. Transplantation und Regeneration. Arch. f. Mikroskop. u. Entwicklungsmech., Bd. 99, 1, S. 168—186; (1924) Regeneration an transplantierten Extremitäten entwickelter Amphibien. Arch. f. Mikroskop. u. Entwicklungsmech., Bd. 102, 4, S. 673—706; (1925a) Abhängigkeit der Regeneration entwickelter Amphibienextremitäten vom Nervensystem. (Der Begriff des „Gestaltungstonus".) Arch. f. mikroskop. Anat. u. Entwicklungsmech., Bd. 104, T. 3/4, S. 317—358; (1925b) Unabhängigkeit der Extremitätenregeneration vom Skelett (bei Triton cristatus). Arch. f. mikroskop. Anat. u. Entwicklungsmech., Bd. 104, T. 3/4, S. 359 bis 394; (1926a) Ganzregenerate aus halbem Extremitätenquerschnitt. Arch. f. Entwicklungsmech., Bd. 107, T. 1, S. 1—53; (1926b) Die Herkunft der Haut im Extremitätenregenerat. (Experimente an Triton cristatus.) (2 S.) Akad. Anz., Wien, Bd. 3; (1926c) The relations between central and peripheral coordination. Journ. of comp. neurol., Bd. 40, 1, S. 241—251; (1927a) Die Herkunft der Haut im Extremitätenregenerat. (Versuche mit Hautprothesen aus

Lunge bei Triton cristatus.) W. Roux' Arch. f. Entwicklungsmech., Bd. 109, T. 4, S. 584—610; (1927b) Potenzprüfung am Regenerationsblastem. I. Extremitätenbildung aus Schwanzblastem im Extremitätenfeld bei Triton. W. Roux' Arch. f. Entwicklungsmech., Bd. 111, 1, S. 317—340; (1927c) Potenzprüfung am Regenerationsblastem der Eidechsen (Lacerta). Akad. Anz., Nr. 9 (Akad. d. Wiss. in Wien). — WEISSENBERG, R. (1926): Zur Gestaltungsanalyse des Neunaugenkeimes unter Anwendung einer neuen Methode örtlicher Vitalfärbung. Sitzungsber. d. Ges. naturforsch. Freunde, S. 42—47; (1927) Lokale Vitalfärbung am Neunaugenei. Verhandl. d. anat. Ges., 36. Vers. i. Kiel, Erg.-H. d. Anat. Anz., Bd. 63, S. 26—35. — WESSEL, ELSE (1926): Experimentell erzeugte Duplicitas cruciata bei Triton. W. Roux' Arch. f. Entwicklungsmech., Bd. 107, T. 3, S. 481—556. — WETZEL, R. (1925): Untersuchungen am Hühnerkeim. W. Roux' Arch. f. Entwicklungsmech., Bd. 106, S. 463—468. — WILSON, E. B. (1904): Experimental Studies in Germinal Localization. II. Experiments on the Cleavage-Mosaic in Patella and Dentalium. Journ. of exp. zool., Bd. 1, 2, S. 197—268. — WILSON, H. V. (1907): On some Phenomena of coalescence and regeneration in sponges. Journ. of exp. zool., Bd. 5, 2, S. 245 bis 258. — WINKLER, H. (1901): Über Merogonie und Befruchtung. Jahrb. f. wiss. Botan., Bd. 36, S. 753—775. — WITSCHI, E. (1927): Sex-reversal in parabiotic twins of the american wood-frog. Biol. Bull., Bd. 52, 2, S. 137—146. — WOLFF, G. (1902): Die physiologische Grundlage der Lehre von den Degenerationszeichen. Virchows Arch. f. pathol. Anat., Bd. 169. — ZIEGLER, E. (1897): Die beiden Formen des Durchströmungskompressoriums. Zeitschr. f. Mikroskop., Bd. 14, 2, S. 145—153. — ZIMMERMANN, W. (1927): Die Georeaktionen der Pflanze. Ergebn. d. Biol., Bd. 2, S. 116.

## Anhang.

# Die Methoden der künstlichen Parthenogenese.

Von J. RUNNSTRÖM, Stockholm.

*Der Zweck der Methoden der künstlichen Parthenogenese* ist, die kausale Analyse der Entwicklungserregung zu fördern. Es gilt zunächst Methoden auszufinden, die überhaupt entwicklungserregend wirken und die ein Resultat geben, das dem Normalen möglichst nahekommt. Dann müssen aber die Mittel systematisch variiert werden und dabei auch auf negative Resultate Rücksicht genommen werden. So wird man hoffen können, über die Natur der Wirkungsweise der Mittel Auskunft zu erhalten. Schließlich ergibt sich die Möglichkeit, durch die Methoden der künstlichen Parthenogenese den Vorgang der Entwicklungserregung zu zergliedern und so ihre kausale Analyse zu fördern. Trotz der großen Fülle von Arbeiten ist indessen die kausale Analyse der Entwicklungserregung auf diesem Wege nicht sehr weit fortgeschritten. Es hat sich die Anzahl der Methoden sehr stark vermehrt, dabei ist es aber manchmal schwer, das Gemeinsame derselben zu erkennen. Dieses hat einige Forscher dazu veranlaßt, von einer allgemeinen Reizwirkung zu sprechen, bei der die Natur des Reizmittels ohne Belang wäre. LOEB (10) wendet sich aber gegen eine solche Auffassung. Sie ist nur für gewisse Objekte und auch hier nur begrenzt richtig. Es ist weiter zu berücksichtigen, daß bei verschiedenen Organismen die optimalen Mittel verschieden sind. Es ist nicht anderes zu erwarten. Weiß man doch, daß z. B. die Permeabilitätsverhältnisse, wie in letzter Zeit vor allem GELLHORN betont hat, bei verschiedenen Organismen und Zellarten wechseln können. Die Verschiedenheiten in der Reaktionsweise hängen mit Verschiedenheiten der Konstitution der Eier zusammen.

*Allgemeine Maßregeln bei den Versuchen über künstliche Parthenogenese.* Es muß vor allem vermieden werden, daß die Eier durch zufälligerweise vorhandene Spermien befruchtet werden. Man behält immer einen Teil des Eimaterials als Kontrolle zurück. An dieser kann man beurteilen, ob eine Beimischung von Spermien oder ob aus anderen Gründen eine Entwicklungserregung stattgefunden hat (z. B. durch Schütteln von Seesterneiern nach MATHEWS). Sowohl die Versuchstiere wie die Instrumente und die Hände des Experimentators müssen sterilisiert werden. Dasselbe gilt von dem Wasser, in dem die Eier übergeführt werden sollen. Beim Arbeiten mit Meerestieren genügt zum Sterilisieren der Weibchen das Abspülen derselben mit Süßwasser. Wo die Eier innerhalb der Eierstöcke liegen, wie bei Echinodermen, soll auch die Leibeshöhle mit Süßwasser ausgespült werden. Die Instrumente können gekocht werden; beim Arbeiten mit Meerestieren wird wohl gründliche Waschung mit Süßwasser genügen. Mit solchem werden auch die Glasgefäße ausgespült. Das Seewasser wird auf 60 bis 70° C für einige Minuten erwärmt oder, wie HERBST (1) empfiehlt, kurz aufgekocht. Durch Berkefeld-Tonfilter filtriertes auswärts geholtes Seewasser wird im allgemeinen steril sein. Das $p_H$ wird bei diesem Seewasser im allgemeinen etwas herabgesetzt sein, was bei manchen Versuchen eine Rolle spielen kann (vgl. PASPALEFF.) Durch Zusatz von $n/_{10}$NaOH reguliere man das $p_H$ auf den normalen Wert des Seewassers, 8 bis 8,2. Es empfiehlt sich überhaupt bei allen Versuchen über künstliche Parthenogenese das $p_H$ des Wassers sowie auch die Temperatur anzugeben. Zur Messung von $p_H$ bedient man sich bequem des Hydrionometers von BRESLAU. Man findet bei diesem auch die Korrekturen für Salzgehalt und Temperatur bestimmt, vgl. im übrigen LEGENDRE, wo die verschiedenen Methoden der $p_H$-Bestimmung, besonders mit Rücksicht auf das Seewasser, zusammengestellt sind. Die große Bedeutung des Temperaturfaktors bei der künstlichen Parthenogenese ist u. a. von GREELEY und LYON hervorgehoben worden.

Es empfiehlt sich weiter, einen Teil der Kontrolleier (vgl. oben) zu befruchten und die Entwicklung derselben zu verfolgen. Man wird so allmählich immer größeres Material zur Beurteilung der verschiedentlich beantworteten Frage erhalten, ob derselbe Grad der Plasmareifung der Eier für die Befruchtung und die künstliche Parthenogenese optimal sind oder ob zwei verschiedene Optima vorliegen.

*Versuche mit Seeigeleiern.* Die Seeigeleier sind die Objekte, die am meisten für Versuche über künstliche Parthenogenese benutzt worden sind, und wir behandeln deshalb zuerst die bei diesen Objekten verwendeten Methoden. Zur Gewinnung der Eier, werden die Tiere nach der oben erwähnten Abspülung in Süßwasser, äquatorial durchschnitten und die Ausspülung der Leibeshöhle mit Süßwasser vorgenommen. Der die Ovarien enthaltende aborale Teil der Weibchen wird nun mit den Genitalporen nach unten in ein flaches Glasgefäß mit wenig Wasser gelegt. Es erfolgt nun gewöhnlich die Entleerung der Eier spontan. LYON empfiehlt es für Arbacia pustulosa die Tiere nach der Spülung mit Süßwasser 1 bis 2 Minuten in der Luft zu halten. Es findet dann eine reichliche Ablage der Geschlechtsprodukte statt. Wenn die Eier nicht spontan abgelegt werden, kann man die Ovarien mit Seewasser aus einer Pipette ziemlich kräftig bespritzen oder schließlich kann man die Ovarien herausschneiden und sie in Seewasser legen, wobei die Eier mehr oder weniger reichlich herausquellen. Man notiere immer diese Verhältnisse, die für die Frage nach dem Grad der Plasmareifung der Eier von Bedeutung sind. Das Problem der Plasmareifung wird vor allem von PASPALEFF neuerdings ausführlich behandelt. Die Plasmareifung bedeutet eine langsam stattfindende Veränderung des Eies nach den Reifungsteilungen, die in einer kontinuierlichen Zustandsänderung der Plasmakolloide besteht. Als Kennzeichen dieser Zustandsveränderungen kann gewissermaßen eine im Dunkelfelde zu beobachtende Farbenveränderung der Oberflächenschicht des Eies dienen, die von mir und PASPALEFF gleichzeitig in Neapel 1926 bei den Eiern von *Echinocardium cordatum* bzw. von *Paracentrotus lividus* beobachtet wurde. Bald nach den Reifungsteilungen leuchtet die Oberfläche des Eies im Dunkelfeld ziemlich hellgelb, mit dem Altern des Eies wird dieselbe mehr orange bis rötlich. Aus verschiedenen Teilen der Ovarien kann man Eier verschiedenen Grades der Plasmareifung finden, vgl. die Angaben von KOEHLER und von PASPALEFF. Nach den gründlichen Studien des letztgenannten Forschers findet man bei dem Seeigel *Paracentrotus lividus* in Neapel ein Optimum der Plasmareifung für die Befruchtung und ein anderes für die künstliche Parthenogenese. Diese tritt leichter bei Plasmaüberreife ein. SHEARER und LLOYD hatten schon früher für die Eier von *Echinus esculentus* angegeben, daß zwei verschiedene Optima vorhanden sind. Im gleichen Sinne äußern sich BATAILLON und TCHU SU. JUST gibt dagegen für die Eier von *Arbacia* (*punctulata*?) an, daß hier Optimum der Befruchtung und der künstlichen Parthenogenese zusammenfallen. Verschiedene Zustände der Plasmareifung sind öfters für die Unregelmäßigkeit der Resultate bei den Versuchen über künstliche Parthenogenese verantwortlich gemacht worden.

LOEB (3) hat als erster eine Entwicklung der Eier nach künstlicher Entwicklungserregung bis zu schwimmenden Larven erreicht. Er brachte die Eier von *Arbacia* bei Woods Hole in ein hypertonisches Medium von der Zusammensetzung:

50 $cm^3$ Seewasser + 50 $cm^3$ $^{10}/_8\,n$ m. $MgCl_2$,
40 $cm^3$ „ + 60 $cm^3$ $^{10}/_8\,n$ „ $MgCl_2$.

Von diesen wirkte die erstgenannte besser. Dauer der Behandlung $1^1/_2$ bis 2 Stunden. LOEB (4) zeigte bald, daß die $MgCl_2$-Lösung keine spezifische Wirkung ausübt. Er behandelt auch die Arbaciaeier mit den folgenden Lösungen an: 10 $cm^3$ $2^1/_2\,n$ NaCl oder KCl + 90 $cm^3$ Seewasser. Dauer der Behandlung $1^1/_2$ bis 2 Stunden. 50% der Eier erreichten das Blastulastadium; nur ein geringer Teil setzt die Entwicklung bis zum Gastrula- und Pluteusstadium fort. LOEB (5) fand auch, daß die Erhöhung des osmotischen Druckes des Seewassers (durch Zusatz von Rohrzucker und Harnstoff) entwicklungserregend wirkt. Behandlung der Eier von Arbacia mit: I. 100 $cm^3$ Seewasser + 28 $cm^3$ $2\,n$ Rohrzucker; II. $82^1/_2$ $cm^3$ Seewasser + $17^1/_2$ $cm^3$ $2^1/_2\,n$ Harnstoff, während $1^1/_2$ bis 2 Stunden, dann Überführung in normales Seewasser. Die Eier werden indessen durch diese Lösungen, besonders durch die Harnstofflösung beschädigt. LOEB (l. c.) schließt aus diesen Versuchen, daß die hypertonischen Lösungen durch ihre wasserentziehende Wirkung tätig sind. Später hat LOEB an zwei Strongylocentrotusarten (purpuratus und franciscanus) der kalifornischen Küste gezeigt, daß die hypertonische Lösung, um entwicklungserregend zu wirken, alkalisch sein muß. LOEB (15) benutzt zu solchen Versuchen eine sog. VAN'T HOFF-Lösung von der folgenden Zusammensetzung: 100 $cm^3$ $m/_2$ NaCl + 2,2 $cm^3$ $m/_2$ KCl + 1,5 $cm^3$ $CaCl_2$ + 11 $cm^3$ $MgCl_2$. 50 $cm^3$ dieser Lösung wird durch Zufügen von 16 $cm^3$ $2^1/_2$ m NaCl im Verhältnis zum normalen Seewasser hypertonisch gemacht. Durch Zusatz von 0, 0.1, 0.2, 0.4 und 0.8 $cm^3$ $n/_{10}$ NaOH wird die Alkalinität der Lösung variiert. Die Eier verweilten 30, 60, 90, 120 und 210 Minuten in den betreffenden Lösungen. Die neutrale Lösung gab keine Entwicklungserregung. Optimal wirkte eine 90 Minuten dauernde Behandlung mit der hypertonischen Lösung + 0,8 $cm^3$ $n/_{10}$ NaOH (80% Larven).

Die angegebene VAN'T HOFF-Lösung ist natürlich nicht überall dem Seewasser isotonisch. In Neapel kann man nach MEYERHOF 0,65-m-Lösungen der betreffenden Salze benutzen. Noch exakter ist es von NaCl und KCl 0,62 m, von $MgCl_2$- und $CaCl_2$ 0,4-m-Lösungen zu verwenden. HERBST (2) gab seinem künstlichen Seewasser für Arbeiten in Neapel die folgende Zusammensetzung: 3% NaCl, 0,08% KCl, 0,26% $MgSO_4$, 0,32% $MgCl_2$, 0,16% $CaSO_4$ u. 0,08% $NaHCO_3$ oder 3% NaCl, 0,08% KCl, 0,66% $MgSO_4$, 0,13% $CaCl_2$ u. 0,05% $NaHCO_3$. Bei dem letzteren Rezept braucht man nicht von dem schwer wägbaren $MgCl_2$ auszugehen. Die Salze wurden im übrigen durch Trocknen bei 120° von ihrem hygroskopischen und ihrem Kristallwasser befreit, bevor sie abgewogen wurden. Durch Weglassen von $NaHCO_3$ hat man nach dem Rezept HERBSTS eine etwa neutrale Lösung.

LOEB (11) hat weiter gezeigt, daß die hypertonische Lösung, um wirksam zu sein, freien Sauerstoff enthalten muß.

Die rein osmotische Methode der Entwicklungserregung bedeutet nach LOEB keine genaue Nachahmung der Vorgänge bei der Befruchtung. Die Bildung einer

Membran unterbleibt nämlich. JUST hat indessen später gezeigt, daß man durch die Behandlung der Arbaciaeier mit einer hypertonischen Lösung eine Membranbildung hervorrufen kann. Man muß nur Lösungen benutzen, die stärker als diejenigen sind, die von LOEB benutzt wurden. JUST findet, daß Behandlung einer der Mischungen von 50 Teilen Seewasser + 8 Teilen $2^1/_2\,m$ NaCl oder KCl Furchung und Entwicklung bis zu Pluteis veranlaßt. Die Anzahl der Eier, die zur Entwicklung kommen, hängt von der Länge der Behandlung ab. Bei zu kurzer Behandlung erreicht man nur Monasterbildung. Wenige Eier furchen sich weiter. Bei zu langer Behandlung treten akzessorische Sphären auf; die Furchung ist abnorm. *Eine Membran wird aber nicht gebildet.* Ähnliche Verhältnisse findet man nach der Behandlung mit 15, 16 und 17 Teilen NaCl oder KCl + 85,84 und 83 Teilen Seewasser. Nach der Behandlung mit einer hypertonischen Lösung, die aus 20, 22 und 24 Teilen $2^1/_2\,m$ NaCl oder KCl + 80, 78 und 76 Teilen Seewasser zusammengesetzt ist, erhält man ein anderes Resultat. *In* diesen Lösungen bilden die Eier eine Membran. Die Zeit, die von der Überführung der Eier in die Lösung bis zur Membranbildung verstreicht, variiert nach der Stärke der Lösung. Das Minimum der Hypertonie zur Hervorrufung der Membranen wird von einer Lösung 18 Teile $2^1/_2\,m$ NaCl oder KCl + 82 Teile Seewasser dargestellt. Optimal wirkt 22 Teile $2^1/_2\,m$ NaCl oder KCl + 18 Teile Seewasser.

Neuerdings haben auch POPOFF und Mitarbeiter zahlreiche Versuche über künstliche Entwicklungserregung bei dem Seeigel *Paracentrotus lividus* in Neapel ausgeführt. Die Resultate sind vor allem in drei Arbeiten ,,Zellstimulationsstudien an reifen Seeigeleiern", I bis III, niedergelegt. Da POPOFF in einem anderen Kapitel dieses Handbuches (S. 815) die Zellstimulationsforschung im allgemeinen behandelt, sei hier nur kurz auf diese Arbeiten hingewiesen. POPOFF, PASPALEFF und DOBREFF (l. c. II 1927) geben als energisch, gleichmäßig und zuverlässig wirkende Stimulationsmittel $MgBr_2$ zu 10% und $KNO_3$ zu 4% in Seewasser gelöst. Die optimale Zeit der Einwirkung wechselt nach dem physiologischen Zustand der Eier, für $MgBr_2$ zwischen 30 und 75 Minuten. Für $KNO_3$ war die optimale Zeit in einem ausführlich angeführten Versuche 100 bis 130 Minuten.

Bei diesen beiden Stimulationsmitteln wird eine deutliche, aber dem Ei dichtanliegende Membran gebildet. Mit Hilfe besonders von $MgBr_2$ hat PASPALEFF (l. c.) die schon oben besprochenen Versuchen über den Zusammenhang zwischen Plasmareife und Neigung der Eier zur künstlichen Parthenogenese durchgeführt.

BATAILLON (5) findet eine Membranbildung bei *Arbacia aequituberculata, Sphaerechinus granularis, Paracentrotus lividus* und *Psammechinus microtuberculatus*, nach Behandlung mit hypertonischer Lösung allein. BATAILLON konzentriert das Seewasser zu $^1/_2$ oder $^2/_5$ des ursprünglichen Volums und setzt gewisse Mengen von diesem konzentrierten Seewasser zum normalen. Er drückt die Konzentration seines hypertonischen Seewassers in Gramm NaCl pro Tausend aus.

Es ist wahrscheinlich, daß dasselbe wenigstens frisch bereitet etwas hyperalkalisch gewesen ist. Für Arbacia-Eier benutzte BATAILLON die Konzentration 76 bis 79, Behandlung während 40 Minuten, dann Überführung in normales Seewasser. Schon nach 15 Minuten trat die Bildung der Membranen bei 75% der Eier ein. Etwa 60% entwickelten sich zu Pluteis. Eine Behandlung der Eier auf 20 Minuten ist zu kurz; nach einer Behandlung auf 60 Minuten folgt Zytolyse. Die Sphaerechinus-Eier wurden mit einer hypertonischen Lösung von dem Salzgehalt 64,5 25 Minuten behandelt; 90% der Eier bildeten eine Membran. Für die Paracentrotus-Eier lauten die entsprechenden Angaben: Behandlung mit Seewasser von dem Salzgehalt 60, Dauer der Einwirkung 45 Minuten. Alle diese Angaben werden nur beispielsweise gemacht; sowohl Stärke der Lösung wie Dauer der Einwirkung müssen natürlich jedesmal ausprobiert werden. Interessant ist weiter, daß BATAILLON den besten Erfolg seiner Versuche gegen Ende der Laichperiode hatte. Als er nächsten Frühling seine Versuche wieder aufnahm, erhielt er viel schlechtere Resultate, auch nach Erhöhung der Konzentration der hypertonischen Lösung (bis 80—92 pro Tausend). Als die Geschlechtsperiode etwas weiter fortgeschritten war, stellte sich indessen wieder der Erfolg ein. Die angeführten Verhältnisse sind geeignet, die Bedeutung der Plasmareifung für das Ergebnis der Versuche mit künstlicher Parthenogenese zu beleuchten.

Nur kurz erwähnt seien hier anschließend die theoretisch wichtigen Versuche LILLIES (1) mit *Arbacia*. Er behandelte die Eier für kurze Zeit mit den isotonischen (0,53 bis 0,55 $m$) Lösungen von NaCl, NaBr, NaJ, $NaNO_3$ und NaSCN oder den entsprechenden K-Salzen und führte sie dann in normales Seewasser über. Als Methode der künstlichen Parthenogenese ist diese Methode nicht gut. Die Chloride und Bronide haben überhaupt keine oder sehr geringe Wirkung; Nitrate, Jodide und Sulphozyanate rufen dagegen bei gut abgemessener Dauer der Behandlung (5—10 Minuten) Membranbildung und unregelmäßige Furchung bei einer großen Anzahl der Eier hervor. LILLIE findet die folgende Reihe der Wirkung der Anionen $Cl < Br \mid < NO_3 < SCN < J$. Die Anionen bilden zwei Gruppen: links von dem vertikalen Strich findet man solche, die eine sehr geringe oder keine Wirkung haben, rechts von dem Strich die Anionen, deren Salze Membranbildung und Furchung in ausgiebigerem Maße hervorrufen. Es ist offenbar die s. g. HOFMEISTERsche Ionenreihe, die auch hier zur Geltung kommt.

Wie schon aus obigem hervorgeht, findet, wenn man nach der angeführten, osmotischen Methode LOEBS arbeitet, keine Membranbildung statt. LOEB (9) hat deshalb seine sogenannte verbesserte Methode eingeführt, bei der die Eier meist mittels einer Fettsäure zur Membranbildung angeregt werden. Die Eier des Seeigels *Strongylocentrotus purpuratus* wurden in 50 $cm^3$ Seewasser + 2,8 $cm^3$ $n/_{10}$ Buttersäure gebracht und hier $1^1/_2$ bis $2^1/_2$ Minuten gelassen. Wenn sie dann in normales Seewasser zurückgeführt werden, bilden alle Eier Membranen.

In dem säurehaltigen Wasser selbst werden keine Membranen gebildet. Nach der Membranbildung treten die ersten Vorgänge der Entwicklung ein; bei Zimmertemperatur kommt es aber nur zu einer Astrosphärenbildung oder einer Kernteilung, dann tritt aber Entwicklungsstillstand und schließlich Zerfall der Eier ein. Bei niedriger Temperatur (2 bis 3°) kann eine langsame aber normale Furchung eintreten. Es wird aber das Blastulastadium nicht überschritten. Zur Erzielung einer Entwicklung zu Larven müssen die Eier nach der Fettsäurebehandlung in hypertonisches Medium, 100 $cm^3$ Seewasser + 15 $cm^3$ $2^1/_2 n$ NaCl-Lösung übergeführt werden. Die Behandlung mit dieser Lösung soll 30 bis 50 Minuten dauern, und zwar um so kürzer, je länger man wartet, ehe die Eier in die hypertonische Lösung übergeführt werden. Wartet man länger als zwei Stunden, so wird das Resultat wieder schlechter. Die oben angegebene Reihenfolge der Behandlung mit Fettsäure bzw. hypertonischer Lösung kann auch umgekehrt werden. Es muß dann aber die Behandlung mit der hypertonischen Lösung $1^1/_2$ bis 2 Stunden dauern.

SHEARER und LLOYD haben bei Arbeiten mit Eiern von *Echinus esculentus* eine kleine Modifikation des Loebschen Verfahrens eingeführt, indem sie das Seewasser hyperalkalisch machen, in das die Eier nach der Fettsäurebehandlung übergeführt werden. Der Gang ihres Verfahrens ist folgender: 1. Behandlung der Eier für $1^1/_2$ Minuten mit 50 $cm^3$ Seewasser + 3 $cm^3$ $n/_{10}$ Buttersäure. Darauf Waschen 2 bis 3 mal mit Seewasser; 2. Überführen in 50 $cm^3$ Seewasser + 2 $cm^3$ $n/_{10}$ NaOH; 3. Hieraus in 50 $cm^3$ Seewasser + 8 $cm^3$ $2^1/_2 n$ NaCl für 45 bis 60 Minuten. SHEARER und LLOYD haben die auf diese Weise behandelten Eier bis über die Metamorphose gezüchtet.

LOEB (8) hat eine Reihe von theoretisch wichtigen Studien über die Wirksamkeit verschiedener Säuren gemacht. Es sei nur darauf hingewiesen, daß in den Versuchen LOEBS sich die Fettsäuren als viel wirksamer als die Mineralsäuren erwiesen haben und weiter, daß die Wirkung der Fettsäuren in der homologen Reihe mit steigender Kohlenstoffanzahl steigt (Tabelle, LOEB [8]). Membranbildung wird auch durch eine Reihe anderer Mittel hervorgerufen: Chloroform nach den Gebrüdern HERTWIG, Silberspuren nach HERBST (3), Kreosot, Nelkenöl, Benzol, Toluol, Xyol in Seewasser nach HERBST (4). Die Eier bilden die Membran schon *in* der Lösung dieser Stoffe. LOEB (13) hat mit artfremdem Blut oder Serum eine Membranbildung hervorgerufen. Sensibilisierend wirken bei diesen Versuchen Erwärmung auf etwa 32 bis 34° oder Zusatz einer $SrCl_2$-Lösung zu dem Serum oder schon vor dem Serumzusatz zu dem Seewasser. Aus den Angaben LOEBS sei die folgende herausgegriffen:

| Natur der Lösung: | Prozentsatz der Eier, die Membranen bildeten: |
|---|---|
| 2 cm³ Seewasser + 1 Tropfen Rinderserum ....... | 5% |
| 2 cm³ $^3/_8$ *m* $SrCl_2$ + 1 Tropfen Rinderserum ....... | 80% |

Der Mischung von $SrCl_2$ und Serum soll man etwa 6 Tropfen Seewasser zusetzen. Durch nachfolgende Behandlung mit hypertonischem Seewasser kann man eine Entwicklung bis zum Larvenstadium erzielen. Auf die Versuche ROBERTSONS bei der Hervorrufung der Membran wirksame Bestandteile des Säugetierserums und der Seeigelspermien zu isolieren, kann hier nur hingewiesen werden.

LOEB (16) hat noch eine Methode zur Verbesserung des Resultats nach der Membranbildung durch Fettsäuren angegeben. Nach 45 bis 120 Minuten werden die Eier in eine Mischung von 50 cm³ Seewasser + 2 cm³ $^1/_{20}$% KCN-Lösung gebracht. Nach etwa 3 Stunden werden die Eier in normales Seewasser übergeführt. Es kommt hier zu einer Einwicklung bis zum Pluteusstadium. Die Methode wurde für die Eier von Strongylocentrotus purpuratus ausgearbeitet.

DELAGE (1) hat eine Methode für die Eier von Paracentrotus lividus angegeben, die zunächst den Loebschen Methoden sehr unähnlich erscheint, in der Tat aber mit diesen prinzipiell übereinstimmend ist. 700 cm³ einer Lösung von 388 g Rohrzucker in 1 Liter destillierten Wassers werden mit 300 cm³ sterilisierten Seewassers gemischt. Dazu setzt man 0,15 g Tannin, das in wenig destilliertem Wasser gelöst worden ist und schließlich 3 cm³ *n* $NH_3$. Das Gemisch, das einige Tage brauchbar ist, wird tüchtig geschüttelt, damit entstehende Niederschläge gelöst werden. Die Eier werden etwa eine Stunde mit der Lösung behandelt, von der man 50 cm³ in ein etwa 500 cm³ fassendes Glasgefäß gießt. Man füllt dieses Gefäß zum Rande mit Seewasser, wenn die Behandlung abgebrochen werden soll. Die vorher in der Zuckerlösung schwebenden Eier sinken jetzt zum Boden des Gefäßes. Durch Dekantieren wäscht man die Eier mit Seewasser von der Zucker-Tannin-Ammoniak-Lösung rein. Drei bis vier Stunden nach der Überführung in normales Seewasser beginnt die Furchung. Ursprünglich verfuhr DELAGE so, daß er die Eier zuerst in das Zucker-Tanningemisch überführte; erst nach 6 Minuten wurde dann $NH_3$ zugesetzt. Dieses Vorgehen nahmen SHEARER und LLOYD beim Arbeiten mit Eiern von Echinus esculentus auf. Sie behandelten die Eier 6 Minuten mit dem Gemisch: 100 cm³ Seewasser + 40 cm³ 1,13 m Rohrzucker (388 g pro Liter) + 1,4 cm³ $m/_{60}$ Tannin (5,4 g pro Liter); darauf werden 1,5 cm³ $n/_{10}$ $NH_3$ zugesetzt; nach einer Stunde Überführung wie oben angegeben, in normales Seewasser. SHEARER und LLOYD haben auch die Loebschen und Delageschen Methoden kombiniert; für diese Modifikation sei auf das Original hingewiesen (l. c. S. 543). Theoretisch klärend sind die Versuche von BATAILLON und SU, die deshalb hier angeführt werden mögen. LOEB hat die Wirkung der hypertonischen Behandlung nach vorangehender Membranbildung als eine Schutzwirkung gegen die somit eintretende Zytolyse aufgefaßt. Nach Loeb kann man folglich die künstliche Entwicklungserregung des Seeigeleies in zwei Prozesse zergliedern. Dem widersprechen scheinbar die obenerwähnten Ergebnisse Justs, nach denen die hypertonische Lösung allein auch die Membranbildung hervorrufen kann. Bataillon und Su zeigen indessen, daß die hier in Betracht kommende starke hypertonische Lösung die Eier bis zur Schwelle der Zytolyse führen. Die Hypertonie ruft nie eine Membranbildung hervor, ohne daß eine gewisse Anzahl der Eier, Zeichen der Zytolyse zeigen. Die Membranbildung kann auch durch eine hypertonische Lösung angeregt werden, der KCN in einer verhältnismäßig hohen Konzentration (0,2 cm³ 5% KCN zu 30 cm³ Lösung) zugesetzt wird. Eine 5mal schwächere KCN-Lösung hebt die Schutzwirkung der hypertonischen Lösung auf. Es geht aus den Ergebnissen der Verfasser hervor, daß die starke hypertonische Lösung eine ähnliche Wirkung wie die Fettsäuren nach Loeb haben. Ein Gegensatz zwischen der verbesserten Methode Loebs und der Methode Justs liegt also nicht vor. Bataillon und Su haben eine Membranbildung durch Chloroformdämpfe hervorgerufen. Sie zeigen nun, daß die Wirkung des Chloroforms und die der hypertonischen Lösung additiv sind. Eine verkürzte Behandlung mit Chloroform kann durch Erhöhung der Konzentration der hypertonischen Lösung kompensiert werden.

Bei den Eiern von *Psammechinus miliaris*, *P. microtuberculatus*, *Echinocardium cordatum* (Runnström) und *Paracentrotus lividus* (Paspaleff) leuchtet die Oberfläche des Eies, wie schon oben genannt, bei dem unbefruchteten, reifen Ei gelb oder orange bis orangerot.

Bei künstlicher Entwicklungserregung schlägt die Farbe wie bei der normalen Befruchtung des Eies um. Die Oberflächenschicht wird silberweiß-leuchtend. Es ist zu bemerken, daß der Farbenumschlag bei der Befruchtung sofort nach der Berührung der Samenzellen mit der Eioberfläche einsetzt und dann mit einer Geschwindigkeit sich ausbreitet, die mit dem Altern des Eies abnimmt. Der Farbenumschlag geht der Membranbildung voraus und ist überhaupt die erste Veränderung bei der Entwicklungserregung, die man beobachten kann. Verändert nur ein Teil der Oberfläche ihre Farbe, so entwickelt sich nur derjenige Teil des Eies, bei dem die Oberfläche silberweiß leuchtet (Paspaleff).

Ein Achtgeben auf den geschilderten Farbenumschlag wird sicher der Analyse der Vorgänge bei künstlicher Parthenogenese förderlich sein, da er ein ungemein feinerer Indikator für die Veränderung der Eioberfläche als die Membranbildung ist. Eine Entwicklung ohne Bildung einer Membran ist möglich; dagegen beobachtet man bei den obenerwähnten Arten nie eine Entwicklung, ohne daß eine Farbenveränderung der Eioberfläche eingetreten ist.

*Versuche mit Seesterneiern.* Den wie oben angegeben (S. 803) außen und innen sterilisierten Tieren entnimmt man mit einer Pinzette die Ovarien. Wenn man diese anschneidet, fließen die Eier hinaus, die in eine Schale mit sterilisiertem Seewasser übergeführt werden. Delage (2) überführt die Eier von *Asterias glaciales* nach der Bildung des ersten Richtungskörpers in mit $CO_2$ gesättigtes Seewasser, worin die Eier eine Stunde lang bleiben. Bis zu 100% der Eier können sich zu schwimmenden Blastula entwickeln. Einige Larven haben sich sogar über die Metamorphose entwickelt. Loeb (2) hat bei dem Seestern *Asterias* mit denselben Mitteln, die bei den Seeigeln zur Verwendung gekommen sind, Membranbildung erzielt, so mit Benzol- oder Amylen-Seewasser oder mit Fettsäuren. Er behandelt z. B. die Eier 2 Minuten mit 50 cm³ Seewasser $+ 5\,cm^3\ n/_{10}$ Essigsäure. Buttersäure und Kapronsäure wirkten ähnlich, HCl und $HNO_3$ dagegen schwächer oder gar nicht. Auch hier soll man das Ausstoßen des ersten Richtungskörperchens abwarten, ehe die Eier in die betreffende Lösung übergeführt werden. Ein Unterschied mit den Seeigeln besteht darin, daß ein Teil der Eier, bei denen eine Membranbildung hervorgerufen worden ist, sich zu Larven entwickeln. LOEB hebt indessen hervor, daß der Unterschied im Verhältnis zu den Seeigeleiern nur ein gradueller ist. Ein Beweis für diesen Satz wird vor allem durch die Versuche von R. S. LILLIE (2) an dem Seestern *Asterias forbesii* gegeben. LILLIE erwärmt die Eier für kurze Zeit auf Temperaturen von 35° bis 38° und führt sie dann in normales Seewasser zurück. Es erfolgt jetzt eine typische Membranbildung; viele Eier entwickeln sich zu freischwimmenden Larven. Die Dauer der Wärmebehandlung hat für jede Temperatur ein bestimmtes Optimum: 70 Sekunden für 35°, 40 bis 50 Sekunden für 36°, 30 Sekunden für 37° und 20 Sekunden für 38°. Die Empfindlichkeit der Eier für die Wärmebehandlung variiert stark während verschiedener Stadien. Werden die Eier 5 Minuten nach der Entnahme aus dem Eierstock erwärmt, tritt überhaupt keine Reifung ein. Erwärmung während der Zeit zwischen Auflösung der Kernmembran und der Bildung des ersten Richtungskörpers gibt Entwicklung auch zum Larvenstadium. Das empfindlichste Stadium ist die Zeit (10 bis 20 Minuten) unmittelbar vor dem Ausstoßen des ersten Richtungskörperchens. Erwärmung nach diesem Vorgang gibt häufig abnorme Formveränderungen und unregelmäßige Furchung als Resultat. Nach der Reifung beschleunigt die Wärmebehandlung nur die pathologischen Veränderungen, denen die reifen Eier früher oder später in sauerstoffhaltigem Seewasser unterliegen. Wenn reifende Eier in eine $m/_{1000}$ KCN-Lösung in Seewasser übergeführt werden, können sie mehrere Stunden für die Entwicklungserregung durch Wärme empfindlich bleiben. Ein Aufenthalt der Eier in der Zyanidlösung und dann Erwärmung in dieser Lösung, gibt eine bessere Entwicklung, wenn die Eier in normales Seewasser übergeführt werden als bei Versuchen ohne Zyanidbehandlung. Setzt man aber diese auch nach der Erwärmung fort, wird das Resultat noch besser. Der Gang eines solchen Versuches wird durch das folgende Versuchsprotokoll nach R. S. LILLIE klargelegt.

2. September 1907. Die Eier bleiben im Seewasser 45 Minuten nach der Ablage; sie wurden nach Ablauf dieser Zeit in $m/_{2000}$ KCN für eine Stunde übergeführt, wurden dann zu 35° für 20 Sekunden erwärmt und in die $m/_{2000}$ KCN-Lösung von normaler Temperatur zurückgeführt und schließlich nach verschiedenen Zeiträumen, in normales Seewasser gebracht. Die optimale Zeit der Nachbehandlung mit der KCN-Lösung erwies sich etwa 4 Minuten zu sein. Dauert die erwähnte Behandlung mehr als 1 Stunde, wird das Resultat bedenklich schlechter. Es tritt eine Verbesserung des Resultats auch dann ein, wenn die Eier nicht vor, sondern nur nach der Wärmebehandlung der Wirkung der KCN-Lösung ausgesetzt wird. Die Behandlung mit KCl *nach* der Erwärmung muß jetzt etwas länger dauern, 10 bis 25 Minuten oder mehr.

Von großem theoretischen Interesse sind auch die Versuche, die R. S. LILLIE (3) über die Wirkung reiner isotonischer Salzlösungen auf die Eier von *Asterias forbesii* ausgeführt hat. Von den entsprechenden Versuchen mit *Arbacia* war schon oben die Rede. Die Eier von Asterias wurden in 0,53 bis 0,55 $m$-Lösung von NaCl, NaBr, $NaNO_3$ und NaJ übergeführt. Eine Befruchtungsmembran wird nach einer kurzen Behandlung (1 bis 2 Minuten) gebildet und zwar leichter bei vollständig reifen Eiern als bei solchen, bei denen die Reifungsteilungen noch nicht zu Ende gelaufen sind. Nach Überführung der Eier in normales Seewasser tritt eine mehr oder weniger abnorme Entwicklung ein. Wichtige Unterschiede zwischen den verschiedenen Salzen treten bei den Versuchen hervor. NaCl und NaBr sind weniger giftig und geben die besten Resultate bei längerer Behandlung (15 bis 20 Minuten). NaJ wirkt am besten bei kurzer Behandlung der Eier (5 bis 10 Minuten) und gibt leichter als die übrigen Salze Anlaß zur Zytolyse. $NaNO_3$ gleicht am meisten in seiner Wirkung NaJ. Die entsprechenden Kaliumsalze wirken etwas weniger energisch als die Natriumsalze; bei einer geringeren Anzahl von Eiern tritt Entwicklung ein.

Dalcq hat eine zuverlässige Methode vor Erzielung der künstlichen Parthenogenese bei *Asterias glacialis* ausgearbeitet. Die Methode besteht darin, daß man die Eier direkt aus den Eierstöcken in eine Mischung von NaCl, KCl, $MgCl_2$ und $CaCl_2$ bringt, in der das letztgenannte Salz am wenigstens mit $^2/_3$ eingeht. Die benutzten Stammlösungen sollen dem Seewasser isotonisch sein. Das Gemisch wird aber bei dem Gebrauch oft etwas verdünnt, vgl. Tabelle unten. Dalcq gibt die genaue Konzentration seiner Lösungen nicht an. In Neapel sind die dem Seewasser isotonischen Konzentrationen etwa 0,62 m NaCl und KCl, 0,4 m $CaCl_2$ und $MgCl_2$ ($\Delta$ des Seewasser etwa 2,1), bei dem Atlantischen Ozean (englische und französische Küste) sind die entsprechenden Zahlen niedriger, etwa 0,5 und 0,38 m ($\Delta$ des Seewassers etwa 1,9). Die genauen Verhältnisse zwischen den verschiedenen Salzen in dem Gemisch Dalcqs können nicht allgemein angegeben werden. Wir lassen einen Auszug aus einer Tabelle Dalcqs folgen:

| Zusammensetzung des Gemisches | | | | Verdünnung mit destilliertem Wasser % | Furchungen nach Überführung in Seewasser % | Furchungen in dem Gemisch % |
|---|---|---|---|---|---|---|
| 6 $cm^3$ NaCl | 6 $cm^3$ KCl | 6 $cm^3$ $MgCl_2$ | 84 $cm^3$ $CaCl_2$ | 0—20 | 80 | — |
| 14 $cm^3$ NaCl | 14 $cm^3$ KCl | 8 $cm^3$ $MgCl_2$ | 64 $cm^3$ $CaCl_2$ | 23 | 80 | 95 |
| 17 $cm^3$ NaCl | 17 $cm^3$ KCl | 9 $cm^3$ $MgCl_2$ | 55 $cm^3$ $CaCl_2$ | 20 | wenige | 50 |
| | 30 $cm^3$ Seewasser | | 70 $cm^3$ $CaCl_2$ | 10 | 30 | 10 |
| | 30 $cm^3$ Seewasser | | 70 $cm^3$ $CaCl_2$ | 10 | 60 | wenige |

Wenn man schöne Larven erhalten will, müssen die Eier nach 3 bis 4 Stunden in normales Seewasser übergeführt werden. Es geht aber aus der Tabelle hervor, daß auch in dem Gemisch eine Entwicklung eintritt. Dalcq baut auf seinen Ergebnissen eine Theorie, nach der die Entwicklungserregung von einer Verschiebung im Verhältnis zwischen den bi- und monovalenten Kationen im Ei abhänge. Eine Verallgemeinerung dieser Theorie scheint aber zur Zeit nicht möglich.

*Versuche mit Anneliden.* Vor den Versuchen werden die Weibchen isoliert. Man kann gewöhnlich die beiden Geschlechter im reifen Zustande zufolge des Durchschimmerns der Geschlechtsprodukte unterscheiden. Man halte nun Männchen und Weibchen in fließendem Seewasser voneinander isoliert. Vor dem Gebrauch der Weibchen spüle man sie mit destilliertem Wasser ab. Bei einem Röhrenbewohner wie *Pomatoceros triqueter* quellen die Eier spontan hinaus, wenn sie jetzt in sterilisiertes Seewasser übergeführt werden. Ist dies nicht der Fall, wird die Körperhöhle ohne Schädigung des Darmes geöffnet, wonach die Eier entweder ausfließen oder mittels Pipette herausgenommen werden.

Für die Eier von Chatopterus fand Loeb (6), daß eine Behandlung mit folgenden Mischungen gute Resultate geben:

2 $cm^3$ $2^1/_2\,n$ KCl + 98 $cm^3$ Seewasser und 10 $cm^3$ $2^1/_2\,n$ KCl + 90 $cm^3$ Seewasser.

Die Eier wurden während 5 bis 10 oder 60 bis 70 Minuten der Wirkung der hypertonischen Lösungen ausgesetzt. Bemerkenswert ist übrigens, daß zur Entwicklungserregung mit KCl Hypertonie nicht notwendig ist. Loeb behandelte die Eier 13 bis 50 Minuten mit folgenden Mischungen:

10 $cm^3$ $2^1/_2\,n$ KCl + 90 $cm^3$ destilliertes Wasser; 20 $cm^3$ $2^1/_2\,n$ KCl + 80 $cm^3$ destilliertes Wasser.

Diese beiden Lösungen haben einen geringeren osmotischen Druck als das Seewasser. Trotzdem bewirken sie Parthenogenese.

Für die Eier von *Amphitrite* fand LOEB (7), daß eine Erhöhung des Ca-Gehaltes die Parthenogenese hervorruft. Man fügt zu 100 $cm^3$ Seewasser 2 bis 5 $cm^3$ einer $n$-Lösung von $Ca(NO_3)_2$ oder $CaCl_2$. Die Eier können sich *in* dieser Lösung zu Larven entwickeln. Gegen die Annahme einer spezifischen Wirkung divalenter Ionen sprechen die Ergebnisse SCOTTS an demselben Material. Er fand eine Entwicklung eines gewissen Prozentsatzes der Eier nach Behandlung 1 Stunde mit 5 Teilen $2^1/_2 m$ KCl + 95 Teilen Seewasser oder 5 Teilen $2^1/_2 m$ $KNO_3$ + 95 Teilen Seewasser.

Bei *Polynoë* hat LOEB (14) durch Behandlung der Eier mit hyperalkalischem Seewasser: 50 $cm^3$ Seewasser + 1,5 $cm^3$ $n/_{10}$ NaOH eine Entwicklung zu Larven erreicht. Man findet hier wie bei *Chatopterus* und *Amphitrite*, daß Eier, auch wenn sie sich nicht furchen, zu schwimmenden Larven werden können. Eine Verbesserung des Resultates findet LOEB, wenn er die Eier nach 4 Stunden in eine hypertonische Lösung: 50 $cm^3$ Seewasser + 9 $cm^3$ $2^1/_2 n$ NaCl bringt. Für die Polynoeeier hat LOEB (12) auch folgende Methode ausgearbeitet: die Eier wurden 4 Minuten mit 5 $cm^3$ Seewasser + 2 Tropfen einer sehr schwachen Saponinlösung gebracht. Sie werden dann nach gründlicher Waschung in sterilem Seewasser in 50 $cm^3$ Seewasser + 8 $cm^3$ $2^1/_2 n$ NaCl auf 20 Minuten übergeführt. Sie werden in normales Seewasser zurückgebracht und hier tritt eine Furchung fast sämtlicher Eier ein. Auch die bloße Saponinbehandlung ruft eine Entwicklung hervor. Die Ausbeute ist nicht so groß wie bei der Kombination mit hypertonischer Lösung.

| Säure | Seewasser $cm^3$ | Dauer der Einwirkung in Minuten |
|---|---|---|
| 17 $cm^3$ $n/10$ $HNO_3$ . . . . | 83 | 5 |
| 15 $cm^3$ $n/10$ HCl . . . . . | 85 | 5 |
| 10 $cm^3$ $n/10$ $H_2SO_4$ . . . . | 90 | 8 |
| 12 $cm^3$ $n/10$ Oxalsäure . . . | 88 | 8 |
| 15 $cm^3$ $n/10$ Essigsäure . . . | 85 | 5 |

Bei der Sipunculide Thalassema mellita hat LEFEVRE Entwicklungserregung durch Säurebehandlung erhalten. Die besten Resultate hat LEFEVRE mit nebenstehenden Säuremischungen gehabt.

Nach Überführung der Eier in normales Seewasser bilden sie eine Membran. Eine Nachbehandlung mit hypertonischem Seewasser ist nicht nur nicht notwendig, sondern wirkt sogar schädlich. Alle Eier bilden nach der Säurebehandlung eine Membran, aber in günstigstem Falle entwickelten sich nur 60% der Eier zu schwimmenden Larven. Eine Furchung findet bei den parthenogenetischen Thalassema-Eiern statt.

FAURÉ-FRÈMIÉE und HÖRSTADIUS haben den Einfluß äußerer Faktoren auf die Reifung von *Sabellaria* bzw. *Pomatoceros* geprüft. Eine erhöhte Alkalinität befördert die Reifung. Es ist offenbar die neutrale Reaktion der Leibesflüssigkeit, die die Reifung in dieser verhindert. Aus den Ergebnissen HÖRSTADIUS sei weiter hervorgehoben, daß Kaliummangel die Reifung befördert, Kalziummangel dagegen verhindert. In den Versuchen HÖRSTADIUS tritt nach der Behandlung mit hyperalkalischem Seewasser ($p$ 4 bis 9,2) keine Entwicklung nach der Auflösung des Keimbläschen des unreifen Eies ein. Für Sabellaria gilt nach FAURÉ-FRÈMIÉE, daß Erhöhung der Alkalinität durch NaOH-Zusatz zu 12% entwicklungserregend wirkt. Zugleich soll das Seewasser etwas hypotonisch im Verhältnis zu dem normalen gemacht werden. Die Eier bleiben in dem hyperalkalischen Medium bis 1 Stunde. Behandlung mit Buttersäure oder Essigsäure nach LOEB führte dagegen nicht zum Ziel, auch nicht, wenn die Eier nachträglich in hypertonisches Medium übergeführt wurden. Auch eine Erwärmung der Eier bei beginnender Reifung auf 28° 45 Minuten bis 1 Stunde 30 Minuten und dann Überführung in Seewasser von 18 bis 20° ruft eine Entwicklung hervor. Das Optimum der Behandlung ist nicht näher bestimmt worden.

*Versuche mit Mollusken.* LOEB (1) erhielt Entwicklung der Eier von *Lottia gigantea* und verschiedener Formen von *Acmaea*, indem er sie 2 Stunden mit hypertonischer

Lösung, 50 cm³ Seewasser + 10 cm³ $2^1/_2\,m$ NaCl, behandelte. Das Resultat wird verbessert, wenn man durch Zusatz von NaOH die Mischung alkalischer macht. Das Optimum der Alkalinität muß jedesmal bestimmt werden. LOEB und WASTENEYS erzielten Entwicklung der Eier von *Cumingia* durch Behandlung mit Ochsblut. Die Eier wurden 2 bis 5 Minuten in $^3/_8\,m$-Lösung von $SrCl_2$ vorbehandelt. Sie wurden dann in Rinderserum übergeführt, das zuerst dem Seewasser isotonisch gemacht und dann mit gleichem Volum einer $m/_2$-Lösung von NaCl + $CaCl_2$ + KCl verdünnt worden war. Durch wiederholte Waschungen mit einer Ringerlösung wurden die Eier von jeder Spur des Serums befreit, wonach sie für 60 Minuten in 50 cm³ Seewasser + 8 cm³ $2^1/_2\,m$ NaCl übergeführt wurden. Hier tritt auch eine Furchung ein, während in den Versuchen mit *Lottin* sowohl wie in ähnlichen Versuchen mit *Mactra*, die KOSTANECKI durchführte, eine Entwicklung zu schwimmenden Stadien ohne Furchung eintrat.

*Versuche mit Insekten.* Hier liegen Experimente mit *Bombyx mori*, dem Seidenspinner vor. TICHOMIROFF hat festgestellt, daß Eintauchen in konzentrierte Schwefelsäure auf $1^1/_2$ Minuten mit nachfolgender gründlicher Waschung in Wasser, Reibung mit einer Bürste oder Erwärmung der Eier auf 45° (Zeit nicht angegeben) Parthenogenese bei einem gewissen Prozentsatz der Eier hervorruft. Die Entwicklung geht nicht bis zum Schlüpfen der Larven weiter. Die Weibchen werden von Anfang an dadurch isoliert, daß die einzelnen Kokons in Musselinsäckchen eingebunden werden, in denen die Tiere schlüpfen.

*Versuche mit Cyclostomen.* BATAILLON (1) hat bei Petromyzon planeri eine Entwicklung höchstens bis zum Blastulastadium erreicht. Die unbefruchteten Eier wurden in Lösungen von 6proz. Rohrzucker oder 0,5 bis 0,65proz. NaCl übergeführt und dort dauernd gelassen. Überführung in ein anderes Medium wirkt offenbar bisweilen entwicklungserregend, so z. B. von 0,5proz. NaCl-Lösung in eine 6proz. Rohrzuckerlösung.

*Versuche mit Anuren.* Die osmotische Methode oder die Erwärmung hat hier nicht befriedigende Resultate gegeben, vgl. BATAILLON (1). Dagegen ist eine Entwicklung sogar bis zu späten Stadien durch eine Methode erzielt worden, die wir GUYER verdanken. Er verfuhr folgendermaßen: Kurz vor der Zeit der Eiablage wurden die Eier unter Kautelen um eine akzidentelle Besamung zu vermeiden, aus den Eileitern herausgenommen. Die der Kloake am nächsten liegenden Eier wurden als Kontrolle benutzt. Die übrigen Eier wurden mit einer feinen kapillären Pipette angestochen, die zuerst in Lymphe oder Blut eines anderen Frosches eingetaucht worden war. BATAILLON (2) legt die dem Eileiter entnommenen Eier trocken in einfacher Schicht und sticht sie mit Nadeln aus Glas, Mangan oder Platin vom Kaliber 0,003 bis 0,008 mm. Es wird darauf achtgegeben, daß die Eier in einem exzentrischen Punkt der schwarzen Hemisphäre gestochen werden. An der Anstichstelle entsteht ein Exovat. Nach der Operation übergießt man die Eier mit Wasser. Die erregten Eier drehen sich wie nach normaler Befruchtung nach etwa 45 Minuten innerhalb der Gallerthülle, so daß der schwarze Pol des Eies nach oben schaut. In seinen ersten Versuchen benutzte BATAILLON die Eier von *Rana fusca*; später auch diejenigen von *Bufo vulgaris* und *Bufo calamita*. BATAILLON (3) findet, daß schon der Anstich an sich entwicklungserregend wirken kann, daß aber das gleichzeitige Einführen von Blut oder Lymphe das Ergebnis außerordentlich verbessert. Durch besondere Versuche hat BATAILLON (4) nachgewiesen, daß im Blut die Lymphozyten die wirksamen Bestandteile bilden. LOEB und BANCROFT haben durch bloßen Anstich ohne Einimpfung eine Entwicklung bis zum Kaulquappenstadium erreicht. Die Sterblichkeit ist bei diesen Versuchen sehr groß. In einem Falle wurde die Metamorphose fast vollendet. Nur die Eier von *Rana sphenocephala* und *Rana pipiens* geben nach bloßem Anstich Kaulquappen; die Eier von *Rana silvatica*, *Chlorophilus feriarum* und *Bufo americanus* sterben dagegen nach dieser Behandlung in früheren Stadien ab. Loeb vergleicht den Anstich mit dem Schütteln der Eier von Seesternen. Voss hat auch durch Schlagen der an einem Objektträger dicht gelagerten unbefruchteten Eier mittels eines Hornlöffels die ersten Stadien der Entwicklung erzielt.

## Literatur.

Bataillon, E. (1): Arch. f. Entwicklungsmech., Bd. 18, S. 17, 1904; (2) Cpt. rend. de l'acad. des sciences, Bd. 150, S. 996, 1910; (3) Cpt. rend. de l'acad. des sciences, Bd. 152, S. 920, 1120 und 1271, 1911; (4) Cpt. rend. de l'acad. des sciences, Bd. 156, S. 812, 1913; (5) Cpt. rend. des séances de l'acad. des sciences, Bd. 182, S. 1508, 1926. — Bataillon, E., u. Tchou Su.: Cpt. rend. hebdom. des séances de l'acad. des sciences Bd. 183, S. 636, 1926. — Breslau: Dtsch. med. Wochenschr., Nr. 6, 1924, S. 164. Arch. f. Hydrobiol., Bd. 15, S. 585, 1925. Vgl. auch: Verhandlung der Internationalen Vereinigung für theoretische u. angewandte Limnologie III, 1926, S. 56. — Dalcq, A.: Arch. de biol., Bd. 34, S. 507, 1924. — Delage, Y. (1): Arch. de zool. exp. et gén. 4. Série 7. 1908, S. 446; (2) Arch. de zool. exp. et gén., 1902, S. 213. Ebenda 1904; Ebenda 1905. Cpt. rend. de la soc. de biol., Bd. 145, S. 218, 1907. — Fauré-Frèmiée, E. (1): Arch. d'anat. microscop., Bd. 20, S. 211, 1924; (2) Cpt. rend. de la soc. de biol., Bd. 85, S. 810, 1921. — Gellhorn, E.: Protoplasma, Bd. 1, S. 589, 1927. — Greeley: Bull. Biol., Bd. 4, S. 129, 1903. — Guyer: Science, Bd. 25, S. 910, 1907. — Herbst, C. (1): Abderhaldens Handb. d. biol. Arbeitsmeth. V, Bd. 3a, S. 441, 1925; (2) Arch. f. Entwicklungsmech. d. Organismen, Bd. 11, S. 617, 1901; Ebenda Bd. 17, S. 308, 1904; (3) Mitt. zool. Stat. Neapel, Bd. 16, S. 455, 1904; (4) Biol. Zentralbl., Bd. 13, (1893). — Hertwig, O., u. R.: Untersuchungen zur Morphologie u. Physiologie der Zelle. H. 5. Jena 1887. — Hörstadius, G.: Arch. f. mikroskop. Anat. u. Entwicklungsgesch., Bd. 98, S. 1, 1923. — Just, E. E.: Biol. Bull., Bd. 43, S. 384, 1922. — Koehler, O.: Zeitschr. f. indukt. Abstammungs- u. Vererbungsl., Bd. 21, 1916. — Kostanecki: Arch. f. mikroskop. Anat., Bd. 64, S. 1, 1904. — Lefevre, G.: Journ. of exp. zoll., Bd. 4, S. 91, 1907. — Legendre, R.: La concentration en Sons Hydrogene. Paris 1925. — Lillie (1): Americ. Jorun. of physiol., Bd. 26, S. 106, 1910; (2) Journ. of exp. zool., Bd. 5, S. 375, 1908: (3) Americ. Journ. of physiol., Bd. 26, S. 106, 1910. Ebenda Bd. 27, S. 289, 1911. — Loeb, J. (1): Univ. of California publ. in physiol., Bd. 1, S. 7, 1903. Chemische Entwicklungserregung, S. 179; (2) Univ. of California publ. in physiol., Bd. 2, 1905. Die chem. Entwicklungserregung, S. 162ff; (3) Americ. Journ. of physiol., Bd. 3, S. 135, 1899; Ebenda Bd. 3, S. 434, 1900; (4) Americ. Journ. of physiol., Bd. 4, S. 178, 1900. Die chemische Entwicklungserregung, S. 37ff; (5) Americ. Journ. of physiol., Bd. 4, S. 178, 1900; (6) Am. Journ. of physiol., Bd. 4, S. 423, 1901; (7) Arch. f. Entwicklungsmech. d. Organismen, Bd. 13, S. 481, 1902; (8) Biochem. Zeitschr., Bd. 15, S. 254, 1909. Die chemische Entwicklungserregung des tierischen Eies, S. 100ff; (9) Univ. of California publ. in physiol., Bd. 9, S. 83, 89, 113, 1905. Die chemische Entwicklungserregung, S. 60ff.; (10) Arch. f. Entwicklungsmech. d. Organismen, Bd. 13, 1902. Vgl. auch Loeb, J.: Die chemische Entwicklungserregung des tierischen Eies. Berlin 1909, S. 169; (11) Pflügers Arch., Bd. 113, S. 487, 1906. Ebenda Bd. 118, S. 30, 1907. Die chemische Entwicklungserregung, S. 51ff; (12) Pflügers Arch., Bd. 122, S. 448, 1908. Die chemische Entwicklungserregung, S. 171; (13) Pflügers Arch., Bd. 118, S. 36, 1907; Ebenda, Bd. 122, S. 196, 1908; Ebenda, Bd. 124, S. 37, 1908. Die chemische Entwicklungserregung, S. 185ff. Die chemische Entwicklungserregung, S. 72ff; (14) Pflügers Arch., Bd. 118, S. 572, 1901. Die chemische Entwicklungserregung, S. 172; (15) Pflügers Arch., Bd. 118, S. 181, 1907. Chem. Entwicklungserregung S. 44ff. (16) Die chemische Entwicklungserregung, S. 72ff. — Loeb, J., u. Bancroft: Journ. of exp. zoll., Bd. 14, S. 225, 1913 u. B d. 15, S. 392 1913. — Loeb, J., u. Wasteneys, H.: Science, Bd. 36, S. 255, 1912. — Lyon, E. P.: Americ. Journ. of physiol., Bd. 9, S. 308, 1903. — Mathews, A. T.: Americ. Journ. of physiol., Bd. 6, S. 142, 1901. — Paspaleff: Communicazioni della stazione zoologica. Napoli 1927. — Popoff, M.: Zellstimulationsforschungen I. 1925, S. 265. — Popoff, M., Paspoleff u. Dobreff, M.: Ebenda II 1927, S. 211, und II, 1927, S. 327. — Robertson, Bruilsford, T.: Journ. of biol. chem., Bd. 11, S. 339, 1912; Ebenda, Bd. 12, S. 163, 1912. — Runnström, J.: Acta Zoologica, Bd. 4, S. 285, 1923; Ebenda, Bd. 5, S. 345, 1924; Arch. f. Zoologie, Bd. 16, Nr. 27; Ebenda, Bd. 16 u. 30, 1925. Protoplasma 4, S. 388, 1928. — Scott, J. W.: Journ. of exp. zool., Bd. 3, S. 62, 1906. — Shearer u. Lloyd: Quart. Journ. of microscop. science, Bd. 58, S. 538, 1913. — Tichomiroff, A.: Arch. f. Anat. u. Physiol., Physiol. Abt., Suppl.-Bd., S. 35, 1884. Zool. Anz., Bd. 25, S. 386, 1902. — Voss, H.: Arch. f. mikroskop. Anat. u. Entwicklungsgesch., Bd. 98, S. 121, 1923.

# Technisches über die Zellstimulation.

Von **M. POPOFF**, Sofia.

Um die experimentellen Grundlagen der Zellstimulation auf ihren verschiedenen Anwendungsgebieten erfassen zu können und dann die Stimulationsmethoden selbständig weiter variieren und vervollkommnen zu können, muß ich einiges über die Leitgedanken der Zellstimulationsforschung vorausschicken.

Die Oxydationsprozesse sind die Grundlagen aller Lebenserscheinungen; von der Intensität derselben hängt die Intensität der Lebensäußerungen ab. Die Untersuchungen an Zellen, die sich in einer Verlangsamung, in einer Depression der Lebensprozesse befinden, haben in der Tat gezeigt, daß bei denselben die Oxydationsprozesse unter die Norm gefallen sind. Es kann folglich angenommen werden, daß irgendwie die Angriffspunkte des Sauerstoffs zur lebenden Materie gestört worden sind und daß wir zu einer Hebung, zu einer Stimulierung der Lebensfunktionen gelangen könnten, wenn wir die Verankerungspunkte des Sauerstoffs wieder frei und zugänglich machen könnten. Um die Zirkulation des Sauerstoffs im lebenden Molekül, im lebenden Plasma wieder möglich zu machen und dadurch die ganze Kette der chemischen Umwandlungen in der Zelle wieder reaktivieren zu können, müssen wir durch Anwendung von Stimulationsmitteln — welche nach meiner hypothetischen Auffassung vorwiegend Reduktionsmittel sind — freie Affinitäten für den Sauerstoff schaffen und dadurch ein neues energisches Aufleben der Atmungsprozesse herbeiführen. Und je nach der Stärke dieses Reduktionseingriffes wird sich die Einwirkungsform des Stimulantes in einer angehenden Stimulation äußern, die dann in die Phase der optimalen Stimulation übergeht, um schließlich beim Überschreiten einer gewissen Stärke der Reduktionswirkung in eine Phase abfallender Stimulation zu enden, die bei zu starker Desoxydation der lebenden Substanz in eine irreparable Desaggregation derselben übergeht. Wir stehen hier vor einer allgemeinen Erscheinung in der Wirkungsweise der Stimulationsmittel, die bestehen bleiben wird[1] ungeachtet dessen, ob die Ausgangshypothese, die zu ihrer Aufstellung führte, in dieser ihrer Form sich halten wird oder nicht. Zu einer allgemeineren Fassung der Zellstimulationserscheinungen ist auf chemisch-kolloidalem Wege zu gelangen, doch beschränke ich mich hier nur auf diesen Hinweis.

Eine wichtige und grundlegende Forderung der Statuierung der obenerwähnten drei Phasen der Stimulationswirkung ist die, daß wir, um eine optimale Stimulationswirkung zu erreichen, an der Hand eingehender Experimente die optimale Konzentration der Stimulationslösung und im Zusammenhang mit ihr die optimale Zeit der Einwirkung so genau feststellen müssen, daß wir die optimale Stimulationsphase erreichen und nicht auf der aufsteigenden bzw. abfallenden Seite der Stimulationskurve stehenbleiben. Unter diesem Gesichtspunkt habe ich versucht auch die Wirkung der physikalischen Stimulantien, wie die der Temperatur, der mechanischen Einwirkung und der verschiedensten Formen der strahlenden Energie, zusammenzufassen.

Da die optimale Konzentration der Stimulationslösungen und die optimale Zeit der Einwirkung eine verschiedene für die verschiedenen Zellen — tierische und pflanzliche — ist, was im Zusammenhang mit dem besonderen Chemismus, mit dem Dispersionsgrad des Protoplasmas, wie auch mit der Natur und Durchlässigkeit der Zellmembran steht, so erhellt daraus, daß für die Erreichung einer günstigen Stimulationseinwirkung viel Experimente, für jeden gesonderten Fall, notwendig sind, die diese zwei Komponenten-Konzentration der Stimulations-

[1] Ein gesonderter, spezieller Fall von derselben bildet die ARNDT-SCHULZsche Regel der Giftwirkung.

lösung oder Stärke der Einwirkung des physikalischen Agens und die Zeit der Einwirkung derselben, genau feststellen.

Für die experimentelle Durchforschung der Zellstimulationserscheinungen sind deshalb vor allen Dingen viel, sehr viel systematisch und mit Ausdauer durchgeführte Versuche nach der oben angedeuteten Richtung erforderlich.

Die Wirksamkeit der Stimulationsmittel wurde bis jetzt von mir, meinen Mitarbeitern und einer Anzahl anderer Forscher nach den folgenden Hauptrichtungen hin untersucht.

1. Besonders geeignet für Zellstimulationsversuche sind die Protozoen, da man an denselben in verhältnismäßig kurzer Zeit die obenerwähnten zwei Stimulationskomponenten feststellen kann. So beim Eintauchen von Paramäcien für nur einige Minuten in Stimulationslösungen ($MgCl_2$ 15‰, KJ 1‰, $MgBr_2$ 20‰, Methylal usw.) und nachträgliches Auswaschen und Überführen in die normale Kulturflüssigkeit sind wir imstande, die Teilungsrate derselben bedeutend zu erhöhen, so zeigte z. B. nach Stimulation mit $Mn(NO_3)_2$ bei einem Versuch das eine Tochtertier, welches als Kontrolle weiterkultiviert wurde, nach 7 Tagen eine Nachkommenschaft von 883 Tiere, und das andere stimulierte Tochtertier 2490 Tiere.

Besonders geeignet für Stimulationsversuche erwiesen sich auch die enzystierten Euglenen. Es zeigte sich, daß wir imstande sind, die im völligen Stillstand sich befindenden Lebensfunktionen derselben bei geeigneter Behandlung wieder zu heben und die Euglenen aus der Zyste ausschlüpfen zu lassen. Hier gebe ich als Beispiel den Verlauf eines Stimulationsversuches mit Kal. Arsenicosum wieder[1]:

6. September 1923, 6 Uhr Nachmittag.

| Lösungen: | Einwirkungsdauer in Minuten: | | | | |
|---|---|---|---|---|---|
| 0,1 ‰ | 5 | 10 | 15 | 30 | drei Wasserkontrollen. |
| 0,05 ‰ | 5 | 10 | 20 | 40 | |
| 0,025 ‰ | 5 | 15 | 30 | 60 | |

7. September, 8 Uhr Vormittag. Von den Kontrollen 2 bis 3% der Zysten aufgewacht, ²/₃ davon von neuem enzystiert. In der Lösung 0,1‰ sind nach 5 Min. Behandlung ca. 50% der Zysten aufgewacht und dann ein Teil derselben von neuem enzystiert. Nach 10, 15 und 30 Min. Behandlung ist die Zahl der aufgewachten Zysten sehr gering, nur 40 bis 50 Exemplare, viele davon stehen vor neuer Enzystierung.

In der Lösung 0,05‰ sind nach 5 Min. Behandlung alle Zysten (100%) aufgewacht, nur ca. 10% davon vor neuer Enzystierung. Nach 10 Min. Behandlung fällt die Zahl der aufgewachten Zysten sofort auf 5 bis 10% herunter. Nach 20 Min. Behandlung ist die Zahl der aufgewachten Zysten wie bei der Kontrolle, nur 2 bis 3% und bei 40 Min. Behandlung fällt diese Zahl schon unter die Kontrolle. Dieses Resultat ist ein eklatantes Beispiel wie wichtig bei den Stimulationsmitteln es ist, die richtige Dauer der Einwirkung festzustellen.

In der Lösung 0,025‰ ist die Zahl der aufgewachten Zysten nach 5 Min. Behandlung 97 bis 98%. Nach 15 und 30 Min. Behandlung sinkt die Zahl der ausgeschlüpften Zysten auf 10% herunter. Nach 60 Min. Behandlung ist kein Unterschied von der Kontrolle.

Also zeigt dieser Versuch, daß die optimale Stimulationslösungskonzentration von Kal. Arsenic. für die Euglenen sich bei 0,05‰ bei einer Einwirkungsdauer von 5 Min. befindet.

Durch solche Versuchsanordnung wurde die stimulierende Wirkung einer großen Anzahl von chemischen Verbindungen, wie $MgCl_2$, $MgSO_4$, KCl, $KNO_3$, KJ, KBr,

---

[1] Die Euglenen wurden in Reinkultur gezüchtet und dann durch künstliche Eingriffe — Überführung in schwach mit Ammoniak versetztem Wasser — zur Enzystierung gebracht.

$MgBr_2$, $KH_2PO_4$, $CaH_4(PO_4)_2$, $MnSO_4$, $Mn(NO_3)_2$, $FeSO_4$, Chloroform, Äther, Methylal, Ameisensäure, Glyzerinphosphorsäure, Azeton, Phenol, Pikrinsäure, Strychn. nitr., Nikotin, Morphin, Brenzcatechin, Chinasäure, Gallussäure, Tannin u. a. festgestellt.

Die Versuche mit den enzystierten Euglenen, weil sie in verhältnismäßig kurzer Zeit Resultate zeigen, sind besonders geeignet, um die Wirkungsweise der verschiedensten Stimulationsmittel zu prüfen und damit einige annähernde Daten für die Stimulationsversuche an Pflanzen, Pflanzensamen und Tieren zu gewinnen, bei denen die Versuchsanordnung sich komplizierter gestaltet und längere Zeit für die Erhaltung der Resultate notwendig ist.

Und so wurden die Resultate an einzelligen Tieren Ausgangspunkt für

2. Versuche zur Beschleunigung der Wundregeneration. Als Versuchsobjekt dienten hier zuerst Hydren und Planarien. Dieselben wurden mit scharfen Skalpell in der Mitte durchgeschnitten und gleich darauf die hinteren Hälften der Tiere mit Stimulationsmitteln 1 bis 5 Min. lang behandelt, gut ausgewaschen und dann die Entwicklung mit entsprechenden unbehandelten Kontrollen verglichen. Das Ergebnis der Stimulationsbehandlung war eine Beschleunigung der Regenerationsvorgänge um die Hälfte oder um ein Drittel der normalen Regenerationszeit. Gute Resultate bei der Behandlung ergaben unter anderem die folgenden Lösungen: $MgCl_2$ 15 ‰, $MgBr_2$ 30 ‰, KBr 5 ‰, KJ 0,25 ‰, Kal. Arsenic. 0,05 ‰, Glyzerinphosphorsäure $^1/_{16}$ ‰, Glyzerin 2 ‰ + KJ 1 ‰; Tannin 0,25 ‰ + KJ 1 ‰, Acidum formicum, Methylal 1 ‰, Tannin 1 ‰ usw.

Die bei den niederen Tieren gesammelten Erfahrungen wurden ausgenützt, um Wundregenerationsversuche auch bei höheren Tieren — Hund, Pferd und Mensch — einzustellen. Die nach dieser Richtung erzielten Resultate könnten bei weiterer Verfolgung und Ausarbeitung die Basis für eine neue Wundbehandlungsrichtung werden.

3. Ein außerordentlich günstiges Objekt, um die Wirkungsweise der Stimulationsmittel zu ermitteln, sind auch die reifen unbefruchteten Seeigeleier. Von Untersuchungen der Depressionserscheinungen an einzelligen Tieren ausgehend und dieselben auf die Geschlechtszellen der Metazoen ausdehnend, habe ich im Jahre 1907 die Auffassung vertreten, daß die Geschlechtszellen im Moment der Reife sich in einem Zustand verminderter Oxydationsprozesse, in einem Zustand physiologischer Depression befinden. Diese Auffassung habe ich morphologisch und physiologisch zu stützen gesucht. Sie wurde später auch durch die Untersuchungen WARBURGs auf das glänzendste bestätigt. WARBURG konnte nämlich feststellen, daß sich die reifen unbefruchteten Eier in einem Zustand stark herabgesetzter Oxydation befinden und daß die Oxydationsprozesse nach der normalen Befruchtung auf das vielfache heraufschnellen. Es müßten also, auch die Stimulationsmittel, als Förderer der Oxydationsprozesse, in richtigen Konzentrationen und Zeit der Einwirkung angewandt, die reifen unbefruchteten Seeigeleier zur Entwicklung anregen und so die Erscheinungen der künstlichen Parthenogenese herbeiführen. Dieses würde aber beweisen, daß diese Erscheinungen in das große Gebiet der allgemeinen Zellstimulationserscheinungen einzureihen sind. Die Versuche mit den Seeigeleiern bestätigten vollkommen die obigen Voraussetzungen: Alle Zellstimulationsmittel sind auch künstlich-parthenogenetische Mittel.

Die Stimulationsversuche an Seeigeleiern wurden folgenderweise durchgeführt: Die sorgfältig mit Süßwasser äußerlich ausgewaschenen Seeigel wurden durch peinlich rein gehaltene Scheren und Pinzetten aufgemacht und die dorsale Hälfte auf mit Meerwasser gefüllte Becher gestellt, die Seeigelschale, die dorsale Hälfte also, mit Wasser gefüllt und dasselbe von Zeit zu Zeit gewechselt. Die dadurch eingetretene Reizung der Eierstöcke genügte meistens, um die Eier zur Ablage zu bringen.

Nur wo es darauf ankam, für die Versuche möglichst viel Eier zu haben, wurde außerdem die Eiablage durch Blasen auf die Eierstöcke vermittels einer mit Gummiballon versehenen Pipette begünstigt. Die gesammelten Eier wurden in große, tiefe Uhrschälchen (geeignete Größe bis 12 cm) mit reichlich Meerwasser getan, und diese letzteren dann in großen Petrischalen, deren Boden mit Wasser bedeckt war (Petrischalenfeuchte Kammer) bis zu Beginn des Versuches ein bis zwei Stunden aufbewahrt. Für die ganze Versuchsanordnung wurde nur Meerwasser verwendet, das durch Berkefelfilter filtriert worden war. Die Versuche wurden bei Zimmertemperatur, welche durchschnittlich zwischen 18 bis 22 ° C schwankte, durchgeführt. Als besonders geeignete Versuchsanordnung erwies sich folgende: Die Seeigeleier (am geeignetsten erwiesen sich die Eier von Strongylocentrotus lividus) wurden in Uhrschälchen, aufgefüllt mit verschiedenen Konzentrationen des auf seine Wirkung zu prüfenden Stimulationsmittels, getan, nach bestimmten Zeiträumen herausgenommen und in andere große Uhrschälchen mit reinem Meerwasser überführt. Nach viermaligem Abwaschen von der Stimulationslösung, durch Übertragen in andere Uhrschälchen mit frischem Meerwasser, wurden schließlich die Versuchsschälchen zwecks weiterer Beobachtung, um ein Verdunsten des Wassers zu vermeiden, in feuchte Petrischalenkammern getan. In jedem dieser Versuchsschälchen waren zum Schluß ein paar Hundert, 300 bis 500, Eier vorhanden. Die Versuchsresultate wurden prozentual schätzungsweise abgelesen.

Nachfolgend ein Beispiel für die Durchführung eines Stimulationsversuches bei Seeigeleiern. Eine ähnliche Versuchsanordnung, je nach dem Objekt (Pflanzen, Pflanzensamen usw.) ins Große übertragen, bleibt als Grundlage eines jeden Stimulationsversuches — nämlich eine Reihenfolgenabstufung von Konzentrationen und Zeiten der Einwirkung.

26. Mai 1926, 11 Uhr Vormittag.

| Stimulationskonzentrationen: | Zeit der Einwirkung in Minuten: | | | | | | | | |
|---|---|---|---|---|---|---|---|---|---|
| $Na_2SO_4$ 100‰ | 5 | 10 | 15 | 20 | 30 | 45 | 60 | 75 | 90 |
| „ 90‰ | .. | .. | .. | .. | .. | .. | .. | .. | .. |
| „ 80‰ | .. | .. | .. | .. | .. | .. | .. | .. | .. |
| „ 70‰ | .. | .. | .. | .. | .. | .. | .. | .. | .. |
| „ 60‰ | .. | .. | .. | .. | .. | .. | .. | .. | .. |
| „ 50‰ | .. | .. | .. | .. | .. | .. | .. | .. | .. |
| „ 40‰ | .. | .. | .. | .. | .. | .. | .. | .. | .. |
| usw. | .. | .. | .. | .. | .. | .. | .. | .. | .. |
| bis 1‰ | .. | .. | .. | .. | .. | .. | .. | .. | .. |

Der Versuch beendet um 8 Uhr Nachmittag. Ohne in Einzelheiten des detaillierten Protokollberichtes, aufgenommen in Intervallen von einigen Stunden, einzugehen, beschränke ich mich auf Wiedergabe nur einiger Daten. Um 8 Uhr Nachmittag. Bei $Na_2SO_4$ 100 ‰, 45 Min. viele Eier in Teilung, bei 60 und 75 Min. ist die Zahl derselben auf 25% angewachsen, die übrigen Eier mit vergrößertem Kern oder in schwarzer Zytolyse, bei 50 Min. alle Eier abgestorben.

Bei $Na_2SO_4$ 80 ‰, 60, 75 und 90 Min. ca. 40 bis 50% der Eier mehrmals geteilt, vielfach fast ausgebildete, aber noch unbewegliche Blastulae. Die Entwicklung macht einen durchaus normalen Eindruck. Die übrigen Eier mit vergrößertem oder schon mehrfach geteilten Kern.

Bei $Na_2SO_4$ 70 ‰, 45 Min. ca. 30 bis 40% fortgeschrittene Zellteilungen, sonst wie bei 80 ‰. Bei den höheren Behandlungszeiten wird die Zahl der Zellteilungen allmählich geringer, fällt aber nicht unter 25%.

Bei den niedrigeren Konzentrationen verringert sich die Zahl der Zellteilungen, um bei Konzentration unter 50 ‰ ganz aufzuhören.

Am 27. Mai 9 Uhr Vormittag.

Bei $Na_2SO_4$ 100 ‰, 60 und 75 Min. ist die Zahl der schwimmenden Blastulae ca. 25 %, um bei $Na_2SO_4$ 80 ‰ 60 Min. auf 60 % heraufzusteigen; bei 45 Min. sind ca. 10 % und bei 75 Min. ca. 40 % schwimmende Blastulae; bei 90 Min. — die Eier zerfallen.

Bei $Na_2SO_4$ 70 ‰ sind bei 45 Min. ca. 40 % bewegliche Blastulae, bei den höheren Behandlungszeiten verringert sich die Zahl der Blastulae zusehends.

Am 28. Mai Vormittag haben sich die Blastulae bis zu normalen, munter schwimmenden Plutei entwickelt.

Also zeigt dieser Versuch, wie auch viele andere ähnliche Versuche, daß das $Na_2SO_4$ in Lösung von 80 ‰ und bei Behandlungszeit von 60 Min. ein sehr stark wirkendes Stimulans ist.

4. Da die Entwicklungsanregung des Eies sich auf diese Weise als ein Stimulationsvorgang herausstellte, so wurde auch die stimulierende Wirkung der in männlichen Geschlechtsprodukten enthaltenen Stimulationssubstanzen auf die Seeigeleier nachgeprüft. Es stellte sich z. B. heraus, daß Extrakte von Pollen von Quercus bzw. Calla bei geeigneter Konzentration und optimaler Zeit der Einwirkung imstande sind, die reifen, unbefruchteten Seeigeleier so anzuregen, daß sie in Teilung eintreten und lebende, munter bewegliche Blastulae geben (Versuche zusammen mit Dr. DOBREFF und Dr. PASPALEFF). Die nach dieser Richtung günstig wirkenden Extrakte wurden auf folgende Weise hergestellt: 3 g reiner, frischer Pollen von Calla bzw. Quercus, wurde eine Stunde lang ohne Wasserzusatz im Porzellanmörser kräftig zerrieben, bis sich bei Kontrolle unter dem Mikroskop zeigte, daß fast alle Pollenkörner zerplatzt waren; dann wurden 45 $cm^3$ (= für 1 g Pollen 15 $cm^3$) destilliertes Wasser zugesetzt und zentrifugiert. Die so gewonnene Extraktflüssigkeit wurde zu je 15 $cm^3$ in drei Petrischalen eingegossen und dann bei 40 bis 45° C verdunsten lassen. Der trockene Rest, der ein grünliches Häutchen am Boden der Petrischale bildete, wurde in 3, 4 bzw. 5 $cm^3$ Meerwasser unmittelbar vor Beginn des Versuches aufgelöst. Einige der mit dem Extrakt 1 g Pollen in 4 $cm^3$ Wasser 15 Min. lang behandelten Eier zeigten eine Entwicklung bis zu schwimmenden Blastulae.

5. Frühere Versuche haben gezeigt, daß die avitaminosen Tiere eine starke Herabsetzung der Atmungsvorgänge zeigen. Es lag deshalb nahe zu versuchen, durch Einwirkung von Stimulationsmitteln die Oxydationsprozesse der avitaminosen Tiere wieder zu heben und folglich auch die Symptome der Avitaminose zu mildern bzw. aufzuheben. Und in der Tat konnten wir (Versuche mit Dr. DOBREFF und Dr. PASPALEFF) bei Behandlung von moribunden avitaminosen Tauben mit dem stark wirkenden Zellstimulationsmittel $MgBr_2$ (Injektion von 0,0035 bis 0,015 g $MgBr_2$ gelöst in 0,5 bis 1 $cm^3$ destilliertem Wasser) die avitaminosen Erscheinungen zum Verschwinden bringen. Diese Versuche eröffnen die Perspektive die Wirkung der Vitamine auch vom Stimulationsstandpunkt aus zu betrachten und so dem Verständnis näher zu bringen.

6. Große praktische Anwendung versprechen die Zellstimulationsmittel in der Landwirtschaft bei der Pflanzensamenstimulation zu gewinnen. Wie Versuche von mir und später auch von anderen Forschern zeigen, kann man durch geeignete Stimulierung von Pflanzensamen größere und kräftigere Pflanzen züchten, die dementsprechend auch einen Mehrertrag an Pflanzentrockensubstanz bzw. an Fruchternte liefern.

Die Hauptbedingung bei den Samenstimulationsversuchen ist durch geeignetes und ausdauerndes Experimentieren, sowohl die Konzentration der angewandten Stimulationslösungen, die Zusammensetzung derselben, wie auch die optimale Zeit der Stimulationseinwirkung, festzustellen. Die Art und Weise, wie diese drei Komponenten gesucht werden, bleibt dieselbe wie bei den Versuchen mit den enzystierten

Euglenen bzw. bei den Versuchen mit reifen unbefruchteten Seeigeleiern. Da aber bei den Pflanzensamen die Resultate nicht so schnell zu bekommen sind, so erklärt sich daraus die Langwierigkeit und die große Umständlichkeit der Stimulationsuntersuchungen an Pflanzensamen.

Eine Samenstimulation wird folgendermaßen vorgenommen. Das ausgewählte Saatgut wird in die frisch zubereiteten Stimulationslösungen unter Umrühren hineingetan, und zwar werden nur soviel Samen genommen, daß noch Stimulationslösung das Saatgut reichlich bedeckt. Dann werden in Zeitabständen, je nach der Pflanzensamenart, von einigen 10 Minuten anfangend bis zu einige Stunden bzw. 10, 20, 48, ja 72 Stunden (z. B. beim Reis) herausgenommen, an der Sonne oder bei einer Temperatur von 40 bis 45° C getrocknet und ausgesät. Die Landversuche werden bei mehrmaliger Wiederholung, nach den üblichen Vorschriften und genau ausgearbeiteten landwirtschaftlichen Methoden angestellt. Eine wertvolle Vorarbeit zu den Landversuchen liefern die nach üblicher Methode angestellten eingehenden Keimungsstimulationsversuche (s. die Arbeiten besonders von W. Gleisberg).

Als Stimulationslösungen können die bei den Versuchen mit Euglenen bzw. Seeigeleiern nachgeprüften, unter entsprechender Änderung und Anpassung der Konzentration für die gegebene Samenart, angewandt werden. Hier gebe ich als Beispiel einige solche Stimulationsgemische, deren Zahl und Zusammensetzung je nach der zu lösenden Aufgabe verschiedentlich variiert werden kann, wieder: KJ 1‰; KBr 3 bis 5‰; $MgBr_2$ 15 bis 25‰; $MgSO_4$ 15‰ + $MnSO_4$ 5‰ + $Na_2SO_4$ 10‰; $MgCl_2$ 15‰ + $MgSO_4$ 5‰ + $Na_2SO_4$ 10‰; Tannin 1‰ + KJ 0,5‰; NaFl 5‰; Methylal 1‰; Chinaldin 0,25‰ usw. noch die verschiedensten andere Konzentrationen und Zusammensetzungen.

Es ist nun auch die Möglichkeit gegeben, das vorher beschriebene Eintauchstimulationsverfahren durch ein Verfahren der Trockenstimulation vielfach erfolgreich zu ersetzen (Popoff-Magnus, auch Kasassky). Für den Zweck werden feinpulverisierte, nicht hygroskopische Stimulationsmittel genommen, in verschiedenen Proportionen mit tragenden Mitteln (Bolus, Kieselgur usw.) gemischt und damit der Samen inkrustiert. Die Stimulation der Samen erfolgt bei dieser Versuchsanordnung im Boden während der Samenkeimung selbst und kann sich deshalb im Stadium des Erwachens der Lebensprozesse auswirken. Die Arbeiten nach dieser Richtung sind noch im Gange.

Bei allen Stimulationsuntersuchungen hat sich herausgestellt, daß die optimale Einstellung des pH-Gehaltes sowohl der Stimulationslösung wie auch des Kulturmediums, für die betreffende Zelle, tierischer oder pflanzlicher Art, von ausschlaggebender Bedeutung für die Erhaltung von optimalen Resultaten ist. Die experimentelle Einstellung des günstigsten pH-Gehaltes erfordert ebenfalls detaillierte Untersuchungen und erfolgt nach einer der gebräuchlichen diesbezüglichen Methoden

## Literatur.

Ein großer Teil der Literatur über die Zellstimulationsfrage findet sich zusammengestellt in der Zeitschr. „Zellstimulationsforschungen". Bis jetzt erschienen Bd. I und II und die laufenden Nummern von Bd. III. Herausgegeben von M. Popoff u. W. Gleisberg. Verlag Paul Parey, Berlin SW 11, Hedemannstr. 10—11.

# Aseptische Operationstechnik.

Von H. F. O. HABERLAND, Köln.

Mit 6 Abbildungen.

Zur aseptischen Operationstechnik gehören:

1. Die Keimfreiheit der Instrumente, Tupfer und anderen Materials, welches beim Operieren zur Verwendung kommt;
2. die Keimfreiheit der Hände des Operateurs, des Assistenten sowie der instrumentierenden Hilfe;
3. die Keimfreiheit des Operationsfeldes.

Die erste Forderung läßt sich vollständig durchführen. Dagegen gelingt es nicht, trotz des strengen Innehaltens der verschiedenen Vorschriften über die Händedesinfektion sämtliche Keime aus der Haut zu entfernen. Nur die Benutzung der Gummihandschuhe gibt nach gründlichem Vorbereiten der Hände eine gewisse, aber nicht absolute Gewähr für die Asepsis. Die Entfernung der Mikroorganismen aus der Haut des Operationsfeldes stößt auf noch größere Schwierigkeiten. Endlich ist die restlose Beseitigung der Bakterien von den Schleimhäuten, z. B. bei Eingriffen im Munde bzw. Rachen oder in der Vagina eines Hundes, unmöglich. Das gleiche gilt auch bei der Kornea. Eine längere Einwirkung unserer jetzigen Desinfektionsmittel würden eine solche schwere Gewebsschädigung setzen, daß wir unser Ziel trotzdem nicht erreichten. Außerdem gelangen während des Operierens Luftkeime in das Operationsgebiet. Ebenso sei auf die Tröpfcheninfektion infolge des Atmens und Sprechens des Experimentators hingewiesen. Durch Mundtücher und genügend weites Fernhalten des Gesichtes von der Wundfläche versucht man diese Gefahr zu bekämpfen. Nicht selten beherbergen die einzelnen Gewebe Krankheitserreger, obgleich das betreffende Lebewesen einwandfrei gesund erscheint. Unter Umständen kreisen solche Mikroben in der Blutbahn. Dieses Vorkommnis bezeichne ich mit „schlummernder" Infektion. Dabei war das Tier vorher niemals krank und hatte früher keine nachweisbare Verletzung irgendwelcher Art erlitten. WILLIAMS z. B. findet in 26% der untersuchten, nicht veränderten Gallenblase den Bac. perfringens. Auch den Kliniker überraschen oft solche Befunde. Davon unterscheidet sich streng die Melchiorsche „ruhende" Infektion, welche einen früheren Infekt voraussetzt. Derselbe kann jahrelang zurückliegen. In den meisten Fällen gelangen Bakterien vom Darme aus an irgendeine Körperstelle, bleiben dort liegen und „schlummern". Aus diesem Zustande erweckt sie zu neuem Leben irgendeine wirkende Kraft, meist in Gestalt einer Gewebsschädigung. Dadurch werden günstige Lebensbedingungen geschaffen und die schlummernden Keime können ihr Vernichtungswerk beginnen. Viele an und für sich harmlose Mikroorganismen zeigen auf einem veränderten Nährboden die schädlichsten Lebenseigenschaften für den Wirt. Eine Anzahl namhafter Bakteriologen erkennen diese Mutation und Variation der Bakterien nicht an. Auf Grund ausgedehnter Untersuchungen vertrete ich die kurz angeführten Vorgänge. Ausführliches darüber steht in meinem Buche „Die anaerobe Wundinfektion“. Falls von außen während der Operation andere Keime hinzukommen, so begünstigen oder hemmen sie sich in ihrem Wachstum (positiver und negativer Nosoparasitismus).

Viele Erreger, welche bei dem Menschen die schwersten Schädigungen hervorrufen können, vermögen dem Tiere keinen Schaden zuzufügen und umgekehrt. Einige Mikroorganismen lösen beim Menschen und beim Tiere dieselben Krankheiten aus. Manche Keime rufen beim Tiere nur ähnliche krankhafte Veränderungen wie beim Menschen hervor. Die einzelnen Tiergattungen zeigen sich verschieden empfänglich für diesen und jenen Infektionserreger. Einige instruktive Beispiele seien herausgegriffen:

Meerschweinchen erkranken nicht spontan an Tuberkulose. Aber ihre hohe Empfindlichkeit gegen eine Infektion mit dem Tuberkelbazillus, Typus humanus, leistet für die Bakteriologie großen Nutzen. Für Syphilisübertragungen eignen sich besonders Affen. Der Welch-Fraenkelsche Bazillus, einer der gefürchtetsten Erreger des menschlichen Gasbrandödems, besitzt ausgesuchte pathogene Eigenschaften für den Sperling und das Meerschweinchen, aber nicht für Kaninchen. Durch den Biß tollwütiger Hunde erkranken die Menschen an Lyssa. Dagegen sind die Menschen gegen Mäusetyphus, Geflügelcholera und zahlreiche andere Tierkrankheiten immun.

Gleich wie beim Menschen hat auch beim Tiere die individuelle Disposition zu den verschiedenen Krankheits- und Wundinfektionserregern eine große, oft ausschlaggebende Bedeutung. Gesunde, kräftige Tiere zeigen im allgemeinen eine erhöhte Widerstandsfähigkeit. Es gibt jedoch Fälle, wo gerade kräftige Tiere sehr zu bestimmten Infektionskrankheiten neigen. Die Empfänglichkeit gegen pathogene Keime wird durch schlechten Ernährungszustand, Blutverlust, Krankheiten, körperliche Anstrengungen, Abhetzen, Hungern, Dursten, bestimmte Kost (z. B. Kalkmangel), seelische Eindrücke (Gefangenschaft), unhygienische Stallung (Feuchtigkeit, Mangel von Licht und Luft, Kälte) und vor allem durch Gewebsschädigungen gesteigert. *Deshalb ist diejenige Operationstechnik so wichtig, bei welcher jeder Blutverlust fortfällt, nur glatte Wundflächen bestehen und die Gewebszellen nach Möglichkeit unverletzt bleiben.* Jedes geschädigte Gewebe stellt einen günstigen Nährboden für Bakterien dar. Diese Tatsachen finden beim Impfen weitgehende Berücksichtigung. Oft muß diejenige Stelle, in welche man das Impfmaterial einspritzt, erst durch Druck oder Reiben geschädigt werden, damit die Keime sich entwickeln können. Sauerstoff-Gegenwart oder -Mangel spielen ebenfalls bei Tieren für die Infektion eine entscheidende Rolle. Vielfach haben die einzelnen Gewebe und Organe eine besondere Disposition für bestimmte Krankheitserreger, z. B. Muskulatur, Herz, Leber, Milz, Lunge, Gehirn, Peritoneum, Gelenke. Die Pleura, das Perikard und Gehirn einschließlich seiner Häute sind besonders gegen Eitererreger empfindlich. In dieser Hinsicht weisen die Tierarten wiederum Verschiedenheiten auf. Oft ändert das Lebensalter die Empfänglichkeit und Immunität. Ich erinnere an die Hundestaupe. Die Schutzkräfte, über welche der tierische Organismus verfügt, übertreffen nicht selten diejenigen des Menschen.

Daraus geht hervor, daß wir unter Umständen bei Tieroperationen keine so peinlich durchgeführte Aseptik wie beim Menschen gebrauchen, um eine intentio per primam zu erreichen. Auf der anderen Seite verlangt das Experiment noch strengere Keimfreiheit (Gewebskulturen, Transplantationen usw.). Bestimmte Richtlinien bei den einzelnen Tiergattungen lassen sich dafür nicht aufstellen. Selbst Angehörige derselben Art reagieren infolge ihrer individuellen Disposition verschieden auf eine Infektion.

Diese Hinweise zeigen, welche Schwierigkeiten das Fernhalten der Infektionserreger innerhalb des Operationsgebietes bereiten. Durch geeignete Maßnahmen, vor allem durch gute Operationstechnik, gelingt es meist, *praktisch*(!) keimfrei zu experimentieren.

## A. Das Vorbereiten der Tiere.

Zwei Tage vor dem operativen Eingriff werden bei behaarten Tieren die Haare im geplanten Operationsfelde entfernt. Über das Herausrupfen der Vogelfedern siehe später. Ein halbscharfes Messer schabt die Schuppen der Fische, Schlangen, Eidechsen usw. im Bereiche des Hautschnittes ab. Von der Hautbedeckung fällt nur das Notwendigste fort. Denn die Tiere erkälten sich leicht, insbesondere in rauhen Jahreszeiten und bei Transporten. Wenn das Herausrupfen oder Abschaben Schmerzen verursacht, so schafft ein leichter Ätherrausch (s. u.) schnell Hilfe. Wegen der Gefahr einer Sekundärinfektion vermeiden wir jede kleinste Hautverletzung.

Zum *Rasieren der Hunde* dienen hohlgeschliffene Klingen. Zunächst kürzt der Wärter die langen Haare mit einer Hundehaarmaschine oder einer Cooperschen Schere. Sodann erfolgt das Einseifen der betreffenden Haut mit neutraler, nicht ätzender Seife in warmem Wasser. „Gut geseift, ist halb rasiert", gilt auch bei Tieren. Beim Rasieren spannen der Daumen und Mittelfinger der linken Hand die leicht verschiebliche Haut fest an. Am Halse erleichtert das Unterschieben eines Kissens unter den Nacken bzw. extremes Zurückbiegen des Kopfes diese Arbeit. In der Richtung des Haarstriches gleitet das Messer. Nach dem Rasieren wird die Haut mit warmem Wasser gut abgewaschen und abgetrocknet. Bei langhaarigen Tieren schneide ich außerdem die an das Operationsgebiet angrenzenden Haare in einer 2 bis 3 cm breiten Zone ab. Dadurch können sich nach dem Abdecken des Operationsfeldes (s. u.) keine Haare unter dem Schlitztuche (s. u.) vorschieben.

Affen, Katzen, Kaninchen, Meerschweinchen, Ratten und Mäuse sind zu enthaaren, weil bei diesen Tieren die Beseitigung des weichen Haarkleides mit dem Rasiermesser Übung voraussetzt. Als *Enthaarungsmittel* hat sich das Baryum sulfuratum technicum bewährt. Der Schwefel löst die Hornsubstanz der Haare auf. Dabei tritt keine Zerstörung der Haarwurzeln ein. Die Haare wachsen wieder. Jedoch greift dieses schwarze Pulver die Haut an. Bei längerer Einwirkung entsteht sofort oder innerhalb der nächsten 24 bis 30 Stunden ein Ekzem. Dasselbe zeigt schlechte Heilungstendenz. Genügende Erfahrung vermeidet derartige Komplikationen. Wegen der verschiedenen Empfindlichkeit der Haut erfolgt zwei Tage vor der Operation die Enthaarung, um rechtzeitig eine Entzündung zu erkennen. Tritt die letztgenannte ein, so verbietet in solchen Fällen die Gefahr einer Sekundärinfektion den Eingriff.

Zunächst schneidet man die Haare so kurz wie möglich und gleichmäßig ab. Hierauf macht der Operateur mit warmem Wasser die Haut naß und streut das pulverisierte Präparat darauf. Dieses verreibt er vorsichtig mit einem Holzstabe auf der Haut zu einem Brei. Wegen des hygroskopischen Vorganges muß Wasser nachgegossen (träufeln) werden. Nach etwa 2 Minuten streicht ein Holzstab die Haare weg. Unmittelbar danach ist gründlich mit warmem Wasser nachzuwaschen, damit eine weitere Einwirkung der Schwefelverbindung unterbleibt. Es gibt Fälle, bei denen bereits nach $^1/_2$ Minute die Haare von der Haut abgehen. Sofort beginnt das Abspülen, um eine längere Einwirkung des Mittels auf die Kutis zu verhindern. — Andere Autoren stellen vorher diesen dünnen Brei von Baryum sulfuratum mit Wasser her und tragen denselben mit einem Holzspatel auf die zu enthaarende Haut auf. Die Hände dürfen mit dem Mittel nicht in Berührung kommen. Denn die Haut und Nägel erleiden eine Mazeration. Außerdem haftet der widerliche Geruch des Depilatoriums lange Zeit an den Fingern. Wir ziehen während der Enthaarung dicke Gummihandschuhe an, sog. Sektionshandschuhe. Dieser Handschutz erlaubt ein Verreiben des Schwefelbreies auf der Haut mit den Fingerspitzen. Außerdem stinken die Hände später nicht.

Das *Entfernen der Federn* geschieht im leichten Ätherrausch. Dabei heben Daumen und Zeigefinger der linken Hand eine Hautfalte empor. Die gleichen Finger der rechten Hand ergreifen möglichst wenig Federn und ziehen sie in der Federstrichrichtung heraus. Bei diesem vorsichtigen Vorgehen reißt die dünne Haut nicht ein.

*Das Abschuppen der Haut* bei Fischen und Eidechsen erfolgt ebenfalls im Ätherrausch mit einem halbscharfen Messer (vgl. oben).

Tiere mit Verschmutzung und Ungeziefer erhalten vor einer Operation ein Reinigungsbad. Nach dem Eingriff sind die Geschöpfe hilflos und leiden unter den Schmarotzern. Insbesondere dürfen unter einem Verbande keine Parasiten vorhanden sein. Verschmutzte Affen, Hunde, Kaninchen und Meerschweinchen werden nach der Haarbeseitigung in einer Waschbütte mit warmem Wasser und Schmierseife abgeseift. Hierauf wird mehrmals mit warmem, reinem Wasser nachgespült, abgetrocknet und das Fell mit

| | |
|---|---|
| Aqua cresolica | 200,0 |
| Spiritus | 100,0 |

eingerieben. Danach kommt das Tier in die Nähe eines Heizkörpers oder Ofens. Hier trocknet es schneller und erkältet sich nicht. Ein Maulkorb, über welchen ein Tuchstück genäht ist, verhütet das Ablecken des giftigen Kresols. Katzen vertragen im allgemeinen Waschungen und Bäder schlecht. Eine Ratte erhält während der Reinigung zweckmäßig einen leichten Ätherrausch. Dabei leisten zwei Greifzangen zum Halten wertvolle Dienste. Sachgemäße Tierpflege und geordnete Stallverhältnisse machen bei den anderen Vertebraten derartige Reinigungsbäder überflüssig. Bei Vögeln und jungen Hunden vertreibt Insektenpulver das Ungeziefer.

Spätestens einen Tag vor der Operation gehört das Tier in einen frisch desinfizierten Einzelstall bzw. Käfig. Es lernt die neue Umgebung kennen. Dies erscheint für die Nachbehandlung nicht unwichtig.

Einen Verband erhalten die größeren Versuchsobjekte zwecks Gewöhnung bereits 2 bis 4 Tage vorher. Falls sie diesen am nächsten Tage abreißen, so lege ich sogleich einen neuen an usw., bis sie die Nutzlosigkeit ihrer Bemühungen einsehen. Auf diese Weise bleibt der endgültige Verband nach der Operation meist unbeschädigt.

Viele Experimente verlangen eine größere Zeitspanne vor dem Versuche, um die Tiere auf eine bestimmte Kost einzustellen. Bei Gehirnoperationen empfiehlt W. TRENDELENBURG eine vorherige 3 bis 5tägige Trockenfütterung. Die Einschränkung der Flüssigkeitszufuhr, etwa 2 Tage lang vor der Operation, vermindert die Blutung.

12 bis 24 Stunden vor dem Eingriffe bekommen die Tiere kein Futter. Der Magen muß leer sein. Andernfalls hebert man ihn bei großen Versuchsobjekten mit einer Magensonde aus. Unter Umständen ist eine Magenspülung anzuschließen. Wenn bei Operationen die Versuchsanordnung den Gebrauch des Morphiums gestattet, so übt bei Hunden und Katzen eine subkutane Injektion eines $^1/_2$ cm$^3$ einer 2proz. Morphiumlösung die gleiche Wirkung aus. Erbrechen tritt kurz darauf ein. Über die Morphiumwirkung vgl. unten.

Kleinere Tiere bezahlen oft den geringsten Blutverlust mit ihrem Leben. Deshalb spritzen wir kurz vor der Operation den Meerschweinchen, Ratten sowie Tauben 3 cm$^3$ und Mäusen 2 cm$^3$ Normosallösung unter die Haut ein.

Für einen *Tieroperationsraum* eignet sich jedes helle Zimmer mit guter Beleuchtung. Zur Durchführbarkeit der größten Sauberkeit müssen die Wände, der Fußboden und der Operationstisch ein häufiges Abseifen und Abwaschen mit heißer Sodalauge oder Kresolseifenlösung und Abspritzen mit Wasser vertragen. Genügend geldliche Mittel erlauben die Ausstattung des Raumes nach modernen chirurgischen Prinzipien: abgerundete Wandecken und -winkel, Anstrich der Wände mit schwarzer Ölfarbe, Bekleidung der Wände bis 2 m Höhe mit schwarzen Kacheln, um jede Blendung durch die sonst übliche weiße Farbe zu vermeiden. Die Decke des Operationszimmers erhält einen glänzend weißen Ölanstrich. Die Fußbodenbedeckung besteht aus weißem Terrazzo und hat in der Mitte einen Ablauf. Große Fenster mit Oberlicht verschaffen gutes Licht. Aber auch die primitivsten Verhältnisse genügen, wenn Reinlichkeit herrscht.

Zum Operieren sind die Frühstunden zu wählen. Das Tageslicht bietet erhebliche Vorteile gegenüber der künstlichen Beleuchtung. Der Operateur bekämpft eine postoperative Komplikation am Tage, nachmittags oder abends leichter und schneller als in der Nacht. Ferner erschweren die Abend- und Nachtstunden eine exakte Beobachtung unmittelbar nach dem Eingriffe.

Die Beleuchtung des Operationsfeldes bei schlechtem Außenlichte übernimmt eine der neuen, nicht schattenwerfenden Lampen mit Kühleinrichtung (Firma Zeiss, Jena u. a.) oder eine Stirnlampe.

## B. Das Sterilisieren

der Instrumente, Abdecktücher, Operationsmäntel, Tupfer, Näh- und Verbandmaterial, Handschuhe, Katheter usw.

Sämtliche Instrumente, Abdecktücher, Operationsmäntel, Tupfer, Unterbindungs-, Näh- und Verbandmaterial, kurz alles, was mit der Operationswunde in Berührung kommt, muß keimfrei sein. Zwei Wege stehen uns für das Abtöten der Krankheitserreger zur Verfügung: 1. das Auskochen bzw. der strömende Wasserdampf, 2. chemische Mittel.

*Metallinstrumente* vertragen keine chemischen Mittel. Sie werden 5 Minuten lang in Sodawasser ausgekocht. Soda verhütet das Rosten und schont die Instrumente. Ein Eßlöffel davon genügt für 1 Liter Wasser. Bei den rostfreien Instrumenten von der Firma Friedrich Krupp, Essen, ist dieser Zusatz unnötig. Die Sterilisation erfolgt bei bescheidenen Verhältnissen in einem Kochtopfe mit untergestelltem Brenner. Die Kochapparate besitzen durchlochte Einsatzschalen. Beim Herausnehmen mit zwei sterilen Greifhaken läuft das Wasser ab. Eine sterile Greifzange entnimmt die keimfrei gemachten Gegenstände. Diese kommen auf ein steriles Tuch zu liegen. Messer und andere schneidende Instrumente sowie Kanülen sind nur 2 Minuten lang auszukochen, damit die Schärfe nicht verloren geht. Dabei ruhen die Messer zweckmäßig auf einem Messerbänkchen, um die Schneide vor Beschädigungen zu schützen. Die Kanülen und auseinandergenommenen Spritzen aus Glas werden nicht in warmes oder heißes Wasser gelegt, sondern kalt aufgesetzt. Nach dem Auskochen bringen wir die Kanülen und Messer zum Aufbewahren in eine Glasschale mit absolutem Alkohol. Den Boden dieses Gefäßes bedeckt Gaze, worauf die Instrumente ruhen. Auf diese Weise benetzt der Alkohol nicht nur eine Seite der Messer bzw. Kanülen. Ein dicht aufsitzender, beschwerter Glasdeckel mit innerem Gummibelag hält Verunreinigungen von außen fern. Operationen, bei denen kleinste Spuren eines Desinfektionsmittels schädlich sein können, verlangen ein Abspülen der desinfizierten Instrumente vor dem Gebrauche in mehrfach gewechseltem sterilen Aqua destillata.

Sofort nach der Operation reinigt man die Instrumente mit einer Bürste in warmer Sodalösung, trocknet und putzt sie mit einem weichen Tuche und bewahrt sie in einem staubdichten Instrumentenschranke aus Glas auf.

*Die Sterilisation der Abdecktücher, Operationswäsche und Verbandstoffe* geschieht innerhalb 45 Minuten durch gesättigten Dampf mit 3 bis 5 Atmosphären Spannung. Die Verbandtrommeln besitzen verschließbare Löcher zum Durchströmen des

Dampfes. Die besten Dampfsterilisationsapparate stellt F. M. LAUTENSCHLÄGER & Co., Berlin, her. In neuester Zeit liefert diese Firma auch elektrische Sterilisatoren. Kleinere Apparate leisten oft dasselbe. Falls die Mittel zum Anschaffen derartiger Apparate nicht ausreichen, so genügt ein 10 Minuten langes Auskochen und Plätten der Wäsche. Geplättete Wäsche bzw. Taschentücher halte ich bei Tieroperationen praktisch für keimfrei.

*Seide, Zwirn und Katgut* dienen als Nahtmaterial. Die Seide kochen wir in einer 1proz. Sublimatlösung (ohne Zusatz des Farbstoffes Eosin) $^1/_4$ Stunde lang. Sodann wird sie mit einer sterilen anatomischen Pinzette auf eine Glasrolle gewickelt und in absoluten Alkohol gebracht. Beim Gebrauch nimmt der Operateur die Seide aus dieser Lösung. Durch nochmaliges Kochen leidet die Festigkeit der Seide. Dieses keimfreie Nahtmaterial enthält zugleich das eben erwähnte Desinfiziens Sublimat.

Die Herstellung des resorbierbaren Katguts erfolgt aus der elastischen Submukosa von Schafen oder Ziegen[1]. Für unsere Zwecke bewährt sich zur Zeit das Jodkatgut am besten. Ein besonderes Fabrikationsverfahren macht es keimfrei. In einer 80 bis 90proz. Alkohollösung bleibt dieses Material steril aufbewahrt.

In die *Gummihandschuhe* streut man zunächst etwas Reispuder, damit die Innenflächen nicht aneinanderhaften. Sodann werden die gespreizten Handschuhfinger auf einem kleinen Stück Gaze ausgebreitet und darauf wiederum ein Stück Gaze oder Zellstoff gelegt usw. Eine solche Schichtpackung verhütet späteres Zusammenkleben der Außenflächen. Hierauf schlagen wir um das Paket nochmals ein größeres Tuch und sterilisieren 3 Minuten lang im Dampfsterilisator. Dieses Verfahren schädigt die Gummihandschuhe. Durchschnittlich vertragen sie, je nach Qualität, nur eine 10- bis 20malige Dampfsterilisation. Über den Wert der Gummihandschuhe siehe unten.

*Gummi- und Seidenkatheter* sowie Kautschukbougies gehören 6 Stunden vor der Benutzung in eine 1proz. Sublimatlösung. Auch hier darf kein Eosin das Desinfektionsmaterial rot färben.

## C. Desinfektion der Hände und des Operationsgebietes.

Die *Händedesinfektion* wird verschieden ausgeführt. Für jede Tieroperation genügt nach meinen Erfahrungen ein 3 Minuten langes Waschen mit einer neutralen, nicht reizenden Seife in fließendem warmem Wasser. Eine sterile Schale steht für das Ablegen der Seife bereit. Die Fingernägel werden kurz geschnitten und mit einem ausgekochten Nagelreiniger gereinigt. Nach sorgfältigem Abspülen bürstet sich der Operateur noch die Hände und Unterarme 3 Minuten lang in einer warmen 2‰ Sublimatlösung. Eine schwächere Lösung scheint in ihrer Wirkung unsicher. Wer kein Quecksilberchlorid verträgt, benutze 2‰ Oxycyanatlösung oder den teuren 70proz. Alkohol mit 1% Salizylsäurezusatz. Gummihandschuhe halte ich bei Tieroperationen für einen Luxus. Bei Bauchoperationen leistet ein steriler Zwirnhandschuh über der linken Hand gute Dienste. Er erleichtert das Anfassen der schlüpfrigen Baucheingeweide.

Die in der humanen Medizin während aseptischer Eingriffe viel benutzten Mundtücher und Kopfhauben sind bei unseren Experimenten überflüssig, wenn während des Versuches nicht gesprochen und der Kopf genügend weit vom Operationsfelde gehalten wird.

Die *Desinfektion des Operationsgebietes* verlangt zunächst die Entfernung der Haare und die Beseitigung des sichtbaren Schmutzes. Mit warmem Wasser und

---

[1] Im vorigen Jahrhundert wurden die Fäden aus Katzendarm (cat = Katze) hergestellt.

neutraler, nicht reizender Seife erfolgt die Reinigung der Haut. Die dabei verwendete Bürste muß weich sein. Nach dem Abtrocknen mit sterilem Zellstoffe ist das Operationsfeld mit sterilen Tupfern, getränkt mit Äther, abzureiben. Nach dem Verdunsten des Äthers kommt 80% Alkohol auf die Haut. Dieser dringt leicht in die Hautporen ein, weil der Äther das Fett in der Kutis vorher beseitigt hatte. Auch das angrenzende Fell bestreichen wir in der Haarrichtung mit Alkohol, damit nach dem Abdecken nicht Haare in das Operationsgebiet geraten. Teils verdunstet der Alkohol, teils resorbiert ihn die Kutis. Sodann wischt man nochmals dieses Desinfektionsmittel über die betreffende Hautstelle. Der Vorgang wiederholt sich hierauf ein drittes Mal. Diese Desinfektionsmethode genügt weitgehenden Ansprüchen. Eine Keimfreiheit der Haut kann nicht erreicht werden. Vor allem dürfen keine Verletzungen der Haut, Epithelabschürfungen oder Ekzeme vorhanden sein. *Eine intakte, gesunde Haut bietet den besten Schutzwall gegen das spätere Eindringen der Bakterien nach der Operation* (sog. Sekundärinfektion). Von der Verwendung des 5proz. Jodtinkturanstriches der Haut bin ich in letzter Zeit abgekommen. Es treten danach nicht selten Ekzeme bei den Tieren auf, welche eine günstige Eingangspforte für Infektionserreger darstellen.

Dagegen bewährt sich der 5proz. Jodtinkturanstrich bei Operationen an Schleimhäuten, besonders im Maule, z. B. bei Hypophysenoperation. In derartigen Fällen kann das häufige Wechseln der gebrauchten mit frischen, sterilen Instrumenten die Aseptik sehr fördern.

Bei wechselwarmen Tieren, z. B. Fröschen, Eidechsen, Salamandern und Fischen, findet die eben beschriebene Hautdesinfektion keine Anwendung. Das betreffende Tier wird mit Seife ordentlich zwischen den Händen gewaschen und sehr sorgfältig abgespült. Hierauf reibt der Operateur das Operationsfeld etwas mit Alkohol ab. Der Äther fällt dabei fort. Frösche z. B. mit ihrer ausgeprägten Hautatmung verfielen sofort in Narkose.

Ein steriles schwarzes Schlitztuch umgibt das desinfizierte Operationsgebiet und den ganzen Tierkörper. Weiße Tücher blenden und ermüden die Augen. Davon kann sich jeder überzeugen, welcher einen Ausflug auf einem Schneefelde unternimmt. Tuchklemmen befestigen das Abdecktuch an der Haut und verhüten ein Verrutschen.

Nach der Ausführung des Hautschnittes decken wir mit einem zweiten schwarzen, keimfreien Schlitztuche die Haut ab und befestigen mit Tuchklemmen die Ränder des Abdecktuches an die Hautwundränder. Dieses Verfahren hat zwei Vorteile. 1. Die Operationswunde kommt während des Eingriffes nicht mehr mit der Haut und den sie beherbergenden Mikroorganismen in Berührung. 2. Eine doppelte Lage von Abdecktüchern schützt wesentlich besser vor Infektion. — In den meisten Fällen erfüllt *ein* Schlitztuch seinen Zweck.

Bei kleinen Objekten, wie Mäuse usw. genügen zur Abdeckung Kompressen aus Gaze. Dieselben haben in der Mitte einen Schlitz für den auszuführenden Hautschnitt. Mastisol fixiert sie auf der Haut.

Am Ende der Operation, d. h. nach der Vereinigung der Hautwundränder, empfiehlt es sich, die Nahtstelle nochmals mit 80proz. Alkohol zu betupfen.

Zur Zeit wogt der Streit darum, ob bei aseptischen Operationen das subfasziale bzw. subkutane Gewebe vor der Hautnaht ein Bestreichen mit Jodtinktur oder 70proz. Alkohol verlangt. Solche Vorsichtsmaßnahmen scheinen nur in den Fällen berechtigt zu sein, bei welchen die Aseptik gefährdet war. Einen Nachteil besitzt diese Prophylaxe. Das Desinfektionsmittel schädigt gleichzeitig die Gewebszellen und schwächt sie im Abwehrkampfe gegen die Infektionserreger.

## D. Schmerzbetäubung.

Zur Schmerzbetäubung verwenden wir schmerzstillende und schlafmachende Mittel.

Jedes Medikament wirkt bei den Tieren individuell verschieden. Bei einem Tiere von $x$ Gewicht erzielen $x$ g oder $x$ cm³ eines pharmakologischen Präparates nicht dieselbe Wirkung. Unterschiede liegen in der Rasse, im Geschlecht, Alter und ob der Körper durch Krankheiten geschwächt oder früher Medikamente erhielt (z. B. Gewöhnung). Ferner achtet man darauf, ob das Tier einen leeren Magen hat, längere Zeit hungerte, fett oder muskulös ist, sich ruhig verhielt oder herumlief bzw. abgehetzt war. Desgleichen spielen die Gemütseindrücke usw. eine Rolle. Kurz, die konstitutionelle Disposition entscheidet die Dosierung. Auch die Menschen gebrauchen z. B. verschiedene Äthermengen, um in das Stadium der tiefen Betäubung zu kommen. Selbstverständlich ergeben sich auf Grund großer Erfahrungen gewisse Richtlinien.

### a) Morphium.

Rp. Morphini hydrochlorici 2,0
Acid carbolic. liquef. gtts. II
Aqua destillat. ad 100,00
M. D. S. Steril zur subkutanen Injektion.

Die Beimengung von 2 Tropfen Karbolsäure verbürgt eine keimfreie Einspritzung.

Bei der Verwendung einer Äthernarkose leistet die Zugabe von Atropin sulfur. 0,05, d. h. auf 1 cm³ = 0,0005 g, gute Dienste. Der Zusatz des Atropins hemmt den Speichelfluß.

Die Injektion geschieht nur subkutan.

Das Morphium wirkt bei den einzelnen Tieren verschieden. Hunde zeigen im allgemeinen eine große Toleranz gegen dieses Mittel. Sechs Wochen alte Hunde erhalten $^1/_2$ cm³, kleine Hunde 3 cm³, mittelgroße 4 cm³, große Hunde 5 cm³, also 0,1 Morphium + 0,0025 Atropin. Höhere Dosen, bis zu 8,0 cm³, bringen große kräftige Hunde nicht in Lebensgefahr, fördern aber auch nicht die Anästhesie. Das einsetzende Erbrechen nach der Morphiuminjektion bringt erhebliche Vorteile bei Laparotomien. Im nüchternen Zustande kann das Tier nichts ausbrechen, höchstens etwas Schleim. Unter Umständen lösen bereits kleine Morphiumgaben bei Hunden, Affen und Katzen Erregungszustände aus. Bei empfindlichen Katzen beobachteten wir nach 1 cm³ Morphium schwerste Vergiftungserscheinungen. Deshalb bekommen Affen und Katzen am besten kein Morphium oder nie mehr als $^1/_4$ cm³ der genannten Lösung. Bei den anderen Tieren gebrauche ich Morphium als schmerzstillendes Medikament nicht mehr und verwende es meist nur bei Hunden.

Nach der Morphiuminjektion und dem darauffolgenden Urinieren, Defäzieren und Erbrechen gehören die Hunde in einen dunkeln, ruhigen Raum (s. u.). Bis zur vollen Wirkung muß zwischen der Einspritzung und Operation mindestens $^1/_2$ bis 1 Stunde vergehen. Da die Tiere nach einer Morphiumdarreichung leicht aufschrecken, so hat sich alles leise und behutsam abzuspielen: kein Türschlagen, kein Rücken des Tisches und der Stühle, nicht mit den Instrumenten klappern, nur leise sprechen, nicht gewaltsam operieren usw. Diese Regeln gelten auch während des Urethan- und Chloralhydratschlafes. Außerdem verstopfe ich zwecks Schallabschwächung die äußeren Gehörgänge des Versuchstieres mit feuchter Watte. Die Schalleitung durch den Knochen bleibt natürlich dabei bestehen.

Bei unvollkommener Anästhesie mit Morphium schafft die Äthernarkose Hilfe. Meist genügen dann nur wenige Tropfen, um das Stadium der Unempfindlichkeit zu erreichen.

Die Ängstlichkeit und Parese sowie die Magenverstimmung und Stuhlträgheit nach der Morphiuminjektion halten durchschnittlich 24—48 Stunden an. Die Hunde verschmähen bis zu zwei Tage lang die Nahrung. Viele Experimente erlauben nicht die Verwendung des Morphiums, z. B. Nerven- und Muskeluntersuchungen usw. Das gleiche gilt für die obenerwähnten Zusätze von Atropin und Karbolsäure.

### b) Urethan.

Wir bevorzugen eine 10proz. Lösung.

Rp. Urethan 10,0
Aqua destillat. ad 100,0
M. D. S. Steril.

Dieselbe wird entweder per os oder unter die Bauch- bzw. Rückenhaut gegeben. Das Urethan besitzt eine große Narkosenbreite. Wegen der schwachen Wirkung gebrauchen die meisten Autoren bei Affen, Hunden und Katzen kein Urethan.

Für einen Frosch genügt zur subkutanen Injektion in den Rückenlymphsack 2 cm$^3$, pro 50 g Körpergewicht, für eine große Maus 0,1 cm$^3$, für ein kleines Meerschweinchen 2 cm$^3$, für ein ausgewachsenes Meerschweinchen von 500 bis 600 g sowie für eine Ratte 3 bis 5 cm$^3$, für ein mittelschweres Kaninchen 10 cm$^3$, für einen kräftigen, großen Rammler 12 bis 15 cm$^3$. Salamander und Fische kommen solange in eine verdünnte Urethanlösung, bis die gewünschte Narkosentiefe erreicht ist. Die Darreichung per os erfordert wesentlich höhere Mengen. Größere Kaninchen erhalten 30 cm$^3$ durch die Schlundsonde in den Magen eingespritzt. Auch unsere Methode der Zwangsfütterung bewährt sich. Die vielfach geübte Darreichung des Urethans in Substanzform haben wir verlassen.

### c) Chloralhydrat.

Das in Wasser aufgelöste Chloralhydrat gießt der Wärter in eine Futterschüssel, mit etwa $^1/_4$ l Milch vermischt. Ein Eßlöffel Zucker macht das Getränk schmackhafter. Kräftig umrühren! Hunde von Promenadenmischung saufen dieses Getränk ohne weiteres. Tiere, welche über feinere Geruchsnerven verfügen, schnuppern daran und verweigern die Aufnahme. Bei dem Einverleiben des Schlafmittels durch die Magensonde gehört zu der Chloralhydratlösung (s. u.) mindestens die fünffache Menge Milch, um eine zu starke Reizung der Magenwand zu vermeiden. Die Verwendung dieses Narkotikums geschieht nur bei Affen, Hunden und Katzen. Kleine Tiere vertragen 2 g, mittelgroße 5 g, große 7 bis 10 g. Von einer frisch bereiteten Lösung

Rp. Chloralhydrat 10,0
Aqua destillat. ad 50

erhalten sie also 10 cm$^3$, 25 cm$^3$ bzw. 35 bis 50 cm$^3$. Die Tiere kommen an einen absolut ruhigen und dunklen Ort. Die volle Wirkung stellt sich nach 1 bis $1^1/_2$ Stunde ein. Wenn vollständige Schmerzfreiheit eintritt, so geben manche Autoren 1 Stunde nach der Chloralhydratzufuhr je nach Größe des Tieres subkutan 1 bis 2 cm$^3$ einer 2proz. Morphiumlösung (s. o.). Die Herabsetzung der Schmerzempfindlichkeit und das Auslösen des Brechreizes verschaffen Vorteile. Das noch im Magen befindliche Chloralhydrat wird ausgebrochen. Damit keine Schluckpneumonie entsteht, hängt dabei der Kopf des Tieres nach unten. Der schwerwiegende Nachteil bei dieser Einspritzung liegt in der Potenzierung des Herzgiftes. Deshalb benutzt die moderne experimentelle Chirurgie Chloralhydrat *und* Morphium tunlichst nicht.

### d) Avertin und Pernokton.

Das *Avertin*, welches ich jetzt in seiner flüssigen Form als den bedeutendsten Fortschritt auf dem Gebiete der Narkose beim Menschen anspreche, halte ich bei Tieroperationen nicht für empfehlenswert. Der rektale Einlauf damit macht zu viel Umstände bei unruhigen Tieren. Das Versuchsobjekt preßt vielfach die betreffende Avertinlösung aus dem Mastdarm. Die Dosierung ist dann ungenau. Gewiß, wir verfügen zur Zeit über Vorrichtungen, um auch dieses unangenehme Ereignis zu umgehen. Aber weil wir erprobte Anästhetica besitzen, welche in der Praxis der operativen Tierexperimente dem Avertin vorzuziehen sind, so sei auf die Anwendung des Avertins hier nicht weiter eingegangen.

Dagegen möchte ich die intravenöse Injektion des *Pernokton* bei Hunden nicht mehr missen.

Die Injektion dieses Mittels erfolgt in die Vena saphena sehr langsam, mindestens 2 Minuten lang, um einen Injektionsschock vorzubringen. Nach der intravenösen Einspritzung tritt meist innerhalb 3 bis 7 Minuten eine tiefe Narkose ein mit vollständiger Unempfindlichkeit. Reagiert das Tier dennoch bei zu kleiner Gabe, so verschaffen wenige Tropfen Äther eine Totalanästhesie. Die Dauer der Pernoktonnarkose währt etwa 3—8 Stunden.

Bei Kaninchen erzielt 0,04 g Substanz Pernokton pro kg Körpergewicht die gewünschte Unempfindlichkeit, bei Hunden 0,03 g Substanz. Wir empfehlen bei Hunden pro 1 kg 0,3 $cm^3$ der gebrauchsfertigen Lösung, zu beziehen durch J. D. Riedel, Berlin-Britz; also bei einem mittelschweren Hunde von 12 Pfd. = 1,8 $cm^3$ Lösung.

Andere pharmazeutische Präparate seien übergangen, weil sie mich von ihrer besseren Zweckmäßigkeit für die Praxis des operativen Tierexperimentes nicht überzeugen konnten. Z. B. wirkt Bromural bei Meerschweinchen nicht besser als Urethan. Insbesondere gebe ich kein Veronal und ähnliche Mittel bei Tieren.

### e) Lokalanästhesie.

**1. Oberflächenanästhesie.** Der Gebrauch einer 2proz. wäßrigen *Kokainlösung* ist nur äußerlich, nicht subkutan gestattet. Als lokales Anästhetikum fürs Auge findet es die häufigste Verwendung. Das Kokain erweitert die Pupillen und ändert den Augendruck. Deshalb wählt man bei bestimmten Versuchen für dieselben Zwecke *Alypin* in gleicher Konzentration, welches keine Mydriasis ausübt.

Die Anästhesie mit Kokain für die Nasen-, Rachen- und Kehlkopfschleimhaut beansprucht im Tierexperiment große Vorsicht. Die Kokainvergiftung macht sich im ersten Stadium durch motorische Unruhe und klonische Krämpfe, später durch Bewußtseinsstörung bemerkbar. Ein spezifisches Gegengift gibt das Arzneimittelbuch zur Zeit noch nicht an.

**2. Infiltrationsanästhesie nach SCHLEICH.** Wir benutzen $^1/_2$proz. Tutokainlösungen. Eine Tablette zu 0,5 wird in 25 $cm^3$ einer 0,9proz. Kochsalzlösung aufgelöst und durch kurzes Aufkochen sterilisiert. Nach dem Abkühlen erhöht der Zusatz von 3 Tropfen Suprarenin die Wirkung. Infolge der Gefäßverengerung durch dieses Nebennierenpräparat verzögert sich die Resorption. Mittelgroße Affen, Hunde, Katzen und größere Kaninchen vertragen 60 $cm^3$ ohne Vergiftungserscheinungen. Vielfach entsteht eine leichte motorische Unruhe und Beschleunigung des Herzschlages, welche aber keine Gefahr bedeuten. 5 Minuten nach beendeter Injektion herrscht vollständige Anästhesie im injizierten Gebiete.

### f) Leitungsanästhesie.

Bei der Leitungsanästhesie wird fern von dem Operationsgebiet die Leitungsfähigkeit der Nerven unterbrochen und Unempfindlichkeit erzielt. Je nach der Versuchsanordnung kommt eine 1- bis 2proz. Tutokainlösung in Betracht. Die Einspritzung in den Nerven, = *endoneurale* Injektion, löst eine sofortige Wirkung aus. In den meisten Fällen geschieht die Einspritzung *perineural* durch die Haut. Nach der Injektion von 2 bis 10 $cm^3$ tritt innerhalb der nächsten 10 bis 20 Minuten die Gefühllosigkeit ein.

### g) Lumbalanästhesie.

Dieses Verfahren gelingt bei Affen, Hunden, Katzen und Kaninchen und bewirkt vollständige Gefühllosigkeit der hinteren Extremitäten bis zur Höhe des Beckenkammes.

Dazu werden Hunde, Katzen und Kaninchen gerade auf den Tisch gelegt. Ein untergeschobenes Kissen läßt die Dornfortsätze mehr auseinanderstehen. Die Affen lasse ich zu diesem Zwecke über die Tischkante mit darunter geschobenem Polster biegen. Man sticht die Nadel senkrecht zwischen dem letzten Lendenwirbel und dem ersten Kreuzbeinwirbel ein. Vorher tastet der linke Zeigefinger die Dornfortsätze der Lendenwirbel kaudalwärts ab. Dabei fällt er zwischen dem letzten Lumbal- und dem ersten Sakralwirbel in eine Grube. Der Eingriff kann ohne Tierfesselung vonstatten gehen.

Physiologen und Pharmakologen gebrauchen zu zahlreichen Versuchen das südamerikanische Pfeilgift *Kurare*. Der Angriffspunkt des Giftes liegt in der Peripherie der motorischen Nerven. Das Tier wird völlig bewegungslos, gelähmt. Die Schmerzempfindlichkeit erfährt während der Kurarewirkung keine Herabsetzung. Darin liegt die Grausamkeit, lebende Geschöpfe nach Kurareinjektion ohne Anästhetikum zu operieren. Deshalb verabscheue ich für Operationen dieses Mittel.

### h) Inhalationsnarkose.

Die moderne experimentelle Chirurgie benutzt fast nur Äther für Inhalationsnarkosen. Sämtliche andere Mittel sind für den Unerfahrenen nicht zweckmäßig. Insbesondere sei vor dem zur Zeit noch sehr viel benutzten Chloroform gewarnt. Wenige Tropfen davon können unter Umständen den sofortigen Herztod des Tieres herbeiführen. Chloräthyl oder Lachgas in der Hand eines geübten Experimentators leistet gute Dienste, ist aber viel gefährlicher als Äther.

Bei den Tiernarkosen unterscheide ich 3 Stadien:

1. Das Stadium der Abwehr und Erregung,
2. das Stadium der Betäubung,
3. das Stadium des Erwachens.

Richtige Narkosentechnik schraubt das Abwehr- und Erregungsstadium auf ein Minimum zurück. Vor allem soll das Tier nüchtern sein und einen leeren Magen haben.

Nach geeigneter Lagerung und Fesselung wird ein zusammengefaltetes Tuch um das Maul gelegt. Bei kleinen Tieren schlägt man das Tuch oder die Gaze gleich um den Kopf einschl. Maul bzw. Schnabel.

Bei dem Tropfen darf die Flüssigkeit nicht die Nase, Zunge oder Schleimhaut des Maules benetzen (Schädigung des Geruchorgans). Die dabei gesetzten Reize lösen die stärksten Abwehrreflexe aus. Zunächst „schleicht“ sich der Narkotiseur durch langsames Tropfen, nicht Gießen, ein. Große Tiere erhalten als erstes Quantum 10, kleine Vertebraten (Tauben, Mäuse, Frösche usw.) 2 Tropfen. Anfangs halten die Lebewesen den Atem an, um den ihnen unbekannten Geruch nicht einzuatmen. Beim Anhalten des Atems hört die Ätherzufuhr auf. Erst die neuen Atemzüge erlauben ein vorsichtiges Weitertropfen. Andernfalls atmet das Tier beim ersten neuen Atemzuge zuviel überschüssiges Narkotikum ein, so daß Schädigungen auftreten können.

Kleine Morphiumgaben bekämpfen wirkungsvoll das Erregungsstadium. Bei Hunden genügt dafür eine Stunde vor der Operation eine subkutane Injektion von 1 $cm^3$ einer 2proz. Morphiumlösung. Das Morphium löst Erbrechen aus (vgl. oben). Dadurch verschafft es den weiteren Vorteil des leeren Magens bei der Narkose. Die Morphiumlösung enthält 0,0005 Atropin. Die durch den Äther hervorgerufene vermehrte Speichelsekretion unterbleibt fast. Zahlreiche Versuchsanordnungen verbieten den Gebrauch des Morphiums und Atropins. Viele Autoren führen die Einleitung der Narkose in einem geschlossenen Gefäße aus. Dieses Verfahren ist bequem, hat aber große Nachteile.

Bei intrathorakalen Eingriffen an Affen, Hunden, Katzen und Kaninchen bevorzuge ich die Auer-Melzersche intratracheale Ätherinsufflation.

Auf die *Schmerzbetäubung durch Hypnose* sei in diesem Zusammenhange noch hingewiesen. Dieser Weg ist sehr ausbauungsfähig, worüber ich erst kürzlich in BRUNS' Beiträgen für klinische Chirurgie berichtete.

## E. Die Durchtrennung der Gewebe und ihre Wiedervereinigung. Blutstillung[1].

Kleine Tiere, wie Meerschweinchen, Ratten, Mäuse, Tauben usw. vertragen den geringsten Blutverlust sehr schlecht. Aus diesem Grunde erhalten sie, je nach der Größe, $^1/_4$ Stunde vor der Operation $^1/_2$ bis 3 cm³ sterile Normosallösung subkutan in die Nackengegend (vgl. S. 824). Die gleiche Vorsichtsmaßnahme gebrauche ich bei Affen, Hunden, Katzen und Kaninchen, wenn der Eingriff im voraus einen größeren Blutverlust vermuten läßt. Die Injektionsmenge beträgt 10 bis 20 cm³ der genannten Lösung. Die Sächsischen Serumwerke Dresden liefern dieses Blutersatzmittel.

*Die Durchtrennung* der weichen Gewebe, insbesondere der Haut, geschieht gewöhnlich mit dem Messer. Seltener übernimmt die Schere diese Aufgabe. Das Schneiden mit einem Messer erfolgt mehr durch Zug als durch Druck. Deshalb gilt die Geigenbogenhaltung des Messers als die natürlichste. Wenn wir z. B. bei derberen Geweben einen größeren Druck ausüben müssen, so kommt die Tischmesserhaltung in Anwendung. Die Schreibfederhaltung dagegen findet ihre Verwendung bei kleinen, vorsichtig auszuführenden Schnitten = Präparieren. Bei nicht narkotisierten Versuchsobjekten, deren Anästhesie nur Morphium, Urethan oder ähnliches bewirkt haben, hat man sämtliches Gewebe sehr behutsam zu behandeln. Etwas derbes Zufassen oder Zerren sowie Klappern mit den Instrumenten schreckt die Tiere unter Umständen sofort auf und macht sie unruhig. Die Schnitt-

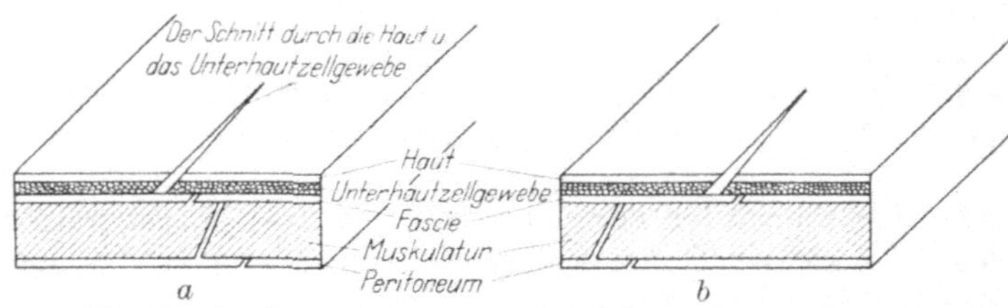


Abb. 264 a, b. Das treppenförmige Durchschneiden der Gewebsschichten.

Die Schnitte decken sich nicht, sondern sind bei *a* treppenförmig nach rechts angelegt. Bei *b* der II. Schnitt durch die Faszie rechts vom Hautschnitt, der III. Schnitt durch die Muskulatur weit links vom Haut- und Faszienschnitt; der IV. Schnitt durch das Peritoneum liegt wieder rechts vom Muskelschnitt.

flächen sollen glatt sein. Das Gewebe darf nicht zerstochert werden. Je einfacher und glatter die Wundränder sind, um so besser geht die Heilung vor sich. Nicht geschädigtes Gewebe zeigt große Widerstandsfähigkeit gegen die eindringenden Krankheitskeime. Geschädigtes oder nekrotisches Gewebe bietet einen günstigen Nährboden für Bakterien. Die Schneide des Messers wird meist senkrecht auf die zu durchtrennende Haut aufgesetzt. *Ein* Zug durchtrennt diese und das Unterhautzellgewebe. Dabei spannen der linke Daumen und linke Zeigefinger die Haut nach der entgegengesetzten Schnittrichtung an. Bei sehr verschieblicher Haut ergreift der Operateur

[1] Bei der Darstellung dieses Kapitels diente mir der gleiche Abschnitt in meiner Operationslehre als Unterlage.

die Kutis mit zwei kräftigen Pinzetten, hebt sie hoch und durchschneidet sie. Vielfach bietet dabei die gekrümmte Coopersche Schere Vorteile gegenüber dem Messer. Um eine spätere Infektion der tieferen Gewebsschichten zu vermeiden, durchtrenne ich in derselben Weise die Faszie, die einzelnen Muskelschichten und das Peritoneum treppenförmig (vgl. Abb. 264a, b). Nach der Operation bedecken die einzelnen Gewebsschichten die zusammengenähten Wundränder. Die schnelle Verklebung hindert die Infektionserreger am Eindringen.

Die Schnittrichtung des Bauchdeckenschnittes hat nicht annähernd die Bedeutung wie beim Menschen. Es scheint einerlei, ob der Bauchschnitt längs, quer oder schräg verläuft. Wenn die Wunde primär, d. h. reaktionslos heilt, so bleibt eine Hernienbildung aus.

Bei dem Durchschneiden der Gewebe benutzen viele die Hohlsonde oder Führungsrinne, falls wichtige Gebilde unter ihnen liegen. Der Experimentator und sein Assistent heben mit je einer chirurgischen Pinzette rechts und links von dem beabsichtigten Einschnitt eine Gewebsfalte empor. Nach der Inzision dringt die Hohlsonde von dieser kleinen Öffnung aus unter das zu durchtrennende Gewebsblatt. Beim Spalten auf der Rinne soll die Messerschneide uns entgegensehen. Falls es sich um gefäßreiche Gebilde handelt, so durchschneidet man auf der Hohlsonde schrittweise. Wegen der Asepsis ist das Gewebe niemals mit den Fingern, sondern nur mit den Instrumenten anzufassen. Die Art des Gewebes schreibt die Benutzung einer chirurgischen (mit Häkchen) oder anatomischen (ohne Häkchen) Pinzette vor. Nerven und Gefäße ergreifen wir nur mit anatomischen Pinzetten. Sichtbare Gefäße, welche das Operationsfeld überkreuzen, werden regelmäßig vor ihrer Durchschneidung mit KOCHERschen oder HALSTEDschen Klemmen im peripheren und zentralen Anteil gefaßt, um jeden Blutstropfen zu sparen (vgl. S. 835). Kleine Versuchsobjekte erlauben nur die Anwendung feiner Halstedschen Klemmen. Bei dem Durchdringen der Muskelschichten geht der Weg womöglich durch ein Muskelinterstitium. Hierbei gibt es am wenigsten Verletzungen. Auch die Nerven des Muskels erleiden auf diese Weise nur eine geringe Schädigung. Fehlt ein Muskelinterstitium, so drängen zwei anatomische Pinzetten die Muskelfasern parallel zur Faserrichtung stumpf auseinander. Bei kleinen Tieren bleiben solche Rücksichtsnahmen fort.

Eingesetzte Wundhaken ziehen das Wundgebiet auseinander und sorgen für Übersichtlichkeit. Die gebräuchlichen automatischen Wundsperrer mit Sperrvorrichtung und improvisierte Gewichtshaken aus einer Gabel machen eine Hilfe zum Halten überflüssig. Für das Auseinanderhalten der Hautwundränder kommen im allgemeinen scharfe Haken in Betracht. Für Muskelwunden und das Beiseitehalten von Organen, Nerven, Gefäßen usw. eignen sich lediglich die stumpfen Haken. Jede unnötige Gewebsverletzung soll dadurch wegfallen. Bei Bauchoperationen stopfe ich mit einer Kompresse, welche körperwarme Normosallösung feucht hält, die Bauchhöhle ab, um ein Vorquellen der nicht zur Operation gehörigen Eingeweide zu verhüten. Der Reiz einer trockenen Gaze schädigt das Peritoneum empfindlich.

*Die Wiedervereinigung* der durchtrennten Gewebe und Haut geschieht mit der Naht. Dabei gebrauchen wir eine Handnadel, während andere Autoren den Nadelhalter verwenden. Diesen benutze ich nur für Nähte in der Tiefe. Als *Nahtmaterial* dienen Zwirn, Seide oder Katgut. Wenn keine besonderen Gründe Seide verlangen, so bietet sowohl für die tiefen Gewebsschichten als auch für die Haut das resorbierbare Katgut große Vorteile. Je dünner das Material ist, desto günstigere Heilungsaussichten bestehen, weil es den Fremdkörperreiz einschränkt. Für das Muskel-, Leber-, Milz- und Lungengewebe taugen nur dickere Katgutfäden, damit sie das Parenchym nicht durchschneiden. Die Hautnaht führe ich mit feinsten Katgutknopfnähten aus. Durch die teilweise Resorption bzw. Andauung fallen dieselben nach 8 bis 10 Tagen spontan ab. Eine fortlaufende Sutur vereinigt das Bauchfell, die Muskulatur und Faszie. Dabei wird die gekrümmte Nadel einige Millimeter vom Wundrande entfernt senkrecht zu demselben eingestochen, der Faden durch den Grund der Wunde geführt und dann von innen nach außen an der entsprechenden Stelle des gegenüberliegenden Wundrandes ausgestochen. Das Anziehen der Fadenenden bringt die Wundränder miteinander in Berührung.

Ein genaues Anpassen der Schnittflächen mit Hilfe von einer oder zwei Pinzetten, = Adaption, führt zu dem gleichen Ziele. Oder eine chirurgische Pinzette in der linken Hand erfaßt den dem Operateur zunächst liegenden Wundrand und hebt ihn etwas an. Sodann ergreift eine Kochersche Klemme in der rechten Hand den anderen Wundrand. Seine Adaption gelingt durch Heranziehen und Aufkrempeln an den mit der Pinzette gehaltenen Wundrand. Der eine Arm der Pinzette bleibt an der Haut, der andere greift schnell auf die herangezogene Haut über. Hierauf öffnen wir die Kochersche Klemme und legen sie dicht neben der Pinzette an. Die Klemme hält die Hautwundränder richtig zusammen. Dicht neben den Klemmen durchgeführte Knopfnähte übernehmen die endgültige Vereinigung.

Ganz vortreffliche Dienste leistet die Nahttechnik mit der Reverdinschen Nadel. Sie hat nur den einen Nachteil der schnellen Abnutzung. Ich halte bei diesem empfehlenswerten Vorgehen den Katgutfaden mit dem Sauerbruchschen Ligatur-Ei in der linken Hand mit dem 3., 4. und 5. Finger, die Pinzette mit dem linken Daumen und Zeigefinger. Während die Pinzette die Wundränder anhebt, durchstieht man — wie beim Spicken — von der Seite des Operateurs aus beide Wundränder, fängt mit der Nadelspitze den Faden, arretiert denselben, zieht die Reverdinsche Nadel mit dem Faden durch die beiden Wundränder zurück, öffnet die Nadelspitze, legt die Nadel dicht bei Seite, knüpft den Faden und schneidet danach mit der Schere die Fadenenden kurz ab. Bei dieser Technik spart der geübte Operateur mindestens die Hälfte oder $^3/_4$ der Zeit, die sonst bei dem Gebrauche eines Nadelhalters mit gebogener Nadel für die gleiche Anzahl von Knopfnähten notwendig wäre.

Bei größeren Wunden sind zuerst einige weiterfassende, tiefgehende Situationsnähte zweckmäßig, um ein gutes Anliegen der Wundflächen zu erreichen. Zwischen diesen sorgen oberflächlich angelegte Zwischennähte für einen genauen Verschluß. Der Knoten des geknüpften Fadens soll nicht auf dem Wundspalt liegen. Die Nadel darf nicht zu nahe an dem Wundrande ein- und ausgestochen werden. Eine zu schmale Gewebsbrücke zwischen dem Einstichloch und dem Rande leidet unter mangelhafter Ernährung. Gleichfalls vermeiden wir ein zu festes Anziehen des Fadens. Das dazwischenliegende Gewebe stirbt unter Umständen ab, bildet einen günstigen Nährboden für die Bakterien und schafft eine Eingangspforte für die Infektion. Diese Vorgänge haben bei kleinen Tieren besondere Bedeutung.

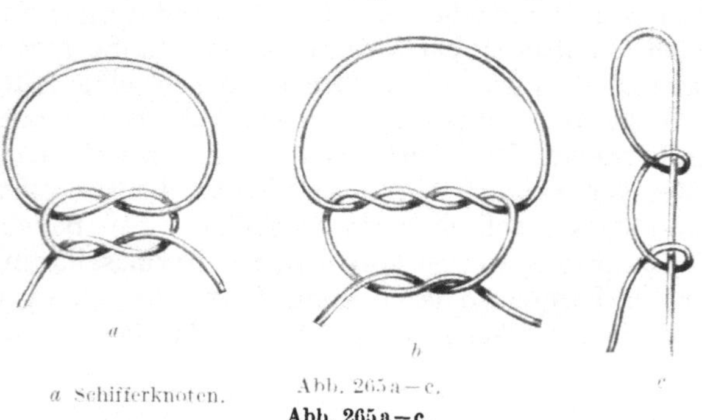


Abb. 265a—c.
*a* Schifferknoten. *b* Chirurgischer Knoten. *c* Weiberknoten.

Wo ein Aufbrechen der Naht durch zu starken Zug oder durch Infektion droht, versagt die fortlaufende Naht. Denn wenn an einer Stelle der Faden reißt, so platzt die ganze Wunde auf. Solche Fälle und die Hautvereinigung erfordern stets die Knopfnaht.

Das Knüpfen der Knoten geschieht bei geringer Spannung in der Form des Schifferknotens (Abb. 265). Der Weiberknoten verbürgt kein sicheres Halten. Eine größere Spannung verlangt die doppelte Umschlingung des Fadens und hierauf die Bildung eines Knotens = chirurgischer Knoten. Bei kleineren Objekten beansprucht das Knoten große Sorgfalt, da nur dünne Fäden brauchbar sind. Starke Fäden bei der Maus würden etwa der Dicke eines Seiles zur Naht oder Ligatur beim Menschen entsprechen. Dünne Fäden reißen leicht. Durch eine falsche Zugrichtung können selbst starke Fäden bersten (Abb. 266). Ferner zwingt uns das teure Fadenmaterial zur Sparsamkeit. Bei sehr kurzen Fäden hält eine Pinzette das eine Fadenende.

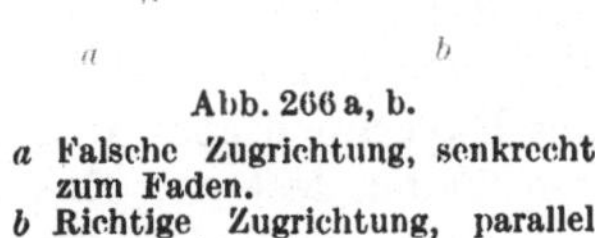

Abb. 266 a, b.
*a* Falsche Zugrichtung, senkrecht zum Faden.
*b* Richtige Zugrichtung, parallel zum Faden.

Die viel geübten Entspannungsnähte in Form der Bäuschchen- oder Bleiplattennaht bei Menschen kommen bei Tieren niemals in Frage.

Oft leistet die subkutane Matratzennaht nach Halsted bei Affen, Hunden und Katzen gute Dienste. Diese Methode schaltet die sekundäre Wundinfektion durch die Stichkanäle fast vollständig aus. Dagegen liegen bei diesem Verfahren die Wundflächen nicht breit genug für eine schnelle und genügende Wundverklebung aneinander.

Die beim Menschen viel benutzten Wundklammern nach Michel oder v. Herff u. a. lehne ich in der experimentellen Chirurgie ab. Die Tiere nagen daran oder suchen durch Scheuern an einem Gegenstande sich davon zu befreien.

Die allergrößte Beachtung gebührt der *Blutstillung*. Ein Tier soll möglichst von jedem Blutverluste verschont bleiben. Größere Warmblüter erhalten deshalb während des Eingriffes an den Extremitäten eine Umschnürung nahe der Schulter bzw. dem Leistenbande. Viele Versuche erlauben nicht diese modifizierte Esmarchsche Blutleere. Häufig präpariert der Operateur zunächst die zuführende Hauptarterie frei und legt an dieselbe für einige Zeit eine weiche Klemme an. Oder ein dicker Seidenfaden wird um das Gefäß gelegt und zugedreht. Eine Klemme verhütet das Aufrollen des Fadens. Die schonendste Gefäßkompression bleiben stets zwei Finger.

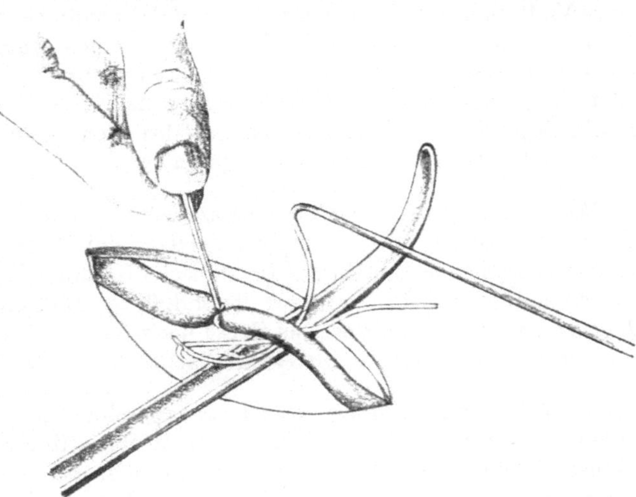
Abb. 267. Das doppelte Unterbinden eines Gefäßes auf einer untergeschobenen Hohlsonde. Links: bereits die Ligatur vollzogen. Rechts: Herumlegen des Fadens mit einer Aneurymanadel.

Bei der Gewebsdurchtrennung klemmt man bereits vor der Durchtrennung mit zwei Gefäßklemmen die sichtbaren Arterien und Venen zentral- und peripherwärts zu und durchschneidet dann erst die Gefäße (vgl. oben). Aufgedrückte Vioformgaze stillt parenchymatöse Blutungen z. B. aus der Leber, Milz. Die definitive Blutstillung geschieht in erster Linie durch die Gefäßligatur. Besondere Verhältnisse zwingen zur Tamponade oder zur Anwendung der Hitze (heiße Kompresse, Thermokauter-Paquelin).

Zwecks Unterbindung der Gefäße erfaßt zunächst eine Gefäßklemme dieselben und klemmt sie zu. Sodann wird Faden um das Gefäß geschlungen und fest geknotet. Beim Unterbinden eines Gefäßstammes in seinem Verlaufe schieben wir prinzipiell zuerst eine Hohlsonde unter das Gefäß und führen auf dieser mit der Deschampschen Aneurysmanadel zwei Fäden um das isolierte Gefäß (Abb. 267). Der Kollateralkreislauf gebietet sowohl die zentrale wie periphere Ligatur. Eine geknöpfte, gerade Schere, nicht das Messer, durchtrennt die Gefäße auf der Führungsrinne. Erst nach diesem Akte sind die Unterbindungsfäden abzuschneiden. Die gleiche Methode gilt bei jeder Durchtrennung gefäßhaltiger Gewebsabschnitte, z. B. beim Netze, Mesenterium u. dgl. Die Fadenführung gestaltet sich durch die Leitbahn der Hohlsonde spielend leicht. Das Bohren falscher Wege fällt fort. H. BRAUN lehrt das Erfassen und Durchschneiden eines Blutgefäßes auf untergeschobener Pinzette. Falls das Isolieren eines Gefäßstumpfes aus seiner Umgebung nicht glückt, umsticht der Experimentator denselben zusammen mit dem umgebenden Gewebe und knotet den Faden fest zu. Das vorherige Umstechen verhütet ein Abgleiten des Fadens.

Bei kleineren Gefäßen genügt oft das Quetschen mit einer Gefäßklemme, welche mehrere Minuten liegen bleibt. Nach deren Abnahme steht meist die Blutung. Auch die Torsion des Gefäßes erfüllt vielfach diesen Zweck. Dabei wird der mit einer Gefäßklemme gefaßte Gefäßstumpf mehrmals um seine Längsachse gedreht. Dadurch rollt sich die Intima auf. Das Gefäßlumen schließt sich. Bei sehr großer Wundtiefe gelingt es nicht immer, den Faden richtig um den Gefäßstumpf zu schlingen. In diesem Notfalle tritt die oben skizzierte Umstechung in ihr Recht. Ich warne dringend davor, die Gefäßklemmen 24 bis 28 Stunden liegen zu lassen. Die Tiere bleiben nach einer Operation niemals ruhig. Eine Klemme verursacht bei Bewegungen große Schmerzen und kann schwere Verletzungen herbeiführen.

Die Eröffnung des knöchernen Schädels führt zuweilen zu Blutungen aus der Spongiosa. Leichte Knochenblutungen stehen nach dem Auf- und Andrücken eines Vioformgazestreifens oder eines mit Adrenalin benetzten Tupfers. Bei stärkerer Blutung aus dem Schädelknochen dient steriles Wachs oder ein kleines Muskelstückchen aus dem M. temporalis zum Verschluß. Dabei preßt ein Messerstiel oder die geschlossene Coopersche Schere das Material fest in die blutende Stelle. Das autoplastische Muskelgewebe bewährt sich besonders bei Sinusverletzungen. Diese blutstillenden Mittel heilen später ein.

Wenn ein größeres Gefäß verletzt ist und die Unterbindung desselben eine Ernährungsstörung des Versorgungsgebietes zur Folge hätte, so klemmt bei einem kleineren seitlichen Einriß eine Halstedsche Klemme die Öffnung zu. Das Abbinden mit einem Seidenfaden sorgt für die endgültige Blutstillung. Nach dieser *seitlichen Ligatur der Gefäßwunde* darf das Gefäß höchstens um $^2/_3$ seines Lumens verengt sein, um die Durchgängigkeit des Gefäßlumens zu erhalten.

*Die Naht eines seitlichen Gefäßeinrisses* geschieht mit einem fortlaufenden Seidenfaden Nr. 0000, welcher vor Gebrauch in Paraffinum liquidum getränkt wurde. Feinste, kleinste, gerade und gebogene Nadeln nach STICH oder PAYR ermöglichen die Gefäßnaht. Nach meinen Angaben liefert die Firma H. BRAUN, Melsungen, modifizierte Madelungsche Nadeln. Die Fäden fädelt man *vor* der Operation trocken ein. Weil sich ein sog. Patentöhr an diesen feinen Nadeln nicht anbringen läßt, so erfordert das Einfädeln sehr viel Mühe und Zeit[1]. Als Nadelhalter benutze ich das kleinste Modell für Eingriffe am menschlichen Auge. Bei der Operation wird, wie bei allen anderen Gefäßnähten, die Gefäßwand vollständig durchstochen und

[1] Auf meine Veranlassung stellt die Firma H. BRAUN in Melsungen Ampullen her, welche gebrauchsfertige sterile, eingefädelte Gefäßnadeln mit Seide 0000 in Paraffinöl enthalten.

die Flächen der Intima genau aufeinandergepaßt. Der geringste Fehler in der Aseptik kann zur Thrombenbildung führen. Das gleiche gilt von Fehlstichen. Denn jede Schädigung der Intima führt zur Blutgerinnung an der Nahtstelle. Falls die Längsnaht eine zu starke Verengerung des Gefäßlumens hervorruft, schließt eine Quernaht den Längsriß. Bei unregelmäßig gestalteter Längswunde umschneidet der Operateur dieselbe, legt zwei seitliche Haltezügel an und vernäht quer. Auch mit Knopf- oder U-Nähten ist der seitliche Gefäßverschluß erlaubt. Eine leichte Kompression mit einem Tupfer bringt die Blutung aus den Stichkanälen zum Stehen.

Wenn sich während eines Versuches ein Gefäßthrombus bildet, öffnen wir mit einem etwa $^1/_2$ bis 1 cm langen Längsschnitt das Gefäß, ziehen mit einer feinen anatomischen Pinzette das Blutgerinnsel heraus und vernähen sofort wieder den Gefäßschlitz. Die Maßnahme dieser *Arteriotomia* und *Phlebotomia* kommt nur dort in Frage, wo die anderen Methoden zur Entfernung eines Blutgerinnsels versagen.

Allzu große Gefäßverletzungen verlangen eine *zirkuläre Naht.*

Während der Gefäßoperation verhüten elastische Gefäßklemmen oder deren Ersatzmittel einen Blutverlust. Bei der zirkulären Gefäßnaht muß zunächst die Verletzungsstelle reseziert werden, wobei der Operateur auf glatte Wundränder des zentralen sowie peripheren Gefäßstumpfes achtet. Wenn zwei verschieden große Blutgefäße zirkulär zu vereinigen sind, so sollen die beiden zu vereinigenden Lumina möglichst gleich sein. Ein Zug an den Haltefäden des kleineren Gefäßes vermag in gewissen Grenzen das kleinere dem größeren Lumen anzupassen. Die schräge Durchtrennung eines Gefäßes bewirkt eine Vergrößerung des Schnittrandes gegenüber dem Querschnitt. Ferner erweitert ein Längsschnitt in den Gefäßstumpf die Öffnung. Über andere gefäßerweiternde Methoden s. unten.

Carrel und Stich bilden durch das Anlegen von drei Haltefäden ein Dreieck, damit die Nadel die gegenüberliegende Gefäßwand nicht ansticht. Ob fortlaufende, Knopf- oder mehrfache U-Naht, entscheidet der einzelne Versuch. Falls die Stichkanäle bluten, steht die Blutung durch zartes Anpressen eines Tupfers nach etwa $^1/_2$ Minute. Um eine Assistenz zu ersparen, empfehlen McGrath, Horsley, Jeger, *ich* u. a. Spannvorrichtungen. Die beiden elastischen Gefäßklemmen halten ein oder zwei Bügel zusammen.

Bei kleineren Gefäßkalibern sind an der Nahtstelle gefäßerweiternde Schnitte notwendig, um eine Gefäßverengerung zu vermeiden. Diese gibt zur Thrombosenbildung leicht Anlaß. Zu welch fabelhafter Technik es die Russin N. A. Dobrowolskaja gebracht hat, erhellt daraus, daß sie Lumina bis zu 0,3 mm mit Erhaltung der Durchgängigkeit zirkulär vereinigte.

### F. Aseptische Operationstechnik an Hohlorganen mit infektiösem Inhalte.

Eingriffe an der Speiseröhre, am Magen und Darm erfordern eine besondere Operationstechnik. Der Inhalt dieser Organe besitzt eine ausgedehnte Bakterienflora. Dieselbe darf das Operationsfeld nicht infizieren. Durch das Vorlagern der Eingeweide außerhalb der Körperhöhle über die mit sterilem Abdecktuche bedeckte desinfizierte Haut gelingt uns diese Forderung. Ferner hindert vorübergehendes Abklemmen der Abschnitte des zu operierenden Hohlorganes das Austreten des infektiösen Inhaltes. Als Beispiel führe ich die Ausführung einer Gastroenterostomie an:

Beim Hunde eröffnet in Morphiumanästhesie ein medianer Bauchdeckenschnitt von 10 cm Länge, ein Querfinger breit unterhalb des Schwertfortsatzes beginnend, das Abdomen. An dem Wundrande des durchtrennten Bauchfelles werden Mikuliczsche oder Kochersche Klemmen angelegt. Sie erleichtern die spätere Naht des Peritoneums. Abdeckkompressen schützen die Wunde vor Infektion. Die gewählte Darmschlinge wird mit den Fingern ausgestrichen und eine weich fassende

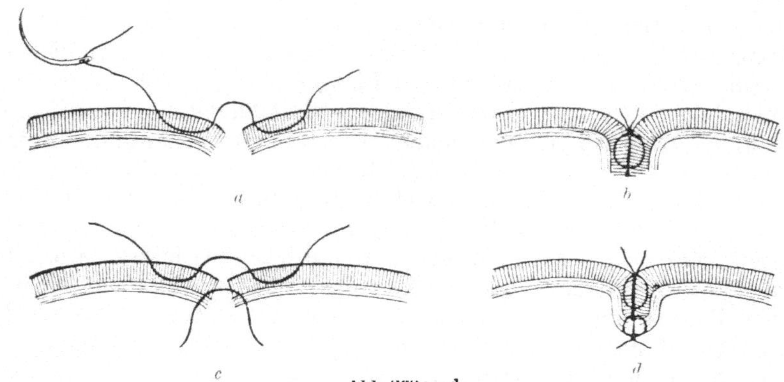


Abb. 268 a—d.
a, b Darmnaht (Sero-Serosa-Naht) nach LEMBERT. c, d LEMBERT-CZERNYsche Doppelnaht.

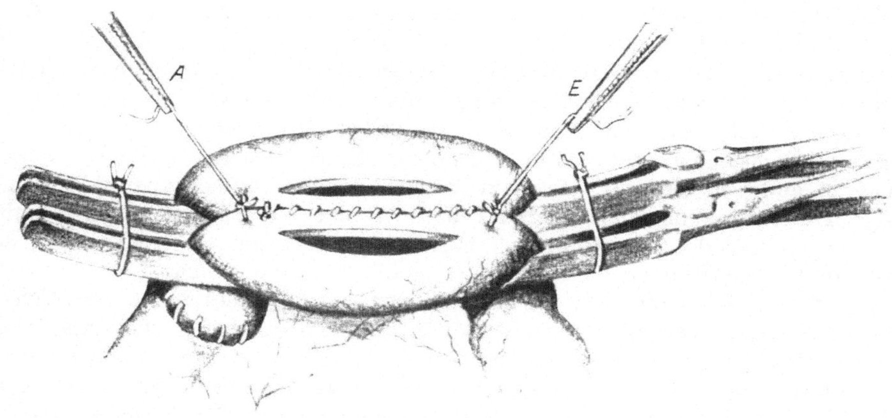


Abb. 269 a. I. Akt: Die Klemmen sind angelegt. Fortlaufende hintere (äußere) Sero-Serosa-Naht. Anfang- (A) und Endfaden (E) angeschiebert. Beide Lumina eröffnet.

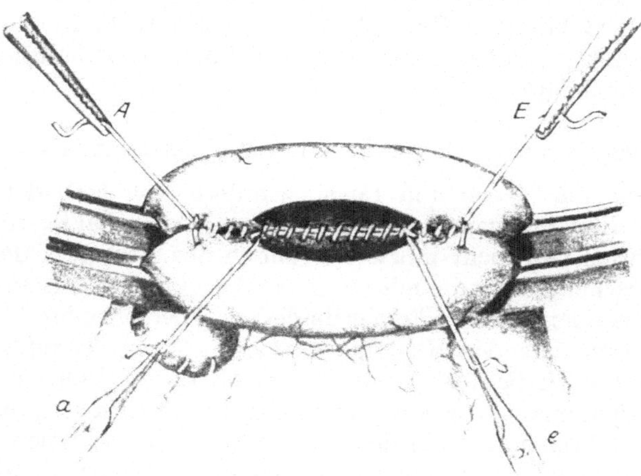


Abb. 269 b. II. Akt: Die hintere durchgreifende (innere) fortlaufende Naht ist vollendet. An deren Anfangs- (a) und Endfäden (e) hängen HALSTEDsche Klemmen.

Darmklemme angelegt. Das Miterfassen der zugehörigen Mesenterialgefäße bedeutet einen Kunstfehler. Das Ergreifen der vorderen Magenwand geschieht mit einem Gazestreifen, damit sie nicht zwischen den Fingern wegrutscht. Sodann erfolgt das Anlegen einer zweiten weich fassenden Darmklemme an den Magen. Die Gefäße der kleinen und großen Kurvatur bleiben außerhalb der Klemme. In welcher Richtung die Klemme anzulegen ist, ob längs, quer oder schräg, schreibt die Ver-

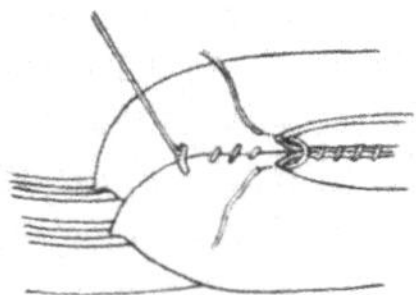

suchsanordnung vor. Das gleiche gilt von der iso- oder antiperistaltischen Lagerung der Darmschlinge. Hierauf legen wir zwischen die Magenwand und die Darmschlinge eine schmale, feuchte Rollgaze, bringen die Klemmen dicht zusammen und fixieren ihre Enden gegeneinander mit einem starken Seidenfaden. Feuchtwarme Kompressen (mit Normosallösung) dekken die Anastomosenstelle gegen die Umgebung ab. Die geplante Größe der Magen-Darmverbindung richtet sich nach der Fragestellung. Zunächst legt der Operateur eine fortlaufende LEMBERTsche Serosa-Muskularisnaht mit einem Seidenfaden, Stärke Nr. 1, an (Abb. 269). An den Anfangs- und Endfaden kommt je eine Kochersche Klemme. $^1/_4$ bis $^1/_2$ cm von dieser ersten Naht eröffnet eine Schere beide Lumina. Ein Tupfer beseitigt die darin liegenden Verdauungsreste. Nun beginnt eine die Darmwand durchgreifende, fortlaufende Naht mit Katgut oder Seide, welche kürzer als die erste Naht ist. Anklemmen dieses Anfangs- und Endfadens mit Halstedschen Klemmen. Daran schließt sich die vordere durchgreifende Sutur mit Katgut oder Seide an. Der Anfang dieser Naht beginnt an den auslaufenden Spitzen der beiden Wundränder, wie die Nebenfigur der Abb. 269c zeigt. Nach dem Einkrempeln der Wundränder mit einer anatomischen Pinzette wird der Faden geknotet, mit dem vorhergehenden Anfangsfaden verknüpft und die zwei

Abb. 269c. III. Akt. Die vordere durchgreifende (innere) fortlaufende Naht ist zur Hälfte ausgeführt. Ihr Anfangsfaden wurde mit *a* verknotet und beide kurz abgeschnitten. Der linke Daumen und Zeigefinger des Assistenten halten den fortlaufenden Faden angespannt. Der Operateur führt die Handnadel durch beide Wände. Die Nebenfigur deutet an, in welcher Weise am Wundwinkel der Faden ein- und ausgestochen wird, um einen sicheren Verschluß zu erzielen.

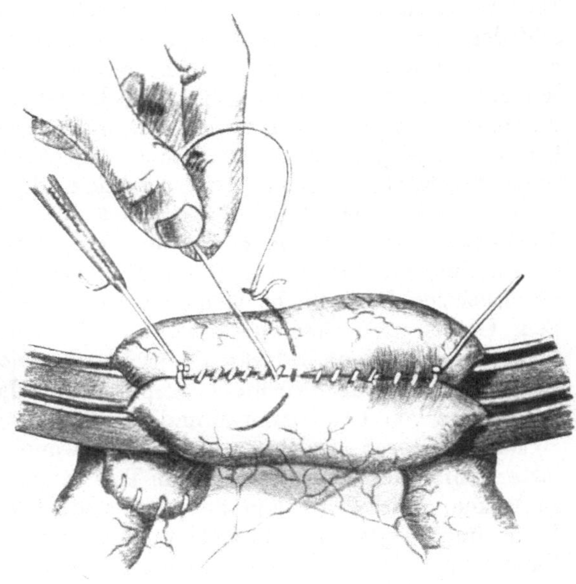

Abb. 269d. IV. Schlußakt. Die vordere durchgreifende (innere) fortlaufende Naht ist beendet. Ihr Endfaden wurde mit *e* verknotet und beide kurz abgeschnitten. Der Operateur hat die vordere (äußere) Sero-Serosa-Naht zur Hälfte ausgeführt, den Anfangsfaden mit *A* verknotet und beide angeschiebert. Zwei Finger des Assistenten spannen den fortlaufenden Faden an.

Fadenenden abgeschnitten. Während dieser fortlaufenden, durchgreifenden Naht stülpt der Experimentator selbst mit einer Darmpinzette die Wundränder ein. Nach der Beendigung dieser Sutur knotet er das Fadenende in sich und verknüpft es mit dem vorhergehenden Endfaden. Abschneiden dieser Fäden. Jetzt dürfen beide Darmklemmen ohne Gefährdung der Asepsis fortfallen. Nun fängt wieder von neuem eine LEMBERTsche Serosa-Muskularisnaht an. Man verknüpft den Anfangsfaden mit dem ersten Anfangsfaden, klemmt nochmals die beiden Fäden an, beendigt diese vordere Naht und verknotet den Endfaden in sich und danach nochmals mit dem ersten Endfaden. Wir nähen mit großen, feinen, gebogenen Handnadeln. Nur bei kleinen Anastomosen scheint eine gebogene Darmnadel mit Nadelhalter vorteilhafter. Die einzelnen Einstiche sollen wegen der Gangrängefahr nicht zu nahe liegen, etwa 2 mm voneinander entfernt. Manchmal erweisen sich die fortlaufenden Darmnähte als ungeeignet. In solchen Fällen umgehen dann Knopfnähte die Schwierigkeiten.

Oft stört die starke Darmkontraktion, welche selbst bei vorsichtigem Anfassen sich zuweilen einstellt, die Bildung einer Anastomose. Subkutane Atropin- oder Papaverininjektionen lösen derartige Krampfzustände.

Die Beendigung des Eingriffes bilden zwei Knopfnähte am Anfang und Ende der Anastomosenstelle als Aufhängenähte. Erst nach diesem Geschehen dürfen die Rollgaze und Abdeckkompressen fortgenommen werden. Zurückverlagern der vorgelagerten Eingeweide in die Bauchhöhle. Vorsichtshalber wäscht sich nochmals der Operateur 2 Minuten lang die Hände in 70proz. Alkohol, bevor er die Bauchdecken mit neuen, keimfreien, noch nicht benutzten Instrumenten schließt.

## G. Der Verband.

Die sorgfältige Hautnaht mit exakter Adaption der Wundränder und eine rasche Wundverklebung schaffen den besten Schutz gegen eine sekundäre Wundinfektion. Die Wundheilung verläuft bei den einzelnen Tieren derselben Gattung sehr verschieden. In einem großen Prozentsatze der Tieroperationen ist ein Verband unnötig. Bei wechselarmen Versuchsobjekten kommt er nicht in Frage. Vielfach schadet er sogar, weil er seine Träger belästigt und Beschwerden verursacht. Durch Knabbern, Nagen, Scheuern, Zerren und Beißen versucht sich das Tier davon zu befreien. Dabei wird oft die Wunde aufgerissen und nachträglich infiziert. Die unten beschriebenen Kunstgriffe vermeiden diese Störungen.

Den einfachsten Wundschutz bildet das mittelflüssige Kollodium mit 5proz. Jodoformzusatz. Auf die vereinigten, gut getrockneten Hautwundränder streicht man in dünner Schicht dieses Präparat. Nach $^1/_2$ Minute verdunstet der Äther. Eine durchsichtige Deckschicht bleibt zurück. Das Jodoform wirkt als Antiseptikum. Sein Geruch und Geschmack hält das Tier vom Daranlecken ab. Wenn zuviel Kollodium die Haut bedeckt, so bricht sehr leicht diese dicke, schützende Decke. Zur Vermeidung der Brüchigkeit benutzen wir das Collodium elasticum, Kollodium mit Zusatz von 1% Rizinusöl und 5% Terpentin.

Viele Autoren streichen auf die Hautwunde eine Paste. Ein Zusatz von dem bitter schmeckenden Chinin soll das Tier davon abschrecken, an dem Wundschutze zu lecken. Dieses Alkaloid der Chinarinde kostet viel. Vorteile bringt es nicht. Denn intelligente Tiere streichen sofort die Paste an der Wand ab. Mit einer Bauchwunde rutschen sie einige Male auf der Erde entlang und entfernen auf diese Weise schnell den Wundschutz.

Bei einer Infektion der Hautwunde dürfen die Tiere an der Wunde lecken. Der Speichel löst eine Wundsekretion nach außen hin aus. Die Bakterien werden ausgeschwemmt. Ferner wirkt der rein mechanische Reiz der Zunge reinigend. Erfahrungsgemäß heilen derartige Wunden sehr schnell ohne übermäßige Narbenbildung.

Wenn eine Hautwunde per primam intentionem heilen muß, so tritt der Verband in seine Rechte. In Betracht kommen 1. Klebe-, 2. Binden- und 3. Kontentivverbände.

Oft genügt ein schmales, steriles Gazeläppchen. Ein darüber ausgespannter Gazeschleier befestigt dieses an die Haut. Zu seiner Fixation eignet sich das Mastisol. Der Klebstoff wird im Umkreis der Wunde auf die trockene, haarlose Haut gestrichen und der ausgespannte Gazeschleier mit einem Tupfer für kurze Zeit aufgedrückt. Eine Coopersche Schere schneidet die überstehenden Kanten und Ecken dieses Gazeschleiers ab. Sodann kommt etwas Puder darüber, wodurch Schmutz usw. nicht an dem Mastisol haften bleiben. Damit das Tier den Verband in Ruhe läßt, gebe ich einige Tropfen Petroleum auf das Gazeläppchen.

Klebeverbände mit Heftpflaster verfehlen bei Tieren ihren Zweck. In vielen Fällen sind die Bindenverbände notwendig. Die Tiere müssen sich erst daran gewöhnen. Deshalb erhalten sie mehrere Tage vor der Operation den Verband angelegt. Anfangs gebrauchen sie zuweilen alle Künste, um denselben abzureißen. Oft ist er täglich zu erneuern, bis die Tiere die Zwecklosigkeit ihres Bemühens einsehen. Erst nach dieser Zeit folgt der Eingriff und der definitive Verband.

Die Bindentouren dürfen die Bewegungen und vor allem die Atmung nicht behindern. Ferner soll jeder Druck und Schmerz fortfallen. Ein zu festes Anziehen der Binden führt zur Blutstauung. Trotzdem muß der Verband festsitzen. Seine Verschiebung und Lockerung erfüllte sonst nicht die ihm zugedachte Aufgabe. Es empfiehlt sich, möglichst wenig Touren anzulegen. Dieses Vorgehen vermindert die Wärmestauung unter dem Verbande und spart Material. Das exakte, glatte Übereinanderlegen der Binden und die Verwendung des Dolabra reversa (= Renversé) erreichen dieses Ziel. Bei unruhigen Tieren bestreiche ich zunächst die rasierte bzw. enthaarte, unverletzte Haut mit Mastisol und lege darüber die Bindentouren. Diese Maßnahme gewährleistet einen sicheren Halt. Durch die nachwachsenden Haare lockern sich nach 6 bis 8 Tagen solche Verbände. Unter Umständen zwingen uns die Verhältnisse, nochmals zu rasieren oder zu enthaaren, da Gaze und Binden an den Haaren trotz des Klebstoffes nicht haften bleiben. Bei Nichtbeachtung dieser Punkte versuchen immer die Tiere, die ungewohnte Bedeckung zu beseitigen.

Vielfach verlangt der Verband noch einen Schutzverband aus wasserdichtem Stoff, z. B. Billrothbatist. Dieser schützt vor Beschmutzung und Berührung mit Fäzes, Feuchtigkeit oder Urin.

Oft leisten Stärke- und Gipsverbände sowohl zum Wundschutz als auch zur Ruhigstellung eines Körperteiles gute Dienste. Die Stärkebinde erweicht man in Wasser, preßt die überschüssige Flüssigkeit heraus und wickelt die Binde fest über den angelegten Verband. Nach etwa 2 Stunden beginnt sie zu erhärten.

Bei den Gipsbinden verfahren wir in derselben Weise. Der von uns benutzte Gips = schwefelsaurer Kalk = $CaSO_4 + 2H_2O$, ist durch Brennen seines Kristallwassers beraubt und hat Pulverform angenommen. Er wird in dichtschließenden Blechbüchsen aufbewahrt. Luftfeuchtigkeit macht ihn unbrauchbar. Das gleiche gilt von den Gipsbinden. Wasserzusatz bindet und erhärtet wieder den Gips. Tiere, welche gewohnheitsmäßig am Verbande nagen, z. B. Ratten, Meerschweinchen und Kaninchen, erhalten Gipsverbände. Ihre Erneuerung geschieht unter Umständen täglich.

Damit die Stärke- und Gipsverbände nicht durch Feuchtigkeit (Wassergehalt der Luft) erweichen, kommt nach vollständigem Trockenwerden Wasserglas darüber. Erst nach 12 bis 24 Stunden trocknet diese 30- bis 60proz. Lösung von kieselsaurem Natron (Natronwasserglas) oder kieselsaurem Kali (Kaliwasserglas). Wasserglas greift die Wäsche, Tücher usw. an. Deshalb Vorsicht bei seiner Verwendung.

In manchen Fällen erweist sich eine Kombination von Stärke und Gips nützlich. Der Operateur streut den pulverisierten Gips vor dem Gebrauch auf die aufgerollte

Stärkebinde und wickelt diese wieder auf. Dabei bleibt die Binde auf dem Tische liegen, um ein Herausfallen des Gipspulvers zu verhindern.

Zu einem besonders festen Halt, z. B. bei Osteomien usw., können noch Schusterspäne, Schienen aus Pappe, Holz oder Metall eingefügt werden. Schusterspäne und Pappschienen werden zunächst für kurze Zeit in heißes Wasser gelegt. Danach verlieren sie ihre Sprödigkeit und lassen sich gut biegen.

Die viel empfohlenen Drahtgestelle zum Schutze eines Verbandes lehne ich ab. Diese bedeuten Tierschinderei. Die gleiche Grausamkeit verursachen die großen Halskrausen aus dicker Pappe oder sogar Holz.

Das Lecken und Beißen am Verbande verhütet ein Maulkorb, welchen ein Gazeschleier überzieht. Dieser verhindert das Herausstrecken der Zunge. Maulkörbe mit Lederschutz behindern die Atmung und wirken auf die Dauer lästig.

## H. Die Nachbehandlung.

Die Nachbehandlung erfordert oft größere Sorgfalt als der chirurgische Eingriff. Vielfach hängt von ihr ein einwandfreies Resultat ab. Zahlreiche Hinweise, welche im II. Kapitel meines Buches „Operative Technik des Tierexperimentes" stehen, sind bei der Nachbehandlung zu beachten, so z. B. die individuelle Behandlung, spezielle Fütterung, Unterkunft u. a. m.

Drei Ereignisse stören den normalen Wundverlauf:

1. Nachblutung; 2. Infektion; 3. Aufplatzen der Nähte.

1. Eine *Nachblutung* kann den Tod des Tieres herbeiführen. Die Bildung eines Blutergusses innerhalb der Wunde verhindert das Zusammenwachsen der Gewebsschichten. Ein Hämatom neigt sehr leicht zur Infektion. Infolge der Resorption stellt sich Resorptionsfieber ein. Später ersetzen Bindegewebsmassen die nicht resorbierten Blutreste. Die Punktion des Blutergusses geschieht unter aseptischen Kautelen zwischen dem 3. und 4. Tage. Innerhalb dieser Zeit führt die Thrombenbildung einen Gefäßverschluß herbei, so daß eine nochmalige Nachblutung zu den Seltenheiten gehört. Um die durch das entfernte Hämatom entstandene Gewebslücke auszufüllen, erhält das Tier einen Kompressionsverband an dieser Stelle.

2. Sowie sich eine *Wundinfektion* durch Temperatursteigerung, Unruhe und Schmerzäußerungen des Tieres, Schwellung und Rötung der Hautwunde bemerkbar macht, müssen sofort einige Knopfnähte der Haut und der Faszie fortfallen, damit genügend Sekretabfluß geschaffen wird. Auf eine Tamponade oder Einlegen eines Drains verzichte ich. Am besten bleibt die infizierte Wunde bei Tieren offen. Durch das Lecken an der Wunde tritt rasch eine Reinigung ein. Selbstverständlich verlangt der Käfig die größte Sauberkeit, um jede neue Infektionsquelle auszuschalten.

3. Mit unserer geschilderten Nahttechnik bersten niemals bei aseptischem Verlauf die Nähte. Dagegen bricht bei einer Infektion die Operationswunde leicht auf. Auf die Vorteile der Knopfnähte sei in diesem Zusammenhange nochmals hingewiesen.

Jedes frisch operierte Tier ist hilf- und wehrlos. Deshalb soll es allein gesetzt werden, damit ihm andere keinen Schaden zufügen. Dies gilt vor allem bei Meerschweinchen, Ratten und Mäusen, Schlangen und Fischen, deren Artgenossen meist sofort über die Operierten herfallen. Eine blutende Wunde oder die Absonderung von Blutserum regt den Trieb an, den Stallgenossen zu zerfleischen. Selbst unter Kaninchen beobachteten wir einige Male dieses Verhalten. Die Isolierung hat weiterhin den Vorteil, daß die anderen Tiere den Verband nicht verunreinigen, zernagen oder abreißen. Die fehlenden Mitinsassen nehmen das vorgesetzte Getränk und Futter nicht weg. Mit Ruhe kann das Versuchstier trinken und fressen, wann es ihm behagt.

Unmittelbar nach der Operation bezieht das Tier seinen frisch gereinigten, desinfizierten und gut durchgelüfteten Käfig, den es schon lange vorher genau kannte und in welchem es sich wohl fühlte. Wenn der Wärter ein höheres Lebewesen nach dem Eingriffe in eine andere Umgebung bringt, so bekommt es Furcht und läuft ängstlich herum. Dadurch treten unter Umständen erhebliche Störungen im Heilungsverlaufe ein. Auch die fälschlicherweise mit „dumm" bezeichneten Fische gehören in dasselbe Aquarium, in welchem sie längere Zeit vor dem Versuche lebten. Ein neuer Wasserbehälter macht sie ebenso scheu wie z. B. ein fremder Raum einen Hund. Außerdem muß der Unterkunftsraum für Warmblüter windstill, trocken und genügend warm sein. Ein weiches Lager aus Stroh oder Zellstoff schützt vor Verletzungen im Stadium des Erwachens aus der Narkose. Die Tiere dürfen nicht in ihrem eigenen Urin und Kot liegen und sich dadurch eine sekundäre Wundinfektion zuziehen. Ein durchlöcherter Boden oder ein Rost beseitigt diese Gefahr. Ein geräuschloser und dunkler Platz bietet erhebliche Vorteile. Die Tiere schlafen dann nach dem Erwachen aus der Narkose schnell wieder ein. Bewegungen hören auf. Die Herztätigkeit wird geschont. Nachblutungen treten nicht ein. Meerschweinchen und Mäuse wickle ich in sterilen Zellstoff, wobei der Kopf frei bleibt. Die Tauben verletzen sich leicht in ihrem benommenen postnarkotischen Zustande beim Herumflattern. Deshalb schlägt man ihren Körper, einschließlich Flügel und Beine, nach der Operation für die ersten Stunden in ein Tuch. Zu tief urethanisierte Tiere verlangen eine künstliche Ernährung und Katheterismus. Öfteres Umlegen auf die rechte und linke Seite beugt einer hypostatischen Pneumonie vor. Geeignete Lagerung, richtige Verbände, Abwaschungen mit 96proz. Alkohol, Zitronenschalen usw. verhindern die Bildung eines Dekubitalgeschwüres. Das Wasser eines Aquariums, in dem sich ein narkotisierter Fisch befindet, soll stündlich erneuert werden, damit das Tier den ausgeschiedenen Äther nicht von neuem durch die Kiemen einatmet.

Je nach der Versuchsanordnung dürfen die Tiere bald früher, bald später saufen und fressen. Wir operierten z. B. Hunde, Kaninchen und Meerschweinchen, welche bereits 5 Minuten nach dem Erwachen aus der Narkose wieder Nahrung zu sich nahmen. Nach Laparotomien unterbleibt durchschnittlich 12 bis 24 Stunden lang die Fütterung. Selbst das vorsichtigste Angreifen der Eingeweide bleibt nicht ohne Einfluß auf die Motilität des Magens oder Darmes. Die normale Darmtätigkeit kehrt bei kleinen Tieren erst nach 4 bis 6 Stunden zurück. Die ersten 3 Tage füttere und pflege ich selbst meine Versuchstiere. Dadurch zeigen sie eine große Dankbarkeit und Anhänglichkeit. Das Tier ahnt nicht, wer ihm ein Leid zufügte. In seiner Hilflosigkeit empfindet es jede Wohltat. Willig stellt es sich bei späteren Versuchen zur Verfügung. Sein Wohlergehen muß einem am Herzen liegen. Unter Umständen sind schmerzstillende Mittel zu geben. Ein Verbandwechsel erfolgt in derselben schonenden Weise wie beim Menschen. Über das Fortnehmen der Hautnähte s. oben.

Besondere Aufmerksamkeit verdienen das Allgemeinbefinden, die Freßlust, Beweglichkeit und jede pathologisch-anatomische Veränderung. Zweckmäßig legt man vor oder nach der Operation für jedes Tier eine Temperatur-, Puls- und Gewichtskurve an. Weil selbst bei gleichartigen gesunden Vertebraten bezüglich der Temperatur- und der Pulszahl große Unterschiede bestehen, so gelten nur die Vergleichszahlen mit den vor der Operation gefundenen. Die Messung geschieht immer zu einer bestimmten Tages- oder Nachtzeit. Denn auch dabei gibt es Schwankungen.

Z. B. eine Taube A hat vor dem Eingriff durchschnittlich eine Abendtemperatur von 41,5° C, nach der Operation 42° C. Hier besteht kein Fieber. Dagegen betrug bei der Taube B die abendliche Temperatur im Durchschnitt 38,2°, nach dem Eingriffe 40° C. In diesem Falle handelt es sich um Fieber, obgleich das Tier noch nicht die Wärmegrade erreichte, welche die gesunde Taube A besitzt. Bei allen anderen Tieren herrschen ähnliche Verhältnisse.

Während der Bestimmung der Temperatur und des Pulses müssen sämtliche psychischen Affekte, wie Angst, Schock, Schmerzen usw. fortfallen. Andernfalls bleiben die Messungen wertlos. Nur die Rektalmessung bietet relative Genauigkeit. Das in den After eingeführte Thermometer darf die Rektalschleimhaut weder reizen noch beschädigen. Nach vorsichtigem, 5 Minuten langem Halten zeigt das Instrument die Körperwärme an. Für Mäuse liefert der Handel besondere feine Wärmemesser.

Den Puls fühlen wir stets an der Art. femoralis. Wenn die Hinterbeine einen Verband tragen, so gibt die Art. brachialis an der vorderen Extremität oder die Art. carotis communis Aufschluß. In vielen Fällen, besonders bei kleinen Tieren, zählt der auf die Herzgegend aufgelegte linke Zeigefinger die Herzschläge.

Zum Auffangen des Kotes und Urins dienen sog. Kotbeutel und Urinale sowie die Stoffwechselkäfige. Für Vögel gibt W. VÖLTZ ein operatives Verfahren an, welches ein getrenntes Auffangen von Kot und Urin gestattet. Die Methode beruht auf der Bildung eines Anus praeter naturalis, so daß aus der Kloake nur der Harn entleert wird.

Große Sorgfalt beansprucht die zweckentsprechende Fütterung. Bei Stoffwechselversuchen nach Operationen am Pankreas, der Leber oder den Gallengängen usw. (z. B. Ductus-choledochus-Resektion usw.) erhalten die Tiere nur die ihnen zusagende Kost. Aber bereits 8 bis 10 Tage vor dem Versuche müssen sie darauf eingestellt werden, um zu ergründen, ob sie eine bestimmte Nahrung auch vertragen. Im allgemeinen benimmt sich ein Tier wesentlich vernünftiger bei der Nahrungsaufnahme als ein Mensch. Futter, welches es gern frißt, aber zur Zeit nicht verträgt, lehnt es ab.

In manchen Fällen tritt die Zwangsfütterung in ihre Rechte.

In die Backentasche oder in eine Zahnlücke spritze ich absatzweise $^1/_2$ cm$^3$ flüssige Nahrung. Wenn das Tier geschluckt hat, wieder die gleiche Menge. Die Gesamtmenge richtet sich nach der Größe des Tieres und der Art des Falles. Ferner leistet die Schlundsonde zwecks Nahrungszufuhr gute Dienste, welche Affen, Hunden, Katzen, Kaninchen und Meerschweinchen ohne viele Mühe eingeführt werden kann. Beim Frosche schieben wir zunächst mit der rechten Hand eine anatomische Pinzette ins Maul und öffnen dieses durch Spreizen des eingeführten Instrumentes. Sodann legt man die Kuppe des linken Zeigefingers in die Maulspalte, nimmt mit der Pinzette ein Fleischstückchen, steckt es in den Rachen und zieht den Finger aus dem Munde wieder heraus. Unter Umständen halten danach bis zum Schluckakte der rechte Daumen und rechte Zeigefinger das Maul vorsichtig zu.

Bei Tauben verläuft die Zwangsfütterung in ähnlicher Weise. Der Vogel ist in ein Tuch eingeschlagen. Der linke Daumen und Zeigefinger erfassen von beiden Seiten den Schnabel und ziehen den Ober- und Unterkiefer auseinander. Mit einer anatomischen Pinzette wird ein Korn Wickensamen auf den Zungenrücken gelegt und der Schnabel mit den beiden genannten Fingern wieder zugemacht, bis das Tier geschluckt hat. Der Operateur übt diese Handlung zehnmal. Darauf spritzt er 1 cm$^3$ frisches Wasser langsam in den Schnabel, damit die Samen im Kropfe aufweichen. Diese Reihenfolge wiederholt sich dreimal hintereinander, und zwar früh, mittags sowie abends. Die ausgewachsene Taube erhält also dreimal täglich je 30 Stück Wickensamen und je 3 cm$^3$ Wasser. Über die ausreichende Ernährung des Vogels unterrichtet der Füllungszustand des Kropfes.

Das Wiegen gibt über den Allgemeinzustand einen vortrefflichen Aufschluß. Zahlreiche Wagen sind für die einzelnen Tiergattungen konstruiert worden. Die gebräuchlichsten Hauswagen erfüllen oft denselben Zweck. Für kleinere Tiere eignen sich die Briefwagen. Viele Autoren wiegen die Ratten und Mäuse mit ihrem Glasgefäß bzw. Käfig, nachdem sie letztere vorher ohne das betreffende Tier genau abgewogen haben. Die Differenz entspricht dem Tiergewicht. Beim Wiegen darf das Gewicht der aufgenommenen Nahrung (Futter, Getränke) sowie das Gewicht der Fäzes und die entleerte Urinmenge nicht unberücksichtigt bleiben.

# Literatur.

ABDERHALDEN, E.: Handbuch der biologischen Arbeitsmethoden, Abt. 13, Berlin-Wien: Urban & Schwarzenberg 1923—1928. — BAYER, JOS., und FRÖHNER, EUG.: Handbuch der tierärztlichen Chirurgie und Geburtshilfe. 1. Bd. Operationslehre 1906. 2. Bd. Allgemeine Chirurgie. Wien u. Leipzig: Wilhelm Braumüller 1905. — HABERLAND, H. F. O. (1): Die Auer-Meltzersche intratracheale Insufflation. Ergebnisse der Chirurgie u. Orthopädie. Bd. 10, S. 443—466. Berlin: Verlag Julius Springer 1918; (2): Die anaerobe Wundinfektion. Neue deutsche Chirurgie. Bd. 27. Stuttgart: Verlag F. Enke 1922; (3) Chirurgische Operationslehre (gemeinsam mit Ad. Oberst. 2. Aufl. Berlin: Verlag S. Karger 1922; (4) Die sog. Tierhypnose im Dienste der experimentellen Chirurgie. Bruns' Beiträge f. klin. Chirurgie. Bd. 135, H. 2, S. 372; (5) Die operative Technik des Tierexperimentes. Berlin: Verlag Julius Springer 1926, 336 S. — HEIM, L.: Lehrbuch der Bakteriologie. 6. u. 7. Aufl. Stuttgart: Verlag F. Enke 1922.— HINZ, W.: Über Pernocton zur Narkose des Hundes. Tierärztliche Rundschau, XXXIII, Jahrgang 1927, Nr. 52. — LEXER, E.: Lehrbuch der allgemeinen Chirurgie. 2 Bde. 17. Aufl. Stuttgart: Verlag F. Enke 1928. — MELCHIOR, E.: Grundriß der allgemeinen Chirurgie. 2. Aufl. München: Verlag J. F. Bergmann 1925. — MEYER, H., u. R. GOTTLIEB: Die experimentelle Pharmakologie als Grundlage der Arzneibehandlung. 7. Aufl. Berlin-Wien: Urban & Schwarzenberg 1925. — ROST, FRANZ: Pathologische Physiologie des Chirurgen (Experimentelle Chirurgie). 3. Aufl. Leipzig: Verlag F. C. W. Vogel 1925. — SCHMIEDEN, VIKTOR: Der chirurgische Operationskursus. 9.—11. Aufl. Leipzig: Verlag Joh. Ambr. Barth 1923. — SCHÖNE, G.: Die heteroplastische u. homoplastische Transplantation. Berlin: Julius Springer 1912.

# Untersuchungsmethoden der allgemeinen Reizphysiologie und der Verhaltensforschung an Tieren.

Von O. KOEHLER, Königsberg i. Pr.

Mit 2 Abbildungen.

## Einleitung.

Allgemeinstes Ziel der reizphysiologischen Forschung ist es, Wesen, Umfang und Art der Reizbarkeit tierischer Organismen vergleichend darzustellen. Wirken *Reize*, d. h. Vorgänge, die dem reizbaren Gebilde Energien zuführen oder entziehen (KÜHN), auf den lebenden Organismus oder seine Teile, so ist die Reizwirkung wohl aufzufassen als Störung des stationären Lebensvorganges, wie er den ,,reizlosen Zustand" auszeichnet; sie äußert sich vorerst im Auftreten von *Erregung*, über deren chemisch-physikalisches Wesen die Vorstellungen sich eben erst an wenigen Punkten (periphere Nerven) zu verdichten beginnen. Auf diese Ansätze sowie auf die unmittelbaren Kennzeichen der vorhandenen Erregung (Aktionsströme) einzugehen, ist hier nicht der Ort. — Die Erregung breitet sich aus (Erregungsleitung) und versetzt endlich Teile des Organismus in eine meist äußerlich sichtbare Aktion (Reizbeantwortung, Reaktion). Man unterscheidet innere und äußere Reize, je nachdem die Energieumsätze im Innern des Tieres beginnen oder von außen her in Gang gebracht werden. Als Reizwirkungen im allgemeinsten Sinne sind zu buchen Formänderungen (Entwicklung, Wachstum, Metamorphose, Fortpflanzung, Krankheiten, Regeneration u. a.), ferner die Tätigkeiten der Teile des Organismus und die des Organismus als eines Ganzen. Aus rein äußerlichen und vorwiegend historischen Gründen ist es gebräuchlich geworden, die ganze Lehre von den formverändernden Reizen getrennt zu behandeln (Entwicklungsphysiologie). Auch was die Verdauungsorgane, die Organe der Atmung, des Kreislaufs, die Geschlechts- und Exkretionsorgane, die Drüsen mit äußerer oder innerer Sekretion, die Farbzellen der Haut und viele andere Organe an Reizwirkungen erkennen lassen, wird meist in besonderen Kapiteln der Physiologie behandelt, und selbst die Physiologie der Muskeln (des wichtigsten Erfolgorganes) und die der peripheren Nerven finden zumeist gesonderte Besprechung.

So bleibt hier von dem ganzen Gebiet übrig die Lehre von dem ,,Verhalten" der ganzen Organismen, d. h. ihrer Art, auf Reize, und zwar zumeist auf Außenreize und vorwiegend mittels Bewegungen zu reagieren. Der Begriff des ,,Verhaltens" betont mit Recht die Notwendigkeit der Tatsachenbeschreibung; was das Tier überhaupt an Tätigkeiten zu vollbringen vermag (,,Aktionssystem") und was es unter gegebenen Bedingungen tut, das gilt es vorerst zusammenzustellen. Bei den Protisten, deren einheitlicher Zelleib Träger von Reizaufnahme, Erregungsleitung und Reaktion zugleich ist, kam man bisher über derartige einfachste Feststellungen kaum hinaus. Bei den Vielzellern dagegen gab die fortschreitende morphologische Differenzierung des Zellstaates in Gewebe und Organe die Möglichkeit auch eines tieferen physiologischen Eindringens; die Zwischenglieder der vom Reiz zur Reaktion führenden Kette konnten in günstigen Fällen voneinander abgetrennt und einzeln studiert werden. Das Nervensystem der Metazoen gestattet die morphologische Gliederung in Receptoren (Sinneszellen), die durch chemische, thermische, mechanische und Lichtreize erregbar sind, in periphere Nervenbahnen, die zum Zentrum hin oder von ihm wegführen und in den Erfolgsorganen (Muskeln, Drüsen, manche Farbzellen der Haut u. a.) endigen. Wie Durchschneidungsversuche lehren, durchläuft die Erregung nachweislich solche Bahnen (Reflexbögen). Die Verhaltenslehre, über die hinaus zu kommen wir uns bei Protisten nur an wenigen Punkten eben erst bemühen, löst sich so bei den Vielzellern auf in Sinnesphysiologie, Reflexphysiologie und die Lehre von den nervösen (und innersekretorischen sowie sonstigen) Koordinationen. Doch bleibt dabei ein in physiologischer Terminologie beim heutigen Wissensstande noch nicht beschreibbarer Rest, die höheren und Höchstleistungen der Tiere, die wir — ohne zwar die Existenz tierischen Bewußtseins mit wissenschaftlicher Gewißheit jemals behaupten zu können — am bequemsten in der Sprache der menschlichen Seelenlehre behandeln (Tierpsychologie).

Wie diese Zusammenstellung lehrt, die zugleich die Stoffbegrenzung und -gliederung gibt, ist das zu besprechende Gebiet immer noch ungeheuer umfangreich und gerade hinsichtlich der Forschungsmethodik von unübersehbarer Mannigfaltigkeit. So wird es nicht verwundern, wenn das meiste den Einzelabschnitten aufgespart bleibt, während die Ausbeute an allgemein methodologischen Hinweisen verhältnismäßig gering ist.

Bei jeder im obigen Sinne begrenzten „reizphysiologischen" Arbeit ist der gesunde Weg der, mit „vorurteilsloser" *Beobachtung* des Tieres in seiner natürlichen Umgebung zu beginnen. Genaueste Kenntnis der Lebensweise in allen Einzelheiten, der das Fortkommen und Gedeihen ermöglichenden Außenfaktoren, der Nahrung und des Nahrungserwerbs, der Fortpflanzung und Entwicklung, kurz aller beobachtbaren Lebensäußerungen, und nicht zuletzt der speziellsten Systematik, ist völlig unerläßlich. So hat und behält auch heute die Betrachtungsweise, wie sie der am Tierleben spezieller interessierte Laie auszuüben pflegt und wie sie etwa im Tierleben Brehms ihre mustergültige Darstellung fand, den größten Wert. Bücher wie Heinroths Vögel Mitteleuropas, zahlreiche Lieferungen des Abderhaldenschen Handbuches der biologischen Arbeitsmethoden, die sich mit Haltung und Züchtung der verschiedensten Tiergruppen beschäftigen und viele andere Werke, die hier aufzuzählen zu weit führen würde, bilden wahre Fundgruben für diese erste Erkenntnisstufe, die wir alle durch eigene „problemlose" Beobachtung in der freien Natur viel mehr pflegen sollten als es heute zu geschehen pflegt. Manch einseitiges Urteil der Laboratoriumszoologie würde dadurch vermieden. Gleichzeitig aber wird die eigene Naturbeobachtung wie die Lektüre solcher Schriften beim nachdenkenden Leser Fragestellungen in Fülle anregen, die zu *experimenteller* Behandlung führen, und gerade von ihr wird im folgenden fast ausschließlich die Rede sein.

Die natürlichen Bedingungen in der Umwelt des Organismus sind stets unübersehbar verwickelt. Um den Umweltskomplex zu analysieren, bedarf es seiner experimentellen Zerlegung in Einzelfaktoren, ganz im Sinne des physikalischen oder chemischen Versuchs. Im Idealfalle sollte es gelingen, *sämtliche* wirksamen Innenfaktoren und Außen*faktoren bis auf einen einzigen* völlig *gleich* zu machen. Dieser eine im Versuch absichtlich variabel zu gestaltende Faktor bildet dann den zu untersuchenden Reiz und die Beschreibung der durch ihn ausgelösten Reaktionen das Versuchsergebnis. Die erste Aufgabe ist die Feststellung der Reizschwelle, d. h. das Aufsuchen der Grenzintensität des Reizes, die eben die Reaktion auslöst. Oberhalb dieser wird weiterhin der Reiz in variabler Stärke zu setzen sein; die Reaktionen werden dann, entweder unabhängig von der Reizstärke (falls sie nur überschwellig bleibt) immer die gleichen sein (Alles- oder Nichts-Reaktionen) oder aber in feststellbarer Weise mit der Reizstärke variieren. In diesen Fällen spricht man von Unterschiedsreaktionen und Unterschiedsempfindlichkeit; sie ist um so größer, je geringere Änderungen der Reizintensität genügen, um eine Änderung der Reaktionsgröße zu bewirken. Die geringste Schwankung der Reizintensität, die eben noch wahrnehmbar verschiedene Reaktionsgrade hervorruft, heißt Unterschiedsschwelle.

Daß die Bedingungen des Experimentes von denen in der Natur abweichen, ist selbstverständlich. Sie sollen es ja auch tun, denn sonst brauchte man nicht zu experimentieren. Das oft geäußerte Urteil, experimentelle Feststellungen gestatteten keine Rückschlüsse auf das Verhalten des Tieres unter „natürlichen" Bedingungen, da das Experiment „unnatürliche" Verhältnisse schaffe, beruht jedoch auf einer völligen Verkennung der Sachlage. Kein Newton hätte die Fallgesetze verifizieren können, wenn er sich auf den Fall der Äpfel vom Baume unter „natürlichen" Bedingungen beschränkt hätte. Daß freilich nichts Gutes dabei herauskommt, wenn jemand zu experimentieren beginnt, bevor er sein Objekt in seinen Lebensäußerungen kennt und in seiner Wartung genaue Erfahrungen besitzt, dafür ließen sich Beispiele genug anführen, wie sie den Feinden der Experimentalforschung Anlaß genug zu berechtigtem Spotte gaben.

Freilich liegt das Endziel, das Verständnis des natürlichen Verhaltens des Tieres durch Versuche zu erzwingen, zumeist noch in weiter Ferne. Denn selbst im sorgsamsten Versuch liegen die Dinge gewöhnlich noch so verwickelt, daß man immer wieder Gefahr läuft, unkontrolliert mitwirkende Faktoren zu übersehen. Deshalb ist es auch sachlich richtig, Versuchsanordnungen stets auf das genaueste zu beschreiben; auch die scheinbar unwichtigsten Einzelheiten können später bei notwendig werdenden Umdeutungen entscheidende Wichtigkeit erlangen. Eine jede gesicherte Experimentalfeststellung kann ihren Erklärungswert verlieren, wenn man nachträglich einem Faktor auf die Spur kommt, der neben dem Versuchsfaktor unkontrolliert mitvariierte. Am ehesten gelingt es noch, die Außenfaktoren zu meistern, obwohl auch das auf fast unüberwindliche Schwierigkeiten stößt, z. B. bei Wassertieren (Licht, Gasgehalt, $p_H$, Salzgehalt, Temperatur, Verschmutzungen, Strömungen usw.). Was da nicht gleichzumachen ist, muß durch *Kontrollversuche* als für die Fragestellung des Versuchs bedeutungslos nachgewiesen werden, und ein guter Teil Experimentierkunst liegt darin, keine Kontrollversuche zu übersehen. Ein anderes Mittel, um auf übersehene Faktoren zu kommen, ist auch häufiger Wechsel der „unwesentlichen" Einzelheiten der Versuchsanordnung. In den festen, einmaligen Aufbauten, wie sie der Physiker zu treffen pflegt, liegt für den Biologen oft geradezu eine gewisse Gefahr. Fast nie aber wird es möglich sein, auch die sog. „Stimmung" des Tieres zu beherrschen, ein Begriff, in dem sich die verschiedenartigsten physiologischen Zustände verbergen mögen. Man male sich aus, wieviel verschiedene Reaktionen ein übermenschlicher Experimentator erleben würde, der ein und demselben Menschen ohne eingehende Kenntnis seines Alters, Gesundheitszustandes, seiner augenblicklichen Absichten, Gedanken, Beschäftigungen, Gewohnheiten usw. in regelmäßigen Abständen unter möglichst gleichen Außenumständen die gleiche Nahrung darböte. In derselben Lage aber befinden wir uns, wenn wir wie oft wirklich notwendig, zu jedem Versuch frischgefangene Tiere verwenden. Glücklicherweise sind die Tiere ja weniger zahlreichen „Stimmungen" unterworfen als der Mensch; immerhin wird es schon jetzt deutlich, daß sich die Schwierigkeiten häufen, je höher das Tier organisiert ist. Es ist leichter eine Biene oder einen Fisch zu dressieren als einen Affen; der „Rückenmarksfrosch", obwohl immer noch launisch genug, reagiert doch schon einförmiger als der Artgenosse im Vollbesitz seines Kopfes.

So wird das Experimentieren zur Kunst. Die klarste Fragestellung und die raffinierteste Beherrschung der Reizanordnung (speziell in Amerika beginnt manch einer mit dem Ersinnen und Ausführen des „apparatus“, noch bevor er sich entschied, welches Tier er damit reizen will) genügen nicht zum Erfolge, eine „glückliche Hand“, die Fähigkeit des Sicheinfühlens in das Tier, seine Äußerungen und seine Bedürfnisse, und vor allem immerwache Selbstkritik beim gedanklichen Auswerten der Befunde sind mindestens ebenso wichtig. Diese Dinge aber lassen sich auch nicht mit vielen Worten beschreiben, höchstens noch bei gemeinsamem Experimentieren absehen. So muß das beste, wie zumeist, ungesagt bleiben. Was sich hier mitteilen läßt, sind Methoden, die in glücklichen Händen, an glücklich gewählten Objekten, zum Ziele führten. Genaueres Eingehen auf die technischen Einzelheiten wird dabei schon wegen des Raummangels unmöglich sein, das Zitat der entscheidenden Arbeit, in der der Interessierte nachlesen kann, muß genügen. Zudem kann ja der Zweck dieses Handbuchs nicht sein, zu Nachprüfungen anzuleiten; es will vielmehr zu neuer Forschung anregen. Deshalb habe ich mich auch nicht entschließen können, nach rein methodischen Gesichtspunkten unterzudisponieren, sondern habe auch im einzelnen die Anordnung nach dem Stoff tunlichst beibehalten. Wenn mich dabei die Freude an den Ergebnissen gelegentlich etwas weiter geführt haben sollte, als zur Darstellung lediglich der Methoden erforderlich wäre, so bitte ich um Nachsicht; man wird dafür zwischen den Zeilen, die das *Wie* behandeln, auch Antworten auf die nicht weniger wichtige Frage finden, *was* zu arbeiten sich heute lohne. — Besonders schwer war es, aus der Fülle vorzüglicher Arbeiten die wenigen auszuwählen, die zu besprechen die vorgeschriebene Kürze erlaubt. Daß bei dieser Wahl alle die Zufälligkeiten mitsprachen, wie sie sich aus den persönlichen Neigungen und Beschäftigungen des Schreibers ergeben, wird man, wie ich hoffe, verzeihlich finden.

## I. Verhalten der Einzelligen.

Seit den klassischen Fragen der Verhaltensforschung an Protisten sind wir, wie schon angedeutet, nicht allzu viel weitergekommen, so daß auch heute noch Jennings' Arbeiten als Vorbild gelten dürfen. Hier möchte ich mich auf sein bestuntersuchtes Objekt, das Paramaecium beschränken. Durch einfache Beobachtung im Binokular legte er die normale Schwimmbewegung klar: um in der Richtung der Geraden $AB$ voranzukommen, beschreibt die Zelle eine Spiralbahn auf einem Zylindermantel, dessen Achse die Gerade $AB$ ist; dabei ist die orale Zellseite dauernd der Achse zugewandt. Sämtliche erdenklichen Reize (Licht freilich nur nach Sensibilisierung durch Farbstoffe, Metzner) rufen ein und dieselbe Beantwortung hervor, nämlich die „Schreckreaktion“: Zurückfahren, Hinterende voran, dann Durchschwingen eines Kegelmantels mit feststehendem Hinterende als Kegelspitze, die orale Seite dauernd zur Kegelachse blickend, endlich normales Geradeausschwimmen in der neuen Richtung, in der die Kegelmantelschwingung abbrach. — Die Tatsache, daß so verschiedenartige Reize nur ein und dieselbe Reaktion auslösen, beschränkt von vornherein die Aussichten auf Weiterarbeit in einer Richtung, die wir bei den Vielzelligen als sinnesphysiologisch bezeichnen müßten. Tatsächlich blieb die Ausbeute aller Versuche, Zellteile als spezifisch receptorisch tätig nachzuweisen, recht gering. So zerschnitt Alverdes Paramaecien quer mit dem Glasfädchen und sah beide Halbtiere wohlkoordiniert schwimmen, aber nur das vordere auf chemische und thermische Reize antworten; bei intakten Ganztieren erwies sich Jennings das Vorderende empfindlicher gegen mechanische, thermische und chemische Reize als das Hinterende. Auch beim genaueren Studium der Geotaxis zeigte es sich, daß der Druck der schweren Einschlußkörper im Protoplasma offenbar dann am stärksten wirkt, wenn er das Vorderende trifft (Koehler). Dem Hinterende Reizempfindlichkeit ganz abzusprechen, geht aber bestimmt nicht an, und niemand ist es bisher gelungen, in einem Querschnitt des Zelleibes lokale Unterschiede der Empfindlichkeit nachzuweisen, ja ihre Existenz ist nicht einmal wahrscheinlich, da das beim Schwimmen dauernd rotierende Tier (s. oben) ja sämtliche Teile des Querschnitts nacheinander dem seitlich herantretenden Reize in ständigem Wechsel aussetzt.

Erfolgsorganellen für die Bewegungsreaktionen sind die Cilien, die den gesamten Zellkörper als fast gleichförmiger Mantel überkleiden; die Cilien des Schlundapparates nehmen offenbar eine Sonderstellung ein, z. B. schlagen sie beim absterbenden Tiere am längsten, sind auch beim ruhenden Tiere in Tätigkeit usw. Die ersten klaren Einblicke in die Steuertätigkeit der Körpercilien brachte LUDLOFF (1895) durch sein ausgezeichnetes Studium der Galvanotaxis (vgl. KOEHLERS Zusammenstellung). Zum genaueren Studium des Cilienschlages am ruhenden Tiere verwandte METZNER mit sichtbarem Erfolge stroboskopische Methoden, die jedoch für das uns mehr interessierende bewegliche Tier versagen dürften. Auch die Verlangsamung des Cilienschlages durch quellende Medien (Tragantschleim, Gelatine u. a.) sowie das Studium der vom Cilienschlag bewirkten Wasserströme (JENNINGS) helfen nicht allzuweit. Wir brauchen Methoden, die uns den Cilienschlag des in steiler bzw. in flacher Spirale geradeausschwimmenden, des wendenden, des bogenfahrenden (ALVERDES) Paramaeciums, vor allem seinen Cilienschlag bei der Schreckreaktion in allen ihren Phasen wirklich *vor Augen* führen, um zum Ziele zu kommen, an das uns die oben mitgeteilten, zum größeren Teil eben doch nur erschlossenen Formulierungen noch nicht gebracht haben. Solange es vor allem beleuchtungstechnisch noch ausgeschlossen erscheint, diese Forderung kinematographisch zu erfüllen, bietet GELEIS neue Färbemethode einige Hoffnung. Es gelang ihm, Paramäcien momentan und offenbar mit normal erhaltener Bewegungsstellung des Cilienkleides zu fixieren. So erhalten wir sozusagen Momentphotographien des Cilienschlages von wunderbarer Schönheit, die voll auszuwerten dann gelingen müßte, wenn wir angeben könnten, in welchem Zeitpunkte einer bestimmten Bewegungsart, z. B. der Schreckreaktion, der Cilienschlag stehenblieb.

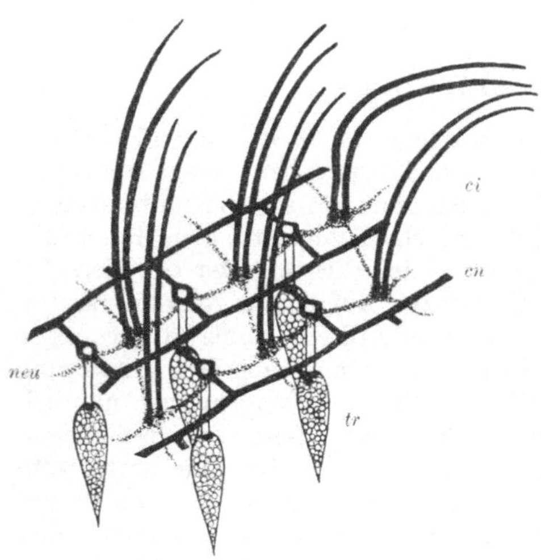


Abb. 270. Schema der Oberfläche von Paramaecium nephridiatum (nach GELEI).
*tr* = Trichocysten. *cu* = Grenzen der cutikularen Felder. *ci* = Cilienpaare. *neu* = neuroplasmatisches Netz.

Vollends ungeklärt ist die Frage der Erregungsleitung und die nach einem etwa vorhandenen Koordinationszentrum. Die vorzügliche Koordination des Cilienschlages, die bei langsam beweglichen Formen wie Opalina unmittelbarer Beobachtung zugänglich ist, macht die Existenz von Leitungsbahnen der Erregung physiologisch sehr wahrscheinlich, und man hat mehrfach gewisse Differenzierungen subpelliculärer Schichten in diesem Sinne beansprucht. So bildet neuestens GELEI (vgl. Abb. 270) bei seinem Paramaecium nephridiatum ein „neuroplasmatisches Netz" ab. Die Basalkörnchen liegen in tigroidartigen Schollen eingebettet, die sich zu Längs- und Querfäden ausziehen und so miteinander zu rechteckigen Maschen verbunden erscheinen. Auch die Trichocysten, die sich ja auf Reize hin entladen, sind diesem System unmittelbar angeschlossen.

Wer selbst einmal Infusorien in ihrem Bewegungsverhalten aufmerksam betrachtete, wird von vornherein die Existenz eines Koordinationszentrums für den Cilienschlag anzunehmen geneigt sein. Die momentane Umkehr der Schlagrichtung des ganzen Cilienkleides in der ersten, der Übergang zur Kegelmantelschwingung in der zweiten Phase der Schreckreaktion, auch der Vorwärtsschlag der kathodennahen Cilien bei der Galvanotaxis, der allein durch direkte Bewirkung nicht zu erklären ist (vgl. KOEHLER S. 1038), bieten gute Beispiele für die Promptheit, mit der die Cilien von innen herkommenden Impulsen zu gehorchen scheinen. Inzwischen wurden von KOFOIDs Schule morphologische Angaben über einen „neuromotor apparatus“ bei Euplotes (YOCOM), bei Balantidien (MC DONALD) und Paramaecium (REES) gemacht, und ein so ausgezeichneter Techniker und kritischer Beobachter wie GELEI stimmt ihnen zu (Paramaecium nephridiatum). Auch mikrurgische Zerschneidungsversuche der als erregungsleitend beanspruchten Fibrillen liegen bereits vor. REES sah nach Querdurchtrennung der Fasern, die vom „Nervenzentrum“ rückwärts zu den Schlundmembranellen ziehen, die hinter dem Schnittt liegenden Membranellen langsamer und weniger kräftig schlagen als die vor dem Schnitt liegenden, während schwere Schädigungen der fraglichen Region den Cilienschlag nicht beeinflußten, wenn nur die Fasern intakt geblieben waren. Bei Zerstörung der Körperregion vor dem Cytopharynx, wo die Färbung post mortem die als Nervenzentrum gedeutete Struktur erkennen läßt, sei der Körpercilienschlag durchaus durcheinandergekommen, was aber gerade bei Gelatinetieren auch sonst leicht geschieht. Endlich sollen Teilstücke nicht fähig sein, den Cilienschlag umzukehren. Bei Euplotes hat TAYLOR seine Operationen durch klare Abbildungen veranschaulicht. Am „neuromotor apparatus“ unterscheidet er (vgl. Abb. 271) das Motorium (mot), eine Faser, die längs den Basen der adoralen Membranellen verläuft (ador. fibr.), und die 5 auch im Leben sichtbaren Fasern zu den Analcirren (ancf.), die Versorgung der übrigen Cirren ist weniger deutlich. Leider gelang es nicht, die Fasern durch so flache Einschnitte zu zertrennen, daß der Zelleib auf der entgegengesetzten Seite intakt blieb; es handelt

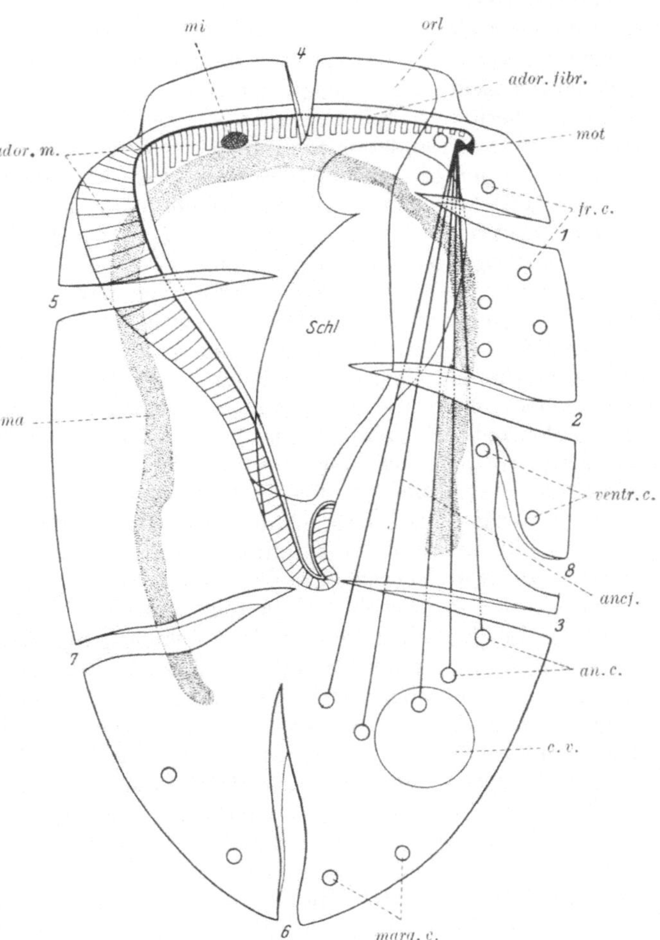

Abb. 271. Euplotes patella, nach TAYLOR kombiniert.
*orl* = Orallippe. *an.c.* = Analcirren. *marg.c.* = Marginalcirren. *ventr.c.* = Ventralcirren. *fr.c.* = Frontalcirren. *ador.m.* = adorale Membranellen. *ma* = Makronucleus. *mi* = Mikronucleus. *c.v.* = Kontraktile vacuole. *Schl.* = Schlund. *neuromotor apparatus*: *mot* = Motorium. *ancf.* = Analcirren-Fibrillen. *ador.fibr.* = adorale Fibrille.

sich vielmehr durchweg um Einschnitte durch die ganze Tiefe der Zelle. Trennten diese z. B. die Analcirren vom Motorium ab (Schnitt 1, 2, 3), so war die Neigung der Analcirren sich zu bewegen deutlich herabgesetzt; meist ruhten sie, und häufig, aber nicht immer, war auch die Koordination der Cirren vor und hinter dem Schnitt gestört. Ähnlich hoben auch Schnitte durch die Faser, die die adoralen Membranellen mit dem Motorium verknüpft (Schnitt 4, 5), häufig die Koordination des Membranellenschlages auf: die am Motorium hängenden konnten schlagen, die abgetrennten stille stehen, ja in der entgegengesetzten Richtung schlagen; die dem Motorium benachbarten konnten gleichsinnig mit den Analcirren arbeiten, die abgetrennten aber ihnen entgegenwirken. Wurde endlich das Motorium zerstört oder ringsherum von seinen Verbindungen abgetrennt, so traten dieselben Störungen auf. Schnitte in anderen Richtungen von ebensolchem Ausmaß (Schnitte 6, 7, 8) störten dagegen die normalen Bewegungen nicht, falls sie keine der beschriebenen Bahnen verletzt hatten. Diese Versuche sprechen gewiß dafür, daß die beschriebenen Strukturen Erregung leiten, zeigen aber weiterhin, daß Erregungsleitung auch ohne sie bestimmt möglich ist.

Es wird von entscheidender Bedeutung sein, wie die weiteren Ergebnisse in dieser Richtung ausfallen. Sollte es sich tatsächlich herausstellen, daß bei den höchstdifferenzierten Protisten Leitungsbahnen von Erfolgsorganellen zu einem Zentrum führen, die funktionell den effektorischen peripheren Nerven und dem Zentralnervensystem der Vielzelligen entsprechen, sollten ferner lokalisierte Zellorganellen entdeckt werden, die den Receptoren der Metazoen analog wären und ihrerseits ebenfalls mit dem Zentrum verknüpft sein müßten, so würde auch bei Protisten die Auflösung des Verhaltensbegriffs in eine „Reflexoid"-Physiologie möglich werden. Dennoch würde ich es auch dann für unbedingt geboten halten, eine neue Terminologie einzuführen und nicht ohne weiteres von Sinnen, Reflexen, Nervensystemen, Nerven, von Lernen usw. bei Protisten zu sprechen, wie es manche schon heute tun, obwohl, wie gezeigt, noch ein weiter Weg zurückgelegt werden muß, bis die Tatsachen die materielle Berechtigung dazu geben. Und wenn immerhin wirklich gezeigt werden sollte, daß die Einzelzelle imstande ist, in sich Analoga des Metazoenreflexbogens in genügender Vollständigkeit herauszudifferenzieren, so sollten wir uns hüten, die klaren und eindeutigen Begriffe der Metazoenreflexphysiologie zu verwässern, indem wir sie auf die Protisten übertragen. Zellorganelle sind und bleiben etwas anderes als vielzellige Organe es sind. Diesem Umstande muß unbedingt auch in der Benennung Rechnung getragen werden. Schon mehrfach haben wir es zum schweren Schaden der Verständigungsmöglichkeit erlebt, daß es zu nichts gutem führt, wenn man die Analogien zwischen Protisten und Metazoen allzu unbedenklich zieht; ich erinnere an die terminologischen Streitigkeiten in der Behandlung des Todesproblems bei Ein- und Vielzelligen sowie an die Auseinandersetzungen über Vererbung bei Protisten, die z. B. zu den beklagenswerten Mißbräuchen führten, daß man heute von „Bakterienmutationen" spricht, ohne daß auch nur der Schimmer eines Beweises für das Vorkommen geschlechtlicher Fortpflanzung bei Bakterien vorliegt, daß ungeschlechtliche und geschlechtliche Fortpflanzung der Protozoen nicht auseinandergehalten werden u. a. m. Ist es wirklich unvermeidlich, daß zu diesen unerfreulichen Beispielen ein drittes gefügt wird?

Mögen sich die Dinge so oder anders entwickeln, heute läßt sich bei Protisten Reizaufnahme, intrazelluläre Koordination, Orientierung im Raume abgetrennt von der Lehre der Reizaufnahme und anderes nicht streng voneinander gesondert behandeln, wie es auch in obiger Darstellung nur zu deutlich zum Ausdruck kam. — Um wenigstens über die Raumorientierung etwas nachträglich zusammenfassendes zu sagen, so lernten wir die *Phobotaxis* Kühns (Orientierung im Reizfelde mittels Schreckreaktionen (vgl. S. 849) ausgelöst durch Intensitätswechsel in der Zeit ohne Beziehung zur Reizrichtung. Prinzip des „Versuchs und Irrtums") bereits kennen. Daneben konnte auch *Topotaxis* (S. 904) erstens im galvanischen Strome, zweitens im Felde der Erdschwere bei Vorhandensein bestimmter Erregungsformen ($CO_2$ als Begleitreiz für Paramaecium nach KOEHLER, andere Stimmungen nach BOZLER) nachgewiesen werden, während normalerweise die geotaktische Einstellung durch Schreckreaktionen sich vollzieht. Derselbe Reiz also kann je nach den Begleitumständen bald phobische, bald topische Orientierung bewirken.

Echte „Gewohnheitsbildung" ist bei Protisten bisher noch nicht nachgewiesen. MASTS und PUSCHS Angaben über Amöben, die es gelernt hätten, dem Lichte auszuweichen, sind zu wenig ausgedehnt, um beweiskräftig zu erscheinen. SMITHS sowie DAYS und BENTLEYS Behauptung des „Lernens" von Paramaecium fand durch BUYTENDIJK eine viel einfachere und überzeugendere Erklärung.

# II. Vielzellige.

## 1. Sinne.

Eine jede Verhaltensanalyse bei vielzelligen Tieren wird aussichtslos bleiben, wenn nicht zuvor Klarheit über ihre Sinnesfähigkeiten besteht. Dieser uns heute banal anmutende Satz ist nur allzu lange vernachlässigt worden.

Um einen tierischen Sinn nachzuweisen, sind folgende Anforderungen zu erfüllen: 1. Das Tier muß auf den dem fraglichen Sinn adäquaten Reiz reagieren. Die Mitbeteiligung anderer Sinne bei der Auslösung der Reaktion ist durch Kontrollversuche auszuschließen. 2. Es muß Sinnesorgane besitzen, die ihrem Bau nach geeignet erscheinen, von dem fraglichen adäquaten Reiz erregt zu werden. 3. Nach Ausschaltung des betreffenden Sinnesorgans müssen Beantwortungen des adäquaten Reizes ausbleiben. 4. Es ist möglichst der Nachweis zu führen, daß das Tier innerhalb des Sinnesgebiets verschiedene Qualitäten unterscheidet. Wenn das Tier fähig ist, Assoziationen („bedingte Reflexe" PAWLOWS) zu bilden, wenn ihm Lernfähigkeit und Gedächtnis zukommen, so ist die *Dressurmethode* zum Nachweis der Unterscheidung von Sinnesqualitäten ein vorzüglicher Weg. Unter Dressur versteht man die Bildung „*bedingter Reflexe*" (PAWLOW). „Unbedingte Reflexe" (PAWLOW) sind solche, die dem natürlichen Verhalten des Tieres ohne weiteres zukommen, wie beim Hunde das Fressen nebst Speichelfluß bei Einlegen von Fleisch in das Hundemaul bzw. das Herausspülen von Sand oder Säure durch vermehrten Speichelfluß. Wird nun oftmals gleichzeitig mit dem Einlegen von Fleisch in den Mund irgendein anderer Reiz, der normalerweise niemals Speichelfluß auslösen würde, z. B. ein musikalischer Klang geboten, so wird bald dieser Klang allein, auch ohne gleichzeitige Darbietung von Fleisch, den Speichelfluß auslösen. Bezeichnen wir den normalerweise wirksamen Reiz (Fleischeinlegen) als den primären Reiz, den normalerweise biologisch unwirksamen (Klang) als Begleitreiz, so können wir sagen, die häufig gleichzeitige Darbietung von primärem und Begleitreiz (= Dressur) habe zur Bildung des bedingten Reflexes (Speichelfluß allein auf den Klang hin) geführt oder, mit anderen Worten, es sei eine „Assoziation", eine Bindung zwischen Begleitreiz und Speichelreflex erfolgt. Voraussetzung für die Anwendung der Dressurmethode ist also stets ein *Lernvermögen*, die Fähigkeit des Gedächtnisses bei dem zu untersuchenden Tiere. — Der angeführte Fall ist zugleich ein Beispiel der sog. „*Positivdressur*": der Primärreiz ist für das Tier nützlich („Belohnung"); eine positive Reizbeantwortung (Fressen bzw. die dazu erforderte Speichelabsonderung) wird mittels der Positivdressur an einen indifferenten, biologisch bedeutungslosen

Begleitreiz gebunden. *Negativdressur* mittels schädlicher bzw. unangenehmer Reize („Strafe") bezweckt Bindung einer Negativreaktion (z. B. Ablehnung des Sandes oder der Säure) mit einem ebenfalls indifferenten Reize. Positiv- und Negativdressur, jede einzeln für sich ausgeführt, heißen Einfachdressuren. *Doppeldressur* liegt vor, wenn abwechselnd Positiv- und Negativdressur geübt wird, z. B. indem man einerseits gute Nahrung gleichzeitig mit einem bestimmten Ton („Dressurreiz"), andererseits kein Futter oder ungenießbares (evtl. schlechtschmeckendes) Futter oder elektrische Schläge bzw. sonstige unangenehme Reize mit anderen Tönen („Warnreize" bzw. Warnreiz) in ständigem Wechsel darbietet. Häufig läßt sich mittels Doppeldressur noch eine Entscheidung erzwingen, die das Tier bei Einfachdressur nicht leistete. — Stets ist strengstens zwischen dem Verfahren bei der *Dressur* und beim *Versuch* zu unterscheiden; jene bezweckt Erzielung der erwünschten Bindung, dieser die Probe, ob die Bindung tatsächlich erfolgt ist. Bei der Dressur wird also stets belohnt oder (bzw. und) gestraft; beim Versuche dagegen *nie*. Bei der Dressur finden stets Primär- *und* Begleitreize, beim Versuch stets *nur* die Begleitreize Verwendung. Wenn das Tier trotzdem im Versuch die geforderte Unterscheidung der biologisch bedeutungslosen Begleitreize leistet, so ist die Dressur geglückt und dem Tier die erwartete Auskunft über seine Fähigkeit, Sinnesreize zu unterscheiden, abgezwungen (vgl. beispielsweise S. 883 Anm.).

Bei Tieren mit hochdifferenzierter Psyche, dort wo Spieltrieb, Launenhaftigkeit u. a. mit den allgemeineren, niedereren Trieben (Nahrungsbedürfnis, Geschlechtstrieb u. a.) interferieren, wie bei den klügsten Vögeln, Affen und dem noch nicht sprachfähigen Menschenkinde, findet die Dressurmethode bald ihre obere Grenze. Hier ist beim Kinde und einem Schimpansen (N. Kohts) die Methode der *Wahl nach Muster* erfolgreich gewesen. Die untere Grenze bildet das Unvermögen zu lernen; doch auch dann können in günstigen Fällen natürliche Reaktionen von genügend reizspezifischer Differenziertheit die Unterscheidung verschiedener Sinnesqualitäten, wenn auch in beschränktem Ausmaß, zu beweisen gestatten.

## A. Chemischer Sinn.

Bei Wirbeltieren können wir heute allgemein *Geruchssinn* und *Geschmackssinn* als verschiedene Modalitäten des chemischen Sinnes voneinander trennen. Dem Geruchssinn dient das Riechepithel der Nase mit seinen primären Sinneszellen, der nervus olfactorius und die Riechzentren des Vorderhirns; dem Geschmackssinn die Geschmacksknospen mit ihren sekundären Sinneszellen, innerviert vom trigeminus, facialis und glossopharyngeus, und deren Zentren im verlängerten Mark.

Die subjektiven Empfindungen des Geruchs- bzw. des Geschmackssinnes (verschiedene Qualitäten innerhalb derselben Modalität) erleben wir naturgemäß nur an uns selbst. Erst bei weit fortgeschrittener Schulung der Selbstbeobachtung gelingt es, die beiden Modalitäten scharf voneinander zu trennen, zumindest dann, wenn geeignete Reizstoffe dargeboten werden, die nur den Geschmackssinn erregen (in den Mund eingeführte Lösungen von Traubenzucker, stark verdünnten Säuren, besonders Salzsäure, von Kochsalz und Chinin, entsprechend unseren vier Geschmacksqualitäten süß, sauer, salzig, bitter) oder nur den Geruchssinn ansprechen lassen (z. B. Cumarin, Moschus, Skatol, vor die Nasenöffnungen gehalten). Über die Methodik der Physiologie des menschlichen Geruchs- und Geschmackssinnes unterrichten am besten Hofmanns und v. Skramliks Aufsätze in Bethes Handbuch.

Bei der Anwendung aller chemischen Reizstoffe ist stets darauf zu achten, daß sie nach ihrer Art bzw. Konzentration nicht die Gewebe, insbesondere nicht die Schleimhäute des Tieres reizen oder gar angreifen; denn abgesehen von den Schädigungen, die ihrerseits zu Reaktionen führen könnten, muß man an die Möglichkeit der Auslösung von Schmerzreaktionen denken, die fälschlich als Temperaturreaktionen gedeutet würden. Es ist nicht unwahrscheinlich, daß der „common chemical sense“, der in der amerikanischen Literatur eine gewisse Rolle spielte (Empfindlichkeit der Fisch- und Amphibienhaut für ziemlich hohe Konzentrationsgrade von Säuren, Salzen und Alkalien), mit dem chemischen Sinne gar nichts zu tun hat, sondern eben ein Täuschungsprodukt im obigen Sinne wenigstens teilweise darstellt. Nicht gilt das natürlich für die Reaktionen der Geschmacksknospen der Fischhaut auf Chinin u. dgl. Man pflegt zu sagen: „Irritantien“ müßten vermieden werden; doch ist dabei nicht nur an das zu denken, was den Menschen irritiert; physiologische Kochsalzlösung z. B. ist bei längerem Aufenthalte für die Molchshaut schon ein Irritans, für die Luftriechzellen dagegen nicht (vgl. S. 860) usw. Bei luftatmenden Wirbeltieren gelingt die Unterscheidung beider Sinne ebenso ohne Schwierigkeiten. Daß sie entgegen NAGELS Annahmen (vgl. S. 860) auch bei wasseratmenden Wirbeltieren durchführbar ist, zeigten neuestens STRIECK für Knochenfische und MATTHES für unsere amphibiotischen Molche. STRIECK arbeitete an Elritzen, die zur Ausschaltung des Gesichtssinnes geblendet[1] worden waren, und deren Lernfähigkeit aus früheren Dressurversuchen (Farbensinn, S. 885) schon bekannt war. Bei undressierbaren Formen hätte man sich auf biologisch bedeutsame Stoffe (Nahrung, artspezifische Sekrete u. a.) beschränken müssen, auf welche natürliche Reaktionen ausgebildet vorlagen. Da solche chemisch unübersehbar kompliziert gebauten Stoffe aber (vgl. die menschlichen Nahrungsmittel) beide Sinne gleicherweise anregen und getrennte Reizung der Nase bzw. der Geschmacksknospen bei einem wasserlebenden Tiere ohne Operationen unmöglich ist, bediente sich Verfasser chemisch reiner Stoffe, die für den Menschen *nur* riechen bzw. *nur* schmecken, und verlieh ihnen durch die Dressur biologische Bedeutung; es waren die 7 oben aufgezählten Chemikalien. Nachdem die blinden Fischchen gelernt hatten, geschabtes Fleisch von der Pinzette zu fressen, folgte die *Süß*dressur. Als Futter dient ausschließlich in Traubenzuckerlösung gelagertes frisches Rindfleisch; zwischendurch werden ungenießbare Wattebäuschchen gereicht, die in Fleischsaft + Kochsalz-, Säure- oder Chininlösung gelegen haben. In jedem Falle bietet sich also dem Fisch der gleiche Fleischsaftgeschmack bzw. -geruch, von dem somit abgesehen werden kann, und dazu einer der vier menschlichen Geschmacksreize; dabei kündigt nur der Süßreiz Genießbares, die drei anderen aber Ungenießbares an. Nach 14tägiger Dressur schnappt und sucht der Fisch tatsächlich nur noch bei Darbietung des Süßreizes, auf die drei andern reagiert er nicht mehr, obwohl zugleich mit z. B. dem Bittergeschmack auch der überall gleiche Fleischsaft herandiffundiert. Jetzt schließt sich an die Dressur, d. h. an die zum Lernen bestimmte Versuchsanordnung das Experiment selbst an: alle vier Geschmacksstoffe, auch der Dressurgeschmack werden jetzt nur auf Watte geboten. Dieser Punkt ist methodisch von entscheidender Bedeutung. Diesmal unterscheiden sich die vier Wattebäusche wirklich *nur* in einem Merkmal, nämlich in dem zu untersuchenden, der Geschmacksqualität süß bzw. sauer, salzig, bitter, entsprechend unseren Forderungen auf S. 847. Der zum Lernen (Dressur) weiterhin erforderte Unterschied Genießbar-Ungenießbar fällt beim Versuch weg. Der Fisch reagiert auf die Süßwatte durch ausgiebiges Suchen und Zuschnappen (natürlich spuckt er die Watte später wieder aus), die anderen drei Watten beachtet er überhaupt nicht. Somit ist der Beweis geführt, daß der Fisch nicht etwa gelernt hatte, auf die Ferne irgendwie Watte und Fleisch zu unterscheiden, was man hätte einwenden können, wenn sich jemand mit der Anordnung der *Dressur*versuche begnügt hätte,

[1] Am einfachsten und sichersten durch Herausschneiden der Augäpfel mit feiner gebogener Schere. Handelt es sich nur um Ausschaltung des Bildsehens, so genügt Kauterisierung der Kornea mit dem Thermokauter.

sondern daß er Süß als Qualität von nichtsüßen Qualitäten unterscheidet. Ebenso gelangen Dressuren auf salzig, sauer, ja auf bitter, wobei die Fische Hungers starben, da sie von dem bitteren Fleisch immer nur Spuren zu sich nehmen konnten; dennoch suchten sie nie bei Darbietung der anderen drei Reize. Fehlen des Vorderhirns änderte nichts am Ergebnis der Geschmacksdressuren.

So ist alles für den Geschmackssinn geleistet, was wir auf S. 853 allgemein forderten, bis auf eine Bedingung. Erfüllt sind: 1. das Vorhandensein von Reaktionen auf Geschmacksreize, 2. das Vorhandensein von Geschmacksknospen, die ihrem Bau nach Geschmacksorgane sein könnten. Die dritte Forderung freilich, das Verschwinden der Geschmacksreaktionen bei Ausschaltung der Geschmacksorgane mußte unerfüllt bleiben, da die dadurch gesetzten Verletzungen zu groß gewesen wären: die pharmakologische vorübergehende Ausschaltung wurde noch nicht versucht. Um so mehr müssen wir fordern, daß wenigstens die vierte Forderung (Qualitätsunterscheidung) erfüllt werde, und das ist, wie gesagt, der Fall. Es bleibt zu fragen, ob andere Sinne mitgesprochen haben könnten, besonders da die dritte Forderung unbefriedigt blieb. Der Gesichtssinn war ausgeschaltet, Ausschaltung des Geruchssinns (Vorderhirnexstirpation bei der Hälfte der Versuchstiere) änderte nichts an den Ergebnissen der Geschmacksdressur. Die Erschütterungsreize bei Einführung der Fleisch- bzw. Wattebrocken mögen verschieden gewesen sein: aber im Versuch, wo ja nur Watte geboten wurde, entfällt auch dieser Einwand. So halten wir für bewiesen, daß der Fisch einen Geschmackssinn mit den vier menschlichen Qualitäten besitzt. Nach weiteren Qualitäten, die beim Menschen fehlen, hat man nicht geforscht, was, wie alles Suchen nach Sinnen, die wir uns nur ausgedacht aber nicht erlebt haben, eine undankbare Aufgabe sein dürfte; denn nichts könnte uns das blinde Herumprobieren erleichtern, und wer an solche „unmenschlichen" Sinne glaubt, könnte nach jedem noch so ausgedehnten Mißerfolge behaupten, wir hätten nur nicht lange genug gesucht.

Entsprechend verlief die Riechdressur: *Dressur*: Fleisch mit Moschusgeruch, Watte mit Fleischsaft und Skatolgeruch oder mit Cumaringeruch abwechselnd geboten. *Versuch*: 3 Watten, alle mit gleicher Fleischsaftkonzentration, dazu mit je einem der 3 Gerüche. *Ergebnis*: der moschusdressierte Fisch sucht und schnappt nur, wenn Moschuswatte ins Becken taucht, die anderen Watten erregen ihn scheinbar überhaupt nicht. Umgekehrt entsprechend gelingen die anderen beiden Dressuren auf Skatol und Kumarin auch. Vorderhirnlose Fische lernen die Unterscheidung nicht, bzw. wenn sie sie leisteten, so ist sie nach der Operation verschwunden. Der Einwand, allein eine unspezifische Schädigung durch die Operation hindere sie am Wählen, wird dadurch entkräftet, daß dieselben operierten Fische die Wahl nach dem Geschmack sehr wohl zu treffen vermögen. So ist hier neben den Forderungen 1, 2 und 4 auch die dritte, Wegfall der spezifischen Reaktion (Geruchsunterscheidung) bei Wegnahme des spezifischen Sinnesorgans (bzw. seines Zentrums) erfüllt und kein weiterer Einwand mehr möglich: die Elritze schmeckt und riecht, letzteres mit der Nase, ersteres sicher nicht mit der Nase, d. h. per analogiam so gut wie sicher mit den Geschmacksknospen, wie auch ältere Versuche der Parkerschen Schule dartaten.

Hätte man sich allein auf „biologische" Reize beschränkt, wie es so oft eindringlich empfohlen wurde, so wäre der Nachweis der zwei Modalitäten und noch mehr der von verschiedenen Qualitäten innerhalb derselben Modalität sicher nicht geglückt. Die Dressur gibt die Möglichkeit, bei geeigneter Versuchsanstellung fast *beliebig viele* Reizarten zu prüfen, auch wenn nicht mehr als zwei Reaktionen ausgebildet sind wie hier (suchen, nicht suchen); selbst Reize, die dem Tier sichtlich unangenehm sind (Chinin), können mit der Suchbewegung assoziiert werden.

Im vorliegenden Falle ist die Dressur eine *doppelte*: Die Kombination Süß-eßbares Fleisch ist das Muster einer *Positivdressur*; der Süßreiz kündigt die „Belohnung“ einer genießbaren Beute an, deren sich der Fisch durch positive Reaktion bemächtigt. Die Kombination Sauer-Watte umgekehrt ist ein Beispiel für eine *Negativdressur:* es folgt auf den Reiz (der an sich keineswegs unangenehm zu sein braucht) die „Strafe“ der „Enttäuschung“ der ungenießbaren Watte oder, um uns endlich von den hier kaum angebrachten, zur Verdeutlichung aber nützlichen Psychologismen zu befreien, der Reiz soll mit einer negativen, mit einer Vermeidungsreaktion assoziiert werden. Statt des ungenießbaren Brockens hätte mit ihm auch ein wirklich peinlicher Reiz, wie ein elektrischer Schlag, ein heftiges Wegscheuchen od. dgl. kombiniert werden können. Je schlechter das Tier assoziiert, um so stärkere Abschreckungsmittel können empfehlenswert sein. Den positiv zu beantwortenden Reiz nennen wir den *Dressurreiz*, den negativ zu beantwortenden den *Warnreiz*, ihre untermischte Darbietung Doppeldressur. Sie *muß* man anwenden, wenn Sinnesqualitäten untersucht werden sollen, deren Ansprechen im natürlichen Leben des Tieres verschiedenerlei Reaktionen *nicht* nach sich zieht.

Die Elritze ist ein Augentier: In der Rangskala der Sinne, die dem Auffinden der Nahrung dienen, steht das Gesicht an erster Stelle. Der chemische Sinn tritt bei der Entscheidung, ob verfolgt werden soll oder nicht, hinter dem Auge weit zurück; beim sehenden Tier entscheidet er wohl erst nach dem Packen, ob der Bissen genossen oder wieder ausgespuckt werden soll. So ließe sich ohne Dressur wohl feststellen, was das Tier schluckt und was nicht, was „ihm schmeckt“ und was es „nicht mag“, wobei übrigens genau so gut auch der taktile, der Schmerzsinn und der Temperatursinn der Mundhöhle mitbeteiligt oder gar ausschließlich beteiligt sein könnten. Über die Qualitäten aber würde das gar nichts aussagen, denn „Schlecht“schmeckendes kann ebenso verschieden schmecken wie Gutschmeckendes. So bleibt nur der Ausweg der Dressur; die so klaren Reaktionen des Verfolgens und Erschnappens oder Unbeachtetlassens, normalerweise dem Gesichtssinn gehorchend, werden jeweils mit einem chemischen Dressurreiz bzw. mit einem chemischen Warnreiz gekoppelt, und jedes Gelingen einer solchen Doppeldressur enthüllt ein unterschiedenes chemisches Qualitätenpaar.

Anders, wenn deutliche Reaktionen auf Reize für den fraglichen Sinn schon im normalen Verhalten des Tieres vorliegen. Hier kann man auch eine *Einfachdressur*, und zwar zumeist die Positivdressur allein versuchen. Bietet man z. B., um bei unserem Objekt zu bleiben, der Elritze lediglich einfarbiges Futter, so wird sie bald nicht mehr nach andersfarbigem schnappen, das man ihr plötzlich reicht (vgl. S. 885). Die Farbe, eine dem die fragliche Reaktion auslösenden Lichtsinn zugehörige Qualität, spielt wohl auch beim natürlichen Nahrungserwerb eine Rolle, und so gelingt ihre Assoziation auch ohne gleichzeitige Darbietung des Warnreizes. Dagegen war bei der Larve der Libelle Aeschna cyanea eine einfache Positivdressur auf farbiges Fleisch trotz dreivierteljähriger täglicher Fütterungen gänzlich erfolglos, während die Doppeldressur schon am ersten Tage vorübergehende Erfolge zeitigte (Koehler). Der Grund für das Mißlingen der Einfachdressur liegt wohl darin, daß die Libellenlarve normalerweise auf alles Bewegte von geeigneter Größe zustößt, ohne die Farbe zu beachten.

Kommt es nicht auf die Unterscheidung von Qualitäten innerhalb derselben Modalität an (Forderung 4), soll vielmehr allein der Nachweis des Vorhandenseins der Modalität als solcher geführt werden, so ist die Dressurmethode oft entbehrlich Als Beispiel diene Matthes’ mustergültige Untersuchung des Geruchssinnes unserer einheimischen Molche. Wie unmittelbare Beobachtung lehrt, gibt der Molch allein auf chemische Reize die „Witterungsreaktion“. Liegt z. B. ein Regenwurmstückchen am Boden des Aquariums, so bleibt der Molch darüber stehen; die Beine strecken sich, der Kopf weist fast senkrecht abwärts auf das Diffusionszentrum der Duftstoffe, der Rücken ist stark gekrümmt, ja, es kann vorkommen, daß das Tier sich nur auf Schwanz-, Schnauzenspitze und Hinterextremitäten stützt. Der Kopf verharrt eine kurze Zeit ruhig im Kontakt mit dem Wurmstück, dann beißt er zu. — Von dem Regenwurmstück können außer den chemischen nun auch optische und mechanische Reize ausgehen. Die Perzeption der optischen Reize läßt sich durch Blendung, die der mechanischen auf die Ferne (Erschütterungssinn vgl. S. 867) durch Darbietung unbeweglicher Nahrung (tote Wurmstücke) ausschalten, und daß die taktilen bei direkter Berührung nicht hinreichen, lehrt die Tatsache, daß die Ballettstellung schon eingenommen wird, bevor der Kopf den Wurm berührt; gibt man endlich zur Kontrolle nicht eßbare Gegenstände wie Gummischlauchstückchen und sonstige Dinge von möglichst verschiedenartiger Oberflächenbeschaffenheit, so wird er sie doch bei Berührung nicht erschnappen und sicher nicht über ihnen wittern. Gleichzeitig endlich lassen sich mechanische und optische Reize auch beim sehenden Tiere ausschalten, indem man Fleischsaft auf den Sand des Bodens träufelt oder die Wurmstücke im Sande vergräbt. Dann wittert der Molch über dieser Bodenstelle, beißt auch in den Sand bzw. er gräbt darin mit der Schnauze herum, bis der Wurm zutage kommt. Oder man hilft sich mit maskierter Nahrung und den erforderlichen Kontrollen: a) *Beutelversuch*: Ein Leinwandsäckchen enthält unbewegliches, möglichst kleinzerschnittenes Futter, das ausgiebige Diffusion der Duftstoffe gestattet, ein zweites, ihm formgleiches, birgt ungenießbares Material (Sand, Steinchen). Beide Beutelchen hängen nebeneinander in genügendem Abstande im Wasser oder werden nacheinander eingehängt. Von Zeit zu Zeit wird das Wasser gewechselt, um zu weit herausdiffundierte Duftstoffe zu entfernen. Der Atrappenbeutel darf nicht mit ihnen in Berührung kommen. Um nicht so lange warten zu müssen, bis der Molch zufällig an die Beutel gerät, kann man sie leicht hin und her bewegen (Erregung des optischen [Bewegungssehens] und des Erschütterungssinnes). Der Molch prüft beide, beißt aber nur in den Futterbeutel und nimmt auch nur vor ihm die typische Witterungsstellung ein. b) Der ganze Boden wird mit einem undurchsichtigen aber wasserdurchlässigen Tuch bedeckt; darunter sind Plastilinstückchen und ebenso große Wurmstückchen verteilt. Der Molch wittert über diesen, jene bleiben unbemerkt. c) Mit Kollodium überzogene Wurmstückchen dienen als optische Reizmittel unter Ausschaltung der chemischen Reize. Sie bleiben unbeachtet, während nicht überhäutete gefressen werden.

Alle diese Versuche erfüllen die Forderung 1 (Auslösung der spezifischen Witterungsreaktion allein durch den chemischen Reiz). Die Existenz der mit schönen, primären Sinneszellen ausgerüsteten Nase befriedigt auch die Forderung 2 für den Geruchssinn. Jetzt muß der Forderung 3 Genüge geschehen: Nach Ausschaltung der Nase muß die Witterungsreaktion ausfallen, sonst wäre auch Mitbeteiligung des Geschmackssinnes bei Auslösung der Witterungsreaktion möglich. — Der radikalste Weg zur Ausschaltung der Nase ist Olfaktoriusdurchtrennung[1]. Das so behandelte Tier frißt lebende Würmer, ebenso tote, die man mit der Pinzette bewegt (Bewegungssehen, Erschütterungssinn). Tote, ruhende Wurmstückchen und Fleischsaft dagegen lösen keine Reaktion mehr aus. Es bleibt aber der Einwand möglich, die Allgemeinschädigung der Operation habe das Tier unfähig gemacht, sonst wirksame Geschmacksreize zu beantworten. Auch wir verlieren nach Operationen den Appetit. Vorzuziehen sind stets Ausschaltungen, die sich wieder rückgängig machen lassen. So versagten kleine Aquariumsfischchen nach Parker und Haifische (Parker, Sheldon) beim Zweibeutelversuch, wenn ihnen die Nasen-

[1] Genaue Angaben über diese Operation beim Molch gibt Matthes (I, S. 68). *Vorübergehende* Ausschaltung des Geruchssinnes wurde durch Verstopfen der inneren und äußeren Nasenöffnungen mit Plastilin (Matthes), paraffingetränkter Watte u. a. oder durch Vernähen der Nasenlöcher mit Seidenfädchen oder Zusammenklammern mit Silberdraht erzielt (Parker, Sheldon).

öffnungen mit Seide vernäht oder mit Watte verstopft worden waren; nach Entfernung dieser Verschlüsse aber unterschieden sie die Beutel sogleich wieder; hier ist der Operationseinwand hinfällig. Eine Kollodiumkappe auf die Nasenöffnungen (COPELAND) tut die gleichen Dienste, auch bei MATTHES' Molchen war das der Fall, und noch bessere taten Plastilinpfröpfe, da so die Hautreizung vermieden wurde. Dennoch ist auch damit keineswegs Klarheit geschaffen. Jeder Nasenverschluß stört den normalen Atemmechanismus des Molches. Triton zieht das zur Buccalatmung benötigte Wasser durch die Nasenlöcher ein und stößt es gewöhnlich durch die Mundöffnung wieder hinaus, die Geschmackszellen der Mundhöhle werden also durch den Nasenverschluß gleichzeitig mit den Riechzellen der Nase vom Außenmedium abgeschlossen. In Wahrheit kann also der eigens zur Ausschaltung des Geschmackssinnes ersonnene Versuch gar nichts darüber aussagen, ein schönes Beispiel dafür, wie genau der Experimentator auf alle Einzelheiten des Normalverhaltens zu achten hat, wenn er nicht schwersten Mißdeutungen zum Opfer fallen will. MATTHES half sich in denkbar eleganter Weise: Er durchtrennte nur den einen der beiden Riechnerven — sagen wir den rechten. Wurde jetzt das linke Nasenloch und die zugehörige Choane verstopft, so war die allein intakte Nase vorübergehend ausgeschaltet, die Buccalatmung und damit die Möglichkeit der Geschmacksreizung durch das Atemwasser aber durch die rechte wegsame Nasenhälfte erhalten. Dieser Molch konnte, rein anatomisch beurteilt, nicht riechen, wohl aber schmecken. Witterungsreaktionen blieben aus. Wurde dagegen die rechte Nase verstopft und die linke wieder geöffnet, so ging das Atemwasser durch sie sowohl an den Riech- wie den Geschmackszellen vorbei und die Witterungsreaktionen waren wieder in alter Stärke da. Dieser Versuch behebt die letzten Zweifel: der Schädigungseinwand ist ausgeschlossen, denn warum sollten die Operationsschäden immer nur so lange bemerkbar sein, wie ein Nasenloch zu ist? Die Gesamtheit der intakten Geschmackszellen, dazu der Tangoreceptoren und aller übrigen Nervenendigungen der Mund- und Nasenhöhle, überspült vom Reizwasser, lösen die Witterungsreaktion nicht aus, wenn das innervierte Riechepithel vom Außenmedium abgeschlossen ist. Sowie man aber das innervierte Riechepithel erneut freigibt, so ist die Witterungsreaktion wieder da. Damit ist auch die Forderung 3 erfüllt, der Molch riecht mit der Nase im Wasser. An Land aber gelangen alle beschriebenen Versuche in genau derselben Weise. Dabei ist die Nase nachweislich mit Luft gefüllt, ebenso wie im Wasser (Präparation abgeschnittener Köpfe unter Wasser) mit Wasser.

Da der Mensch mit wassergefüllter Nase nichts riecht, so lag der Verdacht nahe, daß der Molch getrennte „Wasser“- und „Landnasen“ besitze, sei es, daß sie grob anatomisch voneinander getrennt wären, oder aber, daß ein Teil der Riechzellen dem Luftriechen, der andere dem Wasserriechen diente, beiderlei Zellen aber mosaikartig durcheinandergestreut die ganze Riechepithelfläche überkleideten. Keine dieser Annahmen trifft zu. Die operative Ausschaltung des als Wassernase verdächtigten JACOBSONschen Organes ergab keine Schwächung des Riechvermögens weder im Wasser noch am Lande. Abpräparierte Riechschleimhaut des Landtieres zeigte in Ringer-Locke-Lösung, also einem dem Nasenschleim isotonischen Medium betrachtet, bis 80 $\mu$ lange Härchen, die bei vorsichtiger Zuführung von Wasser zum Präparat auf etwa $^1/_5$ ihrer Länge einschmolzen. Genau so kurz aber sind die Riechhärchen des Wassermolches. Versetzt man Wassertiere ans Land, so braucht es nun eine gewisse Zeit, bis sie mit lufterfüllter Nase zu riechen beginnen: es ist, wie eingehende Vergleichungen des Riechverhaltens mit dem Zustand der Riechschleimhaut sowie Versetzungen von Tieren in den verschiedenen Stadien bewiesen, die Zeit, die die Riechhärchen brauchen, um von Wasserkürze auf Landlänge in der inzwischen sich rasch verstärkenden Lage von Nasenschleim heranzuwachsen. Umgekehrt riechen Landtiere, in Wasser verbracht, dort sofort nach erstmaliger Wasserfüllung ihrer Nase. Schmilzt man dem Landtier durch vorübergehend erzwungenen Wasseraufenthalt die Riechhärchen ab, so riecht es, an Land zurückversetzt, ebenfalls erst nach erfolgtem Wiederwachsen der Härchen auf die ursprüngliche Länge. Der an sich stärker schädigende Aufenthalt des Landmolches in physiologischer Kochsalzlösung aber, die zwar die Haut, nicht aber die Riechhärchen angreift, läßt das Riechvermögen unangetastet, gewiß ein experimentum crucis im besten Sinne. So ist sicher bewiesen, daß auch die Riechzellen selbst dieselben sind, die in Luft und in Wasser riechen; die Nase des Molches ist ein durchaus amphibisches Organ. Dadurch ist zugleich die NAGELsche Definition (Chemoreception in gasförmigem Medium = Geruch, in flüssigem = Geschmack, Wassertiere riechen per definitionem nicht) als undurchführbar erwiesen, und eine Frage, die seit gut 30 Jahren die Forschung in Atem hielt, in hocherfreulicher Weise beantwortet. Endlich sind alle Nasen, auch die der Wassertiere, zum Riechen da. Dieser Erfolg wurde ermöglicht durch gleich gründliche morphologische wie physiologische Arbeit, an deren Gleichzeitigkeit es auch heute immer noch viel zu viel fehlt. Der Morphologe und Anatom müssen sich hier in die Hände arbeiten, am besten aber in einer Person vereinigt sein und jeder den Fortschritt des anderen verfolgen und zusehen, was für neue Versuche sich daraus für seine Fragestellung ergeben. — Bezeichnend ist übrigens auch, daß alle Verfeinerung der histologischen Mittel hier nichts half; MATTHES' Ergebnisse schließen direkt an die von MAX SCHULTZE (1862) an, und das beste Mittel, das er heute zur Darstellung der Riechzellen anzugeben weiß, ist immer noch Mazeration und Zerzupfen des freipräparierten Riechepithels mit 0,6% Schwefelsäure.

Daß übrigens auch der Geschmackssinn des Molches entwickelt ist und die 4 menschlichen Qualitäten unterscheidet, zeigte GIERSBERG mittels STRIECKS Methode. — Über weitere Erfahrungen an Wirbeltieren unterrichtet am besten v. FRISCHS Zusammenfassung (1926).

Bei wasserlebenden *Wirbellosen* wies als erster SCHALLER die beiden getrennten Modalitäten, Geruch und Geschmack, nach. Doppeldressur des Gelbrandwasserkäfers nach STRIECKS Vorgange brachte die Erkenntnis der Unterscheidung der 4 menschlichen Geschmacksqualitäten; die Geschmacksorgane sitzen teils an den Anhängen der Mundgliedmaßen (Maxillartaster und Lippentaster tragen Geschmackszäpfchen), deren Ausschaltung Lokalisationsstörungen beim Beutefassen nach sich zieht, teils in der Mundhöhle (hohle Grubenkegel). Andererseits war auch Geruchsdoppeldressur erfolgreich, ebenfalls nach STRIECKS Vorbilde. Als Geruchsorgane wurden, in genauster Nachahmung der Versuchstechnik v. FRISCHS am Bienenfühler, die kelchförmigen Organe erkannt, die auf die 9 Funiculusglieder des Käferfühlers und des Endgliedes der Maxillartaster beschränkt sind. Ein einziges Funiculusglied des Fühlers bzw. ein Maxillartasterendglied genügt zur Unterscheidung von Dressurreiz und Warnreiz; wird es auch noch weggeschnitten, so fällt das Geruchsunterscheidungsvermögen (Skatol-Cumarindressur z. B.) sogleich für immer aus, während die Geschmacksdressur (z. B. süß gegen salzig) erhalten bleibt. Nur des Raummangels halber versage ich es mir, SCHALLERS Auseinandersetzung mit NAGEL ausführlich wiederzugeben, der zu ganz anderen Schlüssen gelangt war; sie zeigt von neuem, wie alles auf die richtige Versuchsanstellung ankommt.

SCHALLERS Verdienst ist es, auch für die wasserlebenden Wirbellosen NAGELS Definition aus dem Sattel gehoben zu haben. Wir dürfen heute allgemein Geruchssinn als Chemoreception von Nasen bzw. anderen *Geruchsorganen*, Geschmackssinn als Chemoreception von *Geschmacksorganen* definieren, das Medium, in dem chemorecipiert wird, darf keine Rolle mehr in der Definition spielen. Und wir sind berechtigt, bei jedem Tier, mag es im Wasser oder am Lande leben, nach beiden Modalitäten des chemischen Sinnes zu fahnden.

Diese neusten Erfolge wären zweifellos unmöglich gewesen, hätte nicht zuvor v. Frisch die Leistungsfähigkeit der Dressurmethode an der Honigbiene so eindringlich bewiesen und zu weiteren Untersuchungen die unmittelbaren Impulse gegeben. Näher auf die Bienenversuche einzugehen, die stets vorbildlich bleiben werden, erübrigt sich an dieser Stelle, da er selbst seine Methodik in gesonderter Veröffentlichung beschrieben hat und die Grundzüge derselben in ihrer Anwendung auf andere Objekte soeben aufs ausführlichste entwickelt wurden. Das gegebene Mittel bei dem blumensteten Tier, das natürliche Bindungen auch an Blütendüfte zu vollziehen gewohnt ist, war die einfache Positivdressur, die dann auch in der Kästchenmethode sogleich den vollen Erfolg brachte. Bei der *Dressur* enthält ein Kästchen Futter und Dressurduft, die anderen enthalten weder Futter noch Duft oder einen anderen Duft ohne Futter. Der Ort des Dressurkästchen wechselt so häufig, damit Ortsdressur vermieden wird. Beim *Versuch* fehlt Futter überall, auch im Kästchen mit dem Dressurduft; dennoch wird es allein besucht. Hier konnte durch entsprechende Verdünnungen der Duftstoffe mit Paraffinöl und Verwendung des Kästchens als einfacher camera odorata auch das minimum perceptibile bestimmt werden; es lag für die Blumendüfte in gleicher Größenordnung wie beim Menschen. Was an chemischen Körpern der Mensch nicht riecht, das nimmt auch die Biene nicht wahr. Körper, die bei verschiedenartiger chemischer Konstitution dem Menschen ähnlich duften, verwechselt auch die Biene, umgekehrt unterscheidet sie ebenso wie der Mensch solche, die bei gleichartiger Konstitutionsformel dem Menschen verschiedenartig duften. Diese weitgehende Übereinstimmung bei so verschiedenartigen Geruchsorganen wie die Porenplatten der Bienen und die menschliche Riechschleimhaut es sind, ist gewiß erstaunlich. Unterschiede bestehen vor allem in einer äußersten Empfindlichkeitssteigerung für artspezifische Düfte, insbesondere für den des Duftorganes (vgl. S. 915).

Nicht weniger bedeutsame methodische Fortschritte enthält v. Frischs jüngste Arbeit über den Geschmackssinn der Biene. Da hier beim Landtier der Geschmacksreiz nur bei unmittelbarem Kontakte wirken kann, so erschien jedes Bemühen, Assoziationen mit den sonst stets verwandten Anflugsreaktionen zu erzielen, aussichtslos. So bleibt als einzige Reaktionsalternative Annahme oder Verweigerung der vorgesetzten Flüssigkeit. Was v. Frisch sich an Fragen dadurch beantworten lassen konnte, ist erstaunlich viel. Rohrzuckerlösungen tranken die Bienen stets begierig, wenn sie genügend konzentriert waren; bei gewissen Verdünnungen, die noch anstandslos getrunken wurden, hören die Tänze auf, bei noch niederen stutzen die Bienen beim Eintauchen des Rüssels, einige trinken dann weiter, wenn auch nicht soviel wie von süßeren Lösungen (vgl. unten), andere verzichten nach erfolgter Probe. Das Zahlenverhältnis zwischen Trinkenden und Ablehnenden aber ist für einen bestimmten Stock und eine bestimmte Jahreszeit recht konstant. Die Konzentration, bei der sich dieses Zahlenverhältnis einstellt, nennt Verfasser den „Grenzwert", wir könnten auch Reaktionsschwelle sagen und eine tieferliegende Wahrnehmungsschwelle vermutungsweise annehmen. Es wäre durchaus verkehrt, zu behaupten, daß das Tier, das nicht reagiert, auch nicht gereizt sei; die Wahrnehmung wird einen bestimmten Stärkegrad erreichen müssen, um die Reaktion auszulösen, so daß die Grenzwerte also nur obere Grenzen für den Bereich abgeben, in dem die Wahrnehmungsschwellen liegen müssen. Die menschliche Geschmacksschwelle für Rohrzucker liegt bei $^1/_{64}$ mol, die der Fußtarsen von Tagschmetterlingen, deren Durst durch reines Wasser gestillt war, gar bei $^1/_{12800}$ mol Rohrzucker (Minnich). — Von den vielen Substanzen, die uns rein süß schmecken, veranlassen nur noch Traubenzucker, Fruchtzucker und Malzzucker die Biene zum Trinken. Milchzucker und die übrigen dagegen sind für die Biene geschmacklos. Der Nachweis der Geschmacklosigkeit gestaltet sich so: Rohrzuckerlösung in Grenzwertkonzentration

($^1/_4$ mol) enthält gleichzeitig auch $^1/_8$ mol Fruchtzucker, der für sich allein gelöst, unterhalb des Fruchtzuckergrenzwertes liegen würde. Die Bienen trinken dies Gemisch begierig, also heben die beiden Konzentrationen sich gegenseitig über die Schwelle. Setzt man aber die $^1/_4$ mol Rohrzuckerlösung anstatt mit destilliertem Wasser mit konzentrierter Milchzuckerlösung an, so bleibt das Grenzwertverhalten bestehen, es trinken nicht mehr Bienen, also schmeckt er nicht süß, und auch nicht weniger Bienen als zuvor. Zusatz von Säure, Salz oder Chinin zur süßesten Zuckerlösung aber hält die Bienen vom Trinken ab (vgl. unten); der Milchzucker tut das nicht, schmeckt also auch nicht schlecht, mit anderen Worten überhaupt nicht. Die von allen Bienen begierig genossene 1-mol-Rohrzuckerlösung ruft nur Grenzwertverhalten hervor, wenn sie zugleich $^1/_4$ mol Kochsalz enthält; enthielt sie nur $^1/_8$ mol NaCl, so wurde sie anstandslos getrunken. Hier gestattet ein weiterer Kunstgriff die Frage nach der Wahrnehmungsschwelle (unterhalb der Reaktionsschwelle, d. h. des Grenzwertes) mit einer gewissen Annäherung zu beantworten: v. Frisch wog das Schälchen mit der Zuckersalzmischung, zählte die Bienen, die es austranken (kam dieselbe mehrmals, so wurde sie natürlich mehrfach gezählt), bestimmte durch Wägung die während des Versuches verdunstende Flüssigkeitsmenge an einem Kontrollschälchen und erhielt durch Division des getrunkenen Schälcheninhaltes durch die Anzahl der Bienenbesuche die mittlere Magenfüllung pro Bienentrunk. Sie betrug bei reiner 2-mol-Rohrzuckerlösung 61, bei 1 mol 55, bei $^1/_2$ mol 42 mm$^3$. Je weniger süß die Lösung, um so weniger trinken sie. Enthält nun eine als solche begierig getrunkene 1 mol Rohrzuckerlösung zugleich Kochsalz, so sank die mittlere Magenfüllung bei $^1/_8$ mol NaCl von 55 auf 49, bei $^1/_{16}$ mol betrug sie schon wieder 52 und bei $^1/_{32}$ mol endlich erreichte sie wieder den Ausgangswert 55. Die Wahrnehmungsschwelle für Kochsalz muß also zwischen $^1/_{16}$ und $^1/_{32}$ mol NaCl liegen, es sei denn, daß eine noch empfindlichere Reaktion sie nochmals zu erniedrigen gestattet. Die menschliche Kochsalzschwelle ist von derselben Größenordnung. Bitterstoffe dagegen müssen in einer für den menschlichen Geschmack fürchterlichen Konzentration geboten werden, um ihre vergällende Wirkung auszuüben.

Der Nachweis ist also geführt, daß süß sein muß, was die Biene trinkt und daß Säure, Salz und Bitterstoffe ihr das Trinken verleiden. Zu klären bleibt neben der Receptorenfrage noch die weitere, ob die drei „schlechten" Geschmäcke voneinander unterschieden werden. Ohne Dressur erlaubte die natürliche Alternativreaktion (Annehmen, Verweigern) nur den Nachweis der Unterscheidung von zwei Qualitäten zu führen („gut", „schlecht"). Die gute entspricht unserer Qualität Süß; daß es gelingen wird, die schlechte in unsere drei Qualitäten sauer, salzig, bitter aufzulösen, dürfen wir hoffen.

Sehr ansprechende Beispiele für die Leistungsfähigkeit auch von Freilandbeobachtungen, die durch schonende experimentelle Eingriffe an Ort und Stelle und Analogieversuche erweitert wurden, lassen sich Knolls blütenbiologischen Arbeiten entnehmen. Mittels der „Röhrchenmethode"[1], seiner feinsten Windfähnchen (Teile von Dunenfedern, Pappushaare u. dgl.) und vieler anderer technischer Kunstgriffe, zu deren Verständnis die Lektüre des Originals dringend empfohlen sei, lehrte er schon in Freilandbeobachtungen die Bedeutung optischer und chemischer Reize für die Insektenanlockung durch die Blüten auseinanderzuhalten. Beim Aronsstab ist es der nur 24 Stunden lang ausströmende Duft der Keule, der im protero-

[1] Die Blüte steht inmitten eines beiderseits offenen, senkrecht mittels Draht aufgestellten Glasröhrchens. Der Blütenduft entweicht also zu den Enden des Röhrchens weit ober- und unterhalb der Blüte; rein optisch angelockte Tiere fliegen gezielt auf die Blüte los, also gegen die Glaswand, rein chemisch angelockte dagegen sammeln sich an den offenen Enden des Röhrchens, die Blüte selbst bleibt unbeachtet.

gynen Stadium der Blüte die Dunginsekten von fernher anlockt; sie fangen sich in der Gleitfalle des Spathablattes und werden von den inzwischen gereiften Pollenblättern mit Blütenstaub bestreut. Die Narben der darunterstehenden weiblichen Blüten sind bereits vertrocknet. Jetzt vertrocknet auch der Kolbenstiel und gestattet auf seiner runzlig gewordenen Fläche den Tieren den Ausmarsch, und die Freigekommenen lassen sich von der nächsten Arumblüte anlocken und bestäuben die weiblichen Blüten. Ein weiteres Beispiel für chemische Fernanlockung bietet der Schmetterling Charaxes jasius, der dem Wind entgegen zu faulenden Früchten fliegt (Windfähnchenmethode). Chemische Nahwirkung endlich veranlaßt das Weibchen des Taubenschwanzes, die Eier nur auf Galiumblätter abzulegen, während es, von weitem her optisch angelockt, alles Grüne anfliegt.

Bei noch tieferstehenden Wirbellosen sind zwar Reaktionen auf chemische Reize in Fülle bekannt, doch ist es noch nirgends gelungen, die zugehörigen Receptoren sicher zu bestimmen. So haben sich gerade auf diesem Gebiete völliger Unsicherheit Spekulationen wie Nagels ,,Wechselsinnesorgane“ bis heute erhalten können. Solange die Receptorenfrage offensteht, ist naturgemäß auch ein Fragen nach der Trennung von Geruch und Geschmack im strengen Sinne unzulässig, da ja die Eigenart des Receptors in unsere Definition der beiden Modalitäten mit einging (s. oben S. 860), zumal wenn bei undressierbaren Tieren auch die Möglichkeiten zur Untersuchung der Qualitätenunterscheidung eingeengt sind, die sonst einen Fingerzeig geben könnten. Am meisten ist in dieser Hinsicht wohl von Formen zu erwarten, welche Brocken fester Nahrung aktiv aufsuchen, oder gar von Räubern, die bewegter Nahrung nachstellen, wobei die vorzugsweise optisch orientierten Tiere möglichst auszuschalten wären. So sah J. Doflein übereinstimmend mit manchen älteren Angaben die Planarien des ruhenden Wassers ihre Beute allein mittels des chemischen Sinnes aufspüren, während er die Formen des strömenden Wassers nur alarmiert, nicht richtet. Koehler kam in der Lokalisationsfrage der Receptoren etwas weiter: Exemplare der Wildwasserform Pl. alpina fraßen nicht, wenn ihnen das Mittelstück des Vorderrandes fehlte; es ist die Stelle, mit der das Tier die Beute erstmals berührt, worauf es einen Augenblick in der Bewegung innehält (,,Geschmacksprobe“ Pearls). Ist das Objekt genießbar und das Tier hat Hunger, so steigt es auf, stülpt den Rüssel aus, dessen Ende gerichteter Bewegungen zur Nahrungsquelle hin fähig ist, und frißt; andernfalls, auch nach Versetzen der Nahrung mit Chinin, wendet es sich ab. Das operierte Tier ohne Mitte des Vorderrandes nun wendet sich stets ab, sooft man es auch auf den Brocken stoßen läßt, und frißt nicht, es sei denn, daß zufällig die Rüsselspitze mit ihm in Berührung kommt. Sowie aber die Mitte des Vorderrandes eben erkennbar zu regenerieren begonnen hat (bei Planaria alpina 15 Tage, bei lugubris und polychroa 4 Tage nach der Operation) frißt es wieder in normaler Weise. So liegt der Schluß auf Chemoreceptoren im fraglichen Bezirk äußerst nahe, die den normalen Aufsteigereflex und die Rüsselausstülpung auszulösen hätten, und der Bereich, in dem wir nach Chemoreceptoren zu suchen haben, ist also durch die Versuche räumlich und zeitlich eingeengt (Regenerat bestimmten Alters); Versuche, diese Einengung histologisch auszunutzen, sind im Gange.

Endlich bleiben noch Formen übrig, die die diffus verteilte Nahrung im einzelnen nicht aufzusuchen brauchen (Plankton- bzw. Mikroplanktonfresser), bei denen wir also auch keine Richtungsreaktion auf chemische Reize der Nahrung erwarten dürfen. Um so mehr sollten wir trachten, die biologischen Reizstoffe auszunutzen, die vermutlich bei der Zusammenführung der Geschlechter eine Rolle spielen; besonders Formen mit verschieden stark ausgebildeten Chemoreceptoren in beiden Geschlechtern (Leptodora) lassen derartiges aussichtsreich erscheinen. Buytendijk konnte bei Daphnien anlockende und abstoßende Reagentien[1] unterscheiden: in einem Quadranten des kreisrunden Glases endete die Kapillare mit dem Reizstoff, und es wurde zeichnerisch registriert, ob die Daphnie sich vorzugsweise in diesem (Anziehung) oder in den drei anderen Quadranten (Abstoßung) aufhielt. So erscheint hier, wo Topotaxis (vgl. S. 904) fehlen dürfte, wenigstens die wohl sicher vorhandene Chemophobotaxis zum Nachweis des chemischen Sinnes ausgenutzt.

### B. Temperatursinn.

Auf der menschlichen Haut sind Wärme- und Kältepunkte mit Sicherheit nachgewiesen worden, deren Verteilung im Verein mit den histologischen Befunden zu der Ansicht führte, daß die Krauseschen Endkolben Kälte-, die Ruffinischen Knäuel Wärmereceptoren darstellen. Bei keinem einzigen Tier dagegen ist noch die Receptorenfrage gelöst. Somit können wir heute nicht einmal die Existenz eines Temperatursinnes bei Tieren sicher behaupten. — Reaktionen auf Temperaturreize sind in Fülle bekannt; Herter stellte sie letzthin zusammen. Mehr als anderswo aber ist hier die Frage am Platze, ob wir aus dem Vorhandensein der Reaktion, unter Verzicht auf Forderung 2 und 3 (S. 853), wenn nur 1 und vielleicht 4 erfüllt sind, auf eine Sinnestätigkeit schließen dürfen. Wie jede anorganische Reaktion, so werden auch die Lebensvorgänge durch Temperaturerhöhung beschleunigt, auch solche, die keinem Nervensystem untergeordnet sind (Bewegungen der Amöbe, Furchung, Keimblätterbildung). Und ist erst ein Nervensystem vorhanden, so könnte die Beschleunigung beliebiger Stoffwechselvorgänge im Körper das Nervensystem erregen, oder das Nervensystem selbst oder drittens Erfolgsorgane könnten direkt von der Temperaturerhöhung beeinflußt werden. In allen diesen Fällen, bzw. ihren Kombinationen sind Reaktionen auf die Temperaturänderung zu erwarten, und keine von ihnen würde doch auf Sinnestätigkeit beruhen. Dennoch darf schon heute die Existenz eines Temperatursinnes in gewissen Fällen für um so wahrscheinlicher gelten, je schärfere Unterschiedsreaktionen der Temperaturwechsel auslöst.

Obwohl beim Menschen die Receptoren des Temperatursinnes, abgesehen von gewissen Ausnahmen, ziemlich diffus über die ganze Körperoberfläche verteilt sind, gilt es doch nach Tieren mit möglichst lokal beschränkter Temperaturempfindlichkeit zu suchen, da hier am ehesten die Möglichkeit zu operativer Ausschaltung und zur histologischen Erkennung der Receptoren gegeben wäre. Weiterhin sollte hier noch viel mehr als sonst die pharmakologische Ausschaltung versucht werden, die bei diffus verteilten Receptoren ja die einzige Möglichkeit darstellt. Einen ersten erfolgreichen Schritt in dieser Richtung tat A. H. Morgan. Frei aufgehängte geköpfte Frösche ziehen bei Reizung der Zehenspitzen mit heißem Wasser die Pfote hoch, während kaltes Wasser meist gespreizte Streckung der ganzen Extremität auslöst; ferner ist die Reaktionszeit bei Kältereizung wesentlich kürzer. Das Intervall von +15 bis 35° C löst keine Reaktionen aus. 1proz. Kokainlösung hebt nun nach 10 Minuten langer Einwirkung nur die Tastempfindlichkeit auf (vgl. auch S. 866); nach 20 Minuten langer Behandlung bleibt auch die Kältereaktion aus; um weiterhin die Hitzereaktion zum Verschwinden zu bringen, muß man 45 Minuten kokainisieren, und selbst dann noch sind die „chemischen“ (vgl. oben S. 855) und Schmerzreaktionen auslösbar. Abhäuten der Pfote oder Durchschneidung des Daumennervs (wenn der Daumen gereizt wird) heben alle diese Reaktionen auf. So dürften die Receptoren, deren morphologische Feststellung noch aussteht, in der Haut liegen, und zwar die Hitzereceptoren vermutlich am tiefsten, da

[1] Einseitig verschlossene Kapillaren von 0,15 mm Durchmesser und 2—3 $mm^3$ Fassungsvermögen. Milch, Methyl- bis Amylalkohol, Kapryl- bis Margarinsäure, Bornylazetat (1:20000) locken an; Oktylalkohol bis Undecylalkohol, Ameisensäure bis Valeriansäure, ebenso Ammoniak, NaOH 10% und HCl 10%, stoßen ab.

die Latenzzeit der Hitzereizung am größten ist. — Die kurze Angabe HOFERS über Wärmepunkte am Hechtkopfe ist dringend der Nachprüfung bedürftig. YOAKUM konnte bei Eichhörnchen und Ratten nach Dressur (Fütterung in einem Kasten von 40°, daneben leerer Kasten von 15 bzw. 25°) in seinen Versuchen, wo beide Kästen kein Futter erhielten, durchschnittlich 80% richtige Wahlen des heißen Kastens erzielen. Es werden also Unterschiede von 15 bzw. 25° wahrgenommen und assoziiert.

Bei Wirbellosen beschränken sich unsere Kenntnisse auf mancherlei Angaben über besondere Temperaturempfindlichkeit bestimmter Körperteile (Oraltentakel der Schnecke Hemissenda nach AGERSBORG, weitere Beispiele bei HERTER) sowie auf thermotaktische Bewegungen, d. h. Aufsuchen einer optimalen Zone in einem Temperaturgefälle und Zurückschrecken vor zu hohen und zu tiefen Temperaturen. Nach Ausschaltung verschiedener Körperteile, die für besonders temperaturempfindlich gelten, können sich die Optima aufwärts verschieben (HERTER bei Grillen) und die Schreckreaktionen weniger zuverlässig werden. So gingen im zu heißen Gebiet eines Temperaturgefälles[1] nur 8% Feuerwanzen (Pyrrhocoris) und nur 2% Ritterwanzen (Lygaeus) zugrunde, von antennenlosen aber 46 bzw. 30%. Der Schluß auf Temperatursinnesorgane in den Antennen harrt der morphologischen Bestätigung. Besonders aussichtsreich erscheint auch die Honigbiene als Objekt, da sie als Stockgemeinschaft über ein ungewöhnlich feines Wärmeregulationsvermögen verfügt. Die glänzende Methodik von W. R. HESS (27 Thermoelemente in die Waben des Stockes eingebaut, photographische Registrierung der Galvanometerausschläge) lieferte das erstaunliche Ergebnis, daß die Temperatur des Brutnestes dauernd konstant auf 35 bis 36° einreguliert ist, wobei die Tagesschwankung eines Punktes 0,2 bis höchstens 0,4° nicht überschreitet. Selbst gegen erhebliche Überhitzung vermögen die Bienen das Brutnest zu schützen, offenbar durch Wasserverdampfung. Die Wintertraube reguliert ihre Wärme so, daß auch die Randbienen nicht unter die kritische Temperatur von + 8° geraten; es ist dieselbe, oberhalb welcher (als Außentemperatur) Reinigungsflüge stattfinden. HIMMER, der auch die Körpertemperaturen der Bienenindividuen thermoelektrisch maß, kam zu ganz ähnlichen Feststellungen. Eine so genaue Wärmeregulierung des Volksganzen, bei recht variablen Eigentemperaturen der Individuen würde durch Annahme eines wohlentwickelten Temperatursinnes ungezwungen erklärt.

### C. Schmerzsinn.

Über den Schmerzsinn vergleichend physiologisch zu arbeiten, erscheint aus naheliegenden Gründen besonders schwierig. Schon beim Mitmenschen läßt sich ja von der Größe der Reaktion keineswegs auf die Stärke der Schmerzempfindung schließen; bei Tieren, wo die Empfindungsfrage mit objektiver Gewißheit kaum jemals lösbar sein dürfte, wenigstens nicht allgemein, muß es noch viel schlimmer bestellt sein. Es wäre völlig verfehlt, in dem Schweigen des gequälten Hasen oder selbst der Fortdauer der Kopula, der Hypnose, des Fressens bei Arthropoden, denen man währenddessen Fühlerteile, ja den ganzen Hinterleib amputiert, ohne Reaktionen zu bemerken,

[1] Für Landtiere bedient sich HERTER der „Temperaturorgel". Eine lange Eisenschiene, deren eines Ende von einem Bunsenbrenner beheizt wird, bildet den Boden des sonst gläsernen Behälters für die Lufttiere; der 45 cm lange Bodenteil ist durch 44 äquidistante Bleistriche leiterartig quergeteilt, auf Teilstrich 3, 12, 21, 30, 39 ruhen die Quecksilberkugeln von 5 Thermometern. Für Ameisen benutzte er einen durch außen angenäherte Glühbirne einseitig beheizten Blumentopf. Wassertiere brachte er in ein sehr hohes Standaquarium von kleiner Grundfläche; von *oben* her wurde eine Blechbüchse, auf deren Bodenfläche innen eine Kohlefadenglühlampe lag, ein wenig eingesenkt. Da das erwärmte, spezifisch leichtere Wasser oben ist, werden Kreisströme vermieden. 4 Thermometer sind verschieden tief eingehängt und gestatten, wie in der Lufttemperaturorgel, für jeden Querschnitt des Gefäßes die dort herrschende Temperatur zu interpolieren.

einen Beweis für Fehlen des Schmerzsinnes erblicken zu wollen, ebenso falsch aber auch, dem Hinterende des durchschnittenen Regenwurms, das sich heftig krümmt, mehr Schmerzen zuzutrauen als dem ruhig dahinkriechenden Vorderende. Theoretisch ist ein jeder tierischer Schmerzsinn vorerst und vielleicht für immer unbeweisbar. Praktisch aber müssen wir uns verhalten, als ob alle Tiere Schmerzen empfinden. Die Receptorenfrage ist nicht einmal beim Menschen sicher entschieden; für den äußeren Hautschmerz haben die freien Nervenendigungen wohl die größte Wahrscheinlichkeit, für Schmerzreceptoren gelten zu dürfen. — So fehlt es, abgesehen von einigen Angaben über Wirbeltiere (Morgan beim Frosch, Hofer aphoristisch für Fische, Bonifazi für Säuger), durchaus an mitteilenswerten Einzelheiten. Über die Methodik beim Menschen vgl. Goldscheiders Aufsatz in Bethes Handbuch, wo auch v. Freys entscheidende Arbeiten zitiert sind.

## D. Mechanischer Sinn.

### a) Tastsinn.

Auch der Tastsinn ist ein Stiefkind der vergleichend physiologischen Forschung Über ihn unterrichtete kürzlich Herter, über den menschlichen Tastsinn v. Frey (Bethes Handbuch). Die Feststellung diskreter Tastpunkte der Menschenhaut war natürlich nur unter Zuhilfenahme der Selbstbeobachtung möglich; so erscheint es wenig aussichtsvoll, sie bei Tieren nachzuweisen, da die Empfindung, die die Tastborste hervorrufen mag, schwerlich stark genug sein dürfte, um gleich Reaktionen auszulösen. So ist die Tatsachenausbeute in dieser Frage fast gleich Null; und auch hinsichtlich der Receptorenfrage herrscht noch durchaus keine Sicherheit, obwohl mehrere Arten von Nervenendorganen ziemlich zuversichtlich als Tastreceptoren gedeutet werden (Meissnersche, Merkelsche, Grandrysche, Herbstsche, Vater Pacinische Körperchen, freie Nervenendigungen insbesondere der Sinushaarbälge u.a.). Da sie stets weitgehend diffus verteilt sind und an sehr zahlreichen sensiblen Nerven hängen, hat die operative Ausschaltungsmethodik wenig Aussicht, und die Möglichkeit pharmakologischen Ausschaltens verdient um so größere Beachtung. Die Erfolge A. H. Morgans beim Frosch (Kokainisierung mit 1proz. Lösung für 10 Minuten hebt die Erregbarkeit der Pfotenhaut durch herabfallende Schrotkugeln auf) wurden oben schon erwähnt. Bei den Arthropoden gelten, wiederum vorwiegend aus morphologischen Gründen, diejenigen Anhänge, die wegen der Dicke und Undurchlässigkeit ihrer Wände als Chemoreceptoren nicht wohl in Betracht kommen, für Tastorgane, besonders wenn sie basal eingelenkt sind (Tasthaare). Doch werden auch die freien Nervenendigungen in den Gelenkhäuten gelegentlich als Tangoreceptoren beansprucht, ohne daß physiologische Entscheidungen darüber vorlägen. Bei Mollusken, Echinodermen, Würmern und Coelenteraten, wo primäre Sinneszellen die Hauptrolle zu spielen scheinen, herrscht völlige Unsicherheit. So bleibt die strenge Durchführung der oben skizzierten Forderungen auch beim Tastsinn heute noch unmöglich. Trotzdem wird man praktisch kaum Grund haben, an seiner Existenz zu zweifeln. Reaktionen auf Berührungsreize bestehen in unabsehbarer Anzahl bei wohl allen Tieren: Wendungen des Körpers zum Berührungsreiz oder von ihm weg, wobei oftmals schwache Reize Hinwenden, starke aber Wegwenden auslösen (Planarien), oder Anschmiegen des Tierleibes an einen festen Körper, worauf es der Reizwand anliegend zur Ruhe kommt oder an ihr entlanggeführt weiterkriecht (Thigmotaxis, Stereotaxis), sowie viele andere äußerst kennzeichnende Verhaltensweisen, die ebenfalls bei Herter zusammengestellt sind. Auch hier gilt es, durch physiologische Versuche den Bezirk, in dem man nach den Receptoren suchen muß, immer mehr räumlich (Ausschaltversuche) und auch zeitlich (Regeneration, Entwicklung!) einzuengen sowie die Pharmakologie zu Hilfe zu rufen. Ansätze gibt es genug, ohne daß irgendeiner wirklich zu Ende geführt worden wäre. Wenn beispielsweise CROZIER feststellt, daß die stereotaktisch geführte Mehlwurmlarve beim Freikommen von einer Wand an ihrer rechten Körperseite nach rechts abbiegt, bei Aufhören der linksberührenden Wand aber nach links, und bei Freikommen aus beiderseitiger Berührung dann geradeaus geht, also weder nach links noch nach rechts abbiegt, wenn die berührten Flächen links und rechts gleich groß sind, mögen sie am Körper liegen wie sie wollen, so böte sich hier die Gelegenheit, durch Abzählen der Haare links und rechts Areale gleicher und verschiedener Haardichte gegeneinander abzugrenzen, sie abwechselnd durch Berührung zu reizen usw. Jenes morphologische und physiologische Zusammenarbeiten, das bei MATTHES zu so schönen Erfolgen führte, wäre auch hier am Platze und würde reichen Lohn versprechen. — Das Äußerste, was wir histologisch an Reichtum von Tastorganen kennen, ist nach EIMER die Maulwurfsschnauze; als Höchstleistungen des Tastsinnes dürfte das Vermeiden gespannter Fäden durch geblendete Fledermäuse gelten.

Hier schließt sich der noch schwerer zu erforschende „innere Sinn" („tiefe Sensibilität") an, der den Menschen seine Körperstellung auch bei Ausschaltung aller anderen Reize, z. B. unter Wasser, recht gut bemerken läßt. Als seine Receptoren gelten in erster Linie die sensiblen Nervenendigungen in den Muskeln und Sehnen; bei den Arthropoden dachte man mehrfach an sog. Stellungshaare, d. h. längere Haare nahe stark beugbaren Gelenken, an deren Spitze das gebeugte Glied anstoßen soll (experimentelle Begründung fehlt), abermals an die freien Nervenendigungen in den Gelenkhäuten sowie an die Chordotonalorgane. Der „homostrophische Reflex"[1] von Tausendfüßen und Mehrwurmlarven (CROZIER und MOORE), die muskelsensorische Regulierung bei Branchiomma (v. BUDDENBROCK) und zahllose Reaktionen bei Säugern (MAGNUS) gehören hierher. Vorbildlich ist die Methodik der MAGNUS-DE KLEYNschen Schule und bisher bei keinem Wirbellosen auch nur annähernd erreicht.

Von *Erschütterungssinn* sprechen wir, wenn Vibrationen durch Leitung des Untergrundes oder des Wassers vom Körper (unter Ausschluß des Ohres, vielleicht auch der Seitenorgane vgl. S. 868) perzipiert werden, wie wir die Erschütterung des Hauses durch das vorbeifahrende Lastauto bemerken. Die Receptoren des tiefen Sinnes dürften dabei, vielleicht neben mancherlei anderen Receptoren mitsprechen. Er benachrichtigt die Spinne im Netz von der gefangenen Beute. RABAUD konnte sie durch die vibrierende Stimmgabel anlocken, ja zum Beißen in das Metall veranlassen. Das Beantworten von mancherlei akustischen Reizen durch die Ameisen dürfte auf gleicher Stufe stehen und mit echtem Hören (vgl. S. 874) nichts zu tun haben. Denn bei Ausschluß des Mitschwingens der Unterlage, auf der die erschütterungsempfindlichen Tiere sitzen, unterbleiben diese Reaktionen. Versuche über die Mitwirkung der Chordotonalorgane bei der Auslösung solcher Reaktionen von Arthropoden wären erwünscht. Auch bei Wirbeltieren ist die Erscheinung verbreitet. MATTHES' geblendete Molche verfolgten auch nach Durchtrennung beider Riechnerven (vgl. S. 858) nicht nur bewegliche Beute, sondern auch den wurmartig zitternden Bleistift durchs ganze Aquarium, wie das bekannte Spielfischchen den Magneten; ruhend bleibt derselbe Bleistift natürlich unbeachtet. Bei der Reaktion der EWALDschen labyrinthlosen Taube auf das inspiratorische U könnten die Federn in Mitschwingung versetzt worden sein und so Hautsensationen hervorgerufen haben, die vielleicht denen unserer „Gänsehaut" nahestehen, somit eine dem Erschütterungssinn nur entfernter verwandte Einzelerscheinung darstellen.

---

[1] Wird das Vorderende passiv abgebogen, so stellt sich das Hinterende reflektorisch parallel dem Vorderende; weicht also das Vorderende um 45° nach rechts ab, so wird das Hinterende um 45° nach links wenden, so daß das Insekt sozusagen S-Form annimmt.

### b) Strömungssinn.

Bei den Strudelwürmern des fließenden Wassers besteht zeitweise die Neigung, dem Strom entgegenzukriechen (positive Rheotaxis). Bei Planaria alpina scheint sie das einzige Orientierungsmittel gegen die Nahrung zu bilden (J. Doflein). Richtet man mittels spitzer am Wasserschlauch angebrachter Pipette einen feinen Strahl seitlich gegen das „Öhrchen", d. h. eine seitliche Spitze des Vorderrandes, so biegt das Tier sogleich zur Stromrichtung um, während die Reaktion unterbleibt, wenn der Strom parallel etwas rückwärts verschoben wird, so daß er seitlich auf die Körpermitte oder sein Ende trifft. Selbst wenn er das Hinterende passiv abbiegt, so kriecht die Planarie doch senkrecht zur Stromrichtung geradeaus weiter. Koehler amputierte nun zahlreichen Exemplaren dieser Spezies ein Öhrchen oder beide, ja den ganzen Vorderrand nebst Augen und Hirn, sowie Stücke des Hinterendes, ohne daß die Orientierung im Strome gelitten hätte; selbst die übrigbleibenden Gürtelstücke zeigten sich immer noch rheotaktisch, und stets war die Empfindlichkeit des jeweiligen Vorderendes am größten, wie erneute seitliche Bestrahlungen zeigten. So dürften die Rheoreceptoren nicht auf die Öhrchen beschränkt sein, sondern sich vielmehr diffus über die Körperfläche verteilen und jeweils ein Empfindlichkeitsgefälle von vorn nach hinten zeigen (vielleicht abnehmende Dichte?); über ihre Natur wissen wir noch nichts.

Bei Fischen und wasserlebenden Amphibien sind nach Hofers und Steinmanns Untersuchungen die Seitenorgane (System des ramus lateralis vagi, Kopfseitenorgane, Lorenzinische Ampullen, Savische Bläschen u. a.) als Receptoren des Strömungssinnes anzusehen, der den Fisch befähigt, auch nach Ausschaltung optischer Beeinflussungen (z. B. im Dunkeln) sich gegen den Strom einzustellen. Zur Untersuchung gilt es, den Fisch im Strom zu betrachten, ihn beiderseits gleichzeitig verschieden starken Strömen auszusetzen, enger begrenzte Ströme anzuwenden u. a. Um die Mitwirkung des Labyrinths (s. unten) abziehen zu können, dienen Kontrollversuche, in denen geschlossene Behälter mit dem Fisch darin im Strome treiben, wobei also das Behälterwasser relativ zum Fisch ruht, absolut genommen aber sich bewegt. Ausschaltversuche (Ausziehen des ram. lat. vagi, Kauterisation der Kopfseitenorgane) führte Hofer mit dem erwarteten Erfolge aus; die reflexphysiologische Seite, insbesondere die Zusammenarbeit von Seitenorganen und Labyrinth, die ja entwicklungsgeschichtlich in engsten Beziehungen zueinander stehen, bedarf jedoch noch eingehender Klärung.

### c) Schweresinn.

Als Schweresinnesorgane bezeichnen wir Sinnesorgane, die ihrem Bau zufolge die Gravitationskraft in Nervenerregung zu verwandeln geeignet sind. Zumeist ruht ein schwerer Körper (Statolith) auf Tangoreceptoren (primäre Sinneszellen bei Wirbellosen, sekundäre bei Wirbeltieren) und reizt sie mechanisch, indem er durch sein Gewicht die Härchen beugt, wenn er auf ihnen lastet, bzw. an ihnen zieht, wenn er an und unter ihnen hängt. Seltener wirkt der Auftrieb einer Gasblase entsprechend umgekehrt. Die mehr oder weniger geschlossenen „Statocysten" vieler Wirbellosen, die Randorgane der Skyphomedusen, die macula sacculi und utriculi der Wirbeltiere sind solche Schweresinnesorgane. Alle diese Organe dürften dauernd dem Zentrum Impulse zusenden und so den Erregungsspiegel desselben aufladen helfen, wie es wohl alle Sinnesorgane tun. So sind viele beiderseits entstatete Tiere nachweislich muskelschwach und wenig reaktionsbereit. Weiterhin aber ließ sich in vielen Fällen der Nachweis führen, daß sie außerdem bestimmte sog. Kompensationsbewegungen reflektorisch auslösen, die das Tier zwangsmäßig in einer bestimmten Orientierung zum Erdmittelpunkt, der Normallage, festhalten. Sie behält das Tier dann unter Umständen auch in der Bewegung bei, und es ist gebräuchlich, das reflektorische Verharren in Normallage stets als Geotaxis (positive, negative, Transversalgeotaxis) zu bezeichnen, nicht nur wenn das Tier ruhend die Normallage beibehält, sondern auch wenn es sich in Normallage bewegt. In manchen Fällen ist die Kompensationsbewegung, die die Statocyste auszulösen vermag, von deren Lage im Raume nicht dem Sinne, sondern nur der Stärke nach abhängig, so daß eine Statocyste nur einerlei Kompensationsbewegungen auslöst; dann stellt sie einen „einsinnigen Lenker“ dar. Wenn dagegen die Statocyste je nach der Raumlage zwei oder mehr Arten von Kompensationsbewegungen reflektorisch in Gang setzt, so spricht man von doppelsinnigen bzw. mehrsinnigen Lenkern. Weiterhin können sie neben diesen Steuerreflexen auch Stellungen anderer Glieder je nach Raumlage der Statocyste hervorrufen, indem sie bestimmten Muskelgruppen bestimmte Tonusmengen zuerteilen lassen („tonische Lagereflexe“), wofür die Augenstielstellungen mancher Krebse (v. BUDDENBROCK) das beste Beispiel abgeben. Sie führen dazu, daß auch im Dunkeln die Augenstiele bei Körperbewegungen immer so gegenpendeln, daß das alte Blickfeld beibehalten wird.

Bei der Untersuchung der *kompensatorischen* Lagereflexe, die auf die Erhaltung der Normallage abzielen, ist natürlich erstes Erfordernis, auszuschließen, daß das Tier nicht schon durch seine Massenverteilung passiv in die Normallage gedreht wird, wie die Boje und das Aräometer. FRAENKEL konnte diese Vermutung für seine Meduse Cotylorhiza dadurch ausschließen, daß er erstens die Schwergewichtsverteilung des Körpers durch Abschneiden des Magenstieles veränderte, zweitens die Glocke durch Einstoßen eines Stückchens Bleidraht einseitig belastete. In beiden Fällen erhielt die Meduse aktiv die Normallage wie das intakte Tier. In der Normallage steht die Hauptachse senkrecht, die Glockenaußenseite sieht aufwärts, die Mundarme hängen abwärts. Hält man die Meduse nun mit wagerechter Hauptachse fest, so erschlafft der obere Glockenrand in der Pause zwischen zwei Kontraktionen nicht so sehr wie der untere, bleibt also stärker gekrümmt und fördert bei der Kontraktion weniger Wasser. So ist der Rückstoß der unten geförderten größeren Wassermenge ausgiebiger, und das freigelassene Tier richtet sich dementsprechend mittels der beschriebenen höchst einfachen Kompensationsbewegung zur Normallage auf. — Daß die Randorgane bei Auslösung und Regelung des normalen Glockenschlages entscheidend mitsprechen, läßt sich leicht zeigen: die randorganlose Meduse schlägt von Ausnahmen abgesehen nicht spontan, sondern nur auf Reizung; die Randorgane leisten also eine allgemeine Erhöhung des Erregungsspiegels, sie sind „Stimulationsorgane“ (v. BUDDENBROCK), sie erhöhen die Reaktionsbereitschaft. Daß sie darüber hinaus noch *statische* Funktionen ausüben, nämlich die Kompensationsschläge auslösen, deren Ergebnis die negativ geotaktische Einstellung der Meduse ist, zeigt am schönsten der folgende, auch von BOZLER nachgeprüfte Versuch: Schneidet man alle Randorgane bis auf eines heraus, so schlägt die Meduse meist nicht; nur wenn bei wagerecht festgehaltener Hauptachse[1] der allein erhaltene Randkörper zuoberst steht, erfolgt der typische Kompensationsschlag: verstärkter Tonus auch während der Erschlaffung im obersten Schirmsektor, dem das erhaltene Randorgan angehört. Dreht man den Randkörper um geringe Beträge aus seiner Höchststellung heraus, so setzt der Glockenschlag sogleich aus. Der adäquate Reiz für die Auslösung des Kompensationsschlages durch das Randorgan (= verstärkter Tonus in seiner Umgebung) ist also Schieflage derart, daß der Klöppel mitsamt dem Statolithen sich

[1] Es genügt, die Exumbrella der Meduse mit den Fingern zu halten, um ihr die gewünschte Zwangslage zu verleihen; besser wird sie mit quer durch die Glocke gespießten Nadeln auf einem Korken befestigt, der von einem ins Wasser tauchenden drehbaren Stativarm gehalten wird.

zur subumbrellaren Seite neigt. — Genau umgekehrt entsprechende Ergebnisse hatte BOZLER bei positiv geotaktisch gestimmten Exemplaren von Pelagia noctiluca, die also die Glockenaußenseite abwärts wandten. Hier war Tiefstlage des einzig erhaltenen Randorgans bei der mit wagerechter Hauptachse festgehaltenen Meduse der adäquate Reiz für den hier abwärtsdrehenden Kompensationsschlag, und mit der Nadel künstlich bewirkte Passivbewegungen des Randorganklöppels blieben erfolglos, wenn sie zur rechten, linken oder subumbrellaren Seite führten; zur exumbrellaren Seite zielende Passivneigungen dagegen hatten sogleich den Kompensationsschlag zur Folge. So ist an der lange bezweifelten statischen Funktion der Medusenrandorgane ein Zweifel nicht mehr möglich. Jedes dieser Randorgane ist, wie ersichtlich, ein einsinniger Lenker.

Dasselbe gilt unter den bilateralsymmetrischen Organismen nach KÜHN für den Flußkrebs: Nach Verlust seiner rechten Statocyste[1] rudert er — in jeder Raumlage — links mit sämtlichen Extremitäten und „stellt" rechts, eine Kompensationsbewegung, die der normale Krebs nur dann ausführt, wenn seine linke Seite tiefer liegt als die rechte. Das Umgekehrte gilt entsprechend. Also muß jede der beiden Statocysten für sich allein die Gesamtreaktion auslösen können, die durch die Formel „Rudern auf ihrer Seite, Stellen auf der Gegenseite" zusammengefaßt wird. Je tiefer nun die Statocyste liegt, um so stärker ist der Antrieb zu diesem Sammelreflex, wie man am einseitig entstateten Krebse leicht ablesen kann: hat er nur die linke Statocyste, so rudert er immer und andauernd links und stellt rechts, nie umgekehrt; je tiefer seine linke Seite liegt, um so stärker, je höher sie liegt, um so schwächer rudert er links und stellt er rechts. Die Normalhaltung des gesunden, freischwebenden Krebses (gleichmäßig symmetrisches Ausspreizen aller Extremitäten, weder Rudern noch Stellen) muß also zustande kommen, indem die beiden gegensinnigen Impulse, die von beiden Statocysten ins Zentrum einstrahlen, sich dort gegenseitig hemmen und vernichten, was den Kompensationsreflex angeht. Auch hier ist die Einsinnigkeit der Lenker völlig klar.

Beispiele für doppelsinnig lenkende Statocysten, die je nach ihrer Raumlage die eine oder die entgegengesetzte Kompensationsbewegung auslösen, und wo — freilich nur im extremsten Falle — eine von beiden genügt, um das Kompensationsgeschehen allein zu leiten (bei einsinnigen Lenkern sind dazu stets beide erforderlich), bieten in aufsteigender Folge die heteropode Schnecke Pterotrachea (TSCHACHOTIN), die Mysideen (v. BUDDENBROCK) und der im Sande grabende Wurm Branchiomma (v. BUDDENBROCK), der wirklich nach Verlust der einen Statocyste sich genau so gut aus jeder beliebigen Anfangslage heraus senkrecht in den Sand einzubohren vermag, wie das intakte Tier mit seinen zwei Statocysten.

Über das Wirbeltierlabyrinth, soweit es statisch-dynamische Funktion ausübt, unterrichten die Abschnitte KOLMER, M. H. FISCHER, MAGNUS und DE KLEYN, GRAHE, ROHRER und MASUDA in BETHES Handbuch. Es besteht bekanntlich aus den drei am Utriculus hängenden Bogengängen und ihren Ampullen, sowie dem Sacculus, bei dem wir von der Schnecke vorerst absehen. Die macula utriculi und die macula sacculi tragen je einen Statolithen. Der MACH-BREUERschen Theorie zufolge sollen die cristae der Ampullen auf Drehbeschleunigungen in ihren Ebenen maximal ansprechen, während die Reaktionen auf geradlinige Beschleunigungen und die Lagereflexe auf Reizung der maculae utriculi und sacculi durch ihre

[1] Man kann die Statocyste mittels eines feinen Zahnbohrers zerstören oder noch einfacher die ganze erste Antenne mit spitzer Schere abschneiden. Dabei ist zu beachten, daß der Schnitt weder zu hoch fällt, so daß Reste der Statocyste erhalten bleiben, noch zu tief, so daß die Basen der Augenstiele oder gar das Oberschlundganglion verletzt werden; kurz, es gilt das Basalglied genau an der Basis abzukappen. Die Operation wird meist sehr gut ertragen, Schockwirkungen pflegen auszubleiben.

Statolithen zurückgeführt wurden. Weiterhin ist es üblich, die Lagereaktionen als statische, die durch Beschleunigungen ausgelösten als dynamische zu bezeichnen, eine Unterscheidung, die bei den Wirbellosen noch kaum ernstlich versucht wurde.

Die bequemsten Operationsmöglichkeiten bieten die Selachier mit ihren knorpeligen Labyrinthen (Maxwell, Lee, Kubo u. a.). Die ausgedehnten Versuche an ihnen haben jedoch das Problem noch nicht spruchreif gemacht, wenn wir die Ergebnisse an den bei Säugern durch Magnus und seine Schule gewonnenen messen. Erwähnt sei nur, daß es möglich war, mittels eines Wattekügelchens, das auf dem Utriculusstatolithen verschoben wurde, je nach Richtung seiner Verlagerung konstant verschiedene Augenbewegungen auszulösen (Maxwell). Die Ampullen waren zuvor entfernt worden. Auch gelang es, beim lebenden Tier Endolymphströmungen in den Bogengängen direkt zu beobachten (Rossi; ebenso Maier und Lion bei Tauben).

Trendelenburgs und Kühns einseitige Exstirpationen des ganzen Labyrinths ergaben bei geblendeten Eidechsen folgendes höchst kennzeichnende Verhalten: Während normale, geblendete Tiere beim Kreiseln auf der Drehscheibe den Kopf nach der Gegenseite wenden (Kompensationsdrehung), bei Anhalten der Scheibe aber den Kopf im Sinn des vorhergegangenen Kreiselns „nachdrehen", unterließ die rechts entstatete Eidechse beim Rechtskreiseln die Kompensationsdrehung; die Nachdrehung war vorhanden. Beim Linkskreiseln war die Kompensationsdrehung erhalten, doch unterblieb die Nachdrehung. Da das Kreiseln in der Ebene des allein erhaltenen linken horizontalen Bogenganges stattfand, so ist zu schließen, daß der Endolymphstrom zur Ampulle hinein allein wirksam ist, der entgegengesetzte Strom zur Ampulle hinaus dagegen nicht. Für die vertikalen Bogengänge ist genau das umgekehrte Verhalten aus den weiteren Versuchen zu erschließen. Entsprechende Versuche anderer Autoren an Fischen, Fröschen, Vögeln und Säugern lehren, daß hier im allgemeinen beide Strömungsrichtungen wirksam sind, jedoch die bei der Eidechse allein wirksamen in weit höherem Grade als die bei der Eidechse unwirksamen. So verstärken sich beim Normaltier die durch eine Kreiselung erregten cristae gegenseitig in ihrer physiologischen Wirksamkeit. Die Eidechsenbogengänge, ebenso die der sonst untersuchten Reptilien sind einsinnige Lenker analog der Flußkrebsstatocyste, die der übrigen Wirbeltiere dürfen wir als doppelsinnige Lenker etwa der Statocyste von Pterotrachea oder der der Mysideen vergleichen.

Bei Säugern haben nun Magnus, de Kleyn und ihre Schule in außerordentlich umfangreichen Untersuchungen so zahlreiche und verwickelte Labyrinthreflexe sichergestellt, daß eine ausführliche Darstellung den Rahmen dieser Zusammenfassung weit überschreiten würde. Sie entwerfen ein Bild von großer Einheitlichkeit: *alle Bewegungen*, denen die Labyrinthe unterliegen, wirken als Reiz auf die Bogengänge und rufen als Reaktionen *Bewegungsreflexe* („Bogengangsreflexe") hervor. Aber auch die *Lage* des Labyrinths im Raum wirkt als Reiz, und zwar auf die Statolithenmaculae; sie lösen als Reaktionen *Stellungen* aus (Statolithenreflexe).

Beginnen wir mit den Bogengängen, so sprechen diese erstens im Sinne der Mach-Breuerschen Theorie auf Winkelbeschleunigungen an. Dabei lösen sie an Kompensationsbewegungen aus: die bekannten Augendeviationen und Nachdrehungen (Nystagmus), weiterhin ebensolche des Halses (der Kopf wird im gleichen Sinne wie die Augen gedreht), endlich auch gewisse Drehungen des Beckens und Extremitätenbewegungen. Diese Reflexe bleiben nach Abschleuderung der Statolithen durch Zentrifugieren (Wittmack) alle bestehen, nach beiderseitiger Labyrinthexstirpation sind sie verschwunden. So können sie nur auf die Ampullen bezogen werden. — Die geradlinigen Progressivbewegungen (Fahrstuhl, Eisenbahn) sollten nach Mach-Breuer durch die Statolithen-maculae perzipiert werden. Sie lösen bei Säugern sehr zweckmäßige und kennzeichnende Extremitätenbewegungen aus: kopfabwärts gehaltene Meerschweinchen, die man aufwärts bewegt, strecken die Vorderbeine maximal (Sprungbereitschaft), Kaninchen stoßen dabei noch die Hinterbeine nach hinten wie beim Absprung. Da diese Reflexe aber nach Abschleuderung der Statolithen erhalten blieben, beziehen die holländischen Autoren auch sie auf die Bogengänge, entgegen der Mach-Breuerschen Theorie; ein elastisches Labyrinthmodell zeigt tatsächlich bei geradlinigen Progressivbewegungen Cupulaeausschläge, was bei einem Glasmodell natürlich ausgeschlossen wäre. Diese Durchbrechung der Mach-Breuerschen Lehre macht eben die Einheitlichkeit der oben gegebenen Formulierung möglich: auf *alle* Bewegungen reagieren allein die Bogengänge, sowohl auf geradlinige, wie auf Drehbeschleunigungen.

Als *Statolithenreflexe* sind nach Magnus solche zu bezeichnen, die nach Abschleuderung verschwinden, ebenso nach Labyrinthexstirpation, und die ferner durch abnorme *Lage* (nicht Bewegung) der Labyrinthe ausgelöst werden. Sie sind sämtlich tonisch und dauern so lange an, wie die abnorme Lage anhält. Nach Großhirnexstirpation bleiben sie bestehen; ja selbst bei Tieren, deren Hirnstamm zwischen vorderen und hinteren 4 Hügeln zertrennt wurde und die in Enthirnungsstarre verfallen (gestreckte Extremitäten, Kopf und Schwanz gehoben, Unterkiefer fest geschlossen, dezerebrierte Tiere) sind die Haltungsreflexe besonders deutlich. Um ferner die Halsreflexe auszuschalten, müssen Kopf, Hals und Rumpf eingegipst werden, so daß nur die Extremitäten frei herausragen. Es gibt nun *nur eine* Kopflage, bei der der Strecktonus der Extremitäten maximal, *eine* andere, bei der er minimal ist; alle Lagen dazwischen sind durch mittlere Tonusgrade gekennzeichnet. Die Maximumlage ist Rückenlage des Kopfes (Unterkiefer oben, Schnauze um 45° gegen die Horizontale gehoben), die Minimallage die, die man durch Abwärtsdrehung des Kopfes um 180° aus der Maximumlage erhält. Die Beuger verhalten sich gerade umgekehrt. — Zur Auslösung dieser Lagereflexe auf die Extremitätenmuskeln genügt ein Labyrinth allein; die Halsreflexe dagegen erfolgen im Sinne einsinniger Lenker: nach einseitiger Labyrinthexstirpation tritt Kopfdrehung nach der Seite des entfernten Labyrinthes auf. Auch auf den Rumpf erstreckt sich diese labyrinthäre Reflexwirkung, neben welcher noch sekundäre Reflexe von der Halsmuskulatur auf die des Rumpfes bestehen. Weiterhin gehören hierhin die Labyrinthstellreflexe, die auch nach Ausschaltung des Gesichtssinnes und aller taktilen Reize (freihängende Tiere) auslösbar sind: bei beliebiger Körperlage erhält sich der Kopf dauernd angenähert in Normalstellung. Auch kompensatorische Augenstellungen werden von den Statolithen ausgelöst, die es bezwecken, dem Tiere das gewohnte Gesichtsfeld unabhängig von der Raumlage des Kopfes zu erhalten; besonders bei Tieren mit seitwärts blickenden Augen und rein panoramischem Sehen spielen sie die Hauptrolle, während sie bei binokular fixierenden Formen mit frontal stehenden Augen gegen die optisch ausgelösten Reflexe an Bedeutung erheblich zurücktreten. Bei den panoramischen Sehtieren läßt sich nach Ausschaltung der tonischen Halsreflexe (Kopf gegen Rumpf fixiert) und bei strenger Vermeidung der als Bogengangsreflexe durch *rasche* Wendungen ausgelösten Augen*bewegungen* (möglichst langsames Manipulieren) feststellen (Technik Bethe 11/1, S. 900), daß die Augen je nach Lage des Kopfes durch Raddrehungen und Vertikalabweichungen in die neuen Stellungen übergehen. Jede Sacculusmacula beherrscht den rectus superior der gleichen und den inferior der gekreuzten Seite; rectus externus und internus gehorchen nicht ihr, sondern den Bogengängen (Horizontaldreh*bewegungen* auf rasche Winkelbeschleunigungen, vgl. oben). So sind die Vertikalstellungen der Augen stets gegensinnig, z. B. rechtes Auge abwärts, linkes aufwärts. Die Raddrehungen dagegen finden stets gleichsinnig statt; dabei verstärken sich beide Labyrinthe gegenseitig in ihrer Wirkung auf die musculi obliqui.

Bei sämtlichen beschriebenen Stellreflexen tritt die maximale Reflexwirkung auf die Strecker (umgekehrt auf die Beuger) bei derjenigen Labyrinthstellung auf, wo der Statolith unter der horizontal stehenden macula hängt und an ihren Haaren zieht, die minimale, wenn er ebenfalls bei horizontaler macula auf ihr liegt und ihre Haare drückt. Dabei ist, wie teils schon gesagt, der Utriculusstatolith verantwortlich für die Körpermuskulatur und die symmetrischen Labyrinthstellreflexe, der Sacculusstatolith für die asymmetrischen Labyrinthstellreflexe und die Vertikalaugenstellungen; die Raddrehungen sind noch unklar. Der Schluß auf die Wirksamkeit des einen oder des anderen Statolithen beruht auf dessen Lage im Kopf; ist sie bei Maximal- oder Minimalstärke des Reflexes ausgezeichnet (nämlich horizontal im Raume, so daß nach MACH-BREUER maximale oder minimale Erregungsstärke zu erwarten ist), so spricht das für diesen Statolithen. Zudem liegen die Utriculusstatolithen in einer Ebene, ihnen kommen daher die gleichsinnigen Reflexe beider Labyrinthe zu; die nur spiegelbildlich symmetrische Lage der Sacculusstatolithen in verschiedenen Ebenen läßt sich ungezwungen den gegensinnigen, links und rechts nicht vertretbaren Reflexen zuordnen.

Auch die pharmakologische Ausschaltung gibt Ergebnisse, die zu dem Vorgetragenen stimmen. Führt man die ganzen Versuche nach Kokaineinspritzung ins Mittelohr durch, so unterbleiben mit fortschreitender Wirkung des Kokains immer mehr Reaktionen, und zwar in solcher Reihenfolge, daß man schließen kann, zuerst würden der sacculus, dann der utriculus, weiterhin der horizontale und zuletzt die vertikalen Bogengänge gelähmt. Diese Reihenfolge aber ist nach der Anordnung der Labyrinthteile ja zu erwarten; was dem Mittelohr zunächst liegt, wird zuerst gelähmt und umgekehrt.

Wenn endlich nach totaler Abschleuderung aller 4 Statolithenmembranen und Kokainisierung des rechten Labyrinths tonische Kopfdrehung nach rechts, rechtes Auge vertikal abwärts, linkes vertikal aufwärts erfolgt, was bei *jeder* Kopfstellung sich gleichbleibt (anstatt wie bei rechts entstateten, aber nicht zentrifugierten Artgenossen sich mit ihr zu ändern), so ist zu folgern, daß auch die unbelasteten maculae an sich Erregungen aussenden, die jedoch konstant sind; Statolithenzug würde sie verstärken, Druck sie vermindern (vgl. das umgekehrt gleichsinnige Verhalten der Flußkrebsstatocyste S. 870).

Wie man sieht, ist hier Glänzendes geleistet worden, und es erscheint angesichts dieser Tatsachen geboten, die ganzen Befunde an niederen Wirbeltieren erneut durchzuuntersuchen, wobei erstens genau auf den Unterschied von Kompensationsstellungen und -bewegungen, zweitens genauestens auf die wirkliche Ausschaltung aller nicht labyrinthären Stellreflexe zu achten wäre. So lassen sich bei der viel leichteren Operierbarkeit (beim Haifisch wäre z. B. nach Eröffnung des knorpeligen Labyrinths und völliger Erhaltung des häutigen isolierte Kokainisierung einzelner Ampullen und maculae möglich) wichtige Aufschlüsse erhoffen. So schön sich alles bei den Säugern fügt, wir dürfen nicht vergessen, daß manche der vorgetragenen Schlüsse auf ziemlich indirekten Wegen gewonnen wurden, da die operativen Möglichkeiten hier so gering waren. Am gespanntesten wird man darauf sein, ob sich die neue Deutung der Progressivbewegungen bewahrheiten sollte.

### d) Gehörsinn.

Reaktionen auf Schallreize sind allein kein Beweis für echtes Hören, selbst wenn Tonhöhen mehr oder weniger roh unterschieden werden; so konnte KATZ sogar bei Taubstummen Interesse und ästhetischen Genuß an Musik beobachten, bei denen nur der Vibrationssinn für die Wahrnehmung in Frage kommt. Ganz allgemein muß mit der Möglichkeit gerechnet werden, daß die beobachteten Reaktionen auf Erregung des Erschütterungssinnes beruhen (vgl. S. 867), dem als Receptoren bei wasserlebenden Wirbeltieren vielleicht auch die Seitenorgane (obwohl HOFER es bestreitet), bei Arthropoden die Chordotonalorgane mit Ausschluß der sogleich zu besprechenden Tympanalorgane, bei allen die Tangoreceptoren, der Muskelsinn, Zerrungen an den Mesenterien (wir spüren den tiefen Orgelton „im Bauche") und wer weiß was sonst noch zugeordnet sein mögen. Auch der labyrinthlosen Taube wurde oben schon gedacht. Aus dem Gesagten geht hervor, daß die experimentelle Ausschaltung des Erschütterungssinnes in den allermeisten Fällen ein Ding der Unmöglichkeit sein wird. Bei Wassertieren trifft die Wasserbewegung, die den Schall darstellt, in voller Stärke nicht nur das Gehörorgan, sondern den ganzen Körper, und für die Lufttiere gilt von den Luftschwingungen das gleiche, wenn auch die den weniger empfindlichen Receptoren des Erschütterungssinnes so mitgeteilte Energie ganz wesentlich geringer ist als im Wasser. Immerhin läßt sich hier zumindest für Arthropoden die Forderung stellen, daß die Erschütterung der festen Unterlage möglichst ausgeschaltet werde und nur die in Luft fortgepflanzten Schallwellen das Tier erreichen. Um so größeres Gewicht ist auf Ausschaltung aller störenden Begleitreize, besonders der optischen zu legen, und ferner auf die Existenz eines Sinnesorganes, das seinem Bau nach geeignet erscheint, die so geringe Energie der hochfrequenten Lufterschütterungen des Schalles in spezifische Nervenerregung zu verwandeln, und an dessen Intaktheit die Beantwortung der Schallreize geknüpft sein muß. Kommt dann noch der Nachweis des Tonhöheunterscheidungsvermögens hinzu, so darf die Existenz echten Hörens für sicher gelten.

Zwei Organe sind so gebaut, daß sie zur Schallperception und Tonhöheunterscheidung physikalisch sehr geeignet erscheinen, nämlich das Tympanalorgan gewisser lauterzeugender Insekten, ein Chordotonalorgan, das an einem feinen Trommelfell ansetzt und die Papilla basilaris der Wirbeltierlabyrinthe, bei Krokodilen, Vögeln und Säugern als CORTIsches Organ, bei Säugern als Schnecke bekannt. Drittens hat man schon frühzeitig innervierte Härchen auf dem Arthropodenkörper, die man bei Vorgabe bestimmter Töne mitschwingen sah, als Phonoreceptoren angesprochen. MINNICH erhielt bei Raupen von Vanessa antiopa Schallreaktionen (Auswärtsstellen des Vorderkörpers) auf Stimmgabelklänge von 32 bis 1024 v. d. Wurden Raupen durch $c^1$ ermüdet, so daß sie auf diesen Ton nicht mehr reagierten, so antworteten doch noch 100% der Tiere auf c und etwa 50% auf g. Absengen der feinen Körperhärchen (sensilla trichodea) oder Bedecken derselben mit trockenem Mehlstaub oder feinsten Wassertröpfchen hob alle Schallreaktionen auf; zudem entspricht die Empfindlichkeit für Schallreize der Dichtigkeit des Haarkleides in auffallender Weise. Da auch Luftübertragung sehr wahrscheinlich ist, so liegt Anlaß genug vor, die sensilla trichodea als Phonoreceptoren anzusprechen. Damit gewinnt auch die alte, von EGGERS neuerdings wieder ausgesprochene Vermutung an Wahrscheinlichkeit, daß Mückenschwärme durch die Wahrnehmung ihres arteigenen Flugtones zusammengehalten würden, wobei es denn naheläge, das JOHNSTONsche Organ im kugelförmig vergrößerten zweiten Fühlergliede als Hörorgan zu betrachten. Die experimentelle Bestätigung bleibt abzuwarten.

Den Nachweis echten Hörens bei Insekten verdanken wir REGEN für die Laubheuschrecke Thamnotrizon und die Grille Liogryllus. Das geschlechtshungrige Liogryllusweibchen sucht das zirpende Männchen auf und läßt sich von ihm begatten. Danach kümmert es sich nicht mehr um die Männchen. Versuchstier ist also nur das jungfräuliche, begattungslustige Weibchen. Es sitzt in einer Arena von 4 qm in einem umgestülpten Glas. An anderer Stelle der Arena steht ein oben offenes Glas mit einem Männchen I unter einem undurchsichtigen Pappsturz mit kleinem Eintrittspförtchen, den Blicken des Weibchens entzogen. Mehrere Zimmer entfernt zirpen mehrere Männchen (II) in den Empfänger eines leistungsfähigen Kugelmikrophons, von dem der Draht zu einem nicht minder leistungsfähigen

Dosentelephon in einer anderen Ecke der Arena führt. Der bei der Arena sitzende Beobachter kann durch Ausschalten des Telephonstromes die ferntelephonierenden Männchen (II) und durch Herablassen eines kleinen Fallgatters im Pappsturzglase das Männchen I vorübergehend zum Schweigen bringen. Zuerst zirpt das Männchen I in seinem Glase. Das freigelassene Weibchen wendet sich hin und her, bleibt stehen, richtet beide Fühler genau auf das Glas des Männchens I und wandert auf dieses los. Bald hält es inne, nimmt unter erneutem Fühlerpeilen nochmals genauer gegen die Schallquelle Richtung und wandert immer näher zum Glase hin. Nach mehreren derartigen, von Orientierungspausen unterbrochenen, vorzüglich gerichteten Wanderungen langt es beim Pappsturz an, umkreist ihn, findet das Eintrittspförtchen und beginnt das Glas zu erklettern. Jetzt senkt sich das Fallgatter lautlos, das Männchen im Glase verstummt. Nach einer Minute kommt das Weibchen zögernd und unverrichteter Sache zum Vorschein. Jetzt beginnt das Telephon zu zirpen, und unverzüglich wandert das Weibchen ebensogut gerichtet auf die neue Schallquelle los, die einer gründlichen Prüfung unterzogen wird.

Das Telephon stellt wohl das ideale Hilfsmittel zur Ausschaltung sämtlicher Begleitreize dar, die von dem Männchen selbst ausgehen könnten; dennoch läuft das Weibchen geradeso gut zum Telephon wie zum lebenden Männchen. Nach Zerstörung beider Tympanalorgane in den Vordertibien, die ohne Schädigung des Gehvermögens erfolgt, fand sich kein einziges Weibchen mehr zum Männchen, einseitig operierte Weibchen fanden zwar gelegentlich hin, aber in recht unregelmäßigem Zickzackgange. Fühlerlose Weibchen dagegen finden das Männchen. Also entscheidet das Tympanalorgan über die Fähigkeit zu schallorientiertem Richtungsgange. Die Fühler, die selbst bei amputierten Köpfen auf die Schallquelle hinweisen (Regen), dürften vermittels eines verfeinerten Erschütterungssinnes (siehe oben S. 867) aus eigener Kraft die Schallquelle anpeilen, ähnlich wie die freilich wohl akustoreflektorisch gelenkten Ohrmuscheln des Pferdes. Das Tier zur Schallquelle hinzulenken aber vermögen die Fühler nicht; das kann allein das Tympanalorgan.

Noch einen Schritt weiter tat Regen bei Thamnotrizon, dessen Männchen alternierend zu zirpen vermögen. Z. B. beginnt eines, das andere fällt ein, durch vorübergehend genau synchrones Unisono stellen sie ihre Rhythmen exakt gleich auf gleich und nun läßt eines die ungeraden, das andere die geraden Zirper aus, so daß eines genau in die Pausen des anderen hineinzirpt. Ähnlich handeln ja Drescher, Steinpflasterer u. a., und sie können den Rhythmus natürlich nur unter optischer bzw. akustischer Kontrolle einstellen und fortführen, ebenso wie ein Orchester ohne beide weder zusammenkäme noch zusammenbliebe. Die Ausschaltung der Tympanalorgane führte Regen hier durch Verstopfung der luftzuführenden Trachee aus. Je mehr Sinneszellen abstarben, um so geringer wurde die Entfernung, über die hinweg noch regulär alterniert werden konnte; mit dem Zeitpunkt der völligen Entartung der Tympanalorgane aber war das Alternationsvermögen für immer erloschen.

Gröbere Schallreaktionen wie das Einstellen des Gezirps auf einen Pfiff oder das Respondieren (beide zirpen abwechselnd nacheinander je eine längere Strophe) gelingen auch noch nach Ausschaltung der Tympanalorgane, so daß wir sie wiederum dem Erschütterungssinn zuordnen dürfen; die Höchstleistung des regulären Alternierens aber ist an intakte Tympanalorgane geknüpft.

Endlich schaltete Regen auch die Erdleitung aus, erstens in einem Kontrollversuch: zwei drehbare Schalltrichter mit je einem Zirper darin stehen auf 2 Böcken in 4 m Entfernung von Tier zu Tier. Solange die Trichteröffnungen einander zugewandt waren, alternierten die beiden Männchen vorzüglich, solange sie nach entgegengesetzten Richtungen schauten, zirpten sie unregelmäßig. Die Luftleitung war im letzteren Falle gestört, die Erdleitung in beiden Fällen genau dieselbe. Das Ergebnis entspricht also der Annahme einer Schalleitung allein durch die Luft.

Zweitens aber machte Verfasser mit seiner Forderung ernst und setzte die Männchen in Gondeln austarierter, freischwebender Kinderluftballons, und nun zirpten sie alternierend, während sie in dem großen Zimmer hin und her fuhren. Auch bei reiner Luftübertragung also wird alterniert. Die Alternation ist an die Tympanalorgane gebunden, die ihrem Bau nach sich zu Hörorganen vorzüglich eignen. Damit ist echtes Hören für die untersuchten Formen nachgewiesen.

Zur feineren Prüfung des Gehörsinnes durften nur die Reaktionen verwandt werden, bei denen der Erschütterungssinn unbeteiligt ist, also wiederum nur das Alternieren. Verf. begann mit der Bestimmung der Hörgrenzen, indem er nach endlosen Fehlschlägen es fertigbrachte, einige Männchen anstatt mit Artgenossen mit künstlichen Schallquellen alternieren zu lassen. Ein Männchen alternierte mit Galtonpfeifen bis zum $f^7$ hinauf, nicht mehr dagegen mit dem g, ein anderes alternierte sogar noch mit dem $a^7$, dem höchsten Ton, den die Galtonpfeife hergab. Für das erstere wäre also die obere Hörgrenze erreicht (22096 v. d.); der Mensch vernimmt hier längst keinen Ton mehr, sondern nur das Blasegeräusch der Pfeife, dessen physiologische Unwirksamkeit für die Heuschrecke sich leicht nachweisen ließ. Die untere Schwelle dürfte oberhalb $a^1$ liegen; die großen experimentellen Schwierigkeiten, sowohl akustischer wie biologischer Art, die ihrer Festlegung bisher entgegenstanden, sind noch nicht behoben.

Soweit Tympanalorgane verbreitet sind, scheint auch Hörvermögen vorhanden zu sein (Heuschrecken, Grillen, Zikaden, einige Schmetterlinge); doch bleiben sämtliche anderen physiologischen Angaben hinter den hier besprochenen an experimenteller Schärfe weit zurück. — Chordotonalorgane ohne Trommelfell dagegen scheinen nicht imstande zu sein, echtes Hören zu vermitteln, wohl aber recht gute Erschütterungsempfindlichkeit (Ameisen, Bienen und viele andere). Auch das so oft als Hörbeweis angezogene Tüten und Quaken der Königinnen dürfte, wenn überhaupt beachtet, so nur mittels des Erschütterungssinnes wahrgenommen werden. ARMBRUSTER fühlte das Quaken in den Händen, die die Wabe mit der Weiselzelle hielten, auch wenn er das Tier nicht hörte. Das Quaken ist seiner Ansicht nach durch die Wabenzellwände schallgedämpftes Tüten und stellt nichts dar als eine vorbereitende Flugmuskelübung. Schalldressurversuche verliefen bisher bei Bienen stets negativ (KRÖNING, ARMBRUSTER).

Bei den Wirbeltieren lag die Auffassung nahe, daß nur die Anwesenheit einer wohldifferenzierten papilla basilaris Hören ermögliche. Die Fische entbehren derselben; bei Amphibien tritt sie erstmals auf, um sich innerhalb der Reptiliengruppe zu dem Typus zu differenzieren, den wir im CORTIschen Organ der Säuger in höchster Vollendung kennen. Freilich besitzen die Fische noch eine, gelegentlich verdoppelte papilla neglecta, und die gleichnamige Papille der Amphibien trägt ebenso wie ihre papilla basilaris eine membrana tectoria.

Die lange herrschende Schulmeinung von der Taubheit der Fische, gestützt durch die Entlarvung angeblicher Schallreaktionen als optisch bedingter Tätigkeiten (Karpfen von Kremsmünster, S. EXNER) ist neuerdings durch den mehrmaligen Nachweis ganz klarer Schallreaktionen erschüttert worden. So konnte v. FRISCH einen geblendeten Zwergwels auf einen Pfiff dressieren, der ihn aus seiner Wohnröhre herauslockte (einfache Futterpositivdressur), während andersartige Klänge unbeantwortet blieben, und mittels Doppeldressur wies WESTERFIELD bei kleinen Aquariumsfischchen (Umbra limi, Pimephales notatus), deren Einfachdressur McDONALD erfolgreich durchgeführt hatte, sogar ein Tonunterscheidungsvermögen nach. Die Tierchen erhielten beim Dressurton von 288 v. d. Schneckenfleisch, beim Warnton von 426 v. d. in Kampferspiritus getränkte Fließpapierkügelchen. Nach einigen Dressurwochen war der Erfolg so gut, daß zum Dressurton gegebene Kampferwatte lebhaft erschnappt, zum Warnton gereichtes gutes

Schneckenfleisch dagegen gar nicht beachtet wurde. Daß es sich in all diesen Fällen um Labyrinthreaktionen handelte, dürfen wir zufolge älterer Untersuchungen fast für gewiß annehmen; ob aber bestimmte Teile des Labyrinths als Receptoren im engeren Sinne anzusehen seien und welche, das bedarf der weiteren Untersuchung; heute dürfen wir trotz nachgewiesener Schallreaktionen von einem echten Hören der Fische noch nicht sprechen.

Bei Amphibien ließ sich das Dressurverfahren bisher noch nicht anwenden, doch wurden Schallreaktionen auf indirektem Wege festgestellt. Obwohl der Schall keine eigene Beantwortung auslöst, vermag er die Beantwortung gleichzeitig einwirkender anderer Sinnesreize zu verstärken oder abzuschwächen (YERKES). Auf Berührungsreize zieht der Frosch seine Pfote hoch. Erklingt vorher ein Ton, so wird die Reaktion schwächer, stärker oder bleibt sich gleich, je nachdem wieviel Zeit von dem Einsetzen des Schallreizes bis zum taktilen Reize verging, d. h. der akustische Reiz hemmt bzw. bahnt die Beantwortung des Berührungsreizes. Und da bei Männchen die Bahnung, beim Weibchen die Hemmung überwiegt, so könnte das Froschgequak die Aktivität der Männchen wie auch die Duldsamkeit der Weibchen steigern und so das Paarungsgeschäft begünstigen. Trommelfell und Columella dürften dabei fehlen, doch mußte der nervus acusticus intakt sein, um die beschriebenen Bahnungen und Hemmungen zu erzielen. Die Lokalisierung der Receptoren im Labyrinth (allgemeine Erregbarkeit des ganzen Labyrinths oder ausschließlich macula basilaris und bzw. oder macula neglecta) harrt auch hier noch der Untersuchung.

Eine ähnlich indirekte Methode stellt die Verwendung des „psychogalvanischen Reflexes“ dar. Werden von der Haut eines Tieres zwei unpolarisierbare Elektroden zu einem Galvanometer abgeleitet und der normale Hautstrom bzw. der dazu von außen eingeleitete Strom auf Null kompensiert, so tritt mit einer Latenz von 1 bis 2 Sekunden eine plötzlich einsetzende und langsam abklingende positive Stromschwankung ein, sowie man das Tier irgendwie reizt. Die Erscheinung beruht auf einer Herabsetzung der Polarisierbarkeit der Hautdrüsenmembranen unter nervösem Einfluß. Mittels dieser Methode fanden KOHLRAUSCH und SCHILF bei leicht kuraresierten Fröschen auf das Quaken von Artgenossen hin Galvanometerausschläge von 1 bis 3 Skalenteilen; Pfiffe waren unwirksam, Berührung und Kneifen brachten Ausschläge von 10 bis 20 Skalenteilen zustande. Es ist also sicher, daß die Quaklaute perzipiert wurden, über das Wie aber sagt der Versuch natürlich noch weniger aus als der vorige.

Eine dritte indirekte Methode besteht in der Beobachtung des Einflusses von Schallreizen auf die Atmung. BERGER und KURODA wandten sie auf verschiedene Reptilien an, bei Eidechsen und Krokodilen mit Erfolg. So ließ sich auch die obere Hörgrenze für unsere einheimischen Eidechsen bei etwa 8000 v. d. festlegen (BERGER). Weiter lehrten auch Weckversuche, daß mancherlei Klänge perzipiert wurden (Augenöffnen auf Schallreize), und endlich gelang bei Eidechsen eine einfache Positivfreßdressur. Ausschließlich beim Klang eines $a^1$-Stimmpfeifchens gefütterte Eidechsen kamen nach gelungener Dressur allein auf den Pfiff hin zum Ort, wo sie ihr Futter sonst erhalten hatten, blickten empor in die Richtung, von woher es zu kommen pflegte, ja sie leckten sich mit der Zunge um den Mund; andersartige Schallreize blieben unwirksam. Doppeldressuren sowie Ausschaltversuche wurden noch nicht ausgeführt. Bei Schildkröten verliefen sämtliche Proben durchaus negativ.

Der schärfste Beweis für ein auch qualitativ gutes Hörvermögen, den man sich ausdenken könnte, ist die Fähigkeit, vorgegebene Klänge täuschend nachzuahmen. Bei den Spöttervögeln, insbesondere bei den Papageien ist sie bekanntlich relativ gut bis ausgezeichnet ausgebildet, und sehr viele Vögel erlernen auch den normalen

Artgesang mindestens z. T. unter akustischer Kontrolle (vgl. unten S. 912). So wird vernünftigerweise niemand an dem Hörvermögen der Vögel zweifeln können. Bei Säugern mit ihren rauhen und wenig artikulationsfähigen Stimmen fehlen entsprechende Begabungen des Nachahmens trotz allen „sprechenden Hunden", soweit wir bis heute wissen. Doch gibt BASTIAN SCHMID an, er habe seinen gezähmten Fuchs in spontan zustande gekommenen Knurrduetten zwischen Herrn und Tier die Knurrhöhe SCHMIDS ganz ordentlich nachahmen hören, wobei gelegentlich auch die Oktave statt des vorgegebenen Grundtons nachgeahmt worden sei. Besonders diese Feststellung wäre bei Bestätigung natürlich außerordentlich wichtig. — Die bekannten Wortdressuren der Hunde sind nicht ganz so schlagend, da es hier nachweislich auf ein paar veränderte oder ausgelassene Buchstaben weniger ankommt als auf den Tonfall. Die Tatsache des Hörens beweisen sie aber natürlich auch unzweideutig. Darüber hinaus haben PAWLOWS und KALISCHERS Freßdressuren erstaunlicherweise die Existenz eines absoluten Gehörs bei Hunden sichergestellt, indem ein bestimmter Freßton allein den vollen Speichelfluß (bedingter Reflex) auslöste, den bei der Dressur die beim Erklingen des Tones in den Mund gelegte Nahrung oder die hineingegossene Säure getrieben hatte (unbedingter Reflex); um einen halben oder gar nur Viertelton von ihm abstehende Klänge dagegen erzielten nur geringen oder gar keinen Speichelfluß, und das selbst, wenn seit der letzten „Bekräftigung" des Dressurtons (durch gleichzeitige Erzeugung des unbedingten Reflexes) Tage vergangen waren. Auch ANREPS Einwand, daß die Dressurtöne nicht obertonfrei gewesen wären, ändert wenig, denn auch beim Menschen sprechen wir von absolutem Gehör, wenn er nur am Versuchstage erstmals unbenannt vorgegebene Klänge richtig zu benennen vermag; der mit absolutem Gehör begabte Geiger erkennt an der gewohnten Klangfarbe die Tonhöhen der Streichinstrumente, der Klavierspieler versagt vor ihnen, weiß aber anzugeben, ob der Flügel richtig oder zu hoch eingestimmt ist; vor obertonarmen Klängen wie offenen Orgelpfeifen oder Stimmgabeln aber pflegen beide zu versagen. Was der Hund tat, ist ganz dasselbe: er benennt sozusagen den Dressurton durch seinen Speichelfluß, die danebenliegenden Vierteltöne und überhaupt jeder andere Ton werden durch Ausbleiben des Speichelflusses als vom Dressurton abweichend benannt. Ein absolutes Gehör, das reine, einfache Sinusschwingungen der Tonhöhe nach zu benennen vermag, dürfte auch beim Menschen ganz ungewöhnlich selten sein. — Eine sehr einfache und handliche Reaktion auf Schallreize sind endlich bei Säugern die Ohrmuschelreflexe, wie sie jeder Reiter kennt. Sie wurden häufig zu Hörprüfungen verwandt (Literatur bei MANGOLD).

Von den zahlreichen Versuchen, die zur Entscheidung zwischen den verschiedenen Hörtheorien angestellt wurden, erwähne ich nur einen von HELD und KLEINKNECHT. Nach Eröffnung der Paukenhöhle des Meerschweinchens schimmert das ligamentum spirale der Cochlea durch die dünne Knochenkapsel hindurch. Indem die Verfasser im Bereich der größten, basalen Schneckenwindung ein Loch von $^1/_{10}$ mm Durchmesser möglichst genau über dem Ansatz der Basilarmembran am ligamentum spirale aus diesem herausbohrten, gelang es, ohne daß Blut oder Endolymphe floß, einen entsprechend schmalen Streif der Basilarmembran zu entspannen. Prüfung mittels der Ohrmuschelreflexe als Signalreaktion ergibt eine Tonlücke von der nach HELMHOLTZ' Theorie errechneten Breite und Höhe, z. B. von $e^5$ bis $f^5$; wird ein zweites Loch gebohrt, so stellt sich eine zweite Tonlücke in erwarteter Höhe ein, z. B. $c^5$ bis $d^5$, wenn das zweite Loch etwas spitzenwärts von dem ersten in derselben Windung lag. Regeneriert die Anheftung der Basilarmembran an der Knochenwand, so ist die Tonlücke verschwunden, bohrt man aber das Loch nach, so ist sie genau im alten Umfange und der alten Höhe wieder da. Wie die mikroskopische Kontrolle lehrt, zeigen die Sinneszellen während der Zeit der bestehenden Lücke keine sichtbare Veränderung, nur die lokal engbegrenzte Entspannung der Basilarmembran ist feststellbar. Es läßt sich kaum ein schärferes Argument zugunsten der HELMHOLTZschen Hörtheorie ausdenken (Fasern der Basilarmembran als Resonatoren; das Klanggemisch wird peripher abgebildet, indem einzelne Resonatoren entsprechend ihrer Eigenschwingung ins Mitschwingen geraten und die daraufsitzenden Sinneszellen mechanisch erregen, so daß hier ein dem physikalischen Schall genau entsprechendes Erregungsmosaik entsteht, das zentral zur Klangempfindung verschmilzt). Tatsächlich scheint sich diese Theorie immer mehr durchzusetzen, wie alle einschlägigen Aufsätze des BETHEschen Handbuches es ausweisen (HELD, WAETZMANN, KOLMER).

## E. Lichtsinn.

### a) Farbensinn.

Nach dem heutigen Forschungsstande ist mit der Möglichkeit zu rechnen, daß *alle* Sehorgane, unabhängig von ihrem Bau, die Fähigkeit der Farbunterscheidung haben. Es lohnt sich also bei allen Formen mit Sehorganen, gleichgültig wie sie gebaut sein mögen, nach Farbensinn zu fahnden. Farbensinn liegt vor, wenn Reizung von Lichtsinnesorganen durch Lichter bestimmter Wellenlänge, unabhängig von der Intensität, bestimmte („farbspezifische") Reaktionen hervorruft. Bekanntlich vermag der von Geburt aus total farbenblinde Mensch wie auch der Farbentüchtige im Zustande des Dämmerungssehens Lichter verschiedener Wellenlänge nur nach ihrer Intensität als hell bzw. als dunkel zu unterscheiden; hat man aber ihre Intensitäten so abgestuft, daß sie ihm gleich hell erscheinen, so verwechselt er sie vollkommen miteinander. Mit anderen Worten, er ist nur quantitativer Unterscheidungen mittels seines Helligkeitssinnes fähig, nicht aber qualitativer mittels Farbensinnes. Dieser besteht nur bei Tagessehen, d. h. oberhalb einer bestimmten Intensität der Gesamtbeleuchtung, der „Farbschwelle"; unterhalb dieser tritt Dämmerungssehen ein. Die relativen Helligkeitswerte der Spektralfarben sind nun im Tagessehen und im Dämmerungssehen kennzeichnend verschieden: Im Tagessehen, wo alle Farben farbig erscheinen, wird Rot entschieden heller gewertet als Blau, das Helligkeitsmaximum verlegen wir ins Gelb. Im Dämmerungssehen aber, im Zustande totaler Farbenblindheit, liegt das Helligkeitsmaximum im Gelbgrün, Rot erscheint schwarz, jedenfalls viel dunkler als Blau, das als ziemlich helles Grau gesehen wird. Die Erscheinung der Verschiebung der relativen Helligkeitswerte beim Übergang vom Tages- zum Dämmerungssehen oder umgekehrt wird als PURKINJE-Phänomen bezeichnet. Die Adaptationsfähigkeit ist im Tagessehen verhältnismäßig gering, im Dämmerungssehen ganz erheblich größer. — Weiterhin verhalten sich die Netzhautregionen verschieden: Die Stelle des deutlichsten Sehens (Fovea centralis) und ihre Umgebung ist im Tagessehen voll farbentüchtig. Zum Dämmerungssehen dagegen ist die Fovea nicht imstande (Gespenstersehen: kleine Gegenstände im Dämmerlicht verschwinden, sobald man sie fixiert, d. h. sie auf der Fovea abbildet). Die total farbentüchtige Umgebung der Fovea dagegen kann dämmerungssehen. Es folgt eine Ringzone, die im Tagessehen rotgrünblind ist, Blau und Gelb dagegen farbig wahrnimmt; die äußerste Peripherie der Netzhaut endlich ist auch bei hoher Gesamtbeleuchtung dauernd total farbenblind. — Allen diesen Tatsachen sucht die *Duplizitätstheorie* durch folgende Annahmen gerecht zu werden: Die Zapfen, in der Fovea allein vorhanden (ohne beigesellte Stäbchen), gegen die Peripherie an Häufigkeit abnehmend, sind Träger des Tagessehens, d. h. farbentüchtig, wenig adaptationsfähig, relativ lichtunempfindlich (hohe Intensitätsschwellen). Die Stäbchen, in der Fovea fehlend, gegen die Peripherie an Häufigkeit immer mehr zunehmend, sind Träger des Dämmerungssehens, d. h. total farbenblind, äußerst lichtempfindlich (niedere Intensitätsschwellen) und hochgradig adaptationsfähig. Das PURKINJE-Phänomen erklärt sich zufolge dieser Theorie so, daß die relativen Helligkeitswerte der Farben im Tagessehen der Zapfenempfindlichkeit, die im Dämmerungssehen der Stäbchenempfindlichkeit für die verschiedenen Wellenlängen entsprechen; und da die Bleichungswerte des Sehpurpurs durch Farblichter mit den relativen Helligkeitswerten derselben Farblichter für den dämmerungssehenden Menschen aufs beste übereinstimmen, der Sehpurpur aber auf die Stäbchenaußenglieder beschränkt ist, so ist gerade diese Annahme gut gestützt. — Jeder menschlichen Farbempfindung kommen zu eine Qualität (Farbe), entsprechend der Wellenlänge des Reizlichtes, ein Sättigungsgrad, abhängig von der Monochromasie des Reizlichtes, maximal wenn es nur einerlei Wellenlänge enthält, und drittens ihre Helligkeit, abhängig von der absoluten Energie der Strahlung des Reizlichtes; doch ist sie keineswegs einfach proportional dieser Energie, sondern mitabhängig von der Wellenlänge (s. oben). — Jede Farbempfindung läßt sich in gleicher Weise durch Mischung dreier Grundfarben (Rot, Grün, Violett) in bestimmten Mengenverhältnissen erzielen. Farben, die zu zweit in bestimmten Mengenverhältnissen gemischt Weiß ergeben, heißen komplementäre Farbpaare. Ermüdet man eine Netzhautzelle durch längere Belichtung mit einem farbigen Lichte und blickt darauf ins Dunkle, so sieht man das „positive Nachbild“ in der Reizfarbe, blickt man dagegen auf eine weiße Fläche, so erscheint dort das „negative Nachbild“ in der Komplementärfarbe des Reizlichtes (sukzessiver Farbkontrast); entsprechend erscheint unter geeigneten Bedingungen die selbst farblose Nachbarschaft einer gefärbten Fläche in der Komplementärfarbe (simultaner Farbkontrast). — Durch Mischung der Endfarben des sichtbaren Spektrums (Rot, Violett) erhält man Purpur, komplementär zum Grün, so daß sich unsere Farbenempfindungen in einen geschlossenen Farbenkreis zusammenordnen lassen.

Die vergleichende Physiologie fragt nun, inwieweit die einzelnen Tierarten sich ebenso wie der Mensch oder anders verhalten, eine Frage, die experimenteller Behandlung zugänglich ist.

Zur Herstellung geeigneter Reize empfehlen sich monochromatische Spektrallichter, da sie die physikalisch am besten übersehbaren Verhältnisse darbieten. Sie können auf zwei Wegen dargestellt werden, erstens durch spektrale Zerlegung weißen Lichtes, zweitens durch geeignete Filter von genügend stark selektiver Absorption.

Bei der Herstellung der Spektrallichter scheidet die Sonne wegen ihres seltenen Erscheinens in unseren Breiten als Lichtquelle praktisch aus; jede künstliche Lichtquelle sollte erstens die Anforderung konstanter Strahlungsenergie erfüllen, zweitens alle Wellenlängen möglichst gleich stark entsenden. Bogenlampen, wegen ihrer Lichtfülle sehr bequem, zeigen starke Schwankungen, auch wenn sie bei konstanter Stromstärke und Spannung gebrannt werden, ein Erfordernis, das bei genau messenden Untersuchungen nie vernachlässigt werden darf. Auch ist die Ortsveränderlichkeit des Kohlebogens unbequem. Ganz vorzüglich verwendbar sind die heute freilich sehr schwer erhältlichen Nernstlampen. Bei allen Glühlampen ist die mit dem Gebrauch fortschreitende Senkung der Lichtstärke zu berücksichtigen. Kommt es auf ultraviolette Strahlen an, so ist die Quarz-Quecksilberlampe (Heraeuswerke Hanau) mit Quarzoptik oder solcher aus dem wohlfeileren Uviolkronglase zu wählen, doch geben auch Nickelkohlen in der gewöhnlichen Bogenlampe relativ viel ultraviolettes Licht.

Das Licht wird mittels eines Kollimators möglichst parallel gemacht und durch einen Spalt geschickt; je enger er ist, um so reinere Farben erhält man, jedoch natürlich auch um so geringere Intensitäten. Doch darf nicht vergessen werden und jede spektroskopische Prüfung zeigt es, daß (entgegen dem Augenschein) bei weitem Spalte die Spektralfarben ziemlich unrein sind. Das durch ein weiteres Linsensystem konvergent gemachte Spaltlicht fällt auf das Prisma. Geradsichtige

Prismen haben den Vorteil, daß man nur eine optische Bank braucht und einen bequemen Aufbau hat; ihr Nachteil liegt in der großen Anzahl der spiegelnden Flächen, die auch bei den schärfsten Vorsichtsmaßregeln immer noch eine gewisse Menge falschen Lichtes geben und die Sättigung herabsetzen. Bei gewöhnlichen Prismen ist dieser Übelstand geringer. Die Einstellung der Optik hat auf möglichste Reinheit der einzelnen Spektralbezirke zu erfolgen; selbst wenn sie gut getroffen ist und die größte Sorgfalt auf die Fernhaltung allen falschen Lichtes verwendet wurde (Einbauen der Lampe, des ganzen Strahlenganges, Abfangen von Reflexen), so wird dennoch das Ziel eines wirklich reinen objektiven Spektrums von genügender Intensität aller Bezirke nur bei allergrößter Sorgfalt, wenn überhaupt, zu erzielen sein. Genaue Anleitungen zum Aufbau der Spektralanordnung gibt KÜHN (1927).

Die gewünschte Farbe wird mittels einfacher Pappblenden aus dem objektiven Spektrum herausgefangen; soll der Strahlengang die Richtung ändern, so sind Silberspiegel oder kleine Ablenkungsprismen bzw. ein totalreflektierendes Prisma nützlich.

In den meisten Fällen wird eine genaue Kenntnis der Intensitätsverteilung im Spektrum erwünscht oder erforderlich sein. Hierzu kann die Thermosäule und das Galvanometer dienen; ich möchte wegen dieser rein physikalischen Fragen, ebenso auch der Bestimmung der Wellenlängen auf die physikalischen Lehrbücher verweisen; darüber hinaus kann jedem, der nicht aufs genaueste theoretisch und praktisch mit der physikalischen Optik vertraut ist, nur geraten werden, seinen Aufbau von einem Physiker prüfen zu lassen, der Zeit und Interesse genug besitzt, die Sache zu seiner eigenen zu machen.

Endlich sind Mittel zum Ausgleich der Intensitäten erforderlich. Hierzu dienen in den Strahlengang eingebaute Nikolsche Prismen (HONIGMANN, BOZLER) ein Episkotister (rotierender Kreissektor von verstellbarer Winkelgröße), (v. HESS) Lichtsiebe (SCHIEMENZ), Rauchgläser, Graukeile oder belichtete photographische Platten (wobei freilich stets genau zu beachten ist, ob die Absorption nicht selektiv ist), selbst Seidenpapier tut zur ersten Orientierung gute Dienste. Endlich kann man die Divergenz des herausgeblendeten homogenen Strahlenbündels ausnutzen; je weiter man sich von ihm entfernt, um so geringer wird die Lichtmenge pro Flächeneinheit (LAURENS und HOOKER).

Einfacher zu handhaben sind Lichtfilter, die man vor die eingebaute Lichtquelle stellt (NAGELS flüssige Filter, vgl. v. FRISCH und KUPELWIESER sowie WERNER, der auch Vorschriften zur Selbstherstellung weiterer guter Filter gibt, und die standardisierten amerikanischen Wrattenfilter der Eastman Kodak Company (WHITE u. a.). Jedes Filter muß bei strengen Untersuchungen natürlich auf seine selektive Absorptionskraft spektroskopisch geprüft werden. Um reines Ultraviolett zu erhalten, bedient man sich der Quecksilberlampe mit vorgeschalteter Zeißscher Doppelkuvette aus Blauuviolglas, gefüllt mit $CuSO_4$ und Nitrosodimethylanilin. Die durchgehende Strahlung ist für Menschenaugen unsichtbar und am bequemsten nachweisbar durch einen Fluoreszenzschirm, den man sich am einfachsten nach STEUBINGS Angaben aus einer photographischen Platte und etwas Uranylfluoridfluorammonium selbst herstellt (besser und viel billiger als Uranglas).

Am bequemsten, wenn auch physikalisch am wenigsten übersichtlich, ist die Verwendung von Farbpapieren, von denen die Heringschen (durch RIETZSCHEL, Leipzig beziehbar, vgl. v. FRISCH 1914, Tafel 5, wo Originalproben aufgeklebt sind) derzeit am häufigsten gebraucht werden, doch empfehlen manche die Ostwaldschen (H. M. FISCHER). Die selektive Reflexion der Hering-Papiere wurde mehrfach untersucht (v. FRISCH 1924, S. 225/26, KNOLL 1922, S. 173ff., vgl. auch KOEHLER 1924, S. 108/11). Die Ostwaldschen Papiere kenne ich nicht, die Heringschen Papiere bleichen z. T. rasch aus, müssen daher oft gewechselt werden, auch fallen sie nicht immer gleich im Farbton aus, so daß man gut tut, auf einmal größere Mengen zu beziehen, die im Dunkeln aufbewahrt werden. Die oben erwähnten Messungen kann man unter diesen Umständen natürlich auch keineswegs sogleich auf die eigenen Exemplare beziehen. Daß die Sättigung aller Papiere weit hinter der der Spektralfarben zurückbleibt, bedarf keiner Erwähnung.

Da, wie schon oben ausgeführt, zwei Farben sich nicht nur der Farbe, sondern auch der Helligkeit nach unterscheiden lassen, so genügt es niemals, mit einem Farbpaar spezifisch verschiedene Reaktionen auszulösen, um Farbensinn zu beweisen. Auch die in Amerika jetzt dringend empfohlene Methode des equal energy spectrum (Laurens und Hooker), das alle monochromatischen Lichter in gleicher Energie darbietet, ist dazu ohne weiteres nicht geeignet. Denn wir wissen nicht, in welcher Weise die Helligkeit einer Farbe für das Tierauge außer von der absoluten Energie auch von der Wellenlänge abhängt. Daß diese Abhängigkeit für das Menschenauge eine doppelte ist (im Tagessehen eine andere als im Dämmerungssehen), wurde schon erwähnt (Purkinje-Phänomen). v. Hess glaubte nun zwar für viele Tiere der verschiedensten Klassen bewiesen zu haben, daß die relativen Helligkeitswerte monochromatischer Lichter für ihre Augen mit denen des totalfarbenblinden bzw. des dämmerungssehenden Menschen übereinstimmten und stellte 1921 seine Methodik, die zu diesen Feststellungen führte, ausführlich zusammen. Dennoch wurde inzwischen bei einem Teil der Formen, denen er diesen Helligkeitssinn zuschrieb, Farbensinn bestimmt nachgewiesen. Hieraus läßt sich nur schließen, daß entweder v. Hess' Angaben nicht stimmen, oder daß die Abhängigkeit zwischen Wellenlänge und subjektiver Helligkeit für das Tierauge eine andere ist, als für den Menschen. Und da diese Beziehung weiter für jedes tierische Auge möglicherweise wieder verschieden sein kann, derart daß Bienen einen anderen Helligkeitssinn hätten als Fische, und womöglich gar die Ozellen der Biene einen anderen als ihre Facettenaugen, so ist es ganz unbedingt ein schwerer Mißgriff, wenn einzelne Autoren (Jellinek, Brecher u. a.) auch heute noch sich damit begnügen, dem Tier Farbpaare vorzulegen, die für den dämmerungssehenden Menschen ungefähr gleich hell sind, und aus ihrer Unterscheidung durch das Tier auf dessen Farbensinn zu schließen. Was für den dämmerungssehenden Menschen gleich hell ist, kann für das Tier, mag es nun dämmerungs- oder tagessehend sein oder sich noch ganz anders verhalten, sehr verschieden hell sein; es ist ein naiver Anthropomorphismus, anzunehmen, daß allerlei Tieraugen sich gerade in dieser äußerst speziellen Beziehung eben so verhalten müßten wie das Menschenauge in einem bestimmten Sehzustande. Ein so einseitiger Versuch beweist meines Erachtens gar nichts. Nicht besser steht es mit der Anwendung energiegleicher Farbpaare ohne weitere Helligkeitskontrollen (White und viele andere). Nach allem was wir wissen, ist es viel wahrscheinlicher, daß einem Tier 2 energiegleiche Farben verschieden hell erscheinen, als daß sie für es gerade gleich hell wären. Zur Bestimmung der relativen Helligkeitswerte von Spektralfarben ist das equal energy spectrum rechnerisch gewiß recht bequem; für Farbensinnprüfungen aber ist die Beschränkung auf nur eine Energiestufe, und zwar die gleiche für alle Farben, völlig ungeeignet. Es bestehen vielmehr nur zwei Wege zum strengen Nachweise des Farbensehens.

Der erste ist dieser. Es geht eine Untersuchung des Helligkeitssinnes des Tieres voraus. Man stellt in Vorversuchen die relativen Helligkeitswerte der verwendeten Spektralfarben *für dieses Tier* (nicht für den Menschen!) fest, z. B. nach einer der Methoden von v. Hess, der sich meist der phototaktischen Orientierungen als Signalreaktionen bediente. Speziell stellt man dichromatische Helligkeitsgleichungen für dieses Tier ein. Dann versucht man durch andere Methoden, insbesondere durch Dressur, festzustellen, ob das Tier die beiden ihm gleich hell erscheinenden Farben zu unterscheiden vermag; das muß jedoch bei demselben Adaptationszustande des Sehorganes geschehen wie die Vorversuche (vgl. S. 888). Gelingt dem Tier die Unterscheidung, so hat es Farbensinn. Dieser Weg, so naheliegend er ist, dürfte in dieser Form bisher noch nicht beschritten worden sein; in nuce freilich ist er bereits in den ersten Versuchen v. FRISCHS über Farbanpassung bei Pfrillen verwirklicht (vgl. S. 892). Die beste mir bekannte Untersuchung über die relativen Helligkeitswerte der Spektralfarben für ein Tier ist meines Erachtens die von HONIGMANN an Hähnen. Er bediente sich einer Schwellenwertsmethode: Monochromatisches Licht fiel auf Reiskörner, und zwei gekreuzte Nikols im Strahlengange hielten bei Versuchsbeginn alles Licht zurück. Durch langsames Aufdrehen eines Nikols wurde nun die Intensität der monochromatischen Beleuchtung allmählich erhöht, und sobald der Hahn eben die Körner erkannte, begann er zu picken. Aus der bekannten Energieverteilung dieses Spektrums, der Nikolstellung und abgelesener Wellenlänge ließ sich jedesmal die absolute Energie berechnen, die bei dieser Wellenlänge dem Tier das Körnererkennen eben erlaubt hatte. Die Empfindlichkeiten für diese Wellenlänge konnten dann den reziproken Werten der so berechneten Energien gleichgesetzt werden. Wie sich klar zeigte, hing die relative Helligkeit der Spektralfarben sowohl von der Wellenlänge, wie auch von dem Adaptationszustande ab (PURKINJE-Phänomen). Abweichungen vom menschlichen Helligkeitssinn sind reichlich vorhanden, z. B. erscheint dem tagessehenden Hahn Rot erheblich heller, Blau viel dunkler als dem Menschen im gleichen Adaptationszustande usw. Hätte HONIGMANN nun im Anschluß an diese so schönen Feststellungen, die inzwischen zahlreichen Nachprüfungen durchaus standgehalten haben, den Farbensinn des Huhnes untersuchen wollen, so hätte er je zwei monochromatische Lichter, die *dem Tier* nachweislich gleich hell erschienen, aussuchen und ihre Unterscheidung durch Doppeldressur erzwingen müssen. Gelang sie, so hätte das Huhn die beiden Farben lediglich der Wellenlänge nach unterscheiden können, da sie ihm selbst gleich hell erschienen. Damit wäre sein Farbensinn bewiesen gewesen.

Der zweite Weg verzichtet auf die Voruntersuchung des Helligkeitssinnes und bietet dem Tier neben der Farbe alle möglichen farblosen Helligkeiten zur Wahl. Ist es farbenblind, so wird es, mag sein Farbensinn wie immer beschaffen sein, in der Serie der farblosen Helligkeiten — falls sie genügend fein abgestuft ist — auch die mit der Farbe verwechselungsgleiche Helligkeit finden und sie von der gleich hellen Farbe nicht zu unterscheiden vermögen. Unterscheidet es aber die Farbe von *allen* nachweislich genügend fein abgestuften farblosen Helligkeiten, so hat es Farbensinn. Diese Methode ist überall da anzuwenden, wo der Helligkeitssinn noch nicht untersucht werden konnte. v. FRISCH (1912) führte sie in die vgl. sinnesphysiologische Methodik ein; das schönste Beispiel liefert seine Bienendressur auf Farbpapiere[1], die neben einer fein abgestuften Serie von Graupapieren geboten wurden. Der Nachweis der genügend feinen Abstufung der Grauserie ergibt sich daraus, daß es nicht gelingt, die Biene auf ein einziges Grau zu dressieren; auch nach längster Dressur verwechselt sie das Dressurgrau stets mit den benachbarten Graustufen, so daß also die Grauleiter viel feiner ist, als es für das Bienenhelligkeitsgedächtnis erforderlich wäre. Die einige Tage auf Blaupapier gefütterte Biene (einfache Positivdressur) fliegt nun im Versuch (Blaupapier und Grauserie sämtlich ohne Futter) nur das Blau an, jedoch keines der Grau,

[1] Dressur: Das farbige Dressurpapier und 15 verschieden helle Graupapiere, sämtlich auf Pappkartons $15 \times 15$ cm aufgeklebt, werden schachbrettartig zusammengeordnet; Uhrschälchen mit Zuckerwasser auf dem Farbpapier, leere Schälchen auf den Graupapieren. Häufiger Ortswechsel des Farbpapieres zur Vermeidung der Ortsdressur. *Versuch*: Lauter neue Papiere, neuer Tisch zur Vermeidung von Bienengeruchsspuren, *nirgends* Zuckerwasser, warum vgl. S. 847. Genaue Angaben bei v. FRISCH: ABDERHALDENS Handbuch, 1922.

die doch feiner abgestuft sind, als sie Helligkeiten behalten kann. Demnach erkennt sie Blau als Farbe; wäre sie farbenblind, so müßte sie mindestens eines der Graupapiere, deren Bereich von Weiß bis Schwarz geht, ebenso häufig anfliegen wie das Dressurblau. Es ist sehr belehrend zu lesen, wie infolge immer neuer Einwände von v. Hess die Untersuchungsmethodik sich immer mehr komplizierte, bis zuletzt alle Einwände erschöpft waren. Diese Arbeit ist für die Folge bahnbrechend gewesen. — Kühn dressierte die Bienen im gleichen Sinne auf Spektrallichter, bestätigte die von v. Frisch aufgedeckte Rotblindheit, die Gelb- und Blausichtigkeit und konnte als weiteres farbspezifisch unterschiedenes Paar Grün und Ultraviolett hinzufügen. Die genaue Versuchsbeschreibung findet sich bei Kühn 1927. Gerade die grünen Papiere der *Hering*schen Serie sind äußerst wenig gesättigt; auf sie gelingt keine Dressur, sie werden mit hellen Graupapieren verwechselt; auf spektrales Blaugrün aber gelingt sie. So zeigt sich hier einmal die Wichtigkeit der physikalisch möglichst vollkommenen Reizgebung. — Werden mehrere Farben gleichzeitig geboten, so kann die Bienenschar alle 4 Farbgruppen voneinander unterscheiden, innerhalb der einzelnen Gruppe aber keine Farbunterschiede machen (vgl. aber S. 885). Ihre Grenzen sind folgende: 650—530 $\mu\mu$ (Gelb), 510—480 $\mu\mu$ (Blaugrün), 470—400 $\mu\mu$ (Blauviolett), kleiner als 400 bis 311 $\mu\mu$ (Ultraviolett). Der Nachweis, daß die Farben nicht allein der Intensität nach, sondern per exclusionem qualitativ unterschieden wurden, gestaltet sich hier so: Dressur auf unzerlegtes Weiß (man nimmt das Prisma aus dem Strahlengang) gelingt; alle bunten Farben eines zweiten Spektralapparates bleiben dann unbeflogen, und unter verschieden hellen Weiß wählen die Bienen stets das hellste, auch wenn sie bei der Dressur auf einem weniger hellen Weiß gefüttert worden waren (ein neuer Beleg für ihr schwaches Helligkeitsgedächtnis). Blaugründressierte Tiere beachteten weder das Weiß[1], aus dessen Spektralzerlegung das Blaugrün der Dressur gewonnen wurde, noch auch das dunkelste Weiß, auf das eben noch Dressur möglich ist. Zwischen diesen beiden Werten müßte nun die farblose Helligkeit liegen, die totalfarbenblinde Bienen mit dem Grünblau verwechseln würden. Und gibt man vollends dem Weiß, das man den Blaugründressierten neben die Dressurfarbe legt, nacheinander alle Intensitäten vom einen Grenzwert (unzerlegtes Weiß) bis zum anderen (auf das eben noch Dressur möglich war), so bleiben sie alle unbeachtet. Also wird *keine* Helligkeit mit Blaugrün verwechselt, Blaugrün wirkt als Farbe. Ebenso gelang der Nachweis auch für Ultraviolett, Gelb und Blau.

Innerhalb desselben Farbbezirks ist ebenso wie im Weiß Dressur auf eine bestimmte Intensität oder Farbnuance unmöglich, die dressierten Bienen sammeln sich stets auf der hellsten der gleichzeitig gebotenen Farben desselben Farbbezirks, z. B. bei Dressur auf Grün oder auf Rot bildet sich der Bienenhaufen im Gelb (vgl. aber unten S. 885).

Im Vergleich zum tagessehenden Menschen ist die Sichtbarkeit des Spektrums am langwelligen Ende verkürzt (Rotblindheit), am kurzwelligen Ende verlängert (Ultraviolettsicht). Und was die Ausdehung der vier Farbbezirke angeht, so entspricht sie recht gut der der vier menschlichen Grundfarben: Die Spektralbereiche, die uns die Grundempfindungen Rot, Grün und Blauviolett vermitteln, sind relativ breit, der Gelbbezirk dagegen sehr schmal. Entsprechend ist für die Biene ihr Gelbbezirk (650—530 $\mu\mu$), ihr Blauviolettbezirk (470—400 $\mu\mu$) und ihr Ultraviolett breit, der Blaugrünbezirk (510—480 $\mu\mu$) entsprechend unserem Gelb aber sehr schmal. Der einzige Unterschied, abgesehen von der geringeren Anzahl unterscheidbarer

[1] Am schlagendsten war dies Ergebnis, wenn Kühn den Blaustreif und den Weißstreif *kreuzweise* übereinander projizierte. Alle Bienen flogen nur auf die blauen Arme an, die Weißarme und die ungesättigt blaue Überkreuzungsstelle blieben immer anflugsfrei.

Qualitäten (vgl. unten), bestünde also darin, daß der ganze Sichtbarkeitsbereich in sich um etwa 100 $\mu\mu$ gegen das kurzwellige Ende verschoben erscheint.

Eine weitere bedeutsame Übereinstimmung liegt im Besitz des (*simultanen*) Farben-*kontrasts*. Auf ein graues Papier wird ein blauer Ring gelegt, im Ring steht das Zuckerwasserschälchen. Nach erfolgter Blaudressur bleiben in futterlosen Versuchen Grauringe auf Grau unbeachtet, auf gelber Unterlage aber werden sie angeflogen, und dem Menschenauge erscheinen sie hier durch simultanen Farbenkontrast blau. Gelbpapiere ohne Ring locken die Bienen nicht an, und auch auf Farbunterlagen, die nicht zu Blau komplementär sind, bleibt der Grauring unbeachtet. „Ein graues Feld in gelber Umgebung erhält also für die Biene den Reizwert von Blau; damit ist der simultane Farbenkontrast erwiesen.“ Der Gegenversuch (Dressur: Gelbring auf Grau; Versuch: Grauring auf sehr intensiv blauviolett gefärbte Unterlage) gelingt ebenfalls. Ob für das andere Farbpaar Blaugrün-Ultraviolett dasselbe gilt, so daß also auch sie als Komplementärfarben aufzufassen wären, ist noch nicht untersucht worden.

Daß die Bienen bei Darbietung der ganzen Spektralleiter sich innerhalb der Farbqualität, der ihre Dressurwellenlänge angehörte, jeweils auf der hellsten Stufe eben dieser Qualität ansammelten, wurde schon erwähnt. Dennoch wäre es ganz verkehrt, hieraus schließen zu wollen, daß wirklich nur 4 Qualitäten unterschieden werden. Vielmehr konnte KÜHN in noch nichtveröffentlichten Versuchen nach der auf S. 886/87 dargestellten variationsstatistischen Methode bisher zeigen, daß mindestens 6 Qualitäten unterschieden werden. Dieser Fortschritt war allein der Maßregel zu verdanken, daß er nur die Erst*anflüge* auf die Leiterstreifen zählte, ohne die zur Ansammlung hin*laufenden* Bienen, die Querläufer usw. zu berücksichtigen. Hier, wie so oft, zeigte es sich, wie vorsichtig man mit negativen Schlüssen aus fehlgeschlagenen Versuchen sein muß: jede scheinbar noch so geringfügige methodische Verbesserung kann doch noch positive Ergebnisse zeitigen; *ein* positiver Versuchsausfall beweist mehr als 100 negative.

Den Farbensinn der Fische hat v. FRISCH erstmals bewiesen, erstens vermöge ihres farbigen Anpassungsvermögens an farbige Untergründe unter Augenkontrolle (Pfrille [vgl. S. 892], Crenilabrus), zweitens durch einfachste Positivdressuren der Pfrille auf gefärbtes[1] Fleisch, der dann Versuche mit Atrappen aus Farbpapier folgten. So konnte er nachweisen, daß Rot und Gelb zwar oft miteinander verwechselt, von Grün und Blau aber unterschieden wurden, ebenso die beiden letzteren voneinander und von Rotgelb, und sämtliche genannten Farben von sämtlichen farblosen Helligkeiten, so daß also mindestens drei Farbbezirke unterschieden werden mußten. BURKAMPS Untersuchungen mit grundsätzlich gleicher Methodik brachten eine umfangreiche Bestätigung, die Feinuntersuchung mittels Spektralfarben leisteten KÜHNS Schüler SCHIEMENZ, WOLF und HAMBURGER. Auch hier wurde die einfache Positivdressur auf Futter verwandt. Mittels einfachen Uhrwerks (Schlaggewicht einer Kuckucksuhr) senkt sich ein weißgestrichenes Stäbchen, an dessen unterer Spitze ein Stückchen Regenwurm hängt, ins Wasser hinab (Vermeidung unwillkürlicher Beeinflussung des Fisches durch ungleichartige Bewegungen der führenden Menschenhand, die bei nicht erwünschtem Schnappen scheuchend ausgeführt werden könnten). Von der Gegenseite fällt ein schmaler ausgeblendeter Bezirk des objektiven Spektrums auf den Stab und läßt ihn farbig erscheinen. Direktes Tageslicht ist vom Aquarium abgehalten, doch herrscht darin eine genügend hohe Gesamtbeleuchtung, um dauernd Helladaptation der Fische zu gewährleisten, ohne doch die sehr reinen Spektralfarben allzusehr weiß zu verhüllen. Bald lernt die Pfrille, nach dem noch nicht eingetauchten Stabende zu springen, der Stichling

[1] Unschädliche Farbstoffe, wie sie die Zuckerbäcker verwenden, liefert die Firma Schimmel und Miltitz in Dresden; besonders gut ist Orange 51.

im Wasser danach zu schnappen. Dressur: Eine Farbe in voller Intensität auf dem Stabe abgebildet, Regenwurm am Stabende. Versuch: unbeköderter Stab, abwechselnd mit der Dressurfarbe auch in herabgesetzten Intensitäten (Lichtsiebe) oder mit weißem Licht verschiedener Intensität beleuchtet. Schon diese Methode der *sukzessiven* Darbietung der Vergleichsreize gestattete SCHIEMENZ die Feststellung, daß alle 6 dargebotenen Farben, auch Rot und Gelb voneinander und von farblosem Weiß beliebiger Intensität unterschieden werden. Bei Dressurbeginn springt die Pfrille auch auf die der Dressurfarbe benachbarten Farben, mit fortschreitender Dressur aber engt sich der besprungene Farbbereich immer mehr ein, bis zuletzt nur noch die Dressurfarbe selbst Sprünge erhält. Wird das kontinuierliche Spektrum *simultan* geboten, so daß der Fisch die verschiedenen Farben nebeneinander vor Augen hat, so schnappt und springt er genau im Bereich der Dressurfarbe, auch wenn kein Futter geboten wird. Für ein „Helligkeitsspektrum" (Graukeil vor weißem Licht) interessiert er sich überhaupt nicht. Auch Ultraviolettdressur gelang (365 $\mu\mu$ Linie der Hg-Lampe). Die Elritze zeigte zuletzt auch ohne Stab den dem Menschen unsichtbaren Ort des Uv.-Streifens durch ihre Sprünge an. Auch die qualitative Unterscheidung von Ultraviolett und Violett war erweisbar, wie bei der Biene, doch fehlte die Verkürzung des Spektrums am roten Ende; der Fisch sieht das Rot sicher ebensoweit wie wir. So hat allein durch Übergang zu den reinen Spektralfarben sich die Anzahl der sicher unterschiedenen Farbgruppen auf 6 erhöht (Rot, Gelb, Grün, Blau, Violett, Ultraviolett), zu denen siebentens das farblose Weiß kommt. — H. WOLF gelang es, durch Heranziehung variationsstatistischer Methoden das Farbunterscheidungsvermögen als noch wesentlich feiner zu erweisen. Er bot den auf eine Farbe wohldressierten Fischen das objektive Spektrum durch eine Pappleiter in 24 nebeneinanderliegende Farbstreifen zerlegt simultan dar und registrierte die Anzahl der Sprünge des dressierten Tieres in den einzelnen Farbstreifen. Doch gab er in den stets futterlosen Versuchen nicht die ganze Leiter, sondern zumeist nur etwa 12 benachbarte Streifen frei, in deren Mitte der Dressurstreifen lag. Ort und Richtung der Farbleiter wurden oftmals gewechselt. Nach jedem Versuch ging die Dressur (Fütterung in dem allein gebotenen Dressurstreif) weiter. Da der Dressurstreif stets am häufigsten, die danebenliegenden Streifen um so seltener angesprungen wurden, je weiter ihre Wellenlänge von der des Dressurstreifs sich entfernte, so ergaben die Sprungzahlen eines jeden Versuchs eine kleine Fehlerkurve. Je kleiner deren Standardabweichung $\sigma$, um so besser war die Dressurfarbe von den Nachbarfarben unterschieden worden. Besonders bei jungen Fischchen sinkt $\sigma$ mit fortschreitender Dressur immer mehr. So gelang die Farbdressur auf jeden von 20 benachbarten Farbstreifen von etwa 695 bis 365 $\mu\mu$; bei $\sigma$-Werten von 0,6 bis höchstens 2,5; auch Licht von 405, 387 und 365 $\mu\mu$ wurde noch unterschieden ($\sigma = 1{,}45$, $1{,}70$, $2{,}29$). Damit ist die Anzahl der als sicher unterscheidbar nachgewiesenen Farbtöne auf 20 gestiegen. Ob das die oberst erreichbare Grenze darstellt, ist natürlich nicht gesagt. Hätte man eine Leiter von 40 Streifen angewandt, so wären vermutlich die $\sigma$ größer gewesen, aber es bliebe zu fragen, ob bei weiter fortgetriebener Dressur die $\sigma$ nicht ebenso tief gesunken wären, wie bei der 20stufigen Leiter; in diesem Falle könnte man sagen, es wären 40 Stufen unterschieden worden. — Stellt man nun die Abhängigkeit der $\sigma$ von den Wellenlängen graphisch dar, und vergleicht sie mit der Abhängigkeit der Dispersion von der Wellenlänge, so findet man einen im ganzen übereinstimmenden Verlauf, jedoch bestehen folgende Abweichungen: Die $\sigma$-Kurve überschneidet die Dispersionskurve mehrfach und zeigt also abwechselnd Maxima und Minima, die ebenso viele Zonen geringsten und größten Farbunterscheidungsvermögens anzeigen. Am besten (Minima von $\sigma$) unterscheidet die Pfrille die Farbtöne im Gelb (592 $\mu\mu$) und Cyanblau (485 $\mu\mu$), genau wie nach LAURENS und HAMILTON der Mensch. Im äußersten Violett ist die Elritze dem Menschen hinsichtlich des Farbunterscheidungsvermögens sogar überlegen. — Bei Dressur auf Purpurfilterlicht (WOLF) wurden ebenfalls typische Fehlerkurven erhalten, wobei Rot und Violett die seltener besprungenen Nebenfarben abgaben; für Ultraviolettdressierte war auch Rot, für Rotdressierte auch das äußerste Violett noch Nebenfarbe. Demnach haben auch die Elritzen einen über Purpur geschlossenen Farbenkreis.

Endlich bemühte sich HAMBURGER um die Lösung der Frage nach dem komplementären Farbenverhältnis. In der WOLFschen Spektralleiter (s. oben) wurde durch Einschieben eines Pappstreifens in die Leiterblende ein Farbstreifen ausgeschaltet, bei jedem Versuche ein anderer, und an seine Stelle das unzerlegte Weiß einer zweiten Bogenlampe in genau der gleichen Ausdehnung in die Farbleiter hineinprojiziert, wie deren Farbstreifen sie hatten. Im Weißstreifen fanden die Elritzen an die Glaswand festgeklebtes Fleisch, und konnten also lernen, daß es im Weiß Futter gibt, nichts dagegen in den Farben. Die Helligkeit des weißen Dressurstreifens hielt für den Fisch (nach Schlußfolgerungen aus WOLFS Arbeit) etwa die Mitte zwischen den extremsten Helligkeiten der Leiterfarben. Nach einmonatiger Dressur erfolgten in futterlosen Kontrollversuchen bei sonst gleicher Anordnung 90% oder noch mehr richtige Ansprünge auf das Dressurweiß. Jetzt begannen die eigentlichen Versuche, zwischen welchen immer weiter dressiert wurde. Wenn Verfasser das Dressurweiß durch Mischlichter aus zwei Spektralfarben ersetzte (Gelb + Cyanblau oder Rot + Grün), die bei richtiger Ausgleichung der Intensitäten beider Komponenten dem Menschenauge rein weiß erschienen, so waren 45 bis 50% der Ansprünge gegen diese Mischlichter gerichtet, während die übrigen sich auf die 8 sichtbaren Farbstreifen regellos verteilten. Das Sprungverhältnis blieb auch das gleiche, wenn die Intensitäten des Mischfarbpaares so abgeändert wurden, daß das Mischlicht für das Menschenauge als stark weißverhüllte Farbe erschien. Sicher ist demnach, daß die gemischten Farben auch dem Fisch stark weißverhüllt erschienen, denn wären sie als reine Farbe gesehen worden, so hätten sie höchstens $^1/_8$ der Ansprünge erhalten dürfen, nicht aber die Hälfte. Was ist aber daraus zu schließen, daß die Sprunghäufigkeit nicht 90% erreichte? Entweder war die Farbzusammenstellung nicht genau getroffen, so daß es gelingen müßte, bei der Zusammenstellung anderer Farbpaare als der gewählten 90% Ansprünge auf das Mischlicht zu erzielen. Das würde besagen, daß die vom Verfasser gewählten Farbpaare, die für den Menschen genau komplementär sind, den für das Fischauge komplementären Farbpaaren nur einigermaßen benachbart lagen. Vielleicht mag aber die Unvollkommenheit des Erfolges nur an technischen Unzulänglichkeiten gelegen haben, die Verfasser namhaft macht. Um die Frage genau zu beantworten, müßten die allerdings sehr zeitraubenden und mühsamen Versuche in größerem Maßstabe fortgesetzt werden. Heute dürfen wir es für recht wahrscheinlich halten, daß auch für den Fisch Komplementärfarben existieren; ungewiß bleibt, ob sie sich genau mit den menschlichen decken.

Als ein Triumph der vergleichend sinnesphysiologischen Forschung ist v. FRISCHS Beweis der Duplizitätstheorie (vgl. oben S. 879) für das Fischauge zu buchen, denn beim Menschen ist er in dieser Schärfe zweifellos noch nicht geglückt, wenn auch die Theorie immer mehr Freunde findet. Wie längst bekannt, stehen in der Fischretina nach Dunkelaufenthalt die Stäbchen, nach Hellaufenthalt die Zapfen am Ort der Bildentwerfung, der membrana limitans externa, während gleichzeitig die andere Sehzellart weit auswärts, dem Pigmentepithel benachbart liegt. Das Pigment selbst liegt im Dunkelauge weit hinten, im Hellauge ist es beträchtlich gegen die membrana limitans externa vorgewandert. Wenn also im Dunkelauge die Stäbchen, im Hellauge die Zapfen in der Ebene stehen, wo das physikalische Bild sich scharf in der Netzhaut abbildet, so spricht das natürlich zugunsten der Duplizitätstheorie. Um sie zu beweisen, mußte jedoch mehr gezeigt werden. Das Hellauge muß farbentüchtig, das Dunkelauge totalfarbenblind sein, d. h. auch der Fisch muß Tages- und Dämmerungssehen besitzen, vor allem aber muß der Übergang aus einem Sehzustand in den anderen mit dem Ortswechsel der beiden Sehzellarten genau gleichzeitig und gleichsinnig erfolgen.

Alles das konnte v. FRISCH am schönsten bei Gründlingen, fast ebensogut auch bei Stichlingen und Elritzen erweisen. Im Tageslicht lernten sie rasch, in roten Futternäpfchen aus wachsüberzogenem Heringschen Farbpapier Fleisch zu finden, während daneben gehängte Graunäpfchen leer blieben. Im Versuch selbst waren *alle* Näpfchen leer, und die dressierten Fische suchten nur die roten Näpfchen auf, die grauen blieben sämtlich unbeachtet. So ist farbiges Tagessehen des helladaptierten Auges erneut bewiesen. Das Dämmerlicht lieferte ein weißes Zelt in der Dunkelkammer, außerhalb dessen zwei Glühlampen bei sorgsam konstant gehaltener Spannung brannten, die zur Erzielung der geringsten Intensitäten noch mit Seidenpapierhütchen bedeckt wurden. Im Zelt standen die Aquarien, die dort herrschende Beleuchtung wurde photometriert. Tatsächlich verwechselten die Fische von bestimmten Grenzwerten der Gesamtbeleuchtung abwärts die Farbnäpfchen mit den Graunäpfen (Dämmerungssehen), und die Farbschwellen hatten individuell verschiedene Werte ($^1/_4$ bis $^1/_{100}$ Hefnerkerzen). Das Entscheidende war nun, daß die Augen jedes Fisches sogleich nach Feststellung seines Versuchsverhaltens unter Vermeidung aller postmortalen Lichtbeeinflussungen fixiert und geschnitten wurden, und so zeigte sich folgendes: Hatte der Fisch die Farbe *eben noch* erkannt, d. h. trotz beginnender Unsicherheit die Farbnäpfe doch noch herausgefunden, so standen die *Zapfen* in der Bildebene seiner Retina; das Pigment konnte schon zurückgezogen sein. Ein anderer Fisch, der bei derselben Beleuchtung die Farbe *eben nicht mehr* erkannt, vielmehr auch die Graunäpfe besucht hatte, zeigte zurückgestreckte Zapfen und in der Bildebene seiner Netzhaut standen die *Stäbchen*. Es fällt also tatsächlich der Übergang vom Tagessehen zum Dämmerungssehen mit der Räumung der Bildzone durch die Zapfen und dem Einzug der Stäbchen in eben diese Zone genau zusammen. Damit ist die Duplizitätstheorie erstmals streng bewiesen. Näheres über die Komplikationen, die sich aus der Langsamkeit der Stäbchen-Zapfen-Wanderungen bei bestimmten eigens ersonnenen Versuchsanordnungen ergaben, und die daraus abzuleitenden Schlüsse muß im Original nachgelesen werden.

Die Entwicklung der Farbensinnforschung ist ein besonders klares Beispiel für den entscheidenden Wert der Methodik für den wissenschaftlichen Fortschritt. v. HESS, von seiner Annahme der totalen Farbenblindheit der Fische und aller Wirbellosen überzeugt, setzte seine ganze Autorität dafür ein, daß die Dressurmethode „unwissenschaftlich“ sei. v. FRISCH erkannte umgekehrt ihre entscheidende Bedeutung zur Feststellung für das Tier unterscheidbarer Sinnesqualitäten und schoß mit seinen Dressurversuchen an Bienen und Fischen die erste Bresche in v. HESS' Lehrgebäude. Seither ist seine Methode zum Allgemeingut der sinnesphysiologischen Tierforschung geworden und hat erst eigentlich ihr Aufblühen ermöglicht.

Ihre obere Grenze findet die Dressurmethode bei Formen mit verwickeltem Seelenleben, deren „Launen“ den Experimentator vor schwere Geduldsproben stellen können. Schon mancher Physiologe hat zur Dezerebrierung seiner Versuchstiere gegriffen, um ihnen zu entgehen (vgl. z. B. oben S. 872).

BIERENS DE HAAN glückten Farbdressuren an zwei Schweinsaffen (Nemestrinus nemestrinus) nach v. FRISCHS Methode (Farbpapier und 30 Graupapiere über den Türen nebeneinanderliegender Käfige [„multiple choice apparatus“] angebracht), man möchte sagen „eben noch“ und gestatteten den Nachweis des Farbunterscheidungsvermögens. Bei den Formdressurversuchen aber am gleichen Objekt ist die Grenze nahezu erreicht. Es ist sehr belehrend, im Original nachzulesen, wie zahllos und wie unerwartet die Täuschungsmöglichkeiten hier waren. Einmal richtete sich der Affe statt nach der Form, die er assoziiert zu haben schien, nachweislich nach kleinsten Individualmerkmalen der Karten. Wurde die alte Karte durch eine peinlich genau gleichartig hergestellte neue ersetzt, so war das Unterscheidungsvermögen wie weggeblasen. Der Affe hatte also etwas assoziiert, aber ganz etwas anderes, als er sollte. Auch durfte man nicht die Türen unter den Warnkarten rückwärts verriegeln, weil der Affe, vermutlich an der etwas geringeren Breite des Türspaltes, die verriegelten Türen von den nicht verriegelten optisch unterschied und diesen Unterschied assoziierte, den zu sehen Verfasser selbst nie imstande war. So kann jeder Kontrollversuch geradezu lächerliche Enttäuschungen bringen und die höchste Vorsicht beim Experimentieren ist am Platze. Ein Mißlingen der Dressur kann hier nie beweisen, daß das Tier die gesuchte Fähigkeit nicht besitze; denn die Aufmerksamkeit des Tieres kann sich auf ganz andere Dinge gerichtet haben als auf die der Versuchsleiter sie richten wollte, und der Mensch ist unter Umständen mit seinen Sinnen überhaupt nicht imstande, die vom Affen verwerteten Merkmale zu bemerken (vgl. die Türritze). Und auch umgekehrt kann das Gelingen einer Dressur nicht als Beweis für Lösung der Aufgabe im vermuteten Sinne gelten, solange nicht alle möglichen Irrtümer durch Kontrollversuche ausgeschaltet sind, und wer wollte sie gegenüber der Unberechenbarkeit eines Affen ausdenken?

So ist N. Kohts Einführung der bei noch nicht sprachfähigen Kindern bewährten Methode der „Wahl nach Muster" in die Tierpsychologie als höchst bedeutsamer Fortschritt zu begrüßen, um so mehr, als sie viel Zeit spart, mit der der Dressierer nicht kargen darf. Dem Schimpansen wird ein Haufen verschieden gefärbter, aber formgleicher Objekte vorgelegt, und eines davon zeigt ihm die Verfasserin in ihrer Hand. Schon am 9. Versuchstage hatte das Tier gelernt, aus dem Haufen gleichfarbige Tafeln herauszusuchen und nur sie der Verfasserin zu überreichen. Daß die naheliegende Fehlerquelle unbewußter Zeichengebung (vgl. Gedankenleser, den „klugen Hund" Rolf aus Mannheim, Herbst u. a.) bestimmt ausgeschlossen war, läßt sich zumindest für die Formunterscheidungsversuche mit völliger Bestimmtheit aussagen, wo das Tier die dem vorgewiesenen formgleichen Objekte nach dem Tastgefühl aus einem geschlossenen Sack herausholte, in den weder er noch die Versuchsleiterin hineinsehen konnten. Da in ständigem Wechsel immer neue Objekte vorgezeigt wurden, konnte es zu irgendeiner Dressur bestimmt niemals kommen, und in einer Sitzung beantwortete der Affe soviel Fragen, wie man bei Anwendung der Dressurmethode wohl in Monaten kaum hätte stellen können. Leider war bei den Farbensinnprüfungen die Reizgebung, vom physikalischen Gesichtspunkt betrachtet, weit weniger einwandsfrei, als die tierpsychologische Methodik. Dennoch ist bei der ungewöhnlichen Fülle von Versuchsergebnissen an den verschiedenartigsten Farbobjekten kein Zweifel daran möglich, daß der Schimpanse einen Farbensinn besitzt, der dem menschlichen an Güte kaum nachstehen dürfte. Über seine feinere Beschaffenheit freilich lassen sie keine exakten Schlüsse zu.

Freilich besteht wohl wenig Aussicht, diese schöne und bequeme Methode auch bei geistig wesentlich tieferstehenden Formen anzuwenden, Sir Lubbocks Hund versagte seinerzeit ihr gegenüber vollkommen. Wenn jedoch sogar ein Vogel, der Eichelhäher, nach M. Hertz der Wahl nach Muster fähig zu sein scheint, so wird man wenigstens die niederen Affen hoffentlich bald folgen lassen.

An der unteren Grenze der Dressierbarkeit stehen umgekehrt etwa O. Koehlers Larven der Libelle Aeschna cyanea; und andere Arten erschienen noch wesentlich weniger gelehrig. Handelte es sich bei Bienen und Pfrillen um Formen, die sich auch beim natürlichen Nahrungserwerb ausgiebig nach der Farbe richten, so ist das bei der Libellenlarve keineswegs der Fall; sie schnappt nach allem, was sich bewegt und nicht zu groß ist. Dabei spielt vor allem der optische Sinn (bewegte Objekte außerhalb des Wassers!) wie auch der Erschütterungssinn (geblendete Tiere lokalisieren auch einigermaßen) mit. Eine chemische Anlockung auf die Ferne besteht nachweislich nicht. Die Einfachdressuren (vgl. S. 854, 857) auf den unbiologischen Reiz der Farbe (mit dem Farbstoff Orange 51 der Firma Schimmel und Miltitz in Dresden gefärbte goldgelbe Kalbfleischbröckchen bildeten die einzige Nahrung der Larven; andere Objekte wurden nicht gezeigt) blieb denn auch völlig erfolglos, obwohl sie durch fast 9 Monate fortgesetzt wurde. Die Doppeldressur aber erzwang auch hier noch klare Ergebnisse, welche Hoffnung machen, diese Methode selbst bei noch „dümmeren" Formen anzuwenden. Zuerst wurde der violette Chininfleischbrocken vierzigmal und noch öfter gleich begierig ergriffen und immer wieder ausgespuckt, worauf heftiges Putzen der Mundgliedmaßen zeigte, wie unangenehm der Chiningeschmack ist. Aber schon am ersten Tage kam endlich der Zeitpunkt, wo das Tier den zum einundvierzigsten Male verlockend vor ihm bewegten Brocken Violettfleisches plötzlich unbeachtet ließ. Der jetzt gereichte Brocken guten gelben Fleisches aber wurde sogleich erschnappt. Sogleich nachdem er gefressen war, war freilich die Refraktärperiode gegen Violett schon wieder zu Ende, und man mußte von neuem beginnen. Nach langer Doppeldressur aber kamen einige Tiere doch dazu, ihre Violettrefraktärphase bis auf 4 Tage zu verlängern, während welcher sie überhaupt kein Chinin schmeckten, so daß also die faktische Dressur solange ausgesetzt war. — Die Begleitreize chemischer Art, die zu Einwänden Anlaß geben können, wurden am besten so ausgeschaltet, daß der mit Farbfleisch gelbdressierten Larve ein engbegrenzter Gelb- und ein Blaustrahl des Prismenspektrums mittels beweglichen Spiegels ins Becken geworfen wurde, wo die beiden Farbflecken nun lebhaft und parallel in kleinem Abstande voneinander herumspielten. Die Larve schoß hinter dem Gelbfleck her und ließ den violetten ganz unbeachtet. Auch Neudressur auf Spektralfarben gelang. Die Versuche werden fortgesetzt. Die Ausschaltung des Einwandes der Erkennung an Intensitätsunterschieden mittels Helligkeitssinnes gelang nach v. Frischs Methode, die er bei seinen ersten Fischdressuren anwandte (kleine Papierschnitzel als Fleischattrappen außerhalb des Wassers an der Aquariumswand bewegt: graue bleiben unbeachtet, solche in der Dressurfarbe lösen den Schnappreflex aus).

Als Beispiel für den Nachweis des Farbensinnes bei nichtdressierbaren Tieren endlich möge die Daphnie dienen, deren Farbensinn erstmals v. Frisch und Kupelwieser sicherstellten; die letzten Nachprüfungen lieferten Becher und Koehler. Eine Freßdressur erscheint bei diesem Mikroplanktonfresser, der seine überall vorhandene Nahrung unbesehen heranstrudelt, von vornherein ausgeschlossen. Doch gibt es eine von Kupelwieser entdeckte, natürliche farbspezifische Reaktion von Doppelcharakter, die das Unterscheidungsvermögen wenigstens von 2 Farbgruppen bündig zu beweisen gestattete. In einem gewissen „mittleren" Adaptationszustande gehen die Daphnien bei seitlicher Beleuchtung auf Intensitätsverminderung zum Lichte (positive Reaktion), auf Verstärkung der Beleuchtung fliehen sie es (negative Reaktion). Dieselben Tiere werden, durch langwelliges Licht von der Seite her belichtet, positiv, durch kurzwelliges sichtbares, vor allem aber durch ultraviolettes Licht negativiert. Wird der Querschnitt des Lichtbündels mitten auf die Breitseite des Glastroges geworfen (Becher), so wandern die Tiere alle in den gelben Lichtfleck hinein, wobei besonders das Aufsteigen sehr deutlich ist; der violette Lichtfleck dagegen scheucht sie aus sich heraus, um so stärker, je mehr Ultraviolett er enthält, und das Absinken ist besonders deutlich. In dieser Form läßt sich der Versuch sogar projizieren. Diese Reaktionen sind auch dann deutlich, wenn der Lichtwechsel eine Intensitätsveränderung bedeutet, die für sich allein im entgegengesetzten Sinne wirken müßte wie der Farbwechsel. Werden z. B. aus dem objektiven Spektrum ein Gelbstrahl und ein Blaustrahl ausgeblendet und durch ein kleines ablenkendes Prisma im Gange des einen Strahles wieder zusammengebrochen, so daß ein für den Menschen weißes Mischlicht den in die Durchkreuzungsstelle beider Strahlen gestellten Trog seitlich durchleuchtet, so werden die an das Mischlicht gewöhnten Daphnien negativ, wenn man den gelben Strahl abblendet; diese Intensitätsverminderung sollte sie positivieren, jedoch überwiegt augenscheinlich die Negativierung durch das Blauwerden des Lichtes. Wird umgekehrt nach kurzer Abblendung beider Lichtstrahlen (völlige Verdunkelung) der Gelbstrahl aufgedeckt, so müßte diese Erhellung negativieren; die Tiere aber eilen zur Lichtquelle, die positivierende Wirkung des langwelligen Lichtes überwiegt. — Zugleich deutet dieser Versuch nebst weiteren Kontrollen daraufhin, daß Gelb und Blau für die Daphnien *Komplementär*farben sind und ebenso auch Rot und Blaugrün bzw. Gelbgrün und Violett (vgl. die ganz analoge Methodik HAMBURGERS S. 887). Damit sind aber die Bedingungen für das Auftreten des *Sukzessivkontrastes* gegeben, der denn auch tatsächlich zu bestehen scheint: Blicken wir unter geeigneten Bedingungen auf ein Grau, nachdem wir zuvor Weiß bzw. Blau gesehen haben, so erscheint es uns schwarz bzw. gelb; unter eben diesen Bedingungen positiviert dies Grau die Daphnien, wirkt also auf sie wie Verdunkelung bzw. wie Gelb. Dasselbe Grau sehen wir nach dem Anblick von Schwarz bzw. von Gelb weiß bzw. blau; die Daphnien aber negativiertes, d. h. es wirkt wie Erhellung bzw. wie das scheuchende, kurzwellige Licht.

Ob mehr als diese zwei Farbqualitäten unterschieden werden, läßt sich mangels weiterer natürlicher Signalreaktionen leider nicht sagen, obwohl es nicht unwahrscheinlich erscheint, daß der Farbensinn feiner abgestuft sei. So zeigt sich deutlich die Unterlegenheit der normalerweise vorhandenen Signalreaktion in ihrer ein für allemal gegebenen Beschränkung gegenüber den in fast beliebiger Menge erzielbaren Dressurbindungen (bedingten Reflexen).

Eine zweite dressurfreie Methode von offenbar größerer Differenzierungsfähigkeit verwandte HAMILTON erstmals bei der Taufliege Drosophila, und ihr dürfte eine große Zukunft beschieden sein. Dunkelgehaltene, daher stark positive Fliegen in einem langen, horizontalen Glasrohr werden von beiden Rohrenden her mit verschiedenfarbigem Spektrallicht (2 Spektrometer) beleuchtet. Sie gehen zum helleren von beiden; erscheinen ihnen beide gleich hell, so verteilen sie sich gleichmäßig über die ganze Rohrlänge. Schaltet man nun das linke dieser zwei gleich hell erscheinenden Lichter, das „Reizlicht", aus und läßt das andere längere Zeit brennen („Ermüdungslicht"), so weichen die Fliegen allmählich von ihm zurück. Schaltet man nun das Reizlicht wieder dazu, so gehen jetzt alle Fliegen zu diesem; es muß ihnen also jetzt heller erscheinen als das Ermüdungslicht, während es ihnen vorher gleich hell erschien. Sind dagegen die beiden Lichter von gleicher oder nicht allzu verschiedener Wellenlänge, so läßt sich die Erscheinung nicht beobachten, die Fliegen verteilen sich beim zweiten Versuch nach der einseitigen Bestrahlung genau so gleichmäßig im ganzen Rohr wie beim ersten vor ihr. Die nächstliegende Annahme ist die des Nebeneinanderbestehens mehrerer Receptorenarten, deren jede durch Licht einer bestimmten Wellenlänge vorzugsweise ermüdbar sind, ganz wie beim menschlichen Sukzessivkontrast. Die geringsten Wellenlängenunterschiede, die die farbspezifische Ermüdung gewährleisten, betrugen 25 bis 50 $\mu\mu$; demnach wäre ein ziemlich feines Farbunterscheidungsvermögen anzunehmen.

Auch der physiologische Farbwechsel kann Farbensinn beweisen, dann nämlich, wenn er nachweislich unter Kontrolle der Augen steht und spezifisch von der Wellenlänge des die Augen reizenden Lichtes abhängt. v. FRISCHS bereits obenerwähnte Elritzen paßten sich in wenigen Sekunden der Helligkeit des Untergrundes an; auf weißem Papier kontrahierten, auf schwarzem expandierten sich die Melanophoren. Es ließ sich nun ein Gelb- und ein Graupapier finden, die beide gleiche Verdunkelung der Fischchen hervorriefen, ihnen also, an der Signalreaktion des Melanophorenfarbwechsels gemessen, gleich hell erschienen. Beließ man sie nun auf diesen Untergründen, so begann nach $^1/_2$ Stunde oder später eine deutliche Gelbfärbung des Tieres auf gelbem Untergrunde einzutreten, die auf dem Graugrunde ausblieb. Bei geblendeten Tieren unterblieb jede Farbanpassung selbst nach monatelangem Aufenthalt in monochromatischem Lichte. Die Chromatophoren sind innerviert, auch der Verlauf der Reflexbögen wurde von v. FRISCH genau experimentell festgelegt. Da also zwei Papiere, die dem Fisch gleich hell erscheinen, dennoch verschiedene Farbanpassung, und zwar genau ihrem Gehalt an verschiedenen Wellenlängen entsprechend durch Augenkontrolle hervorrufen, so schloß v. FRISCH mit gutem Rechte auf Farbensinn, ein Schluß, der ja überdies auf anderen Wegen inzwischen ebenfalls völlig sichergestellt wurde (vgl. oben S. 885ff.). Übrigens färbten sich die Fischchen häufig an bestimmten Körperstellen auch rot; doch da die Lipophoren und Erythrophoren zumeist auf dieselben Reize gleichsinnig reagierten, so ließ das Erfolgssystem von dreierlei Chromatophoren nur den Nachweis einer einzigen Farbqualität zu (Rot = Gelb von farblosen Helligkeiten jeden Grades unterschieden). Man sieht, wie wenig leistungsfähig diese Methode, die sich der natürlicherweise vorhandenen Reaktionen bedient, gegenüber der Dressurmethode ist, die 20 Farbnuancen als unterscheidbar nachwies.

KOLLERS Krebse (Crangon vulgaris) mit ihrem selbständig reagierendem schwarzbraunem, weißem, rotem und gelbem Pigment in derselben zusammengesetzten Farbzelle zeigen die rasche Helligkeitsanpassung (1 h oder weniger) des Melanins bzw. des weißen Farbstoffes auf weißen bzw. schwarzen oder grauen Untergründen, dazu auf roten oder gelben Untergründen eine viel langsamere Farbanpassung der gelben bzw. roten Pigmente; nach 24 bis 48 Stunden ist die Gelb- bzw. Rotfärbung sogar makroskopisch sichtbar. Auf farblosen Gründen kommt es nie zu Gelb- oder Rotfärbung, auch auf andersfarbigen Untergründen bleibt sie aus. Nach Augenexstirpation unterblieben sowohl die Helligkeits- wie auch die Farbenanpassungen. Gemäß einer von v. BUDDENBROCK gegebenen Definition des tierischen Farbensinnes, in die die Photoreceptoren nicht eingehen, spricht Verfasser von einem bewiesenen Farbensinn, da die Farbanpassung wellenlängenspezifisch ist. Tatsächlich kann es sich kaum um eine nervöse Übertragung der Augenerregung auf die Chromatophoren handeln, so wie sie v. FRISCH bei der Pfrille nachwies, denn die Farbzellen von Crangon sind nicht innerviert, und die Farbanpassung des Abdomens blieb erhalten, wenn das Zentralnervensystem an beliebiger Stelle durchtrennt worden war. Ich möchte mich jedoch v. BUDDENBROCKS Definition deshalb nicht anschließen, weil der Begriff des Sinnes die Anwesenheit von Receptoren voraussetzt. Wo also Photoreceptoren nicht mitbeteiligt sind, sollte man auch nicht von Farbensinn reden. Sonst müßte man selbst den Tintenfischchromatophoren Farbensinn zuschreiben, da sie sich in farbigem Lichte wellenlängenspezifisch expandieren und kontrahieren; die Grenze zwischen Photosensibilität und Lichtsinn würde verwischt. Weiterhin stellte KOLLER fest, daß weißgefärbte Tiere auf weißem Untergrunde nach Injektion von Blut eines schwarzgefärbten Tieres bereits nach 10 Minuten sich schwarz zu färben begannen, während die Injektion von Weißtierblut keine Färbungsänderungen zur Folge hatte. Der umgekehrte Versuch gelingt nicht, Dunkeltiere auf schwarzem Grunde bleiben dunkel, auch wenn ihnen Weißtierblut injiziert wird. Wird endlich das Weißtier, dem man Dunkelblut injizierte, auf schwarzen Grund gesetzt, so daß die Untergrundswirkung und die Blutwirkung sich addieren, so geht die Dunkelanpassung fast doppelt so rasch vor sich wie ohne die Bluttransfusion. Weiterhin bewirkt Gelbtierblut, in ein Weißtier auf weißer

Unterlage injiziert, Gelbfärbung desselben. Daß also die Chromatophoren inkretorischen Reizen gehorchen, ist sicher. Wie es aber zur Bildung dieser Inkrete kommt, von denen wir bisher wohl ein „Schwarz"- und ein „Gelb"-Inkret annehmen dürfen, ist noch unklar. Sollte es sich herausstellen, daß die farbspezifische Reizung der Lichtsinneszellen im Auge die Erregung inkretliefernder Drüsen bewirke, die dann ihrerseits die Farbzellanpassung in Gang setzen, so wäre es abermals eine Definitionsfrage, ob wir von Farbensinn sprechen dürfen. In allen bisher bekannten Fällen geht der Reflexbogen von den Photoreceptoren zu den Erfolgsorganen, die die Signalreaktion ausführen, durch das Zentrum, und man wird geneigt sein, im Begriff des Sehens eine Mitbeteiligung des Zentrums einzuschließen. Sollten aber die Lichtsinneszellen bei der Auslösung der Farbanpassung unbeteiligt sein, so hat die Erscheinung mit dem Farbensinn bestimmt nichts zu tun. Im vorliegenden Falle stehen wir vor gänzlich neuartigen Verhältnissen, deren weiterer experimenteller Klärung man mit dem größten Interesse entgegensieht. Angesichts dieser Komplikationen aber möchte ich schon jetzt betonen, daß meiner Meinung nach eine farbspezifische Farbanpassung nur dann ohne weiteres als Beweis für Farbensehen gelten darf, wenn sie erstens durch die Augen vermittelt wird und zweitens die Erregungsübertragung auf die Chromatophoren auf nervösem Wege stattfindet, wobei Lichtsinneszellen am Beginn des Reflexbogens sitzen müssen. Die durch mitspielende Inkretion komplizierten Fälle aber sind heute zweifellos noch nicht spruchreif.

Nicht weniger verwickelt liegen die Dinge bei der von Schlieper untersuchten Hippolyte. Läßt man diesen Krebs auf der Drehscheibe kreisen oder kreiselt eine optisch auffällige Umgebung um den ruhenden Krebs (Skioptikon), so treten nystagmusartige, nachweislich optisch ausgelöste Augenstielbewegungen auf; bei Kreiselung eines optisch gleichartigen Zylinders um das ruhende Tier bleiben die Augenstiele stille stehen. Nun beklebte Verfasser je 12 Grauzylinder verschiedener Helligkeitsstufen mit den Extremen Weiß und Schwarz innen zaunartig mit unter sich gleichfarbigen vertikalen Streifen aus Heringschen Farbpapieren und ließ die Zylinder langsam um den Krebs kreisen. Nun fand sich für jede Streifenfarbe eine Grauunterlage, bei deren Kreiselung die Augenstielbewegungen ausfielen; d. h. die Augenstielreaktionen sind abhängig von der relativen Helligkeit der Farben, nicht aber von ihrer Wellenlänge. Andererseits läßt die vorzügliche Farbanpassung des Krebses, wie Verfasser sagt, auf Farbensinn schließen. Auch dieser scheinbar widerspruchsvolle Tatbestand ist noch keineswegs spruchreif. Ich könnte mir denken, daß Augen, deren Bewegungsreaktionen nur helligkeits-, nicht wellenlängenspezifisch sind, dennoch Farben sehen, ebenso wie auch die Pupillarreaktionen eines Tieres manchmal nur vielleicht von den relativen Helligkeitswerten der Reizfarben allein abhängen mögen, während dasselbe Auge Farben sieht (Tintenfisch?). Und umgekehrt wäre es ebensogut denkbar, daß farbenspezifische Farbanpassung des Krebskörpers ohne Farbensehen bestünde, wie soeben im Anschluß an Kollers schöne Befunde ausgeführt wurde. Wollte man sicher wissen, ob die genannten Formen Farben sehen, so wäre der nächstliegende Weg der Versuch einer Freßdressur auf Farben, bei Hippolyte sowohl wie bei Crangon.

Selbst die alte Grabersche Versuchsanordnung ist neuestens noch einmal zur Prüfung der Farbensinnfrage herangezogen worden. Graber beleuchtete bekanntlich die eine Hälfte des Wohnraumes mit einer, die anstoßende mit einer anderen Farbe und stellte fest, welche die Tiere bevorzugten. Je nach dem Ergebnis sprach er von „rotholden" und „rotscheuen" Tieren usw. Daß dergleichen Vorlieben vorkommen, ist sicher; so beobachtete das Ehepaar Heinroth neuerdings ausgeprägte Blauscheu bei der Gebirgsstelze, Viehstelze und Goldammer, auch Gelbhaubenkakadus sollen (nicht selbst beobachtet) beim Anblick blaugekleideter Menschen in große Erregung geraten. Alle anderen Farben waren der Viehstelze gleichgültig, so auch leuchtendes Rot. Der Gartenrotschwanz soll sogar rote Gegenstände lieben. Dagegen besteht beim Wiesenschmätzer und der Feldlerche ausgesprochene Rotscheu. Auch bei Daphnien kann man ja mit unschuldigem Anthropomorphismus von Rot- bzw. Gelbvorliebe und Blauscheu sprechen. BEUTHER sah nun Planarien in Glasschalen, die zur Hälfte mit einem, zur anderen Hälfte mit einem anderen Farbpapier oder Graupapier unterlegt waren, sich regelmäßig über einer der beiden Unterlagen ansammeln und nur dort zur Ruhe kommen. Stößt Rot, Orange oder Gelb an Schwarz, so sammelten sich die so lichtscheuen Tiere doch stets auf der Farbe, auf dem Schwarzpapier dagegen, wenn es an Grüngelb, Grün, Blau oder Violett anstieß. Ähnlich gingen Versuche mit aneinandergrenzenden Lichtfiltern aus. Erstaunlicherweise bleibt die Erscheinung nach Amputation der Augen bestehen, so daß Verfasser von einem photodermalen Farbensinn spricht. Die ganze Angelegenheit ist jedoch nicht spruchreif, solange wir nicht über die relativen Helligkeitswerte der Farben für die Planarien unterrichtet sind. Daß ihnen die langwelligen Lichter heller erschienen als Schwarz, wird man freilich keineswegs annehmen können, eher schon, daß Umstimmungen des phototaktischen Sinnes vorkommen. Besonders merkwürdig sind die Rotansammlungen auch deshalb, weil die Planarien bei Daueraufenthalt in rotem Lichte eingehen. Die Flucht der Daphnien vor kurzwelligem Lichte ist biologisch viel verständlicher, da ultraviolettes Licht sie schädigt. — Auf Planarien wirkt nach WERNER ultraviolettreiches Licht der Quecksilberlampe photokinetisch viel stärker (kürzere Latenzzeit der Aufscheuchung) als ultraviolettarmes; doch ist die Beweglichkeit im ultraviolettreichen Lichte geringer. Auch hierin soll der Verlust der Augen keinen Unterschied machen.

Daß Zellen, die nicht Photoreceptoren sind, spezifische Farbenempfindlichkeit besitzen können, mit anderen Worten, daß ihre Reizbarkeit durch Licht nicht allein von der Intensität des Lichtes, sondern auch von der Wellenlänge abhängt, ist ja nichts neues (HARDER bei der Alge Phormidium, Volvox nach LAURENS und HOOKER: größter Reizwert bei 495 $\mu\mu$-Grünblau im equal energy spectrum); neu aber wäre bei den Planarien, daß diese spezifisch verschiedene Farbenempfindlichkeit auch richtend wirken kann; denn bei der Ansammlung der Tiere auf dem einen Papiere BEUTHERS muß zumindest Phobotaxis mitgespielt haben. Der Ausdruck „photodermatischer Farbensinn" freilich ist zu bemängeln, denn zu seiner Rechtfertigung fehlt der Nachweis von Photoreceptoren in der Planarienhaut (vgl. oben KOLLER).

Endlich ist noch der vom Auge abgeleiteten *Aktionsströme* zu gedenken, die schon oft zur Klärung auch der Farbensinnfrage angewandt wurden, zuletzt von KOHLRAUSCH und BROSSA. Unbefriedigend sind sie alle natürlich insofern, als sie unmöglich zeigen können, ob das Tier etwas von den Netzhauterregungen zentral verwertet, was ja geeignete Signalreaktionen des Tieres sehr wohl anzeigen. Wenn jedoch die Aktionsströme qualitativ verschieden ausfallen, so beweisen sie jedenfalls verschiedenartige Erregung der Netzhaut, und wenn diese Verschiedenheiten *denselben* Reizarten ebenso zugeordnet sind wie die Reaktionen der Tiere selbst, so spricht das sehr zugunsten der Brauchbarkeit auch dieser Methode zur Farbensinnprüfung. Um die Helligkeitsunterschiede für das Versuchstier auszuschalten, benützten die Verfasser das Verfahren der menschlichen Proben auf Farbenblindheit: Die Versuchsperson hat zwei aneinandergrenzende Lichtfelder verschiedener Farbe solange in ihrem Intensitätsverhältnis abzuändern, bis sie ihr gleich erscheinen, d. h. bis die Grenze verschwindet. Gelingt das, so ist die Versuchsperson für dieses Farbpaar farbenblind; bleibt die Grenze bei allen Intensitätsverhältnissen erhalten, so ist sie farbentüchtig. Entsprechend ließ KOHLRAUSCH abwechselnd zwei Farben auf das zum Galvanometer abgeleitete Auge einwirken, deren Intensitätsverhältnis er ständig so abänderte, daß die resultierenden Aktionsströme immer ähnlichere Kurven schreiben sollten. Völlige Übereinstimmung wurde beim Frosch nie erreicht;

bei jedem Intensitätsverhältnis blieben die Kurven deutlich qualitativ verschieden. So begnügte er sich mit der Abgleichung der Intensitätsverhältnisse derart, daß die positiven Eintrittsschwankungen gleiche EMK hatten, und auch dann zeigten sie typische Qualitätsunterschiede je nach der Reizfarbe. Beim dunkeladaptierten Steinkauz, dem typischen Dämmerungstier dagegen gelang die Einstellung auf völlig gleiche Kurvenform für rote, grüne und blaue Reizlichter, bei helladaptierten Tauben aber war das wiederum ganz unmöglich, die Kurvenunterschiede, spezifisch kennzeichnend für die Reizfarben, blieben dauernd noch verschiedener als schon beim Frosch. Wo also nach unseren sonstigen Erfahrungen totalfarbenblindes Dämmerungssehen zu erwarten war, dort wurden „heterochrome Aktionsstromgleichungen" gewonnen, wo aber farbentüchtiges Tagessehen vorauszusetzen ist, dort behielten die Aktionsströme ihre der Reizfarbe eindeutig zugeordnete qualitative Verschiedenheit bei jeder Intensität bei. Wieviel freilich auch hier noch zu fragen bleibt, geht aus KOHLRAUSCHS eigener ausführlicher Darstellung (1919) hervor, die übrigens weitere Bestätigungen bringt. Insbesondere verschwanden die Unterschiede beim dämmerungssehenden Steinkauz, beim tagessehenden blieben sie erhalten; ebenso verhielt sich der Frosch im Dämmerungs- und Tagessehen; und die neuen Ergebnisse an Huhn, Taube und Säugern fügen sich ebenfalls zum Ganzen.

Auch das reflektorische Pupillenspiel bei Belichtung der Netzhaut, das von v. HESS, LAURENS und HOOKER u. a. oftmals studiert wurde, ist eine zur Farbensinnuntersuchung nur bedingt verwendbare Reaktion. Soll sie etwas für oder gegen das Farbensehen beweisen, so müssen natürlich Adaptationszustand des Auges (Farbenschwellen), die Frage der regionalen Verschiedenheit der Netzhautausdehnung (Postulat konstanter Blickrichtung, bei Tieren fast noch nie erfüllt), der Einfluß des Fixierens verschieden naher und ferner Objekte durch das Tier auf die Pupillenweite (der bei Vögeln beispielsweise außerordentlich groß ist), die relativen Helligkeitswerte der Spektralfarben für das Tier und noch manches andere berücksichtigt werden. Erst dann wird sich in selten günstigen Fällen ausmachen lassen, ob die Pupillenreflexe quantitativ allein von den Helligkeitswerten oder auch von den Farbwerten abhängen; und sollten sie das erstere tun, so wäre das noch immer kein strenger Beweis gegen Farbentüchtigkeit. Ähnlich wie bei den Aktionsströmen wird sich natürlich unser Zutrauen in die Verwendbarkeit der Methode steigern, wenn sich bei einem Objekt zeigen läßt, daß die pupillomotorischen Werte in gleicher Weise vom Reizlicht abhängen, wie die von demselben Reizlicht ausgelösten Sehempfindungen. Das ist nach LAURENS und HOOKER für den Menschen tatsächlich der Fall. Die physiologisch wirksamste Wellenlänge für die Pupillenkontraktion (equal energy spectrum) ist bei helladaptiertem Auge 564 $\mu\mu$, bei dunkeladaptiertem und derselben hohen Intensität des Reizlichtes 534 $\mu\mu$, bei niederer Intensität desselben 514 $\mu\mu$; das Wirkungsmaximum verschiebt sich also bei Dunkeladaptation genau so nach dem kurzwelligen Ende, wie unsere subjektiven relativen Helligkeitswerte es tun. Und diese Übereinstimmung besteht offenbar nicht nur für die Maxima, sondern für die ganze Kurvenausdehnung, so daß man geradezu von einem pupillomotorischen PURKINJE-Phänomen sprechen könnte; Verfasser selbst nennt die Kurve der pupillomotorischen Werte für das Hellauge bei starkem Reizlicht Zapfenkurve, die für das Dunkelauge bei niederer Reizintensität die Stäbchenkurve. — Wenn sich nun grundsätzlich gleichartige Kurven auch für Taube und Alligator feststellen ließen, so ist das natürlich ein sehr starker Hinweis darauf, daß auch sie Tages- und Dämmerungssehen besitzen, um so mehr, als auch KOHLRAUSCHS Aktionsstrombefunde in gleiche Richtung weisen. Dennoch handelt es sich nicht um Beweise der Art, wie sie der Dressurversuch v. FRISCHS (vgl. S. 885—887) und anderer bei Fischen leisteten. Hier wurden die Farben nachweislich unterschieden bzw. verwechselt; dagegen läßt sich nichts einwenden. Dort aber bleibt immer der Einwand möglich, daß die Stärke des tierischen Pupillarreflexes mit den subjektiven Empfindungen bzw. dessen physiologischen Korrelaten vielleicht in anderer Weise verbunden sei als beim Menschen.

### b) Hell-Dunkel-Sehen, Richtungs- und Bewegungssehen.

Wenn weiterhin von Helligkeitsunterschieden die Rede ist, so sollen dabei die Farbenunterschiede, die das Tier etwa machen kann, immer mitverstanden sein. Hier ist an erster Stelle zu fragen, was das Auge als optisches Instrument zu leisten vermag. Allein die Kenntnis des anatomischen Baues wird hier in vielen Fällen ohne weiteres zeigen, daß ein Bildsehen unmöglich ist, vielmehr nur an *Hell-Dunkelsehen* bzw. an *Richtungs-* und *Bewegungs*sehen gedacht werden darf. Das gilt für die Pigmentflecke der Medusen, die Phaosomzellen des Regenwurms, die invertierten Pigmentbecherozellen der Planarien, des Amphioxusrückenmarks und viele andere. Überall fehlen hier dioptrische Apparate, und das Sehorgan enthält nur eine bzw. nur wenige, meist relativ große Sehzellen. Das einzellige Auge für sich allein kann natürlich nur ein Hell-Dunkel-Sehen leisten; sind zahlreiche solche Augenzellen über die Körperlänge verteilt, so kann es zu primitivstem *Bewegungssehen* kommen: so könnte unterschieden werden, ob ein Schatten von vorn nach hinten oder umgekehrt über das Tier wandert. Wenn Pigmentblenden den Einfallswinkel einschränken, so kann *Richtungssehen* durch die Zusammenarbeit mehrerer Augen ermöglicht sein; wenn endlich ein Pigmentbecher zahlreiche Sinneszellen enthält, so ist auch im Einzelauge Richtungssehen denkbar, wenn einzelne Zellen oder Zellgruppen getrennte Erregungsleitung zum Zentrum besitzen. Hier muß die physiologische Prüfung einsetzen. So konnte Taliaferro zeigen, daß Belichtung der außen hinten und außen ventral gelegenen Sehzellen des Pigmentbechers eine Wendung der Planarie zur gleichen Körperseite, Belichtung aller übrigen Sehzellen dieses Auges eine Wendung zur gekreuzten Körperseite auslöst; an beiden nehmen also verschiedene Reflexbögen ihren Ursprung, so daß hier schon *ein* Auge allein Richtungssehen verbürgt. Ähnlich gehören nach H. L. H. Müllers Feststellungen beim Tausendfuß Julus die Ozellen am Kopfe mindestens drei verschiedenen Reflexbögen an: Die seitwärts blickenden stehen mit der Muskulatur der gekreuzten Körperseite, die vorwärts geradeaus blickenden mit der Muskulatur ihrer (der ungekreuzten) Körperseite, die aufwärtsschauenden Ozellen endlich mit beiden Körperseiten in Verbindung, wie aus dem Bewegungsverhalten der Tiere im Oberlicht, diffusem oder horizontal einfallendem Lichte nach den verschiedensten Blendungskombinationen gefolgert werden muß. Bei den Asseln A. Müllers dagegen bildet das aus 22 Ommatidien bestehende Komplexauge ein physiologisches Ganzes, was seine richtunggebende Wirkung anlangt; es ist ein einsinniger Lenker wie die Flußkrebsstatocyste (vgl. oben S. 870).

### c) Bildsehen.

Bei vielen Kameraaugen, besonders solchen mit einer Linse und auch bei den Komplexaugen von einer gewissen Vollkommenheitsstufe aufwärts, werden wir dem Bau nach *Bildsehen* erwarten können. Hier gilt es erstens, die physikalische Leistungsfähigkeit des dioptrischen Apparats festzustellen, zweitens die physiologische Auflösungskraft des Rasters von Sehzellen (Retina) zu bestimmen, auf dem das physikalische Bild sich abbildet, drittens der Frage nach der Isoliertheit der Erregungsleitung von den Sehzellen zum Zentrum nachzugehen und viertens die Frage zu entscheiden, ob und wieweit eine zentrale Ausnutzung des physiologischen Erregungsrasters der Netzhaut stattfindet.

Beginnen wir mit der ersten Frage nach der Güte des physikalischen Bildes, so ist sie für das Komplexauge der Arthropoden in klassischer Weise durch S. Exner beantwortet worden, dessen Feststellungen auch heute noch in keinem Punkte wirklich überholt sind. Seine messenden Bestimmungen der optischen Konstanten des eigenartigen dioptrischen Apparates führten ihn zur Ausbildung der Theorie des Linsenzylinders; und die so gewonnenen Voraussagen hinsichtlich der Lichtbrechung in Kornealinse und Kristallkegel ließen sich am Objekt experimentell verifizieren. Die augenfällige Krönung des Gebäudes bildete die Photographie des aufrecht verkleinerten Bildchens, das der verhältnismäßig leicht unversehrt isolierbare dioptrische Apparat des Leuchtkäferauges von Gegenständen entwarf. Seine Analyse der Funktion des Appositionsauges und des Superpositionsauges, der Pigmentwanderung, die dem nächtlich funktionierenden, überaus lichtstarken Superpositionsauge tagsüber das lichtschwächere dafür aber meist schärfer abbildende Appositionssehen ermöglicht, die völlig überzeugende Erklärung der Pseudopupille und des Augenleuchtens der Insekten sind Marksteine auf dem Wege der vergleichenden Sinnesphysiologie.

Eine entsprechende Analyse der physikalisch weit einfacheren Verhältnisse des Linsenozellus der Insekten verdanken wir HOMANN, der die Linsenkonstanten maß und berechnete, so daß wir nach seinem Beispiel in jedem Fall feststellen können, wo die Retina liegen muß, um das Bild anstatt seiner Zerstreuungskreise aufzunehmen, welches Auflösungsvermögen, welche Lichtstärke usw. der Linse zukommen. Auch er konnte die von der Linse entworfenen Bildchen photographieren. Am schönsten sind die von den großen Medianaugen der Sprungspinnen entworfenen; wer sie selbst am natürlichen Objekt betrachten konnte (EXNERs Methodik, von HOMANN leicht modifiziert, vgl. HOMANN 1926, S. 288), wird überrascht und entzückt von der wunderbaren Klarheit sein, mit der jedes Blättchen des vor dem Fenster stehenden Baumes sich aufs schärfste abbildet; gerade bei diesem Ocellus aber liegt die Retina im richtigen Abstande von der Linse, was bei Insektenozellen fast nie der Fall ist. Weiterhin konnte HOMANN sich hier durch Mikroaugenspiegeln[1] von der Gleichsinnigkeit der Fixierbewegungen der beiden Netzhäute überzeugen, die durch Muskeln hinter den feststehenden Linsen hin- und hergezogen werden. Vgl. dieses Buch Bd. 1, S. 1308. — Wegen der physiologischen Optik der Wirbeltieraugen sei auf die ophthalmologische Literatur verwiesen; der betreffende Band des BETHEschen Handbuches (XI, 2) wird wohl demnächst erscheinen.

Ist so die Güte des physikalischen Bildes bekannt und die richtige Größe des Abstandes von Retina und Linse gesichert, so fragt sich zweitens, wie weit die physiologische Ausnutzung der physikalischen Bildschärfe durch das Zellmosaik der Retina gewährleistet ist. Je mehr Sehzellen auf die Flächeneinheit gehen, je besser sie optisch gegeneinander isoliert sind, und je schöner ihre Längsachsen zum optischen Mittelpunkt des Auges hin konvergieren und gleich weit von ihm abstehen, um so besser wird der Erregungsraster ausfallen, in den sich das auf der Netzhaut entworfene physikalische Bild übersetzt. So ist der Sehraster der oben erwähnten Sprungspinnenocelli etwa zwanzigmal feiner als bei den meisten Insektenocelli, wo der Winkelabstand zweier Rhabdome die Größe von 2 bis $10^0$ erreicht. Daß hier vom schönsten physikalischen Bild kaum etwas übrigbliebe, ist gewiß. Bei Drosophila (BOZLER) und einigen anderen Formen sind vollends die Rhabdome nicht voneinander gesondert, sondern bilden ein zusammenhängendes Gitterwerk, so daß getrennte Erregbarkeit ausgeschlossen erscheint. Auch solche Augen müssen natür-

[1] Der Vertikalilluminator (Firma Winkel u. a.), in der Gesteinskunde, Metallographie usw. sehr gebräuchlich, wirft das Licht einer starken Lichtquelle von oben her genau in der Blickrichtung des Beobachters auf das Objekt. Ist also das Objekt ein kleines Auge, so sind die Bedingungen für das Mikroaugenspiegeln genau so gegeben wie beim Augenspiegel des Arztes, falls das tierische Auge als optisches Instrument die Bedingung des reversiblen Strahlenganges erfüllt. Genaue Beschreibung bei HOMANN 1922 u. 1924.

lich zum Bildsehen völlig unfähig sein. Was übrigens verschieden scharfe Verrasterungen von einem sonst guten physikalischen Bilde übriglassen, haben v. UEXKÜLL und BROCK mittels eines einfachen photomechanischen Verfahrens äußerst drastisch dargestellt. Selbst der relativ ungewöhnlich feine Sehzellraster der Sprungspinne gibt danach ein für menschliche Begriffe ziemlich schlechtes Erregungsmosaik, etwa v. UEXKÜLLS Abb. 4 entsprechend, der des menschlichen Auges ist etwa achtzehnmal feiner und der mancher Tintenfische noch feiner als der menschliche.

Aber auch damit nicht genug; weiter muß gefragt werden, was von der Schärfe des Erregungsmosaiks der Sehzellen bei seiner Weiterleitung zum Zentrum übrigbleibt. Zur Entscheidung dieser Frage fehlen uns leider noch ausgearbeitete Methoden. In der Wirbeltierretina liegen bekanntlich mindestens drei, wenn nicht mehr Neuronen hintereinander, und die Anzahl der Optikusganglienzellen, zunächst dem Glaskörper, ist stets ganz erheblich geringer als die der Stäbchen und Zapfen zusammengenommen. Würden wir die Anzahl der ersteren der Rasterüberlegung zugrunde legen, so müßte sich das Bild wesentlich stärker verschlechtern als es annehmbar erscheint, denn die Bestimmungen der menschlichen Sehschärfe ergaben Sehwinkel (v. UEXKÜLL), die einer Zapfenbreite entsprechen. Auch wissen wir nicht, wieweit der simultane Kontrast die Ergebnisse subjektiv verbessern hilft. Vollends entzieht sich das, was sich im Zentrum abspielt, vorerst völlig der exakten Beurteilung. WOLFGANG KÖHLERS Überlegungen, die seiner Gestaltpsychologie zugrunde liegen, beleuchten scharf die Unfähigkeit unserer heutigen physiologischen Methodik, hier Klarheit zu schaffen. Wir Menschen kennen wenigstens unsere subjektiven Gesichtsempfindungen; bei Tieren herrscht, von rühmlichen Ausnahmen abgesehen, völlige Ungewißheit. Die Feststellung des physikalischen Bildes, die Abschätzung der physiologischen Rasterverschlechterung durch die Sehzellen und der Grad der Koppelung in dem die Erregung zentralwärts leitenden Apparat geben nur obere Grenzwerte ab, die freilich durch Kontrasterscheinungen herabgedrückt, d. h. verbessert werden könnten. Was aber wirklich vom Tier zentral ausgenutzt wird, das ist in den allermeisten Fällen überhaupt noch nicht gefragt, geschweige denn beantwortet worden. Es ist beschämend, eingestehen zu müssen, daß wir heute nicht einmal für unsere bekanntesten Haustiere, wie Pferd, Hund, Katze, anzugeben imstande sind, ob sie uns allein mittels des Gesichtssinnes zu erkennen imstande sind, geschweige denn, ob nur am Bewegungsbild oder an unseren Gesichtszügen usw. Daß der Geier, der aus schwindelnder Höhe herab das gefallene Tier entdeckt, daß BENGT BERGS Regenpfeifer, der von seinem Nest aus jeden am Himmel auftauchenden Vogel sogleich als gefährlich oder harmlos oder als Artgenossen erkennt, daß wegfindende Zugvögel ihre optischen Seheindrücke zentral mindestens ebensogut, wenn nicht besser ausnutzen als der Mensch, dürfen wir annehmen; was sie aber sehen, an welchen Merkmalen sie ihre Landmarken, die Beute, den Räuber erkennen, das ist uns unbekannt. Hier schließen sich die Überlegungen zwanglos an, die auf S. 915ff. (tierische Vorstellung) ausführlich behandelt sind.

Das gegebene Mittel zur Entscheidung dieser Fragen ist für nicht allzu nieder-, aber auch nicht allzu hochstehende Tiere wiederum die Dressur, diesmal auf *Formen.* v. FRISCH führte solche Formdressuren bei seinen Bienen aus und sah, daß sie Halb-, Viertel- und Achtelkreissektormuster, Innen und Außen sowie Rechts und Links an blau-gelben Schablonen vor den Futterdressurkästchen, ebenso auch Leberblümchen- und Strahlenform zu unterscheiden vermochten, während eine Unterscheidung von Dreiecken oder Quadraten, Kreisen oder Ellipsen und von Streifenmustern schlecht oder gar nicht gelang. Jedoch zeigte unter v. FRISCHS Leitung BAUMGÄRTNER, daß die hier unterschiedenen Figuren als Ganze gewiß nicht aufgefaßt worden sein dürften. Nur wenn im Umkreis von 15 mm Durchmesser um den tiefsten Punkt des Fluglochrandes, den die Biene ansteuert, für das Bienenauge deutliche Farbkontraste vorlagen, gelang die Unterscheidung; die übrigen Teile der viel größeren Schablonen konnten ohne wesentlichen Schaden für das Versuchsergebnis einfach weggelassen werden. — Von größter methodischer Bedeutung ist aber vor allem die experimentelle Feststellung der Sehschärfe oder, genauer gesagt, der Vergleich der experimentell festzustellenden „zentralen Sehschärfe" mit der morphologisch aus dem Augenbau zu erschließenden „peripheren" (Ausdrücke, die lediglich der Kürze halber geprägt, im Sinne der oben ausgeführten Überlegungen kaum mißverständlich sein dürften). Die vordersten Ommatidien des binokularen Sehfeldes, die den angesteuerten Gegenstand erblicken, erkennen noch aus 40 cm Abstand (die Wahl erfolgt am Eingang in zwei parallele Alleen bekannter Länge) ein stehendes Rechteck von 20 mm Höhe und 10 mm Breite, nicht mehr jedoch ein ebenso großes liegendes Rechteck jenseits von 10 cm Abstand. Da, wie die Ausmessung der Augenschnitte lehrt, ein Ommatidium aus dem Gesichtsfelde einen Bezirk ausschneidet, der dreimal so breit wie hoch ist, so führen beide Methoden gleicherweise zur Feststellung desselben Astigmatismus (größere Sehschärfe in der Vertikalen). Den morphologisch festgestellten Sehwinkeln zufolge hätten aber die Entscheidungsabstände etwa dreimal größer sein müssen als sie es dem Versuchsergebnis nach waren. Also läßt sich eine Koppelung im erregungsleitenden Apparat oder sonst ein störender Faktor voraussagen, der die Inkongruenz hervorruft, und nach dem nun wieder morphologisch wird gesucht werden müssen. — Ob es wirklich mit dem Formensehen der Biene so schlecht steht, wie es hier scheint, bleibt abzuwarten. Es wäre denkbar, daß die im monokularen Gesichtsfelde liegende Stelle der morphologisch kleinsten Sehwinkel (schräg vorwärts abwärts blickend) bessere Experimentalergebnisse gäbe bzw. daß beim Suchfluge (Abbildung von außerhalb der Flugbahn liegenden Gegenständen auf seitlichen Augenteilen) andere Bedingungen herrschen als beim Zielfluge, wo die vordersten Ommatidien mit ihren morphologisch schlechten Sehwinkeln in Tätigkeit sind. Vielleicht bietet auch gerade der Anflug auf das Futterobjekt ungünstige Bedingungen, da nach KNOLLS (1926) Freilandbeobachtungen die Sammelbiene ausschließlich der Farbe der Blüten folgen soll, ohne sich um die Formen zu kümmern, während das Heimfinden zum Stock meist mittels optischer Wegmarken zu geschehen scheint (vgl. S. 909), die demnach erkannt werden müßten. So bleibt auch bei der Biene noch einiges, bei den übrigen Tieren aber so gut wie alles zu tun, wenn wir volle Klarheit in der Frage des Formensehens erstreben; der Weg aber liegt klar in den oben gegebenen Ausführungen vorgezeichnet: Ausgangspunkt ist die Morphologie des Auges, die quantitative Voraussagen über die Leistungsfähigkeit der einzelnen Augenpartien gestattet; diese Voraussagen werden dann experimentell geprüft (physiologische Sehschärfeuntersuchung); hierbei etwa auftretende Widersprüche regen erneut zu morphologischen Untersuchungen an, und so fort bis zum guten Ende.

Bei Fischen konnte SCHALLER Doppeldressuren auf Formen mit gutem Erfolge durchführen (Dressurwarnnadel mit einem Dreieck von 1 $cm^2$, darunter schlechtes Futter; sowie der Fisch hüpft, wird die Nadel weggezogen. Dressurnadel mit Kreisscheibchen von gleichem Inhalt, daran gutes Futter, das er fressen darf. Versuch: beiderlei Nadeln ohne Futter). Nach erfolgreicher Dressur läßt Verfasser die Dreiecksnadel schon dicht über dem Wasser locken, während die Kreisnadel sich erst langsam nähert, und doch springt der Fisch nur nach ihr und läßt jene ganz unbeachtet. Auch als alle Schablonen nebeneinander unbewegt gleich hoch über das Wasser gehängt werden, glückt der Versuch. Quadrate und Sterne wurden ebenfalls unterschieden. Die Geschwindigkeit der Assoziationsbildung war in einzelnen Fällen sehr groß, jedoch individuell stark verschieden.

Äußerst belehrend ist BUYTENDIJKS ebenfalls durch Dressur gemachte Feststellung, daß Hunde Dreiecke von anderen geometrischen Figuren zwar im bewegten

Bilde zu assoziieren lernten, nicht aber, wenn die Bilder auf der Netzhaut ruhten. Durfte der Hund im multiple choice apparatus (mehrere Käfige mit Falltüren nebeneinander, über denen die Dressurfiguren angebracht sind wie bei BIERENS DE HAANS Farbdressur des Affen S. 888/89) frei herumlaufen, so lernte er bald die Figuren der Form nach zu unterscheiden, ebenso auch, wenn sie vor dem halbschwebend, bequem am Ort gefesselten Hunde als bewegte Schatten in das Lichtfeld des Projektionsapparates hineinwanderten; nicht aber, wenn sie dort ruhend erschienen, so daß also sowohl Hund wie Gegenstand unbewegt waren. Ob diese Feststellung sich derart verallgemeinern läßt, daß der Hund wirklich nur bewegte Formen erkennt, ruhende dagegen nicht, bleibt abzuwarten. Gewiß aber ist es bemerkenswert, daß die Fragestellung erstmals 1924 anläßlich eines zufälligen Versuchsbefundes erhoben und sogleich beantwortet wurde, und das bei einem Tier, das den Menschen seit vielen Jahrhunderten als täglicher Hausgenosse begleitet. — Bei einem Raubtier wäre die Aufmerksamkeitseinstellung lediglich auf bewegte Bilder eher verständlich als bei Pflanzenfressern wie Vogel und Affe, die die Frucht der Form nach aus dem vielgestaltigen Hintergrunde des Laubwerks heraussuchen müssen, auch wenn sie ruhig hängt. Beim Schweinsaffen scheint nach BIERENS DE HAAN die Sache denn auch anders zu liegen. Verfasser beschreibt, wie das Tier, ruhig vor seinen Käfigen sitzend, mit stillgehaltenem Kopf aufmerksam geradeausblickend seine Wahl trifft, dabei die Blickrichtung gelegentlich durch eine Gebärde unterstützend.

N. KOHTS kam mit ihrer Wahl nach Mustern beim Schimpansen natürlich viel rascher zum Ziel und konnte mehr Fragen beantworten lassen. Joni unterschied optisch alle ihm vorgelegten gleichfarbigen, geometrischen Figuren aufs beste, ebenso allerlei geometrische Körper, weiterhin kleine Höhen-, Längen- und Breitendifferenzen, ja sogar einige große gedruckte Buchstaben des russischen Alphabets. Auch das Interesse der Affen an ihrem Spiegelbilde (W. KÖHLER, TRENDELENBURG und NELLMANN, YERKES), verbunden mit lebhaftestem Streben nach dem Besitz des Spiegels (Schimpanse, Gorilla) und an Photographien ist ja ohne vorzüglichen optischen Formensinn unverständlich.

So läßt sich hier auch ohne Dressur bei den höchststehenden Tieren viel ausrichten. Die Mannigfaltigkeit ihres Verhaltens gegenüber sehr zahlreichen Objekten (Spielzeug, bestimmte Personen, Futterarten, Artgenossen, andere Tiere usw.) gibt eine Fülle von Möglichkeiten, die nur der experimentellen Ausnutzung harren. Ich möchte glauben, daß die Ausnutzung dieser Verhältnisse bequemer und vielfach auch sicherer zum Ziele zu kommen gestatte als die gerade bei den höchststehenden Tieren so äußerst schwer deutbare Dressur. Man hat deutlich die Empfindung des Ungereimten, wenn ein Affe durch Dressurversuche zeigen soll, daß er 20 von 5 cm unterscheiden könne, wo er doch die Reichweite seines Armes auf den cm genau abschätzt, wenn es gilt, die Kirsche durch das Gitter zu ziehen (NELLMANN und TRENDELENBURG).

Eine Fülle solcher ausbaufähigen Beispiele liefern die schönen Arbeiten von M. HERTZ über Rabenvögel (vgl. S. 918, 921/22), um nur eines zu nennen, das Wiedererkennen der so beliebten Zirbelnüsse, deren Aussehen durch Färben, Abraspeln u. dgl. verändert wurde bzw. die Annahme oder Verweigerung von zirbelnußähnlichen Attrappen. Die Überlegungen über die tierische Begriffsbildung auf S. 918ff. schließen hier unmittelbar an.

Die Frage des binokularen Sehens und der Tiefenwahrnehmung ist ebenfalls erst selten und nicht allzu eingehend behandelt worden; Ansätze dazu finden sich bei DEMOLL, EXNER, BALDUS und HOMANN für die Wirbellosen, während für die Wirbeltiere auf die umfangreiche ophthalmologische Literatur verwiesen sei. — Zahlreiche weitere Fragen des so weitverzweigten Lichtsinngebietes wie die nach der Photosensibilisierung durch Farbstoffe („photodynamische Wirkung"), nach den Receptoren des Hell- und Dunkelsehens bzw. des Richtungssehens niederer Tiere, der Pigmentwanderung bei Arthropoden und Wirbeltieren, des Augenleuchtens, der Funktion der Tapeta, der Funktion gewisser Augentypen, z. B. der nichtbildsehenden Insektenocelli, der Photokinese und viele andere müssen hier der Kürze halber übergangen werden.

## 2. Reflexphysiologie, nervöse Koordination. Rangordnung der Sinne.

Die Grenze zwischen Sinnes- und Reflexphysiologie der Tiere wird dadurch verwischt, daß als Kennzeichen der Erregung ja nicht subjektive Empfindungen, sondern Reaktionen dienen, die in ihre Einzelreflexe aufzulösen das nächste Ziel sein muß. Gute Beispiele für solche erfolgreiche Zerlegungen bieten die oben besprochenen Arbeiten TALIAFERROS und H. MÜLLERS (S. 896) u. a. Hier möchte ich ihres methodischen Wertes halber aus der vorhandenen Fülle TSCHACHOTINS Arbeit über die Statocyste von Pterotrachea anziehen, der durch sukzessiv fortschreitende Zerschneidungen des nervus staticus sowie sämtlicher Kommissuren des Nervensystems die Reflexbahnen, die von beiden Seiten der Statocyste und aus dem Zerebralganglion zu der Muskulatur der steuernden Rückenflosse führte, physiologisch zu isolieren vermochte. Weitere berühmte Beispiele sind BETHES Untersuchungen an Carcinus maenas sowie der Rückenmarksfrosch. Das ganze Gebiet fand durch BAGLIONI im 4. Band des WINTERSTEINschen Handbuchs der Physiologie eine zusammenfassende Darstellung. Auch die erste Lieferung des v. BUDDENBROCKschen Grundrisses bietet eine so schöne Einführung, daß auf eine erneute Darstellung der überdies äußerst vielgestaltigen Methodik an dieser Stelle verzichtet werden darf. Auch über die nervöse Koordination, d. h. das Zusammenspiel und Ineinandergreifen der Reflexe im Zentralnervensystem, ihre gegenseitige Bahnung und Hemmung, die synergistische und antagonistische Beziehung der Reflexbögen, SHERRINGTONS Prinzip der gemeinsamen Strecke, die Erscheinungen der zentralen Ermüdung und der Summation unterrichten die genannten Werke, W. FRÖHLICHS Aufsatz über die Physiologie des Nervensystems im Handwörterbuch der Naturwissenschaften sowie Spezialaufsätze dieses Handbuchs. Eine weitere sehr ansprechende Einführung ist v. UEXKÜLLS Umwelt und Innenwelt der Tiere. Über das Hineinspielen innersekretorischer Vorgänge in das nervöse Koordinationsgetriebe bzw. über rein innersekretorische Koordinationsvorgänge unterrichten WEIL, HARMS und HOGBEN gemäß dem heutigen Wissensstande.

Hierher gehört auch das, was sich kurz als *Rangordnung der Sinne* bezeichnen ließe. Bei jeder Tätigkeit eines Tieres, die zur Außenwelt in bestimmter Beziehung steht, wird ein bestimmter Sinn der führende, andere werden mitbeteiligt sein. Beim Nahrungserwerb der Libellenlarve z. B. spielt der optische Sinn die erste, der Erschütterungssinn die zweite Rolle, der chemische führt überhaupt nicht zur Nahrung, sondern prüft sie nur nachträglich, nachdem sie bereits erworben ist (KOEHLER, S. 890). Beim normalen Molch leitet wohl ebenfalls der Gesichtssinn am besten zur Nahrung, ebensogut aber vermag das nach Ausschaltung der Augen der Erschütterungssinn, und auch der chemische Sinn kann ihn bei Ausschluß auch des Erschütterungssinnes fast völlig ersetzen (MATTHES, vgl. S. 857—860). Bei den Planarien des strömenden Wassers (Planaria alpina) führt offenbar allein der Strömungssinn das (chemisch alarmierte) Tier zur Nahrung, bei den Arten des ruhenden Wassers (lugubris, polychroa) dagegen ausschließlich der chemische Sinn (DOFLEIN, KOEHLER, S. 868, 863). Der Gelbrandwasserkäfer ist ebenso wie der Hund ein „Geruchstier" (SCHALLER, S. 860), der Raubvogel ein „Augentier" usw. Für jede andere Tätigkeit kann natürlich eine andere Sinnesrangordnung bestehen. Sie festzustellen, ist regelmäßig die erste Aufgabe, die gelöst sein muß, bevor man an die erfolgreiche experimentelle Behandlung einer Sonderfrage denken darf.

## 3. Tierpsychologie.

Wenn PAWLOW schon die menschliche Psychologie eine Disziplin nannte, „deren Diener sich eben erst gegenseitig auffordern, hinsichtlich der allgemeinen Postulate, der allgemeinen Aufgaben und der unstreitig fruchtbringenden Methoden einig zu werden", so gilt das für die Tierpsychologie gewiß. Schon bei der ersten Begriffsbestimmung, was Tierpsychologie sei bzw. ob sie möglich sei, prallen die gegensätzlichen Meinungen aufeinander.

Die einen, mit FECHNER und WUNDT von der Allbeseeltheit der Natur oder wenigstens der Tiere überzeugt, können die Definition der menschlichen Psychologie unbedenklich auf alle Tiere erweitern (Lehre von den tierischen Bewußtseinsinhalten). Da beim Menschen viele physiologische Vorgänge psychische Korrelate haben, wie wir aus der Selbstbetrachtung des eigenen Seelenlebens unmittelbar wissen, kann der, der alles Tierische beseelt sein läßt, wenn er will, jede tierische Lebensäußerung bis herab zu den Kriechbewegungen der Amöbe psychisch begleitet sein lassen, so daß hier also Reizphysiologie und Tierpsychologie die gleichen Grenzen hätten (KAFKA).

Die Mehrzahl der Zoologen dürfte diesen Standpunkt[1] nicht teilen, da sie die Lehre von der Allbeseelung nur als unbeweisbaren Glaubenssatz anzusehen vermögen. Unmittelbar gegeben ist mir allein das eigene Bewußtsein vermöge der Introspektion. Auf das menschliche Bewußtsein unserer Mitmenschen schließen wir aus ihrem menschlichen Bau und Verhalten sowie aus der Möglichkeit, uns mit ihnen menschlich zu verständigen, per analogiam mit einer der Sicherheit gleichkommenden Wahrscheinlichkeit. Für das Tier aber sinkt die Wahrscheinlichkeit des Analogieschlusses um so mehr, je weniger menschenähnlich sein Bau und sein Verhalten ist. Den höchststehenden Säugern wird wohl fast immer Bewußtsein unbedenklich zugesprochen, den niedersten Tieren dagegen zumeist nicht; sehen wir aber, wie einer beim Huhn, der andere beim Regenwurm, der dritte bei der Amöbe die untere Grenze der Beseeltheit zieht, so beleuchtet diese Unsicherheit grell den wahren Sachverhalt: Die Bewußtseinsfrage beim Tier wird immer Glaubenssache bleiben; streng wissenschaftlich lösbar ist sie nicht[2]. Ein fremdes Bewußtsein zu erleben ist uns versagt; schon in den Mitmenschen sich einzufühlen, vermögen die wenigsten, und wer es je versucht, weiß nie, ob es gelang. Wer sollte sich anmaßen, sich in die Tierseele einfühlen zu können?

So schütten nicht wenige das Kind mit dem Bade aus und leugnen das tierische Bewußtsein überhaupt, und damit ihrer Meinung nach die Möglichkeit einer Tierpsychologie. Besonders wer das Leib-Seele-Problem durch seine materialistische Leugnung zu „lösen" sein Genügen findet (Seele „ist" für ihn Physiologie des

[1] Weiterhin widerspricht die Weite des KAFKAschen Anwendungsbereichs dem Sprachgebrauche. Der Patellarreflex gehört auch nicht in die menschliche Psychologie hinein, sondern in die Physiologie. Diese Weite verführt dazu, gegen das Gesetz der Sparsamkeit naturwissenschaftlicher Erklärung zu verstoßen, wie es u. a. der Fall war, wenn DEMBOWSKI Infusorien „Motive" unterschob.

[2] Daß es objektive Kriterien zum Nachweise eines tierischen Bewußtseins gäbe, wie sie von manchen in der Lernfähigkeit, d. h. im Gedächtnis, von anderen in der Fähigkeit, eine „Relation" zu erfassen (vgl. S. 919 ff.), gesehen wurden, vermag ich nicht anzuerkennen. Würde ersteres zutreffen, so wären zufolge SEMON-HERINGS berühmten Gedankengängen die Keimzellen von Tier und Pflanze auch bewußt, und gerade hinsichtlich des zweiten gibt es wohl über den Sachverhalt der sog. Relationen fast ebensoviel Deutungen wie Autoren, die sich mit ihnen beschäftigten.

Zentralnervensystems), entschließt sich leicht zu dieser Negation. So erhebt sich für die Vertreter dieses Standpunktes die Forderung, das tierische Verhalten auch in seinen höchsten Stufen in *rein* physiologischer Terminologie zu beschreiben (PAWLOW).

Dritte erkennen an, und zwar ganz unabhängig von jeder weltanschaulichen Einstellung, daß der Zwang der physiologischen Ausdrucksweise beim heutigen geringen Kenntnisstande unerträglich werden kann, und reden psychologisierend dort, wo die Physiologie des Zentralnervensystems „noch nicht" zur Tatsachenbeschreibung ausreicht. Ihnen ist Tierpsychologie die Lehre von den höchsten Funktionen des Zentralnervensystems, die sich *derzeit* bequemer psychologisch als physiologisch beschreiben lassen. Allmählich aber wird ihrer Meinung nach der psychologische Rest sich ganz in Physiologie auflösen. — Tatsächlich fallen fast alle Autoren an einem gewissen Punkte von selbst in die psychologische Terminologie, und wir werden es hier nicht anders halten. Dabei fällt immer wieder auf, wie sehr die Grenze schwankt. v. FRISCH beschreibt seine Bienendressuren, ihr Mitteilungsvermögen psychologisierend, und gerade das letztere, dem niemand bewußte Absichten der Bienen, sich mitzuteilen, unterlegen wird, wäre in physiologischer Sprache darstellbar. PAWLOW vermag selbst beim Hunde mit rein physiologischer Terminologie auszukommen und nur in der gewiß physiologisch gemeinten ominösen Wortverbindung „psychischer Magensaft" kommt das Wort Psyche bei ihm vor. Dennoch glaube ich, wird jeder Leser v. FRISCH Dank wissen, daß er sich dem Zwange der rein physiologischen Sprache entzog.

Aber auch diese Einstellung, die wir wohl als praktisch korrekt bezeichnen dürfen, vermag nicht voll zu befriedigen, da sie der wirklichen Entscheidung ausweicht.

Jeder nicht ganz einseitig an rein naturwissenschaftlicher Methodik Geschulte muß bemerken, daß menschlich-psychische Vorgänge und ihre physiologischen Korrelate inkommensurable Größen sind und es bleiben werden, auch wenn die Hirnphysiologie ihr Endziel erreichen sollte. Ebenso wird jeder, der einmal die Ausdrucksbewegungen der höchsten Säuger mit offenen Augen betrachtete, an der Existenz einer tierischen Psyche nicht zweifeln. Damit aber ist er gezwungen, Tierpsychologie zu betreiben, obwohl er eingesteht, daß die Grundannahme der tierischen Psyche streng wissenschaftlich unbeweisbar bleibt, und daß über die eigentlich subjektive Tönung ihrer Inhalte niemals Kunde zu uns gelangen wird. So bleibt nichts zu tun übrig, als das, was wir tun: experimentell das Verhalten der Tiere, die Beschaffenheit ihrer Sinne, den Verlauf ihrer Reflexbahnen und deren Koordination, darüber hinaus aber auch diejenigen *höheren Tätigkeiten* zu erforschen, die sich rein physiologisch heute nur unter Zwang oder gar nicht ausdrücken lassen. Sie beschreiben wir in Ausdrücken, die der menschlichen Seelenlehre entlehnt sind, wohl wissend, daß wir damit nichts als rohe Symbole geben. Wir malen uns aus, wie ein *menschliches* Bewußtsein aussehen würde, das auf das (experimentell erforschte) tierische Sensorium mit seinen Grenzen und seinen Abweichungen von Menschensinnen, auf die ebenso erforschten tierischen Reflexbögen, Koordinationsvermögen und Erfolgsorgane angewiesen wäre, in einem Rahmen, der nach dem Prinzip der Sparsamkeit alle Verhaltenszüge des untersuchten Tieres dem Menschen verständlich macht. Zugegeben, daß wir mit allem Bemühen doch immer nur den Menschen ins Tier verlegen; aber wir tun es bewußt und in kritischer Berücksichtigung aller der Beschränkungen, die die Versuchstatsachen uns auferlegen, nicht aber naiv wie die älteren, die das Tier schlechterdings empfinden und denken ließen, als ob ein Mensch in ihm stäke. Wir wissen heute aus den Tatsachen, welche Grenzen unseren psychologischen Spekulationen gezogen sind, und bestreben uns, diese immer weiter einzuengen; die ältere Spekulation aber war uferlos. Behalten wir nur immer im Auge, daß die beschreibende Terminologie vergänglichen Wert hat, die Experimentaltatsachen aber bestehen bleiben, und daß sie zusehends zu immer stärkerer Einengung der Spekulationsmöglichkeiten führen, so wird das beglückende Gefühl in uns lebendig bleiben, daß wir auf dem richtigen Wege sind, und wir werden die anderen bedauern, die sich aus unnötiger Skepsis eines der schönsten Forschungsgebiete selbst verschließen.

Kurz, als Aufgabe der Tierpsychologie möchte ich das experimentelle Studium bzw. die experimentalkritische Beobachtung der *höchsten Verhaltensformen* der Tiere nach vorhergehendem exakten Studium insbesondere ihres Sensoriums bezeichnen. Die *Beschreibung* der Versuchsergebnisse selbst wird sich jeder psychologischen Ausdrucksweise stets zu enthalten haben; in ihrer *Deutung* aber wird dort, wo die Physiologie und ihre Termini versagen, die Benutzung psychologischer Wendungen geraten sein, um die Meinung des Autors möglichst einfach zu symbolisieren. Der psychologischen Deutung wird ein in dem Sinne erkärender Wert, wie jede solide physiologische Erklärung ihn besitzt, nicht zukommen; die psychologische Deutung ist und bleibt, wie oben ausführlich begründet, ein Notbehelf, wenn auch ein unentbehrlicher. — Und weiterhin soll durch Anwendung der psychologischen Ausdrucksweise keineswegs behauptet werden, daß das fragliche Tier ein Bewußtsein vom Klarheitsgrade des menschlichen haben müsse. Ist uns Menschen zwar bewußtseinslose Psychologie unvorstellbar, ja geradezu ein Widerspruch in sich, so besteht doch die Tatsache, daß viele physiologische Vorgänge stets ohne psychisches Korrelat ablaufen, und ferner, daß vielleicht die Mehrzahl unserer Handlungen sowohl unter Kontrolle des Bewußtseins als auch ohne sie ausgeführt werden können, ohne daß ein Beobachter zu entscheiden vermöchte, ob im Spezialfall dies oder jenes zutraf. Vor jedem Psychologisieren ist also stets die reservatio mentalis zu denken: Falls das Tier ein Bewußtsein haben sollte, was wir mit wissenschaftlicher Gewißheit niemals erfahren werden, im vorliegenden Falle aber doch für mehr oder weniger wahrscheinlich halten, so ließe sich der psychische Akt, von der menschlichen Psyche aus per analogiam betrachtet, etwa so und so ausmalen.

Wo die Grenze anzusetzen sei, bei der man psychologisch zu reden beginnt, das muß der vom Gesetz der Sparsamkeit naturwissenschaftlicher Erklärung geleitete Takt im Einzelfalle entscheiden. Man schreite mit der physiologischen Terminologie so weit vor, als es ohne Zwang möglich ist, dann aber scheue man sich nicht, die Dinge bei ihrem psychologischen Namen zu nennen. Und gerade der folgende Abschnitt über die Raumorientierung wird zeigen, wie die Dinge ineinandergleiten; er beginnt in rein physiologischer Nomenklatur (Taxien), bei den Objekten der Telotaxis (S. 907) und vollends der Mnemotaxis (S. 909) aber mischt sich Psychologisches in steigendem Masse ein.

## A. Orientierung der Tiere im Raum.

Grundlegend ist hier KÜHNS gleichnamige Schrift. Während die Phobotaxien (vgl. S. 852/53) bei Metazoen eine im Vergleich zu den Protisten untergeordnete Rolle spielen, stehen die *Tropotaxien* (gerichtete Bewegungen in einem Reizfelde) im Mittelpunkt des Interesses. Sie trennen sich je nach dem Auslösungsmechanismus in 4 Untergruppen:

a) *Tropotaxien* sind Richtungsreaktionen, die den Organismus veranlassen, durch aktive Kompensationsbewegungen ein *Erregungsgleichgewicht* in symmetrischen Receptoren herzustellen. Ist dieses Gleichgewicht erreicht, so befindet sich der Organismus im reizlosen *Indifferenzzustande*; er verharrt also im augenblicklichen Bewegungszustande (Ruhe oder Andauern der geradlinigen Bewegung) so lange, bis durch Richtungsänderung des Reizes oder zufällige Abweichungen des Tierkörpers (auch Suchbewegungen) erneut asymmetrische Erregung seiner Receptoren stattfindet; diese löst wiederum die Kompensationsbewegung aus, die den Organismus in die Normallage zur Reizrichtung und damit in den indifferenten Zustand zurückführt. Jede Reizart kann tropotaktische Raumorientierung bedingen. Beim *chemischen* Sinn erscheint eine andere Richtungnahme so gut wie undenkbar und dürfte in Fällen wie COPELANDS Nereis tatsächlich die positive Chemotaxis erklären: Wenn Köderstoffe mit dem Atemwasserstrom in die Wohnröhre des Wurmes gelangen, so streckt er sich in Richtung auf das Diffusionszentrum soweit wie möglich zur Röhre heraus, ohne sie jedoch mit dem Hinterende zu verlassen. Ist die Entfernung zu weit, so zieht er sich wieder zurück und gräbt in der Tiefe des Sandes einen Gang in Richtung auf den Köder, aus dem er in größerer Nähe desselben wieder auftaucht, um dort das Spiel zu wiederholen. Auch bei den Planarien des ruhenden Süßwassers (lugubris, polychroa nach unveröffentlichten Beobachtungen des Verfassers) scheint die chemische Orientierung rein tropotaktischen Charakter zu haben. Die experimentelle Begründung des Gesagten ist im Gange.

Der *Tastsinn* der Mehlwurmlarve (CROZIER) (vgl. oben S. 867) erlaubt tropotaktische Orientierung. Wenn beide Körperseiten mit gleich großer Fläche senkrechte Wände berühren, so kriecht das Tier beim Freikommen aus der Gasse geradeaus; ist die berührte Fläche auf einer Körperseite größer, so wendet es beim Freikommen nach dieser Seite. Reizmengengleichgewicht löst also keine Orientierungsreaktion, keine Wendung aus, ihm entspricht der reizlose Indifferenzzustand. Ein Erregungsplus der einen Seite aber führt sogleich zur Wendereaktion. Die Gesamtheit der Tangoreceptoren einer Körperseite (denn es ist gleichgültig, welcher Körperregion die gereizten Receptoren angehören, nur auf die Seite kommt es an, wie auf die Gesamtgröße der gereizten Fläche) ist also als einsinniger Lenker, der Flußkrebsstatocyste vergleichbar.

Auch für die Rheotaxis der Planarien, Fische und anderer Formen vermöge ihres *Strömungssinnes* (vgl. S. 868) wüßte ich keine andere Erklärung.

Die Schallokalisation des Ortes des zirpenden Liogryllusmännchens durch das brünstige Liogryllusweibchen (vgl. oben S. 875/76) durch die beiden symmetrischen Tympanalorgane, ebenso das Anpeilen der Schallquelle durch die Fühler des abgeschnittenen Kopfes sind gute Beispiele dafür, daß sowohl *Gehörssinn* wie *Erschütterungssinn* tropotaktische Orientierung vermitteln können. Allen menschlichen Schallokalisationstheorien liegen ebenfalls tropotaktische Vorstellungen zugrunde.

Die geotaktische Normaleinstellung mittels Reflexen, die von Schweresinnesorganen ihren Ausgang nehmen, sind dann als reine Tropotaxien zu deuten, wenn die Statocysten einsinnige Lenker darstellen. Für den Flußkrebs ist dieser Nachweis auf S. 870 nachzulesen. Die Normalhaltung des freischwebenden Flußkrebses entspricht dem indifferenten Zustande, wobei beide Statocysten infolge gleicher Horizontallage im Reizmengengleichgewicht stehen, so daß die gleichstarken entgegengesetzten Impulse, die sie dem Zentrum zuleiten, sich aufheben. Nach Entfernung einer Statocyste ist Rückkehr in den Indifferenzzustand ausgeschlossen. — Der Gedankengang läßt sich auch auf die radiärsymmetrischen Medusen FRAENKELS und BOZLERS ausdehnen (vgl. S. 869—70). In ihrer Normallage sind alle 8 Randorgane gleich stark gereizt, und so ergibt gleich starke Kontraktion aller 8 angrenzenden Schirmsektoren den senkrecht auf- bzw. abwärtsführenden normalen Glockenschlag. Bei Schieflage und beispielsweise negativer Geotaxis (FRAENKEL, Cotylorhiza) aber liefert der gerade zuoberst liegende Randkörper ein Erregungsplus: im zugehörigen Schirmsektor bleibt der Tonus auch in der Erschlaffungsperiode erhöht, mit anderen Worten, aus dem Normalschlag wird ein Kompensationsschlag, der das Tier wieder senkrecht aufwärts orientiert.

Allgemein gesprochen ist zum Nachweis tropotaktischer Orientierung folgendes erforderlich: Symmetrisch angeordnete Receptoren und ihre Erregbarkeit durch den adäquaten Reiz müssen nachgewiesen sein. Werden die Sinnesorgange einer Seite durch Ausschaltung der anderen isoliert, so muß ein asymmetrischer Reflex, bzw. eine Menge von solchen auftreten, die eine Ablenkung des Tieres zur Folge haben. Das Sinnesorgan bzw. die Sinnesorgane der Gegenseite müssen denselben Reflex im spiegelbildlich entgegengesetzten Sinne auslösen, wenn sie allein erhalten bleiben. Bei gleich starker Reizung beider aber müssen die beiden gegensinnigen Erregungen sich aneinander totlaufen, so daß weder der eine Reflex noch sein Gegenteil auftritt, vielmehr das Tier reaktionslos im Indifferenzzustande verharrt. Ein Zurruhekommen des einseitig der betreffenden Sinnesorgane beraubten Tieres kann nur dann stattfinden, wenn andere Sinne, die ebenfalls steuern können, nachweislich die Steuerung übernehmen.

Was sich hieraus an Forderungen zum Nachweis tropotaktischer Lichtorientierung[1] ergibt, ist wohl am schönsten in A. MÜLLERs Asseluntersuchungen erfüllt (vgl. S. 896). Das Auge ist ein einsinniger Lenker, mag man diesen oder jenen Teil desselben isolieren[2], immer steuert er das Tier im gleichen Sinne, der nur vom Sinn der phototaktischen Stimmung abhängt: hellgehaltene Tiere sind positiv, dunkelgehaltene negativ phototaktisch. Ein einseitig geblendetes Armadillidium beschreibt in diffusem oder in Oberlicht Kreisbahnen, bei negativer Stimmung zur geblendeten, bei positiver Stimmung zur sehenden Seite. Positiv gestimmt vermag es nicht mehr geradlinig auf die Lichtquelle loszusteuern: es wendet sich zur Lichtseite und kriecht am Lichte vorbei; die beiderseits sehende Assel dagegen kriecht geradeswegs auf das Licht los. Alle oben gestellten Forderungen sind hier ver-

[1] Der sog. *Zweilichterversuch* (Darbietung zweier Lichtquellen bzw. zweier parallelstrahliger Lichtbündel, die sich rechtwinklig überkreuzen) hat eine solche Fülle von Literatur gezeitigt, daß man über ihn allein einen Methodenaufsatz schreiben könnte. Die Deutung seiner Versuchsergebnisse ist so umstritten, daß diese Diskussionen vielen die Beschäftigung mit dem Orientierungsproblem verleidet haben. Da eine Einigung über diese Auslegungen vorerst nicht zu erwarten ist, habe ich ihn hier geflissentlich aus dem Spiel gelassen.

[2] Zur *Ausschaltung von Augen* der Wirbeltiere ist die Exstirpation die sicherste Methode; Verätzen oder Kauterisation der Kornea genügt zur Ausschaltung des Bildsehens. Bei Arthropoden und niederen Tieren hat man oftmals die Augen ausgebrannt, doch besteht dabei stets die Gefahr der Wärmeschädigung des nahe benachbarten Oberschlundganglions, die die Verhältnisse unübersehbar komplizieren muß. So ist für Arthropoden die beste Methode wohl die Lackierung mit Spirituslack, wobei freilich größte Sorgfalt erfordert wird. Die Alkoholkonzentration ist für jeden Fall erneut genau auszuprobieren. Die Augen müssen vor der Lackierung völlig trocken sein; der Lacküberzug ist mehrfach zu erneuern, besonders wenn das Tier nach Erwachen aus der Narkose Putzbewegungen macht. Im Wasser wird der Lacküberzug meist noch rascher schadhaft als in der Luft. Genaue Anweisungen für Drosophila gibt BOZLER, 1925. — Nach gelungener Ausschaltung der Augen ist *in Dunkelversuchen* stets der Nachweis zu führen, daß der Wund-, Lackierungs- bzw. Blendungsreiz allein *nicht* etwa Reaktionen hervorruft, die fälschlich als Ausfallserscheinungen des Lichtsinnes angesprochen werden könnten. So kann der Blendungsreiz allein schon im Dunkeln Kreisbewegungen auslösen (MÜLLER, ANNEMARIE). — Um die *Spuren der Versuchstiere festzuhalten*, dient erstens die *Ruß*methode. Das Landtier (Insekt) kriecht auf berußtem Papier oder in Lykopodiumsamen od. dgl., der in dünner Schicht auf glattes Papier aufgestreut wurde, und zeichnet so die Spur selbst auf. Für Dunkelversuche ist dies das einzige Mittel, neben Beobachtung in schwachem rotem Licht, für das viele Arthropodenaugen unempfindlich zu sein scheinen. — Oder man läßt das Tier auf Millimeterpapier kriechen, auf dem nötigenfalls noch weitere Tuschemarken angebracht sind, und zeichnet seinen Weg auf einem daneben liegenden Papier mit entsprechender Einteilung mit. Eine hübsche Abwandlung dieser Methode für Wassertiere (Krabben) gab BROCK an („Steinmethode"). Man kann auch über den Versuchsbehälter eine Glasplatte legen und bei senkrecht darüber fixiertem Auge (Kopfhalter) die Bahn des Tieres auf der Glasplatte mit Tusche nachfahren (DOFLEIN u. a.).

wirklicht: Das Auge ist ein einsinniger Lenker, sein Verlust ist unersetzbar, mit einem Auge ist die gezielte Positivbewegung unmöglich. Der Drehungssinn des Kompensationsreflexes, den das linke Auge auslöst, ist dem des vom rechten ausgelösten entgegengesetzt, was natürlich gelten bleibt, wenn beide gleichzeitig (beim Wechsel von positiver zu negativer Stimmung oder umgekehrt) ihren Sinn austauschen.

Diese tropotaktische Einstellungsweise ist den Nullmethoden der Physik vergleichbar, die bekanntlich sehr genau arbeiten: Wirken zwei gleichgroße Kräfte gegeneinander (2 gegensinnige Ströme im WHEATSTONEschen Brückendraht, Tauziehen, kämpfende Stiere), so ist das System in Ruhe; sobald aber eine der beiden Kräfte auch nur ein geringes nachgibt, so gibt es einen großen Ausschlag. — Alle übrigen topotaktischen Orientierungen arbeiten ohne die die Tropotaxis kennzeichnende Erregungssymmetrie.

b) *Menotaxis.* Es wird eine bestimmte, *unsymmetrische* Reizverteilung auf der Gesamtsinnesfläche durch Kompensationsbewegungen festgehalten. Über Menotaxis vermittels des Strömungssinnes berichtet J. DOFLEIN: dieselbe Planarie, die vorher tropotaktisch dem Strom entgegenkroch, kann auch in konstantem Winkel zu den Stromfäden weite Strecken geradlinig zurücklegen, d. h. die Richtung, in der sie gerade kroch, als der Strom sie überraschte, beibehalten. Daß es sich nicht etwa um Reaktionslosigkeit handelt, zeigt sich dann aufs deutlichste, wenn die Stromfäden divergieren, z. B. wenn Wasser aus enger Öffnung über eine geneigte Platte auseinanderfließt; indem der Winkel zwischen Stromfaden und Marschrichtung dauernd derselbe bleibt, ergibt sich ein Stück Spiralbogen, der das Tier der Quelle zuführt. v. BUDDENBROCKs Lichtkompaßbewegungen von Raupen, die optisch ausgelösten Nystagmusbewegungen beweglicher Augen bzw. Köpfe von Tieren, die es ermöglichen, daß trotz Ortswechsels des ganzen Tieres das Blickfeld doch immer dasselbe bleibt, bilden weitere Beispiele für Menotaxis. (Über Menotaxis bei Bienen und Ameisen im markenfreien Gelände vgl. S. 909.)

c) *Telotaxis.* Der Begriff wurde für den Lichtsinn aufgestellt. Besitzt ein Auge eine Stelle des deutlichsten Sehens, die aktiv auf den zu betrachtenden Gegenstand gerichtet werden kann („fixieren"), so sind häufig Reflexe ausgebildet, die bei Verschiebungen des Gegenstandes bzw. des Körpers oder beider das Auge zwangsmäßig in der Fixationsrichtung auf den Blickzielpunkt festhalten. Das trifft gleichzeitig für beide Augen zu, die entsprechend konvergieren, und da bei beweglichen Augen bzw. beweglichem Kopfe weitere Reflexe hinzukommen, die die Medianebene des Tierkörpers dauernd mit der Winkelhalbierenden des Konvergenzwinkels beider Augen („ideale Fixierlinie") zusammenfallen lassen, so rückt das bewegte Tier gezielt auf den fixierten Gegenstand los: als Beispiel diene der auf die Beute stoßende Falke oder die im binokularen Gesichtsfelde die Fliege erzielende Zunge des Chamäleons. Seit Jahren besteht nun ein Streit um den Charakter der optischen Zielreaktionen niederer Tiere, die bald als Tropotaxis, bald als Telotaxis gedeutet werden. In beiden Fällen ist gezieltes Wandern auf einen Lichtpunkt hin möglich: bei Tropotaxis, wie oben ausgeführt, nach Verlust eines Auges nicht mehr, wohl aber bei Telotaxis, denn auch ein Auge hat seine Stelle des deutlichsten Sehens und kann fixieren. Ist das tropotaktisch lenkende Auge ein einsinniger, so ist das telotaktisch orientierende ein mehrsinniger Lenker: Belichtung seiner Stelle des deutlichsten Sehens löst keine Wendereaktionen aus, entspricht also dem Indifferenzzustande der Tropotaxis; Belichtung von anderen Punkten der Netzhaut aber löst Kompensationsbewegungen aus, die dem Sinne nach jeweils entgegengesetzt sind, je nachdem der belichtete Punkt auf der einen oder anderen Seite der Stelle des deutlichsten Sehens liegt, und um so ausgiebiger, je größeren Winkelabstand der belichtete Netzhautpunkt von der Stelle des deutlichsten Sehens hat.

Erlaubt also ein Auge allein die Zielbewegung, so muß Telotaxis vorliegen; wenn umgekehrt einseitig geblendete Tiere dauernd Kreisbewegungen in diffusem Lichte ausführen (die nicht auf den Wund- oder Blendungsreiz zurückzuführen sind, vgl. A. Müller u. a.), so muß es sich um Tropotaxis handeln.

Wie Herter zeigte, sind die Hinteraugen von Nereis diversicolor einsinnige Lenker, die Tropotaxis bedingen, die Vorderaugen dagegen lösen phobische Reaktionen aus. Genau so gut wäre es denkbar, daß bei einem Tier eine Augenregion tropotaktisch, die andere telotaktisch orientierte, ja es erscheint sogar sehr wahrscheinlich, daß eine und dieselbe Augenstelle bald tropotaktische, bald telotaktische Reaktionen auslöse. Masts Raubfliege Proctacanthus hat Augen, die als typisch mehrsinnige Lenker zu bezeichnen sind, und auch der Lebensweise nach (Beutefang) ist Telotaxis viel wahrscheinlicher als einfache Tropotaxis. In diffusem Lichte aber zeigt das einseitig geblendete Tier Manegebewegungen. Solange also abbildbare Gegenstände vorhanden sind, die biologische Bedeutung besitzen, würde Telotaxis bestehen, in diffusem Lichte ohne abbildbare Gegenstände aber Tropotaxis (wobei freilich wiederum nur spiegelbildlich symmetrische Ommatidien des mehrsinnig lenkenden Auges in rein tropotaktischer Beziehung gedacht werden dürfen). So werden die Dinge sich nachweislich im Einzelfalle recht verwickelt gestalten können. Es wird bei diesen Erörterungen immer vergessen, daß das Hirn eines Insekts wohl kaum nur als der Durchgang für 2 oder 4 wohlisolierte Reflexbögen vorgestellt werden darf, daß es vielmehr in gewissem Grade auch Schaltmöglichkeiten besitzen könne, die es aussichtslos erscheinen lassen zu sagen: Diese Spezies reagiert auf diesen Reiz so und nicht anders, gleichgültig woher und in welchem Zustande man das Tier in den Versuch nimmt, und wie man dessen Einzelheiten anordnet. Ich zweifle nicht, daß es leicht möglich wäre, ein telotaktisch reagierendes Tier wie die Honigbiene, die optisch gezielt die Blüten anfliegt, durch Aufsetzen einer Milchglasbrille (Verdecken der Augen mit lichtdurchlässigem, aber das Bildsehen ausschließendem Paraffin oder ähnlichen Medien) zu tropotaktischer Orientierung zu reduzieren. Ist aber erst einmal nachgewiesen, daß dasselbe Tier auf beiderlei Weise reagieren könne, so werden viele Kontroversen gegenstandslos werden, die heute teilweise im Begriffe sind totdiskutiert zu werden. Dies ist der Grund, warum ich den sog. Zweilichtversuch hier übergangen habe. Das einseitige Bestreben der einen, alles als Tropotaxis zu deuten, hat ebenso viel Verwirrung angestiftet wie das gegenteilige Betreben derer, die nur Telotaxis gelten lassen wollen. Z. B. ist es methodisch richtig, diffuses Licht zum Nachweis der Tropotaxis (Manegebewegungen einseitig geblendeter Tiere) zu verwenden; ist das geglückt, so wissen wir, daß das Tier tropotaktisch reagieren *kann*, nicht aber, daß es „ein Tropotaxistier“ sei; denn möglicherweise ist es auch des Bildsehens und telotaktischer Orientierung fähig. Um diese aber nachzuweisen, wäre es völlig verkehrt, diffuses Licht zu verwenden, vielmehr muß man ihm Gegenstände hinstellen, und zwar vorab solche, die für das Tier biologisches Interesse haben. Wozu wäre Bildsehen überhaupt da, wenn die Besitzer bildsehender Augen nur tropotaktisch reagieren sollten, als hätten sie nur einfache Pigmentflecke oder nicht bildsehfähige Augen wie Armadillidium?

Daß telotaktische Steuerung auch durch andere Sinne möglich ist, erscheint mir als sicher. Wo eine Statocyste dasselbe leistet wie beide (*Branchiomma* nach v. Buddenbrock), da ist es ohne Zwang möglich, den Begriff der Telotaxis sinngemäß auch auf einen solchen Fall zu erweitern. Zur Erklärung seiner Befunde (aus jeder Anfangslage, die der Wurm im Raum einnehmen mag, vermag er sich, Schwanz voran, senkrecht abwärts in den Sand einzugraben; das gilt für den normalen so gut wie für den einseitig entstateten Wurm; nach Zerstörung beider Statocysten ist das Schwanzende unsteuerbar. Die Statocysten liegen am Kopfende) denkt sich v. BUDDENBROCK die Statocyste mit einem System von Breiten- und Längengraden überzogen und weist nach, daß je nach dem Ort, den der Statolith drückt, ein anderer Teil des Hautmuskelschlauches antwortet, indem der belastete Statocystenmeridian, mit dem gleichen Meridian des Hautmuskelschlauchs reflektorisch verbunden, dort eine um so stärkere Beugung des Schwanzendes hervorruft, je näher der belastete Breitengrad dem Nordpol (dem höchsten, der Tentakelkrone zugewandten Punkte der Statocyste) liegt. Ihr Südpol entspricht also, wenn wir die Statocyste mit dem telotaktischen Auge vergleichen, der Stelle des deutlichsten Sehens; er wird beim aufrecht eingegrabenen Wurm belastet, und der Fuß bleibt reaktionslos. Je geneigter aber das Vorderende mit der Statocyste liegt, um so mehr krümmt sich die Fußspitze, und zwar vermöge der geschilderten Verknüpfung stets genau vertikal abwärts in den Sand. Die Analogie mit dem telotaktisch steuernden Auge ist vollkommen (vgl. oben S. 899). Welche Bilder telotaktische Reaktionen auslösen und welche nicht (Beuteerkennen z. B.), das kann mnemisch durch voraufgegangene Erfahrungen mitbedingt sein; der telotaktische Orientierungsablauf aber ist rein reflektorisch. Anders liegt es bei der

d) *Mnemotaxis*, die am klarsten beim Wegfinden der Tiere zu ihrem Nest oder zur bereits bekannten Futterstelle vom Nest aus zu beobachten ist. KÜHN hat anschaulich dargelegt, wie an jedem Punkte der Flugbahn der Honigbiene die Einstellung aufs neue so erfolgen müsse, daß die Reihenfolge der (bei der Biene optischen) Gegenstandsbilder mit der gedächtnismäßig festgehaltenen Reihenfolge der Erinnerungsbilder bzw. beim Heimweg mit ihrer Umkehrung übereinstimmt.

E. WOLF konnte diese Vorstellungen auf Grund seiner Versuche bestätigen. Verschob er, wie schon früher oft geschehen, den Bienenstock nur um wenige Meter, so staute sich ein großer Teil der Heimkehrer am alten Fluglochorte im freien Raum, am stärksten bei Hebung oder Senkung des Stocks, weniger stark bei seitlichen, am schwächsten bei Rückwärtsverschiebungen in gleicher Höhe. Nehmen wir an, die Bienen hätten sich die alte Stocklage nach optischen Marken in der Umgebung des Stocks gemerkt, so entspricht dies Verhalten der Erwartung, die sich aus BAUMGÄRTNERS Befunden (vgl. S. 899; größte Sehschärfe in vertikaler, geringere in wagerechter Richtung) ergibt. Die Anbringung optischer Marken (Farbblätter auf dem Boden, Bretter u. dgl.) steigert den Störungsgrad, Mangel an solchen Marken setzt ihn herunter. Wird der Stock in eine unbekannte Gegend verbracht, und werden Bienen, noch ehe sie dort Orientierungsflüge unternehmen konnten, 150 m vom Stock entfernt freigelassen, so findet sich keine einzige zum Stock zurück. Je länger man ihnen aber am neuen Orte zu Orientierungsflügen Zeit läßt, um so weitere Strecken Passivtransportes überwinden sie in raschem Heimfluge, und um so rascher vollzog sich dieses Einprägen der neuen optischen Marken, je freier von Sehhindernissen, wie Häuser, Wald und Hügel, die neue Gegend war. Ebenso sprechen noch viele weitere Beobachtungen deutlich für optisch mnemotaktische Orientierung im markenreichen Gelände. — Aber auch in einem so markenarmen Gebiet, wie auf einem verlassenen, vegetationsfreien Flugzeuglandeplatz, der ganz von einförmigem Geröll bedeckt war, fanden die Bienen, wenn auch erst nach langer Dressur, den Hin- und Rückweg zwischen dem Stock und einem 150 m weit entfernten Zuckerwasserschälchen, sagen wir zwecks vereinfachter Beschreibung genau nördlich vom Stock. Jetzt wurden am Futterplatze abgefangene Bienen in dunkeln Schachteln an drei Plätze gebracht, die alle genau im gleichen Abstande vom Stock (150 m) in östlicher, westlicher und südlicher Richtung lagen. Dort losgelassen, flogen alle Bienen 150 m weit geradlinig südwärts, um dann mit Suchflügen zu beginnen, die sie endlich doch noch zum Stock hinführten. Wurden weiterhin Bienen am Futterplatz abgefangen und für eine Stunde dort festgehalten, so flogen sie nach Freigabe nicht genau südwärts, sondern entsprechend dem neuen Sonnenstande in etwa 15° gegen Westen abweichender Richtung 150 m weit, um dann abermals in Suchkurven den Stock zu erreichen. Wir haben es demnach genau wie bei CORNETZ' und SANDSCHIS Ameisen mit einer mnemotaktischen Orientierung nach dem Sonnenstande zu tun, die selbst bei bedecktem Himmel nach dessen Helligkeitsverteilung erfolgt. Im praktisch markenfreien Gelände (Versuche am Flugplatze mit rasterartig auf die Erde gelegten Farbpapieren sprachen indirekt dafür, daß auch die Biene in diesem Gelände keine optisch verwertbaren Landmarken sah) tritt also die Lichtkompaßreaktion in ihre Rechte, und zugleich macht sich die Fähigkeit geltend, die Länge einer mehrfach durchflogenen Strecke richtig zu reproduzieren; ganz wie die Küstenschiffer bei guter Sicht nach Landmarken steuern, im Nebel aber zum Kompaß und Logg greifen. Inwieweit ferner chemische Reize (Stockgeruch, Duft der am Stockeingang sterzelnden Bienen) bei den Stockverschiebungsversuchen und überall kinästhetische Orientierungsmittel mitgesprochen haben mögen, bleibt vorerst noch offen. Auch liegen deutliche Anzeichen für die Mitbeteiligung eines derzeit noch rätselhaften Sinnes in den Fühlerbasen vor; ja WOLF schreibt ihm die Hauptrolle bei dem auffälligen Kleben der Heimkehrer am alten Fluglochorte im freien Raume zu.

Das äußerst interessante, teils auch schon experimentell angegangene Kapitel des Ameisenwegfindens erfuhr kürzlich durch BRUN eine sehr ansprechende Zusammenfassung, auf die hier verwiesen sei; auch was wir nicht wissen, kommt darin klar zum Ausdruck. Obwohl also das Verständnis auf Grund der uns bekannten Sinne und im Rahmen der uns geläufigen Orientierungsmodi (es ist natürlich Mnemotaxis, wenn wir, womöglich ohne es zu bemerken, richtig nach Hause gehen) wohl angebahnt ist, behalten viele Orientierungsleistungen für unsere Begriffe doch etwas Rätselhaftes an sich. Wenn das im Sommer ausgebrütete Kuckucksjunge kurz nach Erlangen der vollen Flugfähigkeit einzeln, ohne Führung der Alten stumm und ohne Stimmfühlung in richtiger Himmelsrichtung den nächtlichen Flug zum anderen Erdteile über das Meer antritt, wie HEINROTHS es auf S. 307 berichten, und offenbar doch meist zum Ziele gelangt, wenn die Schwalben, Mauersegler, Störche und mancher andere nach halbjähriger Abwesenheit in Nord- oder gar Südafrika das vorjährige Nest im gleichen Hause des gleichen deutschen Dörfchens wieder pünktlich beziehen (Beringungsversuche, bei LUCANUS zusammengestellt), wenn amerikanische Goldregenpfeifer von Alaska über das freie Meer 2700 Meilen nach den Hawaiinseln gelangen, so verführte das zur Annahme eines „magnetischen" Sinnes (NAUMANN, zitiert bei LUCANUS) oder einer Ameisennavigation nach den auch bei Tage angeblich gesehenen Gestirnen des Himmels („siderischer Sinn" SANDSCHI, KLEMM). Kurz, man rüstete das Tier freigebig, wenn man so sagen darf, mit Schrittzähler, Kompaß, Sextant und allen den Instrumenten aus, deren der Mensch in ähnlicher Lage sich gerne bedient, wo seine Sinne versagen.

Die Sonnenkompaßreaktion der Biene und Ameise scheint sichergestellt. Daß die Sonne wandert, schadet hier wenig: jeweils beim Verlassen des Nests nimmt die Sammlerin erneut Richtung relativ zum derzeitigen Sonnenstande. Bis zu ihrer Heimkehr ändert er sich nicht allzusehr; findet also eine geringe Fehlführung statt, so ist diese doch nicht so groß, daß der am gradlinigen Wegende angeschlossene Suchgang bzw. Suchflug das Nest bzw. den Stock nicht mehr erreichte. Nur sehr schwer vorstellbar aber ist es, was eine entsprechende mnemotaktische Orientierung dem Vogel nützen sollte, der tage- und nächtelang über das freie Meer ein so engumschriebenes Ziel ansteuert, wie die Hawaiinseln. Wie sollte er vom Wechsel des Sonnenstandes mit der Tageszeit absehen? Sollen wir ihm die Kenntnis des Polarsternes zutrauen? Auch der „Schrittzählersinn" der Ameise und Biene scheint erwiesen (vgl. oben);

dennoch bleibt er völlig rätselhaft, solange wir nichts über das Sinnesorgan wissen, das ihn vermitteln mag. Daß Höchstleistungen, wie die genannten, die Phantasie der Beobachter aufs höchste anregen, ist verständlich; um so mehr dürfen wir hoffen, daß sie die denkbar kritische Bearbeitung finden. Gerade bei Annahme von Sinnen, die wir Menschen nicht haben, tappen wir natürlich völlig im Dunkeln. Schon bei den uns aus eigener Erfahrung bekannten Sinnen ist es im Einzelfalle Sache allergrößter Umsicht, keinen Kontrollversuch zu übersehen, jeder Täuschungsmöglichkeit nachzuspüren. Gleiches bei rein hypothetischen Sinnen zu leisten, die wir nur ad hoc ersonnen haben, ist eine Aufgabe, an deren wirklich befriedigender Lösung man fast verzweifeln möchte.

### B. Orientierung der Tiere in der Zeit.

Sehr wenig ist über die *Orientierung der Tiere in der Zeit* gearbeitet worden. Von „Zeitsinn" sollte man nicht reden. Der Mensch hat jedenfalls keine „Temporeceptoren". Manche langandauernde Lebensrhythmen wie die Brunstperiodizität der Wirbeltiere, der zweimal jährlich auftretende Zugtrieb der Vögel und andere mögen innersekretorisch bedingt, andere wie das Fortpflanzungsgeschäft des Palolowurmes durch äußere Reize (Mondphase) mitausgelöst sein. Wenn die Biene, wie mehrfach behauptet, es wirklich lernen sollte, nur zur Stunde der bestimmten Menschenmahlzeit den Honigtopf auf dem Kaffeetisch im Freien aufzusuchen (die Möglichkeit, daß tagsüber einzelne Spürbienen nachschauen und in bekannter Weise [v. Frisch] nur dann alarmieren, wenn sie etwas gefunden haben, wurde bisher noch nicht ausgeschlossen), so würde man ebenfalls die Möglichkeit der Verwertung äußerer Reize (Schattenlänge u. dgl.) zu prüfen haben. Bei den zu bestimmter Stunde einmal täglich gefütterten Tieren zoologischer Gärten mag vielleicht der Hunger bis zu gewissem Grade die Uhr ersetzen, auch hier ist noch viel aussichtsreiche Arbeit zu leisten. — An dieser Stelle interessiert vor allem die Frage der einigermaßen richtigen Abschätzung kleiner Zeitstrecken ohne Verwertung äußerer Reize. Sams und Tolman prüften das Zeitschätzungsvermögen weißer Ratten: Aus dem Anfangskäfig führten zwei spiegelbildlich symmetrische, sonst völlig gleichartige Korridore zu derselben Futterkammer; mitten in jedem von beiden war ein Kämmerchen mit Eingangs- und Ausgangstür eingebaut, und wenn das Tier den linken Weg eingeschlagen hatte, so wurde sie hier im Kämmerchen eine Minute, bei Wahl des rechten aber dort 6 Minuten eingesperrt, bevor sie weiter zum Futter laufen durfte. Schon nach 3 bis 7 Tagen hatten alle 6 Ratten gelernt, nur links zu laufen. Wurden weiterhin die Einsperrzeiten rechts und links vertauscht, so genügte einmalige lange Haft links, um das Tier weiterhin stets fehlerlos rechts laufen zu lassen, und ebenso blieb es bei jeder weiteren Auswechselung von links und rechts. Offenbar hatte die Ratte also niemals rechts oder links assoziiert, sondern vielmehr, ins Menschliche übersetzt, die folgende Bindung geschlossen: wenn einerseits lange Haft, dann andererseits kurze; und die Versuche beweisen, daß sie 6 bzw. 5 Minuten, ja einige auch 4 Minuten von einer Minute zu unterscheiden vermögen.

### C. Das Lernvermögen

der Tiere hat längst eine große Anzahl von Untersuchern zu experimenteller Prüfung angeregt. Von alters her interessierte die Frage, welche tierischen Fähigkeiten und Tätigkeiten angeboren („instinktive" Tätigkeiten), welche erlernt bzw. anerzogen seien. Das entwicklungsphysiologisch so erhebliche Problem, inwieweit beim Einfahren auch der einfachsten Reflexe die Selbstübung, schon in der Eischale bzw. innerhalb der mütterlichen Geschlechtswege beginnend, mithelfen mag (Carmichael), interessiert hier weniger, wohl aber das tierpsychologische, was das Tier nach Abschluß der rein triebmäßig, ohne viel äußeren Anstoß anhebenden Selbstübungsvorgänge von sich aus leistet, ohne es von Artgenossen (Nachahmung) oder unter deren oft recht handgreiflichem Drucke (Erziehung, vgl. Nestflucht der Störche) oder endlich durch eigene Erfahrung mit Außendingen unter Registrierung von Erfolg bzw. Mißerfolg gelernt zu haben. Ein schönes Beobachtungsmaterial zu dieser Frage enthalten die Mitteilungen des Ehepaares HEINROTH über ihre Aufzuchten von Jungvögeln ohne Anwesenheit älterer Artgenossen. Danach ist der Artgesang ererbt, tritt also mehr oder weniger klar auch bei isolierter Haltung auf beim Kuckuck, Ortolan, Heuschreckenschwirl, dem Müllerchen, dem Zilpzalp, Uferschwalbe, Singdrossel, Amsel und Rotkehlchen. Wie ersichtlich, handelt es sich hier um recht einfache Artgesänge, die als rein *ererbt* erscheinen, außer bei dem gewiß schönen Schlage der Singdrossel und Amsel; diese freilich vermag auch etwas zu spotten, d. h. Strophen fremder Arten anzunehmen. — Ererbtes mischte sich mit Spottstrophen bei folgenden zum Spotten besonders begabten Arten: Blaukehlchen, Steinschmätzer, Gartenrotschwanz, Gelbspötter, Gimpel, Pirol und dem Star. — Umgekehrt ließen die folgenden Vögel wenig bis gar nichts Ererbtes hören, außer höchstens den Locktönen ihrer Art: Nachtigall, braunkehliger Wiesenschmätzer, der nicht einmal den Lockton besitzt, Trauerfliegenschnäpper, der ein völlig neuartiges Getön hören ließ, Rauchschwalbe, die sich ausschließlich aufs Spotten verlegte; die Mönchsgrasmücke konnte den so kennzeichnenden und geschätzten „Überschlag" nicht aus eigenem hervorbringen; die Dorngrasmücke ließ auch nichts eigenes vernehmen, sondern imitierte täuschend einen mit ihr aufgezogenen Hänfling; Stieglitz, Goldammer und Buchfink, bei dem ja schon die bekannte Ortsverschiedenheit der Schläge und das gänzliche Herausfallen einzelner Exemplare aus dem Ortsüblichen auf Fehlen ererbten Schlages hinweisen, schließen die Reihe der *erlernten* Artgesänge. Alle erfolgreichen Dressuren, die wir oben aufzählten, vom Regenwurm (YERKES, HECK) bis hinauf zum Affen (BIERENS DE HAAN) seien hier nochmals in Erinnerung gebracht, und ebenso die nicht minder zahlreichen Fehlschläge. Auch über die Methodik der Dressur wurde bereits ausführlich gesprochen (S. 853/54, 857). Einfachdressur verspricht Erfolg, wo die Bildung bedingter Reflexe auf die gewählte Reizart im Rahmen des natürlichen Artverhaltens liegt (Farbassoziationen der Biene); handelt es sich aber um Reize, die das Tier bei Handlungen, die der Versuchsleiter als Signalreaktionen zu benutzen wünscht, normalerweise nicht verwertet, so muß die Doppeldressur angewandt werden (Farbreize und Nahrungsaufnahme bei der Libellenlarve). Doch wäre es falsch, nur deshalb annehmen zu wollen, daß die Libellenlarve ohne „Strafreize" überhaupt keine Bindungen zu schließen vermöchte und sie schon deshalb für „dümmer" zu halten als die Biene — was sie übrigens zweifellos ist. Es erscheint nicht aussichtslos, z. B. einmal eine Einfachdressur auf eine bestimmte Art der Bewegung des Zielobjektes zu versuchen; bei dem erwachsenen Tiere bestehen solche Bindungen zweifellos schon normalerweise; mückenartig schwebende Papierschnitzel werden telotaktisch verfolgt, fallende Schrotkugeln nicht (TIRALA).

Auch „automatische" Dressuren sind mit Erfolg versucht worden, d. h. man hat Apparaturen ersonnen, die dem Versuchsleiter die oft sehr langweilige Arbeit des Dressierens abnehmen (BUSSARD). Natürlich kommt es dabei leicht zu einer sehr großen Konstanz der Dressurbedingungen, und gerade die Frage, wie konstant und wie variabel sie zu halten sind, ist eine besonders wichtige, die an das Einfühlungsvermögen des Untersuchers die größten Anforderungen stellt, denn von ihr hängt der Erfolg in hohem Maße ab.

Endlich sei hier der *Labyrinth*methode gedacht, die seit Jahrzehnten die amerikanische Tierpsychologie beherrscht. So verdienstvoll die dort ganz allgemein durchgesetzte fehlerstatistische Durcharbeitung der Versuchsergebnisse (Laufzeit, Fehleranzahl und Anzahl der Dressurversuche bis zum fehlerfreien Durchlaufen des Labyrinths werden festgestellt und, variationsstatistisch kontrolliert, miteinander verglichen) auch zweifellos ist, so sprechen doch, wie HUNTER, RANDOLPH und andere zeigten, beim Erlernen vor allem der schwierigeren Labyrinthe, die in Amerika fast ausschließlich verwendet werden, so viele Zufälligkeiten mit, daß ein Schluß von der Lerngeschwindigkeit auf das Lernvermögen unzulässig ist. Dasselbe Individuum, das vor einem halben Jahre ein Labyrinth viel langsamer erlernte als ein anderes Tier es tat, wird heute, wo beide das Erlernte bestimmt vergessen haben, unter Umständen gerade umgekehrt viel bessere Lernergebnisse zeigen als sein vor einem halben Jahre überlegener Konkurrent. Die korrelationsstatistische Auswertung solcher Doppelversuche in großem Maßstabe zeigt das mit völliger Klarheit. Zur Messung des Lernvermögens taugt die Labyrinthmethode also nichts; ebensowenig wie die Gewinnquote im Würfelspiel als Intelligenzbeweis angesehen werden kann. Natürlich ist dieser Vergleich übertrieben; die Gelehrigkeit ist selbstverständlich bei den Tieren verschieden, und wird sich dosieren lassen (vgl. KATZ und TOLL, die mit verschiedenartigsten Aufgaben ganz gut übereinstimmende Rangordnungen ihrer Hühner erhielten, so traf die beste Leistung bei *allen* Proben auf dasselbe Tier) und die Prüfung ist die beste, die die wenigsten Zufallschancen gibt. Wenn HUNTER aber bei derselben Aufgabe, die denselben Tieren zweimal vorgelegt wird, zwischen den ersten und zweiten Leistungen Korrelationskoeffizienten von 0,0 bis 0,33 feststellte, wo etwa 0,9 zu verlangen wäre, so ist damit die Methode gerichtet. Das wäre ein schlechter Examinator, der sich mit solchen Prüfungszufälligkeiten zufrieden gäbe. Ihr Ansehen hat die Labyrinthmethode tatsächlich wohl nur aus dem Umstande gezogen, daß sie scheinbar genaue Zahlenangaben über das Lernvermögen zu machen gestattete, und das Lernvermögen zudem die einzige psychische Leistung war, die man der Untersuchung für wert hielt. Viele Tierpsychologen haben von Psyche überhaupt dort zu sprechen angefangen, wo das Lernvermögen begann. Entfällt aber dieser Nimbus, so kann uns die Labyrinthdressur nicht viel mehr lehren als das eine, ob ein gegebenes Tier das bestimmte Labyrinth erlernt oder nicht, d. h. ob es imstande ist, verwickelte kinästhetisch-optisch bedingte Verhaltensweisen durch Selbstdressur zu erwerben. Daß nun Ratten, Mäuse, Meerschweinchen und kleine Vögel, kurz Formen die in engen Gängen und Unterschlupfen, im dichten Gebüsch sich zurechtzufinden gewohnt sind, dergleichen erlernen, das *ist* zur Genüge gezeigt. Ich wüßte wenige Spezialfragen, die sich nicht auf anderem Wege besser lösen ließen als mittels der Labyrinthmethode.

Der oft gebrauchte Verhaltensbegriff „*Versuch und Irrtum*" ist von größerer Allgemeinheit als der des Lernvermögens. Im Streben ein Ziel zu erreichen, führt das Tier allerlei Handlungen aus; die meisten bleiben erfolglos, eine von ihnen führt zum Ziel. Das einfachste Beispiel sind die sog. Suchbewegungen von Raupen, Planarien und vielen anderen. Die hungrige Planarie kriecht ziellos herum; von Zeit zu Zeit hebt sie ihr Vorderende und dreht es abwechselnd nach allen Seiten, ähnlich die Raupe; sie suchen nach Reizen, und sowie ein Reiz das Vorderende trifft, springt der Orientierungsmechanismus an. Alle die erfolglosen Suchbewegungen wären die „Irrtümer"; der eine Versuch, der den Erfolg brachte, schließt ihre Kette ab. Wiederholt sich die Situation, so wird das ungelehrige Tier genau so verfahren, die ganze Versuchs- und Irrtumskette wird erneut ablaufen müssen. Ist aber die Fähigkeit des Gedächtnisses vorhanden, so vermag das Tier diejenige Lösung, die den Erfolg brachte, sogleich zu reproduzieren, anstatt von neuem probieren zu müssen; so ist die äußerst häufige Selbstdressur ein Spezialfall des Versuchs-Irrtumsverhaltens von höherer Wertigkeit, insofern als das Lernvermögen hinzukam. Auf diese Weise entstehen die natürlichen Bindungen der Spürbiene sowie mancher Schmetterlinge (Taubenschwanz, KNOLL) an die

Blütenfarbe, bei anderen dagegen ist der Zug zur Farbe angeboren (Gonopteryx, Argynnis u. a. nach Kühn und Ilse). Wahrscheinlich würde auch der frisch ausgeschlüpfte Taubenschwanz gleich zur Blume fliegen; ob er aber eine bestimmte Farbe von Geburt an bevorzugen würde, wie es Kühns frischgeschlüpfte Falter taten, und umgekehrt ob diese sich nachträglich auf andere Farben als die ihnen von Geburt genehmen umdressieren lassen, das wissen wir noch nicht.

Ein anderer, ebenfalls oft zur Wertung psychischer Fähigkeiten verwendeter Begriff ist die ,,*Plastizität*''. Man denkt darunter das Gegenteil des ,,Reflexautomaten'', d. h. jenes Cartesiusschen Tieres, das an die starren, ererbten Reflexabläufe unweigerlich gebunden sein und insbesondere auch nichts lernen soll. Was umgekehrt dieselben Reize in veränderlicher Weise beantworten kann, sei es infolge von Gewohnheitsbildung (Lernen) oder wie sonst, besitzt Plastizität. Reine Reflexautomaten dürfte es nun nicht geben. Selbst die niedersten Protisten beantworten denselben Reiz verschieden je nach ihrer ,,Stimmung''. Schalten wir nun alles das aus dem Begriff der Stimmung aus, was rein physiologisch bedingt ist, Begleitreize, Adaptationszustand, Hunger, Krankheit, Nähe der Häutung, Fortpflanzungsphase u. dgl., so bleibt das übrig, was man als psychische Plastizität bezeichnen könnte. Wir beobachten sie äußerst häufig, so daß man nach Beispielen für unplastisches Verhalten immer verlegen ist, zumal viele schöne Beispiele bei näherem Zusehen ihren Glanz verloren. Ein besonders plastisches Verhalten zeigen Baltzers Netzspinnen. Je nach den Außenbedingungen reagiert die Spinne auf die ins Netz geratene Fliege äußerst verschieden; die in der Regel typisch ablaufende Reihenfolge ihrer Handlungen wird um so mehr abgeändert, je atypischer die Reizbedingungen sind. Fängt sich die Fliege im Netz, so wird sie eingesponnen, zur Warte getragen, dort an einem Fädchen abwärts aufgehängt und dann erst gefressen. Wenn Verfasser nun die Fliege an das freie Ende eines einseitig fixierten Frauenhaares anknüpfte, das wegen seiner Kürze den Abtransport der eingesponnenen Beute zur Warte ausschloß, so mühten manche Tiere sich stundenlang, das Haar zu zerstören und verzichteten auf den weiteren Ablauf der Kette, fraßen die Fliege auch nicht. Das läßt gleich an den Reflexautomaten denken; aber wie weit entfernt sich auch die Spinne von ihm! Schon die Hartnäckigkeit, mit der sie die erste Phase ihrer Handlungskette zu vollziehen sich bemüht, nötigt Bewunderung ab, nicht weniger ihre Fähigkeit, sich dabei recht ungewohnter Mittel zu bedienen. Zum Herausreißen der eingesponnenen Beute aus dem Netz benutzt sie normalerweise ihre Fußklauen. Hier, wo die Fliege nicht weichen will, werden zuerst alle normalen Fortschaffungsweisen, die bei schweren Objekten zu helfen pflegen, durchprobiert; dann richtet sich der Angriff gegen den Faden, dem sie jetzt mit den Mandibeln zu Leibe geht. — Andere Spinnen der gleichen Art dagegen ließen bald von ihren Bemühungen ab und fraßen die Fliege an Ort und Stelle unter Verzicht auf den Transport zur Warte. Auch diese Abkürzung der üblichen Handlungskette fällt unter den Begriff der Plastizität. Wie dieses Beispiel lehrt, wird man Plastizität um so höher zu bewerten geneigt sein, je mehr die Abänderung des Normalverhaltens entsprechend der gerade vorliegenden Gesamtsituation den Eindruck des Zweckdienlichen, des Sinnvollen macht. Doch wird die Beurteilung dadurch erschwert, daß wir, wie meist, so auch hier nicht wissen, inwieweit einerseits bei der Auslösung der Einzelglieder der Handlungskette die Außenreize mitsprechen, die eben normalerweise auch in bestimmter Reihenfolge ablaufen (zuerst stärkste Erschütterung des Netzes, heftigste Gegenwehr, dann Abnehmen beider usw.), und im abgeänderten Fall, der die Plastizität zeigen soll, abnorm sind und andererseits, was rein der Initiative des Tieres entspringt. Jedenfalls ist, wie ausgeführt, der Begriff der Plastizität so weit und umfaßt so vielerlei, daß ohne nähere Bestimmungen nicht viel mit ihm anzufangen ist.

## D. Mitteilungsvermögen.

Bei sozialem Zusammenschluß von Artgenossen oder Artfremden bilden sich häufig Beziehungen aus derart, daß Reaktionen eines Tieres in zweckdienlicher Weise Handlungen der anderen auslösen. Die Mehrheit der Fälle, in denen die von Handlungen anderer ausgelösten Handlungen gleichgültig, jedenfalls nicht dem Ganzen nützlich sind, fallen natürlich nicht auf, man denkt nicht über sie nach. Im ersteren Falle sprechen wir nun von Mitteilungsvermögen, wobei natürlich ohne weiteres klar ist, daß die Analogie mit der menschlichen Befehlsübermittlung nur in der Wirkung liegen kann, während über eine beim Tier etwa vorhandene „Absicht" sich mitzuteilen, keineswegs etwas ausgesagt werden soll und kann. In vielen, wenn nicht den meisten Fällen können wir sogar ziemlich sicher vermuten, daß eine solche nicht besteht. So stößt der Vogel seinen Warnruf beim Herannahen des Raubvogels auch aus, wenn er allein ist und niemand zu warnen brauchte, d. h. in einem Falle, wo der Ruf ihm sogar schaden könnte, indem er dem Räuber sein Versteck anzeigt. Das schönste Beispiel für die Ausnutzung einer Individualreaktion, Ausdrucksbewegung oder wie man es nennen mag, zum Wohle des Volksganzen lehrte v. Frisch in seiner berühmt gewordenen Schrift über das Mitteilungsvermögen der Biene kennen, wo er die Zusammenarbeit beim Sammelgeschäft analysierte. Der Inhalt darf als allgemein bekannt vorausgesetzt werden; ich betrachte ihn als Musterbeispiel für die Art, wie experimentelle Tierpsychologie zu betreiben ist. Methodisch ermöglicht wurde das Ganze durch zweierlei, die Numerierung der Versuchsbienen mit den Zahlsymbolen für 1 bis 499 (Farbflecke, genaueres siehe v. Frisch 1923), ein Mittel zur Wiedererkennung des einzelnen Individuums, das bisher nur in der Vogelberingung und Fischmarkierung seine Analoga im großen besitzt und als äußerst wichtiger Punkt erscheint, auch für Röschs schöne Arbeiten über das Leben im Stocke war sie entscheidend; zweitens etwas mehr Technisches, nämlich der verglaste Beobachtungsstock mit einer Wabenanordnung, die es gestattete, gleichzeitig die gesamte Oberfläche aller Waben zu übersehen. Wer diese Arbeiten genauer studiert, wird vor allem aus der Zähigkeit lernen können, die das gestellte Problem in etwa fünfzehnjähriger Arbeit endlich zum Abschluß brachte und weiterhin immer neue Musterbeispiele dafür finden, wie der Experimentator fragen muß, um seine Antworten zu erhalten und wie eine jede neu auftauchende Fragestellung sich sogleich in einen Versuch sozusagen zwangsweise übersetzt. Ich erinnere nur an die Frage, ob der Blumenduft oder der Pollenduft der Höschen der Schwänzeltänzerin die Schargenossen alarmiert und die Beantwortung durch den Versuch, in dem am Rosenplatz Rosen mit Glockenblumenpollen darin und am Glockenblumenplatz Glockenblumen mit Rosenpollen darin stehen; oder an den Nachweis der Stockspezifität des Duftorgans (v. Frisch und Rösch). Wer diese Arbeiten im Original gelesen und ihre methodische Bedeutung in sich aufgenommen hat, wird die gesamte vorhandene Literatur über Ameisen und Termitenpsychologie, von vereinzelten Ausnahmen abgesehen, nur als Material für eine kritische Neubearbeitung mit v. Frischs oder analoger Methodik werten können. An einzelnen Punkten hat sie bereits begonnen (Eidmann), und wir dürfen uns von ihrem Fortgange nicht weniger bedeutsame Ergebnisse erhoffen als wie sie bei den Bienen bereits vorliegen.

## E. Tierische Vorstellungen, Begriffsbildung, Zählen.

Das Problem *tierischer Vorstellungen* wurde schon oben beim Bildsehen (S. 898ff.) angeschnitten. Da das Tier auf Gegenstände nicht selten so reagiert, daß wir ein Erkennen des Gegenstandes zumindest in seiner Bedeutung für es selbst voraussetzen müssen, so ist die Frage berechtigt, wie das zentrale Abbild („Schema" v. Uexkülls), das die Sinne vom Gegenstande gemeinsam entwerfen, aussehen mag. Die Frage ist nicht etwa müßig, weil wir über etwaige Bewußtseinsinhalte der Tiere niemals etwas Sicheres erfahren können. Vielmehr kann eine experimentelle Prüfung zeigen, wieviel Merkmale des Gegenstandes wir einer Attrappe geben müssen, um das Tier so handeln zu lassen, als ob der die Handlung auslösende Gegenstand wirklich vor ihm stände; oder aber, wieviel Merkmale man dem Gegenstand wegnehmen kann, ohne daß er die handlungsauslösende Wirkung verliert. Auf diese Weise wird es möglich, sozusagen Grenzen abzustecken, in denen die Merkmale des Schemas eingeschlossen sein müssen; ob sie sie wirklich ausfüllen und vor allem wie das Schema tatsächlich aussieht, das zu entscheiden, ist natürlich für immer unmöglich. Schon auf S. 898 beim tierischen Formensehen wurde darauf hingewiesen, wie wenig beackert dies so anziehende Arbeitsgebiet heute noch ist. Von den wenigsten niederen Tieren z. B. und auch von sehr viel höheren und höchsten ist es unbekannt, ob sich die Individuen als solche erkennen, und wenn, an was für Merkmalen, ob die Geschlechter sich selbst voneinander unterscheiden können (nach Heinroths Vögel mit geschlechtsdimorpher Färbung ja, gleichgefärbte nicht), worin für den Räuber die Beute besteht und ähnliches. Bei der Beurteilung von Ergebnissen freilich wird auch hier Zurückhaltung in den Schlußfolgerungen angezeigt sein. Wenn beispielsweise ein Kanarienvogelmännchen vor einem gelben Wollküken balzt, ein brünstiges Rotkehlchenmännchen ein totes auf der Seite liegendes Männchen gleicher Art zu treten versucht und andere Vögel in Ermangelung von Artgenossen offenbar mit ihren Pflegern in Sexualbeziehungen zu treten wünschen (Heinroths), so werden wir daraus nicht ohne weiteres schließen, daß das Schema der Geschlechtspartnerin so leer sei, daß die Wollpuppe, der tote liegende Vogel und der Mensch es gleicherweise hervorzurufen vermögen. Im Stadium der geschlechtlichen Erregung dürfte viel weniger an Merkmalen genügen, um den Geschlechtstrieb zur Auslösung zu drängen als bei ruhigem Blute erfordert ist, um die Vorstellung des Artgenossen zu erwecken. Tirala beobachtete anhaltende Entfremdung eines Wellensittichs, als man seinem Partner die Silhouette durch Einstecken von Papierschnitzeln ins Gefieder stark verändert hatte. Andererseits schienen ihm Pappschablonen des Umrisses, ja sogar gut ausgestopfte Wellensittiche gar keinen Eindruck zu machen. — Sicher zeigen viele gefangene Vögel Sympathien bzw Antipathien gegen bestimmte Menschen, wofür sich bei Heinroths, Schjelderup-Ebbe, Hertz u. a. schöne Beispiele finden. Wachs berichtet auf Grund von Aussagen des Herrn Fahle, Warnemünde, von jungen zahmen Dohlen, die ihre Besitzer (Schulkinder) morgens zur Schule begleiteten, sich dann stets in einen Schwarm wilder Dohlen mischten, beim Wiederauftauchen der Kinder aus dem Schultore aber sich sogleich wieder den richtigen Kindern auf die Schultern setzten, um sich so heimtragen zu lassen. Daß Vögel bestimmte Menschen erkennen können, kann also nicht bezweifelt werden, an welchen Merkmalen sie und selbst die uns nächstbekannten Säuger es tun, das müßten erst neue Experimentaluntersuchungen lehren.

Wenn schon in diesen Fällen, wo bestimmte Objekte spezifische Reaktionen auslösen, die Annahme tierischer Vorstellungen ziemlich naheliegt, so wird sie noch erheblich dringlicher, sobald es sich zeigen läßt, daß das Tier nach etwas sucht, das sich keinem seiner Sinne darbietet. Volkelt lehnte bekanntlich auf Grund weniger Versuche die Existenz tierischer Vorstellungen schlechthin ab. Für sie sollten nicht Schemata, nicht psychische Abbilder von Einzeldingen gegeben sein, da ihnen hierzu die Abstraktionskraft mangele, sondern nur „Komplexqualitäten", Gesamtsituationen, aus denen das Einzelding loszulösen das Tier nicht vermöchte. Z. B. hätte die Spinne nicht etwa die Vorstellung Fliege schlechthin, sondern für sie existiere nur der Komplex Fliege im Nest; Fliege in dem Wohnwinkel aber sei etwas so anderes, daß hier die Fliege geflohen, dort gefressen werde, woraus hervorgehe, daß der beiden Komplexen gemeinsame Anteil Fliege nicht getrennt vorgestellt werden könne. BALTZER widerlegte übrigens, um das vorwegzunehmen, die Tatsache: Kreuzspinnen fressen die Fliegen auch außerhalb des Nestes. — Nach REVESZ picken Hühner im Dunkeln niemals, auch nicht, wenn die Körner ihre Beine berühren; Futter, das man vor ihren Augen verdeckt, bleibt ihnen unerreichbar; sie kommen nicht dazu, die Decke wegzuschieben. Hieraus schließt er mit Vorsicht, daß das Huhn entweder keine Vorstellungen vom Futter habe oder daß sie, falls vorhanden, zu verwaschen seien, um zu Motiven von Handlungen zu werden. Gegen die Beweiskraft dieses Schlusses habe ich mich schon einmal ausgesprochen (Jahresbericht ges. Physiol. 1924, S. 601). FISCHEL prüfte nun die Frage erneut an Tauben, Stieglitz und Zeisig, denen er Mischfutter vorlegte. Die Tauben fraßen „Gerste gern, Erbsen aber lieber". Hatten sie Erbsen gekostet, so zögerten sie, Gerste zu fressen, störten aber eifrig im Napf herum und fraßen die wenigen dabei zutage geförderten Erbsen begierig, während die viele Gerste liegenblieb, die sie ohne vorherige Erbsenmahlzeit sicher restlos aufgefressen haben würden. Ebenso verschmäht der Stieglitz sein sonst so beliebtes Mischfutter aus vielerlei Samen außer den Hanfkörnern, wenn ihm vorher unvermischte Hanfkörner gereicht worden waren, und dasselbe galt für Distelsamen und Glanzkörner beim Zeisig. FISCHEL schließt, der Anblick des schlechteren Futters löse die Vorstellung des besseren aus, und diese halte den Vogel vom Fressen ab. Damit sei das Bestehen von Vorstellungen belegt, wenn auch nicht ihre ganz freie Reproduzierbarkeit, da immerhin der Anblick von Futter überhaupt erforderlich sei, um die Vorstellung des besseren wachzurufen. Mir will es scheinen, als ob bei Ausdeutung ihrer Versuchsergebnisse REVESZ im Pessimismus, FISCHEL im Optimismus etwas weiter gegangen seien, als die Tatsachen es forderten. Angesichts der FISCHELschen Ergebnisse bleibt zu bedenken, daß selbst so niedere Tiere wie Libellenlarven (KOEHLER) und Spinnen (BALTZER) in halbgesättigtem Zustande recht wählerisch sind und Dinge ablehnen, die sie bei größerem Hunger gierig fressen. Darin aber liegt ein Unterschied, daß die Libellenlarve zupacken muß, bevor sie ablehnt, während der Vogel schon auf den bloßen Anblick hin die Gerste ablehnt, ohne gekostet zu haben. Weiter kommt bei den Vögeln neu hinzu das aktive Suchen nach dem guten Futter; aber auch da könnte man zweifeln, ob ein solches wirklich vorlag oder vielleicht nur ein ungeduldiges Herumscharren in der weniger beliebten Gerste, das zufällig ein Erbsenkorn zutage förderte. Ob die Taube, grob vermenschlicht, sagte: „Gerste nein, ja, wenn es Erbsen wären", oder aber einfach: „Gerste nein," und nach *zufälliger* Entdeckung der Erbse: „Erbsen ja", das wird sich schwer entscheiden lassen. Sicher aber beweist der Versuch, daß bei Taube, Stieglitz und Zeisig Erinnerungsbilder der verschiedenen Futtersorten bestehen; ob er hinreicht, um ihre freie Reproduzierbarkeit zu beweisen, das bleibe dahingestellt.

Ganz ähnlich liegen die Dinge beim mnemotaktischen Wegfinden (vgl. oben S. 909). Wenn v. FRISCHS Neulingsbiene (Mitteilungsvermögen, S. 141), angeregt durch den Basilicumduft der Tänzerin im Stock, von morgens $^1/_2$10 Uhr bis nachmittags $^1/_2$2 Uhr im Flugfelde hin und her nach Basilicumduft suchte, nach 4 Stunden endlich, 1 km Luftlinie vom Stock entfernt, den Duft und ein Urschälchen mit Zuckerwasser fand, dann aber binnen 6 Minuten im Stock erschien, und wenn eine andere, die 6 Stunden nach Beginn der Basilicumtänze dasselbe Schälchen gefunden hatte, ebenfalls „wenige Minuten später" im Stocke eintraf, so müssen diese Bienen bei der Heimkehr vom Schälchen, das sie erstmals entdeckten, den kürzesten Luftweg recht gut eingehalten haben, denn bei der allgemein angenommenen Fluggeschwindigkeit von 3,7 m/sek (ARMBRUSTER) konnte die erstere in 6 Minuten nur 1330 m zurücklegen, was also höchstens 330 m Umweg ergäbe. Da aber entsprechende Ergebnisse v. FRISCHS für mindestens 8 verschiedene Punkte des Flugbereichs sicherstehen, so dürfen wir gewiß, entsprechend einer wohl ziemlich allgemein herrschenden Ansicht, annehmen, daß die eingeflogene Sammelbiene imstande ist, von jedem beliebigen Punkte ihres Flugfeldes auf kürzestem Wege heimzufliegen, es sei denn, daß lokale Hemmnisse eine optische Orientierung am Abflugorte ausschließen. Das aber setzt, wenn sie nicht allzu hoch fliegen, eine recht eingehende Ortskenntnis im Flugfelde voraus. Für jede Richtung muß sie ein paar Ortsmarken kennen und jeweils die auftretenden realen Bilder mit der richtigen Auswahl von Erinnerungsbildern zur Deckung bringen. — Ein Parallelfall wäre die Vogelmutter, die im unsichtigen Walde allerorten nach Futter herumsucht, endlich einen Wurm findet und nun mit ihm auf kürzestem Wege zum Neste fliegt. Erstlich muß auch hier eine große Anzahl optischer Erinnerungsmarken vorhanden sein, und weiterhin wird mancher eine *nicht* von Außenreizen erweckte Erinnerungsvorstellung des Nestes mit den sperrenden Schnäbeln der Jungen anzunehmen geneigt sein, die die Mutter abhält, den Bissen selber zu fressen und diese psychologische Erklärung der Formulierung vorziehen, daß die physiologische Brutstimmung den Reiz: Futter im Schnabel, anstatt mit dem Freßreflex vielmehr mit dem Heimkehrreflex verkoppele. Vorsicht bei der Ausmalung der Erinnerungsvorstellung des Nestes freilich erscheint dringend geboten, wenn wir hören, wie HEINROTHS Zuchtvögel bei beginnender Brutstimmung ihren Futtertrieb mangels eigener Jungen ganz wahllos betätigen. — Weitere Parallelfälle in ungemein vergrößertem Maßstabe bieten die Zugvögel (Storch, Mauersegler, Schwalben u. a.), die den Ringversuchen zufolge sich aus dem entlegenen Winterquartier in das heimische Nest des Vorjahres zurückfinden (Literatur bei WACHS). Wenn aber endlich M. HERTZ' Rabenkrähe die Verstecke aufsucht, in die sie vor Stunden die Zirbelnüsse versteckte und sie ihrer Herrin heranschleppt, sobald sie den Vogel durch Aufeinanderklopfen zweier Steine zum „Durchsteckspiel" auffordert, da fällt es wirklich schwer, für die Richtungnahme in die Verstecke etwas anderes als die *Vorstellung* „Zirbelnuß da und da" als Motiv anzunehmen, und hier endlich wäre diese Vorstellung gewiß durch keinerlei zu ihr selbst gehörige Außenreize ausgelöst, also wirklich frei reproduzierbar. Genau so liegen die Dinge beim Eichelhäher (vgl. unten S. 919/20). Dasselbe gilt für die Schimpansen W. KÖHLERS, die ohne Anleitung es fertig brachten, vor ihren Augen vergrabene Bananen am folgenden Tage im Gelände richtig aufzusuchen und auszugraben, ohne daß sie sie riechen konnten und ohne daß irgendeine Marke des sorgfältig eingeebneten Verstecks sie hätte lenken können. Um die Vorstellung „Bananen im Versteck" und ein deskriptives Ortsgedächtnis kommen wir auch hier nicht herum. Einen schlechten Eindruck macht dagegen, daß YERKES Gorilla, dem man zuerst beim Erlernen dieser Leistung half, später bei deren selbständiger Durchführung sich nicht begnügte, die Früchte gefunden zu haben, sondern sogleich hinterher noch einmal zu graben anfing. Der naheliegende Versuch, das Versteckte inzwischen mit etwas anderem zu vertauschen und zuzusehen, ob das Tier „Enttäuschung" zeigt, scheint auch noch nicht gemacht worden zu sein.

Über das „Schema" des Einzelgegenstandes hinaus ist auch schon die Frage nach abstrahierten *Begriffen* gestellt worden, obwohl das, bei fraglichem Bewußtsein, eine noch weniger erlaubte Kühnheit zu sein scheint. Dennoch ist auch diese Frage keineswegs sinnlos, solange Klarheit darüber besteht, daß nicht Wortbegriffe gemeint sein können. Selbst der erwachsene Mensch denkt nicht nur in Wortbegriffen. Wie oft „schießt" uns die Lösung einer lange überlegten Frage plötzlich durch den Kopf, und im Gefühl völliger subjektiver Sicherheit, daß nun alles klar sei, beginnen wir, den Gedankenblitz zu Papier zu bringen. Das aber ist oft ein so schweres Stück Arbeit des Formulierens, daß uns hier der Gegensatz des Denkens in Worten und eines gewissen abgekürzten Denkens ohne Worte, des wichtigeren von beiden, da es das eigentlich produktive ist, deutlich genug werden kann. Weiterhin finden wir gerade in der Sphäre des räumlichen Orientierungsverhaltens bei genügender Selbstbeobachtung Fälle genug, wo wir z. B. im Großstadtverkehr und überhaupt bei plötzlicher Gefahr mit Blitzesschnelle richtig handelten, weit eher als Wortüberlegung der Situation mit entsprechender gedanklicher Schlußfolgerung uns zu einem zweckmäßigen Entschluß würde verholfen haben. Man möchte sagen, hier sei der Reflexbogen am Bewußtsein vorbei kurzgeschaltet; ja wenn wir uns hinterher unser höchst zweckmäßiges Verhalten in aller Ruhe rekonstruieren, so gelingt es nur unvollkommen, die Begründungen für das Für und Wider verwirren sich und wir haben ersichtlich ohne Überlegung zweckmäßiger gehandelt als es mit ihr in dieser Geschwindigkeit möglich gewesen wäre. In diesem Sinne könnte man auch beim Erwachsenen von wortlosen Urteilen (Ausweichrichtung zwischen kreuzenden Autos von verschiedener Geschwindigkeit u. dgl.) reden; auch der Schlafwandler handelt ja menschlich zweckmäßig und ebenso in vielen Fällen das noch nicht sprachfähige Kind. So ist es meiner Meinung nach nicht ungereimt, beim Tiere, über dessen Bewußtsein wir nichts auszusagen wagen, nach Abstraktions- und gar nach Urteilsvermögen zu fragen, wenn wir nur im Auge behalten, daß keine Worturteile gemeint waren, sondern Verknüpfungen anschaulichster Vorstellungen, was sich vielleicht durch termini wie „sensorische Begriffe, sensorische Urteile" oder ähnliches andeuten läßt. M. Hertz spricht angesichts der Fähigkeit ihrer Rabenkrähe, Futterkörnergemische zu sortieren (und zwar nicht nur durch Fressen bzw. Liegenlassen wie Fischels Vögel), von „praktisch sinnlichen Begriffen".

Nach Buytendijk vermochte ein Hund (vgl. S. 900) den sensorischen Begriff des Dreiecks zu bilden. Ursprünglich auf ein Dreieck mit aufwärtsgerichteter Spitze dressiert (anders orientierte Dreiecke vermied er ebenso wie Quadrate und sonstige Figuren), kam er bei wiederholtem Wechsel der Größenanordnung der Figuren und ihrer Zusammenstellung endlich dazu, *alle* Dreiecke zu wählen, gleichgültig, wie sie orientiert sein mochten, auch wenn sie wieder so groß waren wie die ersten, je nach der Orientierung seinerzeit gewählten oder verschmähten. Wir dürfen sagen, hier sei der praktisch sinnliche Formbegriff des Dreiecks gebildet worden.

Schon mehrfach gelang es nach W. Köhlers Vorgange (Révész, Wissenburgh und Tibout, Franken, Katz und Toll, Buytendijk und Hage u. a.) Säuger und Vögel auf eine „Relation" zu dressieren, so daß sie z. B. das jeweils hellere von zwei verschieden hellen Feldern wählten, unbekümmert um die absoluten Helligkeiten: dasselbe Papier wurde im ersten Versuch gewählt, da es heller war als das zweite, im folgenden Versuch verschmäht, da jetzt ein noch helleres neben ihm lag. Dasselbe gelang auch bei Gegenüberstellung größerer und kleinerer, sogar auch formverschiedener Figuren, woran Revesz übrigens für Hühner beweisen konnte, daß sie bei diesen Vergleichen denselben *optischen Täuschungen* unterliegen wie der Mensch. Der Streit, ob es sich hier um ein sensorisches Urteil (Vergleich zweier distinkt wahrgenommener Objekte) oder um eine Komplexqualität (vgl. oben S. 916 bis 917) handle, sowie der von W. Köhler in seiner Gestaltstheorie vorgeschlagene Lösungsversuch (Strukturfunktion) kann uns hier nicht beschäftigen, da er experimentell kaum lösbar erscheint. Übrigens wird nicht selten auch nach dem absoluten Merkmal gewählt, was bei Bienen nach Bierens de Haan (1928) stets der Fall ist, sie ließen sich auf Graurelationen nie dressieren, wohl aber auf bestimmte Helligkeiten.

Methodisch mustergültig in der Ausnützung eines natürlichen biologischen Verhaltens ist die Eichelhäherarbeit von M. Hertz (1928). Verf. zog die Gewohnheit dieser Vögel, Haselnüsse und ähnliche Beute zu verstecken, zur Prüfung des Formensehens und weit darüber hinaus seiner optischen Strukturfunktionen heran. Ein Ziel (Nuß) wird vor den Augen des Hähers in auffällig betonter Gebärde mit einem umgekehrten Töpfchen (Zwischenziel) bedeckt (versteckt), daneben werden weitere leere Töpfe von anderer Größe, Form oder Farbe oder gleichartige in den verschiedensten Anordnungen gestellt. Dressur konnte dabei völlig vermieden werden. Die Häher unterschieden verschiedenfarbige Töpfe, wobei sich eine ausgesprochene Vorliebe für Blau bemerkbar machte; auch an der Größe konnte der Zieltopf unter form- und farbgleichen kleineren und größeren Töpfen herauserkannt werden. Als die Einführung des Zwischenzieles ohne jede Betonung geschah, erfaßte er zwar nicht den Unterschied geometrischer Figuren, wie Dreieck, Quadrat, die als Topfdeckel dienten (was bei Dressur wohl sicher gelungen wäre), wohl aber meisterte er, wie eine lange, sehr folgerichtige Versuchsreihe beweist, den Unterschied konkav-konvex (Hohlform-Kappe) geradezu quantitativ; so wählte er, wenn er, Kappe erwartend, nur zwei verschieden tiefe Hohlformen vorfand, richtig die flachere von beiden. Bei der ersten Gegenüberstellung des wie gewöhnlich bodenaufwärts über das Ziel gestülpten Töpfchens und eines bodenabwärts offenen von gleicher Form hatte er sogleich richtig gewählt und behielt die Unterscheidung den verschiedensten Formen gegenüber bei, die nichts anderes miteinander gemein hatten als eben den genannten Unterschied Hohlform-Kappe. Es handelt sich demnach um die „primäre Erfassung einer Grundstruktur“, nicht um einen allmählich fortschreitenden Abstraktionsvorgang. Sind endlich alle Kappen unter sich gleich, so wird die betont eingeführte Zielkappe aus einer gleichartigen Anordnung der ziellosen Kappen (äquidistante Reihe) nicht herauserkannt, wohl aber bei auffälliger Anordnung der Zielkappe, so, wenn sie allein einer Reihe gegenübersteht, das Zentrum eines Kreises oder einer flachen Ellipse bildet, allein einem Haufen gegenübersteht, den einzigen Einer in einer Reihe von Zweiergruppen darstellt usw. Immer wieder zeigt sich, daß der Häher „die in diesen Versuchen auftretenden Komplexe in ähnlicher Weise gestaltet sieht wie der Mensch“.

Auch die Frage des Zahlbegriffs gehört hierher, oder bescheidener ausgedrückt, des Vermögens *Anzahlen* zu unterscheiden. FISCHEL versuchte Tauben auf Zahlenunterschiede zu dressieren, indem er auf leichten Papierdeckeln von Futterkästchen Körner, Punkte oder sonstige Marken in verschiedener Anzahl anbrachte; unter der Dressuranzahl war Futter, die Kästchen mit Warnmerkmalsdeckeln waren leer. Die Tauben hatten es bald heraus, mit dem Schnabel den Deckel abzuschlagen. So lernten sie alle, 2 von 1 zu unterscheiden. Nur eine unterschied 3 von 1 auch bei Reihenanordnung der 3 Marken, die anderen nur dann, wenn die 3 Marken im Dreieck angeordnet waren und nicht zu geringen Abstand hatten. 3 von 2 zu unterscheiden gelang ihnen bei Reihenanordnung der 3 Marken nie, bei Dreiecksanordnung in 2 Fällen, wenn nur 2 Kästchen (nicht 3 oder mehr) zur Wahl gestellt wurden. Alle diese Dressuren dauerten sehr lange und ergaben ein völlig fehlerfreies Wählen auf längere Dauer niemals. — Bessere Erfolge zeitigte ein Stieglitz bei anderer Versuchsanordnung. Auf einem Bänkchen vor seinem Käfigfenster sah er zwei Körnergruppen seines Lieblingsfutters vor sich, von denen die eine festgeklebt war. Der Leim war durch aufgestreuten Sand so gut verdeckt, daß er nachweislich nicht bemerkt wurde. So lernte der Vogel 3 von 2 und 1, ferner 4 von 2, 5 und 3, endlich 6 von 3 zu unterscheiden. Dabei wechselte die Anordnung der Körner jeder Gruppe von Versuch zu Versuch, so daß eine Bindung an Formen hier sicher ausgeschlossen ist. 5 von 4, 7 von 5, 10 von 6 zu unterscheiden gelang dem Stieglitz dagegen nicht. Ob er nun wirklich so viel begabter ist als die verwendeten Tauben oder ob der methodische Fortschritt entscheidend mitsprach, der darin liegt, daß der Stieglitz auch beim Fressen bis zuletzt die Körnerzahl vor Augen hatte, während die Taube sie mit dem Deckel beiseite warf, muß unentschieden bleiben. Daß Formunterscheidung beim Stieglitz, im Gegensatz zu der Taube, nicht mitgesprochen haben kann, wurde schon erwähnt. Auch daß er nur gelernt habe, stets lediglich den größeren Haufen zu wählen, ist deshalb unwahrscheinlich, weil er nach Lösung der Aufgabe, 5 gegen 3 zu wählen, die anschließende Aufgabe 6 gegen 3 nicht sogleich meisterte, sondern erneut zu lernen beginnen mußte. Ähnlich verhielt sich eine Grasmücke vor Ameisenpuppen. Der nächstliegende Schluß — FISCHEL selbst enthält sich des Urteils — wäre der, daß die untersuchten Singvögel 6 bzw. 5 gegen 3 und die darunterliegenden Anzahlen als „sensorisch symbolisierte Zahlen" noch zu unterscheiden vermögen, höhere Zahlensymbole aber nicht mehr. Anders verhielt er sich bei größeren Anzahlen wie 12 gegen 6, 16 gegen 8, 20 gegen 10, 18 gegen 9, 14 gegen 7; hier wählte er stets die größere Gruppe, auch wenn man plötzlich von einem Zahlenpaar auf das nächste überging, von Anfang an fehlerfrei, ohne stets neu lernen zu müssen. Als Gegenstück zum Verhalten bei den Zahlenpaaren 5 zu 3 und 6 zu 3 ist dieser Befund gewiß bedeutsam und bestärkt in der Annahme, daß das sensorische Zahlerfassen bei der 6 seine Grenze hat. Das Verhalten gegen die höheren Anzahlen aber fällt unter die Gruppe der „Relationserfassungen" (vgl. S. 919). — Aus HEINROTHS Schilderungen geht hervor, daß manche Vögel es bemerken, wenn ihnen zu ihren Eiern noch eins dazugelegt wird; um jedoch diese Angaben für unsere Fragestellung auszunutzen, wären weitere Kontrollversuche notwendig, die naturgemäß auf große technische Schwierigkeiten stoßen müßten. — Endlich lernte eine Grasmücke FISCHELS, von einem Haufen Ameisenpuppen stets nur eine zu nehmen, die anderen aber liegenzulassen, indem sie bei der Dressur stets einen Schlag erhielt, wenn sie die zweite zu holen sich anschickte. Eine Umdressur auf 2 erlaubte Puppen mißlang völlig. Hieraus schließen zu wollen, daß die Grasmücke nicht auf 2 zählen könne, wäre natürlich verfehlt und würde den oben mitgeteilten Feststellungen geradeswegs zuwiderlaufen. Die weitere einschlägige Literatur ist bei FISCHEL besprochen und liefert auch kaum mehr Klarheit, als hier erzielt werden konnte.

### F. Einsicht.

Auf der höchsten Stufe tierischen Verhaltens sprechen wir mit W. KÖHLER von *Einsicht*. Die Plastizität (vgl. oben S. 914) ist hier derart, daß eine erstmals eintretende Situation unter Umständen sogleich die zweckmäßige Reaktion auslöst, ohne daß Dressur, Lernen, Versuch und Irrtum mit Beibehalten der erfolgreichen Zufallslösung (Selbstdressur), bloße Nachahmung oder erzwungene Passivbewegungen („put through", ein beliebtes Dressurverfahren, dem viele Zirkuskunststücke ihr Gelingen verdanken) die Lösung vorbereitet hätten. Solche „primären" Lösungen auf die das Tier von sich aus gekommen sein muß, beweisen Einsicht; denn es hieße dem Zufall zuviel zumuten, wenn er sie in ihrer vollen Zweckmäßigkeit herbeigeführt haben sollte. Liest man W. KÖHLERS berühmt gewordene Berichte über die Schimpansen der Teneriffastation und sieht, wie langsam sich die verwickelteren Lösungen vorbereiteten, so wird man manchmal die Grenze gegen die Selbstdressur anscheinend etwas verwischt finden; sie tritt keineswegs immer das erstemal auf, wo der Affe der neuartigen Situation gegenübersteht, und manch „schlechter Fehler" geht ihr voraus (vgl. Kistenbauten); doch schon das sichere Beibehalten der einmal erfolgreichen Zufallslösung ist hoch zu werten, und vollends überzeugt das Verhalten des Tieres bei der Reproduktion der Lösung; es ist „aus einem Gusse" und trägt den Stempel der Zuversichtlichkeit, im schärfsten Kontrast zu dem ziellos fahrigen Verhalten bei Ratlosigkeit.

Bei Rabenvögeln konnte M. HERTZ den Nachweis der Einsicht führen. Daß das bloße Erscheinen der Verfasserin, die sich als Zirbelnußknacker bereits bewährt hatte, den Vogel veranlaßte, aus seinen Verstecken Zirbelnüsse hervorzusuchen und ihr durchs Gitter zuzustecken, wurde schon oben (S. 918) erwähnt. Türen zu öffnen und zu entriegeln lernte die Rabenkrähe ohne Hilfe, bei plötzlicher Vertauschung der Angel- und der Riegelseite stutzte sie und änderte ihr Verhalten sofort sinngemäß ab, ohne auch nur den Ansatz einer falschen Reiteration; das ist erheblich mehr als DE JONGS Hunde im gleichen Falle leisteten. Wegräumen, ja „Hinräumen", die aktive

Herstellung einer erwünschten Situation (der Vogel treibt die Tür mit Schnabelhieben in die Lieblingsstellung hinein, die ihm bequem darauf zu sitzen gestattet), ja selbst verwickelte Umwegversuche werden ohne weiteres gelöst. — Für *niedere* Affen stehen wohl NELLMANNS und TRENDELENBURGS Versuche methodisch an erster Stelle. Neben zahlreichen schon von W. KÖHLER angegebenen Versuchen, die der Rhesusaffe teils per primam löste, seien besonders folgende erwähnt: Einen vor seinen Augen über die Kirsche gestülpten Blumentopf hebt Beppo sogleich ab (genau wie die Eichelhäher von M. HERTZ, während das Huhn nach REVESZ schon vor viel leichteren Aufgaben versagt). Einen daneben aufs Leere gestülpten Topf beachtet Beppo nicht. Und wenn nach Verdecken der Kirsche durch den ersten Topf dieser und der leere vor den Augen des Affen durch Halbkreiswendungen, ja durch Umeinanderkreisen um 360° ihre Plätze wechseln, so greift Beppo doch unweigerlich nach dem richtigen. Der bestechend zielbewußte Ausdruck des Tieres kommt im Film ganz vorzüglich zum Ausdruck. Liegt die Kirsche nur wenige cm außer Reichweite des Armes vor dem Gitter, so sitzt Beppo traurig davor, ohne auch nur einen einzigen Griff zu tun; höchstens eine unentschlossene Handbewegung ohne Armstrecken verrät, daß er die Kirsche erstrebt. Sowie sie aber eben in Reichweite geschoben wird, belebt sich das Tier und handelt mit erstaunlicher Sicherheit. Bei der ersten Begegnung mit einer Drehscheibe verwendet er ihr bei unentschlossenem Spielen entdecktes Prinzip sogleich zu seinen Gunsten und dreht die außer Reichweite liegende Kirsche zu sich heran. Mit der Harke eine Frucht heranzuharken, gelingt ihm dagegen nur dann, wenn dazu Bewegungen, die von ihm wegführen, nicht erforderlich sind. Der Schimpanse dagegen leistet auch sie, und W. KÖHLERS Schimpansen waren ja Meister im unbeschränkten Stockgebrauche zum Heranziehen von Früchten. Auch der Berggorilla ist neuestens von YERKES untersucht worden und hat den Beweis seiner Einsicht erbracht. Methodisch ist der Vergleich dieser Arbeit mit denen W. KÖHLERS von hohem Interesse. YERKES hatte nur wenig Zeit und ging zu rasch vor, vor allem indem er viel zu schwere Aufgaben stellte und dem Affen vorzeitig die ganzen erforderten Lösungen vormachte, anstatt ihn geduldig bei seinem Treiben mit den Gegenständen zu beobachten, so lange, bis er selbst auf die Lösung kam. Zum Schluß sei auf W. KÖHLERS Darstellung der affenpsychologischen Untersuchungsmethoden verwiesen.

## Literatur.

Abderhaldens Handb. d. biol. Arbeitsmeth. Urban & Schwarzenberg. Zahlreiche einschlägige Lieferungen bereits erschienen. — ALVERDES, FR. (1): Zool. Anz., Bd. 55, S. 19—21, 1922; (2) Neue Bahnen in der Lehre vom Verhalten der niederen Organismen. Berlin: Julius Springer 1923. — ANREP: Journ. of physiol., Bd. 53, S. 367—385, 1920. — ARMBRUSTER, L.: Arch. f. Bienenkunde, Bd. 4, H. 7/8, 1922. — BALDUS, K.: Zeitschr. f. vergl. Physiol., Bd. 3, S. 475—505, 1925. — BALTZER, FR.: Mitt. d. naturforsch. Ges. Bern, 1923, H. 10, s. S. 25. — BAUMGÄRTNER, H.: Zeitschr. vgl. Physiol. 7, 56—143, 1928. — BECHER, S.: Verhandl. d. dtsch. zool. Ges., Bd. 26, S. 61—64, 1921. — BERGER, K.: Zeitschr. f. vergl. Physiol., Bd. 1, S. 517—540, 1924. — BETHE, A. (1): Arch. f. mikroskop. Anat. u. Entwicklungsgesch., Bd. 50, S. 400—546 u. 589—639, 1897; (2) Pflügers Arch., Bd. 68, S. 449—545, 1897. — BEUTHER, E.: Sitzungsber. Abhandl. d. naturforsch. Ges. Rostock, Folge 3, Bd. 1, S. 1—41, 1926. — BIERENS DE HAAN, J. A. (1): Zool. Jahrb., Abt. f. Physiol., Bd. 42, S. 272—306, 1925; (2) Tydschr. d. Nederlandsch. Dierk. Vereen (2), D I, 19. Aufl., Bd. 3, S. 71—74, 1925; (3) Journ. of comp. psychol., Bd. 5, S. 417 bis 453, 1925; (4) Zeitschr. vgl. Physiol. 7, S. 462—487, 1928. — BROCK, F.: Zeitschr. f. Morphol. u. Ökol. d. Tiere, Bd. 6, S. 415—552, 1926. „Steinmethode", S. 451ff. — BRUN, R.: Abderhaldens Handb. d. biol. Arbeitsmeth., Abt. VI, T. D, H. 2, 1922. — BONIFAZI, F.: Riv. di biol., Bd. 8, S. 376 bis 388, 1926. — BOZLER, E. (1): Ocellen von Drosophila. Zeitschr. f. vergl. Physiol., Bd. 3, S. 145 bis 182, 1925; (2) Ebenda, Bd. 4, S. 797—817, 1926. — BRECHER, L.: Arch. f. Entwicklungsmech.. Bd. 102, S. 501—548, 1924. — BUDDENBROCK, VON W. (1): Grundriß d. vergl. Physiol., Lief. 1 u. 2. Bornträger 1926. (2) Zool. Jahrb., Abt. f. allg. Zool., Bd. 33, S. 441—483, 1913; (3) Ebenda, Bd. 34. S. 479—514, 1914. — BURKAMP, W.: Zeitschr. f. Sinnesphysiologie, Bd. 55, S. 133—170, 1923. —

Bussard: L'année psychol., Bd. 24, S. 134—150, 1924. — Buytendijk (1): Arch. neerl. de physiol., Bd. 3, S. 455—468, 1919; (2) Ebenda, Bd. 2, S. 521—530, 1918; (3) Daphnie. Ebenda, Bd. 7, S. 116 bis 126, 1922; (4) Pflügers Arch., Bd. 205, S. 4—14, 1924. — Buytendijk u. Hage: Arch. neerland, Bd. 8, S. 215—223, 1923. — Carmichael (1): Psychol. rev., Bd. 33, S. 51—58, 1926; (2) Ebenda, Bd. 34, S. 34—47, 1927. — Copeland, M.: Journ. of animal behavior, Bd. 3, S. 260—273, 1913. — Copeland, M. u. Wieman: Biol. bull., Bd. 47, S. 231—238, 1924. — Crozier: Journ. of gen. physiol., Bd. 6, S. 531—539, 1924. — Crozier u. Moore: Ebenda, Bd. 5, S. 597—604, 1924. — Day, L. M. u. Bentley, A.: Journ. of animal behavior, Bd. 1, S. 67—71, 1911. — de Jong: Arch. néerland. de physiol. Bd. 8, S. 586—591, 1923. — Demoll, R.: Ergebn. u. Fortschr. d. Zool., Bd. 2, S. 431—516, 1910. — Drescher u. Trendelenburg: Zeitschr. f. vergl. Physiol., Bd. 5, S. 613—642, 1927. — Eidmann, H. (1): Die Naturwissenschaften, Bd. 13, S. 125—128, 1925; (2) Dtsch. med. Wochenschr. Nr. 9, 1926. — Exner, S.: Die Physiologie des facettierten Auges. Leipzig u. Wien: Fr. Deuticke 1891. — Fischel, W. (1): Zeitschr. f. vergl. Physiol., Bd. 4, S. 345—369, 1926; (2) Ebenda, Bd. 5, S. 390—416, 1927. — Fischer, M. H.: Pflügers Arch., Bd. 198, S. 311—348, 1923. — Fraenkel, G.: Zeitschr. f. vergl. Physiol., Bd. 2, S. 658—690, 1925. — Franken: Vierter Ber. d. naturwiss. Ver. Bielefeld u. Umgeg., 1922, S. 88—135. — Frey, M. von: Receptionsorgane I. Bethes Handb., Bd. 11, S. 94—130. — Frisch, von: A. Bienen: (1) Farbensinn und Formensinn. Zool. Jahrb., Abt. f. Physiol., Bd. 35, S. 1—188, Taf. 5, 1914; (2) Geruchssinn. Zool. Jahrb., Abt. III, Allg. Zool. u. Physiol., Bd. 37, S. 1—238, 1919; (3) Ebenda, Bd. 38, S. 1—68, 1921; (4) Abderhaldens Handb., T. D, H. 2, S. 121—178, 1922; (5) „Sprache". Zool. Jahrb. Abt. III, Bd. 40, S. 1—186, 1923; (6) Sinnesphysiologie und „Sprache". Berlin: Julius Springer 1924. Auch: Die Naturwiss. 1924, S. 981—987; (7) Geschmack. Die Naturwiss. 1927, S. 321—327. 1928, S. 307—315. B. Fische, Farbanpassung. (8) Verhandl. d. dtsch. zool. Ges., 1911, S. 220—225; (9) Zool. Jahrb., Abt. f. Physiol., Bd. 32, S. 1—58 u. 171—230, 1912; (10) Ebenda, Bd. 33, S. 107—126 u. 151—164, 1912; (11) Ebenda, Bd. 34, S. 54—68, 1913; (12) Zeitschr. f. Biol., Bd. 80, S. 223—230, 1924. C. Fische, Farbdressur. (13) Zool. Jahrb., Abt. f. Physiol., Bd. 32, S. 220—222, 1912; (14) Ebenda, Bd. 34, S. 43—53, 1913; (15) Duplizitätstheorie. Zeitschr. f. vergl. Physiol., Bd. 2, S. 393—452, 1925; (16) Chemischer Sinn. Handb. d. norm. u. pathol. Physiol., Bd. 11 (Rezeptionsorgane I), S. 203—239, 1926; (17) Zwergwels. Biol. Zentralbl., Bd. 43, S. 439—446, 1923. — Frisch, von, u. Kupelwieser: Daphnien. Biol. Zentralbl., Bd. 33, S. 537ff., 1913. — Frisch, v., u. Rösch, G. A.: Zeitschr. vergl. Physiol. Bd. 4, S. 1—21, 1926. — Gelei, J. von: (1): Verhandl. d. dtsch. zool. Ges. 1926, S. 202—213. Gleichlautend im Zool. Anz., Suppl.-Bd. 2; (2) Zeitschr. f. Anat. u. Entwicklungsgesch., Bd. 81, S. 530—553, 1926; (3) Allattani Kozleményck, evf. XXII, S. 121—162 kötet 3—4 fuze taböl. Budapest 1925. — Giersberg, H. u. K.: Zeitschr. f. vergl. Physiol., Bd. 3, S. 377—388, 1926. — Goldscheider, A.: Bethes Handbuch, Bd. 11 (Receptionsorgane I), S. 181—202, 1926. — Hamburger, V.: Zeitschr. f. vergl. Physiol., Bd. 4, S. 286—304, 1926. — Hamilton, W. F.: Proc. of the nat. acad. of sciences (U. S. A.), Bd. 8, S. 350—353, 1922. — Harder, R.: Zeitschr. f. Botan., Bd. 15, S. 305—355, 1923. — Harms, J. W.: Körper und Keimzellen. (2 Bde.) Berlin: Julius Springer 1926. — Heck, L.: Med.-naturwiss. Zeitschr. Lotos, Bd. 67/68, S. 168—189. Prag 1919/20. — Held u. Kleinknecht: Ber. d. sächs. Akad. d. Wiss. Leipzig, mathem.-physikal. Kl., Bd. 78, 1925, 2. November, vgl. auch Bethes Handb., Bd. 11 (Receptionsorgane I), S. 532, 1926. — Herbst, C.: Naturwiss. Wochenschr., Bd. 15, S. 537—540, 1916. — Herter, K. (1): Zool. Bausteine von P. Schulze, Bd. 1, H. 1, S. 1—182. Bornträger 1925; (2) Handb. d. norm. u. pathol. Physiol., Bd. 11 (Receptionsorgane I), S. 173—180, 1926; (3) Zeitschr. f. vergl. Physiol., Bd. 1, S. 221—288, 1924. Lufttemperaturorgel S. 226 u. 229; (4) Ebenda, Bd. 4, S. 103—141, 1926; (5) Ebenda, Bd. 5, S. 283—369, 1927. Wassertemperaturorgel S. 304. — Hertz, M.: Rabenkrähe: Psychol. Forschung, Bd. 8, S. 336—397, 1926; ebenda Bd. 10, S. 111—141, 1928. Eichelhäher: Zeitschr. vergl. Physiol. Bd. 7, S. 144—194, 1928. — Hess, C. von: Abderhaldens Handb. d. biol. Arbeitsmeth., Abt. V, T. 6, H. 2, S. 159—364, 1921. — Hess, W. R.: Zeitschr. f. vergl. Physiol., Bd. 4, S. 465—487, 1926. — Himmer, A.: Ebenda, Bd. 5, S. 375—389, 1927. — Hofer, B.: Ber. d. kgl. bayer. biol. Versuchsstation München, Bd. 1, S. 115—164, 1907. — Hofmann, E. B.: Der Geruchssinn beim Menschen. Handb. d. norm. u. pathol. Physiol., Bd. 11 (Receptionsorgane I), S. 253—299, 1926. — Hogben: The pigmentary effector system. A review of the physiology of colour response. (152 S.) Edinbourgh-London: Oliver & Byrd 1924. — Homann, H. (1): Zeitschr. f. vergl. Physiol., Bd. 1, S. 541—578, 1924; (2) Biol. Zentralbl., Bd. 44, S. 582—591, 1924; (3) Opt. Rundschau 1926, S. 287—289 u. 290—302. — Honigmann, H.: Pflügers Arch., Bd. 189, S. 1—72, 1921. — Hunter u. Randolph (1): Journ. of comp. psychol., Bd. 4, S. 431—442, 1924; (2) Ebenda, Bd. 6, S. 393 bis 398, 1926. — Jellinek, A.: Arch. f. mikroskop. Anat. u. Entwicklungsmech., Bd. 99, S. 82—103, 1923. — Jennings: Das Verhalten der niederen Organismen. Deutsche Übersetzung von Mangold. (578 S.) Leipzig u. Berlin 1910. — de Jong: Arch. neerl. de physiol., Bd. 8, S. 586—591, 1923. — Kafka, G.: Tierpsychologie. Handb. d. vergl. Psychologie, Bd. 1, Abt. 1, S. 11—144. München: E. Reinhardt 1923. — Kalischer (1): Arch. f. Anat. u. Physiol., Abt. f.

Physiol., 1909, S. 303; (2) Sitzungsber. d. preuß. Akad. d. Wiss., math.-naturwiss. Kl., 1907. — Katz, D.: Der Aufbau der Tastwelt. — Katz, D. u. Révész: Musikgenuß bei Gehörlosen. Leipzig 1926. — Katz u. Toll: Zeitschr. f. Psychol. u. Physiol. d. Sinnesorg., Abt. I, Bd. 93, S. 287—311, 1923. — Klemm, Fr.: Opt. Rundschau, Bd. 17, S. 559—561 u. 571—573, 1926. — Knoll: Insekten und Blumen. (1) Abhandl. d. zool. botan. Ges. Wien, 1922, S. 123—377; (2) Ebenda, Bd. 12, S. 378—646, 1926; (3) Deilephila. Zeitschr. f. vergl. Physiol., Bd. 2, S. 329 bis 380, 1925; (4) Die Naturwiss., Bd. 12, S. 988—993, 1924. — Koehler, O. (1): Jahresber. über d. ges. Physiol., 1920, S. 51—69; (2) Ebenda, 1922, S. 434—501, erschienen 1924; (3) Ebenda, 1924, S. 531—609, erschienen 1926; (4) Paramaecium. Arch. f. Protistenk., Bd. 45, S. 1—94, 1922; (5) Daphnia. Zeitschr. f. vergl. Physiol., Bd. 1, S. 86—174, 1924; (6) Libellenlarve. Verhandl. d. dtsch. zool. Ges., Bd. 29, S. 83—90, 1924; (7) Hören. Natur 1925, S. 145—155; (8) Galvanotaxis. Handb. d. norm. u. pathol. Physiol., Bd. 11 (Receptionsorgane I), S. 1027 bis 1049, 1926; (9) Planaria. Verhandl. d. dtsch. zool. Ges., Bd. 31, S. 182—187, 1926. — Köhler, W. (1): Intelligenzprüfungen an Menschenaffen. 2. Aufl. Berlin: Julius Springer 1921; (2) Methodik. Handb. d. biol. Arbeitsmeth., Abt. VI, T. D, H. 1, S. 69—120, 1921; (3) Gestalttheorie. Jahresber. d. ges. Physiol. 1922, S. 512—539. — Kohlrausch u. Schilf: Pflügers Arch., Bd. 194, S. 326—329, 1922. — Kohlrausch u. Brossa: Arch. f. Anat. u. Physiol., Physiol. Abt. 1918, S. 195—241. — Kohlrausch, A.: Ebenda 1914, S. 421—431. — Kohts, N.: Untersuchungen über die Erkenntnisfähigkeit des Schimpansen. Zool. psychol. Lab. Mus. Darwin Moskau. Russisch mit deutscher Zusammenfassung. Moskau 1923. — Koller (1): Verhandl. d. dtsch. zool. Ges., Bd. 30; (2) Zool. Anz., Suppl.-Bd. 1, S. 128—132, 1925; (3) Zeitschr. f. vergl. Physiol., Bd. 5, S. 192—245, 1927. — Kühn, A. (1): Krebs. Verhandl. d. dtsch. zool. Ges. 1914, S. 262—277; (2) Die Orientierung der Tiere im Raum. Jena: G. Fischer 1919; (3) Kühn, A. u. Pohl: Bienen. Die Naturwiss. 1921, H. 37. (4) Kühn, Bienen. Die Naturwiss. 1924, S. 116—118; (5) Nachr. d. Ges. d. Wiss. Göttingen, math.-physikal. Kl., 1924. S. 66—71; (6) Zeitschr. f. vergl. Physiol., Bd. 5, S. 762—800, 1927; (7) Grundriß der allgemeinen Zoologie. 2. Aufl. Leipzig: Thieme 1926. — Kühn, A. u. Ilse, D.: Biol. Zentralbl., Bd. 45, S. 144—149, 1925. — Kuroda, R.: Journ. of comp. psychol., Bd. 3, S. 27—36, 1923. — Laurens u. Hooker (1): Apparatus. Am. Journ. of physiol., Bd. 44, S. 504—516, 1917; (2) Ebenda, Bd. 64, S. 97—113, 1923. — Laurens u. Hamilton: Ebenda, Bd. 65, S. 547—568, 1923. — Lukanus, Fr. von: Die Rätsel des Vogelzuges. 2. Aufl. Langensalza: Hermann Beyer & Söhne 1923. — Magnus, R.: Körperstellung. (740 S.) Berlin: Julius Springer 1924. — Maier, M., u. Lion, L.: Pflügers Arch., Bd. 187, S. 47, 1921. — Mallock: Nature, Bd. 113, S. 45—48, 1924. — Mangold, E.: Gehörssinn. Wintersteins Handb. d. vergl. Physiol., Bd. 4, S. 841—997, 1913. — Mast (1): Erax, Eristalis. Journ. of exp. zool., Bd. 38, S. 109—205, 1923; (2) Proctacanthus. Am. Journ. of physiol., Bd. 68, S. 262—279, 1924. — Mast u. Pusch: Amöben. Biol. Bull. Woods Hole, Bd. 46, S. 55—59, 1924. — Matthes, E. (1): Wasser. Zeitschr. f. vergl. Physiol., Bd. 1, S. 57—83, 1924; (2) Land. Ebenda, Bd. 1, S. 590—606, 1924; (3) Rangordnung. Biol. Zentralbl., Bd. 44, S. 72—87, 1924; (4) Jacobsons Organ. Zeitschr. f. vergl. Physiol., Bd. 4, S. 81—102, 1926; (5) Sinneszellen. Ebenda, Bd. 5, S. 83—166, 1927. — Maxwell (1): Journ. of gen. physiol., Bd. 2, S. 123, 1919/20; (2) Ebenda, Bd. 2, S. 349—355, 1920; (3) Ebenda, Bd. 3, S. 157—162, 1920; (4) Science, Bd. 53, S. 423—429, 1921. — McDonald, J. D.: Univ. of California publ. in zool., Bd. 20, S. 244—298, 1922. — McDonald, J. D. u. Westerfield: Journ. of comp. psychol., Bd. 2, S. 187—193, 1922. — Metzner, P. (1): Stroboskopie. Zeitschr. f. wiss. Mikroskop. u. mikroskop. Technik, Bd. 36, S. 113—146, 1920; (2) Photodynamische Wirkung. Biochem. Zeitschr., Bd. 113, S. 145 bis 175, 1922; (3) Ebenda, Bd. 148, S. 498—523, 1924. — Minnich, D. E.: Journ. exper. Zool. Bd. 42, S. 443—469, 1925. — Morgan, A. H.: Journ. of exp. zool., Bd. 35, S. 83—114, 1922. — Müller, A.: Zeitschr. f. vergl. Physiol., Bd. 3, S. 113—144, 1925. — Müller, H. L. H.: Zool. Jahrb., Abt. f. allg. Zool., Bd. 40, S. 399—488, 1924. — Nellmann u. Trendelenburg: Zeitschr. f. vergl. Physiol., Bd. 4, S. 142—200, 1926. — Parker, G. H. (1): Fundulus. Journ. of exp. zool., Bd. 10, S. 1—5, 1911; (2) Hai. Bull. U. S. Bur. of Fisheries, Bd. 33, S. 63—68, 1915. — Pawlow, J. P. (1): Die Arbeit der Verdauungsdrüsen. (199 S.) Wiesbaden: Bergmann 1898; (2) Die höchste Nerventätigkeit (das Verhalten) von Tieren. Eine zwanzigjährige Prüfung der objektiven Forschung. Bedingte Reflexe. Sammlung von Artikeln, Berichten, Vorlesungen und Reden. 3. Aufl., übersetzt von G. Volborth. München: J. F. Bergmann 1926. — Plate, L.: Allgemeine Zoologie und Abstammungslehre II. Die Sinnesorgane der Tiere. (726 Abb., 806 S.) Jena 1924. — Rabaud, E. (1): Année psychol., Bd. 22, S. 21—57, 1922; (2) Cpt. rend. de la soc. de biol., Bd. 84, S. 763—765, 1921; (3) Cpt. rend. de l'acad. des sciences, Bd. 172, S. 289—291 u. 487—490, 1921. — Rees, Ch. W.: Univ. of California publ. in zool., Bd. 20, S. 334—355, 1922. — Regen, J. (1): Liogryllus. Zool. Anz., Bd. 40, S. 305—316, 1912; (2) Liogryllus. (10 S.) Pflügers Arch., Bd. 155, 1913; (3) Liogryllus. Sitzungsber. d. Akad. d. Wiss. Wien, math.-naturwiss. Kl., Abt. III, 130/1, S. 21—23, 1922; (4) Liogryllus. Ebenda, Abt. I, 132, S. 81—88, 1923; (5) Thamnotrizon. Arb. a. d. zool. Inst. Wien, Bd. 14, 1903; (6) Thamnotrizon. Sitzungsber. d. Akad. d. Wiss. Wien, math.-naturwiss. Kl., Bd. 117, 1908; (7) Thamnotrizon.

Pflügers Arch., Bd. 155, 1913; (8) Thamnotrizon. (40 S.) Sitzungsber. d. Akad. d. Wiss. Wien, math.-naturwiss. Kl., Abt. I, S. 123, Juli 1914; (9) Thamnotrizon. Ebenda, Bd. 135, S. 329 bis 368, 1926. — Révész, G.: Brit. Journ. of psychol., Bd. 14, S. 387—414, 1923. — Rösch, G. A.: Zeitschr. f. vergl. Physiol., Bd. 2, S. 571—631, 1925. — Rossi, G. (1): Arch. di fisiol., Bd. 12, S. 349—415, 1914; (2) Ebenda, Bd. 13, S. 335, 1915; (3) Arch. ital. di anat. e di embriol., Bd. 18, S. 1, 1921. — Sams u. Tolman: Journ. of comp. psychol., Bd. 5, S. 255—263, 1925. — Santschi, F.: Mem. de la soc. vaudoise des sciences nat., Nr. 4. Lausanne 1923. — Schaefer, K. L.: Galtonpfeife. Ber. f. Anat., Physiol., Pathol. u. Therapie d. Ohres. d. Nase u. d.Halses, Bd. 16, H. 1, 1921. — Schaller, A.: Zeitschr. f. vergl. Physiol., Bd. 4, S. 370—464, 1926. — Schiemenz: Zeitschr. f. vergl. Physiol., Bd. 1, S. 176—220, 1924. — Schlieper, C. (1): Verhandl. d. dtsch. zool. Ges. Kiel, Bd. 31, 1926; (2) Zool. Anz., Suppl.-Bd. 2, S. 188—193. — Schmid, Bastian: Das Seelenleben der Tiere. Leipzig u. Wien: Rikola-Verlag 1926. — Sheldon, A. E.: Journ. of exp. zool., Bd. 10, S. 51—61, 1911. — Skramlik, E. von: Geschmackssinn. Handb. d. norm. u. pathol. Physiol., Bd. 11, S. 306—392, 1926. — Smith: Journ. of neurol. psychol., Bd. 18, S. 499—510, 1908. — Steinmann, P.: Verhandl. d. dtsch. zool. Ges., Bd. 24, S. 278—290, 1914. — Steubing: Fluoreszenzschirm. Physikal. Zeitschr., Bd. 26, S. 329—331, 1925. — Strieck, R. Zeitschr. f. vergl. Physiol., Bd. 2, S. 122—154, 1924. — Taliaferro, W. H.: Journ. of exp. zool. Bd. 31, S. 59—116, 1920. — Taylor, C. V.: Univ. of California publ. in zool., Bd. 19, S. 403—470, Taf. 29—33 (2 Textabb.), 1920. — Ten Kate, C. G. B.: Über das Fibrillensystem der Ciliaten. Diss. Utrecht 1926. — Tirala, L.: Zool. Jahrb., Abt. f. Physiol., Bd. 39, S. 395 bis 442, 1923. — Trendelenburg u. Nellmann: Ebenda, Bd. 4, S. 142—200, 1926. — Trendelenburg u. Drescher: Zeitschr. f. vergl. Physiol., Bd. 5, S. 613—642, 1927. — Tschachotin: Zeitschr. f. wiss. Zool., Bd. 90, S. 343—422, 1908. — Uexküll, von: Umwelt und Innenwelt der Tiere. 2. Aufl. Berlin: Julius Springer 1921. — Uexküll, von u. Brock, Fr.: Zeitschr. f. vergl. Physiol., Bd. 5, S. 167—178, 1927. — Volkelt, H.: Über die Vorstellungen der Tiere. Arbeiten zur Entwicklungspsychologie, herausgegeben von F. Krueger. Engelmann 1914. — Wachs, H. (1): Die Wanderungen der Vögel. Ergebn. d. Biol., Bd. 1, S. 479—639, 1926; (2) Die Naturwiss. 1927, S. 403—408. — Weil, A.: Die innere Sekretion. Eine Einführung für Studierende und Ärzte. Berlin: Julius Springer 1921. — Werner, O.: Zool. Jahrb., Abt. f. allg. Physiol., Bd. 43, S. 41—69, 1926. — White, G. H. (1): Biol. Bull., Bd. 47, S 265, 1924; (2) Journ. of exp. zool., Bd. 47, S. 85—94, 1927. — Wissenburgh u. Tibout: Arch. néerland de physiol. de l'homme et des animaux, Bd. 6, S. 149—162, 1921. — Wolf, E.: Zeitschr. f. vergl. Physiol., Bd. 3, S. 615—691, 1926. — Wolff, H.: Ebenda, Bd. 3, S. 280—329, 1925. — Yerkes, R. M. (1): Frosch. Harward psychol. studies, Bd. 1, S. 634, 1903; (2) Frosch. Journ. of comp. neurol. and physiol., Bd. 14, S. 124, 1904; (3) Frosch. Ebenda, Bd. 15, S. 279—304, 1905; (4) Frosch. Pflügers Arch., Bd. 107, 1905; (5) Gorilla. Genetic psychol. monogr., Bd. 2, S. 7—193, 1927. — Yoakum, C. S.: Eichhörnchen. Journ. of comp. neurol. and psychol., Bd. 19, S. 541—568, 1909. — Yokom: Univ. of California publ. in zool., Bd. 18, S. 337—396, 1918.

# Physikalisch-chemische Arbeitsmethoden.

## I. Methoden der Protoplasmaforschung.

Von J. SPEK, Heidelberg.

Es kann sich hier nicht darum handeln, eine erschöpfende Darstellung all der analytischen Methoden zu geben, welche zur Lösung von speziellen Protoplasmaproblemen herangezogen worden sind. Das gäbe allein schon ein Handbuch. Es kann hier vielmehr nur unsere Aufgabe sein, diejenigen Kapitel der Protoplasmaforschung herauszugreifen, welche *für den allgemeinen Biologen in erster Linie von Interesse sind,* und das hervorzuheben, was dem allgemeinen Biologen am raschesten ermöglicht, von anderen Gebieten oder von der alten Cytologie aus den Kontakt mit den heute aktuellen Fragen der Erforschung des lebenden Protoplasmas zu finden. Da die Einteilung dieses Buches von anderen Gesichtspunkten vorgenommen wurde, ist manche Methodik, die auch in der Protoplasmaforschung mit Erfolg angewandt worden ist, wie *Vitalfärbung, Elektrometrie, Mikrurgie, Polarisationsmikroskopie* u. a. schon in anderen Abschnitten erörtert worden. Andere Kapitel wieder, wie das der *Permeabilitäts-* und *Viskositätsuntersuchungen,* über die schon viel geschrieben worden ist, sind so, daß, wenn man über Prinzipielles hinausgehen will, schon eine gesonderte Darstellung auf breiter Basis geben müßte. Auch das ist hier in diesem Artikel nicht möglich.

Die Darstellung dieses Abschnittes läßt sich auch nicht ausschließlich in kurzer Rezeptform bieten, da das Ausschlaggebende eigentlich immer wieder die richtige Versuchsanordnung, die richtige Kombination an sich vielleicht ganz einfacher Methoden und ihre Anwendung an der richtigen Stelle des Versuches und am richtigen Objekte ist. So müssen denn auch jeweils die führenden Gesichtspunkte, von denen aus die Versuchsanordnung getroffen wird, kurz erörtert und die theoretischen Zusammenhänge klargelegt werden.

Die Hauptaufgabe der Erforschung des lebenden Protoplasmas muß es sein, ein immer genaueres Bild von der *Dynamik der lebenden Zelle* zu erstreben. Natürlich muß die Dynamik zum Teil durch indirekte Methoden erschlossen werden. Aber die sicherste Grundlage und Kontrolle aller physikalisch-chemischen Methoden der Protoplasmaforschung muß nach Möglichkeit das sein, was man am lebenden Plasma direkt, d. h. optisch erkennen kann. Es beginnt daher jede Protoplasmauntersuchung mit der Analyse des mikroskopischen und ultramikroskopischen Bildes, welches das Plasma der betreffenden Zelle bietet. Sie bietet den besten Anschluß an die alte Cytologie. Ihr folgen dann die Methoden der experimentellen Veränderung des Zustandes der lebenden Plasmasubstanz, welche den Sinn haben, Zustandsänderungen der Plasmakolloide, welche man auch im normalen Zellbetrieb vermutet, willkürlich herbeizuführen und ihre Gesetzmäßigkeiten zu studieren.

## A. Die physiko-chemische Analyse des mikroskopischen und ultramikroskopischen Bildes des lebenden Protoplasmas.

(Vgl. auch Bd. 1, S. 380 u. 417).

Greifen wir zunächst einige Punkte, über welche schon viel gestritten worden ist, heraus, da sie gerade methodisch Prinzipielles berühren. Ein solcher Punkt sind *Strukturbilder an der Grenze der Erkennbarkeit.*

Der Erkennbarkeit mikroskopischer Strukturelemente des lebenden Plasmas im Hellfeld sind dann Grenzen gezogen, wenn diese Elemente erstens so klein sind, daß sie die Grenze mikroskopischer Wahrnehmbarkeit überhaupt erreichen, und zweitens wenn der Brechungsunterschied zwischen den betreffenden Strukturelementen und der plasmatischen Grundmaße (Hyaloplasma), in welcher sie liegen, zu gering oder gleich Null ist. Was die erste Schwierigkeit betrifft, kommen wir da ja bekanntlich mit dem Ultramikroskop einen Schritt weiter, die zweite läßt sich vielleicht dadurch umgehen, daß man die Brechungsverhältnisse durch eine reversible Verdichtung des Plasmas experimentell abändert. Hierüber wird im Abschnitt über die Trübungserscheinungen berichtet werden. Mitunter zeigt aber auch eine einfachere indirekte Beweisführung, wie wenig Grund man meistens hat, in einem völlig hyalin erscheinenden Plasma oder Plasmaabschnitt eine infolge der ungünstigen Brechungsverhältnisse verborgen bleibende mikroskopische Struktur anzunehmen. Wir wollen sie an einem Objekt erörtern, welches auch sonst zur Klärung des Prinzipiellen der Hellfeld- und Dunkelfeldbetrachtung sehr geeignet ist, an kleinen Amöben. Brauchbar sind hierzu nicht nur alle *kleinen Amöben des Limaxtypus*, sondern auch alle kleinen jungen Individuen von *Amoeba terricola*, welche man auf frisch angesetzten Agarkulturen bald in großen Mengen vorfindet, ja sogar kleine lebhafter strömende Formen von *Amoeba proteus*. Die Jugendstadien dieser größeren Amöbenarten zeigen meistens den Bewegungstypus der sog. Wanderform, der sich — ein besonderer Vorteil — wahrscheinlich infolge größeren Wassergehaltes des Plasmas durch geringe Zahl der stark lichtbrechenden Eiweißtröpfchen auszeichnet, welche sonst, wenn sie sehr zahlreich sind, alle feineren Strukturen verdecken können. An diesen kleinen Wanderamöben erkennen wir bei Immersionsvergrößerung im Entoplasma ohne Mühe eine zarte Alveolarstruktur, in welche die stärker lichtbrechenden Eiweißtröpfchen eingestreut sind. In den Randpartien der Zellen dagegen, besonders am voreilenden Vorderende erscheint ein breiter Saum völlig homogen, also frei von solchen Alveolarstrukturen. Die Anhänger der Wabentheorie, welche an dem Dogma festhielten, daß jedes Plasma alveolär sein müsse, verschanzten sich nun in diesem wie in ähnlichen Fällen, hinter die Möglichkeit, daß im Ektoplasma bloß der Brechungsunterschied zwischen Wabeninhalt und Wabenwandung zu gering, und eben wegen dieser technischen Schwierigkeit die Waben im Ektoplasma unsichtbar seien. In dem Streit um die richtige Plasmastruktur sind dieses Objekt und das Problem dieser technischen Schwierigkeit zu einer gewissen Berühmtheit gelangt. Nun braucht man aber bloß zu warten, bis die zarten Strukturelemente des Entoplasmas bei Gelegenheit sich auch über die homogenen Zonen des Ektoplasmas verteilen. Diese Elemente, die vermeintlichen Waben BÜTSCHLIS, sind nämlich kugelrunde mit einem dichteren Häutchen überzogene Bläschen mit einem sehr wäßrigen Inhalt, die zwar lose zusammenpappen können, vielfach aber sogar in BROWNscher Molekularbewegung umeinandertanzen. Verbreiten sie sich nun auch über die sonst von ihnen freien und daher eben unstrukturiert erscheinenden Randpartien, so sieht man, daß sie in diesen keineswegs durch ungünstige Lichtbrechungsverhältnisse unsichtbar werden; sie sehen vielmehr hier genau so aus wie vorher im Entoplasma und verleihen dem Ektoplasmasaum bald ganz das Aussehen des Entoplasmas, auf welches sie vorher zusammengedrängt waren. Sie wirbeln außerdem bei ihrer Ausbreitung in so lebhafter Bewegung durch das vorher klare Ektoplasma, daß in diesem unmöglich etwa noch eine unsichtbare dichtgedrängte Struktur *anderer* Bläschen oder Waben vorhanden sein kann.

Hier wie in anderen Fällen, in denen *neben einem meist zentralen deutlich zweiphasig alveolär strukturierten Plasmateil noch ein anderer homogen erscheinender* vorhanden ist, beachte man also stets, *wie sich diese hyaline Plasma optisch verhält, wenn sich einmal die Bläschen auch auf dieses verteilen.* Allem Anschein nach ist die Substanz der hyalinen Bezirke nichts anderes als die Grundsubstanz der alveolären Zonen, in welcher hier die Bläschen aufgeschwemmt sind. Es ist mit anderen Worten bloß die Verteilung der Bläschen keine gleichmäßige.

Bei *Eizellen,* bei denen die massenhaft vorhandenen Dottertröpfchen solche meist viel zarteren Alveolarstrukturen ganz verdecken können, versäume man nicht, *Oozyten* vor *dem Auftreten des Dotters* und *Oogonien* auf die Struktur zu untersuchen.

Eine einfache Methode, sich von der Realität an sich vielleicht ganz zarter Alveolarstrukturen, deren Natur man wegen der geringen Größe der Bläschen und ihrer Dichtgedrängtheit optisch nicht so ganz sicher ermitteln kann, besteht darin, daß man die Zelle, während man mit Immersionsobjektiv beobachtet, durch leichten Druck auf das Deckglas an einer Stelle *platzen und etwas Plasma ausfließen läßt.* In zitternder Bewegung steigen von der Rißstelle ganze Schwärme von kugligen Bläschen auf, welche sich im Wasser verbreiten und darin trotz ihres wäßrigen Inhaltes mehr oder weniger lange erhalten bleiben, da sie von einer dichteren Hülle überzogen sind. Im Wasser und um die Rißstelle herum, wo Wasser in die Zelle eingedrungen ist, treten jetzt die Bläschen viel schärfer hervor, da sich die Lichtbrechungsverhältnisse jedenfalls verschieben. Zum Teil platzen die Bläschen ineinander und werden dadurch größer. — Optisch homogen erscheinendes Plasma blieb in den untersuchten Fällen auch beim Ausfließen homogen; die Gefahr, daß beim Wasserzutritt etwa durch Entmischungen neue Strukturen entstehen, scheint erfahrungsgemäß sehr gering zu sein. Im einzelnen muß hierüber die Originalarbeit nachgeschlagen werden.

Man übe die Strukturbeobachtungen an ausfließendem Plasma mit *Paramaecium putrinum,* an dem die Strukturen auch normalerweise schon deutlich erkennbar sind in dem Wasser der Laubkultur. Die Methode führt an solchen Zellen zu keinem guten Resultat, deren Hyaloplasma bei Vermischung mit Wasser ganz oder teilweise gerinnt. Dies ist vielfach an *Amoeba proteus* zu beobachten. — Es empfiehlt sich, wenn man das Verhalten der Bläschen im Wasser noch nicht kennt, sofort nach dem Platzen oder Anstechen der Zelle zu beobachten, da sich bei manchen Objekten, z. B. *Halteria,* die Bläschen nicht lange halten.

Auch für das Studium von Strukturen mikroskopischer Größenordnung ist die Betrachtung im Dunkelfeld neben der im Hellfeld unentbehrlich. Zwar ist ja der Unterschied wohl mehr nur ein quantitativer, insofern als auch bei vielen Bildern im durchfallenden Licht, wenn dieses nicht zu grell ist, an den Grenzflächen abgebeugtes Licht nicht unwesentlich das typische Aussehen mancher Strukturen mitbestimmt, so z. B. wenn bei Tröpfchen stärkerer Lichtbrechung bei tiefer oder bei Tröpfchen mit schwächerer Lichtbrechung bei hoher Einstellung das Tröpfchen dunkler erscheint als das Medium, in welchem es liegt, aber außerdem noch von einem feinen hellen Ring umgeben ist. Aber es läßt sich immerhin häufig beobachten, daß die Dunkelfeldbilder gerade bei den stärksten Vergrößerungen eine Nuance schärfer sind als die Hellfeldbilder. Man muß einfach empirisch feststellen, ob sich durch durchfallendes Licht oder durch die Beugungseffekte der Dunkelfeldvorrichtung bei starker Vergrößerung mehr Details mikroskopischer Größenordnung ermitteln lassen. Man kann sich dazu etwa des Zeissschen Wechselkondensors bedienen. Leistungsfähiger sind aber die nicht mit Hellfeldvorrichtung kombinierten Dunkelfeldkondensoren. Sehr gute Dienste hat mir das neuere Leitzsche System des großen Spiegelkondensors geleistet.

Wie selbst ganz grobe Gebilde im Hellfeld nur mit Mühe erkennbar, im Dunkelfeld aufs prächtigste hervortreten können, kann man am besten an den Zellkernen der Vorticellen demonstrieren. Mancher Praktikant dürfte den Kern kleiner Vorticellen lange vergeblich gesucht haben. Im Dunkelfeld ist er mit allen feinsten Strukturdetails ohne jede Mühe zu sehen.

Sollen zarte Strukturen im lebenden Plasma im Dunkelfeld erkannt werden, ist die oft sehr starke Überstrahlung durch grellweiß oder gelbleuchtende Granulen möglichst abzudämpfen. An sich ist ja das starke Leuchten der meisten Granulationen ein willkommenes Mittel, diese von den viel matteren Elementen der Wasserbläschenemulsion des Plasmas zu unterscheiden, aber um letztere möglichst deutlich zu erkennen, muß, wie gesagt, die Überstrahlung möglichst abgeschwächt werden. Außer der Anwendung des Blauglases empfiehlt es sich stets mit einer Serie verschieden starker Lichtquellen zu arbeiten, also etwa mit einer Bogenlampe, einer Leitzschen Stellalampe und einer gewöhnlichen Gaslampe mit Schusterkugel. (Statt der Stellalampen von LEITZ, welche mit 100- oder 200-Watt-Glühbirnen und einem mit Wasser gefüllten Glaskolben ausgerüstet sind, können natürlich entsprechende andere Systeme stärkerer Glühlampen verwendet werden.) Starkes Licht ist zum Erkennen feinster Submikronen erforderlich, also etwa wenn an einem diffus leuchtenden Plasma (etwa dem grünleuchtenden Ektoplasma der Eizellen von *Beroë ovata*) oder in einem ganz optisch leer erscheinenden Plasma wie etwa dem roten Blutkörperchen der Wirbeltiere untersucht werden soll, ob nicht doch noch Partikel zu erkennen sind.

Ein großer *Vorteil der Dunkelfeldbetrachtung mikroskopischer Strukturen* ist noch der, daß *die Summe der Grenzflächen einer an sich undeutlichen Struktur* immer noch ein bei nicht zu starker Vergrößerung gar nicht zu übersehendes mehr oder weniger *diffuses, graues bis weißliches Licht erzeugen* kann. Es ist ein optischer Effekt, der sich in gewissem Sinne mit dem Zustandekommen des Amikronenlichtes vergleichen läßt, nur ist bei diesem die zu geringe Größe, bei jenem Bild die nicht genügend differierende Lichtbrechung der Phasen und die Überlagerung der Strukturelemente daran schuld, daß keine scharf erkennbaren Details hervortreten.

Erzeugt eine Zelle im Dunkelfeld bei schwächerer Vergrößerung ein graues oder weißliches Leuchten, ist mit anderen Worten ihr Plasma auch zwischen den evtl. vorhandenen grelleuchtenden Granulen diffusleuchtend, so gestaltet sich die weitere Untersuchung unter allen Umständen interessant. Rührt das Leuchten von einer Menge von matteren Mikronen oder Submikronen her, so ergibt sich bei starker Vergrößerung ein ganz scharfes, eindeutiges Bild. Ist eine Wasserbläschenstruktur vorhanden, so kann man, wenn die schwächere Vergrößerung dies nur vermuten läßt, auch an dieser Stelle zunächst den oben beschriebenen Versuch mit dem Ausfließenlassen des Plasmas einschalten, für den Dunkelfeldbetrachtung ebenfalls sehr geeignet ist. Über den weiteren Nachweis der Natur solcher Strukturen durch die Methode der Strukturvergröberung siehe Abschnitt B b S. 940. In allen von mir untersuchten Fällen, in denen ausfließendes Plasma die beschriebene Emulsionsstruktur hatte, gelang es an geeigneten, granulaarmen und nicht zu dicken Stellen auch in schwierigeren Fällen noch stets, die Emulsionsnatur im Dunkelfeld bei Immersionsvergrößerung auch direkt zu erkennen. — Das S. 928 erwähnte *Paramaecium putrinum*, an dessen Plasma wir die schöne feine Emulsionsstruktur bei Gelegenheit der Anstichversuche besprochen hatten, erscheint bei schwacher Vergrößerung im Dunkelfeld matt milchigweiß.

Gelingt es im normalen oder experimentell veränderten Plasma lebender Zellen *Submikronen oder diffuses Amikronenlicht* nachzuweisen, so kommen wir damit erst an den Punkt, in dem die *Dunkelfeldmethode* gegenüber dem Hellfeld *prinzipielle Vorteile* bietet. Denn bei den Submikronen und Amikronen kommen wir optisch an die stofflichen Grundlagen des kolloidalen Zustandes und der kolloidalen Zustandsänderungen heran, deren große Bedeutung man seit einigen Jahrzehnten erkannt hat. Jede physikalisch-chemische Methode der Protoplasmaforschung im engeren Sinne geht direkt oder indirekt darauf aus, den jeweiligen Zustand der Plasmakolloide zu ermitteln, und so stellt die Ultramikroskopie die beste und dabei durchaus nötige Brücke dar zwischen den älteren Methoden der Protoplasmaforschung, welche auch, wenn sie auf die Ermittlung von physikalisch-chemischen Faktoren ausgingen, doch mehr oder weniger auf direkte Beobachtung angewiesen waren, und den neueren, welche sich speziellerer physiko-chemischer Methoden bedienen.

Heute, wo es sich noch vielfach darum handelt, auf diesem Gebiete Pionierarbeit zu leisten, sind brauchbare, einfache Methoden der Voruntersuchung von besonderem Werte. So wird bei der Ultramikroskopie lebender Zellen die erste Frage sein: *Wie finde ich geeignete Zellen, deren Dunkelfeldbild mir etwas über ihren physikalischen Zustand aussagt und einer experimentellen Beeinflussung zugängig* ist, oder — was noch wertvoller wäre — evtl. auch schon bei den normalen physiologischen Leistungen der Zelle sich von selbst ändert? Die Antwort ist einfach: Dies sind in erster Linie die Zellen, welche bei schwacher Vergrößerung im Dunkelfeld matt milchigweiß oder in einer Farbe, etwa matt himmelblau oder grün leuchten. Ergeben dann die auf S. 929 erörterten Methoden der genaueren Untersuchung, daß das milchigweiße Licht bloß von einer feinen mikroskopischen Struktur herrührt, so ist diese immer noch häufig als Index für gewisse physikalisch-chemische Konstellationen des Plasmas verwertbar, wenn sie veränderlich ist. Entpuppt sich dagegen das weißliche Licht wie etwa am schön leuchtenden Hyaloplasma von *Opalina* als Submikronen- oder Amikronenlicht, so haben wir das, was wir ganz besonders suchen. — Zellen mit starkleuchtenden Einlagerungen und optisch leer erscheinende Zellen sind für unsere Zwecke am wenigsten verwertbar.

An der obigen Frage ist ganz besonders auch der Entwicklungsmechaniker interessiert, am allermeisten dann, wenn sich auch noch die Möglichkeit ergibt, daß sich das Dunkelfeldbild der Eizellen, Furchungszellen usw., aus welchem man bestimmte Schlüsse auf den physiko-chemischen Zustand der Zellen in dem betreffenden Stadium ziehen kann, während der Entwicklung selbst in gesetzmäßiger Weise verändert.

Von den *Eiern* und *Furchungszellen* der Tiere scheiden bei der Auslese auch wieder zunächst die mit vielen stark leuchtenden Granulen aus. Von den übrigen, die im Mikroskop meist glasighell erscheinen, sind dann im Dunkelfeld wieder die leuchtenden von den schwarzen zu sondern. Es gibt viele Oozyten, welche ein diffus leuchtendes Hyaloplasma haben. Vielfach sind für Dunkelfeldbetrachtung mit starken Vergrößerungen die im Hellfeld ebenfalls meist glasighell erscheinenden *Entwicklungsstadien der Samenzellen* sehr geeignet.

Sind die Lichtbrechungsdifferenzen zwischen zwei Plasmaphasen — gleichgültig welche Größenordnung die disperse Phase hat — sehr gering oder gleich Null, dann entsteht an den Grenzflächen auch kein abgebeugtes Licht, d. h. es tritt eben auch im Dunkelfeld kein Strukturbild auf. In diesem Punkt bietet also das Dunkelfeld auch keinen Vorzug.

Erstrahlen Substanzen der Zellen im *Dunkelfeld* in *farbigem Licht,* so läßt sich dieser optische Effekt mit einfachen Mitteln noch etwas genauer analysieren. Ein äußerst intensives smaragdgrünes Licht ist bei den Eiern von *Beroë ovata* zu sehen, mattgrün leuchten die Eier von *Obelia geniculata*, himmelblau die Kerne vieler Infusorien wie *Paramaecium*, *Colpidium*, *Vorticella,* die Zellkerne der

Spermatiden von *Obelia* und gelegentlich die Spermatozyten von *Potamobius fluviatilis* (Flußkrebs). In keinem Fall fand man bis jetzt, daß das monochromatische Licht von diskreten Partikeln ausgestrahlt wird, es erscheint diffus. Am genauesten läßt sich dies an Ektoplasmatropfen der *Beroë-Eier* feststellen, welche durch Deckglasdruck vom Eikörper abgesprengt werden.

Man könnte es für möglich halten, daß das farbige Licht dadurch entsteht, daß die Partikel des betreffenden Kolloides gerade so groß sind, daß sie die kurzwelligeren Lichtstrahlen noch abbeugen, die langwelligen dagegen glatt drüberweggehen, ohne abgelenkt zu werden. Könnte man in einem Falle nachweisen, daß auf diese Weise das Dunkelfeldbild ein Indikator für die Teilchengröße ist, müßte man nicht wenig gespannt sein, wie sich die Farbe dieser Substanzen in verschiedenen Zuständen der betreffenden Zelle verhält, wenn man erwarten müßte, daß der Dispersitätsgrad der Teilchen sich bei den dabei eintretenden Zustandsänderungen der Kolloide ändert.

Für die grünleuchtenden Substanzen des *Beroë-Eies* ergab sich, daß derFarbton während der ganzen Entwicklung des Eies völlig gleichbleibt. Ja sogar wenn man die Zelle durch Deckglasdruck platzen und die sich mit dem Seewasser mischende Ektoplasmasubstanz in das Wasser ausströmen läßt, bleibt der Farbton des grünen Lichtes absolut unverändert, d. h. es leuchtet das ganze Wasser, soweit die Substanz diffundiert ist, smaragdgrün.

Nun kann man bei so großen Zellen wie den Eizellen von *Beroë ovata* mit Leichtigkeit prüfen, ob das farbige Licht überhaupt polarisiert und damit, ob es überhaupt als abgebeugtes Licht aufzufassen ist. Es läßt sich in folgender Weise ein *Tyndallversuch* aufbauen: Man läßt auf ein mit Seewasser gefülltes Gefäß mit dünnen, planparallelen Wänden im dunkeln Zimmer starkes Licht, etwa das Licht einer Bogenlampe auffallen. Die Eizellen, die im Wasser schweben, bringt man in den Lichtkegel. Sie blitzen äußerst intensiv grün, bzw. wenn es ein Furchungsstadium (etwa 16-Zellenstadium) ist, in dem die grüne Substanz schon von den anderen gesondert ist, grün und weiß auf. Nun betrachtet man die Zellen in der Richtung senkrecht zum Lichteinfall durch ein Nikolsches Prisma, welches man ja auch mit einer Lupe oder einem horizontal gestellten Mikroskop kombinieren kann. Beim Drehen des Nikols um 90° muß alles polarisierte Licht verschwinden, oder wenigstens, da ja der Einfallswinkel des Lichtes nicht für alle Teilchen ganz übereinstimmt, stark abgeschwächt werden. Für die Beroë-Eier ergab sich dabei das überraschende Ergebnis, daß alles weiße Licht, welches an den Grenzflächen der ganzen Zellen, der Dottertröpfchen des Entoplasmas und von intensiv leuchtenden Mikronen ausgestrahlt wurde, fast völlig ausgelöscht wurde, das *grüne dagegen*, durch das Verschwinden der eingesprengten weißen Granulen *noch satter und schöner erschien.* Im 16-Zellenstadium verschwinden die fast nur weißleuchtenden Makromeren bei gedrehtem Nikol fast völlig, die Mikromeren, die vorher etwas weißlichgrün leuchteten, erscheinen in reinem, sattem Smaragdgrün. Das monochromatische Licht ist also hier offensichtlich *kein abgebeugtes* Licht und die Erklärung seiner Entstehung durch partielle Beugung an Teilchen bestimmter Größe trifft jedenfalls nicht das richtige.

Damit treten zwei andere Erklärungsmöglichkeiten in den Vordergrund, die aber beim Protoplasmaforschen weniger aktuelles Interesse finden dürfen, da sie einstweilen für die Erkenntnis des physikalischen Baues des Plasmas nicht weiter ausnutzbar sind. Es könnte der Farbeffekt entweder auf der eigenartigen Erscheinung der sog. *selektiven Brechung* oder aber auf *Fluoreszenz* beruhen. Für selektive Brechungserscheinungen werden in Wo. Ostwald (s. Literatur S. 383) hübsche Beispiele beschrieben und theoretisch erörtert, auf welche wir hier verweisen müssen. Der springende Punkt scheint bei der Erscheinung der zu sein, daß beträchtlichere Unterschiede im Brechungsexponenten der Strahlen verschiedener Wellenlänge vorhanden sein müssen, daß speziell bei Kolloiden für einen Teil der Spektralfarben der Brechungskoeffizient von Dispersionsmittel und disperser Phase annähernd übereinstimmt, während er bei anderen beträchtlich differiert. Gilt eine solche Brechungsdifferenz z. B. beim *Beroë-Ei* nur für grünes Licht, so kann, das ist das methodisch Wichtige, das grüne Leuchten der betreffenden Kolloide jedenfalls nur entstehen, wenn in der Lichtquelle grünes Licht überhaupt geboten wird. Bei Fluoreszenz dagegen müßte man im Sinne der Stokesschen Regel erwarten, daß kurzwelliges Licht der Erreger des betreffenden Leuchtens ist und jeweils besonders starke Erregung durch blaues, violettes oder ultraviolettes Licht stattfindet.

Man muß nun also das Verhalten der farbig leuchtenden Substanzen im Dunkelfeld in monochromatischem Licht untersuchen, wozu man Spektrallicht oder *Lichtfilter* und eine starke Lichtquelle (Bogenlampe) benötigt. Alle Lichtfilter, besonders die im Laufe der Zeit wohl etwas veränderlichen Gelatinefilter sind spektroskopisch auf ihre Farbenreinheit zu kontrollieren. Die meisten der käuflichen Lichtfilter sind ja nur annähernd monochromatisch[1]. — Für das *Beroë-Ei* scheint es tatsächlich, als ob grünes Licht in der Lichtquelle vorhanden sein muß. Bei Vorschaltung der blauvioletten Platte erscheint alles, was sonst weiß leuchtet, blauviolett, die sonst grünleuchtenden Substanzen ganz entsprechend der Durchlässigkeit der Platte für Grün, ganz schwach und matt smaragdgrün, vor einer gelbgrünen Platte wiederum smaragdgrün, während alles andere gelbgrün erscheint.

Oft sind sowohl die feinen als auch die gröberen Plasmaeinlagerungen nicht von gleichmäßig kugelförmiger Gestalt. Ist bei Partikeln, die an der Grenze der Sichtbarkeit stehen, ein Diameter so gering, daß die Lichtstrahlen darüber weggehen, ohne abgebeugt zu werden, während die Teilchen in einer anderen Richtung groß genug sind, um die Lichtstrahlen aufzufangen und zu reflektieren, dann entstehen im Dunkelfeld eigenartige Lichteffekte. Bewegen sich die Teilchen hin und her, dann blitzen sie auf und verschwinden wieder, je nachdem ob sie dem Lichtkegel des Kondensors die lange oder die schmale Seite zukehren. Es könnte sich etwa um stäbchenförmige Partikel handeln, die wie die Spindeln von Vanadiumpentoxyd gestaltet sind, an welchen man die Erscheinung häufig demonstriert. Blendet man mittels einer sog. *Azimutblende*, welche man sich selbst herstellen kann, den Lichtkegel des Dunkelfeldkondensors bis auf einen schmalen Spalt ab, so müssen die langen Achsen der Stäbchenelemente genannter Art senkrecht zur Richtung des einfallenden Lichtes liegen, wenn man von ihnen etwas sehen soll. Dreht man bei festliegendem Partikel die Blende um 90°, dann verschwindet das Teilchen, um bei weiterer Drehung um 90°, wenn wieder die lange Achse das Licht auffängt, wieder zu erscheinen. Es sei hier auf die methodologisch mustergültige Dunkelfelduntersuchung der Bindegewebsfibrillen und Nervenfasern von G. Ettisch u. A. Szegvari hingewiesen. Nur in seltenen Fällen dürften bei Plasmateilchen die Dimensionen gerade so liegen, daß man in so bequemer Weise mit der drehbaren Azimutblende ihre polare Beschaffenheit erkennen kann. Daß aber polar gebaute Teilchen auch im Plasma vorhanden sein können, in welchem für gewöhnlich nichts von ihnen zu sehen ist, beweist das Auftreten von Doppelbrechung etwa an den Strahlen von Astrophären von mitotischen Zellen[2], in denen sich die polaren Gebilde serial zusammenfügen und durch experimentelle Eingriffe, wie das Einsetzen der Eier in Glyzerin, unter Umständen offenbar noch besser ausgerichtet werden. Ihre Doppelbrechung läßt sich dann im Polarisationsmikroskop nachweisen.

[1] Bezüglich der Farbdurchlässigkeit der vielverwandten Wrattenlichtfilter der Eastman Kodak-Company s. z. B. Journ. of gen. physiol., Bd. 6, S. 647. 1924.

[2] Nach Mitteilung von J. Runnström.

Zusammenfassend läßt sich über die Dunkelfelduntersuchung des lebenden Plasmas sagen, daß die Zahl der Objekte, an denen sich mit dieser Methode prinzipiell Wichtiges und prinzipiell mehr erkennen läßt als im Hellfeld, beschränkt ist, und daß das Auffinden solcher Objekte einige Erfahrungen auf dem Gebiete erfordert. Zu einer solchen Resignation, wie A. Frey sie über dies Kapitel in seinem Sammelreferat im „Protoplasma" äußert, ist aber absolut kein Grund vorhanden. Ich erwähne dieses Sammelreferat hier auch deswegen, weil in ihm die Untersuchungen des polaren Baues der Mizellen, von dem ja eben die Rede war, besonders herausgearbeitet ist. Dann möchte ich hier noch auf die neueren Arbeiten von J. Runnström über die physiko-chemische Untersuchung des Befruchtungsprozesses hinweisen, weil sie erstens einmal zeigen, was man auch an schwierigeren Objekten mit der Dunkelfelduntersuchung erreichen kann, und weil sich aus ihnen in methodisch lehrreicher Weise ergibt, an welchen Stellen des hier mit aller Ausführlichkeit geschilderten umfassenden Ganges einer vielseitigen physiko-chemischen Analyse der Zustandsänderungen der Eier bei der Befruchtung die Dunkelfelduntersuchung einzuschalten ist und wo sie Vorteile gewährt.

## B. Experimentelle Änderung der Dispersität der Bestandteile des lebenden Protoplasmas.

### a) Die Trübungserscheinungen.

Abgesehen von dem vielseitigen theoretischen Interesse, welches von der kolloidchemischen Betrachtungsweise aus allen experimentellen Dispersitätsänderungen der Plasmateilchen entgegengebracht wird, haben diese Erscheinungen auch dadurch in der Protoplasmaforschung besondere Beachtung gefunden, weil sie methodisch in vielfacher Hinsicht verwertbar sind. Die kolloidchemischen theoretischen Überlegungen führten zu neuen Versuchsanordnungen und diese förderten Resultate zutage, welche umgekehrt zum Ausbau des Theoriengebäudes bedeutungsvoll waren. So darf weder die methodologische, noch die theoretisch-deduktive Seite allein für sich betrachtet werden.

Wenn ich im folgenden in all den Abschnitten über experimentell erzeugte Zustandsänderungen meine Beispiele aus der Salzphysiologie wähle, soll das natürlich nicht bedeuten, daß ich den entsprechenden Versuchen mit anderen Substanzen, etwa den Narcoticis oder Alkaloiden, weniger Bedeutung zuschreibe. Ich habe bloß mit diesen weniger eigene praktische Erfahrungen. Im übrigen gilt für sie eine ganz analoge Methodik.

Die erste hier zu erörternde Methode erscheint auf den ersten Blick sehr einfach: So wie der Kolloidchemiker, welcher die Fällbarkeit etwa von Eiweißstoffen oder Lipoiden durch verschiedene Zusätze in der Weise untersucht, daß er Serien von Reagenzgläsern, welche die Kolloide + den verschiedenen Zusätzen enthalten, gegen das Licht oder gegen schwarzen Hintergrund betrachtet und nun feststellt, daß sie klar, fein opaleszent, deutlich getrübt und schließlich grobflockig erscheinen, kann man solche *Fällungserscheinungen an den lebenden Kolloiden durchsichtiger großer Zellen oder durchsichtiger Zellverbände* studieren. Diese Versuche erreichten dadurch ein wesentlich gesteigertes Interesse, daß sich feststellen ließ, daß an vielen Zellen die ersten Grade der Dispersitätsverringerung, eben *die Trübungserscheinungen schon durch minimale Konzentrationen (etwa 0,006 — mol.) physiologischer Salze herbeigeführt werden können und daß sie durchaus reversibel sind.*

Man kann die Erscheinung einer solchen feinen Plasmatrübung am bequemsten zunächst einmal an den großen Zellen des *Actinosphäriums* studieren. Man braucht zu diesem Zwecke zu dem Kulturwasser (Tümpelwasser oder etwa ein künstliches Salzgemisch, welches auf 300 $cm^3$ destilliertes Wasser 3,0 $cm^3$ NaCl, 0,75 $cm^3$

$CaCl_2$, 0,1 cm³ $MgCl_2$ und 2,0 cm³ $NaHCO_3$ enthält, wobei alle Salzlösungen 0,3 mol. sind) nur etwa 0,4 cm³ einer 0,3 mol. Stammlösung von *Kaliumchlorid* zuzusetzen. Natürlich benutzt man zu diesen Versuchen Tiere, die an und für sich besonders hell sind. Der Unterschied zwischen den Tieren der erwünschten Salzkombination und der gleichen Lösung + 0,4 cm³ KCl 0,3 mol. ist schon nach einigen Stunden zum mindesten aber nach 24 Stunden ganz frappant. Die Kontrolltiere erscheinen im durchfallenden Licht wasserhell, die KCl-Tiere bräunlich getrübt, sind aber sonst in keiner Weise pathologisch verändert, sondern weisen sogar einen außergewöhnlich schönen Kranz zahlreicher feiner, langer Pseudopodien auf. Man muß die getrübten Zellen bei möglichst schwachen Vergrößerungen mit den Kontrollzellen vergleichen, da die trübenden Elemente natürlich auf einen um so größeren Raum verteilt erscheinen, je stärker die Vergrößerung ist, bei der man die Zelle betrachtet. Bei den *Aktinosphärien* genügt schon ein 10- bis 16fache Lupenvergrößerung, bei Zellen von der Größe eines *Paramaeciums* nimmt man am besten eine etwa 50- bis 80fache Vergrößerung.

Die Trübung erscheint im durchfallenden Licht als schwache bis intensive Bräunung, im Dunkelfeld als schwaches bis sehr intensives, diffuses, weißes Leuchten, indem man keine Partikel erkennen kann.

Nun könnte man erwarten, daß bei der vergleichsweisen Betrachtung der Trübungsintensität in verschiedenen Salzlösungen einfach die Fällungsreihe der Ionen[1] zum Ausdruck kommen also mit anderen Worten Salze mit schwach fällenden Ionen eine schwache, Salze mit stärker fällenden Ionen eine mittlere und kräftig fällende Salze eine sehr intensive Trübung hervorrufen würden. Dies ist aber keineswegs so einfach. Die Komplikation ist dadurch bedingt, daß zur Verursachung der Dispersitätsverminderung im ganzen Innern des Zellleibes auch ein Eindringen der Salze in die ganze Zelle erforderlich ist, bei KCl ist ja dies unter den angeführten Umständen offenbar der Fall, viele Salze und Salzkombinationen dagegen dringen in die lebende Zelle nicht ein. Extrazusätze von $CaCl_2$ 0,3 mol. (0,4 bis 1,0 cm³ zu 20 cm³ der Kulturflüssigkeit) rufen z. B. an den *Actinosphärien* keine Trübung hervor, die Tiere bleiben so hell oder noch heller als in der unveränderten Kulturflüssigkeit. Die Dinge liegen aber nicht etwa so, daß dem $CaCl_2$ überhaupt kein Fällungsvermögen zukäme. Bisweilen entsteht um einzelne geplatzte Ektoplasmavakuolen in $CaCl_2$ ein Hof stark getrübten Plasmas. Diese Trübung ist viel intensiver als die im KCl und nicht mehr reversibel. Offenbar ist überhaupt nur an einer Rißstelle etwas vom Salz in die Zelle gelangt, wobei sich herausstellte, daß es in Wirklichkeit viel stärker fällend wirkt als das KCl, wenn es nur eindringen kann. Damit erkennen wir klar, daß das Studium der Trübungserscheinungen untrennbar verknüpft ist mit Permeabilitätsfragen und daß es sich jetzt auf *zwei* Hauptaufgaben konzentriert. Erstens auf die Untersuchung der Intensität (und dann natürlich auch die Qualität) der für die Wirkung irgendeines Stoffes charakteristischen Dispersitätsverminderungen im Zellinnern und zweitens auf die Frage, wie weit das prompte Entstehen einer feinen Fällung im Innern als Indikator für ein Eindringen desselben ins Zellinnere bewertet werden kann. Für diejenigen Salze (oder andere Stoffe), welche im Zellinnern für gewöhnlich gar keine Dispersitätsveränderung des Plasmas hervorrufen, würde sich die sekundäre Frage ergeben, ob sie nicht im Prinzip gleiche, vielleicht sogar noch intensivere Zustandsänderungen *an der Zelloberfläche* hervorrufen.

Man kommt mit der Beantwortung dieser Fragen um ein beträchtliches weiter, wenn man die gleichen Lösungen nicht nur von außen einwirken läßt, sondern sie

---

[1] Die Fällungsreihe der Kationen lautet im allgemeinen: $Cs < Rb < K < Na < Li < Ca$; die der Anionen: $SCh < J < Br < NO_3 < ClO_3 < Cl <$ Azetat $< SO_4$.

auch *in das Zellinnere injiziert* oder aber *die Zellen in ihnen anschneidet*, so daß nun die Lösung auch ins Zellinnere dringen kann.

Die Injektionen müssen mit Mikropipetten ausgeführt werden, wenn es sich nicht um besonders große Zellen handelt, in Verbindung mit dem Mikromanipulator. Ich verweise auf die diesbezüglichen Publikationen von R. CHAMBERS (3). Zelldissektionen, mit denen man eigentlich noch weiter kommt (SPEK 5), müssen auch mit Nadeln des Manipulators oder — wenn das Objekt groß genug ist — mit feinen Stahlmesserchen ausgeführt werden, wie sie von den Ophthalmologen benutzt und etwa von der Firma W. Walb, Heidelberg, hergestellt werden. Das Arbeiten mit den Messerchen ist natürlich viel leichter. Am gleichen Objekt (*Opalina ranarum*) konnten z. B. in der gleichen Zeit mit den Stahlmesserchen 50 oder noch mehr Tiere zerschnitten werden, mit den Mikronadeln dagegen nur 2 bis 3. An Opalina fallen die Schnittränder von den Messerchen von idealer Schärfe aus.

In übereinstimmender Weise ergab sich zunächst aus *Injektions- und Dissektionsversuchen* der wichtige Punkt, daß Salze, welche von außen wirkend leicht und rasch Veränderungen im Zellinnern hervorrufen, auch bei geöffneter Zelle oder ins Innere injiziert keine prinzipiell anderen Wirkungen entfalten. Allenfalls wirken sie hier etwas stärker. Gerade die Salze aber, welche von außen wirkend so harmlos, indifferent zu sein schienen, riefen, ins Innere der Zelle hineingelangend, zum Teil geradezu katastrophale Wirkungen hervor. Unter diesen interessiert uns hier am meisten ihre starke fällende Wirkung, welche sie im Innenplasma entfalteten. Eine solche kommt z. B. den physiologischen Konzentrationen des $CaCl_2$ zu und dann interessanterweise, in womöglich noch verstärktem Maße, den Salzgemischen, deren Wirkung vom Außenmedium her als noch indifferenter, ausgeglichener bekannt ist.

Diese scheinbaren Widersprüche finden ihre restlose Erklärung in der sog. *Abdichtungstheorie* (SPEK [5]), welche besagt, daß die Elektrolyte des physiologischen Mediums ihre ja direkt nachweisbaren Fällungswirkungen zunächst einmal an der Zelloberfläche entfalten und ihr Oberflächenhäutchen dadurch mehr oder weniger verdichten. Die im physiologischen Sinne am stärksten fällend und damit abdichtend wirkenden Salze und Salzgemische versperren sich eben durch diese Wirkung selbst den Weg in das Innere der Zelle. Die schwächer fällenden dagegen dichten die Oberfläche nur unvollkommen ab und rufen bald im ganzen Zellinnern eine Trübung hervor. So wäre in der Tat *die feine, reversible Trübung des Plasmas als eine im ganzen Zellinnern hervorgerufene Zustandsänderung als ein (unter Umständen äußerst empfindlicher) Indikator dafür aufzufassen, daß die betreffende Substanz in das Innere der Zelle eingedrungen ist.* Sie wird ein Symptom für bestimmte Permeabilitätserscheinungen, welches dementsprechend an der richtigen Stelle in den Rahmen von *Permeabilitätsversuchen* einzufügen ist. Man wird also am geeigneten Objekt zur Kontrolle noch untersuchen, ob sich die Substanz, welche die Trübung im Innern hervorruft, direkt (chemisch oder bei Säuren und Basen durch Indikatoren) oder indirekt etwa durch anormale osmotische Verhältnisse, durch den Nachweis des Auftretens anderer Zustandsänderungen, z. B. Viskositätserhöhung oder Verminderung im Zellinnern, oder durch Messung des elektrischen Widerstandes, welchen die Zelloberflächen der Passage der betreffenden Ionen bieten (wie in der Osterhoutschen Versuchsanordnung) als permeierend nachweisen läßt. Kurzum wo man auf die Trübungserscheinungen stößt, muß man ihre *Beziehungen zu den Permeabilitätsreihen* ins Auge fassen.

Wer weiß, was für eine beherrschende Rolle die Permeabilitätserscheinungen in der Zellphysiologie spielen, wird auch bald erkennen, was für ein großer heuristischer Wert der Abdichtungstheorie gerade in methodischer Hinsicht zukommt. Wir kommen hierauf im Abschnitt C, S. **943**, zurück.

Während von außen wirkend innerhalb physiologischer Grenzen überhaupt nur Stoffe auf das Innenplasma fällend zu wirken pflegen, welchen nur eine schwache trübende Wirkung zukommt, wird das Bild der Plasmafällungen außerordentlich viel bunter, d. h. auch qualitativ viel mannigfaltiger, sobald man die Substanzen in die geöffneten Zellen eintreten läßt. So werden diese Versuche auch schon deswegen interessant, weil sie uns zeigen, wie mannigfaltiger Zustandsänderungen das Plasma überhaupt fähig ist und wie viele Variationen des Bildes einfach durch verschiedene Kombination von quantitativ und qualitativ verschiedenen Fällungen mit Quellung und Dehydrierung zustande kommen können.

Die ersten Objekte, an denen SPEK die Trübungserscheinungen systematisch durch die Ionenreihen durchprüfte, waren große Protozoenzellen: *Actinosphärium Eichhorni* und *Opalina ranarum*. Für beide liegen die Beziehungen der Trübungserscheinungen zu dem häufigsten Bilde der Permeabilitätsabstufung klar zutage. Am raschesten tritt die Trübung immer bei KCl-Zusatz auf. Extrazusätze von NaCl zu 20 cm³ des erwähnten Salzgemisches in der Stärke von 0,5 bis 1,2 cm³ der 0,3 mol. Lösung rufen am Actinosphärium entweder gar keine oder nur gelegentlich schwächere Trübungen hervor. In dem Kulturmedium + $CaCl_2$ bleiben die Zellen wasserhell. Man erhält die *scharf ausgeprägte Reihe* KCl > NaCl > LiCl > $CaCl_2$. Ausgeprägte Trübungsreihen geben auch Salzserien mit verschiedenen Anionen. *Reine Salzlösungen* wirken entsprechend ihrem leichteren Eindringungsvermögen fast durchweg *stärker trübend als kombinierte*. Bei *Actinosphärium* treten also z. B. schon in NaCl 0,5 cm³ die Trübungen rasch auf und sie bleiben selbst in schwachen $CaCl_2$-Lösungen auf die Dauer nicht aus, wenn man reine Salzlösungen verwendet. Je besser sich Salzkombinationen antagonistisch beeinflussen, um so *geringer* ist die *Durchlässigkeit der Zellen* nach allgemeinen Erfahrungen für sie und *um so heller bleibt das Plasma.*

Die *Opalinen*zelle ist für reine Salzlösungen relativ schwer durchlässig, so daß man hier *in diesen* etwa *die* Trübungsunterschiede erhält, welche bei *Actinosphärium* Salze zu den Salzgemischen zugefügt ergeben, also etwa in reinen Lösungen von NaCl (und zwar 3,0 bis 5,0 cm³ einer 0,3 mol.-Lösung zu 10 cm³ destilliertem Wasser) nur ganz schwache oder gar keine Trübung, in KCl gleicher Stärke starke Trübung. Salzmischungen wirken natürlich auch hier physiologischer als reine Salzlösungen. Das von PÜTTER als geeignet empfohlene Kulturmedium in welchem die Tiere lange unverändert bleiben, enthielt auf

| | | |
|---|---|---|
| 100 | Teile | 0,8% NaCl |
| 5 | „ | 30% Seignettesalz |
| 400 | „ | dest. Wasser. |

Wie man sieht, stellt es aber immerhin eine ziemlich einfache Ionenkombination dar.

An *Paramaecium caudatum* habe ich Trübungen in Salzlösungen nur beobachtet, wenn diesen Spuren von Eiweißkörpern[1] zugefügt waren, welche einen eigenartigen spezifischen Einfluß auf die Permeabilität ausüben können. (Dies wurde genauer an *Paramaecium putrinum* untersucht.) Systematisch untersucht sind die Trübungsreihen der Paramäcien nicht. Tiere aus LiCl (1,0 cm³ einer 0,3 mol.-Lösung auf 20 cm³ Heuinfusion) und KSCN in gleicher Konzentration, welche sich physiologisch so interessant verhalten (SPEK, 1), sahen ebenfalls gebräunt aus.

Die folgende Zusammenstellung von einigen Versuchsserien an *Actinosphärium* und *Opalina* zeigt den ungefähren Versuchsablauf, zeigt, wo man auf die besprochenen Symptome zu achten hat und orientiert über den abzusteckenden Konzentrationsbereich.

---

[1] Bei Zusatz von solchen organischen Substanzen zu Protozoenkulturen muß beachtet werden, daß keine zu große Bakterienentwicklung zustande kommt. Aus diesem Grunde sind Gliadine, von welchen man ca. $^1/_2$proz. Lösung herstellt und tropfenweise zusetzt, besonders geeignet.

1. Trübungsversuche an *Actinosphaerium Eichhorni* mit Salzzusätzen zu dem als Kulturmedium verwandten Salzgemisch, welches zusammengesetzt war aus:

| | | |
|---|---|---|
| 300 $cm^3$ | Wasser dest. | |
| 1,5 $cm^3$ | NaCl | 0,3 mol. |
| 0,6 $cm^3$ | $CaCl_2$ | 0,3 „ |
| 0,1 $cm^3$ | KCl | 0,3 „ |
| 2,0 $cm^3$ | $NaHCO_3$ | 0,3 „ |

| 1<br>Reine Kulturflüssigkeit | 2<br>Kulturmedium 20 $cm^3$ + 0,5 $cm^3$ LiCl 0,3-mol. | 3<br>Kulturmedium 20 $cm^3$ + 0,5 $cm^3$ NaCl 0,3-mol. | 4<br>Kulturmedium 20 $cm^3$ + 0,5 $cm^3$ KCl 0,3-mol. | 5<br>Kulturmedium 20 $cm^3$ + 0,5 $cm^3$ $KNO_3$ 0,3-mol. |
|---|---|---|---|---|
| Bleiben dauernd hell, normal | 1. Tag: Alle ganz hell | 1. Tag: Die meisten Tiere ganz hell, einige etwas gebräunt, mit spezifischen Symptomen der NaCl-Wirkung | 1. Tag: Bei allen Tieren Ekto- und Entoplasma deutlich gebräunt | 1. Tag: Bei allen Tieren ein sehr deutlich gebräuntes Plasma. Bräunung vielleicht etwas schwächer als in 4 |
| | 2. Tag: Alle Tiere ganz hell, normal bis auf ein großes, welches lokale Bräunung aufweist | 2. Tag: 6 Tiere ganz hell, 6 gebräunt | 2. Tag: Alle Tiere ganz braun mit langen, sehr feinen, peitschenförmig geschwungenen Pseudopodien | 2. Tag: Wie Nr. 4 |

| 1<br>Reine Kulturflüssigkeit | 2<br>Kulturflüssigkeit 20 $cm^3$ + 0,5 $cm^3$ $CaCl_2$ 0,3-mol. | 3<br>Kulturflüssigkeit 20 $cm^3$ + 0,5 $cm^3$ KCl 0,3-mol. | 4<br>Kulturflüssigkeit 20 $cm^3$ + 0,5 $cm^3$ $KNO_3$ 0,3-mol. | 5<br>Kulturflüssigkeit 20 $cm^3$ + 0,5 $cm^3$ $MgCl_2$ 0,3-mol. |
|---|---|---|---|---|
| Wasserhell, dauernd normal | Bleiben dauernd wasserhell, bis auf die knorrigen, zum Teil geknickten Pseudopodien ganz normal | 1. Tag: Schon deutlich getrübt<br>2. Tag: Getrübt, ganz lange feine Pseudopodien. Verharren dann in diesem Zustand | 1. Tag: Deutlich getrübt<br>2. Tag: Wie in KCl | Intensiv getrübt, sonst normal. Dieser Zustand hält sich unverändert |

Versuche mit oberen Grenzkonzentrationen.

| 1<br>Reine Kulturflüssigkeit | 2<br>Kulturflüssigkeit 20 $cm^3$ + 1,1 $cm^3$ NaCl 0,3-mol. | 3<br>Kulturflüssigkeit 20 $cm^3$ + 1,1 $cm^3$ LiCl 0,3-mol. | 4<br>Kulturflüssigkeit 20 $cm^3$ + 1,1 $cm^3$ $CaCl_2$ 0,3-mol. |
|---|---|---|---|
| Dauernd hell, normal | Etwas gebräunt, Trübung wird nicht stärker | Tiere bleiben klar, Pseudopodien werden kurz | 2 Tage lang ganz hell, nur Pseudopodien verändert, knorrig, verstruwwelt. Am 3. Tag einige, später auch die andern Tiere tiefbraun getrübt. Gehen nach einiger Zeit ein. |

Versuche mit *Opalina ranarum* (Wintertiere).
Obere Grenzkonzentrationen.

| 5 cm³ NaCl 0,3-mol. auf 10 cm³ dest. Wasser | 5 cm³ $MgCl_2$ 0,3-mol. auf 10 cm³ dest. Wasser | 5 cm³ KCl 0,3-mol. auf 10 cm³ dest. Wasser | 5 cm³ $CaCl_2$ 0 3-mol. auf 10 cm³ dest. Wasser |
|---|---|---|---|
| 1. Tag: Normal, klar, Flimmerschlag langsam | 1. Tag: Ganz wasserhell, rasch flimmernd | 1. Tag: Deutliche Bräunung an allen Tieren | 1. Tag: Alle tot, zusammengeschrumpft, dunkel |
| 2. Tag: Wie am Vortag | 2. Tag: Schwach getrübt, Struktur der Wasserbläschen lokal vergröbert | 2. Tag: Starke Bräunung, erhebliche Zunahme des Breitendurchmessers (s. hierüber S. 946) | (Maximalkonzentration des $CaCl_2$ liegt bei *Opalina* sehr tief) |
| 3. Tag: Auch etwas getrübt | 3. Tag: Trübung ganz deutlich | 3. Tag: Wie am Vortag. Viele schon mit großen Beulen. Einige cytolysiert, abgekugelt | |
| 4. Tag: Keine Flimmerung mehr, sonst unverändert | | | |

Kalisalze, alle zu 10 cm³ destilliertes Wasser zugesetzt.

| 3,0 cm³ KSCN 0,3-mol. auf 10 cm³ dest. Wasser | 3,0 cm³ KBr 0,3-mol. | 3,0 cm³ KCl 0,3-mol. | 3,0 cm³ $K_2SO_4$ 0,3-mol, | 3,0 cm³ $MgCl_2$ 0,3-mol. | Kulturflüssigkeit[1] |
|---|---|---|---|---|---|
| Schon am ersten Tag alle Tiere völlig abgekugelt, cytolysiert, dunkel | Außerordentliche Volumzunahme. Wohl infolge der großen Wasseraufnahme tritt die anfangs sehr deutliche Trübung nicht mehr sehr deutlich hervor | Deutlich getrübt und aufgequollen. Aufquellung nimmt noch zu. Tiere werden allmählich etwas heller | Dunkler als KCl-Tiere; nicht dicker geworden. Spitzer und schmäler als KCl-Tiere. Bleiben unverändert | Sehr wenig getrübt. Bleiben unverändert | Völlig glashell, normal |

Zellen, welche eine feine, reversible Trübung ihres Plasmas aufweisen, zeigen im Dunkelfeld für gewöhnlich ein deutliches diffuses Amikronenlicht, welches man am sichersten an oberflächlich heraustretenden Tropfen klaren Hyaloplasmas feststellen kann. Ich habe nun schon auf S. 927 darauf hingewiesen, daß durch eine solche Trübung des Hyaloplasmas in wasserhellen Zellen eine infolge ungünstiger Lichtbrechungsverhältnisse bis dahin sehr undeutliche Zweiphasenstruktur durch Verschiebung der Lichtbrechung des Hyaloplasmas möglicherweise deutlich hervortreten könnte, da ja die Lichtbrechung der zweiten wäßrigen Phase wohl kaum nennenswert verändert wird. Zwar ist bis jetzt noch kein Fall dieser Art gefunden worden, an dem man dies demonstrieren könnte; die Möglichkeit bleibt

[1] 95 cm³ Wasser, 40 cm³ 0,3 mol. NaCl, 12 cm³ 0,3 mol. KCl, 2,5 cm³ 0,3 mol. $MgCl_2$, 0,6 cm³ 0,3 mol. $CaCl_2$, 2,5 cm³ 0,3 mol. $NaHCO_3$.

jedoch noch durchaus offen. Dagegen hat ein Versuch, an dem mikroskopisch wie ultramikroskopisch völlig strukturlos erscheinenden Plasma der *roten Blutkörperchen des Frosches* durch eine Plasmatrübung mikroskopische Strukturen hervortreten zu lassen, zu eigenartigen Resultaten geführt, welche wiederum andere methodologische Gesichtspunkte eröffnen. In einer mit Froschblut isotonischen KCl-Lösung trat im Plasma kein Amikronenlicht und keine gröbere Trübung auf. Dagegen traten die *Kernstrukturen im Dunkelfeld* an diesen Zellen *grauleuchtend scharf hervor*, während man sonst überhaupt kaum etwas von ihnen sah. In isotonischem LiCl traten im Plasma in lebhafter Brownscher Molekularbewegung hin und her tanzende Submikronen auf, welche es sehr unwahrscheinlich machten, daß zwischen ihnen noch eine wegen ungeeigneter Lichtbrechung unsichtbare Emulsionsstruktur existieren könnte.

Auch dieses *scharfe Hervortreten lebender*, für gewöhnlich kaum sichtbarer *Kernstrukturen* beruht jedenfalls auf einer ähnlichen Verschiebung der Lichtbrechungsverhältnisse. Dafür spricht auch, daß man die Erscheinung in sämtlichen Stadien der *Mitosen* von lebenden Spermatogonien und Spermatozyten von *Lumbricus terrestris* (Samenblaseninhalt) durch verschiedene reine Salzlösungen hervorrufen kann, besonders schön in LiCl 1,0 $cm^3$ 0,3 mol. auf 10 $cm^3$ destilliertes Wasser.

Das *Sichtbarmachen der Chromosomen* lebender Pflanzenzellen durch Durchleitung von Kohlensäure, welches Sakamura beschrieb, schließt sich dem Wesen nach sicherlich dieser Versuchsanordnung an, und schließlich beruht ja das Hervortreten der Chromosomen bei der Fixation jedenfalls auch bloß auf einer entsprechenden Verschiebung der Lichtbrechungsverhältnisse zwischen Plasma und Kernsubstanzen. Was aber hier erst bei der Abtötung und letalen Koagulation der Zelle eintritt, ist allem Anschein nach auch durch harmlose Mittel und eine reversible Zustandsänderung des lebenden Plasmas zu erreichen.

Mit den Fällungserscheinungen im Innenplasma wurden häufig die von anderen Autoren mit Erfolg studierten *Viskositätsänderungen* in Verbindung gebracht, denn so wie im Reagenzglasversuch mit toten Kolloiden dürfte eine Dispersitätsverminderung des Plasmas seine Viskosität meist erhöhen. Eine Viskositätserhöhung kann aber freilich auch von anderen Zustandsänderungen, wie z. B. einer starken Hydratation der Kolloidteile, verursacht werden. Alle diese Möglichkeiten müssen also ins Auge gefaßt und gesondert geprüft werden, ehe man in der Lage ist, aus den Viskositätsmessungen bestimmtere Schlüsse zu ziehen. Häufig benutzt man als Indizium für die jeweilige Plasmaviskosität die Verschiebbarkeit der gröberen Einlagerungen der Zelle. Ist die Viskosität des Plasmas gering, so lassen sich z. B. diese Einlagerungen durch Zentrifugierung an einen Pol der Zelle schleudern, ist sie hoch, so bleibt auch starke Zentrifugierung ohne solche Folgen, die Granulen, Bläschen usw. bleiben in ihrer ursprünglichen Verteilung. Bei dieser Schlußfolgerung muß man eine Fehlerquelle kennen, welche in diesem Zusammenhang besonders interessiert. Relativ schwache Fällungen des Plasmas können sich nämlich so auf und zwischen den Grenzflächen größerer, mikroskopisch dispergierter Gebilde ablagern, daß diese völlig miteinander verpappen und nun nicht mehr verschiebbar sind. Es bildet sich ein festes Schwammwerk verklebter Granulen, Bläschen usw., zwischen dem aber noch viel flüssiges Hyaloplasma erhalten bleibt, welches beim Anschneiden der Zelle ausfließt. Man muß sich also hüten, aus der Nichtverschiebbarkeit der verklebten Granulen auf eine ebensolche Nichtverschiebbarkeit *aller* Partikel des gesamten Plasmas zu schließen. Trotz der völligen Nichtverschiebbarkeit der größeren Einlagerungen braucht die Viskosität *des Hyaloplasmas* sich nur unbedeutend geändert zu haben.

Diese Fehlerquelle wurde durch kombinierte Untersuchung des Zustandes der durch KCl oder $MgCl^2$ getrübten Opalinen aufgedeckt. Sie zeigt, wie unrichtige

Vorstellungen man sich von der Konsistenz des Plasmas bildete, als man in der ersten Ära der Viskositätsuntersuchungen ausschließlich aus Zentrifugierungsversuchen das Bild der ganzen Kolloidstruktur des Plasmas konstruieren wollte. Und die Fehlerquelle klärt auch gewisse Unstimmigkeiten auf zwischen den Schlüssen aus der Zentrifugierbarkeit oder Nichtzentrifugierbarkeit der groben Einlagerungen einerseits und der direkten Anschauung von der Konsistenz des Plasmas andrerseits, zu der man durch lokales Abtasten des Plasmas mit den feinen Glasnadeln des Mikromanipulators gelangt war.

Auch an dieser Stelle sei schließlich auf die schon oben zitierten Untersuchungen JOHN RUNNSTRÖMS über die Zustandsänderungen des Eies nach der Befruchtung nochmals hingewiesen, die an vielen Stellen zeigen, welches physiologische Interesse experimentelle Veränderungen des Dispersitätszustandes des Plasmas haben, und gleichzeitig technische Unterlagen zu ihrer Ausführung an anderen Objekten bieten.

### b) Die experimentelle Vergröberung der mikroskopischen Emulsionsstrukturen des lebenden Plasmas.

Die diesbezüglichen Methoden schließen sich ihrem Wesen nach den im vorigen Kapitel beschriebenen an, bloß handelt es sich um gröbere Teilchen, die zur Vereinigung gebracht werden sollen, nämlich die feine Emulsion wäßriger Bläschen, welche dadurch noch besonders stabil ist, daß die Bläschen, wie schon auf S. 927 erörtert wurde, von einem dichten Häutchen überzogen sind. Die disperse Phase hat hier schon durch dieses ihre Besonderheiten. Im vorigen Kapitel handelt es sich um ein leichtes Koagulieren der Teilchen des lebenden Plasmas selbst, hier dagegen um ein Ineinanderplatzen der in das Plasma eingelagerten wäßrigen Bläschen, welche wegen ihrer Kleinheit die Veranlassung zu dem heftigen Streit über Natur der mikroskopischen Plasmastruktur gegeben hatten. So hat man ein Interesse daran, über die Schwierigkeit der oft zu feinen Dispersität auf möglichst verschiedenen Wegen hinwegzukommen. Einige Methoden haben wir schon auf S. 928ff. kennengelernt; wohl die direkteste aber ist die, daß man die *dispersen Bläschen zu größeren zusammentreten läßt, bis sie eine Größenordnung erreicht haben, in der sie auch schon bei mittlerer Vergrößerung so deutlich erkannt werden können*, daß über ihre Natur und ihre Gestalt kein Zweifel mehr existieren kann. Man kann dies dadurch erreichen, daß man physiologische Salze mit stärkerfällenden Ionen in das Zellinnere gelangen läßt. Diese bewirken wohl zuerst eine dichtere Zusammendrängung der frei beweglichen, bisweilen sogar in lebhafter Brownscher Molekularbewegung befindlichen Bläschen. Damit sie dann zum Teil ineinanderplatzen, dazu muß offensichtlich noch ein Faktor hinzutreten, der das Platzen der zähflüssigen Hüllen an und für sich begünstigt. Dieser Faktor ist nach umfangreichen Studien am groben Plasmaschaum der Actinosphärien die Erhöhung der Oberflächenspannung der Bläschen, die von den Ionen am Ende der lyophilen Reihe in höherem Maße herbeigeführt wird als von denen am Anfang. Und so sehen wir, daß die Strukturvergröberung mit solchen Salzzusätzen am besten gelingt, welche erstens auch sonst leicht eine Dispersitätsverminderung von Emulsionen herbeiführen, zweitens die Oberflächenspannung relativ stark erhöhen und drittens das Plasma dabei nicht zu fest machen, weil sonst die ganz fest gewordenen Hüllen die Struktur stabilisieren würden. Wegen ausführlicherer theoretischer Begründung muß auf die Originalarbeit verwiesen werden. Im allgemeinen ergibt sich, *daß Spuren von Salzen, welche etwa wie* $NaSO_4$ *auf die Kolloide einwirken, am geeignetsten sind.* Bei der Suche nach weiteren geeigneten Salzen kann man sich zunächst einfach nach den *Fällungsreihen* der Ionen richten.

Die allmähliche Entstehung der herrlichen, mittelgroben Emulsionsstruktur, welche bei der Strukturvergröberung fast in allen untersuchten Fällen erhalten wurde, aus der sehr feinen Ausgangsstruktur, kann bei sorgfältiger Beobachtung in den entscheidenden Punkten direkt verfolgt werden. Auch das Zusammenplatzen der Bläschen ist direkt zu beobachten. Sobald man die Bläschen als solche ohne weiteres erkennen kann, läßt sich auch fast bei jeder Zellart feststellen, daß die Bläschen äußerst geringe Neigung zeigen, sich auch nur lokal zu einem Wabenwerk aneinanderzulegen; eher platzen sie ganz ineinander. Im übrigen war bei den untersuchten Zellformen bei normaler unbeeinflußter Struktur von vornherein leicht ein ziemlicher Überschuß von Dispersionsmittel der Emulsion, also von Hyaloplasma, nachweisbar, den man bei der immerhin recht dicht aussehenden Emulsionsstruktur eigentlich gar nicht erwartet hätte. Schon leichter Deckglasdruck läßt häufig recht große Tropfen und Beulen klaren Hyaloplasmas aus der Oberfläche der Zellen heraustreten, ganz zu schweigen von dem breiten oberflächlichen Saum klaren Hyaloplasmas, den kleine Amöben zeigen, und ihren vielen eine Zeitlang teilweise oder ganz aus Hyaloplasma bestehenden Pseudopodien. In dieses klare Hyaloplasma können wieder Bläschen und Granulen vorrücken, und dann sieht es wieder genau so aus wie die Plasmapartien mit Emulsionsstruktur.

Bei allmählich fortschreitender Strukturvergröberung ließ sich empirisch feststellen, daß der Typus der Struktur bei allen Dispersitätsgraden der gleiche blieb. Emulsion blieb mit anderen Worten Emulsion. Man könnte vielleicht den Einwand machen, daß bei der fortschreitenden Dispersitätsverminderung der Alveolen eine verringerte Zahl größerer Bläschen leichter zu einer Emulsion auseinanderweichen könnte, auch wenn sie bei feiner Verteilung eventuell einen Schaum gebildet hat. Diese Überlegung hat deswegen nicht viel Sinn, weil nachgewiesenermaßen dauernd neue Bläschen auftreten. Andererseits sind auch dort, wo, wie bei den kleinen Amöben, ein großer Überschuß von Hyaloplasma vorhanden ist, die Bläschen häufig zentral so dicht zusammengedrängt, daß sie ohne weiteres auch zu einem Schaum zusammentreten könnten, wenn es die Beschaffenheit ihrer Oberflächen erlauben würde. Die viskosen Häutchen an der Oberfläche der Bläschen wirken dem aber offensichtlich entgegen, wenn sie nicht gerade durch starken Deckglasdruck aufeinandergepreßt werden. Diesen entscheidenden Punkt hat man früher bei den Strukturdebatten nicht berücksichtigt, weil man die Existenz der zähen Häutchen nicht kannte.

Beim Actinosphärium, welches infolge seiner Durchsichtigkeit, seiner Größe und seiner groben Strukturen zu Strukturanalysen besonders geeignet erscheint, ist fast das ganze Hyaloplasma in Form der halbgelatinierten Schaumlamellen ausgespannt. Schwache Konzentrationen der Salze, mit denen wir bei anderen Zellen die Plasmaemulsion vergröbern können, also etwa 0,3 $cm^3$ Zusätze von 0,3 mol. $Na_2SO_4$ zu 20 $cm^3$ Kulturflüssigkeit verursachen hier nur ein Durchreißen der dünnsten Schaumwände: der normale Plasmaschaum wird zu einem ganz groben Schaum In eine Emulsion kann er nicht übergehen, weil eben kein genügender Überschuß von flüssigem Hyaloplasma da ist. Wird das Plasma noch besonders verfestigt oder seine Grenzflächenspannung stärker erhöht, dann weichen die Vakuolen, da eine eigentliche Pellicula hier nicht vorhanden ist, zu einem losen Haufen mehr oder weniger abgekugelter Ballons mit wäßrigem Inhalt und viskoser Wandung auseinander. Dieses Bild erhält man in starken Sulfatkonzentrationen oder (in stabilerer Form) in reinen $CaCl_2$-Lösungen.

Bei der *experimentellen Herbeiführung der Strukturvergröberung* ist *eine prinzipielle Schwierigkeit* dadurch gegeben, daß die stärker fällenden Salze wie etwa das Natriumsulfat, wie schon im vorigen Kapitel erörtert wurde, schwer oder gar nicht in die Zelle eindringen. Man kann sich so helfen, daß man reine Lösungen der Sulfate oder der sonstigen Salze, welche als Mittel verwendet werden, benutzt, in denen die

Permeabilität immer viel höher ist, oder daß man sie wenigstens Salzgemischen zusetzt, in denen die Zellen zwar in ganz gutem Zustand bleiben, die aber die Oberfläche der Zellen doch nicht ganz „abdichten". Bei manchen Objekten genügt es schon, aus den kombinierten Salzgemischen das $MgCl_2$ wegzulassen. An schwer durchlässigen Zellen treten die spezifischen Wirkungen der dem Außenmedium zugesetzten Salze häufig prompt in Erscheinung, wenn man dem Salzgemisch Spuren gewisser Eiweißkörper (1. Fußnote auf S. 936) oder sonstiger Schutzkolloide zusetzt. Wenn auch die Wirkung dieser Kolloidzusätze noch nicht ganz geklärt ist, ist es wertvoll, diese Erscheinung zu kennen, wenn man heute noch vielfach an neuen Objekten derartige Methoden ausprobieren muß.

Die experimentell erzeugte Strukturvergröberung ist meist begleitet von einer feinen Trübung des Plasmas, was ja im Einklang steht mit dem, was im vorigen Kapitel über die Wirkung der ins Zellinnere eindringenden Salze gesagt wurde. Die Trübung des Hyaloplasmas tritt aber neben der groben Emulsion nicht typisch in Erscheinung.

Ich lasse einige Rezepte von Medien folgen, mit welchen an bestimmten Zellen Strukturvergröberung erzielt wurde:

An *Tillina spec.* (Infusor aus fauligem Nordseewasser) gaben alle Sulfate positive Resultate, wenn ca. 1,5 $cm^3$ ihrer 0,5 mol.-Lösung zu 10 $cm^3$ Seewasser zugesetzt wurden. Besonders gut wirkten $MgSO_4$ 1,5 $cm^3$ und $Na_2SO_4$ 1,5 $cm^3$ (immer zu 10 $cm^3$ Seewasser). Am wenigsten brauchbar waren $K_2SO_4$-Zusätze. Hier und besonders in $Li_2SO_4$ sterben viele Tiere schon am ersten Tage ab. In allen anderen Lösungen halten sich die großblasigen Tiere tagelang. Ausgesprochen positiv wirken auch Zusätze von $MgCl_2$ 1,5 $cm^3$.

Bei *Amoeba polypodia* wurden positive Versuchsserien teils mit reinen Salzlösungen in destilliertem Wasser, teils auch durch Zusätze der betreffenden Salze zu einem Salzgemisch erhalten, welches auf 100 $cm^3$ destilliertes Wasser 5 $cm^3$ NaCl 0,3 mol. + 0,5 $cm^3$ $CaCl_2$ 0,3 mol. + 0,5 $cm^3$ $MgCl_2$ 0,3 mol. enthielt. Schöne Strukturvergröberungen wurden z. B. erhalten in 1,0 $cm^3$ $Na_2SO_4$ 0,3 mol. oder 1,2 $cm^3$ $MgSO_4$ 0,3 mol. oder 1,0 $cm^3$ $MgCl_2$ 0,3 mol. auf je 20 $cm^3$ destilliertes Wasser oder in 1,0 bis 1,2 $cm^3$ $Na_2SO_4$ auf 20 $cm^3$ des oben erwähnten Salzgemisches.

Bei *Stentor Roeseli* tritt schon nach kurzer Zeit ein weitgehendes Zusammenplatzen der Plasmaalveolen ein, wenn man zu 20 $cm^3$ eines Salzgemisches wie dem obigen 0,2 $cm^3$ $Na_2SO_4$ 0,3 m zusetzt.

Bei *Vorticellen* tritt eine Vergröberung der Emulsionsstruktur bei so gut wie allen Tieren der Kultur schon nach kurzer Zeit ein, wenn man sie in 20 $cm^3$ eines Gemisches von (100 $cm^3$ destilliertem Wasser + 5 $cm^3$ NaCl 0,3 mol. + 0,5 $CaCl_2$) setzt, dem 0,2 $cm^3$ eines Alkalisulfats 0,3 mol. zugefügt werden. Die Strukturvergröberung schreitet von Stunde zu Stunde stetig fort. Kleine Zusätze von $MgCl_2$ hemmen die Sulfatwirkung vollständig.

Prächtige Strukturvergröberungen wurden bei *Paramaecium caudatum* erhalten, wenn zu gemischten Salzlösungen etwa dem obigen Salzgemisch von NaCl, $CaCl_2$ und $MgCl_2$ Spuren von $^1/_2$proz. Lösungen von Pflanzeneiweißpräparaten zugesetzt in einer Konzentration von 3 bis 5 Tropfen auf 2,5 $cm^3$ Flüssigkeit.

Ein sehr günstiges Material für Plasmauntersuchungen dieser Art sind die frei flottierenden glasig-durchsichtigen Zellelemente des Samenblaseninhaltes von *Lumbricus terrestris*. In kleinen Mengen zu sterilen Tropfen von Salzlösungen zugesetzt, halten sie sich unter dem mit Vaseline abgeschlossenen Deckglas recht lange in gutem Zustand und lassen sich bei stärkster Vergrößerung im Hell- und Dunkelfelde beobachten.

### C. Die Bedeutung der Ionenreihen für die salzphysiologische Versuchsanordnung. — Die kombinierte Untersuchung der Fällungs-, Quellungs- und Sol-Gelbildungserscheinungen.

(Vgl. auch S. 960).

Wir lernten im Abschnitt B, a) den Hauptsatz der Abdichtungstheorie kennen. Er lautete: Je geringer die Dispersitätsverminderung der Oberflächenkolloide der Zelle unter der Wirkung der Elektrolyte des Außenmediums ist, je geringer die Abdichtung oder — anders ausgedrückt — je weiter bei einem Elektrolyt die Ionen am Anfang der Fällungsreihe stehen, um so leichter dringen sie in die Zellen ein. Die Fällungsreihe der Kationen lautet: $K < Na < Li < Ca$; Mg und $NH_4$ rangieren bei Eiweißkörpern meist ganz am Anfang der Reihe, können sogar fällunghemmend wirken; wir wollen sie aber einstweilen fortlassen, da sie eine gesonderte Besprechung erfordern. Ebenso sind bei den beiden übrigen Ionen der Kaliumtriade, bei Rubidium und Caesium besondere Punkte zu berücksichtigen, welche eine schematische Einordnung in die Ionenreihe nicht immer sehr angebracht erscheinen lassen. Die Fällungsreihe der Anionen lautet: $SCN < J < Br < NO_3 < ClO_3 < Cl <$ Azetat $< SO_4$, woraus sich als Wichtigstes die Stellung des Chlorids und Sulfats: $Cl < SO_4$ ergibt. Für SCN ist wieder einige Reserve erforderlich.

Überlegen wir uns nun einmal, was alles von dem mehr oder weniger leichten Penetrationsvermögen der Salze (und mutatis mutandis auch anderer Substanzen) abhängt: Bei solchen Zellen, welche gegen ein Eindringen von Salzen sehr empfindlich sind, die *relative Giftigkeit.* Bei solchen, bei denen die eindringenden Ionen einen formativen Prozeß oder einen physiologischen Prozeß quantitativ oder qualitativ leicht beeinflussen, die *relative Wirksamkeit*; in vielen Fällen die *relative Geschwindigkeit*, mit der Salze an den Zellen Veränderungen erzielen. Wollten wir nach den Ionenreihen *absolute Gleichheiten* der Ionenwirkung bei *verschiedenem* Zellmaterial suchen, würden wir sie in den seltensten Fällen vorfinden. *Nur die relativen Unterschiede sind das, was sich uns auf Schritt und Tritt als gleiche Gesetzmäßigkeit aufdrängt.*

Die „*Giftigkeitsreihe*“ kommt bei der salzphysiologischen Versuchsanordnung mehr nur in negativem Sinne insofern zur Geltung, als sie zeigt, bis zu welchen Salzen es einen Sinn hat, bei empfindlichem Zellmaterial in der Salzreihe zu gehen; weiterhin zeigt sie, inwiefern es sich empfiehlt, reine oder gemischte Salzlösungen anzuwenden. Denn entsprechend der auch im Reagenzglasversuch mit Eiweißlösungen beträchtlichen gegenseitigen Steigerung der Fällungswirkung der Salze, ergibt sich für Salzgemische eine beträchtlich verminderte Permeabilität und eine entsprechende Dämpfung auch der ungünstigen Wirkungen der Ionen. So kann also etwa bei einem Organismus reine Kaliumchloridlösung ganz giftig wirken, reine Natriumchloridlösung schon so indifferent, daß sie als „physiologische Kochsalzlösung“ erscheinen kann und $CaCl_2$ oder etwa auch $NaSO_4$ wenigstens bis zu einer gewissen Konzentration ein noch günstigeres Medium abgeben. Das Abdichtungsoptimum würde also hier in reinen Lösungen erst ganz am Ende der Salzreihen erreicht werden. Benutzt man hingegen Salzzusätze zu einem „ausgeglichenen“ Salzgemisch, welches vor allem $NaCl + CaCl_2$ enthalten muß, so kann eine Giftigkeit bis zur tödlichen Wirkung evtl. ganz verschwinden, die spezifische Einwirkung der Ionen auf ein einigermaßen physiologisches oder wenigstens reversibles Maß reduziert und nun in *dieser* Form wieder etwa bei den Kalisalzen am stärksten und dann evtl. noch an Natriumsalzen oder wenigstens an einigen Natriumsalzen mit einem Anion vom Anfang der Reihe zur Geltung kommen.

Bei Zellmaterial, welches schon in einfachen Salzkombinationen eine sehr geringe Salzdurchlässigkeit zeigt, sind *spezifische Wirkungen mit Ionen vom Ende der Fäl-*

*lungsreihe überhaupt nur zu erwarten, wenn die Permeabilität irgendwie erhöht wird*[1]. Zum mindesten müssen sie in reinen Lösungen ausgeführt werden. Beispiele hierfür haben wir ja schon bei dem Einfluß der Sulfate auf die Plasmastruktur kennengelernt.

Geht man direkt darauf aus, Kombinationen von Salzen zu finden, in denen die Ionen ihre Wirkung gegenseitig abschwächen oder ganz aufheben, *sucht man mit anderen Worten sog. antagonistisch wirkende Ionenpaare*, so bieten wiederum die Gesetzmäßigkeiten der Fällungswirkung das beste heuristische Moment. Denn wenn auch noch andere Faktoren, die sich dabei gegenseitig beeinflussen, hinzukommen, ergeben doch immer wieder *diejenigen Ionenkombinationen, welche ihre auf Eiweißkörper und Lipoide ausgeübte Fällungskraft gegenseitig besonders erhöhen* (und damit wieder ihr Eindringen in die Zelle wieder am stärksten erschweren) am *promptesten die Symptome eines physiologischen Antagonismus* (SPEK [5]). Von diesem Gesichtspunkt mußte man auch schon deduktiv darauf verfallen, immer wieder auch die antagonistische Wirkung kleiner Mengen starker Koagulantia wie $ZnCl_2$ oder $FeCl_3$ zu erproben. Wird natürlich bei diesen (wie auch schon in den oberen Grenzkonzentrationen von $CaCl_2$) die Fällung eine zu grobe, dann ist es mit der physiologischen Abdichtung wieder aus und es tritt eine Koagulation des ganzen Zellinnern ein.

Untersucht man eine in einer Salzserie *graduell fortschreitende Steigerung oder Herabsetzung eines physiologischen Prozesses* auf seine Parallelität zur Fällungsreihe, so empfiehlt es sich, die oben angeführte Kationenreihe noch etwa durch *Rubidium* und *Caesium* zu ergänzen.

C. HERBST hat eine Serie sehr ausgeprägter formativer und physiologischer Wirkungen der Chloride der Kaliumtriade für Seeigellarven beschrieben, welche durch Extrazusätze von 0,008 bis 0,08% KCl, 0,013 bis 0,13% RbCl, 0,018 bis 0,18% CsCl zu K-freiem Seewasser erhalten wurden. Sie zeigen, wie sich die durch diese 3 Ionen verursachten Zustandsänderungen qualitativ außerordentlich nahestehen, in ihrer Gesamtwirkung durch kein anderes Ion ersetzt werden können und untereinander nur quantitativ differieren. Von den ausgeprägten quantitativen Gesetzmäßigkeiten ist besonders beachtenswert, daß das *Optimum und Maximum bei* Rb *tiefer liegt als bei* K, *bei* Cs *tiefer als bei* Rb *und unvergleichlich tiefer als bei* K. Später sind vielfach physiologische Ionenreihen festgestellt worden, bei denen K, Rb, Cs ganz auseinandergerissen erscheinen. Trotz des lehrreichen Beispieles von HERBST wurde dabei die Bedeutung der Konzentrationen aber meist völlig vernachlässigt. Dies ist um so bedauerlicher, als man der Stellung von Rb und Cs in der Kationenreihe auch in den sog. *Übergangsreihen* eine große Rolle einräumt.

Man hat sowohl an toten lyophilen Kolloiden (HOEBER) als auch an Zellmaterial festgestellt, daß sich die Fällungsreihen durch *graduelle Veränderung der* H-*Ionenkonzentration Schritt für Schritt völlig umkehren lassen*. Man erhält auf diese Weise die sog. *Übergangsreihen*. Gerade wegen der strikten Analogie zu den Reagenzglasversuchen hat die Elektrolytphysiologie an dieser Erscheinung das größte Interesse, und schon dies allein ergibt mit Notwendigkeit, daß man die Wasserstoffionenkonzentration bei den Salzversuchen bestimmt und die Versuche bei verschiedener H-Ionenkonzentration wiederholt. Hierbei ergibt sich freilich, daß viele physiologische Ionenreihen sich nicht im geringsten umkehren lassen. Häufig ist es nur so, als ob die spezifischen Wirkungen der H- und OH-Ionen zu denen der anderen Ionen einfach additiv hinzukommen und eine Verschiebung der Stellung der Ionen der unveränderten Reihe nicht zu erreichen ist. Dies mag ja nun oft auch daher kommen,

---

[1] Bei reiner Oberflächenwirkung gestaltet sich die Ionenwirkung, abgesehen von der Permeabilitätsveränderung, nur unter besonderen Umständen „spezifisch".

daß man ja nur das $p_H$ des Außenmediums verändert und das $p_H$ der Zelle von der experimentellen Milieuänderung völlig unberührt bleibt.

Wichtig ist für die Erscheinung der „Übergangsreihen" dann noch, daß durch Mitanwesenheiten von *Erdalkali-Ionen eine auffällige partielle Umkehr der Anionenreihe der Eiweißfällung* verursacht wird, so daß zunächst das Rhodanid, dann evtl. auch noch das Jodid usw. starkfällend werden. Bei Zusätzen von Rhodaniden zu einem Ca-haltigen physiologischen Medium ist demnach auch bei Zellen mit einer solchen stärkeren Rhodanidfällung zu rechnen. In der Tat scheint man eine solche für *eigenartige physiologische Wirkungen des Rhodankaliums* verantwortlich machen zu müssen (diese S. unten und S. 948).

Erhält man nun bei Beeinflussung irgendeines Zellvorganges durch Salze eine Wirkungsreihe der Ionen, welche nicht in allen Teilen den typischen Verlauf der lyophilen Reihe zeigt, sondern mehr den Eindruck einer „Übergangsreihe" erweckt, an der etwa die Anfangsglieder einer Seite verstellt sind, darf man sie nicht allzu voreilig auch gleich als Übergangsreihe diagnostizieren. Hat man am Ende gar die Versuchsreihe nur bei einer einzigen Konzentration der Salze und nur bei einem einzigen $p_H$ durchgeführt, hat man gar nicht weiter berücksichtigt, daß bei Salzen mit meist sehr tiefliegendem Optimum und Maximum wie etwa dem RbCl und CsCl die angewandte Konzentration weiter über diesen Grenzwerten liegt, weiß man noch nicht, ob ein solcher Faktor wie die Reaktionsänderung überhaupt eine auch nur partielle Umkehr der Reihen bewirken kann, ist die Diagnose auf eine Übergangsreihe, nichts als ein leeres Gerede.

Und dann kommt noch ein Punkt hinzu, der einem sehr zu denken geben muß. Selbst wenn man die Wirkung der Ionen auf eine relativ einfache Zustandsänderung, etwa eine Permeabilitätsänderung untersucht, muß man doch immer wieder zur Erkenntnis kommen, daß man bei ihrer Erklärung mit einer einzigen kolloidalen Zustandsänderung wie der Fällung ganz doch nicht auskommt. Wenn wir die Bedeutung der fällenden Eigenschaften der Salze zunächst allein berücksichtigt haben, so geschah das nur, weil sie den Gesetzmäßigkeiten der physiologischen Salzwirkungen vielleicht am stärksten den Stempel aufdrücken, und weil man schließlich auch bei der Analyse des Versuches früher oder später jede Zustandsänderung für sich herausschälen muß. Bei den allermeisten physiologischen Ionenreihen wird man a priori damit rechnen müssen, daß sie *ein Bruttoergebnis der Beeinflussung mehrerer Zustandsänderungen der Plasmakolloide sind.* Die meisten Zustandsänderungen lyophiler Kolloide werden ja nun zwar von den Ionen ungefähr im Sinne der lyophilen Reihe beeinflußt, aber quantitativ fallen diese Reihen doch nicht zusammen, dies um so weniger als man im Plasma ein Mischkolloid sehr komplexer Natur vor sich hat, und die eine Zustandsänderung vielleicht in erster Linie diese, die andere jene Komponente trifft.

Eine Zustandsänderung von größtem physiologischem Interesse, welche die Zellen unter der Einwirkung bestimmter Ionen leicht erleiden können ist z. B. eine *Änderung ihres Quellungszustandes*. Die Quellungsreihe der Kationen kann nun von der Fällungsreihe nicht unerheblich abweichen. Gerade für niedere Konzentrationen findet man für Chloride und Bromide im Reagenzglasversuch immer wieder die Reihenfolge Li > K > Na > Ca. Lithium steht bei weitem an der Spitze. Es ruft eine beträchtlich stärkere Quellung von festen Blöcken von Gelatine hervor als Kalium, aber im Fällungsvermögen, welches es bei Zusatz zu Gelatinesolen entfaltet, steht es zwischen Na und Ca. So sehr es theoretisch überraschend und ungeklärt ist, ergibt sich empirisch also für manche Ionen eine *Kombination von fällenden und quellenden Eigenschaften*. In eklatanter Weise ist dies an Opalina für KBr und KCl gezeigt worden (Spek [3 u. 5]). Im Extrem gilt es für *Lithiumsalze* und *Rhodanide*. Manches spricht dafür, daß sich beim *Magnesiumchlorid* die Eigenschaften: *schwach fällend und entquellend* vereinigen. Seine entquellende Wirkung läßt sich, wie wir sehen werden, an Zellen direkt nachweisen, und vielleicht ruft es schon durch eine Dehydrierung der Zelloberflächen die in vielen Fällen scharf erkennbare Verbesserung der Abdichtung der Oberflächen vor. Im Trübungsversuch dagegen hat es wenigstens in schwachen Konzentrationen viel Verwandtschaft mit dem leicht eindringenden, schwach fällenden Kaliumchlorid, es ruft ziemlich rasch eine feine Trübung hervor. Die Dinge könnten hier freilich auch so liegen, daß die Abdichtung so weit geht, daß jeweils nur noch kleine Mengen des Salzes in die Zellen gelangen. In höheren Konzentrationen in die Zelle injiziert ruft es nämlich nach R. CHAMBERS eine kräftige Koagulation hervor, fast wie $CaCl_2$. Von der $CaCl_2$-Koagulation unterscheidet diese sich aber dann wiederum interessanterweise dadurch, daß sie rasch durch die ganze Zelle fortschreitet, während die $CaCl_2$-Koagulation scharf begrenzt lokalisiert bleibt. Wenigstens qualitativ scheint also die $MgCl_2$-Fällung feiner zu sein.

Aus diesen Erwägungen ergibt sich, daß die physiologischen Ionenreihen wohl häufig durch *Überkreuzung der Ionenbeeinflussung verschiedener Zustände* zustande kommen, ein Grund mehr gegen nichtanalysierte „Übergangsreihen" skeptisch zu sein und für die Versuchsanordnung ein Gesichtspunkt von heuristischer Bedeutung.

Wir müssen alle Symptome zusammensuchen, welche zur Analyse der physiologischen Ionenreihen beitragen können. Die Feststellung einer Parallelität zwischen der physiologischen Ionenreihe und denen der Fällung, Quellung, Adsorption oder Parallelitäten zwischen physiologischen Erscheinungen und Lipoidlöslichkeit und dergleichen haben ja alle nur provisorische Beweiskraft, wenn nicht speziellere Erscheinungen für den Nachweis der betreffenden Wirkung aufgefunden werden können. Und wir haben bei allem bisher Gesagtem gesehen, wie sehr die verschiedenen Zustandsänderungen miteinander zusammenhängen, so daß man, mag man auch bei welcher immer anfangen, doch immer alle anderen mitberücksichtigen muß.

Nun noch der spezielle Nachweis von Quellungsprozessen im Plasma! Sie wären einfach, wenn jede Volumzunahme der Zellen, bei der eine Vermehrung der organischen Substanz ausgeschlossen ist, auf das Konto einer Wasseraufnahme durch Quellung gesetzt werden könnte. Aber da muß zunächst auch mit *der Osmose* gerechnet werden. Man muß also zuerst einmal untersuchen, ob bei dem in Frage stehenden Vorgang der Wasserabgabe und Wasseraufnahme die quantitativen Gesetzmäßigkeiten der Osmose in Erscheinung treten. Es muß zum mindesten verlangt werden, daß sich in untereinander isotonischen Lösungen gleiche Zellvolumina ergeben, gleichgültig, ob die Konzentration dieser untereinander isotonischen Lösungen gleichen osmotischen Wert mit dem normalen Außenmedium hat oder über oder unter ihr liegt. Eine Erhöhung der Konzentration muß Volumabnahme, eine Verdünnung Volumzunahme der Zellen bewirken.

Wenn man kritisch verfährt, gelingt es kaum, auch nur eine tierische Zellart zu finden, für welche man das Schema eines Osmometers ohne jede weitere Komplikation geltend machen könnte. Das kommt ja natürlich daher, daß der Zustand der Zellmembranen veränderlich ist und daß es wohl kaum eine noch so „indifferent" erscheinende Substanz gibt, welche nicht bald wenigstens schwache Veränderungen der Membraneigenschaften bewirkt. Bei anderen wieder sind diese Zustandsänderungen so stark, daß sie die Gesetzmäßigkeiten, welche man nach der Osmosetheorie erwarten müßte, völlig umwerfen. Zum Zustandekommen osmotischer Wirkungen gehört nicht nur, daß die betreffende gelöste Substanz nicht in die Zelle eindringen kann, sondern auch, daß das Wasser die Zellmembran frei passieren kann. Häufig scheint nicht einmal diese Bedingung erfüllt zu sein. Man kann z. B. das große Infusor aus dem Froschdarm, die *Opalina ranarum*, in Salzgemische oder einigermaßen indifferente reine Salzlösungen, welche im Innern der Zelle keine Zustandsänderungen hervorrufen, setzen und die Konzentration der

Lösungen um das Vierfache oder noch mehr variieren lassen, ohne daß dies eine nennenswerte Volumänderung der Zelle zur Folge hätte. Andererseits kann man sie in untereinander und mit Froschblut isotonische Salzlösungen setzen, welche auf Kolloide stark verändernd einwirken und erhält nun mit einem Male ganz starke Volumänderungen nach unten und nach oben.

Doch zuerst noch einige prinzipielle Bemerkungen zu Volum- und Gewichtsbestimmungen.

Bei Gewichtsbestimmungen herausgeschnittener Organe wie Muskeln, Lungen, Nieren, Gehirne sei auf die Fehlerquelle der postmortalen Zersetzung, des postmortalen Auftretens quellungsfördernder Stoffe, der meist nur unvollkommenen Auswaschbarkeit leichtzersetzlicher Körperflüssigkeiten und schließlich auf den Umstand verwiesen, daß das Resultat jeweils nur ein Bruttoergebnis aus der Summe der Gewichtsveränderungen der verschiedenen in ihrem Verhalten hier nicht kontrollierbaren Zellelemente ist. Dies gilt natürlich in erweitertem Maße für Gewichtsbestimmungen von ganzen Tieren wie Frosch- und Salamanderlarven, Stichlingen u. ä.

Für Volumbestimmungen der Einzelzellen ist die komplizierte oder gar veränderliche Gestalt der Zellen, bei Infusorien, die sich sonst zu vielen derartigen Versuchen ausgezeichnet eignen, auch noch die Beweglichkeit ein böses Hindernis. Das exakteste Resultat ergeben *runde oder fast runde Zellen*, wie sie in *Eizellen*, *Spermatogonien* evtl. auch *Spermatozyten* der verschiedensten Tiere vorliegen. Bei den Eizellen muß beachtet werden, daß sie nach der Befruchtung eine Reihe tiefgreifender Zustandsänderungen durchmachen, so daß hier jede Etappe für sich untersucht werden muß. Zu Versuchen, die eine längere Einwirkung des Mediums erfordern, müssen reife, unbefruchtete Eier genommen werden. Vorteilhaft ist es, wenn alle Eier fast ganz gleich groß sind. — Kuglige Entwicklungsstadien von Samenzellen sind besonders dann geeignet, wenn sie — wie etwa beim Regenwurm, in der Flüssigkeit der Samenblasen — flottieren. — An flächenhaften Zellen wie der blattförmigen *Opalina ranarum* des Froschdarmes (Rana temporaria) an *Loxophyllum*, an *Loxodes* oder an den *roten Blutkörperchen* der Wirbeltiere lassen sich natürlich leicht genaue Messungen des Durchmessers bzw. des Längen- und Breitendurchmessers ausführen, viel schwerer dagegen ist eine Veränderung der Dicke zu messen. Eine genauere Volumbestimmung ist durch solche Messungen hier natürlich nicht möglich.

Das von anderen Autoren angewandte *Hämatokritverfahren* sei hier der Übersicht wegen erwähnt, und bezüglich seiner Verwendung bei *Erythrozyten* auf KOEPPE bei *Leukozyten* und *Spermatozoen* auf J. HAMBURGER (1) verwiesen.

Zur Kontrolle der Quellungs- und Osmoseversuche mit Salzen sind noch Bestimmungen der Gefrierpunktserniedrigung des zerriebenen Zellbreies zur Feststellung des Salzgehaltes der Zellen in Erwägung zu ziehen. Als methodologisch lehrreiches Beispiel sei hierfür J. RUNNSTRÖM (1) angeführt.

Zu exakten *Plasmolyseversuchen* ist durch den Mangel einer festen, durchlässigen Hüllmembran, welche der Zellulosemembran der Pflanzenzelle entsprechen würde, das tierische Zellmaterial ungeeignet. Nur manche Zellen zeigen im hypertonischen Medium ein eigenartiges Verhalten, welches wie die Plasmolyse als Indizium für eine Wasserabgabe benutzt werden kann; ihre Oberfläche, die von einer heterogenen festeren Beschaffenheit ist, legt sich in Falten. Diese Erscheinung ist an den Seeigeleiern in den Perioden zu beobachten, in denen die mitotischen Permeabilitätssteigerungen wieder aufhören und wieder eine gewisse Semipermeabilität eintritt.

Ergeben nun die Messungen z. B. in einem Versuch mit isotonischen Lösungen in einem Fall viel zu große Volumina, in einem anderen zu kleine, so prüft man dann, ob die zu hohen nicht gerade in ausgesprochen quellungfördernden, die zu geringen nicht in quellunghemmenden Substanzen erhalten wurden. Beides würde zum mindesten eine Mitbeteiligung von Quellungserscheinungen bei der Wasseraufnahme sehr wahrscheinlich machen. Einen extremen Einfluß hat die Quellung z. B. auf die Wasseraufnahme bei *Opalina*. Das fast völlige Konstantbleiben des Volums in Salzlösungen weit auseinanderliegender Konzentration, welches wir oben erwähnten, gilt bezeichnenderweise nur für indifferentere Salze aus der Mitte der Quellungsreihe, also etwa dem NaCl. Demgegenüber stellt sich bei *Kaliumtieren* eine *immense Größenzunahme* (SPEK [3 u. 5]) ein (s. auch die Tab. auf S. 938), welche im Extrem die Breite und die Länge der Tiere auf das Doppelte, die Dicke ungefähr auf das Siebenfache anwachsen ließ. Es wurde der Konzentrationsbereich von 1,0 bis 5,0 cm$^3$ Zusätzen einer 0,3-mol.-Lösung zu 10 cm$^3$ destilliertem Wasser ausprobiert. Es ergab sich für die Anionen des Kaliums die sehr ausgeprägte Wirkungreihe: $SCN > Br > Cl > SO_4$. $K_2SO_4$ wirkt schon wieder entquellend. Die Tiere fallen in den mittleren Konzentrationen schon schmäler aus als die normalen. $MgCl_2$ und $MgSO_4$ wirken ausgesprochen entquellend, $CaCl_2$, soweit es überhaupt vertragen wird, ebenfalls. Am Lithiumchlorid läßt sich wie so häufig auch an diesem Objekt beobachten, daß es zuerst d. h. 1 bis 2 Tage recht indifferent wirkt. Dann aber entfaltet es plötzlich ganz giftige, also offenbar tiefgreifende Wirkungen, die Tiere beginnen stark zu quellen, während aber die Kaliumtiere sich im stark gequollenen Zustand tagelang halten, gehen die Lithiumtiere sehr bald unter völliger Abkugelung ein. Auch bei Paramaecien und Seeigeleiern entfaltet das Lithium seine überraschenden physiologischen und formativen Wirkungen erst nach längerer Zeit. Offenbar wirkt es erst ganz kräftig abdichtend auf die Membran und behindert selbst sein Eindringen in die Zelle. Erst allmählich macht sich seine quellende Wirkung geltend und dann ändert sich das Bild vollständig: Die *Paramaecien* nehmen sehr an Volum zu, zeigen auch im Innern eine Trübung und beginnen sich rapide zu teilen. Die *Seeigelkeime* produzieren einen außerordentlich verdickten, sich nach außen statt nach innen stülpenden Urdarmabschnitt. In beiden Fällen handelt es sich um relativ geringe Zusätze im ersten Fall um etwa 1,0 cm$^3$ einer 0,3-mol. LiCl-Lösung zu 20 cm$^3$ Heuinfusion, im zweiten Fall um einen Zusatz von 2,5 cm$^3$ einer 3,5 % LiCl-Lösung zu 97,5 cm$^3$ Seewasser. In beiden Fällen ergibt sich eine auffallende Ähnlichkeit der Wirkung zwischen LiCl und KSCN, was wohl von der auf S. 945 erwähnten eigenartigen Kombination von Eigenschaften herrührt. — Die Kenntnis der Zwei-Etappenwirkung des LiCl dürfte sich noch als heuristisch wertvoll erweisen.

Wertvoll ist es auch bei den Quellungserscheinungen sie durch *direkte* mikroskopische und ultramikroskopische *Beobachtungen am Plasma* zu kontrollieren. Das Dunkelfeldbild wird bei gesteigerter Wasserzufuhr immer weniger leuchtend, fein aufgeschwemmte Tröpfchen verschwinden, ja sogar so auffällige Bildungen wie Lipoidstäbe und -ringe der Seeigeleier werden „eingeschmolzen“. Auch hier hat man das Bedürfnis zur Ergänzung Viskositätsuntersuchungen durch Zentrifugierung und mit Mikronadeln auszuführen.

Einer gesonderten Betrachtung wird man schließlich häufig noch die Frage unterziehen, ob das Plasma der zu untersuchenden Zelle sich im *Sol- oder im Gelzustand* befindet. Sowohl der Zellphysiologe als auch der Strukturforscher haben an ihr das größte Interesse. Schon aus der Definition des Gelzustandes ergibt sich, daß auch der Übergang des Plasmas aus dem Solzustand in den Gelzustand eine Erschwerung der Zentrifugierbarkeit der gröberen Einlagerungen verursachen wird. Eine direkte Anschauung von ganz oder teilweise geliertem Plasma bietet sich einem, wenn man die Zelle mit den Mikronadeln abtastet, ansticht, sich überzeugt, ob etwas ausfließt oder nicht, feste Partien auseinanderzieht und sieht, ob sie sich dann wieder von selbst zusammenziehen, ob sie also Elastizität besitzen.

Besonders dort, wo es sich darum handelt zu entscheiden, *ob der ganze Zelleib geliert ist, oder ob nur lokale Gelbildungen in der Zelle vorhanden sind, kommt man mit der Zentrifugierung, welche ja nur ein Bruttoergebnis aus dem Verhalten aller Teile liefert, nicht weiter und muß sie durch mikrurgische Untersuchungen ergänzen.* Beide Eingriffe, sowohl die Zentrifugierung wie auch die Einführung der Nadel in den Zelleib können erfahrungsgemäß unter Umständen selbst Zustandsänderungen des Plasmas verursachen. Bei kritischer Anwendung erlauben sie aber trotzdem die in der Zelle schon bestehenden viel größeren Konsistenzunterschiede festzustellen. Meist kommt es ja auch nur auf die Erkennung relativer Unterschiede an. Diese Dinge können hier nur prinzipiell erörtert werden.

Auch dann, wenn es sich darum handelt *Konsistenzänderungen der Oberflächenschichten* nachzuweisen, läßt uns die Zentrifugierung ganz im Stich. Außer der Mikrurgie können wir da noch eine andere Methode heranziehen, den Rhumblerschen *Ausbreitungsversuch.* Er beruht auf dem Prinzip, daß ein Tropfen einer Flüssigkeit, welche die Oberflächenspannung des Wassers vermindert, auf die freie Wasseroberfläche gebracht von der Grenzflächenspannung Wasser/Luft auseinandergerissen wird. Flüssige Zellen, deren Emulsionskolloide ja die Oberflächenspannung auch vermindern, zeigen dies Phänomen in imposantester Weise. Die größte Zelle kann, sofern sie nur flüssig ist, wenn sie vorsichtig bis an die Wasseroberfläche eines Schälchens gehoben wird, in einem Augenblick zu einem feinsten Schleier auseinandergerissen werden. Hat eine sonst flüssige Zelle auch nur ein festes Oberflächenhäutchen, so bleibt der Ausbreitungsvorgang ganz aus, es geschieht, wenn man sie an die Wasseroberfläche bringt, überhaupt nichts. Ist die Oberfläche ein viskoses Sol, so breitet sich die Zelle ganz langsam aus.

Auf feinere Unterschiede in der Ausbreitungsgeschwindigkeit kann man wohl nichts geben, dazu ist der Versuch doch wohl zu sehr von Zufälligkeiten beim Herausheben der Zelle aus dem Wasser beeinflußt. Aber auch schon die beiden Extreme: Ausbreitung oder Nichtausbreitung sind wertvolle, brauchbare Indizien.

Am besten läßt sich der Versuch mit solchen Zellen ausführen, welche so groß sind, daß man den Vorgang unter der Präparierlupe, mit der man eine größere Wasserfläche übersieht, ausführen und daß man die Zelle bequem auf eine gebogene Lanzettnadel laden und allmählich bis zur freien Wasserfläche emporheben kann. Große Protozoenzellen (etwa *Bursaria truncatella*) oder alle größeren *Eizellen* sind für diese Ausbreitungsversuche sehr geeignete Objekte.

Man untersuche das zu einem feinen Häutchen ausgebreitete Plasma der zerrissenen Zelle auf der Wasseroberfläche unter dem Mikroskop; es ergibt sich nämlich, daß feste Einlagerungen oder mit einer festen Hülle überzogene Bläschen (auch Kernbläschen) bei der Ausbreitung des Plasmas intakt bleiben.

Ist ein festes Oberflächenhäutchen, aber ein flüssiges Innenplasma vorhanden, so läßt sich dieser Zustand aufs Instruktivste durch Anstich- oder Dissektionsversuche demonstrieren. Flüssiges Plasma fließt dann aus der geöffneten Zelle aus. Dabei hat man gleich Gelegenheit, auch die Löslichkeitsverhältnisse festzustellen. Das ausströmende Plasmasol kann sich mit dem Außenmedium mischen und frei in dieses hineindiffundieren, oder es kann gleich oder nach einiger Zeit mit scharfer Grenzfläche vorfließen, ist also dann im Außenmedium nicht löslich. Das lebende Plasma scheint oft hart an der Grenze der Wasserunlöslichkeit zu stehen. Auch auf diese physikalische Eigenschaft desselben haben wieder die Elektrolyte entscheidenden Einfluß. So ergab sich z. B. für *Opalina,* daß das Hyaloplasma angeschnittener Zellen in allen reinen Salzlösungen frei und ohne Grenzflächenbildung in das Medium diffundiert, in den ausgeglichenen, alkalischen Salzgemischen dagegen nach 15 Minuten mit scharfer Grenzfläche vorfließt und bald eine neue Membran bildet. Zerschneidet man *Opalinen* in destilliertem Wasser, so fließt häufig der ganze Zellinhalt aus und die Pellicula bleibt wie eine geleerte Tüte als glasig-helles Häutchen zurück.

Man wird die salzphysiologisch-kolloidchemischen Protoplasmauntersuchungen nicht in der Weise beginnen, daß man gleich ausgedehnte Salzserienversuche ansetzt. Erst muß man ungefähr wissen, was für Zustandsänderungen sich am Plasma der betreffenden Zelle überhaupt experimentell hervorrufen lassen. Man wird eine nach der anderen für sich prüfen und dabei zunächst Vorversuche mit den extrem stehenden Salzen der verschiedenen physiologischen Reihen anstellen, bei denen sich ja am ehesten eine Wirkung erhoffen läßt. Bei vielen Zellen ist die Beeinflußbarkeit des Quellungszustandes nicht groß. Ist eine vorhanden, so wird sich dies in Vorversuchen etwa mit Lithiumsalzen, Kaliumsalzen mit extrem stehenden Anionen, also etwa KSCN oder KBr, mit Säuren und Basen bald herausstellen. Sind keinerlei Anzeichen dafür aufzufinden, dann gestalten sich die Gesichtspunkte für die Zusammenstellung der Ionenreihen schon wesentlich einfacher, indem die durch Fällungserscheinungen bedingten Gesetzmäßigkeiten in den Vordergrund treten. Brauchbare Befunde mit Ultramikroskop und Zentrifuge, die zur Kontrolle hinzugezogen werden, können dem Programm an dieser Stelle eine entscheidende Wendung geben.

### Literatur.

CHAMBERS, R. (1): Biol. Bull., Bd. 34, S. 121—136, 1918; (2) General cytol., Univ. of Chicago Press, S. 237—309; (3) Publikationen in Journ. of gen. physiol., Bd. 8, S. 369—401, 1926, Bd. 10, S. 731—738, 1927, u. Bd. 11, S. 221—232, 1928. — ETTISCH, G. u. SZEGVARI, A.: Protoplasma, Bd. 1, S. 214—238, 1926/27. — FREY, A.: Protoplasma, Bd. 4, S. 139—154, 1928. — HAMBURGER, H. J.: (1) Engelmanns Arch., S. 317, 1898; (2) Osmotischer Druck und Ionenlehre. Wiesbaden 1902. — HEILBRUNN, L. V.: Journ. of exp. zool., Bd. 30 u. 34. — HERBST, C.: Arch. f. Entwicklungsmech., Bd. 11, 1901. — HOEBER, R.: Hofmeisters Beiträge, Bd. 11, S. 35, 1907. — KOEPPE: du Bois Reymonds Arch., S. 154, 1895. — OSTERHOUT, W. J. V.: Injury, recovery, and death, in relation to conductivity and permeability Philadelphia and London. — OSTWALD, WOLFG.: Licht und Farbe in Kolloiden. Dresden 1924. — RUBINSTEIN, L.: Protoplasma, Bd. 4, S. 259—314, 1928. — RHUMBLER, L. (1): Zeitschr. f. allg. Physiol., Bd. 2, 1902; (2) Ergebn. d. Physiol., Bd. 14, 1914. — RUNNSTRÖM, J. (1): Biochem. Zeitschr., Bd. 22, S. 290—298, 1909; (2) Protoplasma, Bd. 4, 1928, hier umfangreiche Literaturlisten. — SAKAMURA, T.: Protoplasma, Bd. 1, 1927. — SPEK, J. (1): Kolloidchem. Beih., Bd. 9, 1918, Bd. 12, 1920; (2) Acta zool. Stockholm, Bd. 1, S. 153—200, 1921; (3) Arch. f. Protistenk., Bd. 46, S. 166—202, 1923; (4) Zeitschr. f. Zellen- u. Gewebel., Bd. 1, S. 278—326, 1924; (5) Protoplasma, Bd. 4, S. 321—356, 1928. — WEBER, F.: Handb. d. biol. Arbeitsmeth., Bd. 11, S. 655—718, 1923.

## II. Physikalisch-chemische Methoden in der Pflanzenphysiologie.

Von E. G. PRINGSHEIM, Prag.

Mit 3 Abbildungen.

### A. Einleitung.

Physikalisch-chemische Methoden sind in der Pflanzenphysiologie fast ausschließlich auf die Zelle und ihre Bestandteile angewendet worden. Da, wo sie sonst gebraucht wurden, so zur Untersuchung von Nährlösungen, hat man keine besonderen Arbeitsweisen eingeführt, sondern ist ebenso vorgegangen wie es sonst üblich ist. Die physikalisch-chemische Vertiefung der Zellforschung läßt noch viel zu wünschen übrig, und wir sind noch weit von der Schaffung allgemein anerkannter und verwendeter Methoden, besonders quantitativer Art entfernt, abgesehen von wenigen Fällen, die in der folgenden Darstellung den größten Raum beanspruchen werden. Im übrigen werde ich mich auf Andeutungen beschränken müssen, die aber nicht fortgelassen werden durften, da sie die Grundlagen für weitere Forschung andeuten sollen. Die Anwendung des Mikroskopes ist bei zytologischen Forschungen selbstverständlich und wird im einzelnen nicht erörtert. Die elektrophysiologischen und mikrurgischen Methoden werden an anderen Stellen dieses Werkes bearbeitet. Hier sollen die Arbeitsweisen für die Erforschung der physikalisch-chemischen Eigenschaften des Zellsaftes und des Protoplasmas höherer Pflanzen geschildert werden. Bei der raschen Entwicklung dieses Gebietes muß aber die Auswahl ziemlich willkürlich sein, und Lücken lassen sich nicht vermeiden.

## B. Eigenschaften des Zellsaftes.

Alle Methoden zur Bestimmung der physikalischen Eigenschaften des Zellsaftes höherer Pflanzen müssen an der lebenden Zelle vorgenommen werden, weil beim Auspressen und ähnlichen Prozeduren eine Mischung mit dem Zytoplasma zustande kommt, welches dabei abstirbt. Dieser Umstand erschwert das Arbeiten außerordentlich, und so kann es nicht wundernehmen, daß wir nur über gewisse Eigenschaften des Zellsaftes gut unterrichtet sind.

### a) Reaktion.

Über die Reaktion des Zellsaftes sind wir nur im großen ganzen unterrichtet. Zahlreiche Einzelheiten sind noch unklar. Meist dürfte der Zellsaft einen niedrigeren $p_H$-Wert haben als das Zytoplasma, und vielfach ist er als sauer zu bezeichnen. Messungen an Preßsäften, die aus den angeführten Gründen nicht als zuverlässig gelten können, hat ROHDE (1917, S. 421, 426) ausgeführt. Er fand mit der Gaskettenmethode bei gelben Rüben $p_H = 7,35$, bei Spargel 7,2, bei Saubohnensprossen 6,92, bei Spirogyra 6,73. Mit Hilfe der auf die lebende Zelle anwendbaren Indikatormethode hat aber ROHDE selbst (S. 423) einen weiteren Beleg dafür erbracht, daß Messungen an Preßsäften nicht richtig sein können. Es können nämlich „neutrale oder schwach basische Zellen" unmittelbar neben „sauren" liegen. Immerhin sind solche Messungen doch nicht ganz umsonst, denn es gelang ROHDE zu zeigen, daß die verschiedene Färbung des Anthozyans wirklich, wie man schon früher vermutet hat, durch die verschiedene Reaktion zustande kommt. So sind Rosen und Kornblumen nach WILLSTÄTTER durch dasselbe Anthozyan gefärbt, das in ersteren als saures, in letzteren als basisches Salz vorliegt. Entsprechend gaben die Gaskettenmessungen am Preßsaft $p_H = 5,5$ bzw. 7,2.

Eine Mikromethode, die die Fehler wahrscheinlich vermindert, hat R. I. WAGNER angegeben (1916, S. 708). Er entnimmt nur Tropfen des Pflanzensaftes mit Hilfe einer eingestochenen Kapillare. Um in diesen Tropfen den $p_H$-Wert zu bestimmen, verwendet er eine auf Glas aufgetragene, mit Lakmosol angefärbte Kollodiumschicht. Er gibt folgende Anleitung: 10 g Resorzin werden mit 2 cm³ gesättigter Natriumnitritlösung (1,6 g $NaNO_2$) durch 40 Min. in einem geräumigen Erlenmeyerkolben im Paraffinbad auf 105° erhitzt. Die Temperatur muß sorgfältig innegehalten werden, da die Reaktion nur zwischen 105 und 110° verläuft. Einige Minuten nach Erreichung der Temperatur muß gekühlt werden, weil die Temperatur leicht über 110° hinausgehen kann. — Das Reaktionsgemisch löst man in 50 cm³ $H_2O$ und gießt die Lösung in 1 l gesättigte NaCl-Lösung, die 5 Tropfen konzentrierte HCl enthält, ein. Der Niederschlag wird abgenutscht, mit der NaCl-Lösung dreimal gewaschen und in 20 cm³ $NH_4OH$ gelöst, mit wenig HCl-Überschuß gefällt, in möglichst wenig Alkohol gelöst und in das 30fache Volumen Äther eingegossen. Das Lakmosol bleibt gelöst, während das Lakmoid ausfällt. Die Ätherlösung wird abfiltriert und im Vakuum bei 30° bis fast zum Trocknen eingedunstet. Der Rückstand wird mit 10 n $NH_4OH$ aufgenommen und mit n HCl bis zum berechneten

Neutralpunkt versetzt und 10 Tropfen n HCl zugegeben. Nach einer Stunde filtriert man ab und versetzt den Niederschlag mit der 30fachen Gewichtsmenge Äther, dem 10 Tropfen Alkohol zugegeben werden. — Das reine, in Äther gelöste Lakmosol wurde mit der gleichen Menge Kollodium 6% versetzt und auf vorher gut gereinigte Objektträger in dünner gleichmäßiger Schicht ausgegossen. Auf einigen dieser präparierten Objektträger wurde mittels der nach SÖRENSEN hergestellten Lösungen von bestimmter Wasserstoffzahl eine Skala der Farbtönungen in Zehntel $p_H$ hergestellt. Auf andere Objektträger wurden Tropfen der Zellsaftlösungen gegeben und die beschickten Objektträger durch 15 Minuten in $CO_2$ freier Atmosphäre liegengelassen. Die Farbtöne wurden bei gleicher Beleuchtung unter Mikroskopen mit schwacher Vergrößerung verglichen. Man kann gut $^1/_{40}$ $p_H$ schätzen. Ein Vergleichsmikroskop würde wohl gute Dienste leisten.

Die Indikatormethode hat wohl zuerst PFEFFER (1886, S. 26) mit Hilfe von Zyanin auf Einzelzellen angewendet, RUHLAND (1912, S. 236) hat sie vertieft und verbessert. Er führte durch Vitalfärbung den auch als Indikator geeigneten Farbstoff Toluylenrot = Neutralrot in Zellen von Beta vulgaris ein. Es zeigte sich, daß der Farbstoff in den Zellen der Wurzel und der Epidermis meist violettrot wurde. Diese Zellen sind also sauer. Im Assimilationsparenchym war die Färbung mehr himbeerrot, so daß man auf schwächer saure Reaktion schließen kann. Nach der basischen Seite hin wurde die Neutralität bei manchen verstreuten Zellen in der Wurzel und im Blattstiel überschritten, sowie regelmäßig bei den langgestreckten Elementen des Leptoms. Ganz ähnlich verhält sich die Mehrzahl der Pflanzen.

In einer späteren Arbeit hat RUHLAND (1914, S. 430) die in den Zellen vorliegenden physikalisch-chemischen Verhältnisse genauer gekennzeichnet. Danach findet in einer wäßrigen Lösung von Neutralrot der Umschlag von Zinnoberrot zu Orange genau beim Neutralitätspunkt, d. h. bei $p_H = 7$ statt, so daß Rotorange Neutralität, Orange schwache Basizität und Rot schwache Azidität bedeutet. Ein weiterer Umschlagspunkt findet sich zwischen $p_H = 3$ und $p_H = 4$, wo das Himbeerrot in Violettblau übergeht. Dadurch könnte die Reaktion des Zellsaftes ziemlich genau charakterisiert werden, wenn nicht verschiedene Bedenken der Übertragung der in vitro gefundenen Werte auf den Zellsaft entgegenstünden. Dabei ist an Neutralsalze, Eiweiß und die Konzentration des Indikators selbst zu denken. Die ersteren beiden Punkte liegen nach den Angaben bei RUHLAND gerade beim Neutralrot recht günstig. Die Konzentration des Farbstoffes darf nicht höher sein als unbedingt nötig. Bei den geringen Schichtdicken aber, die beim Zellsaft vorliegen, bedeutet eine eben erkennbare Färbung schon eine ziemlich hohe Konzentration. Auch ist das Verhältnis der Konzentration des Farbstoffes zu der der H-Ionen von Bedeutung. Diese liegt ungünstig bei schwach sauren Zellsäften. Man wird daher scheinbare Neutralität finden, wenn in Wirklichkeit die Reaktion schon schwach sauer oder basisch ist, und umgekehrt bei orange bzw. roter Färbung schon auf deutlich alkalischen bzw. sauren Charakter des Zellsaftes schließen dürfen. Eine blauviolette Farbe aber konnte RUHLAND selbst bei Pflanzen mit besonders sauren Zellsäften und nach Konzentrierung durch Plasmolyse nicht erzielen, so daß er bei Berücksichtigung aller Umstände annimmt, daß keine wesentlich höhere Stufe als $p_H = 6$ erreicht wird. Andere Indikatoren wie Methylorange und Rosolsäure erscheinen aus verschiedenen Gründen viel weniger geeignet. Will man aus der Vitalfärbung mit Indikatoren Schlüsse auf die Reaktion irgendwelcher Zellbestandteile ziehen (z. B. SCHAEDE 1923, S. 88/89), so sind immer die oben kurz aufgezählten Gesichtspunkte zu berücksichtigen, es ist also der Umschlag in Gegenwart von Eiweiß, Salzen und bei Reaktionen nahe dem Neutralpunkt zunächst in vitro zu prüfen (vgl. RUHLAND 1923, S. 252ff.).

### b) Osmotischer Wert.

Besser als in bezug auf die Reaktion sind wir in bezug auf die Konzentration des Zellsaftes unterrichtet. Dies gilt allerdings nicht für die Konzentration der einzelnen im Zellsaft gelösten Substanzen, die nur an Preßsäften mit Hilfe der gewöhnlichen chemischen Methoden bestimmt werden kann und uns hier nicht beschäftigen soll, sondern nur für die Gesamtkonzentration an osmotisch wirksamen Substanzen, den sog. *osmotischen Wert* (URSPRUNG und BLUM 1920, HÖFLER 1920) oder die osmotische Konzentration, die sich theoretisch aus der Summe der Moleküle und Ionen ergibt. Auch deren Bestimmung aber ist nicht ganz einfach.

**1. Die Zelle als osmotisches System.**. Bevor wir auf diese Frage eingehen, dürfte es sich empfehlen, die Eigenschaften der Zelle als osmotisches System kurz zu schildern und einige Wortbedeutungen zu erklären, um so mehr als wir diese Begriffe später wiederholt brauchen werden.

Die folgenden Ausführungen beziehen sich auf umhäutete Pflanzenzellen mit einem einheitlichen Zellsaftraum. Wir finden außen die Zellmembran, bestehend aus Zellulose, in älteren Zellen evtl. mit Einlagerungen. Diese ist von Wasser durchtränkt und läßt dieses in allen für uns in Betracht kommenden Fällen auch leicht durch. Dagegen können gelöste Stoffe nicht immer ebenso leicht hindurchtreten. Nach Innen schließt sich dann das Zytoplasma an, das einen rings geschlossenen Sack bildet. Es ist meist mit der Wand verklebt oder verwachsen. Dieses wiederum umschließt den Zellsaftraum, der von einer wäßrigen Flüssigkeit, dem Zellsaft erfüllt ist, welcher eine Lösung meist unbekannter Zusammensetzung darstellt, in der Elektrolyte und Nichtelektrolyte, Kolloide und Kristalloide vorkommen. Während der Zytoplasmaschlauch Wasser leicht durchläßt, ist er für die meisten gelösten Stoffe schwer oder selbst gar nicht permeabel. Weil nun alle im Zellsaft gelösten Stoffe entsprechend der Zahl der Teilchen (Moleküle, Molekülaggregate und Ionen) Wasser anziehen, wird von außen gebotenes Wasser in die Zelle eingesaugt. Dadurch vermehrt sich das Volumen des Zellsaftraumes und der entstehende hydrostatische Druck preßt das Zytoplasma gegen die Zellhaut. Der Einstrom des Wassers hört erst auf, wenn der Gegendruck der elastisch gespannten Wand dem Innendruck das Gleichgewicht hält.

Verliert die Zelle umgekehrt Wasser, etwa durch Verdunstung, so verringert sich das Volumen des Zellsaftes, zunächst bis zur Entspannung der Wand, aber auch noch weiter, wobei dann die Zellhaut dem sich kontrahierenden Zytoplasmaschlauch folgt und Falten bildet. Der Grad dieses Knitterns, das sich bei der Gesamtpflanze als Welken zu erkennen gibt, kann sehr weit gehen, weil die Zellhaut Luft nicht durchläßt. Jedoch ist die Widerstandsfähigkeit verschiedener Arten gegen die damit zusammenhängenden Schädigungen verschieden. Normalerweise wird der Wassergehalt der Zellen sich meist nur zwischen den beiden Extremen bewegen, die einerseits durch die Entspannung, andererseits durch die Wassersättigung der Zelle gegeben sind. Wird der Zelle dadurch Wasser entzogen, daß sie in eine Lösung gebracht wird, die das Wasser stärker an sich reißt als der Zellsaft, so wird ebenfalls die Wand entspannt. Aber bei weiterer Wasserentziehung folgt die Wand dem sich kontrahierenden Plasmaschlauch nicht, weil die Lösung von außen durch die Zellhaut eindringt und den freiwerdenden Raum erfüllt. Das Zytoplasma löst sich nun von der Wand ab, ein Vorgang, der als *Plasmolyse* bezeichnet wird. Daher tritt also kein Knittern der Zellhaut ein, sondern diese umfaßt weiter das im entspannten Zustand eingenommene Volumen.

In einer plasmolysierten Zelle ist nach Eintritt des Gleichgewichtes die Konzentration des Zellsaftes gleich der der Außenlösung, wenn wir unter Konzentration des Zellsaftes den Gehalt an osmotisch wirksamen Teilchen verstehen. Enthält die plasmolysierende Lösung einen Stoff, der nicht durch das Plasma tritt, so kann man durch Abstufung diejenige Konzentration finden, die eben eine Abhebung des Zytoplasmaschlauches bewirkt oder wie man sagt, *Grenzplasmolyse* bewirkt. Dadurch ist dann auch die osmotisch wirksame Konzentration des Zellsaftes im Augenblick der Entspannung der Wand *Og* gegeben. Zwischen dieser und der bei Wassersättigung erreichten (geringeren) Konzentration *Os* liegt die normale *On*, die die Zelle in der intakten Pflanze hat.

**2. Definitionen** (URSPRUNG und BLUM 1920, HÖFLER 1920): 1. *Osmotischer Wert* oder (PRINGSHEIM 1924, S. 5) osmotische Konzentration einer Lösung ist die Gesamtkonzentration an osmotisch wirksamen Teilchen. Sie ist gleich der Konzentration einer einheitlichen Lösung, etwa von Rohrzucker, die die gleiche wasseranziehende Kraft hat, in Mol. Osmotische Konzentration bei Grenzplasmolyse *Og* = osmotische Konzentration der Lösung eines nicht permeierenden Stoffes, die Grenzplasmolyse bewirkt, am besten von Rohrzucker in Mol., auch osmotischer Grundwert.

2. *Osmotischer Druck* wäre der von einer Lösung in einem idealen Osmometer ausgeübte Druck in Atmosphären. In der Pflanzenzelle richtet sich der Druck des osmotisch wirksamen Zellinhaltes gegen die Wand. Sehen wir von anderen Druckkräften ab, die hier kaum in Frage kommen, so können wir den osmotischen Druck in einer Zelle gleichsetzen mit dem *Turgordruck*, gemessen wiederum in Atmosphären. Der *Wanddruck* ist gleich dem Turgordruck und bedeutet den von der elastisch gedehnten Zellhaut auf den Inhalt ausgeübten Druck in Atmosphären.

3. *Turgordehnung* bedeutet das Verhältnis zwischen dem Volumen der Zelle im turgeszenten und im entspannten Zustande. Sie ist am größten im wassergesättigten Zustande. Normalerweise liegt die Turgordehnung zwischen diesem Wert und Null. Aus diesem Volumverhältnis läßt sich auch die osmotische Konzentration des Zellsaftes im Normalzustand der Zelle berechnen.

4. Die *Saugkraft* einer Zelle ist die Kraft, mit der diese Wasser an sich reißt. Die Saugkraft des Zellsaftes ist gleich dem Drucke in Atmosphären, den er oder eine osmotisch gleich wirksame (isosmotische) Lösung, etwa von Zucker, in einem Osmometer ausüben würde. Sie läßt sich nur bei Grenzplasmolyse bestimmen und für die anderen Zustände der Zelle mit Hilfe des Volumverhältnisses berechnen. *Die Saugkraft der Zelle ist gleich der Saugkraft des Inhaltes, vermindert um den Wanddruck.* Ist die Zelle mit Wasser gesättigt, so ist die Saugkraft des Inhaltes gleich dem Wanddruck, die Saugkraft der Zelle also gleich Null. Ist die Zellwand entspannt, so ist die Saugkraft der Zelle gleich der des Zellsaftes, die sich bei Grenzplasmolyse bestimmen läßt. Da eine Pflanze im allgemeinen stärkeren Wasserverlust nicht verträgt, so ist der osmotische Wert des Zellsaftes bei Grenzplasmolyse von Bedeutung als Anhalt für die maximale zur Verfügung stehende Saugkraft, wenn sie ihr auch nicht ohne weiteres gleichgesetzt werden kann, solange wir über den noch unschädlichen Grad des Welkens nicht unterrichtet sind (URSPRUNG 1925, S. 575).

5. Zwei Lösungen, die gleich stark plasmolysieren, nennen wir *isotonisch*. Da das Plasma für die meisten Stoffe nicht absolut undurchlässig ist, brauchen physikalisch-isosmotische Lösungen nicht immer isotonisch zu sein. Hypertonisch ist eine Lösung, die das Wasser stärker, hypotonisch eine solche, die es schwächer anzieht als die Zelle.

**3. Bestimmung des Grundwertes.** Unmittelbar bestimmen kann man nur den osmotischen Wert oder den „Grundwert“ bei Grenzplasmolyse. Die normale Konzentration des Zellsaftes ist immer geringer. Dies liegt daran, daß normalerweise die Zellhaut gedehnt, das Volumen also größer ist als nach Entspannung durch Plasmolyse. Diesen Normalwert kann man nur durch Berechnung auf Grund der Kenntnis der Volumina bei Grenzplasmolyse *Vg* und im normalen Zustand *Vn* finden. Da aber immer die osmotische Konzentration bei Grenzplasmolyse *Og* die Grundlage für alle anderen Zustandsgrößen abgibt, so sei deren Bestimmung zuerst besprochen.

Bei der Bestimmung der plasmolytischen Grenzkonzentration *Og* haben wir zu unterscheiden zwischen dem Falle, daß Lösungen verschiedener Stoffe auf ihre osmotische Wirksamkeit hin zu vergleichen sind und dem, daß umgekehrt die *Og* verschiedener Zellen bestimmt werden soll. Im ersten Falle werden wir in bezug auf die Zellen, im zweiten in bezug auf die Lösung frei wählen dürfen und uns die Arbeit erleichtern, indem wir auf die in der Literatur niedergelegten Erfahrungen zurückgreifen (vgl. FITTING 1915 und die dort genannten Schriften). Es hat sich herausgestellt, daß das klassische Objekt, die Epidermiszellen von Rhoeo (Tradescantia) discolor, das DE VRIES (1884) zuerst benutzt hat, sich noch immer als das beste erweist und daß von allen Substanzen sich der Rohrzucker zur Herstellung der Standardlösungen am meisten eignet. Mit seiner Hilfe werden am besten auch die Rhoeozellen, die keineswegs immer die gleiche *Og* aufweisen, geprüft.

Man geht etwa folgendermaßen vor: Zuerst wird eine Rohrzuckerlösung von $^1/_2$ Mol. hergestellt, indem man 85,5 g reinen Zucker in destilliertem Wasser löst und in einem Meßkolben auf 500 cm³ auffüllt. Hiervon werden Verdünnungen hergestellt, die den Bereich von 0,36 bis 0,14 Mol. umfassen und sich um 0,02 Mol. unterscheiden. Von jeder Lösung genügen 20 cm³. Es ergibt sich z. B. folgender Ansatz: für 0,36 Mol. $36 \cdot 20 : 50 = 14{,}4\,\text{cm}^3$ und für 0,34 Mol.: $34 \cdot 20 : 50 = 13{,}2\,\text{cm}^3$, d. h. die Molzahl ist bei den betreffenden Mengen mit $20 : 50 = 0{,}4$ zu multiplizieren, und jede folgende Stufe findet man, indem man 0,8 cm³ von der Zuckerlösung weniger nimmt. Oder bequemer: Will man aus einer 0,50 Mol-Lösung eine von 0,36 Mol. herstellen, so nimmt man von ersterer 36 cm³ und ergänzt auf 50 cm³ oder man nimmt 18 cm³ und ergänzt auf 25 cm³. Für die Aufnahme der Lösungen dienen Kristallisierschalen oder gepreßte sog. Vogelnäpfe von etwa 4 bis 6 cm Durchmesser und 3 cm Höhe, die durch Deckel, am einfachsten runde Glasscheiben verschlossen werden können. Die Abmessung geschieht am besten mit Büretten. Da solche mit mehr als 50 cm³ Inhalt (dem üblichen) wegen größerer Dicke ungenauer sind und weil ein häufiges Nachfüllen der Bürette unbequem ist, kann man solche mit selbsttätiger Nullpunkteinstellung wählen, muß aber auf deren Genauigkeit achten. Ein Schellbachstreifen erleichtert das scharfe Ablesen sehr. Selbstverständlich müssen die Lösungen in den Schälchen vor dem Eintragen der Schnitte gut gemischt werden.

Von einem gesunden mittleren Blatt von Rhoeo discolor, das ausgewachsen sein muß, wird nur das mittlere Drittel verwendet. Oben, wo die Mittelrippe schmal wird und unten, wo sie sich stark verbreitert, herrschen abweichende Verhältnisse. Die Zellen, die wir brauchen, sind die Epidermiszellen auf der roten Unterseite über der Mittelrippe, wo die Interzellularen zurücktreten. Man stellt nun Flächenschnitte her, die wegen ihres geringen Luftgehaltes in den Lösungen untersinken. Nach FITTING (1915 S. 10) macht man genau in der Mittellinie mit dem Rasiermesser einen feinen Längsschnitt und ebenso an den beiden Rändern, aber schon außerhalb der Rippe. Die so entstandenen Längsstreifen werden dann durch Flächen- und Querschnitte in Plättchen von etwa $1^1/_2$ bis 2 mm Länge zerlegt. Beachtet werden nur die Zellen nach der Mitte zu. Diese Präparate werden dann mit einer Borste oder dgl. in die Lösungen übertragen, in denen sie mindestens $^1/_2$ Stunde verweilen. Nach Übertragen auf einen Objektträger prüft man erst mit schwacher Vergrößerung, ob Plasmolyse eingetreten ist. Man braucht dabei kein Deckglas aufzulegen. Ergeben sich Zweifel, so muß in einem Tropfen der Lösung unter dem Deckglas mit stärkerer Vergrößerung untersucht werden. Liegt das Präparat zufällig mit der Epidermis nach unten, so hebt man das Deckglas ab, dreht es um und schiebt nun das Präparat, je nachdem wo es hängengeblieben ist, entweder vom Deckglas auf den Objektträger oder umgekehrt. Man fängt mit der Untersuchung bei den höchsten Konzentrationen an und stellt fest, bis wohin noch deutliche Plasmolyse der meisten Zellen zu beobachten ist. Die Grenzplasmolyse zeigt sich in einer schwachen Abhebung des Plasmaschlauches in den Zellecken, die durch den gefärbten Zellsaft deutlich erkennbar ist. Die nächstfolgende Konzentration wird meist keine oder vereinzelte Plasmolyse zeigen.

Durch Abschätzung der Zahl der plasmolysierten Zellen ist es FITTING gelungen, noch Unterschiede von viel geringerer Größe festzustellen; doch dürfte das nur selten nötig sein. Es ist auch mit erheblichen Schwierigkeiten verknüpft, weil nicht alle Pflanzen oder auch nur die Blätter einer Pflanze sich einheitlich verhalten (FITTING a. a. O., S. 7). Ich fand sogar noch größere Unterschiede als FITTING, nämlich zuweilen einen plasmolytischen Grenzwert von 0,34 Mol. Rohrzucker = 0,227 Mol. $KNO_3$, während er die höchste von ihm verwendete Konzentration mit 0,15 Mol. $KNO_3$ angibt. Meist findet man 0,18 bis 0,2 Mol. Rohrzucker. Wegen der individuellen Unterschiede ist es zweckmäßig, vor der Herstellung feinerer Abstufungen eine gröbere Bestimmung zu machen.

Als feinste Abstufungen empfiehlt FITTING solche von 0,0025 Mol. $KNO_3$, was 0,00375 Mol. Rohrzucker entsprechen würde. Es ist aber dann besondere Sorgfalt auf die Herstellung der Lösungen und die Wahl der Schnitte zu verwenden, weil sonst die feine Abstufung nur zu Fehlschlüssen führen würde. Darüber lese man in der zitierten Arbeit nach. Sind zwei Stoffe auf ihre osmotische Wirksamkeit zu vergleichen, so kann es Schwierigkeiten verursachen, die nötige Zahl von gleichartigen Schnitten von einem Blatt herzustellen. Man muß dann durch einen Vorversuch den ungefähren Grenzwert feststellen, um nur die unbedingt nötige Zahl von Lösungen für den Hauptversuch zu verwenden. Auch muß man dann immer der Reihe nach abwechseln, einen Schnitt in die eine, den anderen in die andere Lösungsreihe geben.

Will man die so gefundenen Grenzkonzentrationen auf den osmotischen Druck beziehen oder zwei Stoffe miteinander vergleichen, so muß berücksichtigt werden, wie sich der osmotische Druck der Lösungen mit der Konzentration ändert. Nun hat zwar PFEFFER festgestellt, daß der osmotische Druck der Konzentration proportional ist; aber das stimmt bei den üblichen volummolaren Lösungen, wie sie auch oben vorausgesetzt wurden, nicht mehr genau, sobald man höhere Konzentrationen anwendet als etwa $^1/_4$-molekulare. Besser ist die Übereinstimmung nach RENNER (1912), wenn gewichtsmolare Lösungen verwendet werden, d. h. solche, bei denen die Konzentration des gelösten Stoffes nicht auf das Volumen der Lösung, sondern das des Wassers bezogen wird. Leider lassen sich solche Lösungen nur einzeln herstellen, nicht durch das so bequeme Verdünnungsverfahren von einer konzentrierten Stammlösung aus. Man kann aber einige gröbere Stufen einzeln herstellen und ohne zu große Fehler aus ihnen durch Mischung die Zwischenkonzentrationen. Diese Mühe wird man sich allerdings immer machen müssen, wenn es auf einige Genauigkeit und Vergleich mit anderen Lösungen bzw. physikalischen Angaben wie osmotischer Druck, Gefrierpunktserniedrigung, Dampfspannung, kurz auf die Angabe der *Og* in Atmosphären ankommt. Die beigegebene Tabelle nach URSPRUNG und BLUM (1916, S. 533) wird die Umrechnung erleichtern. Auf diese Weise läßt sich also die plasmolytische Wirksamkeit verschiedener Lösungen vergleichen, bzw. auf Rohrzucker als Standardsubstanz zurückführen.

Will man die osmotische Konzentration des Zellsaftes bestimmter Objekte feststellen, so muß man diese in wie oben abgestufte Lösungen von Rohrzucker bringen. Sind die Zellen nicht isodiametrisch, so sind die Schnitte in der Richtung zu führen, daß ihr größter Durchmesser senkrecht zur optischen Achse des Mikroskopes steht. Meist werden die Zellen einen farblosen Zellsaft haben, ein Umstand, der die Be-

Osmotischer Druck von Rohrzuckerlösungen.

| Mol. Rohrzucker auf 1000 g Wasser | Mol. Rohrzucker in 1 l Lösung | Osmotischer Druck bei 20° in Atm. | Mol. Rohrzucker auf 1000 g Wasser | Mol. Rohrzucker in 1 l Lösung | Osmotischer Druck bei 20° in Atm. | |
|---|---|---|---|---|---|---|
| | 0,010 | 0,264 | | 0,460 | 13,009 | |
| | 0,020 | 0,528 | | 0,470 | 13,335 | |
| | 0,030 | 0,793 | | 0,480 | 13,661 | |
| | 0,040 | 1,057 | | 0,490 | 13,987 | |
| | 0,050 | 1,321 | | 0,500 | 14,313 | |
| | 0,060 | 1,586 | | 0,510 | 14,638 | |
| | 0,070 | 1,850 | | 0,520 | 14,964 | |
| | 0,080 | 2,114 | | 0,530 | 15,290 | |
| | 0,090 | 2,379 | *0,6* | 0,533 | *15,388* | |
| *0,1* | 0,098 | *2,590* | | 0,540 | 15,637 | |
| | 0,100 | 2,643 | | 0,550 | 15,993 | |
| | 0,110 | 2,906 | | 0,560 | 16,349 | |
| | 0,120 | 3,169 | | 0,570 | 16,705 | |
| | 0,130 | 3,432 | | 0,580 | 17,061 | |
| | 0,140 | 3,695 | | 0,590 | 17,416 | |
| | 1.150 | 3,959 | | 0,600 | 17,772 | |
| | 0,160 | 4,222 | *0,7* | 0,610 | *18,128* | |
| | 0,170 | 4,485 | | 0,620 | 18,498 | |
| | 0,180 | 4,748 | | 0,630 | 18,869 | |
| | 0,190 | 5,011 | | 0,640 | 19,239 | |
| *0,2* | 0,192 | *5,064* | | 0,650 | 19,609 | |
| | 0,200 | 5,290 | | 0,660 | 19,979 | |
| | 0,210 | 5,572 | | 0,670 | 20,350 | |
| | 0,220 | 5,855 | | 0,680 | 20,720 | |
| | 0,230 | 6,137 | *0,8* | 0,685 | *20,905* | |
| | 0,240 | 6,419 | | 0,690 | 21,100 | |
| | 0,250 | 6,702 | | 0,700 | 21,491 | |
| | 0,260 | 6,984 | | 0,710 | 21,881 | |
| | 0,270 | 7,266 | | 0,720 | 22,272 | |
| | 0,280 | 7,549 | | 0,730 | 22,663 | |
| *0,3* | 0,282 | *7,605* | | 0,740 | 23,053 | |
| | 0,290 | 7,838 | | 0,750 | 23,444 | |
| | 0,300 | 8,129 | *0,9* | 0,757 | *23,717* | |
| | 0,310 | 8,420 | | 0,760 | 23,844 | |
| | 0,320 | 8,711 | | 0,770 | 24,267 | |
| | 0,330 | 9,002 | | 0,780 | 24,691 | |
| | 0,340 | 9,293 | | 0,790 | 25,114 | |
| | 0,350 | 9,584 | | 0,800 | 25,537 | |
| | 0,360 | 9,875 | | 0,810 | 25,961 | |
| *0,4* | 0,369 | *10,137* | | 0,820 | 26,384 | |
| | 0,370 | 10,169 | *1,0* | 0,826 | *26,638* | |
| | 0,380 | 10,483 | | 0,878 | 28,730 | Berkeley |
| | 0,390 | 10,798 | | 1,229 | 47,190 | |
| | 0,400 | 11,112 | | 1,580 | 72,460 | |
| | 0,410 | 11,427 | | 1,931 | 108,160 | |
| | 0,420 | 11,741 | | 2,195 | 143,540 | |
| | 0,430 | 12,056 | | 2,485 | 196,400 | |
| | 0,440 | 12,371 | | | | |
| | 0,450 | 12,685 | | | | |
| *0,5* | 0,452 | *12,748* | | | | |

stimmung der *Og* gegenüber Rhoeo erschweren kann. Man kann sich dann die Arbeit dadurch erleichtern, daß man durch Einlegen in eine schwache Lösung von Neutralrot den Zellsaft künstlich anfärbt. Man erhält eine geeignete übersättigte Lösung der Neutralrotbase, wenn man die Lösung des käuflichen Farbstoffes schwach alkalisch macht (Ruhland 1911, S. 235), wozu schon die Verdünnung einer konzentrierten Stammlösung in destilliertem Wasser mit Leitungswasser genügen kann (vgl. oben S. 952). Natürlich ist bei solchen Versuchen auf die vielfach gar nicht unbedeutende Verschiedenheit des *Og* in den scheinbar gleichen Zellen eines Gewebes zu achten. Zuverlässige Werte bekommt man dann nur durch Abzählen der plasmolysierten Zellen.

**4. Der normale osmotische Wert.** Von diesen *Og*-Werten ausgehend, hat man dann unter Umständen die normalen osmotischen Konzentrationen oder *On*-Werte zu bestimmen, was deshalb nötig ist, weil die Zellwand durch den Turgordruck gedehnt zu sein pflegt, so daß der Vergleich der *Og*-Werte bei physiologischen und ökologischen Untersuchungen zu Trugschlüssen führen könnte (URSPRUNG und BLUM 1920 S. 198). Leider läßt sich diese Berechnung nur ausführen, wenn die Zellen eine einfache Gestalt besitzen, so daß sich das Volumen nach mikroskopischen Messungen bestimmen läßt. Zur Messung des Normalvolumens *Vn* wird der Schnitt in Paraffinöl hergestellt und untersucht, um Wasserverlust zu vermeiden (a. a. O., S. 203 sowie 1916 S. 537), wobei durch Unterstützung des Deckglases dafür zu sorgen ist, daß es keinen Druck auf das Präparat ausübt. Verhältnismäßig einfach gestaltet sich die Volummessung, wenn die Zellen zylindrisch sind und auch bei der Plasmolyse zylindrisch bleiben, wie es für Mark-, Rinden-, Palisaden-, Spirogyrazellen ungefähr zutrifft. In anderen Fällen ist die Volumbestimmung schwierig; aber da es nicht auf absolute Zahlen, sondern nur auf das Verhältnis von *Vn*/*Vg* ankommt, so sind kleinere Fehler in der Beurteilung der Zellgestalt nicht von Belang (URSPRUNG und BLUM 1924, S. 11). Auch werden sie durch Messung mehrerer Zellen ausgeglichen. Nach Bestimmung von *On* wird das Öl entfernt und der Schnitt in die vorher bestimmte Zuckerkonzentration gebracht, die eben Grenzplasmolyse bewirkt. Es kommt darauf an, dieselbe oder dieselben Zellen aufzufinden. Wiederum wird durch Messung des mikroskopischen Bildes und Berechnung das Volumen der Zelle, nun im entspannten Zustand, festgestellt. Es ist dann $On = \frac{Og \cdot Vg}{Vn}$.

Genauere Angaben über die Bestimmung des Zellvolumens finden sich bei URSPRUNG und BLUM (1916, S. 530ff.). Darf man annehmen, daß die Zelldicke sich gar nicht oder proportional den in der Fläche meßbaren Dimensionen ändert, so ist die Berechnung aus den mikrometrisch bestimmten Größen nicht schwierig. Andernfalls muß die Dicke der Zellen im plasmolysierten und normalen Zustand gemessen werden. Dies kann mit Hilfe der Mikrometerschraube geschehen, wobei aber der Brechungsexponent des Einschlußmediums, welcher für Wasser 1,332, für 0,78 Mol. Rohrzucker ca. 1,36 und für Paraffinöl 1,42 beträgt, mit der gemessenen Zahl multipliziert werden muß. Einfacher ist es, zwischen Deckglas und Frontlinse 1 Tropfen der gleichen Flüssigkeit zu geben, wodurch dieser Fehler aufgehoben wird (URSPRUNG und BLUM 1916, S. 531 u. 537). Das Verhältnis der Volumina ist gleich dem Verhältnis der Produkte aus Zellfläche und Dicke zu setzen, wobei die Zellflächen nach genauem Zeichnen auf Papier planimetrisch bestimmt werden können.

### c) Saugkraft.

Für die Beurteilung der osmotischen Verhältnisse in der Pflanze ist die Saugkraft die wichtigste Zustandsgröße. Sie wird bei der Zelle im Gewebeverbande zwischen zwei Extremen liegen. Gleich Null ist sie im Zustande voller Wassersättigung, der aber in den Geweben der oberirdischen Teile kaum je erreicht werden wird. Höchstens bei Wasserpflanzen dürfen wir ihn erwarten. Der andere Grenzwert ist nicht ohne weiteres zu übersehen, da wir nicht wissen, welcher Grad von Wasserverlust ertragen wird. Bei der entspannten Zelle ist er aber immer gleich dem osmotischen Wert des Zellsaftes (URSPRUNG und BLUM 1916, S. 530, HÖFLER 1920, S. 291), da dann der Wanddruck gleich Null wird. Die Saugkraft kann größer sein als die des Zellinhaltes bei Grenzplasmolyse, wenn Fältelung der Wand eintritt (URSPRUNG und BLUM 1916, S. 527). Meist wird sie aber kleiner sein.

Die einfachsten Methoden zur Messung der Saugkraft der Zellen bzw. Gewebe beruhen darauf, daß man mit Hilfe einer geeigneten, osmotisch wirksamen Lösung eine Kompensation vornimmt. In einer Lösung von schwächerer Saugkraft nehmen die Zellen Wasser auf und vermehren ihr Volumen, in einer stärkeren vermindern sie es. Diejenige Lösung, in der das Volumen konstant bleibt, hat dieselbe Saugkraft wie die Zellen. Es muß also einerseits das Normalvolumen gemessen werden, andererseits eine Lösung gefunden werden, in der es sich nicht verändert.

**1. Einzelne Zellen.** Für die Messung des Zellvolumens wie es in der intakten Pflanze vorliegt, muß eine Veränderung durch Aufnahme oder Abgabe von Wasser ausgeschlossen werden, was nach URSPRUNG und BLUM (1916, S. 531) in der Weise ermöglicht wird, daß das intakte, an der Pflanze befindliche Organ unter Paraffinöl geschnitten und in derselben Flüssigkeit untersucht wird (vgl. vorige S.). Im allgemeinen genügt es, bei Saugkraftmessungen die Zellfläche genau aufzuzeichnen, da sich Veränderungen des Volumens auch an dieser zeigen werden (URSPRUNG 1923, S. 339).

Nach dem Messen in Paraffin wird dieses durch Abspülen entfernt und der Schnitt in eine Rohrzuckerlösung gebracht. Rohrzucker empfiehlt sich auch hier als osmotisch wirksamer Stoff, weil er nicht in die Zellen eindringt und weil der osmotische Druck der Lösungen verschiedener Konzentration gut bekannt ist (vgl. Tabelle, S. 957). Da man vorher nicht weiß, welche Lösung die richtige ist, müssen verschiedene Konzentrationen geprüft werden. Für jede Zuckerkonzentration verwenden die genannten Verfasser einen neuen Schnitt. Es fragt sich, ob das unbedingt nötig ist. Man muß an dem in der Lösung liegenden Schnitt die vorher gemessenen Zellen wieder finden, was man sich durch eine Skizze erleichtert. Die richtige Konzentration, bei der keine Volumveränderung eintritt, wird meist zwischen zwei der verwendeten Konzentrationsstufen liegen, weil bei der verhältnismäßig mühsamen Methode keine sehr engen Intervalle verwendet werden können. Nötigenfalls kann man dann den richtigen Wert durch Prüfung weiterer Zwischenstufen einengen; doch dürfte die Verschiedenheit der einzelnen Zellen eine sehr genaue Bestimmung meist unmöglich machen, so daß man sich damit begnügen wird, festzustellen, zwischen welchen Werten der gesuchte liegt.

**2. Gewebsstreifen.** Anstatt einzelner Zellen können unter Umständen auch Streifen aus einem möglichst gleichartigen Gewebe verwendet werden (URSPRUNG und BLUM 1916, S. 536 und besonders URSPRUNG 1923, S. 340 und 1925, S. 566). Bei Kronblättern und Laubblättern wurden Querstreifen verwendet, bei letzteren unter Vermeidung der größeren Nerven (URSPRUNG 1925, S. 566). Zur Ermittlung der genauen Länge werden sie an den Enden scharf abgeschnitten und in Paraffinöl übertragen. Die Messung geschieht mit Hilfe einer auf einem Objektträger befindlichen Teilung, die 5 cm lang und in $^1/_{10}$ mm geteilt ist. Bei Verwendung einer Lupe von etwa 16facher Vergrößerung können noch Bruchteile geschätzt werden. Zur Arbeit im Freien empfiehlt URSPRUNG ein auf einem photographischen Stativ angebrachtes Tischchen mit Lupenhalter und Beleuchtungsvorrichtung für den Objektträger. Im Laboratorium kann ein Mikroskop mit Okularmikrometer zu Hilfe genommen werden, um die Bruchteile zu messen, während die halben Millimeter mit einem entsprechend geteilten Maßstab (auch Kreuztisch) bestimmt werden.

Wiederum handelt es sich dann darum, diejenige Zuckerkonzentration zu finden, in der keine Längenänderung eintritt. Die verschiedenen Lösungen waren bei URSPRUNG um 0,05 Mol. Rohrzucker verschieden. Dies entspricht ungefähr $1^1/_2$ Atmosphären, wodurch der Einengungsgrad gegeben ist. Diese Gewebemethode kann die Zellmethode nicht ersetzen, weil es oft gerade darauf ankommt, die Saugkraft nahe beieinanderliegender Zellen zu vergleichen; aber für ökologische Zwecke und das Arbeiten im Freien ist sie bequem und aufschlußreich.

## C. Eigenschaften des Protoplasmas.

(Vgl. auch S. 943.)

Wir machen die Möglichkeit, das Zellenleben zu erforschen, von der allgemein anerkannten Voraussetzung abhängig, daß die Vorgänge in den Lebewesen von denselben Gesetzen beherrscht werden wie die in der unbelebten Natur. Das gilt auch für den eigentlichen Träger des Lebens, das Protoplasma, obgleich wir sehen, daß sich in ihm Prozesse abspielen, die wir zum Teil noch nicht nachzuahmen vermögen. Die besonderen Eigenschaften des Protoplasmas und besonders des in Zellwänden eingeschlossenen pflanzlichen, machen aber die Erforschung schwierig, weil jeder Eingriff das labile System in schwer erkennbarer Weise zu verändern imstande sein kann. So überlebt das Protoplasma nur selten eine mechanische Verletzung der Zellwand, und auch ein bloßer Druck kann genügen, eine „mechanische Koagulation" zu bewirken (Lepeschkin 1910, S. 93, 97 u. 384 bis 388; 1924, S. 126). Jedes zu untersuchende Objekt muß daher in seinem normalen Aussehen gut bekannt sein, und soweit wie möglich wird man sich durch Beobachtung von dem gesunden Zustande während der vorzunehmenden Experimente überzeugen, sowie versuchen, einen Einblick in die Beschaffenheit der Zellbestandteile zu erhalten, wie sie sich ohne Eingriffe darstellt. Auch muß man sowohl die pathologischen Veränderungen wie die physiologischen kennen, die durch das Alter und einen Wechsel der Außenumstände bedingt sind.

### a) Viskosität.

Das Zytoplasma ist meist eine Flüssigkeit von großer Viskosität oder innerer Reibung. Physikalisch wird die Viskosität bestimmt durch die Zeit, die eine Flüssigkeit braucht, um durch ein Rohr zu fließen. Sie wird auf Wasser als Einheit bezogen. Eine solche Methode läßt sich auf das Zytoplasma nicht anwenden. Anstatt dessen benutzt man als Maß die Geschwindigkeit kleiner im Zytoplasma befindlicher, durch eine Außenkraft in Bewegung gesetzter Körperchen. Da die Zellen höherer Pflanzen von der Zellhaut umgeben sind und die Einführung fremder Teilchen nicht vertragen, so kommen nur in der Zelle schon vorhandene Gebilde, und zwar vorzugsweise Stärkekörnchen in Betracht, die vermöge ihres spezifischen Gewichts eine gewisse Fallgeschwindigkeit besitzen. Nicht alle Stärkekörner werden durch die Schwerkraft im Zytoplasma in Bewegung gesetzt; aber gewisse Zellen, die sich vor allem in der Wurzelhaube und in der Stärkescheide der Stengel befinden, besitzen solche regelmäßig. Die von A. Heilbronn (1912) zuerst angegebene „Fallmethode" ist später hauptsächlich von F. Weber (Literatur F. Weber 1924) angewendet und verbessert worden.

Als gut geeignete Objekte erwiesen sich z. B. die Keimstengel von Phaseolus multiflorus und die Wurzelhauben von Vicia faba. Zwei Anwendungsweisen sind möglich. Entweder verfolgt man an Schnitten die Fallgeschwindigkeit eines bestimmten Stärkekornes über eine mikrometrisch festgelegte Strecke oder man läßt die Stärkekörner im intakten Objekt fallen und untersucht nach geeigneter Fixierung, wo sich nun die Körnchen befinden. Im ersten Falle werden also Einzelkörnchen verwendet, und man sorgt durch genügend häufige Wiederholung dafür, daß man einen zuverlässigen Durchschnitt bekommt; in letzterem Falle müssen die Zeiten variiert werden und man nimmt z. B. die Zeit, die verstreicht, bis alle Körnchen die gegenüberliegende Wand erreicht haben, als Maß der Viskosität. Beide Methoden haben ihre Vor- und Nachteile. In zweifelhaften Fällen wird man sie beide heranziehen. Arbeitet man mit Schnitten, so können durch die Verwundung Störungen entstehen, die auch nach längerer Zeit nicht abgeklungen zu sein brauchen; jedoch ist es ein großer Vorteil, daß man die Zellen lebend beobachten kann. Verwendet man ganze Pflanzenteile, so braucht man mehr Material und muß die umständliche Präparation in Kauf nehmen. Dagegen ist der Einfluß verschiedener Außenumstände wie Temperatur, Chemikalien usw. besser zu studieren.

Im einzelnen ist folgendes zu bemerken (vgl. WEBER 1924, S. 668ff.). Die Schnitte müssen so hergestellt werden, daß sie möglichst viele geeignete Zellen enthalten, also im allgemeinen bei Stengeln tangential, bei Wurzeln radial durch die Spitze gehen. Sie dürfen nicht zu dünn sein, damit genügend unverletzte Zellen vorhanden sind, aber auch nicht zu dick, damit sie genügend Einblick gewähren. Nach ihrer Herstellung läßt man 20 bis 30 Minuten verstreichen, damit die Nachwirkung der Verwundung ausklingt (ZOLLIKOFER 1918, S. 449). Diese Zeit verbringen die Schnitte in vertikaler Lage am umgelegten Mikroskop, an dem auch die Beobachtung stattfindet. Die Drehung um 180°, die nötig ist, damit die Stärkekörnchen ihre Fallbewegung vollführen, bewirkt man am einfachsten mit dem drehbaren Objekttisch, der aber gut zentriert sein muß, damit man die eingestellte Stelle nicht verliert. Man zeichnet sie sich vorher auf, damit man die Zelle, an der man beobachtet, wieder erkennt. Noch besser ist es, das ganze Mikroskop zu drehen, was mit Hilfe einer besonderen, von WEBER (1916, S. 129) angegebenen Drehscheibe bewirkt werden kann. Die zu durchlaufende Strecke wird mit Hilfe eines Okularmikrometers abgegrenzt. Nur die Mitten der Zellen sind geeignet, Plasmaströmungen und pathologische Veränderungen können störend eingreifen.

Verwendet man ganze Pflanzenteile, so ist es nicht zweckmäßig, sie zur mikroskopischen Untersuchung lebend zu schneiden. Man muß sie möglichst schnell fixieren, damit die Teile in der Zelle ihre Lage nicht verändern. Zu diesem Zweck dürfte heißer Alkohol am geeignetsten sein. Will man Mikrotomschnitte ausführen, so ist es wichtig, die verschiedenen Objekte während der Behandlung nicht zu verwechseln. Die Färbung kann mit Hämatoxylin (DELAFIELD) und Fuchsin vorgenommen werden. Ersteres färbt die Zellkerne und Zellwände, letzteres die Stärkekörner. Natürlich hat man dafür zu sorgen, daß die beweglichen Stärkekörner vor Beginn der Fallbewegung sich in der Ruhelage befinden und daß die Zeit bis zur Beendung des Versuches, die in inverser Lage zugebracht wird, genau gemessen, auch die Fixierung in derselben Stellung vorgenommen wird.

Ist die Plasmaviskosität zu groß, als daß innerhalb der zur Verfügung stehenden Zeit eine Verlagerung zustande kommen könnte, so muß man zur Zentrifuge greifen, deren Anwendung für solche Zwecke schon alt ist. Vergleichende Messungen lassen sich aber mit ihrer Hilfe nur anstellen, wenn die Rotationsgeschwindigkeit und der Abstand von der Drehachse bekannt oder zum mindesten konstant ist. Eine genügend gleichmäßige Drehung läßt sich selbst bei einer gewöhnlichen Handzentrifuge bei einiger Übung durch Zählen unter Zuhilfenahme eines Metronoms erreichen. Die Verwendung elektrischer Zentrifugen kann hier nicht beschrieben werden. Vorschaltwiderstände und Tourenzähler erlauben eine ganz bestimmte Rotationsgeschwindigkeit einzustellen. Da bei den gebräuchlichen Zentrifugen der Abstand von der Achse klein ist, so bewirkt eine kleine Veränderung desselben einen nicht zu vernachlässigenden Fehler, auf den im allgemeinen nicht genug geachtet zu werden scheint. Beim Einsetzen des Zentrifugenröhrchens, das das Objekt aufnimmt und bei der Befestigung des Objekts in ihm ist also der Abstand zu messen. Die Zentrifugalwirkung ist dem Achsenabstand proportional. Die Befestigung der Objekte geschieht durch Festklemmen oder besser durch Eingipsen an ihrem nach innen gekehrten Ende. Um die beiden Enden nicht zu verwechseln, kann man das eine schräg abschneiden (WEBER 1924, S. 665).

Die bisher geschilderten Methoden erlauben die Viskosität des Zytoplasmas unter verschiedenen Umständen am gleichen Objekt zu vergleichen. Sie geben aber kein absolutes Maß für diese Größe. Da, wie oben gesagt, die innere Reibung in der Physik auf Wasser als Einheit bezogen wird, so lag es nahe, die Fallgeschwindigkeit von entsprechenden Stärkekörnern in Wasser zu untersuchen und mit Hilfe einer physikalischen Rechnung auf die Viskositätsgröße des Zytoplasmas zu schließen. Da die Fallgeschwindigkeiten sich umgekehrt wie die Viskositäten verhalten, so scheint diese Methode sehr einfach zu sein. Aber erstens sind dabei die Plastiden nicht berücksichtigt, die in der lebenden Zelle die Stärkekörner einschließen, im Wasser aber zerfallen, wie schon WEBER bemerkt hat (1924, S. 672). Dadurch muß das Verhältnis zwischen Masse und Volumen verändert werden. Und zweitens ist die genaue Gültigkeit obigen Gesetzes beschränkt. Aus letzterem Grunde wird man gut tun, so vorzugehen, daß man eine Lösung eines viskösen Stoffes, z. B. Gelatine oder Gummiarabikum herstellt, in der die Fallgeschwindigkeit mit der in der Zelle übereinstimmt, wie das ZOLLIKOFER (1918, S. 456) getan hat. Es steht aber noch der physikalische Vergleich solcher Lösungen mit Wasser im Viskosimeter aus. Natürlich ist dabei immer zu berücksichtigen, daß kleinere Körner langsamer fallen als große.

Auf die geschilderte Weise kann man immer nur über die Viskosität der inneren Teile des Plasmas Aufschluß erhalten. Die an die Zellwand und Vakuolen grenzenden Schichten haben dem Anschein nach eine größere Zähigkeit, was sich bei der Plasmaströmung dadurch bemerkbar macht, daß sie langsamer oder gar nicht fließen, obwohl sie ihre Gestalt zu ändern vermögen. Gerade sie aber bestimmen die Formgebung der Plasmaorgane. Auch ist die Stärke in den meisten Zellen nicht beweglich, was nur zum Teil auf ihre meist geringere Größe zurückzuführen sein dürfte. Die Zahlen, die man auf die geschilderte Weise erhalten kann, sind also untere Grenzwerte.

Mit den Veränderungen der Viskosität des Protoplasmas durch den Einfluß von Hitze, mechanischen Einwirkungen und Chemikalien hat sich von neueren Autoren besonders LEPESCHKIN (1923 und 1924) befaßt. Als Vorzugsobjekt diente Spirogyra. Die Veränderungen wurden aus dem Aussehen erschlossen, das die Zellbestandteile vor und nach der Behandlung boten.

Der Zentrifugenmethode bediente sich z. B. SZÜCS (1913) bei seinen Untersuchungen über die Veränderungen der Viskosität unter dem Einfluß von Aluminiumionen. Verlagerungsfähig sind vor allem die Chloroplasten. Unter dem Einfluß von Al- (und Schwermetall)-Salzen findet eine unter Umständen reversible Erstarrung der Plasmagele statt, die die Verlagerung der Chlorophyllbänder verhindert.

### b) Oberflächenspannung.

Die Tatsache, daß Flüssigkeitstropfen sich der Kugelgestalt zu nähern suchen, beruht auf der Oberflächenspannung, einer auf einer Strecke wirkenden Kraft, die die Oberfläche zu verkleinern strebt (FREUNDLICH 1922, S. 8). Sie wird wie die innere Reibung gewöhnlich auf das Wasser als Einheit bezogen, das eine verhältnismäßig große Oberflächenspannung hat. Das Abrundungsbestreben des Zytoplasmas zeigt sich sowohl an austretenden Teilen nach dem Zerreißen der Zellwand in Wasser als auch besonders schön nach dem Plasmolysieren, wobei — falls nicht ein Kleben an der Wand statthat — konvexe Oberflächen zustande kommen und die Protoplasten langer Zellen in einzelne sich abkugelnde Teile zerfallen. Haftet aber bei der Plasmolyse der Protoplast teilweise an der Zellhaut, so sieht man ebenfalls kugelflächige, aber nun nach innen gekrümmte Oberflächen auftreten.

Da die meisten kristalloiden Stoffe die Oberflächenspannung einer wäßrigen Lösung fast gar nicht beeinflussen, so müssen es kolloide Substanzen sein, die den plasmatischen Bestandteilen der Zelle ihre Oberflächenspannung geben. Das Protoplasma ist ein verwickeltes Gemisch von flüssigen und festen Kolloiden: Suspensionen, Emulsionen, Solen und Gelmembranen (CZAPEK 1913, S. 62). Suspensoide haben dieselbe Oberflächenspannung wie das Dispersionsmittel. Also dürften es hydrophite Kolloide sein, die die spezifische Oberflächenspannung des Protoplasmas bedingen. Ferner ist wohl zu berücksichtigen, daß die äußersten Schichten stets zäher sind als die Hauptmasse des Zytoplasmas. An den Grenzflächen bilden sich feste Häutchen. Nach WO. OSTWALD (1912, S. 225) wird die Oberflächenspannung des Wassers erhöht durch Gummiarabikum, Stärke und Pflaumengummi, erniedrigt durch Gelatine, Tischlerleim, Hühnereiweiß, Dextrin, Kirschengummi usw. sowie durch die meisten anderen Stoffe, besonders stark durch Fette, Fettsäuren, Seifen, Harze, Gerbsäuren u. a. Also, gerade diejenigen Substanzen, die man am meisten in Pflanzenzellen erwarten muß, erniedrigen größtenteils die Oberflächenspannung.

Die obigen Erörterungen gelten für Protoplasma in Wasser. Bei den Pflanzen ist aber fast allgemein die lebende Substanz von einer Zellhaut umgeben. Die Imbibitionsflüssigkeit der letzteren bildet also das begrenzende Medium. Da die Zellwand nach HANSTEEN-CRANNER (1922) Lipoide enthält, die die Oberflächenspannung erniedrigen, so herrschen hier ganz andere Verhältnisse. Nach dem Gibbsschen Satz reichern sich solche Stoffe, die die Oberflächenspannung erniedrigen, in der Oberfläche an. Wird diese von einer festen Phase begrenzt, so findet Adsorption statt. Bei der Pflanzenzelle endet aber die flüssige Phase nicht an der Zellhaut, da diese von einer Lösung durchtränkt ist. Die oberflächenaktiven Stoffe werden also in die Zellhaut eindringen (so auch HANSTEEN-CRANNER, S. 105 u. a.). Vielleicht erklären sich dadurch nicht nur die Hansteenschen Ergebnisse, sondern auch die Kutinisierungen u. dgl. sowie die Exkretion von ätherischen Ölen und anderen Substanzen. Hier liegt, wenn ich nicht irre, ein großes Gebiet zukünftiger Forschung.

**1. CZAPEKS Methode.** CZAPEK hat (1911) eine Methoden agegeben, die Oberflächenspannung des Protoplasmas in behäuteten Zellen zu messen. Sie beruht auf der von ihm experimentell gefundenen Tatsache, daß oberflächenaktive Lösungen die Undurchlässigkeit des Protoplasmas für gewisse im Zellsaft enthaltene Stoffe vernichten. Dabei ist nach ihm der eben schädigende Grenzwert für verschiedene in Wasser gelöste Substanzen — vorausgesetzt, daß diese nicht Nebenwirkungen entfalten —, in bezug auf die Oberflächenspannung konstant. Er nennt solche Lösungen gleicher Aktivität äquikapillar. In homologen Reihen organischer Substanzen steigt im allgemeinen die Oberflächenaktivität mit der Länge der Kohlenstoffkette.

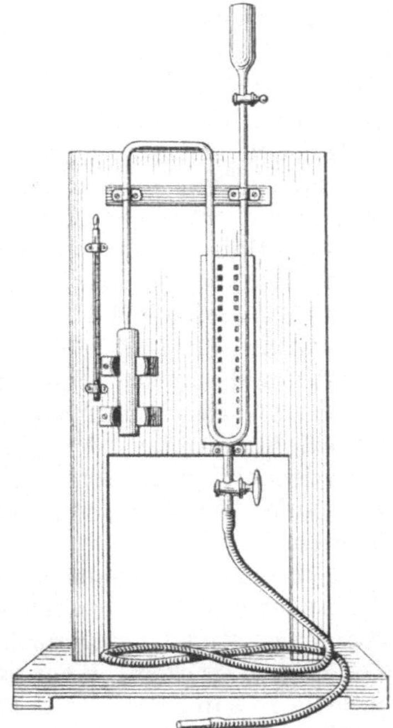
Abb. 272. Kapillarmanometer.

Bei der Anwendung der Methode sind die folgenden Vorschriften zu berücksichtigen:

1. Die Bestimmung der Oberflächenspannung der verwendeten Lösungen erfolgte mit einem Apparat von CZAPEK, Kapillarmanometer (Abb. 272) genannt, der es erlaubte, die Wassersäule zu messen, die nötig ist, um eine Luftblase durch eine Kapillare in die zu untersuchende Flüssigkeit zu pressen. Je größer die Oberflächenspannung, um so größer der erforderliche Druck. Die Glaskapillare hatte eine Weite von 1 mm, eine Länge von 2 mm. Um eine Luftblase in Wasser hineinzutreiben, waren etwas über 50 mm Wasser nötig. Unten war die Kapillare halbkugelig abgeschliffen. Von der zu untersuchenden Flüssigkeit

genügten schon 2 bis 3 cm³, die sich in einem kleinen zehn Kubikzentimeter fassenden graduierten Gläschen befanden. Die Kapillare war an einem Manometer befestigt, in das von oben langsam an der Wand entlang Wasser eintropfte, bis die Blase abriß. An einer Millimeterskala wurde die Höhe der Flüssigkeitssäule, die dazu erforderlich war, abgelesen. Abzuziehen ist die Höhe der Versuchsflüssigkeit von der Kapillarenöffnung ab. Die Temperatur muß berücksichtigt werden. Die Versuche wurden mit der Formel $\sigma_t = \sigma_0\ (1 + \gamma t)$ auf 16° umgerechnet, wobei als Wert von $\gamma$ 0,002 angenommen wurde. Nach einem Wechsel der Versuchslösung wurden Kapillare und Gläschen mit heißer Chromschwefelsäure gereinigt, wie überhaupt die allergrößte Sauberkeit unerläßlich ist. An Stelle des Czapekschen Apparates dürften auch das Traubesche Stalagmometer (Freundlich 1922, S. 31; Höber 1922, S. 157) oder das Viskostagonometer (Höber ebenda), das besonders für kleine Flüssigkeitsmengen konstruiert ist, verwendbar sein.

2. Die Schädigung der in die Versuchslösung eingelegten Gewebsschnitte wurde nach weniger als einem Tage festgestellt, und zwar auf Grund des Austrittes von Anthozyan oder besser von Gerbstoffen, die mit Koffein einen Niederschlag geben. Die Verminderung der Ausfällung in der Zelle ist scharf genug, um die schädigende Grenzlösung zu erkennen. Als Objekte kommen solche Pflanzen in Betracht, die geeignete gerbstoffhaltige Zellen führen. Besonders empfohlen werden die Mesophyllzellen in der Nähe der Blattunterseite von Echeveriablättern. Doch führt Czapek (a. a. O., S. 10) noch eine Menge anderer brauchbarer Objekte an. Die Koffeinlösung war $^1/_{100}$ mol., d. h. sie enthielt 2,12 g auf ein Liter Wasser. Darin sollen die Schnitte mindestens eine Stunde bleiben bevor sie untersucht werden. Die Oberflächenspannung jener Lösungen, die bei den Zellen höherer Pflanzen eben Gerbstoffaustritt bewirkten, war unter den gewählten Bedingungen nahezu überall gleich und betrug 0,685 der Grenzspannung gegen Luft. Wird diese mit Czapek nach Whatmough zu 76,45 Dynen angenommen (nach Freundlich 1922, S. 34, ist sie kleiner), so ergibt sich für das Plasma der absolute Wert 52, 37 Dynen. Auf eine nähere Erörterung der Fehlerquellen und weiteren Schlußfolgerungen kann hier nicht eingegangen werden. Es sei nur darauf hingewiesen, daß Czapek (1914) auf die Kritik von mehreren Seiten hin seine Methode in ihrer Bedeutung selbst stark einschränkte, indem er sagte: „Wir erlauben uns nicht etwa den Rückschluß auf die Grenzflächenspannung des Plasmas zum äußeren flüssigen Medium, sondern denken ausschließlich an den Zustand der Grenzfläche zwischen Plasmalipoiden und Hydrokolloiden, wenn wir von Oberflächenspannung des Protoplasmas sprechen.“ Der Schluß aus dem Verhalten gegen isokapillare Lösungen auf die Oberflächenspannung der Plasmahaut wird also aufgegeben. Die Methode wurde aber dennoch geschildert, weil die gute Übereinstimmung der meisten Messungen kein Zufall sein kann, wenn auch die wirkliche Bedeutung vorläufig nicht ganz zu übersehen ist.

**2. Beobachtungsmethode.** Nicht nur die Grenzfläche des Zytoplasmas gegen die Außenwelt (zu der auch die Zellhaut zu rechnen wäre) hat eine Oberflächenspannung, sondern eine solche muß sich an allen Grenzflächen, auch im Innern der Zelle entwickeln. Wenn wir auch vorläufig keine Mittel kennen, ihre Größe zu messen, so kann man doch aus der Gestalt der Plasmaorgane auf ihre Wirksamkeit schließen, und so zu Ergebnissen über die physikalische Beschaffenheit der die Zelle zusammensetzenden Teile gelangen. Deshalb seien diese Dinge hier kurz erörtert.

Das Protoplasma muß eine bestimmte Oberflächenspannung haben, da es sich bei der Plasmolyse und beim Zerreißen einer Zelle in der umgebenden Flüssigkeit abrundet. Es kann also als vorwiegend flüssig betrachtet werden. Auch der Zellsaft hat an der Grenze gegen das Zytoplasma eine Oberflächenspannung, denn die

Vakuolen besitzen eine abgerundete Gestalt. Ob die Oberflächenspannung des Protoplasmas oder des Zellsaftes größer ist, wissen wir nicht.

Die Plasmaorgane, nämlich Zellkern und Plastiden haben offensichtlich eine größere Formbeständigkeit, d. h. Viskosität als das Zytoplasma. Aber auch sie zeigen noch deutliche Anzeichen einer Oberflächenspannung, die ihnen eine gewisse Annäherung an die Kugelgestalt verleiht, wenn es die Bedingungen zulassen. Daß sie sich nicht ganz abzurunden pflegen, dürfte vielfach an den Raumverhältnissen und dem Druck der Oberflächenspannung des sie einschließenden Zytoplasmas bzw. des Zellsaftes liegen. Damit stimmt gut überein, daß Zellkerne und Chloroplasten, die in einer relativ dünnen Plasmaschicht zwischen Zellwand und Zellsaftraum liegen, annähernd linsenförmige Gestalt annehmen, und daß dabei die der verhältnismäßig festeren Zellwand zugekehrte Seite mehr abgeflacht ist als die Gegenseite. Dort gibt die Plasmaoberfläche etwas nach und bildet so die besonders bei großen Zellkernen leicht erkennbare und oft abgebildete, in den Zellsaftraum hineinragende Einbuchtung. Dadurch aber entsteht an dieser Stelle ein Spannungsmaximum, weil jede Oberflächenvergrößerung Arbeit kostet. Ist die Spannung nicht auf allen Seiten gleich, so muß das betreffende Zellorgan verschoben werden, was besonders in der Nähe der Zellecken der Fall sein wird, weil dort infolge der schärferen Krümmung sich Plasmaansammlungen bilden, die durch das Abrundungsbestreben des Zellsaftes zustande kommen. Die Erklärung weiterer an den Zellorganen beobachteter Gestaltungen liegt nach diesen Ausführungen nahe. An dieser Stelle sollte nur auf das methodische Hilfsmittel hingewiesen werden, das uns die Beobachtung der Form der Zellorgane für das Studium der Spannungsverhältnisse in der Zelle an die Hand gibt.

Wie weit dieses Prinzip reicht, läßt sich noch nicht ganz übersehen. Ist die Viskosität (Formbeständigkeit) der betreffenden Gebilde erheblich, so muß die Wirkung der Oberflächenspannung auf die Gestalt zurücktreten, doch geht es nicht an, etwa die Form der Zellkerne erklären zu wollen, ohne auf die Lagerung der Vakuolen im Zytoplasma Rücksicht zu nehmen.

Schließlich sei noch bemerkt, daß der Begriff der Oberflächenspannung bei der Übertragung auf das komplexdisperse Protoplasma an Schärfe verliert.

### c) Quellungszustand.

Die Quellung spielt im Pflanzenleben eine bedeutende Rolle, da ein großer Teil des Pflanzenkörpers aus quellbaren Kolloiden besteht. Dies gilt sowohl für die plasmatischen Gebilde wie für gewisse Reservestoffe und die Membranen. Zunächst sollen einige Methoden, die das Grundsätzliche und Allgemeine betreffen, beschrieben werden.

„Unter Quellung versteht man die Aufnahme von Wasser durch feste Körper, die mit einer Volumzunahme verbunden ist, wobei die Homogenität des Körpers nicht verlorengeht. Die Quellung kann begrenzt sein, wenn die Wasseraufnahme ein Maximum — das sog. Quellungsmaximum — erreicht, oder unbegrenzt, wenn der quellbare Körper kontinuierlich in Lösung geht" (WALTER 1923, S. 160). Strenggenommen sollte man die Quellung nur an homogenen Kolloiden studieren; aber solche kommen weder im Zellinhalt noch in den Membranen vor. Auch sind einige Grundregeln nicht an die Natur des Quellkörpers gebunden. Daher ist es erlaubt, Vorversuche auch mit ganzen Pflanzenteilen zu machen, die verschiedenartige Kolloide enthalten. Als solche empfehlen sich Samen, soweit sie keine die Ergebnisse störenden Lufträume enthalten.

Läßt man Erbsen, Lupinen, Bohnen u. dgl. in Wasser quellen, so bemerkt man, daß sie zunächst runzelig werden, da die Samenschale das Wasser schneller aufnimmt als der Embryo. Später quellen vor allem die Kotyledonen erheblich auf, wodurch die Samen wieder prall werden. Die erste Frage lautet nun, in welchem Verhältnis steht die Volumzunahme zur Wasseraufnahme? Falls keine erheblichen Mengen von Stoffen in Lösung gehen, und das ist bei kaltem Wasser in der Tat der Fall, so läßt sich die Wasseraufnahme durch die Gewichtszunahme bestimmen. Die Samen werden äußerlich abgetrocknet und auf hundertstel Gramm gewogen. Vorher sind sie lufttrocken gewogen worden. Man nimmt etwa 50 Stück Erbsen oder 40 Stück Samen von Lupinus albus oder Phaseolus vulgaris, die ungefähr 10 g wiegen. Das Volumen wird mit Hilfe einer mit Wasser nicht mischbaren Flüssigkeit bestimmt. Geeignet ist Benzol. Man gießt 50 $cm^3$ davon in einen 100-$cm^3$-Meßzylinder oder besser eine Bürette und wirft die Samen hinein. Die Volumzunahme ist dann leicht abzulesen. Nach der Volumbestimmung der trockenen Samen ist vor dem Quellungsversuch das Benzol zu entfernen. Man legt ein Flöckchen Watte in einen Trichter und schüttet die Samen darauf. Nach dem Abtropfen gibt man sie in eine Glasschale, die mit Filtrierpapier ausgelegt ist und bringt sie durch Hin- und Herneigen zum Rollen. Der Rest des Benzols verdunstet leicht. Nach dem Quellen verfährt man entsprechend, wobei man aber das oberflächlich anhaftende Wasser mit einem weichen Tuch abtupft, bevor man die zweite Wägung vornimmt. Die zweite Volumbestimmung geschieht wie oben. Das Ergebnis ist, daß die Volumzunahme der Gewichtsvermehrung in allen Stadien der Quellung ziemlich genau entspricht. In einem bestimmten Versuch ergaben sich z. B. folgende Zahlen:

| Samenart | Trockengewicht g | Gewichtszunahme g | Volumzunahme $cm^3$ |
|---|---|---|---|
| Gelbe Erbsen . . | 9,74 | 8,37 | 8,50 |
| Grüne Erbsen . . | 10,94 | 13,69 | 14,00 |
| Weiße Lupinen . | 10,79 | 11,44 | 11,30 |

Dasselbe Ergebnis erzielte KNOEVENAGEL (nach WALTER 1923, S. 163), der ein einheitliches Kolloid, nämlich Azetylzellulosefäden in verschiedenen Flüssigkeiten quellen ließ und die mikroskopisch bestimmte Volumzunahme mit der Gewichtszunahme verglich. Es liegt also hier ein Ergebnis von allgemeiner Bedeutung vor.

Die Abhängigkeit des Quellungsprozesses von der Temperatur läßt sich mit derselben Methode bestimmen. Innerhalb der durch die Natur der Objekte gegebenen Grenzen nimmt die Quellungsgeschwindigkeit mit der Temperatur zu, doch wird das Quellungsmaximum bis etwa 50° nicht verändert. Zur Ausführung der Versuche werden am besten Wasserthermostaten benutzt, doch lassen sich auch Luftthermostaten verwenden, in die Gefäße mit einem Liter Wasser von derselben Temperatur mehrere Stunden zuvor eingestellt werden, um für einen vollkommenen Temperaturausgleich zu sorgen. In diese Gefäße kommen die zuvor abgewogenen Samen in einem besonderen Zylinder, so daß sie nicht naß werden, ebenfalls zum Temperaturausgleich, sowie ein genaues Thermometer. Bei Beginn des eigentlichen Versuches werden die Samen in einem Straminbeutel in das Wasser gehängt. Die Wägung erfolgt nach bestimmten Zeitabschnitten nach gründlichem Abtrocknen.

Natürlich läßt sich auf entsprechende Weise der Einfluß von Lösungen auf die Quellung studieren. Da hierbei aber die chemische Beschaffenheit der Kolloide eine große Rolle spielt, so werden für diesen Zweck besser anstatt der Samen möglichst reine Substanzen wie Gelatine, Hausenblase, Agar u. dgl. verwendet. Die Wasseraufnahme kann durch Wägung (WO. OSTWALD 1920, S. 82 nach F. HOTMEISTER) oder durch die Bestimmung der Volumzunahme (WALTER 1923, S. 192) erfolgen. Nicht in allen Fällen sind beide Methoden anwendbar.

Zur Ausführung der Wägemethode stellt man sich nach OSTWALD Quellplättchen her. Eine 40 bis 50proz. Gelatinelösung, bereitet durch Einweichen der gewogenen

Gelatine in der bestimmten Wassermenge und Auflösen im Wasserbad, wird in eine Schale mit flachem Boden gegossen, so daß die Schicht 0,5 bis 1 cm hoch ist. An einem warmen Ort läßt man das Wasser soweit verdunsten, bis eine feste Gallerte entsteht, die sich eben noch schneiden läßt. Nach Herauslösen der Schicht werden auf einer Holzunterlage mit einem scharfen Messer und Lineal, quadratische Plättchen hergestellt und getrocknet, wobei man sie öfters wendet. Nach genauem Wägen trägt man die Plättchen in flache Schälchen mit dem Quellungsmittel ein, nimmt sie nach bestimmten Zeiten heraus, trocknet sie mit einem dünnen Tuch und wägt wieder. Ähnlich wird man auch mit Agar vorgehen können, nur daß die vorgequollene Agarmasse zur Lösung auf Siedetemperatur erhitzt werden muß.

Bequemer aber ist für Agar die von WALTER (1923, S. 192) angegebene Volummethode. Agarpulver wird in der Menge von einem Gramm in kalibrierte Röhrchen mit 25 $cm^3$ der Lösung geschüttet. Zum Vergleich dient Wasser, dessen Quellwirkung = 1 gesetzt wird. Man kann die zeitliche Zunahme der Quellung am Steigen der Sedimenthöhe leicht bestimmen. Zur Berechnung des Quellungsmaximums wurde die endgültige konstante Höhe angenommen, die nach 4 bis 5 Tagen sicher erreicht ist.

Die verschiedenen Gele verhalten sich Elektrolyten gegenüber verschieden. Wir können folgende Typen unterscheiden:

1. Anorganische Hydrogele, z. B. Kieselgallerte.
2. Albuminoide, z. B. Gelatine.
3. Kohlehydrate, z. B. Agar-Agar.

Uns interessieren hier nur die beiden letzten, die sich nach WALTER (1923, S. 201) verschieden gegenüber Elektrolytlösungen verhalten. Bei Agar bedingen schon verhältnismäßig geringe Mengen von Salzen, Säuren und Basen eine starke Herabsetzung der Quellung, während bei Gelatine das Gegenteil der Fall zu sein pflegt (vgl. auch OSTWALD 1920, S. 87). Die verschiedene Wirkung der Salze beruht hauptsächlich auf den Anionen. Andere Gele stehen zwischen den genannten.

Der Quellungszustand des Protoplasmas kann auch bei ein und derselben Pflanzenart in weiten Grenzen schwanken. Über den absoluten Wassergehalt wissen wir freilich nichts. Nur für Plasmodien von Myxomyzeten ist bekannt, daß er mehr als 75% betragen kann. Auch diese bestehen aber strenggenommen nicht nur aus Protoplasma. In den Zellen der höheren Pflanzen dürfte der Wassergehalt des Protoplasma ungefähr ebenso groß sein. In ruhenden Pflanzenteilen, besonders in reifen Samen ist er jedenfalls sehr viel geringer, so daß das sonst zähflüssige Plasma eine hornige Beschaffenheit annehmen kann, ohne daß es seine Lebensfähigkeit einbüßt. Warum hier die Zellen das Austrocknen vertragen, während die der meisten anderen Organe (mit Ausnahme vieler Moose, einiger Farnpflanzen usf.) schon bei verhältnismäßig geringer Entwässerung absterben, ist uns nicht bekannt.

Diesseits der Grenze, die die Lebensfähigkeit vernichtet, kann die Menge des Quellwassers durch verschiedene Einflüsse vermindert werden, so durch Verdunstung und Plasmolyse, durch Abkühlung und durch die Einwirkung gewisser Chemikalien.

In den meisten Zellen ausgewachsener Pflanzenteile ist die Hauptmenge des Wassers im Zellsaft enthalten; aber auch das Protoplasma und die Gerüstsubstanzen wie Zellulose, Pektin usf. enthalten nicht unerhebliche Mengen wäßriger Flüssigkeit. Geht durch Verdunstung Wasser verloren, so werden zunächst die an die transpirierenden Oberflächen (Atemhöhlen und andere Interzellularen) grenzenden Membranen entwässert. Sie entnehmen dann dem Protoplasma, und dieses dem Zellsaft Wasser. Hält ein bestimmtes Verhältnis von Wasserzufuhr und Abgabe längere Zeit an, so muß sich ein Gleichgewichtszustand entwickeln, bei dem sich die wasseranziehende Kraft aller Teile die Waage hält. In einer nicht wassergesättigten Zelle muß also auch mit der Zunahme der Konzentration des Zellsaftes eine entsprechende Verminderung des Quellungswassers des Protoplasmas einhergehen. Dasselbe gilt für die Plasmolyse. Die Wasserdampftension einer Zelle oder eines Pflanzenteiles gibt daher den Quellungsdruck des Zytoplasmas an. Leider sind für deren Messung bisher noch keine brauchbaren Methoden vorhanden. Aber die Messung der Saugkraft, die oben beschrieben worden ist (vgl. S. 958), kann an ihre Stelle treten, vorausgesetzt, daß die einzelnen Bestandteile der Zellen Zeit gehabt haben, sich ins Gleichgewicht zu setzen. Dann muß die Saugkraft der Zelle in Atmosphären ausgedrückt gleich der Quellungskraft aller Zellbestandteile sein.

Walter (1923, S. 172) ist es gelungen, an einem geeigneten Objekt, den sporogenen Faden von Lemanea (Rhodophycee) nachzuweisen, daß sich das lebende Plasma in bezug auf sein Quellungsvermögen wie unorganisierte quellbare Substanzen verhält und in osmotisch wirksamen Flüssigkeiten (Rohrzuckerlösungen) sein Volumen vermindert. Da es sich aber dabei um ein nicht überall zugängliches Material handelt, so müssen wir uns versagen auf seine Methode einzugehen. Wir haben bis jetzt kein allgemeines Mittel den Quellungszustand des Protoplasmas zu bestimmen. Nur seine Saugkraft kennen wir, denn sie ist im Gleichgewicht gleich der des Zellsaftes (Walter 1924).

Eine sehr starke Veränderung des Quellungszustandes des Protoplasmas bedeutet das Gefrieren, bei dem den Zellen der größte Teil des Wassers entzogen werden kann. Auffallend ist, daß viele Pflanzen diese Entwässerung ohne Schaden ertragen, während sie durch ein entsprechendes Austrocknen getötet würden. Vielleicht handelt es sich dabei hauptsächlich um Elektrolytanreicherung, d. h. um ein Aussalzen der Plasmakolloide, das bei tiefer Temperatur nicht so schnell irreversibel wird wie bei höherer. Die physiko-chemischen Verhältnisse sind bei H. W. Fischer (1911) dargelegt, der auch die Literatur und die Methodik ausführlich bringt. Allerdings hat er mehr die Schädigungen durch die Eisbildung im Auge gehabt als die Reversibilität des Vorganges.

Das Studium der Vorgänge beim Gefrieren, das also nicht mit dem Erfrieren identisch ist, geschieht hauptsächlich durch Verfolgung des Temperaturganges. Bei Pflanzen hat Mez (1905) die thermoelektrische Methode zuerst eingeführt, die einen so großen Fortschritt bedeutet, daß sie wohl allein noch in Betracht kommt. Worauf bei der Anwendung hauptsächlich zu achten ist, hat Maximow (1914) dargelegt, der die früheren Ergebnisse kritisch nachprüfte. Er hat ein Kupferkonstantanpaar verwendet, weil bei diesem elektromotorische Kraft und Widerstand wenig von der Temperatur abhängen. Die beiden Drähte waren 0,15 mm dick und wurden mit Zinn auf eine Strecke von 2 bis 3 mm verlötet, mit Hilfe einer Feile zugespitzt und mit Zinn überzogen, um sie vor dem Angriff der sauren Säfte zu schützen. Schließlich wurde noch die Spitze und ein Stück der Drähte mit einer Lösung von Kautschuk in Benzin überzogen (a. a. O., S. 333). Zwei mit einem Spielraum ineinanderpassende Glasröhren wurden so hergerichtet, daß die innere, kapillar ausgezogene an der Spitze aus der anderen herausragte. Ihre Verlängerung bildete das verlötete Doppeldrahtstück. Durch die innere Röhre wurde der Konstantandraht gezogen, während der Kupferdraht in seinem freien Stück zwischen beide Röhren kam. Die Zwischenräume wurden mit Paraffin ausgefüllt. Nachdem in den Pflanzenteil ein Loch gestochen worden war, wurde das ganze so tief eingeführt, daß auch noch ein Teil der Glaskapillare in die Wunde kam, wodurch die Wärmeableitung durch die Drähte vermindert wurde. Die zweite Lötstelle kam in ein Dewargefäß mit kleingestoßenem Eis; ebenso die Thermonadel zur Feststellung des Nullpunktes, aber nicht unmittelbar, sondern in ein mit Paraffinöl gefülltes Glasröhrchen. Bis zum Temperaturausgleich verging eine halbe Stunde. Die Messung der Stärke des

Thermostromes erfolgte mit Spiegelgalvanometer, Fernrohr und Skala. Durch Einschaltung eines Rheostaten konnte die Empfindlichkeit verändert werden. Bei einem äußeren Widerstand von 300 bis 400 Ohm wurde eine Empfindlichkeit von 0,024 bis 0,026° auf 1 mm Ablenkung erzielt. Man hat dafür zu sorgen, daß die Raumtemperatur möglichst konstant ist und daß alle Berührungsstellen verschiedener Metalle im Stromkreis, vor allem der Rheostat, noch besonders wärmeisoliert sind. An Stelle der gewöhnlichen Stromschlüssel wurden Holzklammern verwendet, wie sie die Photographen benutzen, und so hergerichtet, daß nur Kupfer mit Kupfer sich berührte.

Um die Temperatur des Kältebades konstant zu erhalten, wurden Kryohydratlösungen verwendet, die in einem doppelwandigen Gefäß, durch eine Luftschicht von ihr getrennt, in die Kältemischung von Schnee und Salz kamen. In der folgenden Tabelle sind die Salze, die sich bewährten, angegeben, und zwar mit dem Kryohydratpunkt und dem Gehalt an wasserfreiem Salz auf 100 cm³ Wasser:

| | | |
|---|---|---|
| $K_2Cr_2O_7$ . . . . . . . . . | — 0,70° | 5,3 % |
| $K_2SO_4$ . . . . . . . . . | — 1,55° | 7,0 % |
| $KNO_3$ . . . . . . . . . | — 2,90° | 12,2 % |
| $MgSO_4$ . . . . . . . . . | — 3,90° | 23,5 % |
| $Sr(NO_3)_2$ . . . . . . . . | — 5,75° | 32,4 % |
| $BaCl_2$ . . . . . . . . . | — 7,80° | 29,0 % |
| KCl . . . . . . . . . | —11,10° | 24,6 % |
| $NH_4NO_3$ . . . . . . . . | —17,35° | 70,0 % |
| NaCl . . . . . . . . . | —21,20° | 28,9 % |

Die Menge der Kryohydratlösung betrug $^1/_2$ l. Sie wurde mit Hilfe eines Glasrührers und Motors beständig in Bewegung gehalten. Das Objekt war an der Thermonadel aufgespießt und befand sich in einem doppelwandigen zylindrischen Gefäß. Die Luftschichten dienten einem allmählichen Temperaturausgleich (a. a. O., S. 339). Das Ganze war von außen gut gegen Wärmezustrom isoliert. Mit Hilfe dieser Methode läßt sich der Temperaturgang im Innern eines gefrierenden Pflanzenteiles verfolgen, aus dem dann Schlüsse auf die Entwässerung des Protoplasmas gezogen werden können. Es ist noch zu beachten, daß Unterkühlungen vorkommen können.

### d) Vitalfärbung.

(Vgl. Bd. 1, S. 475 u. 827.)

Unter Vitalfärbung versteht man die Anfärbung irgendwelcher Inhaltsbestandteile der lebenden Zelle. Die erste Bedingung für das Gelingen ist also die Verwendung solcher Farbstoffe, die innerhalb der Versuchszeit das Objekt nicht abtöten. Schädigungen lassen sich dagegen niemals vermeiden. Das darf nicht vergessen werden. Daß die Zellen am Leben geblieben sind, erkennt man außer am mikroskopischen Aussehen durch das Zustandekommen einer Plasmolyse in hypertonischen Lösungen und gegebenenfalls am Erhaltenbleiben der Plasmaströmung.

Der Zweck, den man bei der Vitalfärbung verfolgt, kann verschieden sein. Der Farbstoff kann dienen:

1. Als chemisches Reagens auf gewisse Zellbestandteile.
2. Als Indikator zur Bestimmung der Wasserstoffionenkonzentration (Reaktion) des Protoplasmas oder des Zellsaftes.
3. Als Mittel, um die Durchlässigkeit des Zytoplasmaschlauches zu studieren.
4. Um den Zellsaft besser sichtbar zu machen, also als Ersatz normal vorhandener gelöster Farbstoffe (Anthozyan) bei der Plasmolyse.

Die gebräuchlichsten Farbstoffe für Vitalfärbung sind Methylenblau und Neutralrot. Doch sind besonders von RUHLAND (1908, 1912, 1921) und KÜSTER (1911) eine große Menge von Farbstoffen geprüft und zum Teil geeignet für Vitalfärbungen gefunden worden. Dabei zeigte sich, daß nicht jeder Farbstoff für alle Zwecke und verschiedene Pflanzen gleich brauchbar ist, und daß die Art der Darbietung eine große Bedeutung hat. Vor allem ist hier ein Unterschied zu machen zwischen den sog. basischen und den sauren Farbstoffen. Basische Farbstoffe, die leicht eindringen und gespeichert werden, sind z. B. Neutralrot, Methylenblau, Methylengrün, Thionin, Chrysoidin R, Anilingelb, Rosanilin, Pararosanilin. Leicht eindringende saure Farbstoffe sind: Zyanol extra, Erioglaucin A, Lichtgrün FS gelblich, Säuregrün, Patenblau V, Orange G und viel andere. Die sauren Farbstoffe pflegen weniger giftig zu sein als die basischen, was wohl damit zusammenhängt, daß sie weit schwerer gespeichert werden (RUHLAND 1921, S. 193ff.).

Daher wird eine deutliche Anfärbung der Zellen bei sauren Farbstoffen meist nur erzielt, wenn sie in der Weise geboten werden, daß die Schnittfläche größerer Sproßstücke in die stark gefärbte Lösung gestellt wird Die Transpiration hat dabei eine große Bedeutung (KÜSTER, S. 286). Wird sie unterdrückt, so findet die Aufnahme des Farbstoffes viel langsamer statt, und umgekehrt färben sich die am stärksten transpirierenden Stellen am stärksten, so daß KÜSTER diese Methode zur Erkennung stark verdunstender Oberflächenstellen vorschlägt. Andererseits werden vielfach auch Gewebe im Innern massiger Pflanzenteile deutlich gefärbt. Bei den sauren Farbstoffen findet das Eindringen vielfach zunächst nur bis zum Gleichgewicht mit der Außenlösung statt, so daß es nur bei sehr stark gefärbten Lösungen und durch Konzentrierung mittels Plasmolyse erkennbar wird. Dem schnellen Eindringen steht hier ein ebenso schneller Austritt gegenüber (RUHLAND 1913, S. 72).

Anders bei den genannten basischen Farbstoffen, die wie schon PFEFFER in seiner klassischen Arbeit (1886) fand, nach dem Eindringen rasch in eine unlösliche Form übergeführt und so „gespeichert" werden. Da die ersten Spuren sofort einen Niederschlag bilden, dringen durch Diffusion immer neue Mengen ein, so daß auch in hoch verdünnten Lösungen eine intensive Speicherung stattfindet. So ist hier auch eine andere Methode geboten. Die Lösungen sollen im allgemeinen nicht höher konzentriert sein als 0,001 proz. und wegen der nicht zu unterschätzenden Giftigkeit nicht zu lange einwirken. In diese Lösungen kommen dann kleine Stücke oder mikroskopische Schnitte der betreffenden Pflanzenteile.

Was die Objekte anbelangt, so wird man bei dem Verfahren des Einstellens der Sprosse in die Lösung gern Pflanzenteile verwenden, die wegen ihrer Farblosigkeit die Anfärbung gut zeigen, also weiße Blüten, panaschierte Blätter u. dgl., während es bei dem zu zweit genannten Verfahren darauf ankommt, daß die Oberfläche der Objekte leicht durchlässig, also nicht kutikularisiert ist. Wasserpflanzen, Wurzeln, Algen, alle womöglich mit großen klaren Zellen, werden geeignet sein.

Eine Verbesserung dieser Methode hat SCHAEDE (1923) angegeben. Sie erlaubt erstens eine Dauerbeobachtung unter dem Mikroskop und zweitens die Zufuhr immer neuer frischer Farblösung zu den Objekten. Die Erzielung eines Flüssigkeitsstromes, der das Präparat unter dem Deckglas umspült, wurde auf folgende Weise ermöglicht: Es wurde ein Objektträger hergestellt, der das Herabfließen der Farbflüssigkeit verhinderte. Ein Glasstreifen von 10 cm Länge und 3,5 cm Breite wurde durch Aufkitten zweier schmaler 12 cm langer Glasstreifen mittels Kanadabalsam in eine Rinne verwandelt, in der ein Deckglas von 18 mm Kantenlänge gerade Platz hatte (Abb. 273). An den Enden der schmalen Streifen wurden 3 cm lange Streifen hochkant aufgekittet. Die Schmalseiten wurden durch weitere Glasstreifen, wie es die Abbildung zeigt, verschlossen, wobei an einer Seite eine schmale Öffnung frei blieb. Damit das Deckglas nicht verschoben wurde, wenn die Farblösung

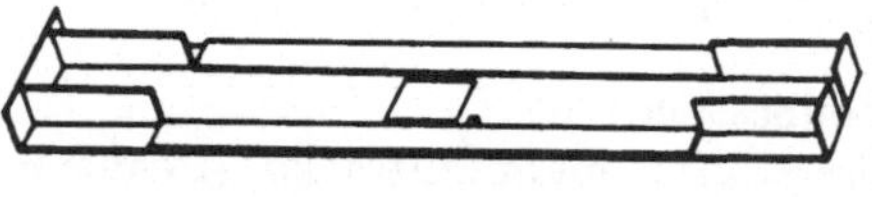

Abb. 273. Färberinne. (Nach SCHAEDE.)

durchfloß, wurde an einer Seite ein kleines Glasstück angekittet, wie die Abbildung zeigt. Auch wurde ersteres mit einem Rand von Maskenlack versehen, der das Übertreten der Flüssigkeit verhindern sollte. Die schmalen Glasstreifen, die den kleinen Trog einfassen, wurden aus demselben Grunde mit Talg leicht eingefettet.

Um nun den Flüssigkeitsstrom zu erzeugen, wurde die Lösung aus einem Tropftrichter durch ein ausgezogenes Glasrohr auf das linke Ende des Objektträgers geleitet, am rechten aber durch ein Flöckchen Glaswolle als Docht, das am rechten Ende in die Öffnung kam, abgeleitet. Der Hahn des Tropftrichters wurde so eingestellt, daß ein lebhafter Flüssigkeitsstrom unter dem Deckglas durchging. Dabei floß in einer Stunde etwa ein halber bis ein Liter Farblösung durch den Apparat.

Als Objekt bewährten sich die Wurzelhaare vom Froschbiß (Hydrocharis morsus ranae), von dem abgeschnittene, nicht zu dicke Wurzelspitzen mit guten Haaren verwendet wurden Sie kamen unter das Deckglas, und zwar so, daß die beobachtete Seite dem Farbstoffstrom entgegengerichtet war, wobei darauf geachtet wurde, daß er nicht von langen Wurzelhaaren abgehalten wurde Das Vorhandensein guter Plasmaströmung diente als Anzeichen für den gesunden Zustand der beobachteten Zellen. Die Farblösungen wurden in stark verdünntem Zustand, mit Standortswasser hergestellt, verwendet.

Von den obengenannten 4 Aufgabenkreisen der Lebendfärbung ist der erste die Verwendung von Farbstoffen als chemische Reagentien noch wenig ausgebaut. Man hat bessere Methoden, um die gerbstoffartigen Substanzen, an die sich die basischen Farbstoffe in der Zelle anlagern, nachzuweisen. Über 2 (Indikatormethode) und 4 (Plasmolyse) ist oben einiges gesagt worden. Auf 3 (Permeabilität) komme ich sogleich zurück.

### e) Permeabilität.

Unter Permeabilität verstehen wir die Eigenschaft irgendeiner Schicht, z. B. der Zellwand oder des Zytoplasmas, flüssige oder in Wasser gelöste Stoffe hindurchzulassen. Eine solche Membran nennen wir permeabel oder durchlässig für den betreffenden Stoff. Eine Schicht, die gewisse Stoffe durchläßt — etwa Wasser — andere aber nicht — etwa ein Salz — pflegt man semipermeabel oder halbdurchlässig zu nennen. Den Stoff, der hindurchgeht, nennen wir permeierend.

Bei den Versuchen, das Eindringen von Stoffen in die Pflanzenzelle nachzuweisen, hat man fast immer nur an den Zellsaftraum gedacht, während es doch sehr wohl möglich ist, daß eine Substanz in das Zytoplasma gelangt, dieses aber nicht ganz durchwandert (PRINGSHEIM 1924, S. 12). Von dieser Möglichkeit wollen wir hier absehen.

Die Methoden, das Permeieren nachzuweisen, sind verschiedener Art, je nach den Veränderungen, die die betreffenden Substanzen an den Zellen bewirken. Das Eindringen kann erkannt werden: erstens an der Verminderung der osmotischen Wirkung von Lösungen der betreffenden Stoffe, zweitens bei Farbstoffen an dem Auftreten einer Färbung im Innern der Zellen, drittens am Eintreten von chemischen und physikalischen Veränderungen in den Zellen, und zwar entweder an zelleigenen oder an künstlich eingeführten anderen Substanzen.

#### α) *Osmotische Methoden.*

Sie beruhen meist auf einer Verminderung der plasmolytischen Wirksamkeit der betreffenden Lösungen. Wir können 4 Modifikationen unterscheiden, nämlich 1. die Methode der isotonischen Koeffizienten, 2. die Methode, die sich des zeitlichen Rückganges der Plasmolyse bedient, 3. die plasmolytisch-volumetrische Methode und 4. die Methode, bei der die Volumveränderungen eines in einer Lösung befindlichen Pflanzenteiles verfolgt werden.

**1. Methode der isotonischen Koeffizienten.** Begründet wurde sie von LEPESCHKIN (1909 a und b) und TRÖNDLE (1910), angegriffen von FITTING (1915 und 1917), worauf wieder TRÖNDLE (1918) und LEPESCHKIN (1923) antworteten. Trotz FITTINGS in vielen Punkten berechtigter Kritik scheint sie mir bei möglichster Berücksichtigung seiner Bedenken doch auch jetzt noch für manche Zwecke geeignet und soll deshalb kurz geschildert werden. Zugrunde liegt ihr der Vergleich der plasmolytischen Grenzkonzentration eines auf sein Eindringungsvermögen zu prüfenden Stoffes mit der eines nicht permeierenden, als welchen man bei höheren Pflanzen immer Rohrzucker verwendet. Die Grenzkonzentration aller mehr oder weniger schnell eindringenden Stoffe muß höher sein als die des nicht eindringenden Rohrzuckers, wenn man physikalisch isosmotische Lösungen zugrunde legt, die also dann an der Zelle nicht isotonisch sind, und zwar weil die durch die unvollkommen semipermeable Plasmahaut gehenden Teilchen keine osmotische Wirkung ausüben können. Die theoretische Grundlage der Methode leidet an zwei Mängeln, nämlich erstens wird die Konzentration der plasmolysierenden Lösung schon während des Eintretens der Plasmolyse geringer, die des Zellsaftes größer, weil ja die Durchlässigkeit für den betreffenden Stoff einen Ausgleich der Konzentrationen bewirkt. Die Größe dieses Fehlers hängt von der Beobachtungszeit ab, die aber auch nicht zu kurz gewählt werden darf, weil sonst auch in der Zuckerlösung die Plasmolyse wegen der für die Diffusion nötigen Zeit nicht vollständig wäre (FITTING 1917, S. 560 und 606). Zweitens ist die Herstellung einer mit einer Grenzplasmolyse bewirkenden Zuckerlösung physikalisch streng isosmotischen Lösung, z. B. eines Salzes, mit unseren heutigen Hilfsmitteln nicht möglich. Man muß sich daher mit einer Umrechnung begnügen, wobei andere physikalische Eigenschaften, die der osmotischen Wirkung mehr oder weniger parallel gehen, wie Dampfspannung, Gefrierpunktserniedrigung, Siedepunktserhöhung der Rechnung zugrunde gelegt werden. Da diese Eigenschaften sich aber mit der Konzentration nicht linear ändern, sondern nach verwickelteren Gesetzen, und da für die benötigten Konzentrationen die physikalischen Werte fast immer fehlen, so liegt hier eine Quelle von Ungenauigkeiten (vgl. aber TRÖNDLE 1918, S. 188ff.).

Nach einer Formel, deren Berechnung bei TRÖNDLE (1910, S. 181ff.) und ähnlich bei LEPESCHKIN (1908, S. 207) angegeben ist, ergibt sich der Permeabilitätskoeffizient $\varphi = \frac{i'}{i}$, wobei $i'$ das Verhältnis der plasmolytischen Grenzkonzentration von Rohrzucker zu der des zu prüfenden permeierenden Stoffes und $i$ der Dissoziationsfaktor des letzteren ist. Sie gilt strenggenommen nur, wenn wir den Dissoziationsfaktor, der aus physikalisch-chemischen Messungen entnommen wird, als konstant annehmen.

TRÖNDLE (1910, S. 183/84) verwendete z. B. von Rohrzucker Lösungen, die um 0,075 Mol. und von Kochsalz solche, die um 0,044 Mol. differierten. Der Dissoziationsfaktor von NaCl wurde mit 1,7 angenommen. Die Prüfung auf Plasmolyse erfolgte nach 25 Minuten, was an sich willkürlich und nach FITTING jedenfalls für Zucker zu kurz ist.

Eine Methode, die sich hier anschließt, haben RUHLAND und HOFFMANN (1925) zu ihren grundlegenden Versuchen mit Beggiatoa mirabilis verwendet, einer Schwefelbakterie, die aus einem Soolgraben bei Artern in Thüringen stammte. Obgleich es sich um ein nicht allgemein zugängliches Material handelt, sollen die Methoden geschildert werden, um so mehr, als es wahrscheinlich ist, daß andere Objekte, wie kleinere Beggiatoen und Oszillatorien mit Beggiatoa mirabilis die große Permeabilität gemein haben werden, die sie für die Versuche so hervorragend geeignet machte.

Die Verfasser fanden, daß die Beggiatoafäden in schwach hypertonischen Lösungen Einkerbungen und Knickungen zeigen, die in isotonischen Lösungen zurückgehen und hier an Stelle der Plasmolyse als Anzeichen des Wasserentzuges dienen können. Da die Organismen in einem salzreichen Wasser leben, wurde dieses zur Herstellung der Lösungen verwendet. Fast alle Stoffe dringen ungewöhnlich schnell in die Zellen ein, am wenigsten noch Raffinose. Diese wurde daher zur Ermittlung der „plasmolytischen Grenzkonzentration“ verwendet, wobei sich zeigte, daß der osmotische Überwert gegenüber dem Ursprungswasser sehr gering ist und nur 0,00336 Atmosphären beträgt.

Es sollten nun die Minimalkonzentrationen verschiedener Stoffe bestimmt werden, in denen ein sofortiger Rückgang des Knickens erfolgte, und aus denen dann die Permeabilitätskoeffizienten zu berechnen waren, wobei die am langsamsten eindringende Raffinose als Vergleichssubstanz verwendet wurde.

Zur Ausführung der Versuche wurde die in der Abbildung wiedergegebene Kammer verwendet, die in der folgenden Weise hergestellt wurde: „Auf einem

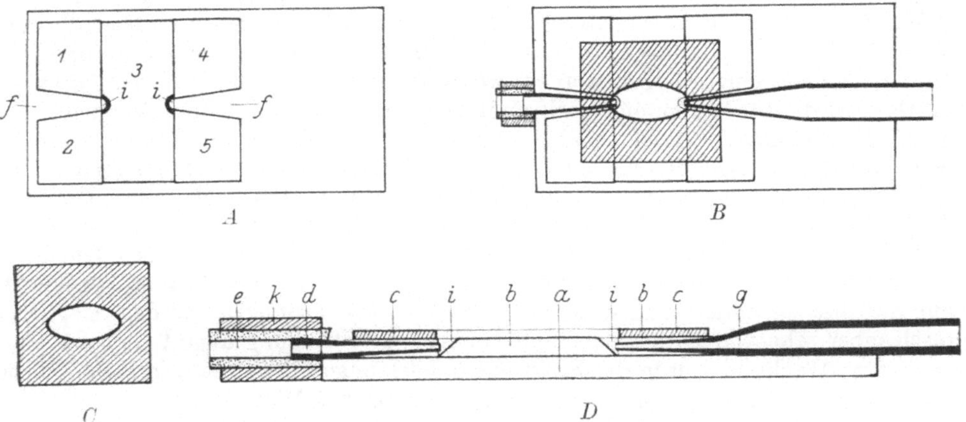


Abb. 274 A–D. Strömungskammer für Permeabilitätsmessungen.
*A–C* vgl. Text. *D* Längsschnitt durch die Mitte der Kammer: *a* Objektträger, *b* aufgekittete Glasstücke, *c* aufgekitteter Deckglasring, *d* Zuflußröhren, *e* (Ventil-) Gummi, *g* Abflußrohr, *i* abgeschrägte Stellen am mittelsten aufgekitteten Glasstück ($A_3$), *k* Festigungsröhrchen.

breiten Objektträger wurden fünf aus einem dicken Objektträger geschnittene Glasstücke mit Kanadabalsam aufgekittet. Form und Anordnung dieser Stücke zeigt Abb. 274 *A*. Das große Mittelstück war an den mit *i* bezeichneten Stellen schräg eingefeilt. In der Rinne *f* (Abb. 274 *A*) wurde eine kapillar ausgezogene Glasröhre mit Paraffin und Siegellack so befestigt, daß die Mündung genau an die mit *i* bezeichnete abgeschrägte Stelle des Mittelstückes zu liegen kam. Die Kapillare darf nicht zu fein sein, darf aber andererseits nicht über die aufgekitteten Glasstücke herausragen. Außerhalb der Rinne ging die Kapillare rasch in die Dicke der Glasröhre über, die etwa 1 bis $1^1/_2$ cm über den ganzen Objektträger herausragte. Dieses Röhrchen diente als Abflußrohr der Kammer. In der gegenüberliegenden Rinne *f'* wurde nun in ganz ähnlicher Weise als Zuflußröhrchen eine Kapillare eingelegt, die aber nach außen zu höchstens zu 2 bis 3 mm Dicke zunahm und etwa 3 bis 4 mm über den Objektträgerrand herausragte. Über dieses herausragende Ende wurde ein ganz dünner Gummischlauch gezogen — es wurde der für Fahrräder verwendete Ventilgummi benutzt — von etwa 7 bis 8 mm Länge. Um der ganzen Zuflußröhre mitsamt der Gummiverbindung größeren Halt zu geben, wurde ein kleines Stück Glasrohr von der Länge des Gummis über diesen bis an den Objektträger herangeschoben und mit diesem durch Siegellack fest verbunden (Abb. 274 *Dk*). Die Kapillaren müssen in den Rinnen ganz in Paraffin eingebettet liegen, so daß keine Hohlräume vorhanden sind. Auf dem so vorbereiteten Objektträger (Abb. 274 *B*) wird nun mit Paraffin ein Deckglas befestigt, in das die in Abb. 274 *C* angegebene Öffnung durch Flußsäure eingeätzt ist. Das Deckglas muß so aufgelegt sein, daß die Mündungen der Kapillaren genau unter die Spitzen der ausgeätzten Deckglasöffnung zu liegen kommen. Mit einem vollen Deckglas konnte dann diese Kammer mit Hilfe von chemisch reiner Vaseline vollständig verschlossen werden." Die Versuchsanordnung war folgende: „Die ganze Kammer ist mit Objektklammern auf dem Objekttisch des Mikroskops so befestigt, daß das Abflußrohr über den Rand des Objekttisches herausragt und abtropfen kann, während die eigentliche Kammer im Zentrum des Tisches liegt. Links vom Mikroskop befinden sich an einem Stativ zwei Tropftrichter, der eine mit gewöhnlichem Arternwasser, der andere mit der Versuchslösung gefüllt. Die Trichter führen durch je eine Gummiverbindung in je eine Glasröhre mit Glashahn, die in Höhe des Mikroskoptisches an einem zweiten Stativ horizontal befestigt sind. Jede dieser Röhren trägt am anderen Ende einen etwa 3 bis 6 cm langen Gummischlauch, der in ein spitz ausgezogenes Glasröhrchen mündet. Dessen Spitze kann fest in die Gummiverbindung des Zuflußröhrchens an der Kammer eingeschoben werden, wodurch ein rasches Wechseln der Lösungen möglich wird. Die Strömungsgeschwindigkeit wurde für eine ganze Versuchsreihe durch die Stellung der Trichterhähne reguliert." „Das Füllen der Kammer geschah meist durch Einsaugen des Materials durch die Zuflußöffnung." Die fertiggemachten Präparate wurden im feuchten Raum für etwa 1 Stunde stehengelassen. „Während dieser Zeit lösten sich die Flocken meist zu einer größeren Anzahl einzeln kriechender Fäden auf, die schließlich fest am Substrat saßen." „Zu Beginn eines Versuches wurde stets unter starker Strömung Arternwasser durch die Kammer geschickt, um die lose sitzenden Fäden wegzuspülen." „Die Lösungen wurden möglichst rasch, aber sehr vorsichtig gewechselt, wobei jede Strömung abgestellt war. Erst nach dem Wechseln wurde die Strömung wieder angestellt. Die durchschnittliche Strömungsdauer betrug mindestens $1^1/_2$, meist sogar 2 Minuten."

Auf diese Weise konnten die Grenzkonzentrationen bestimmt werden, bei denen etwa 50% der Fäden Einkerbungen zeigten, und zwar bei sofortiger Beobachtung. Es ergab sich nach den Anionen geordnet die lyotrope Reihe. Dasselbe Ergebnis zeigte sich bei Beachtung der Ausgleichszeiten (a. a. O., S. 31). Mit derselben Methode wurden auf Grund der isotonischen Koeffizienten in Momentan- und 5-Minutenversuchen eine große Anzahl von organischen Stoffen geprüft, wobei gefunden wurde, daß bei Nichtelektrolyten wie Zuckern, Alkoholen, Alkaloiden u. a. die Teilchengröße für das Eindringen in die Zelle maßgebend ist, so daß der zeitliche Rückgang der Plasmolyse in einem bestimmten Verhältnis zum Molekularvolumen steht.

**2. Methode des Plasmolyserückganges.** Diese Methode wurde nach dem Vorgange von DE VRIES (1885, S. 544ff.), vor allem von FITTING geschaffen (1915). Sie bietet die gebotene Berücksichtigung des Zeitfaktors. FITTING arbeitete ausschließlich mit Rhoeo discolor, da es ihm auf die Vergleichung der Permeierfähigkeit verschiedener Substanzen ankam. Die Behandlung des Materials sowie das Vorgehen beim Plasmolysieren sind oben (S. 955) geschildert worden. Die Stammlösungen wurden volumnormal zu 0,25 GM hergestellt und mit Hilfe von Büretten so verdünnt, daß zwei aufeinanderfolgende Lösungen um 0,0025 GM verschieden waren. Es wurden je 20 cm³ Lösung in kleinen Kristallisierschalen mit übergreifendem Deckel verwendet. Die Schnitte wurden, ähnlich wie das auch TRÖNDLE gemacht hat, in bestimmten Zeitabständen in die Lösungen gebracht und in entsprechenden Intervallen untersucht. Eine Zeit von 1 Minute genügte dafür. Gewöhnlich fand die erste Untersuchung nach 15, die zweite nach 30, die dritte nach 60 und die vierte nach 120 Minuten statt. Von $KNO_3$ wurden z. B. Lösungen von

0,075 bis 0,15 GM, d. h. 27 Stufen hergestellt. Als Grenzkonzentration wurde diejenige angesehen, worin die Hälfte der Zellen nach 30 Minuten Beginn der Plasmolyse zeigte (FITTING 1915, S. 9). Aus dem Rückgang der Plasmolyse mit der Zeit, d. h. aus der Verschiebung der durch 50proz. Plasmolyse gekennzeichneten Grenzkonzentration kann man die Menge des inzwischen eingedrungenen Stoffes berechnen.

**3. Plasmolytisch-volumetrische Methode.** Diese Methode wurde nach dem Vorgange von LEPESCHKIN (1908, S. 209) von HÖFLER (1918, S. 418ff.) ausgearbeitet. Sie beruht darauf, daß die Veränderung des Volumens plasmolysierter Protoplasten festgestellt wird. Dies ist nur bei zylindrischen Zellen mit genügender Genauigkeit möglich, in denen der kontrahierte Protoplast eine mathematisch leicht zu berechnende Gestalt annimmt, indem er einen Zylinder mit ausgesetzten Halbkugeln darstellt. Als Material empfiehlt HÖFLER die langgestreckten Zellen aus dem Mark der Stengel von Gentiana Sturmiana Kern., von Tradescantia elongata G. V. W. WEBER = T. guianensis Miq. und Stengelzellen aus dem Blütenschaft von Hemerocallis flava, während LEPESCHKIN und PRÁT (1922) mit Spirogyren gearbeitet haben. Diese sind nach dem letzteren (S. 558) besonders geeignet, weil sie natürlicherweise im Wasser leben, keine Verwundung nötig machen und sich durch regelmäßige Gestalt des kontrahierten Protoplasten auszeichnen. Ein großer Vorteil der Methode ist es, daß sie das Arbeiten mit einer einzelnen Zelle erlaubt, ein Nachteil, daß die Zellen lange und stark plasmolysiert werden müssen, wobei also die ersten Stadien, in denen nach FITTING (1915, S. 18ff.) die Permeabilität anders sein kann als später, vernachlässigt werden müssen und überhaupt der Einfluß des Plasmolytikums auf die Permeabilität nicht völlig erkannt werden kann.

Der Berechnung zugrunde gelegt wird der Grad der Plasmolyse, worunter das Volumverhältnis zwischen dem plasmolysierten Protoplasten und dem Innenraum der turgorlosen Telle, die sich beide gleichzeitig an demselben Präparat messen lassen, verstanden wird (HÖFLER, S. 418). Er bedeutet also den Bruchteil des Zellraumes, den der Protoplast einnimmt. Der ursprüngliche osmotische Wert der turgorlosen Zelle (der sonst aus der grenzplasmolytischen Konzentration eines nicht eindringenden Stoffes hervorgeht) wird von HÖFLER aus dem Grad der Plasmolyse nach Eintreten eines Gleichgewichtszustandes und der Konzentration der Lösung berechnet. Dies ist der Grundgedanke der plasmolytisch-volumetrischen oder kürzer plasmometrischen Methode.

Wenn $C$ die Konzentration der Lösung und $G$ der Grad der Plasmolyse sowie $O$ die osmotische Konzentration des Zellsaftes bei Grenzplasmolyse ist, so ist: $O = C \cdot G$ (1). Ferner gelte $O'$ und $G'$ für eine erste, $O''$ und $G''$ für eine zweite Messung, die nach einiger Zeit nach einem gewissen Rückgang der Plasmolyse erfolgt; dann entspricht die Erhöhung der Zellsaftkonzentration $O'' - O'$ der in der Zwischenzeit eintretenden Lösungsmenge. Sie ist: $O'' - O' = (G'' - G')\,C$ (2). Die während einer gewissen Zeit aufgenommene Lösungsmenge ist also gleich der Differenz der Maßzahlen der Grade, multipliziert mit der Maßzahl der plasmolysierenden Außenkonzentration.

Die Größe der Zellen und der kontrahierten Protoplasten kann mikrometrisch bestimmt oder, wie das LEPESCHKIN und PRÁT getan haben, mit dem Zeichenapparat gezeichnet und auf dem Papier gemessen werden, wobei sich die Übertragung in absolutes Maß erübrigt, da nur Verhältniswerte gebraucht werden. Besser ist es, nach PRÁT (1922, S. 559) die Präparate zu photographieren, da dann alle Zellen in demselben Augenblick festgehalten werden. Noch leistungsfähiger ist die Methode in Verbindung mit Kinematographie, wobei die ersten Stadien der Plasmolyse gut beobachtet werden können. Eine weitere Vereinfachung führte PRÁT ein, indem er die Bilder der plasmolysierten Zellen nicht ausmaß, sondern ausschnitt, und zwar zuerst die innere Grenze der Membran, dann den kontrahierten Protoplasten, und die Papierchen wog. Um Durchschnittswerte zu bekommen, können auch die Bilder einer größeren Zahl von Zellen auf einmal gewogen werden. Bei Verwendung eines gleichmäßigen Kartonpapieres und genauer Wägung sollen die Verhältniszahlen mit den durch Messung gewonnenen gut übereinstimmen, was mir freilich die angeführten Beispiele nicht zu beweisen scheinen.

**4. Methode der Volumveränderung.** Die Methode ist an sich alt. In eine geschickte Form gebracht wurde sie von LUNDEGARDH (1911) und besonders von KAHO (1924), nach dessen Angaben ich sie hier beschreibe. KAHO benutzte Wurzeln von Lupinus luteus. Die Samen wurden 1 bis 2 Tage in destilliertem Wasser angequellt und dann in feuchten Sägespänen im Gewächshaus zum Keimen gebracht. Die Sägespäne müssen — was hier eingeschaltet sei — von harzfreiem Holz sein oder ausgekocht werden. Sie dürfen nicht naß, sondern nur feucht sein, damit sie genügend Luft enthalten. Zu diesem Zwecke verreibt man sie zwischen den Händen mit der nötigen Menge Wasser. Wenn die Wurzeln 25 bis 40 mm lang waren, wurden sie 30 Minuten in destilliertem Wasser gebracht, um sie möglichst turgeszent zu machen. Zur Beobachtung dienten 10—15 mm lange abgeschnittene Endstücke.

Die Wurzelstücke wurden mit feinen Glasnadeln an kleinen, auf dem Boden von Glasschalen angeklebten Paraffinstückchen befestigt und am anderen Ende durch eine Paraffinunterlage gestützt, so daß sie horizontal lagen. Mit Hilfe von Kienruß oder Tusche wurde nahe der Spitze und im Abstand von ungefähr 6 mm je eine Marke angebracht, deren Abstand unter Wasser mit dem Mikroskop (LEITZ Objekt. 1*, Meßokular 2) gemessen werden konnte.

Für die Lösungen, die an Stelle des Wassers in die Schalen gegossen wurden, wendete KAHO nur Konzentrationen an, bei denen noch keine Plasmolyse eintrat und die Verkürzung durch Aufhebung der Turgorspannung noch nicht das Maximum erreichte. Das ist neben dem Umstand, daß keine Schnitte und daher keine großen Verwundungen nötig waren, ein großer Vorteil der Methode, denn durch die Abhebung des Plasmas von der Wand können Störungen auftreten, über deren Bedeutung wir nichts wissen. Es ist sicher sehr wichtig, die Permeabilität des intakten Plasmaschlauches messen zu können. Durch Abstufung der Konzentration der Lösungen, läßt sich diejenige Verdünnung finden, die noch keine maximale Verkürzung bewirkt. KAHO hat mit isotonischen Lösungen verschiedener Salze gearbeitet. Mißt man die Länge der Strecke zwischen den Marken anfangs alle Minuten, später in größeren Abständen, so findet man, daß sogleich eine Verkürzung beginnt, die bis zu einem vorübergehenden Stillstand geht, und dann teilweise wieder rückgängig gemacht wird. Das Maximum der Verkürzung entspricht nach KAHO dem osmotischen Gleichgewicht mit der betreffenden Lösung[1], der Rück-

[1] Das was KAHO als osmotisches Gleichgewicht bezeichnet, bedeutet offenbar nicht den Ausgleich zwischen Außenlösung und Wurzelgewebe, denn sonst müßte die maximale Verkürzung nur von der osmotischen Konzentration der betreffenden Lösung abhängen und für alle isosmotischen Lösungen gleich sein, was nach den aus den Tabellen (S. 110ff.) ersichtlichen Zahlen nicht der Fall ist. Vielmehr handelt es sich um einen Wendepunkt in der Kurve, die durch Auftragen der Wurzellängen nach verschiedenen Zeiten entstehen würde. Da das Wasser schneller durch das Zytoplasma hindurchtritt als die gelösten Substanzen, so muß, ähnlich wie bei einer unvollkommen semipermeablen Membran (etwa Schweinsblase und Zuckerlösung), erst ein Steigen und dann ein Sinken des Innendruckes zustande kommen, wodurch die entsprechenden Turgor- und damit Längenveränderungen bewirkt werden.

Die auf S. 107 und 108 genauer ausgeführten Beispiele zeigen auch, daß die maximale Verkürzung schon nach 7 bzw. 5 Minuten eintritt. Nach so kurzer Zeit kann ein osmotisches Gleichgewicht sich noch nicht eingestellt haben. Diese von KAHO zur Berechnung verwendete Größe enthält also schon einen Faktor, der eine Funktion der Geschwindigkeit des Permeierens darstellt. Die Wiederausdehnung der Wurzel, die einem wirklichen Gleichgewicht zustrebt, müßte bei einem vollständigen Ausgleich der gelösten Substanz zwischen Außenlösung

gang, der nur bei permeierenden Stoffen zu erwarten ist, der Zunahme der Zellsaftkonzentration durch das eindringende Salz. Verkürzung und Ausdehnung der Wurzeln werden in Prozenten der ursprünglichen bzw. der minimalen Länge angegeben. Auch das Verhältnis dieser beiden Größen ist von Bedeutung. Es ist nach Kaho das Maß für die Permeierfähigkeit des betreffenden Salzes. Er hat es gleichfalls in Prozenten angegeben.

### β) *Vitalfärbungsmethode.*

(Vgl. auch Bd. 1, S. 835.)

Die Bestimmung der Permeierfähigkeit von Kolloiden ist besonders in der Hand von Ruhland zu einem wichtigen Forschungsmittel geworden. Sie erlaubt freilich vorläufig keine quantitativen Bestimmungen, sondern nur eine Entscheidung darüber, ob ein Stoff eindringt oder nicht, was aber in Verbindung mit der Bestimmung der Teilchengröße wichtige Schlüsse über die Konstitution der Plasmahaut erlaubt. Da Kolloide kaum osmotische Wirkungen ausüben, so kommt hier die plasmolytische Methode nicht in Frage. Es müssen irgendwelche in der Zelle vor sich gehenden Veränderungen beobachtet werden, und da Färbungen besonders gut zu erkennen sind, so haben die in großer Auswahl zur Verfügung stehenden Farbstoffe mit verschiedener Teilchengröße eine erhebliche Rolle bei der Erforschung der Permeabilität des Plasmas gespielt.

Auf den klassischen Versuchen von Pfeffer (1886) fußend, haben sich eine große Anzahl von Forschern mit diesem Problem beschäftigt, bis dann Küster (1911) und vor allem Ruhland (1908 und 1912) Ordnung in die Zusammenhänge brachten. Das Hauptergebnis ist, daß nicht die Löslichkeitsverhältnisse, sondern die Teilchengrößen maßgebend für das Eindringen der Farbstoffe sind, weshalb Ruhland das Zytoplasma als ein Ultrafilter bezeichnet.

Das Eindringen der basischen Farbstoffe wurde an den beiderseitigen Epidermen der Zwiebelschuppen von Allium Cepa und an Spirogyren untersucht, die in die stark verdünnten Lösungen eingetragen wurden. Die schwerer eindringenden sauren Farbstoffe wurden mit Hilfe der Transpiration an die Zellen herangebracht, wobei meist junge Pflanzen von Vicia Faba in die 0,05proz. Lösungen gestellt wurden, wie das ähnlich schon Goppelsroeder (1910, S. 111ff.) und Küster (1911, S. 261) getan haben. Ruhland (S. 382) beobachtete bei dieser Methode, daß die leicht eindringenden sauren Farbstoffe schon nach 3 bis 5 Stunden makroskopisch sichtbare unregelmäßige Flecke in den Blättern erzeugten, während bei den schwereindringenden entweder ein langsames Aufsteigen in den Gefäßen, und eine Färbung nur in den benachbarten Parenchymzellen oder aber ein schnelles Aufsteigen, aber keine Färbung zu konstatieren war.

---

und Zellsaft zur Wiederherstellung der ursprünglichen Länge führen. Das ist in den Kahoschen Versuchen nicht der Fall. Die Zellen werden also so verändert, daß das Salz nicht weiter eindringt. Diese Endlänge enthält also wieder einen Faktor, der von der Art des betreffenden Stoffes abhängt.

Nun verwendet aber Kaho (S. 108) gar nicht die Länge der maximal verkürzten und der wieder gestreckten Wurzel für seine Berechnungen, sondern das Verhältnis der Verkürzung zur ursprünglichen Länge und der Verlängerung zur minimalen Länge und bildet daraus wieder eine Verhältniszahl. Diese Berechnungsart ist in ihrer Bedeutung schwer zu übersehen. Jedenfalls scheint es mir nicht richtig, wenn er sagt, daß das Wiederausdehnungsverhältnis, nämlich „die Größe *A*, die proportional der Menge des in die Zelle eingedrungenen Salzes ist, die größere Bedeutung“ hat. Wahrscheinlich wäre es am richtigsten, die maximale Verkürzung zu der Ursprungslänge ins Verhältnis zu setzen. Dafür sind leider aus Kahos Zahlen die Unterlagen nicht zu entnehmen. Die Gesetzmäßigkeit, die er findet, besagt nur, daß seine Berechnungsart die experimentellen Ergebnisse nicht ganz verwischt. Die Bedenken gegen den Wert der Methode müßten erst durch weitere Untersuchungen behoben werden.

Die basischen Farbstoffe werden dadurch gespeichert, daß sie eine salzartige Bindung mit hochmolekularen Säuren des Zellsaftes bilden, die sauren wahrscheinlich dadurch, daß eine Erniedrigung der Dispersität unter dem Einfluß der Kolloide des Zellsaftes eintritt. Durch die Speicherung allein wird der Farbstoff in der Zelle sichtbar, denn auf diese Weise treten immer neue Teilchen in die Zelle ein, so daß die Konzentration weit höher wird als die der Lösung.

Mit der Geschwindigkeit des Eintretens der Färbung hat nun RUHLAND (1912, S. 387ff.) die Teilchengröße verglichen. Von allen Verfahren diese zu messen, hat sich die Diffusibilität in Gelen als das bequemste Hilfsmittel erwiesen.

Um die Diffusibilität der Farbstoffe zu messen, bewährte sich am besten eine 20proz. Gelatinegallerte. Je kleiner die Teilchengröße des Farbstoffes, desto schneller geht die Diffusion vor sich, die nach einer gewissen Zeit durch Messung der zurückgelegten Strecke bestimmt werden kann. Die Geldiffusion ging in allen Fällen mit der Aufnahmegeschwindigkeit in Pflanzenzellen parallel (RUHLAND 1912, S. 406).

Bei der Ausführung der Diffusionsversuche, ging RUHLAND in folgender Weise vor: Die Gelatinelösung wurde in dünner Schicht auf einer Glasplatte ausgegossen, auf der sie erstarrte. Die Farbstoffe wurden in 0,1 proz. Lösung verwendet. Das Auftragen geschah mit einer genau kreisförmig gebogenen Platinöse, deren Durchmesser 2 mm betrug, während die Dicke des Drahtes 0,3 mm war. Dadurch, daß die Öse nicht völlig geschlossen war, wurde erreicht, daß die gesamte Flüssigkeitsmenge auf die Gelatineoberfläche übertragen wurde. Die Ausbreitung wurde mit bloßem Auge, und falls erforderlich, mit dem Mikroskop verfolgt. Bei den schnell diffundierenden Farbstoffen wird die Grenze des gefärbten Kreises bald verschwommen sein, so daß sich der Durchmesser nicht mehr genau messen läßt; doch ist die Schnelligkeit der Ausbreitung leicht zu schätzen. Sie beträgt bei den Farbstoffen mit den kleinsten Teilchen, z. B. Neutralrot und Methylenblau, etwa 9 mm in zwei Stunden. Die sauren Farbstoffe besitzen eine geringere Geldiffusion als die basischen, entsprechend ihrer geringeren Fähigkeit zur Vitalfärbung.

### γ) *Mikrochemische Methoden.*

Strenggenommen sind die hier zu nennenden Methoden von denen des vorigen Abschnittes nicht verschieden, da auch das Eindringen der Farbstoffe auf einer Reaktion mit in der Zelle vorhandenen Stoffen beruht. Die mikrochemischen Reaktionen, die das Eindringen einer Substanz in die Zelle anzeigen, können mit zelleigenen oder mit künstlich, vor oder nach dem Permeabilitätsversuch eingeführten Stoffen stattfinden.

Das Eindringen von Säuren und Basen in die lebende Zelle ist oft studiert worden. PFEFFER (1886, S. 290; 1877, S. 135) und RUHLAND (1908, S. 36ff.) haben beobachtet, daß das Eindringen verschiedener Säuren in die Zelle an der Umfärbung des Anthozyans erkannt werden kann; doch ist damit wohl immer eine erhebliche Schädigung verbunden, besonders da diese Farbstoffe keine sehr empfindlichen Indikatoren darstellen, weshalb relativ hohe Konzentrationen verwendet werden müssen. Die Schädigung hat dann BRENNER (1918) betont, der auf Grund umfangreicher Versuche, besonders die Deplasmolyse als Kennzeichen einer gesunden Zelle empfiehlt. Die Bedenken, die gegen eine Beurteilung der Zellsaftreaktion aus der Umfärbung von Farbstoffen sprechen, wurden oben (S. 952) angeführt. SAKAMURA (1925) zeigte, daß die Viskosität des Cytoplasmas, wie sie durch den Zentrifugierversuch erkennbar wird, durch eindringende H-Ionen, in verwickelter Weise sich verändert.

Etwas günstiger liegen die Verhältnisse für Basen. Denn wir haben einerseits im Neutralrot einen leicht in die Zellen einzuführenden Indikator, dessen Vorzüge ebenfalls schon oben (a. a. O.) gewürdigt worden sind, und andererseits gibt es eine ganze Anzahl alkalisch reagierender Stoffe, die verhältnismäßig leicht in die Zelle eindringen. OVERTON und NAWTON HERVEY (nach HÖBER 1922, S. 435) zeigten, daß starke Basen schwer, schwache wie $NH_3$ und Amine leicht in die Zelle eindringen. Wie BORESCH (1919, S. 153) gezeigt hat, werden die eigentümlichen „Fettknäuel" in den Blättern des Mooses Fontinalis antipyretica durch das Ammoniak und seine infolge hydrolytischer Spaltung basischen Salze ebenso in der lebenden Zelle emulgiert wie durch die Mehrzahl der Alkaloide, woraus wiederum auf eine Permeabilität gegen diese Stoffe geschlossen werden kann.

Das Eindringen von Alkaloiden in lebende Zellen, läßt sich aber besonders schön an solchen Zellen erweisen, die im Zellsaft Gerbstoff enthalten. Das Phänomen wurde zuerst von LOEW und BOKORNY (1887) entdeckt, und vielfach zum Studium zellphysiologischer Phänomene herangezogen (vgl. z. B. CZAPEK 1910, S. 147) und oben S. 964, sowie RUHLAND 1914, S. 396). Auch Ammoniak ruft in schwacher Konzentration eine ähnliche Erscheinung hervor. Sie besteht in einer Niederschlagsbildung im Zellsaft, die nach Übertragung in Wasser allmählich wieder verschwindet, weil das entstehende Tannat hydrolytisch gespalten ist, und die Base wieder exosmiert. Geeignete Objekte sind außer den gerbstoffhaltigen Zellen im Gewebe von Crassulacen (vgl. oben S. 964) vor allem auch Spirogyren. Wahrscheinlich beruht die Vitalfärbung mit basischen Farbstoffen auf einem ähnlichen Prozeß (PFEFFER 1886, S. 232).

Von der Schilderung weiterer Beispiele sei hier abgesehen, da man sich für jeden Zweck doch immer die geeignete Methode schaffen muß. Es sei nur darauf hingewiesen, daß z. B. auch die Bildung eines Niederschlages von Calciumoxalat (STAHL 1919, S. 6ff.) auf Zufuhr von Ca-Salzen, die Beeinflussung der Stärkelösung durch Salze in der Zelle (ILJIN 1923, 24 und 25), die Erregung und Lähmung der Plasmaströmung (NOTHMANN-ZUCKERKANDL 1912, FITTING 1925), die Störung der Kernteilung (NĚMEC 1904, MAINX 1924) u. a. als Merkmale für das Eindringen von Stoffen in die lebende Zelle verwendet werden können.

## Literatur.

BORESCH, K. (1919): Über den Eintritt und die emulgierende Wirkung verschiedener Stoffe in Blattzellen von Fontinalis antip. Biochem. Zeitschr., Bd. 101, S. 110. — BRENNER, W. (1918): Studien über die Empfindlichkeit und Permeabilität pflanzlicher Protoplasten für Säuren und Basen. Ofversigt finska Vet.-Soc. Förhandl., Nr. 4. — CZAPEK, F. (1911): Über eine Methode zur direkten Bestimmung der Oberflächenspannung. Jena; (1913) Biochemie der Pflanzen. Jena; (1914) Weitere Beiträge zur Physiologie der Stoffaufnahme in die lebende Pflanzenzelle. Internat. Zeitschr. f. phys.-chem. Biologie, Bd. 1, S. 108. — FISCHER, H. W. (1911): Gefrieren und Erfrieren, eine physiko-chemische Studie. Beitr. z. Biol. d. Pflanzen, Bd. 10, S. 133. — FITTING, H. (1915): Untersuchungen über die Aufnahme von Salzen in die lebende Zelle. Jahrb. f. wiss. Botanik, Bd. 56, S. 1; (1917) Untersuchungen über isotonische Koeffizienten. Ebenda, Bd. 57, S. 553; (1925) Untersuchungen über die Auslösung von Protoplasmaströmung. Jahrb. f. wiss. Botanik, Bd. 64, S. 281. — FREUNDLICH, H. (1922): Kapillarchemie. Leipzig. — GOPPELSROEDER (1910): Über Kapillar- und Adsorptionsanalyse. Zeitschr. f. Chem. u. Industrie d. Kolloide, Bd. 6, S. 111. — HANSTEEN-CRANNER, B. (1922): Zur Biochemie und Physiologie der Grenzschichten lebender Pflanzenzellen. Meldinger fra Norges Landbrukshøiskole, Bd. 2, S. 1. — HEILBRONN, A. (1912): Über Plasmaströmung und deren Beziehung zur Bewegung umlagerungsfähiger Stärke. Ber. d. dtsch. botan. Ges., Bd. 30, S. 142. — HÖBER, R. (1922): Physikalische Chemie der Zelle und der Gewebe. 5. Aufl. Leipzig — HÖFLER, K. (1918a): Permeabilitätsbestimmung nach der plasmometrischen Methode. Ber. d. dtsch. botan. Ges., Bd. 36, S. 414; (1918b): Über die Permeabilität der Stengelzellen von Tradesc. elongata. Ebenda S. 423; (1920) Ein Schema für die osmotische Leistung der Pflanzenzelle. Ebenda, Bd. 38, S. 288. — ILJIN, W. S. (1923): Die Permeabilität des Plasmas für Salze und die Anatonose. Studies from the Plant Physiol. Lab. of Charles Univ. Prague, Bd. 1, S. 97; (1924) The influence of salts on the alteration of concentration of cell-sap in plants. Ebenda, Bd. 2, S. 5; (1925) Synthesis of starch in plants in the presence of Calcium and Sodium salts. Ecology, Bd. 6, S. 333. — KAHO, H. (1924): Über die physiologische Wirkung der Neutralsalze auf das Pflanzenplasma. Univ. Dorpatensis inst. opera, Bd. 18. — KÜSTER, E. (1911): Über die Aufnahme von Anilinfarben in die lebende Zelle. Jahrb. f. wiss. Botanik, Bd. 50, S. 261. — Lepeschkin, W. W. (1908): Über die osmotischen Eigenschaften und den Turgordruck der Blattgelenkzellen der Leguminosen. Ber. d. dtsch. botan. Ges., Bd. 26a, S. 231; (1909a) Über die Permeabilitätsbestimmung der Plasmamembran für gelöste Stoffe. Ber. d. dtsch. botan. Ges., Bd. 27, S. 129; (1909b) Zur Kenntnis des Mechanismus der photorastischen Variationsbewegungen ... Beih. z. Botan. Zentralbl., Bd. 24/25, S. 308; (1910) Zur Kenntnis der Plasmamembran. I. u. II. Ber. d. dtsch. botan. Ges., Bd. 28, S. 91 u. 383; (1923a) Oberflächenspannung des Protoplasmas und kapillaraktive Stoffe. Biochem. Zeitschr., Bd. 139, S. 280; (1923b) Permeabilitätsänderungen des Protoplasmas nach der Methode des isotonischen Koeffizienten. Ebenda, Bd. 142, S. 291; (1923c) The constancy of the living substance. Studies from the Plant Physiol. Lab. of Charles Univ. Prague, Bd. 1, S. 5; (1924) Kolloidchemie des Protoplasmas. Berlin. — Mainx, F. (1924): Versuche über die Beeinflussung der Mitose durch Giftstoffe. Zool. Jahrb., Bd. 41, S. 553. — Maximow, N. A. (1914): Experimentelle und kritische Untersuchungen über das Gefrieren und Erfrieren der Pflanzen. Jahrb. f. wiss. Botanik., Bd. 53, S. 327. — Mez, C. (1905): Neue Untersuchungen über das Erfrieren eisbeständiger Pflanzen. Flora, Bd. 94, S. 89. — Němec, B. (1904): Über die Einwirkung des Chloralhydrates auf die Kern- und Zellteilung. Jahrb. f. wiss. Botanik, Bd. 39, S. 645. — Nothmann-Zuckerkandl, H. (1912): Die Wirkung der Narkose auf die Plasmaströmung. Biochem. Zeitschr., Bd. 45, S. 412. — Ostwald, Wo. (1912): Grundriß der Kolloidchemie. Dresden u. Leipzig; (1920) Kleines Praktikum der Kolloidchemie. Dresden u. Leipzig. — Pfeffer, W. (1877): Osmotische Untersuchungen. Leipzig; (1886) Über Aufnahme von Anilinfarben in lebende Zellen. Untersuch. a. d. botan. Inst. zu Tübingen, Bd. 2, S. 179; — Prát, S. (1922): Plasmolyse und Permeabilität. Biochem. Zeitschr., Bd. 128, S. 557. — Pringsheim, E. G. (1924): Über Plasmolyse durch Schwermetallsalze. Beih. z. Botan. Zentralbl., Bd. 41, S. 1. — Renner, O. (1912): Über die Berechnung des osmotischen Druckes. Biol. Zentralbl., Bd. 32, S. 486. — Rohde, K. (1917): Untersuchungen über den Einfluß der freien H-Ionen im Innern lebender Zellen auf den Vorgang der vitalen Färbung. Pflügers Arch., Bd. 169, S. 411. — Ruhland, W. (1908): Beiträge zur Kenntnis der Permeabilität der Plasmahaut. Jahrb. f. wiss. Botanik, Bd. 46, S. 1; (1909) Zur Frage der Ionenpermeabilität. Zeitschr. f. Botanik, Bd. 1, S. 747; (1911) Untersuchungen über den Kohlenhydratstoffwechsel von Beta vulgaris. Jahrb. f. wiss. Botanik, Bd. 50, S. 200; (1912) Studien über die Aufnahme von Kolloiden durch die pflanzliche Plasmahaut. Ebenda, Bd. 51, S. 376; (1913a) Zur chemischen Organisation der Zelle. Biol. Zentralbl., Bd. 33, S. 337; (1913b) Zur Kritik der Ultrafiltertheorie der Plasmahaut. Biochem. Zeitschr., Bd. 54, S. 59; (1914) Weitere Beiträge zur Kolloidchemie und physikalischen Chemie der Zelle. Jahrb. f. wiss. Botanik, Bd. 54, S. 391; (1923) Über die Verwendbarkeit vitaler Indikatoren zur Ermittlung der Plasmareaktion. Ber. d. dtsch. botan. Ges., Bd. 41, S. 252. — Ruhland, W. u. Hoffmann, C. (1925): Die Permeabilität von Beggiatoa mirabilis. Planta, Bd. 1, S. 1. — Sakamura, T. u. Tsung-Le Loo (1925): Über die Beeinflussung des Pflanzenplasmas durch die H-Ionen in verschiedenen Konzentrationen. The Botanical Magaz., Tokyo, Bd. 39, S. 61. — Schaede, R. (1923): Über das Verhalten von Pflanzenzellen gegenüber Anilinfarbstoffen. Jahrb. f. wiss. Botanik, Bd. 62, S. 65. — Stahl, E. (1919): Zur Physiologie und Biologie der Exkrete. Flora, N. F., Bd. 11, S. 1. — Szücs, J. (1913): Über einige charakteristische Wirkungen des Aluminiumions auf das Protoplasma. Jahrb. f. wiss. Botanik, Bd. 52, S. 269. — Tröndle, A. (1910): Der Einfluß des Lichtes auf die Permeabilität der Plasmahaut. Jahrb. f. wiss. Botanik, Bd. 48, S. 171; (1918) Der Einfluß des Lichtes auf die Permeabilität der Plasmahaut. Vierteljahrsschr. d. naturforsch. Ges., Zürich, Bd. 63, S. 187. — Ursprung, A. (1923): Zur Kenntnis der Saugkraft VII. Ber. d. dtsch. botan. Ges., Bd. 41, S. 338; (1925) Einige Resultate der neuesten Saugkraftstudien. Flora, N. F., Bd. 18/19, S. 566. — Ursprung, A. u. Blum, G. (1916): Zur Methode der Saugkraftmessung. Ber. d. dtsch. botan. Ges., Bd. 34, S. 525; (1920) Dürfen wir die Ausdrücke osmotischer Wert, osmotischer Druck usf. Biol. Zentralbl. Bd. 40, S. 193; (1924) Eine Methode zur Messung des Wand- und Turgordruckes. Jahrb. f. wiss. Botanik, Bd. 63, S. 1. — Vries, M. de (1884): Eine Methode zur Analyse der Turgorkraft. Jahrb. f. wiss. Botanik, Bd. 14; (1885) Plasmolytische Studien über die Wand der Vakuolen. Jahrb. f. wiss. Botanik, Bd. 16, S. 465. — Wagner, R. J. (1916): Wasserstoffkonzentration und natürliche Immunität der Pflanzen. Zentralbl. f. Bakteriol. II, Bd. 44, S. 708. — Walter, H. (1923): Protoplasma- und Membranquellung bei Plasmolyse. Jahrb. f. wiss. Botanik, Bd. 62, S. 145. — Weber, F. (1924): Methoden der Viskositätsbestimmung des lebenden Protoplasmas. Abderhaldens Handb. d. biol. Arbeitsmeth., Abt. 11, T. 2, S. 655; (1926) Der Zellkern der Schließzellen. Planta, Bd. 1, S. 441. — Weber, F. u. G. (1916): Wirkung der Schwerkraft auf die Plasmaviskosität. Jahrb. f. wiss. Botanik, Bd. 57, S. 129. — Zollikofer, C. (1918): Über die Wirkung der Schwerkraft auf die Plasmaviskosität. Haberlandts Beitr. z. allg. Botanik, Bd. 1, S. 449.

# III. Elektrometrie.

Von G. Ettisch, Berlin.

Mit 53 Abbildungen.

## A. Einleitung.

### Begriffsbestimmung und Abgrenzung des Stoffes.

Unter *Elektrometrie* hat man eigentlich die Meßkunde von Größen zu verstehen, die die elektrische Erscheinungsform der Energie darbietet, wie man etwa als *Magnetometrie* die der magnetischen zu bezeichnen hätte. Im allgemeinen Sprachgebrauch jedoch wird der Begriff enger gefaßt. Man beschränkt ihn auf das Messen elektrischer Größen mittels *Elektrometern*, Instrumenten, die auf ganz bestimmten Prinzipien, nämlich elektrostatischen, aufgebaut sind. Dabei ist die Behauptung, der man bisweilen begegnet, unzutreffend, daß diese Gruppe von Meßinstrumenten durchgehends elektrostatischer Natur ist. Das Kapillarelektrometer, z. B. darf im strengen Sinne nicht als ein solches angesprochen werden. Denkt man weiterhin bei der Anwendung der Elektrometrie auch überwiegend an die Messung *elektromotorischer Kräfte*, und stehen auch tatsächlich die Anwendungen solcher Art für die genannte Instrumentengruppe im Vordergrund, so muß dennoch darauf hingewiesen werden — und demnach auch hier zur Darstellung gelangen —, daß mit dem Elektrometer sich in durchaus exakter Weise auch andere Größen der elektrischen Energieform ermitteln lassen.

Mit Rücksicht auf ihre Bedeutung für die Biologie sollen hier nur die Größen des statischen und stationären Feldes Behandlung erfahren. Das Wechselfeld wird außerhalb der Betrachtung bleiben.

Es war bemerkt, daß die Spannungsmessung bei der Elektrometrie an Bedeutung und Umfang im Vordergrund steht. Es wäre aber falsch, anzunehmen, daß das elektrometrische Verfahren die einzige Möglichkeit bietet, Potentialdifferenzen zu messen. Da hier vorwiegend von der *Spannungsmessung* die Rede sein soll, werden auch die anderen Methoden zur Ermittlung dieser Größe zur Besprechung gelangen müssen. Diese *anderen* können im Gegensatz zu den *elektrometrischen*, die *direkte* Methoden sind, als *indirekte* bezeichnet werden. Ist zur Ausübung der erstgenannten allein ein geeignetes Meßinstrument erforderlich, so bedarf es für die *indirekten* Spannungsmessungen keines bestimmten Instruments, sondern einer bestimmten *Apparatanordnung* und eines bestimmten *Verfahrens*. Davon wird noch eingehend die Rede sein. Es wird also die nachfolgende Darstellung die Meßkunde derjenigen elektrischen Größen enthalten, die mit dem Elektrometer zu ermitteln sind, wie: *elektromotorische Kraft, Stromstärke, Widerstand, Elektrizitätsmenge* und *Kapazität*. Dabei wird die *Spannungsmessung* im Vordergrund stehen. Ferner sollen auch, wie bereits erwähnt, diejenigen Methoden der Spannungsmessung eine Behandlung erfahren, die sich auf dem *Prinzip der Kompensation* aufbauen. Der letztgenannte Umstand wird es mit sich bringen, daß eine gewisse Aufmerksamkeit auf eine andere Gruppe elektrischer Meßinstrumente wird gerichtet werden müssen, auf die *Galvanometer*. Schließlich sei bemerkt, daß entsprechend dem Charakter dieses Werkes als eines Hilfsbuches für praktische Laboratoriumstätigkeit davon Abstand genommen werden wird, in die theoretische Behandlung der Prinzipien der Apparate und Methoden einzutreten. Demgegenüber soll aber alles das zur Sprache kommen, was zum Verstehen der behandelten Dinge erforderlich ist.

Jeder Messung müssen naturgemäß Einheiten zugrunde liegen, in denen man ein Ergebnis angeben kann, wenn anders die betreffende Größe nicht eine reine Zahl ist. Ferner müssen aber auch Angaben bestehen, auf welche Weise man zu jenen Einheiten gelangen kann. Damit aber ist man bei der Frage der *elektrischen Einheiten* und zugleich bei der der *Normalien* (Standards) angelangt. Obwohl man die elektrischen Einheiten als bekannt voraussetzen sollte, soll doch an dieser Stelle kurz über das *elektrostatische*, das *elektromagnetische* sowie auch über das *internationale* (*empirische*) Maßsystem einiges mitgeteilt werden. Zwischen dem zu zweit und dem zu dritt genannten steht das *praktische elektromagnetische* Maßsystem, das notwendigerweise ebenfalls kurz erwähnt werden muß. Es soll weiterhin auch von den *Normalien* die Rede sein. Zu ihnen gehört vor allem das *Weston-Normalelement*. Da es für denjenigen, der elektrische Messungen vornimmt, ein unerläßliches Hilfsmittel darstellt, muß von ihm in jeder Meßkunde die Rede sein. Dieses um so eingehender, als vielerorts die Angaben darüber mangelhaft sind, manche Herstellungsvorschriften sogar Fehler enthalten. Es ist daher nicht verwunderlich, wenn bei Nachprüfung solcher Normalelemente sich auch fehlerhafte Spannungen ergeben. Nun werden zwar von der Westonkompanie, auf Wunsch mit dem Prüfungszeugnis der physikalisch-technischen Reichsanstalt, Normalelemente geliefert. Indes wird sich oft die Notwendigkeit ergeben, sich ein derartiges Element selbst herzustellen. Daher soll die Darstellung eines solchen Normalelements hier besprochen werden. Mit diesem Element können dann auch auf direktem oder indirektem Wege andere Eichungen vorgenommen werden (Skalen, Akkumulatoren u. a. m.). Es wird weiterhin zu schildern sein, auf welche Weise man überhaupt die Angaben der Instrumente mit Hilfe von Normierungsverfahren vergleichbar machen kann.

Damit aber sind wir vor die Notwendigkeit gestellt, die Anfertigung von Hilfsapparaten zu behandeln, wie sie bei der Ausführung elektrischer Messungen gebraucht werden. Zu solchen Nebenapparaten muß man auch die sog. *Normalelektroden* zählen. Sie werden als ableitende Elektroden dort verwandt, wo man nicht mit Drähten allein abzuleiten vermag, also vor allem bei Systemen bzw. Ketten, die aus Leitern zweiter Klasse bestehen.

Es sei hier auf ein Moment hingewiesen, das von grundsätzlicher Bedeutung ist. Es liegt im Wesen der Meßkunde, daß sie mit besonderem Erfolge dort herangezogen wird, wo *qualitative* Angaben zur Entscheidung über das Wesen eines Vorganges unzureichend sind. Bei der *quantitativen* Arbeit muß man sich aber darüber klarwerden, wie groß die Genauigkeit der gerade zu ermittelnden Größe im *Gesamtmeßgange* sein kann, und mit welcher Genauigkeit *das betreffende Instrument* zu arbeiten vermag. Das erste Moment kann naturgemäß hier nicht eingehend behandelt werden, da ja die mannigfaltigsten Messungen mit Anwendung auf die mannigfaltigsten Probleme stattfinden können. Dagegen kann wohl von der Genauigkeit des Instruments bzw. der physikalischen Meßanordnung, die gerade zur Erörterung steht, die Rede sein.

Es gehört aber zu allem diesen noch ein Faktor, der hier kurz behandelt werden muß. Es handelt sich um folgendes: Mit dem feinsten Instrument und den besten Meßanordnungen kann man doch nur dann Messungen erzielen, die grundsätzlich verwertbar sind, wenn die Instrumente auch in durchaus gebrauchsfähigem Zustande gehalten werden; genau so auch die Hilfsapparate. Sehr oft zeigt sich an dem Sinn von Meßresultaten oder an dem Anzeigen des Instruments, daß an der Anordnung usw. irgend etwas nicht stimmen kann. Manchmal zeigt sich dieses bald, manchmal erst später. Um evtl. Fehler herauszufinden, wird daher jeder erfahrene Meßkundige zunächst seine Apparatur durch *blinde* Versuche prüfen, ehe er zur eigentlichen Messung schreitet. Das Gelingen der Untersuchung hängt aber auch von noch anderem ab. Die selbst angefertigten Neben- und Hilfsapparate müssen mit der notwendigen *Sauberkeit* und auch *richtig* hergestellt werden. Im besonderen müssen die *Substanzen*, aus denen die Normalien anzufertigen sind, in *peinlich sauberem*, richtigem Zustand sein. Der Darsteller muß von jedem einzelnen Schritt, den er bei der Anfertigung des jeweiligen Teiles tut, überzeugt sein, daß kein

Fehler durch Unsauberkeit oder Nachlässigkeit unterlaufen ist. Hat man das Empfinden, daß an einer Stelle eine Fehlerquelle sich eingestellt haben könnte, so lohnt es sich eher, diesen Gang zu wiederholen als zu hoffen, daß sich eine geringe Abweichung o. dgl. im Ganzen nicht bemerkbar machen würde. Aus diesem Grunde müssen die Herstellungsvorschriften genau innegehalten werden, sollen die Instrumente auch wirklich das angeben, was hier mitgeteilt wird, bzw. wozu sie verwendet wurden. Abweichende Herstellungsweise führt oft zu anderen Grund- bzw. Eichwerten mit den daraus sich ergebenden weitergreifenden Folgen. Beimengungen, „Fremdstoffe" verändern unter Umständen in erheblichem Maße die Standardwerte.

Da jeder Messung die Herstellung der Hilfsapparate vorangeht, so wird unsere eigentliche Darstellung auch mit der Anfertigung dieser Dinge beginnen. Dabei wird jedesmal auch von der Reinigung und der Herstellungsweise der benötigten Substanzen zu reden sein.

## B. Die Maßsysteme.

### a) Einleitende Bemerkungen.

In der Hauptsache handelt es sich bei den elektrischen Größen um zwei „absolute" Maßsysteme, in denen sie angegeben werden, wenn es deren auch noch eine ganze Reihe von möglichen anderen gibt. Es sind diese das sog. *elektrostatische* sowie das *elektromagnetische* Maßsystem. Zu diesen kommt noch als drittes „empirisches", das sog. *internationale (empirische)* System von Einheiten, sowie, wie oben bereits bemerkt, das *praktische elektromagnetische*. Zunächst sei von den beiden zuerst genannten gesagt, daß für sie gemeinsam die allgemeinen Grundlagen der physikalischen Einheiten sind; nämlich, das Zentimeter für die Länge, das Gramm für die Masse und die Sekunde für die Zeit. Da diese Größen das sog. absolute Maßsystem bilden, werden die durch sie festgelegten, abgeleiteten Einheiten — ganz gleich welcher Art —, absolute Einheiten. (Dieses ist die einzige Bedeutung des Begriffes „absolut".) Daher findet sich oft die Angabe „absolute elektrostatische" oder „absolute elektromagnetische" Einheiten der Elektrizitätsmenge, der Spannung, der Kapazität usw. In einem fundamentalen Punkte unterscheiden sich jedoch die beiden Maßsysteme voneinander. Davon soll hier in wenig Worten die Rede sein.

Bei der Festlegung von Einheiten der elektrischen Größen kann man ausgehen entweder von ruhender Elektrizität oder aber von der bewegten. Mit anderen Worten: man legt zugrunde entweder das Verhalten, das eine Elektrizitätsmenge zeigt, die sich auf einem ruhenden Isolator oder auf einem isolierten, ruhenden Leiter befindet. Man kann aber auch von demjenigen Verhalten ausgehen, das bewegte, strömende Elektrizitätsmengen aufweisen. Ruhen Elektrizitätsmengen auf einem Isolator oder auf einem isolierten, ruhenden Leiter an einer Stelle des Raumes, so ist der Zustand ihrer Umgebung (etwa der Luft o. a.) verändert gegenüber dem, der vorher an dieser Stelle herrschte. Die Ladungen erzeugen *das elektrische Feld.* Man stellt dieses fest durch ein sog. Probekügelchen, das man ebenfalls elektrisch gemacht hat. Dieses zweite Probekügelchen wird von dem ersten Kügelchen angezogen oder abgestoßen, je nachdem beide gleichnamige oder ungleichnamige Elektrizitätsmengen besitzen. Das elektrostatische Feld bleibt nun — etwa in Luft, die von leitenden Bestandteilen frei ist, oder in sonst einem Isolator (Dielektrikum) — dauernd erhalten, ohne daß weitere Energie bzw. Elektrizitätsmengen zugeführt werden müßten. Damit ist das *elektrostatische* Feld hinreichend charakterisiert. Jene oben geschilderte Eigenschaft der *ruhenden* Elektrizitätsmengen, auf andere ruhende Elektrizitätsmengen *ponderomotorische* Wirkungen auszuüben, wird bei der Grundlegung des elektrostatischen Maßsystems benutzt. Anders bei dem *elektromagnetischen* Feld. Hier handelt es sich um einen Leiter, durch den ständig Elektrizitätsmengen (Elektronen) in einer bestimmten Richtung hindurchströmen. Sie strömen dabei von einem Orte höherer Mengenzahl zu dem von geringerer. Um den Leiter herum läßt sich ebenfalls ein elektrisches Feld feststellen. Dieses ist aber *kein statisches*, sondern ein *stationäres* Feld. Da ständig Elektrizitätsmengen fortströmen, kann das Feld nur aufrechterhalten werden durch fortwährendes Nachliefern von Elektrizitätsmengen. Die Vorstellung eines strömenden Flusses gibt hier ein zutreffendes Bild. Der Unterschied gegen das elektrostatische Feld zeigt sich aber auch in einem Äquivalent für die ständig nachzuliefernde Energie. Das stationäre Feld zeigt nämlich *Wärmeentwicklung* und *Magnetismus*. Jene Erscheinung ist durch JOULE näher untersucht worden, diese durch OERSTEDT.

### b) Das elektrostatische Maßsystem.

Es wurde bereits gekennzeichnet, wie sich Elektrizitätsmengen elektrostatisch zu verhalten pflegen. Es zeigt sich hierin nun eine weitgehende Parallele zwischen Elektrizitätsmenge und der Masse, wie sie Gegenstand der allgemeinen Mechanik ist. Massen üben aufeinander Kräfte aus, die Massen- oder Molekularattraktion. Den quantitativen Ausdruck finden die rein mechanischen Erscheinungen in dem *Newtonschen Anziehungsgesetz*. Nach diesem üben die beiden Massen $m_0$ und $m'_0$ in der Entfernung $r$ die Kraft $K = k\frac{m_0 m'_0}{r^2}$ aufeinander aus. Hier sind alle Größen im absoluten Maßsystem gemessen und von bekannter Art mit Ausnahme von $k$. Dieses ist aber durch die anderen Größen hinsichtlich seiner Dimension festgelegt.

Aus

$$K = k\frac{m_0 m'_0}{r^2} \quad \text{folgt:}$$

$$k = \frac{r^2 K}{m_0 m'_0}$$

Da nun $K$, die Kraft, die Dimension $[m \cdot l \cdot t^{-2}]$ besitzt, wobei $m$ die Masse, $l$ die Länge und $t$ die Zeit bedeuten, $r$ ebenfalls eine Länge ist, $m_0$ und $m'_0$ aber Massen, so wird für die Dimension der Größe $k$ im Newtonschen Gesetz (Gravitationskonstante) gefunden:

$$[k] = [m^{-1}\, l^3\, t^{-2}].$$

Sind nun $e$ und $e'$ die *Elektrizitätsmengen*, die in der Entfernung $r$ aufeinander wirken, so ist die Kraft ihrer Anziehung nach dem Coulombschen Gesetz, das formal ganz dem Newtonschen entspricht:

$$\mathfrak{K} = C \cdot \frac{e \cdot e'}{r^2}$$

auch hier wieder würden die Einheiten, in denen die anderen Größen gemessen werden, die Konstante $C$ bestimmen. Sie bleibt *hier* aber unbestimmt; denn dort, wo im Newtonschen Gesetz die Maße $m_0$ steht, findet sich hier die *Elektrizitätsmenge* ebenfalls als unbestimmte Größe. Um diesem Übelstand abzuhelfen, hat man folgendes unternommen: Man setzte die Konstante $C$ nach Übereinkunft dimensionslos und betrachtete sie als reine Zahl von der Größe 1. Damit wird eine Definition gewonnen für die bisher unbekannte Größe der *Elektrizitätsmenge*. Es ist nämlich

$$\mathfrak{K} = \frac{e\, e'}{r^2}$$

$$[\mathfrak{K}] = \frac{[e^2]}{[l^2]}.$$

Dadurch ist nun ein Zusammenhang hergestellt mit den mechanischen Größen. Es ist nämlich $\mathfrak{K}$ wiederum eine Kraft. Man erhält somit die Dimensionsgleichung

$$[\text{Kraft}] = [\text{Elektrizitätsmenge}^2] \cdot [\text{Länge}^{-2}],$$

hieraus aber ergibt sich

$$[\text{Elektrizitätsmenge}] = [l\sqrt{\text{Kraft}}] = m^{\frac{1}{2}} \cdot l^{\frac{3}{2}} \cdot t^{-1}.$$

Ist nun aber $e = e' = 1$ und $r = 1$, dann wird auch $\mathfrak{K} = 1$. D. h. die Einheit der Elektrizitätsmenge ist diejenige, die eine ihr gleiche in der Entfernung von 1 cm mit der Einheit der mechanischen Kraft (1 Dyn)[1] abstößt. Bei dieser Darstellung ist vorausgesetzt, daß die Verhältnisse sich im luftleeren Raum abspielen. Ist dieses nicht der Fall, sondern liegt ein Medium von der *Dielektrizitätskonstante* $D$ vor, so verkleinert sich die Kraft um diese Größe, und man erhält

$$\mathfrak{K} = \frac{e\,e'}{D \cdot r^2}.$$

Da die *Dielektrizitätskonstante* (im elektrostatischen System) *eine reine Zahl* ist[2], ändern sich durch ihre Berücksichtigung die Dimensionen der anderen Größen nicht. Die folgende Tabelle 1 gibt eine Übersicht über die Dielektrizitätskonstanten einiger Stoffe.

Tabelle 1 (nach W. Jaeger):
Relative (Vakuum = 1 gesetzt) Dielektrizitätskonstanten.

| Stoff | | Stoff | |
|---|---|---|---|
| Luft | 1,0006 | Flußspat | 6,7 |
| Wasser | 81 | Glimmer | 6—8 |
| Methylalkohol | 33 | Glas | 5—16 |
| Äthylalkohol | 26 | Guttapercha | 4,4 |
| Anilin | 7,2 | Kautschuk | 2—3 |
| Rizinusöl | 4,6 | Marmor | 8,4 |
| Benzol | 2,3 | Paraffin | 2,0 |
| Terpentinöl | 2,3 | Porzellan | 6,0 |
| Petroleum | 2,0 | Schellack | 3—3,7 |
| Bernstein | 2,8 | Schwefel | etwa 4 |
| Ebonit | 3,0 | Steinsalz | 5,8 |

Auf diese Weise ist nun die Dimension und die Einheit für die *Elektrizitätsmenge* gefunden unter Zugrundelegung des *Coulombschen Gesetzes*. Da dieses über die Aufeinanderwirkung ruhender Elektrizitätsmengen berichtet, handelt es sich also um *elektrostatische Einheiten in absoluter Zählung.*

Befindet sich eine ruhende Elektrizitätsmenge irgendwo im Raum, etwa in einem Mittel von der Dielektrizitätskonstante $D$, so erzeugt sie, wie dargelegt, um sich ein elektrisches Feld. Dieses hat eine bestimmte *Richtung*. Es hat aber auch eine bestimmte *Intensität*, die *Feldstärke* $\mathfrak{E}$ (auch elektrische Kraft genannt). *Wird nun auf die Elektrizitätsmenge* 1 *in einem bestimmten Punkte des Feldes die mechanische Kraft von 1 Dyn ausgeübt, so hat das Feld an diesem Punkte die Feldstärke* 1 (Einheit der Feldstärke), wenn das Feld im Vakuum liegt. Liegt dagegen die Elektrizitätsmenge $e$ vor im Medium von der Dielektrizitätskonstante $D$, so ist die mechanische Kraft $\mathfrak{K}$, die ausgeübt wird, gleich dem Produkt von Feldstärke $\mathfrak{E}$, Elektrizitätsmenge $e$ und Dielektrizitätskonstante $D$. Daraus ergibt sich nun wiederum die Dimension der Feldstärke.

$$\mathfrak{K} = D \cdot e \cdot \mathfrak{E}$$

[1] 1 Dyn ist im absoluten Maßsystem die Einheit der Kraft, also das Produkt aus Masse und Beschleunigung. Diese wiederum ist die Geschwindigkeitszunahme in der Zeiteinheit und hat daher die Dimension $lt^{-2}$. Daraus folgt für die Dimension der Kraft: $[m \cdot l \cdot t^{-2}]$.

[2] Die Dielektrizitätskonstante $D$ sagt aus, mit wieviel kleinerer Kraft sich zwei beliebige Elektrizitätsmengen $e$ und $e'$ anziehen (bzw. abstoßen), sobald sie aus dem Vakuum ($D = 1$ willkürlich gesetzt!) in das Medium $D$ gebracht werden.

also

$$[\mathfrak{E}] = [\text{Kraft}] \cdot [\text{Elektrizitätsmenge}^{-1}] = [\text{Kraft}] \cdot [(l\sqrt{\text{Kraft}})^{-1}] = m^{\frac{1}{2}} \cdot l^{-\frac{1}{2}} \cdot t^{-1}.$$

Bringt man eine Elektrizitätsmenge an einen bestimmten Ort, so wird eine Arbeit geleistet. Es ist dasselbe geschehen, wie wenn man eine Masse, etwa einen Stein im Schwerefelde gehoben hätte. Der Arbeitsleistung ist äquivalent eine bestimmte *potentielle Energie.* Sie wird beim entgegengesetzt laufenden Vorgange wieder frei. (Herunterfallen des gehobenen Steines.) Dieser Energie entspricht das Potential $V$ in dem betreffenden Punkte, falls man die Elektrizitätsmenge 1 bewegt hat. *Als Potential $V$ eines Punktes im elektrischen Felde (Vakuum) bezeichnet man die potentielle Energie, welche hier der Elektrizitätsmenge* 1 *zukommt.* Für die Elektrizitätsmenge $e$ ist die Arbeit $A$ im Medium von der Dielektrizitätskonstante $D$ entsprechend

$$A = \frac{D}{2} \cdot e \cdot V.$$

Der Faktor $\frac{1}{2}$ ergibt sich daraus, daß das entstandene elektrische Feld das weitere Hereinbringen von Elektrizitätsmengen gleichen Vorzeichens erschwert. Es folgt nunmehr für die Dimension des Potentials

$$[\text{Potential}] = [\text{Arbeit}]\,[\text{Elektrizitätsmenge}^{-1}] = m^{\frac{1}{2}}\, l^{\frac{1}{2}}\, t^{-1}.$$

Die Einheit des Potentials — bei Annahme der Nichtänderung der Intensität des Feldes durch das Heranbringen einer Elektrizitätsmenge — liegt vor, wenn die Elektrizitätsmenge 1 an einem Punkte des Feldes die potentielle Energie 1 erzeugt.

Zwischen Potential und elektrischer Feldstärke besteht noch eine einfache Beziehung. Im elektrischen Felde hat naturgemäß das Potential bestimmte Werte. Die Feldstärke $\mathfrak{E}$ stellt sich nun in einem beliebigen Felde dar als die Änderung des Potentials auf dem Wegelement $ds$, d. h.

$$\mathfrak{E} = -\frac{dV}{ds}.$$

Ist das Feld mit dem Orte nicht veränderlich (homogenes Feld), so kann man dafür setzen

$$\mathfrak{E} = \frac{V_2 - V_1}{s},$$

wo $V_2$ der Ort höheren, $V_1$ der niederen Potentials und $s$ ihre Entfernung ist. Man kann auch umgekehrt sagen: Im inhomogenen Felde ist das Potential gleich dem Integral der Feldstärke über den Weg $ds$

$$V = \int \mathfrak{E}\, ds,$$

im homogenen daher

$$V = \mathfrak{E} \cdot s.$$

Aus der Einheit für die Elektrizitätsmenge $e$ und derjenigen für das Potential $V$ ergibt sich sogleich die für die *Kapazität.* Es wird naturgemäß von der besonderen Art des Körpers abhängen, durch welche Elektrizitätsmengen er auf ein bestimmtes Potential $V$ geladen zu werden vermag. Ist die Elektrizitätsmenge $C$ notwendig, um ihm das Potential 1 zu erteilen, so wird die Elektrizitätsmenge $e$ notwendig sein, damit er auf das Potential $V$ kommt. Es wird daher alsdann

$$e = C \cdot V,$$

also wird

$$C = \frac{e}{V}.$$

In Dimensionen

$$[\text{Kapazität}] = [\text{Elektrizitätsmenge}]\,[\text{Potential}^{-1}] = [m^{\frac{1}{2}} \cdot l^{\frac{3}{2}} \cdot t^{-1}]\,[(m^{\frac{1}{2}}\, l^{\frac{1}{2}}\, t^{-1})^{-1}] = l.$$

Die Dimension der Kapazität im elst. Maßsytem ist demnach eine Länge. In absolutem Maße wird sie daher in Zentimetern ausgedrückt. *Die Einheit der Kapazität wird also dann vorliegen, wenn ein Körper durch die Elektrizitätsmenge* 1 *auf das Potential* 1 *geladen wird.* Liegt also im Vakuum eine Kugel vom Radius $r$ vor, so hat sie die Kapazität $r\,cm$. Für das Dielektrikum mit einer Dielektrizitätskonstante $D$ wird dann die Kapazität dieser Kugel

$$C' = D \cdot r = D \cdot r.$$

Es ergibt sich daraus, daß im elektrostatischen System die Kapazität allgemein die Dimension einer Länge hat.

Liegen 2 Punkte vor mit Potentialwerten, die nicht gleich sind, also $V_1 \neq V_2$, so würden Elektrizitätsmengen von dem einen Punkte zu dem anderen fließen, bis ein Ausgleich der Potentialdifferenz stattgefunden hätte, sobald man die beiden Punkte durch einen metallischen Leiter verbände. Es entsteht ein Strom $i$, wenn $e$ Elektrizitätsmengen in der Zeit $t$ fließen,

$$i = \frac{e}{t},$$

$$[\text{Stromstärke}] = [\text{Elektrizitätsmenge}]\,[\text{Zeit}^{-1}] = m^{\frac{1}{2}}\, l^{\frac{3}{2}}\, t^{-2}.$$

Die Stromstärke ist also der Elektrizitätsmenge gleich, die in der Zeiteinheit durch einen Querschnitt fließt. Dabei wird sie der Differenz der Potentiale der beiden Punkte proportional sein, d. h. je größer die *Potentialdifferenz*, desto größer unter sonst gleichen Bedingungen die Stromstärke, d. h.

$$i = \sigma\,(V_1 - V_2) = \sigma V,$$

wenn man die Differenz $(V_1 - V_2)$ mit $V$ bezeichnet.

$\sigma$ ist die Fähigkeit des Materials zur Stromleitung, die Leitfähigkeit. Die reziproke Größe wird als Widerstand bezeichnet,

$$\lambda = \frac{1}{\sigma} = \sigma^{-1}$$

$$[\text{Widerstand}] = [\text{Potential}] \cdot [\text{Stromstärke}^{-1}] = l^{-1} \cdot t.$$

### c) Elektromagnetisches Maßsystem.

Die soeben für das elektrostatische Feld abgeleiteten Größen erweisen sich als nicht praktisch, sobald es sich um bewegte Ladungen, um strömende Elektrizität handelt. Es ergab sich daher die Notwendigkeit von einem anderen Grundgesetz auszugehen, wenn man Einheiten erlangen will. Bewegte Ladungen erzeugen, wie oben dargelegt, im Gegensatz zu ruhenden, ein Magnetfeld. Die elektrischen Erscheinungen sind hier eng und in ganz bestimmter Weise mit Wärmewirkungen sowie magnetischen verknüpft. Für die Größen dieses sogenannten *elektromagnetischen* Feldes wird zugrunde gelegt das elektromagnetische *Grundgesetz von Laplace-Biot-Savart.* Dadurch wird — wie noch gezeigt werden soll — ebenfalls durch eine willkürliche Eins-Setzung die Einheit der Stromstärke bestimmt, und alle weiteren Einheiten dadurch von dieser Größe abgeleitet. Das elektromagnetische Grundgesetz gibt die Größe der *magnetischen* Feldstärke an, die an einem beliebigen Orte entsteht, sobald ein bestimmter Strom $i$ einen Leiter von bestimmter Länge $l$ durchfließt. In der Entfernung $r$ ergibt sich für die magnetische Feldstärke $\mathfrak{H}$

$$\mathfrak{H} = k_0 \frac{i\,l}{r^2} \sin\,(l, r).$$

Auch hier wird nunmehr die Konstante $k_0 = 1$ gesetzt. Man erhält somit

$$\mathfrak{H} = \frac{i\,l}{r^2} \sin(l, r).$$

Betrachtet man nunmehr einen kreisförmigen, stromdurchflossenen Leiter vom Radius $r = 1$ cm und achtet auf das Feld in seinem Mittelpunkt, so wird $l = 2\pi$, und man erhält schließlich

$$\mathfrak{H} = 2\pi i.$$

Es ist danach $i = 1$ dann und nur dann, wenn beim Radius von 1 cm des stromdurchflossenen, kreisförmigen Leiters die magnetische Feldstärke im Mittelpunkt $2\pi$ beträgt. Damit ist, ebenfalls über eine Willkür hinweg, die Grundeinheit für das *elektromagnetische* Maßsystem aus *elektromagnetischen Erscheinungen* bestimmt, und zwar in diesem Fall *die Stromstärke*. Es fragt sich nun, ob nicht eine Beziehung besteht zwischen den Angaben im elektrostatischen und denen im elektromagnetischen System. Von vornherein sollte man sogar meinen, es müßte naturnotwendig die Möglichkeit des Überganges von einem zum anderen gegeben sein. Handelt es sich doch dabei nicht um wesentlich voneinander verschiedene *Vorgänge*, sondern allein um verschiedene *Einstellung des Betrachters* zu *einem* bestimmten Vorgange. In der Tat ist nun

$$i_{\text{elm}} = \psi \cdot i_{\text{elst}},$$

wo der Index *elm* die Abkürzung für elektromagnetisches, *elst* die für elektrostatisches Maßsytem bedeutet. Es ist also

$$\psi = \frac{i_{\text{elm}}}{i_{\text{elst}}} = \frac{1}{c}.$$

Drückt man daher die Stromstärke in elektrostatischen Einheiten aus, so ist sie um das $c$-fache größer als in elektromagnetischen. Es muß also die absolute elektromagnetische Stromeinheit $c$-mal größer sein als die absolute elektrostatische. Es fragt sich nur, welchen Betrag die Konstante $c$ darstellt. Die Grundlage hierfür gibt die MAXWELLsche Theorie. Nach ihr ist

$$c = 2 \cdot 998_5 \times 10^{10} \text{ cm/sek}$$

der kritischen Geschwindigkeit (für das Vakuum) $c_k$ gleich. Es ist also $c$ die Lichtgeschwindigkeit. (Es sei hier nur daran erinnert, daß man sich im Bereiche der elektromagnetischen Lichttheorie befindet. In dieser Theorie wird ja auch die Dielektrizitätskonstante mit einer „optischen" Größe in Beziehung gesetzt, nämlich mit dem Brechungsexponenten.)

Unter Zurückgreifen auf das Gesetz von LAPLACE-BIOT-SAVART ergibt sich als Dimensionsgleichung

$$[\text{Feldstärke}] = [\text{Stromstärke}] \cdot [\text{Länge}]\,[\text{Länge}^{-2}].$$

Daraus wird für die Stromstärke

$$[\text{Stromstärke}] \underset{\text{elm}}{=} [\text{Feldstärke}] \cdot [\text{Länge}] = m^{\frac{1}{2}}\, l^{\frac{1}{2}}\, t^{-1}.$$

Es ergibt sich in der Tat durch Vergleich der Dimensionen von $i_{\text{elst}}$ und $i_{\text{elm}}$, für

$$c = \frac{1}{\psi} = \frac{[i_{\text{elst}}]}{[i_{\text{elm}}]} = l\,t^{-2},$$

eine Geschwindigkeit.

Im elektromagnetischen Maßsystem gilt für die Einheit der *Elektrizitätsmenge*, daß sie diejenige Elektrizitätsmenge ist, die die elektromagnetische Stromeinheit pro Sekunde durch den Querschnitt befördert. Sie muß daher ebenfalls das $\sim 3 \cdot 10^{10}$fache der elektrostatischen betragen. Es wird daher

$$e_{\text{elm}} = \frac{1}{c}\, e_{\text{elst}},$$

wo $c$ wieder die Lichtgeschwindigkeit ist. Für die Dimension der Elektrizitätsmenge im absoluten elektromagnetischen System ergibt sich

$$[\text{Elektrizitätsmenge}] = m^{\frac{1}{2}}\, l^{\frac{1}{2}}.$$

Fließt ein Strom $i$ infolge der Potentialdifferenz $V$, so leistet er in der Zeit $t$ die Arbeit

$$A = i \cdot V \cdot t.$$

Da nun in allen absoluten Maßsystemen für die Arbeit $A$ die gleiche Dimension bestehen muß, für $i_{\text{elm}} = \frac{1}{c} i_{\text{elst}}$ gefunden ist, so muß sich für $V$ ergeben

$$V = \frac{A}{i\,t}.$$

In Dimensionsgleichung geschrieben:

$$[\text{Potential}] = [\text{Arbeit}]\,[\text{Strom}^{-1}]\,[\text{Zeit}^{-1}] = m^{1}\, l^{\frac{3}{2}}\, t^{-2}.$$

Durch Vergleich dieser Dimensionsgleichung für das Potential mit derjenigen, die sich im elektrostatischen Maßsystem ergab, erkennt man, daß die absolute elektromagnetische Einheit $\sim 3 \times 10^{10}$mal kleiner ist als die elektrostatische. Ist bei $i = 1$ und $t = 1$ $A = 1$, so muß auch $V = 1$ sein. Leistet also in der Zeiteinheit die Stromeinheit zwischen zwei Leiterstücken die Arbeit von 1 Erg, (= Dyn $\times$ Länge $= m\, l^2\, t^{-2}$), so liegt die Einheit des Potentials im elektromagnetischen Maßsystem vor. Im elektrostatischen wie im elektromagnetischen Maßsystem muß aber der Arbeitsbetrag dieselbe Größe ergeben.

Aus dem Ohmschen Gesetz

$$i = \frac{V}{R}$$

ergibt sich nunmehr auch die Einheit bzw. die Definition für den Widerstand. Ist nämlich $i = 1$ und $V = 1$, so muß auch der Widerstand $R = 1$ werden. D. h. bei der absoluten elektromagnetischen Spannungseinheit und der absoluten elektromagnetischen Stromeinheit liegt der absolute elektromagnetische Widerstand 1 vor, oder anders ausgedrückt: Bewirkt in einem Leiter die absolute elektromagnetische Spannungseinheit den Strom 1, so hat der Leiter den absoluten elektromagnetischen Widerstand 1. Für ihn ergibt sich dimensionsmäßig

$$[\text{Widerstand}] = l\, t^{-1}.$$

Für die Technik sind die soeben mitgeteilten Einheiten nicht recht zweckmäßig. Im sog. „praktischen elektromagnetischen System" benutzt man für die *Stromstärke* den 10. Teil der aus dem absoluten System sich ergebenden:

$\frac{1}{10}$ elm absolute Einheit der Stromstärke ist *1 Ampere.*

Für die Elektrizitätsmenge nimmt man ein entsprechendes Maß:

$\frac{1}{10}$ absolute elm Einheit der Elektrizitätsmenge ist *1 Coulomb.*

Für das Potential wählte man

$10^8$ absolute elm Einheiten des Potentials ist *1 Volt.*

Der Zusammenhang dieser Größe mit der elektrostatischen Einheit ist oft von Bedeutung. Nach den obigen Auseinandersetzungen muß 1 Volt $= \frac{1}{300}$ elst Einheiten sein. Der elektrostatischen Einheit der Spannung (Potential, Potentialdifferenz) entsprechen also 300 Volt. Für die Einheit des Widerstandes wurde die bestimmt, bei der 1 Volt zwischen zwei bestimmten Punkten des Leiters den Strom 1 Ampere erzeugte:

$$\frac{1\ \text{Volt}}{1\ \text{Ampere}} = \frac{10^8}{10^{-1}} = 10^{-9}\ \text{absolute elm Einheiten} = \mathit{1\ Ohm}.$$

Für die Kapazität wurde diejenige Einheit gewählt, bei der ein Leiter durch die Elektrizitätsmenge 1 Coulomb auf das Potential 1 Volt geladen wird:

$$\frac{1\ \text{Coulomb}}{1\ \text{Volt}} = \frac{10^{-1}}{10^8} = 10^{-9}\ \text{absolute elm Einheiten der Kapazität ist}\ \mathit{1\ Farad}.$$

Man benutzt allein die Größe 1 Mikrofarad $= 10^{-15}$ absolute elm Einheiten.

### d) Die internationalen (empirischen) Einheiten.

Für die Stromstärke wird als Einheit $^1/_{10}$ der absoluten elektromagnetischen Einheit der Stromstärke benutzt. Diese Größe ist das Ampere. Durch Gesetz ist diese Größe durch ihre elektrochemische Wirkung festgesetzt. Derjenige Strom hat die Stärke von 1 Ampere, der pro Sekunde aus einer $AgNO_3$-Lösung 1,118 g Silber abscheidet.

Für die Elektrizitätsmenge wird $^1/_{10}$ der absoluten elektromagnetischen Einheit benutzt und ein Coulomb genannt. Es ist diejenige Elektrizitätsmenge, die bei einem Strom von 1 Ampere pro Sekunde durch den Draht fließt.

Die Einheit der Potentialdifferenz ist 1 Volt. Sie entspricht dem $10^8$fachen der absoluten elektromagnetischen Einheit der Potentialdifferenz. Eine elektrostatische Einheit der Potentialdifferenz entspricht daher 300 Volt.

Für den Widerstand gilt als Einheit das Ohm. Es beträgt diese das $10^9$fache der absoluten elektromagnetischen Einheit des Widerstandes. Es ist derjenige Widerstand, den ein Leiter besitzt, wenn 1 Volt an seinen Enden den Strom von 1 Ampere erzeugt.

„Als Ohm gilt der elektrische Widerstand einer Quecksilbersäule von der Temperatur des schmelzenden Eisens, deren Länge bei durchweg gleichem Querschnitt 106,3 cm und deren Masse 14,4521 g beträgt. Dieses entspricht einer Säule, deren Querschnitt 1 mm² beträgt“[1]. Es ist hier in der Regel nur der Zusammenhang mit den Größen des absoluten elektromagnetischen Systems dargelegt. Aus den oben gegebenen Erörterungen läßt sich aber leicht die Brücke zu denen des elektrostatischen finden. Es ist ferner oben angegeben, auf welche Weise man in den Besitz der technischen Einheit des Widerstandes gelangen und wie man ihn anfertigen kann. Ferner ist vermerkt, auf welche Weise man sich das Ampere verschaffen kann. Es ist aber nichts ausgesagt darüber, wie man sich einen Standardwert von der dritten der drei Größen herstellen kann, die durch das Ohmsche Gesetz miteinander verbunden sind. Dieses wird alsbald nachzuholen sein.

Schließlich sei noch vermerkt, welcher Zusammenhang zwischen den absoluten elektrischen Einheiten und den internationalen (empirischen) zahlenmäßig besteht. Die folgende Tabelle 2 (nach W. JAEGER) läßt ihn erkennen.

Tabelle 2.

| | | | | | |
|---|---|---|---|---|---|
| 1 | internat. | Ohm | = 1,0005 | abs. | Ohm |
| 1 | „ | Amper | = 1,0000 | „ | Amper |
| 1 | „ | Coulomb | = 1,0000 | „ | Coulomb |
| 1 | „ | Volt | = 1,0005 | „ | Volt |
| 1 | „ | Farad | = 0,9995 | „ | Farad |

[1] Dieses ist die gesetzliche Vorschrift (vom 1. Juni 1898).

### e) Die Normalien und ihre Herstellung.

Nach der Festlegung der Maße und Einheiten für die elektrischen Größen muß der Weg angegeben werden, auf dem man praktisch zu ihnen zu gelangen vermag, wie man sie sich herstellt. Für die mechanischen Größen bestehen ja im Urmeter, im Urkilogramm die sog. Urmaße, während die Zeiteinheit, die Sekunde durch die Astronomie in hinreichend genauem Werte geliefert wird. Für die Grundmaße der elektrischen Größen, nämlich für die elektromotorische Kraft, die Stromstärke und den Widerstand müssen ebenfalls die Normalien (Standards) aufgestellt werden. Hierbei tritt aber etwas Besonderes hervor. Die drei Grundgrößen sind nämlich durch das OHMsche Gesetz eindeutig miteinander verknüpft. Es genügt also, zwei der genannten Größen zu ermitteln bzw. Ureinheiten für sie herzustellen, um daraus dann die dritte zu erhalten. Man hat dementsprechend eine Spannungsnormale und eine Widerstandsnormale festgelegt und schließlich auch die Stromnormale. Diese Normalien müssen die Forderung erfüllen, daß sie jederzeit und überall exakt reproduzierbar und außerdem noch unveränderlich sind.

Es ist bereits oben von der *Widerstandsnormale* kurz berichtet worden. Diese Quecksilbernormale ist in der Praxis sehr unhandlich. Man stellt daher solche von Metalldraht her, die man mit der Hg-Normale vergleicht. Eine solche *sekundäre* Normale (JAEGER) muß gewisse Bedingungen erfüllen. Sie muß einen geringen Temperaturkoeffizienten besitzen und außerdem gegen Kupfer eine geringe Thermokraft. Von einer ganzen Reihe von recht brauchbaren Legierungen hat sich schließlich das Manganin als die beste erwiesen. Diese von WESTON angegebene Legierung besteht aus 84 Teilen Kupfer, 12 Teilen Mangan und 4 Teilen Nickel. Sie wird von der Isabellenhütte in Dillenberg geliefert. Dem Manganzusatz verdankt sie ihren geringen Temperaturkoeffizient, dem Nickelzusatz die geringe Thermokraft gegen Kupfer. Das Material muß eine „Alterung“ durchgemacht haben, die seinen Widerstand künstlich auf den konstanten Endwert bringt. Zunächst zeigt es nämlich infolge von Spannungen noch Widerstandsänderungen. Die künstliche Alterung wird durch ein Temperaturbad vorgenommen, an das sich noch weitere Manipulationen anschließen. Ein so hergestellter guter Widerstand zeigt im Verlaufe eines Jahres eine Änderung, die kleiner als $^1/_{100000}$ ist. Der Temperaturkoeffizient des Mangenins ist von der Größenordnung $^1/_{100000}$ pro $1^0$ C, seine Thermokraft gegen Kupfer 0,000001 Volt pro $1^0$ C. Es erscheint wohl selbstverständlich, daß ein solcher Präzisionswiderstand in einem Raum konstanter Feuchtigkeit und konstanter Temperatur aufbewahrt werden muß. Dieses geschieht am besten in einem Petroleumbad von ablesbarer Temperatur.

Von 0,1 $\Omega$ aufwärts werden die Widerstände aus Draht auf Rollen gewickelt. Kleinere Widerstände stellt man aus Blech her oder in Blockform. Die Berechnung der Widerstände geschieht nach der Formel

$$R = s \cdot \frac{l}{q} \text{Ohm}.$$

$R$ ist der Widerstand in Ohm, $s$ der spezifische Widerstand, $l$ die Drahtlänge in Zentimetern, $q$ der Querschnitt in Quadratzentimeter. *Eine besondere Frage bildet die zulässige Belastung jedes Widerstandes.* Auf sie kann hier nicht weiter eingegangen werden. Die Werke von KOHLRAUSCH und das von W. JAEGER geben darüber Auskunft.

Die Genauigkeit eines solchen Normalwiderstandes beträgt $10^{-5}$. Diejenige der üblichen Präzisionswiderstände ist geringer. Zu Stöpsel- oder Kurbelcheostaten angeordnet, ist sie von der Größenordnung $10^{-4}$. Hierbei sind im allgemeinen die Kurbelcheostaten den Stöpselcheostaten überlegen.

Über die Messung von Widerständen sei hier nur kurz bemerkt, daß für sie vor allem die Kompensationsmethoden in Betracht kommen, wie sie weiter unten für die Spannungsmessung beschrieben werden. Außerdem wird benutzt die Methode der WHEATSTONEschen sowie die der THOMSONschen Brücke, sowie schließlich auch die Kohlrauschsche „Methode des übergreifenden Nebenschlusses". Sie können hier nicht näher dargelegt werden, man findet das Notwendige über sie in den soeben genannten Werken. Es muß aber auf sie verwiesen werden, da sie Messungen von großer Genauigkeit zulassen (bis $10^{-6}$).

Eine noch höhere Bedeutung kommt für unsere Verhältnisse der *Spannungsnormale* zu. Dieses offenbar deswegen, weil infolge Lieferung von hinreichend genauen Widerständen die Spannungsmessung den größten Umfang einnimmt und daher eben von größter Bedeutung ist. Als Spannungsnormale diente früher das Clarkelement. Jetzt wird fast ausschließlich das *Weston-Normalelement* benutzt. Es soll daher auch hier allein dieses Element in aller Ausführlichkeit behandelt werden. Dabei sei noch darauf hingewiesen, daß man zwei Arten von Westonelementen herzustellen vermag, eines mit gesättigter Elektrolytlösung, $CdSO_4$, d. h. mit festem Elektrolyt im Überschuß als Bodenkörper (*internationales* Westonelement), und eines mit einer Elektrolytlösung, die bei 4° C gesättigt ist (Standardelement). Von diesen Dingen wird an geeigneter Stelle noch des näheren zu reden sein.

Das Weston-Normalelement enthält als *positiven* Pol Quecksilber, als *negativen* Kadmiumamalgam, als Elektrolyten gesättigte Kadmiumsulfatlösung. Zur Verhinderung der Polarisation wird über das Quecksilber eine Merkurosulfatpaste geschichtet (*Depolarisator*). Es liegt mit anderen Worten eine Kette vor, ein galvanisches Element von der Form

$$\mathrm{Hg}\;\Big|\;\underset{\text{fest}}{(\mathrm{Hg_2SO_4})} + \underset{\text{gesättigt gelöst}}{(\mathrm{CdSO_4}\cdot \tfrac{8}{3}\,\mathrm{H^2O})}\;\Big|\;\text{Cd-Amalgam.}$$

Der Lieferung von elektrischer Energie liegt der folgende chemische Vorgang zugrunde:

$$\mathrm{Cd} + \mathrm{Hg_2SO_4} \rightleftarrows \mathrm{CdSO_4} + 2\,\mathrm{Hg}\,.$$

**1. Das Quecksilber und seine Reinigung.** Es braucht wohl kaum näher ausgeführt zu werden, daß das zu verwendende *Quecksilber* von *reinster Form* sein muß. Das käufliche Quecksilber wird durch mehrfaches Ausschütteln mit etwa 2proz. $HgNO_3$-Lösung, dem etwas Salpetersäure zugesetzt ist, gereinigt und darauf mit destilliertem Wasser gewaschen. Das Ausschütteln nimmt man am besten im Schütteltrichter vor. Nach jedem Schütteln muß sorgfältig *mehrere Male* mit Wasser nachgewaschen werden. Das ganze Verfahren muß mindestens dreimal wiederholt werden. Das Trocknen geschieht dann sehr rasch und einwandfrei auf folgende Weise: Auf ein Gefäß von nebenstehender Form (s. Abb. 275) wird ein Trichter aufgesetzt, der in eine Kapillare ausläuft, und in den man ein Filter gelegt hat. Man läßt nunmehr das Quecksilber durch das Filter in das Gefäß einlaufen, nachdem man in das Filter ein Loch mit einer sauberen *Glasnadel* gebohrt hat. Legt man in die Umbiegungsstelle *B* des Rohres (in Abb. 275) zur Absperrung etwas reines, trockenes Quecksilber vor, so läuft in das Becherglas *C* vollkommen trockenes Metall. Gegebenenfalls kann man diesen Vorgang wiederholen. Die Reinigung und Trocknung des Quecksilbers läßt sich auch auf folgende andere Weise vornehmen: Ein Apparat von derselben Form wie sie Abb. 275 zeigt, jedoch von etwa $1^1/_2$ m Rohrlänge wird mit verdünnter (ca. 10%) $HNO_3$ gefüllt. In den unteren Teil hat man wieder vorher etwas trockenes, reines Quecksilber gebracht.

Abb. 275. Apparat zur Schnelltrocknung von Quecksilber. *B* Vorgelegtes, trockenes Quecksilber. *C* Becherglas.

Das zu reinigende Quecksilber dagegen gelangt durch einen Trichter in das mit Salpetersäure gefüllte Rohr, wobei es infolge seines Eigengewichts durch die Lederabsperrung hindurchgepreßt wird, die den Trichter unten abschließt, und die 5 bis 10 cm über dem Spiegel der Salpetersäure, innerhalb des Rohres, sich befindet. Diese Lederabsperrung (s. Abb. 276) nimmt man am besten mit weichem Sämischleder vor, das man im feuchten Zustande über das etwas erweiterte Trichterende gezogen hat. Liegen die Gewebsbündel im Leder zu dicht, als daß der vorhandene Quecksilberdruck das Metall in feinen Tröpfchen herauszupressen vermöchte, so kann man durch vorsichtiges Schaben an der rauhen Fläche des Leders dieses etwas durchgängiger machen. Das Quecksilber gelangt dann in äußerst feinen Tröpfchen in die Salpetersäure, durchfällt die ganze Höhe der Flüssigkeitssäule und gelangt dann sauber und trocken in das vorgelegte Gefäß. Bei Gegenwart von elektropositiveren Metallen (z. B. Gold) ist es notwendig das Quecksilber auch noch zu destillieren. Diese Destillation führt man bei Wasserstrahlvakuum am einfachsten nach der Methode von HULETT aus. Bei einer noch weitergehenden Reinigung vereinigt man mit der dargestellten Wasch- und doppelten Destilliermethode die elektrolytische Reinigung, wie sie von JAEGER mitgeteilt worden ist. Ist das Quecksilber auf diese Weise auf das sorgfältigste gesäubert worden, so kann es in das Elektrodengefäß gebracht werden. Darüber wird noch weiter unten die Rede sein. Es enthält unter Umständen noch Spuren von Fett. Diese entfernt man dadurch, daß man es mit reinstem Benzin mehrmals ausschüttelt.

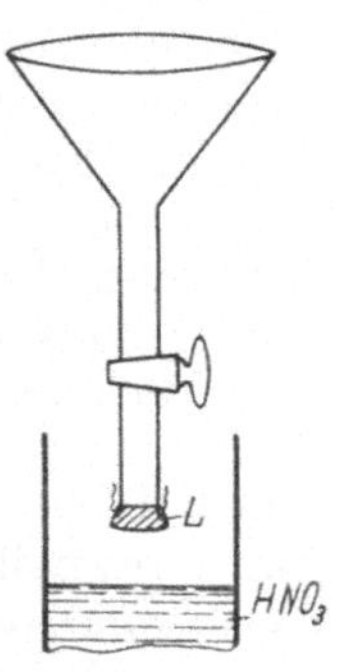


Abb. 276. Trichter des Reinigungsgefäßes für Quecksilber. L Lederabsperrung.

**2. Das Kadmiumamalgen und seine Herstellung.** An den negativen Pol kommt das *Kadmiumamalgam.* Auf die Herstellung dieses Körpers ist besondere Sorgfalt zu verwenden. Es hat sich nämlich gezeigt, daß gewisse Mängel, bzw. unzureichende Angaben des hergestellten Westonelementes darauf zurückzuführen waren, daß die benutzte Zusammensetzung des Amalgams dieses verschuldete. Die vorteilhafteste Darstellung des Kadmiumamalgams ist die elektrolytische. Dabei benutzt man folgende Anordnung (SCHULTZE): als Anode dient ein Stab von reinstem Kadmiummetall (KAHLBAUM). Als Kathode wird reinstes Quecksilber verwendet, das im Verlaufe der Elektrolyse gut durchgerührt wird. Dies geschieht am besten durch einen Motorrührer. Als Elektrolyt dient eine mässig verdünnte angesäuerte Kadmiumsulfatlösung. Man hat jetzt also folgende Anordnung in Form einer galvanischen Kette:

Cd-Stab | mäßig verdünnte Lösung von $CdSO_4 \cdot \frac{8}{3} H^2O$ (angesäuert) | Hg.

Den Prozentgehalt des Amalgams an Kadmium stellt man fest durch Prüfung der Gewichtszunahme der Kathode. Auch die Gewichtsabnahme des Kadmiumstabes kann als Maßstab gelten. *Von der Konzentration des Kadmiumamalgams an Kadmium hängt nun das elektromotorische Verhalten des Normalelementes in äußerst starkem Maße ab.* Bei niedrigen Kadmiumkonzentrationen ist das Amalgam flüssig. Von 5 bis 14% trifft man auf ein Gemisch von fester und flüssiger Phase, während bei noch höheren Konzentrationen an Kadmium die feste Form allein vorliegt. Jener *mittlere* Bereich ist der für das Normalelement allein brauchbare. Er muß unter allen Umständen eingehalten werden. Da das weite Intervall 5 bis 14% verwendbar ist, läßt sich eine geeignete Konzentration mühelos erreichen. Man läßt also 12 bis 13 Teile Kadmiummetall auf 100 Teile Amalgam kommen. Von 12proz. Amalgam aufwärts wird es schwierig sein, mit dem Motorrührer durchzukommen, da das Amalgam zu fest wird. Man rührt alsdann mit der Hand. An Stelle dieser elektrolytischen Darstellung kann auch die Schmelze mit abgewogenen Mengen treten. Sind die Amalgame sauber dargestellt, so ist ihr elektromotorisches Verhalten absolut übereinstimmend.

**3. Der Elektrolyt** (Kadmiumsulfat). Den Elektrolyten des Elements stellt das Kadmiumsulfat dar, und zwar das Salz von der Form $CdSO_4 \cdot 8/3\,H_2O$ in gesättigter Lösung. Wie oben bereits bemerkt, kommen je nach der Art der Sättigung zwei Typen von Elementen in Betracht. Der eine, das *internationale* Westonelement, ist mit dem Salz bei Zimmertemperatur gesättigt und enthält noch außerdem Bodenkörper. Es hat also bei jeder Temperatur eine definierte Konzentration. Es ist völlig reversibel. Daher ist es gegen geringen Stromdurchgang bzw. gegen geringe Stromentnahme relativ unempfindlich. Sein *Temperaturkoeffizient* (s. auch weiter unten) darf dagegen *nicht* vernachlässigt werden. Der andere Typ, das sog. *Standardelement* enthält Kadmiumsulfat von derselben Form in Sättigung bei 4° C. Dieses hat aber gewisse Nachteile im Gefolge. Die Sättigung ist bei maximaler Dichte des Wassers erfolgt. Das Element ist daher nicht im strengen Sinne reversibel. Sein wesentlicher Vorteil ist dagegen der verschwindend kleine *Temperaturkoeffizient*, der als *praktisch null* angesehen werden kann. Es darf selbstverständlich nur reinstes Kadmiumsulfat Verwendung finden. Da das Salz schwer löslich ist, kann man, um auch die letzten Spuren von Verunreinigungen zu entfernen, die Lösung ein paar Tage früher, naturgemäß ebenfalls mit reinstem destilliertem Wasser, ansetzen und einige Male verwerfen, ehe man sie in das Element einführt.

**4. Das Merkurosulfat** (Depolarisator). Von ganz besonderer Bedeutung aber hat sich der *Depolarisator* bzw. sein Zustand erwiesen. Auf diesen ist daher ganz besonderes Augenmerk zu richten. Es kommt hier, wie eingehende Untersuchungen gezeigt haben (JAEGER und LINDECK), nicht nur auf absolute Reinheit des Salzes an, sondern es spielt auch seine Korngröße eine wichtige Rolle. Das ist theoretisch leicht einzusehen. Da bei einem galvanischen Element die Konzentrationen der in der Lösung vorhandenen Stoffe die potentialbestimmende Rolle spielen, so ist es unzulässig, daß diese Konzentrationen schwanken können. Aus physikalischen Gründen aber ist die *Löslichkeit* bis zu einer gewissen Grenze mit der *Korngröße* der zu lösenden Substanz gesetzmäßig verknüpft. Ganz kleine Kristalle haben größere Löslichkeit als größere, wie sie auch einen höheren Dampfdruck besitzen. Das aber verhindert, daß eine Konstante EMK sich einstellt. Dazu kommen noch chemische Eigentümlichkeiten des Merkurosulfats, wie Oxydbildung, leichte Hydrolyse der einwertigen Verbindung u. a. Es ist daher unbedingt notwendig, sich eines Merkurosulfatpräparats zu bedienen, das in jeder Beziehung einwandfrei ist. Die physikalisch-technische Reichsanstalt hat ein Verfahren angegeben, durch das man ein geeignetes Salz herstellen kann (STEINWEHR). Dieses gewährt eine Übereinstimmung mit den vorgeschriebenen Eicheinheiten von 0,00001 bis 0,00002. Die chemische Fabrik „LIST" (Seelze b. Hannover) vertreibt ein Präparat, das nach den Vorschriften der Reichsanstalt hergestellt und auch von ihr geprüft ist[1]. Dieses kann unbedenklich zur Füllung von Normalelementen Verwendung finden, falls man es nicht vorzieht, das Salz selbst herzustellen. Die Vorschrift der Reichsanstalt lautet:

„In eine erwärmte, etwa 10proz. wäßrige Lösung von Schwefelsäure läßt man in langsamem Strahle (aber nicht umgekehrt!) eine etwa ebenso starke, mit Salpetersäure angesäuerte Lösung von Merkuronitrat einlaufen, wobei die Schwefelsäure im Überschuß sein muß, wäscht den Niederschlag auf dem Saugfilter mit Wasser aus bis die Oberfläche eben anfängt schwach gelb zu werden, was das Anzeichen dafür ist, daß alle überschüssige Säure entfernt ist und wäscht mehrmals mit kleinen Mengen gesättigter Kadmiumsulfatlösung nach. Alsdann wird das Präparat, ohne

[1] Nach Angabe von v. STEINWEHR: Geiger-Scheels Handb. d. Phys., Bd. 13, S. 651.

daß es vorher getrocknet wird, unter eine gesättigte Lösung von Kadmiumsulfat gebracht, unter der es bis zum Gebrauch aufbewahrt bleibt" (STEINWEHR). Das Merkurosulfat darf also keinesfalls in Berührung mit Luft aufbewahrt werden.

**5. Das Elektrodengefäß.** Als Gefäß für das Normalelement wird am besten das von Lord RAYLIGH angegebene, H-förmige verwendet. Als recht praktisch hat es sich dabei erwiesen, dem unteren Teil der Schenkel leichte Einziehung zu erteilen so wie es Abb. 277 zeigt. Durch diese Einziehung wird das Element weniger empfindlich gegen Erschütterungen.

**6. Die Zusammenstellung des Elements.** Die Füllung geht nun folgendermaßen vor sich. Das gereinigte Quecksilber wird in das Gefäß gefüllt, das, was wohl kaum betont werden muß, aus Jenaer Glas anzufertigen ist. Damit kein Verspritzen von den einzeln einzubringenden Substanzen an die Wand stattfinden kann, benutzt man praktischerweise ein zweites Glasrohr, das ein wenig enger ist als die Schenkel des Elektrodengefäßes. Dieses führt man als Wandschutz ein und durch dieses füllt

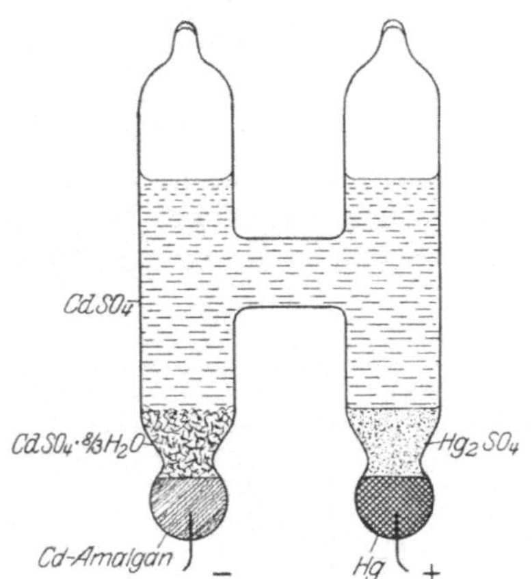


Abb. 277. Gewöhnliches Gefäß für das Weston-Normalelement.

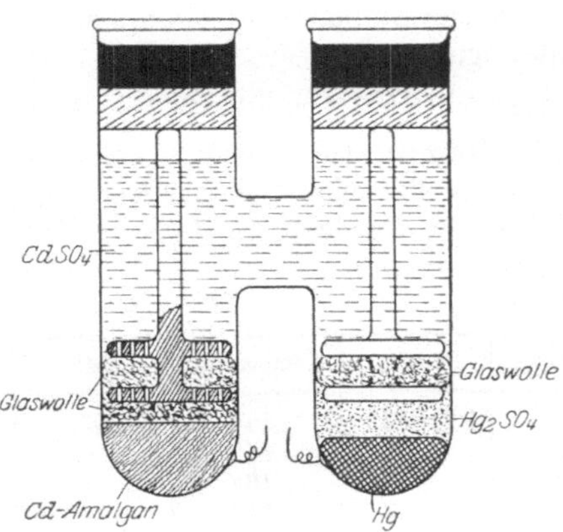


Abb. 278. Form für ein transportables Normalelement.

man die Substanzen in das Gefäß. Wird hierbei die Wand des Schutzrohres durch einen der eingefüllten Stoffe verunreinigt, so kann das Schutzrohr herausgenommen und gereinigt werden. Über das Quecksilber wird nunmehr die Paste geschichtet, die aus Merkurosulfat und gesättigter Kadmiumsulfatlösung durch inniges Verreiben hergestellt worden ist. Es empfiehlt sich, diesem Reibegemisch auch etwas reines Quecksilber zuzufügen. Das Einfüllen geschieht auf dieselbe Weise wie die Einfüllung des Quecksilbers. In den anderen Schenkel des Gefäßes wird das Kadmiumamalgam gebracht. Auf dieses füllt man dann die gesättigte Lösung von $CdSO_4 \cdot 8/3 H_2O$. Diese füllt den ganzen übriggebliebenen Raum des Elements aus bis kurz über das Niveau des Verbindungsstücks der H-Schenkel. Darauf füllt man noch festes, feingepulvertes Kadmiumsulfat in den Schenkel über dem Amalgam (s. Abb. 277). Die überstehenden oberen Schenkelenden werden nunmehr zugeschmolzen. Dabei muß darauf geachtet werden, daß genügend Luftraum oberhalb der Flüssigkeitsoberfläche verbleibt. Es ist nicht zweckmäßig, die oberen Schenkelenden durch Paraffin oder durch paraffinierte Korken zu verschließen. Durch feine kapillare Spalte tritt nach einiger Zeit Elektrolyt aus dem Kork heraus, das Wasser verdampft und Kristalle siedeln sich an. Es kann von hier aus dann leicht zu Verunreinigungen kommen. Die Ableitung von dem Element geschieht durch Platindrähte, die durch den Boden der Schenkel durchgeschmolzen sind. An die herausragenden Enden können Kupferdrähte angeschweißt werden, die Klemmenschrauben tragen oder aber die Platinenden ragen in kleine Quecksilbernäpfe, von denen nach Art der Tauchkontakte abgeleitet werden kann. Das Normalelement selber steht in einem Gestell von paraffiniertem Holz.

Dieses Element muß vor Erschütterungen bewahrt werden. Über die Anfertigung eines Elements, das transportabel ist, unterrichtet das Werk von W. JAEGER. Die Abb. 278 zeigt ein solches transportierbares Element. Man erkennt aus der Abbildung ohne weiteres, worauf es hierbei ankommt.

**7. Spannungswerte und Temperaturformeln.** Die Spannungswerte sind für die beiden genannten Typen, das *internationale* wie das *Standardelement* verschieden. Der Wert für das *internationale* Element beträgt 1,0183 internationale Volt bei 20°, der des *Standardelements* 1,0187 bei 4°. Die auf die genannte Weise hergestellten Normalelemente dürfen erst in der fünften Stelle Abweichungen zeigen.

Will man die Spannungswerte unter anderen Temperaturbedingungen ermitteln, so benutzt man für das internationale Element die folgende Temperaturformel der Reichsanstalt. Sie wurde 1908 in London auf der Internationalen Konferenz für elektrische Einheiten angenommen und ist gegenwärtig allen amtlichen Prüfungen zu unterlegen:

$$E_t = E_{20} - 4 \cdot 075 \cdot (t - 20) \cdot 10^{-5} - 9 \cdot 444\,(t - 20)^2 \cdot 10^{-7} + 9 \cdot 8\,(t - 20)^3 \cdot 10^{-9}$$ [1]

Für eine Temperatur von 4° C erhält man für das internationale Element selbstverständlich die elektromotorische Kraft des Standardelements. Die folgende Tabelle 3 gibt die elektromotorische Kraft des WESTON-Elements bei verschiedenen Temperaturen an.

Tabelle 3 (nach W. JAEGER).

| Temperatur | EMK | Temperatur | EMK | Temperatur | EMK | Temperatur | EMK |
|---|---|---|---|---|---|---|---|
| 10° | 1,01860 | 14° | 1,01851 | 18° | 1,01838 | 22° | 1,01822 |
| 11° | 58 | 15° | 48 | 19° | 34 | 23° | 17 |
| 12° | 56 | 16° | 45 | 20° | 30 | 24° | 12 |
| 13° | 53 | 17° | 41 | 21° | 26 | 25° | 07 |

Hinsichtlich des Temperatureinflusses ist noch zu bemerken, daß der Temperaturkoeffizient jenes Gesamtelements relativ gering ist $\sim$ 0,00004 Volt pro 1° C; daß dieses dagegen *durchaus nicht* zutrifft für die Reaktionen in den *einzelnen Schenkeln*. Die Halbelemente haben einzeln keine verschwindende Temperaturabhängigkeit, sie beträgt $\sim$ 0,0003 Volt pro 1° C. Es ist daher Sorge zu tragen, daß die einzelnen Teile bzw. die Schenkel keinen Temperaturunterschieden ausgesetzt sind, vielmehr stets sich gleichmäßig erwärmen. Man erreicht dieses am einfachsten durch Verbringen des Elements in einen Thermostat. Der Einbau in ein Petroleumbad dürfte schon genügen. Es ist notwendig, daß selbst angefertigte Elemente mit einem von der Reichsanstalt geprüften verglichen werden, und zwar im Laufe einer längeren Zeit und auch bei verschiedenen Temperaturen. Auf diese Weise werden evtl. Fehler rasch offenbar.

**8. Behandlung des Elements.** Daß diesem Element kein nennenswerter Strom entnommen werden darf, ist des öfteren betont worden und sei hier nochmals ausdrücklich erwähnt. Es würde dadurch nämlich eine Polarisation infolge Konzentrationsänderung an den Elektroden bedingt, die erst nach geraumer Zeit aus-

---

[1] Diese Formel stammt von WOLFF, F. A.: Bull. of the B. o. S., Bd. 5, S. 309, 1908. Obwohl sie die amtliche Temperaturformel darstellt, ist sie in bezug auf das Glied in der dritten Potenz nicht ganz im Einklang mit gewissen theoretischen Ergebnissen. Eine einfachere und vollkommen ausreichende Interpolationsformel stammt von JAEGER, W. u. WACHSMUTH, R.: Wiedem. Ann. d. Phys., Bd. 59, S. 575, 1896. Sie lautet:

$$E_t = E_{20} - 3 \cdot 8\,(t - 20)\,10^{-5} - 6 \cdot 5\,(t - 20)^2 \cdot 10^{-7}.$$

geglichen sein würde. Dasselbe würde geschehen, falls man einen Strom hindurchschicken würde. Für den Spannungswert des *Standard*elements müßten derartige Eingriffe nach den obigen Auseinandersetzungen größere Veränderungen nach sich ziehen als bei dem in jeder Beziehung reversiblen *internationalen* Element. Die Benutzung soll aber bei beiden Typen nur über einen hohen Widerstand hinweg geschehen ($\sim 10^6$ Ohm) oder aber in Kompensationsschaltung mit einem Instrument, das keines bedeutenden Stromes bedarf, für den Fall der Aufsuchung des Kompensationspunktes.

**9. Die Stromnormale.** Die Stromnormale ergibt sich aus der Spannungs- und Widerstandsnormale auf Grund des Ohmschen Gesetzes. Indes sei hier darüber noch mitgeteilt, daß man diese Größe auch direkt voltametrisch bestimmt. Im Zusammenhang mit der absoluten Strommessung mittels der Bussole hat sich jene elektrolytische Methode als so außerordentlich empfindlich und exakt reproduzierbar erwiesen, daß sie international als Grundlage für die Instrumenteneichung auf Stromstärke angenommen wurde. Als Einheit der Stromstärke — 1 internationales Ampere — gilt derjenige konstante Strom, der in 1 Sekunde 1,118 mg Silber zur Abscheidung bringt.

**10. Die umkehrbaren (unpolarisierbaren) Elektroden (Normalelektroden).** Als weitere wesentliche Hilfsmittel, besonders für die Messung elektromotorischer Kräfte solcher Systeme, bei denen Leiter zweiter Klasse mit in Betracht kommen, wo also Metalle als direkte Ableitungen wegen der Polarisationserscheinungen an ihnen nicht verwendet werden können, müssen hier die sog. *umkehrbaren* (auch *unpolarisierbaren*) Elektroden zur Besprechung kommen. Die Spannung, die irgendein System von Leitern erster Klasse, also reine Metalle liefert, kann mit Metalldrähten abgenommen werden. Anders werden die Verhältnisse, sobald ein Leiter zweiter Klasse mit im Spiele ist. Das Eintauchen jeden Metalls in eine Flüssigkeit hat zur Folge, daß am Metall ein Potentialsprung auftritt, der allein bestimmt ist durch das Verhältnis der elektrolytischen Lösungstension (eine Größe, die dem *Dampfdruck* analog zu denken ist) zur Zahl der anwesenden Ionen desselben Metalls. Ist also der Leiter zweiter Klasse frei von solchen Ionen, so wird infolge der Lösungstension in der Lösung sich eine bestimmte Metallionenkonzentration herstellen. Ist deren osmotischer Druck von gleicher Größe wie die Lösungstension, so hört ein weiteres Hineinwandern von Metallionen auf. Diesem Zustand entspricht ein bestimmter Potentialsprung an der Grenze *Metall-Flüssigkeit*. Sieht man von noch anderen, unter Umständen hier sich abspielenden Vorgängen ab, so wird man auf diese Weise unmittelbar nur die Potentialdifferenz exakt messen können, die eine bestimmte *galvanische Kette* liefert, bei der aber die einzelnen Potentialsprünge an den beiden Elektroden im allgemeinen unbestimmbar sind. Will man diesen Zustand vermeiden, so müssen hier infolgedessen solche Ableitungen, solche „Elektroden" benutzt werden, die nicht *polarisierbar sind*. Diesen Zweck erfüllen am besten die „umkehrbaren" Elektroden.

Umkehrbare Elektroden sind solche Systeme von Leitern erster und zweiter Klasse, bei denen alle Veränderungen, die infolge bestimmt gerichteten Stromdurchganges aufgetreten sind, in entgegengesetzter Richtung verlaufen, also rückgängig gemacht werden, sobald dieselbe Strommenge in entgegengesetzter Richtung hindurchgeschickt wird. Damit soll zum Ausdruck kommen, daß alle Vorgänge nur durch die Strommenge, die hindurchging, bestimmt sein sollen. Sekundäre Vorgänge sollen nicht vorhanden sein. In Wirklichkeit gibt es so etwas im strengen Sinne nicht, vielmehr kann es sich nur darum handeln, solche sekundären usw. Vorgänge auf ein verschwindendes Maß herabgesetzt zu haben. In größerem oder geringerem Maße werden stets Polarisationserscheinungen vorhanden sein. Der Begriff der *Unpolarisierbarkeit* ist also ein relativer. Je *schwächer* die Ströme sind, die hindurchgehen, je geringer vor allem die *Stromdichte*, in desto geringerem Maße spielt die Polarisation eine Rolle.

Dieses gilt in besonderem Maße für die umkehrbaren Elektroden. Bei einem gegebenen Strom kommt es daher wesentlich auf die Größe der Elektrodenfläche an.

Eine umkehrbare Elektrode von den oben gekennzeichneten Eigenschaften kann auf verschiedene Weise hergestellt sein. Taucht z. B. ein Metall in die Lösung eines Salzes, bei dem das Metallion Kation ist, so liegt eine umkehrbare Elektrode *erster* Art vor. So z. B. beim Eintauchen von Kupfermetall in ein Kupfersalz $CuSO_4$ oder $CuCl_2$, von Zinkmetall in Zinksulfat u. a. m. Fehlen in dieser Lösung Kationen, die unedler (elektronegativer, leichter entladbar) sind, so muß für sie die oben gegebene Definition zutreffen. Sie sind auch *im Grenzfall* unpolarisierbar. Dieses gilt vor allem bei Verwendung *ohne Stromentnahme*, etwa in Kompensationsschaltung. In Abb. 279 ist eine Elektrode abgebildet, die als eine umkehrbare erster Art bei eigenen Arbeiten sich bewährt hat[1]. — Sie kann in beliebiger Größe hergestellt werden, je nach dem Zweck, zu dem sie Verwendung finden soll. Durch den eingeschliffenen Stopfen des Gefäßes *G* wird starker Cu-Draht durch die Glasführung *J* gesteckt. An das obere Ende des Cu-Drahtes ist eine Polklemme gelötet, die auf das Glasrohr aufgekittet ist. An seinem unteren Ende wird er spiralig aufgerollt. Durch den Stopfen geht mit Schliff ein Röhrchen, das mit Agar gefüllt ist. Die Form bzw. Biegungen des Röhrchens richten sich nach der beabsichtigten Verwendungsart. Der Agar wird mit einem Elektrolyten leitend gemacht, den die gerade herrschenden Versuchsbedingungen vorschreiben. Für gewöhnlich wird gesättigte KCl-Lösung hierzu verwendet. Das spiralig aufgerollte Ende des Cu-Drahtes taucht in $CuSO_4$-Lösung. Das Gefäß kann vermittels des angeblasenen Glasstabes *S* in ein Stativ gespannt werden, es kann aber auch ohne Einspannung in ein Stativ eingesetzt werden, wie es weiter unten für die Kalomelelektrode beschrieben wird (s. S. 1000 und Abb. 281). Diese Elektrode wurde für Stromzuführung verwendet, nicht zur Ableitung. Ihr Eigenwiderstand ist leicht bestimmbar. Am leichtesten in Gemeinschaft mit einer ihr genau gleichen unter Hintereinanderschaltung. Es ist bei dieser Elektrode zu beachten, daß sich, wenn sie als Anode verwendet wird, stets Cu auflöst, die $CuSO_4$-Konzentration also steigt, während an der Kathode aus der $CuSO_4$-Lösung die entsprechende Menge Cu-Ionen in metallische Form übergehen. Man kann die dadurch bedingte Widerstandsänderung dadurch weitgehend hintanhalten, daß man mit gesättigten Lösungen arbeitet, an der Kathode aber stets für $CuSO_4$ als Bodenkörper sorgt. Auch kurzdauernde kommutierte Messungen werden diesen Übelstand vermeiden.

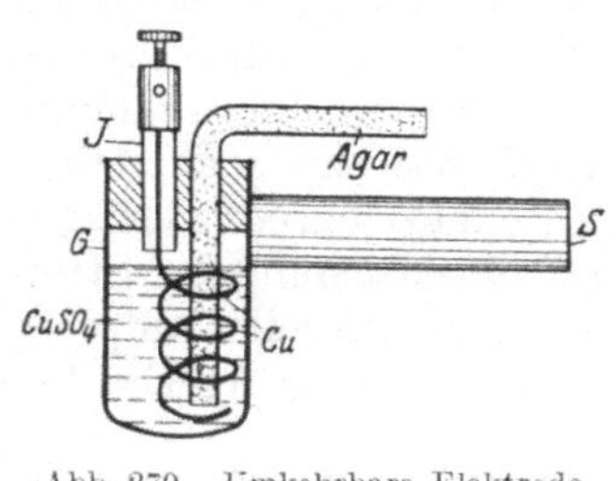

Abb. 279. Umkehrbare Elektrode I. Art.
*G* Gefäß.
*J* Glasführung für den Kupferdraht.
*S* Glasstab zum Halten der Elektrode.

Liegt ein System vor, das dieselben Eigenschaften, wie sie eben für die Kationen beschrieben wurden, für das Anion zeigt, so spricht man von einer umkehrbaren Elektrode *zweiter* Art. Derartige Systeme sind etwas komplizierter zusammengesetzt. Zu ihnen gehören die wichtigsten Ableitungselektroden (*Normalelektroden*), wie die Kalomelelektroden, die Chlorsilberelektroden u. a. m. Als Typus wird weiter unten für die eingehendere Darstellung die Kalomelelektrode zur eingehenderen Beschreibung herangezogen werden.

Über Quecksilbermetall wird eine Schicht des schwerlöslichen HgCl gebracht. Schickt man einen geringfügigen Strom hindurch, so werden Quecksilberionen in Lösung gehen. Damit wird das Löslichkeitsprodukt des Quecksilbersalzes überschritten, es vermehrt sich dessen feste Phase, es verschwindet also eine entsprechende Menge an Chlorionen. Bei Umkehr der Stromrichtung dagegen scheiden sich Quecksilberionen ab, das Löslichkeitsprodukt wird unterschritten, Salz dissoziiert nach.

[1] Unveröffentlicht.

Auf diese Weise ist die Reversibilität für das Chloranion definiert. Theoretisch kann man nun eine solche Kombination aus jedem Metall aufbauen, das in Lösung eines seiner schwerlöslichen Salze taucht. Gegenüber den Elektroden erster Art handelt es sich also hier um ein komplizierteres System. Zwischen dem Elektrodenmetall und der eigentlichen Elektrolytlösung muß ein Stoff zwischengeschaltet werden, der zur Verhinderung der Polarisation notwendig ist. Dieser bewirkt dann in der beschriebenen Weise, daß allein reversible Vorgänge unter Beteiligung der Anionen bei Stromdurchgang eine Rolle spielen. Solche Stoffe nennt man, wie oben schon einmal erörtert wurde, *Depolarisatoren.*

Schließlich muß auch noch von den umkehrbaren Elektroden *dritter* Art die Rede sein. Sie sind noch etwas komplizierter gebaut als die zweiter Art. Sie pflegen in solchen Fällen angewandt zu werden, wo Metallelektroden schwierig herstellbar sind.

Ihr Prinzip ist das folgende: Das Metall taucht in eine Lösung des schwer löslichen Salzes MeX ein, wobei $Me^{\cdot}$ das Metallion darstellt. $X'$ ist das betreffende Anion. Man fügt nun ein noch schwerer lösliches Salz von dem Typ hinzu NeX. Dieses hat also das Anion mit dem anderen schwer löslichen Salz gemeinsam. Sein Kation $Ne^{\cdot}$ kann beliebig sein. Es läßt sich rechnerisch leicht zeigen, daß eine solche Elektrode sich verhält wie ein System des betreffenden Metalls Ne gegenüber $Ne^{\cdot}$.

Ihre bedeutendste Rolle spielen diese umkehrbaren (unpolarisierbaren) Elektroden als sog. *Normalelektroden.* Ihre primäre Verwendung, der sie auch den Namen verdanken, geschah zur stromlosen Ableitung während eines Stromdurchganges durch zwei beliebige Elektroden. Dieses mußte mit einer Elektrode von bekannter und konstanter Potentialdifferenz geschehen, damit die Einzelpotentiale jener beiden anderen Elektroden ermittelt werden konnten.

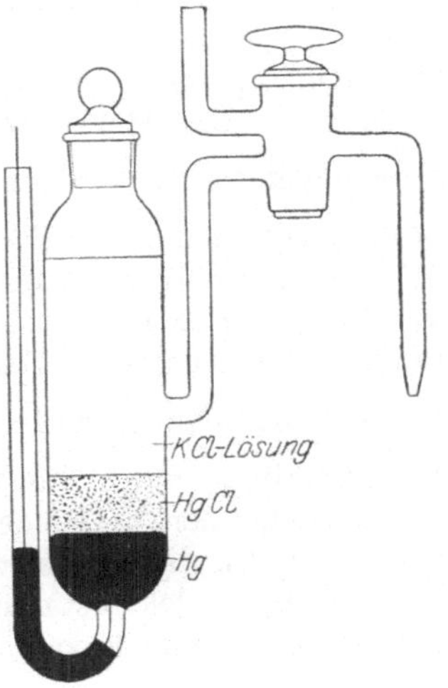

*Die* $\frac{n}{10}$ *Kalomelektrode.* In ein Gefäß von der Form, wie es weiter unten abgebildet ist, wird ganz reines Quecksilber (Reinigung siehe oben) gebracht. Darüber wird ebenfalls ganz reines Kalomel (KAHLBAUM) geschichtet[1]. Auf dieses bringt man wiederum ganz reine $\frac{n}{10}$-KCl-Lösung. Praktisch führt man das so aus, daß man zur besseren Einstellung der Substanzen aufeinander in *sauberer* Reibschale die Kalomelaufschwemmung mit reinem Quecksilber und der $\frac{n}{10}$-KCl-Lösung innig verreibt, bis ein grauweißer Brei entsteht. Diesen füllt man vorsichtig über das metallische Quecksilber, das die unterste Lage im Gefäß einnimmt. Das Kalomelpulver hat man vorher mehrere Male mit der $\frac{n}{10}$-KCl-Lösung kräftig durchgeschüttelt und die überstehende Lösung von dem ungelösten,

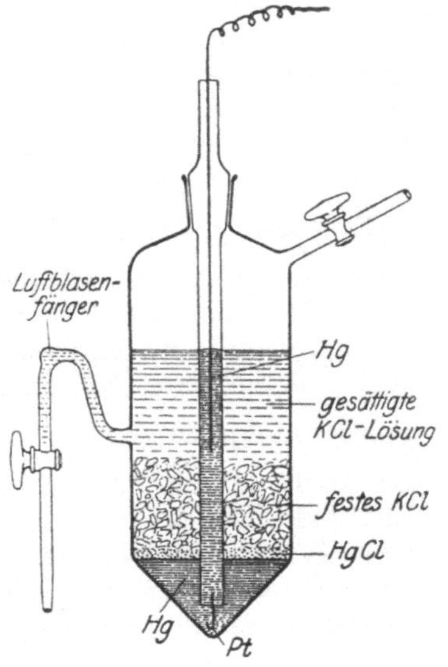

Abb. 280 a.

Abb. 280 b.

[1] EWING, W.: Journ. Am. Chem. Soc., Bd. 47, S. 301, 1925, gibt eine Vorschrift für elektrolytische Kalomelherstellung.

feuchten HgCl-Brei getrennt. Erst nachdem dieses mehrere Male geschehen ist, soll das Kalomel weiter Verwendung finden. Es braucht wohl kaum besonders betont zu werden, daß auch hier die ***Reinheit*** der Substanzen besondere Beachtung finden muß. Ebenso wichtig ist naturgemäß, daß die Lösungen genau definierte Konzentrationen enthalten. Für das KCl sei noch bemerkt, daß es nach eigenen Erfahrungen unbedingt erforderlich ist, selbst das Analysenpräparat von KAHLBAUM noch ein- bis zweimal umzukristallisieren. Was die Gefäßform anbelangt, so zeigen die Abb. 280a und 280b die gebräuchlichsten Formen. Bei eigenem Gebrauch hat sich für die verschiedensten Zwecke die Form besonders bewährt, die Abb. 281 zeigt.

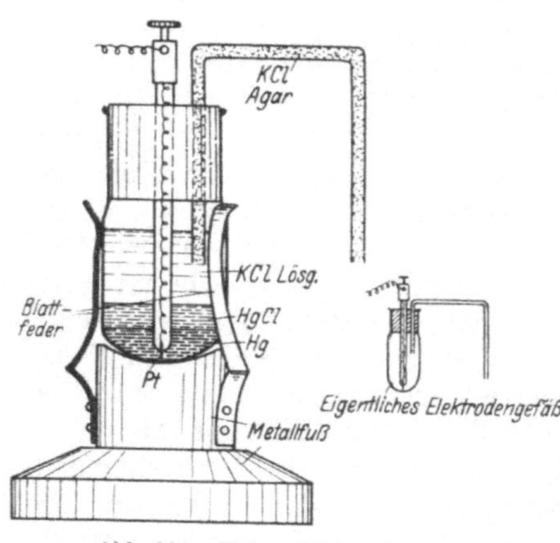

Abb. 281. Kalomelelektrode.

In den kegelförmigen Boden des Gefäßes wird das Quecksilber gebracht und über dieses die oben beschriebene Füllung geschichtet. Ein eingeschliffener Glasstopfen trägt ein Rohr und eine freie Durchbohrung. Dieses Rohr reicht gerade bis in die kegelförmige Ausblasung am Boden. Durch das untere Ende des Rohres ist ein Platindraht durchgeschmolzen und steht durch angeschweißten Kupferdraht in Verbindung mit der Klemmschraube am anderen Ende dieses Rohres[1]. Die andere Ableitung geschieht durch einen Heber, der durch die freie Durchbohrung führt, in die KCl-Lösung taucht und in dem Glasstopfen eingeschliffen ist. Der Heber wird gefüllt mit derselben $\frac{n}{10}$-KCl-Lösung, die sich in dem eigentlichen Elektrodengefäß befindet. Dieser $\frac{n}{10}$-KCl-Lösung wird 1,5- bis 2proz. Agar zugefügt, um dem Heberinhalt Festigkeit zu verleihen. Man verwendet hierzu am besten den pulverisierten Agar von MERCK. Die Auflösung geschieht auf dem Wasserbad. Ist die Elektrode so zusammengestellt, so wird sie noch an ihren oberen Rändern mit Paraffin verschlossen. Das andere Ende des U-förmig gebogenen Agarhebers wird stets in ein Gefäß mit $\frac{n}{10}$-KCl-Lösung getaucht, sobald die Elektrode nicht in einer Kette Verwendung findet. Ein einfaches Stativ trägt die Elektrode. Durch Paraffin sind die haltenden Blattfedern von dem Glas isoliert. Diese Form hat sich als sehr zweckmäßig für die verschiedensten Meßvorrichtungen erwiesen, vor allem auch bei schwierigen, elektrostatischen Messungen, wo eine weitere Isolierung bzw. Erdableitung gerade hier besonders gut und leicht möglich ist. Es sei schließlich noch darauf hingewiesen, daß der mit $\frac{n}{10}$-KCl-Agar gefüllte Heber beliebig erneut werden kann.

*Über das Eigenpotential der Kalomelelektrode.* Die $\frac{n}{10}$-KCl-Lösung kann auch ersetzt werden durch eine 1n-KCl-Lösung. Diese muß dann entsprechend hergestellt werden, der Agarheber muß die entsprechende Konzentration erhalten, und schließlich hat auch die Aufbewahrung der Elektrode in einer entsprechenden Weise zu erfolgen. Ihr Eigenpotential ist selbstverständlich ein anderes als das der

[1] Es wird absichtlich vermieden, an dem unteren Ende dieses Rohres das Platinende im Innern in Quecksilber tauchen zu lassen. Die Erfahrung hat gezeigt, daß es nicht ganz einfach ist, das Platin flüssigkeitsdicht einzuschmelzen. Oft zeigte sich erst nach genauer Prüfung, daß hier Flüssigkeit eingedrungen war und in der Folge zu Störungen Veranlassung gab. In der oben beschriebenen Anordnung wird dieses belanglos, bzw. kann sehr bald bemerkt und damit eine eventuelle Störung vermieden werden.

$\frac{n}{10}$-Elektrode (s. darüber die untenstehende Tabelle). Schließlich wird noch Gebrauch gemacht von der außerordentlich zuverlässigen und gut sich einstellenden Kalomelelektrode, die mit gesättigter KCl-Lösung beschickt ist, und bei der man zu diesem Zweck auch noch stets festes Kaliumchlorid über den Kalomelbrei schichtet (s. auch Abb. 280b). Wie bereits bemerkt, hat die gesättigte Kalomelelektrode eine Reihe von Vorteilen vor den anderen. Sie stellt sich bei Temperaturdifferenzen sehr schnell wieder ein, folgt Konzentrationsschwankungen sehr rasch, da ja stets das Kaliumchlorid gesättigt vorliegt. Die $\frac{n}{10}$-Kalomelelektrode dagegen hat den Vorteil weitgehender Temperaturkonstanz. Über die näheren Daten dieser Modifikation wird im Zusammenhang mit den anderen Kalomelelektroden das erforderliche berichtet werden (s. untenstehende Tabelle). Allgemein sei noch bemerkt, daß diese Elektrodensysteme den Nachteil haben, daß sie keinen erheblichen Erschütterungen ausgesetzt sein dürfen. Man muß zu diesem Zweck das Elektrodengefäß möglichst klein wählen. Man wird die Elektrodenfläche nicht größer als etwa 10 cm² machen. Eine solch kleine Fläche besitzt allerdings wiederum den Nachteil, daß sie leichter polarisierbar ist. Denn unter sonst gleichen Verhältnissen ist die Polarisierbarkeit der Stromdichte proportional, bei bestimmter Stromstärke also der Größe der Elektrodenfläche. Ströme bis zu $10^{-4}$ Ampere kann man unbedenklich durch die Elektroden schikken. Ist ein etwas stärkerer Strom hindurchgegangen, so muß man dem Element einige Zeit zur Erholung lassen, bevor man es weiter verwendet.

Tabelle 4. Potentiale von Normalelektroden[1].

| Kette | Volt | Temperatur |
|---|---|---|
| Pt \| $H_2$ $2\,n\,H_2SO_4$ | 0 | |
| Hg \| HgCl \| $1\,n\,KCl$ | +0,285 | 18° |
| Hg \| HgCl \| $\frac{n}{10}$ KCl | +0,337 | 0—30° |
| Hg \| HgCl \| KCl gesättigt | +0,248 | 18° |
| Hg \| HgCl \| $\frac{n}{10}$ HCl | +0,335 | 18° |
| Hg \| $Hg_2SO_4$ \| $2\,n\,H_2SO_4$ | +0,676 | 18° |
| Hg \| $Hg_2SO_4$ \| $1\,n\,H_2SO_4$ | +0,685 | 18° |
| Hg \| $Hg_2SO_4$ \| $0{,}1\,n\,H_2SO_4$ | +0,687 | 18° |
| Hg \| HgO \| 1 n KOH | +0,106 | 25° |
| Hg \| HgO \| 1 n NaOH | +0,109 | 25° |
| Hg \| HgO \| $\frac{n}{10}$ NaOH | +0,165 | 25° |
| Ag \| AgCl \| $\frac{n}{10}$ KCl | +0,292 | 18° |
| Ag \| AgCl \| $\frac{n}{10}$ HCl | +0,291 | 18° |
| Ag \| AgBr \| $\frac{n}{10}$ KBr | +0,151 | 25° |
| Ag \| AgJ 1 n KJ | —0,1565 | Zimmertemp. |
| ZnAm \| 0,5 n $ZnSO_4$ | —0,797 | „ |

Außer dem Quecksilber ist noch das Silber als Metall für Normalelektroden geschätzt. Tabelle 4 gibt darüber Auskunft. Erwähnung finden soll auch noch das Zinkamalgam.

Zunächst sei bemerkt, daß diese Zahlen nicht alle von der gleichen Genauigkeit sind. Ferner sei darauf hingewiesen, daß man, unter sonst einwandfreien Umständen Übereinstimmung der Elektroden auf $\pm 10^{-4}$ Volt erhält, wenn die Konzentration des Elektrolyten auf $\pm$ 0,3% definiert ist.

## C. Zur Meßtechnik.

### a) Einleitung.

Es erhebt sich zunächst die Frage, auf welche Weise man von einem Instrument eine Aussage über das Ausmaß einer elektrischen Größe erlangt. Bei der Besprechung der Maßsysteme wurde bereits hervorgehoben, daß die pondoromotorischen Wirkungen ruhender oder bewegter Elektrizitätsmengen gemessen werden, d. h. also mecha-

[1] Die Potentiale beziehen sich auf die 1n-Wasserstoffelektrode.

nische Wirkungen, die darin bestehen, irgendein System aus der Ruhelage zu bringen. Mit Aufhören der die Bewegung hervorbringenden Ursache kehrt das System in seine Ruhelage (Nullage) zurück. In der Regel handelt es sich um eine Drehwirkung. Manchmal jedoch auch um eine freie Bewegung mit geradlinigem Fortschreitungssinn, in anderen Fällen um eine Ausbiegung. Dabei ist es ohne Belang, ob man das betreffende Instrument direkt benutzt oder aber als sog. Nullinstrument. Bei dem erstgenannten liest man die betreffende Größe an einer Skale direkt in bestimmten Einheiten ab. Im anderen Falle aber besteht eine Vorrichtung, mit deren Hilfe der ablenkenden Kraft eine gleich große, aber in entgegengesetzter Richtung wirkende entgegengeschickt wird. Hier hat das Instrument allein die Aufgabe anzuzeigen, daß das Kräftegleichmaß eingetreten ist, daß also eine resultierende Kraft von der Größe Null besteht. Das Instrument verharrt dann auf seiner Ruhelage, der Nullage. Daher kommt die Bezeichnung Nullinstrument.

Das bisher Mitgeteilte legt nur das mechanische Prinzip der Wirkungsweise von Instrumenten dar, die elektrische Größen anzeigen. Es ist damit jedoch noch nichts darüber ausgesagt, wie man im Einzelfall etwas über die betreffenden Größen bzw. über die Abweichung aus der Nullage erfährt. Dieses ist jedoch sofort und auch einfach zu beantworten. Die Angaben erfolgen mit einem Zeiger an einer Skale. Dabei kann die Skale durch eine voraufgegangene Eichung die endgültige, zahlenmäßige Einteilung schon aufgeprägt enthalten, oder aber es liegt eine bestimmte zahlenmäßige Teilung der Skale vor, der durch einen Eichvorgang erst die entsprechenden Werte der elektrischen Größe zugeordnet werden müssen. Was den Zeiger anlangt, so kann dieser ein materieller Zeiger sein, der an dem bewegbaren System fest angebracht ist und über der Skale spielt. Im anderen Falle beobachtet man denjenigen Teil des Meßinstruments, der zur Angabe über die Größe der freien Bewegung mit geradlinigem Fortschreitungssinne besonders geeignet ist, ebenfalls über einer Skale. Im dritten Fall kann der Zeiger ein Lichtstrahl sein. Dieser fällt von einer Lampe auf einen Spiegel und von dort auf eine Skale. Es sei schließlich darauf hingewiesen, daß die Art der Ablesung nichts über das Instrument selbst aussagt. Nicht nur vermag man heutigentags jeden Instrumenttyp mit Spiegelablesung herzustellen, sondern man kann auch an sehr empfindlichen Instrumenten Zeigerablesung anbringen. Zu diesen Dingen sei noch einiges Ergänzende bemerkt.

Bei der Zeigerablesung ist für den Fall naturgemäß nichts besonderes zu bemerken, wo eine geeichte Skale vorliegt. Wo dieses aber nicht der Fall ist, wird man sich zunächst zu vergewissern haben, welche Empfindlichkeit das betreffende Instrument besitzt. Es wird also zu ermitteln sein, wieviel Einheiten der zu messenden Größe erforderlich sind, um einen bestimmten kleinsten, gerade noch genau ablesbaren mechanischen Effekt, also etwa einen Ausschlag von 1 mm zu erzeugen. Es wird dann allerdings möglich sein, noch genauere Angaben zu machen, da man ja die Millimeterteilung noch unterteilen kann, etwa durch Noniusablesung, Vergrößerung durch ein Mikroskop usw. Es sind indessen hier gewisse Grenzen gezogen. Sie liegen in der Güte der Skalenteilung, die Dicke der Strichteilung spielt dabei eine Rolle, weiterhin kommt die Dicke des Zeigers in Betracht im Verhältnis zum Abstand zweier Striche und auch im Verhältnis zur Dicke der Striche.

Ist man darüber im klaren, so hat man am ungeeichten Instrument zu prüfen, ob die Skaleneinteilung genau proportional ist den zu messenden Größen. Ist die Skale etwa, wie dies oft der Fall ist, in Millimeter geteilt, so fragt es sich, ob die angelegten Voltzahlen, Amperezahlen usw. genau über die ganze Skale hinweg den Millimetern entsprechend verlaufen, ob die Winkelausschläge den zu messenden Größen proportional sind. Diese Prüfung verläuft so, daß man die entsprechenden bekannten Größen in steigendem oder fallendem Zahlenwert (etwa Volt, Ampere oder andere) an die Klemmen des Instruments legt und an der vorgelegten Skale abliest. Ist Proportionalität vorhanden, so kann die Skale Verwendung finden, nachdem man den entsprechenden Wert der zu messenden Größe sich anmerkt (z. B. ist die Skale in Millimeter geteilt und entspricht 1 mm 0,5 m Volt oder 0,5 m Ampere, so wird, nachdem Proportionalität festgestellt ist, jede Millimeterzahl der Skale gleich sein dem doppelten der an das Instrument gelegten Spannung, Stromstärke usw.). Ist keine Proportionalität vorhanden, so kann man entweder eine Blankoskale in proportionale Teile eichen oder einer bereits vorhandenen Teilung die entsprechenden Ausschläge zuordnen. Dieses kann man praktisch dadurch tun, daß man in ein Koordinatensystem als Abszisse die vorliegende Skaleneinteilung, als Ordinate die Zahlen der proportionalen Ausschläge einträgt. Man kann dann aus solcher Kurve den einer beliebigen Millimeterzahl einer Skale entsprechenden Wert der elektrischen Größe entnehmen.

Bei der Ablesung mit dem Zeiger bildet die Parallaxe eine gewisse Störung. Sie wird neuestens vermieden durch Anbringung eines unterhalb der Strichteilung der Skale und dieser parallel laufenden spiegelnden Bandes. Es muß alsdann an derjenigen Stelle der Skale abgelesen werden, wo Zeiger und sein Spiegelbild zusammenfallen. Bei Innehalten dieser Vorschrift wird man stets in übereinstimmender Augenhaltung ablesen. Um möglichst feine Ablesung bzw. Schätzung zu ermöglichen, gibt man dem Zeiger statt einer breiten Fläche in der Beweggungsebene die Form einer Schneide, deren Schärfe der Skale zugekehrt ist oder man setzt an diesen Teil einen ganz feinen Faden. Bei großen Ausschlägen erzielt man Genauigkeit der Ablesung von der Größenordnung $1^0/_{00}$ d. h. $\sim {}^1/_{10}{}^0$ im Winkelmaß.

Bei Benutzung als Nullinstrument ist eine Eichung nicht erforderlich. Es ist mit der Meßanordnung dafür zu sorgen, daß der Zeiger des Instruments in der Ruhelage verharrt.

Bei der Ablesung einer freien, geradlinig fortschreitenden Bewegung, wie sie etwa im Kapillarelektrometer vorliegt, beobachtet man die Trennungsfläche Hg-Flüssigkeit im Mikroskop, dessen Okular eine Skale trägt. Diese Skale wird ebenfalls mit bekannten Größen, meist Spannungen geeicht. Hierbei nimmt man am besten ebenfalls eine graphische Festlegung vor, indem man die angelegten Spannungswerte als Abszissen die Ausschläge in Skalenteilen als Ordinaten einträgt. Für gewöhnlich jedoch wird dieses Instrument als Nullinstrument benutzt in Kompensationsschaltung. Dann ist auch hier Eichung nicht notwendig. Man stellt den Meniskus der Phasentrennungsfläche auf die Mitte der Skale, da ja bei den kompensatorischen Messungen der Meniskus einmal nach oben, ein andermal nach unten läuft, je nach der Richtung des nicht vollkommen auskompensierten Stromes.

**1. Spiegelablesung.** Bei der Notwendigkeit äußerster Genauigkeit verwendet man an Stelle des materiellen Zeigers den Lichtstrahl und liest mittels Spiegel und Skale ab. Diese Ablesung bietet eine ganze Reihe von Vorteilen. Doch ist auch hier stets mit Vorsicht zu Werke zu gehen. So muß man sich vergewissern, ob keine Teilungsfehler der Skale vorliegen, wie die Ruhelage des Instruments ist u. a. m., wovon noch unten die Rede sein wird. Aus der Abb. 282 ist ersichtlich, daß der Spiegel $S$ die Skale $MM'$ und die Lichtquelle ⊗ so aufgestellt sind, daß der Lichtstrahl in sich selbst reflektiert wird, was nicht unbedingt erforderlich ist. Dreht sich der Spiegel um den kleinen Winkel $\alpha$ und ist die Entfernung der Skale vom Spiegel die Strecke $SA = l$, so wird

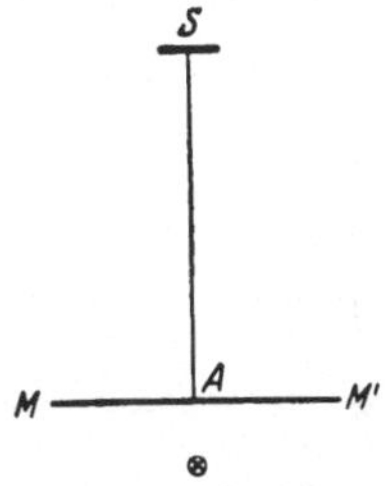

Abb. 282. Ablesung mittels Spiegel und Skale.
⊗ Lichtquelle. $S$ Spiegel. $MM'$ Skale.

$$\tan 2\alpha = \frac{AA'}{l}, \tag{a}$$

wenn $AA'$ die Entfernung der nunmehrigen Einstellung $A'$ an der Skale von der ursprünglichen, der Ruhelage (Nullage) $A$ ist. Für hinreichend kleine Winkel kann statt der Tangente der Winkel selbst gesetzt werden. Es wird also

$$\alpha = \frac{AA'}{2l}. \tag{b}$$

Hier ist also der Winkelausschlag den Skalenteilen proportional. Sind dagegen die Winkelausschläge größer, so muß als Grundlage Gleichung (a) eingeführt werden, und somit für die definitiven Größen die Tangenskorrektion. Man findet diese in den Tabellen, z. B. aus dem Buche von KOHLRAUSCH. Man kann dieses auch umgehen, indem man etwa den Millimetermaßstab aus Papier in ein kreisbogenförmiges Gestell einspannt, statt es gerade auszustrecken. Man kann den Fehler bei größeren Winkelausschlägen naturgemäß auch dadurch vermeiden, daß man mit geeigneter Strom- bzw. Spannungsquelle die ganze Skale empirisch durcheicht. Bezüglich des Fehlers sei bemerkt, daß bei einem Winkelausschlag von $\alpha = 3{,}5^0$, d. h. wenn $AA' = \frac{1}{8}\,l$ ist, dieser Fehler 0,5% beträgt. Arbeitet man also mit 1 m Abstand, so ist $AA' = 125$ mm; es beläuft sich dann die Fehlergröße auf 0,6 mm. Bei $\alpha = 5^0$ oder $AA' = \frac{1}{6}\,l$, ist der Fehler unter denselben Bedingungen, bei einem Ausschlag von 167 mm 1,7 mm. Bei der Fehlerbeseitigung durch Reduktion auf Winkel geht man von der Gleichung (a) aus:

$$\tan 2\alpha = \frac{r}{E},$$

daraus wird

$$\alpha = \tfrac{1}{2} \operatorname{arc\,tan} \frac{r}{E} = \frac{r}{2E} - \tfrac{1}{6}\left(\frac{r}{E}\right)^2 + \tfrac{1}{10}\left(\frac{r}{E}\right)^5.$$

Die Vorteile dieser Zeigermethode bestehen vor allem darin, daß durch die Verlängerungsmöglichkeit des Lichtzeigers die Empfindlichkeit des Instruments erhöht werden kann. Man vergrößert dabei $l$ in Gleichung (a) bzw. (b). D. h. schon bei kleineren Ausschlägen des Spiegels erhält man den Ausschlag $AA'$ an der Skale. Es entspricht also derselbe Ausschlag nunmehr einer kleineren Spannung. Diese Vergrößerung des Lichtzeigers erfordert aber durchaus nicht, daß auch Räume von entsprechenden Dimensionen vorhanden sind. Man kann nämlich den Lichtstrahl durch mehrmalige Spiegelung mehrere kleinere Strecken durchlaufen lassen. Auf diese Weise kann man auch dem Zeiger Richtungsänderungen beliebiger Art erteilen (Abb. 283). An Stelle der Spiegel kommen auch total reflektierende Prismen zur Verwendung. Derartigen Vergrößerungen des Lichtzeigers sind aber auch gewisse Grenzen gesetzt. Mit der Vergrößerung vergrößert man unter Umständen auch alle Unsicherheiten der Einstellung. Alle Momente nämlich, die wie Unruhe, Erschütterungen usw. Unsicherheit in die Ablesung bringen, werden naturgemäß ebenfalls vergrößert. Oft kriecht der Lichtzeiger und stellt sich schlecht ein. Auch dieses wird naturgemäß mit vergrößert. Dazu kommt außerdem bei der subjektiven Ablesung das begrenzende Moment der Vergrößerung des Fernrohrs dazu. Man kann von einem Wettbewerb reden zwischen der Empfindlichkeit des Instruments und der Genauigkeit der Einstellung. Schließlich setzt der weiteren Vergrößerung auf diesem Wege die Brownsche Bewegung der Moleküle des Aufhängesystem und der Luft eine natürliche Grenze. Von hier ab finden so starke Schwankungen der Nullpunktlage statt, daß eine weitere Vergrößerung keinen weiteren Erfolg mehr bedeutet (ISING).

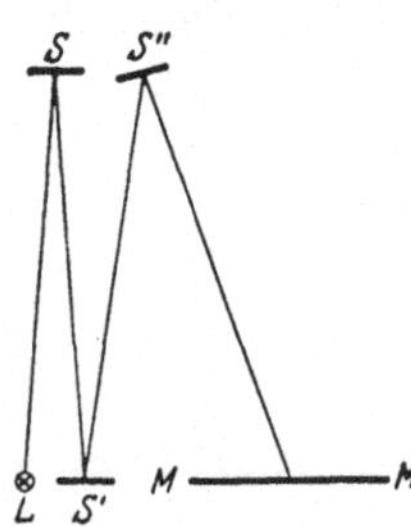

Abb. 283. Ablesung mittels Spiegel und Skale. $L$ Lichtquelle. $MM'$ Skale. $S, S', S''$ Spiegel.

Man hat bei der besonderen Art der Ablesung mit Spiegel und Skale zwei Verfahren zu unterscheiden, das subjektive und das objektive. Jenes hat den Vorteil größerer Genauigkeit, dieses dagegen den objektiv demonstrierbar zu sein.

**2. Subjektive Ablesung.** Bei dieser Art der Ablesung betrachtet man mit einem Fernrohr, dessen Okular ein Fadenkreuz enthält, die Skale im Spiegel des Instruments. Die gegenseitige Aufstellung von Spiegel, Skale, Fernrohr und Lichtquelle zeigt Abb. 284. Man hat dabei Sorge zu tragen, daß die Skale hell genug beleuchtet wird. Dieses kann durch mehrere kleine Lampen geschehen, die man über und vor der Skale anbringt und durch einen Blechschirm dafür sorgt, daß alles Licht allein auf die Skale fällt. Man kann dann durch Verschieben der Skale denjenigen Punkt mit dem Fadenkreuz des Fernrohrs zur Deckung bringen, den man als Nullpunkt zu nehmen beabsichtigt. Dreht sich jetzt der Spiegel, so kommt in das Fadenkreuz des Fernrohrs derjenige Skalenteil, der dem doppelten Drehungswinkel des Spiegels entspricht. Meist wählt man eine Aufstellung, wie sie oben Abb. 282 zeigt, und zwar die Skale über dem Fernrohr. Diese käme also in jenem Falle unterhalb von $A$ zur Aufstellung. Will man nun den Lichtzeiger vergrößern, so ist es keinesfalls erforderlich, auch mit dem Fernrohr der Skale zu folgen. Ganz abgesehen davon, daß man die bereits oben im allgemeinen Teile angegebenen Kunstgriffe der

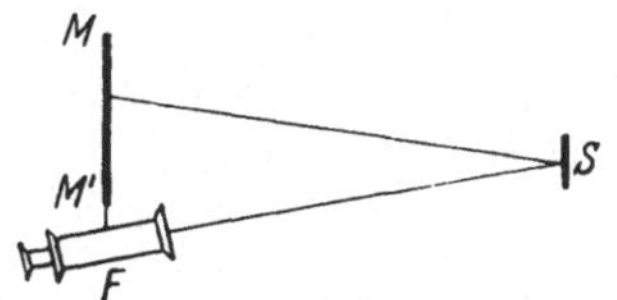


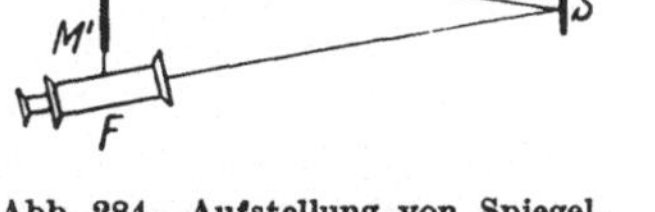

Abb. 284. Aufstellung von Spiegel, Fernrohr und Skale bei subjektiver Ablesung. *F* Fernrohr. *S* Spiegel. *MM'* Skale.

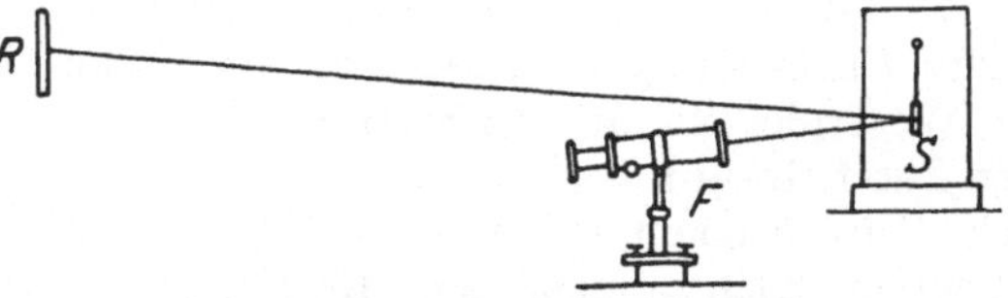


Abb. 285. Subjektive Ablesung mit Spiegel und Skale. Aufstellung bei Vergrößerung des Lichtzeigers. *R* Skale. *S* Spiegle. *F* Fernrohr.

mehrfachen Reflexion zur Zeigerverlängerung anwenden kann. Geht man aber mit der Skale dennoch weit vom Spiegel fort, so genügt es, das Fernrohr seitlich vom Spiegel aufzustellen, wie Abb. 285 es zeigt. Über verstellbare Stative für Skalen und Fernrohre siehe beim Kapillarelektrometer. Für das Okular des Fernrohres ist es zweckmäßig, Okularskale oder Fadenkreuz darin so anzubringen, daß sie einzeln für sich scharf einstellbar sind. Außerdem sei das Okular in seiner Hülse bzw. im Tubus drehbar befestigt (s. Abb. 305, S. 1027 beim Stativ des Kapillarelektrometers). Geht man auf 2 bis 5 m vom Spiegel mit der Skale fort, und ist die Skale in Millimeter geteilt, so verwendet man am besten Fernrohre von 20 bis 50facher Vergrößerung.

**3. Objektive Ablesung.** Hierbei wird irgendeine scharfe Marke durch eine Linse auf den Spiegel des Instruments geworfen und von dort auf die Skale. Hier erscheint dann die Marke und wandert bei der Spiegeldrehung. Eine solche scharfe Marke erzeugt man sich durch eine gewöhnliche Lampe, vor die man einen engen Spalt bringt, oder um die man ein Gehäuse mit engem Spalt setzt. Oder aber man bringt vor die Lampe einen dünnen Faden, oder man benutzt eine eigens konstruierte Ableselampe mit geradem, leuchtendem Faden. Neuerdings werden diese Ableselampen mit im Dreieck ausgespannten, leuchtenden Fäden hergestellt. Man kann dann auf einen Faden einstellen, oder aber man dreht die Lampe so, daß die beiden leuchtenden Schenkel des Drahtes immer mehr zusammenkommen. Es erscheint schließlich auf der Skale ein leuchtender Keil, der in seinem Innern einen ähnlichen, aber viel dünneren Keil mit äußerst scharfer Spitze trägt. Dieser innere Keil ist dunkel. Durch diesen Kontrast wird eine sehr genaue Ablesung ermöglicht. Durch Anwendung von Lupen kann man die Genauigkeit der Ablesung noch weiter steigern.

Die Lichtquelle muß naturgemäß außerhalb der Brennweite der Linse aufgestellt werden, da sonst kein objektives Bild ermöglicht würde. Dieses Bild sucht man durch Verschieben der Skale an der Stelle auf, wo es am schärfsten erscheint. Benutzt man statt des Planspiegels einen Hohlspiegel, so ist keine Linse notwendig. Stellt man dann die Lichtquelle in die doppelte Brennweite (= Krümmungshalbmesser des Hohlspiegels), so muß die Skale in dieselbe Entfernung gebracht werden.

Über die Skale ist noch mitzuteilen, daß die geeignetsten wohl die von HARTMANN und BRAUN sind. Sie sind auf Mattglas geätzt und enthalten eine recht genaue Teilung, von der sich auch entsprechend ablesen läßt. In Ermangelung einer solchen kann man auch eine gewöhnliche Millimeterteilung aus Papier (Koordinatenpapier) auf einen Glasstreifen kleben und dann als Skale benutzen. Es ist aber hierbei zu bedenken, daß Temperaturänderungen auf die Skalenlänge so wie die ihrer einzelnen Teile einen erheblichen Einfluß ausüben werden. Ist eine Glasseite rauh, die andere glatt, dann wird das Millimeterpapier auf die glatte Seite geklebt, während die rauhe dem Instrumente, also auch dem Lichtstreifen zugekehrt wird. Man liest alsdann von rückwärts her auf der dem Instrumente abgekehrten, also glatten Seite der Skale ab.

Oft ist es nicht möglich, die Skale so aufzustellen, daß in der Bewegungsebene des Lichtstrahls abgelesen werden kann. Man muß dann den Lichtstrahl in eine andere Ebene bringen. Davon ist oben schon andeutungsweise die Rede gewesen. Die Wegänderung des Lichtstrahls kann entweder durch einen Spiegel erfolgen oder durch total-reflektierende Prismen. Bei der Beleuchtungsvorrichtung können noch Schwierigkeiten auftreten. Oft gelingt es nicht mit den zur Verfügung stehenden Lichtquellen ein Bild zu erreichen, das schmal genug ist. Man kann sich dabei dann so helfen, daß man von einem beliebigen breiten Bild der Lichtquelle allein einen Rand scharf einstellt, und nur mit diesem einen Rande abliest. Oder aber man stellt so ein, daß die Spektralfarben entstehen. Hiervon sucht man sich die geeignetste heraus und mißt mit ihr. Für gewöhnlich sind diese Streifen äußerst schmal und sehr gut brauchbar.

Bei den Instrumenten, wo das mechanisch bewegbare System eine Ausbiegung erfährt (Saitenelektrometer, Saitengalvanometer, Schleifengalvanometer), könnte grundsätzlich auch mit Spiegel und Skale abgelesen werden. Man zieht es indessen hier vor, die Abweichung aus der Ruhelage mit dem Mikroskop direkt zu verfolgen. Es bedeutet keine Schwierigkeit diese subjektive Ablesung zu objektivieren. Bei einer derartigen Vorrichtung wird der Faden, die Saite oder Schleife usw. durch das Ableseinstrument hindurch auf die Skale projiziert.

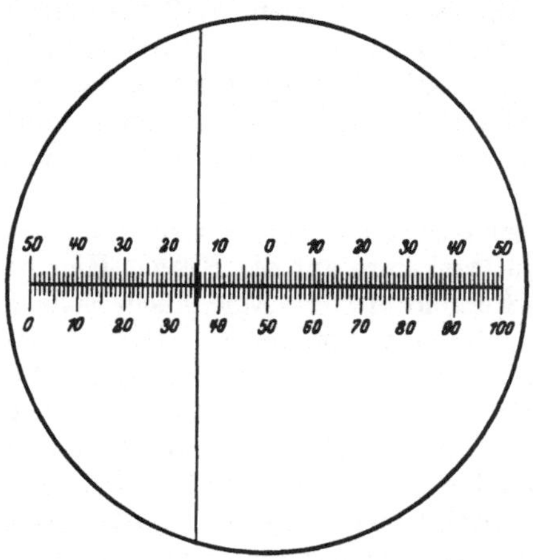


Abb. 286. Okularskale mit doppelter Teilung.

Auch beim Kapillarelektrometer ist die gebräuchliche Ableseform die subjektive mit dem Mikroskop und der Okularskale. Aber auch sie kann wie die soeben beschriebene zur objektiven gemacht werden. Oft bewährt sich bei derartigen Messungen eine Skale im Okular, die eine doppelte Graduierung besitzt, nämlich eine durchlaufende auf der einen Seite der Teilung sowie auf der anderen ein solche, deren Nullpunkt in der Mitte liegt, und die nach beiden Seiten hin zählt. Abb. 286 zeigt eine derartige Einrichtung.

Die Aufstellung von Spiegel, Skale und Fernrohr braucht keineswegs so zu erfolgen, daß das Fadenkreuz im Fernrohr mit dem Skalennullpunkt und dem Lichtstrahl eine Normale zum Spiegel bildet. Vielmehr kann die Aufstellung mit einer gewissen Seitlichkeit erfolgen, wie dies in der Abb. 284 bzw. 285 zu erkennen ist. Für eine gute Ablesung spielt die Güte des Spiegels eine gewisse Rolle. Oft ist man genötigt, ihn selbst am Aufhängesystem zu befestigen. Hierbei kann es sich ereignen, daß durch den Kitt Spannungen in das Glas gebracht werden, wo vorher keine vorhanden waren. Beim Erkalten des Kittes treten diese sehr leicht auf. Hiergegen verwendet man am besten möglichst dickes Spiegelglas und hält die Kittstelle möglichst klein. Geschieht die Ablesung mit Fernrohr oder Mikroskop gegen eine gewölbte Glas- oder andere Fläche, so kann ein scharfes Bild des Fadens usw. nur dann erlangt werden, wenn durch Vorsetzen eines mit Kanadabalsam angekitteten Deckglases jene gekrümmte Fläche zu einer ebenen gemacht worden ist; denn die Objektivsysteme der Mikroskope sind auf *ebene* Flächen eingestellt.

Bei manchen Instrumenten befindet sich vor dem Spiegel eine Schutzscheibe (oder ein Metallgehäuse mit einem Fenster), das ebenfalls gewölbt sein kann. Es würden sich dieselben Störungen ergeben. Vor allem aber würden sie, wenn jene Störungen auf die angegebene Art schon beseitigt sind, bei objektiver Ablesung mit Spiegel und Skale den leuchtenden Faden ebenfalls — wenn auch schwächer als der eigentliche Spiegel — reflektieren. Um zu erkennen, welches Bild auf der Skale das in Betracht kommende ist, erteilt man dem drehbaren Spiegel (Aufhängesystem samt Spiegel) eine kleine Drehung. Man sieht dann das *maßgebende* Bild auf der Skale wandern, das von der Vorderfläche der Schutzhülle zurückgeworfene dagegen bleibt stehen, da ja die Lichtquelle stehenbleibt. Durch leichte Verdrehung von Spiegel und Skale kann man dann bewirken, daß das unerwünschte Bild aus dem Lichtweg hinausfällt.

Es gibt aber auch die Möglichkeit mechanischer oder photographischer Registrierung, je nachdem man mit materiellen oder mit Lichtzeigern arbeitet. Von beiden Methoden kann hier nicht eingehend gehandelt werden. Dieses würde über den Rahmen des Beitrages hinausgehen. Es sei hier auf die einschlägigen Werke verwiesen und dabei vor allem auf die Meßtechnik von W. JAEGER, in der auch die Originalliteratur aufgeführt wird.

### b) Aufstellung der Instrumente.

Es ist von großer Wichtigkeit, daß die Instrumente so aufgestellt sind, daß man auch zuverlässig Ablesungen von ihnen erhalten kann. Steht das Instrument mit sehr leichtem Aufhängesystem in einer Umgebung, wo starke Erschütterungen stattfinden, so wird es kaum möglich sein, seine volle Empfindlichkeit auszunutzen. Auch eine Steigerung der Empfindlichkeit schließt sich alsdann aus, selbst wenn sie sonst möglich wäre, da ja alle Störungen mit vergrößert würden. Es sei schon hier darauf hingewiesen, daß man bei der Beurteilung der Empfindlichkeit eines Instruments (Stromempfindlichkeit, Spannungsempfindlichkeit) auch die Ablese*genauigkeit* mit berücksichtigen muß. Bei der Aufstellung der gewöhnlichen, nicht allzu empfindlichen Instrumente, ist vor allem darauf zu achten, daß neben einer ruhigen Nullage auch sonstige Schädlichkeiten vom Instrument ferngehalten werden. Dazu gehört, daß die Tische trocken sind, auf denen das Instrument steht, daß nicht Feuchtigkeit irgendwo zu einem Kurzschluß führen kann oder zur Bildung unbeabsichtigten Stromquellen, die dann zur Anzeige falscher Werte Veranlassung geben können. Ist es nicht möglich, derartige feuchte Arbeitstische zu vermeiden, so führe man die Leitungsdrähte durch die Luft dem Instrument zu, oder aber, wo dieses nicht möglich ist, ziehe man sie durch Glasrohre.

Für die feineren Instrumente aber ist eine Aufstellung vonnöten, die noch weitergehend geschützt sein muß. Dazu empfiehlt es sich dann, die Arbeit mit solchen Instrumenten in die Kellergeschosse zu verlegen. Hier kann man Betonpfeiler in das Fundament einbauen, auf die dann das betreffende Instrument gestellt wird. Es steht dann für gewöhnlich recht sicher.

Auch Tonröhren kann man als Aufstellungspfeiler benutzen. Man legt eine Steinplatte über ihre Öffnung und stellt das Instrument darauf. Zur weiteren Verbesserung der Erschütterungsfreiheit dient ein Untersatz von Gummi. Man kann dazu eine Gummiplatte benutzen oder aber eine schwere Platte an 4 Stellen mit kleinen Gummipolstern versehen. Derart aufgestellte Instrumente stehen ebenfalls recht gut. Eine andere Art der Aufstellung besteht darin, daß man in eine der senkrechten Wände des Zimmers eine Konsole anbauen läßt, die außerdem auf Streben in der Wand ruht. Schließlich sein noch auf eine dritte Methode hingewiesen, durch die man Erschütterungsfreiheit erreichen kann. Sie besteht darin, daß man das Instrument in ein aufgehängtes System bringt. Von einer in die Wand gemauerten Konsole hängen an Drei Streben Drahttrosse herab. An ihnen ist eine schwere Eisenplatte befestigt, auf die das Instrument gestellt wird. Es handelt sich hierbei um die bekannte Aufhängung nach JULIUS. Die näheren Einzelheiten sind der Originalarbeit zu entnehmen.

### c) Über elektrische Meßinstrumente.

Wie bereits oben bemerkt, sollen hier nur die Größen des stationären bzw. statischen elektrischen Feldes eine Behandlung erfahren. Das Wechselfeld soll außerhalb der Erörterung bleiben. Bei der Besprechung der Maßsysteme ist bereits mitgeteilt worden, daß man elektrische Größen von zwei Standpunkten aus betrachten kann. Einmal vom Standpunkt ruhender Elektrizitätsmengen, ein andermal vom Standpunkt bewegter. Über die Grundlage sowie Folgerungen jeglichen Standpunktes ist ebenfalls bei den Maßsytemen die Rede gewesen. Diese bezüglichen Grundlagen bilden Ausgangspunkte für zwei große Gruppen von elektrischen Meßinstrumenten. Bei der einen werden die ponderomotorischen Wirkungen des elektrostatischen Feldes zugrunde gelegt, bei der anderen dienen die dynamischen Wirkungen stromdurchflossener Leiter als Fundament. Die erstgenannte Gruppe umfaßt also die Meßinstrumente *elektrostatischer* Natur, die als *Elektrometer im engeren Sinne* bezeichnet werden. Die zweite Gruppe umfaßt die auf *elektrodynamischer* Grundlage gebauten Instrumente. Zu ihnen gehören die *Galvanometer*. Damit soll keineswegs behauptet werden, daß es nur elektrische Meßgeräte gibt, die auf einem der genannten Prinzipien beruhen. Ist doch oben mehrmals davon die Rede gewesen, wie exakt z. B. die *elektrolytische* Wirkung des elektrischen Stromes verfolgbar ist. Man hat daher in den sog. Voltametern (Kupfer-, Silber-, Jod- usw. Voltameter) Instrumente, die mit weitgehender Genauigkeit Stromstärken usw. anzugeben vermögen. Eine gewisse Umständlichkeit in der Handhabung gegenüber den elektrodynamischen Instrumenten verhindert zwar, daß sie sich in der Praxis weitgehender Anwendung erfreuen, doch ist ihre Bedeutung (für Eichzwecke, Messung von Elektrizitätsmengen u. a. m.) keineswegs gering zu schätzen.

Zu den *elektrolytischen* Instrumenten gehört nun eines, das ebenfalls die Bezeichnung *Elektrometer* trägt, in Wirklichkeit aber in die eben charakterisierte Gruppe der *elektrolytischen* Instrumente gehört. Nicht selten begegnet man der Meinung, das Kapillarelektrometer sei, da es diesen Namen trage, ein *elektrostatisches* Instrument. Das ist grundsätzlich ein Irrtum. Es wird weiter unten hierauf kurz einzugehen sein. So viel sei jedoch hier bemerkt, daß die Elektrizitätsmengen, die zur Depolarisation des Quecksilbers in der Grenzfläche $Hg/H_2SO_4 + aq$ erforderlich sind, um die Grenzflächenspannung an jener Stelle zu ändern, so klein sind, daß das Instrument sich vor allen *elektrodynamischen* dort ausgezeichnet bewährt, wo eben ganz schwache Ströme vorliegen. Besondere Bedeutung kommt ihm als Nullinstrument zu. Auch darüber s. w. u.

Auch die Erwärmung, die ein Metalldraht bei Stromdurchgang erfährt, kann als ein Maß für den Strom oder auch die Spannung benutzt werden. Man mißt dann die Dimensionsänderung, die ein solcher Draht erfährt. Auf diese Art der Instrumente sei jedoch hier nicht eingegangen.

### d) Die elektrostatischen Meßinstrumente.
### (Elektrometer im engeren Sinne und ihre Verwendung.)

Bei elektrostatischen Instrumenten handelt es sich darum, die bewegende Wirkung zu messen, die ruhende, elektrische Ladungen aufeinander ausüben. Bei der Erörterung der Maßsysteme ist oben von den COULOMBschen Kräften die Rede gewesen. Bringt man in einem elektrischen Feld von der Stärke $\mathfrak{E}$ auf einem beweglichen isolierten System die ruhende Elektrizitätsmenge $e$ an, so wirkt auf das bewegbare System die elektrische Kraft $\mathfrak{K}$, für die sich ergibt:

$$\mathfrak{K} = e \cdot \mathfrak{E}.$$

Dieser Kraft entspricht der Ausschlag des Instruments. Damit ist die Grundlage für die Konstruktion der elektrostatischen Meßinstumente, der *eigentlichen Elektrometer* gegeben. Das bewegbare System kann drehbar angebracht sein. Es kann aber auch ein Faden oder eine Saite ausgebogen werden.

Diejenige Art von Instrumenten, bei denen eine Bewegung durch materiellen oder Lichtzeiger auf einer vorher mit der betreffenden Größenart (etwa Spannung) geeichten Skale eben derartige Größen angibt, könnten nach dem Vorschlag von W. THOMSON *relative* Elektrometer genannt werden. Ihnen stehen die *absoluten* gegenüber, bei denen die auf die beschriebene Weise zustande kommenden elektrischen Kräfte direkt mit mechanischen Größen in absolutem verglichen werden. Dieses ist z. B. der Fall beim Waage- oder Plattenelektrometer nach KELVIN. Diese zuletzt genannten Instrumente sollen hier, weil für uns bedeutungslos, aus der Betrachtung ausscheiden.

Die zuerst genannte Instrumentengruppe läßt wieder zwei große Unterarten erkennen. Auf der einen Seite stehen die Instrumente, die eine sehr geringe *Kapazität* besitzen, die also im Vergleich zum *Ladungsträger* nur eine geringe Anzahl von Elektrizitätsmengen nötig haben, um auf dessen Potential zu gelangen. Sie eignen sich also vortrefflich zur Messung von Spannungen, die durch geringe Elektrizitätsmengen hervorgerufen sind. Sie haben aber infolge ihrer konstruktiven Eigenart den Nachteil geringer *Spannungsempfindlichkeit*. Es handelt sich bei ihnen um die sog. *Faden-* bzw. *Saitenelektrometer*. Ihnen stehen gegenüber diejenigen Instrumente, deren *Kapazität* von höherer Größenordnung ist, die aber dem gegenüber eine *höhere Spannungsempfindlichkeit* besitzen. Hierbei wird unter Empfindlichkeit, vorab der Spannungsempfindlichkeit, des Instruments diejenige Spannung verstanden, die erforderlich ist, um an der Skale einen Ausschlag von einem Teilstrich hervorzurufen. Die zuletzt genannte Gruppe von Elektrometern umfaßt die Instrumente vom Typus des *Quadrantelektrometers*.

**1. Das Fadenelektrometer.** Das Urbild der *Fadenelektrometer* ist das Blättchenelektrometer (bzw. -Elektroskop). Bei diesem sind zwei Metallblättchen in einem metallischen, geerdeten Gehäuse am einen Ende eines Leiters isoliert aufgehängt. Der andere Teil dieses Leiters ragt aus diesem Gehäuse heraus. Teilt man diesem Leiter Ladungen mit, so stoßen sich die aufgeladenen Blättchen ab, da sie Ladungen von gleichem Vorzeichen besitzen (s. Abb. 287). Diese mechanische Wirkung, vermehrt um die Influenzwirkung aus dem geerdeten Gehäuse, wird gemessen. Man läßt die Blättchen bei diesem EXNERschen Instrument über eine Skale sich bewegen. Die Skale muß man vorher mit bekannten Spannungs- usw. Quellen vollständig geeicht haben, da hier die Winkelausschläge nicht den Spannungen proportional sind. Für diese Elektrometer gelten auch die einfachen elektrostatischen Gesetze nicht, z. B.

$$e = C \cdot V,$$

wo $e$ die Elektrizitätsmenge bedeutet, $C$ die Kapazität und $V$ das Potential. Denn in der obigen Formel ist die Kapazität $C$ als Konstante gedacht, was bei dem Instrument aber nicht zutrifft. Benutzt man statt der Blättchen einen oder zwei Fäden, die an einem Ende frei oder auch an beiden leicht befestigt sind, so spricht man vom Ein- bzw. Zweifadenelektrometer. Als Fadenmaterial wird Quarz oder Platin benutzt (s. w. u.). Durch die beiderseitige Befestigung fallen gewisse störende mechanische Eigenschaften der Blättchen, die Durchbiegung, zum Teil in mehrfachen Krümmungen, und die dadurch erschwerte Ablesung an der Skale fort. Ferner wird nicht mehr ein Gleichgewicht eingenommen zwischen der ponderomotorischen Wirkung der zu messenden Ladungen und der Kraft des *Schwerefeldes*, sondern es wirkt als Gegenkraft zur elektrischen die *Biegungselastizität* des bzw. der Fäden. Dadurch ist naturgemäß die Ausschlagsgröße herabgesetzt. Durch Übergehen zur mikroskopischen Ablesung kann der Nachteil jedoch wieder wettgemacht werden. Eine weitere Vergrößerung des Ausschlages und damit eine Erhöhung der Empfindlichkeit erhält man dadurch, daß man den Faden in einem elektrischen Felde von bestimmter, steigerbarer Stärke sich bewegen läßt. Man benutzt also dann das Instrument mit einer *Hilfsladung*. Der Nachteil der beiderseitigen Befestigung der Fäden ist dann vollkommen behoben. Diese Elektrometer überragen dann die Blättchenelektrometer an Empfindlichkeit. Die Kapazität ist von derselben Größenordnung, kann aber nicht in demselben Maße wie bei diesem veränderlich sein, da ja die Hauptursache dieser Erscheinung, die starken Winkelausschläge, hier wegfallen. Ein weiterer Vorteil ist annähernde Proportionalität zwischen Spannung und Ladung.

Abb. 287. Blättchenelektrometer. A, A Ladeknopf. J Isolation. G Gehäuse. B Blättchen. S Skale. P, P Platten.

**2. Zweifadenelektrometer von WULF.** Das von WULF konstruierte Instrument hat im Laufe der Jahre vielfache Verbesserung erfahren, bis es seine heutige Gestalt erhalten hat. Abb. 288 gibt ein Bild des Instrumentes. Zwei Fäden hängen nebeneinander von einer Metallsonde herab, innerhalb eines Gehäuses. Die Metallsonde ist isoliert durch das Gehäuse hindurchgeführt. Am unteren Ende sind die Fäden an einem Quarzbügel befestigt. Die Fäden sind Wollastondrähte von $4 \times 10^{-3}$ cm Durchmesser. Für größere Empfindlichkeiten können dünnere Fäden eingezogen werden. Wird der Metallknopf von außen her geladen, so teilt sich diese Ladung den Fäden mit und sie stoßen einander ab. Hierbei bewirkt dann der Quarzbügel, daß die Fäden in elastischer Weise auseinanderweichen und wieder zusammenkommen. In der Mitte der Fäden wird nach der Aufladung eine Ausbiegung stattfinden. Diese Ausbiegung ist ein Maß für die angelegte Spannung. An der Stelle der größten

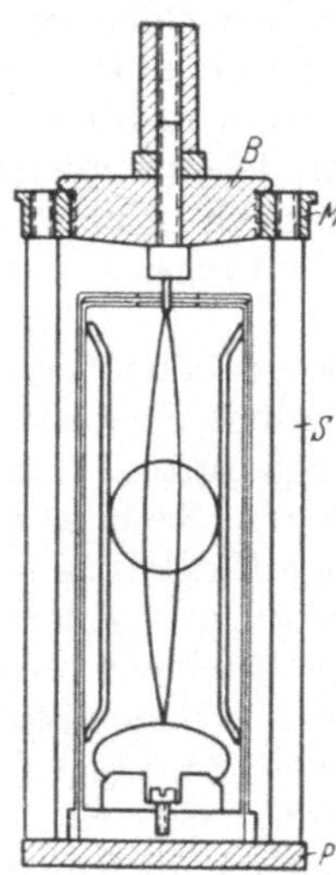

Abb. 288. Zweifaden-Elektrometer nach WULF.

Ausbiegung der Fäden, an ihrer größten gegenseitigen Entfernung wird diese mit Mikroskop und Okularmikrometer abgelesen. Die Einstellung der Fäden in Ruhelage erfolgt mit den Fußschrauben des Stativs. Der Quarzfaden hat durch kathodische Zerstäubung einen feinen Überzug von Platin erhalten. Für gewöhnlich benutzt man ein Mikroskop mit etwa 70facher Vergrößerung. An der Okularskale vermag man ein Zehntel Teilstrich noch gut abzuschätzen. Es werden stets beide Fäden zugleich abgelesen, wodurch die Fehler der Nullpunktslage entfallen sowie auch die, die aus der geneigten Lage des Instruments folgen. Die Kapazität beträgt mit Ladestift 4,1 cm. Die Fädenmitten entfernen sich nur wenig voneinander. Damit ist Unabhängigkeit der Kapazität von der Ladung gesichert. Die Empfindlichkeit beträgt 1,1 Volt für einen Skalenteil. Es ist selbstverständlich, daß für dieses Instrument eine Eichkurve aufzunehmen ist. Die Einstellgeschwindigkeit ist naturgemäß abhängig von der Fadenspannung. Je stärker der Faden gespannt ist, desto rascher ist die Einstellung, desto geringer aber die Spannungsempfindlichkeit. Schließlich sei noch bemerkt, daß das Instrument infolge der raschen Einstellung sehr gut als elektrostatischer Oszillograph brauchbar ist, sowie ebenfalls als photographisch registrierendes Instrument. Das Instrument ist gut transportfähig. Solange es nicht zur Messung von Spannungen verwendet wird, die kleiner sind als 0,01 Volt, ist es hinsichtlich seiner Erschütterungsfreiheit von einer entsprechenden Aufstellung unabhängig Durch eine passend getroffene Wahl der verwendeten Materialien ist es auch weitgehend temperaturunabhängig.

Ist eine äußerste Empfindlichkeit für Spannungen erforderlich, so kann das Instrument mit einer *Hilfsladung* versehen werden. Alsdann bewegen sich die geladenen Fäden in einem elektrischen Felde. Das Hilfsfeld wird an zwei Schneiden gelegt, die von außen her isoliert durch das Gehäuse geführt sind und verschoben werden können. Dadurch rücken sie dem Faden näher oder entfernen sich von ihm. Durch derartiges *Verschieben*, sowie durch *Verstärken* der Hilfsladung sowie schließlich durch die *Verwendung ganz feiner Fäden* kann die Empfindlichkeit in weiteren Grenzen gesteigert werden. Die beiden Schneiden verhindern auch, daß die Fäden bei der Bewegung aus der Ebene heraustreten. Dadurch wird ihre gute Sichtbarkeit im Mikroskop gewährleistet. Die Empfindlichkeit beträgt etwa 0,025 Volt für 0,1 Skalenteil. Bis zu 1400 Volt ist dieses Elektrometer brauchbar. Dann beginnt eine Ausstrahlung.

Über die Schaltungsweise der Fadenelektrometer wird weiter unten die Rede sein.

KOHLHÖRSTER benutzt an Stelle zweier Quarzfäden zwei senkrechtstehende, freitragende Quarzschlingen. Die Enden sind in einigen Millimetern Abstand voneinander an einem Metallblech befestigt, das in den Isolator eingelassen ist. Dasselbe Instrument kann als Ein- und auch als Zweifadenelektrometer benutzt werden. Auch hier wird mit dem Mikroskop abgelesen. Ebenfalls ist auch hier Temperaturkorrektion erfolgt. Auch hier kann mit Hilfsspannung gearbeitet werden. Die Schaltungsmöglichkeiten sind auch hier dieselben wie beim WULFschen Instrument, ebenfalls die Möglichkeiten der Variierung der Voltempfindlichkeit.

Das Gesamtinstrument hat eine Kapazität von etwa 2,0 cm. Dabei entfällt der Hauptanteil auf die Zuleitung. Will man Ströme mit diesem Instrument messen, so kann man hier nach einer der Methoden verfahren, wie sie w. u. (S. 1023 Ziff. 6) angegeben sind.

Die Isolierungsfähigkeit des Instruments ist gut. Seine schnelle Einstellung empfiehlt es ebenfalls als Registrierinstrument.

Bei idiostatischer (s. w. u.) Schaltung beträgt die Empfindlichkeit für 0,1 Skalenteil etwa 0,057 Volt. Seine Kapazität beträgt 1,62 cm. Es ist also für einen Skalenteil an Ladung erforderlich $3{,}1 \cdot 10^{-3}$ elektrostatische Einheiten. Bei Verwendung von Hilfsladungen kann man zu einer Empfindlichkeit gelangen von 0,1 Skalenteil für 0,001 Volt. Weitere Angaben macht die folgende Tabelle 5. Aus ihr ergibt sich, daß das Instrument einen Meßbereich von 0 bis 900 Volt besitzt bei wechselnder Empfindlichkeit. Das Instrument ist von äußeren Einflüssen weitgehend unabhängig.

Tabelle 5.

a) Schneiden geerdet. Spannung liegt an den Fäden.

| | |
|---|---|
| Meßbereich . . . . . . . . | 0—100 Volt |
| Empfindlichkeit . . . . . . | 0,3 Volt pro 1 Skalenteil |

b) Spannung an Schneiden. Schneiden sind den Fäden bis zum Anschlag genähert.

| | Fäden geerdet: | 76 Volt an Fäden: | 150 Volt an Fäden: |
|---|---|---|---|
| Meßbereich . . | 60—220 Volt | 120—380 Volt | 300—700 Volt |
| Empfindlichkeit | 0,9 Volt pro 1 Skalenteil | 0,9 Volt pro 1 Skalenteil | 1 Volt pro 1 Skalenteil |

c) Spannung an Schneiden. Schneiden von den Fäden bis zum Anschlag entfernt.

| | Fäden geerdet: | 76 Volt an Fäden: | 150 Volt an Fäden: |
|---|---|---|---|
| Meßbereich . . | 100—330 Volt | 300—700 Volt | 500—900 Volt |
| Empfindlichkeit | 1,3 Volt pro 1 Skalenteil | 2,2 Volt pro 1 Skalenteil | 2,6 Volt pro 1 Skalenteil |

Ein ähnliches Instrument wie das von WULF haben ELSTER und GEITEL angegeben, es ist ein Einfadenelektrometer. Die maximale Voltempfindlichkeit beträgt hier 0,03 Volt für einen Skalenteil. Die Kapazität beträgt etwa 2 cm. Das eine Fadenende schwebt fast frei. Dies verleiht dem Instrument von einer gewissen Spannung ab eine gewisse Labilität, die für die Ablesung nicht sehr günstig ist.

Auch WULF hat eine Einfadenkonstruktion angegeben. Sie beruht auf demselben Prinzip und kommt auch in vielen konstruktiven Einzelheiten seinem Zweifadeninstrument gleich. Die Höchstempfindlichkeit entspricht der des Instruments von ELSTER und GEITEL. Der Vorteil gegenüber diesem ist jedoch, daß es bei gewissen Spannungen nicht labil wird. Dieses wird bewirkt durch die eigenartige Befestigungsweise des unteren Fadenendes, von dem oben bereits die Rede war. Der Meßbereich des WULFschen Instruments ist daher größer als der des ELSTER- und GEITELschen. Über die Schaltungsweise s. w. u.

Gegenüber diesen dreien, wo die unteren Faden- oder Schlingenenden gar keine oder doch nur leicht elastische Befestigung erfahren haben, finden sich solche Konstruktionen, bei denen die Fäden *fest* eingespannt sind. Man bezeichnet solche Instrumente als Saitenelektrometer.

Bei dem Saitenelektrometer von C. W. LUTZ wird die Saite von einem Platindraht von 1 bis 2 $\mu$ Durchmesser gebildet. Er ist ebenfalls zwischen zwei Schneiden ausgespannt, wie dies bei den Fadenelektrometern geschieht. Wie bei dem Einfadenelektrometer wird auch hier die Durchbiegung der durch die fremde Elektrizitätsquelle aufgeladenen Saite mit Mikroskop und Okularmikrometer gemessen. Der Ausschlag gibt ein Maß für die angelegte Spannung. Die Skale muß auch hier geeicht werden. Eine Variation der Saitenspannung ist dadurch ermöglicht, daß eine Spannschraube, die Teiltrommel und Index besitzt, als Mikrometerschraube verstellbar ist. Sie hebt und senkt die Saite und spannt und entspannt sie dadurch. Ist die Saite weitgehend entspannt, so machen sich kleine Erschütterungen der Umgebung bemerkbar. In allen anderen Fällen jedoch braucht auf eine erschütterungsfreie Aufstellung nicht geachtet zu werden.

Die angegebenen konstruktiven Eigenheiten der Faden- bzw. Saitenelektrometer ermöglichen eine recht vielfältige Schaltungsweise. Im wesentlichen wird man unterscheiden, ob ein Hilfsfeld benutzt wird (*heterostatische* Schaltung) oder nicht. Arbeitet man ohne Hilfsladung (*idiostatische* Schaltung), so gibt es zwei Schaltungsweisen, nämlich die Influenzschaltung und die Doppelschaltung.

1. Ohne Hilfsladung. Hierbei ist das *Vorzeichen* der Ladung nicht bestimmbar, sondern nur ihre *Größe*

α) *Influenzschaltung.* Es werden beide Klemmen, die zu den Schneiden führen, verbunden und geerdet. Man stellt die Saite nicht ganz in die Mitte zwischen die Schneiden, sondern schiebt die eine Schneide etwas näher heran (Influenzschneide). Verwendet man ein Okularmikrometer mit doppelter Ziffernteilung (s. o), dann stellt man am besten diejenige Schneide näher, nach der hin die Zahlen der Skale wachsen. Bei derartiger Schaltung nämlich werden nach der Aufladung der Saite und nach der Erdung der Schneiden diese durch Influenz die entgegengesetzte Entladung besitzen als die Saite. Die näherstehende Schneide zieht dann die Saite stärker an. Der Ausschlag muß nach dieser Saite hin erfolgen. Diese Schaltung bewährt sich besonders beim Messen von höheren Potentialen, bei dem Saitenelektrometer etwa zwischen 100 und 750 Volt. Bei geringer Erhöhung der Spannung zeigt dieses Instrument bereits Ausstrahlung, bei noch weiter fortgesetzter reißt die Saite. Die Ausstrahlung wird durch Zucken der Saite angezeigt. Innerhalb jenes günstigen Bereiches beträgt die Empfindlichkeit im Mittel für 0,1 Skalenteil 0,4 Volt.

Bringt man die nähergelegene Schneide noch mehr an die Saite heran, so steigt die Empfindlichkeit. Steigert man die Empfindlichkeit weiterhin durch Nachlassen der Spannung, so ist Vorsicht geboten, da die verringerte Saitenspannung das Instrument empfindlich gegen Neigung und Erschütterungen macht. Das Saitenelektrometer hat in dieser Schaltung eine Kapazität von 3,3 cm, mit Deckel und Ladesonde. Die Kapazitätsänderungen bei der Ausbiegung der Saite sind praktisch Null.

β) *Doppelschaltung.* Hierbei wird die Saite (bzw. der oder die Fäden) mit der einen Schneide leitend verbunden, während die andere Schneide geerdet wird. Dadurch erhält die erste Schneide die gleiche Lade wie die Saite. Die Saite wird hier abgestoßen. Die zweite Schneide dagegen hat durch Influenz entgegengesetzte Ladung und zieht die Saite an. Dadurch wird die Empfindlichkeit des Instruments erhöht, der Meßbereich dagegen herabgesetzt. Für das Saitenelektrometer eignet sich diese Schaltung am besten zu Messungen im Bereiche von 2 bis 430 Volt. Bei mäßiger Saitenspannung ist der günstigste Meßbereich 2 bis 270 Volt. Die Empfindlichkeit ist 0,1 Skalenteil für 0,3 Volt. Lockert man die Saite, so erhöht sich die Empfindlichkeit. Bei stärkster Spannung beträgt sie 0,1 Skalenteil für 0,4 Volt. Die Kapazität in dieser Schaltung beträgt für das Saitenelektrometer mit Deckel und Ladesonde 5,7 cm. In dieser Schaltung kann man auch Potentialdifferenzen direkt messen. Man legt das niedere Potential an die sonst zu erdende Schneide (Influenzschneide), die jetzt isoliert zu halten ist. Das größere dagegen an die mit der Saite zu verbindenden Schneide. Der Ausschlag ist dann ein Maß für die Potentialdifferenz.

2. Mit Hilfsladung. Hierbei ist es möglich, auch noch den *Ladungssinn* zu ermitteln. Die Größe der zu messenden Potentiale beträgt 0,001 bis 750 Volt. Der Meßbereich hängt ab von der Größe der Hilfsladung sowie von der Saiten- bzw. Fadenspannung.

α) *Saitenschaltung.* Durch eine Hilfsbatterie werden die Schneiden auf entgegengesetzt gleich große Spannungen gebracht. Hierzu verwendet man Hochspannungsbatterien von Akkumulatoren. Diese können nur wenig Strom abgeben, halten aber die Spannung sehr gut. Ferner können Krügerbatterien oder auch Anodenbatterien empfohlen werden. Zur Erzielung entgegengesetzt gleich großer Potentiale erdet man die Mitte der Batterie. Die Verschiebbarkeit der Schneiden erweist sich hier von großem Vorteil. Man kann dadurch die Nullage sowie die Ausschläge, auch die kommutierten, regulieren, so daß sie vollkommen symmetrisch erfolgen. Bei derjenigen Schneidenstellung, Hilfsladung und Saitenspannung, die einen Meßbereich von 5 bis 750 Volt zuläßt, beträgt die Empfindlichkeit im Mittel 0,1 Skalenteil für 2 Volt. Im Meßbereich von 1 bis 320 Volt entspricht 0,1 Skalenteil 0,6 Volt, im Meßbereich 0,1 bis 70 Volt entspricht 0,1 Skalenteil 0,14 Volt.

Das Aufstellen von Eichkurven für bestimmte Hilfsladungen bei festen Spannungen und Schneidenstellungen ist von besonderer Bedeutung. Es läßt sich zu jeder Saitenspannung bei bestimmter Hilfsladung eine Schneidenstellung finden, bei der der Saitenausschlag dem Saitenpotential direkt proportional ist. Will man Potentiale von kleinerem Werte als 0,1 Volt messen, so müssen dünnere Saiten und höhere Ladespannungen angewandt werden. Ferner kann auch die Saite eine geringere Spannung erfahren. Man gelangt dann bis zu Empfindlichkeiten von 0,001 Volt/Sklt.

Hier machen sich aber bereits äußere Störungen (Influenzwirkungen) bemerkbar. Man muß dann zu elektrostatischer Abschirmung, wie sie weiter unten noch beschrieben werden wird, übergehen. Steigert man die Ladespannung noch weiter ($\pm$ 100 Volt), so erhält man für 0,1 Sklt. $6 \times 10^{-5}$ Volt. Man bleibt dann im Meßbereich von 0 bis 0,5 Volt. Bei Verwendung von $\pm$ 200 Volt Hilfsspannung müssen bereits gewisse Vorsichtsmaßnahmen beachtet werden, die das Instrument in seiner gewöhnlichen Handlichkeit beeinträchtigen. Die Kapazität des Instruments beträgt bei Saitenschaltung mit Deckel und Sonde 3,3 cm. Hier ist selbstverständlich ebenfalls eine Eichkurve aufzunehmen.

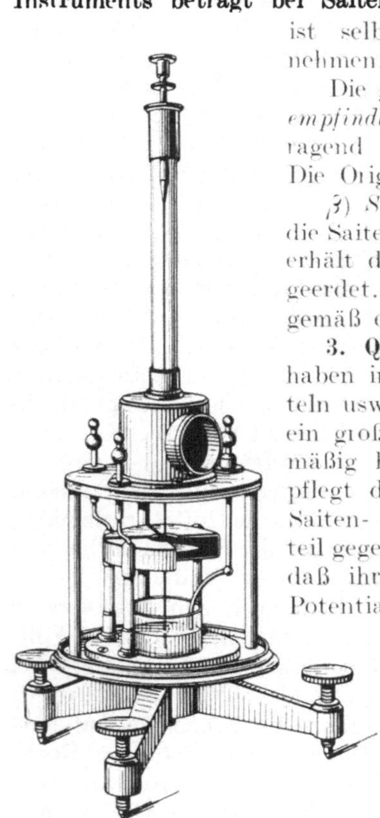

Abb. 289. THOMSONsches Quadrantelektrometer.
Das Metallgehäuse sowie ein Quadrant ist entfernt; man erkennt ein Stück der Nadel.

Die geringe *Kapazität*, verbunden mit der hohen *Voltempfindlichkeit* machen das Saitenelektrometer auch hervorragend geeignet zur Messung kleiner *Elektrizitätsmengen*. Die Originalarbeit gibt hierüber nähere Auskunft.

$\beta$) *Schneidenladung*. Hier wird das Hilfspotential an die Saite gelegt anstatt an die Schneiden. Die eine Schneide erhält dann das zu messende Potential, die andere wird geerdet. Hierbei ist die Kapazität des Instrumentes naturgemäß erheblich größer.

3. **Quadrantelektrometer.** Die Quadrantelektrometer haben infolge ihrer konstruktiven Eigenart (Metallschachteln usw.) gegenüber den Faden- und Saiteninstrumenten ein große *Kapazität*. Sie haben dagegen eine verhältnismäßig hohe *Spannungsempfindlichkeit*. Im allgemeinen pflegt daher die *Ladungsempfindlichkeit*[1] gegenüber den Saiten- und Fadeninstrumenten gering zu sein. Ihr Vorteil gegenüber den Fadeninstrumenten besteht ferner darin, daß ihre Empfindlichkeit konstant ist, daß angelegtes Potential und Winkelausschlag proportional sind. Man könnte daher grundsätzlich eine Eichkurve ersparen. Es sollte die Bestimmung der Empfindlichkeit des Instruments genügen. Bei Verwendung als Nullinstrument wäre dieses auch überflüssig. Indessen wird sich zeigen, daß man doch gut tut, jedes einzelne Instrument näher zu prüfen; davon wird noch die Rede sein.

Das *THOMSONsche Quadrantelektrometer* ist das Urbild dieser Instrumentengruppe. Für alle weiteren Konstruktionen und Umänderungen ist es das Vorbild geblieben. Abb. 289 gibt eine Ansicht von ihm, nachdem man das metallische Gehäuse sowie einen Quadranten entfernt hat. Der wirksame Teil des Instruments besteht aus einer Nadel von der

[1] D. h. die Empfindlichkeit gegenüber *Elektrizitätsmengen*.

Form einer Lemniskate. Sie ist an einem langen, leitenden Faden (Platin) aufgehängt, der an dem von außen her zugänglichen Knopf befestigt ist. Sonst ist die ganze Führung isoliert durch Bernstein hindurchgeführt. Der Knopf hat ferner eine Vorrichtung zur Befestigung der Zuleitungsdrähte Auch kann er in einer Metallhülse gedreht werden. Von der Nadel führt dann ein weiterer feiner Draht zur unteren Zuleitung. Die lemniskatenförmige Nadel schwingt in einem Messinggehäuse in den sog. Schachteln. Abb. 290 zeigt diese im Aufriß. Diese Schachtel ist in Quadranten geteilt, wie dieses Abb. 289, 291, 292 zeigt. Zu diesen Quadranten muß die Nadel in Ruhelage symmetrisch zu den Schlitzen der Schachteln stehen, und zwar in einer Weise, wie sie Abb. 291 angibt. Quadrant I ist mit III, Quadrant II mit IV leitend verbunden. In Abb. 289 ist der Einblick in die Lage

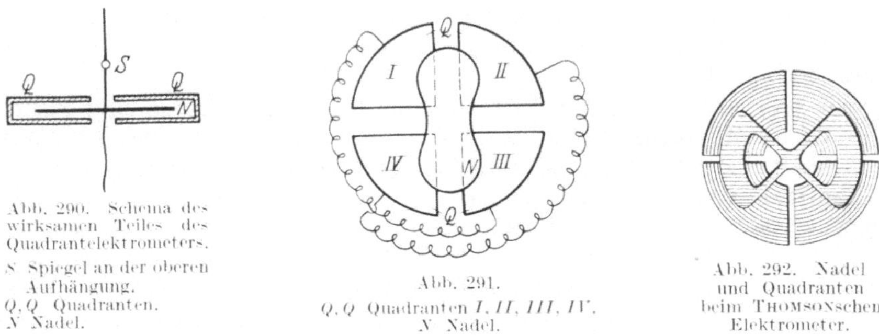


Abb. 290. Schema des wirksamen Teiles des Quadrantelektrometers. S Spiegel an der oberen Aufhängung. Q, Q Quadranten. N Nadel.

Abb. 291. Q, Q Quadranten I, II, III, IV. N Nadel.

Abb. 292. Nadel und Quadranten beim THOMSONschen Elektrometer.

der Nadel zu den Schachteln möglich geworden durch Fortnahme eines der Quadranten. An dem oberen Aufhängefaden ist dicht über den Schachteln ein Spiegel befestigt. Dreht sich die Nadel, so dreht sich der Spiegel mit. Der Ausschlag wird mit Spiegel und Skale verfolgt.

Wie bei den Faden- und Saitenelektrometern besteht auch hier eine Reihe von Möglichkeiten hinsichtlich der Schaltungsweise beim Messen. Auch hier wieder kann das Instrument mit oder ohne Hilfsladung benutzt werden.

1. Ohne Hilfsladung. $\alpha$) Man legt das zu messende Potential an die Nadel und verbindet diese mit dem einen Quadrantenpaar. Das andere Quadrantenpaar wird geerdet. Durch Influenzwirkung besitzt dann der geerdete Schachtelteil einen Ladungssinn, der dem der Nadel entgegengesetzt ist. Während diese also von dem nicht geerdeten, gleichnamigen Schachtelteil abgestoßen wird, wird sie von dem geerdeten angezogen.

$\beta$) Ganz entsprechende Verhältnisse ergeben sich, wenn man den mit der Nadel leitend verbundenen Schachtelteil erdet und dem anderen Schachtelteil Ladungen zuführt.

2. Mit Hilfsladung. $\alpha$) *Quadrantschaltung.* Man legt hier das eine Quadrantenpaar an Erde, das andere erhält die zu messende Spannung. An die Nadel legt man die Hilfsladung. Dieses ist die übliche Schaltungsweise.

$\beta$) *Nadelschaltung.* Man legt das zu messende Potential an die Nadel. Jedes Quadrantenpaar erhält eine Ladespannung. Diese ist der Größe nach für beide Paare gleich, dem Vorzeichen nach aber entgegengesetzt. Man erreicht dieses dadurch, daß man von einer Batterie die Mitte erdet und die Pole mit je einem Quadrantenpaar verbindet.

Die Theorie dieses Elektrometers ist von MAXWELL gegeben und später noch weiter ausgebaut worden. Von ihr kann hier nicht eingehend die Rede sein, nur so viel sei bemerkt, daß bei I $\alpha$ und I $\beta$ die Ausschläge dem *Quadrat* der Spannungen proportional sind. Bei II $\alpha$ und II $\beta$ dagegen sind die Ausschläge der angelegten

Spannung weitgehend proportional. Die erstgenannten Schaltungen ermöglichen es daher, mit dem Instrument Wechselströme zu messen (ORLICH).

Weiterhin sei über die Schaltungen bemerkt, daß in der Quadrantschaltung die Empfindlichkeit des Instruments am geringsten ist. Die Nadelschaltung macht es empfindlicher. Jene hat dagegen den Vorteil der sicheren Handhabung. Liegt nämlich die Hilfsladung an der Nadel, so kann ein Kurzschluß nur zum Durchbrennen der Aufhängevorrichtung führen. Dieser Schaden läßt sich leicht und rasch beheben. Liegt dagegen die Hilfsladung an dem Quadranten, so verursacht ein Kurzschluß stärkere Zerstörungen an den Zuführungen, die durch Bernstein hindurch in das Innere des Instruments laufen. Das Quadrantelektrometer ist vielfach abgewandelt worden. Durch die von DOLEZALEK angegebene Modifikation erhält das Instrument bei einer Hilfsspannung von $\pm$ 100 Volt, einem Skalenabstand von 1 m eine Empfindlichkeit von ca. 1 Millivolt für 1 Skalenteil. Dabei hat dann das Instrument eine Schwingungsdauer von etwa 20 Sekunden. Seine Kapazität beträgt 80 cm.

Es liegt hier also eine recht beträchtliche Kapazität vor, so daß auch eine wenig große Empfindlichkeit für Ladungen zu erwarten ist, obwohl die Voltempfindlichkeit eine gute ist. Man strebte danach, diese große Kapazität durch andersartige Konstruktionen der maßgebenden Instrumententeile zu verringern. Es seien hier erwähnt die Bemühungen von PASCHEN, KLEINER, MÜLLY. A. H. COMPTON und K. T. COMPTON sowie schließlich PARSON konnten unter Benutzung der *Richtkräfte*, die durch die Schlitze zwischen den Quadranten hervorgerufen werden, eine Empfindlichkeit von $2 \times 10^{-5}$ Volt für ein Millimeter Skalenteil erreichen bei einer Kapazität von 9 cm.

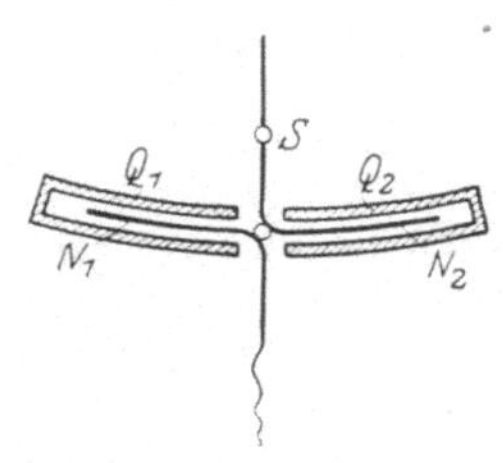


Abb. 293. Schema des wirksamen Teiles des Binantelektrometers. $S$ Spiegel an der oberen Aufhängung. $Q_1, Q_2$ Schachteln. $N_1, N_2$ Nadelhälften, isoliert voneinander angebracht.

*Binantelektrometer.* Besonders weit verbreitet ist eine Umkonstruktion des THOMSONschen Elektrometers, die ebenfalls DOLEZALEK angegeben hat. Die Grundidee hierzu war bereits von BLONDLOT und CURIE angegeben. Dabei handelt es sich darum, gewisse Störungen zu vermeiden, die auf der konstruktiven Eigenart der Quadranten beruhen.

Das CURIE-DOLEZALEKsche Instrument setzt an die Stelle der vier Schachteln nur zwei. Die Nadel erhält die Form einer Kreisfläche. Sie ist in zwei Teile zerlegt, die isoliert wieder aneinandergebracht sein müssen. Damit ändern sich in den MAXWELLschen Gleichungen für die Theorie des Instruments die Ausdrücke in der Weise, daß gewisse störende Glieder wegfallen. Die halben Kreisflächen sind aus dünnster Aluminiumfolie und nicht eben, sondern von Kugelschalenform. Dementsprechend sind auch die Lumina der Binantenschachteln gestaltet. Der Krümmungsmittelpunkt von beiden liegt oben im Aufhängepunkt der Nadel. Dadurch wird ein Anstoßen der Nadel an die Schachteln bei höherer Ladespannung vermieden, ganz abgesehen von weiteren Vorteilen, wie Ermöglichung der Verwendung höherer Ladespannungen, größerer Festigkeit der Nadeln usw. Die Abb. 293 gibt eine Übersicht über diese Verhältnisse. $Q_1$ ist die eine Schachtel, $Q_2$ die andere, $N_1$ die eine, $N_2$ die zweite Nadelhälfte. Die Zuleitung zu der einen Nadelhälfte erfolgt durch die obere Aufhängung, die wie bei dem THOMSONschen Elektrometer angebracht ist. Zur zweiten Nadelhälfte führt die untere Aufhängung, die dünner ist als die obere. In Abb. 294 ist der Grundriß der Einrichtung von Nadel und Schachtel gegeben. Die Bezeichnungen haben

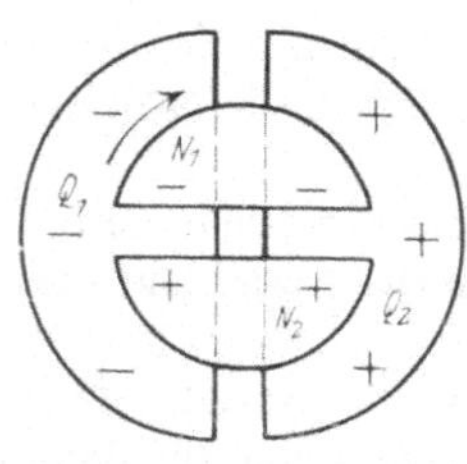


Abb. 294. Anordnung von Schachteln und Nadelhälften beim Binantelektrometer. $Q_1, Q_2$ Schachteln. $N_1, N_2$ Nadelhälften.

dieselbe Bedeutung, wie bei Abb. 293. Die Schaltungsweisen des Instruments sind dieselben wie beim Quadrantelektrometer. Die gewöhnliche Schaltungsart ist die mit Hilfsladung. Die Nadelhälften erhalten von einer Batterie je entgegengesetzt gleiche Ladungen. Die eine Schachtel ist geerdet. Von der Stromquelle, deren Spannung gemessen werden soll, wird der eine Pol ebenfalls an Erde gelegt, während der andere an die nicht geerdete Schachtel kommt. Die in Abb. 294 dargeleg-

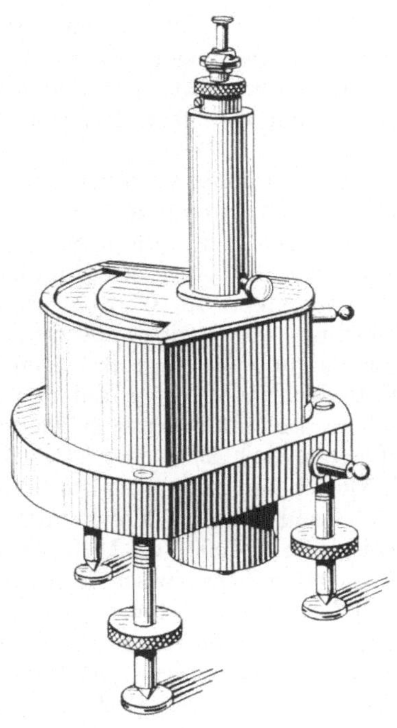

Abb. 295. Zeigerbinant nach DOLEZALEK.

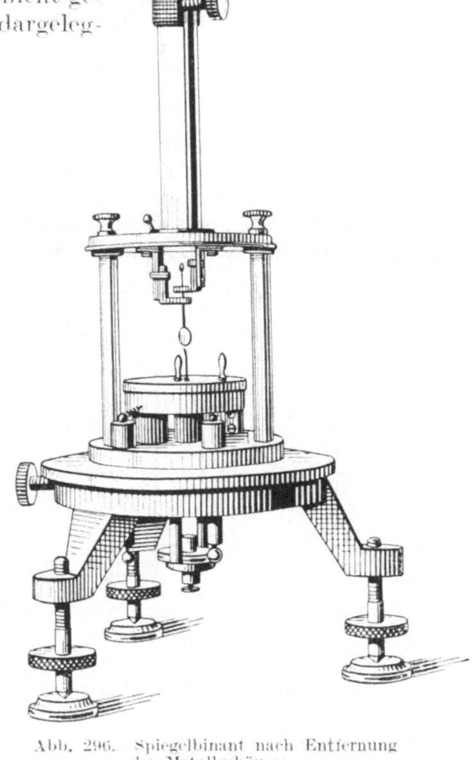

Abb. 296. Spiegelbinant nach Entfernung des Metallgehäuses.

ten Verhältnisse bewirkten dann eine Drehung der Nadel im Sinne des Pfeiles. An der oberen Aufhängung ist ein Spiegel befestigt, der den Ausschlagswinkel anzeigt. Man kann natürlich auch das zu messende Potential an die Nadel legen und den Schachteln das Hilfspotential erteilen. Es sei jedoch auf die obengemachten Ausführungen verwiesen, die bei derartiger Arbeitsweise zur Vorsicht mahnen. Die eben genannte Schaltung verbürgt eine höhere Empfindlichkeit. Es sei noch bemerkt, daß man die Ladebatterie, falls sie nicht geteilt werden kann, über einen großen Widerstand, etwa $10^6$ Ohm, kurz schließen und die Mitte des Widerstandes erden kann.

Abb. 297. Schaltungsschema für den Binanten. $Q_1, Q_2$ Schachteln, darin die Nadelhälften. $B$ die Hilfsbatterie. $E$ unbekannte Spannung.

Die Anwendung der MAXWELLschen Elektrometertheorie (MAXWELL und HALLWACHS) auf den Binanten ergibt, daß die Ausschläge auch ohne Kommutieren dem Nadelpotential sowie auch dem zu messenden Potential proportional sind.

Auf Grund der theoretischen Ergebnisse ermöglicht es sich weiterhin, einen *Zeigerbinanten* zu konstruieren, der eine proportionale Skale trägt. Steht der

Nadelspalt unter 40° gegen den Schachtelspalt, so besteht Proportionalität zwischen Ausschlagswinkel und zu messendem Potential, über Winkel von 100°. Man erhält dann bei einer Zeigerlänge von 6 cm eine proportionale Skale von 100 mm. Abb. 295 zeigt das Zeigerinstrument. Durch Erhöhung der Ladespannung sowie durch feinere Aufhängedrähte läßt sich die Empfindlichkeit weiter steigern. Man kann sie weiterhin variieren durch Herabsetzung der Ladespannung usw. Die Zeigereinstellung erfolgt fast aperiodisch.

Bei der Schaltung ohne Hilfspotential sind auch hier die Ausschläge etwa dem Quadrate der Spannungen proportional.

Der Spiegelbinant ist in Abb. 296 dargestellt. Abb. 297 gibt die schematische Schaltungsskizze. Das Prinzip ist das gleiche wie beim Zeigerinstrument. Die Gleichungen der Theorie haben sich im Experiment gut bewährt. Die Genauigkeit der Ablesung ist mit ca. 1 °/₀₀ ausführbar. (Bei einer Skale von 50 cm Länge und 1 m Abstand vom Spiegel, war $^1/_{100}$ mm noch schätzbar.)

Der Meßbereich kann über 5 Zehnerpotenzen allein infolge Variieren der Hilfsladung ausgedehnt werden (von 0,001 bis 100 Volt). Bei Verwendung höherer Hilfsspannungen und dünnerer Drähte kann man zu einer Empfindlichkeit von $10^{-6}$ Volt für 0,1 Skalenteil gelangen. Hier wird allerdings die Schwingungsdauer groß. Den Einfluß der Nadelladung auf den Ausschlag pro Millimeter zeigt die nebenstehende Abb. 298. Hier ist auch der Vergleich mit dem Quadrantelektrometer sehr lehrreich. Man kann danach bei bis zu ± 1000 Volt Hilfsspannung Proportionalität zwischen Ausschlag und Potential annehmen. Es besteht also weitgehende Konstanz der Empfindlichkeit bei Ausschlagsänderungen. Die Abweichungen bei höheren Werten der Hilfsspannung werden durch die Streuung des Kraftlinienverlaufes zwischen Nadel und Schachtel verursacht. Es sind alsdann die MAXWELLschen Voraussetzungen der Elektrometertheorie nicht mehr erfüllt.

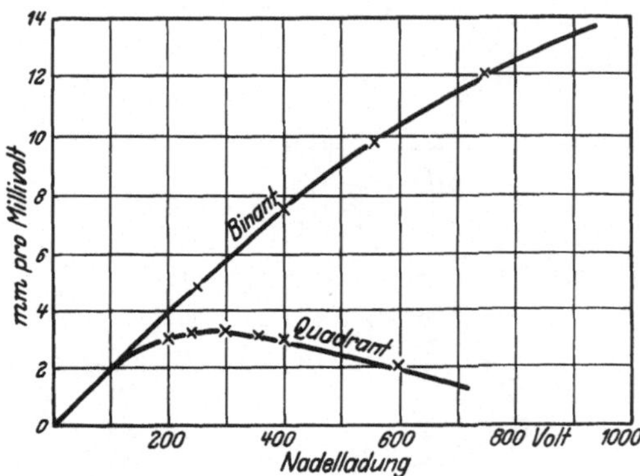


Abb. 298. Einfluß der Hilfsspannung auf den Ausschlag bei Quadrant- und Binantelektrometer.

Die Kapazität ist doppelt so groß, wie die des gleichdimensionierten Quadranten. Die Spannungsempfindlichkeit dagegen ist ebenfalls doppelt so groß. Aus der obigen Abb. 298 geht auch hervor, daß von etwa ± 200 Volt Hilfsspannung ab der Binant dem Quadrant überlegen ist.

**4. Duantenelektrometer.** G. HOFFMANN war bemüht, die Ladungsempfindlichkeit des Quadrantelektrometerprinzips weiterhin zu steigern. Dieses gelang ihm unter Benutzung der auftretenden elektrostatischen Richtkräfte[1]. Gleichzeitig baute er die MAXWELLsche Elektrometertheorie mit Bezug auf diese Richtkräfte

[1] MAXWELL hatte allein mit den mechanischen Richtkräften gerechnet. Der erste, der auf die elektrostatischen Richtkräfte hinwies, war L. GOUY: Journ. de phys., Bd. 7, S. 97, 1888. Ihre Ursache liegt zu einem Teile in der Kraftlinienstreuung am Rande der Schlitze der Quadranten sowie auch an den Nadelrändern. Ferner wohl auch darin, daß die Nadel keine ideal symmetrische Gestalt besitzt sowie auch nicht in genauer Lage sich befindet. Diese Richtkraft tritt zu der mechanischen mit positivem oder negativem Vorzeichen hinzu. Das positive bewirkt, daß bei Quadrantschaltung mit wachsendem Hilfspotential ein Maximum der Empfindlichkeit auftritt, das negative dagegen eine Verkleinerung der Richtkraft der Aufhängung und damit Steigerung der Empfindlichkeit über alle Massen. Solche negativen elektrostatischen Richtkräfte benutzte G. HOFFMANN.

weiter aus. Er benutzt dabei die negativen Werte der Richtkräfte. Ohne hier auf weitere Einzelheiten dieser Art eingehen zu können, sei zu diesem Instrument bemerkt, daß es eine Nadel hat, deren Form der einen Hälfte der Nadel des THOMSONschen Instruments ähnelt. Abb. 299 zeigt dieses. Die Nadel besteht aus feinster Platiniridiumfolie. Sie ist aufgehängt an Wollastonfäden von 5 $\mu$ Dicke. Dieser Faden trägt auch den Spiegel. Unterhalb der Nadel befinden sich die beiden Schachteln, hier Duanten genannt. In einer Weise, wie dieses Abb. 299 anzeigt. Diese Duanten werden auf entgegengesetzt gleiche Spannung gebracht (s. Abb. 299a). Die Nadel erhält das zu messende Potential, es handelt sich also um Nadelschaltung. Das Instrument ist hochempfindlich und würde eine starke „Zerstreuung“ (s. w. u.) durch die Ionen der Luft zeigen. Dieser Nachteil könnte dadurch wettgemacht werden, daß Nadel und Duanten in ein Hochvakuum gebracht würden. Dann würde jedoch die Dämpfung leiden. Es darf daher das Gehäuse nur bis zu einem gewissen Grade evakuiert werden. Immerhin macht dieses sich schon günstig bemerkbar durch Verbesserung der Isolation.

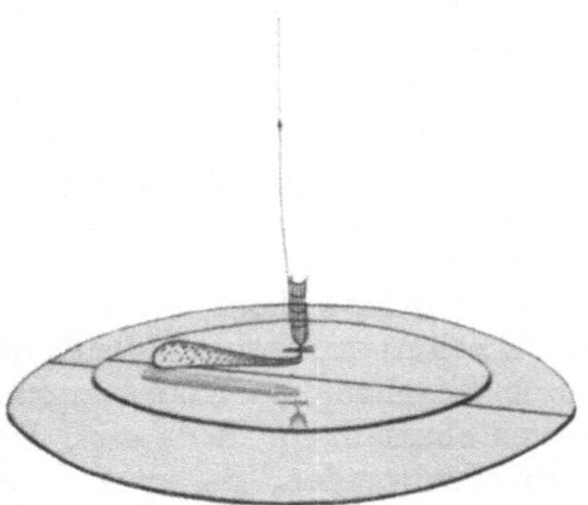

Abb. 299. Nadel und Schachteln des Quantenelektrometers.

Das Instrument besitzt eine Kapazität von 5 cm. Bei 12 Volt Hilfsspannung an den Duanten ist die Spannungsempfindlichkeit $1{,}2 \times 10^{-4}$ Volt für ein Skalenteil. Dem entspricht eine Ladungsempfindlichkeit von $3 \times 10^{-3}$ Volt $\times$ cm, d. h. 21800 Elementarquanten[1]. Benutzt man eine Hilfsspannung von $\pm$ 30 Volt, so wird die Spannungsempfindlichkeit labil. Die Ladungsempfindlichkeit dagegen beträgt $2 \times 10^{-4}$ Volt $\times$ cm, d. h. 1900 Elementarquanten. Zum Vergleich sei hier bemerkt, daß bei den Fadenelektrometern, wo die Kapazität 2 cm, die Spannungsempfindlichkeit $10^{-3}$ Volt, die Ladungsempfindlichkeit also $2 \times 10^{-3}$ Volt $\times$ cm beträgt, 14000 Elementarquanten erforderlich sind. Beim Quadrantelektrometer von einer Kapazität von 50 cm, einer Spannungsempfindlichkeit von $10^{-4}$ Volt, einer Ladungsempfindlichkeit von $5 \times 10^{-3}$ Volt $\times$ cm, sind dagegen 35000 Elementarquanten erforderlich.

Abb. 299a. Schachteln, Nadel des Duantenelektrometers sowie ihre gegenseitige Lage.

**5. Anwendung der Elektrometer** (FREUNDLICH und ETTISCH). Bei Benutzung der Elektrometer — es wird hier allein das viel benutzte DOLEZALEKsche Binantelektrometer zugrunde gelegt — ist eine Aufstellung erforderlich, die dafür Gewähr leistet, daß auch tatsächlich Spannungen usw. nur von derjenigen Ladungsquelle angezeigt werden, die man zu messen beabsichtigt. Da, wie geschildert, unter Umständen schon ganz geringe Ladungsmengen das bewegbare System der Instrumente in Bewegung setzen, muß vor allem jede „fremde“ Ladung vom Instrument ferngehalten werden. Das bedingt eine vollkommene elektrostatische Abschirmung des Instruments, der Zuleitung sowie auch des zu messenden Ladungsträgers von unkontrollierbaren Einflüssen der Umgebung. Durch Reibung, Einstrahlung usw. entstehen fortwährend in jedem Raum elektrische Ladungen, die auf das Instrument gelangen und einen Ausschlag hervorrufen können. Das gesamte Meßsytem muß also davor geschützt werden. Die Abschirmung spielt daher eine bedeutsame Rolle in der Elektrometrie. Eine weitere Fehlerquelle bilden die Kontaktpotentiale. An den Stellen nämlich, wo sich zwei Leiter berühren, oder auch ein Leiter mit einem Isolator in Verbindung

[1] Das elektrische Elementarquantum $e$ beträgt $4{,}77_4 \times 10^{-10}$ $\text{dyn}^{\frac{1}{2}} \times$ cm.

steht, kann fremde Ladung in das System der Meßeinrichtung gelangen und zu falschen Ausschlägen Veranlassung geben. Das Instrument muß also auf Freiheit von solchen Kontaktpotentialen geprüft werden, ehe man es in Benutzung nimmt. Das Instrument kann ferner keine entsprechenden konstanten Spannungswerte anzeigen, wenn es nicht weitgehend *isoliert* ist. Die *Selbstentladung* muß auf das geringste Maß herabgesetzt werden. Auch hierauf muß eine Prüfung erfolgen. Diese Fehlerquellen und ihre Vermeidung sollen zunächst eine Besprechung erfahren[1].

Die *Aufstellung* des Instruments muß vollkommen erschütterungsfrei sein. Wie dieses einzurichten ist, davon war oben schon die Rede. Es sei hier nur noch besonders darauf verwiesen, daß die Empfindlichkeit des Instrumentes durch feinere Aufhängefäden erhöht werden kann. Mit Verringerung der Fadendicke muß auch die Erschütterungsempfindlichkeit des Instruments wachsen. Ferner kann man durch Erhöhung der Hilfsspannung eine Steigerung der Empfindlichkeit erzielen, wovon ebenfalls die Rede war. Damit aber müssen die Erschütterungen erst recht vermieden werden, da sonst leicht Kurzschluß im Innern des Instruments eintreten kann, wodurch dieses eine größere oder geringere Beschädigung erfährt. Es sei auch noch einmal auf die Vorteile verwiesen, die darin gelegen sind, daß die Hilfsspannung an die Nadel gelegt wird.

Die *Abschirmung* des Instruments geschieht am besten dadurch, daß man es in einen Metallkasten stellt, der geerdet wird (s. Abb. 300). Man wählt ihn etwa aus Zinkblech und gibt ihm eine schwere eiserne Grundplatte. Der Kasten ist so hoch zu bemessen, daß gerade noch der Spiegel durch das Gehäuse heraussieht. Dann liegen nämlich alle wichtigen Teile des Apparates, vor allem die Schachtelkontakte, Schachtel und Nadel, geschützt. Das Metallgehäuse des Instruments liegt selbstverständlich ebenfalls an Erde. Im Kasten ist ein Loch für die eine Zuleitung vom Ladungsträger her. Diese Zuleitung muß ebenfalls bis an den Kasten heran abgeschirmt werden. Man leitet den möglichst dünnen Draht (wegen kleiner Kapazität) durch ein Messingrohr, von etwa 4 cm lichter Weite. Am Anfang und Ende des Rohres wird der Draht durch feine Bernstein- oder Bakelitplättchen geführt. (Über andere Isolierungsmaterialien siehe unten.) Im ganzen Verlauf der Röhre aber läuft der Draht durch Luft. Ist die Messinghülle geerdet, so hat der Draht in Luft eine ausgezeichnete Isolation. Schließlich ist auch die Spannungsquelle, von der die zu messende Spannung herkommt, unter elektrostatischen Schutz zu stellen. Dieses geschieht dadurch, daß man das betreffende System in einen

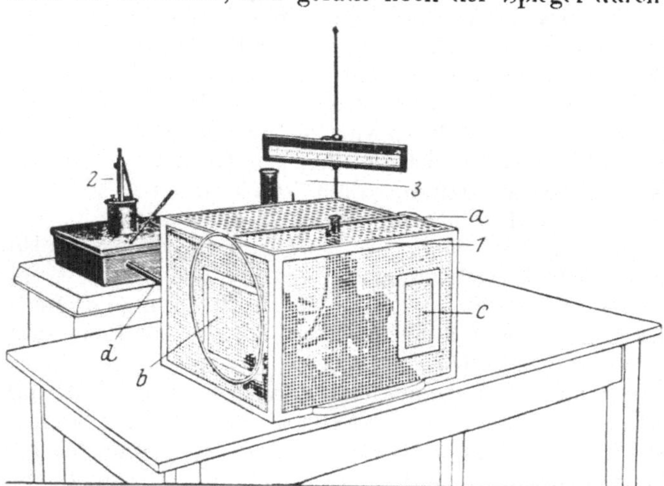


Abb. 300. Elektrostatisch abgeschirmte Aufstellung eines Binanten samt Spannungsquelle.

1 Drahtkäfig für die Spannungsquelle. 2 Binantelektrometer im geerdeten Zinkkasten. 3 Beleuchtungsvorrichtung für Spiegel und Skale. *a*, *b*, *c* Zutrittsmöglichkeiten zur Spannungsquelle. *d* Leitung von der Spannungsquelle zum Elektrometer.

[1] Hierüber s. Einzelangaben bei ETTISCH, G., u. PÉTERFI, T.: Pflügers Arch., Bd. 208, S. 454, 1925.

Faradayschen Drahtkäfig stellt, den man erdet (s. Abb. 300). Nunmehr sind Ladungsträger, Leitungsweg und Instrument gegen äußere Einflüsse geschützt. Besondere Vorsicht ist geboten, wenn in der Nähe Quellen hoher Spannung sich befinden. Diese vermögen nämlich über Isolationen hinwegzukriechen. Eine Fehlerquelle stellen auch Schalter, Wippen usw. dar. Sie müssen naturgemäß aus ganz reinen Materialien sein. Quecksilbertauchkontakte müssen reines Quecksilber enthalten. Dieses befindet sich in Metallnäpfchen (etwa aus amalgamiertem Kupfer). Dabei sollen die Abmessungen und Metallmassen aus Kapazitätsgründen möglichst geringgehalten werden. Als Grundmaterialien für solche Schalter, Wippen usw. eignen sich alle guten Isolatoren. In trockener Luft bewährt sich eine ganze Reihe von Substanzen. Quarz, Schwefel, Bernstein, Porzellan und Kolophonium. Auch Glas kann herangezogen werden sowie andere in Tabelle 6 angeführte Substanzen. Gut sind alkalifreie Gläser, sowie schwer schmelzbares Kaliglas. Wenn Glas nicht gut isoliert, so liegt es meistens an seiner Oberflächenbeschaffenheit, hervorgerufen durch Alkaliabgabe. Man beseitigt dieses durch Ausdämpfen mit Säuren, gutem Nachwaschen und sorgfältigem Trocknen. Sehr häufig wird Hartgummi verwendet. Doch ist hierbei auf seine Oberflächenbeschaffenheit (Oxydation) zu achten. Es erhält ebenfalls leicht eine Oberflächenleitfähigkeit. Besonders bewährt hat sich die Bearbeitung der Oberfläche mit feinen Rillen, über die dann Schellacklösung gepinselt wird.

Tabelle 6 (nach W. Jaeger).

| Material | Spez. Widerstand | Material | Spez. Widerstand |
|---|---|---|---|
| Quarz, geschmolzen | $5 \times 10^{18}$ | Mikanit | $1 \times 10^{15}$ |
| Zeresin | $5 \times 10^{18}$ | Porzellan, unglasiert | $3 \times 10^{14}$ |
| Paraffin, rein | $5 \times 10^{18}$ | Glas | ca. $5 \times 10^{13}$ |
| Hartgummi | $1 \times 10^{18}$ | Holz | $3 \times 10^{10}$ bis $4 \times 10^{13}$ |
| Schwefel | $1 \times 10^{17}$ | Marmor | $1 \times 10^{11}$ |
| Glimmer (besser) | $2 \times 10^{17}$ | Zelluloid | $2 \times 10^{10}$ |
| „ (schlechter) | $2 \times 10^{15}$ | Hartfiber | $2 \times 10^{10}$ |
| Kolophonium | $5 \times 10^{16}$ | Roter Fiber | $5 \times 10^{9}$ |
| Schellack | $1 \times 10^{16}$ | Elfenbein | $2 \times 10^{8}$ |
| Siegellack | $8 \times 10^{15}$ | Schiefer | $1 \times 10^{8}$ |

Man deckt alle Schalter usw. ab und betätigt sie von außen durch Seidenschnur oder ähnlichem. Auch elektromagnetische Betätigung der Kontakte hat sich bewährt.

Ein ausgezeichnetes Isoliermittel ist sauberes Paraffin. Man kann auch andere Materialien, wie Holz, Papier usw., mit ihm tränken und diese dann als Isoliermittel verwenden. Man erhitzt diese Materialien bei Wasserstrahlvakuum auf 150°, während man sie in Paraffin schwimmen läßt. Gibt der Körper keine Luftblasen mehr ab, so läßt man ihn dann bei Atmosphärendruck erkalten.

Das Instrument soll nun nicht nur von der Außenwelt keine „falschen" Ladungen erhalten, vielmehr ist es auch erforderlich, daß die auf das Instrument gebrachten Ladungen nicht durch irgendwelche Isolationsstörungen sich davon entfernen. Die Selbstentladung, „Zerstreuung", muß auf das niedrigste Maß gebracht werden. Eine absolute Isolation ist nicht möglich. Daher muß der mit den äußersten Mitteln erreichbare Grenzzustand angestrebt werden. Es darf die Aufladung des nicht geerdeten, die Selbstentladung des aufgeladenen Instruments in kurzer Zeit keine merklichen Werte annehmen. Als Maß nimmt man die Spannungsänderung pro Minute. Sie soll 0,01 Volt nicht überschreiten.

Das Instrument selbst muß noch weiterhin auf gewisse Eigenheiten geprüft werden. Zunächst ist es zweckmäßig, die Nadel vor der Messung eine Reihe von Tagen entarretiert hängen zu lassen. Verdrehungen, Verbiegungen im Aufhängefaden werden auf diese Weise am besten rückgängig gemacht. Im anderen Falle können sie bei der eigentlichen Messung recht empfindliche Störungen verursachen. Man läßt dann in der Folge das Instrument auch während der Arbeits- und Meßpausen ohne Arretierung, aber geerdet, stehen. Vorher hat man ihm mittels einer fein arbeitenden Wasserwaage durch Verstellen an den Fußschrauben des Stativs eine ebene Lage erteilt. Darauf sucht man zu ermitteln, ob die mechanische Ruhelage auch die Symmetrielage bei Anlegung der Hilfsspannung ist. Dies geschieht dadurch, daß man verfolgt, ob der Lichtzeiger auf der Skale in Ruhe bleibt, sobald man die Hilfsspannung anlegt. Ist dies nicht der Fall, so sucht man durch Verstellen der Fußschrauben es soweit wie möglich zu erreichen, daß die mechanische Ruhelage der Nadel ohne Hilfsspannung mit der übereinstimmt, die sie im elektrischen Feld einnimmt. Das wird nicht immer gelingen, da naturgemäß an Nadel und Schachteln von ihrer Herstellung her Asymmetrien vorhanden sind. Eine Korrektion hierfür wird weiter unten noch erörtert werden.

Eine weitere Quelle für Meßfehler liegt an den Kontaktstellen. Hier können sich leicht kleine galvanische Elemente bilden, die die Messungen, wie theoretisch leicht einzusehen ist, empfindlich stören können. Zunächst wird man bei Tauchkontakten amalgamierte Zuleitungsdrähte benutzen. Dieses Amalgamieren geht so vor sich, daß man Kupferdraht in Salpetersäure von Verunreinigungen säubert und dann sofort in Quecksilber taucht[1]. Weiterhin empfiehlt es sich, alle Kontakte, die nicht beansprucht werden, zu löten. Die Prüfung, ob Kontaktkräfte wirksam sind, geschieht dadurch, daß man zwischen die beiden Elektroden, mit denen später abgeleitet werden soll, einen hohen Widerstand bringt, etwa destilliertes Wasser oder anderes. Zeigt das Elektrometer beim Fortnehmen der Erdung dann keinen Ausschlag, so kann es als brauchbar angenommen werden. Alle Zuleitungen werden aus möglichst dünnem Draht gefertigt und sind möglichst kurz zu halten, um die Kapazität des Gesamtsystems auf den niedrigsten Stand zu bringen. Ihr Widerstand spielt ja hier keine Rolle.

Schon oben ist von der Justierung des Instruments die Rede gewesen. Dieses ist noch einmal in der Weise vorzunehmen, daß man bekannte Spannungen anlegt und dann kommutiert mißt. Zeigt das Instrument nach beiden Seiten gleiche Ausschläge an der Skale an, so sind natürliche Asymmetrien nicht von Belang. Zeigen sie sich aber, so sucht man auch hier durch Verstellen der Fußschrauben des Stativs diese soweit als möglich herabzusetzen. Dieses gelingt zumeist weitgehend. Kann man sie nicht ganz ausschalten, so ist man gezwungen, mit kommutierten Ablesungen zu arbeiten. Weiterhin muß man sich vergewissern, ob die Ausschläge den angelegten Spannungen proportional sind. Dieses muß vor allem in dem Bereich der Fall sein, wo die zu messende Spannung klein ist gegenüber der Hilfsspannung. Dieses geschieht auf folgende Weise. Eine Batterie oder ein Normalelement wird über einem unterteilten Präzisionswiderstand kurzgeschlossen, wobei der eine Pol von Widerstand wie auch Batterie an Erde liegt. Auch die eine Binantschachtel ist geerdet (s. Abb. 297). Die andere Schachtel erhält nun wechselnde Spannungen, die vom Widerstand (Stöpselrheostat) abgegriffen werden. Auch hier wieder werden die Messungen kommutiert vorgenommen, um kleine Asymmetrien auszuschalten. Man trägt das Mittel der Ausschläge gegen die angelegte Spannung in ein Koordinatensystem ein. Hierbei soll sich eine gerade Linie ergeben. Von Zeit zu Zeit soll diese Prüfung auf die Konstanz der Empfindlichkeit wiederholt werden.

Es soll hier noch kurz darauf hingewiesen werden, auf welche Weise man die *Kapazität eines Elektrometers* bestimmen kann. Verwendet man nämlich ein solches Instrument auch zur Bestimmung von Ladungen, was ja leicht vorkommen

[1] Ein anderes Verfahren besteht darin, gut gereinigtes Kupfer in angesäuerte Lösung von $HgNO_3$ oder $HgCl_2$ zu bringen. Darauf wird die Stelle gut gereinigt.

kann, so muß man außer den Daten für die Spannung, von denen ausführlich Mitteilung gemacht worden ist, auch die Größe der Kapazität kennen. Es kann hier nicht eine Aufzählung sämtlicher dazu ausgearbeiteter Methoden stattfinden. Darüber muß in den Werken über Meßtechnik nachgelesen werden. Vor allem sei darauf hingewiesen, daß man auch je nach dem Zweck des Elektrometergebrauches verschiedene Methoden der Kapazitätsbestimmungen zur Verfügung hat.

Die einfachste Bestimmungsweise besteht im Vergleich der Elektrometerkapazität mit der eines Kondensators von bekannter Größe. Abb. 301 zeigt die hierbei gebräuchliche Schaltungsweise. Die Batterie $B$ wird über dem Meßinstrument geschlossen und lädt dieses auf das Potential $V$. Darauf wird durch den Schlüssel $S$ der Kondensator $C$, dessen Kapazität bekannt ist und der vorher an Erde lag, im Nebenschluß zugeschaltet. Die Spannung sinkt jetzt auf den Wert $V'$. Es ergibt sich dann für die Elektrometerkapazität $C_0$

$$C_0 = C \cdot \frac{V'}{V - V'}.$$

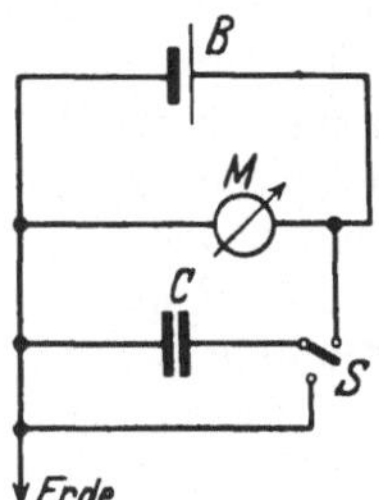

Abb. 301.
$B$ Batterie.
$M$ Elektrometer.
$C$ Kondensator.
$S$ Schlüssel.

Die Bestimmung wird desto genauer, je weniger die beiden Kapazitäten voneinander abweichen. Hierbei ist eine recht gute Isolation erforderlich. Über die anderen Methoden geben die Werke von KOHLRAUSCH, JAEGER, GEIGER-SCHEEL Auskunft.

**6. Elektrometrische Bestimmung anderer Größen.** Es dürfte von Bedeutung sein, auf die anderen Größen des elektrischen Feldes hinzuweisen, die der *elektrometrischen* Bestimmung zugänglich sind.

Bestimmung sehr schwacher Ströme. 1. *Aus der Aufladegeschwindigkeit.* Hierbei ist die Zeit $\tau$ von Bedeutung, die das Elektrometer braucht, um seinen vollen Ausschlagswinkel $\varphi$ zu erreichen. Zeigt das Instrument für 1 Volt Spannung einen Ausschlag von $\alpha$ Skalenteilen an und erfolgt in $\tau$-Sekunden, wie bemerkt, ein Ausschlag von $\varphi$-Skalenteilen, ist ferner die Kapazität des Elektrometers $C$, so liegt ein Strom vor von der Stärke

$$J = \frac{\varphi \cdot C}{300 \cdot \alpha \cdot \tau} \text{ elst-Einheiten}.$$

Diesem entspricht nach den obigen Ausführungen über den Zusammenhang unter den Maßsystemen in empirischen Einheiten ein Strom von

$$J = \frac{\varphi \cdot C}{9 \times 10^{11} \alpha \tau} \text{ Amp.}$$

Hier ist zu beachten, was oben über die Abhängigkeit der Elektrometerkapazität von großen Ausschlägen bemerkt worden ist. Weiterhin ist hierbei besonders eine gute Isolation notwendig, da sich Zerstreuung sehr bemerkbar macht. Schwingt die Nadel sehr träge, so kann man auch einen Kondensator von 20 bis 500 cm zuschalten.

2. *Aus dem Potentialabfall an hohem Widerstand.* Die Batterie $B$ wird über einem hohen Widerstand geschlossen. Von den Enden des Widerstands leitet man zu dem Elektrometer ab. Man verwendet als hohe Widerstände Lösungen von Mannitborsäurelösung. Die Ableitung von diesen Widerständen erfolgt durch umkehrbare Elektroden, um die Polarisation auszuschalten. Besondere Beachtung muß auch hier wieder der Reinheit aller Teile zugewandt werden.

3. *Durch Kompensation.* Von der Batterie $B$ wird der eine Pol geerdet. Der andere lädt das eine Quadrantenpaar bzw. die eine Binantenschachtel auf. Diese

Schachtel ist mit der einen Platte des Kondensators $C$ verbunden. Die andere wird über dem Voltmeter $V$ sowie einem Regulierwiderstand geerdet. Bei Stromschluß lädt sich die Kondensatorplatte auf. Durch Regulierung des verstellbaren Widerstandes kann man bewirken, daß das Elektrometer in der Ruhelage verbleibt. Am Voltmeter wird dann die Aufladegeschwindigkeit der zweiten Platte abgelesen. Sie geht in der Zeit $t$ vor sich. Man erhält dann für die Stromstärke

$$J = \frac{e}{t} = \frac{C \cdot V}{t}.$$

Es sei bemerkt, daß es nicht notwendig ist, von der Ruhelage der Nadel auszugehen. Man kann auch als Maß diejenige Zeit nehmen, die die Nadel braucht für zwei Durchgänge durch den gleichen Ausschlag am Anfang und am Ende der Messung. Hierbei ist allein auf gute Isolation des Kondensators zu achten. Durch Variation von $V$ und $C$ kann der Bereich der Stromstärke variiert werden.

**7. Bestimmung von Elektrizitätsmengen.** Hierzu bedarf es Kondensatoren, die eine bekannte konstante Kapazität besitzen. Man mißt dann die Spannungen auf die sie geladen werden. Die Zahl der Ladungen erhält man durch einfache Multiplikation von Spannung und Kapazität.

**8. Messung von Widerständen.** Der zu messende Widerstand wird mit einem Präzisions- bzw. Normalwiderstand von möglichst gleicher Größe verglichen. Bei konstanter Stromstärke werden zuerst die Enden des einen (s. Abb. 302), dann die des anderen an das Elektrometer gelegt. Es zeigt dann das Verhältnis der abgelesenen Spannungen das Verhältnis der Widerstände an. Als Normalwiderstände können hierbei die Bronsonwiderstände verwendet werden.

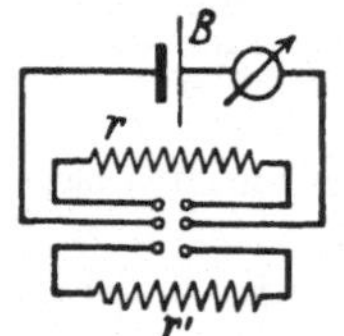

Abb. 302. Widerstandsmessung mit dem Elektrometer.

**9. Das Kapillarelektrometer.** Ein Instrument, das sich für Spannungsmessung weitestgehender Anwendung erfreut, ist das Kapillarelektrometer von LIPPMANN. Zwar wird es überwiegend als Nullinstrument benutzt, müßte daher erst bei den für die indirekten Meßmethoden benutzten Instrumenten Erwähnung finden, doch geschieht dieses nicht ausschließlich, vielmehr ist gerade seine große Bedeutung darin zu sehen, daß es über bestimmte Potentialdifferenzen direkte Aussage machen kann, die kein anderes Instrument und keine andere Methode anzuzeigen vermag. Da also das Kapillarelektrometer zur direkten Spannungsmessung herangezogen werden kann, sei darüber an dieser Stelle eine kurze Erörterung angestellt.

Das Kapillarelektrometer stellt im Grunde ein *galvanisches Element* dar. Zwei Quecksilberelektroden tauchen in verdünnte Schwefelsäure. An den Phasengrenzen $Hg_2 | H_2SO_4 + aq$ stellt sich eine bestimmte Spannung ein. Dieser entspricht in gesetzmäßiger Weise bei Abwesenheit anderer Ionen als $H\dot{g}$, $H^{\cdot}$, $SO_4''$, $OH'$ ein ganz bestimmter Potentialsprung. Diesem Potentialsprung wiederum entspricht eine bestimmte Ionenverteilung an und in der Grenzfläche, und damit wiederum ist der mechanische Zustand der Quecksilberoberfläche nach Größe und Spannung bestimmt. Werden nun Ladung durch die Grenzfläche geschickt, — in der einen oder anderen Richtung —, so wird in dem einen Falle die Zahl der gleichnamigen Ladungen auf der Quecksilberoberfläche vermehrt, in dem anderen Falle durch Neutralisation der vorhandenen vermindert. Dadurch ist aus thermodynamischen Gründen der mechanische Zustand der Grenzfläche notwendigerweise einer Änderung unterworfen. Diese besteht in der Änderung der freien Energie der Grenzfläche auf die Flächeneinheit bezogen, also der Oberflächenspannung. Wird die Zahl der gleichnamigen Ladungen vermehrt, so erniedrigt sich die Grenzflächenspannung, wird sie herabgesetzt, so erhöht sich die Spannung. Dieser Änderung des

Spannungszustandes entspricht eine Ortsveränderung des Meniskus der Trennungsfläche. Die Größe dieser Ortsveränderung ist ein Maß für die Potentialdifferenz, im Grunde also für die durch die Grenzfläche von flüssiger und Metallphase tretenden Elektrizitätsmengen. Die Ortsveränderung wird mit Mikroskop und Okularskale beobachtet. Damit ist im Groben die Wirkungsweise des Instruments gekennzeichnet. Die genaue Theorie kann an dieser Stelle nicht gegeben werden. Sie ist in den einschlägigen Arbeiten nachzulesen (Ettisch). Es liegt hier also in jedem Fall ein Hindurchtreten von Ladungen durch die Grenzfläche vor. Dem entspricht, daß eine bestimmte Menge Quecksilberionen in die Schwefelsäure geschickt werden und an der anderen Elektrode, wie bei einer Elektrolyse, zur Abscheidung gelangen. Das Kapillarelektrometer ist also *nicht*, wie aus dem Namen geschlossen werden könnte, ein *elektrostatisches* Instrument. Man trifft diese Meinung häufig in der Literatur an. Sie ist aber grundsätzlich unzutreffend. Wohl üben die Ladungen auf der Quecksilberoberfläche *elektrostatische Wirkungen* aufeinander aus, und diese werden als Indikator benutzt. Doch ist dieses nicht das Wesentliche für den Charakter des *Instruments*. Es darf doch nicht vergessen werden, daß derartige elektrostatische Effekte an *jeder* Elektrode *jedes galvanischen Elements* auftreten müssen. Sie sind nur nicht beobachtbar infolge der besonderen mechanischen Beschaffenheit aller Metalle gegenüber dem Quecksilber. Ferner ist im Auge zu behalten, daß ein dauernder Stromfluß notwendig ist, damit jene Wirkung aufrechterhalten bleibt. Hört dieser Stromfluß auf, so stellt sich die *natürliche* Potentialdifferenz an der Grenzfläche wieder her, von der oben die Rede war. Diese natürliche Potentialdifferenz beträgt etwa 1 Volt, sobald verdünnte Schwefelsäure als Elektrolyt verwendet wird. Hierbei ist die Oberfläche des Quecksilbers positiv geladen. Durch Anlegung von 1 Volt mit entgegengesetzter Stromrichtung wird sie also aufgehoben.

Der Eigenart des Systems entsprechend sind die Elektrizitätsmengen, die eine Depolarisation der Grenzfläche bewirken, sehr klein. Schon bei Anlegung von 1 Volt Spannung ist, wie eben bemerkt, die Grenzfläche vollkommen entladen. An dieser Stelle liegt dann der aus der Theorie sich ergebende Maximalwert der Oberflächenspannung. Abb. 303 zeigt eine sog. Elektrokapillarkurve des Systems. Auf der Ordinate sind die Oberflächenspannungen[1], auf der Abszisse die angelegten Potentialdifferenzen eingetragen. Diese Werte sind nämlich so gefunden, daß nach der Ortsveränderung des Meniskus *infolge der Oberflächenspannungsänderung* jedesmal der Druck manometrisch gemessen wurde, der notwendig war, den Meniskus wieder an seinen alten Ort zu bringen. Man erkennt, daß die Ortsveränderung keineswegs durchaus proportional der angelegten Spannung verläuft. Es muß daher von jedem System Quecksilber/Elektrolyt, das in dieser Art zur Verwendung kommt, eine solche Eichkurve aufgenommen werden. Man bezeichnet sie als Elektrokapillarkurve. Danach erst kann man an die direkte Messung von Potentialdifferenzen mit dem Kapillarelektrometer herangehen. Aus dieser Kurve geht weiter hervor, daß man das Instrument auch nur bis zu nahe 1 Volt direkt benutzen kann. Will man höhere Potentialdifferenzen damit messen, so muß man zu Hilfsmitteln greifen, von denen noch zu reden sein wird. Legt man größere positive oder negative Werte direkt an, so erfolgt bei jenen die Bildung von Oxyden, die das Instrument unbrauchbar machen. Bei diesen dagegen kommt es zur Wasserstoffbildung, die ebenfalls eine Störung verursachen.

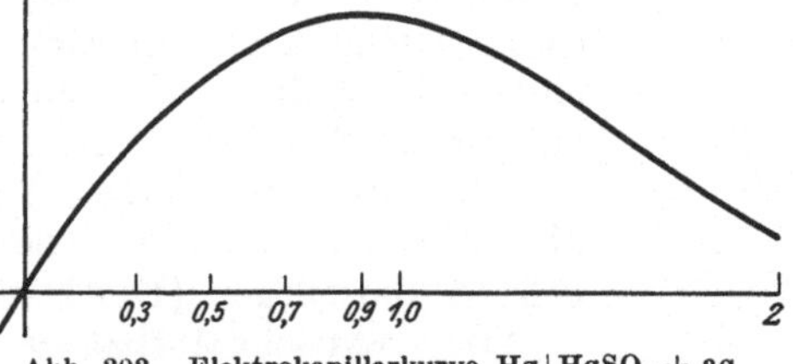

Abb. 303. Elektrokapillarkurve Hg | $HgSO_4$ + aq.

[1] Richtiger gesagt, die den Oberflächenspannungen proportionalen Druckwerte.

Die Elektrizitätsmengen, die zur Einstellung der Oberflächenspannungen erforderlich sind, sind sehr klein. Die Kapazität des Instruments ist nämlich klein im Vergleich zu der der üblichen *elektrodynamischen* Meßinstrumente. Gegenüber den eigentlichen elektrostatischen Instrumenten aber ist sie sehr groß. Es kann daher das Kapillarelektrometer niemals ein elektrostatisches Instrument ersetzen.

Kennt man nach Aufnahme der Elektrokapillarkurve die Größe des Potentials, durch das die Grenzfläche Quecksilber/Elektrolyt vollkommen entladen wird, so kennt man auch die *natürliche* Potentialdifferenz an dieser Stelle. Damit hat man aber die Möglichkeit erhalten, *absolute* Potentialdifferenzen zu bestimmen. Bei den Bemerkungen über elektrochemische Messungen war schon erwähnt worden, daß bei den üblichen Messungen galvanischer Ketten stets zwei Ableitungselektroden benutzt werden müssen, die (s. oben) ein Eigenpotential besitzen. Dieses Eigenpotential kann auf gewöhnlichem Wege nicht absolut bestimmt werden. Vielmehr bezieht man alle Elektrodenpotentiale auf ein *willkürlich* nullgesetztes System. Dieses ist nach Übereinkunft entweder eine Kalomelelektrode oder ein andermal die $1n$-Wasserstoffelektrode. Dabei ergeben sich naturgemäß immer relative Werte. Kombiniert man aber eine dieser Elektroden mit der kapillarelektrischen Meßvorrichtung, von der man den Potentialsprung Quecksilber/Elektrolyt kennt, so kann man aus dem Spannungswert der Gesamtkette den absoluten Potentialsprung jener Elektrode bestimmen. Dieses ist allein mit Hilfe dieser kapillarelektrischen Methode möglich. Dieser Umstand verleiht ihr auch die hohe Bedeutung. Es sei aber gleich bemerkt, daß man diese Methode keineswegs wahllos auf Systeme beliebiger Zusammensetzung ausdehnen kann. Es spielen hier Kapazitätsfragen der Doppelschicht an der Phasengrenze eine wichtige Rolle. Die einfache Annahme konstanter Kapazität, wie man sie bei LIPPMANN findet, ist nämlich nicht stets erfüllt. Ferner wird, da es sich ja um ein Kapillarphänomen handelt, auf adsorptive Vorgänge zu achten sein; denn nach dem Theorem von GIBBS-THOMSON wird eine Substanz, die sich an der Oberfläche anreichert, auf die freie Energie dieser Grenzfläche einwirken. Dann ist aber der mechanische Zustand dieser Grenzfläche keineswegs allein bestimmt durch die in der Zeiteinheit durch die Flächeneinheit *hindurchtretende* Elektrizitätsmenge. Dementsprechend haben dann auch die Elektrokapillarkurven eine Form, die von der strengen Parabel, die bei konstanter Kapazität vorliegen müßte, abweicht. Die moderne Theorie vermag auch diese Erscheinungen weitgehend klarzulegen (ETTISCH).

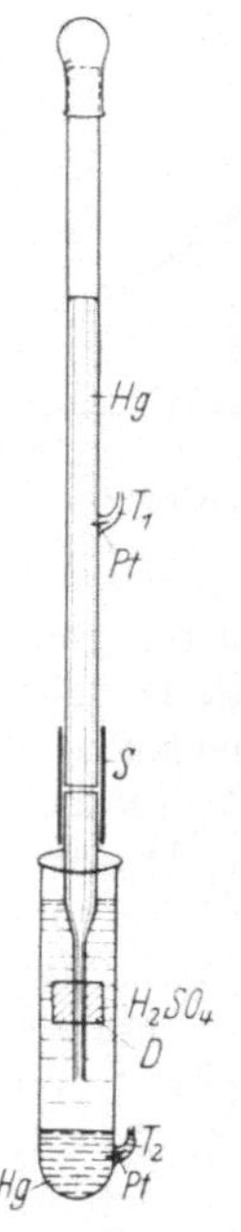


Abb. 304. Kapillarelektrometer (nach LIPPMANN).
*Hg* Quecksilber.
$T_1$, $T_2$ Tauchkontakte.
*Pt* Platindurchschmelzungen durch die Glaswand.
*S* Gummischlauch.
*D* Deckglas.
Auf dem Glasrohr befindet sich eine Schutzkappe.

Der praktische Aufbau des Kapillarelektrometers geschicht auf folgende Weise: Ein zylindrisches Glasrohr von etwa 30 cm Länge und 5 bis 6 mm lichter Weite ist durch ein kurzes, kräftiges Stück Gummischlauch mit einem kurzen Glasrohr gleicher Art verbunden, das in eine feine Kapillare ausläuft (s. Abb. 304). In dieses System wird *reinstes* Quecksilber eingefüllt. Es muß auch in die Kapillare dringen. In ein zweites kurzes Rohr, das aber wesentlich weiter als das erste obere Rohr, und das unten verschlossen ist, wird zuerst eine nicht allzu hohe Schicht reinstes Quecksilber gebracht und auf diese dann Schwefelsäure (1:6 verdünnt) geschichtet. Zur oberen wie zur unteren Quecksilbermasse besteht von außen her eine Platinzuleitung, die durch die Wand der beiden Glasrohre führt. Der nach außen weisende Teil des Platinstiftes führt zu einem Tauchkontakt in angeschmolzener kurzer Glaskapillare. Auf diese Weise steht eine relativ große untere Trennungsfläche Quecksilber/Schwefelsäure einer kleinen, oberen gegenüber. Die Stromdichte an diesen Stellen ist den Elektrodenflächen umgekehrt proportional. Die Veränderungen an den Quecksilberflächen bei Durchgang bestimmter Ladungsmengen sind dagegen der Stromdichte direkt proportional und daher an der kleinen Elektrodenfläche am stärksten. Die Ortsveränderung infolge des Wechsels der Spannung der Grenzfläche wird durch ein Mikroskop mit Okularskale beobachtet. Noch zweckmäßiger als Druck zur Zurückführung des Quecksilbermeniskus zu benutzen, ist es, nach dem Vorschlage von Ostwald, eine Potentialdifferenz anzulegen, die dieses bewirkt. Man kann dann aus der notwendigen Spannung direkt die Potentialdifferenz entnehmen, die in dem betreffenden Falle als zu messende primär angelegt wurde.

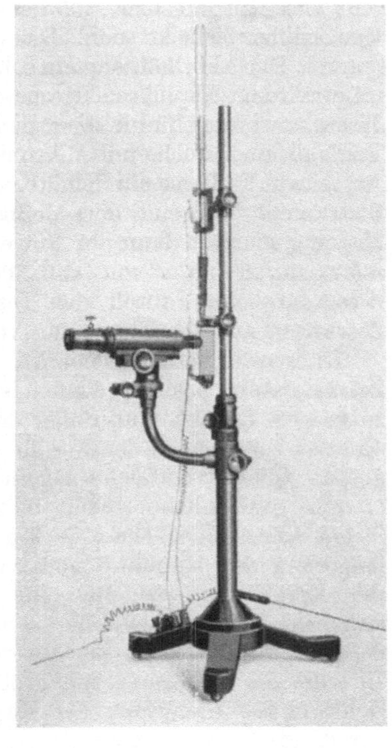

Abb. 305. Kapillarelektrometer (nach Lippmann), mit Stativ (nach G. Ettisch). Man erkennt am Fuße den Taster für Kurzschluß.

Über die Art der Anfertigung des Instruments noch einige Einzelheiten. Als Glas benutzt man Jenaer Glas, das man sorgfältig gereinigt und getrocknet hat. Sehr sorgfältig sind auch die Durchschmelzstellen und die Tauchkontakte zu reinigen. Gerade an diesen Stellen können am ehesten störende Kontaktpotentiale entstehen. Je empfindlicher nun das Instrument, in desto größerem Maße machen sie sich bemerkbar. Der Gummischlauch ist von Zeit zu Zeit zu erneuern, da er seine innere Oberfläche ändert und damit das Quecksilber verunreinigen kann. Recht schwierig ist das Ausziehen der Kapillare. Ist sie zu weit, so läuft das Quecksilber unten heraus, ist sie zu eng, so tritt es gar nicht hinein. Die Kapillare darf nicht kurz und konisch sein, da dann bei der Bewegung kapillare Zusatzkräfte auftreten würden, die sich zu denen aus der angelegten Spannung summieren und dann ein falsches Ergebnis hervorrufen. Es ist daher die zylindrische Form des Lumens anzustreben. Hat die Kapillare eine Länge von etwa 5 cm, so ist sie in ihrem unteren Teil, in unmittelbarer Nähe ihrer Öffnung, weitgehend von dieser Form. Bis dorthin soll dann das Quecksilber treten. Bei dieser Länge aber hat das Instrument bereits eine große Empfindlichkeit gegen Erschütterungen. Man stellt es am besten auf Filz- oder Gummiplatten (s. oben). Oft kann man der Kapillare dadurch etwas Stabilität verleihen, daß man sie nicht ganz konzentrisch auszieht und dann leicht an die Vorderwand des unteren Gefäßes anlegt. An die Stelle, wo man von außen her mit dem Mikroskop durch das gewölbte untere Glasrohr auf den Meniskus blickt, kittet man ein Deckgläschen mit Kanada-

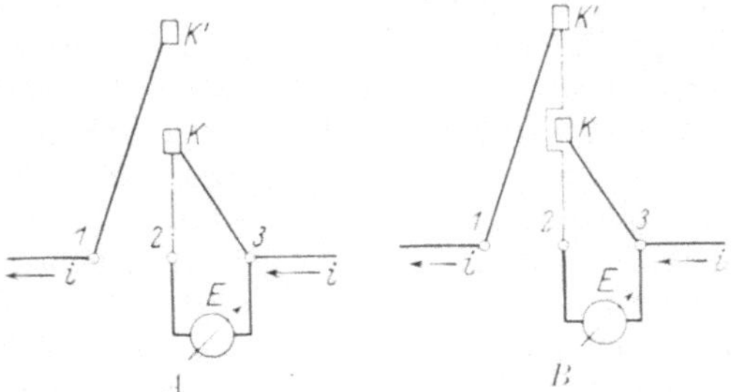


Abb. 306 A, B. Schaltschema des Kurzschlußtasters am Elektrometerstativ (nach Ettisch).

1, 2, 3 sind drei Klemmschrauben. $E$ ist das Kapillarelektrometer. $K$ und $K'$ sind zwei Metallklötze, auf die durch Hartgummitaster eine Blattfeder niedergedrückt werden kann. Bei $A$ ist die Feder nicht niedergedrückt (Kurzschluß); bei $B$ ist sie niedergedrückt und verbindet dadurch 2 mit $K'$.

Das Ganze ist am Fuße des Stativs in Hartgummi eingebaut.

balsam vor der Frontlinse des Objektivs auf das untere Rohr. Man erzielt dadurch eine schärfere Abbildung des Meniskus. Über die Beschaffenheit des unteren Gefäßes ist keine besondere Erörterung erforderlich. Alles Notwendige geht aus Abb. 304 bzw. 305 hervor. Der untere Tauchkontakt muß ebenfalls von Quecksilber bedeckt sein. Das ganze System wird in ein passendes Stativ eingespannt. Die Abb. 305 zeigt ein solches[1]. Es hat sich bisher ausgezeichnet bewährt. Es trägt mit dem Kapillarelektrometer zugleich auch das Ablesemikroskop und hat für dieses, sowie auch für die eigentliche Meßvorrichtung, Einstellungen sowohl mit grobem Trieb als auch solche mit Mikrometerantrieb für die Feineinstellung in allen Achsen. An seinem Fuße ist ein Schalter mit drei Klemmen angebracht, der es gestattet, das Instrument während der Meßpausen kurzgeschlossen zu halten. Während der Messung schaltet dann der Fingerdruck auf einen Taster den eigentlichen Meßkreis sofort zu. *A* und *B* von Abb. 306 zeigt die Schaltung. *A* bei Kurzschluß, *B* beim Stromdurchgang durch das Instrument. Der Kurzschluß ist erforderlich, um Störungen aus der Umgebung von der Quecksilbergrenzfläche fernzuhalten.

Es wurde bereits bemerkt, daß die Quecksilberoberfläche gegen verdünnte Schwefelsäure positiv geladen ist. Bei der Messung von Potentialdifferenzen im zulässigen Bereich muß daher der negative Pol des zu messenden Systems an die Quecksilbermasse in der Kapillare gelegt werden, während der positive der unteren großen Quecksilberfläche zugeführt wird.

Für gewöhnlich erreicht man mit einer Kapillare von 5 cm Länge bei etwa 30 cm Quecksilberhöhe eine Empfindlichkeit von $3-4 \times 10^{-5}$ Volt. Durch Verlängerung der Kapillare und entsprechende Verfeinerung des Lumens kann man die Empfindlichkeit um eine weitere Zehnerpotenz steigern. Doch beginnen sich bald gewisse Nachteile einzustellen. Hier spielt zunächst die Empfindlichkeit der Kapillare gegen Erschütterungen eine große Rolle. Die Aufstellung des Instruments muß dann mit größerer Sorgfalt erfolgen. Es kann ferner eine Vorrichtung für Dämpfung der Kapillarenbewegung angebracht werden. Oft stören bereits die Schwankungen, die die Gebäude in den oberen Stockwerken einer Stadt zeigen; man suche dann die Kellergeschosse auf. Weiterhin ist ein solches System auch gegen Verunreinigungen aus der Luft recht empfindlich. Sie lassen sich oft genug bei der Arbeit im Laboratorium nicht in genügendem Maße fernhalten. Die kleine Quecksilberoberfläche in der Kapillare läßt dann z. B. oberflächenaktive Körper in recht erheblicher Konzentration an der Grenzfläche erscheinen, und diese machen dann das Meßresultat illusorisch infolge der hier auftretenden besonderen Verhältnisse. Handelt es sich um Moleküle, so werden diese nicht nur hier angereichert, sondern auch orientiert. Sie ändern dadurch den Zustand an der Grenzfläche. Es ist daher peinlich darauf zu achten, daß in derartigen Räumen nicht mit Paraffin und anderen organischen, leicht verdampfenden oberflächenaktiven Körpern gearbeitet wird. Ist von der Reinigung her das Quecksilber nicht auf das sorgfältigste von Nitraten befreit, so wird es steif. Ferner ist hier zu beachten, daß, wenn bei längerer und enger Kapillare der Meniskus weit heruntertreten soll, dann eine entsprechend höhere Quecksilbersäule bei gleichbleibendem Querschnitt dazu erforderlich ist. Die Steigerung der Voltempfindlichkeit ist aber dann erkauft mit einer Erhöhung der Kapazität, die durch die größere Hg-Oberfläche bedingt ist. Diese muß ja vollkommen aufgeladen werden. Es kann daher die Frage auftauchen, ob unter gegebenen Umständen die Steigerung der Spannungsempfindlichkeit überhaupt noch einen Vorteil verspricht. Schließlich ist noch zu beachten, daß entsprechend der höheren Empfindlichkeit die Einstellungsdauer des Meniskus sich erhöht.

[1] Nach den Angaben des Verfassers hergestellt; bisher unveröffentlicht.

Legt man das Instrument von der Voltempfindlichkeit von etwa $10^{-4}$ Volt zugrunde, so kommt man auf Verhältnisse, wie sie für dies Instrument gewöhnlich vorliegen. In diesem Meßbereich sind Thermokräfte bereits von Bedeutung. Erst recht spielen Kontaktpotentiale eine Rolle. Vor jeder endgültigen Messung muß daher geprüft werden, ob diese Fehlerquellen ausgeschaltet sind. Man tut dies dadurch, daß man den Kurzschluß aufhebt, ohne eine Stromquelle einzuschalten. Für kurze Schließungszeiten darf sich der Meniskus nicht bewegen. Den Einfluß von Thermokräften bzw. Kontaktpotentialen kann man dadurch leicht feststellen, daß man solche willkürlich anlegt.

Manchmal ist es auch notwendig, sich zu vergewissern, ob der Meniskus die notwendige Beweglichkeit besitzt. Man braucht dazu nur den angehauchten Finger über die beiden entsprechenden Klemmschrauben am Kurzschlußschalter zu legen und den Kurzschluß aufzuheben. Man erhält einen erheblichen Ausschlag, sobald der Meniskus gut spielt.

Für größere Meßbereiche (über 1 Volt) ist das Instrument direkt nicht verwendbar. Man kann sich aber sehr einfach dadurch helfen, daß man die zu messende höhere Potentialdifferenz durch einen Präzisionswiderstand schickt, der unterteilt ist und an diesen Stellen Ableitungen zuläßt. Es handelt sich um das Prinzip der Spannungsteilung (s. w. u.). Schickt man etwa eine Spannung von 1000 Volt durch einen Stöpselrheostaten von 10000 Ohm Widerstand und zweigt man bei 1 oder 0,1 Ohm ab und leitet die Spannung zum Elektrometer, so wird dieses eine Spannung von 0,1 bzw. 0,01 Volt anzeigen. Kennt man also die Ausschlagswerte des Elektrometers aus der Elektrokapillarkurve, so kann man durch die umgekehrte Benutzung jedes Teilungsverhältnisses die Primärspannung berechnen[1].

Werden alle die Vorsichtsmaßnahmen innegehalten, die verhindern, daß der wohldefinierte Zustand des Instruments sich ändert, — der allein ein einwandfreies Arbeiten gewährleistet —, so ist das Instrument äußerst handlich und praktisch.

Besonders sei hier darauf verwiesen, daß es sich auch sehr gut zu photographischer Registrierung eignet infolge seiner besonderen Art der Einstellung. Mit Hilfe eines Analysenverfahrens kann man aus der Kurve der Meniskusbewegung Schlüsse auf die elektromotorischen Kräfte ziehen. Von der Möglichkeit der Projektion des Meniskus auf einen Schirm und damit der objektiven Ablesung ist oben die Rede gewesen.

Es ist hier zunächst der Gebrauch des Kapillarelektrometers als direktes Meßinstrument erörtert worden. Seine weitgehende Verbreitung ist jedoch bedingt durch die äußerst gute Verwendbarkeit als Nullinstrument bei kompensatorischer Meßweise (s. w. u.). Hierbei sind dann alle die umständlichen Verfahren wie Eichung, genaueste Achtung auf die Pole, Anbringung der Druckkompensation nicht erforderlich. Man darf allein auch hier nicht jene Spannungsgrenze überschreiten, die bei direkter Anlegung gerade noch zu keiner Schädigung führen. Die Wasserstoffausscheidung ist übrigens eine Störung von nicht erheblicher Art. Man kann sie beseitigen, indem man einen Tropfen Quecksilber durch Druck auf den Schlauch usw. aus der Kapillare herausbringt. Bei zu starker anodischer Depolarisation entsteht jedoch Quecksilberoxyd, das an der Kapillarenwand oft äußerst fest haftet. Durch Druck kann man es meistens nicht mehr herausbringen. Es muß dann das Instrument auseinandergenommen werden.

Die hier besprochene Form des Kapillarelektrometers ist die ursprünglich von LIPPMANN angegebene. Sie hat gelegentliche Abänderungen erfahren, durch die sie handlicher werden sollte. Keine von ihnen jedoch leistet alles in allem das,

[1] Es braucht wohl nicht besonders ausgeführt zu werden, daß man solche Spannungen auch kompensatorisch messen kann, wobei dann das Kapillarelektrometer als Nullinstrument Verwendung findet.

was die hier beschriebene leistet. LUTHERS Form wird viel benutzt. Sie besitzt aber nicht die Empfindlichkeit wie die oben besprochene.

*Verstärkerprinzipien.* Die Verstärkung schwacher Ströme durch Elektronenröhren spielt in der messenden Physik gegenwärtig eine besondere Rolle. Für uns hat sie insofern eine Bedeutung, als durch sie schwache Gleichströme eine Verstärkung erfahren können. Dadurch werden oft Größen der Messung zugänglich, die es vorher nur schwierig waren. Für direkte Spannungsmessung haben sie beim Kapillarelektrometer Anwendung erfahren.

Bei der *indirekten* Potentialmessung haben die Verstärkerröhren ebenfalls Verwendung gefunden, nämlich dort, wo Kompensationsmethoden in Anwendung kommen. An der betreffenden Stelle wird davon noch die Rede sein.

Eine andere Art der Verstärkung irgendeiner gemessenen Größe beruht auf dem Umstand, geringfügige Drehungen eines Spiegels, die an sich unerkennbar wären, so zu übersetzen, daß sie nunmehr zahlenmäßig verfolgt werden können. Diesen Weg haben MOLL und BURGER eingeschlagen. Sie benutzten dazu folgende Vorrichtung. Von einem Drehspulgalvanometer falle in der Ruhelage der Lichtstrahl in der Weise auf ein Thermoelement, daß es symmetrische Erwärmung der Lötstellen hervorruft. Es wird alsdann hier nichts erfolgen. Läßt man nun aber jenen Strom durch das Instrument gehen (Primärinstrument), der die unmeßbar kleine Spiegeldrehung und den unmeßbar kleinen Skalenausschlag bewirkt, so wird der Lichtstrahl nicht mehr symmetrisch auf das Thermoelement fallen. Die eine Lötstelle ist vor der anderen auf höhere Temperatur gebracht, es entsteht ein Thermostrom, der nunmehr mit einem zweiten Galvanometer gemessen werden kann. Die Größe der Verstärkung hat man in der Hand. Man braucht nur die Intensität der Lichtquelle zu steigern, um nach entsprechend höherer Temperaturdifferenz entsprechend stärkere Thermoströme zu erhalten. Das Thermoelement wirkt hier als *Thermorelais*. Auf diesem Wege gelingt es, den primär unmeßbar kleinen Spiegelausschlag des Instruments erheblich zu verstärken. Dabei ist der Thermostrom wie auch der Ausschlag des Sekundärgalvanometers proportional dem Ausschlag des Primärinstruments. Es werden Vergrößerungen bis auf 1 : 1000 auf diese Weise erreicht.

Das eigentliche Thermorelais (s. Abb. 307) besteht aus einem Blechstreifen von 0,5 mm Breite und 0,001 mm Dicke und besteht aus zusammengelöteten Konstantan-, Manganin- und wieder Konstantanstücken. In dieser Reihenfolge stoßen also zwei Lötstellen aneinander. Die eine Seite dieses Streifens ist mit kolloidem Kohlenstoff bedeckt. Das Ganze steht im Vakuum unter Glas. Als Wärmeschutz dient ein doppelwandiges Metallgehäuse, das an zwei gegenüberliegenden Stellen Fenster trägt. In Abb. 307 ist *BC* die Breite des Lichtstreifens auf dem Manganinblech. Abb. 308 A und B zeigen die Aufstellung einer solchen gesamten Apparatur.

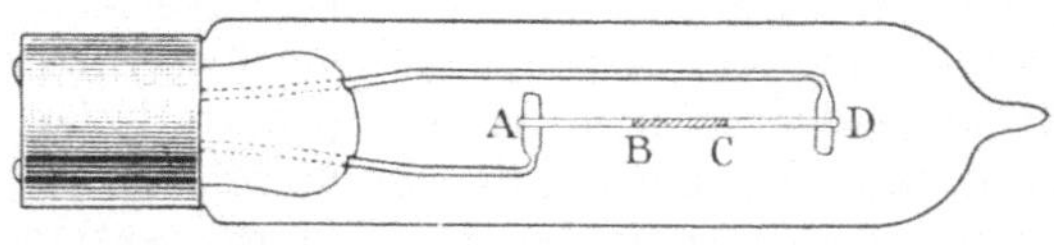

Abb. 307. Thermorelais nach MOLL und BURGER.
*AD* Konstantan-Manganin-Konstantanstreifen.
*BC* Lichtfleck.

Hierzu sei noch bemerkt, daß diese Methode nicht nur für *Galvanometer* als Primärinstrumente in Frage kommt, sondern ganz allgemein für solche Vorrichtungen, bei denen Spiegeldrehungen zum Anzeigen verwendet werden. Man kann daher auch ein Elektrometer mit Spiegel als Instrument benutzen. Das Primärinstrument muß eine gute, d. h. ruhige Nullage besitzen, im anderen Falle nämlich werden auch alle Störungen mit vergrößert, was keinen Gewinn brächte. Da die Vergrößerung eine recht weitgehende ist, ist es nicht erforderlich, bei dem Primärinstrument bereits ein solches höchster Empfindlichkeit zu benutzen.

Auf diesem Wege kann man noch Spiegeldrehungen von 0,1 Sekunde mit dem zweiten Instrument feststellen. Die Dauer der Einstellung beträgt etwa 4 Sekunden.

v. Steinwehr setzt an Stelle des Thermoelements das Bolometerprinzip. Zwei schmale, dünne Metallblättchen, bei denen Temperaturdifferenz den elektrischen Widerstand stark beeinflussen, bilden zwei Zweige einer Wheatstoneschen Brücke. Von dem Primärinstrument wird der Lichtstrahl so auf beiden Folien geworfen, daß sie symmetrisch von ihm überdeckt werden. Bei Drehung des Spiegels um einen kleinen Winkel verschiebt sich das Lichtband. Das eine Blättchen wird dadurch

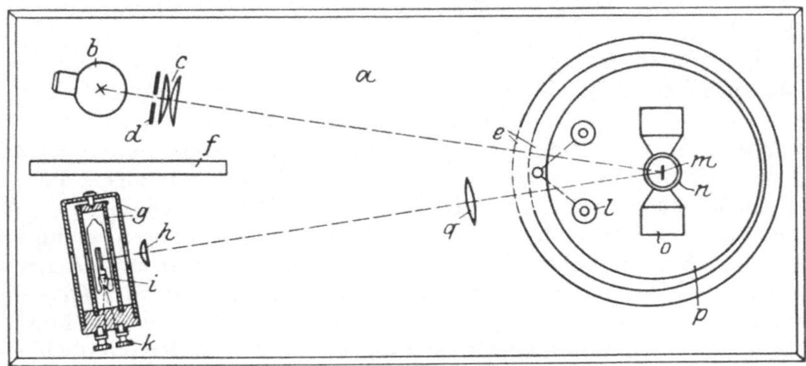


A

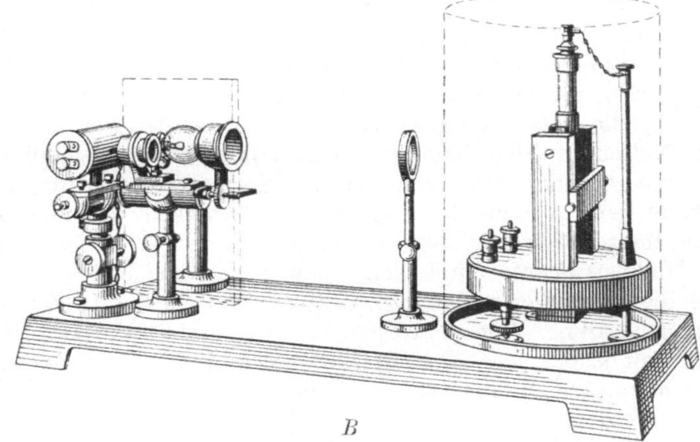

B

*a* Eiserne Grundplatte.
*b* Lichtquelle.
*c* Zentrierbares Linsensystem,
*d* Blende.
*e* Öffnungen in den zylindrischen Schutzhüllen.
*f* Schutzschirm.
*g* Doppelwandiges Messinggehäuse auf zentrierbarem Stativ.
*h* Zylinderlinse.
*i* Glasgefäß mit dem Thermorelais.
*k* Zum Sekundärgalvanometer.
*l* Pollklemmen des Galvanometers.
*m* Spiegel des Primärgalvanometers.
*n* Galvanometerhülle.
*o* Stahlmagnet.
*p* Fuß des Primärgalvanometers.
*q* Linse.

Abb. 308 A, B. Apparatur zur Messung sehr schwacher Ströme mit Hilfe des Thermorelais (nach Moll und Burger).

schwächer erwärmt, das andere mehr. Es ändern sich dadurch die Widerstände. Im Brückengalvanometer tritt nunmehr ein Ausschlag auf, der ein Maß ist für die Verschiebung des Lichtbandes infolge Drehung des Primärinstruments. Die Einstellgeschwindigkeit ist hier noch größer als bei dem Verfahren nach Moll und Burger. Sind die Widerstände auf das genaueste definiert, also Normalwiderstände, und ebenso die Spannung des Westonschen Normalelements, so kann man mit weitestgehender Genauigkeit arbeiten (etwa $10^{-5}$).

*Indirekte Spannungsmessung.* Mit den vorstehenden Mitteilungen war im Grunde alles das erörtert, was zum Kapitel der Elektrometrie im engsten Sinne gehört. Es wurden die Meßverfahren besprochen, grund deren man elektrische Größen mit Hilfe von Elektrometern, — hier im weitesten Sinne, — zu bestimmen vermag. Dieses

65b*

waren durchweg direkte Methoden gewesen. Spannung, Kapazität, Stromstärke und Widerstand wurden mit dem Elektrometer direkt oder durch kurze Umrechnung bestimmt. In den einleitenden Bemerkungen zu diesem Artikel wurde aber ausgeführt, daß im Vordergrund die Spannungsmessung schlechthin stehen soll. Hier sind Methoden ausgearbeitet worden, die als indirekte bezeichnet werden müssen. Wurden dort Instrumente verwendet, denen elektrostatische Prinzipien zugrunde lagen, während elektromagnetische eine geeignete Basis dazu nicht liefern konnten, so sind hier bei den indirekten Methoden Vorrichtungen vorhanden, wo ein bestimmter Strom durch einen bestimmten, variierbaren Widerstand geleitet, in seiner Spannung so lange variiert wird, bis er einer vorgelegten, unbekannten Spannung gleich ist, aber von entgegengesetzter Richtung. Diese vorgelegte Spannung wird dadurch kompensiert. Ein eingeschaltetes Instrument zeigt durch Verharren auf seiner Ruhelage die erfolgte Kompensation an. Durch Umrechnung kann man nunmehr den Spannungswert ermitteln. Diese Art der Spannungsmessung ist in jeder Richtung von so außerordentlicher Bedeutung — und wird es infolge ständiger Erweiterung der Meßkunst, z. B. durch die Elektronenröhren, immer mehr —, daß sie überall dort eingehend behandelt werden muß, wo die Spannungsmessung zur Erörterung steht. Diese indirekte Methode zeigt an, daß in einem bestimmten Kreis kein Strom fließt. Dementsprechend können hier vorzugsweise Strommesser, sog. Galvanometer, zur Verwendung kommen. Auf diese Weise kann bei sonst hinreichend zuverlässigen Hilfsapparaten eine Vorrichtung von äußerster Empfindlichkeit und Genauigkeit aufgebaut werden. Es sind nicht unbedingt Galvanometer bei diesen kompensatorischen Messungen als Anzeiger erforderlich. Man kann naturgemäß auch Elektrometer dabei verwenden. Es wird weiter unten noch erörtert werden, in welchen Fällen man die letztgenannte Instrumentenart der anderen vorzieht. Man hat also hier eine Methode, wo dem Ladungsträger so gut wie kein Strom entzogen wird, wo man stromlos mißt. Es ist naturgemäß zu beachten, daß man der Stromquelle stets einen gewissen kleinen Strom dadurch entnehmen wird, daß man den Nullpunkt, den Kompensationspunkt aufsuchen muß und das verwendete Instrument selber Strom von geringem Ausmaß verbraucht. Auch dieses kann man, falls notwendig, dadurch weitgehend einschränken, daß man sehr ladungsempfindliche Meßgeräte verwendet. In diesem Falle werden sich besonders Elektrometer als Nullinstrumente empfehlen. Gewisse Methoden bestehen noch für den Fall, daß die Spannungsquelle ihre elektromotorische Kraft konstant hält, selbst bei Stromentnahme. Von derartigen Messungen soll ebenfalls die Rede sein.

Bevor jedoch jene Meßverfahren geschildert werden, soll noch einiges über die hier hauptsächlich in Betracht kommenden Instrumente, die Galvanometer, erörtert werden.

**10. Die Galvonometer.** Diese Instrumentengruppe hat die Aufgabe, *Ströme* zu messen. Eine kurze Besprechung der hierfür vorliegenden Typen ist darum erforderlich, weil ganz wie bei den Elektrometern jede von ihnen einen besonderen Charakter besitzt, vor allem, was die Empfindlichkeit und die Anwendungsart betrifft. Es wird daher zuerst über das allgemeine Prinzip sowie dann über das jeder Instrumentengruppe kurz berichtet werden.

Bei den Galvanometern handelt es sich um elektrodynamische Instrumente. Im Gegensatz zu den elektrostatischen, die auf den ponderomotorischen Wirkungen *ruhender* Elektrizitätsmengen beruhen, haben die elektrodynamischen als Grundlage die ponderomotorische Wirkung *bewegter* Elektrizitätsmengen. Dort lag ein *statisches* Feld vor; hier handelt es sich um das *stationäre* Feld. Zur Aufrechterhaltung des Feldes war dort keine Energiezufuhr erforderlich. Hier strömt die Energie dauernd. Dabei kann die Wirkung verfolgt werden, die jener Energiefluß auf einen ferromagnetischen Körper ausübt, oder auch die, die zwei stromdurchflossene Systeme aufeinander haben. Aus derartigen Kombinationen ergeben sich 4 verschiedene Arten von Instrumenten.

1. *Im Felde einer feststehenden, stromdurchflossenen Spule befindet sich ein beweglicher permanenter Magnet oder ein bewegliches System aus weichem Eisen.* Auf diesem Prinzip beruhen die Bussolen, die Nadelgalvanometer und die Weicheiseninstrumente. Von Bedeutung sind für uns allein die *Nadelgalvanometer.* Nur sie sollen daher kurz besprochen werden.

2. *Im Felde eines feststehenden permanenten Magneten befindet sich eine stromdurchflossene Spule oder ein beweglicher linearer Leiter.* Die *Drehspulgalvanometer,* die *Saiten-* und *Schleifengalvanometer* sind auf diesem Prinzip aufgebaut.

3. *Eine bewegliche, stromdurchflossene Spule befindet sich im Felde einer feststehenden stromdurchflossenen Spule.* Hierzu gehören die Elektrodynamometer, die hauptsächlich für Wechselstrommessungen in Betracht kommen und daher für unsere Erörterung ausschalten.

4. *Eine bewegliche kurzgeschlossene Spule befindet sich im Felde einer stromdurchflossenen Spule.* Da man es hierbei in der Hauptsache mit Induktionsmeßgeräten zu tun hat, soll auf sie nicht weiter eingegangen werden.

**11. Die Nadelgalvanometer.** Das Grundprinzip ist eben erörtert worden. In Abb. 309 ist es schematisch dargestellt. Je mehr Windungen die Spule enthält, desto mehr verstärkt sich ihre Wirkung. Ein derartiges Instrument ist aber von den magnetischen Einflüssen der Umgebung sehr abhängig, vor allem vom Erdfeld. Dann aber auch von den magnetischen Einflüssen der Zuleitungen. Den zuletzt genannten Fehler kann man dadurch beseitigen, daß man die Zuleitungsdrähte umeinanderschlingt. Die Elimination der Erdfeldwirkung ist schwieriger. Die Ruhelage des Instruments wird von ihm beeinflußt. Ferner ändert es auch die Empfindlichkeit. Das astatische Nadelpaar, wie es in Abb. 309 dargestellt ist, bringt hier eine Verbesserung. An Stelle eines Magneten treten deren zwei, die so aufgehängt sind, daß der eine im Innern der Spule angebracht ist, der andere aber darüber, und zwar so, daß die entgegengesetzten Pole übereinander liegen (*astatisches Nadelpaar*). Damit wird die Empfindlichkeit erheblich erhöht infolge weitgehender Aufhebung der Wirkung des Erdfeldes. Einen weiteren wirksamen Schutz stellt die Panzerung dar (DUBOIS-RUBENS), d. h. die Umhüllung des Aufhängesystems mit Gußstahlmänteln von hoher Anfangspermeabilität ($\mu = 200$). Wendet man eine dreifache Panzerung an, so wird die äußere Störung etwa auf den tausendsten Teil herabgesetzt.

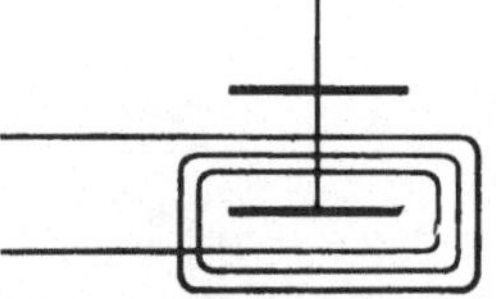

Abb. 309. Prinzip des Nadelgalvanometers (Schema).

Ein Eingehen auf die Theorie der Nadelgalvanometer würde hier zu weit führen. Ihr Studium sei jedem empfohlen, der mit einem solchen Instrument zu arbeiten hat. Nur dadurch ist ein vollkommenes Verstehen ihrer Wirkungsweise gewährleistet, nur so wird man das Instrument auch vollkommen ausnutzen und beherrschen können. Hier können nur einige unbedingt notwendige Begriffe eine summarische Darstellung erfahren.

Bei kleinen Ausschlagswinkeln ist der Strom $J$, dem Winkel $\varphi$ direkt proportional,

$$J = C \cdot \varphi .$$

$C$ ist der sogenannte Reduktionsfaktor. Er muß experimentell bestimmt werden. Er stellt in absolutem Maße diejenige Stromstärke dar, die den Winkelausschlag $\varphi = 1 \left(\text{in absolutem Maße } \frac{360}{2\pi}\right)$ bewirkt. Der reziproke Wert des Reduktionsfaktors stellt die Empfindlichkeit $S$ dar:

$$S = \frac{1}{C} \cdot$$

Aus der Theorie folgt u. a., daß die Empfindlichkeit mit dem Quadrat der Schwingungsdauer wächst. Diese Schwingungsdauer ist um so größer, je geringer die Richtkraft ist. Man bezeichnet nun als *Stromempfindlichkeit* denjenigen Ausschlag in Skalenteilen, den ein Strom von $10^{-6}$ Ampere bei einer Schwingungsdauer von 10 Sekunden auf einer Skale, die 1000 Skalenteile Abstand vom Spiegel hat, bewirkt. Vergleicht man verschiedene Galvanometer, so ist noch der Widerstand der Feldspulen zu beachten. Als *Normalempfindlichkeit* gilt derjenige Ausschlag in Skalenteilen, den ein Strom von $10^{-6}$ Ampere auf 1 $\Omega$ Spulenwiderstand bei 10 Sekunden Schwingungsdauer auf einer Skale in 1000 Skalenteilen Entfernung anzeigt. Als größte Normalempfindlichkeit findet sich der Wert von 7000.

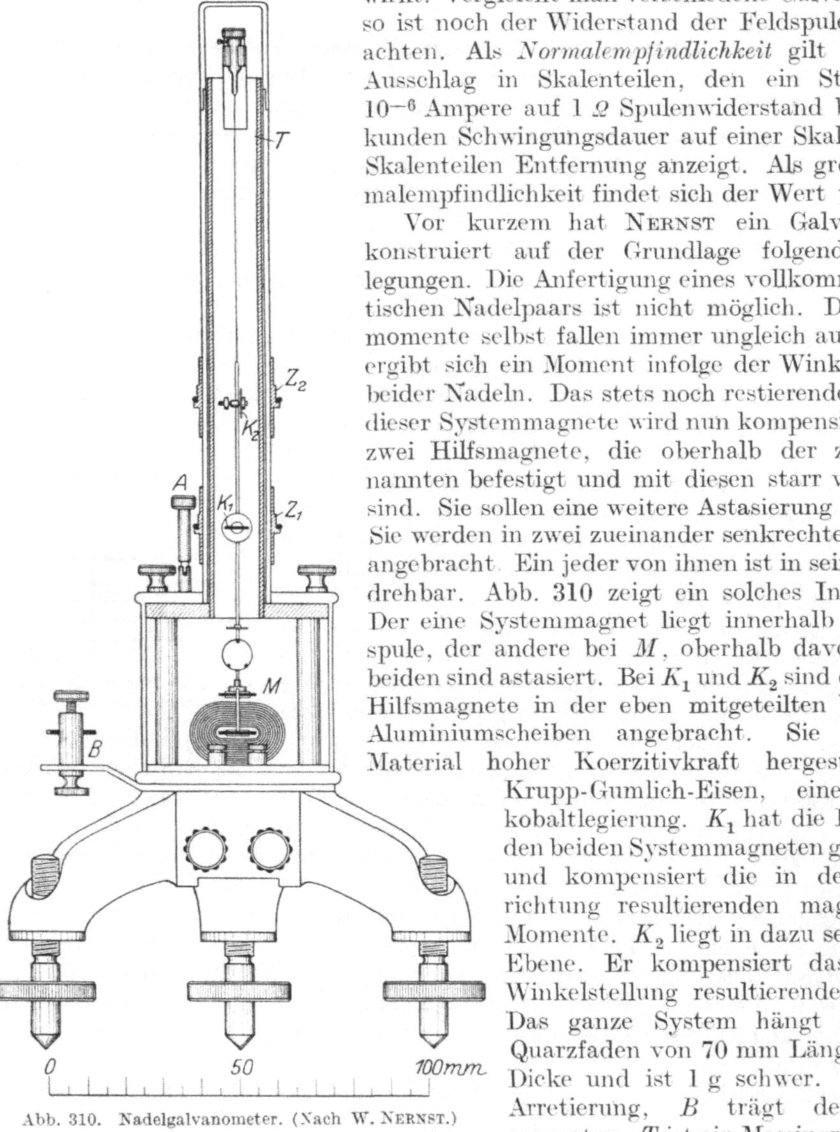


Abb. 310. Nadelgalvanometer. (Nach W. NERNST.)

Vor kurzem hat NERNST ein Galvanometer konstruiert auf der Grundlage folgender Überlegungen. Die Anfertigung eines vollkommen astatischen Nadelpaars ist nicht möglich. Die Nadelmomente selbst fallen immer ungleich aus. Ferner ergibt sich ein Moment infolge der Winkelstellung beider Nadeln. Das stets noch restierende Moment dieser Systemmagnete wird nun kompensiert durch zwei Hilfsmagnete, die oberhalb der zuerst genannten befestigt und mit diesen starr verbunden sind. Sie sollen eine weitere Astasierung bewirken. Sie werden in zwei zueinander senkrechten Ebenen angebracht. Ein jeder von ihnen ist in seiner Ebene drehbar. Abb. 310 zeigt ein solches Instrument. Der eine Systemmagnet liegt innerhalb der Feldspule, der andere bei $M$, oberhalb davon. Diese beiden sind astasiert. Bei $K_1$ und $K_2$ sind die beiden Hilfsmagnete in der eben mitgeteilten Weise auf Aluminiumscheiben angebracht. Sie sind aus Material hoher Koerzitivkraft hergestellt, aus Krupp-Gumlich-Eisen, einer Eisenkobaltlegierung. $K_1$ hat die Ebene mit den beiden Systemmagneten gemeinsam und kompensiert die in der Hauptrichtung resultierenden magnetischen Momente. $K_2$ liegt in dazu senkrechter Ebene. Er kompensiert das aus der Winkelstellung resultierende Moment. Das ganze System hängt an einem Quarzfaden von 70 mm Länge und 5 $\mu$ Dicke und ist 1 g schwer. $A$ ist die Arretierung, $B$ trägt den Richtmagneten. $T$ ist ein Messingrohr, durch dessen Schlitze man das Aufhängesystem beobachten kann. Über das äußere Zylinderrohr sind kurze Zylinder $Z_1$ und $Z_2$ geführt. Sie können Eisenringe tragen, durch die die Wirkung der Kompensationsmagnete noch unterstützt wird.

Der Widerstand der Feldspule beträgt 2 Ohm. Die normale Stromempfindlichkeit beträgt 80 bis 100. Liegt ein äußerer Widerstand von 3 Ohm vor, so zeigt das Instrument aperiodische Einstellung.

Daß diese empfindlichen Galvanometer vor Erschütterungen sorgfältig bewahrt werden müssen, braucht wohl kaum näher ausgeführt zu werden.

**12. Drehspulgalvanometer.** Diese Instrumentengruppe ist die am meisten benutzte unter den Gleichstrommeßapparaten. Sie kann als Spiegel- wie auch als Zeigerinstrument konstruiert werden. Das Prinzip ist oben bereits kurz angemerkt worden. Man erkennt es aus der schematischen Abb. 311a und 311b.

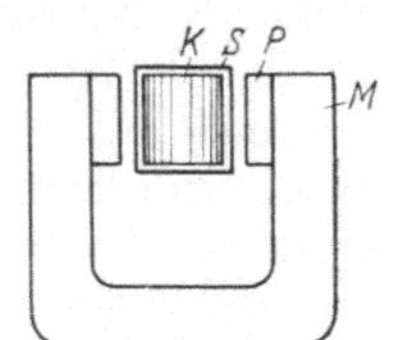


Abb. 311a. Schema des wirksamen Teils eines Drehspulgalvanometers. (Deprez-d'Arsonval von Siemens & Halske.) *M* Magnet. *P* Polschuhe. *S* Spule. *K* Eisenkern.

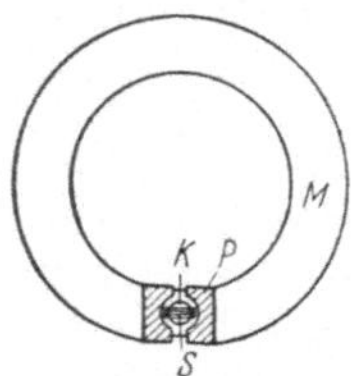


Abb. 311b. Drehspulgalvanometer. (Nach Ayrton-Mather-Disselhorst von Siemens & Halske.) Bedeutung der Buchstaben wie oben.

Spiegelinstrument. Der Grundtyp der Konstruktion stammt von Deprez und d'Arsonval. Sie verwandten eine stromdurchflossene Spule, die sich zwischen den Polen eines permanenten, hufeisenförmigen Magneten befindet (Abb. 311). Die Windungen der Spule gehen den Kraftlinien parallel. Im Innern der Spule ist ein Kern aus weichem Eisen angebracht, der die Kraftlinien konzentriert und ihnen einen radiären Verlauf in bezug auf die Spule erteilt. Zu dieser Spule führt (s. Abb. 312a) ein Aufhänger, der den Spiegel trägt und zugleich als obere Zuleitung dient. Außerdem ist noch eine untere Zuleitung vorhanden. Besonderer Wert ist auf die obere Aufhängung zu legen. Es zeigen nämlich diejenigen Fäden, die eine gute Leitfähigkeit besitzen, den Nachteil der elastischen Nachwirkung. Wird das Instrument als Nullinstrument gebraucht, so spielt dieser Umstand eine untergeordnete Rolle.

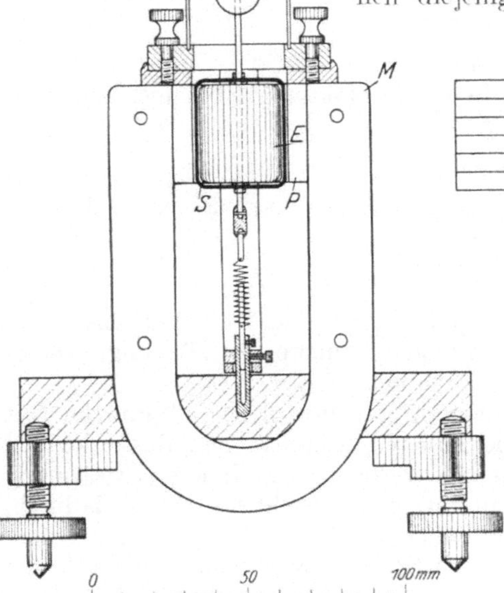


P M S E
b

Abb. 312a, b. Gesamtansicht des Galvanometers von Deprez-d'Arsonval nach Entfernen des Gehäuses. Die Buchstaben haben dieselbe Bedeutung wie bei Abb. 311a.

Diese Instrumente sind von äußeren magnetischen Störungen weitgehend unabhängig. Das liegt einmal in der Art, wie die gegenseitige Anordnung der Instrumententeile sich hier ermöglicht. Ferner hat das Instrument ein so starkes eigenes Magnetfeld, daß äußere Störungen, vorab durch das Erdfeld, kleiner werden als 0,001. Zur Verstärkung des Magnetfeldes versieht man weiterhin die Pole des permanenten Magneten mit Polschuhen und bringt außerdem noch einen starken magnetischen Schluß an. Man muß auch hier darauf achten, daß die Stromzuführung zum Instrument bifilar und ohne Schleifen erfolgt. Zwei dicht nebeneinanderstehende Instrumente können außerdem aufeinander einwirken. Ist ihr Abstand größer als 20 cm, so kommt dieser Einfluß kaum noch in Betracht.

Auch diese Instrumente müssen erschütterungsfrei aufgestellt werden. Auch ist es erforderlich zu prüfen, ob sie eben stehen, d. h. es ist eine eingehende Justierung vor Ingebrauchnahme vorzunehmen.

Das Instrument funktioniert am günstigsten im sog. aperiodischen Grenzzustand. Bei einem bestimmten Verhältnis der äußeren und inneren Widerstände stellt es sich *aperiodisch* ein. Überschreitet man diesen Zustand nach der einen Seite, so macht es langsame gedämpfte Schwingungen, seine Spannungsempfindlichkeit sinkt. Nach der anderen Seite von diesem günstigen Zustand kriecht das Instrument, d. h. es macht langsame aperiodische Bewegungen. Der günstigste Zustand liegt dazwischen. Ist der innere Widerstand des Instruments (d. h. Widerstand der Spule + Widerstand der Aufhängung) $r_0$, der Widerstand für den aperiodischen Grenzzustand $r$, der äußere Widerstand $r_a$, so soll

$$r = r_a + r_0$$

sein. M. a. W.: Es muß zu einer gegebenen Meßanordnung ein Galvanometer von solchem inneren Widerstand gewählt werden, daß sich aperiodische Einstellung ergibt. Es muß also auf jeden Fall der innere Widerstand des Instruments kleiner sein als der Grenzwiderstand $r$. Schließt man das Galvanometer kurz, so muß starke aperiodische Dämpfung vorliegen. Bei größerem oder geringerem $r$ zeigt sich das eben skizzierte Verhalten des Instruments. Man hat dementsprechend dem Instrument Einsätze für verschiedene Meßbereiche beigegeben. Im aperiodischen Grenzfall ist auch die Einstellungszeit am kürzesten. Im Vergleich mit dem Nadelgalvanometer besteht also in dieser Beziehung ein gewichtiger Unterschied. Dort war das günstigste Verhalten erreicht, wenn *äußerer* Widerstand dem Spulenwiderstand *gleich* war. Weiterhin besteht zwischen beiden der Unterschied, daß hier die Empfindlichkeit der Wurzel aus der Schwingungsdauer proportional ist, dort war sie dem Quadrate proportional. In gewissen anderen Beziehungen wiederum besteht Übereinstimmung zwischen beiden. Wie beim Nadelgalvanometer ist

$$J = C\varphi,$$

wo $\varphi$ den Ausschlagswinkel darstellt. Der Reduktionsfaktor $C$ kann hier errechnet werden

$$C = \frac{D}{H \cdot F}.$$

$D$ ist die Direktionskraft, $F$ die Spulenfläche und $H$ die magnetische Feldstärke. Auch hier ist

$$S = \frac{1}{C} = \frac{H \cdot F}{D}.$$

Man erkennt, daß man bei gleichbleibender Spule die Empfindlichkeit erhöhen kann durch Feldverstärkung, wie auch durch Anbringung feinerer Aufhängung. Dieses hat jedoch seine Grenze in dem Dämpfungszustand.

Ganz besonders ist bei den Galvanometern auf die gleiche Temperiertheit aller Instrumententeile zu achten. Die äußeren Temperatureinflüsse können durch geeigneten Wärmeschutz ferngehalten werden. Die innere Erwärmung geschieht durch den Stromdurchgang. Man vermeidet erhebliche Fehler dadurch, daß man den Strom nur kurze Zeit hindurchgehen läßt.

Der Typ von Deprez-d'Arsonval wird von Siemens & Halske und auch von Hartmann & Braun hergestellt. Der Magnet hat hier Hufeisenform. Die Spule wird von den Polschuhen eng umfaßt und hat Zylinderform. Auch der Eisenkern der Spule ist zylindrisch gestaltet. Die Wickelungen der Spulen sind auf verschiedene Widerstände bedacht. Diese Systeme sind auswechselbar. Die normale Stromempfindlichkeit dieser Instrumente beträgt 10 bis 12. Das Instrument von

HARTMANN & BRAUN besitzt im Gegensatz zu dem von SIEMENS zwei Wickelungen. Man hat dementsprechend an einem Instrument zwei Stromempfindlichkeiten und zwei Spannungsempfindlichkeiten, ohne daß eine Auswechselung erforderlich wäre. Jede der Wickelungen kann für sich benutzt werden, während dann die andere durch einen Widerstand geschlossen wird. Sie macht ihren Einfluß noch bei der Einstellung des Instruments geltend.

DISSELHORST (SIEMENS & HALSKE) verwendet nach dem Vorgehen von AYRTON und MATHER bei seinem Galvanometer an Stelle des Hufeisenmagnetes einen ringförmigen. Zum Unterschied von diesen Konstrukteuren trägt die Spule hier einen Eisenkern (s. Abb. 311a u. 313b). Diese Konstruktion hat gewisse Vorteile. Die Schwingungsdauer beträgt etwa 5 Sekunden, der innere Widerstand des Instruments etwa 50 Ohm. Der Grenzwiderstand für die aperiodische Einstellung ist etwa 250 Ohm.

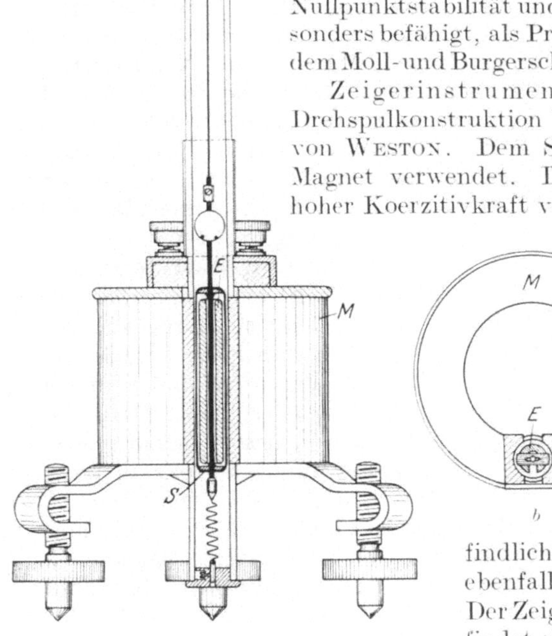

Abb. 313 a, b. Galvanometer. (Nach DISSELHORST.)

Das diesem ähnliche Instrument von MOLL hat einen inneren Widerstand von 30 Ohm, der Grenzwiderstand liegt bei 100 Ohm, die Schwingungsdauer beträgt 4 Sekunden. Infolge der besonderen Aufhängevorrichtung der Spule zwischen zwei gespannten Fäden besitzt dieses Instrument eine sehr gute Nullpunktstabilität und rasche Einstellung. Dadurch ist es besonders befähigt, als Primärgalvanometer in Kombination mit dem Moll- und Burgerschen Thermorelais Verwendung zu finden.

Zeigerinstrument. Auch als Zeigerinstrument kann die Drehspulkonstruktion Verwendung finden. Die Urform ist die von WESTON. Dem Spiegeltyp analog wird ein U-förmiger Magnet verwendet. Dazu wird Eisen hoher Remanenz und hoher Koerzitivkraft verarbeitet. An den Polen liegen zylindrische Polschuhe, zwischen ihnen die zylindrische Spule mit zylindrischem Eisenkern. Der Luftraum zwischen Polschuhen und Spule ist eng gehalten, was einen Einfluß fremder, magnetischer Wirkung fernhält. Auch in weiteren Einzelheiten ist es dem Spiegelinstrument ähnlich. Es kommt ihm auch an Empfindlichkeit sehr nahe, zumal man den Zeiger ebenfalls an der Aufhängung der Spule befestigt. Der Zeiger hat Messerform. Unter der Skale befindet sich ein Spiegel, der parallaxefreie Ablesung ermöglicht. Die Präzisionsamperemeter und -voltmeter sind derartige Drehspulinstrumente, bei denen geeignete Widerstände in Reihe oder im Nebenschluß angebracht sind. Die Instrumente besitzen eine geeichte Skale. Kennt man den Spulenwiderstand und die Stromempfindlichkeit für einen Skalenteil, so kennt man die Spannung zwischen den Klemmen des Instruments. Durch Vorschalten geeigneter Widerstände kann man die Spannungsempfindlichkeit des Instrumentes um das 10-, 100-, 1000fache erniedrigen. Durch geeignete Nebenschlüsse kann man seine Stromempfindlichkeit ebenfalls auf diese Weise variieren.

Das oben erörterte Prinzip von MOLL und BURGER sowie das von STEINWEHR kann auch hier zur Steigerung der Empfindlichkeit in Anwendung kommen.

**13. Saitengalvanometer** (EINTHOVEN). Verwendet man statt einer Spule einen einzigen linearen Leiter, so erfährt dieser im magnetischen Feld eine gesetzmäßige Ablenkung, sobald man Strom durch den Leiter schickt. Ein derartiges Instrument ist von EINTHOVEN angegeben. Es hat den Vorzug äußerst rascher Einstellung. Die Abweichung der Saite aus der Ruhelage wird mit dem Mikroskop in derselben Weise abgelesen, wie es oben bei dem Saitenelektrometer beschrieben worden ist. Die Empfindlichkeit des Instruments kann hier, genau so wie dort, durch Variieren der Fadendicke sowie der Stärke der Fadenspannung gewechselt werden. Bei schwacher Spannung und bei Verwendung eines Fadens von ca. $10^4$ Ohm Widerstand können noch $10^{-12}$ Ampere angezeigt werden. M. EDELMANN hat eine Ausführung angegeben. Er verwendet Quarzfäden, die metallisiert sind (Goldplatin). Setzt man an Stelle des permanenten Magneten einen Elektromagneten, so läßt sich die Empfindlichkeit noch weiterhin steigern, ebenfalls noch durch Anwendung stärkerer Vergrößerung. Die obenstehende Tabelle 7 nach EDELMANN bezieht sich auf das Instrument mit permanentem Magnet. Die Einstellung erfolgt aperiodisch. Es wurde 100fache Vergrößerung verwendet.

Tabelle 7.

| Material der Saite | Durchmesser in $\mu$ | Widerstand in Ohm | Ausschlag = 1 mm in Amp. | Ausschlag erfolgt in sec |
|---|---|---|---|---|
| Au . . . . . | 8,5 | 140 | $7,5 \times 10^{-8}$ | 0,08 |
| Pt . . . . . | 3,8 | 4000 | $3,6 \times 10^{-7}$ | 0,02 |
| $SO_2$ . . . . | 2,5 | 10000 | $8,3 \times 10^{-7}$ | 0,01 |

**14. Schleifengalvanometer.** Eine Abart des Saitenprinzips sei noch erwähnt, die sich in neuester Zeit vielfach bewährt hat. Sie ist von MECHAU angegeben und wird von C. ZEISS angefertigt (Abb. 314). An Stelle eines linearen fadenförmigen Leiters tritt eine Schleife, in dessen unterem Teil sich eine Stufe befindet (s. Abb. 315). Die Dicke der Schleife beträgt 0,75 bis 1 $\mu$. Sie ist 0,5 mm breit und 30 mm lang und hängt zwischen den Polen zweier permanenter Magneten in einem luftdicht abgeschlossenen Glaskästchen. Die beiden Magnete stehen so einander gegenüber, daß der eine Nordpol dem anderen Südpol usw. gegenübersteht. Diese Anordnung vermittelt bei Stromdurchgang durch die Schleife einen Ausschlag, der doppelt so groß ist wie der, den man bei einem einzigen Magneten erzielt. Wie beim Saitengalvanometer beobachtet man mit dem Mikroskop den Ausschlag, den der senkrechte Stufenteil $Z$ der Schleife ausführt. Durch Steigerung der Vergrößerung

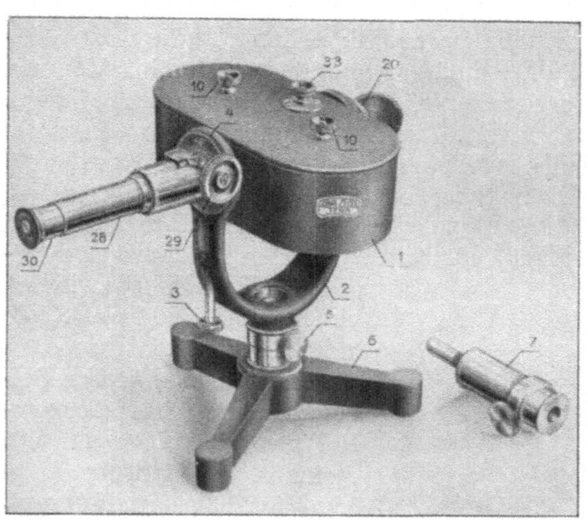

Abb. 314. Schleifengalvanometer von MECHAU-ZEISS.

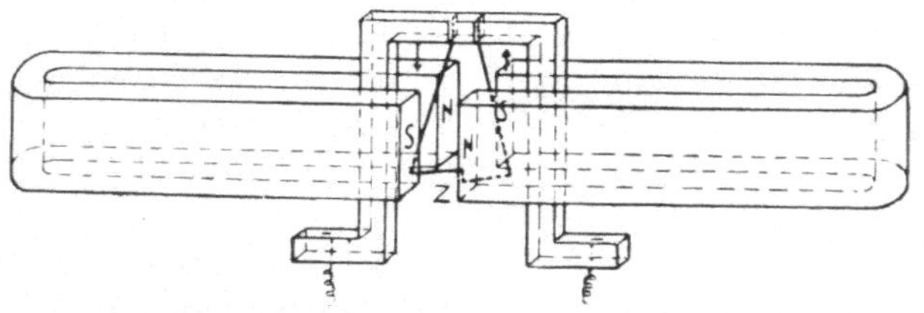


Abb. 315. Wirksamer Teil des Schleifengalvanometers von MECHAU-ZEISS. (Schema.)

$S, S, N, N$ Nord- und Südpole der einander gegenüberstehenden permanenten Magneten.
$Z$ Stufe in der Schleife, die im Mikroskop beobachtet wird.

läßt sich die Empfindlichkeit steigern. Entsprechend den oben angegebenen Prinzipien kann man den Ausschlag auch zur objektiven Darstellung durch Projektion usw. bringen. Dreht man das Metallgehäuse des Galvanometers um 180°, so gelangt die Schleife aus der hängenden Lage in die stehende, aus stabiler in die labile. Hierdurch erhöht sich die Empfindlichkeit weiterhin. Der innere Widerstand des Instruments bewegt sich zwischen 6 und 10 Ohm. Bei hängender Schleife und 80facher Vergrößerung erhält man für etwa $3 \times 10^{-7}$ Ampere einen Ausschlag von einem Skalenteil. Bei 640facher Vergrößerung für $3{,}7 \times 10^{-8}$ Ampere denselben Ausschlag. Bei stehender Schleife und 80facher Vergrößerung erhält man für $6 \times 10^{-8}$ Ampere einen Skalenteil Ausschlag, bei 640facher Vergrößerung für $7{,}5 \times 10^{-9}$ Ampere. Dabei sind die Erfordernisse des Instruments an erschütterungsfreie Aufstellung nicht sehr groß, was ja aus der Konstruktionsart erklärlich ist. Die Spannungsempfindlichkeit des Instruments ist relativ hoch. Die Einstellung erfolgt aperiodisch und fast momentan, etwa in 0,6 Sekunden. Die Ausschläge sind der Stromstärke proportional. Das Instrument eignet sich auch sehr gut für den Transport.

*Indirekte Spannungsmessung.* Bevor auf die Kompensationsmethoden näher eingegangen wird, sei noch kurz etwas über die dabei zur Verwendung kommenden Instrumente mitgeteilt.

Die hier verwendeten Instrumente werden durchweg als Nullinstrumente benutzt. In der Hauptsache kommen hierbei die Galvanometer, und zwar die Drehspulgalvanometer, in Frage. Aus den oben gegebenen Darlegungen geht hervor, unter welchen Bedingungen diese die größte Empfindlichkeit besitzen. Von Bedeutung ist der Galvanometerwiderstand, der Widerstand des zu messenden Objektes sowie der des Kompensationskreises. Für das Drehspulgalvanometer wurde gezeigt, daß es seine größte Empfindlichkeit im aperiodischen Grenzzustand besitzt, d. h. bei einem bestimmten Gesamtwiderstand $r$, für den gilt

$$r = r_a + r_0 ,$$

wo $r_0$ den an den Klemmen des Galvanometers gemessenen Widerstand bedeutet, $r_a$ dagegen den äußeren Widerstand. Auch hier wieder können die oben mitgeteilten Methoden von MOLL und BURGER und die von v. STEINWEHR eine noch weitergehende Empfindlichkeit erzeugen. Dabei ist immer die Frage der Ablesegenauigkeit mit zu erwägen. Nach den Untersuchungen von ISING und auch von ZERNICKE, die im Anschluß an SMOLUCHOWSKIS Gedankengänge erfolgten, zeigt sich für alle Systeme von dieser Art eine natürliche Grenze der Empfindlichkeit. Diese liegt dort, wo statistisch zu fordernde Stromschwankungen auftreten. Dazu kommt ferner, daß die kinetische Wärmebewegung der Moleküle durch Stoß eine genügende Stabilität der aufgehängten Systeme verhindert[1].

Was die Genauigkeit der Messungen anbelangt, so beträgt sie bei Verwendung der Spannungsnormale sowie von Normalwiderständen etwa $^1/_{100000}$. Benutzt man Zeigerinstrumente vom Drehspultyp, so beträgt die Voltempfindlichkeit etwa 5 Volt für einen Skalenteil bei 30 Ohm Grenzwiderstand, 10 Volt für einen Skalenteil bei 300 Ohm Grenzwiderstand. Die Genauigkeit beträgt hier etwa $1\,^0/_{00}$.

*Kompensationsmethoden.* Die direkte absolute Bestimmung von Spannungen wird ermöglicht durch Heranziehung der Wirkung des elektrostatischen Feldes. Auf einem indirekten Wege vermag man indes sich auch der Instrumente und Methoden des elektromagnetischen Feldes zu bedienen. Man kann hier auf absolute elektromagnetische Weise vorgehen oder aber unter Zugrundelegung der internationalen empirischen Einheiten. Schließt man eine Batterie durch einen Widerstand, der in internationalen Einheiten festgelegt ist, und bestimmt man die Stromstärke

[1] Jene wirklichen Stromschwankungen beziehen sich auf jeden beliebigen Stromkreis.

in internationalen Einheiten, so erhält man ein Maß für die Spannung in internationalen Einheiten.

Bei derartigen Spannungsmessungen ist nun von Bedeutung, ob diese Spannung von der Stromstärke abhängt, d. h., ob die elektromotorische Kraft der Stromquelle sich bei Stromentnahme ändert. Ist dieses nicht der Fall, so kann man nach dem OHMschen Gesetz aus Widerstand und Stromstärke die elektromotorische Kraft berechnen, falls der äußere Widerstand groß ist gegen den des Meßinstruments und der Stromquelle. Ist das letztgenannte nicht der Fall, so hilft eine Vergleichmethode, bei der der Widerstand des Meßinstruments und der der Stromquelle herausfallen.

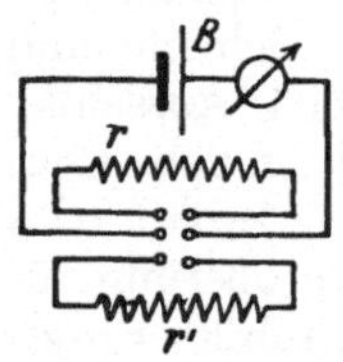

Abb. 316. Widerstandsmessung mit dem Elektrometer.

Man schließt die Stromquelle $B$ einmal über den Widerstand $r$ und darauf über den Widerstand $r'$ (s. Abb. 316). Gehört zu $r$ der Galvanometerausschlag $i$ Ampere und zu $r'$ der Galvanometerausschlag $i'$ Ampere und ist $x$ der Widerstand von Stromquelle + Galvanometer, so ist

$$E = i\,(r + x) = i'\,(r' + x).$$

Hieraus folgt für $x$

$$x = \frac{i'r' - ir}{i - i'},$$

dann aber wird

$$E = \frac{i \cdot i'}{i - i'}\,(r' - r).$$

Handelt es sich um den Vergleich zweier Stromquellen, so benutzt man grundsätzlich dieselbe Methode. Man stellt auf denselben Galvanometerausschlag $i$ ein, einmal bei dem Widerstand $r$ und dann bei dem Widerstand $r'$. Oder aber man stellt auf die gleichen Widerstände ein und erhält einmal die Stromstärke $i$ und dann die Stromstärke $i'$. Es wird alsdann

$$\frac{E}{E'} = \frac{i}{i'} = \frac{r}{r'}.$$

Abb. 317. Schaltungsschema einer Kompensationsanordnung. $B$ Batterie, $R$ veränderlicher Widerstand, $G$, $G'$ Galvanometer, $r$ fester Widerstand, $E$ unbekannte Stromquelle (ST. LINDECK u. R. ROTHE).

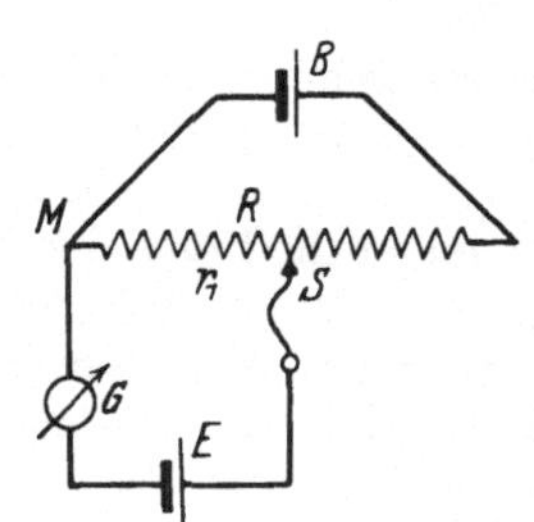

Abb. 318. Kompensationsschaltung nach DUBOIS-REYMOND ohne Normalelement. Die Buchstaben haben dieselbe Bedeutung wie bei Abb. 317. $S$ ist ein Gleitkontakt.

Darf nun aber der Stromquelle kein Strom entnommen werden, so muß man zu Methoden übergehen, die zuerst von POGGENDORFF eingeführt worden sind. Es sind dieses die eigentlichen Kompensationsmethoden.

Es kann hierbei ohne ein Normalelement zu benutzen gearbeitet werden. Die Abb. 317 zeigt das Urbild einer solchen Anordnung.

Ein fester Widerstand $r$ ist über einer Batterie $B$ geschlossen (Akkumulator usw.). Mit diesem Widerstand und einem Gleitwiderstand $R$ liege das Galvanometer $G$ in Reihe. Über demselben Widerstand falle die elektromotorische Kraft der Stromquelle $E$ ab. Durch Verschiebung von $R$ wird an die Endpunkte von $r$ eine Spannung gebracht, die von gleicher Größe wie $E$ ist, aber entgegengesetzte Richtung besitzt. Dann wird $G'$ stromlos. Aus $r$ und dem Galvanometerausschlag von $G$ ergibt sich für $E$

$$E = ir.$$

Diese Methode ist von LINDECK und ROTHE ausgearbeitet worden.

Von Dubois-Reymond wurde folgende Anordnung vorgeschlagen. Die Batterie $B$ (Abb. 318) wird über dem Widerstand $R$ geschlossen. An demselben Widerstand, der bei $S$ einen Gleitkontakt besitzt, liegt die zu messende elektromotorische Kraft $E$. In diesem letztgenannten Kreise befindet sich auch ein Galvanometer oder Elektrometer bei $G$. Ist $B > E$, so wird das Meßinstrument in der Nullage verharren, sobald der Spannungsabfall von $B$ und $E$ über $MS$ gleich, aber entgegengesetzt gerichtet ist. Es ist dann

$$E = B\,\frac{r}{R}\,.$$

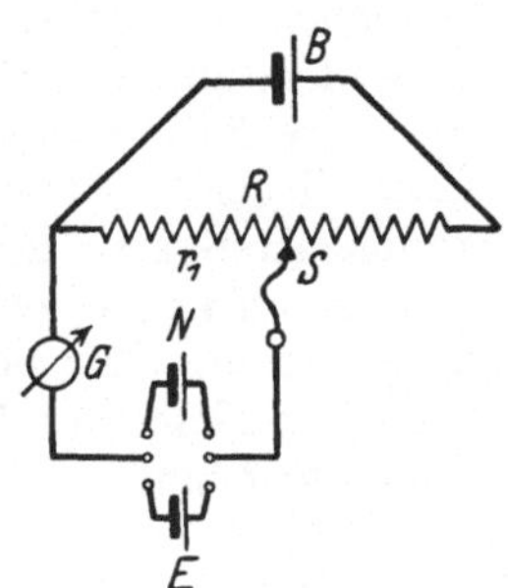

Abb. 319. Kompensationsanordnung nach Dubois-Reymond mit Normalelement $N$.

Zur Erzielung weitergehender Genauigkeit bringt man in den Kompensationskreis ein Normalelement etwa in der Weise, wie es Abb. 319 darstellt. Man kann dann zunächst die Batterie $B$ mit dem Normalelement $N$ eichen — was gewisse Vorteile hat —, und dann auf die zu ermittelnde Spannung $E$ umschalten. Es wird zunächst

$$B = N\,\frac{R}{r_1},$$

und sodann

$$E = B\,\frac{r_2}{R}\,.$$

Man erhält auch

$$E = N\,\frac{r_1}{r_2},$$

wenn $r_1$ den Widerstands- bzw. Brückenwert für die Kompensation des Akkumulators bzw. der Batterie, $r_2$ denjenigen für die Kompensation der zu messenden Spannung $E$ bedeutet.

Eine andere Schaltungsweise ist folgende (s. Abb. 320): Dem Normalelement $N$ werden 10183 Ohm vorgelegt. Sie mögen den Abgreifpunkten eines unterteilbaren Widerstands oder eines Widerstandskastens oder eines Kurbelrheostates entsprechen. Es fließt dann in diesem Kreis ein Strom von 0,0001 Ampere. Die Batterie $B$ ist über dem Gleitwiderstand $R$ und dem Widerstande $r$ geschlossen. Durch Variieren von $R$ kann man den zuerst genannten Kreis stromlos machen. Alsdann fließt ein Strom von 0,0001 Ampere durch diesen. Schaltet man jetzt die zu bestimmende Spannung $E$ an Stelle des Normalelements zu, so wird das Galvanometer $G$ einen Strom anzeigen. Durch Variieren des Widerstands $r$ erzeugt man abermals Stromlosigkeit. Aus dem konstanten Strom von 0,0001 Ampere und dem Widerstand $r$ ergibt sich die Spannung nach dem Ohmschen Gesetz.

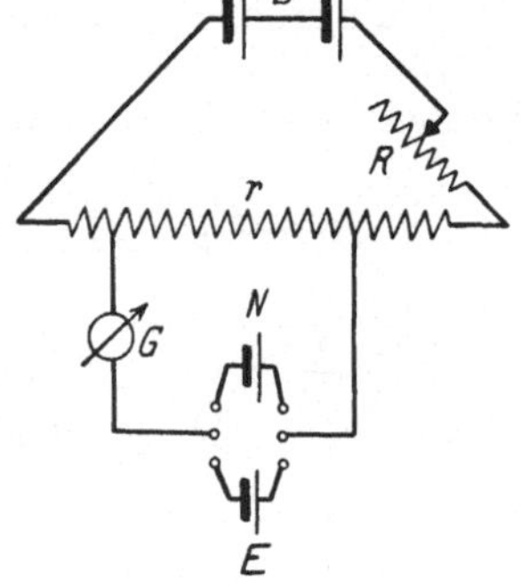

Abb. 320.

Benutzt man hierbei Meßdrähte, so müssen diese eine Eichung erfahren (Kohlrausch, Jaeger, W., Geiger-Scheel). Für genauere Messungen ersetzt man den Draht durch Präzisionswiderstände. Meist werden dabei Stöpsel- oder Kurbelrheostate verwendet. Hierbei ergeben sich in der Anordnung der Widerstände zwei Verfahren. Da ein Verständnis dieser Dinge für den Gebrauch der Kompensationsapparate (Potentiometer) von Bedeutung ist, seien an der Hand einiger Schemata diese Verfahren kurz erörtert.

Aus didaktischen Gründen sei noch einmal auf die Meßdrahtanordnung zurückgegriffen, wie sie bei Abb. 320 bestand. Hier liegen bewegliche Abgriffstellen vor.

Es macht grundsätzlich nichts aus, ob nur eine dieser Stellen festliegt oder ob beide beweglich sind. Je nach der Größe der Entfernung der beiden Abgriffstellen ändert sich ihr Widerstand, $r$ im Ganzen dagegen bleibt fest, und dadurch ist auch die Stromstärke im Kreise $B$ festgelegt. Will man nun den Meßdraht durch einen Rheostaten ersetzen, das vorliegende Schaltungsprinzip aber aufrechterhalten, so genügt ein einziger Widerstandskasten, etwa zwischen den Abgriffstellen. Man wird dann mit $r$ den gesamten Widerstand haben, zwischen den Abgriffstellen aber den variierbaren zur Spannungskompensation. Zur weiteren Messung verfährt man dann wie vorher. Man legt etwa dem Normalelement 1018·3 Ohm vor (aus dem Rheostatenkasten, dem alle Stöpsel entnommen sind). Hierbei bleibt $r$ wieder konstant. Im Kreise $N$ fließt ein Strom von

$$i = \frac{N}{1018 \cdot 3} = 0{,}001 \text{ Ampere}.$$

Mit Hilfe des Regulierwiderstands $W$ wird durch die Batterie $B$ jener Kreis stromlos gemacht, erkenntlich an der Ruhelage des Galvanometers $G$. Im Kreise $B$ fließt dann ein Strom von 0,001 Ampere. Über den Abgriffstellen liegt die Spannung von 1,0183 Volt. Schaltet man jetzt auf $E$, die zu messende elektromotorische Kraft, um, so ist durch Umsetzen der Stöpsel $G$ wiederum auf Stromlosigkeit zu bringen. Der Widerstand $r$ hat sich nicht geändert, wohl aber der zwischen den Abgriffstellen. Dieser Widerstand betrage $r$. Man erhält jetzt für die Spannung zwischen diesen Stellen

$$E = i \cdot r = \frac{r}{1000},$$

d. h. die Zahl der Ohm, durch 1000 dividiert, gibt die Voltzahl an, oder die Zahl der Ohm ist gleichbedeutend mit der Zahl der Millivolt, oder jedem Ohm entspricht ein Millivolt. Legt man vor das Normalelement einen 10mal größeren Widerstand, so kann man 0,1 Millivolt pro Ohm erhalten. Es kommt also auf die Größenordnung an, in der man die Spannung messen will. Je kleiner die Spannung ist, desto geringer muß naturgemäß die Genauigkeit werden.

Dabei muß besonders auf etwa vorhandene Thermokräfte geachtet werden. Man mißt zu diesem Zwecke kommutiert, und zwar rät es sich an, sowohl die Spannung umzupolen, als auch den Strom, der die Widerstände durchfließt.

Dieses Verfahren mittels der Stöpselrheostate kann noch handlicher gestaltet werden durch Verwendung von Kurbelwiderständen. So kann man zwei Kurbelkästen hintereinanderschalten, im übrigen bleibt alles bei der bisherigen Anordnung. Die Abgriffstellen für den Kompensationskreis liegen nunmehr an den Kurbelachsen (s. Abb. 321).

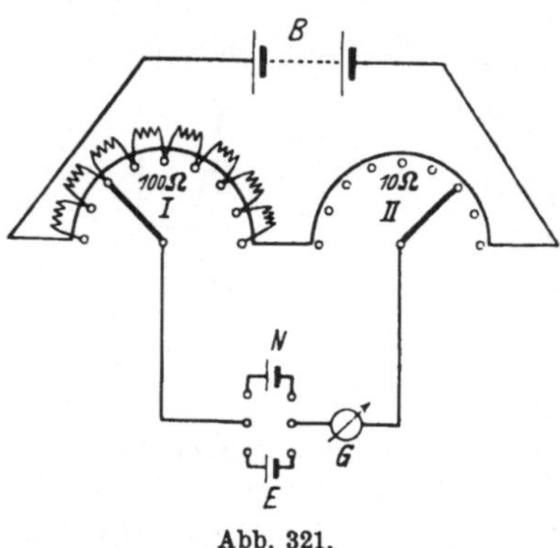

Abb. 321.
*I* und *II* stellen zwei Kurbelkasten dar.

Man erkennt sofort, daß man hiermit keine weitgehende Empfindlichkeit erreichen kann, da die beiden Widerstände nur eine geringe Variation zulassen.

Raps hat durch seinen Kompensationsapparat (Potentiometer) hier einen Ausweg aufgezeigt, ohne daß das oben angegebene Prinzip verlassen zu werden brauchte.

Er schickt den Hauptstrom $H$ durch die hintereinandergeschalteten 10 Stücke von 1000 Ohm sowie die 10 Stücke von 10 Ohm (s. Abb. 322). An den Doppelkurbeln $A$ und $A'$ liegen im Nebenschluß zu den Tausendern abermals 9 Stück zu 1000 Ohm und auf dieselbe Weise im Nebenschluß zu den Zehnern wiederum 9 Stück zu 10 Ohm. Wird nun wie bisher durch den Hauptkreis 0,001 Ampere geschickt, so erhalten die Widerstandsstücke in den Nebenschlüssen nur 0,0001 Ampere. Von diesen Stücken im Nebenschluß aber werden an der Kurbelachse die Zuleitungen zu dem Kompensationskreis abgegriffen. In diesem liegt wie vorher die unbekannte EMK $x$ und das Galvanometer. Die Kurbeln werden so lange verstellt, bis das Galvanometer in der Ruhelage verharrt, genau nach dem Verfahren, wie es in allen bisher aufgezählten Fällen geübt wurde. Durch die Widerstände im Hauptschluß geht 0,001 Ampere, durch die im Nebenschluß 0,0001 Ampere. Da nun die Hauptdekaden aus Tausendern und Zehnern, die Nebendekaden ebenfalls aus Tausendern und Zehnern bestehen, werden die erstgenannten durch 1000, die anderen durch 10000 zu dividieren sein, d. h. die erste Hauptdekade zu 1000 Ohm zählt die Volt, die erste Nebendekade zu 1000 Ohm die 0,1 Volt, die erste Hauptdekade zu 10 Volt die 0,01 Volt, die Nebendekade zu 10 Ohm die Millivolt. Schaltet man vor das Normalelement 10183 Ohm, so erhält man das Resultat auf eine weitere Stelle nach dem Komma (0,1 Millivolt). Abb. 323 zeigt einen solchen Kasten nach Raps.

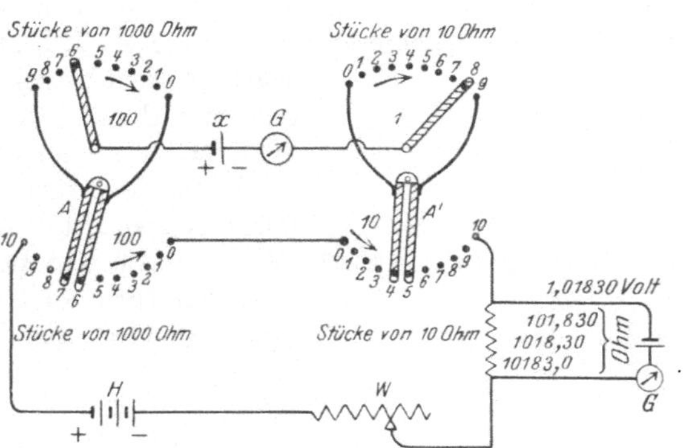


Abb. 322. Schaltungsschema des Kompensationsapparates. (Nach Raps.)

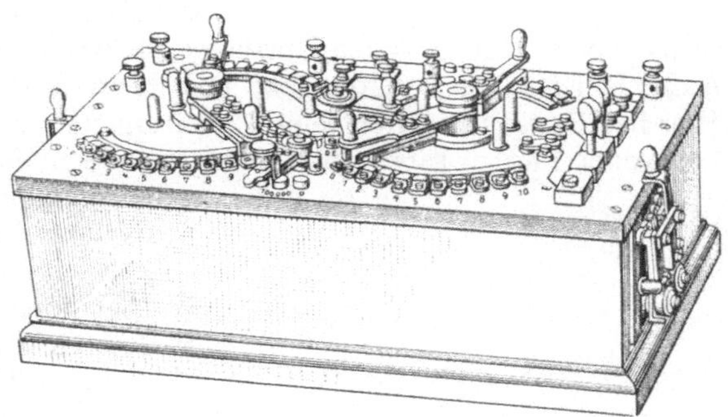

Abb. 323. Kompensationsapparat. (Nach Raps von Siemens & Halske.)

Diese Anordnung hat den Vorteil, daß sämtliche Widerstände von Strom durchflossen sind, man hat dabei einen konstanten Gesamtwiderstand. Naturgemäß ist der Widerstand im Kreis der zu messenden Spannung $x$ nicht konstant. Bei dieser Methode ist ein Austausch von Widerständen nicht erforderlich.

Diesem Verfahren steht ein zweites gegenüber. Es sei wieder das Schema von Abb. 320 zugrunde gelegt. $r$ sei wieder feststehend. Die Abgreifstellen dagegen seien jetzt nicht mehr auf $r$ verschiebbar, vielmehr denke man sich das dazwischengelegene Drahtstück durch einen Stöpselrheostaten ersetzt. Es besteht jetzt $r$ aus folgenden Teilen: dem Rheostatenwiderstand und dem eigentlichen, übrigen $r$. An die Endklemmen des Rheostaten sei der Kompensationskreis gelegt. Die Stöpsel seien nicht entfernt. Es werden jetzt dem Normalelement etwa 1018,3 Ohm vorgelegt. Der Regulierwiderstand $W$ führt dann Kompensation durch die Batterie $B$ herbei. Es fließt dann wieder 0,001 Ampere durch den Kompensatorkreis. Schaltet man nun aber im Kompensationskreis auf die elektromotorische Kraft $E$ um, so kann Stromlosigkeit nur erlangt werden durch Ziehen oder Stecken von Stöpseln im Rheostaten. Damit aber ist zugleich der Gesamtwiderstand $r$ geändert und damit auch die Stromstärke im Kompensatorkreis. Man müßte nun $W$ um so viel kleiner machen, als man aus dem Rheostaten Widerstände eingeschaltet hat, oder umgekehrt.

Dieses umständliche Verfahren kann nun durch Gebrauch von zwei gleichen Stöpselrheostaten vereinfacht werden (s. Abb. 324). Hierbei hat man nun so zu verfahren, daß man beide Stöpselrheostate in den Kompensatorkreis hintereinanderschaltet. In dem Kasten $R_1$ werden alle Stöpsel gelassen, an seine Endklemmen $A_1 A_2$ wird der Kompensationskreis gelegt. Aus dem Kasten $R_2$ werden alle Stöpsel entfernt. Der Gesamtwiderstand des Kreises $B$ besteht jetzt aus dem Widerstand des Kastens $R_1$ (abgesehen von den Zuleitungen). Es werden nun dem Normalelement im Kompensationskreis 1018,3 Ohm vorgelegt. Durch den Regulierwiderstand $W$ wird aus dem Kompensatorkreis dann der Strom von 0,001 Ampere des Kompensationskreises kompensiert. Wird nun im Kompensationskreis auf die zu messende elektromotorische Kraft $E$ umgeschaltet, so zeigt das Galvanometer hier einen Strom an. Die zu seiner Kompensation notwendigen Widerstände werden nunmehr von $R_1$ nach $R_2$ gebracht oder umgekehrt, und zwar jeder Stöpsel von $R_1$ bzw. $R_2$ an die entsprechende Stelle von $R_2$ bzw. $R_1$. Durch Multiplikation von Stromstärke und Widerstand in $R_1$ erhält man die elektromotorische Kraft von $E$. Dieses Verfahren ist aber noch recht unbefriedigend. Vor allem deswegen, weil man nur zwei Kästen verwenden kann. Außerdem ist eine vollkommene Gleichheit beider Widerstandskästen erforderlich. Hier hat FEUSSNER durch seine Potentiometerkonstruktion einen Ausweg angezeigt. Er ordnet hierbei seine Kurbelwiderstände in folgender Weise an. Ein einfaches Schema davon zeigt Abb. 325. An den Kurbelwiderstand I ist direkt der Kurbelwiderstand II angeschlossen. Dieser endigt frei. Infolge der Kurbelkonstruktion wird beim Einschalten von Widerständen an dem zweiten Kasten an einem Widerstand II′ die gleiche Widerstandszahl ausgeschaltet. Von der Kurbelachse des Kastens II läuft die Verbindung zur Kurbelachse des Kastens III, an den wieder direkt der Kasten IV angeschlossen ist. Mit Kasten III hängt aber ein Kasten III′ genau so zusammen wie II′ mit II. Man schaltet also an III′ die Widerstandszahl aus, die man bei III einschaltet. Wenn man jetzt bemerkt, daß das Ende des Widerstandskastens IV direkt mit III′ verbunden ist, der wieder frei endigt, und daß von seiner Kurbelachse zu der von II′ eine Verbindung geht wie von II zu III, so erkennt man das Prinzip der zwei Rheostatenkasten wieder. Der Kasten I und IV werden vom Strom vollständig durchflossen. Es sind die Hauptdekaden zu 100 und zu 10 Ohm. Die Kasten II und III werden nur teilweise durchströmt. Es sind dies die Dekaden zu 0,1 bzw. 1 Ohm. Der Kompensationskreis zweigt ab an den Achsen der beiden Enddekaden.

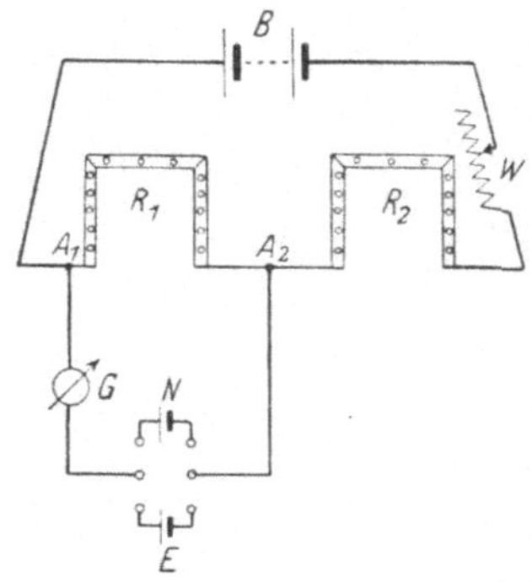

Abb. 324. Kompensationsanordnung mit zwei Rheostatenkästen $R_1$, $R_2$.

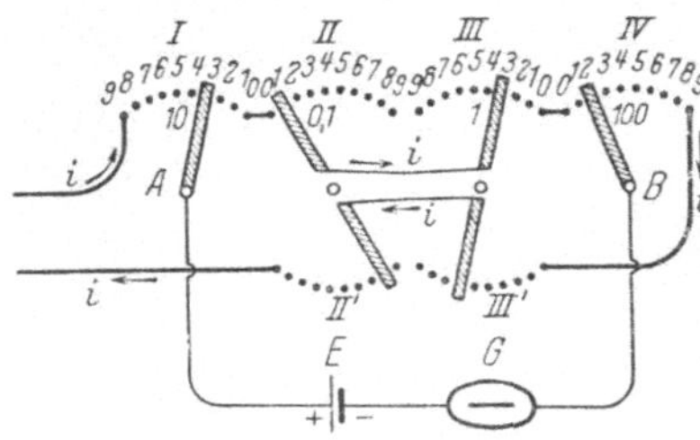

Abb. 325. Schema des Kompensationsapparates. (Nach FEUSSNER.)

In den Kompensationskreis wird wiederum dem Normalelement ein fester Widerstand von etwa 1018,3 Ohm vorgelegt. Dieser wird im Kompensatorkreis in der mehrfach geschilderten Weise kompensiert. Dann hat dieser die Stromstärke von 0,001 Ampere. Schaltet man nun auf $E$ um, so muß durch Benutzung der Widerstände neu kompensiert werden. Die Spannung ist dann nach dem OHMschen Gesetz zu finden durch Multiplikation von Stromstärke und eingeschaltetem Widerstand. Man erkennt, daß man dieses Prinzip der Einschaltdoppelkästen beliebig oft wiederholen kann. Hatte das Prinzip nach RAPS gewisse Vorteile vor dem FEUSSNERschen, so hat andererseits auch dieses seinen Vorteil. Es ändert sich hier der Widerstand im jeweiligen Galvanometerkreis unter Umständen nicht so sprunghaft wie dort.

Abb. 326 zeigt die Schaltskizze eines Kompensationsapparats nach FEUSSNER. An die Stelle $X$ kommt die unbekannte Spannung, an $N$ das Normalelement, an $G$ das Galvanometer und an $B$ die Batterie mit einem regulierbaren Widerstand. Man erkennt aus der Zeichnung, daß die Dekaden zu 100 und 1000 Ohm als Enddekaden fungieren, die vollständig vom Strom durchflossen werden. Die unteren Hälften der 3 unteren Dekaden zu 10 Ohm, 1 Ohm und 0,1 Ohm sind die Einschaltwiderstände. Was an Widerstand an ihnen eingeschaltet wird, wird an den oberen Hälften der 3 unteren Kurbelwiderstände selbsttätig wieder ausgeschaltet. Diese oberen Hälften sind an das Ende der Enddekade von 1000 Ohm angeschlossen. Durch den Schalter links oben in der Ecke vermag man einmal das Normalelement $N$, das andere Mal die zu messende Spannung $X$ dem Kompensationskreis zuzuschalten. Rechts oben in der Ecke befindet sich ein Regulierwiderstand, durch den die Empfindlichkeit

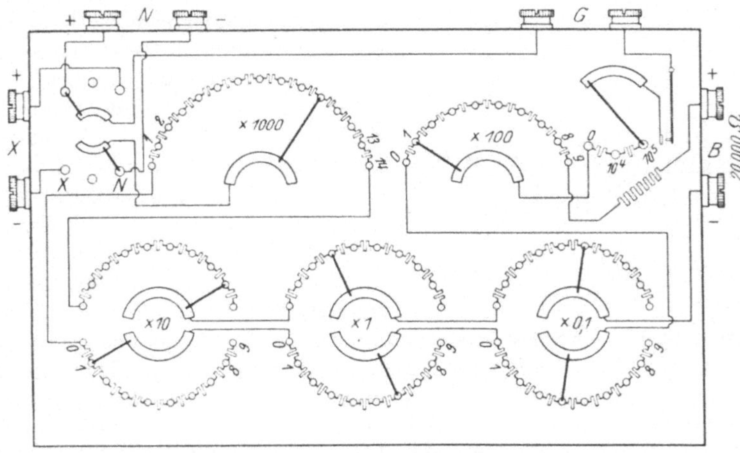


Abb. 326. Schaltung eines Kompensationsapparates. (Nach FEUSSNER.)

im Galvanometerkreis variiert werden kann. Der Taster daneben erlaubt den Galvanometerstrom zu öffnen und zu schließen. Auch hier ist wieder auf die Vermeidung von Thermokräften zu achten. Sie können von außen her hervorgerufen werden. Man schützt daher die Anordnung auf eine der bekannten Weisen vor äußerer Wärmezufuhr. Auch auf Berührung mit der Hand ist zu achten. Die inneren Störungen beseitigt man durch kommutiertes Messen, so wie es oben angegeben worden ist. Man achte auch darauf, daß die Widerstände nicht zu lange unter Strom stehen.

Um die Konstruktion von Kompensationsapparaten, die frei von Thermokräften sind, haben sich HAUSRATH und auch DISSELHORST bemüht. Bei Messung kleiner Spannungen spielen sie sowohl, als auch evtl. Übergangswiderstände, eine Rolle.

Eine vereinfachte handliche Zusammenstellung von Widerständen für potentiometrische Messungen von geringerem Anspruch auf Genauigkeit, auf Grund der üblichen Prinzipien, hat MISLOWITZER angegeben.

Verwendet man, wie es oft geschieht, einen Meßdraht bei kompensatorischen Messungen in Wheatstonescher Brückenschaltung, so muß dieser naturgemäß nach einer der Methoden geeicht werden, wie sie die gebräuchlichen Praktikumsbücher angeben. Es soll an dieser Stelle nicht näher davon die Rede sein. Es sei nur darauf verwiesen, daß bei genaueren Messungen eine Brückenanordnung Verwendung finden kann, die nach den Angaben von KOHLRAUSCH, von HARTMANN & BRAUN als Walzenbrücke konstruiert worden ist. Gibt man das Meßdrahtprinzip vollkommen auf und setzt Stöpsel- und Kurbelrheostate an seine Stelle, so gelingt es, die Genauigkeit noch weiter zu steigern. Man kann dann die Widerstände in einer Form anordnen, wie sie nach der Theorie der Wheatstoneschen Brücke die größte Exaktheit der Messungen gewährleisten. Von O. WOLF sowie auch von SIEMENS & HALSKE wird ein Kasten gebaut, in dem die Brückenanordnung durch Kurbel- und Stöpselrheostate durchgeführt ist. Auch das Prinzip des Universalgalvanometers von SIEMENS & HALSKE, das ebenfalls hierher gehört, sei erwähnt.

*Die Verstärkermethode von* R. FÜRTH. Eine Methode, die ebenfalls auf Kompensation beruht, indem sie einen Zweig der Wheatstoneschen Brücke, aber die Verstärkung durch eine Elektronenröhre benutzt, ist von R. FÜRTH angegeben worden. Sie ist ausgearbeitet worden für solche Untersuchungen, wo die Entnahme selbst äußerst schwacher Ströme zur Polarisation des betreffenden Objektes führen würde. Es müßte also im Sinne unserer bisherigen Ausführung eine Anordnung in Betracht kommen, bei der sich hohe Ladungsempfindlichkeit mit hoher Voltempfindlichkeit vereint, sollte die Meßgenauigkeit doch $10^{-4}$ Volt erreichen. Zu diesem Ziele hätte man bei direkter elektrometrischer Messung allein durch Verwendung recht umständlicher und schwierig zu handhabender Instrumente gelangen können. Es wäre etwa das Duantenelektrometer von HOFFMANN in Betracht gekommen oder das Saitenelektrometer in einer Saitenspannung, die das Instrument schon recht unhandlich machen würde. Die FÜRTHsche Anordnung ist nun die folgende (s. Abb. 327). Der eine Zweig der Wheatstoneschen Brücke wird durch einen Stöpselrheostaten $W$, der zweite und dritte durch die festen Widerstände $W'$ $W''$ dargestellt. Der vierte enthält eine Verstärkerröhre $R$ (Glühkathodenröhre mit Wolframfaden). Die Anodenbatterie $AB$ dient als Stromquelle für die Zweige. Durch den Schlüssel $E$ kann sie ein- und ausgeschaltet werden. Die Widerstände werden überbrückt durch das Nadelgalvanometer $G$ mit dem Schlüssel $E'$. Die Charakteristik der verwendeten Röhre bestimmt die Höhe der Spannung der Batterie $AB$. $H$ stellt die Heizbatterie für die Elektronenröhre dar. $HW$ ist ein regulierbarer Vorschaltwiderstand. $M$ ist das Objekt, dessen Spannung gemessen werden soll; sein einer Pol liegt dem positiven Pol der Gitterbatterie $GB$ an (Trockenelemente von etwa 1,5 Volt). Der negative Pol dieser Batterie liegt am Gitter der Röhre $R$. Dieses erhält dadurch eine solche negative Vorspannung, daß keine Elektronen aus der Kathode darauf gelangen können. Der andere Pol des zu messenden Objekts liegt an einem Potentiometer $P$ und führt zum negativen Pol des Heizfadens. Mittels des Potentiometers kann man der Batterie $V$ unter Benutzung des Schlüssels $S$ Spannungen abnehmen, die nach Größe und Richtung variierbar sind. Man kann ferner mittels $S$ die Gitterbatterie von dem einen Pol des Objekts $M$ fortnehmen und diese direkt an $K$ legen.

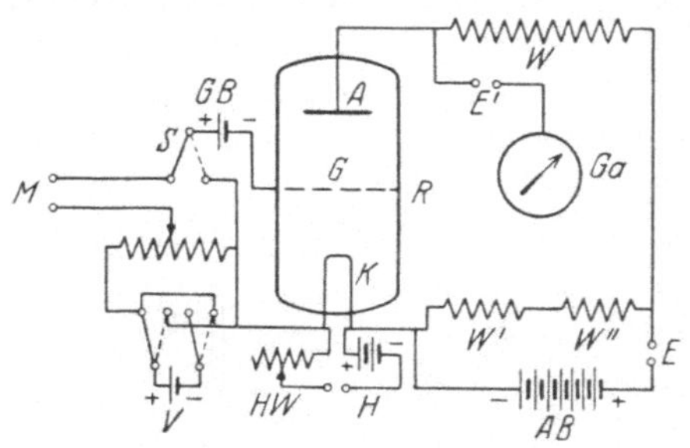

Abb. 327. Kompensationsschaltung der Verstärkermethode von R. FÜRTH. Bedeutung der Buchstaben s. Text.

Die Apparatur wird in folgender Weise in Verwendung genommen. Der Schlüssel $S$ wird auf I gestellt, der Heizstrom auf einen angemessenen Wert gebracht und die Anodenbatterie $AB$ bei $E$ eingeschaltet. Schließt man $E$ für kurze Zeit, so wird das Galvanometer zunächst einen Ausschlag zeigen. Dieser Ausschlag wird durch den Regulierwiderstand $W$ kompensiert, bis das Galvanometer in Ruhelage verharrt. Feinregulierung erfolgt durch Verstellen von $HW$. Man schließt jetzt $E'$, öffnet $E$ und bringt $S$ in die Stellung II. Bei kurzem Schluß von $E$ wird das Galvanometer abermals einen Ausschlag zeigen, hat sich doch durch Zuschalten des Objekts $M$ der Widerstand geändert. Dem Potentiometer kann man nunmehr eine Gegenspannung entnehmen, die das Galvanometer wiederum in die Ruhelage bringt. Hierbei wird $E$ immer nur für kurze Zeit geschlossen. Diese Spannung ist am Potentiometer direkt ablesbar und gibt zugleich die Spannung des Objekts an. Durch Umlegen von $S$ ermöglicht man eine ständige Kontrolle der Anordnung.

Die Stromentnahme ist bei diesem Verfahren äußerst gering. Es wird eine Voltempfindlichkeit von $10^{-4}$ Volt mühelos erreicht, sie kann sogar noch gesteigert werden. Die Methode erfordert vor allem eine gute Isolation. Diese muß alle Schaltteile umfassen. Es muß ferner auf die Unterlage geachtet werden sowie auch auf die Einflüsse, die durch die Hand des Untersuchers ausgeübt werden kann.

## Literatur.

Behnken: Zeitschr. f. Physik, Bd. 3, S. 48, 1920. — Blondlot, R., u. Curie, P.: Compt. rend., Bd. 107, S. 864, 1888. — Compton, A. H. u. K. T.: Phys. Rew, Bd. 13, S. 288, 1919; Bd. 14, S. 85, 1919. — Disselhorst, H.: Zeitschr. f. Instrumentenk., Bd. 28, S. 1, 1908; Bd. 26, S. 297, 1906. — Dolezalek, F.: (1) Zeitschr. f. Instrumentenk., Bd. 21, S. 345, 1901; (2) Ann. d. Phys., Bd. 26, S. 312, 1908. — Edelmann, M.: Phys. Zeitschr., Bd. 7, S. 115, 1906. — Einthoven, W.: Ann. d. Phys., Bd. 12, S. 1059, 1903; Bd. 21, S. 483 u. 665, 1906. — Ettisch, G.: Geiger-Scheels Handbuch der Physik, Bd. 13, S. 337ff. — Ettisch, G. u. Péterfi, T.: Pflügers Arch., Bd. 203, S. 53, 1925. — Feussner, K.: Elektrotechn. Zeitschr. 1911, H. 8 u. 9. — Freundlich, H. u. Ettisch, G.: Zeitschr. f. physikal. Chem., Bd. 116, S. 401, 1925. — Fürth, R.: Phys. Zeitschr., Bd. 28, S. 697, 1927. — Geiger-Scheel: Handbuch der Physik, Bd. 16. Berlin: Julius Springer. — Hallweihs, W.: Wiedemannsche Ann., Bd. 29, S. 1, 1886; Bd. 55, S. 170, 1895. — Hausrath, H.: Zeitschr. f. Instrumentenk., Bd. 27, S. 309, 1907; Ann. d. Phys., Bd. 17, S. 735, 1905. — Hoffmann, G.: Physikal. Zeitschr., Bd. 13, S. 480 u. 1029, 1912; Bd. 25, S. 6, 1924; Ann. d. Physik, Bd. 42, S. 1196, 1913; Bd. 52, S. 665, 1917. — Hulett, S. A.: Phys. Rev., Bd. 33, S. 307, 1911. — Ising, G.: Phil. Mag. (7), Bd. 1, S. 827 (1926). — Jaeger, W.: (1) Ann. d. Phys., Bd. 48, S. 209, 1893; (2) Elektrische Meßtechnik. 3. Aufl. Leipzig: J. A. Barth 1928. — Jaeger, W. u. Lindeck, St.: Zeitschr. f. Instrumentenk., Bd. 21, S. 76, 1901. — Julius, W. H.: Ann. d. Physik, Bd. 56, S. 151, 1895; Bd. 18, S. 206, 1905. — Kleiner, A.: Vierteljahrsschr. d. naturforsch. Ges. Zürich 1906, S. 126. — Kohlhörster, W.: Zeitschr. f. Instrumentenk., Bd. 44, S. 494, 1924; Physikal. Zeitschr., Bd. 26, S. 654, 1925. — Kohlrausch, F.: Lehrbuch der praktischen Physik. Leipzig: B. G. Teubner. — Kohlrausch, Jaeger, W., oder Geiger-Scheel: Bd. 16. — Lindeck, St., u. Rothe, R.: Zeitschr. f. Instrumentenk., Bd. 20, S. 293, 1900. — Lutz, C. W.: Physikal. Zeitschr., Bd. 9, S. 100 u. 642, 1908; Bd. 13, S. 954, 1912. — Maxwell, J. C.: Elektr., 219. — Mechan, R.: Phys. Zeitschr., Bd. 24, S. 242, 1923. — Moll, W. J. H., u. Burger, H. C.: Zeitschr. f. Physik, Bd. 34, S. 109, 1925. — Mülly, C.: Phys. Zeitschr., Bd. 14, S. 237, 1913. — Mislowitzer, E.: Biochem. Zeitschr., Bd. 159, S. 68, 1925. — Nernst, W. u. Jaeger, W.: Zeitschr. f. Instrumentenk., Bd. 44, S. 80, 1924. — Orlich, E.: Zeitschr. f. Instrumentenk., Bd. 23, S. 97, 1903. — Ostwald-Drucker-Luther: Physikochemische Messungen. — Parson, A. L.: Phys. Rev., Bd. 8, S. 248, 1916. — Paschen, F.: Phys. Zeitschr., Bd. 7, S. 492, 1906. — Raps, A.: Elektrotechn. Zeitschr. 1895, S. 507; Zeitschr. f. Instrumentenk., Bd. 15, S. 215, 1895. — Schultze, A.: Zeitschr. f. physikal. Chem., Bd. 105, S. 198, 1923. — Steinwehr, H. v., in Geiger-Scheel: Handb. d. Physik, Bd. 13, S. 51. — Wulf, Th.: Pysikal. Zeitschr., Bd. 8, S. 246, 527, 780, 1907; Bd. 10, S. 251, 1909; Bd. 26, S. 352, 1925. — Zernicke, F.: Zeitschr. f. Phys., Bd. 40, S. 628, 1926.

# Allgemeine Methoden des Stoff- und Energiewechsels.

## I. Stoffwechsel der Zellen und Gewebe.

Von H. A. KREBS, Berlin-Dahlem.

Mit 13 Abbildungen[1].

### A. Umgrenzung der Aufgabe.

Aufgabe dieses Abschnittes ist die Beschreibung der von OTTO WARBURG (1—9[2]) ausgearbeiteten manometrischen Methoden für die Messung von Stoffwechselvorgängen in lebenden Zellen.

Mit den manometrischen Methoden messen wir in genauer und bequemer Weise die Geschwindigkeiten von chemischen Reaktionen, an denen Gase teilnehmen oder die mit Gasreaktionen gekoppelt werden können. Aus der Reihe derartiger chemischer Reaktionen beschäftigen uns im folgenden die Sauerstoffatmung, Milchsäuregärung, Alkoholgärung, Kohlensäureassimilation und Nitratassimilation.

Der erste Teil des Abschnittes behandelt das Allgemeine über manometrische Stoffwechselmessungen. Im zweiten Teil sind einige der speziellen Anwendungen beschrieben.

### B. Allgemeines über manometrische Stoffwechselmessungen.

#### a) Prinzip der Methode.

Bei konstantem Volumen und konstanter Temperatur wird die auftretende Veränderung des Gasdrucks gemessen[3]. Mit Hilfe der Gasgesetze werden aus den Drucken die entstandenen oder verschwundenen Gasmengen berechnet.

Das Druckverfahren ist chemisch unspezifisch. Daher bedarf es, solange die chemische Natur der bei der Reaktion entstehenden und verschwindenden Stoffe nicht bekannt ist, stets der Ergänzung durch die chemische Analyse.

#### b) Apparatur[4].

Ein geeignetes Manometermodell ist das in Abb. 328 wiedergegebene Manometer, das dem von HALDANE und BARCROFT im Jahre 1902 konstruierten „Blutgasmanometer" ähnlich ist. Es besteht aus einer U-förmigen, mit einer Millimetereinteilung versehenen Kapillare, die mit einem unten verschlossenen Gummischlauch (*G*) kommuniziert. Der Durchmesser der Manometerkapillare beträgt — je nach der Größe der Ansatzgefäße — 0,8 bis 1,2 Millimeter. Mittels der Schraube *S* läßt sich die Sperrflüssigkeit in der Manometerkapillare verschieben, wodurch das Volumen des Versuchsraumes konstant gehalten werden kann. Als Sperr-

---

[1] Die Abb. 328—330, 332—334, 336, 338—340 sind entnommen aus WARBURG, O.: Über den Stoffwechsel der Tumoren, Berlin 1926, und Über die katalytischen Wirkungen der lebendigen Substanz, Berlin 1928.

[2] Die Zahlen beziehen sich auf die Literaturzusammenstellung am Ende des Abschnitts.

[3] Dies gilt für *einfache* Manometer, nicht für Differentialmanometer. Im folgenden ist nur die Anwendung der einfachen Manometer, die für die meisten physiologischen Zwecke genügen, beschrieben.

[4] Zu beziehen durch die Firma Hanff & Buest, Berlin N 4, Chausseestr. 117.

flüssigkeit dient die Brodiesche Flüssigkeit[1]. Eine Säule von 10000 mm der Brodieschen Flüssigkeit ist bei der Zimmertemperatur gleich dem Normaldruck (760 mm Quecksilber). Durch den Hahn *H* kann das Versuchsgefäß jederzeit mit der äußeren Atmosphäre verbunden werden. Mit Hilfe einer Messingtasche *M* wird das Manometer in die Schüttelvorrichtung am Thermostaten eingesetzt.

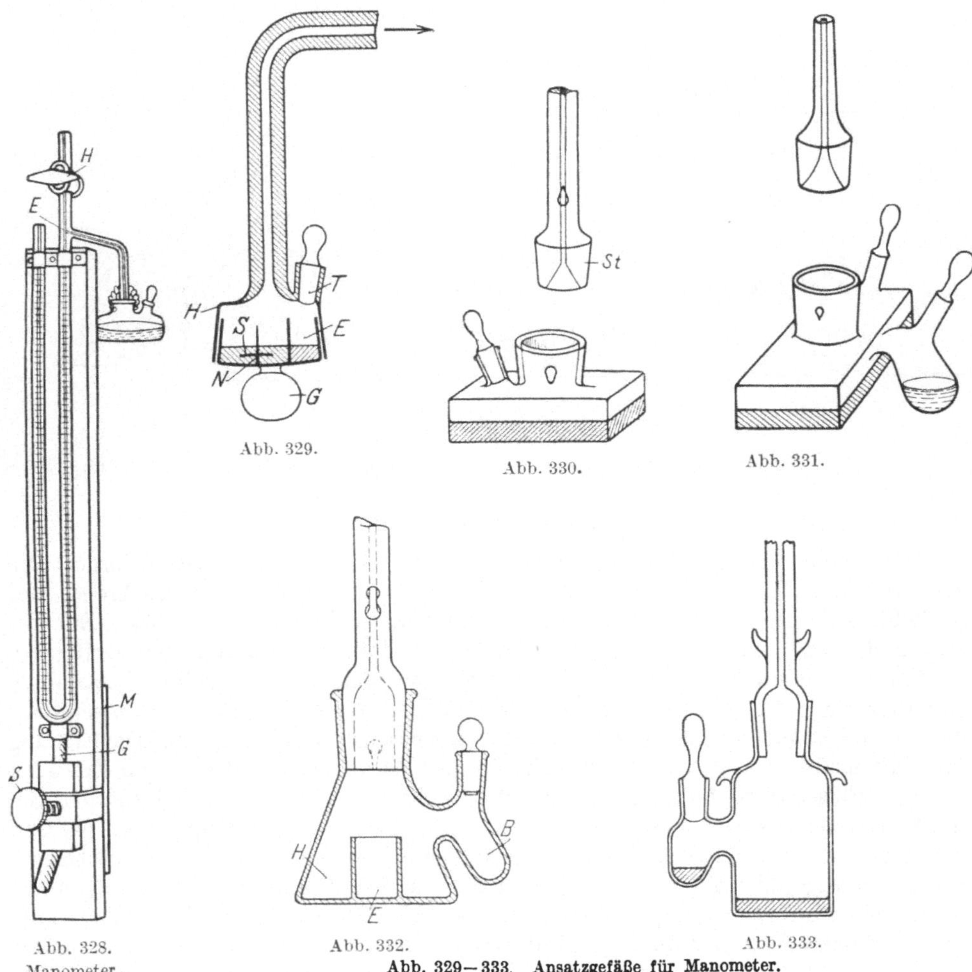


Abb. 328. Manometer.

Abb. 329. Abb. 330. Abb. 331. Abb. 332. Abb. 333.

**Abb. 329—333. Ansatzgefäße für Manometer.**

Die Abb. 329—333 zeigen einige vielfach benutzte Gefäßformen. Die Gefäße werden durch Schliff mit den Manometern verbunden. Das Anwendungsgebiet der verschiedenen Gefäße ist in den speziellen Abschnitten angegeben. — Die Ansatzstücke der Tröge werden am Manometer angeschmolzen; zu jedem Gefäß gehört also ein eigenes Manometer.

Den Wasserthermostaten sowie die Schüttelvorrichtung, wie sie bei Messungen mit einfachen Manometern benutzt wird, zeigt Abb. 334. Eine Riemenscheibe ermöglicht eine Veränderung der Schüttelgeschwindigkeit. Die Exkursion einer

---

[1] Herstellung der Brodieschen Lösung: Man löst 23 g Natriumchlorid und 5 g Natrium choleinicum in 500 cm³ Wasser und gibt einige Tropfen einer konzentrierten Thymollösung hinzu (bis zum deutlichen Geruch nach Thymol).

Schwingung wird mit Hilfe des verstellbaren Exzenters passend eingestellt. Will man die Bewegung des Manometers unterbrechen — was jedesmal zur Ablesung der Manometerausschläge nötig ist —, so legt man den Treibriemen von der Triebrolle auf eine benachbarte Leerlaufrolle über. Die Temperatur wird durch

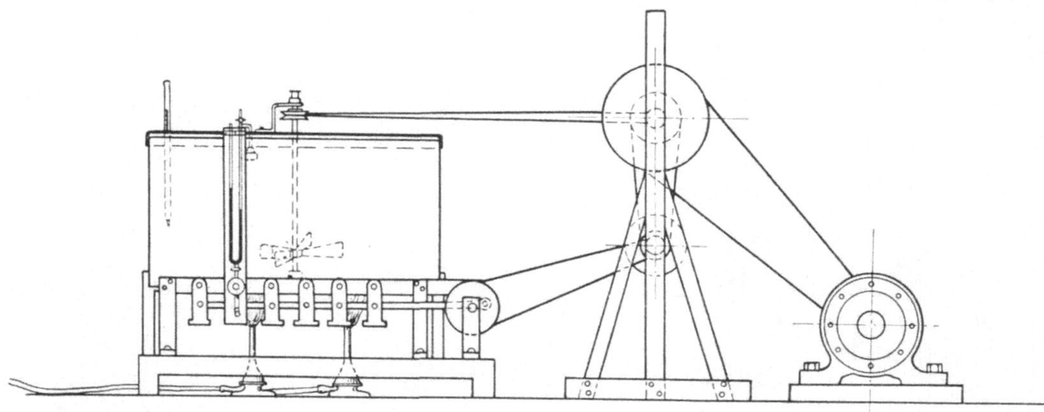

Abb. 334. Thermostat und Schüttelvorrichtung für manometrische Messungen.

einen Thermoregulator konstant gehalten. In die Schüttelvorrichtung können sechs Manometer eingesetzt werden.

### c) „Eichung“ der Gefäße.

Die Berechnung des Gaswechsels aus den Manometerausschlägen erfordert die Kenntnis des Volumens $v$ des Versuchsgefäßes; $v$ ist das Volumen des Troges einschließlich der Manometerkapillare bis zum Meniskus der Sperrflüssigkeit. Zur Bestimmung von $v$, der „Eichung“ der Gefäße, stehen drei Verfahren zur Verfügung.

Bei weitem am genauesten wird $v$ durch Auswiegen mit Quecksilber bestimmt[1]. Die Eichung mit dieser Methode ist jedoch nicht für alle Gefäßformen anwendbar, da sich einige[2] nicht oder nur schwierig mit Quecksilber anfüllen lassen. Die Eichung mit Quecksilber erfolgt vor der Montierung des Manometers und vor dem Einfüllen der Sperrflüssigkeit. Es ist dabei darauf zu achten, daß nach der Füllung des Gefäßes mit Quecksilber keine Luftblasen zurückbleiben. Mit Hilfe einer passend gebogenen dünnen Glasröhre lassen sich die Luftblasen entfernen. Der mit Quecksilber voll angefüllte Trog wird ruckartig auf den Schliff am Manometer aufgesetzt, wobei sich die Kapillare bis zu dem Punkt $E$ (Abb. 328) mit Quecksilber füllen muß. Die Manometerkapillare bis zur Nullmarke füllt man von unten aus an, indem man, während die Öffnung des linken Schenkels verschlossen ist, einen mit Quecksilber gefüllten Schlauch plötzlich aufsetzt. Durch den geöffneten Hahn $H$ (Abb. 328) läßt man dann das Quecksilber bis zu der gewünschten Marke ablaufen[3]. Bei 2 Parallelbestimmungen darf das Quecksilbergewicht im allgemeinen bis zu 0,1 g differieren. Der Fehler in der Bestimmung von $v$ beträgt dann — je nach der Größe der Gefäße — etwa $\pm$ 0,1 %.

Gefäße, bei denen ein Auswiegen mit Quecksilber Schwierigkeiten macht, werden auf manometrischem Wege geeicht. Man verbindet den leeren, innen feuchten Trog mit seinem Manometer, spannt das Manometer am Thermostaten, der auf *Zimmertemperatur* steht, ein und senkt bei offenem Hahn $H$ (Abb. 328) die Sperr-

[1] Das spezifische Gewicht des Quecksilbers bei 18° ist 13,55.
[2] Z. B. Gefäße von der Form der Abb. 329.
[3] Wir eichen gewöhnlich für die Marke 18.

flüssigkeit um die Höhe $\Delta h$ unter die Nullmarke. Nachdem Flüssigkeit in der Kapillare abgelaufen ist, wird der Hahn $H$ geschlossen und die Sperrflüssigkeit in die Höhe gedrückt, bis der rechte Schenkel wieder auf der Nullmarke steht. Dabei steige der linke Schenkel um die Höhe $h_1$ über die Nullmarke hinaus. Nunmehr füllt man in den Trog ein bestimmtes Volumen Wasser — $a$ cm³ — ein, und wiederholt die beschriebene Manipulation. Dabei steigt der linke Manometerschenkel höher, weil dieselbe Gasmasse $x$ — die man nicht zu kennen braucht — in einen kleineren Raum hineingedrückt wird, und zwar steige er diesmal um die Höhe $h_2$. Nach dem Gesetz von BOYLE ist dann

$$P\,(v + x) = (P + h_1)\,v \tag{1}$$

und

$$P\,(v - a + x) = (P + h_2)\,(v - a)\,, \tag{2}$$

wo $P$ der äußere Atmosphärendruck ist. Aus Gleichung (1) und (2) ergibt sich das gesuchte Volumen $v$ (Trog + Kapillare bis zur Nullmarke)

$$v = a\frac{h_2}{h_2 - h_1}.$$

Wählt man das eingedrückte Gasvolumen so, daß die verfügbare Manometerhöhe voll ausgenutzt wird, und $a$ so, daß es etwa $\frac{v}{2}$ ist, so erhält man das gesuchte Volumen mit der Genauigkeit von einigen Prozenten. Vorbedingung ist, daß die Messung von $h_1$ und $h_2$ unter praktisch gleichen äußeren Temperatur- und Druckverhältnissen vor sich geht, und zwar soll sich zwischen beiden Messungen die Zimmertemperatur um nicht mehr als 0,5°, der äußere Luftdruck um nicht mehr als 5 mm Quecksilber ändern — Bedingungen, die im allgemeinen leicht einzuhalten sind.

Das dritte Eichungsverfahren findet Anwendung bei Gefäßen, die mit einem Anhang versehen sind. Man verbindet das Gefäß mit seinem Manometer in der später beschriebenen Weise (S. 1056), füllt den Hauptraum mit einem bestimmten Volumen einer Natriumkarbonatlösung von bekannter Konzentration und den Anhang — je nach der Größe — mit 0,2 bis 0,5 cm³ einer einfach normalen Schwefelsäure. Der Gasraum enthält Stickstoff oder Sauerstoff. Ein zweites Gefäß, mit der gleichen Flüssigkeitsmenge beschickt, dient als Thermobarometer. Man schüttelt im Thermostaten bei Zimmertemperatur, bis Temperatur- und Gasgleichgewicht eingetreten ist, d. h. bis der Manometerstand konstant ist. Sodann wird die Schwefelsäure aus dem Anhang in den Hauptraum eingekippt, wiederum bis zur Konstanz des Manometerstandes geschüttelt, und der entstandene positive Druck abgelesen. Ist $h$ der abgelesene Druck, so wird das gesuchte Volumen $v$ (Volumen des Gefäßes + Volumen der Manometerkapillare bis zum Meniskus der Sperrflüssigkeit) aus der auf Seite 1058 abgeleiteten Gleichung (6) berechnet. Gleichung (6) nach $v$ aufgelöst ergibt

$$v = \left(\frac{P_0 \cdot x_{CO_2}}{h} - v_F\,\alpha\right)\frac{T}{273} + v_F\,,$$

wo $x_{CO_2}$ die eingefüllte Karbonatmenge (in Kubikmillimetern Kohlensäure) ist und für $P_0$, $v_F$, $\alpha$ und $T$ die auf S. 1058 angegebenen Bezeichnungen gelten. Die genaue Konzentration der Natriumkarbonatlösung wird manometrisch nach dem auf S. 1076 beschriebenen Prinzip der Bikarbonatbestimmung gemessen. Wählt man die eingefüllte Karbonatmenge so groß, daß bei der Druckmessung nahezu die ganze Manometerskala ausgenutzt wird, so erhält man das gesuchte Volumen $v$ mit einer Genauigkeit von etwa 1%.

### d) Allgemeines über die Ausführung der Versuche.

**1. Versuchsflüssigkeiten.** *Ringerlösung*: Die gewöhnliche Ringerlösung enthält — im Vergleich zu Serum — zu wenig Bikarbonat und zu wenig freie Kohlensäure. Die von WARBURG benutzte Ringerlösung unterscheidet sich von der gewöhnlichen Ringerlösung dadurch, daß ihr Gehalt an Bikarbonat und an freier Kohlensäure ebenso groß wie im Blutserum ist.

Zur Herstellung der Ringerlösung werden — bei Versuchen mit Rattenorganen — folgende 4 dem Rattenblutserum[1] isotonischen Stammlösungen vorrätig gehalten:

1. 0,155 molare Natriumchloridlösung (9 g NaCl im Liter),
2. 0,155 molare Kaliumchloridlösung (11,5 g KCl im Liter),
3. 0,11 molare Calciumchloridlösung (mit Silbernitrat zu titrieren),
4. 0,155 molare Natriumbikarbonatlösung (13 g $NaHCO_3$ im Liter).

Die Versuchslösung wird aus diesen Stammlösungen jedesmal frisch bereitet[2]. Man mischt 96 Raumteile Natriumchlorid-, 2 Raumteile Kaliumchlorid-, 2 Raumteile Calciumchlorid- und 20 Raumteile Bikarbonatlösung. Die Bikarbonatstammlösung, aus käuflichem Bikarbonat und destilliertem Wasser hergestellt, reagiert im allgemeinen gegen Phenolphthalein alkalisch und erzeugt, der calciumchloridhaltigen Lösung zugesetzt, einen Niederschlag von Calciumkarbonat, der sich nur langsam beim Einleiten der kohlensäurehaltigen Versuchsgasmischung wieder auflöst. Man vermeidet die Niederschlagbildung, indem man die Bikarbonatstammlösung so lange mit Kohlensäure behandelt, bis sie Phenolphthalein nicht mehr rötet.

Durch die Salzmischung läßt man das (5 Volumprozent Kohlensäure enthaltende) Gasgemisch, das für den Gasraum des Versuchsgefäßes bestimmt ist, bis zur Sättigung durchperlen.

Für glukosehaltige Ringerlösung wird 1 g Glukose in 10 $cm^3$ Wasser aufgelöst, diese Lösung kurz zum Sieden erhitzt und 2 $cm^3$ davon zu 98 $cm^3$ Ringerlösung hinzugegeben.

*Serum*: Da man weiß, daß manche Gewebe (beispielsweise Hoden, embryonales Gewebe, Plazenta) durch Eintragen in Ringerlösung geschädigt werden[3], soll nach Möglichkeit der Stoffwechsel tierischer Gewebe im arteigenen[4] Serum gemessen werden. Man achte auf den Bikarbonat-, Glukose- und Milchsäuregehalt des Serums, denn von diesen Substanzen weiß man, daß sie den Stoffwechsel beeinflussen können.

*Knopsche Lösung*: Zur Herstellung der Knopschen Lösung (für Stoffwechseluntersuchungen an Algen) werden folgende 4 Stammlösungen vorrätig gehalten:

1. 0,25 mol. Kaliumnitrat (25 g $KNO_3$ auf 1000 $cm^3$ Wasser);
2. 0,18 mol. primäres Kaliumphosphat (25 g $KH_2PO_4$ auf 1000 $cm^3$ Wasser);
3. 0,2 mol. Magnesiumsulfat (50 g $MgSO_4 \cdot 7H_2O$ auf 1000 $cm^3$ Wasser);
4. 0,01 mol. Ferrosulfat (2,8 g $FeSO_4 \cdot 7H_2O$ auf 1000 $cm^3$ Wasser).

Für Kulturzwecke werden 100 $cm^3$ von 1, 100 $cm^3$ von 2, 100 $cm^3$ von 3 und 1 $cm^3$ von 4 mit Leitungswasser auf 1000 $cm^3$ aufgefüllt. Für die Suspensionsflüssigkeiten bei Stoffwechselmessungen läßt man das Ferrosulfat fort.

**2. Herstellung der Gasgemische.** Die Gasgemische werden aus den in Stahlflaschen gelieferten käuflichen Gasen hergestellt.

---

[1] Über den osmotischen Druck und die Zusammensetzung des Blutserums anderer Tiere s. WINTERSTEINS Handb. d. vergl. Physiol., Bd. 1.

[2] Unbegrenzt haltbar ist auch die Salzlösung ohne Bikarbonat; in der bikarbonathaltigen Lösung bilden sich beim Stehenlassen leicht Niederschläge von Calciumkarbonat.

[3] Das erste chemische Zeichen einer Schädigung ist die partielle Unterbrechung der Pasteurschen Reaktion (O. WARBURG [6]), also das Auftreten einer aeroben Gärung. Findet man daher in irgendeinem Falle eine aerobe Gärung, so ist die erste Frage, ob nicht eine durch die Versuchsbedingungen herbeigeführte Schädigung des Gewebes vorliegt.

[4] Ist arteigenes Serum schwer zu beschaffen, so benutzen wir häufig inaktiviertes Pferdeserum.

Der käufliche Sauerstoff ist gewöhnlich mit etwa 3% Stickstoff verunreinigt, der käufliche Stickstoff häufig mit etwa 0,75% Sauerstoff.

Die Herstellung des Gasgemisches wird durch Abb. 335 erläutert. *A* ist die das käufliche Gas enthaltende Flasche, *B* die Bombe, in der das Gemisch hergestellt werden soll. *K* ist eine Kupferkapillare von etwa 3 mm lichter Weite und 6 mm äußerem Durchmesser, die *A* und *B* verbindet. *R* ist ein Rossignolventil (s. S. 1056), *M* ein Manometer. Ist die Flasche *B* durch Zudrehen des Hauptventils *HB* verschlossen, so zeigt das Manometer — wenn das Hauptventil *HA* der Flasche *A* und das Ventil *R* geöffnet sind — den Druck in der Flasche *A* an, und umgekehrt zeigt das Manometer, wenn *HA* verschlossen und *HB* geöffnet ist, den Druck in *B* an.

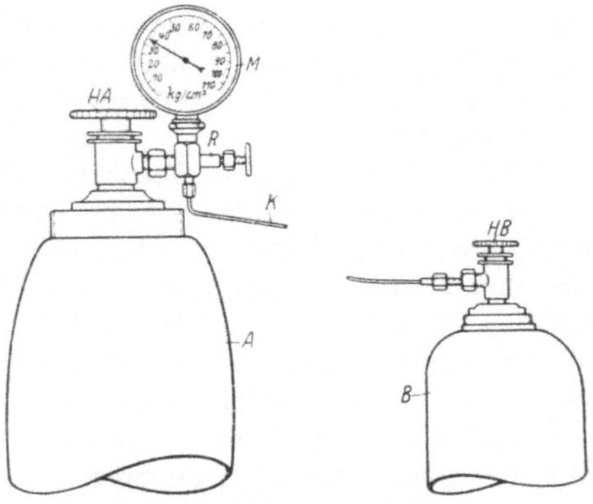

Abb. 335. Herstellung der Gasgemische.

Zuerst wird *B* mit dem zu füllenden Gase gespült; dann füllt man in *B* — will man beispielsweise ein Gemisch „5 Volumprozent Kohlensäure in Sauerstoff" — Kohlensäure bis zum Überdruck von 5 Atmosphären ein und weiterhin Sauerstoff bis zum Überdruck von 100 Atmosphären. Die genaue Zusammensetzung des Gasgemisches wird, nachdem die Stahlflaschen (zwecks vollständiger Mischung der Gase) 24 Stunden horizontal gelegen haben, durch Analyse im HALDANEschen Apparat ermittelt.

**3. Befreiung der Gasgemische von Sauerstoff.** Aus den käuflichen Gasen hergestellt, enthält ein Gemisch „5% Kohlensäure in Sauerstoff" nach dem oben Gesagten stets etwas Stickstoff, ein Gemisch „5% Kohlensäure in Stickstoff" stets etwas Sauerstoff. Die erste Verunreinigung ist belanglos, die zweite dagegen im allgemeinen nicht. Soll die Anaerobiose vollständiger sein, so passiert die Mischung „Kohlensäure in Stickstoff" auf ihrem Wege von der Stahlflasche zur Ringerlösung ein glühendes, mit metallischem Kupfer gefülltes Rohr. Immer ist diese Reinigung erforderlich, wenn man mit isolierten Zellen arbeitet, denn hier genügt schon etwa 1 Volumprozent Sauerstoff zur Versorgung der Zellen mit dem für die Atmung notwendigen Sauerstoff. Bei anaeroben Versuchen mit Gewebeschnitten dagegen ist die Verunreinigung des Gasgemisches mit Sauerstoff häufig gleichgültig, da bei etwa 1 Volumprozent Sauerstoff nur eine sehr dünne, zu vernachlässigende Rindenschicht des Schnittes mit Sauerstoff versorgt wird (vgl. S. 1054).

Die strengste Anaerobiose wird dadurch erzielt, daß man Gefäße mit einem Einsatz benutzt (Abb. 332) und den Einsatz mit gelbem Phosphor beschickt. Doch ist dabei zu bedenken, daß Phosphordämpfe auf Zellen giftig wirken können.

Der Phosphor wird für den Versuch frisch geschmolzen und in kleine Stäbchen von etwa 2 bis 3 mm Durchmesser gegossen. Der Einsatz enthält etwas Wasser, in das ein Phosphorstäbchen etwa zur Hälfte eintaucht.

In einer Reihe von Fällen kann man nach WARBURG die Bedingungen der Anaerobiose auch dadurch herstellen, daß man (in Sauerstoff) so viel Blausäure zur Lösung hinzugibt, daß die Blausäurekonzentration etwa $10^{-3}$ molar ist[1]. $10^{-3}$ molare Blausäure hemmt die Atmung der meisten Zellen praktisch vollständig, ohne dabei die

[1] Durch $10^{-3}$ molare Blausäure wird die Milchsäuregärung des Rattenkarzinoms und des JENSENschen Rattensarkoms nicht gehemmt, die Hefegärung um etwa 23% (O. WARBURG, Biochem. Zeitschr. 1925, S. 165, 1926).

Gärung (wesentlich) zu beeinflussen. Von diesem Kunstgriff machte z. B. E. NEGELEIN Gebrauch, um die anaerobe Glykolyse von roten Blutzellen zu messen. Er umging auf diese Weise die Schwierigkeit, das Blut völlig von Sauerstoff zu befreien.

**4. Material.** $\alpha$) Herstellung von Gewebeschnitten: Will man Atmung und Milchsäuregärung tierischer Organe messen, so ist es notwendig, eine mechanische Zerstörung der Gewebe und den Zusatz antiseptischer Stoffe zu vermeiden. Denn man weiß, daß die energieliefernden chemischen Reaktionen an die Struktur gebunden sind und daß sie durch antiseptische Stoffe gehemmt werden. *Gewebebrei ist für Atmungs- und Gärungsversuche gänzlich untauglich.* WARBURG verwendet Gewebeschnitte.

Dabei ist folgendes zu beachten [WARBURG (3)]:

Ist der Gewebeschnitt dick und der Stoffverbrauch groß, so wird sich wegen der Langsamkeit der Diffusion nur eine mehr oder weniger tiefe Rindenschicht des Gewebes an dem Stoffwechsel beteiligen; der Kern des Schnittes dagegen bleibt untätig. Mißt man den Stoffumsatz und bezieht ihn auf die Gewichtseinheit Gewebe, so erhält man schwankende und quantitativ nicht verwertbare Resultate, weil das Verhältnis zwischen tätigen und untätigen Gewebeteilen wechselnd und gänzlich undefiniert ist. Läßt man die Dicke des Schnittes fortgesetzt abnehmen, so nimmt mit der Länge des Diffusionsweges auch der untätige Gewebsanteil ab und verschwindet schließlich. Die Schnittdicke, bei der dies eintritt, bezeichnet WARBURG als „Grenzschnittdicke", eine Größe, die die obere Grenze der Schnittdicke angibt, über die nicht hinausgegangen werden darf, sollen die Messungen quantitativ verwertbar sein.

Die Grenzschnittdicke ist von Fall zu Fall verschieden. Sie wird in erster Linie bestimmt von der Größe des Stoffumsatzes und der Diffusionskonstante der reagierenden Stoffe. WARBURG hat unter vereinfachenden Voraussetzungen die Berechnung der Grenzschnittdicke für den Fall der Sauerstoffatmung durchgeführt[1] und die Formel abgeleitet

$$d = \sqrt{8c\frac{D}{A}}, \qquad (3)$$

wo $d$ die Grenzschnittdicke, $c$ die Konzentration des Sauerstoffs in der Lösung, $D$ die Diffusionskonstante für Sauerstoff und $A$ der Sauerstoffverbrauch des Gewebes ist. Nach A. KROGH diffundieren bei 38° durch einen Gewebequerschnitt von einem Quadratzentimeter pro Minute $1{,}4 \cdot 10^{-5}$ cm³ Sauerstoff (0°, 760 mm Hg), wenn das Gefälle eine Atmosphäre pro Zentimeter beträgt. Setzt man diesen Wert für $D$ in Gleichung (3) ein, so ist $c$ in Atmosphären auszudrücken und $A$ in $\frac{\text{Kubikzentimeter veratmeten Sauerstoff}}{\text{Kubikzentimeter Gewebe} \times \text{Minuten}}$. $A$ ist verschieden je nach der Gewebeart. Für Lebergewebe ist der von BARCROFT und SHORE gefundene Höchstwert $5 \cdot 10^{-2}$. Setzt man diesen Wert für $A$ in Gleichung (3) ein, so ergibt sich für $d$, wenn $c$ eine Atmosphäre ist, $4{,}7 \cdot 10^{-2}$, wenn $c$ 0,2 Atmosphären ist, $2{,}1 \cdot 10^{-2}$. Soll also der Gewebeschnitt in allen, auch den von der Oberfläche entferntesten Teilen atmen, so muß er dünner sein als 0,47 mm, wenn er in reinem Sauerstoff atmet und dünner als 0,21 mm, wenn er in Luft atmet. Da die Herstellung von Schnitten um so schwieriger ist, je dünner sie sein sollen, so wird man im allgemeinen die Atmung in reinem Sauerstoff messen.

Die Prüfung der Theorie, die WARBURG und MINAMI an Leberschnitten ausgeführt haben, ergab eine ausgezeichnete Übereinstimmung mit den Tatsachen. Waren die Schnitte dünner als 0,5 mm, so wurde die Atmungsgröße (in reinem Sauerstoff) innerhalb der Fehlergrenzen gleich gefunden.

[1] Ich verweise diesbezüglich auf die Originalarbeit WARBURGS (3).

Es ist bei den meisten Organen nicht schwierig, Schnitte von 0,2 bis 0,3 mm mittlerer Dicke zu schneiden.

Die Herstellung der Gewebeschnitte geschieht mittels eines freihändig geführten Rasiermessers, dessen Klinge mit Ringerlösung oder Serum befeuchtet ist. Das zu schneidende Organ liegt dabei auf Filtrierpapier und ist an der das Papier berührenden Fläche mit der Versuchsflüssigkeit befeuchtet. Das Schneiden geschieht sofort nach dem Töten des Tieres. Läßt man bis zur Anfertigung der Schnitte zu viel Zeit verstreichen, so wird das Gewebe geschädigt.

Die Schnitte — man stellt gewöhnlich mehr Schnitte her als man zum Versuch benötigt — werden in eine Glasschale mit Ringerlösung oder Serum gelegt, mit der Schere zu ungefähr rechteckigen Scheiben zurechtgeschnitten und im durchfallenden Licht verglichen. Man erkennt so leicht die dünnsten und gleichmäßigsten Schnitte.

Beim Arbeiten mit Tumoren ist darauf zu achten, daß die Schnitte frei von nekrotischem Gewebe sind. Nekrotische Teile sind durch ihre gelbstichige Farbe von den weißen, nichtnekrotischen Teilen bei einiger Übung gewöhnlich mit unbewaffnetem Auge zu unterscheiden.

Menschliche Geschwülste sind in sehr wechselndem Maße aus Tumorzellen, Bindegewebe und Ursprungsgewebe zusammengesetzt im Gegensatz zu den transplantablen Tiertumoren, die meistens fast Reinkulturen von Tumorzellen sind. Bei Versuchen mit menschlichem Tumormaterial ist darum eine histologische Kontrolle der Stoffwechselmessung unerläßlich.

Will man die Dicke der Schnitte bestimmen, so bringt man sie in eine Glasschale mit möglichst planparallelem Boden, die etwas Ringerlösung enthält, legt unter die Schale Millimeterpapier und stellt fest, wieviel Millimeterquadrate der Schnitt bedeckt. So erhält man die Fläche des Schnittes. Das Trockengewicht multipliziert mit 5 ergibt mit hinreichender Genauigkeit das Frischgewicht und das Volumen. Mit der Fläche und dem Volumen der Schnitte ist ihre mittlere Dicke gegeben als das Verhältnis $\frac{\text{Volumen}}{\text{Fläche}}$.

Der Gewebeschnitt wird zunächst in einer größeren Menge der Versuchslösung vorgebadet und dann in das mit der Versuchslösung beschickte Gefäß hineingebracht.

$\beta$) Isolierte Zellen. Von isolierten Zellen, für die manometrische Stoffwechselmessungen in Betracht kommen, erwähnen wir in erster Linie die Hefen.

Als Suspensionsflüssigkeiten für Hefen benutzt man gewöhnlich eine $^1/_{20}$ molare Lösung von primärem Kaliumphosphat ($KH_2PO_4$) mit 1% Glukose. Die Verwendung konzentrierterer Phosphatlösungen und konzentrierterer Zuckerlösungen kann, wie WARBURG (7) hervorhebt, dadurch zu Fehlern führen, daß man den BUNSENschen Absorptionskoeffizienten der Kohlensäure ($\alpha_{CO_2}$) in starken Phosphatlösungen — der nicht bekannt ist — falsch schätzt.

Es sei bemerkt, daß Lösungen, die *sekundäres* Phosphat enthalten, die manometrische Messung dadurch komplizieren, daß sekundäres Phosphat Kohlensäure chemisch bindet nach der Gleichung

$$Na_2HPO_4 + H_2CO_3 = NaHCO_3 + NaH_2PO_4 .$$

Das Kohlensäurebindungsvermögen des sekundären Phosphats kann nach der später (für Serum) beschriebenen Methode (S. 1061) bestimmt werden.

Eine andere vielfach benutzte Suspensionsflüssigkeit für Hefen ist Bierwürze. Ihre Darstellung findet man beschrieben in HENNEBERG, Handbuch der Gärungsbakteriologie, 2. Aufl. Bd. I, S. 38.

Die Zellmenge wählt man so groß, daß der Manometerausschlag etwa 100 mm in der Stunde beträgt. Ist der Ausschlag kleiner, so wird der relative Ablesungsfehler größer. Ist der Ausschlag größer, so kann es schwierig werden, eine der wichtigsten Vorbedingungen für die manometrische Messung zu erfüllen, die Vorbedingung, daß jederzeit praktisch Absorptionsgleichgewicht zwischen Gasraum und Versuchslösung besteht. Über Stoffwechselgrößen von Hefen s. O. WARBURG (9) und O. MEYERHOF.

Manometrische Stoffwechselmessungen an *Bakterien* sind von O. MEYERHOF und FINKLE ausgeführt.

Über Versuche an roten Blutzellen s. O. WARBURG (8) und E. NEGELEIN, an weißen Blutzellen W. FLEISCHMANN und F. KUBOWITZ sowie A. FUJITA, an Blutplättchen G. ENDRES und F. KUBOWITZ und A. FUJITA.

γ) Pflanzliches Material. Als Versuchsobjekt für Stoffwechselmessungen an grünen Pflanzenzellen benutzte WARBURG die Grünalge Chlorella (s. OLTMANNS). Über ihre Kultivierung s. O. WARBURG (2).

**5. Vorbereitung der Manometer für den Versuch.** Man fettet die Schliffflächen mit einem hochschmelzenden Fett[1], setzt das Gefäß an seinem Manometer an und sorgt durch Hin- und Herdrehen des Gefäßes für gasdichten Verschluß. Mit zwei kräftigen Schraubenzugfedern werden die Tröge am Manometer festgehalten.

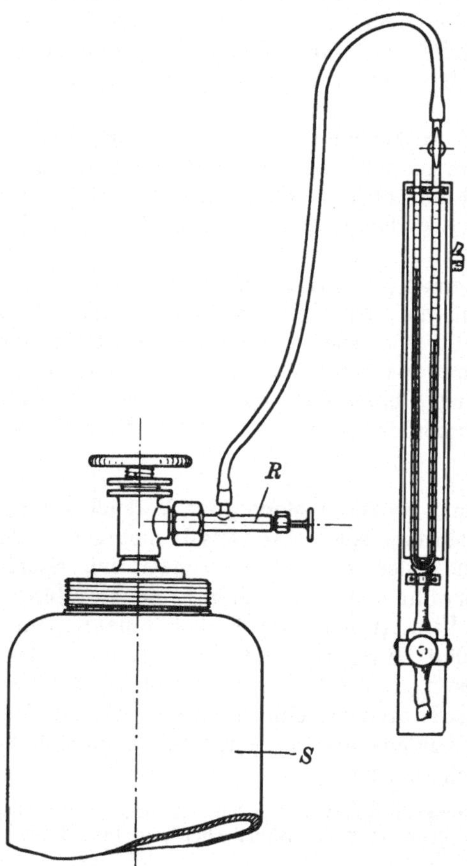


Abb. 336. Füllung des Gasraumes des Versuchsgefäßes.

Die Füllung des Gasraumes mit dem Gasgemisch veranschaulicht Abb. 336.

*R* ist ein „Rossignolventil", ein Ventil, das zur feinen Regulierung von Gasströmen besonders geeignet ist. Durch einen Gummischlauch ist das Ventil bei geöffnetem Hahn *H* (Abb. 328) mit dem Gasraum verbunden. Der Glasstopfen für den Tubus *T* des Gefäßes (s. z. B. Abb. 329) wird gefettet und auf den Tubus ohne Andrücken leicht aufgesetzt, so daß der Gasstrom, der bei *H* eintritt, zwischen den Schliffflächen des Tubus und des Stopfens entweichen kann. Die Stärke des Gasstroms kontrolliert man an dem Stande der Sperrflüssigkeit. Man achte darauf, daß die Sperrflüssigkeit nicht gänzlich aus dem rechten Manometerschenkel verdrängt wird. Denn tritt dies ein, so geraten Gasblasen in die Sperrflüssigkeit, die sich häufig nur schwierig entfernen lassen.

Hat man die Versuchslösung bereits vorher mit dem Gasgemisch gesättigt, so genügt ein kräftiger Gasstrom 15 bis 20 Sekunden hindurch, um die Luft aus dem Gefäß zu vertreiben. Ist die Lösung vorher nicht mit dem Gas gesättigt, so läßt man den Gasstrom etwa einige Minuten durchströmen und bewegt währenddessen die Flüssigkeit möglichst stark. Zur Unterbrechung der Gaszufuhr verschließt man zuerst das Ventil an der Gasbombe; sofort danach drückt man den Stopfen in den Tubus fest ein und verschließt den Hahn *H*.

**6. Thermobarometer.** Jede Versuchsreihe enthält außer den Trögen, die das lebende Material enthalten, ein Gefäß mit der gleichen Flüssigkeitsart und -menge und dem gleichen Gasvolumen und Gasinhalt wie die übrigen Gefäße *ohne* lebendes

[1] Geeignet ist „Adeps lanae anhydricus D. A. B. VI".

Material. Die Druckänderungen, die in diesem Gefäß, dem „Thermobarometer“, auftreten, sind durch Schwankungen des äußeren Atmosphärendrucks und der Thermostatentemperatur bedingt. Die Druckänderungen, die in den übrigen Gefäßen auftreten, sind durch den Stoffverbrauch und die Stoffabgabe des Gewebes sowie durch die Schwankungen des Atmosphärendruckes und der Thermostatentemperatur bedingt. Um den Stoffwechsel des Gewebes zu erhalten, ist also die in dem Thermobarometer gemessene Druckänderung von den in den übrigen Gefäßen gemessenen Druckänderungen zu subtrahieren.

**7. Schüttelgeschwindigkeit und Ablesungstechnik.** Sind die für den Versuch bestimmten Manometer mit ihren Gefäßen in der beschriebenen Weise vorbereitet, so werden sie in die Schüttelvorrichtung am Thermostaten eingesetzt. Dabei entsteht, falls die Thermostatentemperatur höher ist als die Zimmertemperatur, in den Gefäßen ein positiver Druck. Um zu verhüten, daß hierdurch die Sperrflüssigkeit aus dem rechten Manometerschenkel verdrängt wird, öffnet man kurz den Hahn $H$ (Abb. 328), so daß das Gefäß für eine kurze Zeit mit der äußeren Atmosphäre kommuniziert.

Häufig ist es zweckmäßig, vor Beginn der Messung den Meniskus im linken Manometerschenkel möglichst hoch oder möglichst tief — je nach den zu erwartenden Druckänderungen — einzustellen, damit größere Ausschläge gemessen werden können. Will man beispielsweise den Meniskus hoch einstellen (weil ein negativer Druck zu erwarten ist), so verschiebt man die Sperrflüssigkeit zunächst möglichst tief und öffnet ganz kurz den Hahn $H$ (Abb. 328). Stellt man nunmehr die Sperrflüssigkeit im rechten Schenkel auf die Nullmarke ein, so steigt Meniskus im linken Manometerschenkel über die Höhe der Nullmarke hinaus — je nach der Größe des Versuchsgefäßes und dem Kaliber der Manometerkapillare in verschiedenem Grade. In dieser Weise kann man vor Beginn des Versuches den Flüssigkeitsmeniskus im linken Manometerschenkel auf jede beliebige Höhe bringen und dann fast die gesamten 300 mm der Skala zur Druckmessung verwerten.

Bevor die Schütteleinrichtung in Gang gesetzt wird, drückt man, falls die Thermostatentemperatur höher ist als die Zimmertemperatur, noch einmal die Stopfen der Gefäße fest ein, eine unbedingt erforderliche Maßnahme, weil sich durch das Weichwerden des Fettes die Stopfen leicht lockern. Jetzt wird 15 Minuten lang bis zum Temperaturausgleich geschüttelt. Gewöhnlich wählt man eine Schüttelgeschwindigkeit von etwa 100 Schwingungen pro Minute und eine Exkursion der Gefäße von etwa 5 cm. Je nach den Versuchsverhältnissen (Größe des Gaswechsels, Schichtdicke der Versuchslösung in den Gefäßen usw.) ist die Schüttelfrequenz und -exkursion zu variieren. Die Schüttelgeschwindigkeit muß so groß sein, daß jederzeit Absorptionsgleichgewicht zwischen Gasphase und Flüssigkeitsphase besteht, denn nur unter dieser Voraussetzung kann der Gaswechsel berechnet werden. Ist die Voraussetzung erfüllt, so hat eine Vermehrung der Schüttelgeschwindigkeit keinen Einfluß auf die Manometerausschläge: *eine notwendige und leicht anzustellende Kontrolle* dafür, ob die Schüttelgeschwindigkeit ausreichend ist.

Vor der Ablesung verschiebt man die Sperrflüssigkeit um einige Millimeter über die Nullmarke hinaus, damit die Manometerkapillaren benetzt sind. Dann unterbricht man das Schütteln, indem man den Treibriemen auf die Leerlaufrolle hinüberlegt, stellt den Meniskus im rechten Manometerschenkel auf die Nullmarke ein und liest den Stand links ab. Die Ablesung sämtlicher Manometer des Versuches erfolgt so schnell wie möglich nacheinander.

Die Genauigkeit einer Ablesung beträgt 0,5 mm.

Sogleich nach Beendigung des Ablesens wird das Schütteln fortgesetzt. Die weiteren Ablesungen folgen, je nach der Größe des Ausschlags, gewöhnlich in Abständen von 10 bis 20 Minuten.

**8. Bestimmung des Gewebetrockengewichts.** Die Größe des Stoffumsatzes bezieht WARBURG auf das Trockengewicht des Gewebes, da sich nur dieses mit hinreichender Genauigkeit feststellen läßt.

Gewebeschnitte werden nach Beendigung des Versuchs zur Entfernung der anhaftenden Salze und sonstigen festen Bestandteilen aus der Versuchslösung (einige Sekunden) in destilliertem Wasser[1] gespült, in einem Wägegläschen von etwa 0,5 cm³ Inhalt bei 100° bis zur Gewichtskonstanz getrocknet[2] und auf einer Mikrowage gewogen.

Arbeitet man mit isolierten Zellen, so ermittelt man zunächst das Verhältnis $\frac{\text{Trockengewicht}}{\text{Volumen}}$. Ist dieses Verhältnis bekannt, so bestimmt man durch Zentrifugieren der Zellsuspension im Hämatokriten das Zellvolumen und erhält daraus durch Multiplizieren mit dem Verhältnis $\frac{\text{Trockengewicht}}{\text{Volumen}}$ das Trockengewicht.

**9. Fehlerquellen durch Bakterien.** Steriles Arbeiten ist bei kurzen Versuchszeiten gewöhnlich nicht erforderlich. Bei mehrstündiger Versuchsdauer kommen gelegentlich störende Infektionen vor. Man bemerkt sie sogleich an den schnell ansteigenden Druckänderungen.

### e) Berechnung des Gaswechsels.

**1. Die „Gefäßkonstante".** Wir betrachten ein teilweise mit Flüssigkeit gefülltes Gefäß, das durch ein U-förmiges Flüssigkeitsmanometer verschlossen ist. In dem Gefäß entsteht ein Gas; das Volumen des Gefäßes wird durch die Haldane-Barcroftsche Vorrichtung (Schraube $S$, Abb. 328) konstant gehalten. Die Aufgabe besteht nun darin, aus dem bei konstantem Volumen und konstanter Temperatur auftretenden Druck $h$ die Menge der entstandenen oder verschwundenen Gase zu berechnen.

Es sei:

$v_G$ das Volumen des Gasraumes im Versuchsgefäß (einschließlich der Manometerkapillare bis zur Nullpunktmarke) in Kubikmillimetern;

$v_F$ das Volumen der eingefüllten Flüssigkeit;

$T$ die absolute Versuchstemperatur;

$\alpha$ der Bunsensche Absorptionskoeffizient des entstehenden oder verschwindenden Gases;

$P_0$ der Normaldruck (760 mm Hg) in Millimetern Brodiescher Flüssigkeit (10000 mm);

$P$ der zufällige Anfangsdruck zu Beginn des Versuches (der im allgemeinen etwa gleich dem Druck der äußeren Atmosphäre ist).

$h$ die am Manometer während des Versuches beobachtete Druckänderung in Millimetern Brodiescher Flüssigkeit.

Die bei dem Anfangsdruck $P$ und der Versuchstemperatur $T$ im Gasraum vorhandene Gasmenge (in mm³) ist gleich $v_G$. Auf den *Normal*druck (10000 mm) und die *Normal*temperatur (273° in absoluter Zählung) reduziert ist diese Gasmenge

$$\frac{P}{P_0} \cdot \frac{273}{T} \cdot v_G.$$

Die im Gasraum am Ende des Versuchs, wenn der Druck $P$ um $h$ zugenommen hat, also $P + h$ beträgt, vorhandene Gasmenge ist (unter Normalbedingungen) in Kubikmillimetern

$$\frac{P+h}{P_0} \cdot \frac{273}{T} \cdot v_G.$$

Dann ist die Zunahme an Gas im *Gasraum*, wenn der Druck von $P$ auf $P + h$ gestiegen ist

$$\frac{P+h}{P_0} \cdot \frac{273}{T} \cdot v_G - \frac{P}{P_0} \cdot \frac{273}{T} \cdot v_G = \frac{h}{P_0} \cdot \frac{273}{T} \cdot v_G. \tag{4}$$

---

[1] War die Versuchflüssigkeit Serum, so spült man die Schnitte zunächst gründlich mit Ringerlösung und dann erst mit destilliertem Wasser.

[2] Das Trocknen beansprucht gewöhnlich etwa $1^1/_2$ Stunden.

Gleichzeitig nimmt die Gasmenge, die in der *Flüssigkeit* gelöst ist, zu, und zwar — nach dem Gesetz von HENRY — pro Kubikmillimeter Flüssigkeit und pro Millimeter Brodiescher Flüssigkeit um $\frac{\alpha}{P_0}$ mm³, demnach für $v_F$ Kubikmillimeter Flüssigkeit und $h$ mm Brodie

$$\frac{h}{P_0} \cdot v_F \alpha . \tag{5}$$

Die Summe beider Zunahmen (Ausdruck [4] + Ausdruck [5]) ist die insgesamt entstandene Gasmenge $x$ (0°, 760 mm Quecksilber)

$$x = h \cdot \left[ \frac{v_G \frac{273}{T} + v_F \alpha}{P_0} \right] . \tag{6}$$

$x$ ist also proportional $h$ und unabhängig vom Anfangsdruck $P$. Jedes Millimeter Druckänderung zeigt — unabhängig vom Gesamtdruck — das Entstehen oder Verschwinden der gleichen Gasmenge an. Ist also $h$ bekannt, so erhalten wir $x$ durch Multiplikation von $h$ mit dem in der Klammer stehenden Ausdruck, den WARBURG als „*Gefäßkonstante*" $K$ bezeichnet. Je nach der chemischen Natur des entstehenden Gases, deren Partialdruck Änderung $h$ ausdrückt, ist die Gefäßkonstante verschieden, weil die Absorptionskoeffizienten für die verschiedenen Gase verschieden sind[1]. Wir unterscheiden die Gefäßkonstanten, indem wir ihnen die Symbole der Gase als Indizes anfügen ($K_{O_2}$, $K_{CO_2}$ usw.) und schreiben

$$x_{O_2} = h_{O_2} \cdot K_{O_2} , \tag{6a}$$

$$x_{CO_2} = h_{CO_2} \cdot K_{CO_2} . \tag{6b}$$

Die Gefäßkonstanten sind von der Dimension einer Fläche, und zwar von der Dimension Quadratmillimeter, wenn die Drucke in Millimetern und die Volumina in Kubikmillimetern ausgedrückt sind. Ihr Vorzeichen ist immer positiv. Das Vorzeichen von $h$ ändert sich je nachdem ein Gas entsteht oder verschwindet. Im ersten Fall wird $h$ (und nach Gleichung [6] damit auch $x$) positiv, im zweiten wird h (und $x$) negativ. *Das Verschwinden eines Gases wird also stets durch das negative, das Entstehen eines Gases stets durch das positive Vorzeichen ausgedrückt.*

Je kleiner die Gefäßkonstante $K$ ist, desto empfindlicher ist die Methode. $K$ ist gewöhnlich — je nach der Größe des Gefäßes — 0,5 bis 2, was bedeutet, daß ein Manometerausschlag von 1 mm das Entstehen oder Verschwinden von 0,5 bis 2 mm³ Gas anzeigt.

Der Gaswechsel kann nach Gleichung (6) ohne weiteres für den Fall berechnet werden, daß sich in dem Trog der Partialdruck nur *eines* Gases ändert, also beispielsweise bei der alkoholischen Gärung unter anaeroben Bedingungen und bei der Milchsäuregärung in bikarbonathaltigem Medium unter anaeroben Bedingungen (wo sich in beiden Fällen allein der Kohlensäurepartialdruck ändert), ferner bei der Atmungsmessung, wenn der Trog zur Absorption der Atmungskohlensäure einen Einsatz mit Kalilauge enthält.

**2. Berechnung des Gaswechsels bei gleichzeitiger Veränderung des Partialdrucks zweier Gase.** In vielen Fällen entstehen oder verschwinden im Stoffwechsel gleich-

[1] Man findet die Absorptionskoeffizienten in LANDOLT-BÖRNSTEINS physikalisch-chemischen Tabellen. Es sei darauf hingewiesen, daß Salze die Löslichkeit der Gase in Wasser verändern (vgl. GEFFKEN: Zeitschr. f. physikal. Chem., Bd. 49, S. 257, 1904). Wir setzen für Serum und Ringerlösung (38°) $\alpha_{CO_2} = 0{,}54$, $\alpha_{O_2} = 0{,}024$ auf Grund der Angaben von HASTINGS, A. B., und SENDROY, J.: Journ. of biol. Chem., Bd. 65, S. 445, 1925 sowie von BOHR, C.: NAGELS Handb. d. Physiol. d. Menschen, Bd. 1, S. 63. Siehe auch: v. SLYKE, D. D., SENDROY jr., J., HASTINGS, A. B., and NEILL, J. M., Journal of biol. Chem., Bd. 78, S. 765, 1928.

zeitig mehrere Gase, beispielsweise Sauerstoff und Kohlensäure (Atmung, Kohlensäureassimilation) oder Wasserstoff und Kohlensäure (buttersaure Gärung). Dann ist die beobachtete Druckänderung $h$ gleich der Summe der Partialdruckänderungen der verschiedenen Gase, z. B. im Falle der Atmung

$$h = h_{O_2} + h_{CO_2} \tag{7}$$

und die entwickelten oder verschwundenen Gasmengen sind

$$x_{O_2} = h_{O_2} \cdot K_{O_2}, \qquad \text{(wie 6a)}$$

$$x_{CO_2} = h_{CO_2} \cdot K_{CO_2}. \qquad \text{(wie 6b)}$$

Die Gleichungen (7), (6a) und (6b) genügen nicht zur Berechnung von $x_{O_2}$ und $x_{CO_2}$, da sie 4 Unbekannte ($x_{O_2}$, $x_{CO_2}$, $h_{O_2}$, $h_{CO_2}$) enthalten.

Die für die Berechnung notwendigen Gleichungen gewinnt WARBURG durch eine Methode, die auf der Tatsache beruht, daß Kohlensäure in Wasser leichter löslich ist als Sauerstoff: Man füllt in zwei Gefäße von gleichem Gesamtvolumen *gleiche* Zellmengen, aber *verschiedene* Flüssigkeitsmengen. Dann sind $x_{O_2}$ und $x_{CO_2}$ in beiden Gefäßen gleich, verschieden sind aber die Gefäßkonstanten (da $v_G$ und $v_F$ verschieden sind) und damit auch die Druckänderungen in den beiden Gefäßen.

Im Falle der Atmung, bei der etwa gleichviel Sauerstoff verschwindet wie Kohlensäure entsteht, wird, wenn das Flüssigkeitsvolumen ($v_F$) sehr klein ist im Vergleich zum Gasraum, nur ein sehr geringer Druck auftreten; denn für kleine Werte von $v_F$ wird

$$K_{O_2} = K_{CO_2}.$$

Läßt man aber das Flüssigkeitsvolumen anwachsen, bis es beträchtlich im Vergleich zum Volumen des Gasraumes geworden ist, so wird der in Wasser sehr wenig lösliche Sauerstoff vorwiegend aus dem Gasraum verbraucht; die in Wasser weit besser lösliche Kohlensäure dagegen bleibt vorwiegend in der Flüssigkeit gelöst. So tritt ein negativer Druck auf, der um so größer ist, je größer das Flüssigkeitsvolumen im Vergleich zum Gasraum ist. Unterscheidet man für die beiden Gefäße mit großer und kleiner Flüssigkeitsmenge die Gefäßkonstanten und Druckänderungen durch große und kleine Buchstaben, so erhält man folgende 6 Gleichungen:

$$x_{O_2} = h_{O_2} \cdot k_{O_2}, \tag{8}$$

$$x_{CO_2} = h_{CO_2} \cdot K_{CO_2}, \tag{9}$$

$$h = h_{O_2} + h_{CO_2}, \tag{10}$$

$$x_{O_2} = H_{O_2} \cdot K_{O_2}, \tag{11}$$

$$x_{CO_2} = H_{CO_2} \cdot K_{CO_2}, \tag{12}$$

$$H = H_{O_2} + H_{CO_2}. \tag{13}$$

$h$ und $H$ der Gleichungen (8) bis (13) werden durch direkte Beobachtung gewonnen, die Gefäßkonstanten nach (6) berechnet. Es bleiben noch die 6 Unbekannten $x_{O_2}$, $c_{CO_2}$, $h_{O_2}$, $h_{CO_2}$, $H_{O_2}$ und $H_{CO_2}$, zu deren Berechnung sechs Gleichungen zur Verfügung stehen. Die Auflösung ergibt:

$$x_{O_2} = \frac{h \cdot k_{CO_2} - H \cdot K_{CO_2}}{\frac{k_{CO_2}}{k_{O_2}} - \frac{K_{CO_2}}{K_{O_2}}}, \tag{14}$$

$$x_{CO_2} = \frac{h \cdot k_{O_2} - H \cdot K_{O_2}}{\frac{k_{O_2}}{k_{CO_2}} - \frac{K_{O_2}}{K_{CO_2}}}. \tag{15}$$

Das Verfahren liefert hinreichend genaue Werte nur dann, wenn das Flüssigkeitsvolumen und der Gasraum des einen Gefäßes erheblich verschieden ist von dem Flüssigkeitsvolumen und dem Gasraum des anderen Gefäßes. Eine Anordnung, die diese Vorbedingungen erfüllt, ist auf S. 1071 beschrieben.

Für den Fall, daß das Verhältnis $\frac{x_{CO_2}}{x_{O_2}}$ bekannt ist, kann die Messung und Berechnung vereinfacht werden. Bezeichnen wir das Verhältnis $\frac{x_{O_2}}{x_{CO_2}}$ mit $\gamma$, so stehen zur Berechnung folgende 4 Gleichungen zur Verfügung:

$$x_{O_2} = h_{O_2} \cdot k_{O_2},$$
$$x_{CO_2} = h_{CO_2} \cdot k_{CO_2},$$
$$x_{CO_2} = \gamma x_{O_2},$$
$$h = h_{O_2} + h_{CO_2}.$$

Nach $x_{O_2}$ aufgelöst, ergibt sich

$$x_{O_2} = h \frac{k_{CO_2} \cdot k_{O_2}}{k_{CO_2} + \gamma k_{O_2}}. \tag{16}$$

Nach $x_{CO_2}$ aufgelöst, ergibt sich

$$x_{CO_2} = h \frac{k_{CO_2} \cdot k_{O_2}}{\frac{k_{CO_2}}{\gamma} + k_{O_2}}. \tag{17}$$

Für die Messung von $x_{O_2}$ und $x_{CO_2}$ ist also — wenn $\gamma$ bekannt ist — nur *ein* Gefäß erforderlich. Man beachte bei der Berechnung, daß $\gamma$ im allgemeinen negativ ist.

Ist $\gamma = -\frac{k_{CO_2}}{k_{O_2}}$, so wird in den Gleichungen (16) und (17) der Faktor von $h = \pm\infty$, und $h$ für jeden Wert von $x_{O_2}$ und $x_{CO_2}$ gleich Null. Die Genauigkeit der Messung wird, wie leicht einzusehen ist, um so größer, je mehr $-\frac{k_{CO_2}}{k_{O_2}}$ von $\gamma$ verschieden ist. Beträgt also $\gamma$ etwa $-1$, so wird man das Versuchsgefäß (Form Abb. 330) mit 7 oder 8 cm³ Flüssigkeit füllen, und beträgt $\gamma$, wie bei Tumoren etwa $-3$, so wird man das Flüssigkeitsvolumen klein (3 cm³) wählen.

**3. Berechnung und Bestimmung der Retention:** $\alpha$) „Gefäßkonstante“ für Kohlensäure und für Milchsäure in Serum. Nach den in den vorangehenden Abschnitten abgeleiteten Formeln kann der Zellstoffwechsel im allgemeinen noch nicht berechnet werden, wenn die Versuchsflüssigkeit Kohlensäure chemisch bindet oder — außer dem Bikarbonat — Stoffe enthält, die starke Säuren (Milchsäure) chemisch binden. Derartige Versuchsflüssigkeiten sind beispielsweise Blutserum oder Salzlösungen, die sekundäres Phosphat enthalten.

Wir führen im folgenden am Beispiel des Serums aus, in welcher Weise WARBURG (5) das Kohlensäure- bzw. Milchsäurebindungsvermögen bestimmt und in die im vorangehenden Abschnitte zur Berechnung des Stoffwechsels abgeleiteten Gleichungen einführt.

Wird Kohlensäure oder Milchsäure zu *Ringer*lösung hinzugefügt und beträgt die Zunahme des Kohlensäuredrucks $h$ Millimeter, so ist die gebildete Kohlensäure in Kubikmillimetern

$$x_{CO_2} = h\, k_{CO_2}, \qquad \text{(wie 6b)}$$

wo $k_{CO_2}$ („Gefäßkonstante für Kohlensäure“) $\frac{v_G \frac{273}{T} + v_F \alpha}{P_0}$ ist.

Wird Kohlensäure zu *Serum* hinzugefügt, so wird ein Teil der Kohlensäure gebunden, in erster Linie durch Eiweißkörper, in untergeordnetem Maße auch durch

Phosphate und andere Stoffe. Die allgemeine Bindungsgleichung, als Ionengleichung geschrieben, ist

$$H_2CO_3 + S^- = HCO_3^- + SH, \tag{18}$$

wo unter $S^-$ beliebige Säureanionen — ausgenommen das Bikarbonation — verstanden sind.

Milchsäure ($HM$), zu Serum hinzugefügt, reagiert teilweise mit den Bikarbonationen des Serums, teilweise mit anderen Säureanionen ($S^-$) nach der Gleichung

$$HM + S^- = M^- + SH. \tag{19}$$

Infolge der Reaktionen (18) und (19) ist der Kohlensäuredruck, den die zu Serum hinzugefügte Kohlensäure oder Milchsäure hervorbringt, kleiner als sich aus der Größe des Gasraumes und physikalischen Löslichkeit der Kohlensäure berechnet.

Die Kohlensäure, die nach (18) chemisch gebunden wird, nennt WARBURG die „retinierte" Kohlensäure und die Milchsäure, die nach (19) gebunden wird, die „retinierte" Milchsäure.

Nach Gleichung (18) und (19) entsteht für jedes Molekül retinierter Kohlensäure und für jedes Molekül retinierter Milchsäure ein undissoziiertes Säureäquivalent $SH$. Die Zunahme des undissoziierten Säurewasserstoffs $\Delta SH$ ist daher ein Maß für die Retention. WARBURG drückt $\Delta SH$ in Kubikmillimetern Gas aus (indem 1 Milligrammatom Säurewasserstoff = 22400 mm³ Gas sind[1]) und bezeichnet den Quotienten $\frac{\Delta SH}{\text{cm}^3 \text{ Serum}}$ (d. i. die Zunahme des undissoziierten Säurewasserstoffs in Kubikmillimetern pro Kubikzentimeter Serum) als Retention $\Delta u$.

Bezeichnen wir mit $\Delta p$ die Zunahme des Kohlensäuredrucks, so ist $\frac{\Delta u}{\Delta p}$ die mittlere Retention pro Kubikzentimeter Serum und pro Millimeter Kohlensäuredruckzunahme, wenn $\Delta u$ die Retention zwischen dem Anfangsdruck $p$ und dem Druck $p + \Delta p$ ist. Wir schreiben „mittlere" Retention, denn $\frac{\Delta u}{\Delta p}$ ist nicht konstant, sondern wird mit zunehmendem Kohlensäuredruck kleiner (s. unten). Wir unterscheiden $\left(\frac{\Delta u}{\Delta p}\right)_C$ und $\left(\frac{\Delta u}{\Delta p}\right)_M$, je nach dem Kohlensäure oder Milchsäure zu Serum hinzugefügt ist, eine — wie wir später sehen werden — notwendige Unterscheidung.

Durch $\left(\frac{\Delta u}{\Delta p}\right)_C$ und $\left(\frac{\Delta u}{\Delta p}\right)_M$ führen wir die Retention in die für Ringerlösung abgeleiteten Gleichungen ein. Wird Kohlensäure zu Serum hinzugefügt und beträgt die Zunahme des Kohlensäuredrucks $h_{CO_2}$ mm, so ist die gebildete Kohlensäure in Kubikmillimetern:

$$x_{CO_2} = h_{CO_2}\left[k_{CO_2}^{\text{Ringer}} + v_F\left(\frac{\Delta u}{\Delta p}\right)_C\right], \tag{20}$$

wo $v_F$ das Serumvolumen in Kubikzentimetern bedeutet und $\Delta u$ die Retention zwischen dem Anfangsdruck $p$ und dem Druck $p + \Delta p$.

Wird Milchsäure zu Serum hinzugefügt und beträgt die Zunahme des Kohlensäuredrucks $h_{CO_2}$ mm, so ist die gebildete Milchsäure in Kubikmillimetern

$$x_M = h_{CO_2}\left[k_{CO_2}^{\text{Ringer}} + v_F\left(\frac{\Delta u}{\Delta p}\right)_M\right]. \tag{21}$$

[1] Denn werden die entstehenden oder verschwindenden Gasmengen in Kubikmillimetern ausgedrückt, so ist es für die Rechnung bequem, auch andere Stoffe, die mit dem Gasumsatz zusammenhängen, in Kubikmillimetern auszudrücken.

Die eckig eingeklammerten Ausdrücke in (20) und (21) bezeichnen wir als „Gefäßkonstante für Kohlensäure in Serum“ $\left(k_{CO_2}^{\text{Serum}}\right)$ und als „Gefäßkonstante für Milchsäure in Serum“ $\left(k_M^{\text{Serum}}\right)$, und statt (20) und (21) schreiben wir abgekürzt:

$$x_{CO_2} = h_{CO_2} \cdot k_{CO_2}^{\text{Serum}}, \tag{22}$$

$$x_M = h_{CO_2} \cdot k_M^{\text{Serum}}. \tag{23}$$

Da, wie bereits erwähnt, $\left(\frac{\Delta u}{\Delta p}\right)_C$ und $\left(\frac{\Delta u}{\Delta p}\right)_M$ für verschiedene Werte von $\Delta p$ nicht konstant sind, gelten die Gleichungen (20) bis (23) streng nur dann, wenn

$$h_{CO_2} = \Delta p. \tag{24}$$

$\beta$) Berechnung der Retention. Für die Berechnung und Bestimmung der Retention gebrauchen wir folgende Bezeichnungen und Begriffe:

I. $p$ = Kohlensäurepartialdruck in Millimetern der Brodieschen Flüssigkeit. Enthält die Gasmischung (wie durch Analyse im Haldaneschen Apparat ermittelt ist) $a$ Volumprozent Kohlensäure, so ist

$$p = (P - d) \cdot \frac{a}{100}, \tag{25}$$

wo $P$ der zufällige äußere Barometerdruck und $d$ die Dampfspannung der Versuchsflüssigkeit bei der Versuchstemperatur in Millimetern Brodie ist ($d$ ist für Serum bei 38° und 760 mm Hg = 630 mm).

II. $\beta$ = („Löslichkeit der Kohlensäure“) ist die im Kubikzentimeter Lösungsmittel bei dem Druck 1 (Millimeter Brodie) gelöste freie Kohlensäure in Kubikmillimetern. $\beta$ entsteht aus dem Bunsenschen Absorptionskoeffizienten $\alpha$ durch die Gleichung

$$\beta = \frac{1000\,\alpha}{10000}.$$

Für 38° und Serum ist $\alpha = 0{,}54$, $\beta$ also 0,054[1].

III. $p\,\beta$ = („Konzentration der freien Kohlensäure“) ist die im Kubikzentimeter Serum gelöste freie Kohlensäure in Kubikmillimetern.

IV. $B$ = Konzentration der als Bikarbonat gebundenen Kohlensäure (wird ermittelt nach S. 1076).

V. $c$ = Gesamtkonzentration der Kohlensäure $(p\beta + B)$.

VI. $\varrho$ = (Dissoziationsrest der Kohlensäure [MICHAELIS]) ist das Verhältnis

$$\frac{\text{Konzentration der freien Kohlensäure}}{\text{Konzentration der gesamten Kohlensäure}} = \frac{p\beta}{p\beta + B}.$$

Die Wasserstoffionenkonzentration des Serums ist durch das Verhältnis $\frac{\text{Konzentration der freien Kohlensäure}}{\text{Konzentration des Bikarbonats}}$ und die erste Dissoziationskonstante der Kohlensäure bestimmt:

$$H^+ = K' \cdot \frac{p\beta}{B}. \tag{26}$$

$K'$ ist für 38° und Serum $7{,}2 \cdot 10^{-7}$ ($pK' = 6{,}14$).

$\varrho$ ist nach MICHAELIS mit der Wasserstoffionenkonzentration $H^+$ durch die Beziehung verknüpft

[1] Siehe hierzu: v. SLYKE, SENDROY, HASTINGS and NEILL: Journ. of biol. Chem. 78, 765, 1928.

$$\varrho = \frac{H^+}{H^+ + K'}, \tag{27}$$

wo $K'$ die erste Dissoziationskonstante der Kohlensäure ist[1].

Die Retention kann berechnet werden, falls die Dissoziationskonstanten der reagierenden Stoffe bekannt sind. Erforderlich ist für die Berechnung ferner die Kenntnis der Konzentration des Bikarbonats und der freien Kohlensäure der retinierenden Lösung zu Beginn der Druckmessung und weiterhin die Kenntnis der Konzentration der retinierenden Substanz.

Warburg hat die Berechnung der Retention — da für das Serum die zur Rechnung erforderlichen Größen zum Teil nicht bekannt sind — an einem „Serummodell" durchgeführt. Die Modellflüssigkeit sei eine Ringerlösung, die als retinierende Säure ein Dipeptid enthalte.

*Berechnung von $\varDelta u$.* $u$ sei die Konzentration des undissoziierten Peptids bei der Wasserstoffionenkonzentration $H^+$. $\varDelta u$ ist bestimmt durch die Gesamtkonzentration an Peptid $c'$ und den Dissoziationsrest $\varrho'$ (wie sich aus der Definition des Dissoziationsrestes ergibt):

$$u = c'\varrho'.$$

Wir fügen zu der Modellflüssigkeit Kohlensäure oder Milchsäure hinzu; dadurch steige die Konzentration der Wasserstoffionen $H^+$ um einen bestimmten Betrag $\varDelta H^+$, also auf $H^+ + \varDelta H^+$. Beim Hinzufügen der Kohlensäure oder Milchsäure spielen sich die Reaktionen (18) und (19) ab und der Zuwachs an undissoziiertem Peptid $\left(\text{in } \frac{\text{mm}^3}{\text{cm}^3 \text{ Serum}}\right)$ $\varDelta u$ ist die „Retention". $\varDelta u$ ist bestimmt durch die Gesamtkonzentration an Peptid $c'$ und die Änderung des Dissoziationsrestes

$$\varDelta u = c'\varDelta\varrho'. \tag{31}$$

$\varDelta\varrho'$ erhalten wir nach der Gleichung

$$\varDelta\varrho' = \frac{H^+ + \varDelta H^+}{H^+ + \varDelta H^+ + K} - \frac{H^+}{H^+ + K}, \tag{32}$$

[1] Gleichung (27) gilt streng für einbasische Säuren. Für zweibasische Säuren mit den Dissoziationskonstanten $K_1$ und $K_2$ ist

$$\varrho = \frac{H^+}{H^+ + K_1 + \frac{K_1 K_2}{H^+}}. \tag{28}$$

In dem in Betracht kommenden Aziditätsbereich kann jedoch Kohlensäure als einbasische Säure behandelt werden, da das mit $K_2$ behaftete Glied der Gleichung (28) als klein vernachlässigt werden kann ($pK_2$ ist nach Hastings, A. Baird u. Sendroy, J. [Journ. of biol. Chem., Bd. 65, S. 445, 1925] für 38° und die Salzkonzentration der Ringerlösung 9,79).

Da wir später auch den Dissoziationsrest von Ampholyten zu berechnen haben, sei hier noch die Michaelissche Formel angeführt. Für einen Ampholyten mit der Säuredissoziationskonstante $K_S$ und der Basendissoziationskonstante $K_B$ ist

$$\varrho = \frac{H^+}{H^+ + K_S + \frac{K_B}{K_W}(H^+)^2}, \tag{29}$$

wo $K_W$ die Dissoziationskonstante des Wassers bedeutet. In dem für uns in Betracht kommenden Aziditätsbereich kann im Falle der Serumproteine das mit $K_B$ behaftete Glied als klein vernachlässigt werden, so daß wir $\varrho$ nach der Gleichung

$$\varrho = \frac{H^+}{H^+ + K_S} \tag{30}$$

berechnen können.

indem wir für $K$ die Säuredissoziationskonstante des Dipeptids einsetzen. $\varDelta\varrho'$ in Gleichung (31) eingesetzt, ergibt $\varDelta u$.

*Berechnung von* $(\varDelta p)_C$ und $(\varDelta p)_M$. Mit der Zunahme des Dissoziationsrestes des retinierenden Peptids steigt auch der Dissoziationsrest der Kohlensäure $\varrho$, und zwar um $\varDelta\varrho$. $\varDelta\varrho$ wird — entsprechend $\varDelta\varrho'$ — nach Gleichung (32) berechnet, indem wir für $K$ die erste Dissoziationskonstante der Kohlensäure einsetzen. Einem bestimmten $\varDelta\varrho'$ des Dipeptids ist also ein bestimmtes $\varDelta\varrho$ der Kohlensäure zugeordnet. Indem wir in (32) einmal die Säuredissoziationskonstante des Dipeptids und zweitens die erste Dissoziationskonstante der Kohlensäure einsetzen, können wir uns beliebige zusammengehörige Wertepaare $\varDelta\varrho'$ und $\varDelta\varrho$ (und damit auch $\varDelta u$ und $\varDelta\varrho$) verschaffen.

$\varrho$ ist andererseits, wie aus Definition VI S. 1063 folgt, mit dem Kohlensäuredruck $p$ durch die Beziehung verbunden

$$\beta\varDelta p = (\varrho_0 + \varDelta\varrho)(c_0 + \varDelta c) - \varrho_0 c_0$$

oder

$$\beta\varDelta p = c_0\varDelta\varrho + \varrho_0\varDelta c + \varDelta\varrho\varDelta c, \tag{33}$$

wo $\varDelta p$ die Zunahme des Kohlensäuredruckes ist, während die Wasserstoffionenkonzentration $H^+$ sich um $\varDelta H^+$ erhöht und wo $\varrho_0$ und $c_0$ sich auf die Kohlensäure beziehen und den Anfangszustand bestimmen, den das Modell besitzt, wenn die Säure hinzugefügt wird.

Wird durch Säurezugabe $\varrho_0$ um $\varDelta\varrho$ vermehrt, so ändert sich die Gesamtkohlensäurekonzentration. Die Konzentrationszunahme der Gesamtkohlensäure $(\varDelta c)$ setzt sich zusammen aus der Konzentrationszunahme der gelösten freien Kohlensäure $(=\beta\varDelta p)$ und der Konzentrationszunahme des Bikarbonats $(=\varDelta B)$.

Ist die Säure, die $\varrho_0$ um $\varDelta\varrho$ vermehrt, Kohlensäure, so ist, wie aus Gleichung (18) folgt,

$$\varDelta B = \varDelta u,$$

also die Zunahme der Gesamtkohlensäurekonzentration:

$$\varDelta c = \beta\varDelta p + \varDelta u. \tag{34}$$

Ist die Säure, die $\varrho_0$ um $\varDelta\varrho$ vermehrt, Milchsäure (oder eine andere starke Säure), so ist

$$\varDelta B = -\frac{\varDelta p \cdot k_{CO_2}^{\text{Ringer}}}{v_F},$$

also die Zunahme der Gesamtkohlensäurekonzentration:

$$\varDelta c = \beta\varDelta p - \frac{\varDelta p\, k_{CO_2}^{\text{Ringer}}}{v_F}. \tag{35}$$

Aus Gleichung (33) und (34) ergibt sich $\varDelta p$ für den Fall, daß die hinzugefügte Säure Kohlensäure ist:

$$(\varDelta p)_C = \frac{\varDelta u\,(\varrho_0 + \varDelta\varrho) + \varrho_0\varDelta\varrho}{\beta\,(1 - (\varrho_0 + \varDelta\varrho))}. \tag{36}$$

Aus Gleichung (33) und (35) ergibt sich $\varDelta p$ für den Fall, daß die hinzugefügte Säure Milchsäure oder eine andere starke Säure ist:

$$(\varDelta p)_M = \frac{c_0\varDelta\varrho}{\beta\,(1 - (\varrho_0 + \varDelta\varrho)) + \frac{k_{CO_2}}{v_F}(\varrho_0 + \varDelta\varrho)}. \tag{37}$$

Nach Gleichung (36) und (37) ist das zu einem bestimmten $\Delta u$ gehörige $(\Delta p)_C$ stets größer als das zu demselben $\Delta u$ gehörige $(\Delta p)_M$. Ferner ist $(\Delta p)_M$ — im Gegensatz zu $(\Delta p)_C$ — von $v_F$ und $v_G$ abhängig.

Dies ergibt sich auch aus folgender Überlegung: $\Delta u$ ist nach Gleichung (31) um so größer, je größer $\Delta \varrho'$, also je größer die Zunahme der Wasserstoffionenkonzentration ist $\left(\text{die Zunahme des Quotienten } \frac{\text{Konzentration der freien Kohlensäure}}{\text{Konzentration des Bikarbonats}}\right)$. Nun ist bei Zugabe von Milchsäure mit dem Steigen des Kohlensäuredrucks eine Abnahme des Bikarbonatgehaltes verbunden, während bei Zugabe von Kohlensäure der Bikarbonatgehalt nach Gleichung (18) steigt. Daraus folgt, daß bei Zugabe von Milchsäure pro Millimeter Kohlensäuredruckzunahme die Wasserstoffionenkonzentration schneller ansteigt als bei Zugabe von Kohlensäure. $(\Delta p)_M$ hängt von $v_F$ und $v_G$ ab, weil pro Millimeter $(\Delta p)_M$ der Bikarbonatgehalt um so stärker abnimmt, je größer $v_G$ und je kleiner $v_F$ ist.

Hat man $(\Delta p)_C$ und $(\Delta p)_M$ berechnet, so dividiert man $\Delta u$ durch $(\Delta p)_C$ und $(\Delta p)_M$ und erhält so $\left(\frac{\Delta u}{\Delta p}\right)_C$ und $\left(\frac{\Delta u}{\Delta p}\right)_M$, die mittleren Retentionen zwischen $p_0$ und $p_0 + \Delta p$.

*Beispiel für die Berechnung der Retention.* Die Anfangsbedingungen seien: $c_0 = 485$, $\varrho_0 = 0{,}0526$, $c'$ (Konzentration des Dipeptids in Kubikmillimetern) $= 500$, $H^+ = 4 \cdot 10^{-8}$, $v_F = 8$, $k_{CO_2}^{\text{Ringer}} = 0{,}907$. Die Säuredissoziationskonstante des Dipeptids sei $4 \cdot 10^{-8}$.

Durch Zugabe von Säure steige der Dissoziationsrest der Kohlensäure bis $\Delta \varrho = 0{,}00373$. Dann ist $H^+$ von $4 \cdot 10^{-8}$ auf $4{,}3 \cdot 10^{-8}$ gestiegen, $\varrho'$ (Dissoziationsrest des Dipeptids) um 0,0181.

Daraus folgt:

$$\text{nach (31):} \quad \Delta u = 9{,}05$$
$$\text{nach (36):} \quad (\Delta p)_C = 45{,}5$$
$$\text{nach (37):} \quad (\Delta p)_M = 31{,}6$$
$$\left(\frac{\Delta u}{\Delta p}\right)_C = 0{,}20 \quad \text{für } \Delta p = 45{,}5$$
$$\left(\frac{\Delta u}{\Delta p}\right)_M = 0{,}29 \quad \text{für } \Delta p = 31{,}6\,.$$

Fügen wir bei gleichen Anfangsbedingungen eine größere Säuremenge hinzu, so daß $H^+$ von $4 \cdot 10^{-8}$ auf $4{,}6 \cdot 10^{-8}$ steigt, dann erhalten wir

$$\left(\frac{\Delta u}{\Delta p}\right)_C = 0{,}19 \quad \text{für } \Delta p = 91{,}5$$
$$\left(\frac{\Delta u}{\Delta p}\right)_M = 0{,}28 \quad \text{für } \Delta p = 62{,}5\,.$$

Daraus ersehen wir, daß $\left(\frac{\Delta u}{\Delta p}\right)_C$ und $\left(\frac{\Delta u}{\Delta p}\right)_M$ nicht konstant sind, sondern mit steigendem Kohlensäuredruck kleiner werden.

Wie wir oben bereits erwähnt haben, gelten daher die Gleichungen (20) bis (23) streng nur dann, wenn Gleichung (24) erfüllt ist.

Da aber, wie das hier durchgerechnete Beispiel zeigt, bei geeigneter Anordnung[1] die Änderung von $\left(\frac{\Delta u}{\Delta p}\right)_C$ und $\left(\frac{\Delta u}{\Delta p}\right)_M$ mit der Zunahme des Kohlensäuredruckes sehr klein ist, so genügt es für die praktische Brauchbarkeit der Gleichungen, wenn wir statt (24) schreiben:

$$h_{CO_2} \sim \Delta p\,.$$

γ) Bestimmung der Retention des Serums. Für Serum kann das zu einem bestimmten $\Delta \varrho$ der Kohlensäure gehörende $\Delta u$ nicht berechnet werden, weil

[1] Notwendig ist, daß die Versuchsflüssigkeit genügend gepuffert ist, d. h. daß die Konzentrationen des Bikarbonats und der freien Kohlensäure im Serum die physiologischen sind.

die Konzentrationen der retinierenden Säuren und deren Dissoziationskonstanten nicht bekannt sind. Es ist jedoch leicht — wie im folgenden gezeigt wird — ein zusammengehörendes Wertepaar $\Delta\varrho$ und $\Delta u$ zu bestimmen. Daher wird man die Bestimmung auch dann ausführen, wenn man die Retention durch Substanzen ermitteln will, deren Dissoziationskonstanten in der Literatur angegeben sind. Denn es gibt wenige Substanzen, deren Dissoziationskonstanten bei den Versuchsbedingungen (Temperatur, Salzkonzentration) zuverlässig bekannt sind.

Die Bestimmung eines zusammengehörenden Wertepaares $\Delta u$ und $\Delta\varrho$ geschieht nach folgendem Prinzip. Man gibt zu dem Serum eine bekannte Menge ($s$) einer starken Säure hinzu und mißt die auftretende Kohlensäuremenge. Man subtrahiert die aufgetretene Kohlensäuremenge ($h \cdot k_{CO_2}$) von der zugefügten Säuremenge ($s$) und erhält die Menge der retinierten Kohlensäure. Dieser Wert, bezogen auf 1 Kubikzentimeter Serum, ergibt $\Delta u$:

$$\Delta u = \frac{s - h \cdot k_{CO_2}}{v_F}. \tag{38}$$

Das dazugehörige $\Delta\varrho$ kann berechnet werden, wenn der Anfangsdruck $p_0$ der Kohlensäure und die Anfangskonzentration $B_0$ des Bikarbonats bekannt sind. Durch $p_0$ und $B_0$ sind auch $\varrho_0$ und $c_0$ gegeben:

$$\varrho_0 = \frac{p_0 \beta}{p_0 \beta + B_0}, \tag{39}$$

$$c_0 = p_0 \beta + B_0. \tag{40}$$

Ferner ist nach dem Ansäuern der Dissoziationsrest der Kohlensäure

$$\varrho_0 + \Delta\varrho = \frac{(p_0 + h)\beta}{(p_0 + h)\beta + B_0 - \frac{h \cdot k_{CO_2}}{v_F}}, \tag{41}$$

wo $h$ die bei Ansäuern gemessene Kohlensäuredruckzunahme ist. $-\frac{h \cdot k_{CO_2}}{v_F}$ in Gleichung (41) ist die durch die Säurezugabe bedingte Abnahme der Bikarbonatkonzentration. Gleichung (39) von (41) subtrahiert, ergibt:

$$\Delta\varrho = \frac{(p_0 + h)\beta}{(p_0 + h)\beta + B_0 - \frac{h \cdot k_{CO_2}}{v_F}} - \frac{p_0 \beta}{p_0 \beta + B_0}. \tag{42}$$

Indem man nach Gleichung (38), (39), (40) und (42) die Werte für $\Delta u$, $\varrho_0$, $c_0$ und $\Delta\varrho$ berechnet und in Gleichung (36) und (37) einsetzt, erhält man $(\Delta p)_C$ und $(\Delta p)_M$ und kann aus $\Delta u$, $(\Delta p)_C$ und $(\Delta p)_M$ die gesuchten Quotienten $\left(\frac{\Delta u}{\Delta p}\right)_C$ und $\left(\frac{\Delta u}{\Delta p}\right)_M$ bilden.

Zur Ausführung der Bestimmung benutzt man — außer dem Thermobarometer — zwei Gefäße von der Form der Abb. 331. In den Anhang der beiden Gefäße wägt man auf der analytischen Wage etwa je 0,2 ccm[1] einer $n/100$ Weinsäurelösung ein und trocknet die Weinsäurelösung[2] bei 100°. In den Hauptraum des Gefäßes I kommen 3 cm³ bikarbonathaltiger Ringerlösung, in den Hauptraum des Gefäßes II 3 cm³ des Serums. Die Gasräume beider Gefäße werden mit der gleichen kohlensäure-

[1] Durch das Trocknen vermeidet man eine Verdünnung des Serums bei Zugabe der Säure. Weinsäure wählen wir, weil sie nicht flüchtig ist.

[2] Die Weinsäuremenge muß so bemessen sein, daß der später beim Ausspülen der Birne in Gefäß II auftretende Druck etwa gleich dem $h_{CO_2}$ des Stoffwechselversuches, für den die Retention bestimmt werden soll, ist.

haltigen Gasmischung, die bei der Stoffwechselmessung benutzt worden ist (gewöhnlich 5 Volumprozent Kohlensäure in Stickstoff oder in Sauerstoff), gefüllt. Die Gefäße werden im Thermostaten bei der gleichen Temperatur, bei der die Stoffwechselmessung erfolgt, geschüttelt. Nachdem das Gleichgewicht zwischen Gasraum und Flüssigkeit eingetreten ist, d. h. nachdem der Manometerstand konstant geblieben ist, wird der Anhang von Gefäß I und II durch Neigen des Gefäßes mit dem Serum bzw. der Ringerlösung ausgespült. Beim Herausnehmen der Manometer aus dem Thermostaten hält man mit dem Finger die obere Öffnung des linken Manometerschenkels verschlossen, um zu verhindern, daß die Sperrflüssigkeit infolge Temperaturänderung in das Versuchsgefäß hineingesogen wird. Nach dem Ausspülen des Anhangs schüttelt man wiederum, bis Gleichgewicht eingetreten ist.

Durch die Messung in Gefäß I ermittelt man die genaue Konzentration der Weinsäurelösung. Sind $h_{\mathrm{I}}$ und $h_{\mathrm{II}}$ die in Gefäß I und II beobachteten Drucke, $k^{\mathrm{I}}_{CO_2}$ und $k^{\mathrm{II}}_{CO_2}$ die Gefäßkonstanten für Kohlensäure beider Gefäße in Ringerlösung und $m_{\mathrm{I}}$ und $m_{\mathrm{II}}$ die in die Birnen von Gefäß I und II eingegebenen Mengen Weinsäurelösung, so ist die in Gefäß II zu dem Serum hinzugefügte Säuremenge $s$ (in mm³)

$$s = h_{\mathrm{I}} k^{\mathrm{I}}_{CO_2} \cdot \frac{m_{\mathrm{II}}}{m_{\mathrm{I}}}, \tag{43}$$

und die Retention

$$\Delta u = \frac{s - h_{\mathrm{II}} k^{\mathrm{II}}_{CO_2}}{v_F}. \tag{44}$$

Nunmehr wird nach S. 1076 $B_0$ bestimmt. Dann berechnet man $p_0$ nach (25), $\varrho_0$ nach S. 1065 VI, $c_0$ nach S. 1065 V und $\Delta\varrho$ nach Gleichung (42), indem man für $h$ den in Gefäß II beobachteten Druck und für $v_F$ und $k_{CO_2}$ ebenfalls die Werte des Gefäßes II einsetzt. Aus $\Delta u$, $\varrho_0$ und $c_0$ erhält man nach (36) und (37) $(\Delta p)_C$ und $(\Delta p)_M$ und aus $\Delta u$, $(\Delta p)_C$ und $(\Delta p)_M$ die gesuchten Quotienten $\left(\frac{\Delta u}{\Delta p}\right)_C$ und $\left(\frac{\Delta u}{\Delta p}\right)_M$.

**Beispiel einer Retentionsbestimmung (für Pferdeserum).**

| Gefäß I (Form Abb. 331) | Gefäß II (Form Abb. 331) |
|---|---|
| *Anhang*: 0,2002 g ca. $n/100$ Weinsäurelösung (bei 100° zur Trockne eingedampft) | *Anhang*: 0,1998 g ca. $n/100$ Weinsäurelösung (bei 100° getrocknet) |
| *Hauptraum*: 3 cm³ Ringerlösung ($C_{NaHCO_3} = 2{,}5 \cdot 10^{-2}$ mol.) | *Hauptraum*: 3 cm³ Pferdeserum |
| *Gasraum*: 4,9 Volumproz. $CO_2$ in $O_2$ | *Gasraum*: 4,9 Volumproz. $CO_2$ in $O_2$ |
| $v_G = 11240$ mm³ | $v_G = 10700$ mm³ |
| $v_F = 3000$ mm³ | $v_F = 3000$ mm³ |
| $k^{\mathrm{Ringer}}_{CO_2} = 1{,}152$ mm² | $k^{\mathrm{Ringer}}_{CO_2} = 1{,}108$ mm² |

Temperatur 37,5°, Barometerstand 755 mm Hg

| Nach dem Ausspülen der Birne aufgetretener Druck: | |
|---|---|
| + 39,5 mm | + 26,5 mm |
| Die in Gefäß II eingegebene Säuremenge ist nach (43) also $s = 39{,}5 \cdot 1{,}152 \frac{0{,}1998}{0{,}2002} = 45{,}5$ mm³ | Nach (44) ist $\Delta u = \frac{45{,}5 - 26{,}5 \cdot 1{,}108}{3} = 5{,}37$ |

Die Anfangsbedingungen sind:

$B_0 = 490$ (nach S. 1076 bestimmt),

$p_0 = (9935 - 630) \cdot \frac{4,9}{100} = 456$ (nach [25]),

$p_0 \beta = 456 \cdot 0,054 = 24,62$,

$c_0 = 490 + 24,6 = 514,6$,

$\varrho_0 = \frac{24,62}{514,6} = 0,04785$.

Ferner ist

$$\varrho_0 + \varDelta\varrho = \frac{(456 + 26,5) \cdot 0,054}{(456 + 26,5) \cdot 0,054 + 490 - \frac{26,5 \cdot 1,108}{3}} = 0,05148 \text{ (nach [41])},$$

$$\varDelta\varrho = 0,05148 - 0,04785 = 0,00363,$$

$$(\varDelta p)_C = \frac{5,37 \cdot 0,0515 + 514,6 \cdot 0,00363}{0,54(1 - 0,0515)} = 41,7,$$

$$\left(\frac{\varDelta u}{\varDelta p}\right)_C = \frac{5,37}{41,7} = 0,129 \quad \text{für} \quad \varDelta p \sim 42.$$

Wir berechnen $(\varDelta p)_M$ für $K_{CO_2} = 1,050$, $v_F = 5$ und erhalten

$$(\varDelta p)_M = \frac{514,6 \cdot 0,00363}{0,54\,(1 - 0,051) + \frac{1,05}{3} \cdot 0,0515} = 27,0,$$

$$\left(\frac{\varDelta u}{\varDelta p}\right)_M = \frac{5,37}{27,0} = 0,198 \quad \text{für} \quad \varDelta p \sim 27.$$

Setzen wir in Gleichung (37) für $K_{CO_2}$ und $v_F$ die Werte des Gefäßes II ein, so erhalten wir $(\varDelta p)_M = 26,5$, d. h. denselben Wert, der in Gefäß II für $h_{CO_2}$ gemessen ist. Es empfiehlt sich als Kontrolle für Richtigkeit der Rechnung jedesmal $(\varDelta p)_M$ auch für das Gefäß, in dem die Retentionsbestimmung erfolgt ist, auszurechnen. Ist die Rechnung richtig, so muß für dieses Gefäß $(\varDelta p)_M = h_{CO_2}$ sein, wo $h_{CO_2}$ der beim Zufügen der Säure aufgetretene Druck ist.

### f) Stoffwechselgrößen.

Den Stoffwechsel beziehen wir auf das Gewebetrockengewicht und die Stunde und bezeichnen als „Atmungsgröße“ $[Q_{O_2}]$ den Quotienten

$$\frac{\text{Kubikmillimeter verbrauchter Sauerstoff}}{\text{Milligramm Gewebe} \times \text{Stunden}}.$$

Verbrauchen also $m$ mg Gewebe in $t$ Stunden $x_{O_2}$ mm³ Sauerstoff, so ist

$$Q_{O_2} = \frac{x_{O_2}}{m \cdot t}. \tag{45}$$

Es sei daran erinnert, daß das Verschwinden eines Gases immer durch das negative Vorzeichen ausgedrückt wird. $x_{O_2}$ (und damit auch $Q_{O_2}$) ist also bei der Atmung stets negativ.

Analog ist die in der Atmung *neugebildete* Kohlensäure

$$Q_{CO_2} = \frac{x_{CO_2}}{m \cdot t}. \tag{46}$$

Mit $Q_{CO_2}$ bezeichnen wir die in der Atmung gebildete Kohlensäure, nicht durch Milchsäure aus dem Bikarbonat der Versuchslösung ausgetriebene Kohlensäure und nicht Gärungskohlensäure. $Q_{CO_2}$ kann im allgemeinen nur bei denjenigen Geweben gemessen werden, die aerob nicht gären.

Weiterhin ist die Milchsäuregärung

$$Q_M = \frac{x_M}{m \cdot t}. \tag{47}$$

$x_M$ und $Q_M$ wird in Kubikmillimetern ausgedrückt, indem ein Milligrammatom Säurewasserstoff $= 22400$ mm³ sind. Um die gebildete Milchsäure in Milligrammen zu erhalten, ist $Q_M$ mit $4{,}02 \cdot 10^{-3}$ zu multiplizieren.

Aerobe und anaerobe Milchsäuregärung werden unterschieden als $Q_M^{O_2}$ und $Q_M^{N_2}$.

Bei einigen Versuchsanordnungen erhalten wir durch den Stoffwechselversuch die *Gesamtsäurebildung* (Milchsäurebildung + Kohlensäurebildung). Die Größe der Gesamtsäurebildung ($Q_S$) wird gemessen durch den Quotienten

$$Q_S = \frac{x_S}{m \cdot t} = \frac{x_M + x_{CO_2}}{m \cdot t}, \tag{48}$$

wo $x_S$ die gemessene Säurebildung ist.

Die alkoholische Gärung wird gemessen durch den Quotienten

$$Q_G = \frac{x_G}{m \cdot t}. \tag{49}$$

wo $x_G$ die gemessene Gärungskohlensäure ist. Wiederum unterscheiden wir die Gärung unter aeroben Bedingungen und die Gärung unter anaeroben Bedingungen als $Q_G^{O_2}$ und $Q_G^{N_2}$.

## C. Anwendungen.

### a) Messung der Sauerstoffatmung.

**1. Messung der Atmung von Gewebeschnitten.** Zur Messung des Sauerstoffverbrauches von Gewebeschnitten seien 2 Anordnungen beschrieben.

*I. Anordnung.* Das Versuchsgefäß enthält einen Einsatz mit 5proz. Kalilauge. Die Kalilauge absorbiert die entstehende Kohlensäure, und die am Manometer abgelesene Druckänderung ist allein durch das Verschwinden des Sauerstoffs verursacht.

Man benutzt für diese Anordnung eine Ringerlösung, die 10mal weniger Bikarbonat enthält als die früher (S. 1052) angegebene Lösung, oder Serum, dessen Bikarbonatgehalt durch Salzsäurezugabe entsprechend erniedrigt ist. Dies geschieht deshalb, weil eine Lösung mit dem physiologischen Bikarbonatgehalt bei der geringen Kohlensäurespannung, die über der Kalilauge herrscht — verglichen mit Blut —, stark alkalisch ist. Die Abweichungen, die eine derartige Versuchslösung von Blutserum hinsichtlich der Konzentration des Bikarbonats, der freien Kohlensäure und der Wasserstoffionen aufweist, sind in manchen Fällen ohne wesentlichen Einfluß auf die Atmung. Darum ist diese Anordnung — die vor der im folgenden beschriebenen den Vorzug größerer Einfachheit und größerer Genauigkeit besitzt — für manche Zwecke geeignet.

Man benutzt für den Versuch zwei Gefäße von der Form der Abb. 329. $G$ ist ein massiver Glasgriff, der zum Eindrehen des Troges in den Helmschliff am Manometer dient. $N$ ist eine feine, auf den Boden des Troges aufgeschmolzene Glasnadel, die den Gewebeschnitt $S$ hält. $E$ ist ein Einsatz. Zum Versuche wird zunächst der obere Rand des Versuchsgefäßes paraffiniert, indem man ihn an dem Griff $G$ faßt und mit dem offenen Ende etwa 1 mm tief in erwärmtes hochschmelzendes Paraffin eintaucht. Mit rauhem Filtrierpapier wird nach dem Erkalten das Paraffin von der Schlifffläche des Troges entfernt. Die Paraffinierung hat den Zweck, ein Überkriechen von Flüssigkeit über den Rand des Einsatzes zu verhindern.

In den Hauptraum von Gefäß I gibt man 0,5 cm³ Ringerlösung (bzw. Serum[1]), in den Einsatz 0,1 cm³ 5proz. Kalilauge. Dann befestigt man den Gewebeschnitt so auf der Glasnadel, daß er vollständig in die Ringerlösung eintaucht. Das zweite Gefäß dient als Thermobarometer. Die Berechnung des Sauerstoffverbrauches erfolgt nach Gleichung (6a), indem man für $h_{O_2}$ die am Manometer abgelesene Druckänderung einsetzt. Im übrigen ist den Ausführungen des allgemeinen Teils nichts hinzuzufügen.

*II. Anordnung.* Die zweite Anordnung verwendet das auf S. 1089 behandelte Prinzip. Das Verfahren hat vor der I. Anordnung den Vorzug, daß Kohlensäuredruck und Wasserstoffionenkonzentration hier den Bedingungen entsprechen, die im tierischen Organismus gegeben sind.

Wie früher erwähnt, gibt das Verfahren nur dann hinreichend genaue Werte, wenn das Flüssigkeitsvolumen und der Gasraum des einen Gefäßes erheblich verschieden ist von dem Flüssigkeitsvolumen und dem Gasraum des zweiten Gefäßes. Eine Anordnung, die diese Bedingung erfüllt, ist im folgenden beschrieben:

Man verwendet Gefäße von der Form der Abb. 330. Der Stopfen *St* der Gefäße ist konisch ausgebohrt. Der Rauminhalt eines Gefäßes einschließlich der Manometerkapillare bis zum Meniskus der Sperrflüssigkeit beträgt etwa 13 cm³. Gefäß *O* dient als Thermobarometer. In Gefäß I werden 3 cm³, in Gefäß II 7 cm³ Versuchslösung (Ringerlösung oder Serum), die mit 5 Volumprozent Kohlensäure in Sauerstoff gesättigt sind, eingefüllt. In beide Gefäße kommt je ein Gewebeschnitt von etwa gleicher Größe. Beide Schnitte müssen — unter dieser Voraussetzung sind die Gleichungen (14) und (15) zur Berechnung des Gaswechsels abgeleitet —, *gleichartig* sein, d. h. pro Gewichtseinheit die gleiche Menge Sauerstoff verbrauchen und die gleiche Menge Kohlensäure abgeben. Zweckmäßig ist, für beide Gefäße zwei möglichst gleiche Hälften desselben Schnittes oder zwei aufeinanderfolgende Schnitte zu benutzen.

Die Luft wird aus dem Gasraum in allen drei Gefäßen durch Sauerstoff mit 5 Volumprozent Kohlensäure verdrängt.

Die Bohrung des Stopfens *St* (Abb. 330) wird bei Gefäß II ($v_F = 7$) vor dem Versuch paraffiniert, um ein Überkriechen der Flüssigkeit in die Manometerkapillare zu verhindern. Man erwärmt vorsichtig den Stopfen *St*, taucht ihn kurz in das geschmolzene Paraffin (Schmelzpunkt ca. 56°) ein und verhindert während des Erkaltens durch Hochdrehen und Hin- und Herbewegen der Sperrflüssigkeit mittels der Schraube *S* (bei geschlossenem Hahn *H* [Abb. 328]), daß das Paraffin das Lumen der Manometerkapillare verschließt. Von den Schliffflächen entfernt man das Paraffin nach dem Erkalten durch rauhes Filtrierpapier.

Ist die Bohrung des Stopfens *St* zu eng, so kommt es gelegentlich vor, daß beim Schütteln Versuchsflüssigkeit in die Manometerkapillaren hineingelangt. Man bemerkt dies beim Ablesen sogleich daran, daß sich die Sperrflüssigkeit in der Kapillare beim Einstellen des Meniskus ungleichmäßig, sprunghaft verschiebt und daß zwei sofort aufeinanderfolgende Ablesungen nicht übereinstimmen. Gewöhnlich läßt sich durch ruckartiges schnelles Hochdrehen der Sperrflüssigkeit die Flüssigkeit aus der Kapillare wieder entfernen.

Die Berechnung des Stoffwechsels erfolgt nach Gleichung (14) und (15).

---

[1] Für die Untersuchung von Geweben, die bei Sauerstoffsättigung keine wesentlichen Milchsäuremengen ausscheiden, benutzt man gewöhnlich eine 0,2% Glukose enthaltende Ringerlösung. Zur Messung der Atmung von Tumoren benutzt man eine zuckerfreie Ringerlösung, weil andernfalls — wegen des geringen Bikarbonatgehaltes — die Lösung schnell sauer wird.

In Gleichung (14) und (15) sind $h$ und $H$ die in gleichen Zeiten durch *gleiche Schnittgewichte* hervorgebrachten Druckänderungen. Die beobachteten Druckänderungen sind also auf gleiche Schnittgewichte zu reduzieren. Hat $a$ Milligramm Gewebe in Gefäß I die Druckänderung $h$ hervorgebracht und $b$ Milligramm Gewebe in Gefäß II die Druckänderung $H'$, so berechnet man $H$ nach der Gleichung

$$H = H' \cdot \frac{a}{b} \tag{50}$$

und setzt $h$ und $H$ — die in gleichen Zeiten durch gleiche Gewebegewichte erzeugten Drucke — in Gleichung (14) und (15) ein[1].

Ist die Versuchsflüssigkeit Ringerlösung, so sind in Gleichung (14) und (15) für $K_{CO_2}$ und $k_{CO_2}$ die Gefäßkonstanten für Kohlensäure in Ringerlösung einzusetzen.

Ist die Versuchsflüssigkeit Serum, so sind bei der Berechnung nach Gleichung (14) und (15) zwei Fälle zu unterscheiden.

1. Die Gewebe scheiden in Sauerstoff keine Milchsäure aus, die gebildete Säure ist also allein Kohlensäure.

2. Die Gewebe scheiden in Sauerstoff Milchsäure aus, die gebildete Säure ist also teils Kohlensäure, teils Milchsäure.

In Fall 1 sind in Gleichung (14) und (15) für $K_{CO_2}$ und $k_{CO_2}$ $K_{CO_2}^{\text{Serum}}$ und $k_{CO_2}^{\text{Serum}}$ einzusetzen, wo

$$K_{CO_2}^{\text{Serum}} = K_{CO_2}^{\text{Ringer}} + 7\left(\frac{\Delta u}{\Delta p}\right)_C,$$

$$k_{CO_2}^{\text{Serum}} = k_{CO_2}^{\text{Serum}} + 3\left(\frac{\Delta u}{\Delta p}\right)_C.$$

$\left(\frac{\Delta u}{\Delta p}\right)_C$ wird nach S. 1066 bestimmt.

In Fall 2 ist zur Berechnung der Säurebildung die Gleichung

$$x_s = \frac{h\,k_{CO_2} - H \cdot K_{CO_2}}{\dfrac{k_{CO_2}}{k_{O_2}} - \dfrac{K_{CO_2}}{K_{O_2}}} \tag{51}$$

zu benutzen und, falls die gebildete Säure *vorwiegend* Kohlensäure ist, im übrigen ebenso wie in Fall 1 auszuführen. Ist aber die gebildete Säure *vorwiegend* Milchsäure, so ist in Gleichung (14) und (51) für $K_{CO_2}$ und $k_{CO_2}$ $K_M^{\text{Serum}}$ und $k_M^{\text{Serum}}$ einzusetzen, wo

$$K_M^{\text{Serum}} = K_{CO_2}^{\text{Ringer}} + 7\left(\frac{\Delta u}{\Delta p}\right)_M,$$

$$k_M^{\text{Serum}} = k_{CO_2}^{\text{Ringer}} + 3\left(\frac{\Delta u}{\Delta p}\right)_M.$$

Ein großer negativer Druck in Gefäß II bei kleiner Druckänderung in Gefäß I zeigt an, daß die gebildete Säure vorwiegend Kohlensäure ist, daß also mit $K_{CO_2}^{\text{Serum}}$ und $k_{CO_2}^{\text{Serum}}$ zu rechnen ist. Ein großer positiver Druck in Gefäß I bei kleiner Druckänderung in Gefäß II zeigt an, daß die gebildete Säure vorwiegend Milchsäure ist, daß also mit $K_M^{\text{Serum}}$ und $k_M^{\text{Serum}}$ zu rechnen ist.

Der Fehler in $x_{O_2}$ und $x_s$, der bei der Berechnung dadurch entsteht, daß man in Gleichung (14) und (51) gegebenenfalls mit $K_M^{\text{Serum}}$ und $k_M^{\text{Serum}}$ rechnet, während

[1] Die Messung von $h$ und $H$, die in der beschriebenen Anordnung *nebeneinander* an zwei verschiedenen Schnitten erfolgt, kann auch *nacheinander* am *gleichen* Schnitt ausgeführt werden, vorausgesetzt, daß der Stoffwechsel des Gewebes zeitlich konstant bleibt. Beispiele hierfür findet man bei H. A. KREBS und F. KUBOWITZ, Biochem. Zeitschr. 189, 201, 1927.

die gebildete Säure teilweise Kohlensäure ist, oder daß man mit $K_{CO_2}^{Serum}$ und $k_{CO_2}^{Serum}$ rechnet, während die gebildete Säure teilweise Milchsäure ist, ist, wie die Erfahrung zeigt (O. WARBURG [5]), sehr klein und gegen die Fehler bei der Messung zu vernachlässigen.

Durch die Berechnung nach Gleichung (14) und (15) bzw. (51) erhalten wir $x_{O_2}$ und $x_{CO_2}$ bzw. $x_s$. $x_{O_2}$ ergibt nach Gleichung (45) die Atmungsgröße $Q_{O_2}$.

Beispiel für die Messung der Atmung. Messung der Atmung von überlebender Rattenniere in Ringerlösung. (Temperatur 37,6°.) Gasraum: 5% $CO_2$ in $O_2$.

| | Gefäß 0 (Thermobarometer) | Gefäß I | Gefäß II |
|---|---|---|---|
| Ringerlösung (0,2% Glukose, $2{,}5 \cdot 10^{-3}$ mol. Bikarbonat): | 5 | 3 | 7 |
| $v_G$ (cm³) | — | 10,23 | 6,34 |
| $v_F$ (cm³) | — | 3 | 7 |
| Gefäßkonstanten (mm²) | — | $k_{O_2} = 0{,}908$<br>$k_{CO_2} = 1{,}053$ | $K_{O_2} = 0{,}575$<br>$K_{CO_2} = 0{,}936$ |
| Schnittgewichte (mg) | — | 4,93 | 4,51 |
| Drucke bei Beginn des Versuches (mm) | +14,5 | +44 | + 6 |
| Drucke nach 30 Minuten (mm) | +15 | +30 | —35 |
| Druckänderung in 30 Minuten (mm) | + 0,5 | —14 | —41 |
| Durch Thermobarometer korrigierte Druckänderung (mm) | — | —14,5 | —41,5<br>auf 4,93 mg Schnittgewicht nach Gl. (50) reduzierte Druckänderung (mm)<br>—45,4 |

*Berechnung*: Es ist

nach (14) $$x_{O_2} = \frac{-14{,}5 \cdot 1{,}053 - (-45{,}4 \cdot 0{,}936)}{\frac{1{,}053}{0{,}908} - \frac{0{,}936}{0{,}575}} = \frac{-15{,}3 + 42{,}6}{-0{,}466} = -58{,}6,$$

nach (15) $$x_{CO_2} = \frac{-14{,}5 \cdot 0{,}908 - (-45{,}4 \cdot 0{,}575)}{\frac{0{,}908}{1{,}053} - \frac{0{,}575}{0{,}936}} = \frac{-13{,}2 + 26{,}2}{0{,}247} = +52{,}6.$$

nach (45) $$Q_{O_2} = \frac{-58{,}6}{4{,}93 \cdot 0{,}5} = -23{,}8,$$

nach (46) $$Q_{CO_2} = \frac{52{,}6}{4{,}93 \cdot 0{,}5} = +21{,}3^1.$$

[1] Es empfiehlt sich, die Richtigkeit der Berechnung stets durch eine Rückrechnung zu prüfen: Ist die Rechnung richtig, so muß folgende Beziehung erfüllt sein:

$$\frac{Q_{O_2} \cdot m \cdot t}{k_{O_2}} + \frac{Q_{CO_2} \cdot m \cdot t}{k_{CO_2}} = h,$$

wo $h$ die während des Versuches in $t$ Stunden gemessene Druckänderung ist, $m$ das Schnittgewicht und $k_{O_2}$ und $k_{CO_2}$ die Gefäßkonstanten für das Gefäß sind, in dem $h$ gemessen ist.

Beispiel: Rückrechnung für Gefäß I des obigen Versuches:

$$\frac{-23{,}8 \cdot 4{,}93 \cdot 0{,}5}{0{,}908} + \frac{21{,}3 \cdot 4{,}93 \cdot 0{,}5}{1{,}053} = 14{,}5.$$

Der gleiche Wert 14,5 war für $h$ gemessen worden.

**2. Messung der Atmung isolierter Zellen.** Für die Messung der Atmung isolierter Zellen (Hefe, Algen, Bakterien) benutzen wir gewöhnlich Gefäße von der Form der Abb. 332. Ihr Rauminhalt beträgt etwa 15 cm³. Der Hauptraum wird mit 2 cm³ der Zellsuspension, der Einsatz $E$ und die Birne $B$ zur Absorption der Atmungs- und Gärungskohlensäure mit je 0,2 cm³ 5proz. Kalilauge beschickt. Die Berechnung erfolgt nach Gleichung (6a), indem man für $h_{O_2}$ die am Manometer abgelesene Druckänderung einsetzt.

Will man die Atmung neben der Gärung messen, so ist das auf S. 1071 beschriebene Verfahren zu benutzen.

**3. Messung der Atmungskohlensäure.** Im allgemeinen erscheint nicht die *gesamte* Atmungskohlensäure als *freie* Kohlensäure. Verbrennt beispielsweise Eiweiß, so scheidet die Zelle einen Teil der Atmungskohlensäure als Ammoniumbikarbonat und als Harnstoff aus. Verbrennt Natriumlaktat, so erscheint ein Teil der Atmungskohlensäure als Natriumbikarbonat.

Mit Hilfe der auf S. 1071 beschriebenen Anordnung wird nur die als *freie* Kohlensäure erscheinende Atmungskohlensäure gemessen.

Derjenige Teil der Atmungskohlensäure, der in chemisch gebundener Form (als Bikarbonat oder Karbonat) erscheint, kann nur dann gemessen werden, wenn man mit Flüssigkeiten arbeitet, die wenig gebundene Kohlensäure enthalten (Seewasser, Phosphatlösung). Bei der hohen Bikarbonatkonzentration des Serums beispielsweise ist es nicht möglich, die Zunahme an Bikarbonat hinreichend genau zu bestimmen.

Als Beispiel für die gleichzeitige Bestimmung der freien Kohlensäure und der gebundenen Kohlensäure sei eine Anordnung beschrieben, die von Warburg und Yabusoe (10) zur Bestimmung der Kohlensäurebildung bei der Fruktoseoxydation in Phosphatlösungen benutzt wurde.

Verwendet werden 4 Gefäße. Eine geeignete Form zeigt Abb. 332.

Gefäß $O$ dient als Thermobarometer.

Gefäß I enthält im Hauptraum 2 cm³ der Versuchslösung, im Einsatz und Anhang 1 cm³ 5proz. Kalilauge.

Gefäß II enthält im Hauptraum 2 cm³ der Versuchslösung, im Einsatz und Anhang 1,5 cm³ 3fach normale Schwefelsäure.

Gefäß III ist ebenso beschickt wie Gefäß II.

Der Gasraum der Gefäße enthält Sauerstoff.

Die Gefäße werden bis zum Druck- und Temperaturausgleich geschüttelt. Die Zeit, zu der der Ausgleich beendet ist, sei $t^0$. Bei $t^0$ wird der Manometerstand abgelesen und in Gefäß III die Schwefelsäure aus dem Anhang und aus dem Einsatz in den Hauptraum eingekippt. Ist $H^{\mathrm{III}}$ der beim Einkippen der Schwefelsäure aufgetretene Druck, und $k_{CO_2}^{\mathrm{III}}$ die Gefäßkonstante für Kohlensäure des Gefäßes III, so ist die chemisch gebundene Kohlensäuremenge der Lösung zur Zeit $t^0$ in Kubikmillimetern:

$$H^{\mathrm{III}} \cdot k_{CO_2}^{\mathrm{III}}. \tag{51}$$

Gefäß I und II werden eine passende Zeit weitergeschüttelt.

In Gefäß I rührt die beobachtete Druckänderung allein von der Abnahme des Sauerstoffdrucks her, da die entstandene freie Kohlensäure von der Kalilauge absorbiert wird. In Gefäß II rührt die während des Schüttelns beobachtete Druckänderung von der Abnahme des Sauerstoffdrucks und der Zunahme des Kohlensäuredrucks her.

Sind die Ausschläge hinreichend groß geworden — zur Zeit $t'$ —, so liest man sie ab, kippt die Säure aus dem Anhang und aus dem Einsatz des Troges II in den Hauptraum über und mißt den dadurch erzeugten positiven Druck.

Bezeichnen wir mit $h^I$ und $h^{II}$ die zwischen $t^0$ und $t'$ in Gefäß I und II beobachteten Druckänderungen, mit $k^I_{O_2}$, $k^I_{CO_2}$ und $k^{II}_{O_2}$, $k^{II}_{CO_2}$ die zu den Gefäßen I und II gehörigen Gefäßkonstanten, mit $x_{O_2}$ den Sauerstoffverbrauch und mit $x_{CO_2}$ die entstandene *freie* Kohlensäure, so sind die verschwundenen und entstandenen Gasmengen in Kubikmillimetern

$$x_{O_2} = h^I k^I_{O_2},$$

$$x_{CO_2} = h^{II} \cdot k^{II}_{CO_2} - x_{O_2} \cdot \frac{k^{II}_{CO_2}}{k^{II}_{O_2}}. \quad (52)$$

Sind $v_G$ und $v_F$ für Gefäß I und II gleich, so geht Gleichung (52) über in

$$x_{CO_2} = (h^{II} - h^I)\, k_{CO_2}.$$

Ist ferner $H^{II}$ der Druck, der beim Ansäuern der Lösung zur Zeit $t'$ in Gefäß II entsteht, so ist die chemisch gebundene Kohlensäure zur Zeit $t'$ in Kubikmillimetern

$$H^{II} \cdot k^{II}_{CO_2}. \quad (53)$$

Ausdruck (51) von Ausdruck (53) subtrahiert, ergibt die Zunahme an chemisch gebundener Kohlensäure während des Versuches.

Beispiel (O. WARBURG und M. YABUSOE).

Zusammensetzung der Lösung: 5 g Fruktose, 95 cm³ $\frac{\text{mol.}}{1}$ sekundäres Phosphat, 5 cm³ $\frac{\text{mol.}}{1}$ primäres Phosphat. Temperatur 38°. Gasraum: Sauerstoff.

| | Gefäß I | Gefäß II | Gefäß III |
|---|---|---|---|
| Hauptraum . . | 2 cm³ Fruktose-Phosphatlösung | 2 cm³ Fruktose-Phosphatlösung | 2 cm³ Fruktose-Phosphatlösung |
| Einsatz und Anhang . . . . | 1 cm³ 5proz. Kalilauge | 1,5 cm³ 3 f. n. Schwefelsäure | 1,5 cm³ 3 f. n. Schwefelsäure |
| Volumina (cm³) . | $v_G = 26$, $v_F = 3$ | $v_G = 25{,}5$, $v_F = 3{,}5$ | $v_G = 26{,}5$, $v_F = 3{,}5$ |
| Gefäßkonstanten (mm²) . . . . | $k_{O_2} = 2{,}30$ | $k_{O_2} = 2{,}25$, $k_{CO_2} = 2{,}44$ | $k_{CO_2} = 2{,}53$ |
| | Druckänderung nach 300 Minuten (mm) —380<br>$x_{O_2} = -380 \cdot 2{,}30$ mm³ $= -875$ cm³ | Druckänderung nach 300 Minuten (mm) —330<br>$x_{CO_2} = -330 \cdot 2{,}44 + 875 \cdot \frac{2{,}44}{2{,}25} = +145$<br>Druckänderung nach Einkippen der Schwefelsäure bei $t'$ (= 300 Minuten) (mm) +85<br>Chemisch geb. Kohlensäure bei $t' = 85 \cdot 2{,}44 = 208$ mm³ | Druckänderung nach Einkippen der Schwefelsäure bei $t^0$ (mm) +21<br>Chemisch geb. Kohlensäure bei $t^0 = 21 \cdot 2{,}53 = 53$ mm³ |

Ergebnis: $x_{O_2} = -875$ mm³.

$x_{CO_2}$ (freie Kohlensäure) $= +145$ mm³.
Chemisch gebundene Kohlensäure $= 208 - 53 = 155$ mm³.

### b) Messung der Milchsäuregärung[1].

**1. Messung der Milchsäuregärung von Gewebeschnitten unter anaeroben Bedingungen:** Man benutzt zwei Gefäße von der Form der Abb. 330[2]. Ein Gefäß dient als Thermobarometer. Das zweite Gefäß wird mit 3 cm³ Versuchslösung (glukosehaltige Ringerlösung oder Serum), dem Gewebeschnitt und Stickstoff mit 5 Volumprozent Kohlensäure gefüllt.

Ist die Versuchsflüssigkeit Ringerlösung, so erfolgt die Berechnung nach der Gleichung

$$x_M = h \cdot k_{CO_2}^{\text{Ringer}},$$

wo $h$ die während des Versuches gemessene Druckänderung ist und $k_{CO_2}^{\text{Ringer}}$ nach Gleichung (6) zu berechnen ist.

Ist die Versuchsflüssigkeit Serum, so erfolgt die Berechnung nach der Gleichung

$$x_M = h \cdot k_M^{\text{Serum}}$$

wo

$$k_M = k_{CO_2}^{\text{Ringer}} + 3\left(\frac{\Delta u}{\Delta p}\right)_M.$$

$\left(\frac{\Delta u}{\Delta p}\right)_M$ wird nach S. 1066 bestimmt. Die Bedingung $h_{CO_2} = \Delta p$ (s. Gleichung 24) ist, da $h_{CO_2}$ am Manometer direkt abgelesen wird, durch passende Wahl der Gewebemenge und der Versuchszeit (oder der Weinsäuremenge bei der Bestimmung von $\left(\frac{\Delta u}{\Delta p}\right)_M$) leicht zu erfüllen.

**2. Messung der Milchsäuregärung unter aeroben Bedingungen.** Zur Messung der aeroben Milchsäuregärung benutzen wir zwei verschiedene Anordnungen. Das erste Verfahren ist dasselbe wie das auf S. 1071 beschriebene Verfahren zur Messung der Atmung. Man erhält bei der Messung die Atmungsgröße ($Q_{O_2}$) und die *Gesamt*säurebildung ($Q_S$). $Q_S$ ist gebildete Kohlensäure plus gebildete Milchsäure:

$$Q_S = Q_{CO_2} + Q_M. \tag{54}$$

Um aus der Gesamtsäurebildung die Milchsäurebildung zu berechnen, machen wir die willkürliche Annahme, daß der respiratorische Quotient 1 ist, daß also

$$Q_{CO_2} = -Q_{O_2}. \tag{55}$$

Aus (54) und (55) folgt

$$Q_M = Q_S + Q_{O_2}.$$

In allen Fällen, in denen $Q_M$ groß ist gegen $Q_{O_2}$ (wie beim Karzinom), bedingt die Annahme (55) keinen erheblichen Fehler. Ist aber die Gärung klein gegen die Atmung, so wird der durch (55) bedingte Fehler groß, und die unten beschriebene zweite Anordnung (Messung der Milchsäuregärung durch Bikarbonatbestimmungen) ist vorzuziehen.

**3. Manometrische Bikarbonatbestimmung:** Zur manometrischen Messung der Bikarbonatkonzentration verwendet man Gefäße von der Form der Abb. 333[3]. Das Volumen der Gefäße beträgt etwa 22 cm³. In den Hauptraum füllt man 1 cm³ Ringerlösung, in den Anhang 0,2 cm³ 4proz. Zitronensäure. Ein zweites Gefäß dient als Thermobarometer. Der Gasraum beider Gefäße wird mit einer Gasmischung,

[1] Die chemische Bestimmung der Milchsäure nach CLAUSEN, wie sie in unserem Laboratorium geübt wird, findet man beschrieben bei F. WIND u. K. v. OETTINGEN, Biochem. Zeitschr. Bd. 197, S. 170, 1928.

[2] Stehen nur sehr kleine Gewebe- oder Serummengen zur Verfügung, so verwendet man Gefäße von der Form der Abb. 329, deren Hauptraum mit 0,5 cm³ Versuchsflüssigkeit beschickt wird.

[3] Für Bikarbonatbestimmungen eignen sich auch Gefäße von der Form der Abb. 332. Man füllt den Hauptraum mit 0,3 bis 0,5 cm³ Serum, den Anhang mit 0,2 cm³ 4proz. Zitronensäure.

die 5 Volumprozent Kohlensäure enthält, gefüllt. Die Gefäße werden im Thermostaten zuerst 15 Minuten zwecks Temperatur- und Druckausgleich geschüttelt. Ist der Ausgleich beendet, d. h. ist der Manometerstand konstant geblieben, so wird das Manometer aus dem Thermostaten herausgenommen und durch Neigen der Gefäße die Zitronensäure aus dem Anhang in den Hauptraum eingekippt.

Nach dem Einkippen der Säure wird erneut bis zum Ausgleich geschüttelt und der positive Druck gemessen, der durch die von der Zitronensäure in Freiheit gesetzten Kohlensäure erzeugt ist.

1 cm³ Pferde- oder Rattenserum (oder Ringerlösung) enthält etwa 500 bis 560 mm³ als Bikarbonat gebundene Kohlensäure; da die Gefäßkonstante für Kohlensäure etwa 2 ist, so beträgt der auftretende Druck[1] bis zu 280 mm. Man benötigt also für die Messung fast die gesamte Manometerlänge und stellt daher, wie früher beschrieben (S. 1057), innerhalb der Ausgleichszeit den Meniskus der Sperrflüssigkeit im linken Manometerschenkel möglichst tief ein.

Beispiel einer manometrischen Bikarbonatbestimmung (Temperatur 37,5⁰).

| | Gefäß I | Gefäß 0 |
|---|---|---|
| Anhang | 0,2 cm³ 4proz. Zitronensäure | — |
| Hauptraum | 1 cm³ Serum | 1 cm³ Serum |
| Gasraum | 4,9 Volumproz. $CO_2$ in $O_2$ | 4,9 Volumproz. $CO_2$ in $O_2$ |
| $v_G$ | 20,0 | |
| $v_F$ | 1,2 | (Thermobarometer) |
| $K_{CO_2}^{Ringer}$ | 1,83 | |
| Drucke: | | |
| zur Zeit $t^0$ | —175 | +10,5 |
| nach 5′ | —174,5 | +11 |
| | Die Zitronensäure wird in den Hauptraum eingekippt | |
| Drucke: | | |
| 15′ nach dem Einkippen | +108,5 | +12 |
| Druckänderung | +283 | + 1 |
| | korrigierte Druckänderung +282 | |
| Drucke nach 5′ | +110 | +13,5 |
| | korrigierte Druckänderung ± 0 | |
| | Bikarbonat in mm³ pro cm³ Serum = 282 · 1,83 = 516 | |

**4. Messung der Milchsäuregärung durch Bikarbonatbestimmungen:** Durch Bikarbonatbestimmungen wird die Milchsäuregärung von Gewebeschnitten nach E. NEGELEIN (11) in folgender Weise gemessen:

Man benutzt vier Gefäße von der Form der Abb. 333. Gefäß *O* dient als Thermobarometer. Gefäß I wird im Hauptraum mit 1 cm³ Versuchslösung, im Anhang mit 0,2 cm³ 4proz. Zitronensäure beschickt. Gefäß II und III werden im Hauptraum mit 1cm³ Versuchslösung und einem Gewebeschnitt beschickt, im Anhang mit 0,2 cm³ 4proz. Zitronensäure. Der Gasraum der 4 Gefäße enthält Sauerstoff (oder Stickstoff) mit 5 Volumprozent Kohlensäure. Die in dieser Weise vorbereiteten Gefäße werden im Thermostaten bei 37,5⁰ 15 Minuten zwecks Temperatur- und Druckausgleich geschüttelt. Die Zeit, zu der der Ausgleich beendet ist, sei mit $t^0$ bezeichnet.

[1] Enthält das Serum eine größere Menge Bikarbonat (wie beispielsweise menschliches Serum, das im Mittel etwa 600 bis 650 mm³ Bikarbonat pro Kubikzentimeter enthält), so ist für die Messung eine entsprechend kleinere Serummenge zu verwenden.

Bei $t^0$ wird die Zitronensäure aus den Anhängen der Gefäße I und II in den Hauptraum eingekippt, wobei die Kohlensäuremenge $B_{\mathrm{I}}$ und $B_{\mathrm{II}}$ im Gasraum erscheinen und manometrisch gemessen werden. In Gefäß II erscheint gewöhnlich eine andere Kohlensäuremenge als in Gefäß I, weil das Gewebe in Gefäß II in der Ausgleichszeit Säure (oder Alkali) ausgeschieden hat.

Sind nun die Schnittgewichte bekannt — $m_{\mathrm{II}}$ für Gefäß II und $m_{\mathrm{III}}$ für Gefäß III — so kann die Bikarbonatkonzentration in Gefäß III zur Zeit $t^0$ ($B^0_{\mathrm{III}}$) berechnet werden nach der Gleichung:

$$B^0_{\mathrm{III}} = B_{\mathrm{I}} - \frac{m_{\mathrm{III}}}{m_{\mathrm{II}}}(B_{\mathrm{I}} - B_{\mathrm{II}}).$$

Gefäß III wird eine passende Zeit — die je nach der zu erwartenden Größe der Gärung zu bemessen ist — weitergeschüttelt[1]. Sodann, zur Zeit $t'$, wird die Zitronensäure aus dem Anhang in den Hauptraum eingekippt. Die nach Druck- und Temperaturausgleich gemessene Kohlensäuremenge sei $B_{\mathrm{III}}$.

Ist die Versuchsflüssigkeit Ringerlösung, so ist die in der Versuchszeit gebildete Milchsäuremenge:

$$x_M = B^0_{\mathrm{III}} - B_{\mathrm{III}}.$$

Ist die Versuchsflüssigkeit Serum, so ist bei der Berechnung zu berücksichtigen, daß die Milchsäure nur zum Teil mit dem Bikarbonat des Serums unter Entwicklung von freier Kohlensäure reagiert, zum anderen Teil aber mit den Eiweißkörpern des Serums nach Gleichung (19). Die Abnahme der Bikarbonatmenge ist also nicht der gebildeten Milchsäuremenge äquivalent, sondern kleiner. Will man aus der Bikarbonatabnahme die Milchsäurebildung berechnen, so muß die Verteilung der Milchsäure zwischen Bikarbonat und Proteinat bekannt sein.

Am einfachsten wird die Verteilung der Milchsäure in folgender Weise ermittelt: Man trägt — nachdem zuerst der Versuch in der beschriebenen Weise ausgeführt ist — in den Anhang von Gefäß III[2] eine bekannte Menge Weinsäurelösung von bekannter Konzentration[3] ein und trocknet die Lösung bei 100°. Die Weinsäuremenge soll etwa ebenso groß sein wie die im Versuche aufgetretene Milchsäuremenge. Der Hauptraum des Gefäßes wird nach dem Antrocknen der Weinsäure mit 1 cm³ Serum, der Gasraum mit 5 Volumprozent Kohlensäure in Sauerstoff oder Stickstoff gefüllt. Man schüttelt nunmehr im Thermostaten bis zum Druck- und Temperaturausgleich und spült dann den Anhang mit dem Serum aus. Ist nun $h_0$ der Druck, der beim Eintragen der Weinsäure in Ringerlösung entstanden wäre $\left(h_0 = \frac{\text{eingetragene Weinsäuremenge in mm}^3}{k_{CO_2}}\right)$, $h$ der Druck, der bei Eintragen der Weinsäure in Serum gemessen wird, so ist die durch das Gewebe entwickelte Milchsäuremenge

$$x_M = \frac{h_0}{h}(B^0_{\mathrm{III}} - B_{\mathrm{III}}).$$

Der Faktor $\frac{h_0}{h}$, durch den die Milchsäurebindung durch Eiweißkörper eliminiert wird, ist für verschiedene Sera und verschiedene $v_G$ und $v_F$ verschieden und muß in jedem Falle ermittelt werden. $\frac{h_0}{h}$ ist von der Größenordnung 1,2.

Die Milchsäuregärung wird bei diesem Verfahren also durch 3 Bikarbonatbestimmungen gemessen. Für anaerobe Bedingungen bietet die Methode gegen-

[1] Der beim Schütteln auftretende Druck wird nicht berücksichtigt.

[2] Die Messung muß in dem *gleichen* Gefäß ausgeführt werden wie die Messung von $B_{\mathrm{III}}$.

[3] Die Konzentration der Weinsäure wird manometrisch ermittelt, indem man eine bekannte Menge der Weinsäurelösung in einem Parallelversuch in Ringerlösung einträgt.

über der unter Ziffer 2 beschriebenen keine Vorteile; für aerobe Bedingungen ist sie jedoch die sicherste, über die wir verfügen. Denn das Verfahren liefert die Gärung, ohne daß eine Annahme über den respiratorischen Quotienten gemacht werden muß. Sie liefert aber nicht den Sauerstoffverbrauch. Je nach der Fragestellung wird man daher die eine oder die andere Methode oder beide zusammen anwenden.

### c) Messung der alkoholischen Gärung.

**1. Unter anaeroben Bedingungen.** Zur Messung der Hefegärung unter anaeroben Bedingungen verwendet man Gefäße von der Form der Abb. 332. (Rauminhalt etwa 13 bis 16 cm³), gibt in den Hauptraum 2 cm³ der Hefesuspension und füllt den Gasraum mit Stickstoff, der zu Befreiung von Sauerstoff über glühendes Kupfer geleitet ist (s. S. 1053). Die Berechnung erfolgt nach der Gleichung:

$$x_G = h \cdot k_{CO_2},$$

wo $h$ die gemessene Druckänderung ist.

**2. Unter aeroben Bedingungen.** Die alkoholische Gärung unter aeroben Bedingungen wird nach dem gleichen Prinzip wie die aerobe Milchsäuregärung (erste Anordnung s. Ziffer 2) gemessen. Dabei arbeitet man entweder mit gleichen Hefe*mengen* oder mit gleichen Hefe*konzentrationen*. Korrekter ist, gleiche Konzentrationen zu verwenden, weil dann etwaige Beeinflussungen des Stoffwechsels durch Endprodukte des Stoffwechsels keine Fehler bedingen (WARBURG [7]). Bei der Berechnung nach Gleichung (14) und (15) erhalten wir den Sauerstoffverbrauch und die Gesamtkohlensäurebildung, und um die Gärungskohlensäure zu erhalten, machen wir — wie bei der Messung der aeroben Milchsäuregärung — die Annahme, daß der respiratorische Quotient 1 ist.

### d) Messung der Pasteurschen Reaktion.

**1. Vorbemerkungen über die Pasteursche Reaktion.** Fast alle tierischen Zellen scheiden Milchsäure aus, wenn man sie unter Sauerstoffmangel setzt. Die Milchsäuregärung unter anaeroben Bedingungen ist bei verschiedenen Zellen von sehr verschiedener Größe; sie ist am größten bei wachsenden Geweben, insbesondere Tumoren, sowie bei der Netzhaut und den Gehirnzellen.

Bringt man Gewebe aus anaeroben in aerobe Bedingungen, so wird durch die Wirkung der Atmung die Milchsäureausscheidung kleiner. Bei den meisten tierischen Zellen verschwindet in Sauerstoff die Milchsäureabgabe vollständig. Nur bei Tumoren, bei der Warmblüternetzhaut und roten und weißen Blutzellen — soweit die Erfahrungen reichen — bleibt in Sauerstoff ein Teil der Gärung bestehen.

Bei Hefen und Bakterien findet man die gleichen Erscheinungen wie bei tierischen Zellen. Bringt man Hefen, die unter anaeroben Bedingungen gären, in Sauerstoff, so bewirkt die Atmung, wie PASTEUR schon fand, daß die Gärung kleiner wird oder verschwindet.

Die Wirkung der Atmung auf die Gärung nennt WARBURG (6) nach ihrem Entdecker „Pasteursche Reaktion". Gemessen wird die Pasteursche Reaktion durch den Quotienten

$$\frac{\text{anaerobe Gärung} - \text{aerobe Gärung}}{\text{Atmung}} \left(\frac{Q_M^{N_2} - Q_M^{O_2}}{Q_{O_2}}\right).$$

MEYERHOF hat zuerst diesen Quotienten (für den Muskel) gemessen und Werte von 1 bis 2 erhalten, was bedeutet, daß 1 Molekül veratmeten Sauerstoffs 1 bis 2 Moleküle Milchsäure am Erscheinen verhindern kann. Die gleichen Zahlen fanden O. WARBURG, K. POSENER und E. NEGELEIN bei zahlreichen anderen tierischen Geweben und MEYERHOF bei Hefen und Bakterien.

Durch $10^{-3}$ mol. Äthylkarbylamin (Blausäureäthylester) wird die Pasteursche Reaktion, wie WARBURG (6) fand, spezifisch gehemmt. Das Verhältnis $\frac{\text{anaerobe Gärung — aerobe Gärung}}{\text{Atmung}}$ („Meyerhof-Quotient") wird kleiner als 1 und erreicht den Wert Null, d. h. die Atmung ist ohne Wirkung auf die Gärung, aerobe und anaerobe Gärung sind gleich (totale Unterbrechung der Pasteurschen Reaktion).

Partielle Unterbrechungen der Pasteurschen Reaktion treten bei einigen Geweben in vitro infolge unphysiologischer Versuchsbedingungen auf, beispielsweise bei jungen Embryonen, Hoden, Plazenta, wenn man sie in Ringerlösung statt in Serum hält.

**2. Messung der Pasteurschen Reaktion.** Will man den Meyerhof-Quotienten bestimmen, so mißt man die Atmung und aerobe Gärung nach S. 1071 und die anaerobe Gärung nach S. 1076. Dabei verfährt man entweder in der Weise, daß man 3 Gefäße (außer dem Thermobarometer) benutzt und *gleichzeitig* in Gefäß I und II die Atmung und aerobe Gärung und in Gefäß III die anaerobe Gärung mißt oder daß man *ein* Gefäß benutzt und die drei erforderlichen Messungen *nacheinander* ausführt. Man erhält durch den Versuch $Q_{O_2}$, $Q_M^{O_2}$ und $Q_M^{N_2}$ und kann daraus den gesuchten Quotienten bilden.

## e) Messung der Kohlensäureassimilation.

Zu Versuchen über die Assimilation der Kohlensäure benutzen wir die Grünalge Chlorella (s. S. 1056). Wir bedienen uns bei der Messung wiederum des auf S. 1059 ff. beschriebenen Prinzips. Dabei ist es unzweckmäßig, 2 Gefäße mit verschiedenem Flüssigkeitsvolumen zu verwenden, weil es schwierig ist, die Zellen in beiden Gefäßen mit gleicher Intensität zu belichten. Richtiger ist es, zuerst für die bestimmte Anordnung, bei der man arbeitet, das Verhältnis $\frac{x_{CO_2}}{x_{O_2}}$ ($\gamma$) durch Gasanalyse (s. S. 1082) zu bestimmen[1]. Ist $\gamma$ bekannt, so genügt 1 Gefäß zur Messung der Kohlensäureassimilation. Zur Berechnung sind die Gleichungen (16) und (17) zu benutzen. Die Gleichungen (16) und (17) liefern, da bei der Kohlensäureassimilation $\gamma$ etwa $-1$ beträgt, genaue Werte nur dann, wenn $K_{O_2}$ erheblich verschieden ist von $K_{CO_2}$, wenn also das Flüssigkeitsvolumen im Versuchsgefäß groß ist im Vergleich zum Gasraum; man füllt also in den Trog (Form Abb. 330) 7 $cm^3$ der Zellsuspension ein.

Der Gasraum enthält eine kohlensäurehaltige Gasmischung, gewöhnlich 5% Kohlensäure in Luft.

Als Lichtquelle benutzen wir Metallfadenlampen (vgl. Abb. 339).

Da es nicht möglich ist, Atmung und Assimilation so zu trennen, daß nur die Assimilation übrigbleibt, so bedeuten die Druckänderungen, die in den Versuchsgefäßen bei Belichtung auftreten, teils Atmung, teils Assimilation. Um die Assimilation berechnen zu können, müssen daher die Drucke, die die Atmung erzeugt, bekannt sein.

Arbeitet man bei Belichtung mit hohen Intensitäten, so beträgt die Atmung nur einige Prozente der Assimilation und kann vernachlässigt werden. Arbeitet man mit schwächeren Lichtintensitäten, so mißt man die Druckänderungen bei Verdunkelung und bei Belichtung der Gefäße. Dann ergibt die Differenz der Hell- und Dunkelausschläge das in Gleichung (17) zur Berechnung der Assimilation einzusetzende $h$[2].

*Messung der absorbierten Lichtenergie.* Mit der im vorhergehenden Abschnitt beschriebenen Anordnung wird nur die photochemische Wirkung, nicht aber die Lichtenergie, die diese

[1] WARBURG u. NEGELEIN fanden für $\gamma$ bei intensiver Bestrahlung von Chlorella in Knopscher Lösung und bei Überschuß von Kohlensäure $-0{,}9$.

[2] Vorausgesetzt ist dabei, daß die Atmung bei Belichtung und Verdunkelung konstant bleibt; vgl. WARBURG u. NEGELEIN (2).

Wirkung hervorbringt, gemessen. Was die gleichzeitige Messung beider Größen — der absorbierten Lichtenergie und der photochemischen Wirkung — anbetrifft, so kann hier nur auf die Originalarbeiten von O. WARBURG und E. NEGELEIN sowie auf die zusammenfassende Darstellung der Methode von H. GAFFRON verwiesen werden.

### f) Messung der Nitratassimilation.

Die Reduktion der Salpetersäure in grünen Zellen geht nach folgender Bilanzgleichung vor sich:

$$HNO_3 + H_2O + 2\,C = NH_3 + 2\,CO_2 \qquad (56)$$

(wobei unter C nicht Kohlenstoff zu verstehen ist, sondern eine organische Verbindung von der Reduktionsstufe des Kohlenstoffs). Normalerweise tritt die Reduktion der Salpetersäure gegen die Atmung völlig zurück. Durch einen einfachen Kunstgriff konnten jedoch O. WARBURG und E. NEGELEIN die Geschwindigkeit der Nitratreduktion so steigern, daß sie der Geschwindigkeit der Atmung gleichkam oder sie sogar übertraf. Bringt man die Chlorella in konzentriertere Nitratlösungen oder in Lösungen verdünnter freier Salpetersäure, so beobachtet man keine oder nur unbedeutende Beschleunigung der Nitratreduktion. Von der Überlegung ausgehend, daß undissoziierte Säuremoleküle im Gegensatz zu Salzen und Ionen vielfach schnell in lebende Zellen eindringen, benutzten WARBURG und NEGELEIN höhere Konzentrationen an *undissoziierter* Salpetersäure, also Gemisch von Salpetersäure und Nitrat. In solchen Gemischen stieg die Geschwindigkeit der Nitratassimilation außerordentlich an und konnte ohne Schwierigkeiten neben der Atmung durch Bestimmung der nach Gleichung (56) gebildeten Kohlensäure gemessen werden. Die Alge bleibt in den Salpetersäure-Nitrat-Gemischen etwa 10 Stunden unverändert grün und teilungsfähig.

Zur Messung der Nitratreduktion wird zunächst die Alge auf der Zentrifuge mit $n/10$ Natriumnitratlösung mehrmals gewaschen. Dann werden 0,2 bis 0,4 cm³ Zellsubstanz in 10 cm³ $n/10$ Natriumnitrat suspendiert und 1 Volumen dieser Suspension mit 1 Volumen $n/10$ $NaNO_3$-, $n/50$ $HNO_3$-Lösung vermischt.

Die Aufgabe besteht darin, neben der Atmung die nach Gleichung (51) gebildete Kohlensäure, die wir als Extrakohlensäure bezeichnen, zu messen. Man benutzt zur Messung das auf S. 1059ff. geschilderte Verfahren, füllt also Gefäß I mit 7 cm³, Gefäß II mit 3 cm³ Zellsuspension. Der Gasraum der Versuchsgefäße enthält Luft. Die Gefäße werden *verdunkelt*[1].

Betragen die Druckänderungen, die *gleiche* Zellmengen in *gleichen* Zeiten hervorbringen, in Gefäß I (mit den Konstanten $K_{O_2}$ und $K_{CO_2}$) $H$ mm, in Gefäß II (mit den Konstanten $k_{O_2}$ und $k_{CO_2}$) $h$ mm, so berechnet man den in der Atmung verbrauchten Sauerstoff ($x_{O_2}$) nach Gleichung (14) und die gebildete Kohlensäure ($x_{CO_2}$) — die Summe von Atmungskohlensäure und Extrakohlensäure — nach Gleichung (15).

Da nach Gasanalysen von WARBURG und NEGELEIN (1) in der Atmung fast genau soviel Kohlensäure gebildet wie Sauerstoff verbraucht wird, so ist die durch die Nitratreduktion gebildete Extrakohlensäure nach der Gleichung zu berechnen:

$$\text{Extrakohlensäure} = x_{CO_2} + x_{O_2}.$$

[1] Belichtet man bei sonst gleichen Versuchsbedingungen die Zellen, so steigt die Nitratassimilation stark an (auf das 2- bis 3fache). Ferner geben bei Belichtung mit genügender Intensität die Zellen die nach Gleichung (56) gebildete Kohlensäure nicht ab, sondern zersetzen sie. Dann ist die Bilanzgleichung der Nitratassimilation

$$HNO_3 + H_2O = NH_3 + 2\,O_2;$$

Es erscheint also nicht „Extrakohlensäure", sondern „*Extrasauerstoff*". Da es schwierig ist, die Zellen in Gefäß I und II mit gleicher Intensität zu belichten, ist es zweckmäßiger, die Nitratassimilation bei *Belichtung* nicht manometrisch, sondern gasanalytisch zu messen (vgl. Anhang).

## D. Anhang.

### Messung des Zellstoffwechsels durch Gasanalyse.

Wie bereits in der Einleitung erwähnt, sind die manometrischen Methoden, solange die bei der zu untersuchenden Reaktion entstehenden Gase nicht bekannt sind, durch chemische Analysen zu ergänzen. Die wichtigste der hier in Betracht kommenden Analysen ist die Gasanalyse.

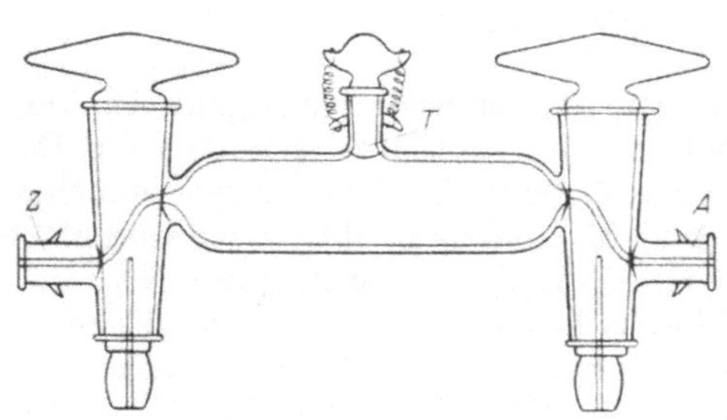


Abb. 337. Rezipient zur Gasanalyse.

Zur Messung des Zellstoffwechsels durch Gasanalyse benutzen wir flache Rezipienten von der Form der Abb. 337. Ihr Rauminhalt beträgt 10 bis 20 $cm^3$ und wird durch Auswägen mit Quecksilber ermittelt.

Durch den Tubus $T$ wird zunächst die Versuchsflüssigkeit und das Zellmaterial eingefüllt. Dann setzt man

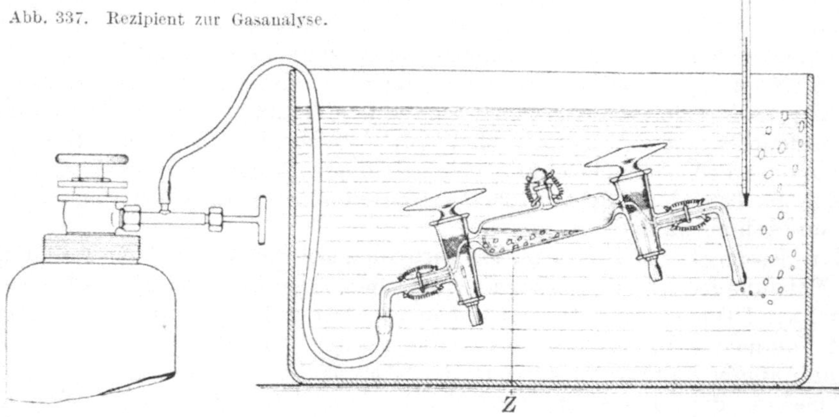


Abb. 338. Einleiten des Gasgemisches in den Rezipienten.

bei $Z$ und $A$ rechtwinklig gebogene Gaszuleitungs und -ableitungsröhren an, versenkt das Ganze im Thermostaten und leitet in der aus Abb. 338 ersichtlichen Weise unter ständigem Schütteln eine Gasmischung bekannter Zusammensetzung hindurch. Hat sich die Gasmischung mit der Flüssigkeit in Gleichgewicht gesetzt[1], so schließt man die Hähne und notiert den Barometerstand.

Nunmehr wird der Rezipient im Thermostaten mit Hilfe der in Abb. 339 abgebildeten Vorrichtung geschüttelt.

Nach einer passenden Zeit wird der Rezipient durch Schliff mit dem Meßrohr des Haldaneschen Apparats verbunden (vgl. Abb. 340) und ein Teil der im Gasraum enthaltenen Gase in dieses so übergeführt, daß eine Entgasung der Versuchsflüssigkeit vermieden wird. Dies geschieht in der Weise, daß in den vertikal gestellten Rezipienten (s. Abb. 340) von unten her langsam eine 10proz. Kochsalzlösung einfließt. Der Prozentgehalt an Sauerstoff und Kohlensäure wird dann in üblicher Weise ermittelt[2].

Aus der Änderung der prozentischen Zusammensetzung des Gasgemisches im Rezipienten wird der Gaswechsel in folgender Weise berechnet:

---

[1] Das Gasgemisch wird etwa 10 bis 15 Minuten hindurchgeleitet.

[2] Eine Beschreibung des Haldaneschen Apparates findet man z. B. in C. NEUBERG, Der Harn, Bd. 2, S. 1294.

Es sei:

$P$ der Gesamtdruck im Rezipienten bei Beginn des Versuches in Millimeter Quecksilber (Barometerstand beim Schließen der Hähne),

$P'$ der Gesamtdruck im Rezipienten bei Beendigung des Versuches in Millimeter Quecksilber,

$T$ die Versuchstemperatur in absoluter Zählung,

$p$ der Sättigungsdruck des Wasserdampfes für die Versuchslösung bei $T$ Grad in Millimeter Quecksilber,

$\alpha_{O_2}$, $\alpha_{CO_2}$ die Absorptionskoeffizienten von Sauerstoff und Kohlensäure in der Versuchslösung bei $T$ Grad,

$v_F$ das Volumen der eingefüllten Versuchslösung in Kubikmillimetern,

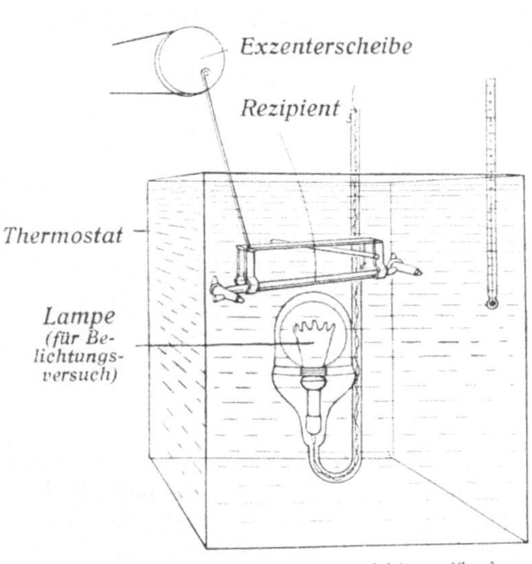

Abb. 339. Schüttelvorrichtung für den Rezipienten.

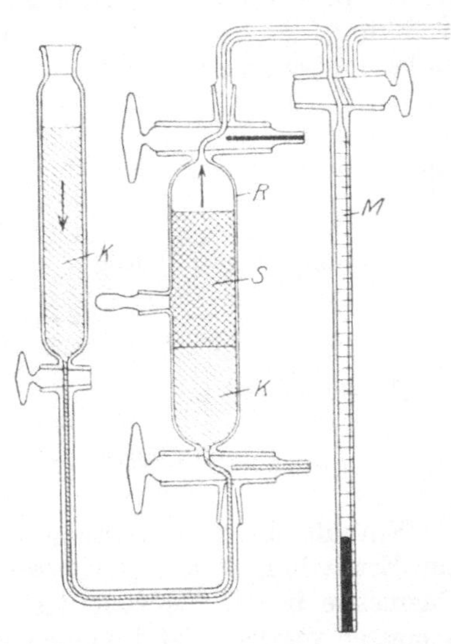

Abb. 340. Überführung der Gase aus dem Rezipienten in den Haldaneschen Analysenapparat.
$R$ Rezipient. $S$ Versuchsflüssigkeit. $K$ 10proz. Kochsalzlösung. $M$ Meßrohr des Haldaneschen Apparates.

$v_G$ das Volumen des Gasraumes im Rezipienten in Kubikmillimetern,

$b_{O_2}$, $b_{CO_2}$, $b_{N_2}$ der Prozentgehalt der Gasmischung an $O_2$, $CO_2$, $N_2$ bei Beginn des Versuches,

$b'_{O_2}$, $b'_{CO_2}$, $b'_{N_2}$ der Prozentgehalt der Gasmischung an $O_2$, $CO_2$, $N_2$ bei *Beendigung* des Versuches.

Dann ist bei Beginn des Versuches im *Gasraum* des Rezipienten

$$v_G \cdot \frac{273}{T} \cdot \frac{P-p}{760} \cdot \frac{b_{O_2}}{100} \text{ mm}^3 \text{ Sauerstoff,}$$

in der *Flüssigkeit*

$$v_F \alpha_{O_2} \cdot \frac{P-p}{760} \cdot \frac{b_{O_2}}{100} \text{ mm}^3 \text{ Sauerstoff.}$$

Die gesamte Sauerstoffmenge bei Beginn des Versuches ist also:

$$\left(v_G \frac{273}{T} + v_F \alpha_{O_2}\right) \frac{P-p}{760} \cdot \frac{b_{O_2}}{100}. \tag{57}$$

Die gesamte Sauerstoffmenge bei Beendigung des Versuches ist analog

$$\left(v_G \frac{273}{T} + v_F \alpha_{O_2}\right) \frac{P'-p}{760} \cdot \frac{b'_{O_2}}{100}. \tag{58}$$

Die Differenz der Ausdrücke (57) und (58) ergibt die im Versuch entstandene oder verschwundene Sauerstoffmenge (0°, 760 mm)

$$x_{O_2} = \left(v_G \frac{273}{T} + v_F \alpha_{O_2}\right)\left(\frac{P' - p}{760} \cdot \frac{b'_{O_2}}{100} - \frac{P - p}{760} \cdot \frac{b_{O_2}}{100}\right). \tag{59}$$

Gleichung (59) enthält als Unbekannte außer $x_{O_2}$ noch $P'$.

Enthält die Gasmischung im Versuchsgefäß ein indifferentes Gas, das am Stoffwechsel nicht teilnimmt, beispielsweise Stickstoff, so kann $P'$ aus dem Resultat der Gasanalyse in einfacher Weise berechnet werden. Wenn Stickstoff durch das Gewebe weder gebunden noch entwickelt wird, so bleibt der *Partialdruck* des Stickstoffs während des Versuches konstant. Ergibt nun die Gasanalyse gleichwohl eine Änderung des Prozentgehaltes an Stickstoff, so muß sich der Gesamtdruck geändert haben, und es gilt

$$\frac{P - p}{P' - p} = \frac{b'_{N_2}}{b_{N_2}}$$

oder

$$P' - p = (P - p)\,\frac{b_{N_2}}{b'_{N_2}}. \tag{60}$$

Aus (59) und (60) folgt

$$x_{O_2} = \left(v_G \frac{273}{T} + v_F \alpha_{O_2}\right) \frac{P - p}{760 \cdot 100} \left(\frac{b_{N_2}}{b'_{N_2}}\, b'_{O_2} - b_{O_2}\right).$$

Entsprechend ist

$$x_{CO_2} = \left(v_G \frac{273}{T} + v_F \alpha_{CO_2}\right) \frac{P - p}{760 \cdot 100} \left(\frac{b_{N_2}}{b'_{N_2}}\, b'_{CO_2} - b_{CO_2}\right).$$

Enthält die Gasmischung im Versuchsgefäß *kein* indifferentes Gas, so muß zur Ermittlung von $P'$ die *gesamte* im *Gasraum* des Rezipienten sich befindliche Gasmenge in das Meßrohr des Gasanalysenapparates überführt und ihr Volumen gemessen werden. Ist das gemessene Volumen $v$, reduziert auf den Anfangsdruck $P$, verschieden von $v_G$, so hat sich der Gesamtgasdruck im Rezipienten während des Versuches geändert, und $P'$ ist nach der Gleichung

$$P' = P\,\frac{v}{v_G}$$

zu berechnen.

Beispiele für Stoffwechselmessungen durch Gasanalyse findet man bei O. Warburg u. E. Negelein (1, 2).

## Literatur.

Barcroft, J. u. Shore, L. E.: Journ. of physiol., Bd. 45, S. 296, 1912. — Endres, G. und Kubowitz, F.: Biochem. Zeitschr., Bd. 191, S. 395, 1927. — Fleischmann, W. u. Kubowitz, F.: Biochem. Zeitschr., Bd. 181, S. 395, 1927. — Fujita, A.: Biochem. Zeitschr., Bd. 197, S. 175, 1928. — Gaffron, H.: Energieumsatz bei Pflanzen. Abderhaldens Handb. d. biol. Arbeitsmeth. (In Vorbereitung.) — Krogh, A.: Journ. of physiol., Bd. 52, S. 391, 1919. — Meyerhof, O.: Biochem. Zeitschr., Bd. 162, S. 43, 1925. — Meyerhof, O. u. Finkle, P.: Chemie der Zelle und der Gewebe, Bd. 12, S. 157, 1925. — Negelein, E.: Biochem. Zeitschr., Bd. 158, S. 121, 1925. — Oltmanns, F.: Morphologie und Biologie der Algen, Bd. 1, S. 183, 1904. — Warburg, O. (1): Über den Stoffwechsel der Tumoren. Berlin 1926; (2) Biochem. Zeitschr., Bd. 100, S. 230, 1919; (3) Ebenda, Bd. 142, S. 317, 1923; (4) Ebenda, Bd. 152, S. 51, 1924; (5) Ebenda, Bd. 164, S. 481, 1925; (6) Ebenda, Bd. 172, S. 432, 1926; (7) Ebenda, Bd. 177, S. 471, 1926; (8) Zeitschr. f. physiol. Chem., Bd. 59, S. 112, 1909; (9) Biochem. Zeitschr., Bd. 189, S. 350, 1927. — Warburg, O. u. Negelein, E. (1): Biochem. Zeitschr., Bd. 110, S. 66, 1920; (2) Zeitschr. f. physikal. Chemie Bd. 102, S. 235, 1922, u. Bd. 106, S. 191, 1923. — Warburg, O. u. Yabusoe, M.: Ebenda. Bd. 146, S. 380, 1924.

# II. Der Stoffwechsel der Pflanzen.

Von O. ARNBECK, Berlin.

## A. Analyse von Pflanzenmaterial.

Fast jede Untersuchung, die den Stoffwechsel der Pflanzen zum Gegenstand hat, muß ihr Augenmerk auf die stoffliche Zusammensetzung der vorliegenden Pflanzensubstanz sowohl in qualitativer wie in quantitativer Hinsicht richten. Die Veränderungen dieser Zusammensetzung im Laufe der Entwicklung und ihre Abhängigkeit von willkürlich variierten Bedingungen geben ein Bild von den Wirkungen der Stoffwechselvorgänge, die in dem Pflanzenorganismus möglich sind. Natürlich werden Verlauf und Mechanismus dieser Vorgänge durch solche summarischen Analysen nur eine geringe Aufklärung erfahren können, weil sie einerseits meist nur Endprodukte des Stoffwechsels erfassen, deren Entstehung nur andersgeartete Untersuchungen ermitteln können, und weil vor allem die Bedeutung der einzelnen Stoffe dadurch schwer erkennbar wird, daß ihre Lokalisierung in der Pflanze und ihre Beteiligung am Aufbau bestimmter Strukturen bei diesem Verfahren unberücksichtigt bleiben. Letzteren Zwecken dienen mikrochemische Untersuchungen, wie sie an anderer Stelle dieses Buches (Bd. 1, S. 1016) und von MOLISCH (1) geschildert werden. Daneben behalten aber Gesamtanalysen von Pflanzenmaterial doch ihre Bedeutung, weil sie exakt quantitativ ausgestaltet werden können und dadurch das Studium von Einflüssen auf den Ernährungsverlauf vielfach erst ermöglichen und weil ihre qualitative Seite oft empfindlicher und strenger spezifisch arbeitet als die in der Auswahl der Möglichkeiten immer etwas beschränkte Mikroanalyse.

### a) Bestimmung der Trockensubstanz.

Meist kommt es bei Ausführung dieser Bestimmung weniger auf Ermittlung des Prozentgehaltes Wasser in den zu untersuchenden Pflanzenteilen an als vielmehr auf die Bestimmung einer „Ernte", also der unter bestimmten Ernährungsbedingungen produzierten Pflanzensubstanz, die man zweckmäßig lufttrocken wägt, um sich von den durch Schwankungen des Wassergehalts bedingten Fehlern frei zu machen.

Man bringt zu dem Zweck das zerkleinerte Pflanzenmaterial in den Trockenschrank und trocknet bis zur Gewichtskonstanz bei höchstens 110°. Wegen der Gefahr von Zersetzungen ist es sicherer, im Vakuumexsikkator bei 40° zu trocknen. Abkühlen läßt man im Exsikkator, gewogen wird zwischen 2 aufeinandergeschliffenen Uhrgläsern, ohne die oft hygroskopische Substanz unnötig lange mit der Luft in Berührung zu bringen.

### b) Veraschung.

Zur Aschenanalyse wird das lufttrockene Material gemahlen oder in der Reibschale zerstoßen, in einen Porzellantiegel oder, wenn ein geringer Materialverlust nicht von Belang ist, noch besser in einen hessischen Tontiegel gebracht und über der Bunsenflamme erhitzt. Zweckmäßig ist es, über dem Tiegel einen Lampenzylinder anzubringen; doch sehe man sich bei quantitativen Bestimmungen vor, daß dadurch nicht ein Teil der Asche fortfliegt. Ferner beachte man, daß nicht zuviel Material mit einem Male in den Tiegel kommen darf, weil dadurch zu den unteren Schichten der Luftzutritt erschwert würde. Durch Anzünden der Randpartien oder durch Zufügen von Alkohol und Anzünden — wenn nötig, mehrmals zu wiederholen — kann ferner die Verbrennung beschleunigt werden. Doch hüte man sich, allzu stark zu erhitzen, da sonst ein Teil der Alkalien sich verflüchtigen kann. Ist es nicht gelungen, eine völlig kohlefreie Asche zu bekommen, so muß bei quantitativen Arbeiten die Kohle bestimmt und in Abzug gebracht werden. Zu dem Zweck löst man die Asche in Salpetersäure (Verdünnung 1 : 1) auf, sammelt die darin unlösliche Kohle auf einem Filter, trocknet bei 110° und wägt.

Über die analytische Technik geben die einschlägigen Lehrbücher Auskunft. Hier ist nur noch folgendes zu bemerken: Chlor und Phosphor sind nur dann in der Asche sicher zu fixieren, wenn Zusatz von Natrium- oder Kalziumkarbonat im Überschuß erfolgt. Ein Entweichen von Schwefeldioxyd bei der Veraschung kann durch Zufügung von Platinmohr und Alkali verhindert werden. Kohlendioxyd ist auf keine Weise zu halten.

Eine Schwierigkeit bei quantitativen Bestimmungen liegt darin begründet, daß die in der Asche vorhandenen Karbonate sich teilweise in der Glühhitze zersetzen, teilweise nicht. Man gibt deswegen die kohlendioxydfreie Menge an, die man dadurch erhält, daß man aus der abgewogenen Aschenmenge das Kohlendioxyd durch Schwefelsäure austreibt, in einem Kaliapparat auffängt, bestimmt und in Abrechnung bringt.

### c) Extraktion.

Die Trennung, Identifizierung und Mengenbestimmung der organischen Substanzen[1] knüpft an eine fraktionierte Extraktion des lufttrockenen Materials an, die etwa in folgender Weise durchzuführen ist:

Etwa 50 g zerkleinertes Trockengut wird der Reihe nach mit folgenden Flüssigkeiten extrahiert oder perkoliert: 1. Petroläther (Siedepunkt 35 bis 40°) oder Äther; löst Fette, Wachse, Phosphatide, Ester, Harze, Terpene, Chlorophyll und Farbstoffe, teilweise auch Alkaloide und Glukoside; letztere kann man der ätherischen Lösung dadurch entziehen, daß man sie mit angesäuertem Wasser ausschüttelt; die Alkaloide gehen dabei in das Wasser über und können daraus durch Alkalizusatz und Ausschüttelung mit Petroläther wieder ausgezogen werden. 2. Alkohol (55proz.); löst Gerbstoffe, Glukoside, Salze organischer Säuren und einen Teil der Zucker. 3. Kaltes destilliertes Wasser; löst Zucker, Salze, Schleim, Gummi, Eiweiß. 4. Salzsäure (1proz.), kalt, mehrtägiges Schütteln; löst organische Salze, Alkaloide, Eiweiß. 5. Erhitzen mit verdünnten Säuren; hydrolysiert Stärke und Hemizellulosen zu reduzierenden Zuckern. 6. Natronlauge (5proz.); löst Eiweiß, Hemizellulosen, Pentosane und Phlobaphene.

### d) Darstellung einiger Pflanzenstoffe.

**1. Chlorophyll.** Zur Gewinnung einer haltbaren Chlorophyllösung extrahiert man grob zerschnittene Brennesselblätter mit 80- bis 90proz. Alkohol 6 bis 24 Stunden lang. Durch Ausschütteln mit Benzin können die gelben Karotinoide daraus entfernt werden.

Größere Mengen Chlorophyll gewinnt man mit Hilfe von Perkolatoren, deren Boden mit einer Watteschicht bedeckt ist. Die Blätter — Grasblätter haben sich für den Zweck bewährt — werden getrocknet und zu Mehl verarbeitet; dieses wird angefeuchtet und in den Perkolator lose, aber gleichmäßig eingefüllt. Das Nachgießen des als Extraktionsmittel verwendeten Alkohols kann automatisch dadurch bewirkt werden, daß die Vorratsflasche umgestülpt über dem Perkolator angebracht wird derart, daß ihre Mündung oder ein in dieser angebrachtes Glasrohr unter dem Flüssigkeitsspiegel des gefüllten Extraktionsgefäßes endet. Die Extraktion ist so in 24 Stunden vollzogen.

Zur Darstellung kristallisierten Chlorophylls (nach KOLKWITZ) werden Blätter von Aegopodium podagraria oder Galeopsis tetrahit mit 90proz. Alkohol übergossen

[1] Ausführliche Beschreibung chemischer Pflanzenanalysen bei GRAFE (1) u. bei ROSENTHALER.

und 24 Stunden in einer verschlossenen Flasche stehengelassen. Dann wird etwas von der Lösung auf einen Objektträger getropft und langsam in einer verschlossenen Schachtel eindunsten gelassen.

**2. Hefepreßsaft** (nach BUCHNER und HAHN). Die Hefe wird gewaschen und in einem baumwollenen Preßtuch (Segeltuch) 5 Minuten lang bei 50 Atmosphären Druck abgepreßt. Dann bleibt ein Material mit noch etwa 70proz. Wassergehalt zurück. Hiervon mischt man 1000 g mit 1000 g feinem Quarzsand und 200 bis 300 g Kieselgur, siebt durch ein grobes Sieb (9 Maschen pro qcm) und zerreibt nun in je 300 bis 400 g großen Portionen mit einer Zerreibemaschine oder in einer großen Porzellanreibschale. Es muß so lange verrieben werden, bis sich eine teigige, sich von der Wandung der Schale loslösende Masse gebildet hat. Diese kommt dann in angefeuchtetes Preßtuch derselben Art wie oben und wird bei 90 Atmosphären in einer hydraulischen Handpresse abgepreßt. Der Preßsaft wird durch ein Faltenfilter gegossen und in einem eisgekühlten Gefäß aufbewahrt. Die Ausbeute, die durch ein nochmaliges Zerreiben des Preßrückstandes noch gesteigert werden kann, beträgt etwa 450 bis 500 $cm^3$.

**3. Bakterienproteasen.** Nährlösungen von proteolytische Enzyme bildenden Bakterienarten (wenn möglich eiweißfreie) werden durch Tonfilter gesaugt, im Vakuum eingeengt und mit der 8- bis 10fachen Menge absoluten Alkohols oder Azetons ausgefällt. Der Niederschlag wird gewaschen und getrocknet und kann durch Dialyse gereinigt werden.

## B. Wasseraufnahme und -abgabe[1].

### a) Allgemeines zur Methodik. Beziehung zwischen potetometrischen und transpirometrischen Werten.

Für die Untersuchung des Wasserhaushalts einer Pflanze wird man entweder die Wasseraufnahme zu bestimmen suchen oder man wird die Transpiration messen oder, noch besser, man wird beides nebeneinander studieren. Nur letzteres kann begreiflicherweise ein wirklich klares Bild von dem tatsächlichen Wasserhaushalt einer Pflanze unter irgendwelchen zu studierenden Bedingungen ergeben. Häufig werden indessen die Umstände nicht erlauben, beide Bestimmungen nebeneinander auszuführen. Begnügt man sich nun mit einer, so ist wohl zu beachten, daß Wasseraufnahme und -abgabe nicht ohne weiteres parallel laufen. Wenn auch die letztere erstere zur Voraussetzung hat, so sind beide doch nicht derart fest miteinander gekoppelt, daß Schwankungen der einen sofort Schwankungen der anderen nach sich ziehen müßten: der Wassergehalt einer Pflanze kann ja erheblich wechseln. Es ist also nicht statthaft, von der Größe der einen auf die der anderen zu schließen.

Ferner ist zu beachten, daß die Transpiration in den verschiedenen Teilen einer größeren Pflanze nicht überall die gleiche zu sein braucht. Wenn man also, wie das üblich ist, den Transpirationswert für einen kleinen Zweig bestimmt hat, so darf man daraus nicht unter Zugrundelegung des Größenverhältnisses die Transpiration eines ganzen Baumes berechnen.

Ein Fehler ist es ferner, die untersuchten Pflanzenteile in Luft transpirieren zu lassen, die mit Kalziumchlorid o. dgl. vollständig ihres Wassergehalts beraubt ist. Man würde unnatürlich hohe Transpirationswerte erhalten, da dann eine gesteigerte Verdunstung rein physikalisch bedingt wäre. Überdies würde die Störung des Gleichgewichts zwischen Aufnahme und Abgabe abnorme innere Bedingungen schaffen.

Es ist üblich, den Transpirationsbetrag in g pro Stunde und qdm Blattfläche auszudrücken. Dies gibt am besten vergleichbare Zahlen, da bei Blättern gleicher

---

[1] Vgl. die Monographie von BURGERSTEIN.

Art die Transpiration einigermaßen der transpirierenden Blattfläche proportional ist, besser als dem Frisch- oder Trockengewicht. Bestimmung der Fläche durch Aufzeichnen auf Papier, Ausschneiden und Wägen.

### b) Potetometrie.

Die üblichste Form des von PFEFFER angegebenen Potetometers (auch Potometer genannt) ist eine weithalsige, mit Wasser gefüllte Glasflasche, die ein mit 3 Bohrungen versehener Kautschukpfropf verschließt. In die erste Bohrung ist eine wagerecht umgebogene Glasröhre eingesetzt, in der das Schwinden des Wasserinhalts als Funktion der Zeit beobachtet werden kann. Die zweite Bohrung trägt den eingekitteten Pflanzenstengel, die dritte einen mit Schließhahn versehenen Trichter, durch den die Meßröhre nach vollständiger Leerung wieder neu gefüllt werden kann. — Man beachte, daß abgeschnittene Zweige und Blätter nur während 1 bis 2 Stunden normale Transpirationsverhältnisse aufweisen. Das Abschneiden soll unter Wasser vorgenommen werden, da die sonst eindringende Luft den Transpirationsstrom behindern würde.

### c) Blutungsmessungen.

Zur Bestimmung des Blutungsdrucks nach PFEFFER wird über dem Stengelstumpf mittels eines Schlauches ein Glasrohr befestigt (feste Umwicklung mit Draht oder Bindfaden ist notwendig), das oben in einem Glashahn endigt. Seitlich ist ein mit Quecksilber gefülltes U-förmiges Manometer angebracht. Der Raum zwischen Stumpf und Quecksilber ist vor Beginn des Versuchs vollständig mit Wasser zu füllen. Geeignete Versuchsobjekte sind Topfpflanzen von Helianthus annuus.

Ein selbstregistrierender Apparat zur Bestimmung der Blutungswassermenge ist von I. BARANETZKY angegeben worden; beschrieben von V. GRAFE (2), S. 178.

### d) Bestimmung der Transpiration.

**1. Durch Wägung.** Als Kulturgefäße benutzt man für diese Versuche dünnwandige Trinkgläser oder durch Eintauchen in geschmolzenes Paraffin undurchlässig gemachte Tongefäße. Sie werden mit Erde gefüllt und besät. Nach erfolgter Keimung wird die Erde leicht zusammengedrückt und geebnet und dann mit einer dünnen und gleichmäßigen Schicht einer Mischung von 80% Paraffin (Schmelzp. 45°) und 20% Paraffinöl begossen. Eine Schädigung der Pflanzen ist nicht zu befürchten, wenn das Paraffin beim Aufgießen nicht wärmer als 40° ist.

Bei Wasserkulturen verhindert man das Verdunsten der Nährlösung dadurch, daß man das Gefäß mit einem Stück Leinwand überspannt, das bis auf den Rand, mit dem es festgebunden wird, mit Paraffin durchtränkt ist. Man biegt es zweckmäßig etwas uhrglasförmig ein; die Wurzeln der vorgekeimten Pflanzen werden durch Löcher, die man mit einer Nadel einbohrt, in die Nährlösung hineingesteckt.

Ob Kulturen in Nährlösungen oder in Erde vorzuziehen sind, ist schwer zu sagen. Letztere entsprechen mehr den natürlichen Wasserzufuhrbedingungen; doch werden ihre Ergebnisse immer von der Beschaffenheit der verwendeten Erde abhängig sein, und sie hängen auch erheblich davon ab, wie stark man die Erde bei Versuchsbeginn anfeuchtet und wie oft und wie ausgiebig man das bei länger dauernden Versuchen unerläßliche Nachgießen von Wasser wiederholt. Deshalb zieht man doch meist Flüssigkeitskulturen vor.

Einen unvermeidlichen Fehler bei allen Transpirationsversuchen mit Wägung bringen Atmung und Assimilation mit sich. Auf jeden Fall verwende man nur langsam wüchsige Pflanzen. — Man achte ferner darauf, daß nicht frisch umgesetzte

Pflanzen zur Untersuchung kommen, die infolge des Verlustes vieler Saugwurzeln und Wurzelhärchen einen stark verminderten Wasserumsatz haben.

Oft ist es von Vorteil, den Verlauf der Transpiration über einen längeren Zeitraum laufend zu verfolgen. Hierzu dienen selbstregistrierende Transpirometer, bei denen der Gewichtsverlust der auf einer Waage befindlichen Pflanze durch automatisch auffallende Zusatzgewichte immer wieder ausgeglichen wird; darüber macht der Apparat selbsttätig Aufzeichnungen. Solche Anordnungen sind z. B. von V. H. BLACKMAN und S. G. PAINE angegeben worden. (Apparat käuflich erhältlich bei Baird and Tatlock, Cross Street; Halton Gard., London.) Ferner mit vielen methodischen Anmerkungen von HENDERSON.

**2. Durch Farbreaktionen.** Die landläufigste Methode ist die von STAHL eingeführte Kobaltpapiermethode. Das dazu notwendige Kobaltpapier stellt man her, indem man Fließpapier mit einer 3- bis 5proz. Lösung von Kobaltchlorid tränkt. Nach oberflächlicher Trocknung kommt es in den Exsikkator, wo es eine tiefblaue Farbe annimmt.

Noch empfindlicher, wenn auch nicht ganz so einfach in der Handhabung ist das von GRAFE angegebene Jodbleipapier: Man fällt eine Bleiazetatlösung mit einer Kaliumjodlösung aus und fügt von letzterer so viel hinzu, bis der anfänglich gebildete Niederschlag unter Doppelsalzbildung vollständig wieder aufgelöst ist. Letzteres fällt man durch Zusatz von Äther aus, filtriert es ab und löst es in Azeton auf. Mit dieser Lösung tränkt man Fließpapier und läßt es im Exsikkator über Calciumchlorid trocknen. Spuren von Feuchtigkeit färben dieses Papier gelb; durch Tränken mit Azeton läßt es sich für erneuten Gebrauch regenerieren.

Für den Transpirationsnachweis mit Hilfe solcher Papiere eignen sich am besten die Unterseiten von Blättern ohne starke Mittelrippen (Ribes, Philadelphus, Pelargonium u. a.). Nach Auflegen des Papierstreifens ist das Blatt mit einer Glas- oder Glimmerplatte zu bedecken.

Der Wert dieser nur grob quantitativen Methode beruht auf ihrer Einfachheit, die es ermöglicht, die Versuche bei völlig intakten Pflanzen an ihrem natürlichen Standort auszuführen.

### e) Bestimmung der Spaltöffnungsweite.

**1. Durch mikroskopische Beobachtung.** Da der größte Teil der Transpiration stomatär ist, können aus der Spaltöffnungsweite wichtige Schlüsse auf die Transpirationsgröße gezogen werden. Um sie durch mikroskopische Beobachtung festzustellen, zieht man nach LLOYD Epidermisstückchen ab und legt sie in absoluten Alkohol. Man nimmt an, daß die im Augenblick der dabei erfolgenden Abtötung vorhandene Spaltöffnungsweite dann dauernd beibehalten wird und unter dem Mikroskop gemessen werden kann.

Die Schwierigkeit des Verfahrens liegt darin, daß in den Präparaten fast stets verschiedene Öffnungsweiten nebeneinander gefunden werden, und daß also zur Beurteilung der für die Transpiration maßgebenden Kommunikation zwischen Interzellularen und Außenluft Durchschnittswerte von zahlreichen Spaltöffnungen bestimmt werden müssen. Soll die Transpiration eines ganzen Zweiges beurteilt werden, so muß auch eine größere Zahl von Blättern berücksichtigt werden. Ein Vorzug des LLOYDschen Verfahrens ist, daß es gegenüber dem Porometer absolute Werte liefert. — Geeignete Versuchspflanzen sind Fouquiera splendens und Verbena ciliata.

**2. Mit dem Porometer.** Das von DARWIN und PERTZ angegebene Porometer besteht aus einer kleinen glockenförmigen Glaskammer, die an ihrem breiten Rand mit 20proz. Gelatine oder mit Paraffin (Schmelzp. 45°) der Blattlamina aufgeklebt wird. Oben ist ein Glasrohr angebracht, das mit dem einen Querschenkel eines

T-förmigen Rohres verbunden ist. Der andere Querschenkel läuft in einen Schlauch mit Quetschhahn aus, der längere Längsschenkel ist graduiert und mit Wasser gefüllt. Beobachtet wird die Zeit, die vergeht, bis diese Wassersäule um eine bestimmte Strecke gefallen ist, als Folge des Durchtretens einer entsprechenden Luftmenge durch die Stomata. Man pflegt die Saugwirkung einer 20 cm hohen Wassersäule zu verwenden und dann zu bestimmen, wie lange das Sinken etwa von 23 bis 17 cm Höhe dauert. Als Röhrenkaliber pflegt man ein solches zu wählen, bei dem in 1 cm Länge 0,1 $cm^3$ Wasser Platz findet (etwa 0,35 cm Durchmesser).

Die Hauptfehlerquellen porometrischer Messungen liegen erstens in der Empfindlichkeit des Spaltöffnungsapparats begründet. Der Shock bei der Fixierung des Instruments kann eine Änderung der Öffnungsweite bedingen; man warte also etwa 2 Stunden bis zum Beginn der Messungen. Ferner bewirkt das Hindurchgehen eines kontinuierlichen Luftstromes, wie es die Methode mit sich bringt, einen allmählichen Verschluß der Spalten; man lüfte also die Porometerkammer zwischen 2 Ablesungen. Zweitens kommt ein unkontrollierbarer Faktor dadurch hinein, daß die Stärke des austretenden Luftstromes sehr von dem Widerstand der Luft in den Interzellularen abhängt. Wenn also die Blätter nicht auf beiden Seiten Spaltöffnungen tragen — solche eignen sich überhaupt besser für dieses Verfahren —, so wähle man wenigstens die Länge des Gewebestückes gering.

Ein selbstregistrierendes Porometer ist von Knight angegeben worden.

**3. Durch Infiltration.** Nach Molisch und E. Stein betropft man die zu untersuchende Blattfläche zunächst mit Petroläther, dann mit Petroleum und schließlich mit Paraffinum liquidum. Man beobachtet, welches Mittel das Blatt dunkel und durchscheinend macht: dringt nur das erste ein, so ist die Spaltenweite eng, wenn auch das zweite, mittel, wenn alle drei, weit. Als Fehlerquelle kommt Abtötung der Schließzellen und damit Veränderung des Öffnungszustandes im Gange der Untersuchung in Betracht. Ferner ist zu beachten, daß nach längerer Zeit auch durch geschlossene Spalten Flüssigkeiten von geringer Viskosität eindringen können. Aus beiden Gründen ist nur ein sofortiges Eindringen von Beweiskraft. Andererseits dringt in die engen Spalten mancher Pflanzen Paraffinum liquidum auch im geöffneten Zustande nicht ein. — Der Wert der Methode liegt in ihrer bequemen Anwendbarkeit auch auf den natürlichen Standorten.

## C. Nährstoffaufnahme.

### a) Aufnahme anorganischer Stoffe. Versuche über die Notwendigkeit der einzelnen chemischen Elemente.

Die Schwierigkeit solcher Versuche liegt darin, die Zufuhr des auf seine Unentbehrlichkeit zu untersuchenden Stoffes mit Sicherheit auszuschließen. Dies ist dann ganz besonders schwer ausführbar, wenn man mit sehr kleinen Organismen zu tun hat, bei denen möglicherweise schon die allergeringsten Quantitäten des betreffenden Stoffes ausreichen, um den gesamten Bedarf daran zu decken. Hier müssen alle Möglichkeiten der Verunreinigung ganz besonders sorgfältig berücksichtigt werden. Diese sind:

$\alpha$) Wasser. Das gewöhnliche destillierte Wasser enthält stets Beimengungen, die zum Teil aus den Destillationsapparaten stammen — der Kupfergehalt aus den Kühlschlangen kann sogar Spirogyren u. a. das Wachstum unmöglich machen —, zum Teil sich aus dem Glas der Aufbewahrungsgefäße herausgelöst haben, zum Teil durch Absorption aus der Luft hineingelangt sind. Es ist demnach das Wasser vor Beginn des Versuches noch einmal frisch zu destillieren. Hierbei sind unter Vermeidung aller Verbindungsstücke ganz aus Glas bestehende Apparaturen zu benutzen. Um eine erneute Verunreinigung durch Substanzen des Glases möglichst einzuschränken — ein völliges Ausschließen ist nicht möglich, wenn man nicht Destillationsapparate aus Platin zu verwenden in der Lage ist —, benutze man entweder eine Glassorte von besonders geringer Löslichkeit (Jenaer Glas mit blauem Stempel von SCHOTT & GEN.), oder man koche alle zu verwendenden Kolben wenigstens mit Chromsäure eine Zeitlang aus. Für Gefäße, die nachher nicht mehr erhitzt zu werden brauchen (Auffangegefäße beim Destillieren, Meßgefäße usw.), empfielt es sich nach MOLISCH, ein Ausgießen mit Paraffin vorzunehmen. Zu dem Zweck werden die gut gereinigten Gefäße im Trockenschrank sorgfältig getrocknet; hierauf wird ein Stückchen feinsten weißen Paraffins (Schmelzp. 72 bis 78°) hineingebracht, das Gefäß mit einem Wattepfropfen verschlossen und $^1/_2$ Stunde bei 120° im Trockenschrank stehengelassen. Dann läßt man etwas abkühlen und dreht bis zum völligen Erstarren des Paraffins das Gefäß ständig hin und her, so daß sich das Paraffin in möglichst gleichmäßiger, dünner Schicht an der ganzen inneren Oberfläche bis dicht an den Wattepfropfen hinauf verteilt. — Auch Gefäße aus Quarzglas, wie sie W. C. HERÄUS in Hanau oder Dr. SIEBERT & KÜHN in Kassel herstellen, kommen, wo ihr hoher Preis nicht ins Gewicht fällt, für Untersuchungen dieser Art in Frage. Bei ihnen kann wohl nur Silicium als Verunreinigung auftreten. Auch sonst kann man übrigens, wenn es sich nur um Versuche über den Ausschuß eines einzigen Elementes handelt, eine Glassorte verwenden, die gerade dieses Element nicht enthält. So ist Jenaer 20-Glas zinkfrei.

$\beta$) Luft. Als Verunreinigungen aus der Luft kommen Staub und Mikroorganismen in Frage, ferner gasförmige Beimengungen, insbesondere salpetrige Säure und schweflige Säure sowie kohlenstoffhaltige Gase, die in der Luft keines Laboratoriums, in dem Leuchtgas gebrannt wird, fehlen. Zudecken der Kulturen und Reinigung der zutretenden Luft durch Gaswaschflaschen ergeben sich als Abhilfsmaßnahmen von selbst.

$\gamma$) Aussaatmaterial. Natürlich enthalten die verwendeten Samen einen gewissen Vorrat aller für das Wachstum notwendigen anorganischen Stoffe. Bei bescheidenem Bedarf kann dieser unter Umständen hinreichen, um eine wenn auch vielleicht etwas reduzierte Entwicklung der Versuchspflanzen zu ermöglichen, selbst wenn die Nährlösung einen der notwendigen Stoffe nicht enthält. Von diesem kann sogar noch so viel in die sich ausbildenden Samen einwandern, daß auch aus diesen noch in unzureichenden Nährlösungen einigermaßen entwickelte Pflanzen hervorgehen. Durch hinreichend häufiges Wiederholen des gleichen Kulturversuchs mit aufeinanderfolgenden Generationen könnte man diesen Fehler bis auf die Größenordnung der anderen unvermeidlichen Versuchsfehler herunterdrücken. Man vermeide zweckmäßig Pflanzen mit nährstoffreichen Samen. Als geeignete Versuchsobjekte, die auch in Wasserkultur gut fortkommen, gelten Mais, Buchweizen und Sonnenblume.

$\delta$) Chemikalien. Daß bei solchen Versuchen und ganz besonders, wenn es sich um Mikroorganismen handelt, nur allerreinste Chemikalien Verwendung finden können, ist selbstverständlich. Im Zweifelsfalle muß noch durch weiteres Umkristallisieren unter Benutzung von Wasser und Gefäßen obiger Zubereitung gereinigt werden. Müssen, wie bei vielen Bakterien, unkristallisierbare organische Nährstoffe zugefügt werden, so können aus den Versuchsergebnissen überhaupt keine sicheren Schlüsse gezogen werden.

Um die biologisch bedeutungsvollen letzten Spuren von Schwermetallen zu entfernen, kommt man nach BORTELS am weitesten, wenn man außer allen anderen Vorsichtsmaßregeln die fertige, schwach alkalische Nährlösung mit reinster Tierkohle (Carbo medicinalis Merck) eine halbe Minute lang durchschüttelt.

Um die Fehlerquellen nicht unnötig zu vermehren, arbeitet man, soweit irgend angängig, in Wasserkulturen. Sonst kommt noch Kultur auf ausgeglühtem und mit Schwefelsäure ausgekochtem Quarzsand in Frage. Für Mikroorganismen Kieselsäuregallerte oder sorgfältig gewässerter Agar. Bei letzteren dürfte indes eine jedem Einwand standhaltende Feststellung des Mineralstoffbedarfs unmöglich sein, da es nicht gelingen wird, die letzten Reste der adsorbierten Salze aus den Gallerten zu entfernen.

### b) Aufnahme organischer Stoffe durch höhere Pflanzen.

**Sterilisierung höherer Pflanzen.** Versuche über die Ausnutzbarkeit organischer Stoffe für höhere Pflanzen haben nur dann einen Sinn, wenn es möglich ist, die Mitwirkung von Mikroorganismen auszuschließen. Man muß also sowohl von sterilem Aussaatmaterial ausgehen als auch die ganze Kultur unter Vermeidung jeder Infektion wenigstens des Nährsubstrats durchführen.

α) Sterilisierung von Samen. Man wählt möglichst intakte Samen aus, von gleichmäßiger Größe und optimalem Keimungsvermögen. Man reibt sie mit der Bürste erst trocken und dann feucht ab, besonders an den ehemaligen Anheftungsstellen, und bringt sie dann für je 2 Minuten in folgende Waschmittel: 1. eine Mischung von Seifenpulver und Wasser; 2. Alkohol 96%; 3. Äther; 4. steriles Wasser. Das Waschen wird in einem mit Organtin überspannten Kölbchen vorgenommen; jede Flüssigkeit wird nach Einwirkung von den Samen abgegossen. — Besonders achte man auf absolute Sterilität aller verwendeten Gerätschaften und der Hände, vor allem bei der nachfolgenden Sterilitätsprüfung und der Übertragung in die Kulturgefäße.

Die eigentliche Sterilisierung geschieht mit Bromwasser (1%). Bei dieser Operation befinden sich die Samen in einer etwa 10 cm langen und 3 cm dicken Glasröhre, die durch Ansätze und abklemmbare Gummischlauchstücke mit dem Bromwasserbehälter wie mit der das sterile Spülwasser enthaltenden Flasche verbunden ist. Oben ist die Röhre durch einen weiten Schlauch mit dem Kulturgefäß verbunden, mit dem sie zugleich sterilisiert wird. Nach hinreichender Einwirkung des mehrmals erneuerten Bromwassers auf die nach obigem Verfahren vorbehandelten Samen wird sehr sorgfältig mit dem Wasser nachgespült, dann quellen gelassen und schließlich durch Umschütten in das Kulturgefäß entleert.

Das Kulturgefäß ist ein etwa 1 l fassender Glaszylinder, der 5 cm unter dem oberen Rande eine Einschnürung hat, auf der ein mit Organtin überspannter Glasring ruht. Am besten eignet sich weitmaschiger Organtin in einfacher Lage, auf den eine Schicht von groben Glasperlen kommt, die von den Wurzeln leicht durchdrungen werden können. Über das Gefäß wird eine glockenförmige Kappe gestülpt, die mit einer dicken Watteschicht aufgesetzt wird. Ein weiter Tubus dient zum Einführen der Samen. Ferner ist eine Öffnung angebracht, an die ein bis nahe an das Samennetz reichendes, unten etwas gebogenes Glasrohr angefügt ist. Es ist mit Wattepfropfen verschlossen. Durch dieses wird, wenn die Pflanzen etwas herangewachsen sind, steriler Sand bis zu $^3/_4$ Höhe des Kragens und darauf sterile Tierkohle aufgefüllt. Dann wird das ganze Oberteil abgehoben. — Die Nährlösung muß täglich mittels einer Druckpumpe durchlüftet werden; ebenso auch das Oberteil mit trockener Luft.

Sowohl mit den Samen wie mit der Nährlösung sind Sterilitätsproben in Nährbouillon und in Giltay-Lösung anzustellen[1].

β) Sterilisierung von Moossporen. Moossporen einzeln zu sterilisieren ist nicht möglich. Wohl aber kann man die ganze Kapsel sterilisieren, und zwar entweder mittels Durchziehen durch eine Flamme oder durch Baden in Sublimat-

---

[1] Vgl. die Monographie von KLEIN und KISSER. Hier ausführlichere illustrierte Beschreibung der bewährten Apparatur.

lösung (1 : 100 bis 1 : 10000 je nach Empfindlichkeit der Sporen und dem Öffnungsgrad der Kapsel); darauf Nachspülen mit sterilem Wasser. Dann wird die Kapsel mit sterilisierter Pinzette und Schere geöffnet; die Sporen sind ohne weiteres steril.

### c) Die Kultursubstrate.

α) Stickstoffhaltige Grundnährlösung für Samenpflanzen: Knopsche Nährlösung.

| | | | |
|---|---|---|---|
| Calciumnitrat | 1,00 g | Monokaliumphosphat | 0,25 g |
| Kaliumchlorid | 0,25 g | Destilliertes Wasser | 1000 g |
| Magnesiumsulfat | 0,25 g | 2proz. Ferrichloridlösung einige Tropfen | |

β) Stickstoffhaltige Grundnährlösung für Moose nach MARCHAL:

| | | | |
|---|---|---|---|
| Ammoniumnitrat | 1,0 g | Monoammoniumphosphat | 0,5 g |
| Kaliumsulfat | 0,5 g | Ferrosulfat | 0,01 g |
| Magnesiumsulfat | 0,5 g | Destilliertes Wasser | 1000 g |
| Calciumsulfat | 0,5 g | Mit 10proz. Kalilauge zu neutralisieren | |

γ) Stickstofffreie Grundnährlösung für Samenpflanzen nach LUTZ:

| | | | |
|---|---|---|---|
| Monokaliumphosphat | 8 g | Magnesiumsulfat | 2 g |
| Kaliumchlorid | 1 g | Mangansulfat | 0,4 g |
| Calciumsulfat | 2 g | Destilliertes Wasser | 400 g |
| Ferrosulfat | 2 g | | |

δ) Stickstofffreie Grundnährlösung für Moose nach SERVETTAZ:

| | | | |
|---|---|---|---|
| Kaliumsulfat | 1,0 g | Natriumchlorid | 0,75 g |
| Monokaliumphosphat | 0,5 g | Ferrosulfat | 0,25 g |
| Magnesiumsulfat | 0,5 g | Destilliertes Wasser | 1000 g |

ε) Die organischen Zusätze.

Als zweckmäßige Konzentrationen können etwa die folgenden gelten:

| | | | |
|---|---|---|---|
| Kohlehydrate | 0,5 bis 8 % | Pepton | 0,1 bis 5 % |
| Aminosäuren | 0,5 bis 2 % | Alkylamine | 1 % |

Auf alle Fälle sind aber verschiedene Konzentrationen zu prüfen, da die Schädlichkeitsgrenzen bei verschiedenen Versuchsobjekten sehr verschieden hoch liegen können. Stets sterilisiere man die Zusatzstoffe gesondert und füge sie erst dann der sterilen Grundnährlösung zu.

## D. Assimilation.

### a) Allgemeines.

Der Nachweis einer erfolgten Assimilation kann prinzipiell auf 3 verschiedene Weisen erfolgen: 1. durch Nachweis und Bestimmung des ausgeschiedenen Sauerstoffs, 2. durch Bestimmung des absorbierten Kohlendioxyds, 3. durch Nachweis und Bestimmung der gebildeten Assimilationsprodukte (Stärke und Zucker).

Eine unausschließbare Schwierigkeit jedes Assimilationsversuchs beruht auf der ständig nebenher laufenden Atmung, die stets einen Teil der Wirkung der Assimilation aufhebt. Sie macht bei nur qualitativen Versuchen den Nachweis geringer Assimilationserfolge unmöglich und bewirkt bei quantitativen, daß direkt stets nur die Differenz zwischen Assimilation und Atmung bestimmt werden kann. Wollte man die reine Assimilationsgröße berechnen, so müßte man die Atmung gesondert bestimmen und zu den beobachteten Assimilationswerten hinzuzählen. Doch ist auch dies ungenau, da keineswegs gesagt ist, daß die Atmung eines assimilierenden Blattes dieselbe ist wie die eines an der Assimilation gehinderten. Tatsächlich pflegt die Atmung eines Blattes nach dem Assimilationsversuch stets größer zu sein als vorher, und es ist nichts darüber auszusagen, wie groß der Fehler bei einer Interpolation zwischen beiden Werten ist.

Der Nachweis des ausgeschiedenen Sauerstoffs eignet sich für vorwiegend qualitative Untersuchungen; er läßt sich überaus empfindlich gestalten. Bei quantitativen Bestimmungen pflegt man meist nur den Kohlendioxydverbrauch zu verfolgen.

Durch größere Einfachheit zeichnen sich die quantitativen Methoden aus, die die Zunahme der Trockensubstanz messen. Sie haben jedoch einerseits den Nachteil, daß sie keine laufende Verfolgung des Assimilationsganges gestatten, und andererseits, daß sie eine etwaige Auswanderung von Assimilaten unberücksichtigt lassen müssen. Für eine Aufnahme von Nährsalzen, sofern eine solche den Versuchsumständen nach überhaupt möglich war, läßt sich eine Korrektur dadurch schaffen, daß man vor und nach dem Versuch das Aschengewicht bestimmt und dessen Zunahme von der als Assimilationsleistung geltenden Trockengewichtszunahme subtrahiert. Da all diese Operationen natürlich eine Abtötung der verwendeten Blatteile mit sich bringen, ist es nicht möglich, die Bestimmungen vor und nach der Assimilation an demselben Material zu machen. Auch dies ist ein der Methode unvermeidlich anhaftender Fehler; immerhin läßt er sich wohl in den meisten Fällen durch Zugrundelegung gleicher Flächenstücke eines und desselben Blattes so weit vermindern, daß er unter die Größenordnung der anderen Versuchsfehler sinkt. Ein gewichtiger Vorteil der Methode liegt in ihrer Anwendbarkeit auf Pflanzen, die auf ihrem natürlichen Standort belassen sind, sowie in ihrer Ausdehnbarkeit auf beliebig lange Versuchszeiten; denn die mit Luftdurchleitung arbeitenden Verfahren können natürlich praktisch nur kurzdauernde Versuchsserien liefern, da ihre komplizierte Apparatur eine ständige Bedienung und Beaufsichtigung erfordert.

Es ist üblich, die Assimilationsgröße auf die Einheit der Blattfläche zu beziehen. Deren Bestimmung erfolgt am besten durch Aufzeichnen oder Kopieren auf Papier, Ausschneiden und Wägen; Flächenberechnung auf Grund des Durchschnittsgewichts von 1 $cm^2$ desselben Papieres.

### b) Einfluß der Außen- und Innenfaktoren.

$\alpha$) Temperatur. Bei einheimischen Pflanzen gelten Temperaturen um 24° als Optimum. Immerhin ergeben etwas höhere Temperaturen bei kurzfristigen Versuchen oft größere Assimilationseffekte. Soll die Temperatur laufend bestimmt werden, so ist es nur bei Versuchen mit mäßiger Bestrahlung und mit submersen Wasserpflanzen erlaubt, die Temperatur des Assimilationsraums und der Assimilationsorgane als gleich anzunehmen. Willstätter und Stoll hüllen die Thermometerkugel in ein Silberdrahtnetz, das in ein Silberblech ausmündet, auf dem das assimilierende Blatt ruht. Bei genauerem Arbeiten ist es übrigens unerläßlich, zur Konstanthaltung der Temperatur im Assimilationsraum diesen in ein Wasserbad einzubauen.

$\beta$) Kohlendioxyddosierung. Das Optimum des Kohlendioxydgehaltes liegt um so höher, je intensiver die Beleuchtung und je höher die Temperatur ist. Es kann also oft die Assimilationsleistung durch Erhöhung des Kohlendioxydpartialdruckes gesteigert werden, etwa bis zur Grenze von 5 bis 10%. Andererseits sinkt die Assimilationsleistung bei Verminderung des Kohlendioxydgehaltes stärker als dieser. Da nun jede Assimilation mit einer ständigen Konzentrationsabnahme des Kohlendioxyds verbunden ist, muß für einen ausgiebigen Wechsel der Luft gesorgt werden, wenn man nicht Beeinträchtigung der Leistung in Kauf nehmen will. Dies ist bei Versuchen mit abgeschlossenem Luftvolumen nur dann einigermaßen möglich, wenn man mit sehr großen Assimilationskammern arbeitet und außerdem für hinreichende Zirkulation der Luft in diesen Sorge trägt. Bei Arbeiten mit strömender Luft darf die Strömungsgeschwindigkeit nicht zu gering gewählt werden. Nach KOSTYTSCHEW müssen pro Stunde und Quadratzentimeter Blattfläche 1 bis 1,5 l Luft hindurchgeleitet werden.

$\gamma$) Wasserzufuhr. Eine möglichst ausgiebige Wasserzufuhr ist deswegen so wichtig, weil sich die Spaltöffnungen lange vor Eintritt eines sichtbaren Welkens schließen und damit die Assimilation so gut wie ganz zum Stillstand bringen. Man stelle also abgeschnittene Organe mit dem schräg abgeschnittenen Stiel in Wasser, das zur Vermeidung von Luftblasenabscheidung abgekocht sein soll. Doch darf weder die Blattfläche mit Wasser benetzt sein, noch gar das Blatt auf Wasser schwimmen. Ferner beachte man, daß der durchgeleitete Luftstrom möglichst dampfgesättigt ist; besonders bei höheren Temperaturen ist es notwendig, ihn zu befeuchten.

$\delta$) Belichtung. Da es schwierig ist, die Intensität von Sonnen- und Tageslicht zuverlässig zu bestimmen, zieht man künstliche Beleuchtung vor. Am besten haben sich die gasgefüllten Osram-Azo-Lampen bewährt. Man achte auf das Konstantbleiben der Spannung während des Versuches, lasse auch die Lampe vor Verwendung einige Stunden brennen, um ihre Lichtstärke auf eine gleichbleibende Höhe zu bringen. Die Abstufung der Beleuchtung wird durch Veränderung der Entfernung von Lichtquelle und Objekt erreicht. Völlig unzulässig ist die Verwendung von rotierenden Scheiben, die mit Sektorenausschnitten versehen sind. Die Messung der Lichtstärke muß in derselben Richtung vorgenommen werden, in der sich das Versuchsobjekt befindet. Zum Arbeiten mit farbigem Licht benutzt man SCHOTTsche Filter (SCHOTT & GEN., Jena), deren Durchlässigkeit sich auf genau begrenzte Spektralgebiete erstreckt und bekannt ist. Absorbierende Lösungen geben an: NAGEL: Biol. Zentralbl., Bd. 18, S. 649, und SCHRÖDER: a. a. O. S. 670 u. 671, Tabelle 14 u. 15.

$\varepsilon$) Innere Bedingungen. Bei vergleichenden Versuchen über die Größe der Assimilationsleistung fallen noch einige schwer genauer faßbare Faktoren ins Gewicht, die in der Beschaffenheit des verwendeten Blattmaterials beruhen. Dies sind besonders Alter der Blätter, Dicke und Chlorophyllgehalt; mit letzteren beiden Faktoren hängt der Unterschied von Licht- und Schattenblättern zusammen, die sich in ihrer Leistungsfähigkeit sehr unterscheiden. Ferner ist zu beachten, daß viel Pflanzen von Natur aus an verschiedene Lichtintensitäten angepaßt sind. Fagus silvatica assimiliert z. B. schon bei schwachem Licht, verträgt aber starkes nicht; Robinia pseudacacia hat ihr Wirkungsoptimum dagegen bei hohen Lichtintensitäten. Übrigens wird man, wenn die Auswahl nicht durch andere Gesichtspunkte in bestimmte Richtungen gelenkt ist, solche Blätter vorziehen, die lange turgeszent zu bleiben vermögen; beliebte Versuchspflanzen sind Prunus laurocerasus und Vitis vinifera.

Ferner ist für die Beurteilung der Assimilationsleistung von Belang, welche Ableitungsmöglichkeit für die Assimilate besteht, und wie groß die Anhäufung von Assimilaten in den Blättern bei Versuchsbeginn ist. Um in letzterer Hinsicht möglichst günstige Bedingungen zu schaffen, pflücke man die Versuchsblätter morgens ab und schiebe, wenn das zu einer vollständigen Entstärkung notwendig ist, noch eine Dunkelkultur vorher ein. Hinsichtlich der Ableitung gleichförmige und zugleich optimale Bedingungen zu schaffen, dürfte nicht möglich sein. Am ungünstigsten für die Höhe der Assimilationsleistung liegen die Verhältnisse bei isolierten Blättern. Hier tritt ein mit der zunehmenden Anhäufung von Assimilaten parallel gehendes Sinken der Assimilationsintensität ein, so daß diese schließlich den Wert Null erreicht. Das ist besonders ausgeprägt bei den Pflanzen, die Zucker als Assimilationsprodukt bilden. Diese wird man also zu solchen Versuchen möglichst nicht benutzen.

Überall, wo man mit abgeschlossenen Assimilationsräumen arbeitet, muß man beachten, daß die Anpassung an die veränderten Temperatur- und Feuchtigkeitsverhältnisse eine gewisse Zeit braucht, nach deren Ablauf erst wieder normale Assimilationswerte erwartet werden dürfen. Natürlich wird man besonders bei abgepflückten Blättern diese Wartezeit auch nicht zu lange ausdehnen, um nicht in die Gefahr eines beginnenden Welkens zu kommen.

### c) Methoden mit Nachweis der Sauerstoffausscheidung.

**1. Blasenzählmethode.** Das übliche Versuchsobjekt sind 10 bis 15 cm lange Stengel von Elodea canadensis, die überall aus Teichen und dergleichen leicht zu beschaffen sind, und auch im Laboratorium in großen mit Wasser gefüllten Glasgefäßen vorrätig gehalten werden können. Man suche dichtbeblätterte kräftige Triebe aus und erneuere die Schnittflächen vor Verwendung. Das Wasser, in dem der Versuch vorgenommen wird, soll Zimmertemperatur haben. Man nehme abgestandenes Leitungs- oder Brunnenwasser, das evtl. öfters zu wechseln ist. Auch destilliertes Wasser mit Zusatz von 1% Natriumkarbonat wird empfohlen. Doch vermeide man Einleitung von Kohlendioxyd und eine Erhöhung der Temperatur während des Versuches, da sonst die physikalisch bedingte Gasabscheidung einen Assimilationsblasenstrom vortäuschen könnte.

Die in einer bestimmten Zeit entweichende Blasenzahl kann mit der Stoppuhr bestimmt werden. Dabei ist allerdings vorausgesetzt, daß die Geschwindigkeit des Blasenstromes sich in angemessenen Grenzen hält und eine sichere Auszählung möglich ist. Man wird meist ein Sproßstück finden, das diese Bedingung erfüllt. Auf diese Weise ist eine gewisse quantitative Ausgestaltung des Versuches möglich, und es kann besonders die Wirksamkeit verschieden starker und verschieden gefärbter Lichtquellen verglichen werden. Die unmittelbare Sichtbarkeit des Ergebnisses ist neben der leichten Ausführbarkeit der Hauptvorteil der Methode. Dem steht aber als schwerwiegender Nachteil gegenüber, daß Blasenzahl und Assimilationsintensität nur in weiter Annäherung parallel laufen. Dies kommt daher, daß die entweichenden Blasen keineswegs aus reinem Sauerstoff bestehen, sondern neben diesem auch noch Stickstoff und Kohlendioxyd in unbekanntem und möglicherweise erheblich schwankendem Mengenverhältnis enthalten. Außerdem geht ein Teil des entweichenden Sauerstoffs durch Absorption in dem Wasser verloren, so daß also die Empfindlichkeit des Sauerstoffnachweises nur eine geringe ist.

**2. Bakterienmethode von Engelmann.** Es können Rohkulturen oder Reinkulturen von Bakterien verwendet werden. Erstere lassen sich dadurch erhalten, daß man ein Stückchen geschabtes mageres Fleich oder einige zerkleinerte Erbsen mit Wasser übergießt und einige Tage stehenläßt. Die für den vorliegenden Zweck in Frage kommenden Bakterienarten sammeln sich an der Oberfläche der Kultur und können von dort mit der Platinöse entnommen werden. — Besser ist es indes, Reinkulturen zu verwenden. Geeignet ist u. a. Bacterium fluorescens. Dieses kann man sich nach Kolkwitz leicht dadurch verschaffen, daß man 4g Asparagin, 1 g Monokaliumphosphat und 1 g Magnesiumsulfat[1] mit etwa 1 l Leitungswasser übergießt und 4 bis 6 Tage stehenläßt. Bact. fluorescens pflegt dann so weit angehäuft zu sein, daß seine Reinzüchtung nach den üblichen bakteriologischen Methoden leicht gelingt. Nur frisch umgeimpfte Reinkulturen sind für die Engelmannsche Methode verwendbar.

Als Versuchsobjekte eignen sich dünne Blätter oder Algen. Bewährt haben sich Blattstücke von Elodea canadensis und Fäden von Spirogyra. Sie werden in einen Wassertropfen auf den Objektträger gebracht, eine Öse Bakterienmaterial wird zugefügt, dann legt man das Deckglas unter Vermeidung von Luftblasen auf

[1] Dieses Nährsalzgemisch ist in 1 g-Dosen zu beziehen durch Paul Altmann, Berlin NW 6, Luisenstraße 47.

und umrandet es mit Vaseline. Beim Auffallen wirksamen Lichtes sammeln sich nun die Bakterien um die assimilatorisch tätigen Blatteile oder Algenzellen; dies kann unter dem Mikroskop verfolgt werden.

Zum Nachweis der Bedeutung der Chromatophoren für den Assimilationsprozeß kann man Blätter in einer 10proz. Rohrzuckerlösung zerzupfen; dann läßt sich meist an verschiedenen Stellen des Präparats eine Anhäufung der Bakterien an isoliert liegenden Chloroplasten beobachten. Über ENGELMANNS Methode im Mikrospektrum vgl. Bot. Ztg. Bd. 44, S. 43.

Für die Bakterienmethode ENGELMANNS spricht neben ihrer großen Empfindlichkeit der Umstand, daß es mit ihrer Hilfe möglich ist, den Ort der Assimilation zu bestimmen, eine Aufgabe, die keine der anderen Methoden in so bündiger Weise zu lösen vermag. Als Fehlerquelle kommt in Frage, daß positiv-chemotaktische Wirkungen, die irgendwelche von den Versuchsobjekten ausgeschiedene Stoffe bewirken können, leicht mit den aerotaktischen Effekten verwechselt werden können. Entscheiden kann Beobachtung nach längerer Verdunklung oder bei nachweislich unwirksamem (blauem) Licht. Hier ist Assimilation und damit Aerotaxis aufgehoben, Chemotaxis dagegen nicht.

**3. Leuchtbakterienmethode von MOLISCH.** Hierzu sind Reinkulturen von Bacterium phosphoreum erforderlich. Dieses kann aus Rindfleisch, Fischen oder dergleichen gezüchtet werden, die man zur Hälfte mit einer 3proz. Kochsalzlösung bedeckt bei niederer Temperatur stehenläßt; Abimpfung und Umimpfung im Dunkeln. Als Nährbouillon dient folgendes Gemisch:

1 l verdünnter Rindfleischsaft (aus 0,125 kg Rindfleisch)
10 g Pepton
10 g Glyzerin
30 g Kochsalz

Präparatengläser von 9 cm Höhe und 2 cm innerer Weite, die mit eingeschliffenem Stöpsel versehen sind, werden zu einem Drittel mit dem Extrakt zerriebener Blätter, in den übrigen 2 Dritteln mit der obigen Bouillon gefüllt, in der Leuchtbakterien kultiviert sind. Nach etwa halbstündigem Aufbewahren im Dunkeln ist das Leuchten erloschen und das Präparat für den Assimilationsversuch bereit, dessen Erfolg sich in einem Nachleuchten der Bakterien kundtut.

Der Wert der Methode liegt in ihrer überaus großen Empfindlichkeit. Schon die von einem abbrennenden Streichholz ausgehende Lichtmenge genügt nach MOLISCH, um ein merkliches Aufleuchten hervorzurufen.

### d) Methoden mit Nachweis der Kohlendioxydabsorption.

Die Zahl der hierfür angegebenen Methoden ist sehr groß. Welche für den einzelnen Zweck in Frage kommt, hängt zum Teil von dem ausgewählten Versuchsobjekt ab.

Zunächst sind die mit Algen arbeitenden Methoden zu nennen. Für Meeresalgen gibt KNIEP ein Verfahren an. Hier wird der Kohlendioxyd- und Sauerstoffgehalt des verwendeten Seewassers vor und nach der Assimilationszeit gasanalytisch bestimmt. Die Kultur befindet sich dabei in einer Küvette mit planparallelen Wänden, die durch eine auf ihren abgeschliffenen Rändern ruhende Glasplatte luftdicht abgeschlossen ist.

Für Süßwasseralgen ist eine Methode von O. WARBURG ausgearbeitet worden. Hier dient die Grünalge Chlorella in Reinkultur als Versuchsobjekt. Sie kann in TOLLENSscher Nährlösung gezüchtet werden. Beim Assimilationsversuch ist es zweckmäßig, sie in einem Karbonat-Bikarbonatgemisch zu halten; eine Mischung von 15 cm$^3$ $^1/_{10}$ mol. Natriumkarbonat und 85 cm$^3$ $^1/_{10}$ mol. Bikarbonat hat sich gut bewährt. Das Ausmaß der Kohlendioxydzersetzung wird aus der Druckzunahme berechnet, die mit einem BARCROFTschen Blutgasmanometer gemessen wird. Wegen der zahlreichen Einzelheiten muß auf die Darstellung WARBURGS verwiesen werden.

Als Beispiel für die mit höheren Pflanzen arbeitenden Apparate sei die Anordnung LUNDEGARDHS (1) genannt.

Das Untersuchungsgefäß ist eine Spiegelglasküvette mit planparallelen Wänden von der Größe 1 × 5 × 10 cm. Der kurzgeschnittene Blattstiel taucht in einige Tropfen Wasser am Gefäßboden. Die Zu- und Ableitungsrohre für die Gase führen durch den fest angeklemmten Gummideckel der Küvette. Dieses ganze Gefäß steht nun in einer größeren Spiegelglasküvette, die als Wasserbad dient. Das Wasser darin muß in dauernder Bewegung gehalten werden. Ein Temperaturregulator ist nicht nötig, wenn die Versuchsdauer etwa 12 Minunten nicht übersteigt. Die Temperaturschwankungen der Blätter betragen dann höchstens 1 bis $2^0$ und können vernachlässigt werden.

Der Apparat ist für ruhende und für strömende Luft zu verwenden; bei normalem Kohlendioxydgehalt muß strömende angewandt werden. Als Aspirator und Analysenapparat dient LUNDEGARDHS „Glockenapparat" (3).

Ein anderer für ruhende Luft geeigneter Apparat ist ebenfalls von LUNDEGARDH (2) konstruiert worden. Hier stellt die Assimilationskammer ein doppelwandiger Zinkkasten dar, der mit einer Spiegelglasplatte abgeschlossen ist. Zwischen den Wänden und oberhalb der Platte befindet sich das zur Konstanthaltung der Temperatur dienende Wasser.

Von den anderen gebräuchlichen Assimilationsapparaten sei noch der von BLACKMAN und SMITH genannt.

#### e) Methoden mit Bestimmung der Assimilationsprodukte.

**1. SACHSsche Jodprobe.** Geeignete Versuchspflanzen sind Tropaeolum majus, Helianthus annuus, Cucurbita pepo u. a. Die Blätter, in denen Stärke als Assimilationsprodukt nachgewiesen werden soll, werden in siedenden Alkohol gebracht, bis alles Chlorophyll extrahiert ist; dann kommen sie in eine Lösung von Jod in Chloralhydrat (5 g Chloralhydrat, 2 cm³ Wasser, Jod bis zur Sättigung). Hierin wird das Präparat gleichzeitig aufgehellt, und die einzelnen Stärkekörner sind mikroskopisch sichtbar. Aus dem Grad der Dunkelfärbung läßt sich die Assimilationsleistung wenigstens schätzungsweise bestimmen.

**2. SACHSsche Blatthälftenmethode.** Als Demonstrationsobjekt dient Sparmannia. Sie ist nach einer Verdunkelung von 17 Uhr bis 11 Uhr stärkefrei. Aus der einen Hälfte eines Blattes wird dann mit einer Schablone ein 50 bis 100 cm² großes Blattstück herausgeschnitten. Dasselbe wird am Abend nach erfolgter Assimilation mit der anderen Hälfte gemacht. Jeder Ausschnitt wird für sich in strömendem Dampf abgetötet, nach Trocknung gepulvert, im Exsikkator bis zur Gewichtskonstanz getrocknet und gewogen. Abgesehen von den obengenannten Fehlerquellen gibt die Gewichtsdifferenz die Assimilationsleistung an.

## E. Atmung.[1]

### a) Sauerstoffatmung.

**1. Grundsätzliches.** Der Nachweis, daß irgendwelche vorliegenden Pflanzenteile Atmung aufweisen, wird allgemein durch Identifizierung der ausgeschiedenen Kohlensäure geführt. Zu dem Zweck wird die über die Pflanzenteile gestrichene

[1] Vgl. die Monographie von KOSTYTSCHEW und in diesem Bd., S. 1056.

Luft durch Barytwasser geleitet und das sich dabei abscheidende Bariumkarbonat der chemischen Untersuchung unterworfen.

Doch hat ein nur qualitativer Nachweis der Atmungskohlensäure nur geringe Bedeutung. Oft liegt die Aufgabe vor, die Atmungsintensität verschiedener Pflanzen oder Pflanzenteile zu vergleichen. Zu dem Zweck ist zunächst die Kohlendioxydbestimmung quantitativ auszugestalten. Eine etwas schwierige Frage ist dann, auf welche Einheit des Pflanzenmaterials man beziehen soll, um möglichst gut vergleichbare Werte zu erhalten. Meist ist es üblich, auf 1 g Trockengewicht zu berechnen. Doch können die so erhaltenen Zahlen sehr irreführen, wenn eine Vergleichung der Atmungsaktivitäten verschiedener Plasmaarten beabsichtigt war. Denn es ist zu bedenken, daß Pflanzenzellen einen innerhalb sehr weiter Grenzen schwankenden Bruchteil nicht plasmatischen Materials enthalten, ja, daß einige Gewebearten wie Holz oder Kork zum großen Teil aus Zellen bestehen, die überhaupt nicht mehr atmen. Demnach scheint diese Berechnungsart nur statthaft bei Pflanzen oder Pflanzenteilen, bei denen der Zellulosegehalt relativ gering und bei denen die Anwesenheit erheblicher Mengen toter Zellen ausgeschlossen ist, also z. B. bei niederen Pflanzen und bei Embryonalorganen. — PALLADIN hat versucht, die gemessene Kohlensäuremenge auf die Menge des vorhandenen Plasmas dadurch zu beziehen, daß er diese aus der Stickstoffmenge zu erschließen versuchte, die in dem Rückstand vorhanden ist, der bei der Verdauung des Versuchsmaterials im Magensaft übrigbleibt. Dies setzt voraus, daß dieser Stickstoff wenigstens in der Hauptsache in den Nukleinen des Plasmas seinen Ursprung hat und daß der Gehalt des Plasmas an Nukleinen ein einigermaßen konstanter ist. Wie weit diese Voraussetzung berechtigt ist, ist schwer zu sagen; jedenfalls gibt es auch unverdauliche Reserveproteine. Immerhin dürfte die PALLADINsche Berechnungsart in vielen Fällen besser vergleichbare Zahlen liefern als die Beziehung auf Trockengewichte.

Außer der Bestimmung der Kohlendioxydproduktion kommt für Atmungsuntersuchungen noch die Ermittlung des Sauerstoffverbrauchs in Frage. Jedoch mit der Einschränkung, daß aus der Feststellung eines Sauerstoffverbrauchs *allein* sich überhaupt keine zuverlässigen Schlüsse auf die Atmung ziehen lassen, da es auch sauerstoffverzehrende Vorgänge von geringer Wärmetönung in der Pflanze gibt, die mit der eigentlichen Atmung nichts zu tun haben. Wohl aber spielt bei vielen Betrachtungen das Verhältnis der ausgeschiedenen Kohlendioxyd- zur aufgenommenen Sauerstoffmenge, der sog. Atmungsquotient, eine Rolle. Diesen zu bestimmen, ist das Ziel der Methoden, die eine Messung beider Gase gleichzeitig verfolgen.

**2. Bestimmung der Kohlendioxyderzeugung.** Die verwendeten Apparaturen bestehen aus einer Vorrichtung, die die atmosphärische Luft von ihrem natürlichen Kohlendioxydgehalt befreit, einem Rezipienten, der das Pflanzenmaterial enthält, einem Absorptionsapparat für das abgegebene Kohlendioxyd und einer Saugpumpe, die das ständige Hindurchströmen der Luft veranlaßt.

Zur Befreiung der einströmenden Luft von Kohlensäure leitet man sie durch einen mit Natronkalk gefüllten Trockenturm. Man achte darauf, daß der zur Füllung benutzte Natronkalk frisch und etwas wasserhaltig ist; von letzterem überzeuge man sich dadurch, daß man eine Probe des Kalkes im Reagenzglas erwärmt: Es muß an den kälteren Wandteilen des Röhrchens ein deutlich sichtbarer Belag von Kondensationswasser auftreten.

Als Rezipienten können Gefäße von sehr verschiedener Gestalt verwendet werden: dickwandige, weithalsige Glasflaschen, U-förmige Röhren, umgekehrt stehende Erlenmeyerkolben (für Untersuchungen mit Schimmelpilzen u. ä.; der größte Teil des Kolbeninnern muß hierbei mit der Nährlösung gefüllt sein) oder zylinderförmige, weithalsige Gläser, deren Innenwand nach Sterilisierung mit einer Nährgallerte für Untersuchungen an Bakterien und anderen niederen Organismen ausgegossen ist. Auf jeden Fall achte man darauf, daß die Gefäße im Vergleich zu der verwendeten Pflanzenmenge nicht zu groß sind und daß die Mündungen von Zu- und Ableitungsrohr soweit wie möglich voneinander entfernt angebracht werden.

Als Absorptionsapparate verwende man entweder wägbare, U-förmige Natronkalkröhren, von denen 2 Stück hintereinander zu schalten sind; die zweite darf beim Gebrauch nur eine ganz geringfügige Gewichtszunahme zeigen. Vorzuschalten ist ein Rohr, das mit Schwefelsäure getränkten Asbest enthält. Ferner soll hinter den Absorptionsapparat eine kleine, mit konzentrierter Schwefelsäure gefüllte, wägbare Waschflasche angeordnet werden, um ein Gleichgewicht des Wassergehaltes in dem Apparat zu sichern. Statt dessen kann auch ein Geiszlerscher Kaliapparat benutzt werden. Seine Kugeln sind mit 40- bis 45proz. Kalilauge zu füllen; in sein Chlorcalciumrohr kommt mit Schwefelsäure getränkter Asbest. Dahinter wird auf jeden Fall noch eine Schwefelsäurewaschflasche geschaltet, die etwa aus der Luftpumpe zurücktretende Feuchtigkeit abfangen soll und nicht mitgewogen wird.

Die einzelnen Teile der Apparatur sind durch Gummischläuche miteinander verbunden. Vor und hinter dem Absorptionsapparat befindet sich ein Schraubenquetschhahn; mittels des letzteren wird der Luftstrom reguliert; bei Auswechslung des Absorptionsapparats werden beide geschlossen.

An Stelle dieser Absorptionsvorrichtungen benutzt man, wenn Atmungsbestimmungen für kürzere Zeitabschnitte gemacht werden sollen, die bequemer auswechselbaren Pettenkoferschen Rohre, die mit Barytwasser (7 g Bariumhydroxyd, kristallisiert + 1 g Bariumchlorid in 1 Liter Wasser) gefüllt werden. Näheres über ihre Anordnung und Behandlung vgl. Pfeffer (Untersuchungen aus dem Botanischen Institut Tübingen Bd. 1, S. 636, 1881—85, und Kostytschew (Pflanzenatmung, S. 29).

Um bei Verwendung einer Wasserstrahlluftpumpe trotz evtl. Schwankungen des Wasserdrucks in der Leitung einen gleichmäßig starken Luftstrom zu bekommen, empfiehlt es sich nach Palladin, eine Regulatorflasche vor die Pumpe zu schalten. Hierzu nimmt man eine dreifach tubulierte Flasche, in die man eine 2 cm hohe Quecksilberschicht und eine ebenso hohe Wasserschicht gibt. Das Lufteintrittsrohr mündet 1 cm unter dem Wasserspiegel, das zur Pumpe führende Austrittsrohr über den Flüssigkeiten, während ein drittes, oben offenes, gerades Glasrohr im dritten Tubus 1 cm unter der Quecksilberoberfläche endet. Diese Vorrichtung bewirkt automatisch die Erhaltung eines Unterdrucks von 1 cm Quecksilber.

**3. Bestimmung des Atmungsquotienten.** Das Prinzipielle dieser Methode besteht darin, daß Pflanzenmaterial in einem geschlossenen Rezipienten gehalten wird. Von Zeit zu Zeit wird eine Probe der eingeschlossenen Luft entnommen und gasanalytisch untersucht. Die einwandfreie Durchführung solcher Untersuchungen setzt komplizierte Apparaturen und Vertrautsein mit den Methoden der Gasanalyse voraus. Beschreibung des Baues und der Handhabung eines Apparats von Polowzow-Richter vgl. Kostytschew, Pflanzenatmung, S. 34. Über die analytische Technik geben die entsprechenden Handbücher, z. B. Hempel, Gasanalytische Methoden, erschöpfend Auskunft.

### b) Anaerobe Atmung.

**1. Die Fernhaltung des Sauerstoffs.** Anaerobe Bedingungen kann man entweder dadurch schaffen, daß man einem mit den Untersuchungsobjekten eingeschlossenen Luftvolumen durch ein sauerstoffbindendes Mittel allen Sauerstoff entzieht oder dadurch, daß man die Pflanzen in die künstliche Atmosphäre eines unwirksamen Gases bringt; letzteres kann ruhend oder strömend angewandt werden.

Das erste Verfahren kommt nur in Frage, wenn keine quantitativen Bestimmungen erforderlich sind. Man benutzt als Rezipienten zweckmäßig einen Exsikkator, in dessen unteren Teil man konzentrierte Kalilauge tut; in diese wird ein leicht umkippbares Gefäß mit Pyrogallol gestellt. Nach sorgfältigem Verschluß des Exsikkators werden die beiden Chemikalien vermischt und dadurch die Absorption des Sauerstoffs eingeleitet. Diese kann bald als praktisch vollständig gelten. Unvermeidlich bei diesem Verfahren ist, daß die Pflanzen unter vermindertem Druck stehen und damit unnatürlichen physikalischen Bedingungen unterworfen sind, deren etwaiger Einfluß zu untersuchen wäre. Aus demselben Grunde ist die Schaffung anaerober Verhältnisse durch Auspumpen der Luft in erhöhtem Maße zu beanstanden, wenn nicht gleichzeitig der Einfluß der Druckverminderung zuverlässig untersucht wird.

Als indifferente Gase kommen in erster Linie Wasserstoff und Stickstoff in Frage. Ersterer ist besonders leicht in der nötigen Reinheit herzustellen; da er jedoch möglicherweise nicht ganz inaktiv ist und ein etwas unnatürliches Medium darstellt, ist vielleicht doch Stickstoff vorzuziehen. — Wasserstoff gewinnt man aus reinstem Stangenzink und reiner Schwefelsäure (1 Teil konzentrierte Schwefelsäure + 3 Teile Wasser), der etwas Kupfersulfat beigefügt ist. Das Gas wird zur Bindung allen Sauerstoffs durch eine mit alkalischer Pyrogallollösung gefüllte Waschflasche geleitet. — Stickstoff entnimmt man am besten einer Bombe mit Reduzierventil; Reinigung ebenfalls mit alkalischer Pyrogallollösung. Auch Kohlendioxyd ist für den gleichen Zweck oft verwendet worden, besonders wenn es sich darum handelte, die Ausscheidung von Gasen außer Kohlendioxyd nachzuweisen. Man geht dann so vor, daß man nach Versuchsschluß den Gasinhalt des Untersuchungsgefäßes in ein mit konzentrierter Kalilauge gefülltes Eudiometerrohr drückt, wo nach Absorption des Kohlendioxyds die anderen Gase sich ansammeln. Das für diesen Zweck notwendige, reine Kohlendioxyd gewinnt man durch Erhitzen von chemisch reinem Natriumbikarbonat in einem Verbrennungsrohr. Es muß indesssen bemerkt werden, daß Kohlendioxyd nicht als indifferentes Gas betrachtet werden darf. Die Versuchspflanzen werden von ihm geschädigt, so daß solche Versuche nicht über allzulange Zeit ausgedehnt werden dürfen. Auch ist damit zu rechnen, daß durch die Vergiftung abnorme physiologische Verhältnisse geschaffen werden.

Eine nicht ganz fortzuschaffende Schwierigkeit aller Versuche über anaerobe Atmung liegt darin, daß die Anhäufung der mehr oder weniger giftigen Atmungsprodukte in den pflanzlichen Geweben eine Schädigung und ein schließliches Absterben zur Folge haben muß. Dies läßt sich allenfalls dadurch etwas aufschieben, daß man die Pflanzen in Wasser oder Nährlösung stellt, in die ein Teil der Stoffwechselprodukte hineindiffundieren kann.

**2. Der Alkoholnachweis.** Unter den Produkten der anaeroben Atmung ist der Alkohol von besonderer Wichtigkeit. Um ihn nachzuweisen und quantitativ zu bestimmen, schaltet man bei Versuchen mit Gasdurchleitung zwischen den Rezipienten und den Kohlendioxydabsorptionsapparat eine eisgekühlte Waschflasche, die destilliertes Wasser enthält, um einen Alkoholverlust durch Verdampfung zu vermeiden.

Zum Zweck der Alkoholbestimmung bringt man nun das gesamte Versuchsmaterial aus dem Rezipienten, den Inhalt der Waschflasche sowie das zum Nachspülen von Rezipienten und Waschflasche verwendete Wasser in einen geräumigen Destillationskolben, fügt noch weiteres Wasser dazu und destilliert davon etwa die Hälfte ab. Dann wird noch mehrmals umdestilliert, das erstemal unter Zusatz von Calciumkarbonat, wenn das Destillat sauer, von Phosphorsäure, wenn es alkalisch war. Man engt auf diese Weise bis auf etwa 50 cm³ ein.

Von den qualitativen Nachweismethoden ist die Jodoformreaktion nach MUNTZ am empfindlichsten: Man gibt zu 10 cm³ Destillat 2 g Natriumkarbonat und 0,1 g

Jod und erwärmt im Wasserbad auf 60°; nach dem Erkalten scheiden sich die charakteristischen Jodoformkristalle aus (Mikroskop!); auch der charakteristische Jodoformgeruch ist nicht zu verkennen. Die Reaktion ist jedoch nicht streng spezifisch: Azetaldehyd, Azeton und Milchsäure geben sie von den im Pflanzenreich vorkommenden Stoffen auch. Sonst empfiehlt sich die Benzoesäureäthylesterprobe nach BERTHELOT: Es werden zu dem möglichst konzentrierten Destillat ein paar Tropfen Benzoylchlorid und ein Überschuß von Kalilauge gegeben; Geruch nach dem Ester weist auf Alkohol. — Zur sicheren Identifizierung wird Alkohol in *p*-Nitrobenzoesäureäthylester übergeführt und eine Stickstoffbestimmung vorgenommen (E. BUCHNER und J. MEISENHEIMER, Berichte der Deutschen chemischen Gesellschaft, Bd. 38, S. 624, 1905).

Unter den quantitativen Alkoholbestimmungsmethoden ist wohl die pyknometrische am einfachsten. Hierzu ist es notwendig, das Gewicht der gesamten gewonnenen Alkoholmenge sowie ihr spezifisches Gewicht mit Hilfe des Pyknometers zu bestimmen. Der Prozentgehalt kann dann aus Tabellen abgelesen werden und eine Rechnung ergibt die absolute Alkoholmenge. — Unter den chemischen Bestimmungsmethoden sei das Permanganatverfahren von H. P. BARENDRECHT (Zeitschrift f. anal. Chem., Bd. 52, S. 167, 1913) erwähnt.

Gleichzeitige Anwesenheit von Aldehyd würde bei all diesen quantitativen Verfahren einen Fehler verursachen. Ist sein Gehalt größer als 5%, so muß zuvor seine Abtrennung vorgenommen werden; ein Verfahren hierzu geben BODNÁR und HOFFNER (Biochem. Zeitschr., Bd. 165, S. 153, 1925) sowie KOSTYTSCHEW an (Biochem. Zeitschr., Bd. 64, S. 237, 1914).

**3. Die NEUBERGsche Abfangmethode für Aldehyd.** Da in den Theorien über Atmung und Gärung der Azetaldehyd als Zwischenprodukt eine große Rolle spielt, hat die Methode seiner Erfassung eine besondere Bedeutung. Es wird zu dem Zweck Dimedon sowie Natrium- und Calciumsulfit verwendet; letzteres ist wegen seiner geringen Löslichkeit unschädlicher auf empfindliche Organismen, indes auch weniger wirksam als das Natriumsalz. Calciumsulfit stellt man sich am besten zum Gebrauch stets frisch her, indem man Natriumsulfit mit Calciumchlorid ausfällt und den abfiltrierten Niederschlag gut auswäscht.

Als Beispiel für die Anwendung des Abfangmittels seien Atmungsversuche mit keimenden Erbsen sowie Gärungsversuche mit Hefen und Bakterien beschrieben:

1. Aldehydbildung durch keimende Erbsen (nach NEUBERG und GOTTSCHALK). 90 g gute Erbsensamen werden $^3/_4$ Stunde lang in $^1/_2$proz. Sublimatlösung unter öfterem Umschütteln sterilisiert, mit ausgekochtem Leitungswasser gewaschen und in sterilen Petrischalen zum Auskeimen gebracht. Nach 3 Tagen werden sie aseptisch grob zerkleinert und in 450 cm³ 2,25proz. Glukoselösung gebracht, der 10 g frisch bereitetes Calciumsulfit beigefügt ist. Es wird etwa 3 Tage lang ein Strom reiner, sauerstofffreier Wasserstoff durchgeleitet. Dann hat sich Aldehyd angehäuft, der abdestilliert werden kann.

2. Gärung mit Preßhefe (nach NEUBERG und REINFURTH). 20 cm³ 10proz. Rohrzuckerlösung wird mit 2 g Calciumsulfit und 2 g Preßhefe angerührt und $^1/_4$ Stunde bei 38 bis 40° der Gärung überlassen. Dann können 3 cm³ der Flüssigkeit ohne Filtration zum Aldehydnachweis entnommen werden.

3. Gärung mit Bakterien (nach NEUBERG und NORD); geeignetes Versuchsobjekt Bacterium coli. Hier muß wegen der längeren Versuchsdauer unbedingt steril gearbeitet werden. Fleischbouillon mit 1 bis 2% Pepton wird nach Sterilisation in zuvor sterilisierte Kolben von etwa 100 cm³ Inhalt gefüllt. Dann wird noch dreimal im Dampftopf sterilisiert; vor dem letztenmal werden die Zusätze hinzugegeben, und zwar etwa 1 g Calciumkarbonat, etwa 2 g Calciumsulfit, beide zuvor für sich bei 180° sterilisiert, sowie der zu prüfende Zucker od. dgl. etwa in einer Konzentration

von 1 bis 2,5 %; seine Lösung ist ebenfalls für sich zu sterilisieren. Erweisen sich die Kolben als steril, so kann die Beimpfung vorgenommen werden. Kultiviert wird bei 37°; Dauer 1 bis 24 Tage. Dann können zur Ausführung der Aldehydreaktion 3 cm³ ohne Bodensatz steril entnommen werden.

Zum qualitativen Aldehydnachweis werden zu 3 cm³ Flüssigkeit 0,5 cm³ einer 4proz. Nitroprussidnatriumlösung sowie 2 cm³ einer 3proz. Piperidinlösung hinzugefügt; Blaufärbung zeigt Aldehyd an.

**4. Reduktion von Nitronanthrachinon nach BIELING.** Es wird eine unter Erwärmen hergestellte Lösung von Nitroanthrachinon in Wasser (1 : 50) verwendet (Nitroanthrachinon zu biologischen Zwecken liefern die I. G. Farbwerke Höchst a. M.). Hiervon werden 1,0 bis 2,5 cm³ mit 10 cm³ der zu untersuchenden Flüssigkeit aufgefüllt. Als solche kann eine Aufschwemmung von 2 g Zellbrei in 10 cm³ Wasser dienen. Oder es wird 1 cm³ einer 24stündigen Fleischbrühekultur von Staphylococcus albus oder einem anderen Bakterium mit 3 cm³ physiologischer Kochsalzlösung und 0,5 cm³ Nitroanthrachinonlösung und evtl. 0,5 cm³ einer Lösung des Stoffes, dessen Einfluß auf den Atmungsvorgang untersucht werden soll, gut vermischt und in einem Wasserbad von 37° 1 bis 4 Stunden belassen. Bei längerer Versuchsdauer müssen sterile Bedingungen eingehalten werden. Die dann eingetretene Färbung kann durch Vergleich mit Amidoanthrachinonlösungen kolorimetrisch bestimmt werden. Ferner ist eine dauernde Festlegung der Versuchsergebnisse dadurch möglich, daß man ein Stück weißen Wollstoff mit den Lösungen aufkocht, auswäscht und trocknet.

## F. Ernährung niederer Pflanzen. Allgemeine Lebensbedingungen.

(Vgl. in diesem Bd. S. 315.)

**1. Bedeutung der Reinkulturen.** Die Geschichte der mikrobiologischen Forschung lehrt, daß eine Entwirrung der ernährungsphysiologischen Probleme bei niederen Organismen erst durch konsequente Verwendung von Reinkulturen möglich wurde. Diese Bedeutung haben die Reinkulturen bis heute behalten; sie ist sogar noch gesteigert worden insofern, als nicht nur Einheitlichkeit der Art, sondern sogar der Varietät im engsten Sinne verlangt zu werden pflegt, da sich oft gezeigt hat, daß auch verschiedene Stämme einer und derselben Art ein ernährungsphysiologisch unterschiedliches Verhalten zeigen können. Man fordert Einzelkulturen, also Stämme, die nachweislich aus einer einzigen Zelle hervorgegangen sind. Züchtung aus Tuschetropfen, vgl. S. 321. Auf diese Weise ist fürs erste der höchste Grad von Einheitlichkeit des Versuchsmaterials gewährleistet. Es ist jedoch zu bedenken, daß Mutationen und unter der Einwirkung abnormer Lebensbedingungen eintretende Dauermodifikationen das ernährungsphysiologische Verhalten verändern können. Daraus ergibt sich die Forderung, die Beimpfung der ganzen, zu irgendwelchen Vergleichen dienenden Versuchsreihen aus ein und derselben frisch angelegten Kultur vorzunehmen. Besonders haben lange auf künstlichen Nährböden fortgezüchtete Laboratoriumsreinkulturen oft durch Degeneration stark abweichende Eigenschaften angenommen. Deshalb wird man nach Möglichkeit frisch isolierte Stämme vorziehen und einer Degeneration durch häufiges, alle paar Tage wiederholtes Umimpfen auf frische Nährböden während der Versuchsperiode vorzubeugen suchen. — Bakterienstämme liefert: KRALS Bakteriologisches Museum, Wien IX/3, Zimmermanngasse 3; Hefen und Schimmelpilze: Institut für Gärungsgewerbe, Berlin N, Seestraße.

Es muß hier indes gesagt werden, daß jede Reinkultur eigentlich den Organismus unter unnatürlichen Lebensbedingungen zeigt, da in der freien Natur stets ein Wechselspiel zahlreicher Mikroorganismenarten, ein Für- und Gegeneinanderarbeiten durch gegenseitige Beeinflussung mittels der Stoffwechselprodukte, durch

Fortnahme und Schaffung geeigneter Nahrungsstoffe stattfindet. Demnach kann ein Arbeiten mit natürlichen Mischkulturen durchaus sinnvoll sein, wenn es gilt, einen biologischen Umsetzungsvorgang und seine Bedingungen im ganzen zu untersuchen. Nur ist dann keine Auskunft zu erlangen, welche Rolle dabei die einzelnen beteiligten Organismenarten spielen und welches deren Fähigkeiten sonst sind. — Es liegt nahe, das Zusammenwirken mehrerer Arten durch Zusammenimpfen der entsprechenden Reinkulturen zu studieren. Doch ist es offenbar schwierig, auf diese Weise die komplizierten natürlichen Lebensverhältnisse nachzuahmen, und die Erfolge solcher Versuche waren bisher durchweg unbefriedigend[1].

**2. Azidität.** Hefen, Schimmelpilze, Euglena und Astasia lieben schwach lackmussaure Nährsubstrate, die durch Zusatz von etwa 0,05 % Monokaliumphosphat oder einer entsprechenden Menge Weinsäure oder Zitronensäure zu erreichen sind. Hierdurch wird bei nicht ganz sterilem Arbeiten gleichzeitig das Wachstum von Bakterien unterdrückt. Bakterien und Algen sowie Polytoma lieben schwach lackmusbasische Substrate, die durch Zufügung von Dikaliumphosphat erhalten werden können. Eine Mischung von primärem und sekundärem Phosphat im Verhältnis 1 : 4 hat sich oft bewährt. Diese günstige Reaktion kann bei säurebildenden Bakterienarten durch Zugabe einer nicht zu geringen Menge Calciumkarbonat oder Magnesiumkarbonat während der ganzen Versuchsdauer aufrechterhalten werden. Bei Gallertkulturen muß dann in Petrischalen gearbeitet werden, bei denen die Gallerte in dünner Schicht über dem zuvor in der Schale sterilisierten gleichmäßig verteilten Karbonat ausgegossen wird.

**3. Temperatur.** Allgemeine Angaben über die günstigste Versuchstemperatur sind angesichts der verschiedenen Lage der Optima bei den einzelnen Arten nicht zu machen. Versuche auf Gelatine müssen wegen des niedrigen Schmelzpunktes bei Temperaturen unter 30° angestellt werden; sonst wird man bei Bakterien die meist — nicht immer — günstigeren höheren Temperaturen um 37° bevorzugen. Jedenfalls ist zu beachten, daß wenigstens für vergleichende quantitative Versuche ein genaues Einhalten einer bestimmten Temperatur unerläßlich ist. Hierzu dienen die bekannten Brutschränke mit automatischen Thermoregulatoren.

**4. Kulturdauer.** Die Umsetzungsgeschwindigkeit steigt meist infolge der schnellen Vermehrung der Mikroorganismen in frischen Nährlösungen in kurzer Zeit[2] auf ein Maximum an, um dann langsam zu fallen, derart, daß das Ende der Umsetzung bei reichlichen Nährstoffvorräten erst nach Wochen und Monaten erreicht zu sein pflegt. Dies besonders dann, wenn Anhäufung von schädlichen Stoffwechselprodukten die Lebensbedingungen zunehmend ungünstiger gestaltet. Dies ist bei Versuchen, in denen es auf eine restlose Verzehrung der gebotenen Nährstoffmengen ankommt, wohl zu beachten.

**5. Durchlüftung.** Apparate zum ständigen Durchperlen von Luft, wie dies für viele Zwecke notwendig ist, sind leicht zusammenzustellen und öfters beschrieben worden (z. B.: Koch, A. (**3**). Anaerobe Kulturmethoden vgl. S. 325. Einen Apparat zur Züchtung unter einer Atmosphäre von willkürlicher Zusammensetzung vgl. Söhngen.

**6. Passagenkulturen.** Die fundamentalste ernährungsphysiologische Frage ist die, welche Stoffe und Stoffgruppierungen zur Ernährung einer bestimmten Mikroorganismenart notwendig und ausreichend sind. Sie zu beantworten hat große experimentelle Schwierigkeiten, weil angesichts der Kleinheit dieser Lebewesen schon die minimalsten Nährstoffmengen eine Fortexistenz und sogar gewisse Vermehrung möglich machen. Abgesehen von der bereits früher erörterten Notwendigkeit, nur

---

[1] Amöben und Myxomyzeten sind in „Doppelreinkulturen" gezüchtet worden; als Futterorganismus hat sich oft Bacterium coli bewährt. Vgl. Küster.

[2] Bei Kulturversuchen auf ungünstigen Nährsubstraten kann das erste sichtbare Wachstum gelegentlich erst nach 1 bis 2 Wochen auftreten.

chemisch allerreinste Stoffe zu solchen Versuchen zu verwenden, bringt dies die Forderung mit sich, die bei der Beimpfung an und in den Zellen mit übertragenen Nährstoffe auszuschließen. Dies gelingt dadurch, daß man aus einer gewachsenen Kultur in eine frische Nährlösung gleicher Zusammensetzung überimpft und, wenn diese wieder gewachsen ist, in noch eine neue usw. Erst wenn 3 oder 4 solcher „Passagen" gelungen sind, darf man das vorliegende Nährsubstrat als für die betreffende Art ausreichend bezeichnen. — Da die Beimpfung solcher minder günstigen Nährsubstrate reichlich sein muß, empfiehlt es sich nach Braun und Cahn-Bronner, die Platinöse zunächst in die zu beimpfende Lösung zu tauchen und dann auf den Bakterienrasen einer frisch gewachsenen Schrägagarkultur zu bringen, so daß in dem Tröpfchen eine Bakteriensuspension entsteht. Beim Passagenweiterimpfen übertrage man 1 bis 2 Ösen.

**7. Mineralische Nährlösungen.** Bei Versuchen über die Brauchbarkeit kohlenstoff- und stickstoffhaltiger Nährstoffe für Bakterien und andere heterotrophe Organismen verwendet man als Grundsubstanz eine anorganische Nährlösung, zu deren Herstellung man sich am zweckmäßigsten folgende Stammlösungen vorrätig hält:

Lösung I: Monokaliumphosphat 10 %
Lösung II: Magnesiumsulfat krist. 1 %
Lösung III: Kalziumchlorid 1 %
Lösung IV: Ferrichlorid 1 %

Im allgemeinen mische man davon: 10 $cm^3$ I, 30 $cm^3$ II, 1 $cm^3$ IV, 959 $cm^3$ destilliertes Wasser. Für Organismen, die Kalzium gebrauchen, außerdem noch 10 $cm^3$ III (Cyanophyzeen, Spirogyra, Vaucheria u. a.). Diatomeen brauchen Natrium; ein Zusatz von 2 % Natriumchlorid ist am vorteilhaftesten.

Will man auf Gallertnährböden arbeiten, so verwende man, um die Anwesenheit unerwünschter organischer Stoffe auszuschließen, entweder durch mehrtägiges Wässern in häufig gewechseltem Wasser gereinigten Agar oder eine Kieselsäuregallerte. Doch sind Gallertkulturen für die Entscheidung der Nährstoffbedürfnisfrage nie ganz beweiskräftig.

**8. Konzentration der Nährstoffe.** In welchen Konzentrationen die kohlenstoff- und stickstoffhaltigen Nährstoffe dargeboten werden müssen, ist nicht allgemein zu sagen, da manche Arten nur aus verdünnten Lösungen zu schöpfen vermögen, während andere an hochkonzentrierte angepaßt sind oder sich anpassen können. Auch der osmotische Wert der in dem Nährsubstrat vorhandenen Stoffe spielt dabei eine große Rolle.

Um wenigstens einen Anhaltspunkt zu geben, sei gesagt, daß man bei der Kohlenstoffnahrung mit einer Konzentration bis zu 0,5 %, bei der Stickstoffnahrung bis zu 0,1 % zu rechnen pflegt. Hefen vergären Zucker noch in Konzentrationen von 15 % und darüber; auch Schimmelpilze vertragen erhebliche Konzentrationen.

Um ein Eintrocknen und damit eine Konzentrationsänderung während längerer Versuchsdauer zu verhüten, stellt man die Kulturgefäße in einen größeren Behälter, dessen Boden mit feuchter und feucht zu erhaltender Watte belegt ist.

## G. Spezielle Leistungen von Pilzen und Bakterien.

### a) Gärung[1].

**1. Qualitativer Nachweis des Gärvermögens.** $\alpha$) In flüssigen Kulturen. Hierzu dient ein für den zu untersuchenden Organismus als brauchbar befundener flüssiger Nährboden (für Bakterien die übliche Nährbouillon, für Pilze Pflaumenwasser o. dgl.) mit Zusatz von 0,25 bis 0,5 % Glukose oder einer anderen vergärbaren Zuckerart. Die Nährlösung darf nicht alkalisch sein; es ist sorgfältig mit Natron-

[1] Vgl. auch in diesem Band S. 1079.

lauge oder Dinatriumphosphatlösung, nicht mit Soda zu neutralisieren. Es wird in üblicher Weise sterilisiert, beimpft und im Brutschrank kultiviert; Blasen- und Schaumbildung zeigen Gärvermögen an. — Bei Untersuchungen über die Vergärbarkeit verschiedener Zuckerarten muß das Nährsubstrat natürlich zunächst zuckerfrei sein. Man verwende dann entweder eine zuckerfreie Nährlösung von chemisch definierter Zusammensetzung, deren Brauchbarkeit für den betreffenden Organismus man kennt, oder man entferne den Zucker aus Bouillon, in der er von Natur selten fehlt, durch eine vorbereitende Vergärung mit Bacterium coli (6 bis 12 Stunden Brutschrank bei 37°, Aufkochen, Filtrieren). Erst wenn nun eine nochmalige Gärprobe mit Coli sichere Zuckerfreiheit zeigt, ist die Bouillon für diesen Versuchszweck verwendbar.

$\beta$) In Objektträgerkulturen. Um die Vergärbarkeit von Substanzen, die nur in kleinen Mengen verfügbar sind, zu prüfen, verfährt man nach P. LINDNER folgendermaßen: Auf einen sterilen, hohlgeschliffenen Objektträger bringt man 1 bis 2 Tropfen steriles Wasser, Hefedekokt oder sonst einer geeigneten zuckerfreien Nährlösung und verteilt darin eine kleine Quantität der zu untersuchenden Hefe- oder Bakterienart durch Einbringen und Verrühren mit dem Platindraht. Es muß gerade so viel Flüssigkeit sein, daß beim Daraufbringen des Deckglases keine Luftblase eingefangen wird. Zuvor wird noch mit der breitgeklopften Platinspitze eine Prise des pulverförmigen, ebenfalls sterilen Zuckers hinzugefügt. Das gleichfalls sterile Deckglas wird mit sterilisierter Vaseline umrandet. Der Objektträger wird nun 18 bis 24 Stunden bei optimaler Temperatur gehalten (Hefen 25°, Bakterien meist 37°). Hat starke Gärung eingesetzt, so ist der ganze Hohlraum von einer großen Gasblase erfüllt. Ein am Deckglasrande zugefügter Tropfen Natronlauge muß Absorption bewirken. Bei schwacher Gärung kann das Präparat unverändert aussehen; man hat dann die Brutschrankbehandlung noch länger fortzusetzen. Führt auch das zu keiner Blasenbildung, so kann man den Objektträger sehr vorsichtig über der Sparflamme erwärmen, um etwa im Wasser absorbierte Kohlensäure auszutreiben, hüte sich jedoch vor Verwechslung mit Dampfblasen[1].

$\gamma$) In Gallertkulturen. Hierzu wird Nährgelatine oder Nähragar mit 1% Glukose verwendet. Nach Schmelzen der Gallerte im Wasserbade wird beimpft; das Impfmaterial ist durch Schütteln, bei dem jedoch Blasenbildung sorgfältig zu vermeiden ist, so gut als möglich zu verteilen. Um ein vorzeitiges Sedimentieren zu verhindern, soll die Durchschüttelung bei größeren Organismen bis zum beginnenden Erstarren fortgesetzt werden; dies kann man durch Eintauchen in kaltes Wasser beschleunigen. Blasenbildung, die sich bis zu einer Zerspaltung und Zerreißung der Gallerte steigern kann, beweist eine eingetretene Gärung.

**2. Quantitativer Nachweis durch Messung der Gärungskohlensäure.** Es liegen hierzu verschiedene Formen von Gärungskölbchen im Handel vor, die meist V-förmig gestaltet sind. Der eine Schenkel ist oben geschlossen; er muß vor Beimpfung ganz mit der Nährflüssigkeit gefüllt sein. Der andere, meist kugelförmig erweiterte Schenkel darf nur so weit angefüllt werden, daß er bei Verdrängung der Flüssigkeit aus dem geschlossenen die ganze Nährlösung aufzunehmen vermag. Eine Graduierung gestattet mit einer gewissen Annäherung die Stärke der Gärung zu bestimmen. Die Hauptfehlerquellen liegen darin, daß bei den meisten Konstruktionen nur ein nicht einmal immer gleichbleibender Teil der Gärgase überhaupt aufgefangen wird und daß ferner ein Teil der Kohlensäure im Wasser absorbiert bleibt. — Statt solcher Gärkölbchen genügen in manchen Fällen auch etwa 8 cm lange und 8 mm weite reagenzglasartige Röhrchen, die umgekehrt in gewöhnliche, mit der üblichen Menge Nährlösung beschickte Reagenzgläser hineingesteckt werden. Sie müssen

[1] Einige speziell für Bakterien zugeschnittene Modifikationen dieser Methode gibt ROGERS an.

bei der Beimpfung ganz mit der Nährlösung gefüllt sein; dies erreicht man entweder durch geschicktes Umkippen vor der Sterilisierung oder durch mehrfach wiederholtes Sterilisieren im Dampftopf. Auch diese Anordnung ist natürlich nur zu grob quantitativen, vergleichenden Untersuchungen brauchbar.

**3. Alkoholische Gärung der Hefe.** α) Gärkraftbestimmung (nach HAYDUCK-KUSSEROW). Zur vergleichenden Bestimmung der Gärkraft verschiedener Hefearten ist es üblich, in einer Lösung von 40 g Saccharose in 400 $cm^3$ Wasser 10 g der zu prüfenden Hefe zu verteilen, zunächst in einer offenen Flasche von 1 Liter Inhalt 1 Stunde im Wasserbad von 30° gären zu lassen, dann ein U-förmiges, graduiertes Meßrohr anzuschließen. Dieses ist mit Wasser gefüllt; dessen Oberfläche ist in dem Schenkel, in den die Gärungskohlensäure geleitet wird, mit einer dünnen Schicht Petroleum bedeckt. Vor dem Ablesen läßt man im anderen Schenkel durch einen dazu vorgesehenen Hahnansatz das Wasser bis auf das gleiche Niveau abfließen, um Atmosphärendruck herzustellen. Dann ist 1 $cm^3$ $CO_2$ = 1,977 mg (bei 0° C).

Methoden mit Kohlendioxyd- und Alkoholbestimmung vgl. BAU, A. in Abderhaldens Handbuch d. biol. Arbeitsmethoden, Bd. 12, Heft 1, Lfg. 86, S. 103 bis 244.

β) Gärdruckbestimmung (nach KOLKWITZ; Apparat zu beziehen von Bleckmann & Burger, Berlin N 24, Auguststr. 3a; Preis 15 Mark).

Die Kugel des Apparats wird mit etwa 100 $cm^3$ Gärflüssigkeit gefüllt. Bei guter Einfettung des Hahns, der zur Verhinderung des Herausgedrücktwerdens zweckmäßig mit Leukoplast festgeklebt wird, läßt sich ein Druck bis zu etwa 8 Atmosphären erreichen, der aus dem Steigen des Quecksilbers im geschlossenen Schenkel ermessen werden kann.

**4. Verarbeitung gasförmiger Stoffe.** α) Wasserstoff. Methoden hierfür sind angegeben von KASERER, NABOKICH und NIKLEWSKI.

β) Kohlenoxyd. Vgl. BEIJERINCK und VAN DELDEN.

γ) Methan. Methode von SÖHNGEN.

**5. Zellulosevergärung.** Als Versuchsgefäße dienen langhalsige Kolben oder Stöpselflaschen, die bis oben mit der Kulturflüssigkeit angefüllt werden. Man benutze folgende Nährlösung:

| | | | |
|---|---|---|---|
| Dikaliumphosphat | 1 g | Wasser | 1000 g |
| Magnesiumsulfat | 0,5 g | Kreide | etwa 20 g |
| Ammoniumsulfat | 1 g | Filtrierpapier, eine Handvoll in kleinen Stücken | |

Man beimpfe mit Pferdemist oder Flußschlamm. Temperatur 34 bis 37°. Vor Ablauf einer Woche ist kein Ergebnis zu erwarten. Die entweichenden Gase möge man auffangen und nach den üblichen Methoden der Gasanalyse untersuchen. Es pflegt ein Gemisch von Methan, Wasserstoff und Kohlendioxyd zu entstehen.

Erhitzt man eine so angelegte, auf dem Höhepunkt der Entwicklung stehende Kultur für 15 Minuten auf 75° und impft dann in eine frische Nährlösung gleicher Zusammensetzung ab, so entwickelt sich bei der nun eintretenden Gärung vorzugsweise Wasserstoff.

### b) Stoffwechsel mit Stickstoffverbindungen.

**1. Stickstoffentbindung.** Einer wie üblich zubereiteten Nährbouillon wird Kaliumnitrat zugefügt. Im allgemeinen dürften 0,1 bis 0,2% eine zweckmäßige Konzentration sein; sonst müßte ein Vorversuch darüber angestellt werden, welche Menge die zur Untersuchung stehende Bakterienart verträgt. Zur bloßen Demonstration des Stickstoffentbindungsvorgangs genügt Beimpfung mit Mist o. dgl.; sonst ist unter Einhaltung steriler Bedingungen die zu untersuchende Reinkultur zu verimpfen. Auf jeden Fall muß für möglichst guten Luftabschluß gesorgt werden. Will man eine quantitative Bestimmung der erzeugten Gasmengen vornehmen, so bedient man sich zweckmäßig der oben beschriebenen Gärkölbchen. Auch eine Gasanalyse ist bei genaueren Arbeiten angezeigt.

**2. Nitrifikation.** Es ist zu unterscheiden, ob man eine Oxydation des Ammoniaks zu Nitrit oder zu Nitrat oder eine Oxydation von Nitrit zu Nitrat durchführen will.

α) Nitrit aus Ammoniak. Nährlösung:

| | | | |
|---|---|---|---|
| Wasser | 100 g | Magnesiumsulfat | 0,05 g |
| Ammoniumsulfat | 0,1 g | Natriumchlorid | 0,2 g |
| Dikaliumphosphat | 0,1 g | Ferrosulfat | 0,04 g |

Nach Sterilisierung gesondert sterilisiertes Magnesiumkarbonat im Überschuß dazu.

β) Nitrat aus Ammoniak. Nährlösung wie vorige, doch Calciumkarbonat statt Magnesiumkarbonat als neutralisierender Zusatz.

γ) Nitrat aus Nitrit. Nährlösung:

| | | | |
|---|---|---|---|
| Wasser | 100 g | Magnesiumsulfat | 0,03 g |
| Natriumnitrit | 0,1 g | Natriumchlorid | 0,05 g |
| Dikaliumphosphat | 0,05 g | Natriumkarbonat | 0,03 g |

In allen Fällen kultiviert man in Erlenmeyerkolben von etwa 50 cm³ Fassungsvermögen, die je 10 cm³ Nährlösung enthalten. Als Impfmaterial verwendet man 0,1 g Mist oder Erde pro Kolben. Kulturtemperatur 25 bis 30°. Nach etwa 14 Tagen kann mit Tüpfelreaktionen begonnen werden, die man zweckmäßig auf einem Porzellanteller anstellt. Zu dem Zweck wird aus dem Kölbchen mit einer Platinöse ein Tröpfchen Flüssigkeit herausgenommen und mit einem Tröpfchen Reagens zusammengebracht. Zum Nachweis von Ammoniakverbrauch dient NESSLERS Reagens, der Nitratbildung Diphenylaminschwefelsäure. Zum Nitritnachweis empfiehlt sich folgende Lösung: 0,5 g Sulfanilsäure werden in 150 cm³ 33proz. Essigsäure gelöst; ferner löst man 0,1 g α-Naphtylamin unter Erwärmen in 20 cm³ Wasser und fügt dazu 150 cm³ 33proz. Essigsäure. Man vereinigt beide Lösungen und bewahrt in luftdicht schließender Flasche auf.

Für diesen Zweck geeignete quantitative Bestimmungsverfahren von Nitrat und Nitrit nebeneinander vgl. PRINGSHEIM, H.

**3. Stickstoffbindung.** α) In flüssigen Kulturen. Als Nährlösung verwende man folgende:

| | |
|---|---|
| Bodenextrakt | 100 cm³ |
| Dikaliumphosphat | 0,05 g |
| Mannit | 1 g |

100 cm³ in einem etwa 300 cm³ fassenden Erlenmeyerkolben sterilisieren und mit Reinkulturen (Azotobakter o. dgl.) oder Gartenerde beimpfen. Nach 8 bis 14 Tagen Wachstum bei 25° zeigen sich schleimige Häute; nach 3 bis 4 Wochen kann der Versuch als beendigt angesehen werden. Die Stickstoffzunahme ist nach KJELDAHL zu bestimmen (vgl. KOCH, A. [2]); dabei muß natürlich der Stickstoffgehalt des Bodenextraktes ermittelt und in Abzug gebracht werden.

β) Durch Knöllchenbakterien im Infektionsversuch nach HARRISON und BARLOW. Als Versuchsgefäße dienen mit Wattepfropfen verschlossene 2-l Erlenmeyerkolben, die je 300 cm³ einer Gallerte folgender Zusammensetzung enthalten: 4 g Holzasche werden mit 1 l kochendem Wasser ausgelaugt; zu dem Filtrat kommen 4 g Maltose, 2 g Dikaliumphosphat und 10 bis 15 g Agar. Wenn zur Klärung erforderlich, ist nach Auflösung des Agars im Wasserbad in üblicher Weise heiß zu filtrieren. Der im Autoklaven sterilisierte Nährboden wird mit einer Aufschwemmung der fraglichen Knöllchenbakterien beimpft. Dann werden sterile angekeimte Samen hineingebracht. Die Sterilisierung der Samen gelingt, wenn es sich nicht um Samen mit rauher, behaarter oder sonst Mikroorganismen einen Unterschlupf gewährender Oberfläche handelt, indem man zunächst in Wasser gut spült, wenn möglich unter Zuhilfenahme einer Bürste, dann für 30 Minuten in 0,2proz. Sublimatlösung bringt und schließlich in viel sterilisiertem Wasser nachspült. Alle Hantierungen sind in sterilen Gefäßen mit abgeflammter Pinzette auszuführen. Eine Probe auf Keimfreiheit ist stets durch Aufbringen einiger der so behandelten Samen auf übliche bakteriologische Nährgelatine auszuführen. Vorkeimung kann dann in Petrischalen, die mit feuchtem Fließpapier ausgekleidet und autoklaviert sind, vorgenommen werden. — Der Erfolg der Impfung ist im positiven Falle leicht zu verfolgen.

**4. Eiweiß- und Aminosäureabbau.** $\alpha$) Proteolyse. Zum Nachweis proteolytischer Fähigkeiten bei Bakterien und anderen niederen Pflanzen verwendet man Gelatineverflüssigungsversuche. Man kultiviert in Schrägröhrchen oder Petrischalen. Kommt es darauf an, die Abhängigkeit der Proteolyse von den Ernährungsbedingungen festzustellen, so können die auf ihre Wirksamkeit zu untersuchenden Stoffe dem Gallertsubstrat zugefügt werden. Dabei ist indes zu beachten, daß, wenn eine Proteolyse einsetzt, die Ernährungsbedingungen sich während der Versuchsdauer stark dadurch ändern, daß Abbauprodukte der Gelatine in wachsendem Maßstab zur Verfügung stehen. Einige anspruchslosere Bakterienarten kommen mit Gelatine (10% in stickstofffreier anorganischer Nährlösung) als einziger organischer Nahrung aus (z. B. Bacterium vulgare). Zufügung von antiproteolytisch wirkenden Nährstoffen und Giften raubt ihnen dann die Existenzmöglichkeit.

Ein empfindlicher qualitativer Nachweis von Bakterien- und Pilzproteasen kann mit Hilfe der Methode von SCHOUTEN geführt werden. Man stellt eine Lösung von 7,5% Gelatine in gesättigtem Thymolwasser her, fügt eine kleine Menge Zinnoberpulver hinzu, verteilt zu je 5 $cm^3$ in Reagenzgläser, die zunächst in einem Wasserbad von etwa 40° warmgehalten werden. Dann nimmt man sie einzeln heraus, schüttelt jedes noch einmal kräftig durch und läßt es 10 Sekunden in schräger Stellung unter dem kalten Wasserleitungsstrahl abkühlen. Dann richtet man es senkrecht empor und läßt in dieser Lage zu Ende erstarren. Dabei bleibt an der einen Seite eine dünne Schicht der roten Gelatine haften, deren fermentative Herunterlösung nachher leicht beobachtet werden kann. — Die zu untersuchenden Lösungen sind vor dem Einbringen in die Röhrchen mit Toluol oder Thymol zu entkeimen.

Zu einem quantitativen Nachweis von Proteasen kann man nach FUHRMANN mit obiger Thymolgelatine gefüllte Glasröhen von 3 bis 4 mm Durchmesser so in die Untersuchungsflüssigkeit eintauchen, daß ihre Mündung 1 mm unter ihrem Spiegel liegt. Das Fortschreiten der Gelatinolyse kann — auch wenn kein Färbemittel zugefügt ist —, leicht beobachtet und an Hand einer außen aufgeklebten Millimeterskala zahlenmäßig bestimmt werden. Natürlich haben solche Zahlen nur Vergleichswert.

$\beta$) Indolbildung. Zur Durchführung der praktisch wichtigsten Aminosäurezersetzung, der Abspaltung von Indol aus Tryptophan, geht man entweder von einer tryptophanhaltigen Bouillon oder von einer Nährlösung chemisch definierter Zusammensetzung mit Tryptophangehalt aus. Erstere ist unvergleichlich billiger, letztere gestattet ein exakteres Arbeiten.

### *a) Angedautes Pepton.*

Da handelsübliches Pepton nur geringe Mengen freies Tryptophan enthält, ist darin die Indolbildung bei Bakterienarten, die dieses nicht aus den Polypeptidkomplexen abzuspalten vermögen, nur sehr gering. Deshalb empfiehlt sich eine vorherige Aufspaltung. Diese kann nach FRIEBER mit Trypsin unter Toluolzusatz erfolgen. Eleganter gelingt dies jedoch durch Kultivierung einer in diesem Sinne wirkenden Bakterienart. Für Nährbouillon ist nach E. G. PRINGSHEIM Bacillus mesentericus zu empfehlen, für Peptonwasser nach ARNBECK Bacterium paratyphi B.

1 bis 2tägige Einwirkung bei Brutschranktemperatur genügt. Nachdem durch Aufkochen das Hilfsbakterium abgetötet ist, kann die Nährlösung für Versuchszwecke verwendet werden. — Man beachte, daß Zuckergehalt die Indolabspaltung unterdrücken kann. Peptonwasser ist also der nicht immer zuckerfreien Bouillon vorzuziehen.

*b) Zipfelsche Nährlösung.*

| | | | |
|---|---|---|---|
| Tryptophan | 0,3 g | Dikaliumphosphat | 2 g |
| Asparagin | 5 g | Magnesiumsulfat | 0,2 g |
| Ammoniumlaktat | 5 g | Destilliertes Wasser | 1000 g |

Für Bakterien der Coli-Typhus-Gruppe ist diese Nährlösung erprobt und bewährt.

*c) Indolnachweis.*

BÖHMES Reagens (Modifikation von E. G. PRINGSHEIM):

| | |
|---|---|
| *p*-Dimethylamidobenzaldehyd | 5,0 g |
| Alkohol | 50 cm³ |
| Salzsäure, rein, konz. | 40 cm³ |

Von dieser Lösung nimmt man 5 bis 10 Tropfen zu 3 bis 5 $cm^3$ Kulturflüssigkeit. Rotfärbung weist auf Indol. Im Zweifelsfalle kann noch etwa 1 $cm^3$ einer gesättigten Kaliumpersulfatlösung hinzugefügt werden; meist ist indessen die Reaktion auch ohne diesen Zusatz deutlich und eindeutig.

*d) Vergärung von Leucin und Isoleucin.*

Nach F. EHRLICH entsteht das bei Gärungen als Nebenprodukt gebildete Fuselöl (Amylalkohol) aus Leucin oder Isoleucin. Zur Einleitung einer Amylalkoholgärung benutzt man folgende Nährlösung:

| | | | |
|---|---|---|---|
| Wasser | 100 cm³ | Preßhefe | 2 g |
| Zucker | 10 g | Anorganische Nährsalze | |
| Leucin | 0,25 g | | |

Bei Verwendung von Isoleucin erhält man optisch aktiven Amylalkohol.

### c. Häufig vorkommende Stoffwechselprodukte niederer Pflanzen.

*α*) Säure. Soll die Säurebildung direkt auf dem Nährboden verfolgt werden, so ist dem sorgfältig lackmusneutralen Agar so viel Azolitmin oder Kongorot hinzuzufügen, daß die Färbung deutlich zu erkennen ist; etwa 0,3 % dürften meist hinreichen. Rot- bzw. Blaufärbung in der Umgebung der säuernden Bakterienkolonien.

Zum Titrieren verwende man Rosolsäure als Indikator (0,5 g Rosolsäure in 50 $cm^3$ Alkohol). Man versäume nicht, auch den Titer der unbeimpften Nährlösung zu bestimmen.

*β*) Ammoniak. Vielfach durch den Geruch oder durch eingehängte rote Lackmus- oder Kurkumapapierstreifen zu erkennen. Das Entweichen kann, wenn nicht aus anderen Gründen ungehinderter Luftzutritt notwendig ist, durch eine aufgesetzte Gummikappe verhindert werden. Zur quantitativen Bestimmung fängt man das entweichende und bei Versuchsschluß durch Kochen ausgetriebene Ammoniak in Schwefelsäure ab, treibt mit überschüssiger Natronlauge aus, fängt in vorgelegter titrierter Säure auf und bestimmt darin das Ammoniak wie beim KJELDAHLschen Verfahren.

### Literatur.

ARNBECK, O.: Biochem. Zeitschr., Bd. 132, S. 457, 1922. — BAU, A.: Stoffwechselversuche an Hefezellen. Methoden des Nachweises und der Bestimmung der bei der Gärung entstehenden Produkte. Abderhaldens Handb. d. biol. Arbeitsmeth., Bd. 12, H. 1, Lief. 86. — BEIJERINCK u. DELDEN, VAN: Zentralbl. f. Bakteriol. II, Bd. 10, S. 34. — BIELING, R.: Zentralbl. f. Bakteriol. I, Orig.-Bd. 90, S. 49. — BLACKMAN, V. H. u. PAINE, S. G.: Ann. of botan., Bd. 28, S. 109, 1914. — BLACKMAN, F. u. SMITH, M.: Proc. of the roy. soc. B, Bd. 76. — BORTELS, H.: Biochem Zeitschr., Bd. 182, S. 301, 1927. — BRAUN, H. u. CAHN-BRONNER, C. E.: Zentralbl. f. Bakteriol. I, Orig.-Bd. 86, S. 1. — BROWN u. ESCOMBE: Proc. of the roy. soc., Bd. 76, S. 29, 1905. — BURGERSTEIN, A.: Die Transpiration der Pflanzen I. Jena 1904. II. Jena 1920. — DARWIN u. PERTZ: Proc. of the roy. soc., Bd. 84, 1911. — DOLD, H.: Methoden zum Nachweis chemischer Leistungen. Handb. d. mikrobiol. Technik von Kraus, R. u. Uhlenhuth, P., S. 1213. 3 Bände. Berlin u. Wien 1923/24. — ENGELMANN: Botan. Zeitg., Bd. 44, S. 43. — FUHRMANN, F. u. PRIBRAM, E.: Die wichtigsten Methoden beim Arbeiten mit Bakterien. Abderhaldens Handb. d. biol. Arbeitsmeth., Bd. 12, H. 3, Lief. 136. — GRAFE, V. (1): Ernährungsphysiologisches Praktikum der höheren Pflanzen. Berlin 1914; (2) Messung der Gas- und Wasserbewegung. Abderhaldens Handb. d. biol. Arbeitsmeth., Bd. 11, H. 2, Lief. 13; (3) Das Sterilisieren höherer lebender Pflanzen. Abderhaldens Handb. d. biol. Arbeitsmeth., Bd. 11, H. 2. — HARRISON u. BARLOW: Zentralbl. f. Bakteriol. II, Bd. 19, S. 268. — HENDERSON, F. Y.: Ann. of botan., Bd. 40, S. 507, 1926. — KASERER: Zentralbl. f. Bakteriol. I, Orig.-Bd. 15, S. 574. — KLEIN, G. u. KISSER, J.: Die sterile Kultur der höheren Pflanzen. Goebels Botan. Abhandl., H. 2. Jena 1924. — KNIGHT: Ann. of botan., Bd. 36, S. 361. — KOCH, A. (1): Mikrobiologisches Praktikum. Berlin 1922; (2) Nachweis der Assimiliaton des Luftstickstoffs. Abderhaldens Handb. d. biol. Arbeitsmeth., Bd. 11, T. 3, H. 4, Lief. 186; (3) Zentralbl. f. Bakteriol. I, Orig.-Bd. 13, S. 252. — KOLKWITZ, R.: Pflanzenphysiologie. 2. Aufl. Jena 1922. — KOSTYTSCHEW, S.: Pflanzenatmung. Berlin 1924. — KOTTE, W.: Methoden zur Bestimmung der Aufnahme organischer Stoffe durch die höhere Pflanze. Abderhaldens Handb. d. biol. Arbeitsmeth., Bd. 11, T. 3, H. 4, Lief. 186. — KÜSTER, E.: Anleitung zur Kultur der Mikroorganismen. Leipzig 1921. — LINDNER, P.: Wochenschr. f. Brauerei, Bd. 17, S. 336. — LLOYD: Carnegie Inst. Wash. Publ., Bd. 82, 1908. — LÖHNIS, F.: Landwirtschaftlich-bakteriologisches Praktikum. Berlin 1911. — LUNDEGARDH, H. (1): Biochem. Zeitschr., Bd. 154, S. 193, 1924; (2) — Svensk. bot. Tidskr., Bd. 15, S. 61, 1921; (3) Biochem. Zeitschr., Bd. 131, S. 109, 1922. — MOLISCH, H. (1): Mikrochemie der Pflanzen. 2. Aufl. Jena 1921; (2) Zeitschr. f. Botan., Bd. 4, S. 107, 1912. — NABOKICH: Zentralbl. f. Bakteriol. II, Bd. 17, S. 350. — NEISSER, M. u. FRIEBER, W.: Indol- und Phenolbildung durch Bakterien. Handb. d. mikrobiol. Technik von Kraus, R. u. Uhlenhuth, P., S. 1213. 3 Bände. Berlin u. Wien 1923/24. — NEUBERG, C. u. GOTTSCHALK, A.: Biochem. Zeitschr., Bd. 151, S. 167. — NEUBERG, C. u. NORD: Biochem. Zeitschr., Bd. 96, S. 133. — NEUBERG, C. u. REINFURTH: Biochem. Zeitschr., Bd. 89, S. 365. — NIKLEWSKI: Jahrb. f. wiss. Botan., Bd. 48, S. 113. — PRIBRAM, E. u. ZECH, FR.: Die wichtigsten Methoden beim Arbeiten mit Pilzen. Abderhaldens Handb. d. biol. Arbeitsmeth., Bd. 12, H. 3, Lief. 136. — PRINGSHEIM, E. G.: Zentralbl. f. Bakteriol. I, Orig.-Bd. 82, S. 318. — PRINGSHEIM, H.: Stoffwechseluntersuchungen an Bakterien; Nachweis ihrer Stoffwechselprodukte. Abderhaldens Handb. d. biol. Arbeitsmeth., Bd. 12, H. 1, Lief. 86. — ROGERS, L. A : Zentralbl. f. Bakteriol. II, Bd 15, S 248. — ROSENTHALER, L.: Grundzüge der chemischen Pflanzenuntersuchung. Berlin 1923. — SCHRÖDER, H.: Methoden zur Bestimmung der Assimilation der Kohlensäure aus der Luft und aus dem Wasser. Abderhaldens Handb. d. biol. Arbeitsmeth., Bd. 11, T. 3, H. 4, Lief. 186. — SÖHNGEN, N. L.: Zentralbl. f. Bakteriol., Bd. 15, S. 513. — STAHL, E.: Botan. Zeitg., Bd. 52, S. 117. — STEIN, E.: Ber. d. dtsch. botan. Ges., Bd. 30, S. 66, 1912. — WARBURG, O.: Biochem. Zeitschr., Bd. 100, S. 230.

# III. Methoden zur Untersuchung des Stoff- und Energiewechsels der Tiere.

Von **JULIUS HIRSCH**, Berlin.

Mit 18 Abbildungen.

Die folgende Zusammenstellung der allgemeinen Methoden des Stoff- und Energiewechsels der Tiere betrifft in erster Linie die Schilderung derjenigen Methoden, die der Erforschung des *Gesamt*stoffwechsels dienen. Unberücksichtigt bleiben die Untersuchungsverfahren, welche sich mit den einzelnen Organleistungen — wie Drüsen-, Muskel-, Nerventätigkeit — und deren Produkte beschäftigen, sowie diejenigen, welche sich mit den Vorgängen des intermediären Stoffwechsels (Fermentwirkungen) und mit den intermediären Zwischenstufen des Stoffwechsels befassen.

Der Gesamtstoffwechsel (KRUMMACHER [1]) eines Tieres ist definiert durch die Art und Menge des *Stoff*austausches mit der Umwelt sowie durch die hiermit eng verknüpften *energetischen* Leistungen, die sich in der Erhaltung des Lebens (*Erhaltungsumsatz — Grundumsatz*) sowie in einzelnen Funktionen — Wachstum, Fortpflanzung, kompensierende Wärmeproduktion, Bewegung, Arbeit im allgemeinen Sinne (*Arbeitsumsatz*) — äußern. Der Stoff- und Energiewechsel ist in seinem Umfang von allen erdenklichen, innerhalb und außerhalb des Organismus gelegenen Faktoren abhängig (artbedingte und individuelle Konstitution, Größe, Gewicht, Oberfläche usw. einerseits, Art und Menge der Nahrung, klimatische Bedingungen usw. andererseits). Der tierische Stoff- und Energieumsatz vollzieht sich nach den allgemeinen Naturgesetzen von der Erhaltung des Stoffes und der Energie (RUBNER [1]).

Als *Energiequelle* kommt für den tierischen Organismus ausschließlich die potentielle (chemische) Energie der Nahrungsstoffe in Betracht. Die energiereichen Nährstoffe werden durch den Vorgang der Oxydation (in wenigen Fällen durch anaerobe Spaltung [E. J. LESSER]) in energieärmere Verbindungen übergeführt; die positive Wärmetönung dieser Prozesse ist der Ausdruck für die freiwerdende, durch den tierischen Organismus nutzbare Energie.

Im Tierkörper energetisch nutzbar, d. h. (mit Ausnahme gewisser anoxybiontischer Spaltungen) verbrennungsfähig, sind die kohlenstoffhaltigen Verbindungen der *Kohlenhydrate*, der *Fette* und der *Eiweißkörper*. Die anorganischen Bestandteile der Nahrung (Wasser, Salze der anorganischen Säuren) können energetisch nicht verwendet werden; sie sind von wesentlicher Bedeutung für den Aufbau der Körpersubstanz, für die Erhaltung des Baumaterials und für die Erzielung bestimmter Ionenkonzentrationen bzw. Ionengleichgewichte. Neben den energiespendenden und den als Baumaterial dienenden Nahrungsstoffen sind als unerläßliche Bestandteile der Nahrung — wenigstens für die höher organisierten Tiere — die sog. „akzessorischen Nährstoffe" oder Vitamine anzuführen, die weniger substantiell als funktionell für den Ablauf gewisser Stoffwechselvorgänge von großer Bedeutung sind.

Die Untersuchungsmethoden des *gesamten* Stoff- und Energiewechsels können ganz allgemein als quantitative analytische Verfahren charakterisiert werden. Da sich der Stoff- bzw. Energieaustausch des lebenden Organismus mit der Umwelt nach den Gesetzen von der Erhaltung des Stoffes und der Energie vollzieht, so liegt allen Feststellungen eine bilanzmäßige Auswertung zugrunde, sei es daß man nun das Schicksal einzelner Atome (wie z. B. des Stickstoffes, des Sauerstoffes) oder bestimmter Substanzen (wie z. B. der Kohlenhydrate, des Wassers, der Phosphate) verfolgt, sei es, daß man den Energiewechsel als ganzen Prozeß durch Ermittlung der mit der Nahrung aufgenommenen Energie und der vom Tiere abgegebenen Energie zu erfassen versucht. Die Variabilität der Stoffwechselvorgänge (OTTO KESTNER und RAHEL PLAUT), welche durch wechselnde Bedingungen der Umwelt (verschiedenartige Zusammensetzung der Nahrung, klimatische Einflüsse usw.) und durch wechselnde Reaktionsbereitschaft des betreffenden Tieres (individuelle Konstitution, Alter, Nahrungsbedürfnis, Ermüdung usw.) hervorgerufen wird, erfordert eine genaue Beobachtung und Registrierung aller einflußfähigen Faktoren, um überhaupt Feststellungen von allgemeiner Gültigkeit machen zu können. Eine nachlässige Behandlung der äußeren und inneren Versuchsbedingungen kann die Ergebnisse noch so exakt durchgeführter chemischer Analysen oder physikalischer Messungen wertlos machen.

## A. Die Chemische Analyse der Nahrungsstoffe.[1]

Die bilanzmäßige Auswertung der Nahrungsstoffe im Stoffwechselversuch kann sich entweder auf den Umsatz einzelner Elemente und Verbindungen, die zu den unerläßlichen Bausteinen des betreffenden Organismus gehören, oder aber auf den gesamten Energieumsatz erstrecken. Handelt es sich darum, das Schicksal einer definierten chemischen Substanz zu verfolgen, so bedarf es lediglich einer quantitativen Ermittlung der tatsächlich aufgenommenen Menge. Eine solche Fragestellung ergibt sich z. B. bei der Untersuchung des Wasserhaushaltes, des Kochsalzstoffwechsels, des Kalkstoffwechsels, des Phosphorstoffwechsels usw. (Feststellung der Ausgabe und Einnahme bzw. des „Gleichgewichtes"). Da in den meisten Fällen die Versuchsbedingungen den natürlichen Lebensgewohnheiten der betreffenden Organismen anzupassen sind, und da die in der Natur dargebotenen vegetabilen und animalischen Nahrungsstoffe von vielseitiger und schwankender Zusammensetzung sind, wird die Darreichung chemisch reiner Substanzen nur selten in Frage kommen. Daher erfordert der chemische Stoffwechselversuch eine analytische Zerlegung der dargebotenen Nahrung hinsichtlich der elementaren Zusammensetzung und des Gehaltes an bestimmten chemischen Verbindungen. Vor die gleiche Aufgabe werden wir bei der Ermittlung des Energieumsatzes gestellt: Wir müssen durch die quantitative chemische Analyse feststellen, wie groß der Gehalt der Nahrung an den einzelnen energieliefernden Substanzen (der Kohlenhydrate, der Fette und der Eiweißkörper) ist, um aus den kalorischen Werten die gesamte durch die Nahrung eingeführte Energie berechnen zu können. Die *direkte* Bestimmung der gesamten potentiellen Energie der Nahrungsstoffe kann jedoch auch auf kalorimetrischem Wege erfolgen (s. S. 1134).

Die zu untersuchenden Nahrungsproben werden, wenn es sich um ein inhomogenes Material handelt, erst nach gründlicher Durchmischung und evtl. Zerkleinerung des gesamten zur Verfütterung gelangenden Materials abgewogen. Selbstverständlich wird durch Bestimmung der dargebotenen und der übriggelassenen Menge das Quantum der tatsächlich aufgenommenen Nahrung ermittelt. Von den vielseitigen Untersuchungsmethoden, die sich aus den verschiedenartigen Fragestellungen ergeben, können hier nur einige wenige wichtige Verfahren zur Darstellung gelangen.

### a) Bestimmung des Wassergehaltes bzw. der Trockensubstanz.

Der Wassergehalt einer festen Substanz ergibt sich aus dem Gewichtsverlust, den diese Substanz beim Erwärmen auf 100—110° erleidet, hierbei wird vorausgesetzt, daß die Einwirkung dieser Temperatur keine Zersetzung (C. Mai und E. Rheinberger)[2] der Substanz hervorruft. Das Abwägen der Substanz geschieht in Wägegläschen, die durch einen eingeschliffenen Deckel verschlossen werden können. Die Trocknung findet im Lufttrockenschrank statt, dessen Temperatur auf konstanter Höhe gehalten werden kann. Die Trocknung der Substanz wird so lange durchgeführt, bis zwei aufeinanderfolgende Wägungen keine Gewichtsdifferenz mehr ergeben. Vor dem jeweiligen Wägen läßt man das Wägegläschen in einem geschlossenen Exsikkator erkalten.

---

[1] Eine ausführliche Darstellung der analytischen Methoden s. bei König, J.: Chemie der menschlichen Nahrungs- und Genußmittel, Bd. 3, T. 1. 4. Aufl. 1910, sowie bei Berg, Ragnar: Methodik der chemischen Stoffwechselversuche. Abderhaldens Handb. d. biol. Arbeitsmeth., Ab. IV, T. 9, S. 729, 1925.

[2] Bei sehr zersetzlichen Substanzen wird das Verfahren von Mai, C. u. Rheinberger, E.: Zeitschr. f. Untersuch. d. Nahrungs- u. Genußmittel, Bd. 24, S. 125, 1912 angewendet, welches darauf beruht, daß das Wasser zusammen mit hochsiedenden Flüssigkeiten (Xylol, Terpentinöl usw.) abdestilliert und in einer Meßröhre aufgefangen wird.

Die Trockensubstanz einer Flüssigkeit wird ermittelt, indem man zunächst in einer Schale aus Glas, Quarz oder Platin die abgewogene oder abgemessene Menge auf einem Wasserbade eintrocknet und dann erst die endgültige Trocknung bis zur Gewichtskonstanz im Trockenschrank vornimmt.

Liegen Substanzen vor, die sich beim Erwärmen auf 100 bis 110° zersetzen, so kann man die Trocknung auch bei Zimmertemperatur vornehmen, indem man sie in einem evakuierten Exsikkator über konzentrierter Schwefelsäure, Phosphorpentoxyd oder entwässertem Chlorkalzium aufstellt.

### b) Bestimmung der mineralischen Bestandteile (Asche).

Die Bestimmung der Gesamtasche ergibt die Menge der in den Nahrungsstoffen befindlichen Kationen (Kalium, Natrium, Magnesium, Eisen, Mangan) und Anionen (Chlor, Phosphor, Schwefel, Silicium). Eine einfache und zuverlässige Methodik der Aschenanalyse, die sich auch für die Untersuchung des Harnes und des Kotes (s. S. 1131, 1133) eignet, hat Karl Stolte angegeben: „Eine Platinschale von 5 cm Durchmesser mit flachem Boden wird mit dem bei 100 bis 110° getrockneten Analysenmaterial in eine Porzellanschale von etwa 1 bis 2 cm größerem Radius gesetzt, auf deren Boden sich ein umgekehrter Deckel eines kleinen Porzellantiegels befindet, wodurch eine direkte Berührung der Platinschale mit der Porzellanschale verhindert wird. Alsdann wird erst mit kleiner, dann mit stets größerer Flamme erwärmt. Die Regulierung der Flamme hat so zu geschehen, daß nur ganz langsam Dämpfe von der verkohlenden Masse aufsteigen. Erst wenn die entstandene Kohle vollkommen starr und unbeweglich geworden ist, und auch bei stärkster Erhitzung mit einem großen Bunsendreibrenner oder Teklubrenner, dessen Flamme allseitig bis zum Rande der Porzellanschale emporschlägt, keine Dampfentwicklung mehr eintritt, darf mit vollster Flammenstärke erhitzt werden. Nach weiteren 15 bis 20 Minuten kann zur Erhöhung der Temperatur und zur Beschleunigung der Veraschung der oberen Kohleschichten noch ein Porzellandeckel über die Platinschale gelegt werden. Sobald dieses Stadium der Veraschung erreicht ist, was je nach dem zu veraschenden Materiale früher oder später eintritt, kann man unbesorgt mit der gleichen Flammenstärke bis zur Weißfärbung der Asche weiter erhitzen. Sollte, was sich gelegentlich ereignet, auch bei längerem Glühen die Asche sich nicht weiter entfärben, so empfiehlt es sich, die Veraschung einen Augenblick zu unterbrechen, die aus der Porzellanschale herausgehobene Platinschale abkühlen zu lassen und durch Aufträufeln von 2 bis 3 Tropfen destillierten Wassers die Alkalischmelze, die die Kohlenpartikelchen umgibt, zu lösen und dann den Schaleninhalt bei schräg gestellter Platinschale auf dem Wasserbade, danach im Trockenschranke wieder zu trocknen und weiterzuglühen. In vielen Fällen genügt es aber, wenn man die zusammengesinterten Kohlenpartikelchen mit einem Platindraht umwendet, den Draht mit einem Stückchen aschefreien Filtrierpapiers abwischt und dieses mit verbrennt. Die Veraschung ist meist in etwa 1 bis 2 Stunden nach dem Auflegen des Deckels vollendet. Längeres Glühen führt nicht zu Verlusten. Selbst bei neunstündigem Erhitzen von reinem Natriumchlorid wurde keine Gewichtsabnahme der Platinschale beobachtet.

Außer für die Bestimmung von Gesamtasche sowie von Natrium und Kalium ist das Verfahren besonders zur *Chlor*bestimmung zu empfehlen. Die Bestimmung ist, wenn man unter Zusatz von etwas Soda arbeitet, vollkommen zuverlässig und auch verhältnismäßig rasch auszuführen, da ein völliges Veraschen in diesem Falle nicht notwendig ist. Anstatt der Platinschale kann man bei dieser Bestimmung auch eine kleinere Porzellanschale verwenden."

A. Neumann empfiehlt die Veraschung auf nassem Wege mit einem Gemisch von gleichen Teilen konzentrierter Schwefelsäure und konzentrierter Salpetersäure. Diese Methode erfaßt jedoch nur die nichtflüchtigen Säuren und die Metalle.

Die weitere Aufarbeitung der Gesamtasche zur Trennung und quantitativen Bestimmung der einzelnen Aschenbestandteile erfolgt nach den in der analytischen Chemie (TREADWELL) üblichen Verfahren. Eine kurze Schilderung des Ganges einer Aschenanalyse nach BUJARD-BAIER sei angeführt:

„α) Kieselsäure und Erdalkalien. Die Asche wird mit rauchender Salzsäure in einer Porzellanschale mehrmals zur Trockene verdampft, dann mit heißem Wasser auf einem gewogenen Filter gesammelt. Auf diese Weise wird die ungelöst bleibende Kieselsäure abgetrennt und nach Trocknen bei 110 bis 120° gewogen. Das salzsaure Filtrat wird zu einem bestimmten Volumen aufgefüllt und für die Ermittlung der Tonerde, des Kalkes, der Magnesia und des Eisens benutzt.

β) Schwefelsäure wird in einem zweiten Volumen in üblicher Weise als schwefelsaures Barium gefällt und weiterbehandelt (s. S. 1132). Die von dem Niederschlage abfiltrierte Flüssigkeit wird zur Bestimmung

γ) der Alkalien durch Eindampfen weiterverarbeitet, indem man zunächst, nachdem man den Rückstand mit einer wiederholt gewaschenen Kalkmilch längere Zeit gekocht hat, Kalk- und Magnesiasalze, Phosphorsäure, Eisen usw. mit Ammoniumkarbonat daraus ausscheidet. Die davon abfiltrierte Lösung wird eingedampft, um aus dem Rückstand die Ammoniumsalze durch schwaches Glühen zu verjagen. Die Kalkbehandlung wird mehrmals mit kleinen Mengen der Reagenzien vorgenommen. Das endlich zurückbleibende Gemisch von Kalium- und Natriumchlorid kommt zur Wägung. Man bestimmt darin das Kalium als Kaliumplatinchlorid. Durch Abziehen des als Chlorid berechneten Kaliums von dem Gesamtgewicht an Alkalichloriden ergibt sich das Natriumchlorid.

δ) Phosphorsäure. Eine abgewogene Menge der Asche wird mit etwas Soda und Salpeter geschmolzen, der Rückstand wird mit Salpetersäure aufgenommen und die Phosphorsäure nach dem Molybdänverfahren bestimmt.

ε) Chlor wird in der mit Salpetersäure gelösten Asche gewichtsanalytisch durch Fällen mit $AgNO_3$ oder titrimetrisch nach VOLHARD (s. S. 1131) bestimmt.

ζ) Kohlensäure, direkte Bestimmung durch Absorption im Natronkalkrohr in üblicher Weise."

### c) Bestimmung der Eiweißstoffe der Nahrung.

Im Gegensatz zur Pflanze, die imstande ist, aus den anorganischen Stickstoffverbindungen des Salpeters und des Ammoniaks ihr Körpereiweiß aufzubauen, ist der tierische Organismus auf den organisch gebundenen Stickstoff der vegetabilischen und animalischen Nahrungsstoffe angewiesen. Die ungenügende Kenntnis des chemischen Aufbaues der Eiweißkörperchen verbietet zur Zeit noch eine systematische Einteilung dieser physiologisch so bedeutsamen Körperklasse. Zahlreiche analytische Untersuchungen haben ergeben, daß man den durchschnittlichen Stickstoffgehalt der Eiweißkörper mit 16% annehmen darf. Daher hat man vereinbart, diese Zahl der Ermittlung des Eiweißgehaltes zugrunde zu legen, indem man aus der Menge des analytisch festgestellten Stickstoffs den Eiweißgehalt durch Multiplikation mit dem Faktor $\frac{100}{16} = 6{,}25$ errechnet. Selbstverständlich ist auf die etwaige Anwesenheit von Stickstoff in Form nichteiweißartiger Verbindungen (z. B. $NH_3$) Rücksicht zu nehmen.

*Die Bestimmung des Gesamtstickstoffes nach* KJELDAHL (TREADWELL [2]). Prinzip der Methode: „Durch Oxydation der organischen stickstoffhaltigen Substanzen mit konzentrierter Schwefelsäure, Kaliumpermanganat, Quecksilberoxyd usw. wird die organische Substanz vollständig zerstört und der Stickstoff quantitativ in Ammonium bzw. in Ammoniumsulfat übergeführt, aus dem das Ammoniak nun leicht durch Destillation ausgetrieben und bestimmt werden kann.

Ausführung der KJELDAHLschen Stickstoffbestimmung (Modifikation WILFARTH): „In einen 500 bis 600 cm³ fassenden Kolben von schwerschmelzbarem Kaliglas (sog. Kjeldahlkolben) bringt man die zu untersuchende Substanz, fügt 20 cm³ einer Schwefelsäure hinzu, die aus 3 Volumen konzentrierter und 2 Volumen reiner rauchenden (natürlich N-freien) Schwefelsäure besteht, setzt einen Tropfen Quecksilber zu, verschließt mit einem kleinen gestielten Glaskügelchen und erhitzt in einer kleinen mit Asbest ausgekleideten Eisenschale bis zu gelindem Sieden. Es ist darauf zu achten, daß die Substanz, besonders die mehlartigen Stoffe, vor dem Erhitzen vollständig von der Schwefelsäure durchfeuchtet sind und sich in dem Gemisch keine unbenetzten Klümpchen befinden. Um einen Verlust an stickstoffhaltiger Substanz zu vermeiden, erhitzt man zuerst ca. $^1/_2$ Minute über ganz kleiner, später über starker Flamme, nie aber darf die letztere bis über den von der Flüssigkeit eingenommenen Raum des Kolbens reichen.

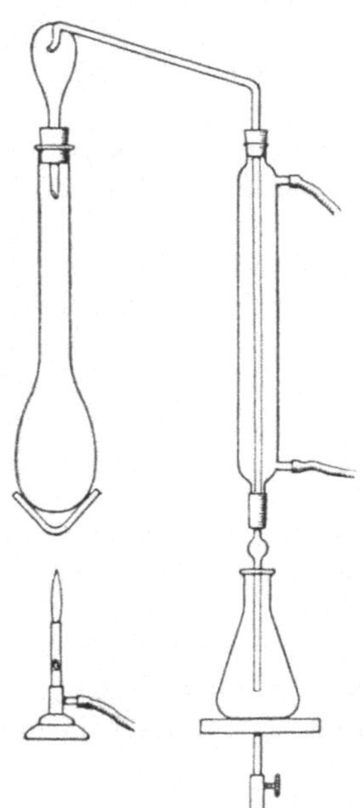

Abb. 341. Apparatur der Stickstoffbestimmung nach KJELDAHL.

Das Erhitzen wird nun so lange fortgesetzt, bis die Lösung klar und vollständig farblos geworden ist. Bei Anwesenheit von viel Eisenverbindungen ist die Flüssigkeit bisweilen schwach gelb. Die Zersetzung ist meistens in 2 bis 3 Stunden vollendet. Nach vollendeter Verbrennung läßt man abkühlen, verdünnt unter gleichzeitigem Abspülen der gestielten Kugel mit ca. 250 cm³ Wasser, fügt nach dem Erkalten rasch 80 cm³ salpetersäurefreie Natronlauge von 1,35 spezifischem Gewicht hinzu und so viel Kaliumsulfidlösung (40 g künstliches Kaliumsulfid im Liter), bis alles Quecksilber ausgefällt ist und die Flüssigkeit schwarz erscheint (man wird meistens mit ca. 25 cm³ Kaliumsulfidlösung auskommen), dann einige Körnchen Zinkpulver und verbindet rasch mit dem Destillationsrohre (Abb. 341). Letzteres taucht in einen 250 bis 300 cm³ fassenden Erlenmeyerkolben, der mit 10 bis 20 cm³ normaler Schwefelsäure und so viel Wasser beschickt ist, daß die Spitze des Destillationsrohres in die Flüssigkeit taucht. Sobald deutliche Wasserdämpfe mit übergehen, braucht das Destillationsrohr nicht mehr in die Flüssigkeit zu tauchen. Nachdem 100 cm³ Flüssigkeit abdestilliert sind, wird die überschüssige Schwefelsäure mit $^1/_2$ $n$-Natronlauge unter Anwendung von Methylorange als Indikator zurücktitriert. Aus der verbrauchten Schwefelsäure berechnet man den Stickstoff wie folgt: Es seien $t$ cm³ $n$-Schwefelsäure durch den aus $a$ g Substanz entwickelten Ammoniak neutralisiert worden und diese entsprechen: $t \cdot 0{,}01401$ g Stickstoff, somit enthält die Substanz Stickstoff in Prozenten $= \frac{1{,}401 \cdot t}{a}$ % Stickstoff". Multipliziert man die erhaltene Prozentzahl mit dem Faktor 6,25, so erhält man den Prozentgehalt der untersuchten Substanz an *Eiweiß* (Rohprotein). Bezüglich der weiteren Differenzierung der Rohproteine der Nahrungsstoffe in Reinprotein und verdauliches Protein sei auf die ausführliche Darstellung KÖNIGS (1) verwiesen.

### d) Bestimmung des Fettgehaltes der Nahrung.

Nach KÖNIG (2) versteht man unter „Fett" bei der Analyse der Nahrungsmittel „den Ätherauszug der wasserfreien Substanz, d. h. alle aus der wasserfreien Substanz durch wasserfreien Äthyläther ausziehbaren, bei einstündigem Trocknen im Wasserdampftrockenschranke nicht flüchtigen Bestandteile". Dieses sog. Rohfett enthält außer den Glyzeriden der Fettsäuren — den Fetten im eigentlichen Sinne — allerhand ätherlösliche Verbindungen, wie Harze, Fette, organische Säuren, Alkaloide usw., die teilweise überhaupt nicht in den Stoffaustausch des Organismus eingehen. Diese analytisch schwer abtrennbaren Beimengungen machen sich weniger bei den animalischen, als bei den vegetabilen Nahrungsstoffen bemerkbar.

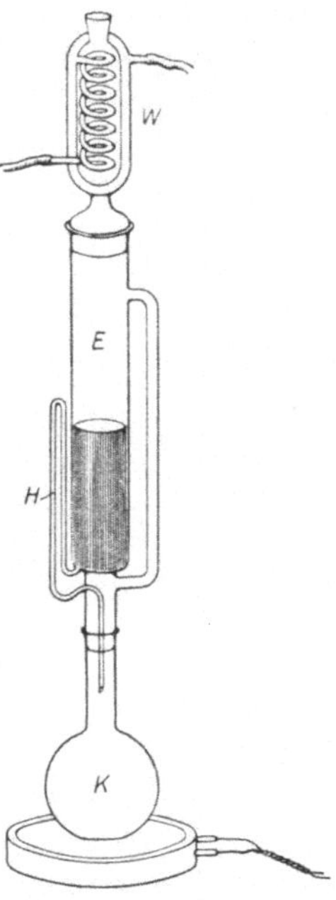

Abb. 342. Extraktionsapparat nach SOXHLET.

Ausführung der Fettbestimmung: Die bei 100 bis 110° getrocknete, wasserfreie Substanz wird genau abgewogen und mit Seesand verrieben. Darauf bringt man sie ohne Verlust in eine Extraktionshülse aus entfettetem Papier (Hersteller: SCHLEICHER und SCHÜLL, Düren, Rheinland) und bedeckt sie noch mit einem Stopfen aus entfetteter Watte. Die Hülse wird in einen SOXHLETschen Extraktionsapparat eingesetzt und 6 bis 24 Stunden mit wasserfreiem Äther ausgezogen. Der SOXHLETsche Apparat (Abb. 342) besteht aus einem Kölbchen ($K$), in dem Äther verdampft wird, einem Extraktionsgefäß, in das die Hülse eingesetzt wird, und in das der durch einen Kühler ($W$) kondensierte Äther zurückfließt und einer Hebereinrichtung ($H$), die den im Extraktionsgefäß angesammelten Äther in das Siedekölbchen zurückbefördert. Auf diese Weise wird ein Zirkulationssystem für den Äther geschaffen, der die in ihm löslichen Substanzen in dem Siedekölbchen anreichert. Aus dem (vorher abgewogenen) Kölbchen wird der Äther verdampft und der Rückstand im Wasserdampftrockenschrank getrocknet und danach gewogen. Auf diese Weise wird unter Berücksichtigung der Menge des Ausgangsmaterials der Prozentgehalt an Rohfett ermittelt.

### e) Bestimmung der Kohlenhydrate.

In den natürlichen Nahrungsstoffen treten die verwertbaren Kohlenhydrate in Form *löslicher* Verbindungen (Glukose, Rohrzucker, Milchzucker, Maltose) sowie als *Stärke* bzw. Glykogen auf.

Man extrahiert den *löslichen Zucker* aus einer gegebenen Substanz, indem man sie mit 80proz. Alkohol auf einem Wasserbade bei etwa 60° $^1/_2$ Stunde digeriert. Die durch Filtration gewonnene Lösung wird auf dem siedenden Wasserbad vom Alkohol befreit und fast bis zur Trockenheit eingeengt. Der Rückstand wird mit Wasser aufgenommen und mit so viel cm³ 25proz. Salzsäure versetzt, daß eine etwa 0,3proz. Salzsäure enthaltende Lösung entsteht. Diese Lösung wird nunmehr $^1/_2$ Stunde in einem siedenden Wasserbade erhitzt, um die höheren Zuckerarten in Monosaccharide aufzuspalten (Inversion). Nach der Inversion wird mit Natronlauge oder Magnesiumoxyd neutralisiert und zur Klärung der mitunter getrübten Flüssigkeit unter Zusatz von Kieselgur filtriert. In einem aliquoten Teil der Lösung wird dann die eigentliche Zuckerbestimmung durchgeführt.

Die Nahrungsmittelchemiker bestimmen den Zucker zumeist gewichtsanalytisch nach dem Kupferreduktionsverfahren von ALLIHN (KÖNIG [3]). Hier sei das titrimetrische Verfahren nach PAVY (HOPPE-SEYLER, THIERFELDER [1]) angeführt, das leichter durchzuführen ist und sich außerdem zur Bestimmung des Zuckers im Harne (mit geringem Zuckergehalt) vorzüglich eignet: *Prinzip.* Zu einer siedenden Kupfersulfatlösung wird so lange die zu analysierende Zuckerlösung hinzugesetzt, bis das blaue Kupfersulfat vollkommen in Kupferoxydul umgewandelt ist. Durch die Anwesenheit von Ammoniak wird das gebildete Kupferoxydul in (farbloser) Lösung gehalten. Man erkennt das Ende der Reaktion an dem Verschwinden der blauen Farbe.

*Lösungen.* 1. Eine Kupfersulfatlösung, welche im Liter 4,278 g kristallisiertes Kupfersulfat enthält. 20 cm³ dieser Lösung entsprechen 0,01 g wasserfreiem Traubenzucker. 2. Eine Lösung, welche in 1 Liter 21 g Seignettesalz, 21 g Ätzkali und 300 cm³ konzentriertes Ammoniak (spezifisches Gewicht 0,880) enthält.

*Apparatur* (s. Abb. 343). Der an dem seitlichen Ansatzrohr des Titrationskolbens angeschlossene Erlenmeyer enthält etwa 50 cm³ konzentrierte Schwefelsäure, 100 cm³ Wasser und 1 bis 2 cm³ 10proz. Kupfersulfatlösung. Die Schwefelsäure soll das aus dem Titrationskolben entweichende Ammoniak festhalten, das Kupfersulfat durch den Farbenumschlag anzeigen, wenn die Schwefelsäure neutralisiert ist. Die Menge Schwefelsäure reicht für etwa 30 Bestimmungen aus. Das in die Flüssigkeit eintauchende Glasrohr ist mit einem Glasventil versehen, welches das Zurücktreten der Flüssigkeit in den Titrationskolben verhindert.

*Ausführung.* In den Kolben bringt man je 20 cm³ der beiden Lösungen, in die Bürette die durch Verdünnen mit Wasser auf etwa 0,2 % Zuckergehalt gebrachte zu analysierende Lösung (z. B. Harn). (Durch eine vorangehende orientierende Titration ermittelt man den ungefähren Zuckergehalt der Ausgangslösung.) Man erhitzt jetzt, kocht einige Sekunden mit der vollen Flamme des Brenners, bis in der Schwefelsäure keine Blasen mehr aufsteigen, und erhält nun mit ganz kleiner Flamme die Flüssigkeit in fortdauerndem schwachem Sieden. Nun läßt man aus der Bürette die zuckerhaltige Lösung zufließen, und zwar 2 bis 3 cm³ in der Minute, bis die blaue Farbe fast verschwindet, wartet etwa 2 Minuten, läßt 0,05 bis 0,1 cm³ zulaufen, wartet wieder 2 Minuten usf., bis eine grünliche Farbe eben verschwindet. Entfärbung bildet die Endreaktion. Eine rötlichgelbe Farbe, schon vor der Endreaktion, bedingt durch sich abscheidendes Kupferoxydul, tritt nur dann ein, wenn durch fehlerhaftes zu starkes Kochen zuviel Ammoniak entwichen ist. Bei Benutzung einer ganz kleinen Flamme kann das Kochen ohne Befürchtung einer Kupferoxydulausscheidung bis zu 30 Minuten fortgesetzt werden.

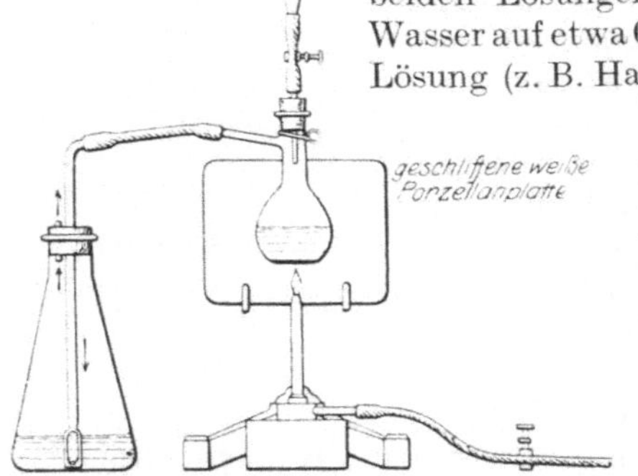

Abb. 343. Apparat zur Zuckerbestimmung nach PAVY. (Aus HOPPE-SEYLER-THIERFELDER, 9. Aufl.)

*Berechnung.* 20 cm³ der umgesetzten Kupferlösung entsprechen 0,01 g Traubenzucker. Bei der Berechnung des Prozentgehaltes ist natürlich die Verdünnung, die Menge der zur Extraktion benutzten Flüssigkeit und das Gewicht des Ausgangsmaterials zu berücksichtigen. Die Gesamtmenge der in den Nahrungsstoffen vorhandenen löslichen Kohlenhydrate wird stets in Glukoseäquivalenten ausgedrückt.

Zur Bestimmung der *Stärke* benutzt man den mit Alkohol ausgezogenen Rückstand der Kohlenhydratanalyse. Man suspendiert den Rückstand in etwa 100 cm³ Wasser und kocht etwa 10 Minuten, um die Stärke zu verkleistern. Dann wird die Flüssigkeit auf etwa 60 bis 65° abgekühlt; es werden 10 cm³ einer Diastaselösung (15 g reine Diastase in 350 cm³ Wasser und 650 cm³ Glyzerin) hinzugegeben und das Gemisch wird 2 Stunden lang bei 65° gehalten. Hierdurch wird eine Umwandlung der unlöslichen Stärke in lösliche Kohlenhydrate erzielt, welche, nachdem man die Flüssigkeit $^1/_2$ Stunde erhitzt hat, durch Filtration und gründliches Auswaschen des Rückstandes gewonnen werden. Da der Abbau der Stärke durch die diastatische Fermentation nur bis zur Stufe der Polysaccharide (Dextrin, Maltose) erfolgt, so müssen diese einer weiteren Inversion durch Salzsäure (s. oben) unterworfen werden. In der invertierten Lösung wird sodann der Zuckergehalt in der üblichen Weise bestimmt.

*Berechnung*. Die gefundene Zuckermenge ist mit 0,9 zu multiplizieren, um daraus die Stärke zu berechnen.

Die Bestimmung des *Glykogens* s. S. 1134.

### f) Bestimmung der Rohfaser.

Als „Rohfaser" bezeichnet man denjenigen Rückstand der organischen Substanz, der nach dem Kochen mit verdünnten Säuren und Alkalien bestimmter Konzentration ungelöst bleibt. Es handelt sich also vornehmlich um die unlöslichen Bestandteile der pflanzlichen Membranen. Die zu untersuchende Substanz wird fein pulverisiert und gegebenenfalls entfettet. (Man kann zur Untersuchung auch den unlöslichen Rückstand aus der Stärkebestimmung heranziehen.) Sodann wird sie mit 200 $cm^3$ einer $1^1/_4$proz. Schwefelsäure genau $^1/_2$ Stunde — unter Ersatz des verdampfenden Wassers — gekocht. Danach wird durch einen mit einer abgewogenen Asbestmenge beschickten Goochtiegel filtriert und mit heißem Wasser nachgewaschen. Der Rückstand samt Asbestmasse wird sodann mit $1^1/_4$proz. Natronlauge in gleicher Weise $^1/_2$ Stunde gekocht, filtriert und ausgewaschen. Sodann wäscht man einige Male mit Alkohol und mit Äther nach. Der vorher ausgeglühte und gewogene Goochtiegel wird sodann bei 100 bis 110° 1 Stunde lang getrocknet und gewogen. Man erfährt so die Menge der „Rohfaser" + Asche. Hierauf wird kräftig geglüht, bis alle Kohleteilchen verbrannt sind, und wieder gewogen. Zieht man das Gewicht des Glührückstandes von dem vorher ermittelten Gewicht ab, so erhält man die Menge der „Rohfaser".

### g) Die energetische Bewertung der Nahrungsstoffe.

Maßgebend für die mit der Nahrung dem Körper zugeführte Energiemenge ist der physiologische Brennwert der Nahrungsstoffe. Dieser hängt ab von dem Gehalt der betreffenden Kost an den 3 Grundsubstanzen Eiweiß, Fett und Kohlenhydrate. Als Maßeinheit der Energie gilt diejenige Wärmemenge, die dazu nötig ist, um 1 g Wasser von 14,5° auf 15,5° zu erwärmen (cal = kleine Kalorie; 1000 cal = 1 Cal, große Kalorie). Kennen wir den prozentualen Anteil der energieliefernden Grundsubstanzen, so können wir auf Grund der physiologischen Verbrennungswerte den Gesamtbrennwert der betreffenden Nahrung ermitteln. Der physiologische Verbrennungswert der Kohlenhydrate und Fette ist gleich dem physikalischen Brennwert, da diese Stoffe im tierischen Körper ebenso wie bei der physikalischen Verbrennung (s. Kalorimetrie S. 1134) restlos zu Kohlensäure und Wasser verbrannt werden. Anders verhalten sich die Eiweißstoffe; sie werden im Tierkörper nur unvollständig verbrannt und erleiden nach Rubner einen Brennverlust von 22 bis 28 %.

Im Durchschnitt kann für die einzelnen Gruppen der energetisch verwertbaren Stoffe folgender physiologischer Brennwert angenommen werden (Rubner [2]):

| | | |
|---|---|---|
| für | 1 g Eiweiß . . . . . | 4,1 Cal |
| „ | 1 g Fett . . . . . . | 9,3 „ |
| „ | 1 g Kohlenhydrat . . | 4,1 „ |

Da ein Teil der aufgenommenen Nahrung unresorbiert oder unvollständig aus genutzt den Körper verläßt, so muß man zur Feststellung der tatsächlich verwerteten Energie von dem Brennwert der zugeführten Nahrung diejenige Energiemenge in Abzug bringen, die mit den Ausscheidungen dem Körper verlorengeht.

## B. Die chemische Untersuchung der flüssigen und festen Exkretstoffe.

Die Ausscheidungen des Tierkörpers bestehen, soweit sie nicht speziellen Funktionen (wie der Fortpflanzung, der Abwehr usw.) dienen, aus den Endprodukten des Stoffwechsels, den unresorbierten Nahrungsresten und den Abfallstoffen des Zellumbaues. Letztere spielen für die Betrachtung des gesamten Stoff- und Energiewechsels zumeist nur eine untergeordnete Rolle. Während die chemische Natur der unresorbierten Nahrungsmittel naturgemäß eine außerordentliche Mannigfaltigkeit aufweist, zeigen die Endprodukte des Stoffwechsels im ganzen Tierreich eine ziemlich weitgehende Übereinstimmung, die durch den gleichen Ablauf der chemischen Umsetzungen des Stoffwechsels bedingt ist. Da der Energiegewinn der Tiere vornehmlich auf der Oxydation kohlenstoffhaltiger Verbindungen beruht, finden sich in erster Linie die Endprodukte der Verbrennung, *Kohlensäure* und *Wasser*. Die Methoden zur quantitativen Ermittlung der abgegebenen Kohlensäure werden im Zusammenhang mit den Verfahren zur Untersuchung des *respiratorischen Gaswechsels* (s. S. 1138) dargestellt. Die Bestimmung des bei der Verbrennung der Nahrungsstoffe im Körper auftretenden Wassers, des sog. *Oxydationswassers*, kann nur innerhalb einer Bilanz des gesamten Wasserhaushaltes erfolgen und ist naturgemäß nur bei den an der Luft lebenden Tieren unter Berücksichtigung aller — aktiv oder passiv — wasserabgebenden Organe durchzuführen.

### a) Bestimmung der Wasserabgabe.[1]

Die Abgabe des Wassers durch den tierischen Organismus erfolgt durch alle mit der Außenwelt in Kommunikation stehenden Oberflächen (äußere Körperhülle, Oberfläche des Darmes, der Respirationsorgane usw.) sowie durch spezielle Sekretions- (Drüsen) und Exkretionsorgane (Emunktorien, Niere). Soweit die Ausscheidung des Wassers nicht im dampfförmigen Aggregatzustand erfolgt, wird die Menge des abgegebenen Wassers durch die Wägung aller flüssigen und festen Ausscheidungen und Bestimmung ihres *Trockengewichtes* (s. S. 1113) ermittelt. Die Feststellung der Wasserdampfabgabe wird folgendermaßen durchgeführt: Das betreffende Tier wird in einem luftdicht abgeschlossenen Raum (Kammer, Glasgefäß) untergebracht, der mit zwei Öffnungen versehen ist. Durch die eine Öffnung wird ein Luftstrom, der vorher eine oder mehrere mit wasserfreiem Chlorkalzium gefüllte U-Röhren passiert hat und dadurch vollkommen von Wasserdampf befreit ist, eingeleitet. Durch die zweite Öffnung verläßt der Luftstrom den Raum und gibt den von dem Tiere ausgeschiedenen Wasserdampf an ein ebenfalls mit Chlorkalzium beschicktes U-Rohr ab, dessen Anfangsgewicht ermittelt worden ist. Die Gewichtszunahme des nachgeschalteten U-Rohres gibt die Menge des in der Beobachtungszeit ausgeschiedenen Wasserdampfes an. Die Bewegung des Luftstromes wird durch Ansaugen mittels einer (Wasserstrahl-)Pumpe herbeigeführt. (Siehe auch die Bestimmung des Gaswechsels S. 1138.) Eine indirekte Ermittlung der Wasserdampfabgabe kann auch durch genaue Wägung des Tieres und seiner gesamten anderen, in der Beobachtungszeit erfolgten Ausscheidungen vorgenommen

[1] S. hierzu Parnas, J. K.: Allgemeines und Vergleichendes des Wasserhaushaltes im Handb. d. norm. u. pathol. Physiol., Bd. 17, S. 137, sowie Siebeck, R.: Physiologie des Wasserhaushaltes, ebenda, S. 161.

werden; die in dem Resultat einbegriffene Gewichtsdifferenz zwischen aufgenommenem Sauerstoff und abgegebener Kohlensäure ist relativ so gering, daß sie kaum berücksichtigt zu werden braucht.

b) Chemische Untersuchung des Harnes (harnähnlicher Exkrete).

Der Harn enthält neben anorganischen Salzen in erster Linie die unvollkommen verbrannten, stickstoffhaltigen Endprodukte des Eiweißstoffwechsels. Der Harn wird von den Vertebraten durch die Niere ausgeschieden. Die Evertebraten geben harnähnliche Exkrete durch die sog. „Emunktorien" (R. BURIAN [1]) oder auch durch exkretorisch unspezifische Organe wie Körperhülle, Darm, respiratorische Oberfläche von sich. Die physikalische Beschaffenheit dieser Exkrete bewegt sich zwischen ungelöstem und gelöstem Zustand. Auch der Harn der Wirbeltiere zeigt in seiner Konsistenz bemerkenswerte Unterschiede. Die meisten Sauropsidenharne sind

Übersicht über die Beschaffenheit des Wirbeltierharnes und sein Gehalt an wesentlichen N-haltigen Substanzen[1].

| Tierklasse | Beschaffenheit | Spezifisches Gewicht | Stickstoffhaltige Substanzen | | | | |
|---|---|---|---|---|---|---|---|
| | | | Harnsäure | Harnstoff | Kreatin Kreatinin | Andere N-haltige Substanzen | Ammoniak |
| 1. *Fische* ....... | flüssig, klar, farblos-gelb | 1,013 und mehr | sehr wenig | sehr viel, bis zu 90% d. ges. N | beide nachgewiesen | Zystin (Orthagoriscus) | deutliche Mengen |
| 2. *Amphibien* ... | flüssig, klar | 1,0009 bis 1,0018 (Frosch) | Spuren | sehr viel, 84% d. ges. N (Kröte) | — | — | — |
| 3. *Reptilien*: | | | | | | | |
| a) Eidechse ... | weich, weiß | — | 94% d. ges. Harnmasse | kaum nachweisbar | — | — | geringe Mengen |
| b) Schlangen .. | breiig, gelblich-weiß | — | 90% d. ges. Harnmasse | nicht angegeben | — | — | vorhanden |
| c) Krokodile .. | flüssig | 1,017 | vorhanden | vorhanden (Alligator) | — | — | vorhanden |
| d) Schildkröten | flüssig, klar, schleimig | 1,008 bis 1,015 | 19,1 % des ges. N (Chelone Mydas) | 45 % des ges. N | Kreatin 9,7 %, Kreatinin 1,6 % des ges. N | Hippursäure ? (Testudo) | 17,7 % des ges. N (Chelone Mydas) |
| 4. *Vögel* ........ | weiche Massen | — | 77,8 % des ges. N (Enten) | 4,1 % des ges. N (Enten) | Kreatin | Purinbas. Aminosäuren | 3,2 % des ges. N (Enten) |
| 5. *Säugetiere*: | *Harnfarbstoffe!* | | | | | | |
| Carnivoren (*C*) | klar, dunkel, sauer | höher als bei den anderen Vertebraten | (*C*) häufig, fehlt jedoch bisweilen; (*H*) regelmäßig Spuren | überall vorhanden; (*H*) geringere Menge | Kreatinin bei allen Haustieren | Purinbas., Allantoin, Hippursäure (*H*), Kynurensäure (Hund) | vorhanden bei (*C*) und (*O*) |
| Omnivoren (*O*) | klar, etwas heller, weniger sauer | | | | | | |
| Herbivoren (*H*) | trüb, alkalisch | | | | | | |

[1] Die Tabelle ist größtenteils nach den Daten der ausführlichen Darstellung A. NOLLS: Die Exkretion der Wirbeltiere, Handb. d. vergl. Physiol. (hrg. von H. WINTERSTEIN), Bd. $2_2$. S. 760, 1924 zusammengestellt.

*breiig* bis *fest*; unter den flüssig ausgeschiedenen Harnen gibt es vollständig klare oder trübe (sedimenthaltige).

Über die chemische Zusammensetzung der von den *Wirbellosen* abgegebenen Exkretstoffe ist nicht allzu viel bekannt. Insbesondere herrscht eine große Unsicherheit des Wissens von der chemischen Natur der von den spezifischen Emunktorien ausgeschiedenen festen Körnchen und Konkrementen. Es liegen Angaben über das Vorkommen von Harnsäure, Kreatinin, Purinbasen, chitinartigen Substanzen, anorganischen Salzen vor. Von gelösten Substanzen sind Harnstoff, Harnsäure, Ammoniak, niedere Fettsäuren sowie ebenfalls anorganische Salze beschrieben worden. Wenn auch diese vereinzelten Befunde manchen Einblick in den Chemismus des Stoffumsatzes der betreffenden Tierart gestatten, so sind sie für die Beurteilung des Gesamtstoffwechsels völlig unzureichend.

Dagegen bietet die Untersuchung des *Wirbeltierharns* die Möglichkeit, wichtige Komponenten des Gesamtstoffumsatzes — insbesondere die Größe des *Stickstoffwechsels* — zu ermitteln, da die stickstoffhaltigen Endprodukte des *Eiweißumsatzes* ausschließlich durch die Nieren ausgeschieden werden. Die Menge des Harnstickstoffs ergibt mit dem Faktor 6,25 multipliziert annähernd die Menge des umgesetzten Eiweißes an. Vorstehende Tabelle gibt eine Übersicht über die Beschaffenheit des Harns der verschiedenen Wirbeltierarten sowie über das Vorkommen der wichtigsten N-haltigen Substanzen.

*Stickstofffreie organische Substanzen* spielen normalerweise im Wirbeltierharn eine untergeordnete Rolle. Es finden sich kleine Mengen flüchtiger Fettsäuren, Spuren von *d*-Milchsäure, Oxalsäure in Mengen, die von der Zusammensetzung der Nahrung abhängig sind. Weiterhin soll Bernsteinsäure vorkommen sowie Phosphorsäure in organischer Bindung. Zu erwähnen ist noch das Auftreten von Phenolschwefelsäure im Harn des Pferdes und des Rindes, auch sind gepaarte Glukuronsäuren gefunden worden. Die sog. Azetonkörper (Azeton, Azetessigsäure, $\beta$-Oxybuttersäure) treten nur unter pathologischen Bedingungen auf.

Von *anorganischen Substanzen* werden fast stets Chloride, Phosphate und Sulfate nachzuweisen sein. Als Kationen finden sich Natrium, Kalium, Magnesium, Ammonium, Calcium.

**1. Methoden zur Gewinnung des Harns.** Die Gewinnung der Exkretstoffe der im *Wasser* lebenden Organismen ist mit außerordentlichen Schwierigkeiten verknüpft. Zumeist ist man darauf angewiesen, das Wasser, in dem sich die betreffenden Tiere aufhalten, vorher und nachher zu analysieren. Dieses Verfahren kommt ausschließlich dort in Frage, wo die Ausscheidung der Exkretstoffe durch die Körperoberfläche erfolgt. Bei solchen Tieren, deren Exkrete aus Körperhöhlen oder Kanälen entleert werden, bedient man sich zum Auffangen eingeführter Kanülen (Katheter). Eine derartige Methode zur Gewinnung von reinem Fischharn gibt R. Burian (2) an. Die Untersuchung des Vogelharns bietet insofern Schwierigkeiten, als seine Entleerung aus der Kloake gemeinsam mit den Darmexkrementen erfolgt. Um den Vogelharn für sich zu sammeln, sind verschiedene Verfahren angewendet worden (Noll). „Man kann von der Bauchhöhle aus Kanülen in die Ureteren einbinden (und erhält so einen wäßrigen Harn, welcher der Eindickung durch die Wasser resorbierende Darm- bzw. Kloakenschleimhaut entgeht) oder man bindet den Darm oberhalb der Mündung der Ureteren in die Kloake ab, um ein Herunterfließen des Darminhalts zu verhindern und kann dann eine Kanüle in die Kloake einbinden, die man am Orificium anale befestigt. Auch durch Anlegen eines Anus praeternaturalis erhält man einen nicht durch Fäzes verunreinigten Harn." Am einfachsten liegen die Verhältnisse bei den Säugern, welche ihren Harn durch eine Harnröhre, die vor dem After ausmündet, entleeren. (Eine Ausnahme bilden nur die Monotremen, welche Harn und Fäzes durch eine Kloake ausscheiden). Soweit man nicht durch besondere Harntrichter und Kotbeutel, die je nach dem anatomischen Bau der Tiere eine besondere Konstruktion aufweisen und die durch Bandagen fest am Körper fixiert werden, eine Trennung des Harns von den Fäzes durchführt, kann man durch Katheterisieren direkt den Harn gewinnen, ein Verfahren, welches sich besonders dann empfiehlt, wenn es sich darum handelt, frischen, unzersetzten Harn zu untersuchen. Weiterhin kann man den Harn auch sammeln, wenn man den Boden des Käfigs mit einer Abflußöffnung versieht, unter welche man ein Gefäß stellt. Den Kot der Tiere hält man dadurch zurück, daß man sie auf eine rostartige Unterlage setzt, unter welcher sich ein zweiter engerer, den Kot nicht durchlassender Rost befindet (VÖLTZ).

**2. Nachweis und Bestimmung der stickstoffhaltigen Substanzen des Harns.** Gesamtstickstoff. Zur Ermittlung des gesamten Stickstoffs im Harn dient das (S. 1115 beschriebene) Verfahren nach KJELDAHL. Man benutzt zur Analyse 5 bis 10 cm³; eine genaue Abmessung ist unbedingt erforderlich.

Ammoniak ($NH_3$). *Nachweis.* Man saugt einen Luftstrom durch drei hintereinandergeschaltete Waschflaschen, von denen die erste Schwefelsäure, die zweite den zu untersuchenden (evtl. mit Kalkmilch alkalisierten) Harn, die dritte NESSLERS Reagens (alkalische Jodquecksilber-Jodkaliumlösung) enthält. Das im Luftstrom flüchtige Ammoniak erzeugt in NESSLERS Reagens eine gelbe Verfärbung oder gar einen rotbraunen Niederschlag:

$$2\,(HgJ_4)K_2 + 3\,KOH + NH_4OH = O\begin{matrix}\diagup Hg \diagdown \\ \diagdown Hg \diagup\end{matrix}NH_2\cdot J + 3\,H_2O + 7\,KJ\,.$$

*Bestimmung* nach KRÜGER und REICH (HOPPE-SEYLER, THIERFELDER [2]). Das durch Kalkmilch in Freiheit gesetzte Ammoniak wird im Vakuum bei einer Temperatur unter 43° destilliert, in $n/10$ Schwefelsäure aufgefangen und der nicht gebundene Rest der Säure wird durch Titration mit $n/10$ Lauge bestimmt. Die Destillation des Harns erfolgt aus einem 1-Liter-Rundkolben. Der Kolben trägt einen doppeltdurchbohrten Gummistopfen, durch den ein Scheidetrichter mit langausgezogenem Rohr in den Kolben eingeführt ist und durch den ein Ableitungsrohr die Verbindung mit einer Peligotschen Röhre herstellt, die andererseits durch ein zweites Rohr und einen (mit Quetschklemme versehenen) dickwandigen Gummischlauch mit einer Woulfschen Flasche, mit einer Wasserstrahlpumpe und gleichzeitig mit einem Manometer verbunden ist (s. Abb. 344).

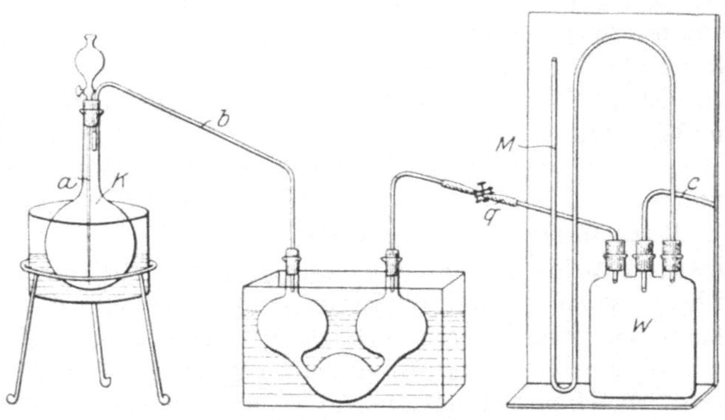

Abb. 344. Apparat zur Ammoniakbestimmung nach KRÜGER u. REICH. (Aus: HOPPE-SEYLER-THIERFELDER, 9. Aufl.)

*Ausführung.* „Man bringt in den Scheidetrichter 12 bis 15 cm³ Alkohol, in die Peligotsche Röhre 25 cm³ $n/10$ Säure, darauf in den Kolben 25 cm³ filtrierten Harn, etwa 10 cm³ Kalkmilch und etwa 15 cm³ Alkohol, schließt nun sofort den Kolben, indem man dafür sorgt, daß das Rohr des Scheidetrichters fast den Boden berührt, schließt auch die Klemmschraube und setzt die Wasserstrahlpumpe in Tätigkeit. Darauf wird durch vorsichtiges Öffnen der Schraube Kolben und Peligotsche Röhre allmählich evakuiert und gleichzeitig mit der Erwärmung des Wasserbades begonnen. Die Temperatur des letzteren soll 43° nicht übersteigen. Von Beginn des lebhaften

Siedens an gerechnet wird die Destillation 17 Minuten unter einem Druck von 30 bis 40 mm Quecksilber fortgesetzt. Die Wassertropfen, welche sich nach Verjagen des Alkohols am Kolbenhals festsetzen und möglicherweise Ammoniak enthalten, werden durch Umwickeln des Kolbenhalses mit einem in heißes Wasser getauchten Tuch beseitigt. Zum Schluß läßt man aus dem Scheidetrichter 10 cm³ Alkohol zufließen, welche den Kolbeninhalt wieder in lebhaftes Sieden bringen und die in dem Verbindungsrohr befindlichen Wassertropfen wegspülen. (Um ein Übertreten hochgespritzter Tropfen in das Peligotsche Rohr zu verhindern, versieht man das in den Kolben ragende Ende des Verbindungsrohres mit einem 5 cm langen Gummischlauch, welcher in der Mitte eine seitliche Öffnung besitzt). Nach Beendigung der Destillation schließt man zunächst die Klemmschraube, dreht die Wasserleitung ab und läßt durch Öffnen des Scheidetrichterhahnes Luft eintreten. Der Inhalt der Peligotschen Röhre wird in ein Becherglas übergeführt und unter Benutzung von Rosolsäure mit $n/10$ Lauge titriert. Zieht man die Anzahl der verbrauchten cm³ Lauge von der Anzahl der vorgelegten cm³ Säure ab und multipliziert diesen Wert mit 1,7034, so erhält man die Menge Ammoniak in mg. Im eiweißhaltigen Harn läßt sich das Verfahren anwenden, wenn man statt Kalkmilch etwa 10 g Natriumchlorid und 1 g trockene Soda zum Harn zufügt."

*Harnstoff* $CO\langle{NH_2 \atop NH_2}$ ist das neutrale Amid der Kohlensäure.

*Nachweis.* Schmilzt man trockenen Harnstoff in einem trockenen Reagenzglas vorsichtig über einer kleinen Flamme und erhitzt weiter, bis die Schmelze wieder erstarrt, so entsteht *Biuret*, das in verdünntem Alkali gelöst, mit wenig Kupfersulfat eine schöne violett-rote Färbung gibt („Biuretreaktion"). Oder — man gibt zu 2 cm³ einer konzentrierten Furfurollösung 4 bis 6 Tropfen Salzsäure und dann einen Harnstoffkristall; es entsteht in wenigen Minuten eine tiefviolette Färbung (Schiffs Reaktion, modifiziert von Huppert [Hammarsten (1)]). Diese Reaktionen sind nur nach vorheriger Isolierung des Harnstoffs (Hoppe-Seyler, Thierfelder [3]) durchführbar. Zum direkten Nachweis des Harnstoffs im Harn genügt es meistens, eine kleine Menge Harn auf einem Uhrschälchen einzuengen und einige Tropfen mäßig verdünnter Salpetersäure hinzuzufügen. Es entstehen dann die charakteristischen rhombischen oder sechsseitigen Kristalltafeln des salpetersauren Harnstoffs.

*Bestimmung.* Von den verschiedenen Verfahren zur quantitativen Ermittlung des Harnstoffs sei hier das *Urease*verfahren (Hoppe-Seyler, Thierfelder [4]) angeführt: *Prinzip.* Durch ein Ferment der Sojabohn, die Urease, wird der Harnstoff in Ammoniak und Kohlensäure zerlegt. Das gebildete Ammoniak wird bestimmt und von diesem Wert das Ammoniak abgezogen, welches der Harn schon an sich enthält. Die Urease ist spezifisch auf den Harnstoff eingestellt. *Ausführung.* Man verwendet zur Destillation des gebildeten Ammoniaks das Verfahren von Krüger und Reich (s. Abb. 344). Zunächst wird der Apparat in Ordnung gebracht und die Vorlage mit der notwendigen Menge $n/10$ Säure beschickt. In den sorgfältig gereinigten Kolben (man nimmt hier einen Kjeldahlkolben von 500 cm³ Inhalt) gibt man 5 cm³ mit verdünnter Sodalösung gegen Phenolphtalein neutralisierten Harn und 2 g Sojabohnenmehl oder die entsprechende Menge eines Ureasepräparats, verschließt ihn wie bei der Ammoniakbestimmung, senkt ihn in ein Wasserbad von 40°, verbindet mit der Vorlage und diese mit der Pumpe. Nach $^1/_2$ Stunde öffnet man, gibt 4 bis 5 g trockene Soda zu und 3 Tropfen Oktylalkohol (um das Schäumen zu beseitigen), verbindet wieder und destilliert $^1/_2$ Stunde lang. Dann wird die Säure in den Vorlagen mit $n/10$ Lauge zurücktitriert. In derselben Menge Harn bestimmt man auf die gleiche Weise das Ammoniak allein. Die Differenz in den verbrauchten cm³ $n/10$ Säure entspricht der Menge Ammoniak, die durch die Zersetzung des Harnstoffs gebildet worden ist. Multipliziert man diese Anzahl $cm^3$ mit 0,001401, so erhält man die Menge Harnstoff-Stickstoff in g in 5 $cm^3$ und durch weitere Multiplikation mit 2,143 die entsprechende Menge Harnstoff in g.“

*Harnsäure* = 2, 6, 8-Trioxypurin.

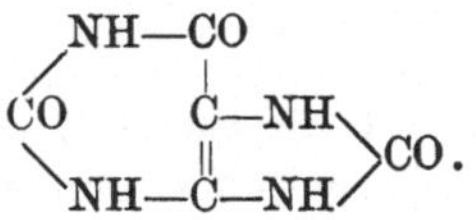

```
  NH—CO
 /    |
CO    C—NH\
 \    ||   >CO.
  NH—C—NH/
```

Dem *Nachweis* der Harnsäure muß ihre Isolierung vorausgehen. Man gibt zu 1 Liter filtrierten Harn 20 bis 30 $cm^3$ 25proz. Salzsäure. Nach 48 Stunden sammelt man die ausgeschiedenen Harnsäurekristalle, löst sie in verdünntem Alkali und fällt wieder mit Salzsäure aus. Die erhaltenen Kristalle identifiziert man durch eine der folgenden Reaktionen. *Murexidprobe.* Man erhitzt die Kristalle mit etwas Salpetersäure in einer kleinen Porzellanschale, bis eine gelblich-rötliche Masse zurückbleibt. Fügt man nun einen Tropfen Ammoniak hinzu, so entsteht eine purpurrote Färbung; beim Zusatz von Alkali schlägt die Farbe in Violett um. Probe von FOLIN und DENIS: Diese sehr empfindliche Reaktion tritt noch bei einer Verdünnung der Harnsäure von 1 : 500000 ein. Man stellt sich das Reagens her, indem man 100 g Natriumwolframat, das frei von Molybdänsäure und Salpetersäure ist, mit 80 $cm^3$ 85proz. Phosphorsäure und 750 $cm^3$ Wasser unter gelindem Sieden am Rückflußkühler 2 Stunden lang erwärmt und nach dem Erkalten auf 1 Liter auffüllt. Bringt man 1 bis 2 $cm^3$ von diesem Reagens mit der gleichen Menge der zu untersuchenden Lösung zusammen und fügt gepulvertes Natriumkarbonat hinzu, so entsteht bei Anwesenheit von Harnsäure eine Blaufärbung.

*Quantitative Bestimmung* nach FOLIN-SHAFFER (HAMMARSTEN [2]). „Zu 300 $cm^3$ Harn setzt man 75 $cm^3$ einer Lösung, die im Liter 500 g Ammoniumsulfat, 5 g Uranazetat und 60 $cm^3$ 10proz. Essigsäure enthält, und filtriert nach 5 Minuten. Von dem Filtrat werden 125 $cm^3$ (= 100 $cm^3$ Harn) mit 5 $cm^3$ konzentriertem Ammoniak versetzt. Nach 24 Stunden wird der Niederschlag abfiltriert und auf dem Filter mittels Ammoniumsulfat chlorfrei gewaschen. Man spült dann den Niederschlag mit Wasser (insgesamt 100 $cm^3$) in einen Kolben, setzt 15 $cm^3$ konzentrierte Schwefelsäure hinzu und titriert bei 60 bis 63° mit $n/20$ Permanganatlösung. 1 $cm^3$ dieser Lösung entspricht 3,75 mg Harnsäure. Wegen der merkbaren Löslichkeit des Ammoniumurates ist für je 100 $cm^3$ Harn eine Korrektur von 3 mg Harnsäure hinzuzufügen.“

*Kreatin*

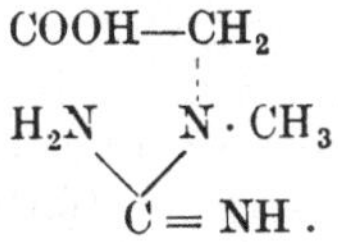

```
       COOH—CH2
            :
Kreatin  H2N   N·CH3
           \  /
            C = NH .
```

*Kreatinin*

```
          CO — CH2
                |
Kreatinin HN   N·CH3
            \  /
             C = NH.
```

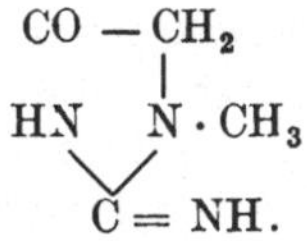

Das Kreatinin ist als Anhydrid des Kreatins aufzufassen, aus dem es außerordentlich leicht durch Wasserabspaltung entsteht. Man benutzt diese Umwandlung zum Nachweis und zur Bestimmung des Kreatins, indem man es in Kratinin überführt. Erhitzt man eine Lösung von Kreatin unter Zugabe von soviel Salzsäure, daß eine etwa 2,5proz. Salzsäure vorliegt, so verläuft diese Reaktion quantitativ.

*Nachweis des Kreatinins* (bzw. Kreatins nach erfolgter Umwandlung) nach JAFFE. Die zu prüfende Lösung wird mit Pikrinsäurelösung und einigen Tropfen verdünnter Natronlauge versetzt; bei Anwesenheit von Kreatinin tritt eine rote Färbung auf. Reaktion nach WEYL: Eine kreatininhaltige Lösung gibt mit einigen Tropfen frisch bereiteter Lösung von Nitroprussidnatrium nach Zusatz von verdünnter Natronlauge eine rubinrote Färbung, die bald (auf Ansäuern mit Essigsäure sofort) verschwindet. *Bestimmung des Kreatinins.* Die quantitative Ermittlung beruht auf der kolorimetrischen Auswertung der Jaffeschen Reaktion (nach FOLIN). Man benutzt am besten das Kolorimeter von AUTENRIETH und KOENIGSBERGER mit dem dazugehörigen Kreatininvergleichskeil[1]. Man bringt 10 cm³ des zu untersuchenden Harns in einen 500 cm³-Meßkolben, fügt 15 cm³ 1,2 proz. wäßrige Pikrinsäurelösung und 5 cm³ 10proz. Natronlauge hinzu, schüttelt gut um, läßt 5 Minuten ruhig stehen, füllt sodann mit Wasser bis zur Marke auf und mischt das Ganze durch Umschütteln. Mit dieser, rotgelb oder nur gelbrot gefärbten Mischung füllt man die Küvette des Kolorimeters und bestimmt sofort durch Verschieben des Keils bis zur Farbengleichheit deren kolorimetrischen Wert. Von 5 bis 6 Ablesungen nimmt man das arithmetrische Mittel. Die beigefügte Eichkurve des Vergleichskeiles gibt die dem kolorimetrischen Wert entsprechenden Kreatininmengen an. *Bestimmung* des *Kreatin* nach A. HAHN und BARKAN. Die Bestimmung ist eine indirekte, indem einerseits die Menge des präformierten Kreatinins, andererseits die Menge des präformierten + des aus Kreatin entstandenen ermittelt wird. Die Umwandlung des Kreatins in Kreatinin erfolgt während 24stündiger Einwirkung von n-HCl bei 60 bis 65°. Die Bestimmung erfolgt nach der kolorimetrischen Methode; als Vergleichslösung dient eine 0,02proz. Lösung von reinem Kreatinin.

*Purinbasen.* Die als Spaltungsprodukte der Nukleine im Harn nachgewiesenen vier Basen sind:

| | | |
|---|---|---|
| Xanthin | = | 2,6-Dioxypurin |
| Guanin | = | 2-Amino-6-Oxypurin |
| Hypoxanthin | = | 6-Oxypurin |
| Adenin | = | 6-Aminopurin. |

Die Purinbasen werden nach SALKOWSKI[2] aus dem — durch Magnesiamischung von der Phosphorsäure befreiten — Harn zusammen mit der Harnsäure durch ammoniakalische Silberlösung niedergeschlagen. Der Silberniederschlag wird durch Schwefelwasserstoff aufgespalten, die Harnsäure wird durch Schwefelsäure von den Purinbasen getrennt und die in der schwefelsauren Lösung enthaltenen Basen werden wiederum durch ammoniakalische Silberlösung gefällt. Der Niederschlag wird verascht und das Silber nach VOLHARD bestimmt. Aus dem gefundenen Silber wird die Menge der Purinbasen — auf Xanthin bezogen — berechnet.

*Hippursäure* (Benzoylaminoessigsäure) $(C_6H_5 \cdot CO)HN \cdot CH_2 \cdot COOH$. Zum *Nachweis* dient die Reaktion nach LÜCKE: Eindampfen mit starker Salpetersäure bis zur Trockenheit. Der mit Sand verriebene Rückstand wird in einem trockenen Reagenzglas erhitzt; es entwickelt sich der charakteristische Geruch nach Nitrobenzol. Quantitative *Bestimmung* nach BUNGE und SCHMIEDEBERG: 300 cm³ Harn werden mit Soda alkalisiert, sodann filtriert und bis zur Sirupkonsistenz eingedampft. Der Rückstand wird mit kaltem Alkohol extrahiert, der alkoholische Auszug wird eingeengt, mit Salzsäure versetzt und wenigstens fünfmal mit Essigäther geschüttelt. Der Essigätherextrakt wird mit Wasser gewaschen und dann eingeengt. Zur Entfernung von Verunreinigungen wird der Rückstand mehrmals mit Petroläther gewaschen und schließlich in wenig warmem Wasser gelöst. Die wäßrige Lösung der Hippursäure wird mit Tierkohle gereinigt, filtriert und bei 50 bis 60° verdunstet. Der trockene kristallinische Rückstand wird gewogen.

*Allantoin* 
$$OC\begin{array}{l}\diagup NH—CH—HN\diagdown \\ \qquad\qquad\;| \\ \diagdown NH—CO\;\; H_2N\diagup\end{array}CO.$$

[1] Kolorimeter nach AUTENRIETH und KOENIGSBERGER liefert die Firma Hellige & Co., Freiburg i. B.

[2] Ausführliche Darstellung s. HOPPE-SEYLER-THIERFELDER: l. c., S. 715.

Die Identifizierung des Allantoins gründet sich auf die Isolierung der Substanz und auf die Bestimmung des Schmelzpunktes (bei 234°). Der Harn wird zunächst mit Phosphorwolframsäure, basischem Bleiazetat und Silberazetat gereinigt. Sodann wird mit Wiechowskis Reagens (30proz. Natriumazetatlösung, welche 0,5% Merkuriazetat enthält) gefällt. Der ausgewaschene Niederschlag wird mit Schwefelwasserstoff zerlegt. Aus der abfiltrierten und eingeengten Lösung kristallisiert das reine Allantoin aus.

*Kynurensäure* (γ-Oxy-β-Chinolinkarbonsäure)

```
      CH    C(OH)
    //  \  /    \\
  CH      C       CH
  |       ||      |
  CH      C       C·COOH.
    \\  /   \   //
      CH      N
```

ist bisher nur im Hundeharn nachgewiesen worden.

*Nachweis* (Jaffes Reaktion): Wenn man Kynurensäure (Isolierung s. u.) in einem Porzellanschälchen mit Salzsäure und chlorsaurem Kalium versetzt und auf dem Wasserbade abdampft, so erhält man einen rötlichen Rückstand, der beim Anfeuchten mit Ammoniak sich zunächst braun-grün, nach kurzer Zeit aber smaragdgrün färbt. *Bestimmung* (durch Isolierung nach Jaffe): Der eingedampfte Harn wird mit heißem Alkohol digeriert, 24 Stunden stehengelassen und filtriert. Der Alkohol wird abgedampft, der Rückstand mit Wasser aufgenommen, mit verdünnter Schwefelsäure angesäuert und mit Äther stark geschüttelt. Die Kynurensäure scheidet sich ziemlich rein aus.

*Aminosäuren.* Zum Nachweis ist die Isolierung notwendig, die je nach der vorliegenden Substanz durch verschiedene Verfahren (siehe die Handbücher der physiologischen Chemie) zu erfolgen hat.

**3. Nachweis und Bestimmung der stickstofffreien organischen Substanzen.**

*Gesamtkohlenstoff.* Das von F. Tangl und G. Kereszky modifizierte Verfahren Messingers beruht darauf, daß die betreffenden Substanzen der nassen Verbrennung durch ein Chromsäure-Schwefelsäuregemisch unterworfen werden. Das aus der Verbrennung hervorgehende Gasgemisch von Kohlensäure, Kohlenoxyd und Halogenen wird über glühendes Kupferoxyd (zur vollkommenen Verbrennung des CO zu $CO_2$) und über gekörntes Bleidioxyd (zur Bindung der Halogenen) geleitet. Die Bestimmung der Kohlensäure, die der Menge des vorliegenden Kohlenstoffs entspricht, geschieht entweder tirimetrisch oder gravimetrisch.

*Apparatur* (Abb. 345). Vor dem Aufschließkolben (*K*), in dem die Reaktion vor sich geht, ist eine Waschflasche mit 25proz. Natronlauge (NaOH), ein Natronkalkturm (*T*) und eine Waschflasche mit konzentrierter Schwefelsäure ($H_2SO_4$I) vorgeschaltet, um den Luftstrom, der die entwickelten Verbrennungsgase weiterleitet, von Kohlensäure und Wasser zu befreien. Als Aufschließgefäß dient ein Rundkolben von 90 mm Durchmesser, der einen 290 mm langen und 36 mm weiten Hals hat. In die Schliffstelle des Kolbenhalses ist ein Einsatz eingepaßt, der einen (bis zur kugelförmigen Erweiterung des Kolbens reichenden) Kühler, ein Ableitungsrohr für die Verbrennungsgase und ein Zentralrohr in einem Stück vereinigt. Das Zentralrohr setzt sich nach oben in eine kugelförmige Erweiterung fort, die seitlich das Zuführungsrohr für die kohlensäurefreie Luft und oben einen Einfülltrichter mit eingeschliffenem Verschlußstöpsel trägt. An den Aufschließkolben angeschlossen ist wiederum eine Waschflasche mit konzentrierter Schwefelsäure ($H_2SO_4$II) und eine (im elektrischen Verbrennungsofen [*O*] untergebrachte) Verbrennungsröhre (*R*), die in einer Länge von 30 bis 40 cm mit Kupferoxydasbest oder gekörntem Kupferoxyd gefüllt ist. Dieser Teil der Röhre wird bis zum Glühen des Kupferoxyds erhitzt. Hinter der angeheizten Strecke folgt eine 6 bis 8 cm lange Strecke, die mit körnigem Bleidioxyd gefüllt ist, das sich zwischen zwei Asbestpfropfen befindet.

Dieser Teil der Röhre ist von einer mit einem Thermometer versehenen Metallkapsel (*M*) umgeben, die von unten mit einem kleinen Bunsenbrenner angeheizt wird. Es folgt sodann die Vorrichtung zur Absorption der Kohlensäure, die je nachdem, ob die Bestimmung gravimetrisch oder titrimetrisch erfolgen soll, eine entsprechende Anordnung aufweist (s. S. 1144). Es folgt dann der Anschluß zur Wasserstrahlpumpe.

*Ausführung der Verbrennung.* Man überzeugt sich davon, daß alle Teile des Apparates luftdicht schließen. Dann bringt man 8 bis 10 g vorher bis zum Schmelzen erhitztes Kaliumbichromat in den Aufschließkolben, setzt den Kühler ein und saugt noch vor der Anschließung der Kohlensäure absorbierenden Vorrichtung einen langsamen Luftstrom durch die Apparatur. Gleichzeitig wird der Kupferoxyd enthaltende Teil der Verbrennungsröhre durch den elektrischen Ofen (es kann auch ein mit Gasflammen beheizter verwendet werden) bis zur Rotglut erhitzt und der das Bleidioxyd enthaltende Teil auf 150 bis 180° erwärmt. Nachdem der Apparat

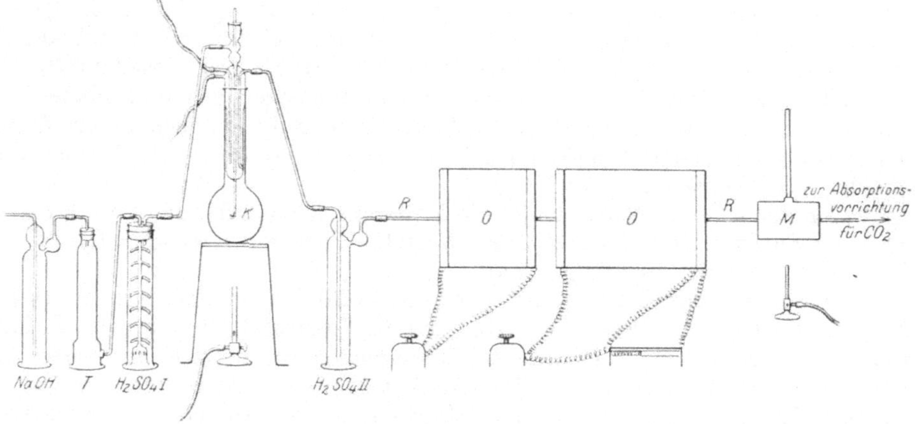


Abb. 345. Apparatur nach TANGL und KERESZKY zur Bestimmung des Gesamtkohlenstoffs.

$^1/_2$ Stunde durchventiliert ist, wird der Kohlensäure-Bestimmungs-Apparat angeschlossen und die zu verbrennende Substanz in den Aufschließkolben gebracht. Feste Substanzen werden in Stanniol eingewickelt nach Herausziehen des Einsatzes hineingeworfen, Flüssigkeiten (z. B. 5 cm³ Harn) werden durch den Trichter der Zentralröhre eingelassen. Der Wasserstrom des Kühlers wird in Gang gesetzt und man beginnt mit dem Durchsaugen der Luft. Sodann füllt man in den Trichter des Aufschließkolbens reine konzentrierte Schwefelsäure, die vorher durch Erhitzen von jeder Spur kohlenstoffhaltiger Substanz befreit ist. Durch vorsichtiges Lüften des Stöpsels wird dann die Schwefelsäure langsam in den Kolben eingelassen. Nachdem etwa 130 bis 140 cm³ Schwefelsäure eingelassen sind, beginnt man vorsichtig den Reaktionskolben zu erhitzen, bis der Inhalt in lebhaftes Sieden gerät. Das Ende der Umsetzung ist erreicht, wenn die Gasentwicklung aufhört und eine hellgrüne Färbung eintritt. Nach Abstellen der Flamme wird noch $^1/_2$ Stunde lang Luft durchgesaugt, um alle Kohlensäure in die Absorptionsvorrichtung zu schaffen. (Über die Verfahren zur Bestimmung der Kohlensäure s. S. 1144). Die Menge der gefundenen Kohlensäure ergibt, mit dem Faktor 0,2727 multipliziert, das Quantum des vorhandenen Kohlenstoffs.

Die Menge des Gesamtkohlenstoffs und die des Gesamtstickstoffs befinden sich im Harn hungernder Säugetiere in einem einigermaßen konstanten Verhältnis; der Quotient C : N = etwa 0,76.

*Flüchtige Fettsäuren.* Zur Isolierung und quantitativen Bestimmung der flüchtigen Fettsäuren wird der Harn mit Phosphorsäure angesäuert und der Destillation unterworfen. Um eine möglichst geringe Zerstörung andersartiger Substanzen, die zu einer artifiziellen Säurebildung führen könnte, zu vermeiden, nimmt man am besten die Destillation im Vakuum vor. Nach dem Vorschlage von E. Welde unterstützt man die Austreibung der flüchtigen Säuren durch gleichzeitiges Einleiten von Wasserdampf. Es ist darauf zu achten, daß keine Volumenveränderung des Destillationsgutes stattfindet; man füllt durch einen Tropftrichter Wasser nach. Das Destillat wird in etwa gleich großen Portionen aufgefangen, deren Säuregehalt einzeln mit $n/10$ Natronlauge (evtl. unter Benutzung einer Mikrobürette) austitriert wird. Die Destillation wird so lange fortgesetzt, bis der Titerwert auf $^1/_{10}$ des anfänglich festgestellten herabgesunken ist (J. Hirsch [1]). Auf diese Weise ergibt die Summe der einzelnen Titrationswerte die Menge der vorhandenen flüchtigen Fettsäuren ausgedrückt in $n/10$ Säureäquivalenten.

*Identifizierung* der einzelnen Fettsäuren. Nachweis von *Ameisensäure.* Man erhitzt eine Probe des Destillates mit Merkurichlorid und Natriumacetat 1 bis 2 Stunden im Wasserbade. Erfolgt hierbei eine Abscheidung, welche sich bei Zusatz von Ammoniak schwarz färbt, so ist die Anwesenheit von Ameisensäure wahrscheinlich. Der Nachweis der übrigen Fettsäuren geschieht entweder durch die Bereitung der Barytsalze oder der Silbersalze aus dem Destillat. Zur quantitativen Bestimmung der Ameisensäure hat O. Riesser eine jodometrische Methode ausgearbeitet.

*Oxalsäure,* $\begin{matrix}COOH\\COOH\end{matrix}$, kommt bei höheren Tieren nur in Form des in Wasser und in Essigsäure unlöslichen Kalksalzes vor. Der qualitative *Nachweis* wird durch die mikroskopische Untersuchung des Harnsedimentes geführt. Oxalsaurer Kalk kristallisiert beim Stehen des Harnes in Kristallen von „Briefkuvertform“ aus, die in Ammoniak und Essigsäure unlöslich, in Salzsäure löslich sind. *Bestimmung* nach MacLean und Salkowski[1]: „Der Harn wird mit Ammoniak und Chlorcalcium versetzt und, ohne zu filtrieren, eingeengt. Dann wird mit Alkohol gefällt, der Niederschlag größtenteils auf ein Filter gebracht, abfiltriert und mit Alkohol nachgewaschen, dann einmal mit Äther. Der gesamte Niederschlag wird nun in verdünnter Salzsäure gelöst, die Lösung wird mehrmals mit einem Alkohol-Äthergemisch (1 Vol. Alkohol, 9 Vol. Äther) in der Schüttelmaschine geschüttelt und sodann wird die ätherische Lösung sorgfältig abgetrennt und durch ein trockenes Filter filtriert. Das Ausschütteln wird in gleicher Weise wiederholt, die vereinigten ätherischen Lösungen werden der Destillation unterworfen. Der Rückstand wird unter Zusatz von etwas Wasser auf dem Wasserbade von den Resten des Äthers bzw. des Alkohols befreit. Die restierende wäßrige Lösung, deren Volumen 20 $cm^3$ betragen soll, läßt man erkalten, filtriert von etwaigen Ausscheidungen ab, macht das Filter mit Ammoniak alkalisch, setzt 1 bis 2 $cm^3$ 10proz. Chlorcalciumlösung hinzu und säuert mit Essigsäure an. Es scheidet sich oxalsaurer Kalk amorph oder kristallinisch ab. Man filtriert durch ein aschefreies Filter, glüht stark und wägt das entstandene CaO. 56,07 g Calciumoxyd entsprechen 90,026 g wasserfreier Oxalsäure.“

*Ätherschwefelsäuren.* Die bei der Eiweißfäulnis im Darme (besonders der Planzenfresser) auftretenden Phenole (sowie auch Indol und Skatol) werden durch den Harn in Form der sogenannten gepaarten Schwefelsäuren ausgeschieden. Z. B. *d*-Kresol als *p*-Kresolätherschwefelsäure:

$$C_6H_4\begin{cases}O\cdot SO_2\cdot OH\\CH_3\,.\end{cases}$$

[1] Zitiert nach Hoppe-Seyler, Thierfelder: l. c., S. 719.

*Nachweis* der gepaarten Schwefelsäuren. Der Harn wird mit dem gleichen Volumen einer Barytmischung (2 Vol. kalt gesättigtes Barytwasser und 1 Vol. kalt gesättigte Chlorbariumlösung) ausgefällt und dann filtriert. Das klare Filtrat wird mit Salzsäure neutralisiert und man fügt weiterhin zu 100 cm³ 6 cm³ konzentrierte Salzsäure hinzu. Beim Kochen scheidet sich ein Niederschlag von Bariumsulfat ab, dessen Schwefelsäure aus Ätherschwefelsäuren stammt. Die quantitative Bestimmung der gepaarten Schwefelsäuren wird im Zusammenhang mit der Ermittlung der gesamten Schwefelsäure (s. S. 1132) durchgeführt.

*Milchsäure.* Obwohl die *d*-Milchsäure im Harn normalerweise nur in Spuren aufgefunden worden ist, so sollen trotzdem die Methoden des Nachweises und der quantitativen Ermittlung Erwähnung finden, da diese Oxysäure nicht nur als intermediäres Produkt des Stoffwechsels, sondern auch als Endprodukt des anoxybiotischen Umsatzes niederer Tiere eine bedeutsame Rolle spielt. Der *Nachweis* der Milchsäure ist nur nach vorausgegangener Isolierung möglich. Die Isolierung aus Harn oder wäßrigen Organextrakten (letztere werden vorher enteiweißt) geschieht durch erschöpfende Extraktion mit Äther nach vorheriger Ansäuerung mit konzentrierter Phosphorsäure. Die Extraktion erfolgt am besten im *Lind*schen Extraktionsapparat. Der Ätherextrakt wird mit geglühtem Natriumsulfat getrocknet, dann filtriert. Nach Zusatz von etwas Wasser wird der Äther abgedampft, der wäßrige Rückstand $^1/_2$ Stunde mit reinem Bleikarbonat gekocht und nach dem Erkalten filtriert. Das Filtrat wird mit Schwefelwasserstoff entbleit, das Bleisulfid abfiltriert und der Schwefelwasserstoff im Luftstrom verjagt. Danach wird das Filtrat mit reinem Zinkkarbonat erhitzt, heiß filtriert, und bis zur beginnenden Kristallisation eingeengt. Die Identifizierung der abgeschiedenen Zinklaktatkristalle geschieht durch Bestimmung des Kristallwassers sowie durch Ermittlung des Zinkgehaltes. Das Zinksalz der aktiven Säuren $(CH_3CHOH \cdot COO)_2 \cdot Zn + 2H_2O$ enthält 12,89% Wasser. Nachweis mit der Reaktion von HOPKINS und FLETSCHER: In einem Reagenzglase werden zu 5 cm³ konzentrierter Schwefelsäure ein Tropfen gesättigte Kupfersulfatlösung und einige Tropfen der zu prüfenden Flüssigkeit (wäßriger Rückstand des Ätherextraktes oder Lösungen milchsaurer Salze) hinzugegeben. Das Gemisch wird 2 Minuten in siedendem Wasser erhitzt, darauf unter der Wasserleitung abgekühlt und mit 2 bis 3 Tropfen einer dünnen alkoholischen Thiophenlösung versetzt. Setzt man die Probe nun wieder in siedendes Wasser, so entsteht bei Gegenwart von Milchsäure eine mehr oder minder intensive kirschrote Färbung.

*Quantitative Bestimmung* der Milchsäure nach FÜRTH und CHARNASS. Dieses Verfahren beruht darauf, daß die Milchsäure einer vorsichtigen Oxydation durch Permanganat in schwefelsaurer Lösung unterworfen wird. Aus der Milchsäure entsteht hierbei Azetaldehyd, der bei seiner Entstehung sofort abdestilliert und in der Lösung einer bekannten Menge von Kaliummetabisulfit aufgefangen wird. Aus der Menge des jodometrisch ermittelten Restes ungebundenen Sulfits wird das Quantum des Azetaldehyds bzw. der Milchsäure festgestellt. Näheres über dieses Verfahren siehe auch bei G. RIESENFELD.

*Traubenzucker* $C_6H_{12}O_6$. Der Traubenzucker findet sich im Harn nur unter pathologischen Bedingungen. *Nachweis.* Trommersche Probe: Der mit überschüssiger Kalilauge versetzte Harn, zu welchem tropfenweise verdünnte Kupfersulfatlösung hinzugegeben ist, wird erhitzt. Es scheidet sich gelbes oder rotgelbes Kupferoxydul ab. *Phenylhydrazin*probe: Zu 5 cm³ Harn werden 2 cm³ einer mit Natriumazetat gesättigten, 50proz. Essigsäure und 2 Tropfen reinsten Phenylhydrazins gegeben. Das Gemisch wird auf das halbe Volumen eingeengt. Nach dem Erkalten scheiden sich die charakteristischen Nadeln des Phenylglukosazons ab. Die *quantitative* Ermittlung des Traubenzuckers kann nach dem Verfahren von PAVY (s. S. 1117) erfolgen.

Hinsichtlich der zahlreichen anderen organischen Substanzen, die sich unter normalen wie unter pathologischen Bedingungen im tierischen Harne vorfinden können, sei auf die speziellen Lehr- und Handbücher der physiologischen und pathologischen Chemie verwiesen.) (HOPPE-SEYLER-THIERFELDER. C. NEUBERG, O. HAMMERSTEN.)

**4. Die Bestimmung der anorganischen Bestandteile.** *Gesamtasche.* Zur Ermittlung der Gesamtasche des Harns eignet sich das von KARL STOLTE angegebene Verfahren (s. S. 1114).

*Chloride.* Titration nach VOLHARD: Das Verfahren beruht darauf, daß der mit Salpetersäure angesäuerte Harn mit einem bekannten Überschuß von Silbernitratlösung versetzt wird. Das ausgefällte Silberchlorid wird abfiltriert und der Rest des nicht umgesetzten Silbernitrates wird durch Titration mit einer bekannten Rhodankaliumlösung — unter Benutzung von Eisenammoniakalaun als Indikator — ermittelt. Ausführung: Man pipettiert 10 $cm^3$ Harn in einen Meßkolben von 100 $cm^3$, gibt 3 bis 4 $cm^3$ einer 30proz. reinsten Salpetersäure hinzu und sodann 30 $cm^3$ (mit Pipette abgemessen) $n/10$ Silbernitratlösung. Sobald sich der Niederschlag zusammengeballt hat und die überstehende Lösung klar erscheint, füllt man bis zur Marke auf. Von der durch ein trockenes Filter filtierten Lösung nimmt man 50 $cm^3$, setzt 2 bis 4 $cm^3$ kalt gesättigter Eisenoxydammoniakalaunlösung hinzu und läßt aus einer Bürette so lange $n/10$ Rhodanammonlösung hinzufließen, bis Rotfärbung (Bildung von Rhodaneisen) auftritt. Die bis zur Erreichung des Endpunktes verbrauchte Menge von Rhodanammonlösung wird mit 2 multipliziert, der gefundene Wert von 30 ($cm^3$ Silbernitratlösung) abgezogen; die Differenz entspricht derjenigen Menge $n/10$ Silbernitratlösung, die der vorhandenen Chloridmenge äquivalent ist. 1 $cm^3$ $n/10$ Silbernitratlösung = 3,546 mg Cl.

*Phosphate.* Titration mit *Uranylacetat*: Hoppe-SEYLER-THIERFELDER (5): Versetzt man eine neutrale oder schwach essigsaure Phosphatlösung mit Uranylazetat, so fällt ein Niederschlag von Uranylphosphat aus. Die vollständige Ausfällung des Phosphates erkennt man durch Tüpfeln mit Ferrozyankalium. Sobald die Lösung einen minimalen Überschuß an Uranylazetat enthält, erzeugt Ferrozyankalium mit einem Tropfen der Lösung einen dunkelbraunen Niederschlag. *Bereitung der Uranylazetatlösung*: Man löst etwa 35 g Uranylazetat unter Erwärmen in einem Liter Wasser und filtriert. Zur Auswertung dieser Lösung stellt man sich eine 1,0093proz. Natriumphosphatlösung her. (Man wägt ungefähr 12 g [$Na_2HPO$ + 12 $H_2O$] ab, löst in 1 l Wasser, dampft von dieser Lösung 50 $cm^3$ ein, glüht den Rückstand [pyrophosphorsaures Na] und wägt. Da nun 50 $cm^3$ einer 1,0093proz. Lösung von Natriumphosphat 0,1875 g pyrophosphorsaures Na liefern müssen, so berechnet man, wieviel Wasser man der bereiteten Lösung zufügen muß, um die gewünschte Konzentration zu erhalten). Man gibt zu 50 $cm^3$ der Natriumphosphatlösung 5 $cm^3$ eines Essigsäuregemisches, das in 10proz. Essigsäure 10% kristallisiertes Natriumazetat enthält, und setzt das Ganze auf ein siedendes Wasserbad. Dann läßt man aus einer Bürette portionsweise die Uranylazetatlösung hinzufließen, solange eine deutliche Niederschlagsbildung auftritt. Zwischendurch wird immer wieder erwärmt. Ist eine Vermehrung des Niederschlages nicht mehr deutlich sichtbar, so entnimmt man bei weiterem sehr langsamem Zugeben einen Tropfen der Lösung und bringt ihn auf einer Porzellanplatte mit einem Tropfen Ferrozyankaliumlösung zusammen und fährt damit so lange fort, bis beim Zusammenfließen der beiden Tropfen eine leichte Braunfärbung eintritt. Damit ist der Endpunkt der Reaktion erreicht. Da 50 $cm^3$ einer 1,0093proz. Natriumphosphatlösung 0,1 g $P_2O_5$ enthalten, so erfährt man den Titerwert der Uranylazetatlösung und kann durch Zugabe von Wasser die Lösung so weit verdünnen, daß gerade

20 cm³ 0,1 g $P_2O_5$ entsprechen; dann ist 1 cm³ der eingestellten Uranylacetatlösung $= 5$ mg $P_2O_5$.

*Ausführung.* 50 cm³ Harn werden mit 5 cm³ des Essigsäuregemisches versetzt, man erwärmt und läßt nun — in gleicher Weise wie eben beschrieben — die eingestellte Uranylacetatlösung zufließen. Die Menge der verbrauchten Lösung gibt mit 5 multipliziert das vorhandene $P_2O_5$ in Milligramm an. Die Bestimmung des Phosphates im Urin der Pflanzenfresser, bei denen es sich um ein geringes Quantum handelt, wird auf alkalimetrischem Wege nach A. NEUMANN (HOPPE-SEYLER-THIERFELDER [6]) ausgeführt.

*Sulfate. Freie Schwefelsäure.* 50 cm³ Harn werden mit 10 cm³ verdünnter Salzsäure und 10 cm³ 5proz. Bariumchloridlösung versetzt, letztere werden ohne Umschütteln hinzugefügt. Nach 1 Stunde frühestens schüttele man um, filtriert durch einen mit Asbest beschickten ausgewogenen Goochtiegel, wäscht mit ungefähr 250 cm³ Wasser nach, trocknet und glüht in einem Schutztiegel 10 Minuten lang. Sodann wird wieder gewogen. 1 g Bariumsulfat $= 0,3430$ g $SO_3$.

*Gesamtschwefelsäure* (freie Schwefelsäure + gepaarte Schwefelsäure). 50 cm³ Harn wird mit 20 cm³ verdünnter Salzsäure 20 bis 30 Minuten lang in gelindem Sieden gehalten. Sodann wird abgekühlt und nach Zusatz von 10 cm³ 5proz. Bariumchloridlösung wie eben beschrieben verfahren.

*Gepaarte Schwefelsäure* (s. S. 1129). Die Menge ergibt sich aus der Differenz der Gesamtschwefelsäure und der freien Schwefelsäure. Um auch den unvollkommen oxydierten oder in organischer Bindung vorhandenen Schwefel zu bestimmen, benutzt man ein von O. FOLIN (HOPPE-SEYLER-THIERFELDER [7]) angegebenes Verfahren.

*Kationen.* Die Ermittlung des Natrium, Kalium, Calcium und Magnesium im Harn kann nach der Methode von TISDALL und KRAMER (HOPPE-SEYLER, THIERFELDER [8]) durchgeführt werden.

### c) Chemische Untersuchung des Kotes.

Die Zusammensetzung der Fäzes ist in erster Linie abhängig von der Art und Menge der aufgenommenen Nahrung sowie von der jeweiligen Ausnutzbarkeit derselben, die nicht nur bei den verschiedenen Tierklassen, sondern auch bei den einzelnen Individuen erheblichen Schwankungen ausgesetzt ist. Als Bestandteile des Kotes finden sich unverdauliche Nahrungsreste, verdauliche aber nicht resorbierte Bestandteile der Nahrung, nicht resorbierte Spaltungsprodukte der Nahrung, Reste der Verdauungssekrete und Bestandteile der Darmschleimhaut. Es handelt sich also bei den Fäzes weniger um Endprodukte des Stoffwechsels, als um Reste bzw. Schlacken der Nahrung und des Körpers, die ohne in den eigentlichen Umsatz eingetreten zu sein, den Körper passieren. Bei denjenigen bilanzmäßigen Untersuchungen des Stoff- und Energieumsatzes, welche die zugeführte Nahrung in ihre Rechnung einbeziehen, muß in gleicher Weise der Kot stofflich bzw. energetisch ausgewertet werden, um auf diese Weise beurteilen zu können, wieviel überhaupt von der zugeführten Nahrung in den Stoffwechsel einbezogen worden ist.

Um die zu einer bestimmten Versuchsperiode gehörigen Fäzes abzugrenzen, führt man zu Beginn und nach Beendigung derselben dem Versuchstier eine nicht resorbierbare, stark färbende Substanz (z. B. Karmin) per os ein. Wichtig ist, daß der zur Untersuchung vorliegende Kot durch sehr sorgfältiges Zerreiben gemischt wird, da er sehr ungleichmäßig zusammengesetzt ist. Von dem durchmischten Kot werden sogleich die einzelnen für die verschiedenen Bestimmungen notwendigen Proben abgewogen.

**1. Bestimmung der Trockensubstanz.** 10 g Fäzes werden zunächst auf dem Wasserbade zur Trockne eingedampft und dann im Trockenschrank bei 100 bis

110° getrocknet (s. S. 1113). Da der Kot oft leicht flüchtige Substanzen (wie Ammoniak, organische Säuren usw.) enthält, ist nur eine orientierende Bestimmung möglich.

**2. Bestimmung des Gesamtstickstoffs.** 3 g frische Fäzes werden in ein stickstofffreies Filterpapier eingerollt und so in den Kjeldahlkolben eingeführt, ohne daß etwas im Kolbenhalse hängenbleibt. Man führt die Bestimmung (s. S. 1115) am besten erst aus, wenn die Fäzes längere Zeit mit der konzentrierten Schwefelsäure in Berührung gewesen sind.

**3. Fettbestimmung.** Die Fettermittlung wird (wie bei den Nahrungsstoffen, s. S. 1116) in der bei 100 bis 110° getrockneten Portion vorgenommen, die mit Sand verrieben, im Soxhlet-Apparat erschöpfend mit Äther extrahiert wird.

**4. Kohlenhydratbestimmung.** Die quantitative Analyse der löslichen Zucker, der Stärke und der Rohfaser erfolgt analog den für die Untersuchung der Nahrungsmittel angegebenen Methoden (s. S. 1117).

**5. Gesamtasche und einzelne anorganische Bestandteile** werden nach den Methoden, wie sie für die Nahrungsstoffe (s. S. 1114) und für den Harn (s. S. 1131) beschrieben sind, ermittelt.

**6. Die energetische Bewertung der in den Fäzes vorhandenen Substanzen.** Aus der Menge des Stickstoffs (Eiweiß), des Fettes und der Kohlenhydrate wird — unter Berücksichtigung ihres Brennwertes — die mit den Fäzes dem Körper verlorengegangene Energie berechnet. Hierbei ist der Kotstickstoff nicht dem Harnstickstoff, sondern dem Nahrungsstickstoff analog kalorisch auszuwerten.

## C. Die chemische Analyse ganzer Tiere und einzelner Organe.

Die chemische Analyse ganzer Tiere geschieht, entweder um die elementare Zusammensetzung kennenzulernen oder um den Einfluß irgendeiner bestimmten Nahrung auf den Stoffansatz (Fettbildung, Glykogenbildung usw.) zu erfahren. Die Untersuchung einzelner Organe kommt in erster Linie für die Erforschung der intermediären Stoffwechselvorgänge (O. NEUBAUER) in Betracht. Selbstverständlich ist die Analyse des gesamten Tierkörpers vornehmlich auf kleine Tiergattungen angewendet worden. Die hierbei in Frage kommenden analytischen Verfahren sind die gleichen wie bei der Untersuchung der animalischen Substrate, die in den Nahrungsmitteln und den tierischen Exkreten vorliegen[1]. Von den im tierischen Körper vorhandenen Substanzen ist als einer der wichtigsten Reserve- und Betriebsstoffe noch das *Glykogen* zu erwähnen.

Das Glykogen findet sich in der Leber und in den Muskeln der Wirbeltiere, im embryonalen Gewebe und ganz allgemein in solchen Zellen, die eine Vermehrungstendenz zeigen. Auch bei vielen Wirbellosen ist Glykogen nachgewiesen worden. Das Glykogen wird entsprechend seiner chemischen Zusammensetzung und seiner physiologischen Bedeutung auch als „tierische Stärke" bezeichnet. Es gehört der Substanzgruppe der Polysaccharide an. Das Glykogen wird sowohl im Stoffumsatz des lebenden Organismus wie auch durch Säurespaltung zu Traubenzucker hydrolysiert. Chemisch reines Glykogen gibt mit Jodlösung eine Braunfärbung, die beim Anwärmen verschwindet und beim Abkühlen wiederkehrt. Zur Darstellung von reinem Glykogen aus tierischen Organen wird das betreffende Material zerkleinert und mit heißem Wasser ausgesogen. Das Filtrat wird mit einem Gemisch von 10proz. Jodkaliumlösung, 60proz. Kalilauge und 96proz. Alkohol versetzt. Hierbei fällt das Glykogen aus und wird sodann einer gründlichen Reinigung durch

[1] Das Beispiel der Gesamtanalyse einer Maus findet sich bei KNIPPING u. RONA: Praktikum der physiologischen Chemie, T. 3, S. 96, 1928.

wiederholtes Ausfällen und nachfolgendem Auswaschen unterworfen (HOPPE-SEYLER-THIERFELDER [9]).

*Bestimmung* des Glykogens nach PFLÜGER. Von dem zerkleinerten Organ wird ein aliquoter Teil (100 g) abgewogen und in einen Kolben gebracht, der 100 cm³ erhitzte, reinste 60proz. Natronlauge enthält. Das Erhitzen des Kolbens wird 2 Stunden unter wiederholtem Umschütteln auf dem siedenden Wasserbade fortgesetzt. Nach dem Abkühlen wird der Inhalt des Kolbens mit 200 cm³ Wasser in ein Becherglas übergespült. Es wird sodann das doppelte Volumen 96proz. Alkohols hinzugegeben und gut umgerührt. Über Nacht setzt sich das Glykogen ab. Die überstehende Lösung sowie der Niederschlag werden auf je ein Filter gebracht und mit 66proz. Alkohol, dann mit absolutem Alkohol, mit Äther und dann wieder mit absolutem Alkohol gewaschen. Das Glykogen wird von dem Filter in ein Becherglas gebracht und die zurückbleibenden Reste werden mit kochendem Wasser ausgelaugt und zwar derart, daß man das Filter (in einem Trichter) unter das Filter mit den Rückständen der überstehenden Lösung setzt und so beide Filter gleichzeitig auswäscht, wobei man die Flüssigkeit in das den Hauptniederschlag enthaltende Becherglas laufen läßt. Die nunmehr erhaltene Glykogenlösung wird der quantitativen Analyse unterworfen.

Die direkte Bestimmung durch *Polarisation* wird in der mit Salzsäure ($D$ 1,19) vorsichtig neutralisierten und auf ein bestimmtes Volumen aufgefüllten Lösung durchgeführt. Der Glykogengehalt wird auf Grund der spezifischen Drehung von $[\alpha]^D = +\,196{,}57^0$ ermittelt. Die Bestimmung als *Hexose* erfolgt nach der *Inversion* des Glykogens, die durch 3stündiges Erhitzen der mit einem Zusatz von 2,2proz. Salzsäure (nach vorheriger genauer Neutralisation) versehenen Lösung erfolgt. Der entstandene Zucker wird unter Neutralisation der zugesetzten Säure gravimetrisch oder titrimetrisch ermittelt (HOPPE-SEYLER-THIERFELDER [10]).

## D. Die direkte Bestimmung der Verbrennungswärme der Nahrung und der Exkrete (Kalorimetrie).

Bei der *direkten* Bestimmung der Verbrennungswärmen der zugeführten Nahrungsstoffe sowie der ausgeschiedenen Exkretstoffe (Stoffwechselschlacken) handelt es sich um die Feststellung, wieviel Kalorien eine gegebene Substanz bei *vollständiger* Oxydation entwickelt. Die vollkommene Verbrennung wird in der von BERTHELOT angegebenen Bombe, die mit Sauerstoff unter 25 bis 30 Atmosphären Druck gefüllt ist, durchgeführt. Die Bombe befindet sich in einem Gefäß mit Wasser, das die bei der Verbrennung entstehende und von der Bombe abströmende Wärme aufnimmt und zurückhält und so einer exakten Bestimmung zugänglich macht.

### a) Apparatur.

$\alpha$) Die *Berthelotsche Bombe* (W. A. ROTH), Abb. 346, besteht aus einem platinierten (oder nach MAHLER emaillierten) Eisengefäß ($G$) von etwa 300 cm³ Inhalt, das mit einem aufsetzbaren Deckel ($D$) versehen ist. An der (ebenfalls platinierten) Innenseite des Deckels ist ein dicker Platindraht ($P$) festgeschraubt, der ein Platinschälchen ($S$) zur Aufnahme der zu verbrennenden Substanz trägt. An diesem Draht ist ein Poldraht ($p_1$) angelötet, während ein zweiter Poldraht ($p_2$) von einer äußeren Polklemme ($Q$) aus und von einer Isolierschicht umgeben durch den Deckel hindurch in den Hohlraum der Bombe führt. Die Zündung der Substanz erfolgt durch die Verbrennung eines um die Poldrähte gewickelten Eisen- oder Nickelindrahtes, der die Substanz berührt. In einem auf der Oberseite des Deckels angebrachten Stahlzylinder befindet sich eine Schraube ($V$), die das Abschlußventil der Bombe bildet und die zugleich zur Zuführung des Sauerstoffes sowie zum Auslassen der rückständigen Verbrennungsgase dient. Über den Deckel hinweg greift eine Überwurfschraube ($U$) in ein am oberen Rande der Bombe befindliches Gewinde und preßt auf diese Weise den Deckel auf den aus Blei hergestellten Dichtungsring der Bombe auf. Die Bombe steht auf einem hohen Fuße ($F$) am Boden des Kalorimeters.

$\beta$) Das *Kalorimeter* ist ein vernickeltes, hochpoliertes Wassergefäß, das mit einem durch Motor betriebenen Rührwerk versehen ist und in das ein *Beckmann*sches Thermometer eintaucht. Das Wassergefäß wird von 3 Ebonitklötzen getragen und steht zum Schutze gegen Wärmeleitung und Wärmestrahlung in einem zweiten leeren Messinggefäß. Das Messinggefäß ist seinerseits wieder in einem großen Doppelzylinder untergebracht, der mit Wasser von Zimmertemperatur gefüllt ist. Auf dem äußeren Wasserzylinder sind die Stative für das Rührwerk und für das Thermometer aufmontiert. Zwei Hartgummiplatten (mit Durchtrittsöffnungen für das Thermometer und Rührwerk) bedecken zum Schutze gegen Wärmeverlust durch Konvexion das Kalorimeter und den leeren Messingzylinder.

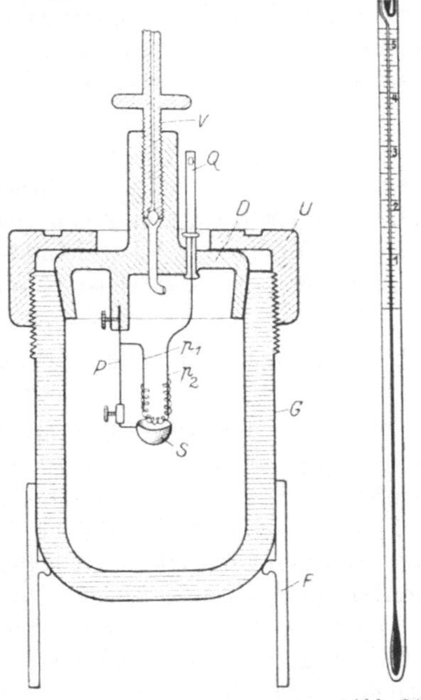


Abb. 346. Berthelotsche Bombe.

Abb. 347. Beckmannsches Thermometer.

$\gamma$) Das *Beckmannsche Thermometer* (Ostwald-Luther [1]), Abb. 347, das zur Messung der Temperaturveränderung des Kalorimeters dient, ist in $^1/_{100}$ Grade geteilt und umfaßt etwa 5 ganze Gradteile. Dadurch, daß das obere Ende der Quecksilberkapillare umgebogen und mit einer Erweiterung versehen ist, kann eine beliebige Menge Quecksilber aus dem Reservoir entfernt werden. Auf diese Weise wird es ermöglicht, kleine Temperaturdifferenzen bei beliebigen Temperaturgraden zu messen. Die Einstellung auf den gewünschten Temperaturbereich geschieht, indem man das Thermometer umkehrt, durch Anklopfen das in der Erweiterung befindliche Quecksilber an das obere Ende der Erweiterung bringt und nun das vorsichtig wieder aufgerichtete Thermometer erwärmt, bis sich der aufsteigende Quecksilberfaden mit dem in der Erweiterung befindlichen Quecksilber vereinigt. Sodann bringt man das Thermometer in ein Bad, das auf 2 bis 3° oberhalb der gewünschten Temperatur eingestellt ist und trennt nach Temperaturausgleich das überschüssige Quecksilber vom Quecksilberfaden, indem man auf das Gelenk der das Thermometer haltenden Hand einen ruckartigen Schlag ausführt. Die Ablesungen geschehen mittels einer Lupe, nachdem man — zur Überwindung kapillarer Widerstände — das Thermometer durch Klopfen mit dem Finger erschüttert hat. Es empfiehlt sich, das Thermometer von der Physikalisch-Technischen Reichsanstalt auf Kaliberfehler und Gradwert eichen zu lassen.

### b) Eichung der Apparatur.

Vor der Verwendung der Apparatur muß ihr „*Wasserwert*" ermittelt werden. Die bei der Verbrennung auftretende Wärme wird nicht nur von dem Kalorimeterwasser aufgenommen, sondern auch die übrigen Teile (Gefäßwand, Thermometer, Rührer, Bombe usw.) werden erwärmt. Es muß daher ermittelt werden, welcher Wassermenge die gesamten der Erwärmung ausgesetzten Bestandteile der Apparatur thermisch äquivalent sind. Die Summe der Produkte aus Masse und spezifischer

Wärme aller Einzelteile ergibt den *Wasserwert* der Apparatur. Die direkte Bestimmung des Wasserwertes, die wegen des inhomogenen Materials der Apparatur auf Schwierigkeiten stoßen würde, wird durch eine indirekte Methode umgangen, indem man in den Apparat eine gemessene Wärmemenge einführt und die Temperaturerhöhung feststellt. Dies geschieht entweder auf elektrischem Wege, ein Eichungsverfahren, das auch die Physikalisch-Technische Reichsanstalt an übersandten Apparaten vornimmt oder durch Verbrennung von Substanzen mit bekannter Verbrennungswärme. Als Eichsubstanzen dienen Benzoesäure (6320 g-cal), Rohrzucker (3949 g-cal) oder Naphtalin (9617 g-cal). Aus der errechneten Verbrennungswärme der eingeführten Substanz und der bei der Verbrennung auftretenden Temperaturerhöhung ermittelt man den Wasserwert ($K$) des leeren Apparates nach der Formel

$$K = \frac{Vw}{t} - w,$$

wobei ($Vw$) die errechnete Verbrennungswärme der verbrannten Substanz (einschließlich der Wärmetönungen, die von der Zündung und der Bildung von Salpetersäure herrühren, s. u.) bezeichnet, ($t$) die abgelesene und korrigierte Temperaturerhöhung und ($w$) die Wasserfüllung des Apparates bedeuten.

### c) Ausführung der kalorimetrischen Bestimmung der Verbrennungswärme.

Die zur kalorimetrischen Messung bestimmten Substanzen bedürfen je nach ihrer Beschaffenheit einer vorbereitenden Behandlung. Feste (lufttrockene) Materialien (z. B. feste Nahrungsmittel, getrockneter Kot) werden mittels einer Presse zu Tabletten geformt. Halbfeste Substanzen (z. B. Fette) und Flüssigkeiten (z. B. Harn) werden mit Zelluloseblöckchen oder besser noch mit Filtrierpapier von bekannter Verbrennungswärme aufgenommen und getrocknet. Auch das direkte Trocknen von Flüssigkeiten und nachherige Pressen kommt in Betracht (z. B. Milch). Beim Harn kann das Trocknen zu einem mehr oder minder merklichen Stickstoffverlust führen, der mit einem Energieverlust einhergeht. Für das ermittelte Stickstoffdefizit ist eine entsprechende Korrektur anzubringen, die nach Rubner auf Harnstoff (1 g Harnstoff-N = 5407 cal), nach Krummacher auf Ammoniak (1 g Ammoniak-N = 6500 cal) zu beziehen ist (A. Loewy [1]). Die Menge der zu verbrennenden Substanz soll so bemessen werden, daß bei den gebräuchlichen Kalorimetern und 1,5 bis $2^0$ Temperaturerhöhung etwa 5000 cal entwickelt werden.

In dem ausgeglühten tarierten Platinschälchen wird die zu untersuchende Substanz gewogen; desgleichen wird das Gewicht des zur Zündung dienenden Eisendrahtes bestimmt. Das Platinschälchen wird an dem abgenommenen Bombendeckel angebracht und der Eisendraht wird an den Poldrähten so befestigt, daß er — unter Vermeidung eines Kontaktes mit dem Platinschälchen — die eingebrachte Substanz berührt. Das Kalorimetergefäß wird mit einer auf 0,05 bis 0,1 g genau abgewogenen Menge Wasser, dessen Temperatur etwa $1^0$ unter der Zimmertemperatur liegen soll, gefüllt. Von dem eingefüllten Kalorimeterwasser werden 2 bis 3 $cm^3$ in die noch außerhalb des Kalorimetergefäßes befindliche Bombe einpipettiert, um die nachherige Verbrennung in einer mit Wasserdampf gesättigten Atmosphäre durchführen zu können. Der Deckel wird sodann aufgesetzt und die Überwurfschraube angezogen. In die geschlossene Bombe wird durch das Schraubenventil Sauerstoff eingeleitet, bis ein Druck von 25 Atmosphären erreicht ist. Mittels eines glühenden Spahns wird die Bombe an ihrer Verschraubung und am Ventil auf Dichtigkeit geprüft, die elektrische Zündapparatur wird an die äußeren Polklemmen der Bombe angeschlossen und die Bombe wird so weit in das Kalorimeterwasser versenkt, daß nur noch der Ventilverschluß herausragt. Nach Befestigung des Thermometers und des Rührers werden die Hartgummiplatten aufgelegt und schließlich überzeugt man sich davon, daß der Rührer sich reibungslos bewegt.

Bei jeder kalorimetrischen Messung ist der unvermeidliche Wärmeaustausch des Kalorimeters mit der Umgebung zu ermitteln. Dies geschieht durch Ablesung des Temperaturganges vor Einleitung der Verbrennung (*Vorperiode*) sowie nach Beendigung der Wärmentwicklung (*Nachperiode*) (OSTWALD-LUTHER [2]). Auf diese Weise erfährt man den Temperaturausgleich zwischen dem Kalorimeter und seiner Umgebung in der Nähe der niedrigsten und der höchsten vorkommenden Temperatur. Man liest den Temperaturstand in Intervallen von 30 Sekunden ab und beendet die Vorperiode, wenn das um etwa $1^0$ gegen die Außentemperatur (15 bis $16^0$ Raum- bzw. Wassertemperatur des äußeren Doppelzylinders) kühlere Kalorimeterwasser einen konstanten Gang der Temperaturerhöhung in etwa 10 Ablesungsintervallen zeigt. Mit der Zündung wird sodann die *Hauptperiode* eingeleitet, in der sich die Temperatur zuerst schnell erhöht, dann langsamer. Mit dem Aufhören der Temperaturzunahme bzw. mit dem Wiedereinsetzen eines regelmäßigen (meist abfallenden) Temperaturganges beginnt die *Nachperiode*, deren Dauer wiederum auf etwa 10 Ablesungsintervalle bemessen wird. Nach Beendigung der Ablesungen wird die Bombe aus dem Kalorimeter herausgenommen, durch langsames Öffnen der Ventilverschraubung der überschüssige Sauerstoff abgelassen und der Deckel abgehoben. Nach einer regelrecht verlaufenen Verbrennung dürfen sich in der Bombe weder unverbrannte Substanzpartikel noch Rußteilchen vorfinden. Sodann spült man die Innenflächen der Bombe und des Deckels sorgfältig mit destilliertem Wasser aus und sammelt so die Salpetersäure, die sich bei der Verbrennung aus den unvermeidlichen Stickstoffbeimengungen des Sauerstoffes gebildet hat. Die Menge der Salpetersäure wird durch Titration mit einer Sodalösung (Indikator: Methylrot) ermittelt. Die Bildungswärme für $HNO_3$, aq wird mit 14,9 g-cal in Rechnung gesetzt. Bemerkt sei, daß die meisten stickstoffhaltigen organischen Substanzen zu freiem N verbrennen. Ist durch die Verbrennung schwefelhaltiger Substanzen Schwefelsäure gebildet worden, so wird deren Menge im Bombenwasser durch Fällung mit Bariumchlorid festgestellt (W. A. ROTH). Soll gleichzeitig mit der Bestimmung der Verbrennungswärme eine Elementaranalyse der betreffenden organischen Substanzen durchgeführt werden, so benutzt man am besten die Krökersche Modifikation der Berthelotschen Bombe, die mit zwei verschließbaren Ventilen versehen ist (W. KLEIN und M. STEUBER [1]).

### d) Berechnung der Verbrennungswärme.

*Das Produkt aus Wasserwert und Temperaturerhöhung ergibt die Verbrennungswärme* (in Grammkalorien). Wie schon erwähnt, bieten die Temperaturablesungen in der Vorperiode und in der Nachperiode die Möglichkeit, den während der Hauptperiode stattfindenden Wärmeaustausch zwischen Kalorimeter und Umgebung zu ermitteln und so die gefundene Temperaturerhöhung auf den wirklichen Wert zu korrigieren. Die anzubringende Korrektur kann aus den abgelesenen Daten nach der Formel von REGNAULT-PFAUNDLER (W. KLEIN und M. STEUBER [2], A. LOEWY [2], J. KÖNIG [4]), nach einer *graphischen Methode* (OSTWALD-LUTHER [3]) oder durch die nachfolgende Berechnungsweise (OSTWALD-LUTHER [4]) festgestellt werden: Die Ablesungswerte seien während der Vorperiode $a_0, a_1, a_2 \ldots a_n$; während der Hauptperiode $T_0$, $T_1$, $T_2 \ldots T_N$; während der Nachperiode $b_0$, $b_1$, $b_2 \ldots b_m$. Dann ist pro Ablesungsintervall in der Vorperiode der mittlere Wärmeaustausch $= \frac{a_n - a_0}{n}$. Dieser Wärmeaustausch gilt für eine mittlere Temperatur von $\frac{a_n + a_0}{2}$.

Entsprechend ist der mittlere Wärmeaustausch in der Nachperiode $= \frac{b_m - b_0}{m}$ für eine mittlere Temperatur von $\frac{b_m + b_0}{2}$. Bei einer Temperaturänderung von $\left[\frac{b_m + b_0}{2} - \frac{a_n + a_0}{2}\right]$ ändert sich der Wärmeaustausch um $\left[\frac{a_n - a_0}{n} - \frac{b_m - b_0}{m}\right]$. Hieraus errechnet sich der Abkühlungsfaktor $(A)$ pro Grad auf

$$\left[\frac{a_n - a_0}{n} - \frac{b_m - b_0}{m}\right] : \left[\frac{b_m + b_0}{2} - \frac{a_n + a_0}{2}\right].$$

Die Temperatur, bei der kein Wärmeaustausch stattfinden würde, wäre $= t_0 = \frac{a_n + a_0}{2} + \frac{\frac{a_n - a_0}{n}}{A}$. Für andere Temperaturen $(T)$ ist der Wärmeaustausch demnach $(t_0 - T) \cdot A$ pro Ablesungsintervall. Nach dieser Formel wird nunmehr für die mittleren Temperaturen jedes Ablesungsintervalls der Hauptperiode $\left(\text{z. B. } \frac{T_2 + T_3}{2}\right)$ der Wärmeaustausch ermittelt. Die Summe dieser Temperaturänderungen ergeben den Korrektionswert, den man der Endtemperatur $T_N$ zuzählen muß. Zieht man von diesem Werte die zu Beginn der Verbrennung herrschende Temperatur $a_n + \frac{a_n - a_0}{n}$ ab, so erhält man diejenige Temperaturerhöhung, die durch die Verbrennung der gegebenen Substanz (einschließlich der Wärmetönungen des Zündungsdrahtes und der Salpetersäurebildung) hervorgerufen worden ist.

Der Verbrennungswert der Substanz ergibt sich sodann aus dem Produkt des Wasserwertes (Wasserwert der leeren Apparatur + Kalorimeterwasser) und der korrigierten Temperaturerhöhung abzüglich des Verbrennungswertes des zur Zündung verwendeten Eisendrahtes (pro g Fe 1601 cal) und des Wertes für die Bildungswärme der gefundenen Salpetersäure (s. oben).

## E. Die Bestimmung des respiratorischen Gaswechsels.

Die Aufnahme von Sauerstoff und die Abgabe von Kohlensäure auf dem Wege der Atmung sind der sichtbare Ausdruck für die im tierischen Organismus sich abspielenden Verbrennungsvorgänge. Jedem verbrauchten Molekül Sauerstoff entspricht eine bestimmte energieliefernde Oxydationsleistung und in analoger Weise kann das Quantum der abgegebenen Kohlensäure zur Berechnung des durch Oxydation gelieferten Energieäquivalentes herangezogen werden. Die Voraussetzung für eine derartige Ermittlung des Energieumsatzes ist die jeweilige Kenntnis der Substanzen, welche dem Körper als Energiespender dienen. Je nachdem, ob dem Sauerstoffverbrauch bzw. der Kohlensäureausscheidung eine Verbrennung von Kohlenhydraten oder Fetten oder Eiweißsubstanzen zugrunde liegt, ist der Wärmeeffekt ein quantitativ verschiedener.

Nach N. Zuntz (1) ist die Wärmeerzeugung:

| | Auf 1 Liter Sauerstoff cal | Auf 1 Liter Kohlensäure cal |
|---|---|---|
| Bei Eiweißumsatz . . . . . . . . | 4466 | 5324 |
| „ Fettverbrennung . . . . . . . | 4622 | 6575 |
| „ Kohlenhydratverbrennung . . | 4976 | 4976 |

Somit könnte man, unter der Voraussetzung, daß für den zu ermittelnden Energieumsatz die Oxydation nur einer einzigen dieser Grundsubstanzen in Frage kommt, aus dem festgestellten Sauerstoff- *oder* Kohlensäurevolumen direkt die Menge der entwickelten Kalorien berechnen. Derartig einfache Versuchsbedingungen liegen jedoch nur in seltenen Fällen vor. Zumeist sind die Nahrungsstoffe aus mehreren der energieliefernden Grundsubstanzen, und zwar in wechselnden Mengenverhältnissen zusammengesetzt.

Der Anteil der *Eiweißstoffe* an dem Verbrennungsvorgang wird aus dem Harnstickstoff ermittelt. Während die Kohlenhydrate und die Fette im Körper einer restlosen Verbrennung zu Kohlensäure und Wasser anheimfallen, werden die Eiweißkörper nur partiell oxydiert; die unvollkommen verbrannten, stickstoffhaltigen Endprodukte des Eiweißumsatzes werden im Harn ausgeschieden. Aus dem Stickstoffgehalt des Harns errechnet man die Menge des umgesetzten Eiweißes (durch Multiplikation mit dem Faktor 6,25) sowie den entsprechenden energetischen Effekt. Da nun 1 g Eiweiß bei der physiologischen Verbrennung i. D. 0,97 Liter Sauerstoff verbraucht und hierbei 0,77 Liter Kohlensäure abgibt, so kann man aus den analytisch vorliegenden Sauerstoff- bzw. Kohlensäurewerten durch Abzug der für die Eiweißverbrennung festgestellten Mengen das *Gesamt*äquivalent des übrigen Stoffumsatzes (der *Kohlenhydrate plus Fette*) berechnen. Der weitere Gang der Berechnung des gesamten Energieumsatzes richtet sich danach, welche analytischen Einzeldaten sonst noch vorliegen.

Bei der ausschließlichen Bestimmung des respiratorischen Stoffwechsels läßt sich eine Feststellung der einzelnen Größen des *Kohlenhydrat-* bzw. des *Fettumsatzes* nur dann durchführen, wenn gleichzeitig Sauerstoff- *und* Kohlensäurewerte des Umsatzes ermittelt worden sind. Die Oxydation der Kohlenhydrate vollzieht sich (auf chemischem wie auf physiologischem Wege) nach der Gleichung:

$$C_6H_{12}O_6 + 6\,O_2 = 6\,CO_2 + 6\,H_2O\,.$$

Pro g Kohlenhydrat werden 0,828 Liter Sauerstoff benötigt und 0,828 Liter $CO_2$ entwickelt. Das Verhältnis der abgegebenen Kohlensäuremoleküle (bzw. $CO_2$-Volumina) zu den aufgenommenen Sauerstoffmolekülen (bzw. $O_2$-Volumina); der sog. *respiratorische Quotient* ist gleich 1. Zur vollkommenen Oxydation der im Vergleich zu den Kohlenhydraten sauerstoffärmeren Fette ist mehr Sauerstoff notwendig. So verbraucht z. B. 1 g Menschenfett 1,989 Liter Sauerstoff zu seiner Verbrennung und gibt dabei 1,419 Liter Kohlensäure ab. Infolgedessen ist der respiratorische Quotient $CO_2 : O_2 < 1$. Er beträgt 0,71.

Die Zusammensetzung der stickstofffreien Brennstoffe an Fett und Kohlenhydraten läßt sich aus der Größe der vorliegenden respiratorischen Daten auf Grund folgender Überlegung ermitteln:

$x$ sei die Menge des umgesetzten Fettes
$y$ „ „ „ „ „ Kohlenhydrates
$a$ „ „ „ „ gefundenen Sauerstoffes } für N-freie Brennstoffe
$b$ „ „ „ der „ Kohlensäure }

dann ist

$$1{,}989\,x + 0{,}828\,y = a$$
$$1{,}419\,x + 0{,}828\,y = b$$

durch Subtraktion $x = \frac{a - b}{0{,}57}$.

Zuntz (2) gibt für den Kohlenhydrat- und Fettverbrauch beim hungernden Menschen (Glykogen und menschliches Fett) eine Tabelle, die es gestattet, aus den ermittelten respiratorischen Quotienten direkt den Anteil des Fett- und Glykogenumsatzes sowie die äquivalente Energieproduktion abzulesen.

| Respiratorischer Quotient | Pro Liter Sauerstoff | | |
|---|---|---|---|
| | Glykogenverbrauch $y = g$ | Fettverbrauch $x = g$ | Wärmeproduktion cal |
| 0,7133 | 0,0000 | 0,5027 | 4,7950 |
| 0,75 | 0,1543 | 0,4384 | 4,8290 |
| 0,80 | 0,3650 | 0,3507 | 4,8748 |
| 0,85 | 0,5756 | 0,2630 | 4,9207 |
| 0,90 | 0,7861 | 0,1753 | 4,9665 |
| 0,95 | 0,9966 | 0,0877 | 5,0123 |
| 1,00 | 1,2071 | 0,0000 | 5,0581 |

(In analoger Weise können Tabellen für den Umsatz hungernder Tiere aufgestellt werden.)

Für viele vergleichend-physiologische Fragestellungen, wie z. B. die Ermittlung verschiedener äußerer Einflüsse auf den tierischen Stoffwechsel, genügt es häufig, die (unter den verschiedenen Bedingungen) erhaltenen respiratorischen Daten mit-

Übersicht über die Atmungseinrichtungen im Tierreich.

a. = aktiv „ventiliert“, p. = passiv tätig. Die Zahl der Kreuze soll andeuten, wie hoch die Rolle in der gesamten Atembilanz ungefähr anzuschlagen ist. Eingeklammerte Zeichen () geben an, daß nicht bei allen Arten vorhanden.

| Tierstamm (bzw. Klasse usw.) | Haut (ohne spezifische Differenzierung) | Kiemen (zylindrische oder verzweigte Ausstülpungen der äußeren Haut, f. = frei, v. = verdeckt, F. = Falten [evtl. gegitterte] und Einstülpungen der Haut, D. = Ausstülpungen bzw. Gitterbildungen am bzw. im Anschluß an den Vorderdarm) | Verdauungskanal (Darmatmung) G. = als Ganzes, M. = Mundhöhle, E. = Enddarm, W. L. = „Wasserlungen“ (verzweigte Seitendivertikel) | Kanalsysteme, welche den ganzen Körper durchziehen: mit Wasser gefüllt | Kanalsysteme, welche den ganzen Körper durchziehen: mit Luft gefüllt. Tracheen | Luftlungen, Hohlräume im Anschluß an den Vorderdarm = L.; Hautduplikaturen oder Einstülpungen = H. |
|---|---|---|---|---|---|---|
| Poriferen (Schwämme) | + | | | + + + | | |
| Cölenteraten, Asteroideen, Crinoiden | + + + + | (F. ?) | (G. +) | | | |
| Echinoideen | + + + | | (E. a. +) | (?) | | |
| Holothurioideen | + + | | W. L. a. + + + | | | |
| Vermes (mit Ausschluß der meisten Anneliden) u. kleine Mollusken | + + + + | | | | | |
| Anneliden (mit Ausnahmen) | + + + | (f. p. + +) | E. a. + od. G. + | | | |
| Mollusken | + + | (F. a. + +) | | | | (H. a. + +) |
| Krustazeen: | | | | | | |
| Copepoden, Ostracoden, Cirripedien Mysiden (u. Milben) | + + + + | (F. p. +) | G. a. + + | | | |
| Branchiopoden | + + | | | | | |
| Isopoden | (+ ?) | (p. + + +) | | | | (H. p. + + +) |
| Stomatopoden, Decapoden | (+ ?) | v. a. + + + + | (E. a. +) | | | (H. p. + + +) |
| Tracheaten (außer jungen Larven und Milben) | (+) | | | | + + + + | |
| Tunicaten | + + | D. v. a. + + + | | | | |
| Pisces: | | | | | | |
| Im allgemeinen | + | D. v. a. + + + + | (M. a.) | | | |
| Cobitis (und einige andere) | + + | D. v. a. + + | G. a. + + + | | | |
| Kletterfische und Dipnoer | + | D. v. a. + + + | | | | L. a. + + + |
| Amphibienlarven u. wenige adulte Formen | + + + | f. (v.) a. + + | (M. a. +) | | | |
| Amphibien, übrige | + + + | | M. a. + | | | L. a. + + + |
| Reptilien, Vögel, Säuger | (+ ?) | | (G. negativ) | | | L. a. + + + + |

einander zu vergleichen, ohne daß man eine Berechnung auf die absoluten Energiewerte vornimmt.

Die Auswahl einer zweckmäßigen Methode zur Bestimmung des respiratorischen Gaswechsels richtet sich nach Art und Größe des betreffenden Tieres sowie speziell nach dem anatomischen Bau und den Funktionen seiner Respirationsorgane. Eine Übersicht über die Atmungseinrichtungen im Tierreich hat A. BETHE in vorstehender Tabelle zusammengestellt:

„Erläuterungen und Einzelheiten zu der Tabelle: Unter Kiemen und Lungen werden nach rein funktionellen Gesichtspunkten morphologisch sehr verschiedenartige Gebilde zusammengefaßt. (Auch die Orte, an denen sie sitzen, sind außerordentlich verschieden. Zum Teil handelt es sich um Gebilde, deren Funktion als Atmungsorgan durchaus nicht ganz feststeht.) So sind die Kiemen bei den Tunikaten ein gegitterter Teil des Vorderdarmes, bei den Molusken kammartig ausgestaltete Hautfalten in der Mantelhöhle, bei den Anneliden zylindrische oder büschelförmige Anhänge in der Mundgegend oder an den Parapodien, bei den Krustazeen fransenartige Anhänge der Beine usw., aber auch hier spielen in manchen Fällen Hautduplikaturen die Rolle von Kiemen (Mysiden). Andererseits finden sich bei den luftatmenden Molusken Hauteinstülpungen, deren Wand stark vaskularisiert ist und die funktionell dieselbe Rolle spielen wie die Lungen der Wirbeltiere, mit ihnen aber sonst nichts zu tun haben. Dasselbe gilt von den als „Lungen“ bezeichneten Wänden der Kiemenhöhle der fakultativ oder dauernd luftatmenden Krustazeen, auf deren Innenseite dünnhäutige Oberflächenvergrößerungen angebracht sind. — Bei kleineren Arten gehen oft sekundäre Atemeinrichtungen wieder verloren, die Nahverwandte besitzen, weil hier die Hautatmung genügt; so bei den kleinen Mollusken die Kiemen, bei kleineren Tracheaten die Tracheen. Auch bei Jugendformen, solange sie klein sind, reicht die Hautatmung hin.“

Ein für die Methodik der Gaswechseluntersuchungen wesentlicher Unterschied besteht zwischen den „Luftatmern“ und „Wasseratmern“. Für die ersteren kommen vorwiegend die Verfahren der Gasanalyse in Anwendung, während bei den im Wasser lebenden Tieren die chemische Analyse der in wäßriger Lösung vorhandenen Gase durchzuführen ist. Die stark differierende Größenordnung des Gasumsatzes bei den verschieden großen Tierformen bedingt, daß neben den üblichen analytischen Methoden in zahlreichen Fällen ausschließlich Mikroanalysen vorgenommen werden müssen.

### a) Bestimmung von in Wasser gelöstem Sauerstoff.

Methode nach L. W. WINKLER (TREADWELL [3]). Der in Wasser gelöste Sauerstoff oxydiert zugesetztes Manganhydroxyd zu manganiger Säure nach der Gleichung: $2\,Mn(OH)_2 + O_2 = 2\,H_2MnO_3$. Setzt man Jodkalium und Salzsäure hinzu, so wird eine der manganigen Säure äquivalente Menge Jod frei, die mit Thiosulfat bestimmt wird.

$$H_2MnO_3 + 4\,HCl = MnCl_2 + 3\,H_2O + Cl_2; \quad 2\,KJ + Cl_2 = 2\,KCl + J_2\,.$$

Reagenzien: 1. Manganchlorürlösung. 400 g (eisenfreies) $MnCl_2 + 4\,H_2O$ werden in Wasser zu 1 Liter gelöst.

2. Jodkaliumhaltige Natronlauge. Die Lauge wird aus Natriumkarbonat und Calciumhydroxyd bereitet, indem man 1 Teil kristallisiertes Soda in 4 Teilen Wasser löst und nun portionsweise gelöschten Kalk (aus etwas mehr als 2 Teilen gebrannten Kalk bereitet) hinzufügt. Nach vollständiger Zersetzung des $Na_2CO_3$ kocht man einige Zeit, läßt den Niederschlag absitzen und hebert die darüberstehende klare Lösung ab. Man konzentriert die Lösung in einer Silberschale bis zum spezifischen Gewicht 1,35. In 100 $cm^3$ der so gewonnenen Lauge löst man 10 g reinstes Jodkalium. Diese Lösung darf nach Ansäuern mit Salzsäure Stärkelösung nicht sofort bläuen.

3. Reine, rauchende Salzsäure.

4. $n/100$ Natriumthiosulfatlösung, frisch bereitet aus einer $n/10$.

5. Stärkelösung. 1,5 g Stärke werden mit wenig Wasser angerührt, allmählich in 300 $cm^3$ kochendes Wasser (Porzellanschale) eingetragen und so lange gekocht,

bis Klärung eingetreten ist. Man läßt in einem Zylinder absetzen, filtriert und sättigt mit Kochsalz.

*Ausführung*: Eine 250 cm³ fassende Flasche, die mit einem eingeschliffenen Stöpsel verschlossen werden kann und deren Inhalt durch Auswägen bestimmt worden ist, füllt man vollständig mit dem zu untersuchenden Wasser. Sodann gibt man mit einer bis zum Boden der Flasche reichenden Pipette 1 cm³ der jodkaliumhaltigen Natronlauge und dann sofort 1 cm³ der Manganchlorürlösung hinein, verschließt, schüttelt um und läßt stehen, bis der Niederschlag sich abgesetzt hat. Hierauf trägt man mit einer langstieligen Pipette ca. 3 cm³ rauchende Salzsäure ein, verschließt und schüttelt von neuem. Der Niederschlag löst sich leicht unter Ausscheidung von Jod. Der Inhalt der Flasche wird in einen Erlenmeyerkolben übergespült und — unter Zusatz einiger Tropfen Stärkelösung — mit der Thiosulfatlösung bis zur Entfärbung titriert. 1 cm³ n/100 Thiosulfat = 0,08 mg Sauerstoff = 0,0558 cm³ $O_2$, bei 0° und 760 mm Hg. (Bei der Berechnung ist das Volumen der zugefügten Reagenzien zu berücksichtigen.)

Nach den Angaben Treadwells soll die Gegenwart organischer Substanzen wie Harnstoff, Harn, Eiweiß die Genauigkeit der Winklerschen Methode nicht beeinträchtigen. Nicht anwendbar ist dagegen das Verfahren in nitrithaltigem Wasser. Warburg (1) hat den Sauerstoffgehalt von Meerwasser mit einer von Schützenberger und Risler angegebenen Methode bestimmt, die darauf beruht, daß Indigblau durch Hydrosulfit zu Indigweiß reduziert, das Indigweiß mit dem sauerstoffhaltigen Wasser in Reaktion gebracht und das gebildete Indigblau durch Hydrosulfit zurücktitriert wird. Eine ausführliche Darstellung der Methode bei Gaswechseluntersuchungen an Seetieren gibt M. Henze.

Weiterhin läßt sich der im Wasser gelöste Sauerstoff dadurch bestimmen, daß man das Wasser auskocht. Die ausgetriebenen Gase (darunter der Sauerstoff) werden quantitativ aufgefangen und nach einer gasanalytischen Methode (s. S. 1144) ermittelt.

### b) Bestimmung von in Wasser vorhandener Kohlensäure.

In wäßriger Lösung kann die Kohlensäure als freie Säure ($H_2CO_3$, halbgebunden als Bikarbonatkohlensäure ($NaHCO_3$) oder gebunden als Karbonatkohlensäure ($Na_2CO_3$) vorkommen. Für die Untersuchung des respiratorischen Gaswechsels kommt praktisch nur die Bestimmung der *gesamten* Kohlensäure in Frage. Die *Gesamt*kohlensäure wird durch Erhitzen der mit verdünnter Schwefelsäure angesäuerten Wasserprobe ausgetrieben und kann titrimetrisch, gravimetrisch oder volumetrisch bestimmt werden.

**1. Maßanalytische Bestimmung kleiner Kohlensäurenmengen (nach O. Warburg [2]).** Das Verfahren beruht auf der Umsetzung der aus dem Wasser ausgetriebenen Kohlensäure mit überschüssigem Baryumhydroxyd nach der Gleichung:

$$H_2CO_3 + Ba(OH)_2 = BaCO_3 + 2\,H_2O\,.$$

Das unverbrauchte Baryumhydroxyd wird mit Säure zurücktitriert.

*Apparatur* (Abb. 348). Ein Fraktionierkolben mit etwas aufwärtsgebogenem und mit einem Kühler versehenem Ansatzrohr ist mit einem doppelt durchbohrten Gummistopfen verschlossen, durch welchen ein Tropftrichter und ein bis fast zum Boden reichendes Lüftungsrohr eingeführt sind. Dem Lüftungsrohr durch eine Schliffhahnverbindung vorgeschaltet ist ein langes U-Rohr mit Natronkalk und davor eine Waschflasche mit Kalilauge, um den angesaugten Luftstrom von Kohlensäure zu befreien. Das Ansatzrohr des Kolbens ist mit dem *Absorptionsgefäß* verbunden. Als solches dient eine Volhardsche Vorlage aus Jenaer Glas, in welche ein Zuleitungsrohr und ein Ableitungsrohr eingeschmolzen ist. Das Ableitungsrohr kann durch einen mit Schraubenklemme versehenen Gummischlauch mit dem Kugelrohr verbunden werden. Der Gummistopfen, der das Volhardsche Gefäß verschließt, wird von zwei Bürettenspitzen durchbohrt, die durch einen Kapillarschlauch mit den zugehörigen Büretten verbunden sind. Die Büretten sind durch Seitenansätze mit Vorratsflaschen für die Titrationsflüssigkeiten verbunden. Hinter dem Absorptionsgefäß folgt eine Waschflasche mit Kalilauge, die an einen Aspirator angeschlossen ist. Sämtliche Kommunikationen des Apparats mit der Außenluft sind durch vorgeschaltete Natronkalkröhren gegen das Eindringen von Kohlensäure geschützt.

*Titrationsflüssigkeiten*: $n/10$ Salzsäure wird mit ausgekochtem Wasser auf das 10fache verdünnt. Das Barytwasser wird so hergestellt, daß etwa 1 $cm^3$ 1,3 $cm^3$ $n/100$ HCl entspricht. Der Indikator, Phenolphthalein, wird der $n/100$ HCl zugesetzt.

*Bestimmung*: In den Fraktionierkolben wird etwas verdünnte Schwefelsäure gegeben und 1 Stunde im kohlensäurefreien Luftstrom gekocht. Dann läßt man erkalten, eine abgemessene Menge Barytwasser in die Vorlage einfließen und bringt das Absorptionsgefäß in ein Bad, das auf 80° ge-

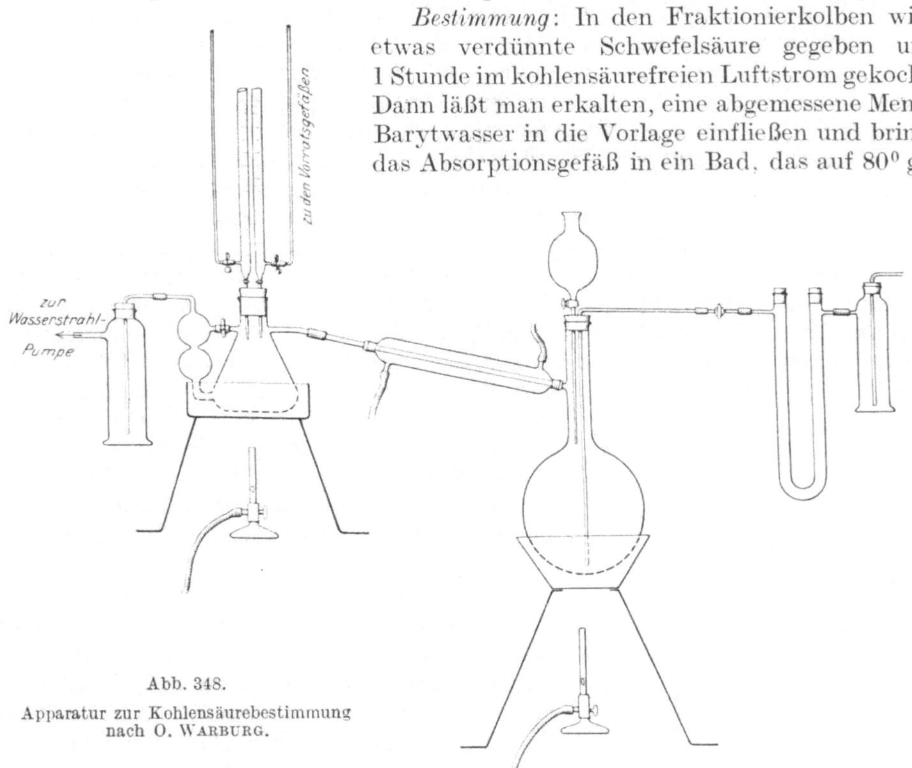


Abb. 348.
Apparatur zur Kohlensäurebestimmung nach O. WARBURG.

halten wird. Darauf wird der Hahn ($h$) abgeschlossen und aus dem Tropftrichter die zu analysierende Wasserprobe zugegeben. Man bringt den Inhalt des Kolbens langsam zum Sieden, wobei darauf zu achten ist, daß die Gasentwicklung nicht zu heftig erfolgt. Dann öffnet man den Hahn ($h$) und leitet unter fortgesetztem Sieden 10 Minuten langsam und 30 Minuten schneller durch Ingangsetzen des Aspirators Luft durch den Apparat. Nach dieser Zeit wird das Absorptionsgefäß durch kaltes Wasser auf Zimmertemperatur abgekühlt, die Klemme ($k$) geöffnet und unter lebhaftem Schütteln titriert. Wenn fast Entfärbung eingetreten ist, wird die Klemme geschlossen, die Flüssigkeit tritt in die Kugeln und spült sie aus. Jetzt wird ($k$) wieder geöffnet und auf völlig farblos titriert: 1 $cm^3$ $n/100$ HCl $= 0{,}22$ mg $CO_2$.

Die von WARBURG angegebene Absorptionsvorrichtung kann auch dazu benutzt werden, um die von einem Tiere abgegebene gasförmige Kohlensäure zu bestimmen. Zu diesem Zweck wird das Respirationsgefäß (mit dem Tiere) direkt mit der Vorlage verbunden.

Neuerdings haben M. HAHN und J. HIRSCH eine Absorptionsvorrichtung für kleine Kohlensäuremengen angegeben, die durch Benutzung von Mikrobüretten die Verwendung von höher konzentriertem Barytwasser gestattet und außerdem die Möglichkeit bietet, das Ergebnis eines Versuches durch mehrere Titrationen auszuwerten. J. HIRSCH (2) hat mit dieser Apparatur den Stoffwechsel von Bakterien in Kulturmengen von 10 cm³ untersucht.

**2. Gewichtsanalytische Bestimmung der Kohlensäure.** Dieses Verfahren ist bei der organischen Elementaranalyse zur Bestimmung des aus der Kohlenstoffverbrennung hervorgehenden Kohlendioxydes allgemein gebräuchlich. Die Absorption der Kohlensäure findet in kleinen mit Kalilauge oder Natronkalk gefüllten Apparaten statt, deren Bau eine vollständige Absorption garantiert und deren Gewichtsunterschied vor und nach der Absorption die Menge der Kohlensäure angibt. Es ist selbstverständlich unbedingt erforderlich, daß das Kohlensäuregas vollkommen trocken in den Absorptionsapparat eintritt. Die Beseitigung des mitgeführten Wasserdampfes wird dadurch erreicht, daß dem Kali- bzw. Natronkalkapparat eine Waschflache mit konzentrierter Schwefelsäure oder ein U-Rohr, das mit von konzentrierter Schwefelsäure durchtränkten Bimssteinstücken gefällt ist, vorgeschaltet ist. Um bei den Kaliapparaten die durch die Gasblasen fortgeführten Wasserdämpfe der absorbierenden Lösung zurückzuhalten, sind an dem Ableitungsrohr kleine Chlorcalciumbehälter fest anmontiert. Für die Kali- und Natronkalkapparate sind zahlreiche Formen angegeben worden (HOUBEN-WEYL). Als sehr zweckmäßig sei der von J. FRIEDRICHS angegebene Schraubenkaliapparat erwähnt, in dem die Gasblasen bei geringem Flüssigkeitsdruck einen verhältnismäßig langen Weg zurücklegen. Die gewichtsanalytische Bestimmung der Kohlensäure hat in der Technik der biologischen Gasanalyse eine ungemein vielseitige Verwendung gefunden. Die Form und Größe, insbesondere aber die Kapazität der Apparate müssen dem jeweiligen Zwecke entsprechen.

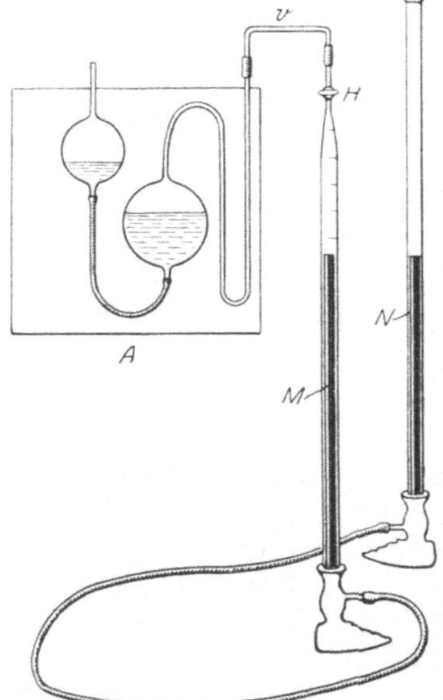

Abb. 349. Hempelbürette und Absorptionspipette.

c) Die volumetrische Gasanalyse.

Die Messung von Gasvolumina erfolgt in kalibrierten Büretten. Die Gasbüretten (Abb. 349) bestehen aus dem eigentlichen Meßrohr (*M*) und einem beweglichen Niveaugefäß (*N*), die beide durch einen dickwandigen Gummischlauch miteinander verbunden sind. Nach oben läuft das Meßrohr in eine durch Glashahn (*H*) verschließbare Kapillare aus. Man füllt das Meßrohr mit einer bestimmten Menge Gas, indem man von dem hochgehobenen Niveaugefäß aus das Meßrohr — bei geöffneter Kapillare — mit der Sperrflüssigkeit (Quecksilber oder Wasser) füllt, die Kapillare mit dem das Gas enthaltenden Vorratsgefäß verbindet und durch Senken des Niveaugefäßes das Gas einsaugt. Dann wird der Hahn der Kapillare geschlossen, die Verbindung mit dem Gasvorratsgefäß gelöst und der Flüssigkeitsspiegel des Niveaugefäßes mit dem im Meßrohr befindlichen Flüssigkeitsspiegel auf genau gleiche Höhe gebracht. Hierdurch wird erreicht, daß das zu messende Gas unter dem Druck der äußeren Atmosphäre steht. Für genaue Messungen nimmt man Büretten, die von einem Wassermantel umgeben sind, dessen Temperatur exakt bestimmt wird. Anderenfalls ist die im Raume herrschende Temperatur abzulesen. Wird ein Gas über Wasser oder mit Wasserdampf gesättigt zur Messung gebracht, so muß auch die Wasserdampfspannung bei der Versuchstemperatur bekannt sein. Das bei dem Barometerstand ($B$), bei der Temperatur ($t$) und unter der (bei dieser Temperatur [s. Tabelle]) herrschenden Wasserdampfspannung ($f$) abgelesene Gasvolumen ($v$) wird auf Normalbedingungen (0°, 760 mm Hg) reduziert. Das reduzierte Gasvolumen ($v_0$) ist nach Boyle-Gay-Lussac:

$$v_0 = v \frac{B - f}{760\,(1 + 0{,}003662\,t)}\,.$$

Dampfdruck des Wassers ($f$) von —3° bis +40° (Ostwald-Luther).

| | | | |
|---|---|---|---|
| —3° 3,669 mm Hg | + 8° 8,045 mm Hg | +19° 16,477 mm Hg | +30° 31,824 mm Hg |
| —2° 3,952 mm Hg | + 9° 8,609 mm Hg | +20° 17,535 mm Hg | +31° 33,695 mm Hg |
| —1° 4,256 mm Hg | +10° 9,209 mm Hg | +21° 18,650 mm Hg | +32° 35,663 mm Hg |
| 0° 4,579 mm Hg | +11° 9,844 mm Hg | +22° 19,827 mm Hg | +33° 37,729 mm Hg |
| +1° 4,926 mm Hg | +12° 10,518 mm Hg | +23° 21,068 mm Hg | +34° 39,898 mm Hg |
| +2° 5,294 mm Hg | +13° 11,231 mm Hg | +24° 22,377 mm Hg | +35° 42,175 mm Hg |
| +3° 5,685 mm Hg | +14° 11,987 mm Hg | +25° 23,756 mm Hg | +36° 44,563 mm Hg |
| +4° 6,101 mm Hg | +15° 12,788 mm Hg | +26° 25,209 mm Hg | +37° 47,067 mm Hg |
| +5° 6,543 mm Hg | +16° 13,634 mm Hg | +27° 26,739 mm Hg | +38° 49,692 mm Hg |
| +6° 7,013 mm Hg | +17° 14,530 mm Hg | +28° 28,349 mm Hg | +39° 52,442 mm Hg |
| +7° 7,513 mm Hg | +18° 15,477 mm Hg | +29° 30,043 mm Hg | +40° 55,374 mm Hg |

Zur Bestimmung einzelner Gase in einem Gasgemisch wird die in der Gasbürette abgemessene Gasprobe in eine Absorptionspipette (s. Abb. 349) überführt, dort mit entsprechenden Absorptionsmitteln behandelt und nach dem Rückführen des Gases in die Gasbürette die Volumenverminderung bestimmt, die der Menge des absorbierten Gases entspricht. Als absorbierende Lösungen werden verwendet: Für *Kohlensäure* — Kalilauge 1 : 2; 1 cm³ absorbiert 40 cm³ $CO_2$. Für *Sauerstoff* — a) alkalische Pyrogallollösung, 1 Volumen 25proz. Pyrogallollösung mit 5 bis 6fachem Volumen konzentrierter KOH mischen; 1 cm³ absorbiert 12 cm³ O. b) Alkalische Natriumhyposulfitlösung, 50 g $Na_2S_2O_4$ in 250 cm³ Wasser lösen und 40 cm³ Kalilauge (500 g KOH in 700 cm³ $H_2O$) zusetzen. c) Phosphor; Stangen von gelbem Phosphor in einer Gaspipette.

Die Verbindung der Gasbürette mit der Absorptionspipette wird durch eine Verbindungskapillare ($v$) hergestellt, nachdem vorher die absorbierende Lösung durch Blasen am Endrohr in die Verbindungskapillare vorgedrückt worden ist. Man hebt das Niveaurohr, öffnet den Bürettenhahn und befördert so das Gas in die Pipette, in der die Absorption durch Schütteln des ganzen Gestelles unterstützt wird. Der nicht absorbierte Gasrest wird in die Gasbürette zurückbefördert und sein Volumen festgestellt.

Ein in der physiologischen Praxis viel benutzter gasanalytischer Apparat ist von Haldane (A. Loewy [3], H. W. Knipping und P. Rona) angegeben worden (Abb. 350). *Apparatur*: Die in einem Wassermantel untergebrachte Meßbürette ($A$) kann durch den Zweiwegehahn ($C$) sowohl mit der Außenluft (bzw. dem Gasreservoir, Respirationsapparat usw.) als auch mit den Absorptionspipetten für Kohlensäure ($F$) oder für Sauerstoff ($H$) — je nach Stellung des Zweiwegehahns ($E$) — verbunden werden. Neben der Gasbürette ($A$) ist in dem Wassermantel ein gleich geformtes, unten geschlossenes Gefäß ($B$) untergebracht, das von dem Zweiwegehahn ($D$) aus mit einer als Thermobarometer dienenden Gasmasse gefüllt wird und das durch den gleichen Zweiwegehahn mit dem Absorptionssystem in Kommunikation gebracht werden kann. Die Bewegung der Gasmasse in der Bürette ($A$) wird durch das Niveaugefäß ($R$) bewirkt. Die Erhaltung eines konstanten Gasvolumens in dem Kompensationsgefäß ($B$) wird durch das Niveaugefäß ($G$)

erreicht. Die Sauerstoff-Absorptionspipette (*H*) ist mit einem starke Kalilauge enthaltenden Absperrgefäß (gegen die Außenluft) verbunden, sie wird durch einen Gummischlauch mit der absorbierenden alkalischen Pyrogallollösung beschickt.

*Ausführung*: (Durch einen Vorversuch wird die in dem Apparat vorhandene Kohlensäure und der Sauerstoff absorbiert, so daß sich in dem System nur Stickstoff befindet.) Durch Senken des Niveaugefäßes (*R*) saugt man — bei entsprechender Stellung des Zweiwegehahnes (*E*) — die Absorptionsflüssigkeiten in den Absorptionspipetten (*F*) und (*H*) so weit an, daß sie bei den Marken (*x*) bzw. (*z*) stehen. Dann füllt man durch Heben des Niveaugefäßes (*R*) — bei nach außen geöffnetem Hahn (*C*) und gesperrtem Hahn (*E*) — die Gasbürette (*A*) mit Quecksilber. Man stellt nun den Zweiwegehahn (*D*) so, daß das Kompensationsgefäß (*B*) und das Rohr (*b*) mit der Außenluft kommunizieren und stellt durch Bewegung des Niveaugefäßes (*G*) die Flüssigkeitssäule im Rohr (*b*) auf das dem Niveau (*x*) gleiche Niveau (*y*) ein. Durch Umstellen des Hahnes (*D*) wird das als Thermobarometer dienende System (*B*—*b*) gegen die Außenluft abgesperrt. Nunmehr wird das zu analysierende Gasgemisch durch (*C*) eingesaugt und das Volumen gemessen. Sodann erfolgt die Überführung des Gases in die Kohlensäure-Absorptionspipette (*F*). Zur restlosen Absorption wird das Gas 10 mal hin und her geführt. Nachdem durch entsprechende Einstellung der Niveaugefäße (*R*) und (*G*) der Flüssigkeitsspiegel in den Rohren (*a*) und (*b*) auf die Marken (*x*) und (*y*) fixiert ist, wird die durch Absorption der Kohlensäure erfolgte Volumenverminderung festgestellt. In gleicher Weise erfolgt die Absorption des Sauerstoffs in der Pipette (*H*); nach Beendigung auch dieser Absorption wird das Niveau in der Pipettte (*H*) auf (*z*) eingestellt, sodann durch Umschalten von (*E*) die Kommunikation mit dem Kompensationssytem hergestellt und nach erneuter Einstellung auf die Marken (*x*) und (*y*) die durch die Absorption des Sauerstoffes erfolgte Volumenverminderung gemessen. Stellt man durch vorheriges Einbringen eines Tropfens verdünnter Schwefelsäure in das Thermobarometerrohr (*B*) dort eine gesättigte Wasserdampfatmosphäre her, so kann man aus den Volumenverminderungen direkt den Prozentgehalt der Gasprobe an Sauerstoff bzw. Kohlensäure berechnen.

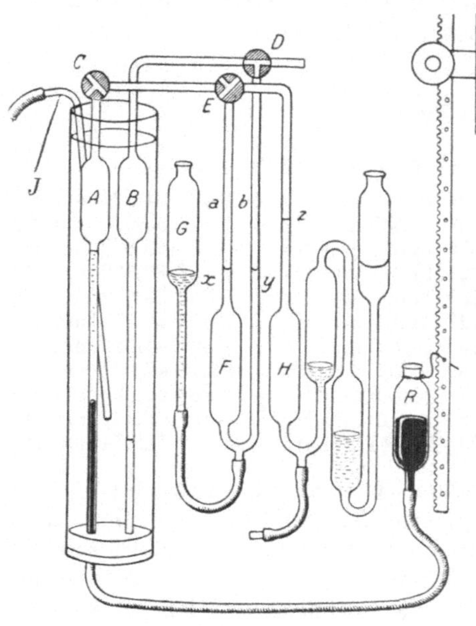

Abb. 350. Gasanalyse nach HALDANE.

### d) Respirationsapparate.

**1. Allgemeines.** Die Verwertung der gasanalytischen Methoden im Tierversuch setzt je nach der Fragestellung und nach der Art des zu untersuchenden Objektes eine mehr oder minder komplizierte apparative Anordnung voraus. Am einfachsten liegen die Verhältnisse bei denjenigen „Wasseratmern“, für deren Gaswechsel der Sauerstoffgehalt einer begrenzten Wassermenge innerhalb der Versuchszeit ausreicht, sowie bei denjenigen „Luftatmern“, deren Sauerstoffbedürfnis durch ein gegebenes abgeschlossenes Luftquantum während der Beobachtungsperiode vollkommen gedeckt werden kann, wobei selbstredend zu berücksichtigen ist, daß der Sauerstoffgehalt die physiologische Grenzkonzentration nicht unterschreitet, ebensowenig wie es zu einer unzuträglichen Anhäufung von Kohlensäure kommen darf. Unter diesen einfachsten Bedingungen beschränkt sich die Ermittlung des Gaswechsels darauf, den Sauerstoff- bzw. den Kohlensäuregehalt des Milieus vor Beginn und nach Beendigung des Versuches mit den gasanalytischen Methoden festzustellen, von denen oben einige Beispiele beschrieben worden sind. Selbstverständlich muß die Entnahme aus dem Versuchsgefäß so erfolgen, daß ein Eindringen der atmosphärischen Luft in die zu analysierende Wasser- oder Gasprobe vermieden wird.

WEINLAND benutzte zur Entnahme von Wasserproben folgende Anordnung: Als Versuchsgefäß (für Muscheln, Anodonta cygnea) dient ein rechteckiger Glaskasten mit aufgeschliffenem Deckel, der durch Fett gedichtet ist Seitlich oben und unten befindet sich je eine Bohrung, in der ein mit Schliffhahn armierter Gummistopfen sitzt. Außerdem ist der Deckel an zwei Stellen mit Öffnungen für ein Thermometer und einen Rührer (Glasstab mit Platinblech) versehen. Durch Einfließenlassen von Quecksilber in die obere Öffnung kann die Entnahme durch die untere Öffnung (direkt in eine Probeflasche) erfolgen, ohne daß ein Nachströmen von atmosphärischer Luft stattfindet (Bestimmung des $O_2$ nach WINKLER, s. S. 1141). Handelt es sich ausschließlich um die Bestimmung von Kohlensäure, so leitet man durch den betreffenden Luftraum bzw. durch das Wasser einen Ventilationsstrom, der durch vorgeschaltete Waschflaschen mit Kalilauge oder durch vorgeschaltete Natronkalkgefäße vollkommen von Kohlensäure befreit ist. Der austretende Luftstrom wird entweder durch titrierte Barytlauge oder durch gewogene Natronkalkröhren geschickt, nachdem er im letzteren Falle vorher durch Chlorcalciumröhren oder konzentrierter Schwefelsäure enthaltende Waschflaschen oder mit konzentrierter Schwefelsäure getränkte Bimssteinstücke zur Entfernung des Wasserdampfes geleitet worden ist. Bei der Bestimmung der gesamten — in der Versuchszeit produzierten — Kohlensäure muß natürlich auch die in dem Milieu (Wasser) zurückgebliebene Kohlensäure analytisch berücksichtigt werden. So nahm PÜTTER zur Stoffwechseluntersuchung des Blutegels eine dreifach tubulierte (Woulffsche) Flasche, die an zwei Öffnungen mit Schliffhähnen versehen ist, zum Zu- und Ableiten des Ventilationsstromes. Durch die dritte Öffnung ist ein Manometer mit dem Versuchsgefäß verbunden, durch das — in einer Versuchsreihe *ohne* Ventilation — der Sauerstoffverbrauch manometrisch bestimmt werden kann, wenn — wie es O. HESSE vorgeschlagen hat — in das Versuchsgefäß eine Schale mit n-KOH zur Absorption der Kohlensäure untergebracht wird.

Die gleichen Prinzipien der Versuchsanordnung haben bei der Konstruktion der speziellen Respirationsapparate Verwendung gefunden. Im allgemeinen kann man unterscheiden zwischen den „offenen" Systemen, bei denen ständig neue Frischluft zugeführt wird, deren Menge gemessen und deren veränderte Zusammensetzung durch Probeentnahme festgestellt wird, und den „geschlossenen" Systemen, bei denen die im Apparat eingeschlossene Luftmenge dieselbe bleibt.

Zu den „offenen" Systemen gehört der Apparat von PETTENKOFER, der darauf beruht, daß von einem Ventilationsstrom, der eine Kammer durchstreicht, ein Teilstrom abgezweigt und der Analyse unterworfen wird, weiterhin der Apparat nach ZUNTZ-GEPPERT, welcher eine abgemessene Menge der Exspirationsluft des Versuchsobjektes der volumetrischen Analyse zuführt. „Geschlossene" Systeme bilden die Anordnung von REGNAULT-REISET, die eine vielfach variierte Anwendung gefunden hat (ZUNTZ, KESTNER, BENEDICT) sowie die verschiedenen Mikrorespirationsvorrichtungen (KROGH, THUNBERG). In den „geschlossenen" Systemen wird vorwiegend die Auswertung des Sauerstoffverbrauches erreicht, daneben aber auch durch quantitative Absorption die abgeschiedene Kohlensäure ermittelt. Eine Schilderung aller, in vielfachen Variationen beschriebenen Konstruktionen geht über den Rahmen dieser Darstellung heraus[1]. Wir beschränken uns auf die Anführung einiger Beispiele und berücksichtigen hierbei diejenigen Methoden, die bei der Untersuchung *kleinerer* Tiergattungen in Anwendung kommen.

**2. Mikrorespirationsapparat nach A. Krogh** (1). Dieser Mikrorespirationsapparat dient der Untersuchung des Respirationsstoffwechsels ganz kleiner Tiere (Insekten). Er ist dem Barcroftschen Apparat für Differentialblutgasanalysen, der auch zu Stoffwechseluntersuchungen niederer Tiere benutzt wird (siehe dieses Handbuch Bd. 2, S. 1048), analog konstruiert.

„Der Apparat (Abb. 351) besteht aus einem mit Millimeterskala versehenen capillaren Manometer. Die beiden Schenkel der Manometerröhre sind oben mit dickwandigen Kautschukschläuchen versehen und können mittels ein und desselben Schraubenquetschhahns verschlossen werden. Nach hinten ist jeder Manometerschenkel mit einer Zweigröhre versehen und hierdurch wird er mittels Kautschukschlauch mit dem Tierbehälter ($A$) — bzw. Kontrollbehälter ($c$) — in Verbindung gesetzt. Das Manometer ist zum Aufhängen an der Wand von Wasserbädern eingerichtet. Die Tierbehälter können gewechselt werden, und man kann für jedes Tier, an dem man Bestimmungen zu machen wünscht, einen entsprechenden Behälter finden oder einrichten. Für die meisten Zwecke ausreichend sind Freudenreichs Kolben, wie sie für Bakterienkulturen verwendet werden. Man sucht sich zwei Behälter von möglichst gleichem Volumen aus. Beide werden mit der gleichen Menge — je nach Größe 1 bis mehreren Kubikzentimetern — 2% Natronlauge beschickt und in den einen wird das Versuchstier eingebracht. In den meisten Fällen kann man das Tier, in einem kleinen Säckchen aus Seidengaze eingeschlossen, aufhängen. Die Behälter werden sorgfältig verschlossen, an den beiden Schenkeln des Manometers aufgehängt und soweit belastet, daß sie ins Wasserhinuntersinken.

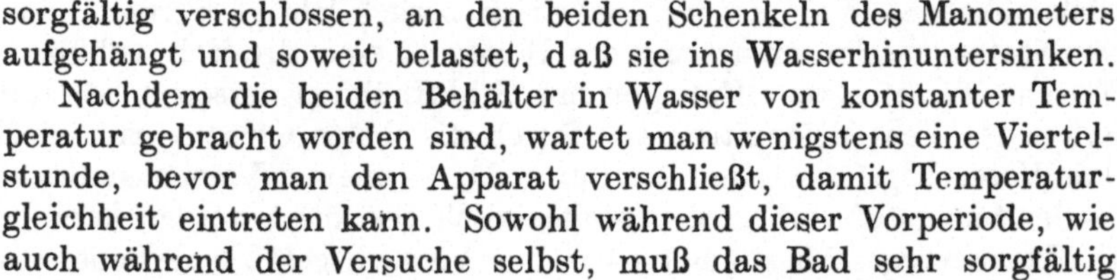

Abb. 351. Mikrorespirationsapparat nach Krogh.

Nachdem die beiden Behälter in Wasser von konstanter Temperatur gebracht worden sind, wartet man wenigstens eine Viertelstunde, bevor man den Apparat verschließt, damit Temperaturgleichheit eintreten kann. Sowohl während dieser Vorperiode, wie auch während der Versuche selbst, muß das Bad sehr sorgfältig durchgemischt werden (automatisch), so daß die beiden Behälter stets genau dieselbe Temperatur haben. Selbst eine ganz kleine Temperaturdifferenz kann große Fehler bedingen.

Nachdem das Manometer mittels des Schraubenquetschhahns verschlossen ist, liest man zu bestimmter Zeit den Stand ab und wiederholt die Ablesung in passenden Zeitintervallen. Jede Ablesung (die erste ausgenommen) gibt mit der zugehörigen Zeitdifferenz dividiert eine Bestimmung der Sauerstoffabsorption. Bei konstantem Gaswechsel ist die Druckänderung, pro Minute oder Stunde berechnet, jedenfalls nach der ersten Stunde absolut konstant.

Die Berechnung der Sauerstoffabsorption erfolgt nach der Formel (Krogh [2]):

$$x = d\left(Ap\frac{273}{273+t_W} + v\frac{P-f_L}{760}\cdot\frac{273}{273+t_L}\cdot\frac{A+C}{2C}\right).$$

$A$ = Volumen des Tierbehälters mit zugehörigem Manometerschenkel
$C$ = Volumen des Kompensationsbehälters mit zugehörigem Manometerschenkel
$P$ = der ursprüngliche Druck

[1] Eine monographische Darstellung der hauptsächlichsten Apparate findet sich in Abderhaldens Handb. d. biol. Arbeitsmeth., Abt. IV, T. 10.

$d$ = die abgelesene Druckdifferenz in Millimetern
$p$ = der Druck von 1 mm Manometerflüssigkeit
$v$ = das Volumen von 1 mm der Manometerröhre
$t_W$ = Temperatur des Wasserbades
$t_L$ = Temperatur der Luft
$f_L$ = die zu der Lufttemperatur gehörige Wasserdampftension.

$A$ und $C$ werden durch Auswiegen der Gefäße mit Wasser bestimmt und Korrekturen für die Volumina der Natronlauge, des Tieres usw. angebracht. $p$ wird aus dem spezifischen Gewicht der Manometerflüssigkeit (reinstes Petroleum) berechnet, $v$ durch Kalibrierung der Manometerröhre mit Quecksilber ein für allemal bestimmt.

Für das Manometer werden enge Röhren von 0,4 bis höchstens 0,5 mm Durchmesser benutzt, $v$ ist dann gleich 0,126 bis höchstens 0,199 $mm^3$. Daher sind die Korrekturen, die bezüglich $v$ anzubringen sind und die in dem Ausdruck $\left(\frac{P - f_L}{760} \cdot \frac{273}{273 + t_L}\right)$ zusammengefaßt sind, von sehr kleinem Einfluß. Man ist daher berechtigt, ein für allemal diese Größe für gewöhnliche Zimmertemperatur und mittleren Barometerstand (z. B. 17° und 755 mm) auszurechnen und mit $v$ multipliziert als Konstante für den betreffenden Apparat zu notieren.

Die Korrektion auf $Ap \cdot \frac{273}{273 + t_W}$ muß in jedem einzelnen Versuche berücksichtigt werden.

Wenn die beiden Behälter $A$ und $C$ nicht mehr als 10% verschieden sind, was gewöhnlich leicht zu erreichen ist, wird auch die Korrektur $\frac{A + C}{2C}$ belanglos, und der Gaswert von 1 mm Druckdifferenz wird einfach gleich dem korrigierten Volumen des Tierbehälters in Kubikzentimeter ausgedrückt mit $p$ multipliziert + dem reduzierten Volumen von 1 mm der Manometerröhre.

Bei den genauesten Versuchen, die bei verschiedenen Temperaturen angestellt werden, kann es notwendig sein, noch die thermische Ausdehnung und die daraus folgende Änderung des spezifischen Gewichts der Manometerflüssigkeit zu berücksichtigen. Dies geschieht am bequemsten dadurch, daß man die gesamte Länge der Flüssigkeitssäulen in den Manometerschenkeln unter den verschiedenen Bedingungen abliest und notiert und dann das gefundene Längenverhältnis als Reduktionsfaktor benutzt. Aus dem Gewicht des untersuchten Tieres und die pro Minute festgestellte Sauerstoffabsorption wird der Sauerstoffverbrauch pro Kilo Körpergewicht festgestellt.

Die bisher beschriebene Methode gibt nur über den Sauerstoffverbrauch des Tieres Auskunft. Man kann aber auch den *respiratorischen Quotienten* bestimmen. Beide Behälter des Apparates werden (nicht mit Natronlauge, sondern) nur mit einem Tropfen Wasser beschickt. Die Kohlensäure wird dann nicht absorbiert und die Bewegung der Manometerflüssigkeit zeigt die Differenz zwischen Sauerstoffabsorption und Kohlensäureproduktion an. Wenn man dann nachher die Sauerstoffabsorption allein bestimmt, kann man aus den Ergebnissen beider Versuche den respiratorischen Quotienten berechnen. Man tut am besten, den Versuch gleichzeitig mit zwei Tieren zu machen, und zwar in zwei Apparaten, von denen der eine mit Wasser, der andere mit Natronlauge beschickt bleibt. Nach dem ersten Versuche werden dann die Tiere einfach vertauscht."

Eine Versuchsanordnung, die es ermöglicht, mit dem Kroghschen Mikrorespirationsapparat den Einfluß verschiedener Gasgemische auf den Stoffwechsel zu untersuchen, wird von T. GAARDER angegeben. Eine Modifikation des Kroghschen Apparates beschreibt KRAJNIK sowie W. v. BUDDENBROCK.

**3. Respirationsapparat zur Untersuchung des Gaswechsels kleiner Tiere nach JOZEF HELLER.** Der Apparat (Abb. 352) gestattet, den Gaswechsel einzelner Insektenindividuen zu messen, deren Sauerstoffverbrauch in weiten Grenzen schwankt; er erlaubt ferner die einzelnen Größen des Stoffwechsels — Sauerstoffaufnahme, Kohlensäureabgabe, Wasserabgabe — unabhängig voneinander zu bestimmen. Die Versuche können sowohl in kurzen wie in langen Beobachtungsperioden durchgeführt werden.

„Die Respirationskammer (*A*) von ungefähr 500 cm$^3$ Inhalt kommuniziert mit einer etwas größeren Kompensationskammer (*B*) durch ein Differentialmanometer, das mit Petroleum gefüllt ist. Beide Kammern können mit der äußeren Atmosphäre (durch den Zweiwegehahn *e* bzw. durch den Hahn *c*) verbunden werden. Außerdem kommuniziert die Respirationskammer einerseits (durch den Hahn *f* und den Zweiwegehahn *a*) mit Absorptionsgefäßen (*M* und *N*), in welchen eine Quecksilberpumpe (*p*) die Gase der Respirationskammer unter Benutzung der Ventile (*R* und *S*) zirkulieren läßt und Wasserdampf sowie Kohlensäure absorbiert werden können — andererseits (durch den Zweiwegehahn *e*) mit einer Gasbürette (*O*), aus welcher der

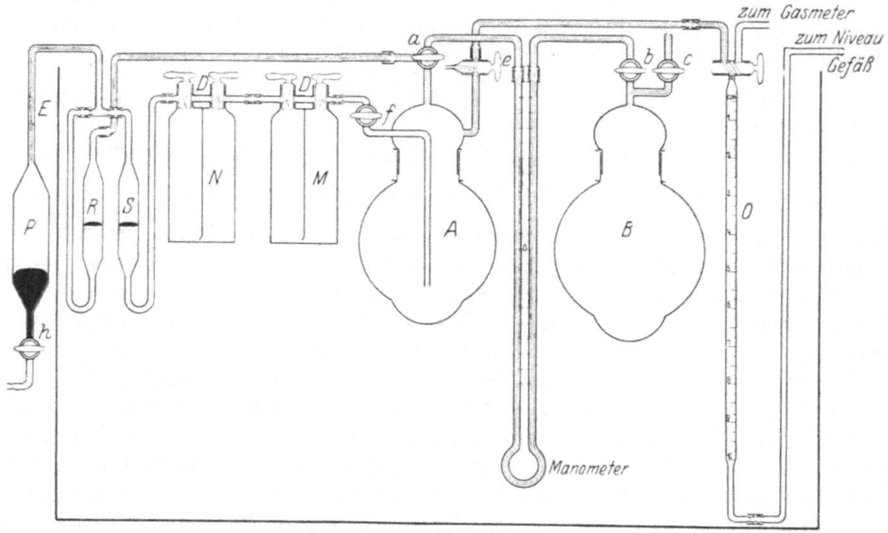


Abb. 352. Respirationsapparat nach J. HELLER.

verbrauchte Sauerstoff ersetzt werden kann. Die Hahnverbindungen sind so eingerichtet, daß die Kammer von der Zirkulation und der Sauerstoffzufuhr beliebig abgeschlossen werden kann, daß die Zirkulation unter Absorption von Wasser und Kohlensäure oder ohne Absorption erfolgen kann. Es ergeben sich also folgende Arbeitsmöglichkeiten:

1. Der Apparat wird als Differentialrespirometer behandelt. Man betrachtet dann die Respirationskammer und die anhängenden Absorptionsgefäße als *ein* Gefäß des Differentialapparates und liest, während das Quecksilber in der Pumpe auf die Marke (*E*) eingestellt ist, an dem Manometer die Sauerstoffabnahme in der Respirationskammer ab Die Eichung geschieht dann für den einzelnen Versuch mittels der mit dem Apparat zusammenhängenden Gasbürette genau so wie die Eichung des Barcroftschen Blutgasdifferentialapparats (s. dieses Handbuch Bd. 2, S. 1048). Die Kohlensäurebildung wird dadurch bestimmt, daß man während eines Teiles der Versuchsperiode ($T_2$—$T_1$ Stunden) die Hähne der Absorptionsgefäße so stellt, daß nur der Wasserdampf, nicht aber die Kohlensäure absorbiert wird. Die Druckabnahme zeigt dann die Differenz zwischen Sauerstoffverbrauch und Kohlensäurebildung an: $D = S_I—K_I$. Es wird darauf während einer genau bestimmten kurzen Zeitperiode ($T_3$—$T_2$ Stunden) lebhaft ventiliert, bis die Kohlensäure völlig ab-

sorbiert ist. Die Druckabnahme zeigt dann die Summe des Sauerstoffverbrauchs der ersten Periode $S_{\text{I}}$ und der Ventilationsperiode $S_{\text{II}}$ an. Es wird nun vorausgesetzt, daß der Sauerstoffverbrauch in der Zeiteinheit für beide Perioden gleich ist, dann ist:

$$\frac{S_{\text{I}}}{T_2 - T_1} = \frac{S_{\text{II}}}{T_3 - T_2} \quad \text{oder} \quad S_{\text{I}} = S_{\text{II}} \frac{T_2 - T_1}{T_3 - T_2};$$

nun ist $S_{\text{I}} = K_{\text{I}} + D$ folglich ist

$$K_{\text{I}} = S_{\text{II}} \frac{T_2 - T_1}{T_3 - T_2} - D.$$

2. Man kann aber auch bei stärker atmenden Objekten oder in längeren Versuchsperioden den Apparat nach dem *Regnault-Reiset*schen Prinzip verwenden. Es wird dann — bei auf die Marke eingestelltem Quecksilber der Pumpe — die Verbindung zwischen Sauerstoffbürette und dem Respirationskolben geöffnet und aus der Bürette so lange Sauerstoff in den Kolben gedrückt, bis die Manometerflüssigkeit den ursprünglichen Gleichstand erreicht hat. Dann wird die eingebrachte Sauerstoffmenge nach Schließung des Bürettenhahns unter äußerem Barometerdruck abgelesen. Selbstverständlich kann auch bei dieser Arbeitsweise die Kohlensäure nach dem oben beschriebenen Prinzip bestimmt werden.

3. Alle diese Bestimmungen können im Rahmen länger dauernder Versuche vorgenommen werden. Die Absorption von Wasser in Chlorcalcium oder Schwefelsäure und der Kohlensäure in Natronkalk geschieht während der Ventilation, und es kann in entsprechenden Zeiträumen unter Abschluß des Respirationskolbens und Austausch der Absorptionsgefäße die Bildung von Kohlensäure und Wasser gravimetrisch bestimmt werden. Es ist daraus zu ersehen, daß derselbe Versuch manometrisch, volumetrisch und gravimetrisch verfolgt und kontrolliert werden kann. Auch kann zu jeder Zeit eine genau abgemessene Gasprobe aus der Respirationskammer in die Gasbürette entnommen und der Gasanalyse unterworfen werden. Schließlich kann zu Beginn und zu Ende des Gesamtversuches die Respirationskammer bei geschlossenen Hähnen mit dem Versuchsobjekt gewogen und auf diese Weise der gesamte Sauerstoffverbrauch nach dem Prinzip von HALDANE gravimetrisch kontrolliert werden, was besonders bei langdauernden Versuchen an stark atmenden Objekten wichtig sein kann. Voraussetzung dieser Methode ist selbstverständlich, daß die Zusammensetzung der Gase in der Kammer und in den Absorptionsgefäßen zu Beginn und Ende des Versuchs gleich ist.“ Nach HALDANE (W. KLEIN und M. STEUBER [3]) ist der Sauerstoffverbrauch in einer Versuchsperiode gleich der Differenz zwischen der Summe aus abgegebener $CO_2$ und abgegebenem $H_2O$ und dem Gewichtsverlust ($D$) des Tieres. $O_2 = (g_{CO_2} + g_{H_2O}) - D$.

**4. Respirationsapparat nach O. KESTNER** (A. JOEL). Dieser nach dem Prinzip von REGNAULT-REISET sowie von ATWATER und BENEDICT konstruierte Apparat ist von KESTNER und seinen Schülern zur Untersuchung von Organen, Insekten, Würmern, Fischen, Fröschen, Vögeln und kleinen Säugetieren (bis zu 1000 g Gewicht) verwendet worden (Abb. 353).

„Ein Gummiballon, das ‚Herz‘ ($H$) des Apparats, versetzt dadurch, daß sich sein Volumen abwechselnd verkleinert und wieder ausdehnt, eine in einem allseits geschlossenen System enthaltende Luftmenge in Zirkulation, und zwar sorgen 2 Glasgummiventile, das ‚arterielle‘ ($Va$) und das ‚venöse‘ ($Vr$) dafür, daß die Zirkulation stets im gleichen Sinne verläuft. Die Triebkraft des ‚Herzens‘ wird dadurch gewonnen, daß auf einer durch einen Elektromotor in Drehung versetzten Welle ein Exzenter nach Art einer Pleuelstange angebracht ist, der seinerseits eine Holzplatte rhythmisch auf den Ballon niederdrückt bzw. vom Ballon entfernt. Sowohl die Frequenz wie die Größe der Kontraktion kann reguliert werden.

In diesen Luftzirkulationsstrom ist das in einem Wasserthermostaten (*T*) versenkte Versuchsgefäß (*G*) eingeschaltet, in das die Luft eintritt, nachdem sie vorher in einem Spiralrohr die Temperatur des Thermostaten angenommen hat. Die aus dem Versuchsgefäß austretende Luft wird in einem mit $CaCl_2$ oder mit von Schwefelsäure befeuchteten Bimssteinstückchen gefüllten U-Rohr (*U*) vom Wasserdampf befreit, sodann in einem Natronkalkturm (*N*) von der Kohlensäure gereinigt und tritt dann durch das venöse Ventil in den Kreislauf zurück. An einer beliebigen Stelle des Kreislaufes zweigt eine Leitung ab zu einem als Manometer dienenden U-Rohr (*M*), das bis zu einer bestimmten Höhe mit gefärbtem Methylalkohol als Manometerflüssigkeit gefüllt ist; das Manometer kann einerseits durch einen Schliffhahn mit dem Zirkulationssystem, andererseits durch einen zweiten Schliffhahn mit der Außenluft in Verbindung gebracht werden. Läßt man nun das Luftvolumen

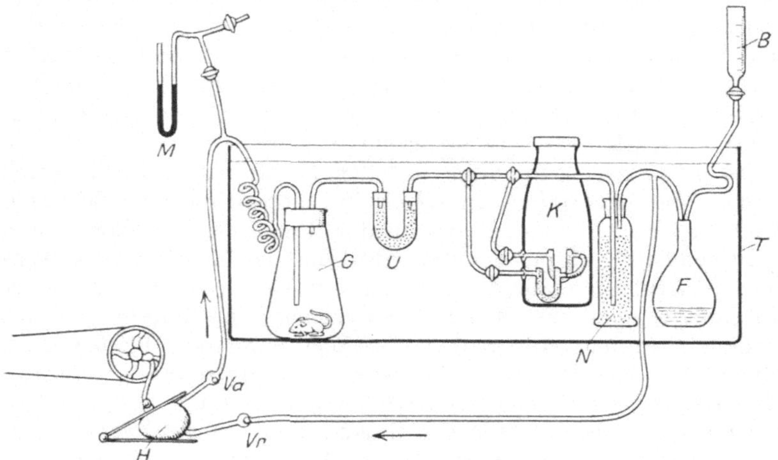


Abb. 353. Respirationsapparat nach O. KESTNER.

des Zirkulationssystems konstant, so zeigt der Ausschlag des angeschlossenen Manometers, nachdem man es einmal durch eine Reihe von Vorversuchen geeicht hat, unmittelbar den Verbrauch des Sauerstoffes an. In dieser Form wurden die Messungen von KESTNER verschiedentlich ausgeführt; er entfernte eine unbekannte Menge Luft aus dem Kreislauf, stellte den Manometerstand fest, ließ aus einer kleinen, an den Kreislauf angeschlossenen Sauerstoffbombe so lange Sauerstoff zuströmen, bis das Manometer wieder auf 0 stand und bestimmte den zu dem betreffenden Manometerstand gehörigen $O_2$-Wert aus der Gewichtsdifferenz des Sauerstoffbehälters. Die Resultate von zahlreichen Messungen ergaben, graphisch dargestellt, eine Eichungskurve, aus der durch Interpolation der zu einem beobachteten Manometerstand gehörige $O_2$-Wert unmittelbar dem Gewichte nach hervorging.

Da aber, entsprechend der verschiedenen Größe der Versuchsobjekte, verschieden große Versuchsgefäße angewandt werden, so daß sich das Volumen der kreisenden Luft von Versuchsreihe zu Versuchsreihe ändert, so wird folgende Anordnung getroffen, die gestattet, den Sauerstoff dem Volumen nach unabhängig vom Luftvolumen des Apparats zu messen: In den Thermostaten wird eine mit Luft gefüllte Flasche (*F*) versenkt, die durch ein Y-förmiges Ansatzstück einerseits mit dem Kreislauf, andererseits mit einer Bürette (*B*) in Verbindung steht. Zeigt nun das Manometer einen Unterdruck an, so läßt man aus der Bürette so lange Wasser in die Flasche nachtropfen, bis das Manometer wieder 0 anzeigt; dann kann man den Sauerstoffverbrauch bei gemessener Temperatur und gemessenem Luftdruck unmittelbar an der Bürette ablesen. Da sich die Bürette außerhalb des Thermostaten befindet, so schaltet man zwischen sie und der Flasche ein U-Rohr ein, in dem das Wasser die Versuchstemperatur annimmt.

Demnach verläuft ein Versuch im allgemeinen folgendermaßen: Bei zirkulierendem Luftstrom wird der Thermostat nebst Inhalt auf die gewünschte Temperatur gebracht. Nachdem die im Thermostaten und im Versuchsgefäß befindlichen Thermometer etwa $^1/_2$ Stunde lang übereinstimmende Temperatur angezeigt haben, wird der Manometerstand auf 0 gebracht und der eigentliche Versuch beginnt. Ist der Manometerausschlag groß, so empfiehlt es sich, den Motor auch während des Nachfließens des Wassers laufen zu lassen, um sofort für einen Druckausgleich zwischen der Flasche und dem übrigen System zu sorgen; die feinere Einstellung auf 0 geschieht dann bei ruhendem Motor. Bei Schluß des Versuchs muß darauf geachtet werden, daß im Thermostaten die Anfangstemperatur herrscht, bevor die Ablesung vorgenommen wird."

Eine Einrichtung zur gravimetrischen Bestimmung der Kohlensäureproduktion ($K$) in Verbindung mit dem *Kestner*schen Respirationsapparat hat Franz Groebbels getroffen. In den Thermostaten wird ein Glasgefäß mit Deckel so weit versenkt, daß gerade noch der Hals herausragt. Durch zwei (mit Gummistopfen wasserdicht verschlossene) Öffnungen an der Seite des Gefäßes gehen zwei an der Außenseite des Gefäßes mit Glashähnen versehene Glasröhren, die an den Kreislauf durch je einen Zweiwegehahn angeschlossen sind und zwar hinter dem zum Trocknen bestimmten U-Rohr. Im Glasgefäß selbst werden die Glasröhren mit einem abgewogenen Natronkalk-U-Rohr und einem abgewogenen U-Rohr, das mit Schwefelsäure befeuchtete Bimssteinstücke beschickt ist, so verbunden, daß der Luftstrom dieser Nebenleitung zunächst das Natronkalkrohr und dann das Schwefelsäurerohr passiert. Durch Wägung beider U-Rohre wird die Menge der Kohlensäure festgestellt, die das Tier in der Zeit produziert hat, während welcher der Ventilationsstrom (durch Umschaltung der Zweiwegehähne) durch die Nebenleitung gegangen ist.

In gleicher Weise läßt sich auch der abgeschiedene Wasserdampf bestimmen, wenn man *vor* dem Versuchsgefäß ein U-Rohr (mit schwefelsäuregetränkten Bimssteinstücken) anbringt und *hinter* dem Versuchsgefäß ein zweites gleiches, das in einem leeren Glasgefäß (analog der Vorrichtung zur $CO_2$-Bestimmung) untergebracht ist, so daß es der Wägung zugänglich ist.

Bei der Untersuchung sehr kleiner Tiere wird zur Erzielung gut meßbarer Ausschläge der Stoffwechsel mehrerer Exemplare summarisch analysiert. Bei der Untersuchung von Wassertieren wird das Versuchsgefäß mit Wasser gefüllt, so daß das zuführende Rohr in das Wasser eintaucht und ein ständiger Luftstrom die Wasserschicht durchperlt. Kleinere Vögel bringt man in einem Holzkäfig mit Sitzstangen unter, der in das Versuchsgefäß genau hineinpaßt.

## F. Die Biokalorimetrie.

Während die *indirekte* Kalorimetrie aus den aufgenommenen Nahrungsmitteln und den abgeschiedenen gasförmigen, festen und flüssigen Stoffwechselendprodukten durch Errechnung ihres energetischen Wertes eine Energiebilanz des lebenden Organismus zu ermitteln sucht, hat die Biokalorimetrie diese Aufgabe durch die *direkte* Messung der vom Organismus produzierten Wärme zu lösen. Eine exakte Erfassung des Energieumsatzes ist jedoch nur dann zu erwarten, wenn die Ergebnisse beider Untersuchungsmethoden, der direkten und der indirekten Kalorimetrie, vorliegen und gegeneinander ausgewertet werden können (P. Hari [1]). Bemerkt sei, daß die Thermometrie, die Feststellung der Körperwärme, nichts mit der Biokalorimetrie zu tun hat. Durch die Biokalorimetrie wird die Wärme*menge* erfaßt, die der tierische Körper durch Strahlung, Leitung und Wasserverdunstung abgibt.

Je nach Art und vor allem nach Größe der zu untersuchenden Tiere sind die ververschiedensten Prinzipien zur Konstruktion von biokalorimetrischen Apparaten herangezogen worden.

### a) Mikrobiokalorimetrie.

Als Beispiel einer Versuchsanordnung zur Messung der *Wärmebildung niederer Organismen* sei zuerst das Verfahren beschrieben, das O. KRUMMACHER (2) zu Untersuchungen über die Wärmeentwicklung der Spulwürmer verwendet hat und das sich eng an die mikrokalorimetrischen Methoden von RUBNER, MEYERHOF (1) und HILL anlehnt.

Als Kalorimeter wird ein Glasgefäß mit doppelter Wandung (Dewargefäß, Thermosflasche) von 250 $cm^3$ Rauminhalt benutzt. Der Raum zwischen den Wänden ist luftleer gepumpt und die Wände sind versilbert, um einen möglichst geringen Wärmeaustausch zwischen dem Gefäßinhalt und der Umgebung zu erzielen. Die mit 1proz. Kochsalzlösung und dem Tiermaterial beschickte Flasche wird mit einem Gummipfropfen verschlossen, durch dessen Bohrung ein in $^1/_{50}{}^0$ geteiltes Thermometer (oder besser noch ein *Beckmann*sches Thermometer) in den Innenraum führt. Einen besonderen Verschluß, der den Wärmeaustausch an der Gefäßöffnung in höherem Maße berücksichtigt und der mit Gaszuführungsröhren versehen ist, hat O. MEYERHOF (2) angegeben.

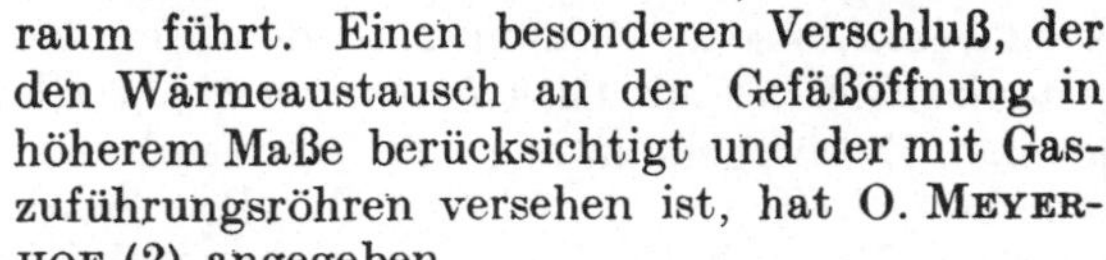

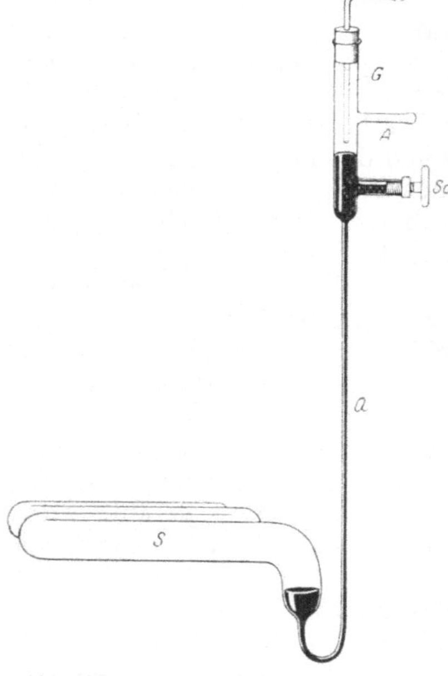


Abb. 354. Thermoregulator nach OSTWALD.

Zur Erzielung einer möglichst konstanten Umgebungstemperatur wird das Kalorimetergefäß in ein großes Wasserbad versenkt, das mit einer selbsttätigen Temperaturregulierung versehen ist. Diese wird durch einen großen Ostwaldschen Toluolregulator (OSTWALD-LUTHER [5], Abb. 354) erreicht. Das Prinzip des Ostwaldschen Flüssigkeitsregulators beruht darauf, daß die thermische Volumenveränderung einer in einer weiten Glasspirale ($S$) befindlichen Flüssigkeits-(Toluol-)menge eine Quecksilbersäule ($Q$) in Bewegung setzt, die in einer der großen Flüssigkeitsspirale sich anschließenden halbkapillaren und sich nach oben wieder erweiternden Röhre untergebracht ist. Die so in Bewegung gesetzte Quecksilbersäule sperrt oder öffnet mit ihrer oberen Kuppe das offene Ende eines Gaszuführungsrohres ($G$), das in das erweiterte Quecksilberrohr hereinragt. Auf diese Weise wird durch die thermische Volumenveränderung des im Wasserbade untergebrachten Toluols die Brennstoffzufuhr zu einem an einem seitlichen Abführungsrohr ($A$) der Erweiterung angeschlossenen Gasbrenner reguliert, der der Erwärmung des Wasserbades dient. In eine seitliche, als Reservoir dienende Erweiterung des Quecksilberrohres ragt eine Stahlschraube (*Sch*), durch deren Drehung eine mehr oder minder große Menge Quecksilber in das Rohr gebracht werden kann. Diese Vorrichtung dient dazu, die für die gewünschte Temperatur erforderliche Quecksilbermenge bereitzustellen. Durch eine besondere Gasleitung wird dicht neben dem Heizungsbrenner eine Sparflamme gespeist, die nach einem Verlöschen der Heizflamme diese wieder zur Entzündung bringt.

Der Wasserthermostat soll möglichst große Dimensionen besitzen. Er ist zur Wärmeisolierung an seinen Außenseiten mit Filzstoff bezogen und enthält eine automatische Rührvorrichtung, die eine gleichmäßige Temperierung der Wasserfüllung ermöglicht. Um das Wasser des Thermostaten vor Verdunstung zu schützen, wird es mit einer Schicht von Paraffinum liquidum bedeckt.

Der Gang des Versuches und die ihm zugrunde liegenden theoretischen Überlegungen sind nunmehr folgende (O. KRUMMACHER [2] l. c.):

„Die Temperatur in dem Dewargefäß soll von Anfang an etwas höher sein als die Temperatur des Wasserbades. Sobald die Wandungen des eingetauchten Gefäßes die Umgebungstemperatur angenommen haben, können die Messungen beginnen. Wäre nun im Innern keine Wärmequelle vorhanden, so müßte die Temperatur genau entsprechend dem von NEWTON aufgestellten Abkühlungsgesetz abnehmen. Liefert dagegen das im Dewargefäß eingebrachte tierische Material Wärme, so ist die Wärmeabnahme geringer oder es findet sogar eine Wärmezunahme statt.“

Die Leistungen der tierischen Wärmequelle können nach KRUMMACHER auf Grund einer von LAMPERT gegebenen Ableitung berechnet werden:

„$(u)$ bezeichne den Temperaturunterschied zwischen Kalorimeter und Wasserbad; dann ist nach dem *Newton*schen Abkühlungsgesetz der Temperaturverlust pro Zeiteinheit $\left(\frac{du}{dt}\right)$ der Größe $(u)$ selbst proportional und in Bezug auf $(u)$ negativ:

$$\frac{du}{dt} = -a \cdot u \quad \text{oder} \quad du = -a \cdot u \cdot dt,$$

wobei $(a)$ den Abkühlungskoeffizienten (s. u.) bedeutet. Diese Gleichung gilt, wenn keine Wärme im Innern des Apparats entsteht. Ist dagegen eine Wärmequelle vorhanden, dann setzt sich $(du)$ aus zwei Posten zusammen: aus dem Verlust $(du')$, wie er ohne Wärmequelle eintreten würde und aus dem Wärmezuwachs $(du'')$, den die Wärmequelle allein bewirken würde. $(du')$ folgt dem *Newton*schen Gesetz, ist also durch die Gleichung bestimmt:

$$(du') = -a \cdot u \cdot dt.$$

$\left(\frac{du''}{dt}\right)$, der Wärmezuwachs in der Zeiteinheit, ist dagegen als konstant anzusehen, da wir annehmen müssen, daß die Tiere unter den gleichen Bedingungen in der Zeiteinheit die gleiche Wärmemenge liefern. Auch wenn diese Voraussetzung tatsächlich nicht genau zutreffen sollte, so wäre es kein Schaden, weil es uns letzten Endes um die Gewinnung eines Mittelwertes zu tun ist.

$(Q)$ sei die in der Zeiteinheit gelieferte Wärmemenge, die sich zerlegen läßt in das Produkt: $\frac{du''}{dt} \cdot \gamma$, wenn $(\gamma)$ die Wärmekapazität bedeutet.

Somit erhalten wir:

$$du' = -a \cdot u \cdot dt,$$
$$du'' = \frac{Q}{\gamma} \cdot dt$$

und durch Addition:

$$du' + du'' = du = -a \cdot u \cdot dt + \frac{Q}{\gamma} \cdot dt \text{ (Grundgleichung).}$$

Durch Umformung ergeben sich weiter:

$$du = dt\left(\frac{Q}{\gamma} - a \cdot u\right), \qquad \frac{du}{\frac{Q}{\gamma} - a \cdot u} = dt.$$

Die Integration liefert die allgemeine Lösung:

$$-\ln\left(\frac{Q}{\gamma} - a \cdot u\right) = at + C\,.$$

Bedeutet nun $(U)$ den Anfangswert für $t = 0$ und $(u)$ den Endwert für $t = t$, so lassen sich aus der allgemeinen Lösung zwei spezielle Werte gewinnen; für das Ende:

$$-\ln\left(\frac{Q}{\gamma} - au\right) = at + C\,,$$

und für den Anfang:

$$-\ln\left(\frac{Q}{\gamma} - aU\right) = C\,.$$

Durch Subtraktion wird erhalten:

$$\ln\left(\frac{Q}{\gamma} - aU\right) - \ln\left(\frac{Q}{\gamma} - au\right) = at$$

und endlich

$$\ln\frac{\frac{Q}{\gamma} - aU}{\frac{Q}{\gamma} - au} = at \quad \text{oder} \quad \log\frac{\frac{Q}{\gamma} - aU}{\frac{Q}{\gamma} - au} = \frac{at}{2{,}3026}\,.$$

Diese Gleichung gestattet also $(Q)$ zu berechnen, wenn bekannt sind: Die Differenzen zwischen Innen- und Außentemperatur am Anfang und am Ende des Versuches $(U)$ und $(u)$; die Versuchsdauer $(t)$, die wir in Stunden messen, der Abkühlungsfaktor des gefüllten Apparats $(a)$ und die Wärmekapazität $(\gamma)$. Die nächste Aufgabe ist somit die *Ermittlung des Abkühlungskoeffizienten.*

Der Abkühlungskoeffizient $(a)$ wird auf Grund der Newtonschen Abkühlungsgleichung bestimmt. Durch Integration und Umformung erhält man aus

$$\frac{du}{dt} = -a \cdot u \qquad \int\frac{du}{u} = -\int a \cdot dt\,.$$

Die allgemeine Lösung lautet: $\ln = -at + C$. Bedeutet wiederum $(U)$ den Anfangswert für $t = 0$ und $(u)$ den Endwert für $t = t$, so ergeben sich die speziellen Gleichungen:

$$\ln U = C$$
$$\ln u = -at + C$$

$$\ln U - \ln u = at \quad \text{oder} \quad \frac{\ln U - \ln u}{t} = a \quad \text{oder} \quad \frac{\log U - \log u}{t} = \frac{a}{2{,}3026} = K\,.$$

Um die mathematischen Bedingungen zu erfüllen, ist es nur erforderlich, den Temperaturverlust des Kalorimeters ohne Wärmequelle zu untersuchen. $(T_0)$ bezeichne die Temperatur des Wasserthermostaten, die während des Versuches konstant bleiben muß, (A) die Anfangstemperatur und $(T)$ die Endtemperatur des Kalorimeters, so gewinnt die obige Gleichung folgende der Prüfung unmittelbar zugängliche Form:

$$\frac{\log(A - T_0) - \log(T - T_0)}{t} = \frac{a}{2{,}3026} = K\,.$$

Bei den Versuchen zur Ermittlung des Abkühlungskoeffizienten $(a)$ muß nicht nur das Wasser des Thermostaten, sondern auch das Wasser des Kalorimeters in stetiger

Bewegung sein.“ Die Bewegung der Dewargefäße wird durch eine Schüttelvorrichtung erzielt (wie sie z. B. MEYERHOF [O. MEYERHOF und J. SURANYI] angibt). Der Abkühlungskoeffizient wird für verschiedene bestimmte Füllungen des Kalorimeters festgestellt, da er unter sonst gleichen Bedingungen von der Flüssigkeitsmenge im Kalorimeter abhängig ist. „Auch diese Versuche dürfen erst dann beginnen, wenn die Wand des Kalorimeters die Temperatur des Wasserbades angenommen hat, d. h. 1 Stunde nach dem Einsetzen des Dewargefäßes in das Wasserbad. Bestimmen wir nun die konstant zu haltende Temperatur des Wasserbades, die Anfangs- und Endtemperatur des Kalorimeters und endlich die zwischen den Ablesungen verflossene Zeit, so sind alle Bestimmungsstücke der für den Abkühlungskoeffizienten aufgestellten Gleichung gegeben. Wir erhalten die Konstante $\frac{a}{2{,}3026}$, die wir mit ($K$) bezeichnen wollen.“

Schließlich ist noch der Wert ($\gamma$), *die Wärmekapazität* des mit 1proz. Kochsalzlösung und dem Tiermaterial beschickten Dewargefäßes zu ermitteln. Dieser Wert setzt sich zusammen aus

1. der Wärmekapazität der angewendeten Kochsalzlösung (= spezifische Wärme für 1proz. NaCl-Lösung mal der Menge);

2. der Wärmekapazität des Tiermaterials (= der Wärmekapazität aus Wassergehalt + Fettgehalt + fettfreier Leibessubstanz, die sich aus den spezifischen Wärmen für Fett = 0,45 und für fettfreie Substanz = 0,257 errechnen läßt);

3. der Wärmekapazität (= Wasserwert) des Dewargefäßes.

Zur Ermittlung des *Wasserwertes* des Kalorimeters wird auf elektrischem Wege dem mit einer bestimmten Menge Wasser gefüllten Kalorimeter eine gemessene Menge Wärme zugeführt. „Durch eine Platinspirale im Innern der Flasche wird ein elektrischer Strom geleitet, der aus 3 hintereinandergeschalteten Akkumulatoren stammt. Wird nun Stromstärke und Spannungsabfall im Platindraht in regelmäßigen Zeitabschnitten bestimmt, so erhält man die in Wärme verwandelte Energie. Ein ins Innere des Gefäßes hineinragendes Beckmannsches Thermometer zeigt die Temperatursteigerung an. Aus der eingeführten Wärmemenge, der Temperatursteigerung und dem Gewicht des eingefüllten Wassers ergibt sich schließlich die gesuchte Wärmekapazität des Gefäßes“ (siehe auch die Bestimmung des Wasserwertes bei der Ermittlung der Verbrennungswärme S. 1135).

Um ein Beispiel für die Durchführung der endgültigen Berechnung auf Grund der abgelesenen und experimentell ermittelten Werte zu geben, seien die von KRUMMACHER in seinem Hauptversuch festgestellten Zahlen in die Gleichung

$$\log \frac{\frac{Q}{\gamma} - a\,U}{\frac{Q}{\gamma} - a\,u} = \frac{a\,t}{2{,}3026}$$

eingesetzt.

Zahlenwerte:

| | | |
|---|---|---|
| **Wärmekapazität** . . . . | ($\gamma$) = | **231 g Wasser (für das mit 1proz. NaCl-Lösung und mit Spulwürmern gefüllte Dewargefäß)** |
| | $K$ = | 0,0271 |
| **$K$. 2,3026** . . . . . . . | ($a$) = | **0,0624** |
| **Versuchsdauer** . . . . . | ($t$) = | **12,167** Stunden |
| **Anfangstemperatur** . . . | ($A$) = | **38,466°** |
| **Endtemperatur** . . . . . | ($T$) = | **38,604°** |
| **Außentemperatur** . . . . | ($T_0$) = | **38,235°** |
| **($U$) = $A - T_0$** . . . . . | = | **0,231°** |
| **($u$) = $T - T_0$** . . . . . | = | **0,369°** |

Es ist also

$$\log \frac{\frac{Q}{\gamma} - a U}{\frac{Q}{\gamma} - a u} = 0{,}0271 \cdot 12{,}167 = 0{,}32972$$

oder

$$\frac{\frac{Q}{\gamma} - a U}{\frac{Q}{\gamma} - a u} = \text{num log } 0{,}32972 = 2{,}1366\,.$$

Eine weitere Umformung, bei der wir der Vereinfachung halber den Zahlenwert 2,1366 zunächst mit ($n$) bezeichnen, ergibt:

$$Q = a \frac{(U - n u)}{1 - n} \gamma = a \frac{(n u - U)}{n - 1} \gamma = \underline{7{,}07 \text{ g-cal pro Stunde}}$$

aus einer Menge von 32,5 g Spulwürmern.

Die *mikrokalorimetrische* Methode, von der das angeführte Beispiel eine Vorstellung geben soll, ist von verschiedenen Forschern mit sehr variierenden Anordnungen bezüglich der Apparatur und der thermischen Meßvorrichtungen sowie auch mit verschiedenartigen Ableitungen des Berechnungsmodus zur Ermittlung der Wärmebildung von Einzelligen, von Organen und von Wärmetönungen fermentativer Vorgänge herangezogen worden. Das Anwendungsgebiet in der Tierreihe dürfte sich — unter Berücksichtigung einer beschränkten Körpergröße bis zu den kaltblütigen Wirbeltieren (wie z. B. Fröschen)[1] erstrecken.

### b) Kompensationskalorimeter.

Ein *einfaches Kleintierkalorimeter* zur Untersuchung der Wärmebildung kleiner Säugetiere ist von R. WAGNER (1) beschrieben worden (Abb. 355). Es gestattet die biokalorimetrische Messung von Mäusen, Ratten, kleinen Meerschweinchen usw. Das Verfahren ist von v. KRIES angegeben worden und beruht auf dem *d'Arsonval*schen Kompensationsprinzip, das den Einfluß der Außentemperatur ausschaltet und auf der Abgabe der produzierten Wärme an einen Wasserstrom, aus dessen Eintrittstemperatur, Austrittstemperatur und Menge die von dem Tier abgegebene Wärme ermittelt wird. Die *Apparatur* besteht aus zwei gleichen Dewargefäßen von 1 oder $1^1/_2$ Liter Rauminhalt, die in horizontaler Lage miteinander zugewendeten Öffnungen auf einem Grundbrett aufmontiert sind. Es ist zweckmäßig, Gefäße mit unterbrochenem Spiegelbelag zu verwenden, die eine Beobachtung des Tieres während der Untersuchung gestatten. Jedes der beiden mit Korkstopfen verschlossenen Gefäße enthält eine aus dünnem Kupferblech gefertigte luftdichte Kapsel (*L* 1 u. 2), die ein Ansatzrohr durch den Korken hindurch nach außen schickt. Die Ansatzrohre der beiden Kupferkapseln sind durch ein schwach gebogenes kapillares Indexrohr (*J*) verbunden, das einen mit Sudan gefärbten Petroleumtropfen enthält, und besitzen außerdem noch mit Schlauchenden und Quetschklemmen versehene Seitenrohre (*T* 1 u. 2), die die Kommunikation mit der Außenatmosphäre vermitteln und die Herstellung gleichen (Atmosphären-)Druckes in beiden Kapselräumen ermög-

[1] Eine Versuchsanordnung, welche die gleichzeitige Bestimmung der Wärmeproduktion und der Kohlensäureabgabe gestattet, s. bei LESSER, E. J.: Über Wärmeproduktion, Kohlensäureabgabe und Milchsäurebildung bei der Anoxybiose des Frosches. Biochem. Zeitschr., Bd. 140, S. 560, 1923.

lichen. Befindet sich nun in einem der beiden Dewargefäße eine Wärmequelle, so beginnt — nachdem die Verbindungen des beschriebenen Luftthermometers mit der Außenatmosphäre unterbrochen sind — der Petroleumtropfen sich nach dem kälteren Gefäße hin zu verschieben und kann nur dann in die 0-Stellung zurückgebracht und darin gehalten werden, wenn es gelingt, die produzierte Wärme abzuführen.

Die Abfuhr der Wärme geschieht durch eine kupferne Kühlschlange (*K*), die in dem der Erwärmung ausgesetzten Gefäß untergebracht ist. Die durch den Korken des Dewargefäßes hindurchtretenden Enden der Kühlschlange sind durch gut isolierte Schlauchleitungen mit zwei kleineren Dewargefäßen (70 bis 100 $cm^3$) verbunden, welche einen Abfluß im Boden besitzen und welche so aufgestellt sind, daß zwischen beiden (dem Zufluß- (*Z*) und dem Abflußgefäß (*A*) eine genügende hydrostatische Druckdifferenz entsteht, die das Kühlwasser (von etwa $0^0$) aus dem höher gestellten Gefäß (Zuflußgefäß) durch die Kupferspirale in das Abflußgefäß strömen läßt. Die Strömungsgeschwindigkeit des Kühlwassers wird durch einen zwischen

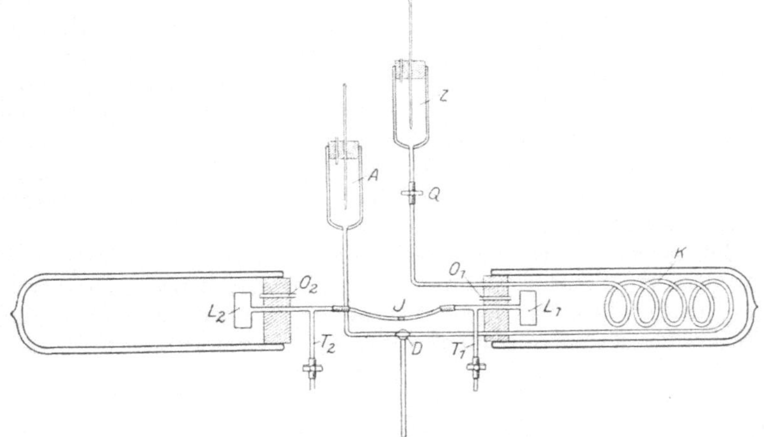

Abb. 355. Kleintierkalorimeter nach R. WAGNER.

Zuflußgefäß und Kühlschlange eingeschalteten (ebenfalls thermisch isolierten) Quetschhahn (*Q*) reguliert. Zwischen Kühlschlange und Abflußgefäß befindet sich ein Dreiwegehahn (*D*), der dazu dient, am Ende des Versuches das Wasser aus dem Abflußgefäß zur Volumenmessung auslaufen zu lassen. Zufluß- und Abflußgefäß der Kühleinrichtung tragen einen doppeltdurchbohrten Gummistopfen, durch den je ein in $^1/_{10}{}^0$ eingeteiltes Thermometer und eine der Luftzuführung dienende Kapillare in das Gefäßinnere hineinragen. Die Thermometer beider Gefäße werden vor Benutzung gegeneinander ausgewertet.

Das zu untersuchende Tier wird auf einer Glas- oder Papptafel in dem mit Kühlschlange versehenen Gefäß untergebracht; durch ein senkrechtes Drahtgitter wird es vermieden, daß das Tier direkt mit der Luftthermometerkapsel in Berührung kommt. Um dem eingeschlossenen Tiere Frischluft zuzuführen, ist der Verschlußkorken mit einer Bohrung (*O*) versehen, deren Lumen durch Einsetzen von Messingröhren verschiedener Durchmesser auf das unbedingt notwendige Maß verkleinert werden kann. Der Verschlußkorken des Kompensationsgefäßes trägt eine entsprechende Ventilationsöffnung. Ist bei sehr lebhaften Tieren infolge der größeren Luftzirkulation ein größerer Verlust an Wasserdampf zu erwarten, so kann man in das Atemloch statt einer Messingröhre ein abgewogenes Chlorcalciumrohr einsetzen, das die Ermittlung des abgeschiedenen Wasserdampfes ermöglicht.

*Gang des Versuches*: Die Messung wird in einem konstant temperierten Zimmer vorgenommen. Bevor die beiden Hauptgefäße eingesetzt werden, wird die Kühlschlange vom Zuflußgefäß aus mit Wasser von Zimmertemperatur gefüllt. Man läßt durch den unteren Dreiwegehahn das eingefüllte Wasser so lange ausfließen, bis es im Zuflußgefäß verschwunden ist und stellt dann am Dreiwegehahn den Wasserstrom ab, wenn die Kühlschlange selbst noch gefüllt ist. Nachdem in das Indexrohr ein Petroleumtropfen eingebracht ist, dessen 0-Stellung (bei geöffneten Schraubklemmen) durch zwei Fäden markiert wird, wird nunmehr das Zuflußgefäß mit Eiswasser und einigen Eisstückchen gefüllt und die den Wasserstrom regulierende Schraubklemme zunächst geschlossen. Nachdem auf beide Wassergefäße die Verschlußstopfen mit Thermometer aufgesetzt sind, werden das Tiergefäß sowie das entsprechende Kompensationsgefäß anmontiert und der Dreiwegehahn so eingestellt, daß das Kühlwasser zunächst noch direkt abläuft. Schließt man die beiden Schraubklemmen des Luftthermometers, so beginnt alsbald das Wandern des Petroleumtropfens. Man muß dann sofort durch Öffnen der Schraubklemme Kühlwasser durchlassen. Das Kühlwasser läßt man noch so lange direkt durch den Dreiwegehahn abfließen, bis die Wärmezufuhr und der Wärmeentzug aufeinander eingestellt sind, d. h. bis das Luftthermometer Temperaturgleichheit anzeigt. Sobald dieser Moment erreicht ist, wird durch Umschaltung des Dreiwegehahns das abfließende Wasser in das Abflußgefäß geleitet, und damit beginnt der eigentliche Versuch. Der Versuch wird dadurch beendet, daß man das Kühlwasser wieder direkt aus der Kühlschlange abfließen läßt. Die von dem Tiere in der Versuchszeit abgegebenen Kalorien werden als Produkt aus (im Abflußgefäß gesammelter) Wassermenge und mittlerer Temperaturdifferenz des Zu- und Abflußwassers ermittelt. Statt durch Ablesung beider Quecksilberthermometer kann die Temperaturdifferenz des zu- und des abströmenden Wassers auch durch eine thermoelektrische Meßvorrichtung (Thermosäule) festgestellt werden, die unmittelbar an den zu- und abführenden Enden der Kühlschlange untergebracht wird (R. WAGNER [2]).

### c) Elektrische Kompensationskalorimetrie.

Eine biokalorimetrische Methode, die auf einem *thermoelektrischen Kompensationsverfahren* beruht, ist von CHR. BOHR und K. A. HASSELBALCH zur Bestimmung der Wärmebildung des wachsenden Hühnerembryos benutzt worden. Diese Versuchsanordnung hat sodann (F. TANGL) der Konstruktion eines Kalorimeters für kleine Tiere zugrunde gelegt, das weiterhin von P. HARI (2) vielfach verbessert und ergänzt worden ist.

Bezüglich der endgültigen Form dieses Kalorimeters und des Untersuchungsverfahrens sei auf die ausführliche Darstellung P. HARIS (3) verwiesen. Im folgenden soll nur das Grundprinzip der „*elektrischen Kompensationskalorimetrie*" geschildert werden:

Ein thermoelektrischer Strom entsteht, wenn man zwei metallische Leiter (Drähte) aus verschiedenem Material an ihren beiden Enden miteinander verlötet und wenn eine der beiden Lötstellen auf eine höhere Temperatur gebracht wird. Wird die zweite (bisher nicht erwärmte) Lötstelle nunmehr auf die *gleiche* Temperatur erwärmt, so entsteht der Strom nicht. An beiden Lötstellen werden elektromotorische Kräfte gebildet, die an Größe gleich sind, aber durch ihre entgegengesetzte Richtung sich gegeneinander aufheben.

Das von BOHR und HASSELBALCH benutzte Thermoelement (Abb. 356) besteht aus Konstantan-Kupfer. Zwei gleichgroße, dünnwandige Kupferzylinder sind durch einen Konstantandraht ($K$) verbunden, der mitten an die Seite jedes Zylinders angelötet ist. Auf der entgegengesetzten Seite der Zylinder setzt sich die kupferne Leitung in je zwei Kupferdrähten fort, die zum Galvanometer ($G$) führen. Wird die eine der beiden Konstantan-Kupfer-Lötstellen durch eine in den betreffenden Zylinder eingebrachte (tierische) Wärmequelle (*T*) erwärmt, so fließt ein Strom in der Leitung vom Konstantan durch die erwärmte Lötstelle zum Kupfer und das Galvanometer gibt einen Ausschlag. Dieser durch die tierische Wärme erzeugte thermoelektrische Strom wird nun aufgehoben, wenn es gelingt, in dem zweiten Kupferzylinder die gleiche Wärmemenge zu erzeugen und auf diese Weise die zweite Lötstelle auf die gleiche Temperatur zu erwärmen. Dieses wird durch einen in den zweiten Zylinder eingebrachten dünnen Widerstandsdraht (*W*) erreicht, durch welchen ein Strom gesandt wird, dessen Stärke so bemessen wird, daß eine der tierischen Wärme gleiche Wärmemenge entsteht. Dieses Ziel ist erreicht, sobald das Galvanometer in der Ruhestellung verharrt. Somit kann aus der Stärke des kompensierenden Heizstromes die von dem untersuchten Tiere abgegebene Wärmemenge direkt ermittelt werden.

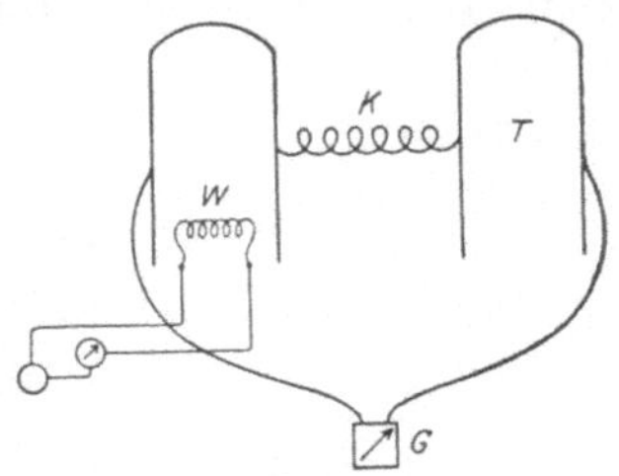

Abb. 356. Biokalorimetrische Versuchsanordnung nach BOHR und HASSELBALCH.

## d) Luftkalorimeter.

Von den Methoden, die der direkten Kalorimetrie etwas größerer Säugetiere (wie Hunden usw.) dienen, sei das von M. RUBNER (3) angegebene Verfahren beschrieben, das nicht nur die Wärmemessung, sondern gleichzeitig auch die Bestimmung der ausgeschiedenen Kohlensäure und des Wasserdampfes sowie des aufgenommenen Sauerstoffs ermöglicht.

Das Respirationskalorimeter RUBNERs bietet die Möglichkeit, die Versuche über eine längere Zeitdauer ununterbrochen fortzusetzen. Das kalorimetrische Meßprinzip des Apparats beruht darauf, daß die vom Tiere produzierte Wärme an ein eingeschlossenes Luftquantum abgegeben wird, dessen Volumenänderung durch ein Volumeter ermittelt wird. Das Kalorimeter ist in ein Wasserbad versenkt. In dem gleichen Wasserbade ist ein besonderer Korrektionsapparat untergebracht, der die Temperaturschwankungen des Wasserbades und die Luftdruckschwankungen registriert.

Der eigentliche Kalorimeterraum (Abb. 357) wird von einem rechteckigen Kasten gebildet, der an einer Schmalseite durch eine luftdicht aufschraubbare Tür (*T*) verschlossen wird. Diesen Raum umgibt (mit Ausnahme der Tür) ein Mantel aus Kupferblech (*M*), der die zur Bewegung des Volumeters nötige Luftmenge einschließt. Ein zweiter Mantel aus Kupferblech dient zur Bildung eines Isolierraumes (*J*). Dieses ganze System ist in einem großen Wasserbade (*W*) untergebracht, das die Tür des Kalorimeterraumes zugänglich läßt. In dem Wasserbade befindet sich noch der Korrektionsapparat, der aus mehreren untereinander kommunizierenden Hohlkörpern (*C*) besteht, deren Gesamtvolumen dem des Kalorimeterraumes annähernd gleicht. Der Korrektionsraum ist gleichfalls an ein Volumeter angeschlossen. Die Volumeter (Abb. 358) bestehen aus dünnwandigen, kupfernen Zylindern (*Z*), die in Petroleum schwimmen. Die Zylinder werden durch ein an einer (über eine Rolle gleitende) Schnur befestigtes Gegengewicht (*G*) gehalten. Der Innenraum der schwimmenden Zylinder kommuniziert durch einen Schlauch (*S*) mit dem Mantelraum des Kalorimeters bzw. mit dem Korrektionsapparat. An das Äquilibrierungsgewicht der Volumeter ist eine Schreibvorrichtung befestigt, die auf danebengestellte rotierende Zylinder (*K*) den Stand

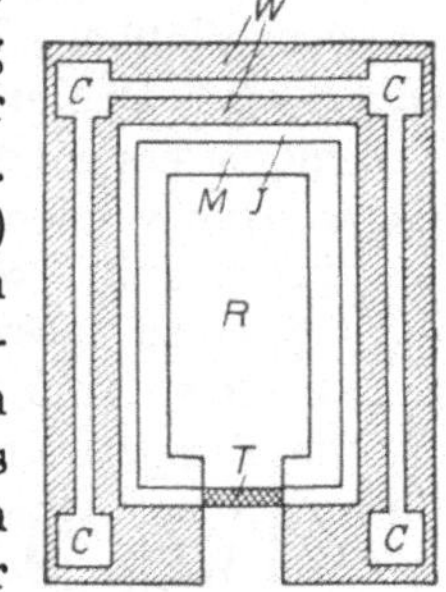

Abb. 357. Grundriß des RUBNERschen Kalorimeters.

der Volumeter aufzeichnet. Zur Erzielung konstanter Temperaturen ist das Wasserbad mit einem automatischen Kaltwasserregulator und Gasdruckregulator (für die Heizflamme) versehen. Die ganze Apparatur ist in einem Raume untergebracht, der durch selbstregulierende Gasheizung auf konstanter Temperatur gehalten wird. Das Kalorimeter ist zu dem Zweck der Untersuchung der Respirationsprodukte mit einem Respirationsapparat verbunden. Die durch die ventilierende Luft abgeführte Wärme wird dadurch ermittelt, daß die Temperatur der einströmenden und abströmenden Luft sowie die in der Beobachtungszeit durchströmende Luftmenge festgestellt wird. Das Kalorimeter wird auf empirischem Wege geeicht. Zunächst werden beide Volumeter miteinander verglichen, um die Angaben des Korrektionsvolumeters auf die des Mantelvolumeters umrechnen zu können. Um nun die Ausschläge des Volumeters auswerten zu können, läßt man eine gemessene Wärmemenge (auf elektrischem Wege) dem Apparat zufließen und stellt so fest, welchen Ausschlag ein gemessenes Kalorienquantum, unter Berücksichtigung des Wärmeverlustes durch Ventilation, hervorruft. Der Respirationsteil des Kalorimeters ist so angeordnet, daß eine sehr bedeutende Menge von Ventilationsluft gefördert und reichlich Frischluft zugeführt werden kann. Nach einem zuerst von PETTENKOFER durchgeführten Prinzip (s. S. 1147) werden durch Untersuchung eines Teilstromes die produzierte Kohlensäure und der abgegebene Wasserdampf ermittelt.

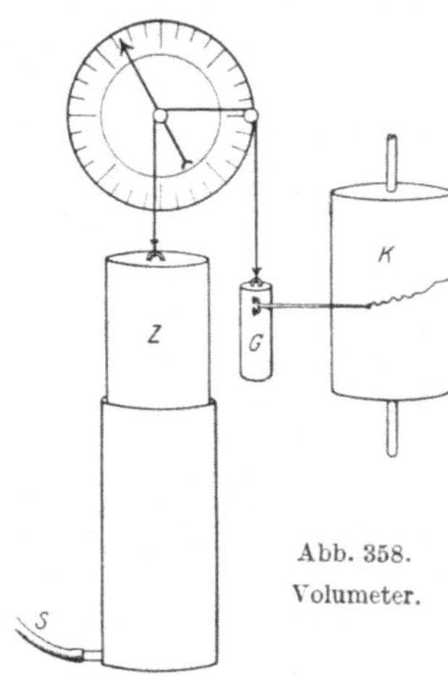

Abb. 358. Volumeter.

## G. Thermometrie.

Während durch die kalorimetrischen Messungen die von dem Tierkörper abgegebenen Wärme*mengen* ermittelt werden, ergeben die thermometrischen Untersuchungen den Wärme*grad* des betreffenden Tieres bzw. der betreffenden Körperstelle. Die thermometrischen Untersuchungen werden, sofern dies die Größe und der anatomische Bau des Objektes zulassen, für gewöhnlich in einer der von außen zugänglichen Körperöffnungen — Mundhöhle, After, Kloake — mittels eines eingeführten Quecksilberthermometers vorgenommen. Bei vergleichenden Messungen ist es unerläßlich, daß auf eine gleichmäßig tiefe Einführung des Instrumentes geachtet wird. Dies erreicht man am besten dadurch, daß man das einführende Ende des Thermometers mit einer Markierung oder besser noch mit einem breiten, festsitzenden Gummiring versieht, durch den die Lage des Thermometers fixiert werden kann. Die Form und Größe des anzuwendenden Quecksilberthermometers richtet sich nach dem zu messenden Objekt. (Temperaturmessungen bei Fischen s. FIBICH, bei Vögeln s. HILDEN und STENBÄCK, bei poikilothermen Wirbeltieren s. SOETBEER.)

Die Temperatur solcher Tiere, die ihrem Bau und ihrer Größe wegen die Einführung eines Quecksilberthermometers nicht erlauben, geschieht auf *thermoelektrischem* Wege. Man benutzt hierfür zwei nadelförmige Thermoelemente, die aus Neusilber — Eisen bestehen und deren Spitze von den Lötstellen der beiden Metalle gebildet werden. Das eine Paar der gleichartigen freien Enden der Nadeln ist untereinander, das zweite Paar mit einem Spiegel- oder Schleifengalvanometer verbunden. Der Apparat wird geeicht, indem man auf die beiden Nadeln eine bekannte Temperaturdifferenz einwirken läßt und den entstandenen Thermostrom mißt. ISSERLIN ging bei der Temperaturmessung von kleinen Tieren so vor, daß er die Nadel in den Thorax einspießt und dem Tiere, damit es nicht abgleitet, ein Brettchen unter die Beine legt. Die andere Nadel wird mit schlecht wärmeleitenden Stoffen umwickelt oder einem toten Tier derselben Art eingebohrt. Nach der Befestigung des Tieres am Apparate wird eine Zeitlang gewartet, damit eine (beim Einstechen) erfolgte Erwärmung sich ausgleichen kann. Die Ablesung des Thermostromes erfolgt alle 2 bis 3 Minuten. Selbstverständlich müssen alle Manipulationen unter den nötigen Vorsichtsmaßnahmen (Handschuhe, Pinzette) vorgenommen werden, um eine Einwirkung der Körpertemperatur des Experimentators zu vermeiden. Über Temperaturmessungen bei Insekten finden sich eingehende Angaben bei P. BACHMETJEW. Es sei noch bemerkt, daß eine direkte Auswertung der Körpertemperatur für die Bestimmung des Energiestoffwechsels nicht in Betracht kommt.

## Literatur.

BACHMETJEW, P.: Zeitschr. f. wiss. Zool., Bd. 66, S. 521, 1899. — BETHE, A.: Atmung. Allgemeines und Vergleichendes. Handb. d. norm. u. pathol. Physiol., Bd. 2, S. 12, 1925. — BUYARD-BAIER: Hilfsbuch für Nahrungsmittelchemiker, 4. Aufl., S. 33, 1920. — BOHR, CHR., u. HASSELBALCH, K. A.: Über die Wärmeproduktion und den Stoffwechsel des Embryos. Skandinav. Arch. f. Physiol., Bd. 14, S. 398, 1903. — BUDDENBROCK, W. v., u. ROHR, G. v.: Die Atmung von Dixippus morosus. Zeitschr. f. allg. Physiol., Bd. 20, S. 111, 1922. — BURIAN, R. (1): Die Exkretion. Handb. d. vergl. Physiol. (hrg. von H. WINTERSTEIN), Bd. 2, 2. Hälfte, 1924; (2) Methoden zum Auffangen von Fischharn. Zeitschr. f. biol. Technik u. Meth., Bd. 1, S. 383, 1909. — FIBICH, ST.: Beobachtungen über die Temperatur von Fischen. Zeitschr. f. Fischerei, Bd. 2, S. 29, 1905. — FRIEDRICHS, J.: Zeitschr. f. angew. Chem., Bd. 32, S. 129, 1919. — FÜRTH u. CHARNASS: Biochem. Zeitschr., Bd. 26, S. 199, 1910. — GAARDER, TORBJÖRN: Über den Einfluß des Sauerstoffdruckes auf den Stoffwechsel. I. Nach Versuchen mit Mehlwurmpuppen. Biochem. Zeitschr., Bd. 89, S. 48, 1918. — GROEBBELS, FRANZ: Der Kestnersche Respirationsapparat für kleine Tiere. Abderhaldens Handb. d. biol. Arbeitsmeth., Abt. IV, T. 10, S. 865, 1926. — HAHN. A., u. BARKAN: Zeitschr. f. Biol., Bd. 72, 1920. — HAHN, M., u. HIRSCH, J.: Eine Methode zur Bestimmung kohlenstoffhaltiger Gase in der Luft. Zeitschr. f. Hyg. u. Infektionskrankh., Bd. 105, S. 711, 1925. — HARI, P. (1): Tierische Kalorimetrie I. Biochem. Zeitschr., Bd. 152, S. 445, 1924; (2) Ebenda, S. 449; (3) Abderhaldens Handb. d. biol. Arbeitsmeth., Abt. IV, T. 10, S. 449, 1925. — HAMMARSTEN, O. (1): Lehrb. d. physiol. Chem., S. 544. München u. Wiesbaden 1922; (2) Ebenda, S. 564. — HELLER, JÓZEF: Biochem. Zeitschr., Bd. 165, S. 411, 1925. — HENZE, M.: Untersuchungen an Seetieren. Abderhaldens Handb. d. biochem. Arbeitsmeth., Bd. 3, 1. Hälfte, S. 1068, 1910. — HESSE, O.: Der Hungerstoffwechsel der Weinbergschnecke. Zeitschr. f. allg. Physiol., Bd. 10, 1910. — HILDEN, A. u. STENBÄCK, K. S.: Zur Kenntnis der Tagesschwankungen der Körpertemperatur bei den Vögeln. Skandinav. Arch. f. Physiol., Bd. 34, S. 382, 1916. — HIRSCH, J. (1): Zur Biochemie pathogener Erreger. Zeitschr. f. Hyg. u. Injektionskrankh., Bd. 106, S. 437, 1926; (2) Ebenda, S. 435. — HOPPE-SEYLER-THIERFELDER (1): Handbuch der physiol.-chem. Analyse, 9. Aufl. 1924, S. 731; (2) Ebenda, S. 694; (3) Ebenda, S. 150; (4) Ebenda, S. 702; (5) Ebenda, S. 693; (6) Ebenda, 671; (7) Ebenda, S. 690; (8) Ebenda, S. 687; (9) Ebenda, S. 129; (10) Ebenda, S. 881. — HOUBEN-WEYL: Methoden der organischen Chemie, 2. Aufl., Bd. 1, S. 23, 1921. — ISSERLIN, M.: Über die Temperatur und Wärmeproduktion poikilothermer Tiere. Pflügers Arch. f. d. ges. Physiol., Bd. 90, S. 472, 1902. — JAFFÉ: Zeitschr. f. physiol. Chem., Bd. 7, S. 399, 1882. — JOËL, A. Über den Einfluß der Temperatur auf den Sauerstoffverbrauch wechselwarmer Tiere. Zeitschr. f. physiol. Chem., Bd. 107, S. 235, 1919. — KESTNER, OTTO u. PLAUT, RAHEL: Physiologie des Stoffwechsels. Handb. d. vergl. Physiol. (hrg. von H. WINTERSTEIN), Bd. 2, 2. Hälfte, S. 901. Jena 1924. — KLEIN, W., u. STEUBER, M. (1): Kalorimetrie. Abderhaldens Handb. d. biol. Arbeitsmeth., Abt. VI, T. 10, S. 886, 1926; (2) Ebenda, S. 881; (3) Die gasanalytische Methodik des dynamischen Stoffwechsels, S. 57. Leipzig 1925. — KNIPPING, H. W., u. RONA, P.: Stoffwechsel und Energiewechsel. RONA, Praktikum d. physiol. Chem., T. 3, S. 133, 1928. — KÖNIG, J. (1): Chemie der menschlichen Nahrungs- und Genußmittel, 4. Aufl., Bd. 3, T. 1, S. 253, 1910; (2) Ebenda, S. 342; (3) Ebenda, S. 429; (4) Ebenda, S. 85. — KRAJNIK, B.: Biochem. Zeitschr., Bd. 130, S. 286, 1922. — KROGH, AUGUST (1): Ein Mikrorespirationsapparat und einige damit ausgeführte Versuche über die Temperatur-Stoffwechsel-Kurve von Insektenpuppen. Biochem. Zeitschr., Bd. 62, S. 266, 1914: (2) Berichtigung. Biochem. Zeitschr., Bd. 66, S. 512, 1914. — KRUMMACHER (1): Prinzipien des allgemeinen Stoff- und Energiewechsels. Ergebn. d. Physiol. (hrg. von L. ASHER u. K. SPIRO), 1906, Jg. 5, S. 746; 1908, Jg. 7, S. 444: (2) Untersuchungen über die Wärmeentwicklung der Spulwürmer. Zeitschr. f. Biol., Bd. 69, S. 304, 1919. — LESSER, E. J.: Methodik der anoxybiotischen Versuche an mehrzelligen Tierarten und pflanzlichen Organismen. Abderhaldens Handb. d. biol. Arbeitsmeth., Abt. IV, T. 19,

S. 719, 1925. — LOEWY, A. (1): Kalorimeter. Der Harn (hrg. von C. NEUBERG), S. 1323. Berlin 1911; (2) Ebenda, S. 1332; (3) Gasanalyse. Der Harn (hrg. von C. NEUBERG), 1911, S. 1294. — MEYERHOF, O. (1): Abderhaldens Handb. d. biol. Arbeitsmeth., Abt. IV, T. 10, S. 755, 1925; (2) Ebenda, S. 766. — MEYERHOF, O., u. SURANYI, J.: Über die Wärmetönungen der chemischen Reaktionsphasen im Muskel. Biochem. Zeitschr., Bd. 191, S. 109, 1927. — NEUBAUER, O.: Methoden zur Untersuchung des intermediären Stoffwechsels. Abderhaldens Handb. d. biol. Arbeitsmeth., Abt. IV, T. 9, S. 583, 1925. — NEUBERG, C.: Der Harn. Berlin 1911. — NEUMANN, A.: Zeitschr. f. physiol. Chem., Bd. 37, S. 116, 1902; Bd. 43, S. 35, 1904. — NOLL, A.: Die Exkretion der Wirbeltiere. Handb. d. vergl. Physiol. (hrg. von H. WINTERSTEIN), Bd. 2, 2. Hälfte, S. 806, 1924. — OSTWALD-LUTHER (1): Physiko-chemische Messungen, S. 326. Leipzig 1925; (2) Ebenda, S. 364; (3) Ebenda, S. 365; (4) Ebenda, S. 366; (5) Ebenda, S. 119. — PÜTTER, A.: Der Stoffwechsel des Blutegels I. Zeitschr. f. allg. Physiol., Bd. 6, S. 207, 1907. — RIESENFELD, GENIA: Beiträge zur Technik der Milchsäurebestimmung usw. Biochem. Zeitschr., Bd. 109, S. 249, 1920. — RIESSER, O.: Zeitschr. f. physiol. Chem., Bd. 96, S. 355, 1915: Biochem. Zeitschr., Bd. 142, S. 280, 1923. — ROTH, W. A.: Kalorimetrie organischer Verbindungen. Meth. d. org. Chem. (hrg. von HOUBEN-WEYL), Bd. 1, S. 913 u. 945. — RUBNER, M. (1): Zeitschr. f. Biol., Bd. 30, S. 73, 1894; (2) Lehrbuch der Hygiene, 8. Aufl. 1907, S. 453; (3) Respirationskalorimeter für Dauerversuche. Handb. d. physiol. Meth. (hrg. von TIGERSTEDT), Bd. 1, S. 201, 1911. — SOETBEER, F.: Über die Körpertemperatur der poikilothermen Wirbeltiere. Arch. f. exp. Pathol. u. Pharmakol., Bd. 40, S. 53, 1898. — STOLTE, KARL: Eine einfache und zuverlässige Methodik der Aschenanalyse. Biochem. Zeitschr., Bd. 35, S. 104, 1911. — TANGL, F.: Ein Kalorimeter für kleine Tiere. Biochem. Zeitschr., Bd. 53, S. 21, 1913. — TANGL, F. u. KERESZKY, G.: Biochem. Zeitschr., Bd. 32, S. 266, 1911. — TREADWELL: Kurzes Lehrb. d. analyt. Chem., Bd. 2. Leipzig u. Wien 1923; (2) Ebenda, S. 55; (3) Ebenda, S. 667. — VÖLTZ, W.: Stoffwechselversuche an Tieren. Abderhaldens Handb. d. biol. Arbeitsmeth., Abt. IV, T. 9, S. 306, 1925. — WAGNER, R. (1): Ein einfaches Kleintierkalorimeter. Zeitschr. f. Biol., Bd. 82, S. 114, 1914; (2) Eine Methode der Kalorimetrie kleiner Tiere. Abderhaldens Handb. d. biol. Arbeitsmeth., Abt. IV, T. 10, S. 854, 1926. — WARBURG, O. (1): Über die Oxydationen in lebenden Zellen. Zeitschr. f. physiol. Chem., Bd. 66, S. 305, 1910; (2) Ebenda, Bd. 61, S. 261, 1909. — WEINLAND, E.: Zeitschr. f. Biol., Bd. 69, S. 1. — WELDE: Biochem. Zeitschr., Bd. 28, S. 504, 1910. — ZUNTZ, N. (1): Stoff- und Kraftwechsel. Lehrb. d. Physiol. d. Menschen (hrg. von N. ZUNTZ u. A. LOEWY), 2. Aufl. 1913, S. 650; (2) Ebenda, S. 645.

# Anhang.

## Biologische Fachausdrücke in den vier Kongreßsprachen[1].

Übersetzt von

**K. Bělař**, Berlin – **M. Clara**, Blumau b. Bozen – **G. C. Hirsch**, Utrecht
**H. Hirsch**, Utrecht – **G. Levi**, Turin – **Th. Schmucker**, Göttingen.

| Deutsch | Englisch | Französisch | Italienisch |
|---|---|---|---|
| Aal (*anguilla vulgaris*) | eel | anguille | anguilla |
| Aasgeier (*neophron percnopterus*) | egyptian-vulture | percnoptère, poule de pharaon | avvoltoi |
| Aaskäfer (*silphidae*) | carrion-beetles | silphes, boucliers, nécrophores | silfidi |
| Ahorn (*acer*) | maple-tree | érable | acero |
| Ähre (*spica*) | ear | épi | spiga |
| Akelei (*aquilegia*) | columbine | aiglantine | aquilegia |
| Alaun | alum | alun | allume |
| Alaunkarmin | carmin alum | carmin aluné | carminio alluminoso |
| Alpenrose (*rhododendron*) | rhododendron | rhododendron | rododendro |
| Ameisen (*formicidae*) | ants | fourmis | formiche |
| Ameisenbären (*myrmecophagidae*) | ant-eaters | fourmiliers, tamanoir | formichieri |
| Ameisenlöwe (*myrmeleon formicarius*) | ant-lion | fourmilion | formicaleone |
| Ameisensäure | formic acid | acid formique | acido formico |
| Aminosäuren | aminoacids | aminoacides | aminoacidi |
| Anreicherung | enrichment | enrichissement | accumutazione |
| Apfelbaum (*malus*) | apple-tree | pommier | melo |
| Apfelsine (*citrus aurantium, sinense*) | orange (tree) | oranger | arancio |
| Aprikose (*armeniaca*) | apricot-tree | abricot | albicocco, armelino |
| Art (*species*) | species | espèce | specie |
| Auerhuhn (*tetrao urogallus*) | capercaillie | poule de bruyère | gallo cedrone |
| Auerochs (*bos primigenius*) | aurochs, ure-ox | auroch | uro |
| Aufguß | infusion | infusion | infusione |
| Aufhellung (d. Präparate) | clearing (of prep.) | éclaircissement (des préparations) | diafanizzazione |
| aufkleben | affix (to order upon) | coller, fixer (sur) | latare, incollare |
| Aufrollen (d. Schnitte b. Mikrotomschneiden) | curling of sections | enroulement (des coupes du micr.) | accartocciamento (dellefetteal micr.) |
| Ausblassen (d. Präparate) | decoloration (of preparations) | décoloration (des préparations) | decolorazione (dei preparati) |
| Ausflockung | flocculation | flocculation | flocculazione |
| Ausläufer (*stolo*) | stolon, stole | stolon | stolone |
| Ausstrichpräparate | smear | frottis | preparati per striscio |
| Auswaschen | wash | lavage | lavaggio (dei prep.) |
| Badeschwamm (*euspongia officinalis*) | sponge | éponge de toilette, éponge officinale | spugna di levante, spugna commune da bagno |
| Bänderschneiden | cutting serial sections in ribbon | obtenir des coupes en chaîne on en ruban | affettare in modo da ottenere un nastro |
| Bandwürmer (*cestodes*) | tape worms | vers solitaires, ténias | cestodi, tenie |

[1] Es wurden nur solche Fachausdrücke aufgenommen, die von den Verfassern wiederholt in der Muttersprache benutzt werden, jedoch in den Handwörterbüchern schwer in ihrer richtigen Bedeutung zu finden sind.

| Deutsch | Englisch | Französisch | Italienisch |
|---|---|---|---|
| Bär (*ursus arctos*) | bear | ours brun | orso bruno |
| Barbe (*barbus fluviatilis*) | barbel | barbeau | barbo |
| Bärenspinner (*arctia caja*) | tiger-moth | hérissonne, ours, lièvre | orso |
| Bärentraube (*arctostaphylos*) | bearberry | busserole | uva d' orso |
| Bärlapp (*lycopodium*) | earth-moss, club-moss | lycopode | erba strega |
| Barsche (*percidae*) | perches | perches | pesce persico |
| Bartenwale (*mystacoceti*) | whale-bone whales | cétacés munis de fanons | mistacoceti, misticeti |
| Bartflechte (*usnea*) | beard-moss | usnée | usnea |
| Bärtierchen (*tardigrada*) | bear-animalcules | tardigrades | tardigradi |
| Bartnelke (*dianthus barbatus*) | sweet-william | jalousie, œillet de poète | garofano dei poeti |
| Baumwollpflanze (*gossypium*) | cotton(-tree) | cotton(ier) | cotone |
| Becherglas | beaker, tumbler | bocal | boccale |
| Becherzellen | mucous or goblet cells | cellules caliciformes | cellule caliciformi |
| Beere (*bacca*) | berry | baie | bacca |
| Beerentang (*sargassum*) | sargasso | sargasse | sargasso |
| Befruchtung | fertilization | fécondation | fecondazione |
| Beize | mordants | mordents | mordenti |
| Belegzellen (d. Magendrüsen) | ovoid or oxyntic cells (LANGLEY) | cellules de revêtement (cellules de bordure) | cellule di rivestimento od aggiunte (delle ghiandole gastriche) |
| Beleuchtung | illumination | éclairage | illuminazione |
| Beleuchtungsapparat | apparatus for illumination substage | appareil d'éclairage | apparato per illuminazione |
| Benediktenkraut (*geum*) | avens, bennet | bénoîte | garofanaia |
| Bestäubung (*pollinatio*) | pollination | pollination | impollinazione |
| Bettwanze (*cimex lectularius*) | bed-bug | punaise des lits | cimice domestico, cimice dei letti |
| Beutelbär (*phascolarctus cinereus, phascolarctos*) | koala | koala paresseux australien | —[1] |
| Beutelratten (*didelphyidae*) | opposums | sarigues | sarighe |
| Beuteltiere (*marsupialia*) | marsupials | marsupiaux | marsupiali |
| Biber (*castor fiber*) | beaver | castor | castoro |
| Bienen (*apidae*) | bees | abeilles | api |
| Bienenläuse (*braulidae*) | bee-lice | braules, pou d'abeilles | pidocchi dell' ape |
| Bilsenkraut (*hyoscyamus*) | hen-bane | jusquiame | giusquiamo |
| Bindegewebe | connective tissue | tissu conjonctif | tessuto connettivo |
| Binnenapparat (GOLGIsche) | GOLGI reticular apparatus GOLGI-bodies | apparail réticulaire (de GOLGI) | apparato reticolare interno (di GOLGI) |
| Birke (*betula*) | birch | bouleau | betula, bidollo |
| Birnbaum (*pirus*) | pear-tree | poirier | pero comune |
| Bitterholz (*quassia, simaruba*) | quassia (-wood) | quassier | quassia |
| Bitterklee (*menyanthes*) | buck-bean, marsh-trefoil | trèfle de marais | trifolio fibrino |
| Blatt (*folium*) | leaf | feuille | foglia |
| Blattkäfer (*chrysosomelidae*) | leaf-eating beetles, chrysomelides | chrysomèles | crisomelidi, crisomelini |
| Blattläuse (*aphidae*) | plant-lice, green-flies | pucerons | afidi, gorgoglioni |
| Blattwespen (*tenthredinidae*) | sawflies | tenthrédonides | tendredini, imenotteri fitofaghi |
| Blaufelchen (*coregonus wartmanni*) | white-fish | lavaret | coregone |

[1] Verschiedentlich nicht eingesetzte Wörter sind in der betreffenden Sprache vorwiegend in der Form der internationalen Fachbezeichnung gebräuchlich.

| Deutsch | Englisch | Französisch | Italienisch |
|---|---|---|---|
| **Bleichen** | bleaching | blanchement | imbianchimento |
| Blende (d. Mikrosk.) | diaphragme | diaphragme | diaframma (del microscopio) |
| Blindmaus (*spalax typhlus*) | rodent mole, blind rat, mole rat | rat-taupe | — |
| Blindschleiche (*anguis fragilis*) | slow-worm, blind-worm | orvet, serpent de verre | orbettino, lucignola |
| Blumenkohl (*brassica oleracea var. botrytis*) | cauliflower | chou fleur | cavolo-fiore |
| Blumenkronblatt (*petalum*) | petal | pétale | petalo |
| Blumenkrone (*corolla*) | corol | corolle | corolla |
| Blüte (*flos*) | flower | fleur | fiore |
| Blutegel (*hirudo medicinalis*) | medicinal leech | sangsue | sanguisuga |
| Blütenhülle (*perianthium*) | perianth | périanthe | perianzio |
| Blütenpflanzen (*phanerogamae*) | flowering plants | phanerogames | phanerogame |
| Blütenstand (*inflorescentia*) | inflorescence | inflorescence | inflorescenza |
| Blutentnahme | blood letting (removing blood from an artery or a vein) | saignée | salasso |
| Blutgerinnung | coagulation of the blood | coagulation du sang | coagulazione del sangue |
| Blutinseln | blood-islands | ilots sanguins | isole di sangue |
| Blutlaus (*schizoneura lanigera*) | american blight, woolly-louse | puceron lanigère | schizoneure |
| Blutplättchen | plateletes of the blood | plaquettes du sang | piastrine del sangue |
| Blutserum | bloodserum | serum du sang | siero di sangue |
| Bogengänge | semicircular canals | canaux demicirculaires | canali semicircolari |
| Bohne (*phaseolus, faba*) | bean (horse-bean) ticks | haricot (fève) | faginolo (fava, faba) |
| Borkenkäfer (*ipidae, bostrychidae*) | bork (ambriosa-) beetlef | bostriches, tomiques | bostricidi |
| Borstenwürmer (*chaetopoda*) | bristle-worms | chétopodes | chetopodi |
| Brachsenkräuter (*isoetaceae*) | quillworts | isoétées | isoëtes |
| Brandkraut (*phlomis*) | jerusalem sage | phlomis | — |
| Brand(pilze) (*ustilaginales*) | smuts | nielle, charbon | fuligine, nebbia |
| Braunalgen (*phaeophyceae, phaeophyta*) | brown algae | algues rouges | alge brune |
| Bremsen (*tabanidae*) | breeze-flies, cleggs, horse-flies, gadflies | taons | tafani |
| Brennessel (*urtica*) | stinging-nettle | ortie | ortica |
| Brombeere (*rubus spec.*) | black-berry | ronce | rogo, rovo |
| Brotkäfer (*sitodrepa panicea*) | biscuit-weevil | vrilette, anobie | coleottero del pane |
| Brückenechse (*sphenodon punctatum*) | tuatara, new-zealand lizard | hattérie | sphenodon |
| Brutapparat | incubator | appareil pour incubation | apparato per incubare |
| Buche (*fagus*) | beech | hêtre | faggio |
| Buchfink (*fringilla coelebs*) | chaffinch | pinson | fringuello |
| Buchnuß (*glans fagi*) | beech-nut | faîne | fagginola |
| Buchweizen (*fagopyrum*) | buckwheat | sarrasin | fagopiro |
| Bürstensaum | striated border (brushlike border) | bordure en brosse | orlo a spazzola |
| Campecheholz | log-wood | bois de campêche | legno di campeggio |
| Chromsilbermethode (nach GOLGI) | chromsilvermethod | méthode au chromate d'argent | metodo al cromato d'argento (di GOLGI) |
| Dachs (*meles taxus, meles meles*) | badger | blaireau | tasso |
| Damhirsch (*dama vulgaris*) | fallow deer | daim | daino |

| Deutsch | Englisch | Französisch | Italienisch |
|---|---|---|---|
| Darmfaserblatt | splanchnopleure | feuilett fibro-intestinal (ou splanchnopleure) | foglietto fibro-intestinale (o splancnopleura) |
| Darmnabel | intestinal navel | ombelic intestinal | ombelico intestinale |
| Darmrinne | splanchnic gutter | gouttière intestinal | doccia intestinale |
| Darmrohr | alimentary canal | tube digestif | tubo digerente |
| Darmzotten | villi of intestine | villosités de l'intestin | villi intestinali |
| Dattelpalme (*cocos dactylifera*) | date-tree | dattier | palma da datteri |
| Dauerpräparat | permanent preparation | préparation de durée oder à demeure | preparado a permanenza |
| Deckblatt (*bractea*) | bractea, bract | bractée | brattea |
| Deckgläschen | coverslip (coverglass) | lamelle | vetrino coprioggetti |
| Deckglaskitt | cements (varnishes) for preparations | luts pour les préparations (vernis) | vernice per lutare i coprioggetti |
| Deckspelze (*palea inferior*) | (upper) scale | glumelle extérieur | glumetta inferiore |
| Definierlinien (bei Rekonstruktionen) | define-lines (in the reconstructions) | lignes d'orientation (dans les reconstructions) | linee di orientamento (nelle ricostruzioni) |
| Dickdarm | great-gut (or large intestine) | gros intestin | intestino grosso (o crasso) |
| Dolde (*umbella*) | umbel | ombelle | ombrella |
| Dompfaff (*pyrrhula europaea*) | bullfinch | bouvreuil | ciuffolotto, monachino |
| Doppelbrechend | double refractive | birefrangent | birefrangente |
| Dorsch (*gadus callarias*) | cod-fish | morue | merluzzo |
| Dotter | yolk | vitellus (ou deutoplasme) | vitello (o deutoplasma) |
| Dotterblume (*caltha*) | marsh-marigold | caltha, pacoteure | farferugine |
| Dotterkern | yolk nucleus (vitellin body) | noyau vitellin | nucleo vitellino |
| Dottersack | yolk-sac | vésicule ombelicale (ou sac vitellin) | vescica ombelicale (o sacco vitellino) |
| Drachenblutbaum (*dracaena draco*) | dragon-tree | dragonier | dracena |
| Drittelalkohol | third alcohol | alcool au tiers | alcool al terzo |
| Drüse | gland | glande | glandole, ghiandola |
| Dunkelfeldbeleuchtung | dark-field illumination | éclairage au champ noir | illuminazione in campo oscuro |
| Dünndarm | small intestine | intestin grête | intestino tenue |
| Durchtränkung | impregnation | imprégnation | impregnazione |
| Eberesche (*sorbus aucuparia*) | service-tree, mountainash | sorbier | sorbo degli uccellatori |
| Edelhirsch (*cervus elaphus*) | red deer | cerf commun | cervo |
| Edelweiß (*leontopodium*) | lion's foot | patte-de-lion | leontopodio |
| Efeu (*hedera*) | ivy | lierre | edera, ellera |
| Ehrenpreis (*veronica*) | speed-well | veronique | crescione, capellina |
| Eibe (*taxus*) | yew (-tree) | if | tasso, libo |
| Eibisch (*althaea*) | marsh-mallow | althée (guimauve) | altèa |
| Eiche (*quercus*) | oak | chêne | quercia, rovere |
| Eichhörnchen (*sciurus vulgaris*) | squirrel | écureuil | scoiattolo |
| Eidechsen (*lacertilia*) | lizards | lézards, lacertiliens | lucertole |
| Eierstock | ovary | ovaire | ovario |
| Eihüllen, sekundäre | embryonic membranes | membranes secondaires de l'œuf | membrane secondarie dell' uovo |
| Einbettung | imbedding | enrobage | inclusione |
| Einschlußmittel | imbedding masse | milieu d'inclusion | mezzo d' inclusione |
| Einsiedlerkrebse (*paguridae*) | hermit crabs | soldat marin, bernard-l'ermite | paguri |
| Einstichinjektion | interstitial injection | injection interstitielle | iniezione interstiziale |
| Eisbär (*ursus maritimus*) | polar bear | ours blanc | orso bianco, orso polare |

| Deutsch | Englisch | Französisch | Italienisch |
|---|---|---|---|
| Eisenalaun | iron-alum | alun au fer | allume ferrico |
| Eisenkraut (*verbena*) | vervain | verveine | verbena, berbena |
| Eisessig | acetic acid | acide acétique glacial | acide acetico glaciale |
| Eisvogel (*alcedo*) | kingfisher | martin-pêcheur | uccello santa maria, re pescatore, uccel bel verde |
| Embryosack | embryo-sac | sac embryonaire | sacco embrionale |
| Enddarm | terminal intestine | intestin terminal | intestino terminale |
| Entfärben (s. Ausblassen) | — | — | — |
| Entfettung | to ungraese (to unfatten) | dégraisser | sgrassare |
| Entkalkung | decalcification | decalcification | decalcificazione |
| Entwässern | dehydrate | deshydrater | disidratare |
| Enzian (*gentiana*) | gentian (fell-wort) | gentiane | genziana |
| Epithelkörperchen | parathyroid glands | glandes parathyroides | corpi epiteliali (paratiroidi) |
| Erbse (*pisum*) | pea | pois | pisello |
| Erbsenkäfer (*bruchus pisi*) | pea-weevil | bruche des pois | bruco del pisello |
| Erdbeere (*fragaria*) | straw-berry | fraisier | fragola |
| Erdferkel (*orycteropus capensis*) | aard-vark, cape anteater | oryctérope | orycteropus |
| Erdmaus (*microtus agrestis*) | field-vole | rat des champs | topo campagnolo |
| Erdnuß (*arachis hypogaea*) | ground-(pea-, earth-) nut | pistache, (noix) de terre | arachide |
| Erle (*alnus*) | alder | aune | alno, ontano |
| Esche (*fraxinus*) | ash | frène | frassino |
| Essigbaum (*rhus typhina*) | elm-leaved sumach | vinaigrier | scòtano, sommaco |
| Fächel (*rhipidium*) | rhipidium | rhipidium | ripidio |
| Fadenwürmer (*nematodes*) | thread-worms, round worms, eel-worms | nématodes | nematodi |
| Fahne (*vexillum*) | standard | étendard | vessillo |
| Falken (*falconidae*) | falcons | faucons | falchi, falconi |
| Färbbarkeit | affinity for stains | colorabilité | colorabilità |
| Farblösungen | staining solutions | solutions colorantes | soluzioni coloranti |
| Färbung | staining | coloration | colorazione |
| Farne (*filices*) | ferns | fougères | felci |
| Faulbaum (*frangula*) | alder buckthorn | nerprun bourgaine | frangola, alno nero |
| Faultiere (*bradypoda*) | sloths | paresseux | bradipi |
| Feige (*ficus*) | fig-tree | figuier | fico |
| Feldulme (*ulmus campestris*) | field-elm | orme champêtre | olmo campestre |
| Fenchel (*foeniculum vulgare*) | fennel | fenouil | finocchio |
| Fettsäuren | fatty acides | acides gras | acidi grassi |
| Fichte (*picea excelsa*) | pine-tree, red pine, spruce | épicea, sapin rouge | abete (rosso) |
| Fichtenspargel (*monotropa*) | pine-sap, birds-nest | monotrope, suce-pin | ipopitide |
| Fingerhut (*digitalis*) | fox-glove | digitale | digitale |
| Fischotter (*lutra vulgaris, lutra lutra*) | otter | loutre | lontra |
| Flachs (*linum usitatissimum*) | flax | lin | lino |
| Flechten (*lichenes*) | lichens | lichens | licheni |
| Fledermäuse (*chiroptera*) | bats | chauves-souris | chirotteri, pipistrelli |
| Fleischfliege (*sarcophaga carnaria*) | flesh-fly | mouche de viande | moscone grigio delle carni, mosca carnaria |
| Flieder (*syringa*) | lilac | lilas | siringa, lilac |
| Fliegenpilz (*amanita*) | toad-stool, fly-agaric | fausse oronge | tignosa |
| Flimmerepithel | ciliated epithelium | epithelium à cils vibratiles | epitelio a ciglia vibratilé |
| Flimmerzellen | ciliated cells | cellules ciliées | cellule a ciglia vibratili |
| Flöhe (*siphonaptera, aphaniptera*) | fleas | puces | pulci |
| Flügel (*ala*) | wing | aile | ala |

| Deutsch | Englisch | Französisch | Italienisch |
|---|---|---|---|
| Flußkrebs (*astacus fluviatilis, potamobius astacus*) | crayfish, freshwater-lobster | écrevisse | gambero di fiume |
| Flußneunauge (*petromyzon fluviatilis*) | lamprey, riverlamprey, fresh-water-lamprey | lamproi | lampreda di fiume |
| Flußpferd (*hippopotamus amphibius*) | hippopotamus | hippopotame | ippopotamo |
| Forelle (*salmo fario*) | brown trout, brook trout | truite | trota |
| Frauenhaar (*adiantum*) | adiantum, lady's hair | adiante capillaire | capelvenere |
| Frettchen (*putorius furo*) | ferret | furet | furetto |
| Frösche (*anura*) | frogs | grenouilles | rane |
| Froschlöffel (*alisma*) | water-plantain | fluteau | mestola |
| Frucht (*fructus*) | fruit | fruit | frutto |
| Fruchthof, dunkler | opaque area | aire opaque | area scura (o opaca) |
| Fruchthof, heller | pellucid area | aire transparent | area chiara (o transparente) |
| Fruchtknoten (*ovarium*) | ovary | ovaire | ovaio |
| Fuchs (*canis vulpes, vulpes vulpes*) | fox | renard | volpe |
| Furchung | cleavage (or segmentation) | segmentation | segmentazione |
| Furchungskern | segmentation nucleus | noyau de segmentation (ou noyau vitellin) | nucleo di segmentazione |
| Galle (*cecidium*) | cecidium, (gall-nut) | cécidie, (noix de galle) | cecidio |
| Gallenblase | gall-bladder | vésicule biliaire | vescicola biliare (o cistifellea) |
| Gallmücken (*cecidomyidae*) | two winged gall-flies | cécidomyies | cecidomie |
| Gallwespen (*cynipidae*) | gall-flies | mouches de galle, gallicoles, cynips | cinipidi, insetti delle galle, gallicoli |
| Garneelen (*carididae*) | shrimps | crevettes | granchiolini, gamberetti |
| Gaumen | palate | palais | palato |
| Gefäßhof | vascular area | aire vasculaire | area vascolare |
| Gefäßsystem | vascular system | appareil vasculaire | apparato vascolare |
| Gefriermikrotom | freesing microtome | microtome à congelation | microtomo a congelazione |
| Gehörgang | auditory conduit | conduit auditif | condotto auditivo |
| Gehörorgan | organ of heering | organe de l'ouie | organo dell' udito |
| Geier (*vulturidae*) | vultures | vautours | avvoltoi |
| Geißeln s. Wimpern | | | |
| Gelenkknorpel | articular cartilage | cartilage articulaire | cartilagine articolare |
| Gemse (*rupicapra rupicapra*) | chamois | chamois | camoscio |
| Gerinnsel | clot | caillot | coagulo |
| Gerste (*hordeum*) | barley | orge | orzo |
| Geruchsorgan | olfactory organ | organ olfactiv | organo dell' olfatto |
| Geschwulst | tumor | tumeur | tumore |
| Gewebe | tissue | tissu | tessuto |
| Gewebekulturen | tissue cultures | cultures de tissus | culture di tessuti |
| Gewürznelke (*caryophyllus*) | clove-tree | giroflier | garofani |
| Ginster (*genista*) | ginster, broom | genêt | ginestra |
| Gitterfasern | reticulated fibrils | fibrilles grillagées | fibre a gratriccio |
| Glaskörper | vitreous body | corp vitré | corpo vitreo |
| Glockenblume (*campanula*) | bell-flower | campanule | campanelle |
| Goldamsel (Pirol) (*oriolus oriolus*) | golden oriole | merle doré, loriot | rigogolo |
| Goldbutt (*pleuronectes platessa*) | plaice | sole | sogliola |
| Goldchlorid | gold chlorid | chlorure d'or | cloruro d' oro |
| Goldfasan (*chrysolophus pictus*) | golden pheasant | faisan doré | fagiano dorato |
| Goldlack (*cheiranthus*) | wall-flower | giroflée jaune | aleli |

| Deutsch | Englisch | Französisch | Italienisch |
|---|---|---|---|
| Goldregen (*laburnum*) | golden-rod-tree | cytise | avorniello, laburno |
| Grabwespen (*sphegidae*) | sand wasps | guêpes fouisseuses, sphegiens, ichneumons | sfegidi, vespe scavatrici |
| Grasfrosch (*rana temporaria*) | common, european brown-frog, grass-frog | grenouille des prés | rana bruna dei prati |
| Grenzfalten | limiting folds | plis limitants | pieghe limitanti |
| Griffel (*stylus*) | style (shaft) | style | stile |
| Gurke (*cucumis*) | cucumbre | concombre | cetrinolo |
| Gürteltiere (*dasypodidae*) | armadillos | dasypodes, tatous | armadilli |
| Hafer (*avena*) | oats | avoine | avena |
| Haftstiel | body stalk | pedicule de fixation | peduncolo di fissazione |
| Hahnenfuß (*ranunculus*) | ranunculus | renoncule | ranunculo |
| Haie (*selachii*) | sharks | requins, selaciens | pesce cane, selaci |
| Hainbuche (*carpinus*) | horn-beam | charme, charmille | carpino |
| Hakenwurm (*ancyclostoma duodenale, uncinaria duodenalis*) | hookworm | ankylostome | anchilostoma |
| Halbaffen (*prosimiae*) | lemurs | makis | proscimmie, prosimii |
| Halsbucht | cervical sinus | sinus cervical | seno cervicale |
| Hamster (*cricetus cricetus, cricetus frumentarius*) | common hamster | hamster | criceto, hamster |
| Hanf (*cannabis*) | hemp | chanvre | canape |
| Hängender Tropfen | hanging drop | goutte pendante | goccia pendente |
| Harnblase | bladder | vessie | vescica urinaria |
| Harnkanälchen | urinaires tubules | canalicules urinaires | canalicoli uriniferi |
| Harnröhre | urethra | urètre | uretra |
| Härtung | hardening | durcissement | indurimento |
| Hase (*lepus europaeus, lepus timidus*) | common hare | lièvre | lepre |
| Haselhuhn (*tetrastes bonasia, bonasa silvestris*) | hazel-grouse, hazel-hen | gelinotte | francolino di montagna |
| Haselnuß (*corylus*) | hazel(-nut-tree) | coudrier (noisettier) | nocciòlo, avellano |
| Hasenscharte | hare-lip | bec de lièvre | labbro leporino |
| Hauptzellen (in den Magendrüsen) | central chief cells (in gastric glands) | cellules principales (dans les glandes de l'estomac) | cellule fondamentali (nelle glandule gastriche) |
| Hausente (*anas boschas f. domestica*) | domestic duck | canard domestique | anitra, anatra domestica |
| Hausesel (*equus asinus*) | ass, donkey | ane | asino |
| Hausgans (*anser anser f. domestica*) | domestic goose | oie | oca |
| Haushuhn (*gallus bankiva f. domestica*) | hen, fowl | poule | gallo |
| Haushunde (*canis familaris*) | dog | chien | cane |
| Hauskatze (*felis domestica*) | domestic cat | chat | gatto |
| Hausmaus (*mus musculus*) | common mouse, house-mouse | souris commune | topolino, topo delle case |
| Hauspferd (*equus caballus*) | horse | cheval | cavallo |
| Hausratte (*mus rattus*) | black rat | rat noir | ratto bruno |
| Hausrind (*bos domesticus*) | ox | bœuf | bue |
| Hausschafe (*ovis domestica*) | sheep | mouton | pecora |
| Hausschwalbe (Mehlschwalbe) (*chelidon urbica*) | martin | hirondelle | balestruccio |
| Hausschwein (*sus domesticus*) | pig, swine | porc, cochon | maiale, porco |
| Haussperling (*passer domesticus*) | house-sparrow | moineau | passero domestico, passero oltramontano (passero ist in Italien passer italiae) |

| Deutsch | Englisch | Französisch | Italienisch |
|---|---|---|---|
| Hausspitzmaus (*crocidura russulus*) | shrew | musaraigne | mustiolo, toporagno |
| Haustaube (*columba livia*) | pigeon, dove | pigeon domestique | piccione domestico, colombo domestico |
| Hausziege (*capra*) | goat | chèvre | capra |
| Haut | skin | peau | pelle |
| Hautfaserblatt | somatopleure | feuilett musculo-cutané | foglietto musculo-cutaneo |
| Hautflügler (*hymenoptera*) | bees and wasps | hyménoptères | imenotteri |
| Hautnabel | navel | ombelic cutané | ombelico cutaneo |
| Hecht (*esox lucius*) | pike | brochet | luccio |
| Hefe, Hefepilze (*saccharomycetes*) | yest | levain, levure | saccharomiceti (lievita) |
| Heidekraut (*erica*) | heath | bruyère incarnate | erica |
| Heidekraut (*calluna*) | common heather, ling | bruyère commun | erica minore, brughiera |
| Heidelbeere (*vaccinium myrtillus*) | whortleberry | myrtille | mirtillo |
| Heiligenbutt, Heilbutt (*hippoglossus vulgaris*) | halibut | grand flétan, holibut | — |
| Herbstzeitlose (*colchicum autumnalis*) | meadow-saffron | colchique commun | colchico, zafferano bastardo |
| Heringskönig (*zeus faber*) | john dory | dorée, poisson de St. Pierre | S. Pietro |
| Herrenpilz (*boletus edulis*) | eatable mush-room | bolet comestible | boleto giallo |
| Herzmuskel | heart muscle | myocarde | miocardio |
| Heu (*fenum*) | hay | foin | fieno |
| Hexenkraut (*circaea*) | enchanter's nightshade | circée | circaea |
| Himbeere (*rubus idaeus*) | raspberry | framboisier | lampone, frambоè |
| Hirsche (*cervidae*) | deer | cerfs | cervidi, cervi |
| Hirschkäfer (*lucanus cervus*) | common stagbeetle | cerf volant | cervo volante |
| Hirse (*panicum, setaria*) | millet (panicle) | millet (moha) | miglio (panico) |
| Hode | testis | testicule | testicolo |
| Hohlspiegel | hollow mirror | miroir concave | specchio concavo |
| Holunder (*sambucus*) | elder | sureau | sambuco |
| Homogene Immersion | homogenous oil-immersion | immersion homogène | immersione omogenea |
| Honigtau (*melligo*) | honey-dew | miellat | melata |
| Hopfen (*humulus lupulus*) | hop | houblon | luppolo |
| Hornhaut | cornea | cornée | cornea |
| Hornhautmikroskop | corneal microscope | microscope cornéen | microscopio corneale |
| Huftiere (*ungulata*) | ungulate animals | ongulés | ungulati |
| Hühnereiweiß | egg-albumen | blanc de l'œuf | albume d' uovo |
| Hühnerhabicht (*astur palumbarius*) | goshawk | autour | nibbio nero, astore |
| Hüllspelze (*gluma*) | glume, scale | glume | gluma |
| Hülse (*legumen*) | legume | gousse (légume) | legume |
| Hummel (*bombus*) | bumble-bee, humble-bee | bourdon | bombo, pecchioni |
| Hummer (*astacus gammarus, homarus vulgaris*) | lobster | homard | astaco, gambero marino |
| Hundsfisch (*umbra krameri*) | mud-minnow | umbre | — |
| Hundshaie (*scylliorhinidae*) | dog-fishes, dog-sharks | roussettes | gattuccii di mare |
| Igel (*erinaceus europaeus*) | hedgehog | hérisson | riccio |
| Igelstacheln | porcupine spicules | aiguillons de porc-épic | aculei d' istrice |
| Iltis (*putorius putorius*) | polecat | putois | puzzola |
| Immergrün (*vinca*) | evergreen, privet | pervenche | pervinca |
| Insekten (*insecta*) | insects | articulés, insectes | insetti |

| Deutsch | Englisch | Französisch | Italienisch |
|---|---|---|---|
| **Irisblende** | (iris) diaphragm | diaphragme à iris | diaframma a iride |
| **Jodserum** | iodised serum | serum iodé | siero iodato |
| **Jodtinktur** | Iodine tincture | teinture de Jode | tintura di Iodio |
| **Johannisbeere** (*ribes vulgare*) | currant | grosseillier à grappes | ribes à grappoli |
| **Johanniswurm** (*lampyris noctiluca*) | glow-worm | ver luisant | lucciola (lucciola commune ist luciola italica) |
| **Kabeljau** (*gadus morrhua*) | cod-fish | cabillaud, morue | merluzzo dell' Atlantico |
| **Käfer** (*coleoptera*) | beetles | coléoptères | coleotteri |
| **Kaiseradler** (*aquila chrysaetus, aquila heliaca*) | imperial eagle | aigle | aquila reale |
| **Kalilauge** | caustic potash | potasse caustique | idrato potassico |
| **Kammolch** (*molge cristata, triton cristatus*) | crested newt, warty eft | triton | salamandra acquaiola, tritone crestato |
| **Kanadabalsam** | Canada balsam | baume du Canada | balsamo del Canadà |
| **Kaninchen** (*cuniculus cuniculus, lepus cuniculus*) | common rabbit | lapin | coniglio |
| **Kannenpflanze** (*nepenthes*) | pitcher-plant | népenthès | nepenthes |
| **Kapselfrucht** (*capsula*) | capsule | capsule | capsola |
| **Kapuzinerkresse** (*tropaeolum*) | nasturtium | capucine | capuchina |
| **Karausche** (*cyprinus carassius, carassius vulgaris*) | crucian | corassin, charax | carassio, ciprino |
| **Karotte** (*daucus carota*) | carrot | carotte (panais) | carota |
| **Karpfen** (*cyprinus carpio*) | carp | carpe | carpione, carpa |
| **Kartoffel** (*solanum tuberosum*) | potatoe | pomme de terre | patata |
| **Kartoffelkäfer** (*leptinotarsa decemlineata, chrysomela decemlineata, doryphora decemlineata*) | potato-beetle, colorado-beetle | colorado | dorifora, crisomela delle patate |
| **Kätzchen** (*amentum*) | catkin | chaton | amento, gattino |
| **Kastanienbaum** (*castanea vesca*) | chestnut | châtaignier | castagno |
| **Kaulbarsch** (*acerina cernua*) | pope | petite perche, acérine, perche gayonnière | — |
| **Kaulquappe** (*larva ranarum*) | tadpole | têtard | girino |
| **Kehlkopf** | larynx | larynx | laringe |
| **Keimbläschen** | germinal vesicle | vésicule germinative | vescichetta germinativa |
| **Keimblatt** (*cotyledo*) | cotyledon | cotylédon | cotiledone |
| **Keimblatt, primäres** | primary germ layer | feuilett primaire | foglietto blastodermico primario |
| **Keimfleck** | germinal macula | tache germinative | macula germinativa |
| **Keimscheibe** | germinal disc | disque germinatif | disco germinativo |
| **Keimzelle** | germ-cell | cellule sexuelle | cellula sessuale |
| **Kelch** (*calyx*) | calyx | calice | calice |
| **Kellerassel** (*porcellio scaber*) | sow bug | cloporte | porcellino, onisco dei muri |
| **Kern** (*nucleus*) | nucleus | noyau | nucleo |
| **Kernkörperchen** (*nucleolus*) | nucleolus | nucléole | nucleolo |
| **Kernteilung** | nuclear division | division nucléaire | divisione nucleare |
| **Kiebitz** (*vanellus vanellus*) | peewit, green plover | vanneau | vanello, pavoncella |
| **Kiefer** (*pinus*) | pine | pin | pino |
| **Kieferbogen** | mandibular arch | arc mandibulaire | arco mandibolare |
| **Kiemen** | gills | branchies | branchi |
| **Kiemenbögen** | visceral arches | arcs branchiaux | archi branchiali |
| **Kiemenspalten** | visceral clefts | fentes branchiales | fessure branchiali |
| **Kirschbaum** (*prunus avium*) | cherry | cerisier | cigliegia |
| **Kirschlorbeer** (*prunus laurocerasus*) | laurel (-cherry) | laurier-cerise | lauroceraso |
| **Kittlinien** (Kittleisten) | cement-list | cadres cementaires (Prenant) | listerelle cementanti |

| Deutsch | Englisch | Französisch | Italienisch |
|---|---|---|---|
| Kittsubstanz | cement | ciment | sostanza cementante |
| Klee (*trifolium*) | clover, trifoil | trèfle | trifoglio |
| Kleeseide (*cuscuta*) | dodder | chevelure du diable, rache | carpaterra |
| Kleidermotte (*tinea pellionella*) | clothes moth | mite, teigne des tapisseries | tignuola dei panni, tignuola delle pelliceri |
| Kleinhirn | cerebellum | cervelett | cerveletto |
| Klette (*galium aparine*) | cleavers, goose-grass | gratteron | attaccamani |
| Knäuel (*glomus*) | skein | peloton | gomitolo |
| Knochenfische (*teleostei*) | teleosteans | poissons osseux, téléostéens | pesci ossei |
| Knochengewebe | bone tissue | tissu osseux | tessuto osseo |
| Knoblauch (*allium sativum*) | common garlic | ail commun | aglioti |
| Knorpel | cartilage | cartilage | cartilagine |
| Knospe (*gemma, germen*) | but, burgeon | bouton, bourgeon | bottone, gemma |
| Knospendeckung (*aestivatio*) | aestivation | estivation | estivazzione |
| Kohlrabi (*brassica oleracea gongyloides*) | kohl-rabi | chou-rave | cavol-rappa |
| Kohlweißling (*pieris brassicae*) | cabbage white | piéride du chou | cavolaia maggiore |
| Kolkrabe (*corvus corax*) | raven | corbeau | corvo imperiale |
| Königskerze (*verbascum*) | mullein | molène, bonhomme | verbasco, tasso-barbasso |
| Kopffortsatz (des Primitivstreifens) | head-process | prolongement céphalique | prolungamento cefalico |
| Kopfkohl (*brassica oleracea capitata*) | cabbage | chou pommé | cavolo cappuccio |
| Korkeiche (*quercus suber*) | cork-tree | chêne (à) liège | sughera |
| Krabben (*brachyura*) | crabs | crabes | granchi, brachiuri |
| Krähe (*corvus cornix*) | hooded crow | corneille | cornacchia bigia |
| Kranich (*grus grus*) | common crane | grue | gru |
| Krebse (*crustacea*) | crustaceans | crustacés | crostacei |
| Krebs(krankheit) (*cancer, canceroma*) | canker, wart | cancer (tumeur) | canchero, cancro |
| Kreislauf, embryonaler | embryonic circulation | circulation embryonaire | circolazione embrionale |
| Kresse (*lepidium sativum*) | cress | cresson alénois | crescione (inglese) |
| Kreuzdorn (*rhamnus*) | buckthorn | nerprun | ramno |
| Kreuzotter (*vipera berus*) | common viper, common adder | vipère commune, péliade, vipère du nord | vipera (unter vipera versteht man auch vipera aspis) |
| Kreuzspinne (*araneus diadematus, epeira diademata*) | garden-spider | epeire | ragno crociato, epeira |
| Kreuztisch (d. Mikroskops) | mechanical stage (of the microscope) | platine à chariot (du microscope) | tavolino traslatore (con nonio) del microscopio |
| Kribelmücke (*simulium reptans*) | sand-fly, buffalognat | simulie | moscerino |
| Krone (Blütenkrone) (*perianthium*) | perianth | périanthe, corolle | perianzio |
| Kröte (*bufo sp.*) | toad | crapaud | rospo |
| Kuckuck (*cuculus canorus*) | cuckoo | coucou | cuculo |
| Küchenschaben (*blattidae*) | cockroaches | blattes | blatte |
| Kümmel (*carum carvi*) | caraway | carvi, cumin | carvi, cumino de' prati |
| Kürbis (*cucurbita pepo*) | gourd (squash) | courge | zucca |
| Lachs (*salmo salar*) | salmon | saumon | salmone |
| Lack (zum Umranden d. Präparate) s. Deckglaskitt | — | — | — |
| Laichkraut (*potamogeton*) | batter-dock, pondweed | épi d'eau | lingue d' acqua |

| Deutsch | Englisch | Französisch | Italienisch |
|---|---|---|---|
| Languste (*palinurus vulgaris*) | crayfish, langouste | langouste | aragosta |
| Lanzettfisch (*amphioxus lanceolatus, branchiostoma lanceolatum*) | lancelet | amphioxus | anfiosso, lancetta |
| Lärche (*larix*) | larch (-tree) | mélèze | larice, larze |
| Laubfrosch (*hyla arborea*) | tree-frog | rainette | raganella |
| Laubmoose (*musci*) | mosses | mousses | musci |
| Läuse (*pediculidae*) | lice | pou | pidocchi |
| Lebermoose (*hepaticae*) | liverworts | hépatiques | epatice |
| Leibeshöhle, extraembryonale | extraembryonic body-cavity | cœlome extraembryonaire | celoma estraembrionale |
| Lein s. Flachs | | | |
| Leitbündel | vascular bundle | (paquet de) vaisseaux | fascetto |
| Leuchtkäfer (*lampyris noctiluca*) | glow-worm | ver luisant | lucciola (lucciola commune ist luciola italica) |
| Levkoie (*matthiola*) | stock | giroflée | aleli (cheiranthus) |
| Lichtfilter | filter for monocromatic light | philtres pour lumières monochromatiques | filtri per luci monochromatiche |
| Linde (*tilia*) | lime-tree | tilleul | tiglio |
| Linse (*lens culinaris*) | lentil, gram | lentille | lente, lenticchia |
| Linse (optische) | lens | cristallin (ou lentille) | cristallino (o lente) |
| Lippe | lip | levre | labbro |
| Löwenmaul (*antirrhinum*) | snapdragon | muflier | antirrino |
| Löwenzahn (*taraxacum*) | dandelion | léontodon, pissenlit | dente di leone |
| Lymphdrüse | lymphgland | glande (ou nodule) lymphatique | ganglio linfatico |
| Madenwurm (*oxyurus vermicularis*) | common pin-worm | oxyure | ossiuro |
| Magensaft | gastric juice | suc gastrique | succo gastrico |
| Maiglöckchen (*convallaria majalis*) | lily of the valley | muguet, lis des vallées | mughetto |
| Maikäfer (*melolontha vulgaris*) | cock-chafer | hanneton | maggiolino |
| Mais (*zea mais*) | maize, indian corn | maïs | formentone, granoturco |
| Marder (*mustela martes*) | pine-marten | fouine | martora |
| Markhaltige Nervenfasern | medulated nerve fibres | myeliniques fibres nerveuses | midollate o mieliniche (fibre nervose) |
| Marklose Nervenfasern | non-medulated nerve-fibres | amyeliniques fibres nerveuses | amidollate od amieliniche (fibre nervose) |
| Markscheide | medulated sheath | gaine myelinique | guaina mielinica (o midollata) |
| Marmota (*marmota marmotta*) | marmot | marmotte | marmotta |
| Maulbeerbaum (*morus*) | mulberry | mûrier | gelso, moro |
| Maulwurf (*talpa europaea*) | common mole | taupe | talpa |
| Meerkatze, grüne (*cercopithecus sabaeus*) | macaque | guenon, cercopithèque | cercopiteco |
| Meerrettich (*cochlearia armoracia*) | horse radish | raifort sauvage | rafano |
| Meerschweinchen (*cavia cobaya*) | guinea-pig | cobaye, cochon d'inde | porcellino d' india cavie |
| Mehlkäfer (*tenebrio molitor*) | meal-beetle | ténébrion meunier | tenebrione mugnaio |
| Mehlwurm (*larva tenebrionis molitoris*) | meal-worm | ver de farine | verme della farina |
| Mehrfachfärbungen | multiple stains | colorations multiples | colorazioni multiple |
| Meisen (*paridae*) | tits | mésanges | cince |

| Deutsch | Englisch | Französisch | Italienisch |
|---|---|---|---|
| Melone (*cucumis melo*) | melon | melon | popone |
| Meltau (*robigo*) | mildew | nielle, rouille, mildiou | robigo |
| Meßokular | micrometric eyepiece | oculaire micrométrique | oculare micrometrico |
| Miesmuschel (*mytilus edulis*) | sea-mussel | moule comestible | mitilo mangereccio, cozze |
| Mikrometerschraube | micrometric screw, fine adjustment | vis micrométrique | vite micrometrica |
| Mikrotomschnitte | microtome sections | coupes microtomiques | fette microtomiche |
| Milben (*acarina*) | mites, acarids | mites, acarides, acariens | acari |
| Milchdrüse | mammary gland | glande mammaire | ghiandola mammaria |
| Milchleiste | milk line | crête mammaire | linea (o cresta) lattea |
| Mispel (*mespilus germanica*) | medlar (-tree) | néflier | nespolo comune |
| Mistel (*viscum*) | mistletoe | gui | visco |
| Mittelohr | middle ear | oreille moyenne | orecchio medio |
| Mohn (*papaver*) | poppy | pavot | papavero |
| Möhre s. Karotte | | | |
| Molge (*molge*) | newt | triton | salamandra aquaiola, tritone |
| Moos (*muscus*) | moss | mousse | musco |
| Moostierchen (*bryozoa*) | moss-animals | bryozoaires | briozoi |
| Morchel (*morchella exulenta*) | moril, morel | morille | spugnola |
| Motten (*tineidae*) | tineids | teignes | tignuole |
| Möwen (*laridae*) | gulls | mouettes | gabbiani |
| Mundhöhle | oral cavity | cavité buccale | cavità buccale |
| Murmeltier (*arctomys*) *motta, marmota marmotta*) | marmot | marmotte | marmotta |
| Muskelfasern (quergestreifte) | striated muscle fibres | fibres musculaires striées | fibre musculari striate |
| Muskelzellen (glatte) | nonstriated muscle-cells | cellules musculaires lisses | cellule musculari liscie |
| Mutterkorn (*secale cornutum*) | secale, blighted corn | seigle, ergoté | segala cornuta |
| Nabel | navel (or umbilicus) | ombelic (ou nombril) | ombelico |
| Nabelschnur | umbilical cord (or navel-string) | cordon ombelical | cordone ombelico |
| Nabelstrang | umbilical cord | cordon ombelical | cordone ombelicale |
| Nachtigall (*aedon luscinia, luscinia luscinia*) | nightingale | rossignol | rusignuolo, usignuolo |
| Nachtkerze (*oenothera*) | evening primrose | onagre, onagraire | rapunci |
| Nachtpfauenauge (*saturnia sp.*) | emperor-moth | paon de nuit, saturnie du charme | saturnia del pero |
| Nadelhölzer (*coniferae*) | coniferous trees | conifères | alberi ragiosi, conifere |
| Nagetiere (*rodentia*) | rodents, gnawers | rongeurs | roditori, rosicanti |
| Nährboden | nutritive medium | milieu nutritif | terreno nutritivo |
| Nährbouillon | bouillon | bouillon | brodo (come terreno nutritivo) |
| Narbe (*stigma*) | stigma | stigmate | stimma |
| Nasenmuschel | concha | conque nasal | conca (o cornetto) nasale |
| Nashörner (*rhinocerotidae*) | rhinocerosses | rhinocéros | rinoceronti |
| Nashornkäfer (*oryctes nasicornis*) | rhinoceros-bettle | escarbot-licorne, rhinocéros, orycte nasicorne | scarabeo rinoceronte |
| Natronlauge | sodium hydroxide | soude caustique | idrato sodico |
| Nebenblatt (*stipula*) | stipule | stipule | stipola |
| Nebenhoden | epididymis | épididime | epididimo |
| Nebenkern | paranuclear body, „Nebenkern" | corps paranucléaire | paranucleo |

| Deutsch | Englisch | Französisch | Italienisch |
|---|---|---|---|
| Nebenniere | supra-renal body | glande surrenale | ghiandola surrenale |
| Nektarium (*nectarium*) | nectary | nectaire | nettario |
| Nelke (*dianthus*) | pink, carnation | œillet | garofano |
| Nelkenöl | clove-oil | essence de girofl é | olio di garofani |
| Netz | omentum | epiploon | omento |
| Niederschlag | precipitation | precipité | precipitato |
| Niere | kidney | rein | rene |
| Nilpferd (*hippopotamus amphibius*) | hippopotamus, river-horse | hippopotame | ippopotamo |
| Nonne (*liparis monacha, lymantria monacha, ocneria monacha*) | nun, black-arches | liparis nonne | monaca |
| Nuß (*nux*) | nut | noix | noce |
| Oberkiefer | upper jawbone | mâschoire supérieur | mascella |
| Objektiv (Linse) | objective of the microscope | objectif du microscope | obiettivo del microscopio |
| Objektmikrometer | stage micrometer | micromètre-objectif | micrometro obiettivo |
| Objekttisch (des Mikroskops) | stage of the microscope | platine du microscope | tavolo del microscopio |
| Objekttisch (heizbarer) | warm stage | platine chauffée | tavolino riscaldante |
| Objektträger | slide | lamelle porteobjet | vetrino portaoggetti |
| Ochsenfrosch (*rana catesbyana; rana mugiens*) | bullfrog | grenouille-taureau | — |
| Ohr (äußeres) | ear exterior | oreille externe | orecchio esterno |
| Ohrmuschel | auricle | coquille (ou conque) de l'oreille | padiglione dell' orecchio |
| Ohrwürmer (*forficulidae*) | earwigs | forficules, perce-oreilles | forficole, forbicine |
| Okular (Linse) | eyepiece | oculaire (du micr.) | oculare (del micr.) |
| Okularmikrometer s. Meßokular | | | |
| Öle (ätherische) | ethereal oils | essences | oli eterei |
| Papageien (*psittaci*) | parrots | perroquets | pappagalli |
| Pappel (*populus*) | poplar | peuplier | pioppo |
| Paradiesvögel (*paradiseidae*) | birds of paradise | paradisiers, oiseaux de paradis | uccelli di paradiso |
| Paraffinschnittbänder | ribbons of paraffin, serial sections | rubans de coupes en paraffine | nastri di fette in paraffina |
| Pastinak (*pastinaca sativa*) | parsnip | panais | pastinaca |
| Perlhuhn (*numida meleagris*) | guinea fowl | pintade | faraona, gallina di faraone |
| Perlmuschel (*meleagrina margaritifera*) | pearl-oyster | hûitre perlière | ostrica perlifera |
| Petrischale | Petri dish | boîte de Pétri | doppia capsula |
| Pfau (*pavo cristatus*) | peacock | paon | pavone |
| Pfeffer (*piper nigrum*) | pepper | poivre | pepe |
| Pfeilkraut (*sagittaria*) | arrow-head | flèche d'eau | erba saetta |
| Pferdebohne (*vicia faba*) | broad bean | fève de marais | fava |
| Pfifferling (*cantharellus cibarius*) | mush-room | cantharelle | peperella |
| Pfirsich (*amygdalus persica*) | peach (-tree) | pêcher | pesco, persico |
| Pflaume (*prunus domestica*) | plum (-tree) | prunier | pruno, susino |
| Pfortader | port vein | veine-port | vena porta |
| Pilz (*fungus*) | fungus | fungus (champignon) | fungo |
| Pinzette | forceps | pince | pincetta |
| Plasmaströmung | protoplasmic current | courant protoplasmique | corrente protoplasmatica |
| Platane (*platanus*) | plane-tree | platanier | platano |
| Platinöse | (platinum) loop | anse (de platine) | — |
| Plattenepithel | epithelium scaly or pavement epithelium | épithél pavimenteux | epitelio pavimentoso |

| Deutsch | Englisch | Französisch | Italienisch |
|---|---|---|---|
| Plattenepithel, einschichtiges | simple scaly epithelium | épithél unistratifié | epitelio monostratificato |
| — geschichtetes | stratified epithelium | épithél stratifié | epitelio pluristratificato |
| Plattengießen | pouring plates | couler dans des boîtes | — |
| Plattenmodelliermethode | method of plastic reconstruction with plates | méthode de reconstruction plastique par des plaques | metodi di ricostruzione plastica colle lamine |
| Polarisationsmikroskop | polarisation microscope | microscope à polarisation | microscopio per l'esame a luce polarizzata |
| Polkern (*nucleus polaris*) | pol-nucleus | noyau polaire | nucleo polare |
| Pollen (*pollen*) | pollen | pollen | polline |
| Pollenkorn (*granum pollinis*) | pollen-grain | grain de pollen | granello di polline |
| Pollenschlauch (*utriculus pollinis*) | pollen-tube | tube pollinique | tubetto pollinico |
| Polstrahlung | asterspindle | irradiation polaire (astérienne) | raggi polare |
| Präpariermikroskop | dissecting-microscope | microscope à dissection | microscopio da dissezione |
| Preiselbeere (*vaccinium vitis-idaea*) | red whortleberry, cowberry | airelle rouge | vigna d' orso |
| Primitivstreifen | primitiv streak | ligne primitive | linea primitiva |
| Puppe (*pupa*) | chrysalis | nymphe, chrysalide, cocon | nifna, pupa |
| Qualle (*medusa*) | jelly-fish | ortie de mer, meduse | medusa |
| Quellung | imbibition swilling | imbibition | imbibizione |
| Querstreifung | cross striation | striation transversale | striatura trasversale |
| Quitte (*cydonia vulgaris*) | quince | cognassier | melo cotogno |
| Raben (*corvidae*) | crows | corbeau | corvi |
| Rabenkrähe (*corvus corone*) | carrion crow | corneille noir | cornacchia nera |
| Rädertiere (*rotatoria*) | rotifers, wheel-anamalcules | rotateurs, rotifères | rotiferi |
| Raps (*brassica napus*) | rape, cole | chou navet | navone, ravizzone |
| Raubtiere (*carnivora*) | carnivora | carnassiers, carnivores | carnivori |
| Raubvögel (*accipitres*) | birds of prey | rapaces | rapaci |
| Raupe (*larva lepidopterum*) | caterpillar | chenille | bruco, larva |
| Rauschbeere (*empetrum*) | black-crow berry | camarine noire | (vinegia) |
| Reagenzglas | testtube | éprouvette, tube à essai, verre à réactif | tubo per reattivi |
| Rebhuhn (*perdix perdix*) | partridge | perdrix grise | pernice, starna |
| Reblaus (*phylloxera vastatrix*) | phylloxera | phylloxéra | fillossera della vite |
| Regenwürmer (*lumbricidae*) | earthworms | vers de terre, lombric lombriciens | vermi di terra, lombrichi |
| Reh (*capreolus capreolus, cervus capreolus*) | roe deer | chevreuil | capriolo |
| Regulus = Goldhähnchen (*regulus regulus, regulus cristatus*) | goldcrest | roitelet, huppé | scricciolo |
| Reifeteilung | maturation division | mitose de maturation | mitosi di maturazione |
| Reiher (*ardea cinerea*) | common heron | héron | airone, airone cenerino, gazza cenerina, nonna |
| Reinkulturen (v. Bakterien, v. Geweben) | pure cultures (of bacteria, of tissues) | cultures pures (de bactéries, de tissus) | colture pure (di batteri, di tessuti |
| Reis (*oryza*) | rice | riz | riso |
| Reiskäfer (*calandra oryzae*) | rice-weevil | charançon du riz, calandre du riz | punteruolo del riso |

| Deutsch | Englisch | Französisch | Italienisch |
|---|---|---|---|
| Rettich (*raphanus sativus*) | (spanisch) radish | radis | radici |
| Richtlinien (für Rekonstruktionen) s. Definierlinien | | | |
| Richtungskörperchen | polar globules (or polar bodys) | globules polaires (ou corpuscules de direction) | globuli polari (o corpuscoli di direzione) |
| Riechepithel | olfactory epithelium | épithélium olfactif | epitelio olfattivo |
| Riechzellen | olfactory cells | cellules olfactifes | cellule olfattorie |
| Riesenschlange (*boa constrictor*) | giant-snake | boa | boa |
| Ringelnatter (*tropidonotus natrix*) | common grass snake, water-snake, ring-snake | couleuvre à collier | biscia d' acqua, vipere d' acqua, biscia dal' collare |
| Rippenknorpel | costal cartilages | cartilage costale | cattilagine costale |
| Rittersporn (*delphinium*) | larkspur | pied d'alouette | erba-cornetta, cappucci |
| Robben (*pinnipedia*) | seals | phoques, amphibies | focche, pinnipedi |
| Rochen (*rajidae*) | rays, skates | raies | razze |
| Roggen (*secale cereale*) | rye | seigle | segale |
| Rohrammer (*emberiza schoeniclus*) | reed-bunting | bruant des roseaux | zigolo |
| Rohrkolben (*typha*) | reed-mace | roseau des étangs | sala |
| Rohrzucker | cane sugar | sucre de canne | zucchero di canna |
| Rosenkäfer (*cetonia aurata*) | rose-chafer | cétoine dorée | cetonie dorate |
| Roßkastanie (*aesculus*) | horse-chestnut | châtaignier de cheval | ippocastano |
| Rostpilze (*uredinales*) | rusts | urédinées | uredinaceae |
| Rotalgen (*florideae, rodophyta*) | red algae | algues floridées | alge rosse |
| Rote Rübe (*beta vulgaris hortensis*) | beet-root | betterave à salade | barba bietola |
| Rotkehlchen (*erithacus rubecula*) | robin | rouge-gorge | pettirosso |
| Rübe (*beta vulgaris hortensis*) | rape, turnip | rave | rapa |
| Runkelrübe (*beta vulgaris*) | beet | betterave (champêtre) | bietola |
| Ruß | soot (smoke-black) | noir de fumée (noir d'ivoire) | nerofumo |
| Rüsselkäfer (*curculionidae*) | weevils | scarabées à trompe, charançons | punteruoli, coleotteri proboscidati |
| Saftkanälchen (RECKLINGHAUSEN) | serous canaliculi | canalicules du suc | canalicoli del succo |
| Salat (Feldsalat) (*valeriana olitoria*) | corn-salad | mache | valeriana |
| Salat (Kopfsalat) (*lactuca sativa capitata*) | cabbage lettuce | laitue | lattuga cappuccio |
| Salpetersäure | nitric acid | acide nitrique | acido nitrico |
| Salzsäure | hydrochloric acid | acide chloridrique | acide cloridrico |
| Samen (*semen*) | seed (-corn) | semence, graine | seme, semenza |
| Samenleiter | ductus deferens | canal déférent | condotto deferente |
| Samenzelle | spermatozoon | spermie (ou spermatozöon) | spermatozoon |
| Sauerkirsche (*prunus cerasus*) | morel, wild cherry | griottier | amarella |
| Schachtelhalm (*equisetum*) | shave-grass | prêle | coda di cavallo, brusca |
| Schafgarbe (*achillea millefolium*) | milfoil | millefeuille | millefoglio |
| Schakal (*canis aureus*) | jackal | chacal | sciacallo |
| Schaltstücke (der Herzmuskelfasern) | intercalated discs | traits scaloriformes | tratti intercalari (del miocardio) |
| Scheidewand (*paries*) | partition | cloison | parete |
| Schellfisch (*melanogrammus aeglefinus*) | haddock | aiglefin, hadot | eglefino |

| Deutsch | Englisch | Französisch | Italienisch |
|---|---|---|---|
| Schierling (*conium maculatum*) | hemlock | ciguë (tachée) | cicuta |
| Schiffchen (*carina*) | keel | carène | carena |
| Schiffsbohrwurm (*teredo navalis*) | shipworm | taret | teredine |
| Schildkäfer (*cassidinae*) | tortoise beetles | cassides | coleotteri |
| Schildkröten (*testudinata, chelonia*) | turtles, tortoises | tortues, cheloniens | cheloni, tartarughe, testuggini |
| Schildläuse (*coccidae*) | scale-insects, mealybugs | cochenilles | coccidi, cocciniglie |
| Schildwanzen (*pentatomidae*) | pentetomidbugs | pentatomes, punaises des bois | pentatomidi |
| Schilfrohr (*phragmites*) | sedge, reed | roseau | giunco |
| Schlammpitzger (*misgurnus fossilis, cobitis fossilis*) | pond loach | loche d'étang | cobite fossile |
| Schlangen (*ophidia*) | snakes | serpents, ophidiens | ofidi, serpenti |
| Schlangensterne (*ophiurilea*) | sand-stars | ophiures | ofiure, stelle serpentine |
| Schleie (*tinca vulgaris*) | tench | tanche | tinca |
| Schleifen (Messer-) | sharpen, grind | affiler (aiguiser) | affilare |
| Schleim | mucin, slime | mucine | muco (mucina) |
| Schleimpilze (*myxomycetes*) | myxomycetes | myxomycètes | micomiceti |
| Schlittenmikrotom | sliding microtome | microtome à chariot | microtomo a slitta |
| Schlund | pharynx | pharynx | faringe |
| Schlüsselblume (*primula*) | primrose | primevère | primavera |
| Schmelz | enamel | émail | smalto |
| Schmelzmembran | enamel layer | membran de l'émail | membrana dello smalto |
| Schmelzorgan | enamel organ | organe de l'émail | organo dello smalto |
| Schmetterlingsblütler (*papilionaceae*) | pulse family | papilionacées | leguminose |
| Schnabeltier (*ornithorhynchus anatinus*) | duck billed platypus, duckbill | ornithorynque | ornitorinco |
| Schnecken (*gastropoda*) | snails | limaçons, gastropodes | chiocciole, gasteropodi |
| Schneeball (*viburnum*) | arrow-wood | viorne | viburno |
| Schneeglöckchen (*galanthus*) | snow-drop | perce-neige | foraneve |
| Schneehuhn (*lagopus mutus*) | ptarmigan | perdrix blanche | pernice di monte |
| Schneiden (-Mikrotom) | cutting of sections (with the microtome) | couper (faire des coupes) au microtome | affettare al microtomo |
| Schnelleinbettung | rapid inbedding | enrobage rapide | inclusione rapida |
| Schnellhärtung | rapid hardening | durcissement rapide | indurimento rapido |
| Schnepfenvögel (*scolopacinae*) | snipes | bécasses | beccacce |
| Schnittdicke | thickness of the sections | épaisseur des coupes | spessore delle fette |
| Schnittfärbung | staining of sections | colorations des coupes | colorazione delle fette |
| Schnittlauch (*allium schoenoprasum*) | cives, chive garlic | ciboulette, civette | cipollina |
| Schnittstrecker | accessory for flattening the sections | appareil pour aplanir les coupes | apparecchio per appianare le fette |
| Scholle (*pleuronectes platessa*) | plaice | sole | pleuronethido |
| Schöllkraut (*chelidonium*) | celandine | éclaire | cinerognola |
| Schötchen (*silicula*) | silicle, pouch | silicule | siliquetta |
| Schotte (*siliqua*) | silique | silique | siliqua |
| Schraubel (*bostryx*) | bostryx | cyme unipare hélicoïde | bostrice |
| Schreivögel (*clamatores*) | — | oiseaux vocifères | uccelli gridatori |
| Schrumpfung | shrinking | ratatinement | raggrinzamento (coartazione) |
| Schuppe (*squama*) | scale | écaille | squama |

| Deutsch | Englisch | Französisch | Italienisch |
|---|---|---|---|
| Schuppentiere (*manidae*) | scaly anteaters | pangolins | pangolini |
| Schwalben (*hirundinidae*) | swallows and martins | hirondelles | rondini |
| Schwalbenschwanz (*papilio machaon*) | swallow-tail | portequeue, papillon grand porte queue | macaone |
| Schwammspinner (*lymantria dispar, liparis dispar, ocneria dispar*) | gipsy moth | liparine | dispari |
| Schwanzdarm | tail gut | intestin caudal | intestino caudale |
| Schwanzknospe | tail bud | bourgeon caudal | gemma caudale |
| Schwanzlose Lurche (*anura*) | tailless amphibia | batraciens sans queue, batraciens anoures | anuri |
| Schwanzlurche (*urodela*) | tailed amphibia | batraciens à queue, batraciens urodèles | urodeli |
| Schwärmer (*sphingidae*) | hawk-moth | sphingidés, sphynx | farfalle crepuscolari, sfingi |
| Schwarzspecht (*picus martius*) | black woodpecker | pic noir, dryocope | picchio nero |
| Schwefelsäure | sulphuric acid | acide sulphurique | acide solforico |
| Schwertfisch (*xiphias gladius*) | sword-fish | espadon, xiphias | pesce spada |
| Schwertlilie (*iris*) | sword-grass, iris | flambe, iris | giglio |
| Schwimmkäfer (*dytiscidae*) | water-beetles | dytiques | coleotteri nuotatori, dittsci |
| Seebär (*arctocephalus ursinus*) | nothern fur seal | ursin | orsina |
| Seegras (*zostera*) | grass-weed, mallow | zostère | allego, aligo |
| Seegurken (*holothuroidea*) | holothurians, sea-cucumbers | holothuries | oloturie |
| Seehund (*phoca vitulina*) | common seal | chien de mer, phoque, veau marin | foca |
| Seeigel (*echinoidea*) | sea-urchins | oursin | echini, ricci di mare |
| Seekatzen (*chimaeridae*) | „kings of the herrings", sea-cats | chimères | chimeri |
| Seekühe (*sirenia*) | sirenians, sea-cows | vache marines, lamantins, dugongs | sireni, lamantini |
| Seelöwe (*eumetopias jubata*) | patagonian sea-lion | lion de mer | otaria |
| Seepferdchen (*hippocampus hippocampus, hippocampus antiquorum*) | sea-horse | cheval marin, hippocampe | cavalluccio marino, ippocampo |
| Seeraupe (*aphrodite aculeata*) | sea-mouse | hérissée, taupe de mer | verme di mare |
| Seerose (*nymphaea*) | white water-lily | nénuphar blanc | carfano |
| Seesterne (*asteroidea*) | starfishes | étoiles de mer | stelle di mare |
| Seeteufel (*lophius piscatorius*) | fishing-frog, angler | baudroie | pescatrice |
| Sehpurpur | retinic purple | pourpre rétinique | porpora retinica |
| Seidenspinner (*bombyx mori*) | silk moth, mulberry silk-moth | bombyx de mûrier, ver à soie | filugello, baco da seta |
| Seitenorgane | sensory organ of lateral line | organes (de sens) de la ligue laterale | organi (di senso) della linea laterale |
| Sekretkapillare | secretory canaliculi | capillaires de secretion | capillari di secrezione |
| Sellerie (*apium graveoleus*) | celery | céleri | sedano |
| Senf (*sinapis arvensis*) | charlock, wild mustard | moutarde | senapa |
| Serienschnitte | serial sections | coupes en série | fette in serie (seriali) |
| Sichel (*drepanium*) | drepanium | drepanium | drepanio |
| Siebenschläfer (*myoxus glis*) | fat-dormouse | loir | ghiro |
| Silbernitrat | nitrate of silver | nitrate d'argent | nitrato d' argento |
| Sojabohne (*dolichos soja*) | soja bean | soja hispide | fagiulo del Giappone |
| Sonnenblume (*helianthus*) | sun-flower, turnesol | héliotrope | girasole |
| Spaltlampe | fissure-lamp | lampe à fissure | lampada a fessura |
| Spargel (*asparagus*) | asparagus | asperge | asparagio |

| Deutsch | Englisch | Französisch | Italienisch |
|---|---|---|---|
| Spatz (*passer domesticus*) | house-sparrow | moineau | passero domestico, passero oltramontano, passara domestica (passero ist passer italiae) |
| Spechte (*picidae*) | woodpeckers | pics | picchi |
| Speckkäfer (*dermestes lardarius*) | bacon-beetle | dermeste du lard | dermeste del lardo |
| Speicheldrüsen | salivary glands | glandes salivaires | ghiandole salivari |
| Speichern | accumulate | accumuler | accumulare |
| Spelze (*gluma, palea*) | glume | glume | gluma |
| Spermien | spermatozoa | spermatozoides | spermatozoi (nemaspermi) |
| Spinat (*spinacia*) | spinach | épinard | spinaccio |
| Spindel (Kern) | spindle | fuseau | fuso, asse fusoriale |
| Spinnen (*araneida*) | spiders | araignées, arachnides | ragni |
| Spirituslöslich | soluble in alcohol | soluble dans l'alcool | solubile in alcool |
| Spore (*spora*) | spore | spore | spora |
| Spulwurm (*ascaris lumbricoides*) | human round worm | ascaride | ascaride |
| Stachelbeere (*ribes grossularia*) | gooseberry | groseillier épineux | (ribes) uva spina |
| Stachelschwein (*hystrix cristata*) | common porcupine | porc-épic | istrice |
| Star (*sturnus vulgaris*) | starling | étourneau | stornello, storno |
| Stärke(korn) (*amylum*) | starch-(grain) | amidon (grain) | amido (grano) |
| Staubblatt (*stamen*) | stamen | étamine | stame |
| Staubgefäß (*anthera*) | anther | anthère | antera |
| Staude (*planta perennis*) | perennial plant | plante vivace | pianta perenne |
| Stechapfel (*datura*) | thorn-apple, jimson | datura | stramonio |
| Stechfliege (*stomoxys calcitrans*) | priking house fly, stable fly | mouche piquante, stomoxe | stomosside |
| Stechmücken (*culicidae*) | mosquitoes, gnats | cousins | culicidi, zanzare |
| Steinbock (*capra ibex*) | steinbock, ibex | bouquetin | stambecco |
| Steinbutt (*rhombus maximus*) | turbot | turbot | rombo |
| Steineiche (*quercus ilex*) | — | yeuse, eousé | elice, leccio |
| Steinfrucht (*drupa*) | drupe | drupe | drupa |
| Steinkauz (*athene noctua, carine noctua*) | little owl | noctuelle | civetta |
| Steinklee (*melilotus*) | melilot | mélilot | melilotto |
| Steinpilz (*boletus edulis*) | eatable mush-room | bolet comestible | boleto giallo |
| Sterlet (*acipenser ruthenus*) | sterlet | sterlet | storione |
| Stichling (*gasterosteus aculeatus*) | three-spined stickle-back | épinoche | spinarello |
| Stiefmütterchen (*viola tricolor*) | pansy | pensée | viola del pensiero |
| Stint (*osmerus eperlanus*) | smelt | éperlan | merlano |
| Stockfisch (*gadus callarias* oder *g. morrhua*) | codfish | morue, merluche | stoccafisso |
| Stör (*acipenser sturio*) | common sturgeon | esturgeon | storione |
| Storch (*ciconia ciconia, ciconia alba*) | white stork | cigogne | cicogne, cicogna bianca |
| Storchschnabel (*erodium*) | stork's bill | bec de grue (de cigogne) | grunia |
| Strauße (*struthiones*) | ostriches | autruches | struzzi, corridori |
| Stubenfliege (*musca domestica*) | common house fly | mouche domestique | mosca domestica, mosca commune |
| Stückfärbung | staining in bulk | coloration en bloc | colorazione in massa |
| Supravitale (Färbung) | postvital (coloration) | postvitale (coloration) | postvitale (colorazione) |
| Süßholz (*glycyrrhiza*) | liquorice | réglisse | liquirizia |
| Talgdrüsen | sebaceous glands | glandes sebacées | ghiandole sebacee |

| Deutsch | Englisch | Französisch | Italienisch |
|---|---|---|---|
| **Tanne** (*abies pectinata*) | fir-tree | sapin | abete bianco |
| **Tasthaare** | tactile hairs | poils tactiles | peli tattili |
| Tauben (*columbidae*) | pigeons | pigeons, colombes | colombe, colombi, piccioni |
| Tauchmikrotom | immersion microtome | microtome à immersion | microtomo ad immersione |
| Taumelkäfer (*gyrinidae*) | whirligig-beetles | gyrins | girini |
| Tausendfüßler (*myriopoda*) | centipedes, millepedes | mille-pattes, myriapodes | miriapodi, milliepedi |
| Terpinoel | terpentine oil | huile de térebénthine | olio di trementina |
| Thallus (*thallus*) | thallus | thalle | tallo |
| Thermostat | warm box (incubator) | thermostate (étuve) | termostato (incubatrice) |
| Tollkirsche (*atropa belladonna*) | mad apple | belladone | belladonna |
| Tomate (*solanum lycopersicum*) | love-apple | tomate (pomme d'amour) | tomato |
| Torf (*humus, turfa*) | turf, peat | tourbe | torba |
| Torfmoos (*sphagnum*) | turf-moss | sphaigne | muschio di torbiera |
| Totengräber (*necrophorus vespillo* und *germanicus*) | burying-beetles | nécrophores | necroforo |
| Totenkopf (*acherontia atropos*) | death's head moth | sphinx tête de mort | sfinge testa di morto, testa di morto |
| Tränendrüse | lachrymal gland | glande lacrimale | ghiandola lacrimale |
| Trichloressigsäure | trichloracétic acid | acide trichloracétique | acide tricloracetico |
| Trichlormilchsäure | trichlorlactic acid | acide trichlorlactique | acido triclorolattico |
| Trockensystem | dry lens | systéme à sec | sistema a secco |
| Trommelfell | tympanic membrane | membran du tympan | membrana del timpano |
| Trüffel (*tuber*) | truffle, earth-nut | truffle (comestible) | tartufolo |
| Truthuhn (*meleagris gallopavo*) | turkey | dindon | tacchino |
| Tulpe (*tulipa*) | tulip | tulipe | tulipano |
| Tümmler (*tursiops tursio*) | bottle-nosed dolphin | marsouin | — |
| Turteltaube (*turtur turtur*) | turtle-dove | tourterelle | tortora, tortorella |
| Tusche | indian ink | encre de Chine, encre de Burri | inchiostro della China |
| Uhrglas | watchglass | verre de montre | verro di orologio |
| Uhu (*bubo bubo*) | eagle-owl | grand-duc | gufo, gufo reale |
| Ulme (*ulmus*) | elm | orme | olmo |
| Umranden | seal | luter | lutare |
| Unke (*bombinator igneus*) | fire-bellied toad | bombinateur, sonneur à ventre de feu | ululone |
| Urdarm | primitiv intestine (or archenteron) | intestin primitif (ou archenteron | intestino primitivo |
| Urniere | mesonephros | mesonephros | mesonefro |
| Veilchen (*viola*) | violet, pansy | violette, pensée | viola |
| Verdauung | digestion | digestion | digestione |
| Vergißmeinnicht (*myosotis*) | scorpion-grass | ne m'oublie pas, scorpion | talco celeste |
| Verzweigung (*ramificatio*) | ramification | ramification | ramificazione |
| Vitalfärbung | vital staining | coloration vitale | colorazione vitale |
| Vorhof (des Herzens) | auricle | oreilette | atrio |
| Vorkeim (*prothallium*) | prothallus | prothalle | protallo |
| Vormedien | clearing medium | liquides intermediaires | intermedî |
| Vorniere | pronephros | pronephros | pronefro |
| Vorspelze (*palea superior*) | palet | glumelle intérieur | glumetta superiore |
| Wacholder (*juniperus*) | juniper (-tree) | genévrier | ginepro |

| Deutsch | Englisch | Französisch | Italienisch |
|---|---|---|---|
| Wachsblume (*cerinthe*) | cerinthe | mélinet, langue de chien | erba vaiola |
| Wachsmotte (*galleria mellonella*) | wax-moth | fausse teigne | — |
| Wachsplattenmodelle | waxplate-models | modèles obtenues par la méthode des plaques encire | modelli ottenuti col metodo delle lastre di cera |
| Wachtel (*coturnix coturnix*) | quail | caille | quaglia |
| Waldkauz (*syrnium aluco*) | brown-owl, tawny owl, wood-owl | hulotte commune, chat huant | — |
| Waldmaus (*mus silvaticus*) | long tailed field-mouse | mulot | topo selvatico |
| Waldmeister (*asperula odorata*) | woodruff-asperule | aspérule odorante | asperella odorata |
| Wale (*cetacea*) | whales | cétacés | cetacei |
| Walroß (*trichechus rosmarus*) | walrus, morse | morse | trichecho |
| Walnußbaum (*juglans*) | walnut | noyer | noce |
| Wanderheuschrecke (*pachytylus migratorius*) | migratory locust | sauterelle de passage, criquet voyageur | cavalletta migratrice, locusta migratrice |
| Wanderratte (*mus norvegicus, mus decumanus*) | hanoverian rat, brown rat, norway rat | mulot, surmulot, rat gris | topo delle chiaviche |
| Wanzen (*hemiptera*) | bugs | hemiptères punaises | cimici, emitteri |
| Warzenschwein (*phacochoerus africanus*) | wart hog | phacochère | facochero |
| Waschbär (*procyon lotor*) | racoon | raton laveur | procione, procione lavatore |
| Waschvorrichtungen (d. Präparate) | apparatus for washing (the preparations) | dispositifs pour le lavage (des préparations) | dispositivi per il lavaggio (dei preparati) |
| Wasserassel (*asellus aquaticus*) | water sow-bug | aselle, cloporte d'eau | asello |
| Wasserfeder (*hottonia*) | waterviolet | plumeau, millefeuille aquatique | erba scopina, fertro |
| Wasserfenchel (*oenanthe*) | oenanth | œnanthe | finocchio |
| Wasserlinse (*lemna*) | duck-meat | lenticule, lentille d'eau | lenticchia d' acqua |
| Wasserlöslich | soluble in water | soluble dans l'eau | solubile in acqua |
| Wassermelone (*citrullus*) | water-melon | melon d'eau, citrouille | erba du porci, cocomero domestico |
| Wassermilben (*hydrachnidae*) | fresh-water mites | hydrachnidés, araignées d'eau | Idracne, acari acquatici |
| Wassernuß (*trapa*) | water-nut | cornue, châtaigne d'eau | tribolo aquatico |
| Wasserpest (*helodea*) | water-weed | peste des eaux | — |
| Wasserschierling (*cicuta virosa*) | water-hemlock | ciguë aquatique | cicuta (maggiore) |
| Wasserschlauch (*utricularia*) | bladderwort | utriculaire | erba-vescia |
| Webervögel (*ploceidae*) | weaver-birds | tisserins | — |
| Wechselkondensor | alternating condensor | condensateur alternant | condensatore alternativo |
| Wedel | frond | feuillade | ramo (di felce) |
| Wegerich (*plantago*) | plantain, rib-grass | plantain | plantago |
| Weide (*salix*) | willow | saule, osier | salcio, salice |
| Weidenröschen (*épilobium*) | rosebay | néritte | gambi-rossi |
| Wein (*vitis*) | vine | vigne | vite |
| Weinbergschnecke (*helix pomatia*) | edible snail | escargot, colimaçon, vigneron | chiocciola commune |
| Weißdorn (*crataegus*) | hawthorn | aubépin | bianco-spino |
| Weißlinge (*pieridae*) | whites | piérides | pieridi |
| Weizen (*triticum*) | wheat | froment | frumento |

| Deutsch | Englisch | Französisch | Italienisch |
|---|---|---|---|
| Wellensittich (*melopsittacus undulatus*) | australian budgerigar | perruche ondulée | — |
| Wels (*silurus glanis*) | cat-fish | silure | siluro |
| Wespen (*vespidae*) | wasps | guêpes | vespe |
| Wickel (*cincinnus*) | cincinnus | cyme unipare scorpioïde | cincinno |
| Wickler (*tortricidae*) | leaf-rollers | tortricidés | tortrichi |
| Wiedehopf (*upupa epops*) | hoopoe | huppe | upupa |
| Wiesel (*putorius nivalis*) | weasel | belette | donnola |
| Wildente (*anas boschas*) | mallard, wild duck | canard sauvage | anatra selvatica |
| Wilder Wein (*parthenocissus*) | virginia creeper | vigne vierge | vite del canadà |
| Wildgans (*anser anser*) | grey lag goose | oie sauvage | oca selvatica |
| Wildkatze (*felis catus*) | wild cat | chat sauvage | gatto selvatico |
| Wildschwein (*sus scrofa*) | wild boar | sanglier | cinghiale |
| Wimpern | cilia | cils | ciglia |
| Winde (*convolvulus*) | bindweed | liseron | vilucchio |
| Windröschen (*anemone nemorosa*) | wood-anemone | anemone des bois | — |
| Wintergrünöl | wintergreen oil | essence de perverche | essenza di pervinca |
| Wirbel | vertebra | corps vertebraux | vertebra |
| Wirbellose | invertebrates | invertebrés | invertebrati |
| Wirbelsäule | vertebral column | colonne vertebrale | colonna vertebrale |
| Wirbeltiere | vertebrates | vertebrés | vertebrati |
| Wisent (*bison bonasus*) | european bison | bison | bisonte europaeo |
| Wolf (*canis lupus*) | wolf | loup | lupo |
| Wolfsmilch (*euphorbia*) | wolf's milk, tithymal | euphorbe | euphorbio |
| Wolfspinnen (*lycosidae*) | wolfspiders | lycoses | — |
| Wollgras (*eriophorum*) | cotton-grass | linaigrette | pennacchio |
| Wunderblume (*mirabilis jalapa*) | marvel of Peru | mérveille du Pérou, mytage | mirabilis |
| Wundklee (*anthyllis*) | lady's fingers | vulnéraire | vulneraria |
| Würfelnatter (*tropidonotus tesselatus*) | watersnake | couleuvre | serpente d' acqua |
| Wurzel (*radix*) | root | racine | radice, radica |
| Wurzelknöllchen | root-tubercle, nodule on roots | tubercule radical | tubercoli |
| Zahnbein | dentine | dentine | dentina |
| Zahnschmelz s. Schmelz | | | |
| Zaunkönig (*troglodytes troglodytes*) | wren | roitelet, troglodyte | scricciolo |
| Zecken (*ixoidae*) | ticks | tiques | zecche |
| Zeichenkammer | drawing camera | appareil à dessiner | apparecchio per disegnare |
| Zeisig (*chrysomitris spinus*) | siskin | tarin, serin | — |
| Ziesel (*citellus citellus*) | souslik | spermophile | — |
| Zimt (*laurus, cinnamomum*) | cinnamom | cannelier | cannella |
| Zitrone (*citrus medica, limonum*) | lemon (-tree) | citronier, limonier | limone |
| Zitronenfalter (*gonepteryx rhamni*) | brimstone | citron | farfalla dal ramno |
| Zitterrochen (*torpedo*) | electric ray, crampfish | torpille | torpedine |
| Zuckerrohr (*saccharum*) | sugar-cane | canne à sucre | canna da zucchero |
| Zuckerrübe (*beta vulgaris*) | beet | betterave champêtre | bietola, barbe bietola |
| Zünsler (*pyralidae*) | pyralids | asopies, pyrales | pyrale |
| Zupfmethode | teasing (with needles) | méthode de dissociation (des préparations) | metodo di dilacerazione (dei preparati) |
| Zwerchfell | diaphragm | diaphragme | diaframma |
| Zwiebel (*allium cepa*) | onion | oignon | cipolla, scigolla |
| Zwischenkiefer | intermaxillary | os intermaxillaire (ou incisif) | osso intermascellare (o incisivo) |

# Sachverzeichnis.

Die Leitwörter stehen nicht nur in rein alphabetischer Ordnung, sondern sie sind auch zu größeren Gruppen zusammengefaßt unter: Aquarium 1188. — Entwicklungsmechanik 1194. — Kinematographie 120). — Mikrophotographie 1203. — Objekte 1205. — Photographie 1207. — Terrarium 1215. — Vererbung 1217.

B

C

## D

## G

## L

M

N

## O

## P

## T

## U



## V

W



X

## Z